Görnitz

Quantentheorie verstehen

Thomas Görnitz

Quantentheorie verstehen

Grundlegende Vorstellungen und Begriffe

2., aktualisierte und erweiterte Auflage

HANSER

Über den Autor:
Prof. Dr. Thomas Görnitz, Fachbereich Physik, Goethe-Universität Frankfurt/Main.

MIX
Papier aus verantwortungsvollen Quellen
FSC® C083411

Print-ISBN: 978-3-446-48026-1
E-Book-ISBN: 978-3-446-48054-4

Bibliografische Information der Deutschen Nationalbibliothek:
Die Deutsche Nationalbibliothek verzeichnet diese Publikation in der Deutschen Nationalbibliografie; detaillierte bibliografische Daten sind im Internet unter http://dnb.d-nb.de abrufbar.

Vilshofener Straße 10 | 81679 München | info@hanser.de
www.hanser-fachbuch.de
Lektorat: Dipl.-Ing. Natalia Silakova-Herzberg
Herstellung: le-tex publishing services GmbH, Leipzig
Coverkonzept: Marc Müller-Bremer, www.rebranding.de, München
Covergestaltung: Max Kostopoulos
Titelmotiv: © Thomas Görnitz
Satz: Eberl & Koesel Studio, Kempten
Druck: CPI Books GmbH, Leck
Printed in Germany

Inhalt

Vorwort ... XVII

1 Reale und mögliche Strukturen als Triebkraft der Natur ... 1

1.1 Einstein und Weizsäcker über die Grundlagen der Naturwissenschaft ... 4

1.2 Ein wenig Mathematik ... 8

1.2.1 Raum ... 8

1.2.2 Einige weitere mathematische Begriffe ... 10

1.3 Ein Blick auf die Grundlagen der Naturwissenschaft ... 14

1.3.1 Alltag, Quanten und noch etwas Mathematik ... 16

1.3.2 Wie gelangt der Mensch zu Naturgesetzen? ... 20

1.4 Die Beziehungen der physikalischen Strukturen ... 24

1.4.1 Theoriebereiche der Physik ... 24

1.4.2 Der Geltungsbereich der Physik ... 25

1.4.3 Ein Blick auf die Strukturen der Quantentheorie ... 25

1.4.4 Quantentheorie und das Verhältnis von Fakten und Möglichkeiten 33

1.4.5 Beziehungen zwischen Quantenfeldtheorie und Relativitätstheorie 33

1.4.6 Relativitätstheorien ... 34

1.5 Ein Überblick auf Einteilungen der Quanten ... 35

1.6 Fakten, Möglichkeiten, Quantisierung ... 38

1.6.1 Die fundamentalen Wechselwirkungen ... 39

1.6.2 Elektromagnetische Wechselwirkung und die Existenz der Objekte ... 39

1.7 Zum Verhältnis von Physik, Chemie und Biologie 40
1.7.1 Photonen in der Chemie 43
1.7.2 Virtuelle Teilchen in der Chemie 44
1.7.3 Weitere interessante Quanteneffekte 47
1.7.4 Einfluss der Information auf die Steuerung biochemischer und biologischer Prozesse 48
1.7.5 Kein Widerspruch zwischen Biologie und Physik! 49
1.8 Die Unterscheidung zwischen Inhalt und Form, zwischen Teilen und Ganzheit 52
1.8.1 Quantentheorie und Hylemorphismus 52
1.8.2 Teile werden zu Ganzheiten 54
1.8.3 AQIs und Qubits – was ist gleich, was verschieden? 55
1.8.4 Form und Inhalt in der Chemie 57
1.8.5 AQIs versus Bedeutung 58
1.8.6 Was ist zu erwarten 59

2 „Erklären" in der Physik 61
2.1 Erklären mit Quantenfeldtheorie 63
2.2 Ein Blick auf das Erforschbare 65
2.3 Regeln und Gesetze durch „Näherungen" 66
2.4 Interpretationen von Objektivem und Subjektivem 73

3 Inspiration und Induktion, Theorie und Experiment 81
3.1 Wahrscheinlichkeiten als Maß für Möglichkeiten 82
3.2 Bilder von Möglichkeiten? 83
3.3 Inspiration 84
3.4 Erstellen von Theorien, ihre Akzeptanz und ihre Bestätigung 86

4 Quanten und Schwarze Löcher 91
4.1 Das erste Bild von einem „Schwarzen Loch" 91
4.2 Fundamentale Quantentheorie und die Schwarzen Löcher 93
4.3 Vom „Schwarzen Loch" zum „It from Bit" 99
4.3.1 Thermodynamik: Black Holes strahlen 99
4.3.2 Die Vorgeschichte zum „It from Bit" 105
4.4 Das „It from Bit" und seine Probleme 106
4.5 Zur Bedeutung der Planck-Einheiten 111
4.6 „Mysteriöse Eigenschaften" der Schwarzen Löcher 114

5 **Bits, Qubits und AQIs** ... 117
5.1 Computing und Quantencomputing ... 117
5.2 Die Bits beim Quantencomputing und der Unterschied zu den AQIs ... 119
5.3 Quantencomputing ist reversibel ... 121
5.4 Das Gehirn als Quantencomputer? ... 125
5.5 Analogien und Unterschiede zwischen Bewusstsein und Computer ... 130
5.6 Wahrnehmung von Gestalten und Kräften durch Lebewesen ... 136
5.7 Künstliche Intelligenz (KI) und Mustererkennung ... 141

6 **Der Weg aus der Sackgasse der „kleinsten Teilchen"** ... 145
6.1 Protyposis – der Ausweg aus der Sackgasse ... 148
6.2 Der historische Weg zur Protyposis ... 153

7 **Grundprinzipien von klassischer und quantischer Physik** ... 157
7.1 Kennzeichen der klassischen Physik ... 158
7.2 „Bedeutung" und die Unterscheidung zwischen Form und Inhalt ... 160
7.3 Form als bedeutungsvolle Information ... 161
7.4 Quantentheorie – Ausgedehnte Ganzheit, Verschränkung, Nichtlokalität 162
7.4.1 Tunneleffekt ... 165
7.4.2 EPR-Gedankenexperiment ... 166
7.4.3 Eine Veranschaulichung des EPR-Experimentes ... 168
7.5 Zu welchen Strukturen hat die Quantentheorie geführt? ... 173
7.6 Die AQIs der Protyposis ... 175
7.7 Der Physik-Nobelpreis 2022 für Verschränkung und Nichtlokalität ... 179
7.7.1 Einstein und die Nichtlokalität der Quantentheorie ... 180
7.7.2 Die Bellsche Ungleichung ... 181
7.7.3 Clausers Experiment 1972 ... 182
7.7.4 Aspects Experiment 1982 ... 182
7.7.5 John Bells Reaktion ... 183
7.7.6 Zeilingers Experimente zur Nichtlokalität in der Quantentheorie 184
7.7.7 Zeilinger und das „Beamen" ... 185
7.7.8 Der „Messprozess" als Spezialfall des Übergangs von Möglichkeiten zu Fakten ... 186
7.7.9 Ein Blick auf meine fachliche Diskussion mit C. F. v. Weizsäcker ... 187
7.7.10 Qubits als Eigenschaften von Objekten und AQIs als Basisstrukturen der Quantentheorie ... 188

7.7.11 Die Versuche zur Teleportation, dem Beamen ... 189
7.7.12 Abhörsichere Kommunikation ... 191
7.8 Die Dynamische Schichtenstruktur – Koexistenz von klassischer und quantischer Physik ... 193
7.8.1 Schrödingers Katze und Schrödingers Kätzchen ... 195
7.8.2 Dynamische Schichtenstruktur und Quantencomputing ... 198
7.8.3 Ignorabilia und kritische Vorannahmen ... 199

8 Ein Blick auf die „Zeit" ... 201
8.1 Wie wird Zeit wahrgenommen und eingeteilt ... 201
8.1.1 Fakten gliedern die Zeit ... 202
8.1.2 Aussagen über die Zeit ... 203
8.1.3 Die moderne Physik und die Zeit – Relativitätstheorien und Quantenphysik ... 203
8.1.4 Quantentheorie über die Zeit ... 205
8.1.5 Die Planck-Zeit ... 208
8.2 Reversibilität und Zeitumkehr ... 209
8.3 Die „ausgedehnte Gegenwart" als Grundzug der Quantentheorie ... 211
8.4 Fakten und klassische Physik ... 213
8.5 Was war „vor" der Zeit? ... 215
8.6 Der Beginn der Zeit ... 216
8.7 Ein „Ur-Hauch", ein „Quantum", statt „Urknall" ... 217

9 Grundlagen der Empirie ... 221
9.1 Erfahrung und Empirie in der Naturwissenschaft ... 222
9.2 Die Empirie und die Zeit ... 224
9.3 Transzendentale Hypothesen ... 231
9.4 Zeit und Naturgesetze ... 233
9.5 Eine realistische Weltbeschreibung ... 235

10 Das Zählen von Fakten und von Möglichkeiten ... 237
10.1 Zwischenspiel ... 237
10.2 Zählen und Zahlen ... 241
10.3 Das Unendliche ... 244
10.4 Unendliches in der Physik? ... 247
10.5 Fakten, Möglichkeiten, Freiheit ... 251
10.6 Die Notwendigkeit der komplexen Zahlen ... 260

11 Das Entstehen der Fakten in der Natur 265

11.1 Der Messprozess aus Sicht der Protyposis 265

11.1.1 Warum schenkt man dem sogenannten Messprozess eine so große Aufmerksamkeit? 265

11.1.2 Zur Interpretation des Messprozesses in der Quantenmechanik 268

11.2 Die dynamische Schichtenstruktur und der Messprozess 273

11.3 Die umfassende Rolle der physikalischen Information 279

11.4 Schlussfolgerungen mit der Protyposis 290

11.4.1 Protyposis: Fakten auch ohne Beobachter 292

11.4.2 Der Quanten-Zenon-Prozess 297

11.4.3 Verlust von „Bedeutung“, jedoch nicht von absoluter Information 298

11.4.4 Massereiche Objekte erscheinen lokalisiert 299

11.5 Die Protyposis macht den Messprozess begreiflich 303

12 Die Protyposis und das Ganze 307

12.1 Ein wichtiger Unterschied zwischen Astronomie und Kosmologie 307

12.2 Das Ganze ist der Kosmos 310

12.3 Unbekannte Information – Thermodynamik 311

13 Reflexionen über die AQIs 315

13.1 Der Weg zu den quantischen Zuständen 315

13.2 Komplexes aus Einfachem 316

13.3 AQIs – ein einleuchtendes Postulat 318

14 Symmetriegruppen für Quantensysteme 325

14.1 Der Weg zu den Symmetrien für das Quantenbit 327

14.2 Symmetrien an Quantensystemen mit einem zweidimensionalen Zustandsraum 333

14.2.1 Die normerhaltende $SU(2)$-Symmetrie 334

14.2.2 Der Übergang von der $SU(2)$ zur $SL(2, C)$ 338

15 AQIs und die Planck-Länge 341

15.1 Die gruppentheoretische Definition der Metrik im kosmischen Raum ... 343

15.2 Die gruppentheoretische Begründung der Planck-Länge mit der Protyposis 347

16 Kosmologie und die Äquivalenz von Masse, Energie und absoluter Quanteninformation 355

16.1 Kosmologische Vorüberlegungen 355
16.2 Ein Blick auf Kosmologie und Allgemeine Relativitätstheorie 361
16.3 Kosmologische Variable 364
16.4 Die Erweiterung von $E = mc^2$ auf die AQIs 367
16.5 Die Energie eines AQIs 370
16.6 Die wichtige Unterscheidung zwischen AQIs und Entropie 371
16.7 Das „It from Bit“ muss reflektiert werden 372
16.8 Die zeitliche Entwicklung des Kosmos 380
16.9 Die Zustandsgleichung des Kosmos 383
16.10 Von der quantischen zu einer faktischen Beschreibung der kosmischen Entwicklung 389
16.11 Eine Nachbemerkung zur kosmologischen Konstante 392

17 Einige Gedanken über den realistischen Kosmos der Protyposis 397

17.1 Ein Bild der kosmischen Entwicklung 397
17.2 Aspekte von Kosmologie und Naturphilosophie 403
17.3 Zusammenfassung der Argumentationslinie 407
17.4 Die Metrik der Protyposis-Kosmologie 408
17.5 Eine unzeitgemäße Überlegung 412
17.6 Der empirische Input 413

18 Gravitation als Wirkung des Kosmos auf seinen Inhalt 417

18.1 Einstein über Kosmologie und Verbindungen von Allgemeiner Relativitätstheorie zur Newtonschen Theorie 417
18.2 Die Lösung des Konsistenzproblems zwischen Allgemeiner Relativitätstheorie und Quantentheorie 419
18.3 Naturphilosophische Fragen zur Interpretation der Allgemeinen Relativitätstheorie 424
18.4 Eine Begründung von Einsteins Gleichungen aus der Quantentheorie der AQIs 430
18.5 Vom Kosmos zur Allgemeinen Relativitätstheorie! 435
18.6 Die Verbindung zur Empirie 437
18.7 Die wesentlichen Strukturen im Kosmos 440

19 Lösungen für Probleme der gegenwärtigen Kosmologie 445
19.1 Das Koinzidenz-Problem ... 445
19.2 Das Empirie-Problem ... 446
19.3 Das Horizont-Problem und die Inflation ... 446
19.4 Die kosmologische Konstante ... 447
19.5 Die frühen Schwarzen Löcher ... 448
19.6 Dunkle Energie und Dunkle Materie ... 451
19.7 Wofür wurde die Dunkle Materie postuliert? ... 452

20 Erklärung für ein Phänomen, für das die „Dunkle Materie" postuliert wurde ... 459
20.1 Jet-Strukturen an Black Holes ... 461
20.2 Die Wirkung auf die Umlaufgeschwindigkeiten der Sterne ... 468
20.3 Gravitationslinsen ... 471

21 Schwarze Löcher: Entropie und Singularität ... 473
21.1 Der quasiklassische Zugang zur Entropie der Schwarzen Löcher ... 474
21.2 Bekensteins Entropie eines Schwarzen Loches ... 476
21.3 Eine kritische Frage an Bekensteins Resultat ... 480
21.4 Die Black-Hole-Entropie wird mit der Protyposis plausibel ... 483
21.5 Das Black-Hole-Modell der Protyposis ... 485
21.6 Die Innenraumlösung für Black Holes ... 488
21.6.1 Die Firewall am Horizont des Black Hole ... 489
21.6.2 Die quantentheoretisch begründete Innenraum-Metrik ... 489
21.7 Das Black-Hole-Informationsparadox auflösen ... 492

22 Quantenteilchen im Minkowski-Raum ... 497
22.1 Der Teilchenbegriff in der Kosmologie ... 498
22.2 Von den abstrakten Thesen zu den mathematischen Strukturen ... 499
22.3 Teilchen als Idealisierungen von Objekten ... 502
22.4 Ein erster Erfolg: Objekte in einem de-Sitter-Kosmos ... 510
22.4.1 Symmetrien für Quantenbits ... 510
22.4.2 Quantisierung: Erzeugungs- und Vernichtungsoperatoren ... 511
22.4.3 Weizsäckers „Stopf- und Rupfoperatoren" ... 513
22.4.4 *SO*(4,1)-Darstellung über einem gegebenen Grundzustand ... 516
22.4.5 Der Übergang zur Poincaré-Gruppe ... 518

22.5 Masselose Teilchen im Minkowski-Raum ... 520
22.6 Generatoren der Poincaré-Gruppe ... 527
22.7 Impulszustände der Poincaré-Gruppe ... 528
22.8 Impulszustände der Poincaré-Gruppe über dem Vakuum der AQIs ... 529
22.9 Das Teilchen-Vakuum im Minkowski-Raum ... 531
22.10 Masselose Teilchen über dem Lorentz-Vakuum ... 534
22.11 Spinlose Teilchen mit Ruhmasse im Minkowski-Raum ... 534
22.12 Rechnerunterstützung für Teilchen-Darstellungen mit Spin und Ruhmasse im Minkowski-Raum ... 536
22.13 Explizite Zustände relativistischer Teilchen ... 538
22.14 Qubits zu Quantenteilchen – was bedeutet das ... 541

23 Die fundamentalen Wechselwirkungen ... 543

23.1 Wie können die allgegenwärtigen Verschränkungen aufgehoben werden? ... 545
23.2 Vier grundlegende Wechselwirkungen ... 547
23.2.1 Einige grundsätzliche Fragen ... 550
23.2.2 Zwei Seiten einer Medaille ... 550
23.3 Wechselwirkung und dynamische Schichtenstruktur ... 554
23.4 Wechselwirkung erfordert Trennung ... 556
23.5 Die Typen der Wechselwirkung ... 558
23.6 Bisherige Probleme mit den Eichtheorien ... 561
23.7 Einige Bemerkungen zur Mathematik bei Quantenfeldtheorien ... 562
23.8 Die Modellierung von Wechselwirkung ... 566
23.9 Elektromagnetische und schwache Wechselwirkung ... 567
23.10 Die starke Wechselwirkung ... 570
23.11 Die Antworten ... 576

24 Modelle für lokalisierte Objekte ... 579

24.1 Erläuterung zu den Grenzen des Standardmodells der Elementarteilchenphysik ... 579
24.2 Quantenteilchen aus AQIs ... 582
24.3 Abschätzungen für „Bosonen“ und „Fermionen“ ... 586
24.3.1 Ein Modell für „Bosonen“ ... 586
24.3.2 Ein Modell für „Fermionen“ ... 587
24.4 Die Teilchenmassen als Aufgabe ... 589

25 Ladungen generieren die Massen ... 591

25.1 Gravitations- und Higgs-Feld – Ähnlichkeiten und Unterschiede ... 591

25.2 Drei Ladungstypen ... 593

25.3 Zum Verhältnis von Materie und Antimaterie ... 594

25.4 Historische Versuche zur Erklärung der Masse ... 599

25.5 Ladung, Masse, Gravitation ... 606

25.6 Modelle für Teilchen im Kosmos der AQIs ... 607

26 Revue der mathematisch-physikalischen Resultate ... 609

26.1 Begründung einer Metrik für den kosmischen Raum, in dem wir leben ... 609

26.2 Die Definition einer kosmischen Zeit ... 610

26.3 Die Definition der Energie ... 610

26.4 Die Rolle der Thermodynamik ... 611

26.5 Das kosmologische Modell der AQIs ... 612

26.6 Die Allgemeine Relativitätstheorie ... 613

26.7 Schwarze Löcher ... 614

26.8 Wirkungen, die der Dunklen Materie zugeschrieben werden ... 615

26.9 Relativistische Teilchen ... 615

26.10 Die fundamentalen Wechselwirkungen ... 616

26.11 Quanteninformation ... 618

26.12 AQIs und Qubits ... 619

27 Leben, Bewusstsein, Soziales ... 621

27.1 Musterbildung ... 621

27.2 Unbelebtes und Lebendiges – Chemie und Informations-Chemie ... 622

27.3 Quantentheorie und Biologie ... 624

27.3.1 Beschreibung von Steuerung als Problem der Darstellung ... 625

27.3.2 Leben als metastabiles Fließgleichgewicht ... 627

27.3.3 Elektromagnetische Wechselwirkung – Grundlage aller Lebensvorgänge ... 628

27.3.4 Dynamische Schichtenstruktur und Leben ... 632

27.3.5 Vom metastabilen Fließgleichgewicht zum Metabolismus ... 632

27.3.6 Leben = Stabilisierung durch Informationsverarbeitung ... 633

27.3.7 Wahrnehmung, Empfindung und Quantentheorie ... 637

27.3.8 Systemtheorie und die Beschreibung des Lebendigen ... 641

27.3.9 Die mathematische Struktur zur Beschreibung des Lebendigen .. 645
27.3.10 Das ist Leben ... 650
27.4 Die Evolution des Lebendigen ... 651
27.4.1 Ganzheitliche Strukturen und das Entstehen von Bedeutung 652
27.4.2 Räumliche Information und Katalyse ... 654
27.4.3 Leben als Informationsaustausch, als Kommunikation ... 656
27.4.4 Rauschen – Quantenphysik im Verborgenen ... 656
27.4.5 Bedeutung aus dem Wechselspiel von Form und Inhalt ... 659
27.4.6 Zur RNA-Welt und der anschließenden Entwicklung ... 660
27.4.7 Leben und Sauerstoff ... 664
27.4.8 Beziehungsstrukturen in der Evolution ... 664
27.4.9 „Eingefrorene" Quantenzustände ... 667
27.5 Vom Quantenbit zum Bewusstsein ... 668
27.5.1 Quantenmechanik und Bewusstsein? ... 669
27.5.2 Bewusstsein und Quantentheorie! ... 670
27.5.3 Reduktionismus, Dualismus, naturwissenschaftlicher Monismus 676
27.5.4 Bewusstwerdung ... 680
27.5.5 Bindungsverhalten von Sinneseindrücken ... 681
27.5.6 Quanteninformationsstruktur und Quantenfeldtheorie ... 682
27.5.7 Wie kann die Bewusstwerdung modelliert werden? ... 683
27.5.8 Die „ausgedehnte" Psyche ... 688
27.5.9 Subjektivität und Qualia ... 689
27.5.10 Naturwissenschaftliche Definition von Bewusstsein ... 690
27.5.11 Zum Unterschied zwischen Bewusstsein und den Korrelaten des Bewusstseins ... 691
27.5.12 Freier Wille ... 695
27.5.13 Gedächtnis ... 697
27.5.14 Geistige Tätigkeiten ... 698
27.5.15 KI – künstliche Intelligenz ... 700
27.6 Quantenstrukturen wirken sogar im Sozialen ... 702
27.6.1 Beziehungsstrukturen wandeln sich zu neuen Gestalten ... 702
27.6.2 Informationszeitalter ... 704

28 Von der Naturwissenschaft zur Naturphilosophie ... 707
28.1 Wege der Erkenntnis ... 707
28.2 Regeln und Gesetze ... 710
28.2.1 Bestätigung und Falsifizierung ... 711
28.2.2 Einheit umfasst „Welt 1, 2 und 3“ ... 712
28.3 Die Grundlage der Erscheinungen ... 714
28.4 Strukturen der Möglichkeiten ... 716
28.5 Widersprüche, Wahrscheinlichkeiten, Paradoxien ... 718
28.6 Wahrscheinlichkeit und Selbstbezüglichkeit anstelle von Paradoxien ... 720

29 Fazit: Was ist bereits erreicht, was ist zu erwarten? ... 723
29.1 Plancks Entdeckung und Einsteins Resümee ... 725
29.2 Ausblick ... 727

30 Anhänge ... 731
30.1 Der Teilchen-Zoo der Elementarteilchenphysik ... 731
30.2 Andere Interpretationen des Messprozesses ... 733
30.2.1 Zum Unterschied Theorie – Interpretation ... 734
30.2.2 Die de-Broglie-Bohm-Interpretation ... 735
30.2.3 Die „Viele-Welten“-Interpretation ... 740
30.2.4 Superdeterminism ... 742
30.3 Die Multiplizitäten von n-fachen Tensorprodukten zweidimensionaler Darstellungen der $SU(2)$ ... 744
30.4 Die reguläre Darstellung der $SU(2)$ ... 746
30.5 Unbegrenzte Anzahlen von AQIs und die Spezielle Relativitätstheorie ... 748
30.6 Rechnungen mit der Vaidya-Metrik ... 749
30.7 Zur Rotation von Galaxien ... 753
30.8 Vertauschungsrelationen mit Parabose-Operatoren ... 757
30.9 Bemerkungen zur Struktur der $SU(3)$ ... 758

31 Danksagung ... 763

Index ... 765

Vorwort zur zweiten Auflage

Am 1. Juli 2023 wurde das Weltraumteleskop Euclid gestartet. Seitdem liefert es wunderschöne und sehr aufschlussreiche Bilder über einen großen Bereich des Universums. Die offizielle Webseite beginnt mit der Feststellung:

> *„Euclid, our dark Universe detective, has a difficult task: to investigate how dark matter and dark energy have made our Universe look like it does today. 95 % of our cosmos appears to be made of these mysterious ‚dark' entities. But we don't understand what they are because their presence causes only very subtle changes in the appearance and motions of the things we can see."*[1]
> *(Euclid, unser Detektiv für das dunkle Universum, hat eine schwierige Aufgabe: Er soll herausfinden, wie Dunkle Materie und Dunkle Energie unser Universum zu dem gemacht haben, was es heute ist. 95 % unseres Kosmos scheinen aus diesen mysteriösen „dunklen" Wesenheiten zu bestehen. Aber wir verstehen nicht, was sie sind, weil ihre Anwesenheit nur sehr subtile Veränderungen im Aussehen und in den Bewegungen der Dinge verursacht, die wir sehen können.)*

Die Dunkle Energie und Dunkle Materie sind zwei zentrale Grundpfeiler für das Standardmodell der Kosmologie. Es wird als das ΛCDM-Modell bezeichnet. Dabei steht Λ (Lambda) für die sogenannte kosmologische Konstante. Sie kann aber auch die sogenannte Dunkle Energie darstellen. CDM ist Cold dark matter, also kalte Dunkle Materie. Über Dunkle Energie und Dunkle Materie, wird von den Mainstream-Kosmologen angemerkt, dass man bisher nicht versteht, was sie sind. *Das Standardmodell der Kosmologie* baut also zu 95 % auf etwas Unverstandenem auf.

Im Gegensatz zum kosmologischen Modell hat sich das *Standardmodell der Teilchenphysik* als erfolgreich erwiesen. Es hat zur Entdeckung des Higgs-Teilchens geführt.

---

1 *https://www.esa.int/Science_Exploration/Space_Science/Euclid/Euclid_s_first_images_the_dazzling_edge_of_darkness*, vom 07. 11. 2023

Jetzt jedoch wird oft gesagt, man sei in einer Krise, denn man möchte gute Gründe für weitere neue Entdeckungen finden. Die Experimente sind nun so genau geworden, dass kleine Abweichungen vom Teilchen-Modell erkennbar werden. Sie haben aber zu keinen neuen Teilchen geführt. Nach den gängigen Hoffnungen der Teilchenphysik sollen die unbekannten 95 % im Universum mögliche Argumente für Sorten von „neuen Teilchen" liefern. Es gibt eine Vielzahl von Hypothesen über sie und vielfältige Namen dafür, jedoch seit Jahrzehnten keinen experimentellen Nachweis.

Der Mainstream befindet sich offenbar in einer Sackgasse. Ein solcher Einwand wäre zu billig, wenn nicht zugleich mathematische und physikalische Strukturen vorgeschlagen werden, die etwas Besseres aufzeigen. Dazu gehört eine deutliche Reduzierung der freien Parameter, deren Anzahl auch im Standardmodell der Teilchenphysik zu groß ist. Das sind willkürlich festlegbare Größen, mit denen experimentelle Kurven an eine hypothetische Gleichung angepasst werden können. Ferner war eine Verbindung zwischen dem Einfachen, dem Großen und dem Kleinen als drei verschiedenen Beschreibungsbereichen der Natur notwendig gewesen. Das geschieht im Buch, u. a. auch mit einer ausführlichen Kritik am Standardmodell der Kosmologie und mit einer Begründung des Standardmodells der Teilchenphysik.

Die mathematische Struktur der Quantentheorie hat seit einem halben Jahrhundert einen Denkweg eröffnet, welcher völlig neue Vorstellungen ermöglicht. Diese erfordern allerdings einen neuen Blick auf manche der bisherigen Dogmen.

Es war und ist ein Ziel des vorliegenden Buches, die Grundprinzipien der Quantentheorie verstehbar werden zu lassen und zugleich für die speziell Interessierten auch die mathematischen Grundlagen dafür aufzuzeigen.

Die Quantentheorie ist die beste, weil genaueste Theorie, mit der wir Menschen die Naturvorgänge beschreiben. Nicht ein einziges experimentelles Ergebnis hat ihr widersprochen. Ihr Geltungsbereich ist universell. Er reicht von den einfachsten Strukturen, den abstrakten Quantenbits, zum gesamten kosmischen Raum und andererseits bis zu den kleinsten elementaren Teilchen. Als Theorie über das Wirken von Möglichkeiten konfrontiert uns die Quantentheorie mit Phänomenen, die im Bereich des Faktischen nicht vorkommen. Die Quantentheorie stellt die mathematische Struktur bereit, mit der das Entstehen von etwas Neuem, Anderem und Komplexen aus Einfachem erklärt werden kann. In vielen Fällen ist ihre hohe Genauigkeit nicht immer notwendig, da kann eine Theorie über Fakten genügen, wie es die klassische Physik ist.

Ich bin mir darüber im Klaren, dass im Buch zwei verschiedene Lesergruppen angesprochen werden sollen. Zum einen gibt es ein breites Interesse, die in der Schule teilweise unzureichend vermittelten Kenntnisse über die Wirklichkeit in der Natur weiter auszubauen. Für diese Leser finden sich im Buch sehr viele Stellen, die man ohne Studium der mathematischen Zusammenhänge verstehen kann.

Andererseits führt unter den gegenwärtigen Lehr- und Forschungsbedingungen die Beschäftigung mit der Physik und mit den Teilen der Naturwissenschaft, die wie Chemie und Biologie aus guten Gründen nicht mehr zur Physik gerechnet werden, dazu, dass Zeit und Kraft für ein Befassen mit den Grundlagen der Naturwissenschaften nur schwer erübrigt werden können. So wichtig auch die Anwendungen der naturwissenschaftlichen Erkenntnisse sind, so stammen doch diese Anwendungen aus Arbeiten an den Grundlagen von früheren Wissenschaftler-Generationen.

Ein heutiger Vorlauf in der Reflexion der Grundlagen ist eine Voraussetzung für kreative Wissenschaft von morgen. Da diese Reflektionen nicht auf philosophische Überlegungen beschränkt werden dürfen, habe ich es als notwendig empfunden, auch die Zusammenhänge zu verdeutlichen, die nur in der Sprache der Mathematik einfach formuliert werden können.

Mancher Inhalt kann als eine Herausforderung angesehen werden. Denn hier wird gezeigt, dass aus der mathematischen Struktur des fundamentalen Teils der Naturwissenschaften, aus der Physik, geschlussfolgert werden muss, dass die Grundlage der Realität eine nichtmaterielle Struktur ist und dass sich aus dieser die materiellen Strukturen und deren Verhalten ableiten lassen.

Wir erleben gegenwärtig noch eine gewisse Euphorie über kleinste materielle Teilchen, die wie gesagt mit den geheimnisvollen Namen Dunkle Materie und Dunkle Energie bezeichnet werden und für deren Existenz trotz jahrzehntelanger intensiver Suche jeder experimentelle Hinweis fehlt. Der ausgebliebene Erfolg verführt leicht dazu, nur nach neuen größeren und aufwendigeren Experimenten und damit nach einem „mehr des Gleichen“ zu rufen. Die Vorstellung einer Alternative, nämlich auch nach neuen Ideen Umschau zu halten, wird nicht als ein hilfreicher Hinweis angesehen. Ich habe es erlebt, dass er als Provokation missdeutet wird.

In der Naturwissenschaft und somit auch in der Naturphilosophie werden gegenwärtig drei besonders wichtige Probleme betont. Sie zielen auf drei Bereiche, die scheinbar so weit voneinander entfernt sind, dass ein Zusammenhang zwischen ihnen auf den ersten Blick sehr unwahrscheinlich erscheint. Sie betreffen die Kosmologie, also das Größte und Umfangreichste, was man in der Naturwissenschaft untersuchen kann. Sie betreffen weiterhin die kleinsten elementaren Teilchen, also Dasjenige, was man als die Grundstrukturen der Materie bezeichnen kann. Und als drittes wird das Problem des Bewusstseins hinzugerechnet. Es ist dasjenige, was uns Menschen mit Sprache und Schrift zur Kommunikation befähigt und was damit die Voraussetzung für eine Möglichkeit von Naturwissenschaft und Naturphilosophie ist.

Auf diese Probleme wird eine Antwort gegeben, die auf naturwissenschaftlich fundierten Erkenntnissen beruht.

Während man in der Philosophie die vielfältigsten Theorien darüber entwickelt hat, was man unter „Erklären“ verstehen soll, verfolgt man in der Naturwissenschaft schon immer ein gleichermaßen nützliches wie einsichtiges Prinzip: Unter „Erklären“

versteht man den theoretischen oder tatsächlichen Aufbau von komplizierten und komplexen Strukturen aus einfachen Strukturen. Diese sollen letztlich so einfach sein, dass ein weiterer Erklärungsbedarf nicht ersichtlich ist. So pflegt man seit Jahrtausenden die Vorstellung, man könnte alles das, was uns in der Realität begegnet, letztendlich in kleinste Teile zerlegen. Diese sollen ihrerseits so klein und einfach sein, dass eine weitere Zerlegung bei ihnen nicht mehr nötig und möglich ist. Seit den alten Griechen bezeichnet man sie als Atome.

Die Geschichte der Naturwissenschaft zeigt, wie unerhört erfolgreich diese Idee von „atomaren Objekten" gewesen ist. Jetzt aber ist Naturwissenschaft so genau geworden, dass die Erklärungskraft dieser Vorstellungen an ihr Ende gelangt ist. Die Schwierigkeiten, die gegenwärtig in der Kosmologie, in der Elementarteilchenphysik und in der Hirnforschung Probleme bereiten, sind verbunden mit den Vorstellungen über „kleinste materielle Teilchen" als die *Letztgrundlage der Wirklichkeit.*

Im Buch wird gezeigt, welche Lösungen sich mit der Quantentheorie ergeben haben.

Schon in meiner Jugend wollte ich wissen, „was die Welt im Innersten zusammenhält". Wie erwähnt sollten das damals die „einfachsten Bausteine der Natur" sein. Mein Weg zum Studium der Theorie der Elementarteilchen war damit vorgezeichnet.

Dieser Bereich der Physik firmierte damals noch unter dem Begriff Hochenergiephysik. Allerdings hat sich damals niemand gefragt, wieso das Grundlegende und Einfachste mit den höchsten Energien zusammenhängen soll. Meine jahrzehntelange Befassung mit den Grundlagen der Physik und mit ihren mathematischen Strukturen führte mich zu anderen Vorstellungen. Die kleinen Teilchen sind zwar durchaus wichtig. Sie sind aber viel zu kompliziert, als dass sie tatsächlich die Basis für ein Verstehen der Wirklichkeit in ihrer vollen Breite bereitstellen könnten.

Im Buch wird daher dasjenige ausführlich dargelegt, was zu den tatsächlichen Grundlagen der Quantentheorie und damit der gesamten Physik gehört.

Es sind nicht die kleinsten, sondern stattdessen die einfachsten Strukturen.

Diese Aussage mag auf den ersten Blick simpel erscheinen. Aber eine solche Erkenntnis erfordert eine radikale Umkehr in den Vorstellungen über die Natur und damit des naturwissenschaftlichen Denkens. Die notwendige Veränderung erstreckt sich nicht nur auf die elementaren Teilchen, sondern auch auf die Kosmologie, auf die Wissenschaft, die sich mit der Entwicklung des Universums beschäftigt. So hat sie es auch ermöglicht, die Phänomene zu erklären, für die man die Dunkle Materie und die Dunkle Energie postuliert hatte. Sie lieferte nicht zuletzt auch eine Lösung für die Vorstellungen vom Bewusstsein.

Dass die räumlich kleinsten Teilchen die maximale Energiedichte erfordern, ist bekannt seitdem Max Planck die Quanten entdeckt hatte, also seit mehr als einem Jahrhundert. Die konsequente Schlussfolgerung besagt, dass das mathematisch und physikalisch Einfachste mit der geringsten Energiedichte und somit mit der größten Ausdehnung verbunden ist. Diese Einsicht ist Grundlage für das Verstehen der Physik.

Die gesuchten mathematisch einfachsten physikalischen Quantenstrukturen werden räumlich die maximale Ausdehnung besitzen. Sie sind so einfach, dass ihnen noch keinerlei Eigenschaft, also auch kein konkreter Ort im Kosmos zugeordnet werden kann. Sie haben auch sonst noch keine andere spezielle Eigenschaft, sie sind also noch frei von jeder konkreten Bedeutung. Die Mathematik der Quantentheorie zeigt dann, wie sich daraus auch die lokalisierten materiellen und energetischen Strukturen entwickeln können.

Ausgedehnte ganzheitliche Systeme werden in der Physik als „nichtlokal" bezeichnet.

In der Geschichte der Naturwissenschaften wird deutlich, dass die Beschreibungen der Natur eine immer abstraktere Form annehmen. Die Sprechweisen hingegen bleiben oft an den alten Vorstellungen hängen. Wir lassen noch immer „die Sonne aufgehen." Das Konkrete ist bildhaft und anschaulich, aber es erlaubt kaum Regeln und erst recht keine Naturgesetze. Diese erfordern mit immer größerem Geltungsbereich immer abstraktere Strukturen. Das bedeutet, dass die mathematisch abstraktesten Strukturen notwendig sind, um die Grundlagen zu erfassen.

Es sei noch einmal betont, der Ausgangspunkt des Buches war die Mathematik der Quantentheorie. Sie führt zu den einfachsten Grundstrukturen. Aus denen lässt sich dasjenige rekonstruieren, was die Physik beschreibt.

Die einfachsten Quantenstrukturen sind mathematisch identisch mit denen, die als Quantenbits bezeichnet werden.

Die zwei Begriffe „Bit" und „Quantenbit" sind weit in den öffentlichen Sprachgebrauch vorgedrungen. Die Möglichkeiten der Computer und vor allen diejenigen der Systeme der künstlichen Intelligenz werden zunehmend über Wissenschaft und Forschung hinaus auch in Wirtschaft, Politik und in den Medien wahrgenommen. Das Ignorieren der quantentheoretischen Grundlagen ist natürlich beim Quantencomputing unmöglich. Dass aber bereits schon das normale Computing ohne eine Technik auf Basis der Quantentheorie unmöglich wäre, wird selten betont.

Wichtig für das Verstehen des Lebens und noch wenig in seiner Bedeutung dargestellt wird die Tatsache, dass alle Prozesse einer biologischen Informationsverarbeitung von den Einzellern über die Pflanzen, Pilze und Tiere bis hin zum menschlichen Bewusstsein auf dem Austausch von Lichtquanten, den Photonen beruhen, also auf Quantenprozessen.

Wenn von Quantenbits gesprochen wird, so ist allerdings zu beachten, dass die Quantenbits als Quanteninformation im Computer als Eigenschaft von kleinen Teilchen erscheinen. Durch diese Anbindung an lokalisierte Objekte tritt das Quantenbit in diesem Fall selbst ebenfalls lokal auf.

*Die fundamentalen Quantenstrukturen, die AQIs, soll man sich hingegen nicht als Eigenschaft von etwas anderem vorstellen. Ein AQI, ein **A**bstraktes und **A**bsolutes Bit von **Q**uanten**I**nformation, ist ein Quantenbit noch ohne jede Anbindung an etwas Lokales.*

Die von Einstein aufgezeigte Äquivalenz von Materie und Bewegung, $E = mc^2$, übersteigt jede anschauliche Vorstellung. Trotzdem gehört sie zu den experimentell immer wieder bestätigten Grundtatsachen. Diese Äquivalenz konnte mit den AQIs erweitert werden auf eine Struktur, die unter anderem auch als das erscheinen kann, was man üblicherweise als Information bezeichnet.

Eine Äquivalenz, wie z. B. $E = mc^2$, ist keine Gleichheit. Äquivalenz bedeutet einerseits, dass es Prozesse gibt, bei denen das eine in das andere umgewandelt werden kann. Sie bedeutet andererseits, dass die Unterscheidung in zwei verschiedene Erscheinungsformen sinnvoll und begründet ist und in vielen Fällen aus praktischen Gründen nicht aufgehoben werden soll.

Von den AQIs führt ein gerader Weg zu dem, was als Verschränkung und als Nichtlokalität bezeichnet wird. Verschränkungen führen aus einfachen Quantensystemen zu komplizierteren Quantensystemen, in denen diese einfachen Systeme nicht mehr als sichtbare Teile vorhanden sind. Verschränkungen verbinden die Ausgangsteile auf eine multiplikative Weise, sodass *das Ganze mehr wird als die bloße Summe seiner Teile*.

> Ein AQI ist so wenig Information, dass es nicht einmal einen Ort markieren kann. Es ist ausgedehnt – nichtlokal – und zwar über den gesamten kosmischen Raum – und trotz der Ausdehnung teilelos. Im Unterschied zum üblichen Verständnis von „Information" kann ein AQI auch keine Bedeutung vermitteln. Ein AQI ist noch bedeutungsfrei. Deshalb war ein neuer Begriff für die Menge aller AQIs notwendig: Protyposis.

Wenige Monate nach dem Erscheinen der ersten Auflage dieses Buches wurden drei Experimentalphysiker mit dem Nobelpreis für ihre Experimente in genau denjenigen Bereichen der Quantentheorie geehrt, die im Buch als ihre wesentlichen Aspekte herausgearbeitet worden waren. Der Nobelpreis wurde für Experimente im Zusammenhang mit Nichtlokalität und mit Verschränkung verliehen. Mit der Physik der AQIs werden derartige Versuche leichter verstehbar.[2)]

Wenn bei der Beschreibung dieser Experimente oft noch von „zwei Teilchen" oder von „zwei Photonen" gesprochen und geschrieben wird, so ist dies der jahrhundertelangen Konzentration auf die kleinen Teilchen in der Ausbildung der Physiker geschuldet. Dabei wird aber ein anderer wesentlicher Aspekt der Quantentheorie ausgeschlossen. Die Quantentheorie zeigt auf, dass nicht nur in unserem menschlichen Leben, sondern auch bereits in der unbelebten Natur bloße Möglichkeiten reale Wirkungen hervorrufen können.

---

[2] Görnitz, T.: *https://www.academia.edu/92858403/Explaining_Nobel_Prize_Physics_2022*; *https://www.researchgate.net/publication/364648473_Der_Nobelpreis_Physik_2022_-Die_seit_langem_ausstehende_offentliche_Anerkennung_fur_Experimente_welche_die_theoretischen_Aspekte_einer_grundlegenden_Eigenschaft_der_Quantenphysik_bestatigen*

In der Sprache der Physik spricht man von Superpositionen.

Die „zwei Quanten", z. B. zwei Photonen, sind in ihrer Verschränkung bloße Möglichkeiten, sie dürfen nicht wie etwas Faktisches gedacht werden. Selbst wenn am Beginn und am Ende eines solchen Experimentes die gleichen Strukturen anzutreffen sind, so sind diese während ihrer Verschränkung zwischen Anfang und Ende nicht als eigenständige Teile des Ganzen vorhanden. Erst das *Erkennen des Ganzen als ein „mehr als die Summe der Teile und als etwas anderes als diese"* kann ein Verstehen bereits ohne Einschluss des gesamten mathematischen Apparates ermöglichen.

Der Einschluss der Quanteninformation als Grundlage in die Physik hatte es auch ermöglicht, die für das Verstehen des Lebens für lange Zeit als wichtig erachteten, aber nicht zur Naturwissenschaft gehörenden Begriffe wie „Lebenskraft", „Entelechie" oder „Elean vital" abzulösen. Sie konnten ersetzt werden durch eine in die Naturwissenschaften eingebundene Quanteninformation, die zu Steuerungen fähig ist.

Die „Steuerung" stammt aus der Schifffahrt. Der Steuermann nimmt Informationen aus der Umwelt und über das Schiff auf. Dann wird von ihm mit einem relativ verschwindenden Einsatz von Energie die Bewegung des Schiffes beeinflusst. Auch in der Technik versteht man unter Steuerung die Beeinflussung eines Gerätes unter vernachlässigbarem Energieeinsatz.

Ähnlich ist es in der Biologie. Die „Energiewährung", das Adenosintriphoshat (ATP), und dessen „Recycling" aus Adenosindiphosphat (ADP), betrifft eine Masse, die täglich etwa der Hälfte der Körpermasse gleichkommt. Die Informationen hingegen, die die betreffenden Prozesse auslösen und steuern, sind im Vergleich dazu winzig. Die Selbststabilisierung durch eine steuerungsfähige Quanteninformation ist ein zentraler Aspekt des Lebens. Diese Vorstellung kann jetzt aus der Metaphysik in die Physik übergeführt werden. Erst damit wurden auch die Grundlagen für ein naturwissenschaftliches Verstehen des Bewusstseins geschaffen – ein Verstehen, welches über eine Beschreibung der Verarbeitungsorte im Rahmen der Hirnphysiologie hinausgeht und das die Wirkung des Bewusstseins auf das Gehirn naturwissenschaftlich erklärbar gemacht hatte.[3)]

[3] Siehe z. B. Görnitz, T.; Görnitz, B. (2016) Von der Quantenphysik zum Bewusstsein: Kosmos, Geist und Materie, Springer, Heidelberg

Vorrede zur ersten Auflage

Wir Menschen stehen gegenwärtig vor einer Situation, die ein grundlegendes Umdenken erforderlich macht. Eine Menschheit von ungefähr 8 Milliarden muss ihren Umgang mit den Gütern der Erde überdenken, wenn sie als Zivilisation überleben will. Dazu gehört auch die Verbesserung der Gestaltung der Beziehungen, eine gerechte Teilhabe an den materiellen und kulturellen Gütern sowie für jeden Menschen die Ermöglichung eines Bewusstseins, das kulturell und wissenschaftlich allseitig gebildet sein kann.

Energie und vor allem Materie lassen sich nicht „erzeugen". Natürlich lassen sich verschiedene Erscheinungsformen ineinander umwandeln. Aber beispielsweise wird gegenwärtig darauf verwiesen, dass Bausand knapp wird, weil der Sand aus der Sahara für Beton nicht verwendet werden kann.

In der Tat nutzen wir für uns bisher nur einen geringen Anteil der Energie, die uns von der Sonne erreicht. Diese Energie betrifft nicht nur die Solarzellen, auch Wind und Wellen werden letztlich von der Sonne angetrieben. Für ihre Nutzung gibt es noch viel „Luft nach oben".

Bei manchen chemischen Elementen jedoch, nehmen wir als Beispiel den Phosphor, sind die gut ausbeutbaren Vorkommen begrenzt. Phosphor ist wegen seines Anteils im Genom und als Bestandteil des Energielieferanten Adenosintri*phosphat* in der Zelle für jedes Lebewesen unersetzlich. Da Phosphor deswegen auch einen wichtigen Anteil im Dünger bildet, ist der frühere verschwenderische Umgang mit ihm bereits beträchtlich eingegrenzt worden. Die Wissenschaft hatte einen Einblick in Zusammenhänge ermöglicht, die nicht auf der Hand lagen. So hat die Reduzierung nicht nur bei den Wasch- und Reinigungsmitteln bereits zu einem Rückgang bei der durch zu viel Phosphor verursachten Eutrophierung von Gewässern geführt.

Die Menschheit ist konfrontiert mit der Aufgabe, ihr Handeln ändern zu müssen. Das wird jedoch nur dann möglich sein, wenn unser Verständnis der Wirklichkeit die Realität immer besser erfasst. Das wird nur mithilfe der Wissenschaft gelingen und es wird erleichtern, einen zu verschwenderischen Umgang mit den natürlichen Ressourcen einzugrenzen.

Auf der Basis von Grundlagenforschung sollte es möglich werden, auch die Folgen der Folgen sowie die Material-, Energie- und Informationsabläufe und -Kreisläufe bis in ihre globalen Zusammenhänge besser zu verstehen. Auch die scheinbar unerschöpflichen Vorkommen von Luft und Wasser sind bei Weitem nicht so ungefährdet, wie man das über lange Zeiten geglaubt hatte.

Da Materie nicht vermehrt werden kann, ist ein Wirtschaftsverhalten unmöglich, welches auf einem dauerhaft wachsenden Verbrauch von materiellen Gütern beruht.

Ein solcher wachsender Verbrauch wird jedoch bisher im Verstehen von „Wirtschaftswachstum“ als Grundpostulat vorausgesetzt und als allheilender Fetisch verstanden. Ebenso wenig ist auch fruchtbarer Boden, der die Grundlage für die Ernährung darstellt, ohne weiteres zurückzugewinnen oder gar vermehrbar.

Es wird also ein neuer Blick auf die Wirklichkeit notwendig, der eine zu enge Sicht auf die Realität erweitert.

In vielen Darstellungen aus den Bereichen der Naturwissenschaft von der Physik bis zur Hirnforschung kann man den Eindruck gewinnen, dass es im Grunde neben der Realität des Materiellen nichts Weiteres gäbe, womit sich Naturwissenschaft befassen müsste. Damit jedoch bleiben die sozialen und geistesgeschichtlichen Einflüsse auf die Wirklichkeit und damit auch auf die Natur weitgehend im Hintergrund oder werden gänzlich ignoriert. Im Buch werden die grundlegenden Zusammenhänge der Wirklichkeit ausführlich reflektiert. Das erfolgt vor allem auf der Grundlage der Quantentheorie, der besten und genausten Erfassung der Wirklichkeit.

Neben den naturwissenschaftlichen und naturphilosophischen Schwerpunkten sind in dem Text auch die mathematischen Zusammenhänge eingebaut. Es wird allerdings zu allen mathematischen Ausführungen eine breite verbale Darstellung gegeben, sodass ein Überblick über die grundlegenden Vorstellungen auch gewonnen werden kann, wenn man die mathematischen Fundierungen nur überfliegt.

Im Folgenden werden die Basisstrukturen der Quantentheorie ausgebreitet und aufbereitet. Mit ihnen wird diese angeblich „unverstehbare“ oder gar „verrückte“ Theorie begreifbar. Es geht also im Buch um ein Verstehen dessen, was Quantentheorie für unsere Sicht auf die Natur und auf uns selbst bedeutet. Wie ich aus eigener Erfahrung weiß, sind wegen der Fülle des zu vermittelnden Stoffes in der normalen Vorlesung über Quantenmechanik neben den mathematischen Grundlagen derartige Aspekte nur sehr schwer oder gar nicht unterzubringen.

Mit den quantentheoretischen Fundamenten wird eine naturwissenschaftlich begründete Sicht auf die gesamte Wirklichkeit vorgestellt. Sie umfasst Vorstellungen, welche von der kosmischen Entwicklung über die kleinsten Teilchen der Materie bis zur menschlichen Psyche reichen.

Gewiss sind in unserer gegenwärtigen Zivilisation viele Menschen davon überzeugt, dass eine Wende im Verhalten dringend geboten ist. Leider bewirken allein Apelle für ein ethisches Verhalten wenig. Das gilt besonders dann, wenn sie gegen einen scheinbar „wissenschaftlich begründeten“ Mainstream antreten müssen, der dem Psychischen und damit auch dem Geistigen eine weit nachgeordnete Rolle hinter der Realität des Materiellen zuweist. Zumindest können sowohl das Konsumverhalten als auch viele Vorstellungen über das innere Wesen des Menschen und seiner Einbettung in das kosmische Geschehen diesen Eindruck nicht entkräften.

Die Einsicht in einen Evolutionsprozess, der vom Beginn des Kosmos über das Leben bis zum menschlichen Bewusstsein geführt hat, zeigt klar, dass eine dualistische Weltsicht, also ein „Nebeneinander“ von Geist und Materie, zwar einen pragmatischen Umgang mit der Realität erleichtert und somit einen praktischen Nutzen haben kann, jedoch niemals eine fundamentale Bedeutung. Es muss eine gemeinsame Grundlage für beides geben – und genau diese Grundlage kann die Quantentheorie liefern. Das wird im Buch naturwissenschaftlich und auch naturphilosophisch begründet. Den zugrundeliegenden mathematischen und physikalischen Strukturen wollen wir uns im vorliegenden Text schrittweise nähern.

Vielen Menschen wird es vielleicht ähnlich wie mir ergehen. Technische Entwicklungen und wissenschaftliche Erkenntnisse erstaunen uns und erleichtern vieles im täglichen Leben. Die Ergebnisse der wissenschaftlichen Forschung ermöglichen es, schnell neue Impfstoffe zu entwickeln. Manche Krankheiten werden heilbar, denen wir bisher machtlos gegenüberstanden.

Andererseits machen wir uns berechtigte Sorgen um die nächsten Generationen und die globalen Ungleichheiten. Wir sind konfrontiert mit einer weltweiten Wirtschaftsweise, der man nicht ansehen kann, dass die Einsicht in die Beschränktheit der materiellen und energetischen Ressourcen auf der Erde bereits zum Leitfaden des ökonomischen Handelns geworden wäre.

Trotz der erwähnten technischen Anwendungen der Quantentheorie kann man dem Eindruck schwer ausweichen, dass das politische und ökonomische Handeln weitgehend noch auf einem Weltbild beruht, das seine naturwissenschaftlichen Grundüberzeugungen hauptsächlich aus den großen Entwicklungsfortschritten der klassischen Physik bezieht. Und noch immer gibt es umfangreiche Versuche, die Quantentheorie in diese mathematische Struktur einzupassen.

Bereits ein flüchtiger Blick auf die geistesgeschichtlichen Zusammenhänge im 20. Jahrhundert zeigt zwei entgegengesetzte Tendenzen.

Einerseits eine sich als materialistisch bezeichnende Utopie, die sich vor allem durch eine Verleugnung der Realität des Geistigen sowie durch die Unterdrückung der Bedürfnisse der Menschen nach Freiheit auszeichnete.

Andererseits kann man die Ansicht wahrnehmen, dass nicht nur unsere Vorstellungen und Anschauungen unsere psychischen Konstruktionen seien. Das sind sie in der Tat. Wenn jedoch die materiellen oder biologischen Grundlagen ebenfalls zu lediglich sozialen oder psychischen Konstrukten erklärt werden, so wird damit ein Zugang zur Realität sehr erschwert oder gar unmöglich gemacht.

In der Wissenschaft sind wir daher herausfordert, eine Trennung zwischen Abbildern der Wirklichkeit und Zerrbildern zu verdeutlichen.

Gegenwärtig erleben wir in der westlichen Kultur einen gewaltigen Fortschritt in der Anwendung naturwissenschaftlicher Erkenntnisse und zugleich im politischen Raum eine Überschätzung der materiellen, also ökonomischen Triebkräfte, die verbunden ist mit einer Unterschätzung von ideologischen und kulturellen, also geistigen Antrieben von Menschen.

Die Naturwissenschaft des 21. Jahrhunderts ermöglicht uns eine, wie oft im Feuilleton so schön formuliert wird, „kopernikanische Wende“ im Verständnis der Natur. (Dieser Ausdruck verschleiert, dass Kopernikus in seiner Zeit so wenig öffentlich wirkte, dass man es mehr als ein halbes Jahrhundert lang nicht für nötig befand, sein Buch durch die Inquisition verbieten zu müssen).

Dank der Entwicklungen in der Quantentheorie kann jetzt auch in der Naturwissenschaft akzeptiert werden, was uns in unserem alltäglichen Leben vollkommen selbstverständlich ist:

> Nicht allein die faktischen materiellen Umstände, auch unsere gedanklichen Vorstellungen, unsere Erkenntnisse und Erwartungen sowie die noch nicht faktisch gewordenen Möglichkeiten, alle diese für uns bedeutungsvollen Informationen beeinflussen unser Handeln.

Diese Selbstverständlichkeiten können erst in der Naturwissenschaft des 21. Jahrhunderts den ihnen zukommenden gebührenden Platz erhalten und in dieser und in der Philosophie akzeptiert werden.

> Die Quantentheorie hat zu der Erkenntnis geführt, dass die Grundlage der Realität durch die kosmische Evolution aus einer absoluten Quanteninformation geschaffen wurde und wird. Eine solche Quanteninformation, so zeigt sich, ist äquivalent zu Materie und Energie und bildet die eigentliche Grundlage der Wirklichkeit.

Unser Alltag füllt sich mehr und mehr mit Ereignissen und Gebrauchsgegenständen, welche vor nicht allzu langer Zeit als Zauberei empfunden worden wären oder bei denen man eine Berichterstattung als Märchen oder Lüge bezeichnet hätte. (Lüge deshalb, weil damals auch ein Begriff wie „Fake News“ noch nicht in aller Munde gewesen war.) Jules Vernes „Reise zum Mond“ war einst Science-Fiction, seit einem halben Jahrhundert ist es Vergangenheit und wohl bald wieder aktuell. Der Zauberspiegel: „Wer ist die Schönste im ganzen Land“ heißt heute vielleicht „Instagram“?

Ich glaube, dass wohl kaum ein Mensch, der diese technischen Geräte benutzt, dabei an „Quantentheorie“ denkt, einen Bereich der Physik, der seit einem Jahrhundert existiert und der das alles erst ermöglicht hat.

Vielen Menschen ist nicht bewusst, dass beispielsweise elektronische Uhren, Handys, Flachbildschirme, Steuerungssysteme für Pkws und Solarzellen sowie natürlich auch das Internet mit allen seinen guten und bedrohlichen Möglichkeiten ohne die Erkenntnisse aus der Quantentheorie vollkommen unmöglich sein würden.

Alle die Geräte in der Medizin und speziell in der Hirnforschung, bei denen man sogar ohne einen chirurgischen Eingriff umfangreiche Kenntnisse über Zustände und Vorgänge im Inneren des Körpers und auch im Gehirn erhalten kann, sind ebenfalls ohne Anwendungen aus der Quantentheorie undenkbar.

> Die Quantentheorie hat mit ihren Ergebnissen nicht nur unseren Alltag verändert, sie erfordert auch eine Veränderung in der Art und Weise, wie wir über die Wirklichkeit nachdenken.

Auch in seriösen Darstellungen verwendet man oft als Grundlage für Erklärungen von Quantenphänomenen Bilder und Erfahrungen, die man an unbelebten Alltagsgegenständen gelernt hat. Und dann stellt man verwundert fest, dass die Quanten sich völlig anders verhalten können.

Was kann uns helfen, diejenigen Vorgänge in der Natur besser zu verstehen, bei denen das Wirken der Quanten berücksichtigt werden muss?

Ein Fazit liegt auf der Hand

Der tatsächlichen Basis der Naturwissenschaften auf den Grund zu gehen, bedurfte einer intensiven Forschungsarbeit. Sie soll hier dargelegt werden. Auf dieser Grundlage können wir unsere Anschauungen ändern.

> Nur das, was wir verstanden haben, kann uns helfen, besser zu reagieren. Alles, was wir nicht verstehen, vermittelt uns lediglich ein gewisses Gefühl von Ohnmacht.

Ein berühmter deutscher Philosoph hat einmal geschrieben:

> *„Ich behaupte aber, daß in jeder besonderen Naturlehre nur so viel eigentliche Wissenschaft angetroffen werden könne, als darin Mathematik anzutreffen ist. Denn nach dem Vorhergehenden erfordert eigentliche Wissenschaft, vornehmlich der Natur, einen reinen Theil, der dem empirischen zum Grunde liegt, und der auf Erkenntniß der Naturdinge a priori beruht.“*[4]

In dieser These von Immanuel Kant (1724–1804) wird viel behauptet und gegen sie wird sich sicherlich weiterhin viel Widerstand regen. Doch können wir heute, 200 Jahre später, erkennen, dass hinter dieser Behauptung mehr Zutreffendes liegt, als man damals wissen konnte.

Die einzelnen Wissenschaften betrachten Teilbereiche der Natur. Wenn es jedoch um die Grundlagen geht, dann ist „das Ganze“, der Kosmos, einzubeziehen. Heute erkennen wir im Kosmos eine Evolution von sehr einfachen Strukturen über das Leben bis zu einer Gesellschaft von Menschen mit Sprache und einem hochkomplexen Sozialsystem.

Die Mathematik als die Wissenschaft möglicher Strukturen ist ein unentbehrliches Gestaltungswerkzeug zumindest für diejenige Naturwissenschaft, die sich mit den einfachsten Strukturen beschäftigt, also für die Physik. Ohne Mathematik gibt es

---

[4] Kant, I. (1786) *Metaphysische Anfangsgründe der Naturwissenschaft*, A VIII.

keine Physik. Man kann physikalische Strukturen sprachlich darstellen und erläutern. Das ist eine ständige Aufgabe der Wissenschaftler. Sie bleibt wichtig, u. a. auch um vielen Missbrauch in die Schranken zu weisen, der mit dem Begriff „Quanten" getrieben wird. Allerdings ist ein wirkliches und tieferes Verstehen ohne die Mathematik wahrscheinlich unmöglich.

Ohne die physikalischen Grundlagen bleibt der Chemie das Erklären ihrer Beziehungsstrukturen und Bildungsgesetze verwehrt. Biologie wiederum bliebe ohne diese beiden Wissenschaften auf das Beschreiben von Erscheinungen und Verhaltensweisen beschränkt.

Auf der Basis der einfachen Strukturen entwickeln dann diese Naturwissenschaften und alle die weiteren Wissenschaften ihre jeweils eigenständigen Gesetze.

Je komplexer also die Strukturen werden, desto vielschichtiger werden auch die Versuche, mit mathematischer Unterstützung neue Zusammenhänge finden zu können. Schließlich ist das Finden von Korrelationen nicht dasselbe wie das Entdecken von tatsächlichen Abhängigkeiten und Ursächlichkeiten.

Vor allem die Biologie hatte bisher zu Recht darauf verwiesen, dass für sie ein naturwissenschaftliches Verstehen des Wirkens von Information notwendig ist.

> Mit der hier dargelegten Grundlage der Quantentheorie erfolgt die Einordnung der Information in den Rahmen der naturwissenschaftlichen Fundamentalgrößen.

Die Quantentheorie ist der genaueste Teil der Physik. Diese große Genauigkeit hat zur Folge, dass bei einem Quantenteilchen, wie z. B. einem Elektron, für die mathematische Beschreibung seines Zustandes unendlich viele Zahlen notwendig sind. Das gilt bereits auch für masselose Objekte wie einem Lichtquant. Bereits das zeigt, dass die Quantenteilchen sehr komplexe Entitäten sind.

Im Gegensatz dazu genügen bei den mathematisch und physikalisch einfachsten aller möglichen Quantenstrukturen zwei Zahlen, um den Zustand einer solchen einfachstmöglichen Quantenstruktur festzulegen.

Diese mathematisch und physikalisch einfachsten Strukturen sind ***a****bsolute und noch bedeutungsfreie Bits von* ***Q****uanten****i****nformation, AQIs.*

Ein tatsächliches Fundament für die Quantentheorie und damit auch für die Physik und die übrigen Naturwissenschaften kann jetzt auf der Basis einer absoluten und kosmologisch begründeten Quanteninformation errichtet werden. Im Buch wird gezeigt, wie sich aus ihnen die komplexen Strukturen erzeugen lassen, welche die Physik beschreibt.

Diese Feststellung bedeutet eine ähnlich große Herausforderung an unsere Vorstellungskraft wie es der Übergang vom geozentrischen zum heliozentrischen Weltbild gewesen sein mag. Aller Augenschein spricht für die Bewegung der Sonne um die Erde. Obwohl wir bis heute dieses Bild in der Sprache bewahrt haben, weil ein Sonnenaufgang so überzeugend ist und ein Sonnenuntergang so beeindruckend sein kann, nötigt uns die naturwissenschaftliche Beschreibung und Erklärung, diese Vorstellung umzukehren.

Im Mittelalter war es für viele Menschen noch nicht einmal erreichbar, lesen und schreiben lernen zu können. Jetzt hingegen ist es einfacher, so viel naturwissenschaftliches Verständnis erlernen zu können, dass man versteht, wieso die Erde um die Sonne läuft. Da sie auch um ihre eigene Achse rotiert, entsteht der Augenschein einer täglichen Bewegung der Sonne um die Erde.

Heute erkennen wir immer klarer: Hinter der offensichtlichen Realität des Materiellen wird durch die Naturwissenschaft eine dahinterstehende Quanteninformationsstruktur aufgezeigt.

Im Folgenden wird dargelegt, was auf diesem Wege bereits erreicht worden ist und was von den nachfolgenden Wissenschaftlergenerationen noch zu leisten ist.

Solche neue Einsicht erleichtert zugleich, sich von den über die Quantentheorie verbreiteten zu engen Vorstellungen von Quantenphysik als „Mikrophysik“ und als „Ensemblephysik“ zu verabschieden.

Damit wird Quantentheorie verstehbar – und aus einem tatsächlichen Verstehen ergeben sich neue fruchtbare Erkenntnisse.

Natürlich bleibt es zutreffend, dass im mikroskopisch Kleinen, bei den Atomen und Molekülen, ohne Quantentheorie keine vernünftigen Ergebnisse erhalten werden. Und ebenso bleibt es richtig, dass Wahrscheinlichkeitsaussagen nur mit Statistik überprüft werden können, also nur mit hinreichend großen Ensembles. Falsch werden diese Vorstellungen, wenn sie – wie früher vielfach üblich – verabsolutiert werden. So konnte man noch vor nicht zu langer Zeit in physikalischen Publikationen lesen, dass Aussagen über ein einzelnes Atom unsinnig seien. Seit einiger Zeit wird wie selbstverständlich mit einzelnen Atomen und Ionen experimentiert. Früher lag der Erklärungsschwerpunkt für Quantentheorie beim Durchgang vieler winziger Teilchen oder Lichtquanten durch einen engen Doppelspalt. Es ist an der Zeit, dass auch diejenigen Quantenexperimente in die Lehrbücher geraten, die sich mit Quantensystemen befassen, welche sich ohne eine Aufspaltung in Teile über weit mehr als tausend Kilometer ausdehnen.

Das Bild von „Quantentheorie als Mikrophysik“ hatte es bisher so schwer gemacht, neben den Vorstellungen von „Quanten als kleine Kügelchen“ auch Raum dafür zu öffnen, dass Quantenstrukturen in manchen Situationen als unermesslich weit ausgedehnt zu denken sind.

Während die neuen Bilder nicht leicht zu vermitteln sind, sind andererseits die mathematischen Strukturen seit langem bekannt. So wie Kepler die vorhandene Mathematik der Ellipsen verwenden konnte, um die alten Bilder von den kreisförmigen Planetenbewegungen abzulösen, so hilft die Mathematik auch jetzt, um besser zutreffende Vorstellungen über die Realität zu eröffnen.

In der Mathematik ist viel an notwendiger Vorarbeit geleistet worden. Sie würde allerdings gleichsam im luftleeren Raum der virtuellen Strukturen verbleiben, wenn sie nicht mit der Physik auf das Geschehen in der Natur angewendet wird. Ohne die Mathematik bleibt wiederum die Physik kraftlos und lediglich beschreibend. Sie kann dann nicht erklärend wirken. Zu dieser Erkenntnis sind auch philosophische Gedankengänge notwendig. Durch Reflexionen kann deutlich werden, was die verwendeten Begriffe und Strukturen bedeuten.

Einer meiner jüngeren Enkel hat mich gefragt, was „Baum" bedeutet. Ich erklärte ihm zuerst, dass der „Baum" ein Lebewesen ist. Dann begann ich mit dem ganzen Baum und zerlegte ihn in der Beschreibung in Stamm und Wurzeln, mit Rinde, Ästen, Blättern, Blüten und Früchten. Eine noch weitere Aufgliederung in Moleküle und Atome und zu noch Kleinerem würde für ihn wohl noch zu kompliziert werden.

Dieses Vorgehen passt zu einem bekannten, aber in der Weiterführung überraschenden Befund: Viele Philosophen und Physiker vertraten seit der Antike die Vorstellung, dass „Kleineres" zugleich „Einfacheres" sein würde.

> Die Geschichte der Quantentheorie offenbart allerdings das Gegenteil zu dieser Vorstellung. Im Gegensatz zu ihr führt nach der Schwelle, die mit den chemischen Atomen gekennzeichnet werden kann, der immer weiter beschrittene Weg ins räumlich Kleine zu immer komplizierteren anstatt zu einfacheren Theorien.

Da man unter „Erklären" in der Naturwissenschaft versteht, etwas Kompliziertes aus dem Einfachen aufzubauen oder zumindest daraus zu rekonstruieren, bedeutet ein „wirkliches Erklären", mit dem „wirklich Einfachsten" zu beginnen. Das sind die erwähnten AQIs.

> Hier eine erste kurze Kennzeichnung:
>
> Ein AQI ist so einfach, dass ihm keine Eigenschaft, also keine spezielle Bedeutung und auch kein spezieller Ort im Kosmos, zugeordnet werden kann. Es kann veranschaulicht werden wie eine Schwingung, die über den ganzen Raum ausgedehnt ist. Mathematisch und physikalisch sind AQIs als Quantenbits definierbar. Nur mit sehr vielen von ihnen werden spezielle Strukturen wie z. B. lokalisierte Teilchen möglich.

Was lässt sich zuerst ganz allgemein zur Quantentheorie sagen?

Die Quantentheorie wurde erst notwendig und unabweisbar, als Experimente und Theorien sehr genau geworden waren.

- Die Quantentheorie erweist sich als die Physik des Genauen.

  Der im Zusammenhang mit der Quantentheorie unglücklich gewählte Begriff der „Unschärfe" erschwert diese Einsicht.

- Die Quantentheorie erweist sich als eine Physik der Beziehungen.[5]

  Beziehungen begründen das Entstehen von etwas Neuem, von Ganzheiten, von Strukturen, welche mehr sind als die Summe ihrer Teile. Man kann sogar formulieren:

- Beziehungsstrukturen werden zu Objektstrukturen und werden bei Lebewesen auch zu Bedeutungsstrukturen.

  Die Quantentheorie zeigt weiterhin, dass über die Fakten hinaus sogar Möglichkeiten, die noch keine Fakten geworden sind, bereits Wirkungen hervorrufen können.

- Die Quantentheorie erweist sich als eine Physik der Möglichkeiten, die mathematisch als Wahrscheinlichkeiten erfasst werden können.

  Dass faktische Kräfte reale Wirkungen erzeugen, ist evident. Die Quantentheorie zeigt darüber hinaus, dass z. B. Elektronen sich anders verhalten, wenn sie die Möglichkeit haben, unkontrolliert und unbeobachtet durch zwei nebeneinander liegende Spalten fliegen zu können, als wenn sie durch Kontrolle zu einem faktischen Verhalten gezwungen werden und sie somit faktisch nur durch einen Spalt fliegen.

- Das Wichtige an der Quantentheorie ist, dass sie keine Aussagen über faktische Zustände, sondern Aussagen über Möglichkeiten formuliert.

  Solange also das Elektron nicht in einen faktischen Zustand gezwungen wird, dann besitzt es die *Möglichkeit*, zur gleichen Zeit durch beide Spalten fliegen zu können. Die Wahrscheinlichkeiten dafür können berechnet werden – und das ist weder ein Widerspruch noch ist es unverständlich.

> Hinter der Aussage über „Möglichkeiten" steht die Tatsache, dass die Quantentheorie eine neue „Philosophie der Zeit" erforderlich macht. Diese Änderung ist noch grundlegender als jene, die sich aus den beiden Relativitätstheorien ergeben haben.

Im Buch wird darüber reflektiert, was aus den Grundstrukturen der Quantentheorie gefolgert werden soll und kann.

Albert Einstein (1879–1955) hatte am Ende seines Forscherlebens die Vision, dass die Basis der Physik sich in einer Struktur zeigen könnte, die in ihrer konkreten Ausführung dem entspricht, was hier vorgestellt wird.

Carl Friedrich v. Weizsäcker (1912–2007) war der erste, der den Weg in ein solches Programm eröffnet hatte und der im deutschen Sprachraum darüber viel veröffentlichte. Viele Jahre später hat Archibald Wheeler (1911–2008) die im englischen

---

[5] Görnitz, T. (1999) *Quanten sind anders: Die verborgene Einheit der Welt*, Spektrum Akademischer Verlag, Heidelberg

Sprachraum prägend gewordene These „It from Bit" verkündet – allerdings ohne dabei aus dem zu engen Rahmen „Quantenphysik = Mikrophysik" und den damit verbundenen Vorstellungen herauszutreten.

In eine solche Grundlegung ist nun ein halbes Jahrhundert an weiterer Forschungsarbeit eingeflossen. Das Buch will seine Leserinnen und Leser auf dem Weg mitnehmen, der von den naturwissenschaftlich erkennbaren Grundlagen der Wirklichkeit bis zu den gegenwärtigen Theorien führt.

Dabei wird gezeigt, wie weit und mit welchen Erfolgen das Programm, die Physik aus *kosmologisch begründeten absoluten Quantenbits* zu rekonstruieren, bereits durchgeführt worden ist.

Der Forscherdrang, immer besser verstehen zu wollen, was den Phänomenen zugrunde liegt, wie die Natur wirkt und wie wir das alles erklären können, ist der Hauptmotor in der Entwicklung der Naturwissenschaften. Glühendes Eisen strahlt. Max Planck (1858 – 1947) wollte verstehen, wie solche Strahlung zustande kommt. Die dafür notwendige Verbindung von Elektrodynamik und Thermodynamik führte ihn unausweichlich zur Quantentheorie.

Quantentheorie und Allgemeine Relativitätstheorie verbinden sich an den Schwarzen Löchern[6)]. Die dort notwendige Verkettung dieser beiden Theorien führte unausweichlich dazu, die *Quanteninformation* in die Physik einzuschließen.

Der *Einschluss der Quanteninformation als das Fundament in die Physik* bedeutet eine grundlegende Wende gegenüber derjenigen Naturwissenschaft, in der ich selbst und die meisten meiner Kollegen ausgebildet wurden.

Daraus folgt eine Schwierigkeit beim Schreiben dieses Buches. Es werden allseitig kreative neue Ideen gefordert und zugleich wird gewünscht, dass sie sehr einfach – sozusagen mund- bzw. denkgerecht – dargeboten werden. Sie sollen fantasievoll sein, aber auch die etablierten Gedanken bestätigen.

Um eine solche Quadratur des Kreises zu bewältigen ist ein Blick auf die Mathematik hilfreich. Die Quadratur des Kreises ist unmöglich, sie würde erfordern, unendlich viele Stellen von „π" zu berücksichtigen. Zugleich kommen wir zu der Einsicht, dass eine solche Unmöglichkeit doch näherungsweise immer so gut erledigt werden kann, wie es die Umstände erfordern. Daher wird an vielen Stellen des Buches neben den zugrundeliegenden mathematischen Strukturen der neuen Physik zugleich ausführlich dargelegt, wie sie verstanden werden können.

[6] Sie werden auch als Black Hole bezeichnet, oder auch nur kurz BH.

1 Reale und mögliche Strukturen als Triebkraft der Natur

Die Mathematik ist die Wissenschaft denkbarer logischer Strukturen.
Die Physik ist die Wissenschaft realisierbarer Strukturen.

Die Strukturen, die in der Natur reale Wirkungen hervorrufen können und die von der Physik erfasst werden, umfassen – und das ist eine historisch neue Einsicht aus der Quantentheorie – neben den Fakten auch die Möglichkeiten, die noch nicht faktisch geworden sind. Mit „Möglichkeiten" ist dabei nicht dasjenige gemeint, was bereits als Fakten vorliegt, uns aber unbekannt ist. Es ist evident, dass wir Menschen uns auch nach den Möglichkeiten richten, die vorhanden sind oder die wir erwarten. Überraschend dürfte es aber sein, dass auch Möglichkeiten wirksam werden, die aus der Umgebung des betrachteten Quantenobjektes resultieren, und dass dies zu den Grundeigenschaften der Natur gehört, welche die Quantentheorie beschreibt. So verhalten sich beispielsweise Elektronen oder Photonen unterschiedlich beim Durchgang durch zwei nebeneinanderliegende Spalten: Das Verhalten richtet sich danach, ob die Möglichkeit besteht, unkontrolliert hindurchgelangen zu können, oder ob diese Möglichkeit durch eine Kontrolle beseitigt wird, weil festgestellt wird, durch welchen der Spalten sie faktisch geflogen sind. In Abschnitt 10.5 werden wir das ausführlicher betrachten.

In diesem Sinne ist die Physik die Wissenschaft derjenigen mathematisch darstellbaren Strukturen, die reale Wirkungen erzeugen können.

Was man in der Mathematik konstruieren kann, das ist viel umfassender als die physikalische Realität. Viele Strukturen der Mathematik werden nach bisheriger Kenntnis nicht realisiert. Mit den mathematischen Strukturen lassen sich nicht nur faktische Geschehnisse modellieren, sondern auch die Entwicklungen von physikalischen Möglichkeiten. So können die Prognosen für Möglichkeiten auch dazu verhelfen, die Realisierung von unerwünschten Möglichkeiten zu verhindern, also ihr „Faktisch-Werden" zu vermeiden. Das kann z. B. zur „Paradoxie der Prophylaxe" führen: Uneinsichtige Menschen erklären nach dem Erfolg einer Prophylaxe, dass sie überflüssig gewesen sei.

Die Forderung von Wirkungsmöglichkeit wird an die Mathematik nicht gestellt. Von manchen mathematischen Theorien ist zumindest gegenwärtig eine Anwendung in einem physikalischen Modell nicht zu erkennen. Allerdings hat es in der Geschichte der Physik immer wieder überraschende Anwendungen von mathematischen Methoden gegeben, die bis dahin nur in der Mathematik benutzt wurden. Ein bekanntes Beispiel ist die Riemannsche Geometrie, die Bernhard Riemann (1826–1866) als eine reine mathematische Erkenntnis gestartet hatte. Nachdem Albert Einstein (1879–1955) die Feinheiten dieser mathematischen Strukturen von seinem Freund, dem Mathematiker Marcel Grossmann (1878–1936) erfahren hatte, erwiesen sie sich als der Schlüssel zum Verstehen der Gravitation.

In der Physik finden sich viele Theorien. Diese haben jeweils einen Anwendungsbereich und beziehen sich auf viele ähnliche Fälle. Die Theorien werden zumeist als Differentialgleichungen formuliert. Durch die verschiedenen Anfangsbedingungen werden beliebig viele Situationen erfasst.

Theorien handeln nicht von einem Fall, sondern von vielen Fällen.

Im vorliegenden Buch geht es nicht nur um Gesetze, sondern auch um den Begriff „Prinzip".

Die Redewendung „im Prinzip" wird im Alltag oft so verwendet, dass das Gemeinte gerade nicht erfüllbar ist, aber eigentlich erfüllbar sein sollte. In philosophischen Zusammenhängen und auch hier im Buch ist eine solche Abschwächung nicht intendiert.

> Als Prinzipien (griech.: ἀρχή, archḗ – Anfang, Prinzip, Ursprung, Plural: archai) kann dasjenige bezeichnet werden, was den Theorien zugrunde liegt. Prinzipien sind das, was die Theorien erst ermöglicht.

Während die Theorien logisch geschlossene Strukturen sein sollen, kann das von den Prinzipien nicht verlangt werden. Platons „ungeschriebene Lehre" handelt von den Archai. Weizsäcker hatte mich auf das 1993 erschienene Buch von G. Reale und die vorausgehenden Arbeiten von Krämer und Gaiser aufmerksam gemacht.[1] Diese Prinzipien bei Platon sind das „Eine" und die „unbegrenzte Zweiheit". Der „Aufstieg" steuert auf das „Eine". Von dort erfolgt der „Abstieg" in die „unbegrenzte Zweiheit", in die Realität mit ihrer Vielfältigkeit.

In den Diskussionen mit Weizsäcker waren wir zu dem Schluss gekommen, dass die Archai vor der Idee der Logik kommen, dass sie der Logik zugrundeliegen. Damit

[1] Gaiser, K. (1998) *Platons ungeschriebene Lehre. Studien zur systematischen und geschichtlichen Begründung der Wissenschaften in der Platonischen Schule*, 3. Auflage, Klett-Cotta, Stuttgart; Reale, G. (1993) *Zu einer neuen Interpretation Platons: Eine Auslegung der Metaphysik der großen Dialoge im Lichte der ‚ungeschriebenen Lehren‘*, Ferdinand Schöningh, Paderborn

müssen sie also nicht der Logik der Fakten unterliegen. Deshalb wohl ist diese Lehre nicht aufgeschrieben worden, denn das „Eine“ und die „unbegrenzte Zweiheit“ formen einen logischen Widerspruch, *wenn sie zugleich als Fakten gedacht werden.*

Wir können das Ganze, das Eine, erst in seiner Zerlegung in Vielheiten begreifen und erklären, denn eine Theorie bezieht sich auf vieles. Über ein Unikat sind aber Einsichten möglich.

Mit einer Formel wird eine Beziehung zwischen Strukturen aufgezeigt, die zuvor als Verschiedenes verstanden wurden. Ein gutes Beispiel dafür ist die berühmteste Formel der Physik: $E = mc^2$. Sie zeigt die Äquivalenz zwischen Materie und Energie. Diese beiden Größen waren bis dahin als etwas völlig Verschiedenes interpretiert worden.

Man kann also Beziehungen zwischen physikalischen Größen in einer Formel verdeutlichen und damit Äquivalenzen aufklären. Andere Formeln, die Differentialgleichungen, ermöglichen die Berechnung von zeitlichen Veränderungen von Systemen für viele verschiedene Ausgangssituationen.

In allen diesen Fällen ist es wichtig, dass viele verschiedene Situationen oder Fälle und nicht nur ein einziger Spezialfall betrachtet wird. Schließlich ist eine Formel als Ausdruck für eine Gesetzmäßigkeit nur für eine Vielheit sinnvoll und nicht für das „Eine“.

Im Buch geht es zuerst um fundamentale Einsichten über das Ganze. Daraus ergeben sich dann für bestimmte Bereiche der Realität sehr erfolgreiche und sehr bewährte Theorien. So wird im Folgenden gezeigt, wie aus dem *Prinzip der Protyposis* die bewährten Theorien der Physik für bestimmte Teilbereiche der Erscheinungen im Kosmos hergeleitet werden können.

> Die Protyposis als die Grundlage der Physik ist die Gesamtheit der in der Vorrede bereits erwähnten einfachsten Strukturen, die Gesamtheit der absoluten und noch bedeutungsfreien Bits von Quanteninformation, der AQIs.

Wir haben diesen Begriff „Protyposis“ gewählt, um die Verwechslung der absoluten Quanteninformation, der AQIs, mit demjenigen Informationsbegriff zu vermeiden, der, wie im Alltag üblich, bereits mit einer speziellen Bedeutung gedacht wird. Die Protyposis ist also bedeutungsoffen oder bedeutungsfrei im Gegensatz zu den Qubits des Quantencomputers.

> Zur Wortbedeutung dieses ungebräuchlichen Begriffes:
>
> Protyposis stammt aus dem Altgriechischen. Der Wortstamm τύπτω (typto) bedeutet: „schlagen, auch z. B. eine Münze prägen“; προτύπτω (protypto) „vorwärtsdringen, vorbrechen“; τυπόω (typoo) „eindrücken, prägen“; προτυπόω (protypoo) „eine Vorstellung von etwas Zukünftigem geben“; προτύποσις (protyposis) „das Vorgeprägte, das Sich-Ausprägende, Sich-Entwickelnde“.

Die AQIs der Protyposis, die das Kernstück des Buches bilden, sollen bereits hier kurz vorgestellt werden:

> Die AQIs sind die einfachsten Quantenstrukturen.
>
> Aus den AQIs lassen sich alle komplexen Strukturen konstruieren.
>
> Ein AQI kann als eine „kosmische Grundschwingung" visualisiert werden.
>
> Die Zustände eines AQIs spannen einen lediglich zweidimensionalen komplexen Raum C^2 auf.
>
> Da ein AQI die mathematische Struktur eines Qubits hat, aber noch keine spezielle Bedeutung haben kann, war für die Gesamtheit aller AQIs ein neuer Begriff notwendig: Protyposis.
>
> Wie sich die AQIs der Protyposis zu einer Kosmologie und zu den speziellen Strukturen im Kosmos formt, zu Atomen, Photonen und zu bedeutungsvoller Information, ist Gegenstand der folgenden Kapitel.

1.1 Einstein und Weizsäcker über die Grundlagen der Naturwissenschaft

Gleichsam als Quintessenz seines Forscherlebens über die Feldtheorien in der Physik beendete Albert Einstein (1879–1955) die letzte von ihm redigierte Ausgabe seines Buchs „The Meaning of Relativity" mit der folgenden Feststellung:

> *„One can give good reasons why reality cannot at all be represented by a continuous field. From the quantum phenomena it appears to follow with certainty that a finite system of finite energy can be completely described by a finite set of numbers (quantum numbers). This does not seem to be in accordance with a continuum theory and must lead to an attempt to find a purely algebraic theory for the description of reality. But nobody knows how to obtain the basis of such a theory."*[2] *(Man kann gute Gründe dafür anführen, warum die Realität überhaupt nicht durch ein kontinuierliches Feld dargestellt werden kann. Aus den Quantenphänomenen scheint mit Sicherheit zu folgen, dass ein endliches System endlicher Energie vollständig durch eine endliche Menge von Zahlen (Quantenzahlen) beschrieben werden kann. Dies scheint nicht im Einklang mit einer Kontinuumstheorie zu stehen und muss zu dem Versuch führen, eine rein algebraische Theorie zur Beschreibung der Wirklichkeit zu finden. Aber niemand weiß, wie man die Grundlage einer solchen Theorie erhalten kann.)*

[2] Einstein, A. (1954) *The Meaning of Relativity*, 6th ed., Princeton University Press, Princeton, New Jersey, USA, Appendix II D, S. 164

Einstein meinte offenbar eine Struktur, die eher mit den ganzen Zahlen verwandt ist als mit den reellen Zahlen (dem Kontinuum, wie die Feldtheorien).

Wenn Einstein nach seinem kreativen Forscherleben mit Schwerpunkt auf den Feldtheorien Derartiges publiziert, dann sollte dies Anlass für gründliches Nachdenken sein. *Was Einstein hiermit verlangt, das ist nicht weniger, als die Physik in ihren Grundlagen neu zu bedenken.*

Kontinuierliche Feldtheorien sind mathematische Strukturen, in denen unendlich kleine und unendlich große Werte auf gleichsam „angeborene Weise" miteingeschlossen sind. In der Natur jedoch und in ihrer physikalischen Beschreibung sind „Unendlichkeiten" ein Hinweis darauf, dass die betreffende Theorie sich in ihrer Idealisierung zu weit von der Natur entfernt hat. In der Natur, die wir beobachten können, existiert nichts unendlich Großes – und auch nichts unendlich Kleines.

Selbstverständlich weiß Einstein um die große Bedeutung der Feldtheorien. Zu denen gehören nicht nur die sehr erfolgreichen Strukturen seiner Allgemeinen Relativitätstheorie und der Maxwellschen Elektrodynamik, sondern auch die quantentheoretischen Beschreibungen elektromagnetischer Phänomene in der Quantenelektrodynamik oder der Quantenchromodynamik.

Einstein wusste natürlich, dass die in der Physik verwendeten theoretischen Unendlichkeiten unverzichtbar und hilfreich sind. Man benötigt sie vor allem im „Nenner eines Bruches". Denn damit wird es möglich, etwas zu null werden zu lassen, was zur Beschreibung der betreffenden Situation nichts Nutzbringendes beitragen kann. Einstein mag jedoch geahnt haben, dass den in der Physik verwendeten „Unendlichkeiten" noch etwas anderes zugrundeliegen muss – nämlich eine „endliche Struktur".

In der Mathematik kann man das „unendlich" Große aus den ganzen Zahlen erzeugen. Die ganzen Zahlen verkörpern das einfachste Beispiel von dem, was Einstein mit „algebraischer Theorie" meint. Der Übergang von diesen zum Kontinuum der reellen Zahlen geschieht in der Mathematik mithilfe von Grenzprozessen, von „Limes-Strukturen". Denn das Unendliche kann nur als Grenzprozess behandelt werden, als Gesetzmäßigkeit über ein Verhalten z. B. von Zahlenfolgen.

Kann das Unendliche auch für die Physik gelten?

Im Unterschied zu den mathematischen Größen kann ein physikalischer Messwert „Unendlich" für uns Menschen nicht existieren!

„Prinzipiell" kann man immer weiter zählen, „prinzipiell" kann man Brüche – also das Verhältnis zweier ganzer Zahlen – immer kleiner werden lassen.

Erst mit den Grenzwertbildungen gegen „unendlich groß" und „unendlich klein" werden viele Strukturen erkennbar, weil man damit in der jeweiligen Situation Unwesentliches ausblenden, also „verschwinden" lassen kann.

Für einen Milliardär ist wahrscheinlich der Unterschied zwischen einem Dollar und einem Cent oft uninteressant. Er wird auf diese Information verzichten. Ein anderes mögliches Beispiel wäre, an einem Punkt der Kurve den Unterschied zwischen dieser Kurve und der Tangente zu ignorieren. Wenn ich einen Stadtplan verwende, dann wird damit der Unterschied zwischen der Erdkugel und einer Tangential-Fläche an diese Kugeloberfläche zu Null gemacht.

Es wird also zweierlei erkennbar:

> Einerseits erlauben die Übergänge zu Grenzwerten das Ausschließen von unwichtigen Teilaspekten. Andererseits gibt es in der Natur keine tatsächlichen Unendlichkeiten. Es steht also die Aufgabe an, einerseits „algebraische", d. h. diskrete Strukturen zu suchen. Sie haben dann eine gewisse Ähnlichkeit mit den ganzen Zahlen. Und andererseits muss man dann daraus Limes-Strukturen konstruieren, um sich das in der Natur Vorfindliche so zu vereinfachen, dass es für uns einer mathematischen Beschreibung zugänglich wird.

Fast zur gleichen Zeit, in der Einstein seine obige These formulierte, entwickelte Carl Friedrich v. Weizsäcker in den Artikeln über „Komplementarität und Logik" die ersten Überlegungen, um die Quantentheorie auf der Basis von „einfachen Alternativen" zu begründen.[3)]

In dieser Zeit sah man den Unterschied zwischen Quantentheorie und klassischer Physik vor allem in dem, was von Niels Bohr (1885–1962) als „Komplementarität" bezeichnet wurde.

Mit dem Begriff der Komplementarität wird auf die Tatsache verwiesen, dass in der Quantentheorie eine gleichzeitige Messung von Ort und Impuls eines Teilchens nicht möglich ist, weil beide Größen gemäß Theorie nicht gleichzeitig existieren. Hingegen beruht die klassische Physik auf der Vorstellung, dass zur gleichen Zeit für ein Teilchen ein wohldefinierter Ort und eine wohldefinierte Geschwindigkeit existieren würden. Diese so fruchtbaren und erfolgreichen Vorstellungen aus der klassischen Physik sind allerdings keineswegs selbstverständlich. Darauf hatte der antike Philosoph Zenon von Elea (490–430 v. Chr.) bereits vor zweieinhalb Jahrtausenden hingewiesen.[4)]

In populären Darstellungen wird Komplementarität gelegentlich am Beispiel der beiden Seiten einer Münze illustriert. Von diesen kann immer nur eine gesehen werden. Ich halte die damit vermittelte bildliche Vorstellung für recht unglücklich gewählt. Sie vermittelt den Eindruck, als könnten beide komplementäre Aspekte zur gleichen Zeit faktisch existieren, aber nur nicht erkannt werden. Das trifft nicht zu. Komplementäre Eigenschaften existieren gleichzeitig stets nur als Möglichkeiten. Die beiden Seiten einer Münze hingegen als Fakten.

---

[3] Hempel, C. G.; Weizsäcker, C. F. v. (1955) *Komplementarität und Logik I*, Naturwiss. 42, S. 521–529, S. 545–555, (1958) *Komplementarität und Logik II*, Z. f. Naturforschung 13a, S. 245

[4] siehe z. B. Görnitz, T. (2020) *Das Wirken der Quanten – Band 1: Antworten auf die großen Fragen der Physik*, DAS NEUE DENKEN, München

Komplementäre Eigenschaften erscheinen als zugleich notwendige Charakterisierungen eines Systems, die jedoch in der betreffenden theoretischen Beschreibung niemals gleichzeitig faktisch werden können.

Als anschauliches Beispiel verwendete Niels Bohr (1885 – 1962) gelegentlich die Komplementarität zwischen Liebe und Gerechtigkeit. Sie sind beide im Zusammenleben der Menschen wichtig, wenn ein gutes soziales Miteinander resultieren soll. Jedoch streng genommen schließen sie *im Rahmen der klassischen Logik* einander aus.

Bohr war für die jungen Quantenphysiker wie Werner Heisenberg (1901 – 1976), Wolfgang Pauli (1900 – 1958) und viele andere so etwas wie eine „Vaterfigur". Wie Weizsäcker gern berichtete, hatte Bohr die Fähigkeit, in einer freundlichen Art und Weise die Argumente seiner Gesprächspartner so lange zu hinterfragen, bis alle Schwächen der Argumentation aufgedeckt waren. Dabei half ihm seine Fähigkeit, zwischen einer Paradoxie und einem Widerspruch zu unterscheiden.

Ein Widerspruch behauptet, dass zwei sich ausschließende Aussagen (z. B. „Ein Dreieck hat vier Seiten" und „Ein Dreieck hat nicht vier Seiten") zugleich faktisch zutreffen. Eine Paradoxie hingegen ist „παρά, neben" der „δόξα, Meinung". Sie kann unerwartet, unglaublich, ja widersprüchlich erscheinen.

> Paradoxe Aussagen über Möglichkeiten erscheinen dann als Widersprüche, wenn sie als Fakten formuliert oder gedacht werden.

Ein Beispiel, das wir später noch genauer betrachten werden (siehe Abschnitt 9.5), ist die oft zu lesende Behauptung über den Doppelspaltversuch: „Das Quantenteilchen fliegt durch beide nebeneinanderliegende Spalten". Der Widerspruch verschwindet, wenn man die Aussage auf Möglichkeiten bezieht: „Das Quantenteilchen hatte die Möglichkeit, zur gleichen Zeit durch beide nebeneinanderliegende Spalten zu fliegen."

> Eine paradoxe Aussage wird zu einem Widerspruch, wenn man mit ihr zugleich die Vorstellung verbindet, dass Möglichkeiten stets und ausschließlich auf Unkenntnis über Fakten beruhen.

Aus dem Doppelspaltversuch (Abschnitt 10.5) wird deutlich, dass er auch unser Wissen über die Struktur der Zeit erweitert. Anstelle der Vorstellung einer lückenlosen Aneinanderreihung von faktischen Zeitpunkten zeigt die Quantentheorie, dass zwischen zwei Fakten, in diesem Beispiel zwischen dem Aussenden des Teilchens und seinem Registrieren am Bildschirm, in diesem Versuch kein weiteres Faktum postuliert werden darf. Ein Eingriff, um ein Faktum zu erzwingen, verändert oder zerstört das Experiment. In den Kapiteln 8 und 9 wird dargelegt, wie wir aus der Quantentheorie lernen können, dass die Struktur der Zeit raffinierter ist, als oft gedacht wird, und dass sie differenzierter betrachtet werden muss.

Quantentheorie kann interpretiert werden als eine Änderung der Logik, welche die komplementären Aspekte jeder fundamentalen Naturbeschreibung berücksichtigt.

Weizsäcker konzentrierte sich bei seinen Überlegungen auf den Zusammenhang von Komplementarität mit Logik – und in der Logik gibt es „einfache Alternativen“.

> *„Die Quantenlogik der einfachen Alternative führt zu einer Mannigfaltigkeit von Zuständen, die der Gesamtheit der Richtungen im dreidimensionalen reellen Raum zugeordnet werden kann...*
> *Ich möchte vermuten, dass die mathematischen Eigenschaften des wirklichen physikalischen Raumes auf diese Weise aus der Komplementaritätslogik folgen.“*[5)]

Was steckt hinter dieser Vorstellung?

Einerseits verweist Weizsäcker darauf, dass jede beliebige Fragestellung durch eine Abfolge von einfachen Fragen beendet werden kann. Einfache Fragen erfordern und erwarten als Antworten lediglich „ja“ oder „nein“. Auch jedes experimentelle Ergebnis kann in eine Abfolge von „Ja-Nein-Angaben“ eingegrenzt werden.

Andererseits verbindet Weizsäcker diese Trivialität mit der sehr kühnen Behauptung, dass sich aus der Grundstruktur der Quantentheorie eine der bis dahin ungeklärten Fragen der Physik – die der Begründung der Dreidimensionalität der Realität – lösen lassen würde.

1.2 Ein wenig Mathematik

Ein paar mathematische Begriffe sollen so weit erläutert werden, dass es für das Verständnis hilfreich ist.

1.2.1 Raum

Vielleicht wird man sich fragen, wieso man um die drei Dimensionen Länge, Breite und Höhe so viel Aufhebens macht. Man weiß und sieht es doch, dass es so ist.

Dass der Raum, in dem wir leben, mit Länge, Breite und Höhe drei Dimensionen hat, das war über Jahrtausende keine Frage, über die man nachgedacht hätte. Auch bei der Entwicklung der Mechanik war das selbstverständlich. Allerdings musste man in ihr für jedes Teilchen je drei eigene Koordinaten für dessen Orte und Geschwindigkeiten einführen.

[5] Hempel, C. G.; Weizsäcker, C. F. v. (1955), S. 552

Die Mathematiker erkannten bald, dass man eine solche Struktur als einen Raum mit vielen Dimensionen verstehen kann. Bei einem Teilchen ergeben Ort plus Geschwindigkeit einen mathematischen sechsdimensionalen Raum. Bei mehreren Teilchen erhalten wir einen Raum mit insgesamt sechsmal so viel Dimensionen, wie es beteiligte Teilchen gibt.

Die mathematischen Vorstellungen gehen also weit über „Länge, Breite und Höhe" hinaus. Trotzdem sind diese mathematischen Abstraktionen auch für physikalische Vorstellungen äußerst nützlich. Die berühmte Mathematikerin Emmy Noether (1882–1935) prägte den Begriff der „abstrakten Anschauung", der auch für manche physikalische Probleme hilfreich ist.

Die Entwicklung ging weiter. Die Mathematiker zeigten, dass man die Erkenntnisse über gekrümmte Flächen, wie z. B. die Oberfläche einer Kugel, auch auf Räume mit mehr Dimensionen als nur die zwei einer Fläche übertragen kann. Der Raumbegriff wurde immer mehr auch zu einem Werkzeug in der Physik und die Vorstellungen über Dimensionen wurden immer allgemeiner.

Es ergab sich daher eine Verallgemeinerung des Raumbegriffes, von der man normalerweise in der Schule nichts hört.

Die vielfachen Verallgemeinerungen und ihre Nützlichkeit ließen schließlich doch bei manchen Physikern die nachdenkliche Frage aufkommen, weshalb wir der Überzeugung sind, in einer dreidimensionalen Welt zu leben.

Man könnte manche der gegenwärtigen Modelle der Physik so karikieren: Der Raum ist elfdimensional. Das ist so evident, dass man es nicht begründen muss. Und dann zeigt sich, dass sich sieben Dimensionen so stark einrollen, dass wir bisher von ihnen noch nichts bemerken konnten und nur die vierdimensionale Raumzeit bemerkbar ist.

Wenn wir das alles bedenken, dann kann man überlegen, welche rationalen Gründe es gibt, dass der Raum drei und die Zeit eine Dimension besitzt.

Mit dieser kurzen Schilderung sollte deutlich werden, wieso „Raum" mit seinen Verallgemeinerungen und seinen vielfältigen Bedeutungen mit zu den am häufigsten benutzten Begriffen in der Physik gehört. Es soll daher kurz skizziert werden, was mit Begriffen wie Raum, Vektoren usw. gemeint ist. Wer sich allerdings solchen eher mathematischen Spezialitäten noch nicht zuwenden will, kann die Kästen überblättern.

1.2.2 Einige weitere mathematische Begriffe

Vektoren

Noch lange nach den Zeiten von Euklid (ca. 300 v. Chr.) war mit „Raum" der dreidimensionale Raum (mit Länge, Breite und Höhe) gemeint, in dem wir leben. Auch waren Zeichnen und Rechnen voneinander getrennt, also Geometrie und Algebra.

René Descartes (1596 – 1650) erfand das Koordinatensystem. Das war genial. Es ermöglichte damit auch eine rechnende („die analytische") Geometrie. Seitdem wird in der Mathematik der Begriff „Raum" sehr häufig und für sehr verschiedene Entitäten verwendet.

Mit dem Koordinatensystem können Vektoren (Pfeile) definiert werden. Sie definieren ihren Endpunkt durch ein Zahlentupel. Bei der Addition wird das Ende eines Vektors an die Spitze des anderen angefügt.

Superposition

Bei einem Quantensystem werden den verschiedenen Zuständen Vektoren zugeordnet. So, wie man verschiedene Möglichkeiten miteinander kombinieren kann, kann man wie in Bild 1.1 einen Vektor aus anderen Vektoren aufbauen oder auch in andere zerlegen. In der Mathematik spricht man dabei von der Summe der Vektoren. In der Quantentheorie verwendet man den Begriff der Superposition oder auch der „Überlagerung" dafür.

Mit der Superposition wird bei einem Quantensystem darauf hingewiesen, dass mit einem konkreten Zustand stets auch die Möglichkeit von anderen Zuständen gegeben ist.

Nicht nur in der Mathematik, auch in der Physik wurde der abstrakte mathematische Raumbegriff immer umfassender verwendet. Schließlich ergab sich die Frage, welche Dimension der „Realität" zuzusprechen ist. So gibt es gegenwärtig in der Physik nicht nur die Vorstellung, dass einige der mathematischen Dimensionen etwas mit der Realität zu tun haben könnten, sondern auch Vorschläge, nach diesen „verborgenen Dimensionen" experimentell zu suchen. Mir ist nicht bekannt, dass das erfolgreich war.

Weizsäckers These war, dass bereits aus der mathematisch einfachsten Quantenstruktur die Dreidimensionalität der Realität folgt.

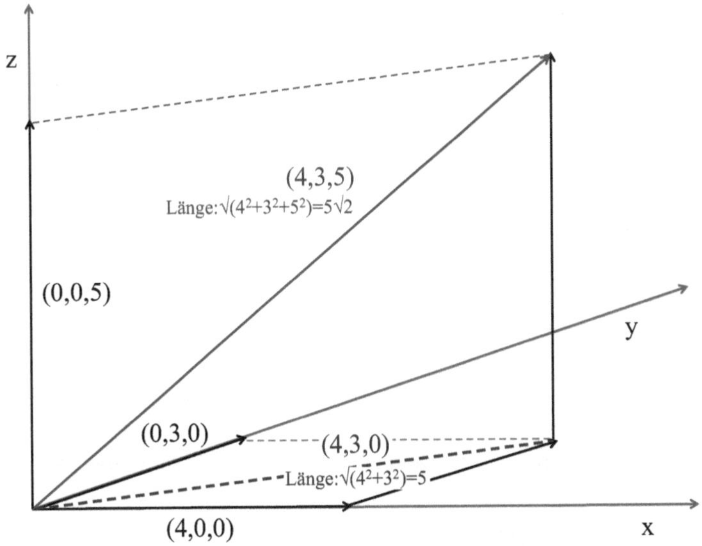

Bild 1.1 Der Vektor (4,3,5) entsteht aus den drei Vektoren (4,0,0) + (0,3,0) + (0,0,5) = (4,3,5). Jeder dieser drei Vektoren steht auf den beiden anderen senkrecht, d. h. sie haben keine gemeinsamen Anteile. (Sie sind zueinander orthogonal.) Die Abstände in den Dreiecken werden mit dem „Pythagoras" (ca. 570 – 510 v. Chr.) berechnet.

Allgemeinere Räume

In Bild 1.1 wurde für die Messung von Abständen der Pythagoras eingeführt. Einen Raum, in dem man Abstände sinnvoll definieren kann, wird „metrisch" genannt. Ein Zeichenblatt wäre ein Beispiel für eine global definierbare Metrik, was bei einem Gummituch nicht möglich ist. Der Pythagoras mit Abstand $d = \sqrt{\Delta x^2 + \Delta y^2 + \Delta z^2}$ ist in den mathematischen Räumen der Quantentheorie eine wichtige Metrik.

Als Einstein seine Spezielle Relativitätstheorie einführte, hat er zu den drei Raumdimensionen als vierte Dimension die Zeit als eine *imaginäre Koordinate* hinzugenommen. Dadurch wird das Quadrat von *t* negativ. (Die imaginären Zahlen sind in der Quantentheorie für das Beschreiben von Möglichkeiten unverzichtbar, mehr dazu in Kapitel 9)

Mit der imaginären Zeit erscheint im Pythagoras für einen „Abstand" *s* ein negatives Vorzeichen: $x^2 + y^2 + z^2 - t^2 = s^2$.

Ein Raum, bei dem im Pythagoras auch negative Vorzeichen auftreten, nennt man „Pseudoeuklidisch". Man spricht von einer indefiniten Metrik. Die „Pseudo-Abstände" können wegen des negativen Vorzeichens auch von verschiedenen Punkten null werden. (So vergeht für einen Lichtstrahl selbst zwischen Emission und Absorption keine Zeit!)

Der dreidimensionale Raum (der Ortsraum, in dem wir leben) bildet zusammen mit der Zeit einen solchen pseudoeuklidischen Raum, den Minkowski-Raum. Er wurde von Hermann Minkowski (1864–1909) für eine Beschreibung der Relativitätstheorie eingeführt. Wenn wir x, y, und z den festen Wert 0 geben und nur die Zeit laufen lassen, dann erhalten wir „zeitartige Abstände" mit $s^2 < 0$. Für einen „lichtartigen Abstand" wird $s^2 = 0$ und für „raumartige Abstände gilt $s^2 > 0$.[6]

Mannigfaltigkeit

Eine *Mannigfaltigkeit* ist eine mathematische Raumstruktur, die lokal, also in einer kleinen Umgebung eines Punktes, wie ein Euklidischer Raum beschrieben werden kann.

Eine Mannigfaltigkeit, die uns geläufig ist, ist die Erdoberfläche. Für kleine Bereiche ist sie flach wie ein Zeichenblatt und ein Stadtplan ist gut zu verwenden. Für größere Bereiche oder die Erde als ganze benötigen wir einen Atlas mit Karten (so sprechen auch die Mathematiker) oder wir können die Krümmung als Kugeloberfläche mit Bergen und Tälern nicht mehr gut mit eine Blatt Papier erfassen.

In der Kosmologie sind auch andere Mannigfaltigkeiten bedeutsam, welche „pseudoeuklidisch" sind.

Zustandsraum als „Mannigfaltigkeit von Zuständen"

Der „*Zustandsraum*„ ist ein abstrakter Raum, dessen „Koordinatenachsen" den Eigenschaften des Systems, z. B. eines Teilchens, entsprechen. Dabei darf eine solche Eigenschaft keine gemeinsamen Anteile mit den jeweils übrigen derartigen (d. h. orthogonalen) Eigenschaften haben.

Ein Teilchen in der Mechanik besitzt drei unabhängige Ortskoordinaten (Länge, Breite und Höhe, hier als die Koordinaten x, y, z). Hinzu kommen noch drei zugehörige Geschwindigkeitskoordinaten v_x, v_y, v_z. Diese sechs unabhängigen Koordinaten erfassen den Zustand eines Teilchens in der klassischen Mechanik.

Der Zustandsraum eines Teilchens in der Mechanik ist somit sechsdimensional – und kann nicht mehr einfach auf ein Papier gezeichnet werden.

Mit dem Begriff der Dimension werden in der Wissenschaft und auch in der Öffentlichkeit sehr disparate Vorstellungen verbunden. Es ist für das Verständnis wichtig, zu unterscheiden, wann der Begriff Dimension im physikalischen Sinne gemeint ist, wann damit eine mathematische Abstraktion bezeichnet wird oder ob er umgangssprachlich auf etwas „Anderes“ oder „Neuartiges“ hinweisen soll.

Dimension

In der Geometrie und der Mathematik allgemein gibt die Dimension an, wie viele Vektoren in einem Punkt aufeinander senkrecht stehen können. Auf dem Zeichenblatt sind es zwei, im dreidimensionalen Raum wird ein solches Tupel (hier besser Tripel) aus den Koordinaten (x, y, z) geformt.

Mathematisch wird es möglich, diese Tupel für beliebige Dimensionen zu formen. So wäre (x, y, z, u, v, w) ein Vektor in einem sechsdimensionalen Raum.

[6] Anmerkung: Die Vorzeichenfestlegung wird in den Büchern unterschiedlich verwendet. Manchmal wird auch definiert: $s^2 = t^2 - \left(x^2 + y^2 + z^2\right)$.

Solche abstrakte Räume erleichtern mathematische Vorstellungen, sie haben zumeist nichts mehr mit dem dreidimensionalen Raum zu tun, in dem wir leben und in dem sich alles Existierende befindet.

Vektoren erscheinen in sehr verschiedenen Zusammenhängen, sowohl für das Zeichenblatt, auf dem wir geometrische Figuren entwerfen, wie auch für den Raum, in dem beispielsweise die Flugsicherung die Flugzeuge verfolgt. Aber in sehr vielen abstrakten Strukturen der klassischen Physik, wie beispielsweise dem „Konfigurationsraum" in dem alle Ortskoordinaten von Teilchen eines Systems aufgeführt werden, wird die Struktur von „Vektoren" verwendet. Beim Phasenraum werden zusätzlich auch die Impulskoordinaten miterfasst.

Hilbert-Raum

Der nach David Hilbert (1862 – 1943) benannte Hilbert-Raum erfüllt die Anforderungen zur Beschreibung der Zustände in der Quantentheorie. Ein Quantenbit wird durch zwei Angaben festgelegt. Sein Zustandsraum ist ein „zweidimensionaler Hilbertraum". Man spricht auch davon, dass maximal „zwei Zustandsvektoren" aufeinander senkrecht stehen können.

Die Quantenmechanik ist so genau, dass der Zustandsraum *für ein Teilchen* unendlich viele Angaben benötigt, damit es wirklich genau festgelegt ist. Für ein Teilchen bilden daher die Zustandsvektoren mathematische Elemente im unendlichdimensionalen Hilbert-Raum.

Sonstiger Sprachgebrauch von Dimension

Im sonstigen Sprachgebrauch findet sich der Dimensionsbegriff in vielfältiger Verwendung.

Der Sinn dabei besteht darin, dass Eigenschaften zusammengefasst und verglichen werden, die voneinander unabhängig sind (oder als unabhängig gedacht werden).

Bei einer „Dimensionsanalyse" wird z. B. geprüft, mit welcher Potenz in einer physikalischen Größe, z. B. der Wirkung, Grundgrößen wie Zeit t, Länge l oder Masse m vorkommen.

Wenn wir diese (verallgemeinerten) „Dimensionen" beschreiben, so gilt: Kraft F ist Masse m mal Beschleunigung, Energie U ist Kraft mal Weg. Wirkung S wird eingeführt als Energie mal Zeit oder auch Weg l mal Impuls p. Der Impuls ist Masse mal Geschwindigkeit v). Die gleiche Dimension wie die Wirkung hat auch der Drehimpuls L.

(Bei der Dimensionsanalyse wird aber nicht deutlich, dass die Wirkung ein Skalar und der Drehimpuls ein Vektorprodukt aus zwei Vektoren ist.)

$$F = m\frac{l}{t^2}$$

$$U = Fl = m\frac{l^2}{t^2}$$

$$S = Ut = m\frac{l^2}{t^2}t = lm\frac{l}{t} = L$$

In diesem Zusammenhang dürfte jedem klar sein, dass mit der „Dimension der Masse“ keine weitere geometrisch zu verstehende Größe, keine weitere „Länge in eine neue Richtung“ gemeint ist.

Das hilft vielleicht, die Einführung „zusätzlicher Dimensionen“, wie sie beispielsweise bei der Theorie von Theodor Kaluza (1885–1954) und Oskar Klein (1894–1977) für eine Verbindung von Allgemeiner Relativitätstheorie mit Maxwells Theorie der Elektrodynamik vorgenommen wurde, sowie deren moderne Weiterentwicklung zur String-Theorie etwas nüchterner zu sehen. So wird man auch bei der Beschreibung der Bewegung zweier Satelliten um die Erde mit ihren dafür notwendigen sechs Ortskoordinaten nicht davon sprechen, das System würde sich in einem „sechsdimensionalen Raum“ befinden.

Leider werden oft die Unterschiede zwischen dem Bezug zur physikalischen Realität und zu einer abstrakten mathematischen Konstruktion einerseits und andererseits zu einer außerwissenschaftlichen Verwendung verwischt. Die in Science-Fiction-Filmen sehr beliebte Verwendung von Zusatzdimensionen des „Hyperraums“, aus welchen dann vielleicht sogar ein Raumschiff mit Aliens auftaucht, kann – wie ich weiß – recht spannend sein, hat jedoch mit ernsthafter Wissenschaft nichts zu tun.

1.3 Ein Blick auf die Grundlagen der Naturwissenschaft

In dem halben Jahrhundert nach Einstein und Weizsäckers Hypothese hat die Physik gewaltige Fortschritte gemacht.

Heute kann man oft lesen oder hören, dass es zwei Bereiche der Natur gibt. Für das Große und das Kosmische sei die *Allgemeine Relativitätstheorie* und für das mikroskopisch Kleine das *Standardmodell der Elementarteilchenphysik* zuständig. (Eine Skizze der gegenwärtigen Vorstellung über die Elementarteilchen findet sich in Abschnitt 30.1, zum Higgs-Teilchen werden auch in Kapitel 25 einige Zusammenhänge erläutert.)

Für diese zwei Theoriebereiche sei eine Verbindung oder besser noch eine Vereinigung zu schaffen. So finden sich immer mehr Stimmen, die nach einer *„neuen Physik“* rufen.

Von fast allen diesen „Rufern“ werden unter „neuer Physik“ jedoch nur neue Exemplare von noch kleineren Teilchen, von unbekannten submikroskopisch kleinen Objekten verstanden.

Dieses Vorhaben erweist sich jedoch immer mehr als eine Sackgasse.

Was ist zu bedenken?

Beim Eröffnen von neuen Perspektiven haben gelegentlich die physikalischen Vorstellungen zu neuen mathematischen Strukturen geführt. Das war beispielweise bei

Newton mit der Differential- und Integralrechnung der Fall oder bei Diracs Einführung der Delta-Funktion, die erst viele Jahre später zu dem Gebiet der Distributionen erweitert wurde. Sie gehören heute zu den theoretischen Grundlagen der Quantenfeldtheorie.

Aber sowohl bei der Speziellen als auch bei der Allgemeinen Relativitätstheorie waren Einsteins neue physikalische Vorstellungen das Entscheidende, die Mathematik dafür war schon lange vorhanden.

Auch bei einer tatsächlichen Grundlegung der Naturbeschreibung sind die neuen physikalischen Vorstellungen das Wesentliche.

Welche Änderungen an den bisherigen Vorstellungen sind nötig?

Wir müssen uns von dem Leitmotiv der klassischen Physik verabschieden, welche das Punktteilchen als universelle Grundlage ansieht. Es geht ums Ablösen von der Vorstellung, dass *„das Einfache“* mit den kleinsten Ausdehnungen zu tun haben würde.

Erklären bedeutet zumindest in der Naturwissenschaft, Kompliziertes aus Einfacherem zu begründen. Das Einfachste ist nicht kompliziert. Die komplizierte Mathematik wird für das Komplizierte notwendig werden.

Es zeigte sich bisher immer wieder, dass es keine erkennbaren Gültigkeitsgrenzen für die Quantentheorie gibt. Man muss sie heute nicht mehr ausschließlich als „Mikrophysik“ verstehen. Natürlich bleibt es wahr, dass im „sehr Kleinen“ ohne die große Genauigkeit der Quantentheorie keine zutreffende Beschreibung der Natur erfolgen kann. „Im Großen“ hingegen ist diese Genauigkeit oft nicht notwendig, sodass man dort zumeist mit der weniger genauen klassischen Physik auch erfolgreich arbeiten kann.

Über lange Zeit galt die Quantentheorie als unverständlich. Nachdem der Erfolg der klassischen Physik auf der gleichzeitigen Existenz von Ort und Impuls aufbaut, wurde die von der Quantentheorie aufgezeigte Komplementarität – also die Unvereinbarkeit von einer gleichzeitigen exakten Existenz sowohl vom Ort als auch vom Impuls – von vielen Physikern als etwas Unverständliches angesehen. Denn im theoretischen Rahmen der klassischen Physik wird wie gesagt diese gleichzeitige Existenz von einem scharfen Ort und einem scharfen Impuls zu dem Grundpostulat erhoben. Darauf basiert die ganze mathematische Struktur dieser Theorie.

Der Erfolg der Quantentheorie beruht darauf, dass ihr eine andere und vor allem bessere, weil genauere mathematische Beschreibung der Natur zugrunde liegt.

An den verschiedenen Vorurteilen, die aus der klassischen Physik erwachsen, muss man jedoch heute nicht mehr uneingeschränkt festhalten. Die Grundprinzipien der Quantentheorie lassen sich verständlich formulieren und sie sind unseren alltäglichen Erfahrungen näher als manche Vorstellungen der klassischen Physik.[7)]

---

[7] Görnitz, T. (1999) *Quanten sind anders: Die verborgene Einheit der Welt*, Spektrum Akademischer Verlag, Heidelberg

1.3.1 Alltag, Quanten und noch etwas Mathematik

Wie aufgezeigt erleben wir im Alltag immer wieder, dass ein Ganzes mehr ist als die Summe seiner möglichen Teile, und auch, dass unser Verhalten nicht nur von den Fakten, sondern auch von den noch nicht faktisch gewordenen Möglichkeiten, von den Potenzialitäten beeinflusst wird.

Der Begriff „Potenzialität" soll das Wirksamwerden von Möglichkeiten verdeutlichen, die sich noch nicht als Fakten realisiert haben.

Dabei darf das Gemeinte nicht als eine „Kraft" missverstanden werden, die gleichsam aus der Zukunft in die Gegenwart wirkt. Auch wenn es philosophische Spekulationen über „Backward Causation" gibt, so sollte doch in der Naturwissenschaft an den Vorstellungen von Ursachen und Wirkungen festgehalten werden, die zwischen zwei faktischen Ereignissen gefunden werden können.

Allerdings können bei Lebewesen Informationen über künftige Möglichkeiten zu dem führen, was in der lateinischen Übersetzung von Aristoteles (384–322 v. Chr.) als die „causa finalis" bezeichnet wurde. Lebewesen haben Ziele, und die Informationen über Realisierungsmöglichkeiten für diese Ziele wirken auf das gegenwärtige Handeln. Wenn „Potenzialität" veranschaulicht werden soll, dann wohl am besten durch eine Information, die bereits in der Gegenwart über die Möglichkeiten der Zukunft vorliegen kann.

> Quantentheorie ist zu verstehen als die mathematische Formulierung der Tatsache, dass die beiden Prinzipien – „Ganzheiten sind mehr als die Summe ihrer Teile, sie sind anders und neu" sowie „Möglichkeiten erzeugen reale Wirkungen" – bereits im Verhalten der unbelebten Natur zu finden sind.

In der Quantentheorie werden komplexe und komplizierte Strukturen nicht in einer additiven, sondern in einer *multiplikativen* Weise aus einfachen Strukturen aufgebaut. Eine additive Kombination ist das Kennzeichen von klassischen Zusammensetzungen. In der Quantentheorie wird der Zustandsraum des Gesamtsystems hingegen durch das Tensorprodukt der Zustandsräume der Teilsysteme erzeugt.

Wie können Tensoren begriffen werden?

Tensoren können verstanden werden als Kombinationen von Vektoren, als „Tensorprodukte". Sie wirken als *Abbildungen zwischen Vektoren*, indem sie einem Vektor einen anderen Vektor zuordnen.

Tensoren

Ein Vektor gibt eine Richtung an. Beispielsweise kann man aus verschiedenen Richtungen auf einen Schwamm drücken. Die zu beobachtende Wirkung wiederum hängt von der einwirkenden Richtung ab, äußert sich aber in verschiedene Richtungen verschieden.

Die Kombination aus dem einwirkenden Vektor und dem resultierenden Vektor kann durch das Tensorprodukt der beiden Vektoren erfasst werden. Man erhält damit einen Tensor zweiter Stufe, der auch als Matrix notiert werden kann. In der Mechanik spricht man bei diesem Beispiel vom Spannungstensor, denn der Schwamm wird nicht nur zusammengedrückt, sondern auch verbogen und an manchen Stellen sogar gedehnt.

Mathematisch kann ein Tensor zweiter Stufe eine lineare Abbildung zwischen Vektoren vermitteln. Dabei ist es wichtig, dass der vermittelte Zusammenhang nicht von den jeweils verwendeten Koordinatensystemen abhängig ist. Bei einer Änderung des Koordinatensystems ändern sich die konkreten Formen der Vektoren und Tensoren so, dass ihre Beziehungen unverändert erhalten bleiben.

Tensoren zweiter Stufe treten vielfach in der Physik auf. Der metrische Tensor gibt die Struktur des Raumes an. Der Riemannsche Krümmungstensor ist ein Tensor vierter Stufe, der die Informationen über die Krümmung des Raumes vermittelt.

Für die Quantentheorie ist es zentral, dass der Zustandsraum von wechselwirkenden Systemen aus dem Tensorprodukt der Zustandsräume der Teilsysteme gebildet wird. Das bedeutet mit anderen Worten, es entsteht dabei Neues.

Das „direkte Produkt" und das Tensorprodukt der Zustandsräume

Wie oft in der Wissenschaft werden von einem ungünstig gewählten Begriff Vorstellungen erzeugt, die ein Verstehen erschweren. Der Begriff „Produkt" wird verschieden verwendet. Man spricht vom „direkten Produkt" der Zustände eines Systems der klassischen Physik und vom „Tensorprodukt" der Zustände eines Systems der Quantenphysik. Die Formulierung „direktes Produkt" ist zwar mathematisch korrekt, sie verschleiert jedoch die physikalischen Zusammenhänge.

Die einfachsten Entitäten der klassischen Physik sind Teilchen. Der Zustandsraum eines Teilchens wird durch drei Orts- und drei Geschwindigkeitskoordinaten aufgespannt. Hat man mehrere Teilchen, so kann man lesen, dass der Zustandsraum des Gesamtsystems aufgespannt wird durch das „direkte Produkt" der Ein-Teilchen-Zustandsräume.

Dabei kann leicht übersehen werden, dass für den Fall R^n (z. B. für einen n-dimensionalen Phasenraum) diese Konstruktion *identisch ist mit der direkten Summe* dieser Räume. So besteht der Zustandsraum eines Systems von zwei Teilchen aus sechs Orts- und sechs Geschwindigkeitskoordinaten, der eines Systems von drei Teilchen aus neun Orts- und neun Geschwindigkeitskoordinaten. Hierbei werden die Dimensionen *addiert*!

Der dafür schlecht gewählte Begriff „Produkt" verdeutlicht diese Addition nicht.

Im Gegensatz dazu werden die Dimensionen der Zustandsräume von zusammengesetzten Quantensystemen nicht additiv, sondern tatsächlich multiplikativ kombiniert.

Die einfachsten Entitäten in der Quantenphysik sind Quantenbits. Ein Quantenbit hat einen nur zweidimensionalen Zustandsraum, zwei haben einen vierdimensionalen und drei Quantenbits einen achtdimensionalen Zustandsraum ($2 \times 2 \times 2 = 8$).

Beim Tensorprodukt werden die Dimensionen der Teilräume multiplikativ verbunden.

Da $2 \times 2 = 2 + 2$, kann der Unterschied zwischen Produkt und Summe mit diesem Beispiel nicht erläutert werden. Bereits mit 3 wird der Unterschied deutlich $3 \times 3 > 3 + 3$.

Das Tensorprodukt von zwei dreidimensionalen Vektoren (a_1, a_2, a_3) und (b_1, b_2, b_3) ist der neun-dimensionale Vektor

$$(a_1b_1, a_2b_1, a_3b_1, a_1b_2, a_2b_2, a_3b_2, a_1b_3, a_2b_3, a_3b_3)$$

Er wird zumeist als rechteckiges Schema (als Matrix bzw. als Tensor zweiter Stufe) geschrieben:

$$\begin{pmatrix} a_1b_1 & a_1b_2 & a_1b_3 \\ a_2b_1 & a_2b_2 & a_2b_3 \\ a_3b_1 & a_3b_2 & a_3b_{13} \end{pmatrix}$$

Mithilfe von Tensorprodukten aus Quantenbits lassen sich die Quantenteilchen bilden.

Die 2 ist die kleinste natürliche Zahl, die hinreichend oft mit sich selbst multipliziert zu einem Ergebnis führt, das größer ist als jede vorgegebene Zahl. Beispielsweise ist es mathematisch trivial, dass für jede natürliche Zahl n gilt $2^n > n$. Die binäre Alternative, ein Quantenbit, ist die einfachste Struktur, die aus mathematischen Gründen möglich ist. Ihr Zustandsraum ist zweidimensional.

Verschränkte oder kohärente Zustände

Mit dem Tensorprodukt haben wir den mathematischen Aufbau eines Quantensystems aus einfacheren Systemen beschrieben. Im Gegensatz zur Superposition ist hierbei eine multiplikative Zusammensetzung gemeint. Diese führt zu einem Zustandsraum mit einer Dimension, die sich aus dem Produkt der Dimensionen der Zustandsräume der Teilsysteme ergibt.

Bei der multiplikativen Zusammensetzung können die Zustände der Teile multiplikativ zusammengefügt werden. Der so erzeugte Zustand darf dann verstanden werden, dass er zusammengesetzt aus diesen Teilen besteht.

Dieser zusammengesetzte Zustand jedoch ändert sich in der Regel sofort, denn Möglichkeiten verändern sich. Im großen Zustandsraum sind fast alle Zustände *nicht* von der Art, dass die Teile noch getrennt sind. Vielmehr ist dann das Ganze mehr und anders als die Summe der Teile.

Ein Zustand des großen Systems kann daher in der Regel nicht mehr als das Produkt von Zuständen der Teile dargestellt werden. Ein solcher Zustand kann dann höchstens als *Superposition von verschiedenen Produktzuständen* begriffen werden. Dahinter steht die physikalische Erkenntnis, dass das Ganze wieder in Teile zerlegt werden kann, dass es aber keineswegs gewiss ist, dass dabei wieder die Ausgangsteile erhalten werden.

Alle die Zustände, die keine reinen Produktzustände sind, sondern höchstens als Superpositionen von verschiedenen Produktzuständen erscheinen, bezeichnet man als „verschränkte" oder „kohärente" Zustände. Sie charakterisieren die entstandene teilelose Ganzheit.

Mit den verschränkten Zuständen wird es verstehbar, wie mit der Quantentheorie die mathematische Struktur gefunden wurde, die das Entstehen von „Systemen" erklärt, bei denen oft davon gesprochen wird, dass „neue Eigenschaften emergieren".

Die Quantentheorie ist die „Physik des Neuen".

Die Quantentheorie hat sich als die beste und genaueste Beschreibung der Natur erwiesen. Ihre multiplikative Struktur ist das Fundament dafür, aus den einfachsten Strukturen alle komplexen Strukturen zu entwickeln, welche die Physik beschreiben kann.

Aus dieser Sicht erscheint es geradezu zwangsläufig, dass das tatsächliche Fundament der Physik von Quantenbits gebildet wird, denn noch einfachere Strukturen gibt es nicht.

Allerdings ist dabei zu beachten, dass es notwendig ist, noch abstrakter zu werden als Weizsäcker. Die fast automatische Gleichsetzung von Quantenbit mit „bedeutungsvoller Information" galt es zu überwinden.

Weiterhin ist darauf zu verweisen, dass aus den recht anschaulichen Grundprinzipien eine mathematische Struktur abgeleitet wird, die mit manchen ihrer Schlussfolgerungen für die meisten Menschen wenig anschaulich ist.

Im Folgenden soll die Entwicklung nachvollziehbar werden, welche mathematischen Strukturen aus den so einfach klingenden Prämissen entwickelt wurden, und wie weit mit diesen bereits die etablierten Strukturen der Physik begründet werden konnten. Die philosophischen Überlegungen, die den Weg zu einer grundlegenden neuen Physik begleitet haben, runden den Text an vielen Stellen ab.

1.3.2 Wie gelangt der Mensch zu Naturgesetzen?

Bevor von Newton und Leibniz die Möglichkeit einer mathematischen Formulierung von gesetzmäßigen Abläufen in der Natur eröffnet wurde, gab es die weitverbreiteten Vorstellungen, dass allmächtige Wesen, eine oder mehrere Gottheiten, den geordneten Ablauf des Weltgeschehens bewirken würden. Allerdings ist es unter dieser Prämisse nicht möglich, kausale Zusammenhänge zu begründen. Die üblichen Vorstellungen von „göttlicher Allmacht" lassen keinen Raum für eine Kausalität. Für eine Allmacht gilt definitionsgemäß, dass sie an keine Kausalität oder an Ursachen gebunden sei. Sie könnte jederzeit in beliebiger Weise in jedes Geschehen eingreifen.

Daher sollen in Überlegungen, die im engeren Sinne als *„rein naturwissenschaftlich"* gemeint sind, transzendente und metaphysische Argumente nicht einbezogen werden. Während ein „allmächtiges Wesen" aus der Naturwissenschaft verbannt wurde, blieb jedoch für viele Naturwissenschaftler die gleichsam göttliche Ordnung der Naturgesetze weiterhin bestehen. Manchmal wird sogar der Eindruck erweckt, als würden die Naturgesetze bereits vor der Natur existieren und die Natur müsste sich – sobald sie existiert – nach diesen Gesetzen richten.

Ich meine, dass der Natur eine fundamentalere Rolle zugebilligt werden sollte als den Regeln und Gesetzen, die von uns Menschen aus dem Verhalten der Natur abstrahiert werden.

Aus manchen derjenigen Aspekte der Naturgesetze, die von vielen Physikern als absolut fundamental angesehen werden, erwächst beispielsweise das Problem des sogenannten Zeitpfeils.[8)] Der Grund dafür ist, dass die mathematische Struktur von einigen der als fundamental deklarieren Naturgesetze es erlaubt, von einem gewählten Zeitpunkt aus in gleicher Weise in die Zukunft wie in die Vergangenheit zu rechnen. Aus Sicht dieser mathematischen Struktur ergibt sich somit kein Unterschied zwischen Vergangenheit und Zukunft. Diese mathematische Aussage ist eine zu weitgehende Idealisierung, denn alle unsere Alltagserfahrungen widersprechen ihr.

Wie also kommen wir zu den Naturgesetzen?

Hängen die Naturgesetze fertig am Baum der Erkenntnis? Muss man sie nur abpflücken?

Die Idee von Naturgesetzen ist eine enorme intellektuelle Leistung unserer Vorfahren. Schon sehr früh begannen die Menschen, die Regeln in den Abläufen der Himmelserscheinungen wahrzunehmen und zu studieren. Auf der Erde hingegen gibt es niemals zwei vollkommen gleiche Situationen. Selbst Zwillinge werden zu unterschiedlichen Zeiten geboren. Sie haben auch sonst manche unterschiedlichen Eigenschaften. So blieb eine Ordnung für lange Zeit dem Himmel vorbehalten.

---

[8] Görnitz, T.; Ruhnau, E.; Weizsäcker, C. F. v. (1992) *Temporal asymmetry as precondition of experience. The foundation of the arrow of time*, Intern J of Theoret Physics 31, S. 37–46

Für einfache Prozesse jedoch ließen sich in späterer Zeit auch auf der Erde Gesetzmäßigkeiten erkennen und prüfen. Galileo Galilei (1564–1642) wird als der Vater der mathematisch ausgewerteten Experimente angesehen. Je idealer eine Situation gestaltet werden konnte, desto klarer traten Regelmäßigkeiten zutage. Beispielsweise gilt der Satz, dass alle Körper gleich schnell fallen, nur in einem luftleeren Raum, z. B. in einem ausgepumpten Glasrohr. In normaler Luft wissen und berücksichtigen wir, dass Blätter und Flugzeuge sich in der Luft anders bewegen als beispielsweise geworfene Steine.

Naturgesetze werden also aus der Natur abstrahiert und müssen immer wieder an dieser geprüft werden, um sie gegebenenfalls in neuen Situationen zu korrigieren. Das wird vor allem notwendig, wenn neue Experimente genauere Ergebnisse liefern.

Eine gute Richtlinie dafür liefern Karl Poppers (1902–1994) Überlegungen, dass man wissenschaftliche Hypothesen falsifizieren können sollte. Allerdings ist dabei daran zu erinnern, dass Popper seine Falsifikationsthese nicht als Dogma verstanden haben wollte. Das passt auch gut zur physikalischen Praxis.

Zumindest in der Physik strebt man danach, Gesetze für alle möglichen Fälle aufzustellen. Was aber alle möglichen Fälle sind, das kann man von vornherein nicht wissen.

Erst wenn man Beispiele gefunden hat, wo eine als Naturgesetz gedachte Hypothese im Widerspruch zur Erfahrung kommt, wird es möglich, den Gültigkeitsbereich der Hypothese abzustecken. Popper schlägt in diesem Falle vor, dass man die Hypothese als falsifiziert begreifen müsse. Das ist in vielen Fällen eine zutreffende Empfehlung. Oft aber behält man die Hypothese bei, aber nur für den Gültigkeitsbereich, in dem sie sich bewährt hat.

Ein solches Verhalten ist auch deshalb sinnvoll, weil man die Wahrheit einer Falsifikation nicht beweisen kann.

Anders formuliert: eine Falsifikation kann nicht verifiziert werden. Denn dafür müsste absolut sicher sein, dass ein zweifelsfrei zuverlässiges Experiment, welches gemäß einer zweifelsfrei wahren Theorie durchgeführt wurde, ein wahres und die Hypothese falsifizierendes Ergebnis geliefert hat. Allerdings müsste eine solche wahre Theorie verifiziert worden sein, was ja gemäß Popper nicht möglich ist.

Experiment, Gedanken-Experiment, induktive Verallgemeinerung

Der letzte Prüfstein für eine Theorie in der Naturwissenschaft ist die Natur selbst. Dazu sind *Beobachtungen* und *Experimente* notwendig.

Der Weg zum Finden regelhafter und gesetzmäßiger Zusammenhänge kann jedoch auch über „*Gedankenexperimente*“ führen. Hans Christian Oersted (1777–1851) vertrat diese Idee, die später durch Ernst Mach (1838–1916) große Verbreitung fand.

Besonders von Albert Einstein sind wichtige Erkenntnisse zuerst durch Gedankenexperimente gewonnen worden. Beispiele waren die „Vorstellung einer Bewegung auf einem Lichtstrahl“, die zur speziellen Relativitätstheorie, oder der „frei fallende Fahrstuhl“, der zur Allgemeinen Relativitätstheorie führte. Auch das von ihm zusammen mit Boris Podolsky (1896–1966) und Nathan Rosen (1909–1995) vorgeschlagene „EPR-Experiment“ an einem ausgedehnten Quantensystem war ein Gedankenexperiment so wie auch „Schrödingers Katze“. Auf diese Experimente wird in späteren Kapiteln noch eingegangen.

Schließlich sind auch noch *Konsistenzüberlegungen* und *induktive Verallgemeinerungen* als besonders wichtige Gedankenexperimente anzusehen. Diese können verschiedene bewährte Theorien in eine neue Verbindung bringen und sind mögliche Quellen für die Erweiterung der Naturwissenschaft. Zu diesem Bereich gehört auch die Theorie der Protyposis. Sie bildet das Kernthema des Buches. (Siehe besonders Abschnitt 6.1 sowie 7.6)

Mit der Protyposis wird deutlich, wie eng die kosmischen und irdischen Situationen auf einer grundlegenden Ebene verbunden sind. Aber natürlich können wir Menschen mit dem Kosmos keine Experimente anstellen. Jedoch unsere auf der Erde gefundenen Erkenntnisse können wir mit unseren Theorien mit dem Kosmos und mit den Erscheinungen in ihm verbinden.

Wozu suchen wir Naturgesetze?

Alles Lebendige beruht auf einer gewissen Lernfähigkeit. Erfahrungen mit ähnlichen Situationen ermöglichen bessere Reaktionen auf Neues, so ergeben sich Regeln und sogar Gesetze. Regeln setzen Ähnliches und Gesetze setzen Gleiches voraus. Im expandierenden Kosmos und auch im Alltag wissen wir allerdings, dass es streng genommen niemals zwei gleiche Situationen gibt.

> Es ist in der Geschichte der Naturwissenschaften eine sehr späte Erkenntnis, dass es erst bei den Elementarteilchen so wenige Eigenschaften gibt, dass zwei der gleichen Sorte nicht unterschieden werden können.
>
> Man kann mit dieser Feststellung sogar den Begriff eines „elementaren Teilchens“ oder eines „elementaren Objektes“ definieren: Elementare Teilchen haben so wenige Eigenschaften, dass zwei der gleichen Sorte nicht voneinander unterschieden werden können.

Sonst jedoch ist es so, dass Ähnlichkeit und erst recht Gleichheit nach dem Prinzip gefunden werden: „Nachts sind alle Katzen grau.“ Gleiches entsteht also dadurch, dass in Situationen Unwesentliches ignoriert wird, was für deren Beschreibung nicht notwendig zu sein scheint: Nebensächliche Unterschiede werden unter den Teppich gekehrt.

Heute können wir feststellen, dass Naturgesetze keine Götter sind und dass ihnen auch keine quasigöttliche Rolle zugeschrieben werden soll. Wir finden die Gesetze dadurch, dass in der Natur von unwesentlichen Unterschieden abstrahiert wird und nur die wesentlichen Informationen berücksichtigt werden.

Wenn man in der Beschreibung Einzelheiten ignoriert, dann können durch einen solchen Verzicht neue Zusammenhänge erkennbar werden. Einem Molekül kann man theoretisch eine Energie und einen Impuls zuordnen. Betrachtet man in einem Gas nur noch Mittelwerte davon, dann können durch das Ignorieren von Unterschieden zwischen den einzelnen Teilchen jeweils neue Gesetzmäßigkeiten erkennbar werden. Dies tritt sehr deutlich bei der Thermodynamik hervor. (Siehe auch Abschnitt 4.3.1)

Um das Ganze noch einmal in anderen Worten zu wiederholen: alle Naturwissenschaft ist immer Näherung, ist Annäherung an die Realität!

Zugleich ist dazu festzustellen, dass wir Menschen uns mit unserem Beschreiben und Verstehen dem Geschehen in der Natur immer besser und genauer annähern.

Wie Werner Heisenberg festgestellt hatte, ist die neuzeitliche Naturwissenschaft zu verstehen als eine „Abfolge abgeschlossener Theorien“. Das ist ein gewisser Gegensatz zu der „wissenschaftlichen Revolution“, die Thomas Kuhn (1922 – 1996) für den Übergang von der Physik des Aristoteles zu der von Galilei und Newton zutreffend beschrieben hatte.

Seit dem Ende des 19. Jahrhunderts zeigen neue Theorien auf, wo die alten erfolgreich weiterhin verwendet werden können und wo diese nicht weiter angewendet werden sollen, weil sie dort zu inakzeptablen Prognosen führen.

Naturwissenschaft „besitzt“ nicht die Wahrheit über das Verhalten der Natur, aber sie nähert sich dieser Wahrheit immer mehr und immer besser an.

Umbrüche in der Sicht der Menschen auf die Natur können große Widerstände hervorrufen. So wurde der Übergang vom geozentrischen zum heliozentrischen Weltbild oder Darwins Überlegungen zur Abstammung des Menschen in der jeweiligen Zeit von vielen Menschen wie eine persönliche Kränkung erlebt. Sigmund Freud (1856 – 1939), der die unbewussten Anteile der Psyche betonte, formulierte auch seine Erkenntnisse als eine „Kränkung der Menschheit“.

Hinter der von Freud ausgesprochenen und von ihm auch bei anderen Menschen wahrgenommenen Kränkung könnte auch ein Gefühl der Angst verborgen sein. Eine solche Angst könnte beispielsweise daher rühren, dass so vieles noch unbekannt ist und nicht kontrolliert werden kann. Man fühlt sich den kosmischen, biologischen und psychischen Einflüssen ausgeliefert und weiß zugleich, wie wenig man an diesen beeinflussen kann.

Möglicherweise ist es ebenfalls Ausdruck einer empfundenen Kränkung, dass bis heute manche Chemiker und Biologen darauf verweisen, dass in ihren Wissenschaften Naturgesetze gelten, die nicht zu denen der Physik gehören würden. Dieser

Hinweis auf Gesetze jenseits der Physik trifft zu, wenn er etwas differenzierter formuliert wird.

> Es gibt unbestreitbar eine Abfolge in der Gültigkeit von Naturgesetzen. Es gibt grundlegende Gesetze mit einem universellen Gültigkeitsbereich und andere, die in einem speziell ausgewählten Bereich sinnvoll angewendet werden können. In noch differenzierteren Bereichen der Naturwissenschaft gibt es kaum „Gleichheit". Eine notwendige Voraussetzung für „Gesetze" ist dann nicht gegeben. Vielmehr ist es dort wesentlich, auf die aus Ähnlichkeiten erwachsenden Regelhaftigkeiten zu verweisen.

Aus den unterschiedlichen Geltungsbereichen und dem Ordnungsgefüge vom Einfachen und Allgemeinen zum Komplexen und Differenzierten sollte aber keinesfalls so etwas wie eine „Wert- und Bedeutungsordnung" der Naturwissenschaften gefolgert werden.

Für die Abstufung von Geltungsbereichen zuerst ein Beispiel aus dem gesellschaftlichen Alltag: Es gibt eine Verfassung, jedoch viele Gesetze. Allerdings darf kein Gesetz gegen die Verfassung verstoßen. Es gibt noch mehr Verordnungen, aber keine Verordnung sollte gegen ein Gesetz verstoßen.

1.4 Die Beziehungen der physikalischen Strukturen

Die einfachsten und deswegen universellsten Naturgesetze behandelt die Physik. Da die Physik nur die einfachsten Zusammenhänge untersucht, können ihre Gesetze sogar mit der uns gegenwärtig bereits zur Verfügung stehenden Mathematik formuliert werden.

1.4.1 Theoriebereiche der Physik

Wir unterscheiden heute zwei Bereiche der Physik. Sie blicken in unterschiedlicher Weise auf die Natur und sollen kurz beschrieben werden.

Zur *klassischen Physik* gehören die Mechanik der Teilchen, wozu auch die Theorie des deterministischen Chaos zu rechnen ist, sowie die Mechanik der Flüssigkeiten. Zwischen den Teilchen, als welche z. B. auch Himmelskörper behandelt werden, wirken die Kräfte der Gravitation. Diese wurde mit dem Newtonschen Gravitationsgesetz und später mit der Allgemeinen Relativitätstheorie erfasst. Die elektromagnetischen Kräfte werden durch Elektrodynamik und Spezielle Relativitätstheorie beschrieben.

Die *Quantenphysik* untergliedert sich in die Quantenmechanik, die Quantenfeldtheorien der elektromagnetischen, schwachen und starken Wechselwirkungen, sowie die

Theorie einer absoluten und daher kosmischen Quanteninformation, der Protyposis als Grundlage von allem.

Die *Thermodynamik* wird in beiden Bereichen benötigt. Man kann sie kennzeichnen als eine Theorie, die dann wichtig wird, wenn man ein System beschreiben will, das aus vielen Subsystemen besteht. Ein Beispiel sind viele Moleküle in einem Gas, deren einzelnes Verhalten uninteressant ist, und bei dem es lediglich darauf ankommt, diese Unkenntnis mit einem Maß zu charakterisieren.

1.4.2 Der Geltungsbereich der Physik

Wir kennen keinen Bereich im Kosmos, von dem wir annehmen könnten, dass dort die Physik nicht gilt. Mit den von uns Menschen gefundenen Naturgesetzen können wir sogar feststellen, welche Aussagen über den Zusammenhang mit dem kosmischen Geschehen möglich sind. Die kosmische Evolution lässt uns somit erkennen, dass alle komplexeren Strukturen sich aus den anfänglichen und einfachsten Strukturen gebildet haben.

Vor etwas mehr als einem Jahrhundert schien der Physik „nur noch" ein Verständnis für manche Eigenschaften des Lichtes zu fehlen. Das war Max Plancks Einstieg in die Quantentheorie, in einen Bereich, der damals in keiner Weise zu überblicken war. Bald wurden Verbindungen zu den Atomen deutlich und weitere Quantenphänomene wurden entdeckt.

Seitdem wird die Quantentheorie noch oft als der Bereich der „Mikrophysik" klassifiziert. Es trifft zu, dass sie dort unvermeidbar ist. Zunehmend jedoch zeigt sich, dass es um „Genauigkeit" und nicht um „Kleinheit" geht. Die Quantentheorie ist manchmal auch für Größeres als nur für die Atome notwendig.

Zuerst aber scheint ein Blick auf die Quantenstrukturen hilfreich zu sein.

1.4.3 Ein Blick auf die Strukturen der Quantentheorie

Vielfach noch wird die Quantentheorie zur Theorie für das „Kleine", zur „Mikrophysik" erklärt. Für den „Makrobereich" bis hin zur Kosmologie wird die Relativitätstheorie als allein zuständig deklariert.

Wie im Buch klargestellt wird, wie aber auch in vielen anderen Darstellungen immer deutlicher hervortritt, ist die Quantentheorie keinesfalls auf das Mikroskopische eingeschränkt. Ihre Bedeutung reicht vom Kosmos bis zu den elementaren Teilchen. Und erst sie ermöglicht es, alle die komplexen Strukturen zu verstehen, die zwischen diesen beiden Extremen des räumlich Großen und des räumlich Kleinen angesiedelt sind.

Zum Sprachgebrauch bei der Quantentheorie gibt es eine interessante historische Parallele. Für lange Zeit bedeutete „Mechanik" im Grunde genommen das gleiche wie das Wort „Physik". Bis in die Mitte des 19. Jahrhunderts gab es umfangreiche Bestrebungen in der Physik, die neuen Phänomene der Elektrizität in den Rahmen der damals bekannten Mechanik einzubetten.

Eine ähnliche Entwicklung war in der Physik nach der Entdeckung der Quantenmechanik zu erkennen. In vielen populären Darstellungen wird das Wort „Quantenmechanik" als gleichbedeutend mit „Quantenphysik" verwendet. Dabei geht aber für die Nichtfachleute verloren, dass es sich um verschiedene Theoriebereiche handelt, die sich wegen verschiedenen Methoden und verschiedener Voraussetzungen voneinander unterscheiden.

Der Einstieg in die Quantentheorie begann mit Max Plancks Entdeckung des Wirkungsquantums als einer fundamentalen Naturkonstante.

Man versuchte dann, diese neue Naturkonstante in die Mechanik einzubauen. Um die mit dem Wirkungsquantum vorgezeichnete Diskretheit der Wirkung, mit dem „Sprunghaften", und vor allen auch eine Diskretheit des Drehimpulses zu erreichen, mussten mechanische Gesetze stellenweise außer Kraft gesetzt werden.

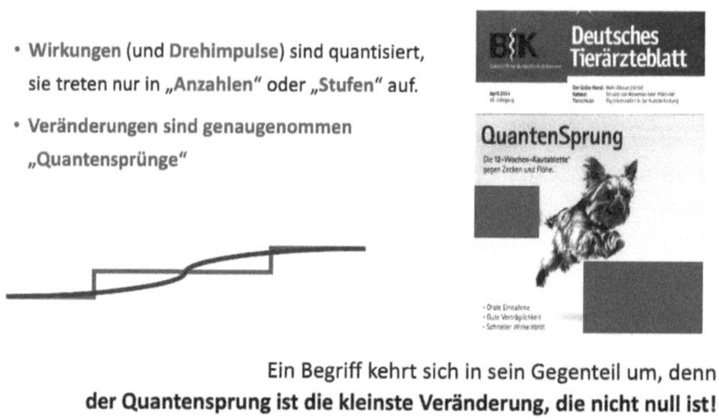

Bild 1.2 Bei einer sehr genauen Untersuchung der Vorgänge in der Natur zeigt sich, dass faktische Veränderungen „stufenförmig" sind. Kontrastierend dazu findet sich oft der Gebrauch dieses Wortes, mit dem dann eine besonders großartige Veränderung gekennzeichnet werden soll.

Mit Werner Heisenbergs Vorschlag der Matrizenmechanik und schließlich mit der Schrödinger-Gleichung war die mathematische Struktur der Quantenmechanik aufgedeckt worden. Aus dieser entwickelte sich später auch eine Quantentheorie der Kraftfelder und schließlich die Quantentheorie der Information.

Quantenmechanik

Die Quantenmechanik ist eine Theorie über eine jeweils feste Anzahl von Quantenteilchen, die durch ein klassisches Kraftfeld miteinander in Wechselwirkung treten.

Im Unterschied zur klassischen Mechanik zeigt die genauere Beschreibung der Teilchen in der Quantenmechanik, dass deren Verhalten in manchen experimentellen Situationen besser dadurch beschrieben wird, dass man sie wie Wellenerscheinungen behandelt. Das ist der oft erwähnte Welle-Teilchen-Dualismus der Quantenmechanik.

Während in der klassischen Mechanik das „Punktteilchen“ die einfachste mögliche physikalische Struktur darstellt, zeigt sich in der Quantenmechanik, dass man zur genauen Festlegung des Zustandes eines Quantenteilchens unendlich viele Angaben benötigt. Bereits das verdeutlicht, dass ein Teilchen in der Quantenmechanik keineswegs die einfachste mathematische Struktur repräsentiert. Die einfachste Quantenstruktur hat im Unterschied zum Teilchen einen nur zweidimensionalen Zustandsraum. Diese Struktur wird daher oft als „Quantenbit“ bezeichnet. Der exakte Zustand eines Quantenbits wird also durch lediglich zwei Zahlen festgelegt.

Die einfachste Quantenstruktur – das Quantenbit

Das *Quantenbit* ist die mathematisch einfachste aller möglichen Quantenstrukturen. Ein Bit von Information *allein*, also ohne einen speziellen Kontext, ist so einfach, dass es keinerlei Lokalisierung erlaubt. Es ist somit kosmisch ausgedehnt.

Quantenteilchen mit Masse

Seit Jahrtausenden wurden „Atome“, kleinste Teilchen, für das „Einfachste“ gehalten, da sie gemäß Definition nicht weiter zerlegbar sind. Die Mathematik der Quantentheorie zeigt jedoch, dass Teilchen keineswegs etwas „Einfaches“ sind.

Lokalisieren im Ortsraum kann man „Teilchen“ mit Masse. Die exakte mathematische Beschreibung eines Quantenteilchens als Modell eines in Raum und Zeit frei bewegbaren Objektes erfordert *unendlich viele Quantenbits.*

Quantenteilchen ohne Masse – Photonen

Masselose Quantenteilchen, Photonen, kann man „im Impulsraum lokalisieren“, d. h. ihnen einen definierten Impuls geben. Da sie immer mit Lichtgeschwindigkeit fliegen, können sie im Ortsraum nicht lokalisiert werden.

Bei den Photonen besteht eine Verstehensschwierigkeit in der Tatsache, dass Photonen „nur Energie“ sind. Energie kann man als „Bewegung“ interpretieren. Im Alltag kennen wir nur „Bewegung von etwas“. Die Photonen sind hingegen nicht Bewegung von einem Objekt, sondern „reine Bewegung“ oder „Bewegung an sich“.

Bei den Photonen wird besonders deutlich, welche Anforderungen an unsere Vorstellungskraft die quantentheoretische Beschreibung der Realität erforderlich macht.

Wir denken üblicherweise über die uns umgebende Natur in einer *faktischen Weise.* Die Quantentheorie konfrontiert uns mit der Notwendigkeit, uns auch *Bilder über Möglichkeiten* vorstellen zu sollen. Aber ein Bild ist bereits ein Faktum, Bilder von Möglichkeiten können also nur dann gelingen, wenn der Möglichkeitscharakter des Gedachten gleichzeitig immer wieder betont wird.

Als Einstein seine Lichtquantenhypothese aufstellte hat er sich darauf bezogen, dass beim Photoeffekt (dem „Hallwachs-Effekt“) ein einzelnes Photon ein einzelnes Elektron aus dem Metallverband herausschlägt. Ein solcher Vorgang ist für uns nur mit dem Bild des Photons als kleines Teilchen vorstellbar. Zugleich aber soll man sich ein Photon als eine sich ausbreitende Kugelwelle vorstellen, die sich mit Lichtgeschwindigkeit vom Emissionspunkt aus gleichförmig in den Raum ausbreitet.

Wenn wir diese beiden Bilder als Fakten denken, dann sind sie unvereinbar. Allerdings gehört es zum Wesen der Möglichkeiten, dass diese beiden Möglichkeiten zugleich relevant sein können. Das Photon hat also die Möglichkeit, sich im Raum auszubreiten und dann an einem der möglichen Punkte eine ganz lokale Wirkung hervorrufen zu können.

Wenn viele Photonen von der gleichen Stelle zugleich emittiert werden und durch Blenden eine Richtung vorgegeben wird, dann kann das Bild eines Lichtstrahls zutreffender sein. Man kann sich dabei vorstellen, dass die Wahrscheinlichkeitswellen miteinander interferieren und so eine Ausbreitung in Form einer Kugelwelle dann die Situation weniger zutreffend beschreibt als das Bild eines Strahls.

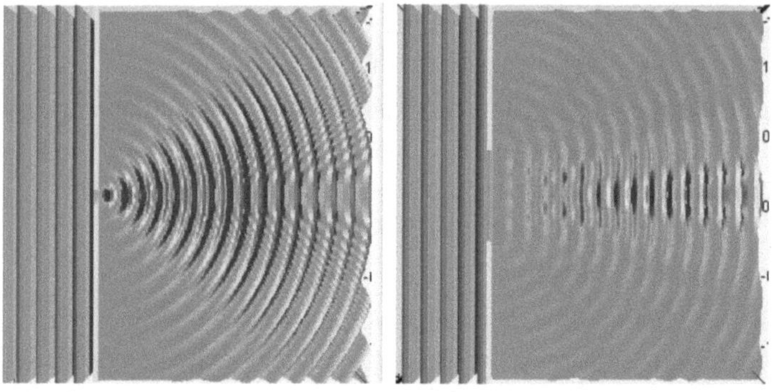

Bild 1.3 Das Verhalten von Wellen an einem engen und einem breiten Spalt: Wenn der Spalt die Größenordnung der Wellenlänge besitzt, dann breitet sich dahinter die Welle als Teil einer Kugelwelle aus. Wird der Spalt wesentlich breiter, dann entsteht immer mehr das Bild eines Strahls. Da auch dieser Strahl wieder auffächern kann, können weitere Blenden notwendig werden.[9)]

[9] *http://weelookang.blogspot.com/2011/10/ejs-open-source-single-slit-diffraction.html*, vom 19. 07. 2021

Wir können daran erkennen, dass und wie äußere Bedingungen das Verhalten von Quantensystemen verändern. Dazu gehört ebenfalls, dass viele gleiche Quanten ein Verhalten zeigen, welches oftmals hinreichend gut mit klassischen Vorstellungen beschrieben werden kann, z. B. Lichtstrahl statt Kugelwelle.

Falls eine Wechselwirkung eines Photons mit einem Elektron stattfindet, dann ist das ein Faktum. Von der zuvor existierenden Möglichkeit der Kugelwelle um das Zentrum des ursprünglichen Emissions-Ortes ist danach nichts mehr vorhanden.

Am Licht wird somit etwas deutlich, was die Struktur der Physik insgesamt betrifft und was in Abschnitt 7.8 noch einmal genauer reflektiert werden wird, die „Dynamische Schichtenstruktur" von klassischer und quantischer Physik.

In der Schule lernen wir die „Strahlenoptik" kennen. Das Verhalten einer sehr großen Zahl von Photonen, deren Quelle sehr weit weg ist, wie z. B. die Sonne, oder die durch Blenden zu einem Strahl geformt wurden, werden als „Lichtstrahlen" beschrieben. Damit kann die Reflexion am Spiegel oder der Weg durch eine Glaslinse bereits gut erfasst werden. Für Hochleistungsobjektive, wie sie besonders für die Herstellung von Masken in der Mikrochip-Produktion benötigt werden, muss man die „Wellenoptik" berücksichtigen.[10] Dass das Verhalten komplexer wird, wenn der Wellencharakter berücksichtigt wird, das wird an Bild 1.3 (Verhalten von Wellen an engen und breiten Spalten) erkennbar.

Da es auch elektromagnetische Aktivität im Gehirn gibt, die als EEG aufgezeichnet werden kann, soll nur darauf verwiesen werden, dass die EEG-Muster auf dem Papier oder dem Bildschirm zwar die Frequenzen der Photonen und damit die Schwingungsaktivitäten der aus ihnen gebildeten elektromagnetischen Wellen aufzeigen, also die zeitlichen Veränderungen elektromagnetischer Aktivitäten in einem kleineren Hirnbereich. Sie lassen jedoch nicht die zugehörigen Wellenlängen deutlich werden. Diese betragen bei einer 1-Hz-Schwingung 300 000 km und bei 10 Hz noch 30 000 km.

Für eine genaue Erfassung der elektromagnetischen Wechselwirkungen muss man zur Quantenfeldtheorie übergehen.

Quantenfeldtheorie

Bevor Einstein die Lichtquanten vorgeschlagen hatte, sprach man nur vom elektromagnetischen „Kraftfeld". Mit der quantentheoretischen Behandlung der Lichtquanten, der Photonen, wurde erkennbar, dass jedes Kraftfeld verstanden werden kann (und oft auch muss) als eine unbegrenzte Anzahl von Quantenteilchen, den Feldquanten. Entsprechend kann man auch eine Ansammlung von materiellen Quantenteilchen, die als Materie und nicht als Kraft erscheinen, als speziellen Zustand eines Quantenfeldes verstehen.

[10] Siehe z. B. Schomäcker, U. (2002) *Objekthöhenabhängige Wellenfrontdeformationen*, Dissertation, Technische Universität, Braunschweig

Vor allem für die quantischen Strukturen in Materie, zuerst in kristallinen Körpern, aber zunehmend auch in weniger geordneten Stoffen wie Flüssigkeiten oder amorphen Strukturen wie Gläsern, kann man die dort herrschenden Kräfte immer besser mit quantenfeldtheoretischen Methoden untersuchen und verstehen. Manche der Typen von Quantenteilchen, die mit mathematischen Symmetrie-Überlegungen in der Hochenergie postuliert, aber bisher nicht gefunden wurden, gibt es als virtuelle Teilchen, als „Anregungen“ der komplizierten Grundzustände von Festkörpern.

Solche „Quasipartikel“, also Strukturen, die wie Teilchen wirken, die aber Kombinationen von anderen realen oder virtuellen Teilchen sein können, lassen zunehmend Phänomene erklärbar werden, die man sich auch mit viel Fantasie schwerlich hätte ausdenken können. (siehe z. B. die Polaritonen) Für solche Probleme scheinen die Methoden der Quantenfeldtheorie vielfach unersetzbar zu sein.

Quantenfeld

Die verschiedenen Kraftfelder wirken ausgedehnt im Raum und können sich mit ihrer Reichweite unterscheiden. Für jeden Punkt in ihrer Umgebung – so die mathematische Hypothese – soll die Kraft definiert sein. Auch ein Quantenfeld verwendet wie die klassischen Feldtheorien die Idealisierung der Punkte eines raumzeitlichen Kontinuums. Als mögliche Beschreibung des Zustandes eines Quantenfeldes kann die Anzahl der „Feldquanten“ dienen.

Ein Quantenfeld entspricht damit einer Menge von unbegrenzt vielen Quantenteilchen.

Die Quantenfeldtheorie relativiert den Unterschied zwischen Kraft und Stoff.

Daher übernimmt die Quantenfeldtheorie den Feldbegriff auch für die Materie. (Neben dem Photonenfeld gibt es beispielsweise auch ein Elektronen- oder Protonenfeld.)

Die Quantenfeldtheorien sind dadurch ausgezeichnet, dass in ihrem jeweiligen Beschreibungsrahmen ein Entstehen und Vernichten von Quantenteilchen beschrieben werden kann. Mit den Quantenfeldtheorien kann der Möglichkeitscharakter nicht nur von Zuständen, sondern auch von der Existenz von Quantenteilchen berücksichtigt werden.

In der Quantenfeldtheorie wird also berücksichtigt, dass man in ihrem Rahmen keine festen Teilchenanzahlen postulieren muss, während im Gegensatz dazu in der Quantenmechanik diese Anzahlen von Teilchen festliegen.

Bei dem Begriff Quantenfeld hat man wahrscheinlich zuerst das innere Bild vor Augen, dass eine über den ganzen Raum weit ausgedehnte Struktur in jedem Punkt des Raumes eine bestimmte Kraftwirkung hervorruft. (Der Bereich kann auch auf einen „Kasten“ eingeschränkt werden, z. B. wenn Mikrowellen in einem Resonator beschrieben werden.)

Die Beschreibung und Darstellung im Raum ist bei den Quantenfeldern, den Quantenteilchen und den AQIs sehr verschieden.

Ein Quantenfeld kann man sich veranschaulichen als ein *im Raum ausgedehntes Gebilde,* welches in jedem Raumpunkt einen Wert haben kann, der je nach der erhaltenen Lösung der Feldgleichung in jedem Raumpunkt unterschiedlich sein kann und sich für jede Lösung auch unterschiedlich zwischen den Raumpunkten verändern kann.

Bei einem Quantenteilchen hat man zumeist die Vorstellung eines an einem Raumpunkt konzentrierten Gebildes. Besser ist die Vorstellung, dass die Menge der möglichen Orte, an denen das Teilchen gefunden werden kann, um einen Raumpunkt herum konzentriert ist. So wird das Elektron im Grundzustand des Wasserstoffatoms mit hoher Wahrscheinlichkeit am Atomkern und mit geringer Wahrscheinlichkeit weit weg davon gefunden werden.

Die AQIs sind abzählbar und können daher als „Grundlage einer algebraischen Struktur“ dienen, wie sie Einstein postuliert hatte. Ein AQI wurde als kosmisch ausgedehntes Gebilde eingeführt. Allerdings ist im Gegensatz zum Quantenfeld beim AQI einzig und allein der Ort des Maximums der Schwingung variabel als Veränderung des Zustandes. Wenn dieser Ort fixiert ist, dann ist zugleich die gesamte über den Kosmos ausgedehnte Struktur des AQIs vollkommen festgelegt.

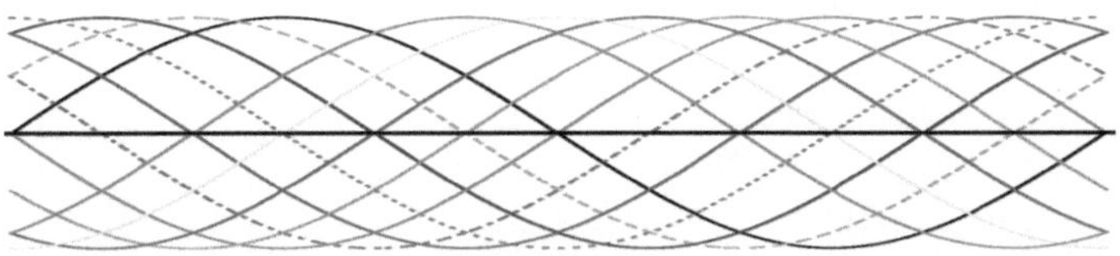

AQIs sind (so wie der Sinus) festgelegt, nur für die Stelle ihres Schwingungs-Maximums gibt es verschiedene Punkte

Quantenteilchen können gezählt und an jedem Punkt gefunden werden

Quantenfelder können sehr unterschiedlich an jedem Punkt einen anderen Wert haben

Bild 1.4 Ein Quantenfeld ist eine Struktur, die im Raum ausgedehnt ist und die an jedem Punkt des Raumes einen beliebigen Wert annehmen kann. Ein Quantenteilchen nimmt einen gewissen kleinen Raumbereich ein, der sich überall befinden kann. Ein AQI ist ausgedehnt über den gesamten kosmischen Raum. Als „Grundschwingung“ kann jedoch lediglich der Ort seines Maximums variieren, nichts anderes kann dann noch am AQI verändert werden.

Sehr oft ist es aber wichtig, noch ein anderes Bild für ein Quantenfeld zu verwenden.

Das Quantenfeld wird charakterisiert durch seine Zustände. Der Grundzustand, das Vakuum, ist dadurch gekennzeichnet, dass damit behauptet wird: „An keinem der unendlich vielen Punkte im Raum ist ein Feldquantenteilchen vorhanden“. Aus diesem Vakuum-Zustand kann man dann die Quantenteilchen erzeugen.

Der erste angeregte Zustand postuliert, dass an einem der unendlich vielen Punkte im Raum ein Feldquantenteilchen vorhanden ist. Ein Quantenfeld gilt übrigens erst dann als nachgewiesen, wenn man hinreichend viele Experiment-Ergebnisse für mindestens jeweils ein Teilchen aufzeigen konnte. Der nächste Zustand des Feldes über dem Vakuum würde zwei Teilchen enthalten, dann 3, 4, 5 und so weiter.

Diese Darstellung von Quantenfeldern ist aus meiner Sicht sowohl die einfachste als auch die anschaulichste. Sie wurde entwickelt von Wladimir Fock (1889 – 1974) und heißt deshalb die Fock-Darstellung.

Die nachfolgende Zeichnung soll noch einmal einen Überblick geben.

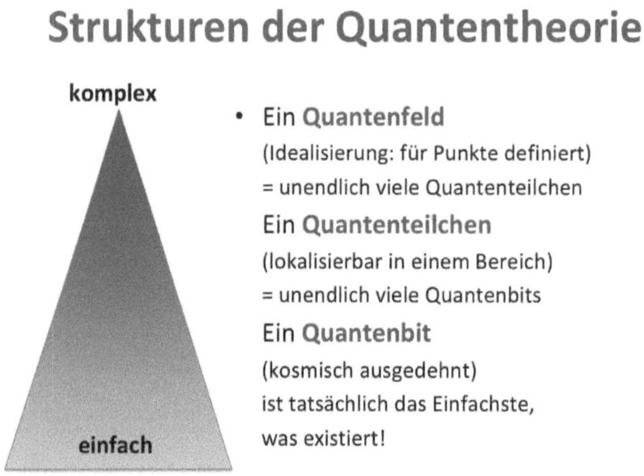

Bild 1.5 Die Strukturen der Quantentheorie

(Es sei nur angemerkt, dass es im Rahmen der mathematischen Physik bekannt ist, dass es unendlich viele verschiedene mögliche Darstellungen für Quantenfelder gibt. Diese sind vor allem dadurch ausgezeichnet, dass man bei ihnen auch Mischungen mit klassischen Anteilen betrachten kann, also zum Beispiel verursacht durch Temperaturen, die von 0 K verschieden sind. Für die Überlegungen, die wir hier anstellen, tragen diese wichtigen mathematischen Feinheiten allerdings wenig zu einem prinzipiellen Verständnis bei.)

1.4.4 Quantentheorie und das Verhältnis von Fakten und Möglichkeiten

Es ist wohl jedermann geläufig, dass Faktisches kopiert werden kann. Man kann Texte abschreiben oder kopieren. Man konnte früher von Photographien „mehrere Abzüge" und heute „mehrere Ausdrucke" bestellen. Auch ein auswendig gelerntes Gedicht lässt sich wiederholt aufsagen.

Dass alles betrifft Faktisches. Fast unmöglich jedoch oder zumindest recht schwierig scheint es zu sein, spontane Rede wortwörtlich zu wiederholen. Auch ein Gefühl lässt sich zwar schildern, jedoch wohl schwerlich identisch nacherleben.

Die Quantentheorie liefert für diese Erfahrungen eine mathematische Begründung. Das „no-cloning-theorem" zeigt auf, dass es prinzipiell unmöglich ist, einen unbekannten bzw. nicht selbst hergestellten Quantenzustand zu duplizieren.

Der Beweis stützt sich auf den Widerspruch zwischen der Linearität der Operatoren in Quantentheorie und der Tensorproduktstruktur von zusammengesetzten Systemen.

Wenn man annimmt, es würde einen linearen Operator U geben, der einen unbekannten Quantenzustand kopieren kann. Dann würde er einen Ausgangszustand $|\alpha> \otimes |\xi>$ in $|\alpha> \otimes |\alpha>$ umwandeln und natürlich auch $|\beta> \otimes |\xi>$ in $|\beta> \otimes |\beta>$.

$$U|\alpha> \otimes |\xi> = |\alpha> \otimes |\alpha>$$

sowie

$$U|\beta> \otimes |\xi> = |\beta> \otimes |\beta> \tag{1.1}$$

Dann gilt aber wegen der Linearität von U weiterhin

$$U\left(|\alpha> + |\beta>\right) \otimes |\xi> = U|\alpha> \otimes |\xi> + U|\beta> \otimes |\xi> = |\alpha> \otimes |\alpha> + |\beta> \otimes |\beta>$$

sowie andererseits und als Widerspruch dazu

$$\begin{aligned} &U\left(|\alpha> + |\beta>\right) \otimes |\xi> = \left(|\alpha> + |\beta>\right) \otimes \left(|\alpha> + |\beta>\right) \\ &= |\alpha> \otimes |\alpha> + |\beta> \otimes |\beta> + |\alpha> \otimes |\beta> + |\beta> \otimes |\alpha> \end{aligned} \tag{1.2}$$

1.4.5 Beziehungen zwischen Quantenfeldtheorie und Relativitätstheorie

Photonen besitzen keine Ruhmasse und können daher mit beliebig geringer Energie erzeugt werden. Wenn man aber auch das Entstehen und Vergehen im Bereich der Teilchen mit Ruhmasse experimentell untersuchen möchte, dann zeigt es sich, dass dazu so große Energien notwendig sind, dass sie nur mit Geschwindigkeiten im relativistischen Bereich erzielt werden können.

Beschränkt man sich auf die elektromagnetische Wechselwirkung, also auf masselose Photonen, dann ist man auch dabei sofort im Bereich der Lichtgeschwindigkeit und damit im Felde der speziellen Relativitätstheorie.

Im Bereich der elementaren Teilchen, gleichgültig ob mit oder ohne Ruhmasse, hat also die Quantenfeldtheorie mit ihrem Erzeugen und Vernichten von Quanten immer das Problem, mit der Speziellen Relativitätstheorie behandelt werden zu müssen. Dieser Sachverhalt verdeckt allerdings, dass das Wesentliche an der Quantenfeldtheorie nicht die Spezielle Relativitätstheorie ist.

Die Bedeutung von Quantenfeldtheorien besteht vor allem darin, das Wirken von virtuellen Teilchen zu verdeutlichen, die als reelle Teilchen erscheinen und wieder verschwinden können.

Die nichtrelativistische Quantenmechanik behandelt den Raum in der Weise, die sich aus der Planckschen Formel ergibt. Teilchen können nur auf „Raumbereiche" lokalisiert werden. Die Unbestimmtheitsrelation würde zu einem scharfen „Punkt" eine unendlich große Impuls-Unbestimmtheit erforderlich werden lassen.

Zu den klassischen Kraftfeldern in der Quantenmechanik passt auch, dass ebenfalls die Zeit wie eine klassische Größe behandelt wird. Es gibt in der Quantenmechanik einen Operator für den Ort. Dieser gibt die Wahrscheinlichkeit an, ein Teilchen in einem Volumen um diesen Ort finden zu können. Es gibt jedoch in der Quantenmechanik keinen Operator für die Zeit.

Die Spezielle Relativitätstheorie erfordert nun aber eine gleichwertige Behandlung der Koordinaten von Raum und Zeit. Daraus hat sich ergeben, dass die in der Quantenmechanik vorhandene quantische Behandlung des Raumes durch die Verwendung von Orts-Operatoren abgeändert werden muss zu einer klassischen Behandlung der Zeit sowie des Raumes. Beides wird modelliert als ein physikalisches Kontinuum. Das hat unter anderem die Konsequenz, dass damit den mathematischen Punkten des Kontinuums eine physikalische Bedeutung zugeschrieben werden muss, die ihnen im Rahmen der Quantentheorie im Grunde genommen nicht gestattet werden kann.

1.4.6 Relativitätstheorien

Die *Spezielle Relativitätstheorie (SRT)* geht von dem empirischen Befund aus, dass in allen Bezugssystemen – unabhängig von deren Relativgeschwindigkeit – die Lichtgeschwindigkeit stets den gleichen Wert besitzt. Das hat für einen Beobachter in einem Inertialsystem (also in einem unbeschleunigten Bezugssystem) die Konsequenz, dass das Verhältnis zwischen zeitlichen Dauern und räumlichen Abständen in einem anderen Inertialsystem verändert erscheint. Wenn man in dem anderen System eine Uhr beobachtet, dann gilt der Merksatz: „Bewegte Uhren gehen langsamer". In einem Bezugssystem, welches sich relativ zum Beobachter bewegt, vergeht die Zeit langsamer und die Abstände werden kürzer.

Die Spezielle Relativitätstheorie ist eine klassische Theorie. In ihr werden zeitartige und raumartige Abstände zwar im Vorzeichen unterschieden, aber als Strukturen im gleichen vierdimensionalen Raum verstanden. Für diesen wird die mathematische Struktur des Kontinuums postuliert. Dabei wird jedem mathematischen Punkt die Möglichkeit der physikalischen Realität zugesprochen. Das begründet einen Unterschied zur Quantenmechanik, in der die Zeit mit dem Modell des mathematischen Kontinuums beschrieben wird, während für räumliche Abstände das Modell des Punktes als Realität nicht verwendet werden kann. Die Punkte sind dort nur möglich, aber nicht faktisch.

Die *Allgemeine Relativitätstheorie (ART)* geht von dem empirischen Befund aus, dass lokal und ohne Bezug zum Kosmos zwischen der Wirkung von Schwerkraft und von einer Beschleunigung nicht unterschieden werden kann. Mit anderen Worten:

Die Gravitation ist äquivalent zu einer Veränderung der Raumzeitstruktur, also der Geometrie.

Da der Widerstand gegen eine Beschleunigung sich als „Trägheit" äußert, die Wirkung eines Gravitationsfeldes hingegen als „Schwere", wird mit der ART die Gleichheit von „schwerer und träger Masse" begründet.

Die Gravitation wirkt auf alle Inhalte des Kosmos.

Die postulierte Realität der mathematischen Punkte bedeutet zugleich einen Widerspruch zu der Grundstruktur der Quantentheorie. In der Quantentheorie würde man für einen mathematischen Punkt eine unendlich große Energiedichte benötigen. Dieser Sachverhalt erklärt, weshalb man in der Quantenfeldtheorie immer wieder mit unphysikalischen Unendlichkeiten konfrontiert wird.

Die Quantentheorie lässt in Strenge für *faktische* Abstände kein Kontinuum als mathematisches Modell zu. Das Kontinuum wird lediglich für Möglichkeiten postuliert.

1.5 Ein Überblick auf Einteilungen der Quanten

Die *einfachsten Strukturen*, mit denen wir uns in der Natur befassen können, sind die auch mathematisch einfachsten Quantenstrukturen: *absolute kosmologisch begründete Quantenbits, AQIs.*

Wie im Buch nachfolgend gezeigt werden wird, formen sie sich zu dem, was uns als fundamentale Teilchen der Materie, als Energie und als bedeutungsvolle Information begegnet.

Mit der Protyposis wird die Struktur der zweiten Quantisierung nicht auf der Basis von Teilchen untersucht, sondern auf der Basis der Quantenbits. Es ist zu erwarten, dass von dort ausgehend die bei den Teilchen etwas unglücklich vorliegende „Verschraubung" von Quantentheorie mit dem Kontinuum der Speziellen Relativitätstheorie gelöst werden kann. Schließlich ist diese Beziehung die Ursache dafür, bei quantenfeldtheoretischen Berechnungen immer wieder die etwas unlogische Gleichsetzung von unendlich mit null vornehmen zu müssen.

Typen von Quanten

- *Materielle Quanten* (haben eine Masse): Elektronen, Protonen, Atome, Moleküle, ...
- *Energetische Quanten* (haben keine Masse): Photonen
- *Strukturelle Quanten* (existieren nicht als freie Teilchen, sondern nur als virtuelle Objekte. Sie werden auch als Quasiteilchen bezeichnet.): Phononen, Exzitonen, Polaritonen usw. und ebenfalls auch die Quarks und Gluonen.
- *Quantenbits* als Basis von allem.

Daraus ergibt sich folgende Einteilung:

- *Materie* besitzt eine Ruhmasse, sie ist träge. Sie kann Energie und Information aufnehmen und abgeben.
- *Energie* ist notwendig, um Materie zu bewegen. Sie kann Information aufnehmen und abgeben.
- *Information* kann bereitgestellte Energien auslösen und somit Lebewesen steuern. Sie wird dadurch für dieses jeweilige Lebewesen bedeutungsvoll.

Eine weitere Einteilung kann ebenfalls noch vorgenommen werden. Sie entspricht der alten philosophischen Unterscheidung zwischen Kraft und Stoff:

- Für *Stoff-Quanten* kann man vergröbert sagen: „wo eines ist, kann kein zweites sein". Diese Teilchen besitzen einen „Spin ½". (Das bezeichnet ein spezielles Rotationsverhalten, erst nach einer Rotation um $4 \times \pi = 720°$ ist der ursprüngliche Zustand des Quantenteilchens wieder erreicht.) Man nennt sie Fermionen, später mehr dazu.
- Für *Kraft-Quanten* kann man vergröbert sagen: „wo eines ist, wollen andere auch sein". Diese Teilchen besitzen einen „Spin 0 oder 1". (Das bezeichnet ein spezielles Rotationsverhalten, nach einer Rotation um $2 \times \pi = 360°$ ist der ursprüngliche Zustand des Quantenteilchens wieder erreicht.) Man nennt sie Bosonen, auch dazu später mehr.

Da ½ + ½ = 1 ist, wird verstehbar, dass die über Jahrhunderte als grundlegend angesehen Unterscheidung zwischen Kraft und Stoff von der Quantentheorie relativiert wird. Beide Teilchensorten lassen sich ineinander umwandeln.

Die mathematisch einfachsten Quantenstrukturen, Absolute Bits von Quanteninformation (AQIs), die in ihrer Gesamtheit die Protyposis sind, bilden die Grundlage von allem.

Die Entwicklung der Quantentheorie hat – von Einsteins Hypothese und Weizsäckers Überlegungen ausgehend – zu einer Grundlegung auf der Basis der mathematisch einfachsten Quantenstrukturen geführt.

Die „Absolutheit" der Quantenbits soll darauf verweisen, dass sie nicht in Bezug auf eine andere Entität zu verstehen sind. Sie stehen also auch nicht in Relation zueinander, sondern zum „Absoluten", zum „Ganzen", dem Kosmos.

Eine solche Absolutheit lässt die AQIs als identisch erscheinen. Ergibt sich daraus ein Konflikt mit der These von Gottfried Wilhelm Leibniz (1646–1716) von der „Identität des Ununterscheidbaren"?

Identität des Ununterscheidbaren (Principium identitatis indiscernibilium)

Wenn es zwei Sachen gibt, dann sollen sie nach Leibniz auch irgendwie unterscheidbar sein.

Eine Anekdote über Leibniz berichtet davon, dass seine These angezweifelt wurde. Er soll dann dazu aufgefordert haben, man möge ihn durch zwei identische Blätter aus dem Schlosspark von Hannover empirisch widerlegen. Natürlich war das damals (und ist auch heute) unmöglich.

Dazu kann man anmerken, dass durch die Quantentheorie dieses Prinzip in einer dialektischen Weise modifiziert wird. Bekanntlich kann man beispielsweise kein Elektron von einem anderen Elektron unterscheiden. Das gilt für alle identischen Elementarteilchen, Atome usw.

> Bei den elementaren Quantenteilchen sind so wenige Eigenschaften vorhanden, dass sie ununterscheidbar werden.

Wie ist im Blick auf die Quantentheorie das Leibnizsche Prinzip zu modifizieren?

Wenn wir ein System mit vielen Elektronen haben, dann formen diese wegen ihrer Wechselwirkung eine einzige Entität. (Also z. B. nicht „zwei Elektronen" sondern „ein Dielektron". Dieses hat dann mehr und andere Eigenschaften als zwei einzelne Elektronen.) Das müsste man fortsetzen bis zum Kosmos als ungeteilte quantische Ganzheit. Dann jedoch wird die Aussage trivial, weil es dann nicht mehr zwei verschiedene Entitäten gibt.

Die theoretische Zerlegung eines Viel-Elektronen-Systems in viele einzelne identische Elektronen ist eine mathematische Näherung. Diese ist jedoch für die praktischen Rechnungen unverzichtbar. Nur in dieser Näherungsbeschreibung gibt es statt einem Dielektron zwei Elektronen.

Das Leibnizsche Prinzip ist damit in einer gewissen Weise dialektisch „aufgehoben". Es ist wie ein „aufgehobenes" Gesetz nicht mehr gültig – und es ist zugleich aufgehoben wie ein Buch, das nicht verbrannt wurde. Einerseits sind also „zwei ununterscheidbare Elektronen“ nicht das Behauptete, weil sie wegen ihrer Wechselwirkungen ein neues Ganzes, ein „Dielektron“ sind. Andererseits sind alle hinreichend komplexen Strukturen dadurch ausgezeichnet, dass es keine zwei identischen Exemplare von ihnen gibt.

1.6 Fakten, Möglichkeiten, Quantisierung

Die Wirksamkeit von Fakten und von Möglichkeiten

Unser alltägliches Handeln wird nicht nur von den Fakten beeinflusst, sondern auch von den Möglichkeiten, die wir erwarten, erhoffen oder befürchten.

Aus der Quantentheorie kann man lernen, dass bereits in der unbelebten Natur, sogar bei den Elementarteilchen gilt: Sie verhalten sich unterschiedlich, je nachdem, welche Möglichkeiten ihnen offenstehen oder verschlossen sind.

Reale und virtuelle Quanten

Die wirksamen Möglichkeiten betreffen sogar die Existenz der Teilchen. „Virtuelle Teilchen“ existieren lediglich als Möglichkeiten. Sie können jedoch reale Wirkungen erzeugen. Ein Beispiel sind die virtuellen Photonen, welche die Coulomb-Kraft erzeugen. Solange allerdings dem betreffenden Zustand nicht genügend Energie zugeführt wird, können sie nicht als viele „reale Teilchen“ in Form elektromagnetischer Wellen in Erscheinung treten. Die Strukturquanten wie Quarks und Phononen existieren ausschließlich virtuell, sie können nie im Vakuum als frei bewegliche Teilchen erscheinen.

Quantisierung

Den Übergang von einer klassischen, also faktischen Beschreibung zu einer quantischen Beschreibung bezeichnet man als „Quantisierung“. Dazu werden Erzeugungs- und Vernichtungs-Operatoren eingeführt. Diese erfassen den Übergang zwischen möglichen und realen Eigenschaften oder Strukturen.

Beispielsweise wird in der Quantenmechanik die Anzahl der Quantenteilchen als Faktum behandelt. Durch die Definition von Erzeugungs- und Vernichtungs-Operatoren für Teilchen gelangt man von der Quantenmechanik zu einer Quantenfeldtheorie.

Man definiert als ein „Teilchen-Vakuum“ einen Zustand, in dem kein Teilchen vorhanden ist. Durch die wiederholte Anwendung eines Erzeugungsoperators wird dann jeweils ein neues Teilchen erzeugt. Den verschiedenen Sorten von Teilchen entsprechen verschiedene mathematische Strukturen der Operatoren.

Wenn man die Natur nicht sehr genau beschreiben und verstehen will, dann genügen oft die Konzepte der klassischen Physik mit der Coulombkraft anstelle virtueller Photonen und den elektromagnetischen Wellen anstelle realer Photonen.

1.6.1 Die fundamentalen Wechselwirkungen

Die AQIs begründen auch die fundamentalen Wechselwirkungen. Auch darauf soll bereits ein erster Blick geworfen werden: Was sind diese fundamentalen Wechselwirkungen?

Die *Gravitation* wirkt auf alles, was sich im Kosmos befindet.

Alle Materie, die wir kennen, lässt sich in Atome zerlegen. Die *starke Wechselwirkung* ermöglicht stabile Atomkerne, die *schwache Wechselwirkung* lässt nicht beliebige Formen von diesen Atomkernen zu, denn sie bewirkt bei manchen Atomkernen einen radioaktiven Zerfall.

Den Aufbau der Atome und die Wechselwirkung zwischen diesen zu Molekülen und zu Flüssigkeiten und festen Körpern wird durch die *elektromagnetische Wechselwirkung* erzeugt. Immer, wenn sie genau verstanden und beschrieben werden soll, dann zeigt sich, dass es sich um die Emission und Absorption virtueller und realer Photonen handelt.

1.6.2 Elektromagnetische Wechselwirkung und die Existenz der Objekte

Die Beschreibungen der elektromagnetischen Wechselwirkung in der Natur

Im Alltag sind außer der Gravitation sämtliche Erscheinungen, also auch alle chemischen und biologischen Vorgänge, Folgen der elektromagnetischen Wechselwirkung.

Alle Atome besitzen einen positiv geladenen Kern und eine Hülle aus negativ geladenen Elektronen. Die Wirkungen der von den elektrischen Ladungen verursachten Kräfte werden im Rahmen der klassischen Physik durch die Maxwellschen Gleichungen erfasst.

Für die elektrische Ladung gilt das von Charles Augustin de Coulomb (1736–1806) entdeckte Kraftgesetz der Elektrostatik. Es wirkt zwischen verschiedenen Ladungen anziehend und zwischen gleichen abstoßend. Elektrische Ströme sind bewegte elektrische Ladungen. Sie erzeugen magnetische Kraftfelder. Beschleunigte Ladungen und veränderliche Ströme erzeugen elektromagnetische Wellen.

Wenn es wirklich genau werden und wenn es um ein grundsätzliches Verstehen gehen soll, dann wird es notwendig, die Quanteneigenschaften der Realität zu berücksichtigen. *Bei quantischer Genauigkeit erweist sich das Coulombfeld als Wirkung von vielen virtuellen Lichtquanten, von Photonen.* Man spricht von einem *virtuellen Photon,* weil es durch zusätzliche Energiezufuhr real werden kann. Durch seine „mögliche Existenz“ kann es gemäß Quantentheorie jedoch reale Wirkungen erzeugen. Dabei muss es nicht alle Bedingungen erfüllen, die an ein reales Photon zu stellen sind. In der Quantenfeldtheorie zeigt sich, dass virtuelle Teilchen auch „off-mass-shell“ erscheinen können. Dann ist die relativistische Beziehung zwischen Energie und Impuls nicht mehr so wie bei einem realen Teilchen.

Eine elektromagnetische Welle muss als eine riesige Anzahl von realen Photonen verstanden werden. Auch wenn eine Auflösung der Welle in einzelne Photonen erst bei einer hinreichend großen Frequenz und daher bei kleinen Wellenlängen und großen Photonenenergien technisch möglich wird, sind manche Vorgänge allein mit den klassischen Vorstellungen von Wellen schwer zu erklären.

Sämtliche Objekte, die man als zusammengesetzt aus Atomen beschreiben kann, existieren also auf der Basis der elektromagnetischen Wechselwirkung, auf dem Austausch von virtuellen und realen Photonen.

1.7 Zum Verhältnis von Physik, Chemie und Biologie

Die *Physik* ist primär auf das prinzipielle Verständnis der elementaren Strukturen und der Wechselwirkungen ausgerichtet. Allerdings sind die Abgrenzungen zwischen den Wissenschaften zum Teil historisch bedingt und daher mit einer gewissen Willkür behaftet.

Historisch lag der Schwerpunkt der Physik bei Mechanik und Optik. Man kann ohne Übertreibung sagen, dass erst mit Newtons Mechanik die moderne theoretische Physik begann. Seine Optik mit seiner physikalischen Erklärung der Farben führte später zu einer großen Abwehr bei Johann Wolfgang v. Goethe (1749–1832). (Dieser große Dichter war zu seiner Zeit ebenfalls als ein bedeutender Naturforscher bekannt. Mit seiner Entdeckung des Zwischenkieferknochens gab er einen Hinweis auf eine gemeinsame Abstammung von Tier und Mensch. Dass man aber die Natur des Lichtes sollte dadurch entdecken können, dass man einen dünnen Lichtstrahl in ein dunkles Zimmer fallen lässt, das war seiner künstlerischen Natur völlig zuwider.)

In meiner Ausbildung hatte ich gelernt, dass Isaac Newton (1642–1726) eine Theorie der Lichtteilchen vertreten habe – dies im Gegensatz zu seinem Zeitgenossen Christiaan Huygens (1629–1695), der eine Wellentheorie vertrat. Wie ich beim Austausch mit der amerikanischen Philosophin Irmgard Scherer erfahren habe[11)], überlegte sich Newton in seinen „Queries“ (die in meiner deutschen Ausgabe der Optik fehlen) in Query 13:

---

[11] Scherer, I. (1995) *The Crisis of Judgment in Kant's Three Critiques*, Peter Lang, New York

„Do not several sorts of Rays make Vibrations of several bignesses, which according to their bignesses excite Sensations of several Colours, much after the manner that the Vibrations of the Air, according to their several bignesses excite Sensations of several Sounds?
And particularly do not the most refrangible Rays excite the shortest Vibrations for making a Sensation of deep violet, the least refrangible the largest for making a Sensation of deep red, and the several intermediate sorts of Rays, Vibrations of several intermediate bignesses to make Sensations of the several intermediate Colours?“[12)]
(Machen nicht verschiedene Arten von Strahlen Vibrationen von verschiedenen Größenordnungen, die nach ihren Größenordnungen Empfindungen von verschiedenen Farben erregen, ähnlich der Art und Weise, wie die Schwingungen der Luft nach ihren verschiedenen Größenordnungen Empfindungen von verschiedenen Tönen erregen?
Und insbesondere erregen nicht die am leichtesten brechbaren Strahlen die kürzesten Schwingungen, um eine Empfindung von tiefem Violett zu erzeugen, und die am wenigsten brechbaren die größten, um eine Empfindung von tiefem Rot zu erzeugen, und die verschiedenen Zwischenarten von Strahlen, und erzeugen nicht Schwingungen von mehreren Zwischengrößen die Empfindungen der verschiedenen Zwischenfarben?)

Dass Newton sowohl eine Teilchen- als auch eine Wellennatur beim Licht erwogen hatte, hat mich überrascht.

Später kamen zur theoretischen Physik die Elektrodynamik und Thermodynamik hinzu.

Wesentlich komplexere Strukturen als die Physik untersucht die *Chemie*. Die Stoffumwandlungen gelangten aus der Alchemie in die Chemie. Daher wird sie heute zumeist als die Wissenschaft der Moleküle und deren Verhalten verstanden.

Sinnvollerweise verwendet die Chemie als ihren Ausgangspunkt die Existenz stabiler Atome. Deren Elektronenhüllen reagieren gemäß der elektromagnetischen Wechselwirkung miteinander und können Moleküle bilden. Da diese Vorgänge nur mithilfe der Quantenmechanik erklärt werden können, kann die Theorie der modernen Chemie als Quantenmechanik bezeichnet werden. Da nicht nur die Moleküle, sondern auch die Strukturen und das Verhalten der festen Körper ohne Quantentheorie unerklärlich bleiben, wird die „Festkörperphysik“ wohl nur aus historischen Gründen nicht zur Chemie, sondern zur Physik gerechnet.

Moleküle und feste Körper werden durch elektromagnetische Kräfte zusammengehalten. Bei hohen Temperaturen werden diese Bindungen gelöst. Da es im Inneren

---

[12] Newton, I. (1730) *Opticks: Or, A Treatise of the Reflections, Refractions, Inflections and Colours of Light*, William Innys at the West-End of St. Paul's., S. 320

von Sternen so heiß ist, dass dort alle Festkörper und Moleküle zerfallen, ist dort auch kein Anwendungsgebiet der Chemie und der Festkörperphysik.

Die Verbindung zwischen Quantenmechanik und Chemie ist im letzten Jahrhundert sehr eng geworden. Die Quantenmechanik ist die Theorie der Chemie, das wissen die Chemiker heute und nutzen es, wenn sie z. B. von Orbitalen sprechen.

Die Orbitale kennzeichnen die möglichen Orte der Elektronen in einem Atom oder Molekül. Zumeist werden sie dadurch veranschaulicht, dass man Hüllen zeichnet, in denen sich 90 % dieser möglichen Orte befinden.

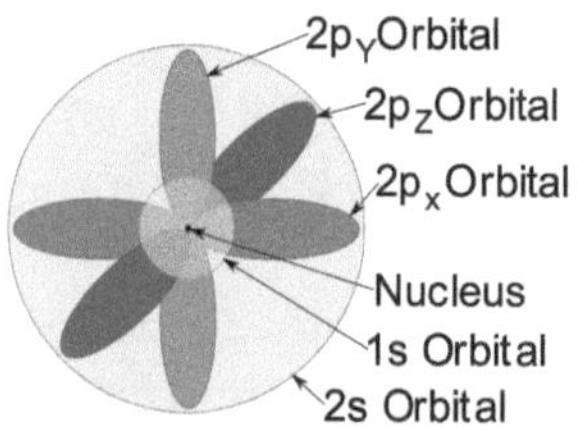

Bild 1.6
1s, 2s und 2p Orbitale eines Natriumatoms[13]: Besonders überraschend ist es, wie eng möglichen Orte der Elektronen im Grundzustand (1s-Orbital) am Ort des Atomkerns und um diesen herum konzentriert sind.

Als Aromatizität kennzeichnen die Chemiker Eigenschaften von ringförmigen Molekülen, wie sie am Beispiel des „Benzolringes" 1865 von August Kekulé (1829–1896) erstmals als Strukturformel aufgestellt wurde. Mit der Quantenmechanik kann man heute erklären, dass es sich dabei um Wirkungen der Resonanzenergie handelt, die aus „delokalisierten π-Orbitalen" folgt. Vor der Quantenmechanik hatte man sich damit beholfen, dass die Strukturformel auf zwei gleichberechtigte Weisen gezeichnet wurde, jetzt werden die delokalisierten π-Orbitale zumeist durch einen Kreis verdeutlicht:

Bild 1.7 Darstellung des Benzol-Rings: In den älteren Darstellungen hatte man das Bindungsverhalten der Elektronen durch die als gleichberechtig dargestellten linken Abbildungen verdeutlicht. In neueren Darstellungen wird die völlige Delokalisation der Elektronen durch einen Kreis charakterisiert.

Natürlich sind auch die Spektralanalysen der chemischen Verbindungen nur quantenmechanisch zu verstehen. Und in der Tat: Die Möglichkeit, mit quantenchemischer Berechnung chemische Fragestellungen anzugehen, wird zunehmend auch für die Praxis relevant.

[13] Quelle: John Trombley – Own work, CC BY 4.0, *https://commons.wikimedia.org/w/index.php?curid=61285156*, vom 03. 08. 2021

Die Quantenmechanik lässt auch erkennen, dass und warum chemische Reaktionen in Flüssigkeiten und Gasen anders ablaufen als an Oberflächen von festen Körpern. So werden z. B. auch die Einflüsse von Nanoteilchen auf chemische Reaktionen untersucht.

Bei Reaktionen mit Festkörpern können nur die äußeren Atome oder Moleküle mit den sie umgebenden Flüssigkeiten oder Gasen reagieren. Wenn man sich vergegenwärtigt, dass ein Atom etwa die Größe eines Zehntel Nanometers hat, dann wird verständlich, dass an Nanoteilchen das Verhältnis zwischen oberflächlichen und inneren Atomen sehr viel größer ist als an einem größeren Körper. Daher zeigen Nanoteilchen auch oftmals ein anderes chemisches Verhalten. So können künstliche Nanoteilchen in Lebewesen auch neue Formen von Gefährdungen bewirken.

1.7.1 Photonen in der Chemie

Wie erwähnt wird in der Quantenmechanik mit einer festen Anzahl von Atomkernen und Elektronen gerechnet, zwischen denen die Coulombkraft wirkt. Das ist für die meisten chemischen Prozesse vollkommen ausreichend. In manchen speziellen Situationen jedoch muss man das Coulombfeld durch die genauere Beschreibung mit realen und virtuellen Photonen ersetzen.

Über das Wirken von elektrischen Ladungen lernt man, dass es positive und negative gibt. Ein Atom hat einen Kern mit so viel positiven Elementarladungen, wie in ihm Protonen vorhanden sind. Im neutralen Zustand gibt es eine Elektronenhülle mit so vielen Elektronen darin wie Protonen im Kern. Zwischen Elektronen und Kern wirkt die Coulombkraft – und früher wurde das Atom ähnlich einem winzigen Planetensystem dargestellt.

Mit der Vorstellung der Coulomb-Kraft und der quantenmechanischen Energieschalen der Elektronen lässt sich ein Ionenkristall wie das Kochsalz – NaCl – erklären. Das Natrium gibt das äußere Elektron ab und wird ein positiv geladenes Ion – Na^+ – mit einer nun abgeschlossenen Edelgas-Elektronenhülle. Das Chlor nimmt das Elektron auf, wird zu einem negativ geladenen Chlor-Ion – Cl^- – und erhält damit nun ebenfalls eine abgeschlossene Edelgas-Elektronenhülle. Jedes Natriumion ist im Kristall oben und unten, rechts und links sowie vorn und hinten (oktaedrisch) von sechs Chlor-Ionen umgeben. Das gleich gilt für jedes Chlor-Ion, welches von sechs Natriumionen eingehüllt wird.

Am Beispiel des Kochsalzes kann sehr schön verdeutlicht werden, dass die Chemie als eine „*Wissenschaft des Neuen*“ bezeichnet werden kann. Natrium ist ein Metall, das zu brennen anfängt, wenn es auf Wasser schwimmt, Chlor wurde (und wird wohl noch immer in Syrien) als Giftgas eingesetzt. Die Verbindung von beiden ist etwas vollkommen anderes Neues: Speisesalz!

1.7.2 Virtuelle Teilchen in der Chemie

Sehr genaue neue Untersuchungen zeigen über die Quantenmechanik hinaus die Rolle, die Quantenphänomene wie virtuelle Teilchen auch in der Chemie spielen können. Dabei werden Prozesse in einer mikroskopisch kleinen Umgebung betrachtet, sodass nur wenige Moleküle daran beteiligt sein können.

Wir werden noch darauf zurückkommen, dass möglicherweise solche speziellen Bedingungen beispielsweise dann vorliegen, wenn nicht so unzählig viele gleiche Moleküle am gleichen Prozess beteiligt sind wie in industriellen chemischen Reaktionen. In allen Lebewesen laufen die chemischen Reaktionen in den mikroskopisch kleinen Zellen mit kleineren (wenn auch noch immer großen) Anzahlen von *verschiedenen* Molekülen ab. Unsere Vermutung ist, dass besonders bei der Erklärung der Entstehung der ersten Lebewesen solche speziellen Bedingungen bedeutsam waren. In ihnen kommen die verschiedenen Moleküle in natürlichen Mischungen vor. Neben dem Wasser und manchen Salzen gibt es viele verschiedene Moleküle, die neben Stickstoff, Phosphor, Schwefel und anderen Atomen alle mehr oder weniger viele Kohlenstoffatome beinhalten. Das unterscheidet eine natürliche von einer künstlich erzeugten möglichst reinstofflichen Umgebung.

Als Beispiel für Wirkungen, die mit klassischem Coulombfeld ohne Photonen nicht erklärt werden können, soll ein Polariton geschildert werden, ein virtuelles Teilchen oder auch „Quasiteilchen“, welches aus anderen virtuellen Teilchen gebildet wird.

Zwischen zwei engen Spiegeln können sich in einer dünnen Folie, die alles zusammenhält, aus je einem Elektron, einem „Loch“ (einem Quasiteilchen, keinem „Loch in der Folie“) und einem virtuellen Photon ein neues virtuelles Quantenteilchen – ein Polariton – bilden.

Am Beispiel der Polaritonen wird besonders deutlich, wie sehr sich die Quantenstrukturen von den klassischen Vorstellungen unterscheiden können.

Die Folie hält die Moleküle in einer definierten Lage, was eine Voraussetzung für eine wiederholte experimentelle Überprüfung ist. Wird nun ein äußeres Elektron eines Moleküls durch eine Anregung aus dem Molekül entfernt, so fehlt das Elektron im Molekül. Die fehlende negative Ladung des Elektrons bewirkt am Atom nun einen Überschuss einer positiven Ladung. Die Physiker sprechen von einem „Loch“ (im Molekül) und meinen ein positiv geladenes Quasiteilchen.

Das Wort „Loch“ erweckt ein recht unzutreffendes Bild, denn die möglichen Orte des nun fehlenden Elektrons waren zuvor ausgebreitet über das gesamte Molekül. Das gleiche trifft daher auch auf das Quasiteilchen zu. Das Loch ist vorzustellen als eine positive Elementarladung, deren möglichen Orte ebenfalls über das gesamte Molekül ausgebreitet sind.

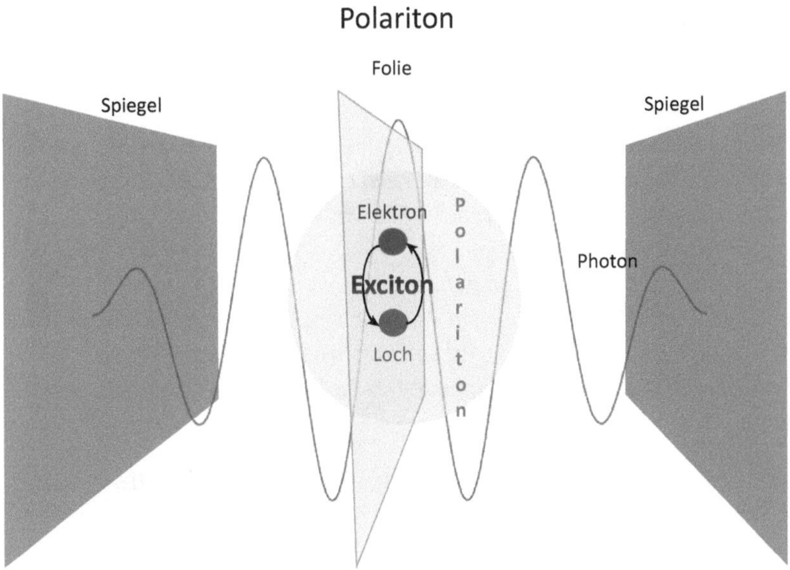

Bild 1.8 Schematische Darstellung der Herausformung eines Quasiteilchens, eines Polaritons

Die positiven Ladungen im Kern lassen also eine von ihnen als Elementarladung ausgebreitet über die Elektronenhülle wie ein richtiges Quantenteilchen wirken.

Da dieses virtuelle Teilchen einen Spin ½ besitzt, spricht man bei ihm wie bei allen Teilchen mit einem halbzahligen Spin von „Fermionen", nach Enrico Fermi (1901 – 1954). Das Loch wirkt zwar wie ein Teilchen, ist aber nur ein „Quasiteilchen" – das erste, was hier vorgestellt wird.

So wie ein Elektron mit einem Positron ein Positronium bilden kann, eine Art „Mini-Wasserstoff-Atom", kann das Elektron mit dem „Loch", die sich beide in der Folie befinden, einen neuen weiteren gebundenen Zustand bilden, ein Exziton. Dieses Quasiteilchen (sozusagen ein Quasiatom) – das zweite, was aus dem ersten Quasiteilchen, dem Loch, und dem Elektron gebildet wird – ist ein Boson, also ein Kraftteilchen.

Zwischen den beiden Spiegeln ist ein elektrisches Feld, genauer gesagt sind dort Photonen. Dabei können dort nur solche Photonen erscheinen, deren Wellenlängen zu den Abständen zwischen den Spiegeln passen. Nun kann in einer dritten Stufe das Exziton zusammen mit einem Photon ein weiteres Quasiteilchen bilden – das Polariton. Das ist ein weiteres neues virtuelles Kraftteilchen. Die Polaritonen beeinflussen daher chemische Reaktionen im Raum zwischen Folie und Spiegeln in einer bis dahin so nicht erwarteten Weise.[14)]

---

[14] Hutchison, J. A.; Schwartz, T.; Genet, C.; Devaux, E.; Ebbesen, T. W. (2012) *Modifying Chemical Landscapes by Coupling to Vacuum Fields*, Angew. Chem. Int. Ed., 51, 1592, 10.1002/anie.201107033

Einflüsse von derartigen und neuartigen Quantenphänomenen wurden – wie oft auch in anderen Wissenschaften – erst einmal nicht für plausibel gehalten. Einer der Autoren meinte dazu in einem Interview:

> *„‚People thought what we did was totally wacky,' recalls Thomas Ebbesen from the University of Strasbourg in France. ‚When we tried to submit [our 2012 Angewandte Chemie] paper, there was one referee report that was very short and simply said: This is not science, this is science fiction.'"[15]*
> *(„Die Leute fanden das, was wir getan haben, total verrückt", erinnert sich Thomas Ebbesen von der Universität Straßburg in Frankreich. „Als wir versuchten, unser Papier [für die Angewandte Chemie 2012] einzureichen, gab es einen Gutachterbericht, der war sehr kurz und sagte einfach: Das ist keine Wissenschaft, das ist Science-Fiction.")*

Einer der Gründe für eine solche Ablehnung wurde in dem Interview-Artikel in „chemistry world" darin gesehen, dass:

> *„People who learn quantum electrodynamics don't often sit in advanced organic chemistry classes and vice versa."*

Wahrscheinlich kann die „normale Chemie" so charakterisiert werden, dass der Prozess vom Reagenzglas bis zum Rührkessel gemäß Massenwirkungsgesetz abläuft und die Kunst der Chemiker auch darin besteht, die erwünschten Reaktionsprodukte zu entnehmen, bevor der Prozess in einem Gleichgewicht stehen bleibt. Dabei wird oft ein großer Wert daraufgelegt, dass nur eine sehr saubere Mischung der Ausgangsstoffe ohne störende Beimengungen und zumeist noch ein Katalysator vorhanden sind.

Von quantischen Einflüssen wie „virtuellen Teilchen oder Quasiteilchen" ist dabei natürlich nichts zu bemerken.

Die Erfolge der chemischen Praxis vor dem Einbeziehen der Quantenmechanik in die theoretische Chemie lassen erkennen, wie weit man ohne diese theoretische Fundierung bereits gelangen konnte. Heute wird aber auch in der Praxis nicht mehr auf die Hilfsmittel verzichtet, die beispielsweise durch quantentheoretisch fundierte Messmethoden möglich geworden sind.

Die neuen Untersuchungen an quantenfeldtheoretischen Effekten lassen erkennen, dass in einem sehr speziellen Umfeld solche Phänomene die chemischen Prozesse in einer Weise beeinflussen können, wie sie im Reagenzglas nicht zu beobachten sind und wie sie aus quantenmechanischen Vorstellungen allein mit der Coulomb-Kraft ohne die Berücksichtigung der Photonen nicht erschlossen werden können.

---

[15] *https://www.chemistryworld.com/news/hybrid-light-matter-particles-offer-tantalising-new-way-to-control-chemistry/4012243.article?adredir=1*, 25.09.2020

Für das Erkennen dieser Phänomene sind hochkomplexe Experimente notwendig. Sie fallen in dieser Weise in der Natur nicht ins Auge. Aber das heißt natürlich nicht, dass sie dort nicht stattfinden. Wahrscheinlich ist im Lebendigen das Gegenteil der Fall. Dort sind die Prozesse der quantenfeldtheoretischen Chemie das Natürliche.

1.7.3 Weitere interessante Quanteneffekte

Auch in der Festkörperphysik werden die Quasiteilchen als wirkende Realitäten wahrgenommen und für technische Anwendungen ausgenutzt. Polaritonen, die aus einem Elektron-Loch-Paar, d. h. einem Exziton (also aus zwei Fermionen) und einem Photon gebildet werden, sind Bosonen. Damit sind sie fähig, unter bestimmten Bedingungen ein Bose-Einstein-Kondensat bilden zu können. Ein solches Kondensat kann zu einem Polariton-Laser werden und Photonen emittieren.[16)]

In den letzten Jahren zeigen sehr interessante Versuche, wie sich das Verhalten an physikalischen Systemen verändert, wenn sie auf einen zwei- oder eindimensionalen Raum eingeschränkt werden. Beispielsweise sieht man an zweidimensionalen Strukturen von Graphen ein Verhalten, was in dreidimensionalen Strukturen so nicht beobachtet werden kann.

In ähnlicher Weise spielen die räumlichen Bedingungen, also die Art und Weise, wie sich Wirkungen ausbreiten können, bei den Katalysatoren eine Rolle. Katalysatoren wirken im Wesentlichen dadurch, dass sie räumliche Beziehungen verändern. Dadurch erleichtern sie chemische Reaktionen. Diese würden ohne den Katalysator anders verlaufen. Ein katalytischer Vorgang kann sowohl den Aufbau von Molekülen als auch deren Zerlegung betreffen. Er wird ohne den Katalysator sehr viel schwieriger oder langsamer vonstattengehen.

Im Lebendigen ist die Rolle der Proteine dadurch ausgezeichnet, dass sie lange fadenförmige Moleküle sind, die sich in einer ganz spezifischen Weise falten können. Dadurch können sie spezielle räumliche Verhältnisse formen. Diese räumlichen Faltungen bauen im molekularen Maßstab ganz spezielle Bedingungen auf.

Solche Taschen oder Einbuchtungen sind geeignet, chemische Vorgänge an anderen Molekülen sehr spezifisch zu beeinflussen. Daher sind Proteine oft enorm gute Katalysatoren.

Enzyme, wie die Katalysatoren in der Biologie genannt werden, waren die Voraussetzungen dafür, dass am Beginn des Lebens ganz spezielle Makromoleküle gebildet werden konnten, welche ohne diese Enzyme nicht entstehen würden. Die durch Proteine oder zuvor durch RNA-Moleküle geschaffenen und aufeinander angepassten mikroskopischen räumlichen Strukturen haben es ermöglicht, bestimmte chemische

---

[16] Höfling, S. (2014) *Laserdioden mit Polaritonen*, Physik Journal 13, Nr. 8/9 S. 51 – 54

Vorgänge zu beschleunigen und andere zu unterdrücken, indem die beteiligten Moleküle hinreichend schnell aufgebaut beziehungsweise zerlegt wurden.

Es ist also ein Kennzeichen der Proteine, dass auf molekularer Ebene räumliche Strukturen in einer so angepassten Weise zu schaffen können, dass sie die elektromagnetischen Wechselwirkungsvorgänge in sehr gezielter Weise beeinflussen. Weil Dipol- und Multipol-Wechselwirkungen wie „van-der-Waals-Kräfte" oder auch „Wasserstoffbrücken" kürzere Reichweiten als die Coulomb-Wechselwirkung besitzen, können sie in den „Kavernen" und „Löchern" der Proteine sehr lokale Zerlegungen oder Fusionen hervorrufen.

1.7.4 Einfluss der Information auf die Steuerung biochemischer und biologischer Prozesse

Die Wirkungen von speziellen Umgebungen auf Moleküle werden bei den Experimenten und theoretischen Untersuchungen zunehmend erkannt. Dann erhalten quantische Eigenschaften der Umgebung die Fähigkeit, auf den chemischen Prozess einzuwirken. *Anders gesagt: Die Information über Eigenschaften der Umgebung greift in den Prozess ein – sie wirkt steuernd!*

Diese Umgebung kann die unmittelbare Nachbarschaft eines Moleküls im Experiment sein, in einem Lebewesen die Moleküle und Ionen der Zelle, das Organ, das Lebewesen insgesamt oder auch die äußere Umgebung.

Eine Steuerung betrifft die Teilmenge von Informationen, die als Eigenschaften von makroskopischen Objekten oder von materiellen und energetischen Quanten zu *bedeutungsvoller Information* werden. Als solche rufen sie Wirkungen im Lebewesen hervor.

Diese Effekte sind möglich, weil die für eine Lokalisierung notwendigen makroskopischen Objekte (beziehungsweise die materiellen und energetischen Quanten selbst) insgesamt Formen von abstrakter Information, von AQIs der Protyposis sind. (Siehe Kapitel 22.)

Je mehr in der Chemie Erkenntnisse über diese Zusammenhänge aufgezeigt werden, desto deutlicher werden sich diese Zusammenhänge auch in einem Bereich offenbaren, der sich in extrem von der Reagenzglas-Chemie unterscheidet – im Bereich der lebenden Zellen. Je mehr über die biologischen Zusammenhänge deutlich wird, desto klarer tritt zutage, wie komplex und wie eng die Moleküle mit ihrer Umgebung verbunden sind.

Natürlich gibt es in einer Zelle weder die Spiegel noch die Folie, wie sie in der Abbildung des Polaritons dargestellt sind und wie sie bei den entsprechenden Experimenten aufgebaut werden. Aber in einer Zelle wird es viele Situationen geben, bei denen Effekte auftreten, die sich erst mit den Quasiteilchen genügend gut erklären lassen.

Schon in einfachen Hefe-Zellen wurden fast 6000 verschiedene Protein-Sorten gefunden.

> *„The most comprehensive proteome-wide abundance studies have been applied to the model organism Saccharomyces cerevisiae, whose proteome is currently estimated at 5858 proteins (Saccharomyces Genome Database, www.yeastgenome.org).“*[17] *(Die umfassendsten proteomweiten Häufigkeitsstudien wurden an dem Modellorganismus Saccharomyces cerevisiae durchgeführt, dessen Proteom derzeit auf 5858 Proteine geschätzt wird (Saccharomyces Genom-Datenbank, www.yeastgenome.org).)*

Wenn man sich vorstellt, welche vielfältigen enzymatischen und weiteren quantischen Eigenschaften jedes Proteinmolekül haben und bewirken kann, dann sieht man die Versuche mit Polaritonen und anderen Quasiteilchen und ihre Beziehungen zum Verstehen der Lebensvorgänge gewiss in einem anderen Licht.

Aber auch wenn die Chemiker heute wohl durchgehend mit der Quantenmechanik rechnen, so finden sich noch immer Arbeiten, in denen bei der Beschreibung von biochemischen Vorgängen von „esoteric quantum effects“ gesprochen wird.

In der Biologie wurde – für lange Zeit und auch zurecht – ein gewisser Abstand zur Physik aufgebaut und darauf verwiesen, dass sie nicht „auf Physik reduziert werden kann“. Lange Zeit wurde sogar ein Widerspruch zwischen Biologie und Physik konstatiert.

1.7.5 Kein Widerspruch zwischen Biologie und Physik!

Eine populäre Interpretation des Zweiten Hauptsatzes der Thermodynamik besteht darin, dass „die Unordnung wächst“. Ein System wird im Laufe der Zeit in den wahrscheinlichsten Zustand übergehen – und den nennt man „Gleichgewicht“. In diesem passiert dann nichts mehr, was man an ihm wahrnehmen könnte. (Die ständige Veränderung der Mikrozustände lässt den Gleichgewichtszustand unveränderlich erscheinen.)

Lebewesen hingegen sind Organisationsstrukturen, also ein Gegenteil von Unordnung. Solange sie leben befinden sie sich daher nicht in einem physikalischen Gleichgewichtszustand. Da sie aber „metastabil“ sind, müssen die makroskopisch wahrnehmbaren Veränderungen allerdings über längere Zeitspannen nicht immer sehr deutlich sein. Das Adenosintriphosphat (ATP) wird als die „Energiewährung“ in den Zellen für alle biochemischen Reaktionen benötigt. Dass beispielsweise täglich unge-

[17] Ho, B.; Baryshnikova, A.; Brown, G. W. (2018) *Unification of Protein Abundance Datasets Yields a Quantitative Saccharomyces cerevisiae Proteome*, Cell Systems, Vol 6, Nr. 2, S. 192 – 205

fähr fast die Hälfte des Körpergewichts zwischen Adenosindiphosphat (ADP) und ATP umgesetzt wird, dass also jedes dieser Moleküle etwa 1500-mal am Tag recycelt wird, bemerkt man jedoch nicht.

Außerdem sehen wir an Lebewesen auch ziemlich unveränderliche Teile. Das Skelett bei den Wirbeltieren kann versteinern und sogar ein Außenskelett bei Wirbellosen kann im Gestein über Millionen von Jahren überdauern.

Zu der Aussage über den Zweiten Hauptsatz ist natürlich zuerst festzustellen, dass dieser konstatiert, dass ein „abgeschlossenes System" in einen Gleichgewichtszustand übergeht. Er betrifft also ein System, in welches nichts hinein oder heraus geht. Lebewesen hingegen sind Fließgleichgewichte, die sich in einem ständigen Durchsatz von Materie und Energie mit ihrer Umwelt befinden. Wenn man ein Lebewesen von seiner Umwelt tatsächlich isoliert, dann wird es nach kurzer Zeit nicht mehr lebendig sein.

Das Verständnis des zweiten Hauptsatzes hatte sich geänderter, nachdem z. B. Ilya Prigogine (1917–2003) und viele andere mit Arbeiten über dissipative Strukturen, über Selbstorganisation und über irreversibles Verhalten wichtige Beiträge zum Verstehen der physikalischen Grundlagen der Biologie geliefert hatten.

Dissipative Strukturen

Dissipative Strukturen sind Fließgleichgewichte, welche durch einen „Export" von Entropie (also von Information, die unbekannt ist, deren Größenordnung jedoch abgeschätzt werden kann) eine gewisse innere metastabile Ordnung erzeugen können. Ein oft erwähntes Beispiel ist der Bénard-Effekt. Bei einer langsamen Erwärmung von unten können sich in einer nicht zu dicken Flüssigkeitsschicht aufsteigende zylindrische Strukturen bilden, welche erhitzte Flüssigkeit nach oben bewegen. Diese sind umgeben von abwärts gerichteten Strukturen abgekühlter Flüssigkeit nach unten.

Es gibt gute Gründe dafür anzunehmen, dass Leben im Kosmos weit verbreitet ist. Trotzdem kennen wir bisher lediglich unsere Erde als den Bereich, in dem auch die *Biologie* zuständig ist. Alle Meldungen über „außerirdisches Leben" haben sich bisher noch nicht bestätigt.

Für das Selbstverständnis der Biologie kann das nachfolgende Zitat von Heinz Penzlin (*1932) als charakteristisch angesehen werden:

> *„Es wird Zeit, dass die Forderung des großen englischen Biologen John Scott HALDANE (Haldane 1922) vor nunmehr fast 100 Jahren, dass die Biologie ihren eigenen Platz als exakte unabhängige Wissenschaft mit eigener Sprache im Reigen der Naturwissenschaften einnehmen müsse, zielstrebig gegen die immer noch vorhandenen Widerstände umgesetzt wird."*[18]

---

[18] Penzlin, H. (2016) *Das Phänomen Leben – Grundfragen der Theoretischen Biologie*, Springer, Berlin, Heidelberg, S. 6

Penzlin wendet sich gegen die Meinung, die z. B. von Francis Crick (1916–2004), einem der Begründer der Molekularbiologie, vertreten wird. Dieser würde auf dem Standpunkt verharren, dass „das letzte Ziel der modernen Bewegung in der Biologie [...] Erklärung der gesamten Biologie auf der Grundlage von Physik und Chemie“ sei (Crick 1987). Er sagte allerdings nicht, welche Physik und welche Chemie er bei seiner These im Auge hatte, die zeitgenössische oder die zukünftige.

Die unabweisbare Schlussfolgerung für ein Verstehen und Erklären biologischer Zusammenhänge liegt nach Penzlin in folgendem Dreiklang:

> *„Leben lässt sich nicht allein aus ‚Kraft und Stoff‘, aus Physik plus Chemie, erklären. Es ist das Produkt aus der Dreiheit von Energie, Stoff und Information.“*[19]

Solange die Physik ausschließlich im Bereich von „Stoff“, also von materiellen Teilchen und von „Kraft“ bzw. „Energie“ verweilt, muss die Biologie zurecht darauf bestehen, dass in ihrem Geltungsbereich noch die Information hinzukommen muss.

Mit der hier erläuterten „neuen Physik“ wird diese Forderung von Penzlin erfüllt.

Mit der Grundlegung der Physik auf Basis der Quanteninformation wird auch die für die Biologie notwendige naturwissenschaftliche Struktur der „Information“ bereitgestellt.

Der Übergang von der Physik zur Biologie kann jetzt an dem Übergang von einer universellen, abstrakten und somit noch bedeutungsfreien Quanteninformation zu derjenigen Teilmenge von Informationen festgemacht werden, welche für ein betreffendes Lebewesen in spezieller Weise bedeutungsvoll wird.

Die Bewertung und Deutung einer einlaufenden Information muss bereits beim Einzeller in den Prozess der Informationsverarbeitung eingegliedert werden. Dieser Vorgang bewirkt die für das jeweilige Lebewesen speziellen Bedeutungen.

Für die Verarbeitung von „bedeutungsvoller Information“ in lebendigen Organismen ist die Physik nicht zuständig, sondern die Biologie. Bedeutung ist nicht objektiv, sondern subjektiv oder höchstens intersubjektiv, also ähnlich für ähnliche Lebewesen. Die Physik zielt aufs Objektive und kann daher lediglich die Bedingungen erklären, die zu „Subjektivität“ führen.

> Erst mit dem Leben kann Information auch bedeutungsvoll werden.

[19] Penzlin, H. (2016), S. 2

1.8 Die Unterscheidung zwischen Inhalt und Form, zwischen Teilen und Ganzheit

1.8.1 Quantentheorie und Hylemorphismus

In der sich auf Aristoteles beziehenden philosophischen Tradition spielt der Unterschied zwischen Materie und Form eine wichtige Rolle. Bis heute wird ein materieller Inhalt, z. B. eine Menge von Legosteinen oder ein Klumpen Ton, unterschieden von der Form, in welche diese Materie gebracht werden kann. Die jeweilige Form, ein Dampfer oder ein Haus aus Legosteinen, beziehungsweise ein Krug oder eine Schüssel aus Ton, ergeben den wesentlichen Unterschied dieser Artefakte und damit die Bedeutung, die wir ihnen zusprechen.

Noch klarer wird dies, wenn wir die Materie von Tinte auf einem Papier als Formen von Buchstaben erkennen können. Zumeist sehen wir die schwarze Farbe als eine Eigenschaft des Papiers, die durch die speziellen Formen der Buchstaben zu bedeutungsvoller Information werden kann.

Natürlich ist bei einem gedruckten Text ein Träger für diesen Text notwendig, beispielsweise ein Papier oder ein Bildschirm. Aber als bedeutungsvoll wird dabei die durch die Schrift codierte Information angesehen, denn schließlich kann man den Text vorlesen und dann ist vom Papier und der Tinte nichts mehr dabei.

Für eine Festlegung von Bedeutung sind vor allem die *Eigenschaften* von materiellen Entitäten wichtig. Das Materielle kann beispielsweise die Tinte auf dem Papier sein, während die Gestaltung der Tinte zu Schrift (oder auch eine Anordnung von vielen Pixeln auf einem Bildschirm zu einem Bild) die Information ist, der wir eine Bedeutung zusprechen. Das Papier und die Farbe der Tinte, ob schwarz oder blau, werden wir in den seltensten Fällen als bedeutungsvoll ansehen. Das bedeutet, dass in vielen Fällen die Träger der jeweiligen Eigenschaft nur eine sekundäre Rolle spielen.

Oft wird das Verhältnis von Materie und Form in ähnlicher Weise betrachtet wie das Verhältnis von Materie und Geist. Das liegt insofern nahe, weil der Geist als verschieden von der Materie angesehen wird und weil in gleicher Weise ja auch die Form ebenfalls als Unterschied zur Materie eingeführt worden war. Daher ergibt sich oftmals der Eindruck, dass mit der naturphilosophisch verstandenen Unterscheidung zwischen Materie und Form zugleich auch eine dualistische Sicht auf die Realität verbunden ist.

Für eine der Naturwissenschaft verbundene Philosophie kann sich daraus ein wesentliches Problem ergeben. Nach all den fundierten Kenntnissen aus der kosmischen und der biologischen Evolution gibt es im Rahmen der früheren Naturwissenschaft keine Stelle im Verlauf des evolutionären Geschehens, an welcher diese Dichotomie zwischen Materie und Form aufgehoben werden könnte. Andererseits ist aber eine dualistische Sicht auf die Realität mit der modernen Naturwissenschaft unvereinbar. Das erfordert eine vereinheitlichende Grundlage, die erst im Verlauf ihrer Wahrnehmung in diese beiden Erscheinungen aufspalten werden kann.

> Wenn also Form als etwas von der Materie Verschiedenes zu verstehen ist, diese Differenz aber nicht als fundamental begriffen werden soll, dann ist es notwendig, für beides eine gemeinsame naturwissenschaftliche Grundlage zu erkennen.

Wenn das Materielle an der Oberfläche von ihrer Form unterschieden wird, aber andererseits Materie und Form eine gemeinsame Grundlage besitzen sollen, dann verbleibt als Lösung nur, dass die Materie ihrerseits letztlich eine Art von „Form" ist.

> Für einen Weg von den philosophischen Betrachtungen zu naturwissenschaftlichen Überlegungen ist es hilfreich, dass Form als Eigenschaft von Objekten verstanden werden kann und dass Eigenschaften als Informationen erscheinen können.

Es wird daher notwendig, Materie als eine spezielle Erscheinung einer absoluten Information begreifen zu können. Dass dies vernünftig ist, hat bereits Weizsäcker oft zur aristotelischen Unterscheidung zwischen Materie und Form betont. Sie wird oft als Hylemorphismus bezeichnet. „Hyle" ist das Holz, und „Morphe" ist Form, Gestalt, Aussehen.

Der Tisch ist die Form und das Holz die Materie. Das Holz aber wird vom Biochemiker als eine spezielle Form bezeichnet, nämlich von Lignin-Molekülen. Der analytische Chemiker wiederum wird diese Moleküle als eine spezielle Form von bestimmten Atomen erkennen. Der Physiker wird diese Atome als eine spezielle Form von Elementarteilchen verstehen.

Mit der Protyposis ergeben sich die Elementarteilchen als spezielle Formen von AQIs.

Diese Rückführung der naturwissenschaftlichen Vorstellungen von Materie und damit natürlich auch von Energie auf eine absolute Quanteninformation ist für eine naturphilosophische Betrachtung der Realität ein entscheidend neuer Schritt.

In diesem Zusammenhang erscheint es sinnvoll, die Form eines Objektes als eine seiner wichtigsten Eigenschaften zu begreifen.

Mit der Quantentheorie wird es nun möglich zu erkennen, dass die Einteilung in Objekte und in Eigenschaften etwas Kontextabhängiges sein kann.

In der Quantentheorie wurde das erstmals deutlich bei dem Prozess, welcher zumeist als „zweite Quantisierung„ bezeichnet wird. Ein Quantenfeld kann verstanden werden als eine unbegrenzte Anzahl von Feldquanten. Damit werden die Feldquanten zu Eigenschaften des Quantenfeldes. Der Zustand eines Quantenfeldes und damit seine Eigenschaften ändern sich, wenn Teilchen entstehen oder vernichtet werden.

In der Quantenmechanik wiederum sind diese Quantenteilchen die eigentlichen Objekte der Theorie. Für ein Teilchen hängt es also vom Kontext ab, ob man es als eigenständiges Objekt oder als eine Eigenschaft eines Quantenfeldes verstehen will.

Die „elementaren Objekte" waren damit definiert worden, dass sie so wenige Eigenschaften besitzen, dass zwei der gleichen Sorte, z. B. zwei Elektronen oder zwei Atome des Uranisotops ^{235}U, nicht voneinander unterschieden werden können.

Auf dem Weg der kosmischen Evolution zeigt sich erstmals beim Übergang von chemischen Prozessen zur Entstehung von Leben etwas davon, was in der Philosophie als *Differenz zwischen Form und Inhalt* verstanden wird.

So wie die Quantenteilchen die Quantenfelder erzeugen, erzeugen die AQIs die Quantenteilchen. Von den Teilchen sind, wie angemerkt, die einer Sorte ununterscheidbar. Wenn sich aber dann aus Atomen immer komplexere Moleküle formen, dann entstehen durch die Mathematik des Tensorproduktes so viele neue Eigenschaften für das Molekül, denen nichts Vergleichbares in den Ausgangsatomen entsprechen kann.

Daher können bei komplexen Molekülen erstmals solche Eigenschaften auftreten, die sich nicht mehr allein auf Unterschiede in der materiellen Zusammensetzung beziehen. Dann können auch Unterschiede in der „Gestalt" Wirkungen erzeugen, also Unterschiede in dem, was als Form bezeichnet wird.

Bedeutungsvolle Eigenschaften, die sich auf die Wirkung von „Gestalten" und nicht mehr lediglich auf die Wirkung von einer Ruhmasse bzw. einer Energie beziehen, erfordern also komplexe Strukturen.

Mit der Protyposis können die Vorgänge bei einer Herausbildung der Unterscheidung zwischen Form und Inhalt leichter erklärt werden.

1.8.2 Teile werden zu Ganzheiten

> Durch die Bildung des Tensorproduktes werden in dem komplexen System wie erwähnt Zustände möglich, die an den Ausgangsteilen in keiner Weise vorstellbar sind.

Ein Beispiel aus der Teilchenphysik liefert das Positronium. Es ist eine Struktur, so ähnlich wie ein Wasserstoffatom, jedoch anstelle des Protons mit einem Positron, dem Antiteilchen des Elektrons gebildet. Antiteilchen haben bis auf das entgegengesetzte Ladungsvorzeichen die gleichen Eigenschaften wie die Teilchen. Sie können daher als Paar in reine Energie, also in Photonen umgewandelt werden.

Dieses Gebilde aus zwei ladungs- und massebesitzenden Elementarteilchen kann sich nach kurzer Zeit in zwei Gammaquanten, zwei sehr energiereiche Photonen, verwandeln. Von diesen war zuvor nicht die geringste Spur vorhanden gewesen. Dafür sind nun die einzelnen Ladungen und die Ruhmassen verschwunden. Lediglich die Gesamtladung null und Gesamtenergie sind gemäß $E = mc^2$ erhalten geblieben. Wichtig an diesem Beispiel ist, dass diese beiden Photonen völlig andere Eigenschaften haben können, als es bei Elektron und Positron möglich gewesen war.

Elektronen und Positron haben jeweils einen Spin ½, der als System mit einem zweidimensionalen Zustandsraum beschrieben werden kann. Die beiden Photonen sind Spin-1-Teilchen. Da sie jedoch keine Masse besitzen, kann der Spin ebenfalls nur zwei Zustände einnehmen, nämlich zwei der möglichen Polarisationsrichtungen, beispielsweise links- oder rechtsdrehend oder auch z. B. senkrecht oder horizontal polarisiert.

Die „herausgeschnittenen" Eigenschaften werden durch dieses „Herauslösen" aus einem holistischen Zusammenhang eines Tensorproduktes von sehr vielen AQIs in einen Bedeutungskontext eingebunden. Dieser Bedeutungskontext lässt sie „als diese Eigenschaften" und nicht mehr als eine kosmische Grundschwingung erscheinen. Daher ist eine Bezeichnung als „Qubit" sinnvoll.

1.8.3 AQIs und Qubits – was ist gleich, was verschieden?

Die Spins oder Polarisationen haben ebenfalls die abstrakten Eigenschaften eines Quantenbits. Da sie sich jedoch in einem neuen Zusammenhang befinden, nämlich als Eigenschaften von Teilchen, werde ich sie nicht als „AQIs" bezeichnen. Zum Verständnis ist es wichtig, dass bei einer Zerlegung eines Tensorproduktes in „Teile" stets ganzheitliche Verbindungen zerschnitten werden. Daher ist es nicht notwendig, dass die so entstehenden Faktoren noch etwas mit den Faktoren gemeinsam haben, aus denen die Ganzheit gebildet wurde. Das gilt auch dann, selbst wenn die Dimensionen ihrer Zustandsräume gleich sind.

Durch den Kontext als Eigenschaft eines Elementarteilchens sind die Spins an die Lokalisierung dieses Teilchens gebunden. Wir haben die gleiche mathematische Struktur eines zweidimensionalen Zustandsraumes vorliegen, jedoch einen vollkommen anderen Kontext. So kann man aus Spins keine Teilchen formen, was jedoch mit den AQIs möglich ist.

Wir gelangen hier mit unseren Überlegungen an eine Stelle, die für das Verstehen der AQIs und auch der bedeutungsvollen Quantenbits wichtig ist.

Ein hochenergetisches Gammaquant besteht virtuell auch aus einem Elektron-Positron-Paar. Oft ist es aber zweckmäßig, diesen Aspekt der quantenfeldtheoretischen Beschreibung zu ignorieren. Er kann nur bei sehr genauen Experimenten in Erscheinung treten.

Auch wenn ein Atomkern des Eisens sich in einem Stern aus Wasserstoff und Helium geformt hat und aus ihm wieder Protonen oder Neutronen herausgeschossen werden können, ist es doch zumeist zweckmäßig und in der Chemie wohl unerlässlich, weder seine Entstehung aus leichteren Atomkernen noch seine mögliche Zerlegung in solche zu beachten.

Dass in Protonen und Neutronen und innerhalb der Atomkerne diejenigen Strukturen wirksam werden, die als Quarks und Gluonen bezeichnet werden, ist für die Chemie bedeutungslos. Bei sehr hohen Energien jedoch, die nicht mehr im Bereich chemischer Prozesse liegen, werden diese Strukturen erkennbar und nachweisbar.

Eine neue materielle Struktur, die nach der hier vorliegenden Theorie beschrieben wird, ist aus AQIs geformt. Jedoch ihre Gestalt und ihre Materie erscheinen dabei in der Weise, dass bei ihnen von den Ausgangs-AQIs nichts mehr offensichtlich ist. Das ist ähnlich wie bei einem Eisenkern, den wir nicht als ein Gebilde von Protonen und Alpha-Teilchen beschreiben, obwohl er aus beiden geformt wurde.

Die Bildung des Tensorproduktes hat zumeist die Konsequenz, dass die Ausgangsteile in den zweckmäßigen Beschreibungen des neuen Gebildes nicht mehr vorkommen. Teilweise sind sie überhaupt nicht mehr erkennbar, weil in der neuen Struktur andere Zerlegungen sehr viel naheliegender und damit auch zweckmäßiger sind.

So wie man aus einem Eisen-Atomkern ein Proton, also ein Wasserstoff-Atomkern, wieder herausschlagen kann, ist es auch in anderen Bereichen so, dass man mit einem hinreichenden Einsatz von theoretischen Überlegungen die zugrundeliegenden AQIs wieder aufzeigen kann. Solche Differenzierungen werden auch notwendig sein, wenn wir uns einer Beschreibung des Bewusstseins zuwenden.

In dem riesigen Tensorprodukt aus AQIs, die ein Objekt formen, kann eine Zerlegung sinnvoll werden, die (in sehr guter Näherung) einer Aufteilung des Ganzen in seine Anteile von Ruhmasse, von kinetischer Energie sowie von bedeutungsvoller Information entspricht.

- Fast alle AQIs eines Moleküls formen sich zu dem, was wir als die Masse der beteiligten Atome verstehen.
- Ein kleinerer Teil der AQIs eines Teilchens bilden dann z. B. die Eigenschaft, die wir in der Physik als kinetische Energie bezeichnen.
- Noch weniger von diesen AQIs werden dann zu Recht als bedeutungsvolle Information interpretiert und werden wie gesagt als Qubits bezeichnet.

(Die Ruhmasse eines Protons entspricht einem Energieäquivalent von etwa 1 GeV. Das ist der Atomkern des leichtesten Elements, von Wasserstoff. Alle anderen Atomkerne haben eine größere Masse. Die Energie, die bei einem chemischen Prozess umgesetzt wird und die zu kinetischer Energie werden kann, ist in der Größenordnung von etwa 10 eV. Das ist ein Verhältnis von 10^8 zu 1. Einem Photon von 10 eV entsprechen etwa 10^{30} AQIs. Ein solches Photon wird wahrscheinlich weniger als 10^9 Bit von bedeutungsvoller Information transportieren. Das ist ein Verhältnis von etwa 10^{21} zu 1.)

1.8.4 Form und Inhalt in der Chemie

Aus verschiedenen Atomen bilden sich Moleküle. Bei den einfachen genügt zumeist die Summenformel für ein erstes Verstehen: H_2O ist ein Wassermolekül. Im Wasserdampf hat jedes Molekül die gleiche Gestalt. Das ist ein wichtiger Unterschied zum Nebel, der umgangssprachlich oft fälschlich als „Dampf“ bezeichnet wird. Nebel besteht aus feinsten Tröpfchen, und in diesen formen sich die Moleküle zu Clustern mit verschiedenen Gestalten.

Bei komplexen Strukturen formen dann einige AQIs Eigenschaften, welche von einem Lebewesen als bedeutungsvoll interpretiert werden können.

Beispielsweise treten bekanntlich bei den komplexen Faltungen der Proteine „Fehlfaltungen“ auf. Diese können massive Wirkungsunterschiede hervorrufen, ohne dass die atomare Zusammensetzung geändert würde. Ein bekanntes Beispiel sind die Prionen. Diese können bei einer Fehlfaltung die richtig gefalteten Exemplare „anstecken“ und so schwere Nervenerkrankungen hervorrufen, die beispielsweise als „Rinderwahnsinn“ (BSE) oder Creutzfeldt-Jakob-Krankheit bekannt wurden.

Ein anderes Beispiel für die Wirkung allein von „Form“ ist Thalidomid, das unter dem Namen Contergan eine traurige Bekanntheit erreicht hatte.

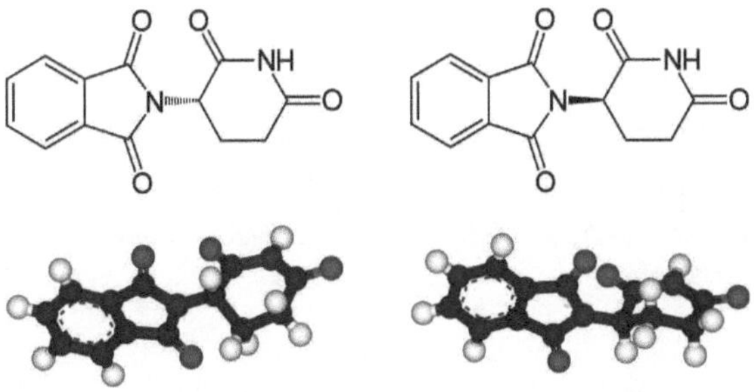

Bild 1.9 Die beiden Enantiomere des Thalidomids: (S)-Thalidomid (links), (R)-Thalidomid (rechts)[20]

Zur Verwendung als Schlafmittel ist die sedierende Wirkung wichtig. Sie kommt dem (R)-Enantiomer zu. Die Missbildungen an Embryonen werden von dem (S)-Enantiomer erzeugt. Beide Formen wandeln sich im Zeitraum von einigen Stunden jeweils in die andere um. Heute wird Thalidomid als Lepra-Medikament sehr erfolgreich eingesetzt. Dabei wird auch Analphabeten verdeutlicht, dass die Einnahme bei einer Schwangerschaft verboten ist.

Wie sehr Formen (im Gegensatz zu einer bloßen Menge von Materie) im Verhalten der Lebewesen höchst wirksam werden, kann immer wieder beobachtet werden. In

[20] Quelle: *https://de.wikipedia.org/wiki/Thalidomid#Unterschiedliche_Wirkung_von_(S)-_und_(R)-Enantiomer*, vom 27.06.2021

der Rinderzucht ist beispielsweise das „Torbogenschema“ eine Gestalt, welche das Verhalten des Bullen weitgehend steuert. So besteigt dieser dann auch ein entsprechend geformtes und gepolstertes Gestell anstelle einer Kuh. Auch wenn für den Bullen dieses Gestell die Wirkung einer Kuh haben kann, so ist es doch keine.

Die Betonung der neuen Teile, in die eine Ganzheit in der Beschreibung zerlegt wird, weil sie eine bestimmte Wirkung hervorrufen, bedeutet nicht, dass die Ausgangsteile wieder auftreten müssten. Das gilt selbst dann nicht, wenn manche Eigenschaften von diesen neuen Teilen mit solchen der Ausgangsteile übereinstimmen.

1.8.5 AQIs versus Bedeutung

Die bedeutungsvollen Eigenschaften eines materiellen Objektes können theoretisch bis in Quantenbits zerlegt werden. Wie die gegenwärtig zunehmende Digitalisierung zeigt, kann letztlich jedes Messergebnis oder jede Beobachtung in Bits aufgelöst werden. Solche Qubits haben zwar wie die AQIs einen zweidimensionalen Zustandsraum und haben sich (so wie das gesamte Objekt) letztlich aus Tensorprodukten von AQIs geformt, sie sind aber nicht mehr als AQIs in einem eigentlichen, kosmischen Sinne zu bezeichnen.

AQI = abstrakte absolute kosmische Information
viele AQIs → ein Quantenteilchen
viele Quantenteilchen → ein Objekt
ein Objekt → viele Eigenschaften
eine Eigenschaft → viele Qubits
ein Qubit = spezielle konkrete bedeutungsvolle Information in einem speziellen Kontext

Es ist hierbei daran zu erinnern, dass Bedeutung aus einem Kontext erwächst. Ein wesentlicher Anteil an der Bedeutungserzeugung stammt von der Struktur, als deren Eigenschaft das Qubits erscheint. Eine solche lokalisierte Eigenschaft ist keine kosmisch ausgedehnte delokalisierte und bedeutungsfreie Entität wie ein AQI. In analoger Weise ist ein Gammaquant kein Elektron-Positron-Paar.

Ein AQI und ein Spin ½ werden zwar mit dem gleichen zweidimensionalen Zustandsraum beschrieben. Wenn aber aus dieser mathematischen Übereinstimmung auch in jedem Fall eine physikalische Gleichheit gefolgert würde, dann würde damit die Abstraktion zu weit geführt werden.

1.8.6 Was ist zu erwarten

Wie man aus der Geschichte lernen kann, muss Naturwissenschaft stets dafür offen sein, dass mit immer genaueren Experimenten manches erkennbar und zugänglich wird, was man zuvor ignorieren konnte. So hat die hohe Genauigkeit der Experimente dazu geführt, dass man von den weniger genauen Strukturen der klassischen Physik in vielen Situationen zur Quantentheorie als der genaueren Theorie übergehen musste.

Wir Menschen können also mit Bescheidenheit das bisher Erreichte würdigen. Die große Reichweite der gegenwärtigen Naturwissenschaft beruht ganz wesentlich darauf, dass wir Heutigen „auf den Schultern von Riesen“ stehen und dass wir deswegen sehr viel weiter blicken können als diese. Vieles bleibt aber noch zu erkennen, vor allem auf dem Weg in das Komplexe. In der Festkörperphysik erwarte ich eine Supraleitung, die nur wenig oder keine Kühlung mehr erfordert und viele weitere Anwendungen. Das betrifft im Besonderen die Bereiche der großen Moleküle und des Lebendigen. Dies jedoch ist ein anderes Kapitel als die Aufklärung der Grundlagen.

Jetzt erscheint es erst einmal angebracht, noch einen deutlicheren Blick auf das zu werfen, was in den Naturwissenschaften und speziell in der Physik mit „Erklären“ gemeint ist.

2 „Erklären" in der Physik

Beim Erörtern grundlegender Fragen ist es ähnlich wie auf einer Wendeltreppe. Nach einer Umrundung befindet man sich eine Etage höher und kann vom höheren Standpunkt aus auf das Erreichte blicken.

In der Wissenschaftstheorie gibt es umfangreiche Überlegungen, was man mit „Erklären" meinen kann.[1)] Beim Deduzieren werden aus einer allgemeinen Theorie spezielle Schlüsse gezogen. Das deduktiv-nomologische Modell von Hempel (1905 – 1997) und Oppenheim (1885 – 1977) gründet sich auf ein allgemeines Gesetz und spezielle Bedingungen. Nur in der Mathematik kann man streng deduktiv vorgehen. Man setzt eine Reihe von Axiomen und untersucht alle sich daraus ergebenden Folgerungen. Dabei ist die einzige Bedingung, dass die Axiome sich nicht widersprechen.

Von der Natur kennen wir stets nur einen beobachtbaren Ausschnitt. Der „Rückwärtslichtkegel" enthält immer nur die Photonen, bei denen Entfernung und Laufzeit gerade so sind, dass sie jetzt auf der Erde ankommen. Vom Beobachteten schließen wir auf das Ganze. Natürlich werden auch in einer mathematischen Naturwissenschaft erkannte Sachverhalte, die als wesentlich oder als fundamental oder als beides in einem kreativen Akt erkannt worden sind, in mathematische Strukturen eingebaut. Dann kann man deduktiv auf alle Folgerungen schließen. Daher werden zumeist Naturgesetze induktiv gewonnen – von Wenigem aufs Ganze schließend, um dann deduktiv Folgerungen zu erarbeiten.

Von Newton wird kolportiert, dass das Fallen des Apfels auf die Erde von ihm auf das Fallen des Mondes um die Erde übertragen wurde. Daraus hat er geschlossen, dass die Schwerkraft nicht nur auf der Erde, sondern universell im Kosmos wirkt. Durch die Entwicklung der „Fluxionsrechnung", der Differential- und Integralrechnung, hat er dann sein Kraftgesetz mathematisch entwickelt. Aus diesem konnte er die Keplerschen Gesetze begründen.

---

1 *https://plato.stanford.edu/entries/scientific-explanation/*, vom 10. 05. 2021

Einsteins Gedankenexperiment zeigte, dass in einem frei fallenden Fahrstuhl keine Schwerkraft wirkt. Würde man dabei auf einer Waage stehen, dann würde man genauso schnell wie alles andere fallen und keinen Druck auf die Waage ausüben. Man würde über der Waage schweben und wäre dabei „schwerelos". Einstein schloss daraus, dass in einem fensterlosen Kasten nicht zwischen Beschleunigung und Schwerkraft unterschieden werden kann. Daraus zog er den weiteren Schluss, dass die sogenannte Schwerkraft als eine lokale Änderung der Raumzeit-Metrik zu verstehen ist.

Max Planck wollte die Experimente seiner Berliner Kollegen Heinrich Rubens (1865 – 1922) und Ferdinand Kurlbaum (1857 – 1927) verstehen. Aus denen ging hervor, dass die bis dahin vorgeschlagenen Theorien über das Licht, die sich im Wesentlichen auf die Energie stützten, nicht zu den Experimenten passten. Planck hatte die Eingebung, die Entropie zu untersuchen – also unbekannte Information. Das führte ihn zum Wirkungsquantum.

Werner Heisenberg war wegen seines Heuschnupfens auf der Insel Helgoland, um in Ruhe über die Quanten nachzudenken. Bis dahin hatte man die Atome nach dem Bohrschen Modell immer wie kleine Planetensysteme visualisiert. Beim Blick über das Meer kam Heisenberg offenbar die Einsicht, dass man nur das für die Theorie verwenden sollte, was tatsächlich beobachtbar ist. Was man im Spektrum sah, waren Energieunterschiede, Spektrallinien, nicht jedoch eine Bahn. Da er bereits an solchen Problemen gearbeitet hatte, entwickelte er die Vorstellung von „quadratischen Schemata", von Zuordnungen von Energiedifferenzen, aus der die Matrizenmechanik wurde.

Die jahrtausendealte Überzeugung, dass das Komplizierte aus Einfachem zu erklären ist, war lange mit der Vorstellung verbunden, dass kleinste Teilchen das Einfachste sind. Die Einsicht, dass mit der Quantentheorie das Einfachste, die einfachste Struktur, ein AQI und damit kosmisch ausgedehnt ist, führte zur Protyposis. Aus deren mathematischer Struktur kann man dann beispielsweise deduktiv auf kosmologische Sachverhalte und auf die Strukturen von Wechselwirkungen schließen.

Klassifizierungen, also ein Einteilen des Beobachteten in eine Art von Kästchen, zerschneidet Beziehungsstrukturen. Was dabei verloren geht, das ist zumeist erst einmal nicht erkennbar. Die Notwendigkeit bleibt bestehen, auch die errechneten Folgerungen an der Natur zu prüfen. So kann manches, was anfangs als unwichtig ignoriert wurde, später oder bei größerer Genauigkeit wichtig werden. Dann muss man die Grundlagen neu überdenken. In der Geschichte der Naturwissenschaft hat sich immer wieder einmal gezeigt, dass die Annahmen, von denen man ausgegangen war, später bei der mathematischen Deduktion in manchen Fällen keine korrekten Vorhersagen impliziert haben. So ergab sich beispielsweise die Notwendigkeit, induktiv von den kleinsten Teilchen als Basis der Naturwissenschaft zu den absoluten Bits von Quanteninformation überzugehen.

Naturwissenschaft muss also im Wesentlichen induktiv arbeiten. Man schließt von einigen Einsichten auf eine Theorie und hofft, mit den deduktiven späteren Rechnungen auf keine Probleme mit der Realität zu stoßen.

So gibt es bei Hempel auch „induktiv-statistische Erklärungen“. Beim Induzieren schließt man aus einigen speziellen Erfahrungen auf eine allgemeine Theorie. Sein „unificationistisches Modell“ strebt nach einem Vereinheitlichen von verschiedenen Phänomenen, was mit der Protyposis weitgehend erreicht wurde.

Üblicherweise und besonders in der Physik begreift man ein „Erklären“ so, dass man versteht, wie es möglich sein kann, dass und wie aus einfachen Strukturen die komplexen Strukturen entstanden sind. Wird dem zugestimmt, dann können wir unsere Überlegungen weiterführen.

2.1 Erklären mit Quantenfeldtheorie

Da wir eine „Etage höher auf der Wendeltreppe der Erkenntnis“ gestiegen sind, soll der schwierige Begriff der Quantisierung aus einem weiteren Blickwinkel betrachtet werden. Bisher wurde untersucht, wie eine faktische Beschreibung zu den Möglichkeiten führt, die sich aus jeweiligen Fakten ergeben können. Ein anderer Blick auf die Quantisierung zeigt, wie sich aus Möglichkeiten durch Handlungen (oder andere Vorgänge) Fakten ergeben.

Die größere Genauigkeit der Quantentheorie führte zu der Einsicht, dass Größen, deren Produkt eine Wirkung formt, nicht gleichzeitig selbst mit scharfen Werten existieren können. Man nennt solche Größen „kanonisch konjugiert“. Das bekannteste Beispiel ist der Ort einerseits und die Geschwindigkeit zusammen mit der Masse, also der Impuls, andererseits. Bei der Quantisierung werden aus diesen Größen „Operatoren“. Sie beschreiben die Vornahme einer Handlung an einem Quantensystem.

Hier, am Beginn unserer Überlegungen, begnügen wir uns mit der Feststellung, dass durch eine sehr genaue Messoperation ein sehr empfindliches System beeinflusst wird. Die Reihenfolge solcher Handlungen wird einen Einfluss auf die jeweiligen Ergebnisse haben. Mit den mathematischen Strukturen der Operatoren kann das modelliert werden.

Der Übergang von den kanonisch konjugierten Größen zu den Operatoren der Quantentheorie wird als kanonische Quantisierung bezeichnet. Er hatte von der Mechanik zur Quantenmechanik geführt. In der Quantenmechanik werden die Kräfte noch nicht quantentheoretisch behandelt. Später wurde daher der Vorgang der Quantisierung auch auf die Kräfte übertragen, die durch Feldtheorien beschrieben werden.

Wie erwähnt wurde dann der Feldbegriff zusätzlich auf die materiellen Teilchen übertragen. Daher werden gegenwärtig in der Physik zum „Erklären“ der grundlegenden Forschungsprobleme die Quantenfeldtheorien eingesetzt. Die Quantenfeldtheorien sind die komplexesten mathematischen Methoden, die vor allem in der Festkörpertheorie und der Hochenergiephysik angewendet werden.

Die Festkörpertheorie untersucht die Eigenschaften von fester Materie. Dabei sind die einfachsten Strukturen regelmäßige Kristalle. Störungen in dieser Kristallstruktur beeinflussen maßgeblich das elektrische, magnetische und optische Verhalten der betreffenden Materie. So können Atome mit einer geringeren Elektronenzahl als im Kristallgitter die Regel ist, sogenannte „Löcher" erzeugen, virtuelle Teilchen mit positiver Ladung. Diese verändern die Beweglichkeit der Elektronen, sodass z. B. Ströme leichter fließen. Aus der Kombination von Kristallen mit Elektronen-Überschuss und solchen mit einem Löcher-Überschuss entstehen die Transistoren, die Grundbausteine der Elektronik.

Die Vibrationen der Atomkerne, also Schall, beeinflussen mit ihren positiven Ladungen ebenfalls das Verhalten der Elektronen mit ihren negativen Ladungen. In der Beschreibung erfasst man sie als Schallquanten, Phononen. Unsere gesamte moderne Technik beruht zu einem großen Teil auf den Anwendungen der Festkörpertheorien.

Die Hochenergiephysik war angetreten, die innere Struktur der Materie aufzuklären. Mit dem Leitbild des Punktteilchens war es konsequent, immer kleinere Strukturen zu untersuchen. Diese Absicht erfordert immer größere Energie-Konzentrationen aufzuwenden, deshalb die Bezeichnung Hochenergiephysik. Dafür wurden immer größere Beschleuniger gebaut. Der Large Hadron-Collider, LHC, im Europäischen Kernforschungszentrum CERN in Genf, ist gegenwärtig der größte. Wir werden noch darauf eingehen, dass dort das berühmt gewordene Higgs-Teilchen gefunden wurde.

Da bei den riesigen Energiekonzentrationen eine Unmenge virtueller Teilchen zu realen Objekten werden, werden dafür quantenfeldtheoretische Berechnungsmethoden verwendet. Diese sollen kurz erläutert werden.

Quantenfeldtheorie

Im Gegensatz zur Quantenmechanik berücksichtigen die Quantenfeldtheorien das *Erzeugen und Vernichten von Quantenteilchen.* Damit können auch die realen Wirkungen von solchen Quanten erfasst werden, die lediglich virtuell existieren.

Da Photonen keine Ruhmasse besitzen, können sie mit einem beliebig kleinen Einsatz von Energie erzeugt werden. Um Teilchen mit Ruhmasse zu erzeugen sind hohe Energien notwendig. Die Energie muss ausreichend groß sein, um ein Ruhmassen-Paar generieren zu können. Wegen der Ladungen, die alle Teilchen mit Ruhmasse haben, und die erhalten bleiben, kann immer nur ein Teilchen-Antiteilchen-Paar aus dem Vakuum erzeugt werden. Deren Ladungen ergänzen sich zu null wie beim Vakuum. Die Lichtgeschwindigkeit der Photonen und die hohe Energie bei Teilchen mit Ruhmasse hat zur Folge, dass Quantenfeldtheorien in der Regel *„relativistisch"* sind, also der Speziellen Relativitätstheorie genügen müssen.

Für die Quasiteilchen in der Festkörperphysik trifft diese Bemerkung nicht zu. In einem festen Körper ist das „Vakuum" – also der Zustand niedrigster Energie – deutlich vielfältiger als in einem Raumbereich, in welchem sich lediglich „nichts" befindet. Daher können in der Festkörperphysik auch nichtrelativistische Quantenfeldtheorien verwendet werden.

Eine Veranschaulichung eines Quantenfeldes ist: Ein Quantenfeld kann begriffen werden als beliebig (auch unendlich) viele seiner Feldquanten, also Quantenteilchen.

Diese Feldquanten sind beispielsweise beim elektromagnetischen Feld die Photonen und beim Elektronenfeld die Elektronen und deren Antiteilchen, die Positronen. Es sei in diesem Zusammenhang noch einmal daran erinnert, dass eine unendliche Anzahl von Werten notwendig ist, um ein Quantenteilchen genau zu beschreiben ist. Das klingt alles nicht unbedingt nach „Einfachheit".

Von den theoretischen Physikern wird oft betont, dass die Quantenfelder die eigentliche Grundlage für eine gute und zutreffende Beschreibung der Realität liefern. Man kann sehr viele theoretische Modelle für Quantenfelder konstruieren und tut dies auch. Daher hat es sich bewährt, dass ein solches Modell erst dann von der Mehrheit der Teilchenphysiker akzeptiert wird, wenn ein Feldquant, also ein Teilchen mit den erforderlichen Eigenschaften, tatsächlich produziert und gefunden worden ist. Vermutlich ist die Menge der mathematisch möglichen Strukturen viel umfangreicher als die Menge der in der Natur realisierten Strukturen.

Eine Quantenfeldtheorie, die das Higgs-Teilchen postulierte, war bereits in den 1960er-Jahren aufgestellt worden. Nach einem halben Jahrhundert wurde das Higgs-Teilchen trotz einer Lebensdauer von nur etwa 10^{-22} sec gefunden. Erst nach dem Nachweis dieses Teilchens wurde die betreffende Theorie weitgehend akzeptiert.

Für viele weitere quantenfeldtheoretisch postulierte Teilchen ist bisher ein Nachweis ausgeblieben. Für eine Bestätigung dieser Prognosen ist aber ein Teilchennachweis unerlässlich. Da man immer kleinere Strukturen sucht, erwägt man den Bau von noch größeren Beschleunigern mit noch höherer Energie.

Es ist gewiss, dass man mit höheren Energien noch neue Strukturen finden wird. Allerdings werden diese wohl immer schneller explodieren. So bleibt ungewiss, ob immer größere Energiekonzentrationen tatsächlich zu einfacheren Strukturen führen werden. Ist also ein Teilchen wirklich einfach? Womit sollte eine grundsätzliche Erklärung beginnen? Sind die kompliziertesten theoretischen Strukturen, die wir kennen, also die Quantenfeldtheorien, das geeignete Mittel dafür?

2.2 Ein Blick auf das Erforschbare

Wir finden uns in einer Welt vor, die von den alten Griechen als „Kosmos" bezeichnet worden war. Mit diesem Begriff bezeichnete man Ordnung, Schmuck und natürlich auch Welt. Im Wort Kosmetik schwingt noch etwas von einer „schönen Ordnung" mit.

„Ordnung" bedeutet, dass dasjenige, was zusammengehört, auch als Zusammengehöriges und damit als Gleiches oder zumindest als Ähnliches erkannt wird.

Wenn wir aus dem Bereich von Elementarteilchen, Atomen und nicht zu großen Molekülen zu den Alltagsobjekten übergehen, dann zeigt sich, dass sich dort niemals zwei vollkommen gleiche Objekte finden lassen. Auch zwei gleiche Handlungen gibt es nicht. Auch sie geschehen niemals vollkommen identisch. Von dem griechischen Philosophen Heraklit (520–460 v. Chr.) stammt der berühmte Ausspruch: „Man steigt nie zweimal in den gleichen Fluss“. Schließlich ist immer wieder neues Wasser da.

Wie ist es jedoch heute, in einer Zeit, in der die Ingenieure und Techniker stolz darauf sein können, auf den Nanometer genau identische Objekte herzustellen?

Die Frage kann dahingehend präzisiert werden, ob man „identisch“ so versteht, dass man keinerlei Unterschiede nachweisen kann – oder ob es so gemeint ist, dass prinzipiell keinerlei Unterschiede bestehen.

Beispielsweise wird ein Werkstück, welches eine kurze Zeit früher produziert wurde, andere Atome und diese auch an anderen Stellen aus der Luft an seiner Oberfläche adsorbiert haben als eines, welches nur seit einer kürzeren Zeit existiert. (Auch ein „Reinraum“ ist nicht luftleer und auch in jedem Vakuum sind noch sehr viele frei herumfliegende Atome.) Da es aber kaum technische Erzeugnisse gibt, die durch ein einzelnes Atom unbrauchbar werden, so spielen solche Feinheiten keine Rolle. Und wenn ein einzelnes Atom doch wichtig wird, dann wird man die Verfahren entsprechend verbessern, um solche Fehler zu vermeiden.

Es geht also auch darum, was in welchem Zusammenhang als wesentlich oder als unwesentlich zu verstehen ist.

2.3 Regeln und Gesetze durch „Näherungen“

„Näherungen“ erzeugen Ähnlichkeiten und Gleiches – und Ähnliches und Gleiches ermöglichen Regeln und Gesetze.

Wir haben seit unserer frühesten Jugend gelernt, dass es sehr sinnvoll ist, unwesentliche Unterschiede zu ignorieren.

So ist es sehr einfach, ein Blatt von einer Eiche von dem einer Kastanie zu unterscheiden – auch dann, wenn wir wohl niemals zwei vollkommen gleiche Eichenblätter oder zwei identische Kastanienblätter werden finden können.

Fast immer kann man ausblenden, dass der Kosmos expandiert, dass es also aus einer kosmischen Sicht heraus tatsächlich niemals zwei völlig identische Objekte in völlig identischen Situationen geben kann.

Wenn man Unwichtiges ignoriert und somit auf Ähnlichkeiten schaut, dann kann man Regeln aufstellen – und Regeln ermöglichen uns, zu lernen.

Regeln verhelfen dazu, aus vergangenen Ereignissen auf dasjenige zu schließen, was möglicherweise jetzt oder in der Zukunft eintreten kann.

Es ist also sehr vernünftig, die vielen Objekte in der näheren und ferneren Umgebung zu klassifizieren. Wir unterscheiden somit Stühle und Tische von Schränken und

Fenstern, wir unterscheiden, wenn wir den Himmel betrachten, Sonne und Mond von den Sternen und diese Himmelslichter vielleicht sogar von den Planeten – falls wir wissen, wo diese gerade zu suchen sind.

Alle Lebewesen, natürlich die Tiere, aber auch die Pflanzen und Pilze, sowie bereits die Einzeller, nehmen ihre Umwelt wahr und reagieren auf deren Veränderungen in spezifischer Weise mit den Kenntnissen, welche sie im Laufe der Evolution von sehr vielen Generationen erworben und im Erbgut gespeichert haben. Bei den Menschen und auch bei vielen Tieren gibt es daneben eine „kulturelle Weitergabe" von Kenntnissen. Diese werden von den Elterngenerationen auf ihre Nachkommen übertragen und sind nicht direkt an diejenigen Prozesse der Informationsweitergabe gebunden, welche unmittelbar über das Erbgut erfolgen. Zunehmend wird allerdings wahrgenommen, dass epigenetische Einflüsse ebenfalls eine Rolle spielen, die bei einer Konzentration allein auf die Genetik nicht offensichtlich wird. Das betrifft Veränderungen am Erbgut, die teilweise in den Vererbungsprozess eingreifen können.

Im Unterschied zu den anderen Lebewesen können wir Menschen während der Entwicklung in der frühen Kindheit eine grammatisch strukturierte Sprache erlernen.

Sprache und vor allem schließlich die Schrift ermöglichen es, die Wirkung von bedeutungsvoller Information fast vollständig von dem Träger zu trennen, der natürlich für Speicherung und Weitergabe stets notwendig ist.

AQIs in einer Formung als materieller Träger sind notwendig, um eine in Raum und Zeit lokalisierte Speicherung von bedeutungsvoller Information zu ermöglichen.

> Nur Materie ermöglicht so etwas wie ein Gedächtnis.

Für eine Übermittlung von bedeutungsvoller Information sind AQIs in einer Formung als energetischer Träger notwendig, also als Photonen. Da sämtliche Wechselwirkungen mit und in den Lebewesen elektromagnetisch sind, ist damit auch jede Informationsübertragung von und zwischen Materie an Photonen gebunden. Es gibt schließlich keine andere Chemie. Beispielsweise legt für den Informationsaustausch zwischen Molekülen in und zwischen Nervenzellen das Sehen (als Metapher gemeint) die enge Verbindung von Informationsverarbeitung und Photonen nahe. Nur Photonen sind in der Lage, auf Papier gespeicherte Schrift zu unseren Augen zu transportieren.

Da Photonen nicht direkt miteinander wechselwirken, ist für die Verarbeitung von bedeutungsvoller Information ebenfalls die Wechselwirkung der Photonen mit Materie notwendig. Durch diese Wechselwirkungen unterscheiden sich die auslaufenden Photonen von den einlaufenden. Beispielsweise liegen die Frequenzen der Photonen, welche die Information über die gelesene Schrift vom Auge weiter ins Gehirn transportieren, nicht mehr im Bereich des sichtbaren Lichts.

Erst eine Sprache ermöglicht es, dass wir Anzahlen von Gegenständen nicht nur erfassen, sondern die Zahlen auch sprachlich formulieren können. Mithilfe der Sprache ist es uns möglich, sehr viel weiter zählen zu können als jedes Tier.

Zahlen sind etwas Exaktes. Mit den Zahlen wird es möglich, von den Regeln in der Beschreibung der Natur zu Naturgesetzen übergehen zu können.

Gesetze erfordern Gleichheit – und wie Ähnlichkeit ergibt sich auch Gleichheit aus dem Ignorieren solcher Informationen, die unter den gegebenen Umständen als etwas Unwesentliches erscheinen.

Die fundamentalsten Gesetze werden die größte Abstraktion erforderlich machen. Je mehr an Unterschieden aus der Betrachtung ausgeschlossen werden, desto allgemeinere Gesetze werden folgen.

Für die Jahrhunderte vor der Quantentheorie führten solche Überlegungen in dem Teil, den wir heute die „klassische Physik" nennen, zu dem Bild des „Punktteilchens". An einem Punkt lässt sich nichts erkennen. Er scheint die größtmögliche Abstraktion darzustellen. Für die Mathematik trifft dies vollkommen zu – in der Physik allerdings nur, solange man im weniger genauen Bereich der klassischen Physik und ihrer Bilder verbleibt.

Auch in der relativistischen Quantenfeldtheorie muss diese Idealisierung weiterhin verwendet werden. Sonst könnte die zur klassischen Physik gehörende Spezielle Relativitätstheorie in diese nicht eingebunden werden. (Die Punkt-Vorstellung ist der Grund, weshalb in der Quantenfeldtheorie oft Unendlich = Null gesetzt werden muss.)

Mit der Quantentheorie wurde die auf die Antike zurückgehende Vorstellung – „das Punktteilchen ist das Einfachste" – jedoch höchst problematisch.

Die Plancksche Formel verbindet die Energie E mit dem Wirkungsquantum h, der Lichtgeschwindigkeit c und einer charakteristischen Ausdehnung bzw. Wellenlänge λ

$$E = hc / \lambda$$

Trotzdem werden „Massenpunkt" und „Teilchen" noch immer als identische Vorstellung proklamiert:

> *„Tatsächlich sind die beiden Begriffe äquivalent, ‚Massenpunkt' ist lediglich die ältere Bezeichnung, ‚Teilchen' die jüngere."*[2]

Die Plancksche Formel zeigt: Je kleiner das Volumen wird, in dem man etwas untersuchen oder erzeugen möchte, desto größer ist die Energie, die dafür aufgewendet werden muss.

---

[2] Pietschmann, H. (2003) *Quantenmechanik verstehen*, Springer, Berlin, Heidelberg, S. 1

Die logische Schlussfolgerung ist: Je kleiner die Strukturen im Raum, desto gewaltiger die Energiekonzentration.

Erst diese riesigen Energiekonzentrationen haben es ermöglicht, die Strukturen innerhalb der Elementarteilchen entdecken zu können, also die verschiedenen Sorten der Quarks und die Gluonen. Jedoch, dass riesige Energiekonzentrationen zu etwas Einfachem führen sollen, das ist eine sehr merkwürdige Vorstellung.

Das schwerste Quark, das Top-Quark, hat eine Masse von etwa 170 Protonen und ist damit etwa so schwer wie ein Rhenium-Atom. Das Tau-Lepton, die schwerste Form eines Elektrons, ist zwar als „Lepton“, d. h. als „leichtes Teilchen“ klassifiziert, aber seine Erzeugung erfordert das Energie-Äquivalent von etwa 2 Protonen oder etwa 3500 Elektronen. Ohne die großen Beschleuniger wären diese Experimente und damit die empirischen Zugänge zu den Strukturen der quantischen Wechselwirkungen nicht möglich gewesen.

Die Beschleuniger der Elementarteilchenphysik lassen die gewaltigen Energiekonzentrationen auch für die Nichtphysiker erkennbar werden.

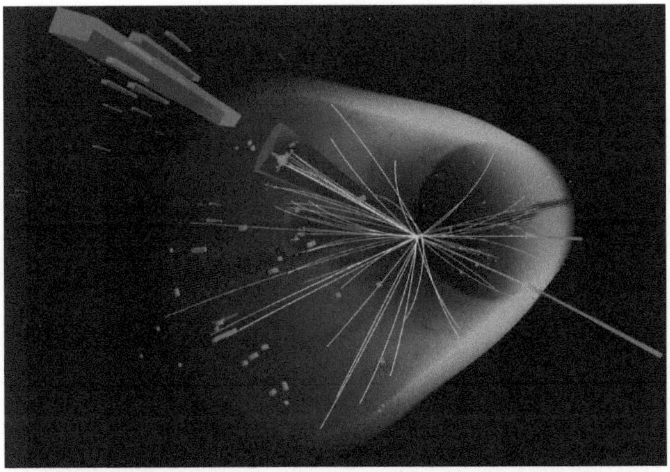

Bild 2.1 Erzeugung eines Higgs-Bosons im CMS-Experiment am LHC im CERN und sein sofortiger Zerfall in zwei Bottom-Quarks (CMS-PHO-EVENTS-2018-008)[3)]

Die hochenergetischen Strukturen, also die schweren Quarks und Leptonen sowie die aus ihnen zusammengesetzten Teilchen, zerfallen sehr schnell. Das Higgs explodiert nach etwa 10^{-22} sec, also dem billionsten Teil einer milliardstel Sekunde. Am längsten existiert das Neutron mit etwa 1000 sec. Daher bleiben nach kurzer Zeit lediglich die stabilen Teilchen Proton, Elektron und Neutrino und Photonen sowie die stabilen Atomkerne übrig.

[3] *https://cds.cern.ch/record/2642472*, vom 22. 11. 2020

Mit noch höheren Energien wird man gewiss noch andere und schneller zerfallende Strukturen sowie weitere Feinheiten der drei quantischen Wechselwirkungen erkennen können.

Da die grundlegenden Strukturen, die AQIs, einzeln nicht als lokalisierte Entitäten erscheinen, können sie sich in diesen Experimenten mit ihrer starken Lokalisation auch nicht bemerkbar machen.

Für ein noch tieferes und damit tatsächliches Verstehen der Grundlagen der Natur wird es wichtig, zwischen „räumlich klein" und „einfach" deutlich zu unterscheiden.

Wenn man einfache Strukturen suchen will, dann führen immer größere Energiekonzentrationen in eine Sackgasse. Bevor wir uns in Kapitel 6 diesem Sachverhalt näher zuwenden, soll bereits hier auf die Lösung verwiesen werden: Die grundlegende Erklärung in der Physik muss mit der einfachsten Struktur beginnen, welche es aus mathematischen Gründen geben kann. *Eine solche mathematisch einfachste Quantenstruktur wird oft als „Quantenbit" bezeichnet. Das ist die abstrakteste und damit einfachste Struktur, die es überhaupt geben kann.* Was auf dem Weg zu einem derartigen Vorhaben bereits erreicht ist, soll im Weiteren ausführlicher dargestellt werden.

Wie jeder Abschied bedeutet auch der Abschied vom Bild des „Teilchens als Grundlage der Wirklichkeit" eine schwierige und vielleicht auch sogar länger dauernde schmerzhafte Herausforderung – aber die mathematischen Zusammenhänge der Quantentheorie zeigen die Notwendigkeit dafür auf.

Dass die Quantenbits es „im Prinzip" ermöglichen, sämtliche mathematische Strukturen zu generieren, die für die Beschreibung von allem benötigt werden, was in der Physik untersucht und beschrieben wird, war die Voraussetzung für ein derartiges Erklärungsprojekt.

Bei den einfachsten Strukturen kann man natürlich nicht stehen bleiben. So wie von den „kleinen Teilchen" zu festen Körpern und zu Flüssigkeiten übergegangen wird, muss man auch von den Quantenbits zu komplexeren Strukturen übergehen. Wie auch sonst in allen Bereichen der Physik ist es eine allgemeine Erfahrung, dass entweder nur wenige oder aber unendlich viele Entitäten auf einfache Weise mathematisch beschrieben werden können. Wie gelangen wir mathematisch zu einem oder zwei Objekten oder aber zu einer unendlichen Menge im Nenner, die den betreffenden Teil zu null werden lässt? Als Analogie kann vielleicht gelten, dass es für die Behandlung eines Moleküls H_2O oder aber für die Hydrodynamik einer Wasserströmung bekannte Verfahren gibt. Sehr viel schwieriger scheint es zu sein, die Clusterbildung von 10 bis 100 H_2O-Molekülen zu erfassen. Eine Lösung dafür eröffnet sich, wenn man theoretisch neue Ganzheiten formt.

Das Zusammenfassen von mittelgroßen Ansammlungen zu einem einzelnen Objekt (viele Atome zu einem Festkörper) oder der Zuwachs vieler Teile zu einer unendlichen Menge (viele Atome zum Gas mit der theoretischen Beschreibung von „unendlich vielen Atomen") gehört zu den auf allen Erklärungsstufen immer wieder angewendeten mathematischen Methoden.

Dabei kann der Übergang von einer kreativen physikalischen Idee zum mathematisch lückenlosen Beweis dieses Konzeptes eine längere Zeit dauern. Von Paul Diracs (1902–1984) berühmter Delta-Funktion aus seinem Buch über Quantenmechanik im Jahre 1930 bis zur ersten mathematischen Klärung der Theorie der Distributionen durch Laurent Schwartz (1915–2002) waren etwa zwei Jahrzehnte vergangen. Das hatte die Physiker allerdings keineswegs daran gehindert, auch bereits davor mit dem mathematischen Hilfsmittel der Delta-Funktion zu arbeiten. Auch heute gehören im Gegensatz zur Delta-Funktion z. B. die Strukturen, die zu ihrer mathematischen Fundierung geführt haben, (beispielsweise die zu den Distributionen gehörenden mathematischen Bereiche der Maßtheorie oder die „Nested-Hilbert-Spaces") nicht unbedingt in die Ausbildung eines Physikers.

Oft ist es so, dass erst mit klugen Näherungsverfahren Probleme mathematisch lösbar werden, die ohne diese zwar exakt formuliert werden können, bei denen die Komplexität jedoch eine Lösung unerreichbar erscheinen lässt. Über Werner Heisenberg habe ich das (vielleicht mit etwas neidvoller Anerkennung erstellte) Bonmot gehört: Er habe die Fähigkeit, Näherungsverfahren zu finden und diese in dem einzigen Fall anzuwenden, in welchem sie auch konvergieren würden (also zu einem sinnvollen Ergebnis führen).

Es gehört zum Wesen der Physik zu entscheiden, was von einer exakten Fragestellung zu vernachlässigen ist, um mit den vorhandenen mathematischen Mitteln ein gutes Resultat erreichen zu können.

Dabei ist es wichtig, die Unterschiede zwischen logischen Inkonsistenzen und sinnvollen Anpassungen an die jeweiligen speziellen Situationen zu beachten.

So ist es beispielsweise sehr sinnvoll, in der Chemie alle Fragen der Kern- und Elementarteilchenphysik beiseitezulegen und von der Tatsache stabiler Atomkerne und einer Elektronenhülle mit fester Teilchenzahl zu beginnen, also mit quantenmechanischen Teilchen und einem klassischen elektromagnetischen Kraftfeld. Erst sehr viel später – beispielsweise im Bereich der Biochemie – kann es unerlässlich werden, auch solche quantischen Effekte wie Kohärenz und Verschränkung zu beachten. Diese sind selbstverständlich mit klassischen Kraftfeldern unerklärlich und erfordern, dass man die Beschreibung der elektromagnetischen Kraftfelder durch virtuelle Photonen wesentlich genauer berücksichtigt.

In der Teilchenphysik wird üblicherweise die Kosmologie durch das Modell des Minkowski-Raums ersetzt. Für die Beschreibung der Wechselwirkungen wiederum wird es notwendig, anstelle der Beziehungsstruktur der Quantentheorie, die zu henadischen Strukturen[4] führt, dann Modelle von räumlich voneinander getrennten Objekten zu verwenden, also von Elementarteilchen und die aus ihnen aufgebauten Teilchen, z. B. Atomkerne. Dabei muss dann die Ganzheitsstruktur des Tensorproduktes vernachlässigt werden. Diese würde zu einer Ganzheit führen, während Wechselwirkungen von getrennten Objekten handeln.

Wir werden also immer wieder mit Näherungsverfahren und sogenannten „Brückengesetzen" konfrontiert.

Brückengesetze, Variablen, Parameter

Wenn in Beschreibungen (z. B. der Natur oder der Gesellschaft) neue Strukturen auftauchen, wird in der Literatur gern von „Emergenz" gesprochen. Dieser auf das Lateinische zurückgehende Begriff meint genau ein „Auftauchen", ohne dass man deswegen irgendeinen Grund oder eine Ursache dafür angeben könnte.

Wenn dann schließlich die naturgesetzlichen Beschreibungen für dasjenige vorliegen, aus dem etwas „auftaucht", dann besteht die Aufgabe der Wissenschaft darin, auf eine klare mathematische Weise zu verdeutlichen, durch welche Grenzübergänge aus der einen die nächste und neue Struktur entstanden ist. Solche Strukturen werden oft als *„Brückengesetz"* bezeichnet.

Die Beschreibung von Systemen erfasst neben unveränderlichen auch veränderliche Größen.

Als *Variable* werden beispielsweise Koordinaten bezeichnet. Deren Veränderung bei einer Bewegung ist das, was man mit einer Differentialgleichung beschreiben will.

Daneben gibt es oft weitere physikalische Bestimmungsstücke, die zumeist als *Parameter* bezeichnet werden. Diese hält man bei dem konkreten Experiment fest, z. B. bei der Untersuchung einer Bewegung, man variiert sie jedoch, wenn man ähnliche Vorgänge in verschiedenen Experimenten miteinander vergleichen will. Als Parameter kann vielerlei bezeichnet werden, z. B. Länge eines Pendels, Masse oder Anfangsbeschleunigung eines Fallkörpers, Gegenwind in einem Strömungsversuch, elektrischer Widerstand oder Spannung usw.

Die Parameter umfassen bestimmte Werte, die im jeweiligen Experiment den dafür ausgewählten Zustand festlegen oder welche die jeweilige Situation kennzeichnen. Am Übergang zu einer neuen Struktur verschwinden einige der bisherigen Parameter und neue können hervortreten.

[4] Görnitz, T. (1999) *Quanten sind anders: Die verborgene Einheit der Welt,* Spektrum Akademischer Verlag, Heidelberg

> Die Strukturen von derartigen mathematischen Grenzübergängen können wie gesagt als *„Brückengesetze"* bezeichnet werden.
>
> *Bestimmte Parameter lässt man dabei „gegen unendlich gehen", sodass die Kehrwerte davon verschwinden. Das ergibt dann die neuen mathematischen Strukturen.*

Die besten Beispiele für solche Strukturänderungen hat bisher die Thermodynamik geliefert.

In der mikroskopischen Beschreibung muss man davon ausgehen, dass der Übergang zwischen Gas und Flüssigkeit kontinuierlich ist. Es treten immer Moleküle aus der Flüssigkeit aus und wieder in diese ein. Daher gibt es an der Oberfläche einer Flüssigkeit stets einen schmalen Bereich, der weder exakt die Eigenschaften der Flüssigkeit noch die eines Gases in größerer Entfernung von dieser Oberfläche hat. Wird diese dünne Schicht durch eine Luftströmung beseitigt, so merkt man diesen Effekt z. B. an nasser Haut deutlich. (Die schnellen Moleküle, denen eine höhere Temperatur entspricht, werden hinweggeführt. Die langsameren, denen eine niedrigere Temperatur zugewiesen werden kann, bleiben.)

In der theoretischen Beschreibung lässt man z. B. die Anzahl der Moleküle unendlich groß werden. Erst dann gibt es scharfe Phasenübergänge, wie sie beispielsweise beim Verdampfen oder beim Schmelzen von Eis zu beobachten sind. Auch der Übergang von der Dekohärenz zu einer „beendeten Messung" bietet ein Beispiel für ein Brückengesetz. (Siehe auch Kapitel 11.)

Der entscheidende Prüfstein bleibt für die Physik die semantische Konsistenz der verschiedenen Bereiche ihrer theoretischen Beschreibung und der Anschluss an die experimentellen Erfahrungen.

2.4 Interpretationen von Objektivem und Subjektivem

Wenn wir Menschen uns als Teil der Natur und als Ergebnis der Entwicklung in ihr verstehen, dann kann in einen solchen umfassenden Begriff von Natur alles das eingeschlossen werden, was sich innerhalb des Kosmos befindet. Trotzdem erscheint es sinnvoll zu sein, die vom Menschen erzeugten und veränderten Strukturen, die er aus der Natur und in Auseinandersetzung mit ihr produziert hat, als Kultur und die in ihren Rahmen entwickelte Technik vom dem zu unterscheiden, was ohne den Menschen vorhanden ist.

Ohne Natur weder Technik noch Kultur

Kultur und Technik sind wiederum die Voraussetzungen gewesen, eine immer fruchtbarere Naturwissenschaft entwickeln zu können. Innerhalb der Naturwissenschaften haben sich dann die Unterscheidungen ergeben, die sich neben den historischen

Zufälligkeiten auch am Komplexitätsgrad ihrer Gegenstände orientiert haben und die zur Aufteilung in Physik, Chemie und Biologie geführt haben. Gegenwärtig wird mit vielen „Zwischenwissenschaften" wie Molekularbiologie oder Biophysik usw. deutlich, wie viele Überlappungen es zwischen den Naturwissenschaften gibt – und darüber hinaus auch mit der Technik und mit der künstlichen Intelligenz.

Manche Wissenschaftler wenden sich (teilweise mit bemerkenswerter Emotionalität) gegen einen sogenannten „Physikalismus". Dieser wohl abwertend intendierte Begriff ist eine philosophische Erfindung. Sie unterstellt, dass mit der damit bezeichneten philosophischen Haltung die gesamte Wirklichkeit nicht nur als Gegenstand der Physik gemeint sei, sondern dass die physikalischen Gesetze die gesamte Wirklichkeit erfassen und beschreiben würden. Ich schließe nicht aus, dass diese Zuschreibung tatsächlich manche Naturwissenschaftler betrifft.

Gute Naturwissenschaft jedoch ist sich dessen bewusst, dass Regeln und Gesetze nur dadurch gefunden werden können, dass vorhandene Unterscheidungen unter den Teppich gekehrt werden. Da der Kosmos expandiert gibt es in Strenge niemals zwei identische Situationen oder Prozesse – in guter Näherung jedoch sehr wohl. Die modernen technischen Anwendungen zeigen, wie gut wir die Prozesse in der Natur bereits verstanden haben.

Für einen Einzelfall ist die Idee einer Regel oder gar eines Gesetzes absurd. Nur in der Näherung, in welcher verschiedene Fälle als ähnlich interpretiert werden können, ist eine Regel möglich. Da die Naturwissenschaft im Allgemeinen und die Physik im Speziellen nach Naturgesetzen sucht, kann formuliert werden: Physikalismus bezeichnet das Gegenteil von gut verstandener Physik.

Mit Physikalismus wird oft gemeint, dass eine Reduktion der Wirklichkeit auf „kleinste materielle Teilchen" erfolgen soll. In diesem Fall wäre das ein vollkommen berechtigter Einwand.

> Es ist nicht zielführend und auch nicht möglich, die Realität des Lebendigen und erst recht nicht die des Psychischen allein auf kleinste materielle Entitäten reduzieren zu wollen.

Allerdings zeigen sich in der kosmischen Entwicklung immer wieder Übergänge zu Strukturen, die komplexer sind als alles zuvor vorhanden Gewesene.

Nach dem Beginn von Raum und Zeit gibt es einen Anfangszustand, über den bisher nur Spekulationen zu finden sind. Es gibt bisher keine Möglichkeit, mit Beobachtungsinstrumenten in diese Zeit vordringen zu können. Als gesichert gilt, dass nach relativ kurzer Zeit neben Photonen, Neutrinos und Elektronen auch die Atomkerne von Wasserstoff und Helium vorhanden waren. Wie das James-Webb-Teleskop zeigt gibt es Hinweise auf gewaltige Schwarze Löcher. Diese Keimzellen von Galaxien bildeten sich wesentlich früher als bisher vermutet. So finden sich in der kosmischen Evolution Übergänge von einem Beginn ohne wahrnehmbare Strukturen zur Herausformung von Himmelskörpern, dann zur Entstehung von Leben und schließlich zu bewusstseinsfähigen Tieren.

> Die hierbei geschilderten Strukturen sind allesamt verschieden gestaltete Formen von AQIs.

Alle Umwandlungen von einfachen zu Strukturen mit einem wesentlich höheren Komplexitätsgrad erfordern für eine Beschreibung Grenzübergänge. Dabei treten bisher wenig beachtete Eigenschaften in den Vordergrund und anderes wird unwesentlich. Als man diese Limites noch nicht durchschauen konnte, waren Begriffe wie „Emergenz" ein Hinweis auf eine noch zu leistende Aufklärung. Wie ab Kapitel 12 untersucht wird, war es erst mit den AQIs der Protyposis als der Grundlage der Wirklichkeit gelungen, die kosmische Entwicklung vom Anfang bis zum Bewusstsein in eine naturwissenschaftliche Beschreibung einzuordnen.

Beim Übergang vom Unbelebten zum Lebendigen können bestimmte Eigenschaften von Molekülen die chemischen Prozesse beeinflussen. Diese Eigenschaften sind als geformte AQIs zu verstehen, genauso wie die Photonen oder die Atome usw. selbst, als deren Eigenschaften diese Qubits erscheinen. Andere Eigenschaften wiederum können für den gleichen Prozess belanglos sein. Ein solches Wirksamwerden hängt vom betreffenden Molekül und gleichermaßen von dessen Umgebung ab. So kann in einer anderen Umgebung eine sonst wichtige Eigenschaft wiederum belanglos sein und keinen Einfluss auf einen dortigen Prozess haben. Eigenschaften können also unter bestimmten Bedingungen als Informationsstrukturen eine steuernde Wirkung hervorrufen. Die entstehenden Beziehungsstrukturen können dabei eine Wirksamkeit entfalten, wie wir sie normalerweise Objekten zusprechen.

In analoger Weise beeinflussen Eigenschaften eines Papiers unsere Handlungen. Um ein Gerät in Gebrauch zu nehmen, lesen wir die Gebrauchsanleitung. Von den Eigenschaften des Papiers ist dabei lediglich die Schrift eine für uns bedeutungsvolle Information. Alle anderen Eigenschaften sind in diesem konkreten Fall bedeutungsfrei.

Das Bewusstsein und auch die Psyche allgemein sind Informationsstrukturen.

Daher ist es eine naheliegende Schlussfolgerung, dass das Psychische auf der Grundlage des Zusammenwirkens der AQIs über Zwischenstufen als Eigenschaften von materiellen und energetischen Quantenteilchen geformt wird. (Siehe dazu auch Kapitel 22 bis 24 und 27.). Bedeutungsvolle Qubits erscheinen im Lokalen als *Eigenschaft von materiellen oder energetischen Quanten.* Für ein Wirksamwerden müssen diese Informationen ihre Träger wechseln können. Wenn die Eigenschaften eines Textes nicht durch Photonen vom Papier in unsere Augen getragen werden, kann der Text für uns nicht bedeutungsvoll werden.

Dass das Papier nicht das Wesentliche ist, wird auch daran erkennbar, dass man sich eine Gebrauchsanweisung vorlesen lassen kann. Dann gelangt die Information nicht über unsere Augen, sondern über das Ohr in unser Bewusstsein. Was da bei jedoch zumeist nicht betont wird ist die Tatsache, dass auch die Erscheinungen des Schalls, also die zwischen den Luftmolekülen und dann zwischen diesen und dem Trommelfell, alles elektromagnetische Wechselwirkungen sind. Und das wiederum ist bei einer quantentheoretisch genauen Beschreibung ein Austausch von realen und virtuellen Photonen.

> Um es zu wiederholen: auch dem Psychischen liegen Quantenphänomene zugrunde. Daher ist es nicht verwunderlich, dass *Veranschaulichungen von Quantenvorgängen mit Bildern, die auf das Psychische zurückgreifen* und die das Verhalten von Quanten verdeutlichen sollen, oft gut zu dem passen, was die Mathematik der Quantentheorie beschreibt.

Unsere Gefühle erscheinen uns oft ausgedehnt über den ganzen Körper. Sie können verschiedene Zustände gleichzeitig beinhalten wie Lust und Neugier auf etwas und gleichzeitig Angst davor. Solche Ambivalenzen, also das gleichzeitige Auftreten widerstreitender Möglichkeiten, können in der Sprache der Quantenphysik als „Superpositionen" bezeichnet werden.

Die Reihenfolge unserer Gedanken und Wahrnehmungen kann für Entschlüsse wesentlich sein. In der Quantentheorie erscheint dieses Verhalten unter den Begriffen „Nichtvertauschbarkeit" und „Komplementarität". Die meisten Handlungen können in ihrer Reihenfolge nicht vertauscht werden, ohne dadurch einen Unterschied zu bewirken.

Bestimmte Informationen beeinflussen uns als Gedanken; gelegentlich sogar sehr schnell und ganzkörperlich und mehr als materielle Objekte – sie erzeugen Wirkungen. In der Natur kann sich keine reale Wirkung schneller als mit Lichtgeschwindigkeit ausbreiten. Das bezeichnet man als Lokalität. In der Fantasie sind wir nicht auf räumliche und zeitliche Lokalität eingeschränkt. Da können Vorstellungen auftauchen, die weder an die Unterscheidung zwischen Vergangenheit und Zukunft gebunden sind und auch nicht an die mit der Lichtgeschwindigkeit vorgegebene Endlichkeit aller realen Wirkungsausbreitungen. Solche Bilder aus der Fantasie können als Analogie dem entsprechen, was bei Änderungen von quantentheoretischen Korrelationen passieren kann. Diese sind ebenfalls nicht an eine reale Wirkungsausbreitung gebunden. Das wird in den Abschnitten 7.4 und 10.5 noch genauer ausgeführt. Andererseits sind Modelle, die eine gewisse Anlehnung an die materiellen Strukturen unserer Alltagsumwelt nahelegen, oft recht ungeeignet, um zutreffende bildliche Vorstellungen über Quantenphänomene zu erzeugen. Dies ist wahrscheinlich ein Grund, weshalb über die Quantentheorie oft zu lesen ist, dass sie „dem gesunden Menschenverstand widerspricht".[5] Das Buch will unter anderem verdeutlichen, dass dieses Vorurteil unzutreffend ist.

---

[5] als Beispiel: *https://www.spektrum.de/thema/quantenphysik/950163*, vom 21.01.2021

Quantische Zusammenhänge werden auch sichtbar, wenn nur psychische Phänomene allein beschrieben werden, ohne dabei auf die Struktur der Protyposis zurückzugreifen.[6] Man kann dies als einen Homomorphismus, als eine strukturerhaltende Abbildung begreifen. Damit erstellt man eine gewisse Korrelation zwischen einigen mathematischen Strukturen aus dem Bereich der Quantentheorie und einigen psychischen Phänomenen. Jedoch erst, wenn auch die Zwischenschritte einer Anbindung an die Physik und damit an die Realität und Wirklichkeit der Natur untersucht werden, werden auch Ursache-Wirkungs-Beziehungen zugänglich.

Warum werden die absoluten Quantenbits, die AQIs, als „Protyposis" bezeichnet?

Die einfachsten der mathematisch möglichen Quantenstrukturen besitzen einen nur zweidimensionalen Zustandsraum C^2. Ihre Bezeichnung als „Quantenbit" zeigt, dass sie als Information interpretiert werden *können*.

Da in der Physik diese Quantenstrukturen jedoch *primär als frei von jeder konkreten oder speziellen Bedeutung* verstanden werden müssen, war eine Begriffsbildung notwendig, welche die in diesem Fall unzutreffende Assoziation „Information ≡ Bedeutung" zu vermeiden hilft. (Siehe Abschnitt 6.1.) Ihre griechische Bedeutung als „das Vorgeformte" soll dabei verdeutlichen, dass alle konkreten Formen, die naturwissenschaftlich beschrieben werden, aus der Protyposis gestaltet sind.

Zu den berechtigten Einwänden von philosophischer Seite gegen den erwähnten Physikalismus gehört der zutreffende Verweis auf die Nichtobjektivierbarkeit der Qualia (siehe auch Abschnitt 27.4.9), der privaten Inhalte eines individuellen Bewusstseins. Dieser Widerspruch gegen Thesen aus der klassischen Physik trifft vollumfänglich zu. Die Quantentheorie zeigt jedoch, dass es im Widerspruch zur klassischen Physik und zu den philosophischen Prämissen über eine totale Objektivierbarkeit prinzipiell unmöglich ist, den aktuellen Zustand eines unbekannten Systems in voller quantischer Genauigkeit kennen zu können. Auch das bekräftigt den Hinweis, dass Physikalismus das Gegenteil von guter Physik ist.

Jeder Versuch einer Kenntnisnahme bedeutet eine (wenn vielleicht auch geringe) Wechselwirkung mit dem System und verändert dieses.

Man erhält im besten Fall eine genaue Kenntnis über den aktuellen Zustand nach der Messwechselwirkung. Daraus folgt nur wenig über den Zustand davor. Man kann mit Sicherheit nur schließen, dass der „Vor-Zustand" nicht orthogonal zum Messergebnis war. Mit anderen Worten, diese Kenntnis nach der Messung erlaubt nur *extrem schwache Rückschlüsse auf den Zustand, der vor dem Messeingriff vorhanden gewesen*

[6] siehe z. B.: Atmanspacher, H., Römer, H., Walach, H. (2002) *Weak Quantum Theory: Complementarity and Entanglement in Physics and Beyond*, Foundations of Physics, 32, S. 379–406; Aerts, D. (2009) *Quantum structure in cognition*, Journal of Mathematical Psychology, 53, S. 314–348; Blutner, R. (2004) *Neural Networks, Penalty Logic and Optimality Theory*, ILLC, Amsterdam

war. Das Messergebnis erlaubt keinen Rückschluss darauf, ob das Messfaktum bei dem vorhergehenden Zustand eine große oder eine kleine Wahrscheinlichkeit für seine Realisierung besessen hatte.

Mit ihrer mathematischen Struktur stellt die Quantentheorie die naturwissenschaftliche Vorlage für die Begrenztheit des Objektivierbaren bereit.[7]

Aus der Quantentheorie folgt, dass eine genaue „objektive" Kenntnis eines unbekannten aktuell vorliegenden Quantenzustandes prinzipiell unmöglich ist.

Es gibt also bereits in der unbelebten Natur so etwas wie einen „Keim von Subjektivität".[8] Die Quantentheorie zeigt damit:

- Es gibt eine wesentliche Einschränkung gegen die Vorstellung, alles und jedes könnte „objektiviert" werden.
- Ein Quantensystem kann nur von der Person so erkannt werden, wie es tatsächlich ist, welche dessen Zustand selbst erzeugt hat.

Bei einem elementaren Teilchen wird man allerdings kaum von „Subjektivität" sprechen wollen, obwohl sein unbekannter aktueller Zustand nicht ermittelt werden kann. Größere Systeme lassen sich bereits in einer gewissen Weise unterscheiden, wie beispielsweise größere Moleküle bei gleicher Summenformel, jedoch mit unterschiedlichen räumlichen Gestalten. Aber auch das ist noch keine Subjektivität, jedenfalls nicht in dem Sinne, wie der Begriff gewöhnlich und im Alltag gebraucht wird.

Aber bereits bei einzelligen Tieren kann man unter einem guten Mikroskop ein Verhalten beobachten, dem man bereits eine gewisse Subjektivität zusprechen kann. Im Verlauf der Evolution zu immer komplexeren Formen von Informationsverarbeitung kann auch eine Entwicklung zu einer immer ausgeprägteren Subjektivität beobachtet werden.

Bewusstseinsinhalte sind von außen wegen ihrer Subjektivität nur sehr ungenau erfassbar. Andererseits gibt es die unmittelbare und unbezweifelbare Gewissheit darüber, dass man sie gerade denkt. Diese beiden Aspekte werden mit dem Begriff „Qualia" erfasst. Die Quantentheorie liefert in Verbindung mit der Evolution eine naturwissenschaftliche Begründung für die unhintergehbare Subjektivität der Qualia.

In der ersten Dekade des 21. Jahrhunderts wurde oft dazu aufgerufen, das Problem des Bewusstseins naturwissenschaftlich zu lösen. Dabei wurde zumeist ignoriert, dass ohne das Einbeziehen der Quanteninformation diese Aufgabe unlösbar bleiben würde.

---

7 Görnitz, T. (1999), Kap 6.5.1, S. 260 ff.

8 Görnitz, T.; Görnitz, B. (2016) *Von der Quantenphysik zum Bewusstsein: Kosmos, Geist und Materie*, Springer, Heidelberg, S. 774 ff.

Dass das Geistige nur schlecht mit dem noch herrschenden Paradigma der Hirnforschung vereinbar ist, wird immer wieder deutlich:

> *„Die Gelehrten wissen nicht, warum unsere innere Geisteswelt überhaupt existiert, und schon gar nicht, woraus sie besteht. Dieses immerwährende Rätsel macht das Bewusstsein für manche meiner Kollegen zu einem Ärgernis, und viele meiden es tunlichst."*[9]

Die verschiedenen Gegenstandsbereiche in der Natur werden von den verschiedenen Wissenschaften untersucht und beschrieben. Sie verwenden jeweils den dortigen Problemen angepasste Verfahren und Methoden. Die Chemie baut sinnvollerweise auf stabilen Atomkernen und Elektronen auf. In der Biologie kann erstmals in der kosmischen Evolution eine Information auch bedeutungsvoll werden und damit steuernd reale Wirkungen erzeugen.

Im Gegensatz zu der Struktur von Biomolekülen, bei denen Gleichheiten gefunden werden, gibt es bei Lebewesen als Ganzes keine Gleichheiten, sondern Ähnlichkeiten.

Viren sind statische Moleküle, die keinen Stoffwechsel haben und sich sogar zu Kristallen formen lassen. Viren der gleichen Sorte sind damit im Wesentlichen gleich. Und wenn sie mutiert sind, dann kann man heute in Sequenzierautomaten feststellen, welches Molekül zur einen und welches zur anderen Mutante gehört. Doch bereits bei Einzellern dürfte die Vorstellung zweier identischer Individuen selbst bei identischem Genom wegen ihres Stoffwechsels nicht mehr zu halten sein. Deshalb finden wir in der Biologie vor allem Regeln und weniger Gesetze in mathematischer Form.

Dem erwähnten Einwand eines bedeutenden Biologen, dass für eine Erklärung des Lebens neben Kraft und Stoff auch die Information notwendig sei, ist uneingeschränkt zuzustimmen. Die Theorie der AQIs eröffnete dafür die Grundlage:

1. Eine bedeutungsfreie, jedoch für mögliche Bedeutungen offene Information konnte in der Natur erkannt und in die Naturwissenschaft einbezogen werden.
2. Das Einbeziehen von Information erleichtert es in Chemie und Biologie, in den jeweiligen Situationen in Lebewesen die genauen Abläufe der speziellen Molekülumformungen zu beschreiben. Es wird damit möglich, das geregelte Zusammenspiel von Materie, Energie und Information im Lebendigen zu erfassen.
3. Dass und wie im Zusammenwirken von verschiedenen Entitäten (wie Ionen und Molekülen) in einem bestimmten Kontext eine dynamische Ganzheit gebildet wird, in welcher wegen ihrer Instabilität auch Information steuernd wirksam und damit bedeutungsvoll werden kann, betrifft den Entstehungsprozess des Lebens aus unbelebtem Material – eine Forschungsaufgabe, an der weiterhin zu arbeiten ist.

---

[9] Koch, C. (2013) *Bewusstsein – Bekenntnisse eines Hirnforschers*, Springer Spektrum, Heidelberg, S. 44

4. Für die Physik ergibt sich als Aufgabe, das Zusammenwirken von Materie, Energie und von bedeutsam werdender Information auch in allen Einzelheiten zu verstehen.

Mit der Entwicklung von komplexeren Lebensformen wachsen die Einflussmöglichkeiten von bedeutungsvoller Information. Eine Bedeutung erwächst dann nicht mehr nur aus der Stabilisierung des eigenen Überlebens, sondern dann, wenn die Teilung der Einzeller durch eine sexuelle Vererbung abgelöst wird, auch aus dem Ziel eines Überlebens des Nachwuchses. Schließlich wird bei einem Bewusstsein, das zu Sprache und sogar zu Schrift befähigt ist, der kulturelle Einfluss immer bedeutsamer. In diesen Bereichen wird ein „Verstehen" zunehmend wichtiger als ein „Erklären", sodass wir immer mehr aus dem Gebiet der Naturwissenschaften in das der Geisteswissenschaften gelangen.

Bei der Reflexion über die Sprache ist zu beachten, dass Erscheinungen und Prozesse, die in einer Sprache gleichsam wie natürlich und selbstverständlich formuliert werden können, gelegentlich nur sehr mühsam und schwer nachvollziehbar in eine andere Sprache übersetzt werden können.

Ludwig Wittgenstein (1889 – 1951) formulierte das als:

> *„Die Grenzen meiner Sprache bedeuten die Grenzen meiner Welt."*[10)]

[10] Wittgenstein, L. (1963) *Tractatus logico-philosophicus*, Philosophische Abhandlung, Suhrkamp, Frankfurt, Satz 5.6

3 Inspiration und Induktion, Theorie und Experiment

Eine naturwissenschaftliche Theorie startet zumeist mit einer Vorstellung über einen Zusammenhang in der Natur. Oft geschieht es nach der Redensart: „Sehen was jeder sieht, und daraus erschließen, was bisher keiner denkt“. Man erstellt sich innere Bilder und sucht Zusammenhänge zwischen diesen. Wenn im Altertum der Mittelpunkt der Erde zugleich der Mittelpunkt des Kosmos ist und wenn der Begriff einer reibungsfreien Bewegung nicht vorstellbar war, dann ist die Vorstellung von „natürlichen Bewegungen“ ein sehr ansprechendes Bild. Die Elemente Erde und Wasser bewegen sich „natürlicherweise“ zum Mittelpunkt des Kosmos, die Elemente Luft und Feuer von diesem hinweg. Nach der damaligen Meinung benötigen alle anderen Bewegungen ein Tier, einen Sklaven oder einen Menschen als Ursache. Bekanntlich haben sich solche Vorstellungen über Jahrtausende im Denken der Menschen erhalten. In der Gegenwart sprechen uns diese Bilder nicht mehr an und eine Unterscheidung zwischen Sklaven und Menschen halten wir auch ethisch nicht mehr für vertretbar.

Die Notwendigkeit, sich Bilder auch über naturwissenschaftliche Zusammenhänge machen zu müssen, um sie „im Herzen“ begreifen zu können, bereitet bei der Quantentheorie besondere und zuvor nicht aufgetretene Probleme.

> Die Schwierigkeit besteht darin, dass die Quantentheorie primär eine Theorie über Möglichkeiten ist. Aber jede konkrete Vorstellung und jedes Bild ist bereits etwas Faktisches.

Auch die Notwendigkeit einer Fundierung der Begriffe und Strukturen durch die Mathematik wird nur bei wenigen Menschen die Anschaulichkeit erleichtern. Trotzdem müssen wir uns damit beschäftigen, wie Möglichkeiten mathematisch erfasst werden.

3.1 Wahrscheinlichkeiten als Maß für Möglichkeiten

Wenn der Würfel im Becher geschüttelt wird, dann hat jede der sechs Ziffern die Möglichkeit, nach dem Fall oben zu liegen. Solange der Becher nach dem Aufsetzen nicht gehoben worden ist, liegt zwar eine Ziffer oben, aber es ist noch unbekannt, welche es ist. An dieser Stelle kommt die *klassische Wahrscheinlichkeitstheorie* ins Spiel. Sie lässt erkennen, dass die Wahrscheinlichkeit bei einem fairen Würfel für jede der Ziffern 1/6 ist.

Die Wahrscheinlichkeitstheorie lässt uns abschätzen, wie wahrscheinlich es ist, dass ein bestimmtes Faktum aus einer Menge von unbekannten Fakten realisiert worden ist. Diese Berechnungen geschehen im Bereich der reellen Zahlen.

Die Quantentheorie ist keine Wahrscheinlichkeitstheorie über unbekannte Fakten. Sie ist eine Theorie über noch nicht faktisch gewordene Möglichkeiten, also über „Optionen", welche reale Wirkungen hervorrufen können.

Wir Menschen können künftige Möglichkeiten erwägen. Wir können darüber nachdenken, welche Urlaubsziele möglich sind und was dem jeweiligen Ziel an Vor- oder Nachteilen zukommt. Faktisch realisieren können wir zu einem Zeitpunkt nur eines davon.

Es ist erst einmal schwierig, sich vorzustellen, dass nicht nur bei den Menschen, sondern auch bei den Quanten die Möglichkeiten, die vorhanden sind und ihnen somit offenstehen, das Verhalten beeinflussen. Das geschieht bereits dann, wenn die Möglichkeiten noch keine Fakten sind. Die offenstehenden Möglichkeiten werden festgelegt durch die Bedingungen, in denen sich die Quantensysteme jeweils befinden. Das einfachste Experiment dazu betrifft beispielsweise das Verhalten eines Quantenobjekts beim Durchgang durch ein Loch oder zwei benachbarte Löcher in einer Wand, beim sogenannten Doppelspalt-Experiment. (Siehe auch die Bilder in Abschnitt 10.5.) Bei zwei unkontrollierten Löchern ist der Auftreffpunkt eines Quants auf dem Schirm zufällig. Erst die Verteilung aller Punkte ist dann determiniert. Deshalb wurde früher die Quantentheorie als eine statistische Theorie interpretiert, die nur für große Anzahlen sinnvoll wäre.

Wenn man jetzt die Versuche mit einer so geringen Intensität durchführen kann, dass jeweils nur ein einziges Quant die Apparatur durchquert, dann taucht sofort die sehr berechtigte Frage auf, woher weiß das Quant, wo die vorhergehenden Quanten bereits eine Stelle besetzt haben oder noch nicht? Die Antwort auf diese Frage berührt die Grundlage des Zufalls für das Erscheinen von den Fakten, welche aus einer Möglichkeitsverteilung der Quantentheorie folgen. Natürlich „weiß" kein Quant, was die vorhergehenden Quanten faktisch bewirkt haben. Aber wenn man die Wahrscheinlichkeiten ernst nimmt, dann ist zu *erwarten*, dass die Fakten der Verteilung folgen. „*Wissen*" kann man es im Vorhinein nicht. Das sich ergebende Interferenzmuster der

Auftreffpunkte hinter dem Doppelspalt entspricht im Wesentlichen den Wahrscheinlichkeitsvorhersagen aus der Quantentheorie. Wie es bei Vorhersagen immer möglich ist, kann das faktische Ergebnis in einem bestimmten Rahmen von der Vorhersage abweichen. Allerdings werden die Wahrscheinlichkeiten für größere Abweichungen immer kleiner.

Bei vielen Versuchen hilft es, die Ganzheitlichkeit der Quantentheorie zu bedenken. Die Vorstellung, dass „faktisch" ein Quant nach dem anderen unterwegs ist, ist naheliegend. Allerdings ist ein solcher Versuch auch eine „zeitliche Ganzheit". Diese ist noch nicht durch ein einzelnes Aufblitzen auf einem Bildschirm in ihrer Ganzheit beendet, sondern wohl erst mit der Information über das Abschalten der Teilchenquelle.

Auch hier zeigt sich die Rolle der dynamischen Schichtenstruktur, die den Wechsel zwischen quantischem und klassischem Verhalten und damit zwischen Möglichkeiten und Fakten erfasst.

> Um die Wahrscheinlichkeiten für die möglichen Fakten berechnen zu können, verwendet die Quantentheorie wie erwähnt die komplexen Zahlen. Nur so kann der Unterschied zwischen wirksamen Möglichkeiten und eingetretenen Fakten mathematisch gefasst werden. Damit wird auch verstehbar, weshalb die klassische Wahrscheinlichkeitstheorie und die Quantentheorie durch verschiedene mathematische Strukturen repräsentiert werden.

Die klassische Wahrscheinlichkeitstheorie arbeitet mit der mathematischen Vorstellung von Zufall als ein Erfassen von unbekannten und unbestimmten Fakten.

3.2 Bilder von Möglichkeiten?

Wir spüren und wissen oft sogar, dass wir mehrere Möglichkeiten „vor Augen haben". Manchmal eröffnen sich einem die Möglichkeiten erst nach einer „meditativen Ruhe" oder nach einem „Überschlafen". Oft werden Möglichkeiten von den äußeren Bedingungen eingeschränkt oder erweitert. Durch äußeren Zwang, wie unter Terror, sowie durch inneren, wie bei einer Zwangskrankheit, werden Möglichkeiten beschnitten.

Die Quantentheorie behandelt das Wirken von Möglichkeiten, welche noch nicht zu einem Faktum geronnen sind.

Wenn man also Bilder und konkrete Vorstellungen von quantentheoretischen Zusammenhängen verwirklichen wollte, so zeigt ein gründliches Reflektieren, dass wir damit an einen gewichtigen Widerspruch gelangen:

> Jedes Bild und jede konkrete Vorstellung ist ein Faktum!

Aus diesem Sachverhalt folgt, weshalb es so ungeheuer schwierig ist, Bilder über quantische Phänomene zu entwerfen, ohne dass sie zugleich viel Falsches mittransportieren.

In unserem Bewusstsein erleben wir einen ständigen Wechsel von sich auffächernden Möglichkeiten von Assoziationen, die sich zu einem gedanklichen Faktum konzentrieren. Dieses Faktum wiederum entfaltet neue Möglichkeiten, bei denen noch manche der vorherigen mitschwingen, während andere erst einmal verloren sind.

Ein längeres „Nicht-Festhalten" im sich öffnenden Fächer von möglichen Bildern ist keine einfache Sache, kann aber geübt werden, wie in einem tiefen Entspannungszustand oder in manchen Meditationspraktiken.

> Jedes gesehene oder gezeichnete oder sogar jedes gedachte Objekt ist ein Faktum.

Immer wieder kann man über die Quantentheorie lesen oder hören, „das Teilchen geht zugleich durch beide Spalten" oder „der Spin des Elektrons zeigt nach oben und unten". Eine solche faktische Sprache über Quantenvorgänge muss zurecht Widerspruch erzeugen.

Ich habe die Physik noch als eine „Wissenschaft über die unbelebte Natur" gelernt. Da war es selbstverständlich, dass sie sich mit den äußeren Objekten befasst. Jedes Objekt und jede Vorstellung davon ist etwas Faktisches. Deshalb ist es so ungeheuer schwierig, die zitierten falschen Aussagen zu vermeiden.

3.3 Inspiration

Vor dem Erstellen einer Theorie steht oft eine Inspiration. Die Überlieferungen bieten dafür viele Beispiele, von denen auch einige der bereits erwähnten hier noch einmal angeführt werden sollen.

Für Pythagoras soll die Halbierung der Saite des Monochords, welche die Oktave hervorbringt, der Anlass gewesen sein, die Beschreibung der Welt auf mathematische Proportionen zurückzuführen, also auf das Verhältnis zweier ganzer Zahlen. Der lógos, von dem unsere „Logik" stammt, soll bei ihm die Bedeutung von „Proportion" gehabt haben. Die Entdeckung, dass „Wurzel aus zwei", also die Diagonale im Quadrat der Seitenlänge 1, sich nicht als eine Proportion begreifen lässt, soll damals zu einer philosophischen Krise geführt haben.

Von Newton wird kolportiert, dass das Fallen eines Apfels vom Baum ihn zu der Einsicht brachte, dass auch der Mond in Richtung Erde fällt, dass dieser aber auch einen Geschwindigkeitsanteil in tangentialer Richtung besitzt. Deshalb fällt er also immer an der Erde vorbei. Hinter beiden unterschiedlichen Erscheinungen, Apfelfall und Mondumlauf, steht aber mit der Schwere der Erde die gleiche Ursache.

Einsteins Eingebung, dass in einem fensterlosen Fahrstuhl nicht zwischen Schwerkraft und Beschleunigung unterschieden werden kann, führte ihn zur Allgemeinen Relativitätstheorie.

Bohrs Einsicht, dass die Eigenschaften eines Atoms einem Planetensystem ähnlich sein könnten, bei dem allerdings nur manche Bahnkurven erlaubt sein dürfen, ermöglichte ihm, das Wasserstoffspektrum zu erklären. Zugleich aber befeuerte es die falsche Vorstellung, die bis heute von manchen Philosophen vertreten wird, das Atom „bestünde im Wesentlichen aus leerem Raum". Richtig ist vielmehr, dass die Quantentheorie zeigt, das Atom ist lückenlos und dicht gefüllt mit den möglichen Orten der Elektronen.

Weizsäcker hatte bei seinen Forschungen über die Logik der Quantentheorie nicht nur erkannt, dass alle Befragungen der Natur letztlich auf „einfache Alternativen", also auf Ja-nein-Strukturen reduziert werden können. Er hatte auch den Mut, solche hochabstrakten Strukturen gegen den Mainstream als Basis der Physik insgesamt zu postulieren.

Mich hatte die Vorstellung begeistert, dass die Quantentheorie es wegen ihrer multiplikativen Struktur beim Aufbau von etwas Komplexem aus etwas Einfachem ermöglichen wird, eine gemeinsame Grundlage für das zu finden, was bisher als das Materielle und als das Geistige bezeichnet wurde. Dass dies bereits weithin erfolgreich war, ist auch Teil des Inhalts dieses Buches.

Auch in vielen anderen Fällen in der Geschichte der Naturwissenschaften hatte man eine intuitive Vorstellung, welche Korrelationen auf eine Ursache-Wirkungs-Beziehung zurückgeführt werden könnten. Daraus kann man oft Gedankenexperimente entwickeln. Ein schönes Beispiel dafür liefert Einsteins Allgemeine Relativitätstheorie.

Die Masse erscheint in der Physik unter zwei Aspekten. Ein Aspekt ist die Trägheit. Masse ist träge, sie leistet Widerstand gegen eine Veränderung ihrer Geschwindigkeit. Die Änderung der Geschwindigkeit nennt die Physik „Beschleunigung". Seit Newton haben wir gelernt, Kraft ist Masse mal Beschleunigung. Wenn eine Masse beschleunigt werden soll, dann muss eine Kraft aufgewendet werden. Von Newton haben wir aber auch gelernt, dass eine Masse „schwer" ist. Massen erzeugen Gravitationskräfte, sie sind die Quellen der „Schwerkraft". Seit Newton war die Frage offen, wieso sich in allen Experimenten zeigt, dass die träge Masse gleich der schweren Masse ist. Das war eine Frage, die seit Newton auf eine Antwort wartete.

Dann kam Einstein mit seinem genialen Gedankenexperiment. Wie erwähnt überlegte er sich, dass in einem frei fallenden Fahrstuhl – also in einer sehr speziell beschleunigten Umgebung – die Gravitation verschwindet. Die gravitative Wirkung betrifft die schwere Masse. Die Beschleunigung wirkt auf die träge Masse. Wenn also beide Wirkungen nicht zu unterscheiden sind, dann muss die träge Masse der schweren Masse gleich sein.

Die Überlegung Einsteins mit dem Fahrstuhl war ausreichend, um davon ausgehend von der Gravitation auf eine veränderte Raumzeit-Struktur schließen zu können. Wie eine solche variable Geometrie mathematisch behandelt werden kann, die anstelle eines ebenen Blattes Papier eine Oberfläche mit Bergen und Tälern zugrundelegt, das hatte Bernhard Riemann bereits ein halbes Jahrhundert früher gezeigt (in Kapitel 16 und besonders in Kapitel 18 werden wir auf die mathematischen Zusammenhänge eingehen).

Einstein hatte das Glück, dass bereits wenige Jahre nach der Publikation seiner Theorie eine Sonnenfinsternis stattfand, an der man die Veränderung der Raumzeit in der Umgebung einer großen Gravitationsquelle hatte beobachten können. Die Lichtstrahlen von fernen Sternen verliefen, wenn sie in der Nähe der Sonne vorbeikamen, anders als auf einem Weg, der fern von der Sonne durchlaufen wird. Wenn allerdings der Mond die Sonne nicht abdunkelt, dann kann man kein Sternenlicht erkennen, wenn es dicht an der Sonne vorbeiläuft.

3.4 Erstellen von Theorien, ihre Akzeptanz und ihre Bestätigung

Das Verhältnis zwischen Theorie und Akzeptanz bzw. der Überprüfung durch Beobachtung und Experiment ist sehr komplex. Das wird nicht nur in der Gegenwart an Einsteins Vorhersage von Gravitationswellen deutlich. Einstein hatte gezeigt, dass die Allgemeine Relativitätstheorie in einer linearisierten Näherung auch Gravitationswellen als Lösungen besitzt. Bis zu deren experimentellem Nachweis hatte es ein Jahrhundert gedauert. Das ist allerdings im Vergleich zu anderen Fällen noch nicht übermäßig lang.

Bereits bei den alten Griechen war der Vorschlag eines heliozentrischen Weltbildes zur Diskussion gestellt worden. Es gab aber hinreichend gute empirische Gründe, diesen Vorschlag abzulehnen. Eine simple und einfache Empirie spricht für ein geozentrisches Weltbild. Die Philosophen bezeichnen das heute als „naiven Realismus". Aristarch von Samos (ca. 310–230 v. Chr.) hatte erkannt, dass die Sonne größer sein muss als die Erdkugel. (Die Gebildeten wussten schon lange, dass die Erde eine Kugel ist.) So fand es Aristarch unwahrscheinlich, dass das Größere, die Sonne, um das Kleinere, die Erde, umlaufen sollte. Diese Idee wurde allerdings durch die experimentellen Erfahrungen – die man damals nicht so benannte – widerlegt. Wenn die Erde um die Sonne laufen würde, dann wäre der tägliche Umlauf der Himmelskugel mit den Fixsternen um die Erde ein Irrtum. Es müsste sich dann die Erde um ihre Achse drehen. Dann aber – das wusste jeder, der schon einmal schnell geritten war oder der beim Rennen einen Wagen gelenkt hatte – würde man den ungeheuren Fahrtwind spüren, welchen die Rotation der Erde erzeugen müsste. Und einen solchen dauerhaften starken Wind gibt es nicht. Das Konzept der Trägheit wurde erst von Newton in die Physik eingeführt. Zwar gibt es einen Jet-Stream und gewisse Wirkungen der Rotation auf die Lufthülle, aber im Wesentlichen dreht sich wegen der Trägheit die Atmosphäre mit der Erde mit.

Es hat dann fast zwei Jahrtausende gedauert, bis das heliozentrische Weltbild wieder in die Wissenschaft Einlass fand. Aber auch dem Modell von Kopernikus war am Anfang kein durchschlagender Erfolg beschieden. Die heutzutage in populären Darstellungen von einer „kopernikanischen Wende“ oft geschilderten geistigen Umwälzungen fanden wohl kaum in der geschilderten Zeit statt. Sie drücken wahrscheinlich vor allem das Gefühl und die wunschhaften Vorstellungen der modernen Autoren aus.

Die Ergebnisse von Kopernikus passten schlechter zu den Beobachtungen als die von Ptolemäus. Die vielen freien Parameter des geozentrischen Modells erlaubten eine viel bessere Beschreibung der Beobachtungsdaten als bei Kopernikus. Das lag auch daran, dass dieser wie andere Gelehrte bis einschließlich Galilei die Vorstellung beibehalten hatte, dass die Himmelskörper sich auf „idealen Bahnen“ – also auf Kreisen oder auf kristallenen Sphären – bewegen würden. Eine gewisse Ähnlichkeit gibt es zur modernen Kosmologie. Auch dort gibt es so viele freie Parameter, dass man das Standardmodell der Kosmologie an fast jede Form der empirischen Daten anpassen kann.

Erst mit Kepler wurde eine wirklich bessere Beschreibung des Planetensystems erreicht. Er hatte im Jahre 1619 sein Werk „Harmonices mundi libri V“ (Fünf Bücher zur Harmonik der Welt) veröffentlicht. Jedoch noch in dem Sternatlas von Andreas Cellarius „Harmonia Macrocosmica“, der 1660 erschien war, ist unter den zahlreichen Kupferstichen kein einziges Bild mit Keplers Ellipsen zu finden! Nur die Vorstellungen nach Ptolemäus, Kopernikus, Brahe und Aratus werden dort illustriert.

Mit Keplers dann wirklich besserer Theorie aus der Mitte des 17. Jahrhunderts hatte das heliozentrische System über Jahrhunderte trotz fehlendem empirischen Beleg bei den Gelehrten Geltung. Natürlich lieferte Newtons Gravitationstheorie ein sehr überzeugendes Argument. Die Bestätigung des Gravitationsgesetzes durch den freien Fall und den schiefen Wurf auf der Erde bedeutete durch die theoretische Gesamtstruktur eine Bestätigung, auch wenn man nicht mit Planeten experimentieren konnte.

Nikolaus Kopernikus hatte das 1543, also fast zwei Jahrtausende nach Aristarch von Samos, in seinem Hauptwerk „De revolutionibus orbium coelestium“ das heliozentrische Modell wieder aufgenommen. Erst im Jahre 1838, also beinahe noch einmal drei Jahrhunderte später, erfolgte mit dem Nachweis einer Fixsternparalaxe durch Friedrich Wilhelm Bessel (1784–1846) eine tatsächliche Bestätigung der Bewegung der Erde um die Sonne. Und erst 1851 konnte Léon Foucault (1819–1868) mit seinem Pendelversuch die Rotation der Erde um ihre Achse im Labor zeigen.

Der Winkelunterschied im Blick auf den Stern 61 Cygni, der sich aus dem Unterschied auf der Erdumlaufbahn zwischen Sommer und Winter ergibt, beträgt 0,3 Winkelsekunden. (Der Vollkreis sind 360 Grad, ein Grad 60 Winkelminuten und eine Minute 60 Winkelsekunden). Daraus konnte Bessel die Entfernung von über 10 Lichtjahren errechnen.

Max Planck hatte sich anfangs noch gegen Einsteins Lichtquanten ausgesprochen. Dann wurden sie allgemein akzeptiert, obwohl erst ein Dreivierteljahrhundert später mit einzelnen Photonen experimentiert werden konnte.

Eine Zuordnung von Daten zu den theoretischen Modellen ist also keine einfache Sache. So ist ein Widerlegen eines Naturgesetzes selten eine triviale Angelegenheit.

> Im Gegensatz zur Mathematik ist ein *Beweis* eines Naturgesetzes unmöglich.

Diese Unmöglichkeit wird oft ignoriert, wenn formuliert wird: „die Naturwissenschaft hat bewiesen, dass ...".

Naturgesetze können bestätigt werden, sodass man ihnen mit großer Zuversicht vertrauen kann. Ein Beweis jedoch würde erforderlich machen, dass sämtliche noch nicht eingetretenen Fälle genauso eintreten werden, wie es das Gesetz vorhersagt. Das aber würde nur aus einem bereits bewiesenen Gesetz folgen.

Bei den einfachen Strukturen, welche die Physik beschreibt und die in mathematische Gesetzesform gebracht werden können, muss die Beziehung von der theoretischen Konstruktion zum Experiment nicht immer unmittelbar offensichtlich sein. Auch beim Higgs-Teilchen hatte es ein viertel Jahrhundert gedauert, bis es in Experimenten nachgewiesen werden konnte.

Theoretische Beziehungen zu weiteren Strukturen der Quantentheorie mit guten experimentellen Bestätigungen gibt es auch bei der Protyposis. Das betrifft beispielsweise die Begründung der Eichgruppen der drei fundamentalen Wechselwirkungen oder eine Kosmologie, welche auf nichtexistierende Teilchen oder unphysikalische Annahmen verzichtet.

Die Änderung von Weltbildern ist ein diffiziler langwieriger Prozess. In der Neuzeit hat sich z. B. Goethe, der sich als Naturforscher für bedeutender ansah denn als Dichter, noch gegen die Fernrohre gewendet: Wir Menschen sollten uns mit unseren eigenen Sinnen ein zutreffendes Bild von der Welt bilden. Goethe bevorzugte die natürlichen Wahrnehmungen im Unterschied zu den mit technischer, also mit künstlicher Unterstützung.

Die empirische Zurückweisung theoretischer Annahmen ist nicht auf das Altertum oder das ausgehende Mittelalter beschränkt. Andere Beispiele waren Ernst Machs damals zutreffender Vorwurf gegen Ludwig Boltzmann, dass dieser ihm kein Atom „vorzeigen" könne. In dieser Zeit waren im Gegensatz zu heute alle die technischen Möglichkeiten unbekannt, die es heutzutage ermöglichen, ein Atom in einer Falle tatsächlich sehen zu können. Ein anderes Beispiel war das 1931 erschienene Buch

„100 Autoren gegen Einstein“[1], zu dem Einstein nur lakonisch geäußert haben soll: Wenn ich unrecht hätte, dann hätte einer genügt.

Von Beobachtungen und aus empirischen Befunden schließt man auf eine allgemeine Theorie. Eventuell werden eine Suche nach mathematischen Strukturen und das Konstruieren von Gedankenexperimenten zwischengeschaltet. Für die so erstellte Theorie wiederum nimmt man in der Regel an, dass ihr Geltungsbereich unbeschränkt ist – jedenfalls so lange, bis man durch experimentelle oder theoretische Befunde eine Einschränkung erkennt. Ein solches Voranschreiten von einigen Befunden zu einer allgemeinen Theorie bezeichnet man als die induktive Methode. Francis Bacon (1561–1626) gilt als der Begründer einer wissenschaftlichen Induktion, die an der Erfahrung geschärft sein muss.

> Auf der induktiven Methode – also auf dem Schluss von Wenigem auf das Ganze – beruhen die naturwissenschaftlichen Theorien.
>
> Nur in der Mathematik kann man im Gegensatz dazu deduktiv vorgehen. Man setzt einige Axiome und erschließt daraus alle logischen Konsequenzen.

In den Naturwissenschaften möchte man künftige Prozesse prognostizieren. Diese Prognosen folgen deduktiv aus der vorausgesetzten Theorie. Mit großer Kreativität wird die dazugehörige mathematische Struktur induktiv aus der Erfahrung erschlossen. Dabei gibt es eine Unsicherheit. Für die Bildung der Theorie waren Abstraktionen und Vereinfachungen notwendig. Man musste manches ignorieren. Von dem jedoch, was als „unwichtig“ weggelassen wurde, kann in manchen der Situationen einiges trotzdem bedeutungsvoll werden.

Daher ist eine deduktive Konstruktion, also die mathematische Erzeugung der Theorie aus wenigen und evident erscheinenden Axiomen, erst für eine solche Theorie möglich, von der man den Einschränkungsrahmen ihres Geltungsbereiches kennt, wie z. B. für die Newtonsche Mechanik. Scherzhaft könnte man dazu bemerken, dass eine tatsächliche Deduktion nur für die Theorien funktionieren kann, welche sich – in aller Strenge betrachtet – als falsch erwiesen haben. Falsch natürlich nur in dem Sinne, dass man die Anwendungsbereiche kennt, wo die Vorhersagen zutreffen, und dass man um die Bereiche weiß, wo die Vorhersagen unzutreffend werden.

Korrekter formuliert sollte man besser mit Heisenberg von „abgeschlossenen Theorien“ sprechen. Dann weiß man, dass daran in dem Bereich, in dem sie gültig sind, nichts mehr verbessert werden kann. Ein gutes Beispiel ist Newtons Mechanik. Sie wird weiterhin verwendet werden, weil man jetzt weiß, wo ihre Vorhersagen unzutreffend werden. Dort muss man andere Theorien verwenden, also Quantentheorie oder Allgemeine Relativitätstheorie.

Für eine abgeschlossene Theorie kann man dann versuchen, möglichst wenige Axiome zu formulieren, aus denen die ganze Theorie deduziert werden kann.

---

[1] Israel, K., Ruckhaber, E., Weinmann, R. (1931) *100 Autoren gegen Einstein*, Voigtländer, Leipzig

4 Quanten und Schwarze Löcher

Für die erste Aufklärung der Beziehungen zwischen den AQIs und der etablierten Physik war die Beziehung zwischen Quantentheorie und Schwarzen Löchern entscheidend. Da es sich um schwierige Fragen handelt, beginnen wir schrittweise die einzelnen Stufen herauszuarbeiten. In der Physik wird Information stets im Zusammenhang mit der Entropie erörtert. In Abschnitt 12.3 sollen die thermodynamischen Zusammenhänge erklärt werden. In Kapitel 17 wird dann gezeigt, wie nach diesen Vorüberlegungen nicht nur ein kosmologisches Modell, sondern auch eine Begründung der Allgemeinen Relativitätstheorie erstellt werden konnte.

Bereits seit mehr als zweihundert Jahren gibt es die Vorstellung, dass die Gravitation eines Objektes dazu führen könnte, dass selbst das Licht zu langsam wäre, von dort hinwegzufliegen. Aber es war für viele Wissenschaftler schwer vorstellbar, dass solche extremen Objekte existieren sollten. So sind erst seit den 1980er-Jahren unter den Physikern die Zweifel an der Existenz der Schwarzen Löcher zunehmend geringer geworden.

4.1 Das erste Bild von einem „Schwarzen Loch"

Im April 2019 erregte das erste Bild eines Schwarzen Loches auf der ganzen Welt große Aufmerksamkeit. Es war gelungen, Radio-Teleskope, welche über die gesamte Erde verteilt sind, millimetergenau auf ein Objekt in einer Galaxis zu richten, die 55 Millionen von Lichtjahren entfernt ist. Mit der dabei erreichten Auflösung der Teleskope könnte man eine Orange erkennen, wenn diese sich auf dem Mond befinden würde.

Allerdings darf man bei diesem Bild nicht vergessen, dass es sich um Radiowellen handelt, aus denen man ein sogenanntes „Falschfarbenbild" errechnet hat. Wie der helle Ring aus Radiowellen im Bereich des sichtbaren Lichts tatsächlich aussieht, das ist offenbar noch ungeklärt. Was allerdings vollkommen sicher ist, es ist auf keinen Fall das Loch selbst. Das Loch leuchtet überhaupt nicht, denn es ist sehr viel kälter als der Kosmos selber mit seiner Hintergrundstrahlung. Nur die heißen Gasmassen leuchten, die mit sehr hoher Geschwindigkeit um dieses Loch kreisen und zum Teil in dieses hineinstürzen. (Bei dem Bild in Abschnitt 20.1 ist der Gas-Ring um das Schwarze Loch deutlicher zu sehen, das Schwarze Loch jedoch überhaupt nicht.)

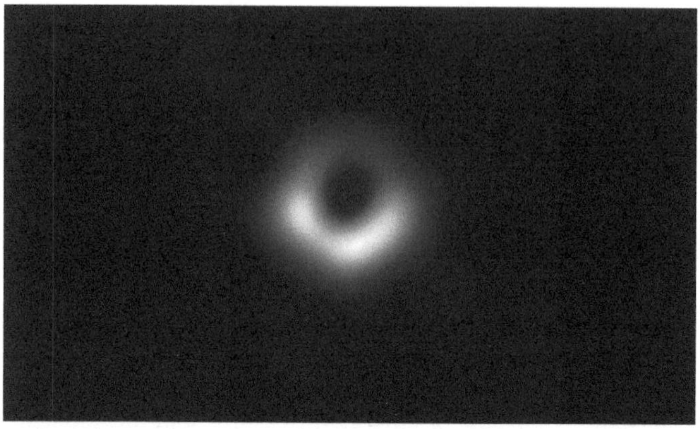

Bild 4.1 Das erste Bild eines Schwarzen Loches, aufgenommen mit Radiowellen und in sichtbares Licht umgerechnet.

Man hatte ein Objekt beobachtet, welches nahezu unvorstellbare Eigenschaften hat. Es ist ein Schwarzes Loch von 6,5 Milliarden Sonnenmassen und mit einer Ausdehnung, welche nur etwas größer ist als unser Planetensystem. Diese unvorstellbare Masse wird dadurch kaum anschaulicher, wenn man erfährt, dass eine Sonnenmasse über 300 000-mal der Masse der Erde entspricht.

Ich erwähne dies einerseits, um die ungeheure Leistungsfähigkeit einer Technik zu verdeutlichen, welche durch die Erkenntnisse der modernen Naturwissenschaft und speziell die der Quantentheorie möglich geworden ist. Was dabei aber andererseits genauso wichtig ist, ist die geschilderte Begeisterung der beteiligten Wissenschaftler, die z. B. in der Reportage des Journalisten Johann Grolle erkennbar wurde. Andrew Strominger von der Harvard University wird dort mit den Worten zitiert:

> *„Uns steht eine Umwälzung des Naturverständnisses bevor, die mindestens so tiefgreifend sein wird, wie es vor 100 Jahren die Erschütterung unseres Konzepts von Raum und Zeit durch Einsteins Relativitätstheorie war.*
> *Die Lösung, wie auch immer sie aussieht, kreist rund um Schwarze Löcher."*[1]

[1] Der Spiegel, Nr. 16 v. 13.4.2019, S. 84 ff.

Jacob Bekenstein (1947–2015) und Stephen Hawking (1942–2018) hatten in den 1970er-Jahren gezeigt, dass bei Schwarzen Löchern Phänomene der Quantentheorie wie auch der Allgemeinen Relativitätstheorie ineinandergreifen. Darauf spielt auch die Bemerkung Stromingers an, der mit Malcom Perry zusammen mit Hawking eine Arbeit publiziert hatte, die dessen letzte wurde. Strominger spricht über das zentrale Rätsel, wo die ganze Information bleiben würde, welche zusammen mit der Materie in das Schwarze Loch hineinstürzt:

> *„Das Problem ist einfach gestellt, aber unerhört schwierig zu knacken… Wenn es gelingt, dieses Problem zu lösen, dann wird Fantastisches daraus hervorgehen."*[2]

An den Black Holes überlappen sich Quantentheorie und Allgemeine Relativitätstheorie. Im Folgenden wird verdeutlicht, dass sie den Schlüssel zur Lösung zentraler Fragen der Beschreibung der Realität liefern – auch für das von Strominger erwähnte Problem der Information.

4.2 Fundamentale Quantentheorie und die Schwarzen Löcher

Über die Nobelpreise für Physik im Jahre 2020 an Roger Penrose (*1932), Reinhard Genzel (*1952) und Andrea Ghez (*1965) habe ich mich besonders gefreut.

Bild 4.2
Sir Roger Penrose (rechts) bei seinem Besuch in Frankfurt bei mir in meinem Büro

[2] Der Spiegel, Nr. 16 v. 13.4.2019, S. 84 ff.

Meine eigenen Forschungen hatten mich vor 40 Jahren zu den Schwarzen Löchern geführt, also in einer Zeit, als deren Existenz von vielen Physikern noch stark bezweifelt wurde.

Es gab Gründe für solchen Zweifel. Aus der Allgemeinen Relativitätstheorie folgt für die Sicht von außen, dass bei einem Schwarzen Loch von Sternenmasse beispielsweise die Masse der Sonne in einen Radius von wenigen Kilometern gepresst würde. Schwarze Löcher entstehen z. B. dadurch, dass auf einen Neutronenstern, der etwa die Dichte eines Atomkerns besitzt, weitere Materie fällt. Dann gibt es eine Supernova-Explosion. Wenn danach genug Material vorhanden bleibt, dann entsteht ein Schwarzes Loch. Dabei kann die rechnerische Dichte, also Gesamtmasse geteilt durch Gesamtvolumen, größer werden als bei einem Atomkern.

Physikalischer Unsinn entsteht erst, wenn im Inneren eines Black Holes nur allein mit der Allgemeinen Relativitätstheorie gerechnet wird. Dann entsteht als Rechenergebnis, dass die gesamte innere Materie in einem mathematischen Punkt verschwinden würde und eine unendlich große Materiedichte entstünde. In Kapitel 21 wird gezeigt, wie eine solche Hypothese mit der Quantentheorie korrigiert wird.

Eine Materiedichte, die größer sein kann als die eines Atomkerns, konnte man sich damals schwer vorstellen. Bei den Neutronensternen wird sie auf jeden Fall im Inneren erreicht. Diese Dichte gibt es auch bei „kleinen“ Schwarzen Löchern, die nicht viel mehr Masse haben als zwei Sonnen und somit einen Durchmesser von wenig mehr als 3 km.

Rein theoretisch sind auch Schwarze Löcher berechenbar, die sehr viel größer als mehrere Galaxienhaufen sind. Da die Dichte mit wachsender Größe immer kleiner wird, könnte bei einem sehr riesig großen theoretischen Schwarzen Loch allerdings die rechnerische Materiedichte, die außen an der Gravitationswirkung erkennbar wird, etwa in den Bereich einer Planetenatmosphäre gelangen. Dann wäre die Materiedichte vergleichbar mit der Luft, die uns umgibt. (Dieser Mittelwert steht aber in großem Widerspruch dazu, dass gemäß Allgemeiner Relativitätstheorie (und gegen die Quantentheorie) die gesamte Materie im Zentrum verschwinden müsste und der restliche innere Raum wie ein Vakuum wäre.)

Inzwischen erkennen auch die meisten der Zweifler die Existenz der Schwarzen Löcher an.

Nun soll aber ein tatsächlich kritischer Aspekt zur Erörterung kommen.

Wenn man *allein* die Allgemeine Relativitätstheorie für die Überlegungen berücksichtigt, dann sollte der Übergang von außen in das Schwarze Loch hinein praktisch unmerklich sein. Was allerdings dann sehr viel problematischer wäre, ist die unvermeidbare weitere theoretische Schlussfolgerung, dass nämlich der gesamte Inhalt in einem mathematischen Punkt verschwinden müsste. (In der Mathematik bezeichnet man eine Stelle, an der eine Funktion unendlich große Werte annimmt, so wie hier die Materiedichte, als Singularität. In der Natur und daher auch in der Physik gibt es jedoch nichts unendlich Großes.)

Mithilfe der Quantentheorie und der Protyposis lassen sich die Probleme beheben. Wir werden in Kapitel 21 die Problematik noch einmal genauer unter die Lupe nehmen.

Wegen der geschilderten Zweifel an der Existenz der Black Holes war es sehr hilfreich, schon seit 20 Jahren in meinen Vorträgen und Seminaren den Film von Genzel und seiner ESO-Arbeitsgruppe zeigen zu können. In diesem Video konnte man die Kepler-Ellipsen von Sternen um das Schwarze Loch im Zentrum unserer Milchstraße sehen, wie sie sich von 1992 bis 2002 entwickelt hatten. Man sieht auch, dass das Zentrum dieser Schwerkraftwirkungen, der Brennpunkt von diesen Kepler-Ellipsen, nicht zu sehen ist und deshalb durch ein rotes Kreuz markiert werden musste.

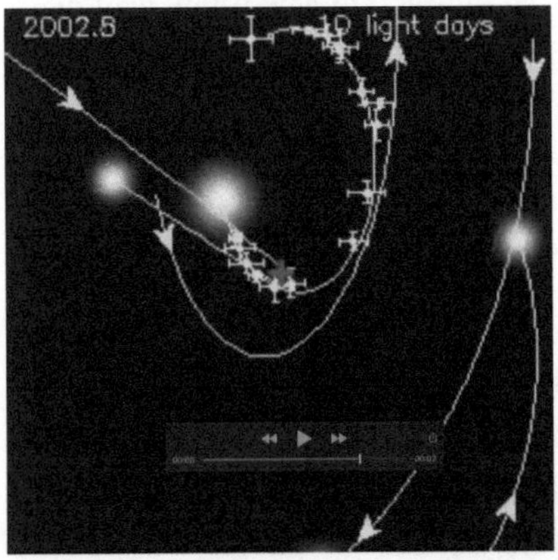

Bild 4.3
Ausschnitt aus einem Film der ESO vom 16. Oktober 2002.[3] Dieser zeigt die beobachtete Bewegung der Sterne um das zentrale Schwarze Loch unserer Milchstraße (markiert mit einem roten Kreuz) mit Beobachtungsdaten von 1992 bis 2002. Der restliche Film zeigt dann die berechneten Bahnkurven bis 2006.

Der Kommentar zu diesem Film war:

> *„The new measurements exclude with high confidence that the central dark mass consists of a cluster of unusual stars or elementary particles, and leave little doubt of the presence of a supermassive black hole at the centre of the galaxy in which we live.“*[4]
> *(Die neuen Messungen schließen mit hoher Sicherheit aus, dass die zentrale dunkle Masse aus einem Haufen ungewöhnlicher Sterne oder Elementarteilchen besteht, und lassen wenig Zweifel an der Anwesenheit eines supermassiven Schwarzen Lochs im Zentrum der Galaxie, in der wir leben.)*

Heute wird es wohl nur noch sehr wenige Wissenschaftler geben, die an der Existenz von Schwarzen Löchern (Black Holes) zweifeln.

---

[3] Quelle: *https://www.eso.org/public/switzerland-de/videos/eso0226a/*

[4] eso0226 — Pressemitteilung Wissenschaft: Surfing a Black Hole/Star Orbiting Massive Milky Way Centre Approaches to within 17 Light-Hours vom 16. Oktober 2002, *https://www.eso.org/public/germany/news/eso0226/*

Die Nobelpreise haben das Augenmerk auch der Öffentlichkeit wieder auf die Schwarzen Löcher gelenkt. Für die Allgemeinheit sind die Schwarzen Löcher wohl deshalb so faszinierend, weil immer wieder in Science-Fiction-Filmen oder -Büchern diese astrophysikalischen Gebilde mit aufregenden Spekulationen verknüpft werden. So kreist die ganze Serie von „Star Trek: Deep Space Nine“ um ein „Wurmloch“. Das Wurmloch ist eine mathematische Konstruktion im Rahmen der Allgemeinen Relativitätstheorie, welche die Singularität im Zentrum eines Schwarzen Loches mit der in einem anderen Schwarzen Loch verbinden soll, welches sich in einem weit entfernten Teil des Universums befindet. Die Verbindung zwischen den Wurmlöchern verläuft nicht innerhalb von Raum und Zeit. Das Gute an dieser Unvorstellbarkeit liegt höchstens darin, dass es keine Wurmlöcher gibt.

Wissenschaftlich sind Schwarze Löcher deshalb so interessant geworden, weil diese Extremgebilde aus der Allgemeinen Relativitätstheorie immer deutlichere Hinweise gezeigt haben, dass sie, obwohl sie große makroskopische Gebilde sind – es wird keine mit einem Durchmesser kleiner als einige km geben – ohne Quantentheorie unverstehbar bleiben müssen.

Die von Karl Schwarzschild (1873–1916) entwickelte Lösung der Allgemeinen Relativitätstheorie beschreibt ein Schwarzes Loch aus der Sicht eines „unendlich weit“ entfernten Beobachters. Objekte, welche in das Black Hole hineinfallen, scheinen für ihn immer langsamer zu werden. Falls sie gleichmäßig leuchten, so wird für den fernen Beobachter die Strahlung immer langwelliger, also röter und dunkler. Erst nach einer unendlich lang erscheinenden Zeit scheint das Objekt den Horizont erreicht zu haben.

Der Vorgang erscheint völlig anders, wenn der Beobachter nicht in weiter Ferne verbleibt, sondern sich selbst auf das Black Hole zubewegt. Arthur Stanley Eddington (1882–1944) und David Finkelstein (1929–2016) untersuchten, wie sich das Schwarze Loch einem fiktiven Beobachter zeigen würde, der direkt auf das Black Hole zufliegen und am Horizont schließlich Lichtgeschwindigkeit erreichen würde. Dabei ergab sich bei diesen Rechnungen in der Allgemeinen Relativitätstheorie, dass am Horizont für ein Objekt nichts Wesentliches geschehen würde. Zwar würde der Blick zurück in den Kosmos sich mit der Annäherung an den Horizont immer mehr verengen und sich beim Durchgang durch diesen völlig schließen, aber sonst sollte sich nichts weiter ereignen.

Auf der Basis dieser und anderer Arbeiten haben Wheeler und Penrose gezeigt, dass die Idee der Schwarzen Löcher unabweisbar ist. Seit den Arbeiten von Penrose und Wheeler steht fest, dass der Horizont wie ein Ventil an der Raumzeit wirkt: Alles kann hinein, nichts kann hinaus.

Bekensteins und Hawkings Resultate ließen danach erkennen, dass das Verhalten der Schwarzen Löcher im äußeren Bereich ohne Quantentheorie unverstehbar bleibt.

Für das Innere der Schwarzen Löcher war jedoch die Vorstellung weiterhin wegweisend geblieben, dass die Quantentheorie die Theorie nur für das „mikroskopisch Kleine“ sei.

Nach der Allgemeinen Relativitätstheorie und ohne Rücksicht auf die Quantentheorie bewegt sich alles im Inneren in den mathematischen Mittelpunkt hinein. Die Eddington-Finkelstein-Koordinaten beschreiben, dass innerhalb des Horizontes die Zeit- und die Radius-Koordinate ihre Rollen vertauschen. An keinem Objekt im Kosmos kann verhindert werden, dass die Zeit abläuft und es älter wird. Die Zeit kann nicht angehalten werden. Innerhalb des Horizontes des BH würde sich mit der ART analog dazu der Abstand zum Mittelpunkt, die Radiuskoordinate verhalten, der unverhinderbar immer kleiner wird. Der Abstand kann nicht festgehalten werden. *Diese Annahme ist allerdings nur möglich, wenn man beschließt, die Quantentheorie auszuschließen.* Die ART behauptet, dass durch nichts an einem Objekt verhindert werden kann, dass sein Abstand zum Zentrum des Black Hole immer kleiner wird. Das führt zu der Singularität. Alle Materie verschwindet in einem Punkt. Erst an dieser Stelle glaubte man, die Quantentheorie nicht mehr ignorieren zu können.

> Da es in der Natur etwas Derartiges wie einen Punkt mit einer unendlich großen Energiedichte nicht gibt, kann und muss man die Quantentheorie zuhilfe zu nehmen. Schließlich hatte die Quantentheorie bereits bei den Atomen geholfen, Vorstellungen von unendlich großen elektrischen Kräften an fiktiven Punktladungen zu korrigieren.

Als erstes hatte man als Ausweg die erwähnten Wurmlöcher erfunden. Solche fiktiven „Abflüsse“ sollten nie verstopfen und die Materie irgendwo anders hin befördern und zugleich jedoch die Gravitationswirkung bestehen bleiben lassen. Da die dabei ignorierte Quantentheorie auch für Black Holes grundlegend ist, gibt es eine bessere Lösung.

Heisenbergs Unbestimmtheitsrelation

Die einfachsten Überlegungen zur Quantentheorie kann man mit der Heisenbergschen Unbestimmtheitsrelation durchführen. Sie zeigt, dass physikalische Größen, die sich bei genauem Nachdenken als unvereinbar erweisen, nicht zur gleichen Zeit völlig scharf festgelegte faktische Werte besitzen können. In der Physik nennt man solche Größen „kanonisch konjugiert“. Zu ihnen gehören beispielsweise der Ort x und die Geschwindigkeit v, die zusammen mit der Masse m den Impuls $p = mv$ bildet. Durch die geniale Erfindung der Differentialrechnung hatte man gelernt, trotzdem mit diesen Größen so zu arbeiten, als ob sie gleichzeitig einen scharfen Wert besitzen könnten.

Heisenbergs Unbestimmtheitsrelationen zeigt, dass die Quantentheorie so genau ist, dass man mit dieser im Alltag so gut bewährten Näherung nicht in jedem Fall die Realität hinreichend gut beschreibt. Sie lautet:

$$\Delta x \cdot \Delta p \geq \hbar \tag{4.1}$$

Weiterhin kann der Wert einer Größe nicht kleiner werden als ihre Unbestimmtheit

$$x \geq \Delta x \tag{4.2}$$

und

$$p \geq \Delta p \tag{4.3}$$

Für ein System in einem endlichen Volumen kann die Ortsunbestimmtheit Δx nicht größer werden als die maximale Ausdehnung des Volumens. Wenn x in einem Volumen vom Radius R eingeschlossen ist, dann gilt

$$R \geq x \tag{4.4}$$

und somit auch

$$R \geq \Delta x \tag{4.5}$$

Dann aber kann der Impuls wiederum nicht kleiner werden als Wirkungsquantum geteilt durch Ausdehnung:

$$R \cdot \Delta p \geq \Delta x \cdot \Delta p \geq \hbar \tag{4.6}$$

und somit

$$\Delta p \geq \frac{\hbar}{R} \tag{4.7}$$

und weiter

$$p \geq \frac{\hbar}{R} \tag{4.8}$$

Wenn p größer als null ist, dann ist die kinetische Energie $mv^2/2$ ebenfalls größer als null. Aus Formel 4.6 sieht man, dass eine niedrigste Energie gleich null erst für eine unendlich große Ausdehnung von R möglich wird.

Mit der Heisenbergschen Unbestimmtheitsrelation wird somit deutlich, dass es nur in einem unendlich großen Raum tatsächlich eine „niedrigste Energie gleich null“ geben kann. Man spricht von Grundzustandsenergie oder Vakuumenergie. In einem abgeschlossenen Raumbereich mit einer endlichen Ausdehnung, wie z. B. im Inneren eines Schwarzen Lochs oder in einem Kosmos mit endlichem Volumen, ist die Grundzustandsenergie größer als null. Sie wird geringer mit wachsender Ausdehnung des Raumbereiches.

Bei den Kruskal-Koordinaten, (auch als Eddington-Finkelstein- bezeichnet) wird implizit vorausgesetzt, dass das Vakuum (bzw. der Grundzustand) im mathematisch als unendlich groß postulierten Außenraum die gleichen Eigenschaften hat wie das Vakuum innerhalb des Horizontes. Dabei rechnet man nur im Rahmen der Allgemeinen Relativitätstheorie und schließt keine quantentheoretischen Überlegungen ein.

Wenn man jedoch davon ausgeht, dass sich die Quantentheorie als grundlegend erweist, dann muss man innerhalb des Horizontes eine andere Grundzustandsenergie berücksichtigen. Im Außenbereich hat der Grundzustand wegen des für die Rechnung postulierten unendlich großen Raumes die Energie null. In der Protyposis-Kosmologie würde die Grundzustandsenergie wegen der endlichen Raumgröße nicht null, aber bei der riesigen Ausdehnung des gegenwärtigen Kosmos winzig sein. Dieser Unterschied ist für die Betrachtungen hier nicht wesentlich. *Hingegen zeigt die Quantentheorie, dass die Grundzustandsenergie im Inneren des Black-Hole-Horizontes wegen des kleinen Volumens sehr deutlich von Null verschieden ist.* Wie das im Einzelnen verstanden werden kann, wird in Kapitel 21 gezeigt werden.

Die gezeigten einfachen Überlegungen zwischen einer Energie und einer Ausdehnung sind nicht nur für die viel größere Minimalenergie in einem Schwarzen Loch bedeutsam, sondern auch in vielen anderen Situationen, wenn ein System in einem Raumbereich eingeschlossen ist. So ist das einfachste Bild für ein Atom ein „tiefer Kasten". Der wird von der Kraftwirkung des Atomkernes verursacht und in dem ist das Elektron gefangen. Man kann die Überlegungen ergänzen durch die Plancksche Formel $E = h\, c/\lambda$. Diese zeigt ebenfalls, dass eine kleine Ausdehnung mit einer größeren Energie korreliert ist.

4.3 Vom „Schwarzen Loch" zum „It from Bit"

Wie gesagt wurde die Idee, dass ein Körper eine so gewaltige Gravitationswirkung haben könnte, dass selbst das Licht zu langsam wäre, um von ihm hinwegzukommen, bereits im 18. Jahrhundert erwogen. Später, auf der Basis von Einsteins Allgemeiner Relativitätstheorie, hatte Karl Schwarzschild (1873–1916) eine Lösung dafür vorgestellt. Sie würde für einen Stern von der Masse der Sonne erforderlich machen, sie vom gegenwärtigen Durchmesser von etwa 1,4 Mio. km auf einen von etwa 6 km zusammenzupressen. Das war für viele Physiker für lange Zeit unvorstellbar. Für solche Objekte wurde für die Physik der Begriff „Schwarzes Loch" – „Black Hole" durch Archibald Wheeler populär gemacht. Als er diesen Begriff im Jahre 1967 in den allgemeinen Sprachgebrauch der Wissenschaft einführte, hatten wie erwähnt viele der damals führenden Physiker sehr große Zweifel an der realen Existenz derartiger abnormer Gebilde.

4.3.1 Thermodynamik: Black Holes strahlen

Wheeler, der sehr wesentliche Beiträge zur Allgemeinen Relativitätstheorie (ART) geleistet hat und der immer offen für neue Sichtweisen war, erkannte die große Bedeutung dieser astronomischen Erscheinungen. Als Doktorvater von Jacob Bekenstein unterstützte er diesen bei der Behandlung von thermodynamischen Fragestellungen an Schwarzen Löchern. Werfen wir also einen Blick darauf, was über Thermodynamik und Entropie zu wissen wichtig ist.

Thermodynamik

Die Thermodynamik kann interpretiert werden als die Theorie von Systemen, welche so beschrieben werden, dass sie aus einer sehr großen Anzahl von Subsystemen bestehen, z. B. von Molekülen. Wenn das Verhalten eines einzelnen Moleküls nicht erfasst werden kann oder wenn es für den betreffenden Sachverhalt uninteressant ist, dann wird man zu *statistischen Beschreibungen* übergehen.

Die Thermodynamik bietet somit ein gutes Beispiel für das Erstellen von Naturgesetzen. Da das Verhalten eines einzelnen Subsystems uninteressant ist, ignoriert man dessen genaues Verhalten und beschränkt sich auf das Erfassen von Mittelwerten. Anstelle der Energie eines einzelnen Moleküls verwendet man die Temperatur als einen Mittelwert für die Energie aller Moleküle. Der Druck tritt als Mittelwert an die Stelle des Impulsübertrages beim Stoß eines Moleküls an die Wand.

Mit diesen Vernachlässigungen können Gesetzmäßigkeiten herausgearbeitet werden, die an einem Einzelsystem nicht definierbar sind – wie beispielsweise für ein einzelnes Molekül die Werte von Druck und Temperatur.

Ein Schwarzes Loch wurde dadurch definiert, dass zwar alles in dieses hineinfliegen kann, dass aber nichts aus ihm herauskann.

Rechnungen von David Finkelstein, Martin Kruskal (1925–2006) und von Jacob Bekenstein hatten gezeigt, dass Materie und damit auch Entropie in das Innere der Schwarzen Löcher gelangen kann. Somit muss Schwarzen Löchern eine Entropie zugeordnet werden.

Entropie – klassische Definition

Die Entropie wurde als ein zentraler Begriff von Rudolf Clausius (1822–1888) in die Thermodynamik eingeführt. Es ging damals darum, die Arbeitsweise der Dampfmaschinen zu erklären, also die Umwandlung von Wärme in Arbeit. Während die Energie U eine Zustandsgröße ist, sind Wärme Q und Arbeit W davon abhängig, welcher Prozess abläuft, um in einen Zustand zu gelangen. Bewegungsenergie kann vollständig in Wärme verwandelt werden, zum Beispiel beim Bremsen eines Autos. Bei der Dampfmaschine wird der umgekehrte Prozess genutzt, die Umwandlung von Wärme in Arbeit. Das kann nicht vollständig geschehen und hängt von der Temperatur T ab (immer in Kelvin anzugeben). Ein Maß für die Umwandelbarkeit liefert die Entropie S:

$$\delta Q = T\mathrm{d}S \tag{4.9}$$

Die Energie U kann in einen Anteil F, die freie Energie, und einen Rest $T \cdot S$ zerlegt werden. Dabei ist F ein Maß für die maximale Arbeit, die dem System bei konstanter Temperatur entnommen werden kann.

$$U = F + T \cdot S \tag{4.10}$$

Die Thermodynamik betrifft wie gesagt Systeme, die so beschaffen sind, dass man nicht alles über sie wissen kann oder wissen will (z. B. wie sich ein einzelnes Atom in einem großen Behälter mit Gas verhält). In solchen Fällen hat man sowohl in der klassischen Physik und später auch in der Quantentheorie zu den statistischen Methoden aus der Thermodynamik gegriffen, um Wahrscheinlichkeiten zu berechnen.

„Wahrscheinlichkeit" bedeutet üblicherweise, die „günstigen" zu den „möglichen" Fällen in Beziehung zu setzen. Dafür sind theoretische Modelle über die Möglichkeiten notwendig.

Beim einfachsten Modell, dem idealen Gas, geht man von stabilen Atomen oder Molekülen aus, deren Wechselwirkung lediglich durch elastische Stöße geschieht. Die Energie eines Teilchens ist in diesem Modell nur die kinetische Energie (½ × Masse × Quadrat der Geschwindigkeit).

$$E_{\text{kin}} = mv^2 / 2 \tag{4.11}$$

Da drei Bewegungsrichtungen möglich sind, spricht man von drei „Freiheitsgraden" eines Teilchens. Für das ideale Gas ergibt sich mit der Teilchenzahl N, der Gesamtenergie $U = N\,E_{\text{kin}}$, der Temperatur T, und der nach Ludwig Boltzmann (1844 – 1906) benannten Konstanten k_B (der Umrechnungskonstante von Grad Kelvin in ein Energiemaß, k_B hat die Dimension Joule pro Kelvin)

$$T = \frac{2}{3} U / k_B N \tag{4.12}$$

Bis auf einen Proportionalitätsfaktor kann somit die Temperatur interpretiert werden als „Mittelwert der Energie" der Teilchen.

In der klassischen Mechanik wird der Zustand eines Teilchens durch seinen Ort und seine Geschwindigkeit festgelegt. Die Temperatur legt den Mittelwert der Energie fest. Hinter diesem Mittelwert bleibt die tatsächliche Geschwindigkeit jedes einzelnen Teilchens unbekannt. Über den tatsächlichen Ort jedes einzelnen Teilchens ist nur bekannt, dass er in dem Volumen des Gasbehälters liegen muss. Eine Veränderung des Volumens verändert zugleich das Maß der Ortsunkenntnis.

Bei einer lediglich statistischen Betrachtung gibt es somit eine Menge an Information, welche unbekannt oder nicht erkennbar ist. Wie Boltzmann gezeigt hatte, gilt:

Ein Maß für die Unkenntnis über das genaue Verhalten der einzelnen Teilchen liefert die Entropie.

Auch bei sehr verschiedenen Verteilungen der Energie auf die einzelnen Teilchen können für die Mittelwerte die gleichen Ergebnisse erhalten werden. Bei einem gegebenen Gesamtwert der Energie für das System hängt das Maß der Unkenntnis davon ab, auf wie viele verschiedene Zustände von jedem Teilchen die nicht für Arbeit nutzbare Energie aufzuteilen ist. (Formel 4.10)

Ein neues Kartenspiel ist nach Farben und Werten geordnet. Nach dem Mischen wird es in „irgendeiner" Anordnung der Karten vorliegen. Natürlich liegt wieder eine Anordnung vor, aber normalerweise kennt man sie nicht. „Irgendeine" Kartenreihenfolge umfasst also sehr viel mehr Zustände als eine einzige genau vorgegebene Reihenfolge.

Thermodynamische Wahrscheinlichkeit

Die Anzahl der mit dem Mittelwert verträglichen Zustände wird mit W bezeichnet. Diese „thermodynamische Wahrscheinlichkeit" zählt oder misst also die zu den Mittelwerten gehörenden Einzelfälle und wird *nicht* als ein Verhältnis zwischen 0 % und 100 % definiert.

Die Entropie S wird dann nach Boltzmann definiert als

$$S = k_\mathrm{B} \ln W \tag{4.13}$$

Die „thermodynamische Wahrscheinlichkeit" von zusammengesetzten Systemen ergibt sich *multiplikativ*. Bei einem Würfel ist die Anzahl möglicher Augen nach einem Wurf gleich 6. Bei zwei verschiedenen Würfeln, einem roten und einem blauen, gibt es bei einem Wurf für die verschiedenen Augen und bei Berücksichtigung der Farben nicht additiv 12, sondern multiplikativ 36 mögliche Fälle. Erst mit dem Verwenden des Logarithmus wird aus der multiplikativen Struktur eine additive. Wenn beispielsweise eine Zahl als Potenz von 10 geschrieben wird, $a = 10^x$ oder $b = 10^y$, dann wird $a \cdot b = 10^{(x+y)}$.

Für das Modell des idealen Gases (das nur aus einzelnen Atomen und nicht aus komplexen Molekülen besteht) wird in den Lehrbüchern der Thermodynamik eine *endlich große Änderung* der Entropie ΔS, die sich aus endlich großen (und nicht nur aus differentiell kleinen) Änderungen von Temperatur und Volumen ergeben, wie folgt berechnet:

$$\Delta S = N k_\mathrm{B} \left[\frac{3}{2} \ln\left(\frac{T_2}{T_1}\right) + \ln\left(\frac{V_2}{V_1}\right) \right] \tag{4.14}$$

Bei fester Teilchenzahl wird also die Unkenntnis größer, wenn das Volumen wächst, sowie wenn die Temperatur steigt und daher größere Teilchengeschwindigkeiten möglich werden.

Beim Mischen eines neuen Stapels von Spielkarten ergibt sich *„irgendeine"* Anordnung dieses Systems. Das bedeutet auch ein „Nichtwissen" über die aktuelle Reihenfolge der Karten. Ein sich selbst überlassenes System wird in analoger Weise immer mehr in einen Zustand übergehen, zu dem immer mehr „irgendwelche" Zustände der „Teilchen", der „Moleküle" usw. gehören. Dieses Wachsen der möglichen zugehörigen Zustände lässt die „thermodynamische Wahrscheinlichkeit" und damit die Entropie anwachsen.

Daher wird in vielen Darstellungen das Wachsen der Entropie als „Wachsen von Unordnung" bezeichnet. Das kann allerdings unter Umständen auch unzutreffende

Bilder hervorrufen. In manchen Fällen ist ein Kristallisieren mit einem Anwachsen der Entropie verbunden und eine Kristallstruktur erweckt bei vielen Menschen keineswegs den Eindruck von größerer Unordnung, sondern wohl eher von Geordnetheit.

Die Definition der Entropie gemäß Formel 4.13 führt zu einer relativen Definition von ihr.

Diese relative Definition betrifft Informationen, an der man nicht interessiert ist, und solche, die prinzipiell unzugänglich ist. Beispielsweise verbietet kein Naturgesetz, den Zustand eines einzelnen Atoms oder auch von mehreren Atomen festzulegen und damit zu kennen. Mit „Fallen“ für Atome oder Ionen gehört eine genaue Untersuchung eines einzelnen Atoms heutzutage zum Alltag in der Experimentalphysik. Aber für eine Anwendung in der Thermodynamik, z. B. bei einer Dampfmaschine, wäre das vollkommen sinnfrei. Da genügen die Mittelwerte und die sich daraus ergebenden Systemgrößen wie Temperatur oder Druck.

Die Definition der Entropie betrifft auch Informationen, die aus prinzipiellen naturgesetzlichen Gründen nicht gewusst werden können. Das ist die *Entropie der Schwarzen Löcher*. Da deren Größe proportional zum Quadrat der Masse ist und die Masse über die Gravitationswirkung bestimmt werden kann, kann man wissen, *wie viel man nicht kennen kann* — aber sonst nichts weiter.

Mit der Quantentheorie wurde es möglich, über „eingefrorene Zustände“ zu sprechen. Das sind Zustände eines Systems, die unter den gegebenen Umständen nicht angeregt werden können und somit in diesem Fall wie „nicht existent“ behandelt werden dürfen. Beispiele sind Rotations- oder Schwingungsfreiheitsgrade in Molekülen, die in vielen Situationen keinen Beitrag zum Verhalten des Moleküls liefern. Ändert sich die Situation, sodass auch diese Freiheitsgrade zum Geschehen beitragen können, dann ändert sich auch der entsprechende Entropiewert und wird größer.

Entropie und absolute Information

In ähnlicher Weise, wie an Molekülen bestimmte Freiheitsgrade eingefroren sein können, kann man auch materielle und energetische Quantenteilchen selbst als Objekte betrachten, bei denen ihr Aufbau aus den AQIs „eingefroren“ ist. In Kapitel 22 und 24 werden Modelle dafür vorgestellt, aus wie vielen AQIs ein elementares Teilchen aufgebaut ist.

Mit den AQIs erhalten wir ein Modell für ein absolutes Maß an Information. Daraus kann auch eine absolute Entropie interpretiert werden. Dazu ist die Verbindung zum ganzen Kosmos notwendig.

Der Übergang zu „wahrscheinlicheren“ Zuständen, also von einem gut bekannten oder gut kennbaren zu „irgendeinem“ Zustand, wird in seiner wissenschaftlichen Formulierung zum „Zweiten Hauptsatz der Thermodynamik“.

Der Zweite Hauptsatz der Thermodynamik

Clausius hatte als erster den Zweiten Hauptsatz der Thermodynamik formuliert, mit dem das Wachstum der Entropie klargestellt wird. Aus ihm folgt, dass niemals von selbst ein kälteres System durch eigenes Abkühlen ein wärmeres System weiter erhitzen kann. *Wärme fließt von selbst immer vom Heißen ins Kalte.* Ein umgekehrter Vorgang würde zu einer selbständigen Verminderung der Entropie führen – das ist unmöglich. Entropie kann nur durch den Einsatz von Arbeit vermindert beziehungsweise „exportiert" werden.

Der Zweite Hauptsatz führte zum ersten Mal den tatsächlichen Zeitverlauf in die Physik ein. Alle bis zu dieser Zeit aufgestellten Gesetze der Physik behaupten eine Entwicklung in gleicher Weise in die Vergangenheit wie in die Zukunft. So bedeutete der Zweite Hauptsatz einen unüberwindlichen Widerspruch zu diesen zeitumkehrinvarianten Gesetzen.

Zur Bearbeitung dieses Problems hat Ludwig Boltzmann erste entscheidende Beiträge geleistet. Auf ihn geht die statistische Deutung thermodynamischer Begriffe zurück. Dafür benötigt man „viele Atome". Deswegen war die atomare Struktur der Materie dabei unverzichtbar.

In dieser Zeit lehnten viele tonangebende Naturwissenschaftler wie z. B. Ernst Mach (1838–1916) und Wilhelm Ostwald (1853–1932) den Atombegriff ab. Sie vertraten ein Kontinuumsmodell nicht nur für die Kraftfelder, sondern auch für die Materie. Das führte zu einschneidenden wissenschaftlichen Auseinandersetzungen mit Boltzmann.

Diese Kontroverse könnte man vergessen, wenn nicht immer wieder in der Naturwissenschaft in ähnlicher Weise zu beobachten wäre, wie weiterführende Erkenntnisse über wichtige Grundlagen erst einmal zurückgewiesen werden. Wenn sie sich durchgesetzt haben, dann – so Schopenhauer – hat man es schon immer gewusst.

Entropie und Hawking-Strahlung

Einerseits ist die Vorstellung einer Entropie der Schwarzen Löcher unvermeidlich, wenn Entropie als Unkenntnis über unzugängliche Zustände eines Systems verstanden wird. Da über den inneren Zustand eines Schwarzen Lochs keinerlei Information nach außen dringen kann, ist das Unwissen darüber enorm, was mit der eingefallenen Materie möglicherweise geschehen sein könnte.

Andererseits ist „Entropie" mit der sehr einfachen Vorstellung, dass aus einem Schwarzen Loch nichts entkommen kann, erst einmal nicht zu vereinbaren. Denn aus der Thermodynamik ist bekannt, dass eine Entropie größer als null mit einer Temperatur größer als null verbunden ist. Und eine Temperatur größer als null hat wiederum eine Strahlung zur Folge. So müssten von den Schwarzen Löchern Quantenteilchen nach außen abgestrahlt werden.

Stephen Hawking sah, dass eine Entropie mit ihren Konsequenzen unvereinbar erscheint mit den geschilderten Eigenschaften der Schwarzen Löcher. So wendete er sich gegen Bekensteins Ergebnisse. Hawkings Rechnungen, die er daraufhin mit quantentheoretischen Überlegungen durchführte, führten ihn zu einer Änderung seiner Meinung und zu einer Bestätigung von Bekensteins Resultaten: *Schwarze Löcher strahlen!*

Hawkings Ergebnisse könnte man so zusammenfassen und erklären: Zwar kommt aus den Schwarzen Löchern „nichts heraus“, aber die Gravitationswirkungen der Schwarzen Löcher haben einen gewaltigen Einfluss auf das äußere Vakuum. Von virtuellen Teilchen-Antiteilchen-Paaren, welche ständig als Möglichkeiten im Vakuum entstehen und vergehen, kann der eine Partner in das Schwarze Loch hineingerissen werden. Der dabei freiwerdende Energiebetrag kann dem anderen Partnerobjekt „zur Flucht“ verhelfen, sodass es als reales Objekt in die Umgebung fliegen kann.

Was haben die Schwarzen Löcher mit Weizsäckers Ansatz zu tun?

Weizsäcker selbst stand wie viele seiner damaligen Kollegen der Existenz der Schwarzen Löcher recht zweifelnd gegenüber. Mir gelang es nicht, ihn von deren Existenz zu überzeugen, obwohl ich ihn stets über die neuesten Forschungsergebnisse unterrichtet habe. Dieser Umstand wäre nicht weiter erwähnenswert, wenn nicht erstmals über die Entropie der Schwarzen Löcher eine Verbindung von Weizsäckers „Ur-Alternativen“ zur etablierten Physik eröffnet werden konnte.

4.3.2 Die Vorgeschichte zum „It from Bit"

Für die Vorgeschichte der Verbindung von Quantentheorie und Allgemeiner Relativitätstheorie, die u. a. auch von den Uren zu den Black Holes geführt hat, ist von Bedeutung, dass seit 1974 in einem Rhythmus von zwei Jahren am Starnberger See internationale Konferenzen stattfanden, die sich mit den physikalischen und philosophischen Folgerungen befassten, die sich aus der Rolle der Ure und damit allgemein aus den Quantenbits der Quanteninformation für das Verstehen der Quantenrealität ergeben.

Im Jahre 1980 hatte Weizsäcker auch Wheeler zu der 4. Tagung über die Ur-Theorie und ihre Konsequenzen eingeladen. Wheeler sprach dort (wohl in Bezug auf Alice im Wunderland) über „The Elementary Quantum Act as Higgledy-Piggledy Building Mechanism“.[5]

Wahrscheinlich blieb das auf dieser Tagung Dargestellte nicht ohne eine spätere Wirkung. Ein Jahrzehnt später hielt Wheeler einen Vortrag, mit dem er postulierte:

> *„‚It from Bit' as Guide in Search for Link Connecting Physics, Quantum and Information.“*[6]

---

[5] Wheeler, J. A. (1981) *The elementary quantum act as higgledy-piggledy building mechanism*, in: Quantum Theory and the Structures of Time and Space, Papers presented at a Conference held in Tutzing, July, 1980, in: Castell, L.; Weizsäcker, C. F. v. (Hrsg.) Carl Hanser Verlag, München, S. 27–34

[6] Wheeler, J. A. (1989) *Information, Physics, Quantum: The Search for Links*, Proc. 3rd Int. Symp. Foundations of Quantum Mechanics, Tokyo, S. 354–368, S. 355

4.4 Das „It from Bit" und seine Probleme

Der einprägsame und bis heute oft aufgegriffene Slogan „It from Bit" und die mit ihm verbundenen Vorstellungen und Bilder sind im englischsprachigen Raum prägend für die weiteren Forschungen in diesem Rahmen geworden.

Wheeler bezieht sich im dem später in Tokio gehaltenen Vortrag[7)] auf die Forschungen von Jacob Bekenstein über die Entropie der Schwarzen Löcher.

Wheeler veranschaulichte seine Überlegungen mit dem Bild einer Kugeloberfläche, welche den Horizont des Schwarzen Loches darstellen soll.

Diese Kugelfläche ist unterteilt in lauter kleine Quadrate, welche jeweils eine Null oder eine Eins tragen. In der Nachzeichnung sind nur einige der Nullen und Einsen eingefügt.

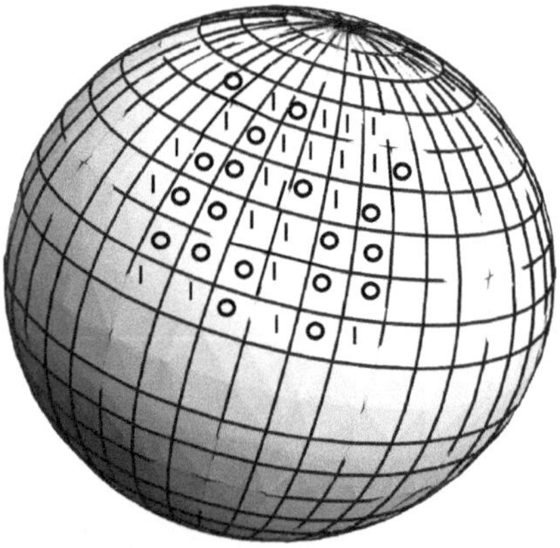

Bild 4.4 Wheelers Bild von der „Oberfläche eines Schwarzen Loches" mit der Einteilung in „Planck-Flächen" (Nachzeichnung):
„Symbolic representation of the ‚telephone number' of the particular one of the 2^N conceivable, but by now indistinguishable, configurations out of which this particular blackhole, of Bekenstein number N and horizon area $4N\,\hbar\,\log_e 2$, was put together. Symbol, also, in a broader sense, of the theme that every physical entity, every it, derives from bits."
(Symbolische Darstellung der „Telefonnummer" der jeweiligen der 2^N denkbaren, aber nunmehr ununterscheidbaren Konfigurationen, aus denen dieses spezielle Schwarze Loch mit der Bekensteinzahl N und der Horizontfläche $4N\,\hbar\,\log_e 2$, zusammengesetzt wurde. Symbol, auch im weiteren Sinne, für das Thema, dass jede physikalische Entität, jedes Es, aus Bits hervorgeht.)

---

[7] Wheeler, J. A. (1989), S. 354–368, S. 357

Die winzigen Quadrate sollen die im Schwarzen Loch enthaltene Information repräsentieren. Diese Information ist notwendig unbekannt, weil aus dem Schwarzen Loch keine Nachricht herauskommt, und wird somit als Entropie messbar. *Entropie ist wie erwähnt Information, welche unbekannt ist.*

An einem Schwarzen Loch kann von außen lediglich die Masse und – falls vorhanden – der Drehimpuls und die elektrische Ladung gemessen werden. Für ein nichtrotierendes und ungeladenes Black Hole ist nach Schwarzschild der Radius des Horizontes proportional zur Masse. Die Oberfläche des Horizonts ist proportional zum Quadrat des Radius und damit zum Quadrat der Masse. Nach Bekenstein ist die Entropie ebenfalls proportional zum Quadrat der Masse. Unterteilt man die Oberfläche in Quadrate mit Kantenlänge gleich der Planck-Länge, dann ist nach Bekenstein und Hawking deren Anzahl bis auf einen nicht sehr komplizierten Faktor in einer Größenordnung zwischen eins und zehn gleich der Entropie des Schwarzen Loches, wenn man die Entropie in Bits misst.

Dieses zutreffende mathematische Bild kann aber zu einer sehr unzutreffenden Vorstellung führen. Da bei der Entropie der Schwarzen Löcher eine Verbindung zwischen ART und Quantentheorie besteht, verführt die zu einseitige Vorstellung „Quantentheorie = Mikrophysik" leicht dazu, das „Bit" mit etwas Winzigem zu verbinden. Aus einer solchen Verbindung vom „Bit" zu etwas extrem Kleinen ergibt sich auch Wheelers Vorstellung vom „space-time foam" – vom „Quantenschaum". Dieser soll nach Wheeler die Struktur der Raumzeit auf dem Niveau der Planck-Länge von 10^{-35} m formen.[8] Der Irrglaube, das räumlich Winzige sei die Basis für eine physikalische Erklärung der Realität, hat zu weiteren Vorstellungen geführt, die für lange Zeit die Physik dominiert hatten. So wird die Länge der „Strings" oder auch der „Superstrings" ebenfalls in der Größenordnung der Planck-Länge postuliert. Bekenstein drückte die Meinung von vielen Physikern aus, wenn er feststellte:

> *„Many physicists today consider electrons and quarks to be excitations of superstrings, which they hypothesize to be the most fundamental entities."*[9]
> *(Viele Physiker glauben heute, dass Elektronen und Quarks Anregungszustände sogenannter Superstrings sind, und vermuten, dies seien die fundamentalsten Bausteine der Natur.)*

8 Misner, C. W.; Thorne, K. S.; Wheeler, J. A. (1973) *Gravitation*, New York, Freeman & Comp., S. 1202 f.

9 Bekenstein, J. (2003) *Das holografische Universum*, Spektrum der Wissenschaft, 11, S. 34, *https://www.spektrum.de/magazin/das-holografische-universum/830304* oder Scientific American, August 2003, Information in the Holographic Universe, Theoretical results about black holes suggest that the universe could be like a gigantic hologram, *https://www.scientificamerican.com/article/information-in-the-holographic-univ/*

Allerdings formuliert Bekenstein sofort anschließend mit einer gewissen Vorsicht:

> *„But the vicissitudes of a century of revelations in physics warn us not to be dogmatic. There could be more levels of structure in our universe than are dreamt of in today's physics.“*
> *(Aber die Wechselfälle eines Jahrhunderts von Offenbarungen in der Physik warnen uns davor, dogmatisch zu sein. Es könnte mehr Strukturebenen in unserem Universum geben, als man sich in der heutigen Physik erträumt.)*

Seit einiger Zeit ist Wheelers These „It from Bit“ abgeändert worden zu „It from Quantumbit“. Allerdings schien es bereits für Wheeler klar zu sein, dass seine kleinen Quadrate auf dem Horizont des Black Holes als Quantenobjekte gemeint waren.

> Wheelers Einfluss vor allem im englischsprachlichen Raum verstärkte die Ansicht, dass man sich ein Quantenbit als etwas Winziges vorzustellen habe.

Mit „winzig“ ist hierbei allerdings nicht die Informationsmenge, sondern die räumliche Ausdehnung gemeint.

Die Vorstellung: „Qubit ist räumlich winzig“ durchzieht beispielsweise Veröffentlichungen, die in der Umgebung des „It from Qubit-Projektes“ angesiedelt sind.[10] Dabei bleibt allerdings ausgeklammert, dass dies im Gegensatz zur Quantentheorie eine quasiklassische Vorstellung ist.

Wie man es sich seit Jahrtausenden veranschaulicht, ist es in der klassischen Physik natürlich zutreffend, dass es immer einfacher wird, je weiter man ein Objekt zerlegt und zerteilt.

Seitdem es jedoch die Quantentheorie gibt, berücksichtigt man bei dieser theoretischen Zerlegung, dass sie nicht bis zur Null durchgeführt werden kann. So ist heutzutage allgemein akzeptiert, dass die Planck-Länge eine untere Grenze der Realität für die Physik bedeutet.

Was man bei diesen Planck-Quadraten an der Oberfläche der Black Holes ignoriert, das ist der von Planck aufgezeigte inverse Zusammenhang zwischen Ausdehnung und Energie.

In der Quantentheorie gilt seit ihrem Beginn $E = hc/\lambda$. Eine Wellenlänge oder Compton-Wellenlänge, die immer kleiner wird, bedeutet, dass dabei die Energie immer größer wird.

Im *quasiklassischen Limes* lässt man h gegen Null gehen. Das eröffnet die Möglichkeit, das Wachsen der Energie zu ignorieren, indem man (ohne es offen deutlich zu machen)

[10] siehe z. B. die Veröffentlichungen der Simons foundation: *https://www.simonsfoundation.org/mathematics-physical-sciences/it-from-qubit/* oder auch die frühen Arbeiten zum holografischen Prinzip: Maldacena, J. (1999) *The Large N Limit of Superconformal Field Theories and Supergravity*, in: International Journal of Theoretical Physics 38, S. 1113–1133, *https://arxiv.org/abs/hep-th/9711200*

das Wirkungsquantum zusammen mit der Ausdehnung des Objektes immer kleiner werden lässt.

Alle diese Bilder mit den Planck-Quadraten sind daher quasiklassische Limites, in denen ein wesentlicher Aspekt der Quantentheorie – der Zusammenhang zwischen einer kleiner werdenden Ausdehnung und einer wachsender Energiekonzentration – ausgeblendet worden ist. So fehlt das Wesentliche der Quantentheorie bei dieser Herangehensweise. Man könnte daher auf der Basis dieser Rechnung ein räumlich geschlossenes Objekt genau dadurch charakterisieren, dass die unbekannte Quanteninformation in seinen Inneren, die Entropie, einer faktischen Menge von Planck-Quadraten auf seiner Oberfläche entspricht. Das wurde zum ersten Mal an den Black Holes deutlich.

Auch beim „holografischen Prinzip“ wird wie erwähnt die Vorstellung „ein Quantenbit ist winzig“ verwendet. Man vergleicht die Realität mit dem Bild von Booleschen Variablen auf einem zweidimensionalen Gitter, z. B. mit einem zellulären Automaten.[11)]

Beim holografischen Prinzip wird die unendlich weit entfernte Oberfläche des postulierten Ortsraumes von einem kosmologischen Modell, einem Anti-de-Sitter-Universum, als Projektionsfläche für die Quantenbits verwendet. Dieses Modell hat keinen Bezug zum realen Kosmos. Trotzdem ergeben sich gewisse Beziehungen zwischen der Quantentheorie der Bits auf der Randfläche einerseits zu den gravitativen Erscheinungen im Inneren von diesem Kosmos-Modell andererseits, welches eine Vakuum-Lösung der Einsteinschen Gleichungen mit einer negativen Energie ist. Dass eine „negative Energie“ sinnvollen physikalischen Vorgaben[12)] widerspricht, wird dabei als unwesentlich angesehen.

Wie man Bekensteins Hinweis auf „mehr Strukturebenen“ interpretieren kann, das wollen wir uns im Folgenden überlegen:

> Die Vorstellung: „das Fundamentalste ist räumlich klein“, steht wie erwähnt im Gegensatz zu Plancks Grundformel der Quantentheorie: Es ist eine immer größere Energie notwendig, wenn man immer kleinere Ausdehnungen erforschen bzw. herstellen will.

Demnach stellt die kleinste Ausdehnung zugleich die größte mögliche Energiekonzentration dar.

> *Dass die kleinste Informationseinheit, das Bit, mit der maximalen Energielokalisation und damit mit der gewaltigsten möglichen Energiekonzentration verbunden sein soll, ist unplausibel.*

---

[11] ’t Hooft, G. (1993) *Dimensional Reduction in Quantum Gravity*, arXiv:gr-qc/9310026v2

[12] siehe z. B. Hawking, S. W.; Ellis, G. F. R. (1973) *The Large Scale Structure of the Universe*, University Press, Cambridge

Bis heute sind die Bilder des „räumlich Kleinen" wirksam, was an den Vorstellungen zum „holografischen Universum" erkennbar wird.[13] In diesen Modellen werden Gebilde mit einer Raumdimension weniger als sie der theoretische Kosmos hat, als „Oberfläche" für ein Hologramm verwendet. Die Rechnungen werden oft auch für Modelle mit mehr als drei Raumdimensionen durchgeführt. Für den realen dreidimensionalen Raum wäre diese „Oberfläche" eine richtige zweidimensionale Fläche. Die Grundidee dieser Vorstellung, die wohl auf Wheelers Bild zurückgeht, besteht darin, dass jeweils Bereiche mit einem Durchmesser im Bereich der Planck-Länge genau einem Bit entsprechen sollen.

Wie man ein Quantenbit tatsächlich mit der Quantentheorie verbindet, ohne den Bezug zwischen Ausdehnung und Energie zu ignorieren, das wird im Weiteren ausgeführt.

Planck-Einheiten

In einer berühmten Arbeit aus dem Jahre 1899 hatte Max Planck (1858 - 1947) das Wirkungsquantum *h* vorgestellt, welches er damals noch mit „*b*" bezeichnete.[14] Am Ende der Arbeit gelangt er zu der Schlussfolgerung:

„Wählt man nun die ‚natürlichen Einheiten' so, dass in dem neuen Maasssystem jede der vorstehenden vier Constanten [Lichtgeschwindigkeit c und Gravitationskonstante f und eine weitere a, in heutiger Terminologie h/k_B, die Boltzmann-Konstante] den Werth 1 annimmt, so erhält man als Einheit der Länge die Grösse:

$$\sqrt{\frac{bf}{c^3}} = 4{,}13 \times 10^{-33}\,\text{cm}$$

als Einheit der Masse:

$$\sqrt{\frac{bc}{f}} = 5{,}56 \times 10^{-5}\,\text{gr}$$

als Einheit der Zeit:

$$\sqrt{\frac{bf}{c^5}} = 1{,}38 \times 10^{-43}\,\text{sec}$$

als Einheit der Temperatur:

$$a\sqrt{\frac{c^5}{bf}} = 3{,}50 \times 10^{32}\,{}^\circ\text{Cels}$$

13 Der erwähnte Artikel von J. Bekenstein (2003) liefert eine sehr schöne Übersicht.

14 Planck, M. (1899) *Über irreversible Strahlungsvorgänge*, Fünfte Mittheilung (Schluss), Sitzungberichte der Königlich Preussischen Akademie der Wissenschaften zu Berlin, Verlag der Königlichen Akademie der Wissenschaften, S. 480

> *Diese Größen behalten ihre natürliche Bedeutung so lange bei, als die Gesetze der Gravitation, der Lichtfortpflanzung im Vacuum und die beiden Hauptsätze der Wärmetheorie in Gültigkeit bleiben, sie müssen also, von den verschiedensten Intelligenzen nach den verschiedensten Methoden gemessen, sich immer wieder als die nämlichen ergeben."*

Heute werden die Planck-Einheiten zumeist wie folgt angegeben, dabei wird oft das reduzierte Plancksche Wirkungsquantum (h-quer) $\hbar = \frac{h}{2\pi}$ verwendet.

Planck-Masse:

$$m_{\text{Pl}} = (\hbar c / G)^{\frac{1}{2}} = 2{,}176434(24) \cdot 10^{-5}\,\text{g} \tag{4.15}$$

Planck-Länge:

$$l_{\text{Pl}} = (\hbar G / c^3)^{\frac{1}{2}} = 1{,}616255(18) \cdot 10^{-33}\,\text{cm} \tag{4.16}$$

Planck-Zeit:

$$t_{\text{Pl}} = (\hbar G / c^5)^{\frac{1}{2}} = 5{,}391247(60) \cdot 10^{-44}\,\text{s} \tag{4.17}$$

Planck-Temperatur

$$T_{\text{Pl}} = \left(\frac{\hbar c^5}{G k_{\text{B}}^2}\right)^{\frac{1}{2}} = m_{\text{Pl}} \frac{c^2}{k_{\text{B}}} = 1{,}416784(16) \cdot 10^{33}\,\text{K} \tag{4.18}$$

4.5 Zur Bedeutung der Planck-Einheiten

Max Planck wollte das Verhalten des Lichts mathematisch beschreiben. Er war während seiner-Jahrelangen intensiven theoretischen Arbeit auf seine Formel gestoßen. Im Rückblick meinte er dazu:

> *„Bei der eingehenden Beschäftigung mit diesem Problem fügte es das Schicksal, daß ein früher von mir unliebsam empfundener äußerer Umstand: der Mangel an Interesse der Fachgenossen für die von mir eingeschlagene Forschungsrichtung, jetzt gerade umgekehrt meiner Arbeit als eine gewisse Erleichterung zugutekam. Damals hatte sich nämlich eine ganze Anzahl hervorragender Physiker sowohl von der experimentellen als auch von der theoretischen Seite her dem Problem der Energieverteilung im Normalspektrum zugewandt. Aber alle suchten nur in der Richtung, die Strahlungsintensität K_ν als Funktion der Temperatur T darzustellen, während ich in der Abhängigkeit der Entropie S von der Energie U den tieferen Zusammenhang vermutete. Da die Bedeutung des Entropiebegriffs damals zur Geschichte der Auffin-*

dung des physikalischen Wirkungsquantums noch nicht die ihr zukommende Würdigung gefunden hatte, so kümmerte sich niemand um die von mir benutzte Methode, und ich konnte in aller Muße und Gründlichkeit meine Berechnungen anstellen, ohne von irgendeiner Seite eine Störung oder Überholung befürchten zu müssen."[15]

> Heute kann man dazu feststellen, dass die Entropie als *Maß für unbekannte Information* keineswegs zufällig den Schlüssel zur Quantentheorie geliefert hat.

Allerdings hat es viele Jahrzehnte gedauert, bis das Fundament der Quantentheorie tatsächlich bei der Information und nicht mehr bei kleinen Teilchen verortet wurde.

Plancks Formel für die Strahlungsintensität K_ν war

$$K_\nu = \left(b\frac{\nu^3}{c^2}\right)\exp\left(-\frac{a\nu}{T}\right) \tag{4.19}$$

mit der Schwingungszahl ν, der Temperatur T und der Lichtgeschwindigkeit c. Die Energie U ist proportional zur Temperatur T mit einer Proportionalitätskonstanten C:

$$U = T\,C \tag{4.20}$$

Der gesuchte Zusammenhang mit der Entropie ergab sich bei Planck zu

$$\frac{\mathrm{d}S}{\mathrm{d}U} = \frac{1}{T} = \frac{1}{a\nu}\log\left(1+\frac{a'\nu}{U}\right) \tag{4.21}$$

Im Logarithmus stand mit der Energie U eine dimensionsbehaftete Größe. Da aber der Logarithmus nur für reine Zahlen einen Sinn erhält, musste $a'\nu$ ebenfalls die Dimension „Energie" erhalten. Die Frequenz ν hat die Dimension „1/Zeit". Da der Einfachheit halber gesetzt wurde $aC = a'$ dann muss a' die Dimension „Energie mal Zeit" erhalten, also „Wirkung".

Planck sah, dass mit einer ausgezeichneten Geschwindigkeit, nämlich c, der des Lichts im Vakuum, und der Gravitationskonstanten, f nun mit seiner neuen Naturkonstante, dem Wirkungsquantum, heute mit dem Buchstaben h bezeichnet, durch Formel 4.15 bis Formel 4.17 ein Maßeinheitensystem definiert werden kann.

Wenn man von der vernünftigen Annahme ausgeht, dass diese Naturkonstanten ihren Namen zurecht führen und somit überall und zu allen Zeiten im Kosmos den gleichen Wert haben, dann muss dieses Maßeinheitensystem im gesamten Kosmos gültig sein.

Da die Planck-Einheiten so ungeheuer weit entfernt von allen denkbaren Messwerkzeugen sind und auch von den Größenordnungen, die man in der Elementarteilchenphysik benötigte, gerieten sie für lange Zeit in Vergessenheit oder wurden als etwas sehr Unzweckmäßiges betrachtet.

---

[15] Planck, M. (2001) *Zur Geschichte der Auffindung des physikalischen Wirkungsquantums*, in: Roos, H.; Hermann, A. (Hrsg.) *Max Planck: Vorträge – Reden – Erinnerungen*, Springer, Heidelberg, S. 17

Dass jedoch im Zusammenwirken dieser drei fundamentalen Naturkonstanten wesentlich mehr verborgen sein könnte als lediglich ein absonderliches Maßsystem, das wurde erst ein dreiviertel Jahrhundert später deutlich.

Diese drei Naturkonstanten sind eng verbunden mit den drei fundamentalen Theorien der Physik: der Speziellen und der Allgemeinen Relativitätstheorie sowie der Quantentheorie. Die These einer Variabilität dieser Naturkonstanten ist natürlich möglich. Von Paul Dirac und Pascual Jordan (1902–1980) wurde lange über Konsequenzen einer variablen Gravitationskonstanten geforscht. Eine veränderliche Lichtgeschwindigkeit war 1911 von Einstein untersucht worden und wird vor allem im Rahmen der Kosmologie immer wieder einmal erwogen.[16)]

Die Variabilität von einer oder von mehreren dieser fundamentalen Naturkonstanten würde es allerdings erforderlich machen, eine Reihe von weiteren neuen Variablen einzuführen. Diese hätten keinen anderen Zweck, als die neu entstandenen Theorien, in denen die Konstanten als variabel postuliert würden, so zu gestalten, dass sie die Experimente genauso gut beschreiben wie die drei ursprünglichen Theorien. Auch die theoretischen Strukturen, die auf den drei Theorien aufbauen, müssten entsprechend umgeformt werden. Ein Erkenntnisgewinn wäre nicht zu erkennen.

Bedeutsam wird das Zusammenspiel der drei Konstanten an der Stelle, wo die drei Theorien zusammenwirken müssen. Das zeigte sich in den 1970er-Jahren.

Stephen Hawking publizierte 1971 eine Arbeit, in der er eine Konsequenz aufzeigte:

> *„Since gravitational collapse is essentially a classical process, it is probable that black holes could not form with radii less than the Plank length* $(hG\,/\,c^3)^{\frac{1}{2}} \approx 10^{-33}\,\mathrm{cm}$ *, the length at which quantum fluctuations of the metric are expected to be of order unity. A Schwarzschild radius of this length would correspond to a mass of about* $10^{-5}\,\mathrm{g}$. *For lengths larger than* $10^{-33}\,\mathrm{cm}$ *it should be good approximation to ignore quantum gravitational effects and treat the metric classically. One might therefore expect collapsed objects to exist with masses from* $10^{-5}\,\mathrm{g}$ *upwards."*[17)]
> *(Da der Gravitationskollaps im Wesentlichen ein klassischer Prozess ist, ist es wahrscheinlich, dass sich Schwarze Löcher nicht mit Radien bilden können, die kleiner sind als die Planck-Länge* $(hG\,/\,c^3)^{\frac{1}{2}} \approx 10^{-33}\,\mathrm{cm}$, *einer Länge, bei der Quantenfluktuationen der Metrik von der Größenordnung eins zu erwarten sind. Ein Schwarzschild-Radius dieser Länge würde einer Masse von etwa* $10^{-5}\,\mathrm{g}$ *entsprechen. Für Längen größer als* $10^{-33}\,\mathrm{cm}$, *sollte es eine gute Annäherung sein, Quantengravitationseffekte zu ignorieren und die Metrik klassisch zu behandeln. Man könnte daher erwarten, dass kollabierte Objekte mit Massen von* $10^{-5}\,\mathrm{g}$ *aufwärts existieren.)*

[16] Unzicker, A. (2015) *Einsteins verlorener Schlüssel: Warum wir die beste Idee des 20. Jahrhunderts übersehen haben*, CreateSpace Independent Publishing Platform

[17] Hawking, S. (1971) *Gravitationally collapsed objects of very low mass*, Mon.Not.R.astr.Soc. 152, S. 75–78

Hawking macht damit plausibel, dass Schwarze Löcher mit einer Masse kleiner als 10^{-5} g im Kosmos unter keinen Umständen faktisch zu erwarten sind.

In einer späteren Arbeit[18)] gibt er einen nachvollziehbaren physikalischen Grund dafür an. Er betrachtet die Entropie der Schwarzen Löcher und die deswegen auch vorhandene Temperatur. Die Hawking-Temperatur T_H ergibt sich als:

$$T_H = \frac{\left(hc^{-3}\right)}{\left(16\,\pi^2\,G\,M\,k_B\right)} \tag{4.22}$$

Hawking schreibt: Wenn es also nach dem Urknall Black Holes mit einer Masse kleiner als 10^{15} g gegeben hätte, dann wären sie wegen ihrer hohen Temperatur bereits verdampft. Im Abstract der Arbeit findet sich ein weiterer bemerkenswerter Satz:

> *„This shows that gravitational collapse converts the baryons and leptons in the collapsing body into entropy."*
> *(Dies zeigt, dass der Gravitationskollaps die Baryonen und Leptonen im kollabierenden Körper in Entropie umwandelt.)*

Mir ist allerdings nicht bekannt, dass Hawking seine Vermutung, die der These Weizsäckers „Masse ist Information" von 1971[19)] entspricht, in den Bereich der Teilchenphysik übertragen hätte. Ein Zusammenhang zwischen „Entropie" in einem erweiterten Sinne und „Baryonen und Leptonen", also zwischen Quanteninformation und Quantenteilchen, konnte mit Weizsäckers Uren und schließlich mit den AQIs mathematisch konstruiert werden.[20)] (Siehe auch Kapitel 22.)

4.6 „Mysteriöse Eigenschaften" der Schwarzen Löcher

Bekenstein schreibt 2003 in seinem Artikel

> *„By studying the mysterious properties of black holes, physicists have deduced absolute limits on how much information a region of space or a quantity of matter and energy can hold."*[21)]

---

[18] Hawking, S. (1975) *Particle Creation by Black Holes*, Commun. math. Phys. 43, S. 199–220

[19] Weizsäcker, C. F. v. (1971) *Die Einheit der Natur*, Hanser, München, S. 361

[20] Görnitz, T.; Graudenz, D.; Weizsäcker, C. F. v. (1992) *Quantum field theory of binary alternatives*, Intern J Theoret Phys 31, S. 1929–1959; Görnitz, T.; Schomäcker, U. (2012) *Quantum particles from quantum information*, J. Phys.: Conf. Ser. 380, 012025, doi:10.1088/1742-6596/380/1/012025

[21] Bekenstein, J. (2003) *Das holografische Universum*, Spektrum der Wissenschaft, 11, S. 34 ff., *https://www.spektrum.de/magazin/das-holografische-universum/830304* oder Scientific American, August 2003, Information in the Holographic Universe, Theoretical results about black holes suggest that the universe could be like a gigantic hologram, *https://www.scientificamerican.com/article/information-in-the-holographic-univ/*

(Durch die Untersuchung der mysteriösen Eigenschaften von Schwarzen Löchern haben die Physiker absolute Grenzen dafür abgeleitet, wieviel Information eine Raumregion oder eine Menge an Materie und Energie enthalten kann.)

Und er hat vollkommen Recht damit, eine Lösung dafür zu suchen, dass der Urgrund der Realität als „Information" verstanden werden kann:

> *"... field theory with its infinity cannot be the final story. Furthermore, even if the infinity is tamed, the mysterious dependence of information on surface area must be somehow accommodated."*
> *(... folglich kann die Feldtheorie mit ihren Unendlichkeiten nicht das letzte Wort sein. Und selbst wenn diese Unendlichkeiten zu zähmen sind, muss künftig die rätselhafte Abhängigkeit der Information von der Oberflächengröße berücksichtigt werden.)*

Allerdings vermutete auch er immer noch, das Fundamentale sei das räumlich Kleinste:

> *„Holography may be a guide to a better theory. What is the fundamental theory like? The chain of reasoning involving holography suggests to some, notably Lee Smolin of the Perimeter Institute for Theoretical Physics in Waterloo, that such a final theory must be concerned not with fields, not even with spacetime, but rather with information exchange among physical processes. If so, the vision of information as the stuff the world is made of will have found a worthy embodiment."*
> *(Vielleicht weist uns die Holographie den Weg zu einer fundamentalen Theorie. Wie könnte sie aussehen? Einige Forscher, insbesondere Lee Smolin vom Perimeter Institute for Theoretical Physics in Waterloo (Kanada), schließen aus dem holografischen Ansatz, dass eine endgültige Theorie sich weder mit Feldern befassen wird noch mit Objekten in der Raumzeit, sondern mit dem Informationsaustausch zwischen physikalischen Prozessen. Dies wäre der endgültige Triumph der Idee, dass die Welt aus Information besteht.)*

Allerdings treffen nur diese beiden Teile der Schlussfolgerungen Bekensteins ins Schwarze: „Feldtheorie ist nicht das letzte Wort" und „die Welt besteht aus Information".

> Der letzte Grund der Realität ist in der Tat eine Struktur, welche zugleich die mathematisch einfachstmögliche Quantenstruktur ist.

Das wird mit der hier im Buch dargelegten Theorie aufgezeigt.

Systeme mit einem nur zweidimensionalen Zustandsraum – mit der quantentheoretisch geringsten möglichen Dimensionszahl – treten in der Quantentheorie häufig auf. Als „Elektronenspin" oder als „Polarisation eines Photons" sind solche Systeme mit einem Teilchen als dessen Eigenschaft verbunden. Sie werden oft als Quantenbit bezeichnet, wenn dabei das Teilchen uninteressant ist. Das Quantenbit wird in diesem Fall zumeist als „Information“ interpretiert. Zur Vermeidung einer unreflektierten Gleichsetzung mit „bedeutungsvoller Information“ wurde für die AQIs wie beschrieben der Begriff „Protyposis“ eingeführt.

Die These Bekensteins, dass die holografischen Vorstellungen zu einer Lösung führen könnten, ist wegen ihrer Konzentration auf „räumlich kleinste Entitäten“ als Fundament der Realität mit Plancks Formel $E = hc/\lambda$ nicht zu vereinbaren.

Natürlich ist es interessant und für das Verstehen der Strukturen der fundamentalen Wechselwirkungen und deren experimentelle Überprüfung auch notwendig, ins räumlich Kleine zu gelangen. Aber am Ende führt doch jeder Versuch, in immer kleinere Volumina vorzudringen und deswegen immer mehr Energie aufwenden zu müssen, zu immer schnelleren Explosionen. Und schließlich finden sich am Ende der Zerfallsprozesse immer wieder die wenigen stabilen Teilchen. Übrig bleiben neben den masselosen Photonen als Teilchen mit Masse lediglich Neutrinos, Elektronen und Protonen. Diese Teilchen sind keine Quantenbits, aber sie können im Prinzip aus Quantenbits konstruiert werden.

> Wir können also diese Zusammenhänge nur verstehen, wenn wir uns verdeutlichen, die Quantentheorie ist eine „Theorie des Genauen“. Dann wird sie nicht mehr missdeutet werden als *nur* eine „Theorie der kleinsten Teilchen“.

Erst mit der Einordnung der Quanteninformation in die Naturwissenschaften wurde z. B. eine tatsächliche naturwissenschaftliche Erklärung von Leben und Bewusstsein möglich. Das wird in Kapitel 27 weiter ausgeführt.

> Die Begründung der Naturwissenschaft auf den einfachsten Quantenstrukturen, den AQIs, und der damit verbundene Abschied von der Vorstellung, „kleinste Teilchen bzw. die aus ihnen konstruierten Quantenfelder seien der letzte Grund der Wirklichkeit“, scheint ein ähnlich herausfordernder Prozess zu sein wie der Übergang vom geozentrischen zum heliozentrischen Weltbild.

In Kapitel 21 wird gezeigt, wie das Problem der Entropie der Black Holes und der Singularität in ihrem Inneren sowie die anderen Probleme der Verbindung von Quantentheorie und Gravitation mit der Protyposis gelöst werden. Zuvor werden noch die verschiedenen Erscheinungsweisen der Quanteninformation diskutiert.

5 Bits, Qubits und AQIs

5.1 Computing und Quantencomputing

Um Missverständnisse zu vermeiden sollen einige Bemerkungen zum Bedeutungsumfang von „Quanteninformation“ und für eine Abgrenzung des klassischen Computers zum Quantencomputer zusammengestellt werden.

Das „Computing“ allgemein bezeichnet eine Informationsverarbeitung, die auf einer logischen Abfolge von Entscheidungen beruhen. Ein klassischer Computer verarbeitet Fakten durch eine Beeinflussung von Schaltern.

Ein Schalter kennt nur die beiden Stellungen „ein“ oder „aus“, $|0\rangle$ oder $|1\rangle$. Im Computer haben wir ein riesiges Netzwerk von Schaltern, die auf einen Input reagieren können und die sich dann je nach der Art dieses Inputs in die Stellung „ein“ oder „aus“ umschalten. Daraus folgt eine streng determinierte Abfolge dieser Vorgänge. Jede Sequenz von klassisch-logischen Operationen lässt sich damit ausführen. Auch die Schrödingergleichung lässt sich damit numerisch lösen. Allerdings erhält man, da es sich um Quantentheorie handelt, lediglich eine Vorhersage von Möglichkeiten, kein Ergebnis eines Faktums. Die Quantentheorie ist zwar eine streng deterministische mathematische Struktur – allerdings nur für Möglichkeiten. Im Unterschied zur klassischen Physik bezieht sich dieser Determinismus also nicht auf eine Abfolge von Fakten. Wenn man die Natur sehr genau untersucht und beschreibt, dann wird in vielen Fällen erkennbar, dass die Fakten nicht immer in einer determinierten Weise aufeinander folgen. Wenn man aber Naturgesetze sucht, also deterministische Strukturen, dann müssen diese (zumindest in ihrer mathematischen Erfassung durch die Physik) eine solche geforderte deterministische Struktur besitzen.

Die genaueste Beschreibung der Natur *mithilfe von mathematischen Gesetzen* wird deshalb eine strenge Kausalität nur noch für die Veränderung der Möglichkeiten aufzeigen können. Es sei aber in diesem Zusammenhang noch einmal daran erinnert, dass die Ähnlichkeiten oder Gleichheiten, die für Regeln und Gesetze notwendig sind, erst durch eine Vernachlässigung von unwichtigen Unterschieden erreicht werden können.

Ein Quantenzustand erfasst eine Fülle von Möglichkeiten, die alle mit ihm verträglich sind. Diese Vielfalt an Zuständen, die in „einem Aufwasch" gleichzeitig behandelt werden können, ist der große Vorteil, wenn Berechnungen im Rahmen der Quantentheorie, also mit Möglichkeiten durchgeführt werden. Dazu gehört auch die Eigenschaft der Quantentheorie, dass Superpositionen von Quantenzuständen wieder Quantenzustände werden. Man spricht in diesem Zusammenhang auch von „Überlagerungen". Damit ist der Aufbau oder die Zerlegung eines Quantenzustandes wie in Bild 5.1 gemeint. (Der Aufbau eines Zustandes aus zwei anderen wird angedeutet durch die Addition der Zustandsvektoren, bei der der zweite Vektor an die Spitze des ersten angeheftet wird.)

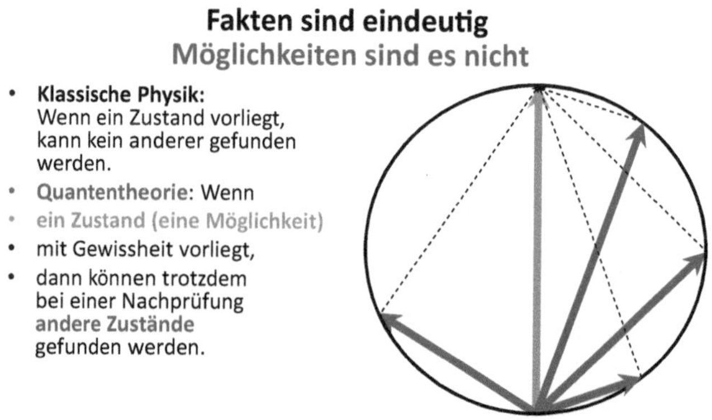

Bild 5.1 Der Quantencomputer nutzt aus, dass ein vorliegender Quantenzustand zugleich auch alle die Quantenzustände miterfasst, die mit ihm verträglich sind, die also nicht zu ihm orthogonal sind. Wenn der grüne Zustand vorliegt, dann können alle die unendlich vielen möglichen roten Vektoren, die auf der Kreislinie enden, auch gefunden werden. Die immer geringere Länge der Pfeile zeigt eine immer geringere Wahrscheinlichkeit dafür an.

Beim klassischen Computer werden Vielfachheiten lediglich additiv zusammengesetzt und Komplexität muss durch Nichtlinearität erfasst werden. Daher besteht der andere Vorteil beim Quantencomputing darin, dass durch die Tensorproduktbildung die Beschreibung von etwas tatsächlich Neuem möglich wird. Es entstehen *verschränkte oder* (mit weniger Bezug zu zwei verleimten Brettern) *kohärente Zustände*, welche als Zustände von neuen teilelosen Ganzheiten zu verstehen sind.

Quantencomputing

Bei den bisher üblichen Computern wird mit klassischen, also faktischen Bits gerechnet. Man arbeitet lediglich mit Zuständen „ja" oder „nein". Die Kombination erfolgt additiv. Bei einem Quantencomputer wird einerseits auch mit allen „Zwischenzuständen" (den Superpositionen) gerechnet. Andererseits erfolgt die Kombination zu komplexeren Strukturen als es ein einzelnes Qubit ist - wie in der Quantentheorie üblich - nicht mehr additiv, sondern multiplikativ.

Vielleicht hilft eine Analogie weiter. Möglicherweise erinnert sich die Eine oder der Andere noch an die Schulzeit vor dem Zeitalter der Taschenrechner. Mit einer Logarithmentafel werden den Zahlen Exponenten zugeordnet: $a = 10^x$ oder $b = 10^y$. Damit wurden damals umfangreiche Multiplikationen von Zahlen auf die wesentlich einfacheren Additionen der Exponenten zurückgeführt: $a \times b = 10^{(x+y)}$.

Der Übergang von der klassischen Physik zur Quantentheorie hat eine gewisse Ähnlichkeit mit dem Übergang von den Zahlen zu den Potenzen.

Mit Quantencomputern kann – wenn sie einmal frei programmierbar sein werden – bei komplexen Berechnungen manches schneller gelöst werden als mit bisheriger Hardware.

5.2 Die Bits beim Quantencomputing und der Unterschied zu den AQIs

In der üblichen Bezeichnung, welche gegenwärtig verwendet wird, würde man Weizsäckers „Ur-Alternativen" oder „Ure" als „Quantenbits" bezeichnen. Auf Weizsäckers Überlegungen zur „Ur-Theorie" werde ich weiter unten ausführlich eingehen.

Bei den Uren ist es wie bei den AQIs allerdings wichtig, dass der volle zweidimensionale *komplexwertige* Zustandsraum zugrunde gelegt wird (und somit vier reelle Parameter), während beim technischen Quantencomputing davon nur zwei reelle Parameter bedeutsam bleiben – die beiden Winkel der sogenannten „Bloch-Kugel". Man erfasst dabei als Qubit lediglich den Spin bzw. die Polarisation; das Teilchen selbst, dessen Eigenschaft diese sind, wird dabei nicht berücksichtigt.

Die Superpositionen sind ein wichtiger Aspekt der quantenphysikalischen Naturbeschreibung. In Bild 5.1 ist dargestellt worden, wie ein Zustand die Möglichkeit eröffnet, dass an ihm andere Zustände gefunden werden können. Die Superpositionen verweisen auf den umgekehrten Aspekt, dass nämlich aus verschiedenen Zuständen, die gleichzeitig vorhanden sind, ein neuer Gesamtzustand erzeugt wird.

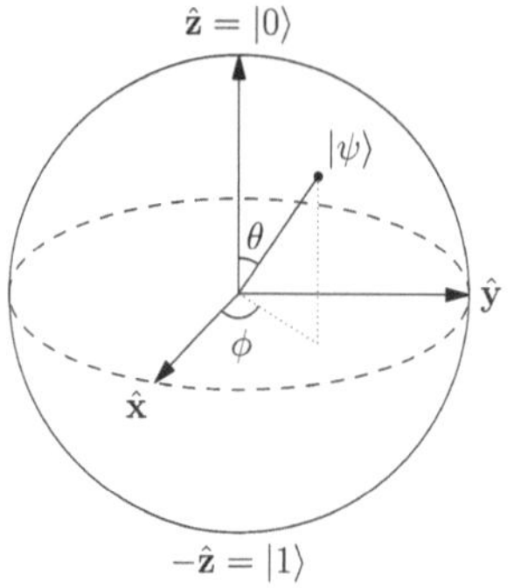

Bild 5.2 Die Bloch-Kugel mit den Winkeln ϕ, der in der Äquatorebene, und θ, der zwischen Nord- und Südpol verläuft.[1] Alle Punkte auf der Oberfläche, hier gekennzeichnet durch einen Zustand $|\psi\rangle$, sind „reine Quantenzustände", also „Superpositionen" der Zustände $|0\rangle$ und $|1\rangle$.Die Punkte im Inneren der Kugel sind „gemischte Zustände". Sie stellen Dichtematrizen, also ein bloßes Unwissen über die ihnen möglicherweise zugrundeliegenden verschiedenen reinen Zustände dar. Das ist ein Gegensatz zu den „Superpositionen". Diese formen additiv eine dritte Möglichkeit aus mindestens zwei anderen reinen Zuständen.

Der Nobelpreisträger Felix Bloch (1905–1983) hatte sie für die Darstellung eines quantenphysikalischen Zwei-Zustands-Systems entwickelt. Bloch stammte aus der Schweiz und war Heisenbergs erster Doktorand. Er wurde Paulis Assistent und ging dann wieder zu Heisenberg. Nach der Machtergreifung der Nazis floh er nach Zürich und ging dann in die USA. 1943 beendete er seine Mitarbeit am Atombomben-Projekt, zu dem ihn Robert Oppenheimer (1904–1967) geholt hatte.

Die Vektoren, welche die Zustände eines Quantenbits beschreiben, werden „normiert"; sie haben alle die Länge 1. Die Endpunkte bilden daher die Oberfläche einer Kugel. Die Quantenbits, die Weizsäcker als Ure benannt hatte, waren von ihm als „Wissen" und als „bedeutungsvolle Information" interpretiert worden. Wegen der *notwendigen Bedeutungsfreiheit* werden die absoluten Quantenbits im Gegensatz zu den Uren als AQIs bezeichnet. Sie erzeugen die *dreidimensionale Oberfläche einer Kugel in einem vierdimensionalen abstrakten Raum*. Das kann man zwar berechnen, aber nur sehr schwer vorstellen oder gar zeichnerisch verdeutlichen.

Beim Quantencomputing liegen beispielsweise durch die entsprechenden experimentellen Vorgaben die Richtungen fest, in denen sich die Photonen im Experiment bewegen können, welche ein Quantenbit für die Verarbeitung transportieren. Daher benötigt und berücksichtigt man beim Quantencomputing nur noch die zwei Parameter, welche die Polarisation bestimmen. Auch diese Zustände werden durch Vektoren der Länge 1 gekennzeichnet. Sie bilden die *zweidimensionale Oberfläche einer dreidimen-*

[1] Quelle: Glosser.ca – Eigenes Werk, CC BY-SA 3.0, *https://commons.wikimedia.org/w/index.php?curid=23263326*

sionalen Kugel – der Bloch-Kugel. Die Punkte darauf können – so wie die Oberfläche der Erde – durch die Koordinaten von Länge und Breite bestimmt werden. Wenn der Zustand nicht genau bekannt ist, dann wird er durch Punkte charakterisiert, die im Inneren der Bloch-Kugel liegen. Der Mittelpunkt der Kugel bedeutet dann, es ist ein Quantenbit vorhanden und sein Zustand ist vollkommen unbekannt.

Während man also am Quantencomputer eine bekannte und vorgegebene experimentelle Umgebung hat, ist dies bei den AQIs nicht der Fall. Ohne weitere Vorgaben und auch ohne einen bekannten Träger wird erst einmal jeder abstrakte Zustand in diesem zweidimensionalen komplexen Raum C^2 als verschieden von jedem anderen Zustand zu behandeln sein. Beim Quantencomputing jedoch liegt der Kontext fest, z. B. die Richtung, in der ein Photon durch die Blenden gelangen kann. Daher werden – wie bereits erwähnt – beim Quanten-Computing von den zwei komplexen Parametern eines Quantenbits lediglich zwei reelle Parameter, die erwähnten Winkel der Bloch-Kugel verwendet. Ein Rechenergebnis wird durch eine „Messung" erhalten. Dabei werden die möglichen Winkel-Verteilungen auf einen nun faktischen Punkt zusammengezogen.

Die Quantenbits, die beim Quantencomputing verwendet werden, sind also in allen Fällen *Eigenschaften von Quantenteilchen,* z. B. von Photonen oder Ionen. Für die „Eingabe" der Daten werden die Ionen durch genau berechnete Laserpulse in die erforderlichen Zustände gebracht und miteinander verschränkt. Dann liegen nicht mehr einzelne Ionen vor, sondern eine Quantenganzheit, in der sehr viele Zustände möglich sind, die mit Einzel-Ionen nie zu erreichen sind. Weitere Abfolgen von Laserpulsen, die einem Programm beim „normalen" Computer entsprechen, wirken auf die Ganzheit der verschränkten Ionen ein und verändern deren gemeinsamen Zustand.

5.3 Quantencomputing ist reversibel

Zum Verständnis des Quantencomputings ist vor allem darauf zu verweisen, dass die Veränderungen während des Verlaufs eines Rechenvorganges reversibel erfolgen. Damit ist gemeint, dass während dieser quantenphysikalischen Veränderungen am Zustand des zu berechnenden Systems bis zum Abschluss der Rechnung keine Fakten entstehen. Vielmehr werden die Möglichkeiten in einem abstrakten mathematischen extrem hochdimensionalen Raum sozusagen „durch das Drehen des Zustandsvektors" in dem beabsichtigten Sinne beeinflusst.

Aber am Ende soll doch ein *Resultat* vorliegen, also ein Faktum. Das ist dann *ein irreversibler Vorgang.*

Ein simples Beispiel soll der Erläuterung dienen. Ein Vektor $(x_0, 0, 0)$ vom Beginn der Rechnung wird im Verlaufe dieses quantischen Vorganges in einen Vektor (x, y, z) gedreht. Die Fragestellung könnte dann beispielsweise sein, zeigt der Vektor nach rechts, hinten oder oben. Dann kann der Vektor (x, y, z) in die Summe der drei Vektoren $(x, 0, 0)$, $(0, y, 0)$, $(0, 0, z)$ aufgespalten werden. Diese entsprechen den Antworten auf die Fragestellungen.

Durch einen abschließenden Laserpuls wird das System „gemessen" und man erhält ein mögliches Ergebnis. Am Ende einer Nachprüfung wird also der Zustandsvektor (x, y, z) auf eines der möglichen faktischen Ergebnisse projiziert. Das sind in unserem Beispiel die drei Vektoren $(x, 0, 0)$, $(0, y, 0)$, $(0, 0, z)$. Einer von diesen – und wahrscheinlich der wahrscheinlichste von diesen dreien – wird dann das Ergebnis sein.

Einer von den drei Vektoren $(x, 0, 0)$, $(0, y, 0)$ oder $(0, 0, z)$ wird als mögliches Ergebnis ausgegeben. Man hat also den Anfangs-Vektor in eine bestimmte Richtung gedreht und erhält ein Ergebnis.

Wenn man aber exakt fragen wollte, mit welcher Wahrscheinlichkeit zeigt der Vektor nach oben, dann muss man noch prüfen, ob das Ergebnis tatsächlich einen Vektor mit z enthält. Bekommt man einen Vektor mit x oder y als Ergebnis, dann muss man den ganzen Vorgang wieder durchführen – und zwar so lange bis man ein Ergebnis bekommen hat, was sich bei einer Prüfung als zutreffende Antwort auf die Frage „unten oder oben" herausstellt.

Wie kann das Wechselspiel zwischen Fakten und Möglichkeiten verstanden werden?

Bei einer Messung wird die Isolation des betreffenden Quantensystems aufgehoben. Die Wechselwirkung mit einem Gerät führt dazu, dass ein Teil der Information über den aktuellen Quantenzustand des zu messenden Systems aus dem System entweicht. Durch den Verlust der Information über die meisten dieser projizierten Möglichkeiten wird also eine von diesen Möglichkeiten als faktisches Ergebnis ausgegeben. Damit ist dann dieser Rechenvorgang beendet und man hat von einem der zuvor möglich gewesenen ein jetzt faktisches Ergebnis erhalten.

Da der Zustandsvektor nur sehr selten genau in die Richtung des gesuchten Ergebnisses zeigen wird, ist es in vielen Fällen dann notwendig, zu prüfen, *ob dieses Ergebnis ein tatsächlich zutreffendes beziehungsweise ein ausreichend gutes Ergebnis ist.*

Wenn es auf eine exakte Lösung ankommt (wie z. B. bei einer Primfaktorzerlegung zum Knacken eines Codes), dann ist eine solche Prüfung unbedingt notwendig. Sie erfolgt sehr viel schneller als die Suche nach dem exakten Ergebnis mit dem klassischen Computer. So ist es bekanntlich sehr viel schneller möglich, zwei große Zahlen miteinander zu multiplizieren, als eine große Zahl in ihre Primfaktoren zu zerlegen. Das Zerlegen einer sehr großen Zahl in ihre Primfaktoren ist die Basis von heutigen Verschlüsselungsprozessen. Das dauert in vielen Fällen so lange, dass es für eine aktuelle Anwendung eines solchen „Knacken eines Codes" zu spät ist. Dagegen ist das Multiplizieren immer schneller als das Dividieren. Wenn einem also der Quantencomputer ein mögliches Ergebnis liefert, dann kann man im Handumdrehen prüfen, ob es das richtige Ergebnis ist.

In vielen Fällen ist es jedoch nicht so, dass es nur eine einzige richtige Lösung gibt wie im gerade erwähnten Beispiel einer Decodierung. Öfter sucht man, beispielsweise bei Optimierungsproblemen, *eine möglichst gute Lösung*. In solchen Fällen kann es durchaus vorkommen, dass mehrere genau oder beinahe gleichwertig gute Lösungsmöglichkeiten existieren. Dann genügt eine von diesen und es reicht aus, wenn es eine gute Approximation an ein (möglicherweise nicht einmal eindeutiges) Optimum ist. In solchen Fällen ist die große Rechengeschwindigkeit von Quantencomputern von enormer Bedeutung.

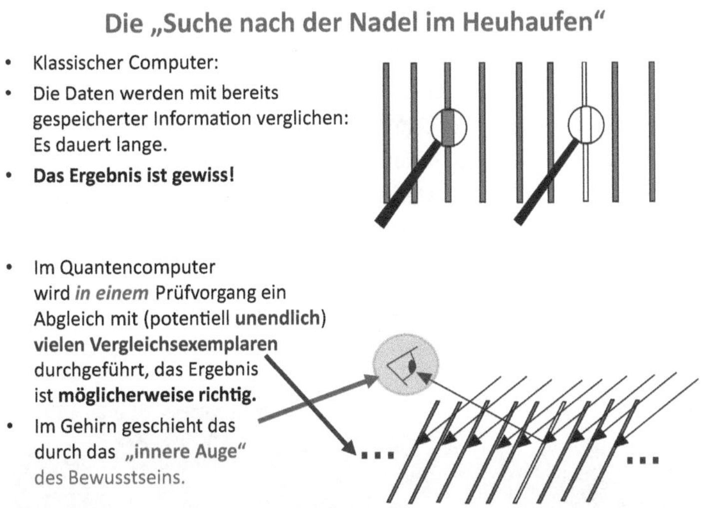

Bild 5.3 Versuch einer Veranschaulichung des Unterschieds zwischen klassischem und quantischem Computing. Während beim klassischen Computing das Ergebnis zutrifft, aber eine lange Zeit benötigt, erhält man beim Quantencomputing in sehr viel schnellerer Zeit ein Ergebnis, welches mit hoher Wahrscheinlichkeit einen komplexen Vorgang beschreibt. In vielen Fällen kommt es auf die Geschwindigkeit an. Dann hat das Quantencomputing einen großen Vorteil. Man denke beispielsweise daran, dass eine exakte Wettervorhersage für den aktuellen Tag, die erst nach drei Wochen vorliegt, weniger hilfreich ist als eine sehr wahrscheinliche, die man nach einer halben Stunde erhält.

Mit der Protyposis wird einsichtig, dass die Teilchen, die beim Quantencomputing verwendet werden, Quantenbits aufnehmen, transportieren und wieder abgeben können. *Diese Aufnahme und Abgabe von Informationen ist den Teilchen möglich, weil sie im Grunde selbst Strukturen aus solchen Quantenbits sind.*

Wenn dieser ontologische Aspekt ausgeblendet wird, weil die Teilchen wie selbstverständlich als „gegeben“ verstanden werden, ist auch der volle komplexwertige Zustandsraum nicht mehr notwendig. Es ist praktisch und auch nützlich zu berücksichtigen, dass die konkrete Struktur der „Teilchen“ selbst [ob sie Ionen, SQUIDs (superconducting quantum interference devices) oder etwas noch anders sind] beim Quantencomputing keine wesentliche Rolle spielt, weil es lediglich darauf ankommt, dass eine Quanteneigenschaft von ihnen die Rolle eines Qubits übernehmen kann. Das kann beispielsweise die Polarisation eines Photons, der Spin eines Ions oder die Stromrichtung im SQUID sein.

In der technischen Praxis ist es das größte Problem, ein Entstehen von Fakten vor dem eigentlichen Ende des Rechenprozesses zu verhindern. Eine Möglichkeit dafür besteht darin, den Quantencomputer so gut wie möglich bis in die Nähe des absoluten Temperatur-Nullpunktes zu kühlen. Je kälter ein System ist, desto geringer ist die Wahrscheinlichkeit, durch die Abstrahlung von Wärme-Photonen Fakten zu erzeugen.

Obwohl es Fehlerkorrektur-Algorithmen für Quantencomputer gibt, ist es im Fall der technischen Quantencomputer sinnvoll, diese möglichst extrem fehlerfrei arbeiten zu lassen. Außerdem sollen diese Geräte universell programmierbar sein. Das bedeutet, man muss sehr genau sehr beliebige Einstellungen an einen solchen Computer vornehmen können. Damit wird es dann möglich, einerseits einen genau festgelegten Anfangszustand zu erzeugen und dann weiter mit den folgenden Eingriffen diesen Zustand so „zu drehen“, dass er zu einem Zustand mit den gewünschten bzw. gesuchten Eigenschaften wird.

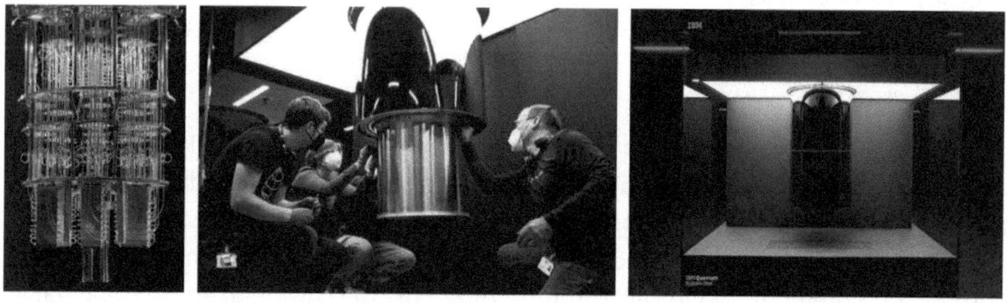

Bild 5.4 Links: Die innere Struktur eines IBM Quantencomputers: Ein IBM Q-Kryostat, der verwendet wird, um den 50-Qubit-Quantencomputer von IBM im IBM Q-Labor in Yorktown Heights, New York, kalt zu halten; Mitte: IBM-Ingenieure in Deutschland arbeiten am IBM Quantum System One in Ehningen, Deutschland, Fraunhofer-Gesellschaft; rechts: das fertig montierte Gerät[2]

2 Quelle: Fraunhofer_1 | IBM engineers in Germany working on the IBM Q… | Flickr.webarchive, vom 29.06.2021

5.4 Das Gehirn als Quantencomputer?

Dass die technischen Quantencomputer nur bei extrem tiefen Temperaturen arbeiten, liefert gegenwärtig das populärste Argument dagegen, dass unser Gehirn auch so ähnlich wie ein Quantencomputer arbeitet. Das Argument, das Gehirn sei zu warm und zu weich, um ein Quantencomputer sein zu können, wird auch von vielen Wissenschaftlern noch als das Hauptargument gegen dieses Konzept angesehen.

Um dieses Argument etwas genauer zu betrachten, erscheint es sinnvoll, einen Blick auf die bisher entwickelten Fehlerkorrekturen bei den technischen Quantencomputern zu werfen.

Eine der dabei verwendeten Methoden besteht darin, mehrere Prozesse parallel zueinander, aber miteinander verschränkt ablaufen zu lassen. Wird ein Bit durch eine unerwünschte Einwirkung verändert, dann kann durch einen Vergleich mit den anderen Bits eine Korrektur vorgenommen werden. Dabei geht man von der vernünftigen Annahme aus, dass eine gleichzeitige Veränderung von mehreren Bits sehr viel unwahrscheinlicher ist als die von einem einzigen Bit. Hierbei wird also mit einer hohen Redundanz gearbeitet.

Der „Bit-Flip-Code" ist in der Lage, ein Umkippen zwischen dem Zustand $|0\rangle$ und dem Zustand $|1\rangle$ zu korrigieren. Der „Sign-Flip-Code" korrigiert den Fall, dass in einem Zustand ein Vorzeichen + in ein Vorzeichen – umgetauscht wird, beispielsweise $(|0\rangle - |1\rangle)/\sqrt{2}$ in $(|0\rangle + |1\rangle)/\sqrt{2}$. Für diese beiden Codes sind jeweils drei Bits notwendig. Der von Peter Shor (*1959) entwickelte und nach ihm benannte „Shor-Code" ist in der Lage, diese beiden Fehler gleichzeitig korrigieren zu können. Dafür sind aber jetzt 3 × 3, also 9 Qubits notwendig, um an einem Bit diese beiden möglichen Fehler beheben zu können. An dem Qubit, mit welchem die eigentliche Rechnung durchgeführt wird, darf nicht direkt geprüft werden. Ein solches „Nachschauen" würde sofort ein Faktum erzeugen und damit den reversiblen Rechenprozess an einer falschen Stelle beenden.

Eine Schlussfolgerung aus den Fehlerkorrekturen ist, dass auch dann, wenn nicht in der Umgebung vom absoluten Nullpunkt gearbeitet wird, durch die Bereitstellung von sehr vielen Qubits und eine hinreichend kurze Rechenzeit durchaus Vorgänge vom Quantencomputing mithilfe einer Fehlerkorrektur möglich werden.

Ein anderer Denkanstoß für das Gehirn als Analogie zum Quantencomputer kommt vom Modell des Einweg-Quantencomputers.[3)]

Dabei wird ein universeller verschränkter Quantenzustand aus vielen Qubits erzeugt. An diesem wird durch eine vom Problem her festgelegte Messung bewirkt, dass dieser Zustand in eine faktische Lösung überführt wird. Hierbei werden keine speziellen

[3] Raussendorf, R.; Browne, D. E.; Briegel, H. J. (2002) *The one-way quantum computer – a non-network model of quantum computation*, Journal of Modern Optics, 49, 1299

Qubits vorbereitet, sondern durch den speziellen Messeingriff wird eine Lösung geformt. Nach dem Ergebnis ist dieser universelle Zustand verbraucht. Für ein nächstes Problem wird ein neuer Zustand notwendig.

Für eine Anwendung auf das Gehirn erinnern wir uns daran, dass bereits in jeder einzelnen Zelle zur gleichen Zeit ungezählt viele chemische Umsetzungen geschehen. Jede solche chemische Reaktion beruht auf einem Austausch von realen und/oder virtuellen Photonen. Ein jedes dieser Photonen ist in der Lage, einige Bits von bedeutungsvoller Quanteninformation zwischen dem aussendenden und dem empfangenden Molekül zu transportieren.

Durch die elektromagnetischen Wechselwirkungen entstehen ständig neue verschränkte Quantensysteme aus Molekülen und Photonen, die auch immer wieder in faktische Zustände übergehen, aus denen sich dann stets neue verschränkte Zustände bilden.

Im Gehirn sind also sehr viele zumindest für einen kurzen Zeitraum jeweils miteinander verschränkte Quantenbits vorhanden. Sie werden als Eigenschaften von Photonen von einem Bereich im Hirn ausgesendet und von einem anderen absorbiert. Viele der Photonen werden dabei nicht absorbiert, sondern können in die Umwelt entkommen. Die sendenden Nervenzellen erleiden dabei auch einen gewissen Energieverlust, den sie wieder ersetzen müssen. Dieses „Feuern“ von Nervenzellen erzeugt ein Faktum, welches oft sogar mit dem EEG außen an der Kopfhaut festgestellt werden kann. An der betreffenden Nervenzelle entstehen also veränderte Molekül- und Synapsenstrukturen. Mit einem empfindlichen Gerät können hinreichend viele der ausgesendeten Photonen nachgewiesen werden. Auch wenn an den Nervenzellen immer wieder Dekohärenz eintritt, so entstehen doch auch immer wieder neue Verschränkungen mit neu erzeugten Photonen.

Verschränkte Quantenbits sind eine Voraussetzung für die technischen Fehlerkorrekturen, die oben erwähnt worden sind. Andererseits können diese umfangreichen Quantenbits im Gehirn auch die Voraussetzung für so etwas wie den erwähnten Einweg-Quantencomputer bereitstellen. Für beides und für die kurzen Zeiten zwischen zwei Fakten sind also die tiefen Temperaturen, die in den technischen Geräten nötig sind, beim Gehirn nicht notwendig.

Im Rahmen der Protyposis wird seit langem gezeigt, dass sich ein naturwissenschaftliches Verstehen des Bewusstseins nur mithilfe von Quantenprozessen im Gehirn ergeben kann.[4)]

---

[4] Görnitz, T.; Görnitz, B. (2002) *Der kreative Kosmos*, Springer, Heidelberg; Görnitz, T.; Görnitz, B. (2016) *Von der Quantenphysik zum Bewusstsein: Kosmos, Geist und Materie*, Springer, Heidelberg

> Unter Bewusstsein soll eine Struktur von verschränkter Quanteninformation in einem lebendigen Gehirn verstanden werden, die umfangreich genug ist, um zu einer gewissen Reflektionsfähigkeit zu gelangen. Das Bewusstsein bedeutet die ständige Möglichkeit, über den eigenen Körperzustand und die Gefühle, die Umwelt sowie über die aktuellen Inhalte des Bewusstseins Kenntnis erhalten zu können.

Erfreulicherweise lassen aktuelle Übersichtsartikel[5)] zum Quantencomputing erkennen, dass auch im Rahmen der technischen Entwicklungen solche Strukturen in den Vordergrund treten, die für die Erklärung im Gehirn wichtig sind. Natürlich sind Lebewesen keine Maschinen in einem technischen Sinne. Biologische Strukturen sind höchstens relativ festgelegt in ihrem Verhalten, jedoch niemals in einem klassisch-wissenschaftlichen Sinne determiniert. Die vor zwei Jahrhunderten Aufsehen erregende These vom „Mensch als Maschine“[6)] ist naturwissenschaftlich unhaltbar. Trotzdem sind Parallelen zwischen einer Informationsverarbeitung im Gehirn und in technischen Artefakten sehr interessant.

Die technische Informationsverarbeitung beruhte bisher vor allem auf der Elektronik, d. h. auf dem Verhalten von Elektronen mit ihrer negativen Ladung. Wegen der von diesen Ladungen verursachten Wechselwirkungen können Elektronen in einem Körper selten isoliert verbleiben. Wenn man ihre Quanteneigenschaften nutzen will, ist es in vielen Fällen notwendig, zu sehr tiefen Temperaturen überzugehen.

Die biologische Informationsverarbeitung beruht vor allem auf Reaktionen mit Photonen, die keine Ladung tragen. Aber natürlich müssen diese Photonen für eine Informationsverarbeitung immer wieder mit Molekülen wechselwirken. Dabei entstehen immer wieder auch faktische Situationen. Quantische und klassische Informationsverarbeitung lösen sich somit ständig ab. Etwas Ähnliches wird zunehmend auch in technischen Geräten angewendet. Derartige Prozesse werden unter dem Begriff „variationelle Quantenalgorithmen“ eingeordnet. Sie können verstanden werden als gekoppelte Quantenschaltkreise, die ihrerseits durch faktische Einflüsse in ihrem Verhalten verändert werden können.

In diesem Zusammenhang ist auch darauf hinzuweisen, dass für die Vorbereitung und Dateneingabe sowie für die Datenausgabe und die Sicherung des Ergebnisses ein klassischer Computer benötigt wird. In beiden Fällen handelt es sich um eine Bearbeitung von Fakten.

---

5 Physik Journal 22 (2023) Nr. 11, S. 25 ff.

6 La Mettrie, J. O. (1748) *L'Homme-Machine*, dt.: (2001) *Der Mensch, eine Maschine*, Leipzig, Reclam

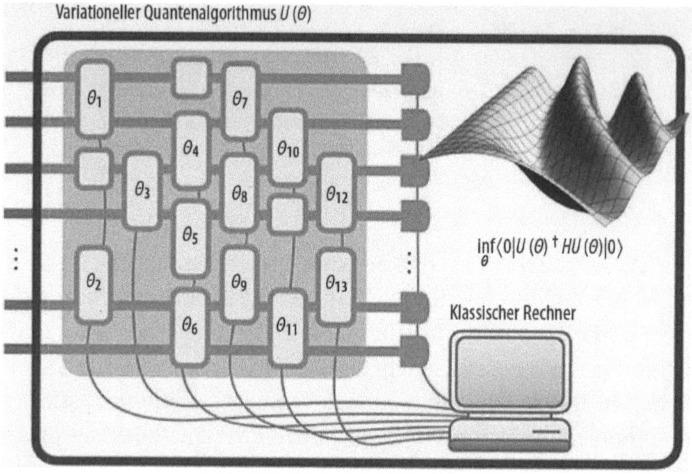

Bild 5.5 Variationelle Quantenalgorithmen[7]: Diese Algorithmen sind an einen gemischten Prozess von faktischen und quantischen Eingaben angepasst. Faktische Einflüsse verändern die Bedingungen, unter denen die jeweiligen quantischen Verarbeitungseinheiten bestimmte Schritte der Informationsverarbeitung vornehmen. Das Ergebnis ist einer Optimierungsaufgabe angepasst, sodass in einem Schritt einer Messung ein möglichst gutes Ergebnis für das Problem erhalten werden kann. Oft ist es so, dass kein deutlich ausgeprägtes Optimum vorhanden ist, sodass ein gutes Ergebnis dem entspricht, was man erhoffen kann.

Im Gehirn haben wir einerseits in und zwischen den Nervenzellen die Prozesse einer quantischen Informationsverarbeitung, die mithilfe von Photonen durchgeführt wird. Da das lebendige Gehirn nie völlig von seiner Umwelt getrennt ist, entstehen immer wieder faktische Situationen. Ein mögliches Beispiel könnte sein, dass eine Zelle ihren Vorrat an ATP verbraucht hat. Dieses Faktum könnte einer korrespondierenden Zelle den Anstoß geben, ihrerseits in die Informationsverarbeitung einzutreten. Dadurch wäre die eine Nervenzelle in der Lage, andere Nervenzellen und damit die dort stattfindende Informationsverarbeitung zu beeinflussen. Dieses mit der dynamischen Schichtenstruktur beschreibbare Wechselspiel zwischen faktischer und quantischer Informationsverarbeitung dürfte typisch für jede biologische Informationsverarbeitung sein, ganz besonders im Gehirn von Tieren.

Über die technischen Anwendungen schreiben die Autoren, sie: „finden Anwendungen in der Quantenchemie und in der approximativen Lösung von Optimierungsproblemen.“[8] Im Lebendigen geht es fast nie um die exakte Lösung einer Gleichung, sondern fast immer um Optimierungsprobleme. Lebewesen müssen sich möglichst

---

7 Quelle: Eisert, J. et al. (2023) *Variationelle Quantenalgorithmen*, Physik Journal, November 2023, S. 25, ich danke für die freundliche Abbildungsgenehmigung

8 Eisert, J.; Fährmann, P. K., Caro, M. C. (2023) *Eine kurze Geschichte des Quantenrechnens von gestern bis morgen*, Physik Journal 22, S. 38 – 41

optimal verhalten, um ihr eigenes Überleben und das ihrer Nachkommen auf maximale Weise zu sichern. Auch in der Biochemie des Lebens sind die möglichst besten Syntheseverfahren gesucht.

Ein weiterer vielversprechender technischer Weg, um mit Qubits zu rechnen, wird von optischen Quantencomputern eröffnet. Bei anderen Typen von technischen Quantencomputern besteht eine der großen Schwierigkeiten in der kurzen Zeit, in welcher die verschränkten Zustände kohärent gehalten werden können. Diese Schwierigkeit entfällt bei Photonen.[9] Es gibt bereits technische Realisierungen, bei denen sich ein photonischer Quantenchip wie ein programmierbares Molekül verhält.[10]

Es ist gewiss erfreulich, dass die technischen Entwicklungen geeignet sind, Vorbehalte gegen die naturwissenschaftliche Beschreibung des Bewusstseins zu vermindern.

Beim Gehirn kommt allerdings noch ein wichtiger Umstand hinzu, der es von den technischen Artefakten grundlegend unterscheidet. Er betrifft wegen der biochemischen Informationsverarbeitung die unauflösliche Einheit von Hard- und Software, die *Uniware*, die bei den technischen Quantencomputern und auch bei den erwähnten technischen Beispielen gegenwärtig überhaupt nicht erkennbar ist.[11]

Bei den existierenden technischen Computern gibt es eine strenge Trennung zwischen Hard- und Software. Eine relativ universelle Hardware soll durch das Einspielen einer entsprechenden Software in die Lage versetzt werden, jedes formulierbare Problem bearbeiten und lösen zu können. Wenn dabei die materielle Zusammensetzung der Hardware verändert wird, wenn z. B. eine elektrische Verbindung wie ein SQUID „durchbrennt“, dann ist die Hardware beschädigt und „der Computer ist defekt“. Eine nichtmaterielle Veränderung, zum Beispiel die Veränderung der Ausrichtung eines Spins in einer Speicherzelle, ist dabei natürlich nicht gemeint.

Bei den technischen Geräten bildet die sogenannte „Firmware“ eine Mittelstellung zwischen der Hardware, dem Gerät, und der vom Anwender modifizierbaren Software. Sie verkörpert ein fest (firm = fest) mit dem Gerät verbundenes und nicht veränderbares Programm in Maschinensprache. Das ist notwendig, damit das Betriebssystem auf dem Gerät laufen kann und damit Sensoren und andere Hardwarekomponenten mit der CPU (central processing unit), der zentralen Recheneinheit, verbunden werden können.

Im Gegensatz zu den technischen Realisierungen ist die Informationsverarbeitung in allen biologischen Systemen stets mit einer Veränderung der materiellen Zusammensetzung verbunden. Eine solche Informationsverarbeitung ist immer mit einer chemischen Umsetzung verkoppelt. Die Veränderungen an der Materie in den Zellen werden

---

[9] Lomonte, E.; Schuck, C.; Pernice, W. (2023) *Die leuchtende Zukunft optischer Quantencomputer*, Physik Journal 22, S. 25–30

[10] Sparrow, C. et al. (2018) *Simulating the vibrational quantum dynamics of molecules using photonics*, Nature 557, 660, *https://doi.org/10.1038/s41586-018-0152-9*

[11] Görnitz, T.; Görnitz, B. (2016) Kap. 5.4.9, S. 180 ff.

durch Aufnahme oder Abgabe von bereitgestellter Energie bewirkt, die im Bereich des Biologischen durch den Einfluss von Information *ausgelöst* wird. *Deshalb sprechen wir von der Uniware in biologischen Systemen.* Jeder Verarbeitungsschritt an der Information verändert die materiellen Bestandteile und die energetische Situation in den Zellen.

Diese unauflösbare Verkoppelung von Informationsverarbeitung mit körperlichen Zuständen ermöglichte es, dass im Laufe der biologischen Evolution schließlich so etwas entstehen konnte wie ein an die Realität mehr oder weniger gut angekoppeltes Bewusstsein.

> Die Lebewesen, von den Einzellern angefangen, sind auf eine intelligente Informationsverarbeitung angewiesen. Ein Lebewesen ist ein lediglich metastabiles System, welches sich nur durch diese Informationsverarbeitung für eine gewisse Zeit stabilisieren kann.
>
> *Diese erfolgreiche Selbststabilisierung soll als „intelligente Informationsverarbeitung" bezeichnet werden.*

Im Rahmen der Informationsverarbeitung wird den von außen einlaufenden Informationen und/oder solchen aus dem eigenen Körper eine bestimmte Bedeutung zugeordnet. *So entstehen also erst mit dem Lebendigen auch bedeutungsvolle Informationen.* Eine „richtige" Bedeutungsgebung befestigt die weitere Existenz des Lebewesens. Eine „falsche" Bedeutungszuweisung wird durch diesen Verarbeitungsschritt die weitere Existenz des Lebewesens beeinträchtigen. Somit wird es eher aus dem evolutionären Geschehen ausscheiden. Davon unabhängig können natürlich auch die Umweltbedingungen so sein, dass viele Lebensformen nicht weiterhin existieren können. Erdgeschichtliche Beispiele waren die Massenaussterben nach der Vereisung im Perm oder nach dem Asteroiden-Einschlag am Ende der Kreidezeit.

5.5 Analogien und Unterschiede zwischen Bewusstsein und Computer

Bevor wir in Kapitel 27 das Entstehen von Bewusstsein im Einzelnen betrachten, sollen hier im Zusammenhang mit der technischen Informationsverarbeitung hilfreiche Analogien und zugleich bedeutsame Unterschiede zwischen einer technischen und einer biologischen Informationsverarbeitung verdeutlicht werden.

Die moderne Hirnforschung hat bisher eine riesige Menge an Daten geliefert, die uns über die physiologischen Vorgänge im lebendigen Gehirn mit seinen neuronalen Netzen immer genauer unterrichten. Ein Resultat dieser Forschungen hat in populären und vor allem journalistischen Darstellungen den Leserinnen und Lesern oftmals den Eindruck vermittelt, „das Gehirn" würde mit den Menschen dieses und jenes machen. Dieses Bild, übertragen auf die Malerei, würde einer Schilderung entsprechen, bei der nur vom Pinsel, jedoch nicht von der Persönlichkeit des Malers gesprochen würde.

Eine solche Sprechweise über die biologische Informationsverarbeitung, bei der es natürlich auch um die durchaus wichtigen Orte der Verarbeitung geht, ist zu eng. Es ist notwendig, auch explizit über dasjenige zu sprechen, was verarbeitet wird. Nachdem mit den AQIs die Information in den Rahmen der naturwissenschaftlichen Begriffe eingebunden werden konnte, ist das jetzt möglich.

Das Gehirn ist bekanntlich von einer regelmäßigen Blutzufuhr und damit Sauerstoffversorgung entscheidend abhängig. Wenn diese unterbrochen ist, dann kann es vielleicht durch glückliche Umstände, zum Beispiel einen Aufenthalt in sehr kaltem Wasser, dazu kommen, dass diese physiologischen Abläufe stark verlangsamt werden. In einem solchen Fall kann das Arbeiten des Gehirns auch nach einer solchen Unterbrechungszeit wieder hergestellt werden, bei der es unter normalen Umständen irreparabel geschädigt sein würde. Aber sonst folgt aus der Unterbrechung der physiologischen Abläufe der unwiderrufliche Verlust der bewussten Persönlichkeit. Bei einer Narkose besteht die Kunst der Mediziner darin, keine irreparablen Schädigungen der Hirnphysiologie eintreten zu lassen und lediglich die bewusste Wahrnehmung zu unterbinden.

Die physiologischen Abläufe bei unbewusster und bewusster Informationsverarbeitung werden immer gründlicher erforscht. Selten jedoch wird darüber reflektiert, dass alle diese biochemischen Vorgänge elektromagnetischer Natur sind. Alle elektromagnetischen Vorgänge zeigen bei einer sehr genauen Untersuchung auf, dass sie auf dem Austausch von realen und virtuellen Photonen zwischen den beteiligten Molekülen beruhen.

Im lebendigen Gehirn findet somit ein fortwährender unermüdlicher Austausch zwischen den Molekülen statt. Sie emittieren und absorbieren Photonen. Bei diesem Austausch werden Eigenschaften von Molekülen auf die Photonen übertragen und diese von den Photonen wiederrum auf die Empfängermoleküle.

Wenn dieser Austausch nicht mehr nachweisbar ist, wenn also an der Kopfhaut keine elektromagnetische Aktivität in der Form von EEG-Wellen mehr nachgewiesen werden kann, dann spricht sehr viel dafür, dass der Hirntod eingetreten ist. Das bedeutet, dass die lebendige und bewusste Persönlichkeit unwiderruflich verloren ist und auch mit der Anwendung aller modernen technischen Methoden nicht wiederhergestellt werden kann. Das gilt selbst dann, wenn mithilfe von technischen Geräten basale Körperfunktionen wie Blutkreislauf, Atmung und Nahrungsverwertung in Gang gehalten werden können. So sind Fälle bekannt geworden, bei denen bei einer schwangeren Hirntoten mithilfe von Maschinen die Schwangerschaft zu einem erfolgreichen Ende geführt werden konnte.

Dass uns die Photonen Eigenschaften von Objekten zur Kenntnis bringen, das wird am deutlichsten beim Sehvorgang. Photonen werden am Papier reflektiert und bringen uns Informationen über die Orte, an welchen sie reflektiert wurden und über diejenigen Farben, die an der betreffenden Stelle nicht absorbiert worden sind und somit bis ins Auge gelangen konnten. Bei etwa 10^8 Zellen in der Netzhaut können 10^8 Photonen gleichzeitig, also parallel, verarbeitet werden. Da die Photonen auf dem Weg vom Buch bis ins Auge nur eine extrem kurze Zeit unterwegs sind, können wir einen Text nur lesen, wenn die Information, die im Text verschlüsselt ist, immer wieder mit neuen Photonen zu uns gelangt. Es wird also die gleiche Information auf immer wieder neuen Träger-Photonen verschlüsselt.

Dieses Bild ist eine gute Metapher für die anschließende Verarbeitung dieser Informationen im Inneren des Gehirns. Dazu darf noch einmal daran erinnert werden, dass jeder noch so kleine biochemische Vorgang in jedem Bruchteil einer Zelle nur dadurch stattfindet, dass Photonen zwischen den Wechselwirkungspartnern ausgetauscht werden.

Auch im Gehirn wird dieselbe Information immer wieder mit neuen Photonen zur weiteren Verarbeitung bereitgestellt. Dieses „immer wieder" betrifft natürlich nur sehr kurze Zeitintervalle, in denen noch keine neuen Informationen die alten ablösen.

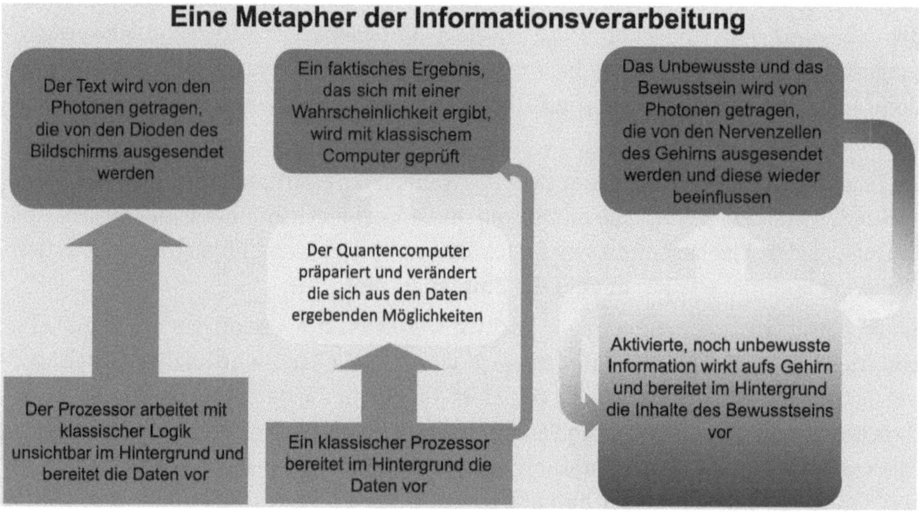

Bild 5.6 Vergleich zwischen der Informationsverarbeitung im Computer und im Gehirn, Verdeutlichung der fundamentalen Unterschiede zwischen ihnen

Im klassischen Computer werden die Daten verarbeitet und schließlich auf einem Bildschirm präsentiert. Dabei ist jeder Pixel des Bildschirms für sich allein genommen frei von jeder speziellen Bedeutung. Und weiterhin sendet jeder Pixel solange sich das Bild nicht ändert mit einer ungeheuren Geschwindigkeit immer wieder neue Photonen mit den gleichen Eigenschaften in das Auge des Betrachters.

Der Text, den wir lesen, bleibt so lange am Computer-Bildschirm, bis wir weiterscrollen. Die Bedeutung, welche die Photonen transportieren, entsteht für uns dadurch, dass einerseits immer wieder neue Photonen die gleichen Eigenschaften transportieren, also die gleiche Information, und dass andererseits im Zusammenwirken all der vielen Pixel und durch die Verschränkung der emittierten Photonen erst bedeutungsvolle Buchstaben, Worte und Sätze entstehen.

Die Systemtheorie verweist vollkommen zutreffend daraufhin, dass man auf der Ebene der einzelnen Pixel das Entstehen von bedeutungsvoller Information nicht erklären kann. Mit der Quantentheorie wird es möglich, dieser Erklärung eine mathematische und naturwissenschaftliche Untermauerung zu geben, mit der das Entstehen des Systems von bedeutungsvollen Informationen aus bedeutungsfreien Teilen begründet wird.

Auch beim Gehirn ist das Entstehen bedeutungsvoller Gedanken durch eine Betrachtung einzelner Neuronen nicht zu erklären. Auch hier werden in unerhörter Vielfalt ständig Photonen zwischen den Molekülen in den Zellen und Synapsen ausgetauscht. Auch dabei werden immer wieder Eigenschaften miteinander verschränkt, die erst in ihrer Gesamtheit und trotz der ständig wechselnden Photonen das System des Bewusstseins formen.

Im Gegensatz zum Computer findet bei der biologischen Informationsverarbeitung eine ständige Rückwirkung von der Information auf Gehirn und übrigen Körper statt. Auch kann ein Bewusstseinsinhalt nicht so lange unveränderlich erhalten bleiben, wie es am Computer möglich ist. Nervenzellen ermüden.

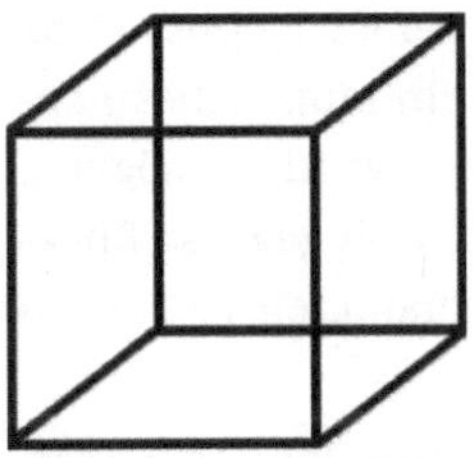

Bild 5.7 Das Kipp-Bild des Necker-Würfels lässt deutlich werden, dass „Unveränderlichkeit“ nicht zur biologischen Informationsverarbeitung passt. Auch wenn man sich anstrengt, den Würfel nur „von oben“ zu sehen, flippt er immer wieder einmal in die Ansicht „von unten“. Dabei nehmen wir nicht einzelne Linien, sondern die Gestalt als wechselnde Ganzheit wahr.

Bei jeder Wechselwirkung werden die Wechselwirkungspartner in miteinander korrelierte Quantenzustände versetzt. Sie bilden also kohärente Quantenganzheiten.

Die Wechselwirkungen der Moleküle und Photonen bewirkt auch, dass nicht nur diese Quantenteilchen, sondern auch deren Eigenschaften verschränkt werden. Es entsteht also im Gehirn eine ausgedehnte Ganzheit von verschränkter Quanteninformation. *Diese Ganzheit von bedeutungsvoll gewordener Information verändert sich wesentlich langsamer als jedes einzelne Photon, welches nach extrem kurzer Zeit bereits durch ein neues abgelöst wird.*

Das ist beim Denken, also bei der Entwicklung von Gedanken im Gehirn, nicht wesentlich verschieden von dem, was beim Lesen eines Textes vor sich geht. Auch da nehmen wir eine Ganzheit von bedeutungsvoller Information wahr, die getragen wird von einer ungeheuren Anzahl von Photonen, von denen jedes sofort wieder absorbiert wird. Diese Flugzeit der Photonen ist sehr viel kürzer als die gedankliche Aufnahme der betreffenden Worte.

Wichtig für diese Informationsverarbeitung ist also das Entstehen einer verschränkten Entität von bedeutungsvoller Quanteninformation. Dass diese durch eine Mannigfaltigkeit ständig wechselnder Träger generiert wird, das ist dabei nur nebensächlich.

Die physiologischen Abläufe, die für die Informationsverarbeitung im Bewusstsein notwendig sind, werden immer besser erforscht und kartographiert. Da die Informationsverarbeitung in den neuronalen Netzen des Gehirns auf jeweils bestimmte Aufgaben spezialisiert ist, ist es möglich geworden, aus der Verarbeitungsaktivität in bestimmten Arealen auch Rückschlüsse auf die ungefähren Inhalte der bewussten Informationen zu ziehen. Das ist für manche medizinischen Anwendungen sehr hilfreich.

Da jeder Mensch ein Unikat ist, hat man nur im Groben eine ähnliche Struktur des Gehirns. Die exakte Bestimmung der Verarbeitungsorte für die verschiedenen Aktivitäten des Körpers sind daher bei jedem Menschen, zumindest auf zellulärer Ebene, unterschiedlich. Mit viel Aufwand ist es heute möglich geworden, technische neuronale Netze dahingehend zu trainieren, dass sie bestimmte physiologische Aktivitäten im Gehirn eines konkreten Patienten mit bestimmten Inhalten seines Bewusstseins oder aus seinem Unbewussten korrelieren können. Wenn also ein künstliches neuronales Netz auf einen speziellen Patienten trainiert wurde, dann wird es möglich, dass ein solches Netz lernen kann, aus der Gestalt der Nervenaktivität gewisse Rückschlüsse auf die ungefähre Bedeutung der verarbeiteten Informationen ziehen zu können. (Siehe auch Bild 5.6.)

Vor einiger Zeit erregte eine Mitteilung Aufmerksamkeit, dass eine gelähmte Person durch eine Abfolge bewusster Gedanken, die der Computer gelernt hatte, einen vom Computer gesteuerten Roboterarm gezielt zu bewegen. Vor kurzem gab es eine weitere ähnliche Meldung.[12] Bei einem durch einen Schlaganfall gelähmten Patienten ist

[12] Moses, D. A. et al. (2021) *Neuroprosthesis for Decoding Speech in a Paralyzed Person with Anarthria*, N Engl J Med 2021, 385:217-27, DOI:10.1056/NEJMoa2027540

der Zugriff vom Gehirn auch auf diejenigen Muskeln unterbrochen, die für die Funktion des Sprechapparates notwendig sind. Durch ein Implantat über dem Sprachzentrum kann jetzt der Patient ein neuronales Netz ansteuern. Dieses technische Nervennetz ist in der Lage, aus den gedachten Worten, die dieser Patient aber nicht sprechen kann, einen Satz zu konstruieren, diesen in Sprache zu übersetzen und es so dem Patienten zu ermöglichen, zu sprechen – wenn auch nur langsam.

Zum Feststellen von elektromagnetischen Erregungen in Gehirnbereichen gibt es Parallelen im Bereich der technischen Informationsverarbeitung. Alle Computer arbeiten auf der Basis der elektromagnetischen Wechselwirkung. Sie senden deshalb ständig Photonen in ihre Umgebung aus. So kann man über Angriffe lesen, bei denen Hacker auf der Basis dieser ausgesendeten Photonen Informationen über die verarbeiteten Daten gewinnen konnten.

Da die normalen Computer nur klassische Informationen verarbeiten, erzeugen sie ständig Fakten, weil es in ihnen keine reversiblen Vorgänge gibt. Deshalb benötigen diese Geräte sehr viel mehr Energie für ihre Informationsverarbeitung als ein biologisches System wie das Gehirn. Ein Gehirn arbeitet viel effizienter, sodass man die Photonen, die bei der Denkarbeit entstehen, sehr viel schwerer auffangen und nachweisen kann.

Bisher ist die Einsicht noch nicht allgemein, dass die biologische Informationsverarbeitung mit Quantentheorie erklärt werden muss und kann. Da die immer genaueren Untersuchungen jedoch eine rein klassische Informationsverarbeitung ausschließen, wird zunehmend von „Rauschen" gesprochen. Mit dem „Rauschen" wird verschleiert, dass das Wirken der quantischen Möglichkeiten implizit eingeschlossen wird, obwohl die Quantentheorie explizit ausgeschlossen werden soll.

Das „Rauschen" betrifft auch die ständige Aktivität eines lebendigen Gehirns. Die große Assoziationsfähigkeit des Gehirns kann an Bild 5.1 verdeutlicht werden. Die einlaufende Information wird mit einer riesigen Menge an möglichen Beziehungen abgeglichen. Dazu ist es allerdings notwendig, dass die Quanteninformation in einer aktivierten Form vorliegt. Mit faktisch gespeicherten Daten im Gedächtnis ist eine solche Assoziationsbildung nicht möglich. Deshalb ist ein lebendiges Gehirn dauerhaft in einem Zustand einer Grundaktivität. *Ein verschränkter Zustand von „Basisinformationen" wird mit Photonen als „Strom des Psychischen" aktiv gehalten.* Mit diesem Informationsstrom wird eine einlaufende konkrete Information, die natürlich auch aus dem Körper kommen kann, abgeglichen und dabei bewertet. Das Modell erklärt, wie z. B. einem Gesicht ein Name zugefügt werden kann. Allerdings ist dies erstens kein trivialer Vorgang und zweitens muss er nicht stets im Sinne der klassischen Logik eindeutig sein.

Mit der Protyposis wurde gezeigt, dass die Moleküle und die Photonen spezielle Formen von AQIs sind. Das erklärt die Aktivierungsmöglichkeit von Information durch das Erscheinen der Quantenbits von bedeutungsvoller Information, die als „Eigenschaften" der Photonen bezeichnet werden. Das durch die Quantentheorie möglich gewordene Verstehen von Materie und Energie als spezielle Formen von Quanteninformation lässt verständlich werden, wieso bedeutungsvolle Quanteninformation reale Wirkungen auf die Prozesse im Gehirn ausüben kann.

Diese Erläuterungen schließen die Erklärungslücke, die zwischen den physiologischen Abläufen im Gehirn und der Verarbeitung und Veränderung der Bedeutung der Information im Bewusstsein besteht.

5.6 Wahrnehmung von Gestalten und Kräften durch Lebewesen

Alle Lebewesen befinden sich stets in einer Umwelt, die den Kontext für ihre Wahrnehmungen formt. Dieser Kontext ist auch wesentlich für die Wahrnehmung von Gestalten in dieser Umwelt. Diese Aussage klingt gewiss reichlich trivial. Sie ist aber im Zusammenhang mit der Quantentheorie höchst bedenkenswert.

> Alle Lebewesen nehmen aus ihrer Umwelt und aus ihrem Inneren Signale unbewusst und manche davon auch bewusst wahr.

Wenn wir uns mit unseren eigenen Wahrnehmungen befassen, dann ist dabei zuerst darauf zu verweisen, dass sie allesamt psychische Vorgänge betreffen. Bei „Wahrnehmung“ wird oft zuerst an die Information gedacht, die uns durch unsere Sinnesorgane vermittelt wird. Wir sehen und ertasten die Gegenstände in unserer Umwelt, wir hören das Rauschen des Windes und verstehen Sprache, wir riechen und schmecken.

Ein wichtiger Aspekt unserer Informationsverarbeitung, über den wir nur selten reflektieren, ist unsere Fähigkeit, die verschiedenen Wahrnehmungen einem Objekt zuzuschreiben. Vielleicht nur bei einem Gewitter wird uns der Unterschied zwischen Lichtgeschwindigkeit und Schallgeschwindigkeit bewusst. Im Konzert bereitet es uns normalerweise keine Mühe, die gesehene Bewegung der Geigerin und den gehörten Ton als gleichzeitig wahrzunehmen. Trotzdem verbirgt sich dahinter eine ausgefeilte Informationsverarbeitung, über die wir uns im Grunde wundern sollten. Wahrscheinlich spielen dabei Phänomene einer zeitlichen Nichtlokalität von Quantenvorgängen eine Rolle. Diese Abläufe in der internen Informationsverarbeitung sind Reaktionen auf faktische Einflüsse von außen.

> Alle unsere Wahrnehmungen, die von außen zu uns gelangen, sind Wahrnehmungen von Fakten.

Auch Spiegelungen oder Illusionen sind in einem physikalischen Sinne als Fakten einzustufen. In unserer äußeren Umwelt gibt es somit erst einmal nichts, was uns mit unseren Sinnen auf quantenphysikalische Phänomene verweisen würde. Auch deshalb konnte die Quantentheorie erst entdeckt werden, als man die Natur mit sehr genauen Messgeräten untersuchen konnte.

Da wir im Außen ausschließlich Faktisches wahrnehmen ist es so schwierig, aus unserer Umwelt halbwegs zutreffende Bilder für Quantenphänomene zu entwickeln. Leichter ist es, sich dafür innere Zustände vorzustellen. Das kann beispielsweise eine gewisse „Zeitfreiheit" oder eine „ganzkörperlich ausgedehnte Empfindung" sein, aber auch das Vorhandensein ambivalenter Wünsche und Bedürfnisse.

Die inneren Wahrnehmungen der Körperzustände betreffen unter anderem den Gleichgewichtssinn und die Propriozeption:

> *„Für die primären Funktionen der somatosensorischen ‚Datenerfassung', die also die Körperempfindungen betreffen, und der motorischen ‚Datenausgabe', die an die Muskeln gerichtet ist, lassen sich an der Großhirnrinde Zuordnungen zu bestimmten Hirnbereichen feststellen. Ein Bereich im Parietallappen verarbeitet die somatosensorischen Informationen, die aus Körper und Umwelt aufgenommen werden. Das somatosensorische System umfasst den Tastsinn und die Propriozeption, d. h. die Eigenwahrnehmung von Muskelspannung und damit von Körperhaltung und Bewegung. Dazu kommen weiter die Nocizeption, d. h. die Empfindung von Schmerz und die Empfindung von Temperatur."*[13]

> Wenn wir Bilder für quantische Vorgänge suchen, dann finden wir sie daher am ehesten unter unseren inneren psychischen Vorgängen. Es sind aber nicht die fertig formulierten Gedanken. Auch diese sind bereits faktisch. Quantenvorgänge sind solche, bei denen wir eine Fülle von Möglichkeiten spüren. Es sind die Situationen, in denen wir im Fluss unseres Bewusstseins einen Gedanken noch erwägen, bevor wir einen Entschluss gefasst haben, und vielleicht auch Traumvorgänge.

Das Erinnerliche auch von unseren psychischen Vorgängen bleibt stets nur als Faktisches gespeichert, codiert als Eigenschaften von Molekülen und Synapsenverbindungen. Schließlich ist jede gespeicherte Information etwas Faktisches. Die Aktivierung und Verarbeitung der gespeicherten Fakten erfolgt durch die Übertragung der betreffenden Materieeigenschaften auf (natürlich im Gehirn keine mit Augen sichtbaren) Photonen.

Zwar beginnt man jetzt in physikalischen Experimenten, Photonen für eine gewisse Zeit „sozusagen in einem Kreis laufen zu lassen", um sie zu verzögern. Das ist zwar dann ein „energetischer Zustand" einer Glasfaser, aber ob man ihn als eine „gespeicherte Quanteninformation" ansehen sollte, ist zumindest diskutierbar.

---

[13] siehe z. B. Görnitz, T.; Görnitz, B. (2002), S. 174 f.

Manchmal gelingt es uns, ausgehend von diesen Erinnerungs-Fakten, einige der früheren Möglichkeiten wiederzubeleben, beispielsweise das Gefühl einer Atmosphäre in einer bestimmten Situation oder das damit verbundene Empfinden von Freude oder Angst.

Weniger deutlich, jedoch sehr viel häufiger, wechseln unterhalb des Bereiches, welcher dem Bewusstsein zugänglich ist, die quantischen und die faktischen Prozesse einander ab. Vorgänge auf den Leitungsbahnen zwischen dem Gehirn und den Muskeln kann man als faktische Informationsprozesse beschreiben. Hingegen laufen sehr viele Prozesse bei der Informationsverarbeitung im Gehirn als Quantenprozesse ab, als Austausch von Photonen zwischen Molekülen. Dabei geschehen ständige Wechsel zwischen einer quantischen Informationsverarbeitung, einer faktischen Abspeicherung und einer neuen Aktivierung von quantischen Möglichkeiten.

Es soll hier noch einmal hervorgehoben werden, dass jede Erinnerung, jede abgespeicherte Information eine faktische Eigenschaft eines materiellen Trägers ist.

Daher kann man das Gehirn mit einer gut organisierten Bibliothek vergleichen. Kinderbücher, Romane und Sachbücher sind an verschiedenen Stellen einsortiert. Wahrscheinlich sind dann weiter die Bücher noch nach Themen oder Autoren geordnet. Wenn man das Regal sieht, dann weiß man ungefähr, was in den Büchern enthalten sein kann. Auch im Gehirn sind die Verarbeitungsorte mit den verarbeiteten Inhalten korreliert. Daher ergeben sich gewisse Überblicke über aktivierte (d. h. aktuell erinnerte und verarbeitete) psychische Inhalte aus den Orten, wo eine erhöhte physiologische Aktivität im Gehirn gemessen werden kann. Es sei angemerkt, dass die Geräte für die Erforschung solcher Aktivitäten im lebenden Gehirn nur auf der Basis von Erkenntnissen der Quantentheorie möglich wurden.

Erfahrungsgemäß liegen die Wahrscheinlichkeiten für das Eintreten von bestimmten Fakten oft sehr nahe bei null und eins. Daher entsteht in vielen Fällen der Eindruck eines fast determinierten Verhaltens. So wird bei einem gesunden Menschen beim eigenen Vorsatz oder bei der Aufforderung, den Arm zu heben, sich nicht der Fuß nach oben bewegen.

Dies trifft auf unsere psychischen Erlebnisse zu und auf sämtliche sonstigen Lebensvorgänge. Bezüglich der Informationsverarbeitung sind Lebewesen eine „Uniware“. Diese lebensverbundene Einheit sorgt dafür, dass bei der Gestalterkennung durch Lebewesen die für deren Überleben wesentlichen Aspekte auch als wesentlich in die Informationsverarbeitung eingehen. Bei den Lebewesen, wo das schlechter gelingt, wächst die Wahrscheinlichkeit dafür, aus dem Evolutionsprozess ausgeschieden zu werden. Da die faktische Entwicklung der Lebewesen nicht determiniert ist, sondern durch Einwirkungen aus den Genen, der Epigenetik und der Umwelt beeinflusst und verändert wird, können die meisten Lebensformen in einem gewissen Rahmen flexibel reagieren.

Die Uniware ist weiterhin dadurch ausgezeichnet, dass bei ihr neben der Einheit von Hard- und Software ebenfalls eine untrennbare Einheit von faktischer und quantischer Informationsverarbeitung vorliegt.

Nach der hier vorgestellten Theorie verarbeiten biologische Gehirne wie auch der übrige Körper nicht nur klassische Information, sondern auch Information, die quantische Eigenschaften hat.[14)]

Reale und virtuelle Photonen sind Formen von abstrakter Information, bei denen Eigenschaften zu bedeutungsvoll gewordener Information werden, sodass diese Bedeutung zwischen Molekülen transportiert und dabei modifiziert werden kann. So ermöglichen die Photonen die Informationsverarbeitung. Die bei diesem Prozess beteiligten Wechselwirkungen führen auch zwischen den betreffenden Eigenschaften, also Quantenbits, zu Verschränkungen.

Verschränkung (auch als kohärente Zustände bezeichnet)

Wenn zwei Quantensysteme in eine Wechselwirkung treten, dann wird mit ihnen etwas aufgebaut, was Erwin Schrödinger als Verschränkung bezeichnet hat. Dieser Sprachgebrauch hat sich bis heute erhalten. „Verschränkte" Quantenzustände werden auch als „kohärente Zustände" bezeichnet.

Die „Verschränkung" hat zur Folge, dass durch einen Eingriff an einem Teil – der als vom anderen unterschieden beschrieben wird – eine sofortige Änderung des Zustandes des restlichen Teils eintritt – also schneller als mit Lichtgeschwindigkeit.

Die beste Erklärung dafür ist, dass durch die Wechselwirkung eine teilelose Ganzheit entstanden war. Das ist für ein ausgedehntes System schwer vorstellbar. Es erklärt aber den Effekt, dass ein Eingriff an einer Stelle der Ganzheit diese in zwei Teile zerlegt. Die Zustände dieser beiden Teile sind dann streng korreliert.

Wichtig ist dabei auch, dass der Aufbau eines solchen ganzheitlichen verschränkten Systems keineswegs bereits festlegt, in welche Teile es zerlegt werden könnte.

So ähnlich wie bei den technischen Anwendungen – nur viel schneller und effizienter trotz langsamerer „Taktrate" – erkennen wir Strukturen, die wir zu Gestalten zusammenfassen.

Bei der Wahrnehmung werden Strukturen in „Formen" und einen Rest zerlegt. Der Rest wird zumeist als „die Materie" bezeichnet, falls er überhaupt registriert wird.

So sehe ich ebenso wie meine Enkel den Dampfer primär als Dampfer und nicht nur als eine angeordnete Anzahl von Lego-Steinen. Die Menge von Steinen wird unbewusst zerlegt in einen materiellen Inhalt, der z. B. durch die Anzahl der Steine (also durch die Masse) repräsentiert wird, und in die Information über die wahrgenommene

[14] siehe z. B. Görnitz, T.; Görnitz, B. (2002); Görnitz, T.; Görnitz, B. (2016)

Gestalt. Dies ist eine deutliche Auftrennung dieser Menge an Steinen in eine Form, die als etwas Nichtmaterielles verstanden werden muss, und in die Materie, welche den Inhalt dieser Form bildet.

Die Form als geistige Vorstellung des Dampfers ist möglich, da sie mit gelernten und bekannten Formen aus dem Gedächtnis verglichen wird.

Wenn wir diesen Vorgang in eine naturwissenschaftliche Beschreibung einfügen wollen, dann wird es nützlich sein, an einen ähnlichen und länger bekannten Vorgang zu erinnern. Eine Billardkugel kommt gerollt und stößt an eine zweite. Diese rollt weiter und die erste bleibt liegen. Hierbei können wir davon sprechen, dass die Eigenschaft einer Bewegung, welche die erste materielle Kugel besitzt, auf die zweite übertragen wird. Während die Kugel ohne Zweifel als Materie bezeichnet werden muss, so wird „Bewegung" von manchen Philosophen als „Grundeigenschaft der Materie" bezeichnet.[15)]

Wieso eine Eigenschaft – die Bewegung – von einem Träger auf einen anderen wechseln kann, dafür liegt seit Einstein eine naturwissenschaftliche Antwort vor: Bewegung ist ein möglicher Ausdruck für Energie, und Materie und Energie sind äquivalent. Die Protyposis lässt erkennen, dass Materie und Energie verschiedene Ausformungen der Protyposis als Grundgegebenheit sind.

Beim Beispiel mit dem Dampfer können wir uns fragen, ob auch der Aufspaltung in eine Gestalt und in deren Inhalt ein ähnlicher Zusammenhang zugrundeliegt. Schließlich kann auch die Gestalt des Dampfers auf sehr verschiedenen materiellen Trägern erscheinen, z. B. wenn mein Enkel ihn malt und mir dann die Zeichnung erklärt.

Die Übertragbarkeit einer Form von einem Träger auf einen anderen und die möglichen Zuweisungen einer Form zu verschiedenen materiellen Trägern wird verständlich, wenn die Form – also die Information über eine Gestalt – sowie deren materieller Inhalt ebenfalls verschiedene Ausformungen ein und derselben Grundgegebenheit sind. Die moderne Quantentheorie hat es in der Tat ermöglicht, diese Schlussfolgerung naturwissenschaftlich zu untermauern: *Eine Gestalt, eine Form und ihr möglicher materieller Inhalt sind im Grunde beide, Form und Inhalt, Ausformungen einer abstrakten, absoluten und primär noch bedeutungsfreien Quanteninformation.*

Das, was an einer Ganzheit als bedeutsam und als Grund für Funktionen angenommen wird, wird als deren Form bezeichnet. Die Form wird unterschieden von dem, was in der betreffenden Situation als konstanter Träger, als unveränderlich und damit oft als uninteressanter Inhalt erscheint.

Zumindest für alle höherentwickelten Tiere ist ein schnelles Erkennen von Formen überlebenswichtig. Heutige Menschen werden kaum Nachkommen solcher Steinzeitmenschen sein, die einen Mammut oder Bären für einen moosbedeckten Stein gehalten haben.

---

[15] Klaus, G.; Buhr, M. (1965) *Philosophisches Wörterbuch*, VEB Bibliograph. Institut, Leipzig, S. 54 und S. 82–85

Wir hatten bei der klassischen Physik darauf verwiesen, dass diese die Zustandsmannigfaltigkeit eines zusammengesetzten Systems auf eine additive Weise aus den Mannigfaltigkeiten der Teile gewinnt. Das Beispiel der Gestaltwahrnehmung zeigt, dass eine solche Zerlegung in Teile oft nicht unseren üblichen Erfahrungen entspricht. Wir können neue Gestalten wahrnehmen, auch dann, wenn sich der materielle Inhalt nicht geändert haben muss. (Wenn z. B. aus dem Lego-Dampfer ein Haus geworden ist.)

Noch gravierender werden die Unterschiede zur klassischen Physik, wenn auch am materiellen Inhalt Veränderungen geschehen. Beispielsweise entstehen in chemischen Prozessen durch die Molekülbildungen neue Strukturen mit neuen und anderen Eigenschaften. Diese haben nur noch sehr wenig mit den Ausgangsatomen und deren Eigenschaften gemeinsam. Auch dann, wenn sich keine Moleküle bilden wie z. B. bei NaCl, dem Kochsalz, so bilden sich daraus wasserlösliche Kristalle, die es weder für Chlor noch für Natrium gibt.

5.7 Künstliche Intelligenz (KI) und Mustererkennung

In den Anwendungen wird zunehmend daran gearbeitet, auch technischen Geräten eine „Gestaltwahrnehmung“ anzutrainieren. Man spricht dabei von „Künstlicher Intelligenz“ (KI) sowie von „Mustererkennung“. Da solche Muster bzw. Gestalten einander *ähnlich*, jedoch *selten gleich* sind, kann es lediglich Regeln, jedoch keine Gesetze im strengen Sinne geben. Differentialgleichungen erscheinen daher für Mustererkennung eher weniger geeignet zu sein.

Wir Menschen sind sehr gut fähig, Gestalten *deutend* zu erkennen – auch dort, wo eigentlich keine sind. Man denke beispielsweise an ein Gesicht in einer Wolke oder den „Hasen“ im Mond – wie man ihn in tropischen Ländern sehen kann.

Offenbar ist für eine Gestalterkennung eine Verarbeitung von Möglichkeiten viel effizienter als eine Verarbeitung von Fakten. Bei Fakten gibt es Gleichheit oder Ungleichheit, jedoch keine Übergänge dazwischen. Bei den quantischen Potenzialitäten ist es umgekehrt. Es gibt fließende Übergänge zwischen verschiedenen, weit auseinanderliegenden Fällen. Unsere Gehirne sind nach einem Netz-Prinzip konstruiert, was eine Mustererkennung erleichtert. Dabei kommt zu einer quantischen Informationsverarbeitung ein weiterer Aspekt hinzu. Die Träger der photonischen Informationsverarbeitung, die Nervenzellen, bilden weitverzweigte rückgekoppelte Strukturen. Dadurch können faktisch erkannte Ähnlichkeiten immer wieder neu überprüft und weiter verbessert werden.

Diese Einsichten hat man sich auch in technischen Anwendungen zu Nutze gemacht.[16] Die Erfolge mit rückgekoppelten technischen neuronalen Netzen zeigen, dass ein sol-

[16] siehe z. B. Görnitz, T.; Görnitz, B. (2002), Kap. 7+8, S. 133 ff.

cher Vorgang bereits in gewissen Umfang mit Systemen möglich ist, die auf den ersten Blick auf der Basis von Fakten, also im Bereich der klassischen Physik arbeiten. Oft werden die Abläufe wie folgt grafisch dargestellt:

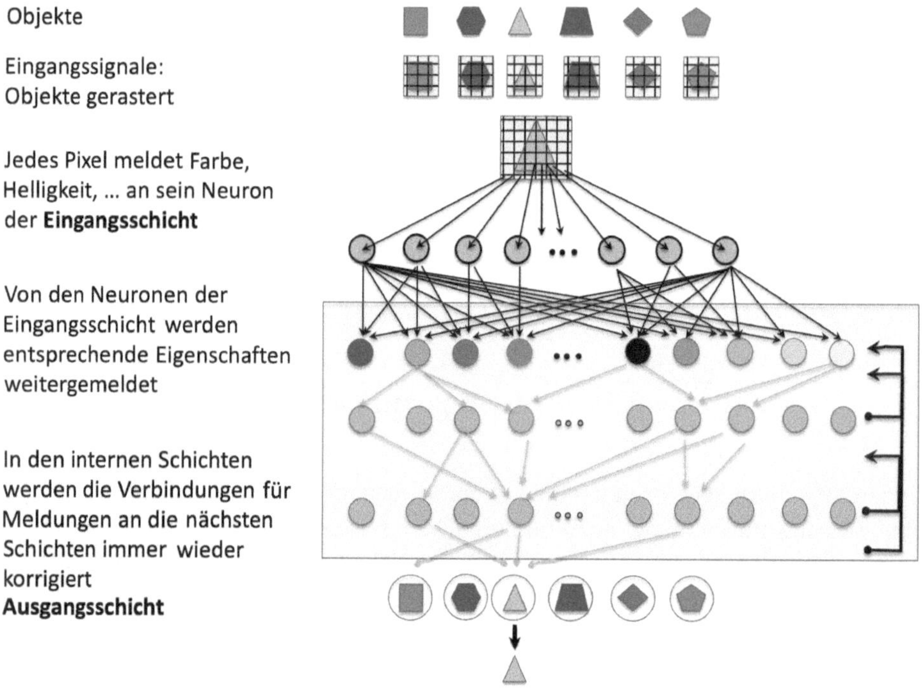

Bild 5.8 Jedes der Neurone der Eingangsschicht erhält Informationen (zum Beispiel über Farbwert und Helligkeit) von seinem Pixel. Die Information wird zur nächsten Schicht weitergegeben, wie durch die Pfeile angedeutet. Die Stärke des Impulses – sein „Gewicht" – variiert. Dadurch wird festgelegt, ob das Ziel-Neuron angeregt wird oder stumm bleibt. Zusätzlich werden die Neuronen mehr oder weniger leicht erregbar gemacht, sie erhalten einen „Bias". Nur die aktivierten Neurone kontaktieren die nächste Schicht.
Die Rückkopplungen können Gewichte und Bias verändern. Auf diese Weise spezialisieren sich die Neuronen in den einzelnen Schichten immer deutlicher auf Eigenschaften wie Kanten, Ecken oder Farben, sowie dann in tieferen Schichten auf Eigenschaftsbündel.
Dieses Trainieren geschieht durch Aussortieren falscher Ergebnisse, bis die entsprechenden Eigenschaftsbündel, die das zutreffende Ergebnis ermöglichen, zu einem entsprechenden Ausgangsneuron passen. Damit kann dann z. B. eine Klassifizierung ermöglicht werden.

Auf den zweiten Blick erkennt man, dass die Situation etwas raffinierter ist. Natürlich findet in diesen Netzen bisher noch kein quantisches Verhalten statt.

> Jedoch durch die Rückkopplung wird eine näherungsweise Simulation eines Ablaufes erreicht, welche eine Ähnlichkeit mit einer quantischen ausgedehnten Gegenwart besitzt.

Die innerhalb des Netzes zurückgesendeten Daten verändern intermediäre Fakten, die wie „etwas Früheres“ interpretiert werden können. Sie sind aber keine endgültigen Resultate, sondern lediglich veränderbare Zwischenschritte.

Im Gesamtablauf verändern sich „frühere Fakten“ unter der Wirkung der späteren Verarbeitungsschritte. Diese wiederum ändern auch die späteren wieder. Die Zwischenschritte können also vom System selbst wieder infragegestellt werden. Durch die weiteren Verarbeitungsstufen erscheinen sie später wie „ungeschehen“. Daher erscheinen sie im Gesamtprozess nicht als Fakten, sondern die Zwischenergebnisse verhalten sich eher wie Möglichkeiten. Das erinnert an die Zeitfreiheit in einem Quantenprozess.

> So, wie man auf einem klassischen Computer die Schrödingergleichung lösen kann, können rückgekoppelte neuronale Netze auch ein Quantenverhalten simulieren, welches zur Gestalterkennung genutzt werden kann.

Die existierenden Systeme werden auf immer weiteren Bereichen trainiert. Der Kontakt, z. B. mit ChatGPT, liefert z. T. verblüffende Ergebnisse in einer Sprachform, die auch einem menschlichen Autor zugeordnet werden könnte. Allerdings muss man berücksichtigen, dass diese Systeme, die vor allem an den Inhalten des Internets trainiert werden, genauso fehleranfällig sind wie andere Inhalte des Internets auch. Bei einem Training können immer nur Ergebnisse aus der Vergangenheit in den Prozess eingefügt werden. Trotzdem können natürlich durch eine etwas willkürliche Mischung Inhalte erscheinen, die so etwas wie Kreativität simulieren.

Ein Unterschied zum Biologischen besteht bei den Systemen der KI darin, dass beispielsweise die Mustererkennung an vorgegebenen Bildern trainiert wird. Das neuronale Netz verändert im Training seine internen Verbindungen so lange, bis nach Meinung der Erbauer die Bilderkennung hinreichend gut gelingt. Welche Kriterien das Netz jedoch dabei entwickelt, das lässt sich – wenn überhaupt – nur sehr schwierig ermitteln. Ob die Kriterien diejenigen sind, die in der realen Welt wichtig sind – wie in der Biologie –, oder ob es andere sind, die in der Realität weniger wichtig sind, dass kann beim Training oft nicht hinreichend gut festgelegt werden.

Wenn einmal technische Quantencomputer zur Verfügung stehen werden, dann werden diese die jetzigen Systeme wohl übertreffen. Aber auch dann wird für sie die „Verbindung zur Realität“ ein schwieriges Problem bleiben.

In diesem Zusammenhang ist auch eine Unterscheidung zwischen „Intelligenz“ und „Bewusstsein“ bedeutsam. „Deep learning“ zeigt immer deutlicher, dass tiefgestaffelte technische neuronale Netzwerke in der Lage sind, das Erkennen von Mustern zu erlernen. Dies geschieht anhand von Vorgaben, welche ihnen ihr mit Bewusstsein begabter Erbauer in Form riesiger strukturierter Datenmengen vermittelt. Solche technischen Gebilde zeigen, wie wichtig es ist, intelligentes Verhalten, welches diese technischen Systeme zeigen, von Bewusstsein zu unterscheiden, welches sie nicht besitzen.

In Kapitel 27 werden wir noch einmal auch auf die Frage des Bewusstseins eingehen. In diesem Zusammenhang sei noch einmal daran erinnert, dass Bewusstsein zu haben bedeutet, im Rahmen des Möglichen das tun zu können, was man möchte, und nicht unbedingt das, was man soll. Es wäre daher eine sehr kritische Situation, wenn man tatsächlich versuchen oder gar erreichen würde, künstliches Bewusstsein zu erzeugen. Die gegenwärtige Situation zeigt, welche fürchterlichen Folgen menschliches Bewusstsein haben kann. Wir können keinesfalls sicher sein, dass ein künstliches Bewusstsein höhere ethische Maßstäbe an das eigene Verhalten anlegen würde als beispielsweise Menschen in Machtpositionen.

6 Der Weg aus der Sackgasse der „kleinsten Teilchen"

Riesige Beschleuniger machen deutlich: Immer kleinere Teilchen erfordern immer größere Energien für ihre Produktion und Untersuchung. Mit immer mehr an Energie lassen sich immer komplexere Strukturen erzeugen. Je größer die Energien sind, mit denen zum Beispiel am LHC, dem Large Hadron Collider, Protonen aufeinander geschossen werden, desto komplizierter werden die dabei erzeugten Strukturen und desto schneller explodieren die meisten von diesen. Schließlich bleiben nach den Explosionen nur die stabilen Teilchen wie Protonen, Elektronen und Neutrinos sowie Photonen übrig. Das mit großem Medienecho bekanntgewordene Higgs-Teilchen explodiert im milliardsten Teil einer billionstel Sekunde.

Beim Lesen in der Presse kann leicht der falsche Eindruck entstehen, dass diese kurzlebigen Quantenteilchen ausschließlich als künstliche Produkte existieren würden.

Im Eisschild der Antarktis ist das Nachweisgerät „IceCube" aufgebaut worden. Dieser Detektor erfasste in seiner ersten Version von 2010 bereits einen Raum von 1 km^3 und ist seitdem noch erweitert worden. In ihm wurden Teilchenereignisse aus dem Kosmos registriert mit Energien, welche die des größten Teilchenbeschleunigers auf der Erde, des LHC, um mehr als das Hundertfache übertreffen. Daraus ist zu schließen, dass alle die Teilchen, die auf der Erde in Experimenten erzeugt werden, im Prinzip auch in der Natur vorkommen. In den Supernova-Explosionen und in den Jets aus aktiven Black Holes werden Energien freigesetzt, von deren Erzeugung wir auf der Erde noch lange entfernt sein werden. Trotz der hohen Nachweis-Energien wurden beispielsweise die seit langem theoretisch prognostizierten magnetischen Monopole im IceCube nicht gefunden.

Man sollte allerdings bedenken, wie schnell die instabilen Objekte explodieren und welche von diesen Teilchen uns auf der Erde erreichen können. Das Higgs-Boson mit seiner Lebensdauer in der Größenordnung von nur 10^{-22} s wäre nach einer Strecke von 0,0003 nm bereits wieder explodiert. Das sind in etwa 3 Promille eines Atomdurchmessers bzw. das Dreihundertfache des Durchmessers eines Protons. Aber selbst dafür müsste es nach seiner Erzeugung mit Lichtgeschwindigkeit fliegen, was ihm wegen seiner großen Masse nicht möglich ist.

Über Entfernungen von Millionen von Lichtjahren werden uns daher höchstens Neutrinos erreichen können. Nur sie sind neben den masselosen Photonen stabile Teilchen ohne elektrische Ladung. Daher wird ihr Weg durch den Kosmos nicht durch Magnetfelder verändert. So ist bei ihnen ein Rückschluss auf die Quelle möglich, wie auch beim Licht. Protonen und Elektronen mit sehr hohen Energien gibt es auch. Bei ihnen jedoch wird die Bahn durchs All durch Magnetfelder „verbogen", sodass ein Rückschluss auf die Quelle sehr schwierig wird.

Seit der Antike meinen Philosophen: man kann die Objekte in der Natur immer weiter zerlegen, aber schließlich gelangt man damit ans Ende. Irgendwann erhält man etwas „Un-teilbares", „a-tomos". Die Natur scheint ihnen erst einmal Recht gegeben zu haben. Ein Organ ist einfacher als der ganze Körper, eine Zelle ist einfacher als ein Organ, Moleküle sind einfacher als eine Zelle und Atome sind einfacher als ein Molekül. Der Weg der naturwissenschaftlichen Erkenntnisse führte auch wegen der Erfolge der Chemiker zu den Atomen.

Oft werden die Widerstände auch aus der Physik im 19. Jahrhundert gegen die Vorstellungen atomarer Teilchen vergessen. So schrieb z. B. der sehr an den Naturwissenschaften interessierte Goethe, der selbst große naturwissenschaftliche Kenntnisse besaß, an seinen Freund Carl Cäsar v. Leonhard:

> *„Damit konnte ich mich nicht befreunden, weil ich, auch mit dem besten Willen, nicht ein atomistisches Atom an mir dulden könnte."*[1)]

Auch für viele Physiker war zum Ende des 19. Jahrhunderts der Erfolg der Elektrodynamik, also einer Theorie eines kontinuierlichen Feldes „ohne kleinste Teile", zu überwältigend, um einer Atomvorstellung zustimmen zu können. Allerdings zeigte es sich bald, dass die Atome im Gegensatz zu ihrem Namen weiter teilbar waren. Erst mit der Quantenmechanik konnte man beginnen, das Verhalten der Atome zu erklären.

> Im 20. Jahrhundert schlug die Sichtweise der Physiker in das andere Extrem um. Nun sollte alles auf „kleinste Teilchen" zurückgeführt werden.

Dieser Weg wurde sehr erfolgreich über längere Zeit verfolgt. Trotz wachsender Schwierigkeiten stellten sich viele erfolgreiche und auch überraschende Erkenntnisse ein. Die Quantenmechanik wurde zur Quantenfeldtheorie weiterentwickelt. Damit wurde auch das Entstehen und Vergehen von Quantenteilchen beschrieben. Aber es zeigte sich ebenfalls, immer mehr Energie in immer kleineren Raumbereichen führt zu immer komplizierteren Situationen.

---

[1] Goethe, J. W. v. (1821) *Brief an Carl Cäsar v. Leonhard*, 31. 10. 1821, Ges. Werke, Abtl. IV, Bd. 35, S. 163

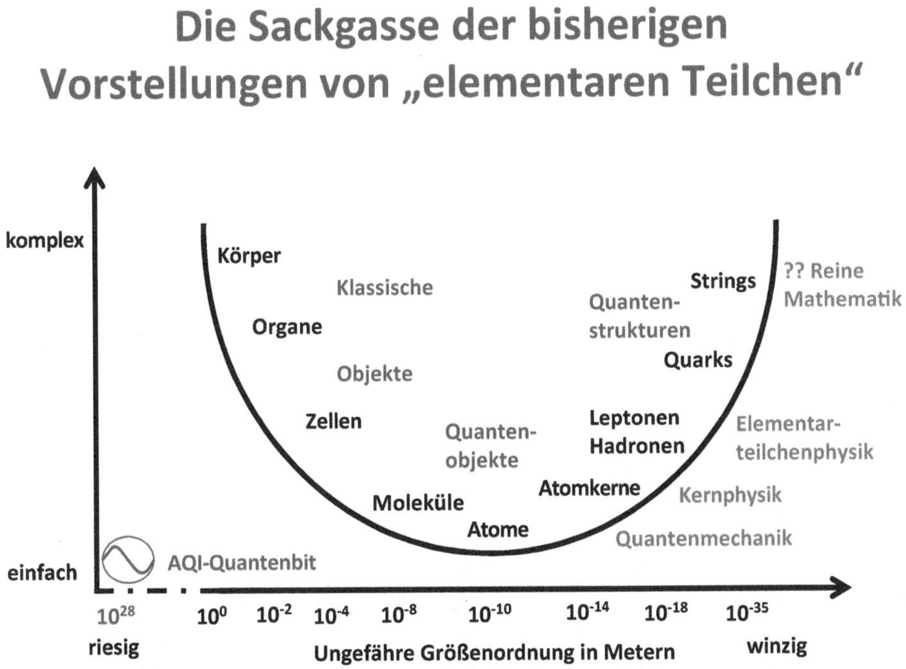

Bild 6.1 Bis zu den Atomen bewirkt die Struktur und die geringe Stärke der elektromagnetischen Wechselwirkung, dass das Kleinere auch das Einfachere wird. Jedoch danach kommt die starke Wechselwirkung ins Spiel. Dann führt der weitere Weg ins noch Kleinere zu immer komplizierteren Strukturen. Auf der Suche nach den einfachen Strukturen ist das eine erkennbare Sackgasse, ein Irrweg. Der Weg zum Einfachen führt hinweg von fiktiven räumlich winzigen Strings und von ähnlichen Modellen, welche die Einfachheit in der maximalen Lokalisierung suchen. Das tatsächlich Einfache ist nichtlokal.

> Die unvermeidliche Schlussfolgerung lautet, die Straße zu immer kleineren Teilchen ist eine Sackgasse. Dieser Weg kann daher auch nicht zu einer „neuen Physik" führen.

So lange man an dieser Vorstellung „das Winzige als das Fundamentale" festhalten möchte, liegen Schlussfolgerungen wie bei einem Artikel vom „New Scientist" nahe:

> *„We'll die before we find the answer': Crisis at the heart of physics. … Yes, we found the Higgs boson and detected gravitational waves, but they were predicted decades ago. None of the really ambitious ideas from the past 30 years or so have come good."*[2)]

In welche Richtung öffnet sich ein Weg?

---

[2] Cossins, D. (2019) *New Scientist*, 16th January 2019

6.1 Protyposis – der Ausweg aus der Sackgasse

Die Entwicklung der Quantentheorie hat – von Einsteins Hypothese und Weizsäckers Überlegungen ausgehend – zu einer Grundlegung auf der Basis der mathematisch einfachsten Quantenstrukturen geführt.

Das „It" folgt nicht aus den winzigsten, sondern aus den einfachsten und deshalb ausgedehnten absoluten Bits. Die Formung des „It", also die Gestaltung von Teilchen, erfordert statt einem Bit eine große Menge von abstrakter absoluter Quanteninformation, von AQIs.

Protyposis

Die Plancksche Formel $E = hc/\lambda$ lässt erkennen, dass immer kleinere Strukturen zu immer mehr Energie führen.

Das klingt sehr merkwürdig, man könnte auch sagen „kontraintuitiv".

Seit Jahrtausenden folgt die Wissenschaft der Idee, dass eine Zerlegung der Materie in immer kleinere Teilchen schließlich zu absolut einfachen Strukturen führen sollte. Die Quantentheorie lehrt uns jedoch mit der Planckschen Formel, dass diese Idee der Atomisten in der Realität ungültig ist. Eine spezielle Vorstellung von Reduktion, man könnte die Fülle der Wirklichkeit schließlich auf „kleinste unteilbare Teilchen" (auf „Atome") reduzieren, ist falsch.

Das Verständnis für die Plancksche Formel kann wachsen, wenn sie mit Einsteins berühmter Formel $E = mc^2$ verbunden wird. Diese zeigt auf, dass Materie und Bewegung (die in der Physik als kinetische Energie charakterisiert wird) ineinander umgewandelt werden können. Da diese beiden unterschiedlichen Erscheinungen einander äquivalent sind, kann man schließen, dass es für beide eine gemeinsame Grundlage gibt. Diese gemeinsame Grundlage sind die einfachsten Quantenstrukturen, welche mathematisch möglich sind, die AQIs. Sie werden sehr oft ohne Spezifizierung als Quantenbits bezeichnet, weil Quantenbits genau diese mathematische Struktur besitzen.

Wenn also die Menge der Energie einer Menge von AQIs äquivalent ist, dann wird die Plancksche Formel plötzlich einsichtig. Es liegt auf der Hand, dass eine immer größere Menge von möglicher Information zu einer immer genaueren Lokalisierung führen kann. Umgekehrt weist immer weniger Information auch auf eine immer geringere Lokalisierung hin. *Es entspricht auch der Alltagserfahrung, dass erst mit viel Information eine gute Lokalisierung möglich wird.* (Für die Liebhaber von Kriminalfilmen ist es evident, dass mehr Information zur „Lokalisierung des Täters" führt. Je mehr Informationen der Detektiv besitzt, desto besser kann er den Täter einkreisen.)

Die Protyposis greift die Beziehung zwischen Information und Lokalisation auf. Der geringsten Menge an Information entspricht die maximale im Kosmos mögliche Ausdehnung. Damit wird deutlich, dass dem so veranschaulichten Quantenbit keine konkrete

Bedeutung zugeordnet werden kann – es ist völlig abstrakt und bedeutungsfrei. Es ist auf den Kosmos als Ganzen bezogen und steht nicht in Relation zu etwas Anderem, es ist absolut. Es ist ein *AQI*, ein *A*bsolutes und noch bedeutungsfreies Bit von *Q*uanten-*I*nformation.

Quantenstrukturen werden durch „Wellenfunktionen" beschrieben. Wenn dies bei einem AQI geschehen soll, so wird dies mathematisch durch gruppentheoretische Überlegungen möglich. Sie werden in Abschnitt 14.2 ausführlicher behandelt. Hier soll kurz darauf verwiesen werden, dass die zuständige Symmetriegruppe $SU(2)$ geometrisch die dreidimensionale Oberfläche einer vierdimensionalen Kugel ist, eine S^3. Bereits Weizsäcker hatte vorgeschlagen, dass eine solche S^3 als das mathematische Modell des realen kosmischen Raumes verstanden werden kann.

Der aktuelle Zustand eines AQIs, in einem übertragenen Sinne seine „Wellenfunktion", kann demnach als eine Funktion auf dieser S^3 aufgefasst werden.

Sie kann dabei als *eine stationäre „Grundschwingung"* betrachtet werden. (Trotz der Bezeichnung „Wellenfunktion" sollte sie nicht als „Welle" missverstanden werden. Eine Welle bezeichnet in der Physik den Transport von Energie, ohne dass damit zugleich ein Transport von Materie verbunden ist. Für ein einzelnes AQI kann diese Vorstellung von „Transport" nicht zutreffen, erst aus sehr vielen von ihnen können sich Wellen und auch Teilchen formen.)

Als eindimensionale (und damit vorstellbare und zeichenbare) Veranschaulichung kann der Kreis, eine S^1, mit dem Sinus als Funktion dienen. So wie das Produkt vieler Sinusfunktionen zu scharfen Spitzen führt, können viele AQIs eine scharfe Lokalisierung im Kosmos beschreiben, z. B. ein Elementarteilchen.

Die Metapher einer „Grundschwingung" überträgt einen sehr abstrakten Zusammenhang in ein fast anschauliches Bild. Die wichtige Rolle von Metaphern überhaupt, auch für den wissenschaftlichen Erkenntnisprozess, betont Irmgard Scherer in ihrer Untersuchung der Kantschen Philosophie.

> *„The claim that a good metaphor can expand knowledge reveals a problem configuration similar to the Kantian quest of how the pure concepts of the understanding could be connected with the quite heterogeneous sensible intuitions to produce a new product of knowledge. In magnifying the parallel between metaphor and a priori synthetic judgments we can discover a problem common to both–how can consciousness bridge the gap between independent cognitive realms or legitimately establish the connection between two heterogeneous concepts? Considering this parallel might yield a common avenue to a solution."*[3]

[3] Scherer, I. (1995) *The Crisis of Judgment in Kant's Three Critiques*, Peter Lang, New York, S. 197 f.

(Die Behauptung, dass eine gute Metapher das Wissen erweitern kann, offenbart eine ähnliche Problemkonfiguration wie die kantische Frage, wie die reinen Begriffe des Verstandes mit den recht heterogenen sinnlichen Intuitionen verbunden werden können, um ein neues Produkt des Wissens zu erzeugen. Indem wir die Parallele zwischen Metapher und synthetischen Urteilen a priori vergrößern, können wir ein Problem entdecken, das beiden gemeinsam ist – wie kann das Bewusstsein die Kluft zwischen unabhängigen kognitiven Bereichen überbrücken oder die Verbindung zwischen zwei heterogenen Konzepten legitim herstellen? Die Betrachtung dieser Parallele könnte einen gemeinsamen Weg zu einer Lösung ergeben.)

Dabei bleibt natürlich zu beachten, dass eine Metapher keine Identität bedeutet. Jede Metapher ist offen für Missdeutungen. Der Versuch, zu der maximal abstrakten Vorstellung eines AQIs ein Bild zu entwerfen, kann wegen der anschaulichen „Ausgedehntheit" als „Grundschwingung" die Möglichkeit einer Assoziation zu Feldvorstellungen kaum vermeiden. Ein Feld hat Werte an unendlich vielen Orten und enthält unendlich viel Information. Ein AQI hingegen ist nur ein einziges Bit, obwohl es über den gesamten Raum ausgedehnt ist. Erst viele Bits sind viel Information.

In der Quantentheorie werden Quantenfelder notwendig, wenn man das Erzeugen und Vernichten von Quantenteilchen beschreiben will. Daher muss ein Quantenfeld die mathematische Möglichkeit besitzen, eine unbegrenzte Anzahl von Quantenteilchen erzeugen zu können. Da im Zustand eines Quantenteilchens bereits unendlich viel Information enthalten ist, ist der Zustand eines Quantenfeldes erst durch überabzählbar unendlich viel Information genau festgelegt.[4] Da zwischen einem Bit beim AQI und überabzählbar unendlich vielen Bits beim Quantenfeld ein riesiger Unterschied besteht, sollte es verständlich werden, warum mir der Unterschied zwischen AQI und Quantenfeld so wichtig ist. Erst sehr viele AQIs können sich zu einem Teilchen formen und erst sehr viele Teilchen und deren variable Anzahl erfordern die Beschreibung durch ein Quantenfeld.

> Das *Bild* einer Schwingung und im Gegensatz dazu manche Vorstellungen über ein Quantenfeld können eine gewisse Ähnlichkeit haben. *Das ist aber bei einem AQI gerade nicht intendiert.*

In der Quantentheorie werden komplexe Systeme über eine Produktbildung aus einfachen Strukturen erzeugt. Man kann dabei von einer „quantischen Resonanz" sprechen.

Wie ist diese Metapher zu verstehen?

---

[4] „Unendlich" ist die Menge der natürlichen Zahlen, „überabzählbar unendlich" ist das Kontinuum, die Menge aller Dezimalbrüche mit unendlich vielen Stellen hinter dem Komma.

Resonanzphänomene kennt man von Schwingungsvorgängen in der klassischen Physik. Dabei werden die Amplituden addiert. Dann kann beispielsweise eine Brücke durch eine marschierende Kolonne zu heftigen Ausschlägen angeregt werden. Beim Übergang von der klassischen Physik zur Quantentheorie wird von der „Potenzmenge“ gesprochen. (Siehe Kapitel 13.) Man kann von einer „quantischen Resonanz“ sprechen, weil beim Zusammenfügen von Quantensystemen nicht die Amplituden, sondern die Exponenten addiert werden. Bei einem Quantensystem werden im Exponenten die Frequenzen erfasst. Die *quantische Resonanz* mit der Addition im Exponenten hat die Multiplikation der betreffenden Funktionen zur Folge: $e^{(a+b)} = e^a \times e^b$.

Die AQIs der Protyposis

AQIs sind die mathematisch einfachsten Quantenstrukturen. Außer ihrer Existenz kann ihnen keinerlei „Eigenschaft“ zugesprochen werden. Der Name „Quantenbit“ legt nahe, ihm die Bezeichnung „Information“ zuzuordnen. Weiterhin wird „Information“ fast immer mit „bedeutungsvoller Information“ gleichgesetzt.

Diesen naheliegenden, aber zu engen Schlussfolgerungen sollte mit einem Begriff vorgebeugt werden, welcher keine dieser Assoziationen erzeugt: „Protyposis“.

Nachfolgend wird gezeigt, dass und wie aus den AQIs die Strukturen erzeugt werden können, welche die Physik beschreibt.

Das folgt mit den AQIs zwangsläufig aus der mathematischen Struktur der Quantentheorie.

Es betrifft u. a. auch die Strukturen der relativistischen Quantenteilchen und der fundamentalen Wechselwirkungen. Mit der Protyposis wird die Äquivalenz von Materie und Energie auf die Äquivalenz mit einer absoluten Information, den AQIs, erweitert. In Kapitel 16 wird gezeigt, dass die Masse m bzw. die Energie E eines Teilchens sich aus n der AQIs ergibt zu

$$E = mc^2 = n_{\text{AQI}} h / t_{\text{Kosmos}} \tag{6.1}$$

Metapher für eine „Grundschwingung des kosmischen Raumes“

Der Sinus ist eine mögliche Metapher für ein AQI als eine „Grundschwingung des kosmischen Raumes“, sowie für den Schluss: Erst viel Ausgedehntes wird etwas Lokalisiertes.

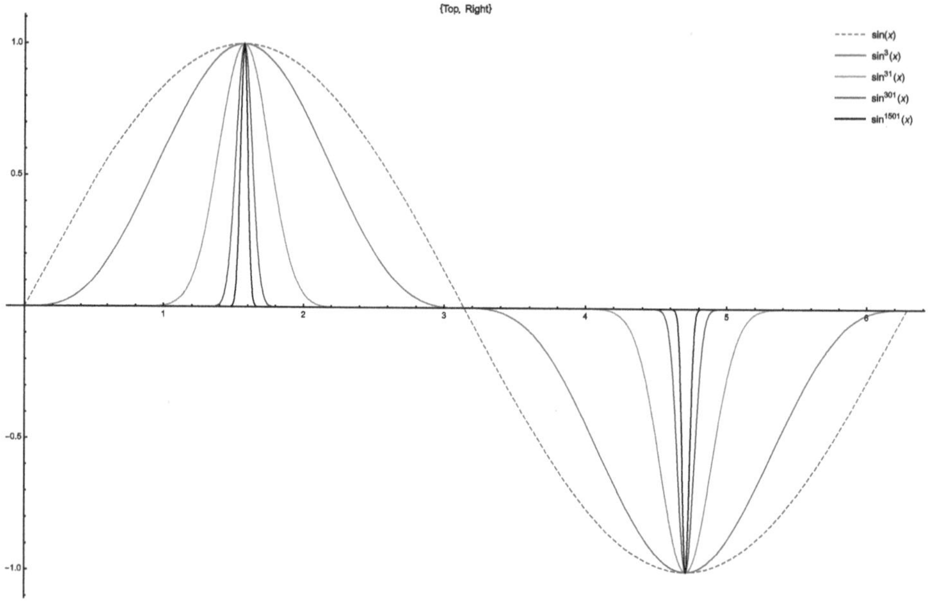

Bild 6.2 Das Bild zeigt, wie der Sinus zu einer immer enger lokalisierten Kurve wird, wenn er – in Analogie zur Quantentheorie – mit sich selbst multipliziert wird. Das Maximum mit dem Wert 1 bleibt dabei fest, alle anderen Werte sind kleiner als 1 und werden bei ihrer Multiplikation immer kleiner. Da hier nur ungerade Potenzen verwendet werden, bleiben Maximum und Minimum wie bei Sinus. Positive Potenzen würden das Minimum zu einem zweiten Maximum werden lassen.

Bei den AQIs sollte nicht von „Wellen" gesprochen werden. Wellen werden in der Physik fast immer als Objekte einer Feldtheorie verstanden, z. B. in der Elektrodynamik oder der Hydrodynamik. Feldtheorien beschreiben Systeme mit unendlich vielen Freiheitsgraden. Diese können im Prinzip an jedem Punkt im Raum einen im Prinzip veränderlichen Wert haben. Bei einem AQI hingegen ist die Form der Wellenfunktion vollkommen festgelegt. Um es am Beispiel des Sinus zu verdeutlichen: Der einzige Unterschied zwischen den verschiedenen Zuständen des Quantenbits „Sinus" besteht in dem Ort, wo dessen Maximum liegt. Der Aufbau einer Messung besteht dann in diesem Bild darin, den Ort auf dem Kreis festzulegen, der durch den Extremwert des Sinus ausgezeichnet ist. Bei der Messung gibt dann der „Quanten-Sinus" die Antwort, an dieser Stelle ist gegenwärtig (also nach der Messung) das Maximum bzw. das Minimum.

Ein „mehr" als dieses „ja" oder „nein" gibt es bei einem Quantenbit nicht. Dass man einer solchen „Antwort" keine konkrete „Bedeutung" beimessen kann, ist wohl verstehbar.

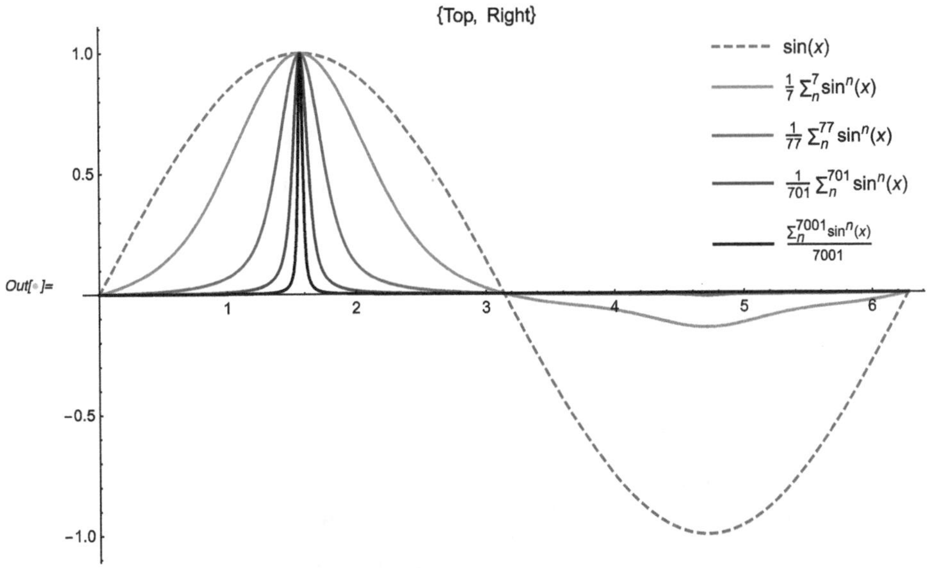

Bild 6.3 Die geringste Menge an Information ist verbunden mit der geringsten Lokalisierung, also mit der größten möglichen Ausdehnung. Zur Illustration dient hier wieder der Sinus. Dieser ist ausgedehnt über den gesamten Kreis von null bis 2π. Durch eine multiplikative – also quantische – Verknüpfung von „viel Ausgedehntem" – in der Physik von sehr vielen AQIs – entstehen mit dieser vielen Information schärfer lokalisierte Strukturen. Hier werden im Gegensatz zu Bild 6.2 Summen über verschiedene Potenzen, über verschiedene Möglichkeiten für die Anzahl der Faktoren zugelassen. Damit kann man die Struktur um einen einzigen Punkt konzentrieren und erhält so etwas wie ein Modell eines Teilchens.

6.2 Der historische Weg zur Protyposis

Wie einleitend dargestellt hatte vor mehr als einem halben Jahrhundert Carl Friedrich von Weizsäcker die Einsicht gewonnen, dass man das Erklären der Natur mit dem tatsächlich Einfachsten beginnen sollte, was es aus logischen und damit auch aus mathematischen Gründen geben kann. Er sprach von *quantisierten binären Alternativen*, den *„Ur-Alternativen"*. Der Zustand eines solchen „Urs" ist durch lediglich zwei komplexe Zahlen vollständig festgelegt. Etwas noch Einfacheres ist mathematisch und physikalisch unmöglich.

Aus seinen Überlegungen hatte Weizsäcker gefolgert, dass ein Proton etwa 10^{40} solcher Ure sein sollte. Diese Idee wurde damals von der Fachwelt z. T. mit beißendem Spott begleitet. Mich begeisterte seit langem Weizsäckers These, welche er bereits in den 1970er-Jahren publiziert hatte:

> *„Materie ist Form. Bewegung ist Form. Masse ist Information. Energie ist Information."*[5]

Nachdem ich 1979 aus Leipzig kommend zu Weizsäckers Arbeitsgruppe in Starnberg gestoßen war, erkannte ich, dass und wie mit den Schwarzen Löchern und mit den Erkenntnissen von Bekenstein und Hawking die Überlegungen Weizsäckers mit den etablierten und bereits bewährten Bereichen der Physik verbunden werden konnten.

Bild 6.4 Bei einem der vielen Arbeitsbesuche auf Weizsäckers Alm

Ich habe mich in meinen Forschungen für diese Idee eingesetzt und den Schwerpunkt meiner wissenschaftlichen Arbeit im fundamentalen Verstehen der Physik und in einer möglichst verständlichen Aufarbeitung dieser Resultate gesehen. Dabei war es auch für mich sehr schwierig gewesen, mich von den Vorstellungen und Bildern zu lösen, mit der Physiker im 20. Jahrhundert normalerweise ausgebildet werden: die winzigsten Teilchen bilden das Fundamentale. Ich stand vor der Frage:

[5] Weizsäcker, C. F. v. (1972) *Die Einheit der Natur*, Hanser, München, S. 361

> Werden sich Modelle entwickeln und Formeln finden lassen, sodass Quanteninformation als Grundlage der physikalischen Weltbeschreibung erscheint? Kann Weizsäckers Ansatz und seine These vom „Proton als 10^{40} Ure" mit der bewährten theoretischen Physik verbunden werden? Eine solche Zahl überstieg das damals in der Physik Vorstellbare bei Weitem.

Der Weg zur Lösung dieser Fragen begann bei den Schwarzen Löchern und führte breit von der Kosmologie und der Konstruktion von Quantenteilchen über die Begründung der vier physikalischen Wechselwirkungen zur naturwissenschaftlichen Erklärung von Bewusstsein.

Doch zurück zu den 1970er-Jahren. Damals wurde durch die erwähnten Arbeiten von Jacob Bekenstein[6)] und Stephen Hawking[7)] zur Entropie der Schwarzen Löcher deutlich, dass quantentheoretische Zusammenhänge sogar für solche großen Objekte wie ein Black Hole äußerst bedeutsam sind. Auch das steht im Gegensatz zu der weit verbreiteten, jedoch irrtümlichen Auffassung, die Quantentheorie sei auf den Bereich der Mikrophysik beschränkt.

Die mathematischen Methoden, welche diese erwähnten Wissenschaftler und viele weitere verwenden, sind die Methoden der Quantenfeldtheorie. Die Quantenfeldtheorie ist die komplizierteste mathematische Theorie, mit der in der Naturwissenschaft und speziell in der Physik gearbeitet wird. Mit ihr werden seit vielen Jahrzehnten die vertracktesten physikalischen Probleme behandelt. Diese betreffen einerseits die extrem komplexen Probleme in der Elementarteilchenphysik und vor allem eine immer weitergehende Erklärung der Phänomene und Zusammenhänge in den verschiedenen Formen der Materie. Vor allem bei den Festkörpern, aber auch bei Flüssigkeiten und Molekülen zeigt die Quantenfeldtheorie ihre theoretische Vielfalt und Nützlichkeit.

> Quantenfeldtheorien berücksichtigen, dass Quantenteilchen auch lediglich virtuell existieren können. Dann erscheinen sie für sehr kurze Zeit (eigentlich nur „virtuell") und verschwinden wieder. Aber bereits ihre „mögliche Existenz" ruft reale Wirkungen hervor.

Beispiele für virtuelle Quantenteilchen, die reale Effekte erzeugen, sind zum einen die berühmt gewordenen Quarks und Gluonen. Sie erzeugen reale Wirkungen, erscheinen jedoch niemals als reale Teilchen. Weiterhin gehören dazu alle die virtuellen Teilchen innerhalb von festen Körpern, die als Löcher, Exzitonen, Polaritonen und so weiter bezeichnet werden.

---

6 Bekenstein, J. (1973) *Black Holes and Entropy*, Physical Review D 7, S. 2333–2346

7 Hawking, S. W. (1975) *Particle Creation by Black Holes*, Commun. math. Phys. 43, S. 199–220

Die Methoden der Quantenfeldtheorie haben bisher bei der Gravitation und damit auch bei der Kosmologie und bei den Schwarzen Löchern nicht zu den erwünschten Erfolgen geführt. Oft wird ein Zusammenführen dieser beiden Theoriebereiche zu den großen Problemen in der Naturwissenschaft der letzten Dekaden gerechnet.

> In der Geschichte der Naturwissenschaft zeigt sich, dass Umwälzungen oft dadurch erfolgen, dass man aus einem neuen Blickwinkel auf die bisherigen Probleme sieht.

Bevor wir uns diesen Fragen zuwenden, soll noch ein Blick auf die grundsätzlichen Strukturunterschiede zwischen klassischer Physik und Quantentheorie geworfen werden. Dazu sollen besonders und sehr kurzgefasst die verschiedenen Teilchenvorstellungen dieser Theoriebereiche erläutert werden.[8)]

[8] ausführlicher findet man alles in: Görnitz, T. (1999) *Quanten sind anders: Die verborgene Einheit der Welt*, Spektrum Akademischer Verlag, Heidelberg

7 Grundprinzipien von klassischer und quantischer Physik

Für das Verstehen der Physik ist es hilfreich, die Unterschiede zwischen klassischer Physik und Quantenphysik deutlich gegenüberzustellen. Einer der Gründe für die Schwierigkeiten, die Quantentheorie zu verstehen, besteht aus meiner Sicht auch darin, dass es viele Versuche gibt, Unterschiede zwischen beiden Theoriebereichen zu verwischen. Besonders deutlich wird dies in den Fällen, in denen man eine unvollständige Kenntnis über physikalische Systeme behandelt.

Es gibt eine Beschreibung in der Quantentheorie, die von einer unvollständigen Kenntnis des Quantensystems ausgeht. Der Fachausdruck dafür ist „Dichtematrix oder Dichteoperator". Dabei kann die Unkenntnis über die quantischen Möglichkeiten kontinuierlich in eine Unkenntnis über unbekannte Fakten übergehen. Unbekannte Fakten gehören zur klassischen Physik, sodass damit eine mathematische Verbindung zwischen Quantentheorie und klassischer Physik gegeben ist.

> Ein solcher Übergang zwischen Quantentheorie und klassischer Physik ist einerseits notwendig, denn die Genauigkeit der Quantentheorie ist in vielen Fällen bei der Beschreibung von sehr massereichen Systemen ohne zusätzlichen Nutzen.

Für das Begreifen der Quantentheorie ist es aber hilfreich, wenn wesentliche Prinzipien und die Unterschiede zwischen ihr und der klassischen Physik deutlich werden.

Die Quantentheorie ist eine Theorie der Möglichkeiten, die reale Wirkungen erzeugen können. Der Unterschied zwischen dem Wort „Möglichkeiten" als Bezeichnung für unbekannte Fakten und dem Wort „Möglichkeiten" als Ausdruck für wirkende Einflüsse von noch nicht faktisch gewordenen Quantenzuständen wird bei den Dichtematrizen undeutlich.

„Wirkende Möglichkeiten" bedenken und berücksichtigen wir im Alltag fast immer. So beruht das Geschehen an der Börse auf der Wirkung von noch nicht faktischen Möglichkeiten. Diese Beispiele können helfen, die Quantentheorie anschaulicher werden zu lassen. An der Börse ist der Bär das Symbol für eine fallende (negative) Kursentwicklung, die Börse ist dann „bearish". Bullenmarkt steht an der Börse für anhaltend steigende Börsenkurse.

Bild 7.1 Skulptur „Bulle und Bär" vor der Frankfurter Börse von Reinhard Dachlauer[1)]

7.1 Kennzeichen der klassischen Physik

Hinter der klassischen Physik steht ein Weltbild, das im Wesentlichen etwa wie folgt charakterisiert werden kann:

Die Realität besteht aus Objekten. Diese kann man sehen und anfassen. Sie behalten ihre Existenz, und wenn sie sich doch verändern, dann behalten die Teile, aus denen sie bestehen, ihre Existenz. Wenn sich beispielsweise ein Schwamm unter der Wirkung einer äußeren Kraft verändert, z. B. durch Zusammendrücken, dann bleiben die Moleküle unverändert, aber die Abstände zwischen ihnen ändern sich.

Die additive Struktur, welche Objekte in ihrer Eigenständigkeit belässt – auch, wenn sie aufeinander einwirken – wird in der Mechanik der Punktteilchen am deutlichsten sichtbar.

Kommen wir noch einmal zurück zu unserem Sonnensystem mit der Sonne und den acht Planeten. Um das System dieser 9 Körper mathematisch zu beschreiben, benötigt man 3 + 3 + 3 + 3 + 3 + 3 + 3 + 3 + 3 Ortskoordinaten und 3 + 3 + 3 + 3 + 3 + 3 + 3 + 3 + 3 Geschwindigkeitskoordinaten. Es handelt sich dabei um die Summe der Dimensionen der Orts- und Geschwindigkeitsräume, also um einen abstrakten Raum mit 54 Dimen-

[1] Quelle: Eva Kröcher, *https://commons:wikimedia.org /wiki/File:Bulle_und_Bär_Frankfurt.jpg*, geladen am 22.09.2021

sionen. Wenn dabei (zwar mathematisch korrekt, weil es sich um R^n handelt, in diesem Fall um einen R^{54}) von einem „direkten Produkt“ gesprochen wird, so kann das wahrscheinlich wesentliche Aspekte des Verstehens, die Summationsstruktur, verdecken.

Zwischen den Objekten wirken Kräfte. Diese kann man nicht sehen, aber spüren, wenn sie stark genug sind. Die Objekte bewegen sich unter der Wirkung von Kräften nach deterministischen Gesetzen. Daher wird in der klassischen Physik alles Geschehen wie etwas Faktisches beschrieben. Unter der Wirkung von Kräften formen sich aus Objekten größere Strukturen. Wenn die Abstände zwischen den Objekten groß werden, dann werden die Kräfte zwischen ihnen klein. Die Wirkung der Anziehungskraft des Mondes kann man nur an den größeren Gewässern erkennen, am offenen Meer durch Ebbe und Flut. Von der Gravitation der Planeten spüren wir Menschen nichts. Sie wird erst durch genaue astronomische Beobachtungen und Rechnungen erkennbar.

Insbesondere kann man sich gemäß dieser Theorie von dem Beobachteten so stark abgrenzen, dass jede Beobachtung ohne Einfluss auf das Beobachtete bleibt. Wenn kein Einfluss besteht, dann hat auch die Reihenfolge von Beobachtungen nach den Vorstellungen der klassischen Physik keinerlei Auswirkungen auf das, was beobachtet wird.

Obwohl dies auf den ersten Blick zutreffend erscheinen mag, so stimmt es doch mit unseren alltäglichen Erfahrungen nicht tatsächlich überein.[2)] Unser alltägliches Handeln erscheint uns keineswegs als vollständig faktisch determiniert. Wir erleben, dass bereits bloße Möglichkeiten in Form von Optionen auf unser gegenwärtiges Handeln Einfluss nehmen. Ein gewisses Maß an Freiheit nehmen wir wahr.

In vielen Fällen haben wir zurecht den Eindruck, dass ein Ganzes mehr ist als die bloße Summe seiner Teile. Und wenn wir uns verdeutlichen, dass auch Beobachtungen Handlungen sind, dann darf vermutet werden, dass bei ihnen - so wie bei anderen Handlungen auch - eine Änderung der Reihenfolge zu Unterschieden führen kann. Wir werden erst das Wasser in den Topf füllen und ihn dann auf den Herd setzen und nicht umgekehrt. *Alle diese Selbstverständlichkeiten werden in der klassischen Physik ausgeblendet.*

Im Rahmen der klassischen Physik genügt die Kenntnis der Teile, um ein System vollständig zu beschreiben. Wenn man, wie vorn bereits ausgeführt, von der Sonne und den acht Planeten jeweils die Orts- und Geschwindigkeitskoordinaten kennt, dann ist damit in der klassischen Mechanik alles Notwendige über das Sonnensystem bekannt.

---

2 ausführlicher findet man alles in: Görnitz, T. (1999) *Quanten sind anders: Die verborgene Einheit der Welt*, Spektrum Akademischer Verlag, Heidelberg

Wenn meine Enkel aus einem Kasten, der mit „drei in einem" wirbt, aus den gleichen Steinen ein Haus und dann einen Dampfer bauen, dann haben sie den Eindruck, etwas Neues zusammengefügt zu haben.

Im Rahmen der klassischen Physik würde man allerdings sagen, dass der Zustand jedes Steines durch seinen Ort im Raum bestimmt ist. Der Gesamtzustand des zusammengesteckten Gebildes ist dann vollständig festgelegt, wenn der Ort jedes Steines festliegt. Die Bauanleitungen lassen das auch deutlich erkennen. Es gibt gemäß klassischer Physik an dem Haus oder dem Dampfer nichts, was über die Anordnung der Steine hinausgehen würde. Kinder und wohl auch andere würden einer solchen Behauptung vehement widersprechen: Man sieht doch, dass es zwei vollkommen andere Gebilde sind. Wieso haben sie Recht?

7.2 „Bedeutung" und die Unterscheidung zwischen Form und Inhalt

> Unsere Wahrnehmungen richten sich keineswegs nur nach den Strukturen der klassischen Physik.

Wenn aus dem Haus ein Dampfer geworden ist, dann ist das auch etwas Neues!

Wir unterscheiden zwischen Inhalt und Form!

Eine neue Form wird als Gestalt wahrgenommen. Und eine neue Gestalt ist etwas Neues.

Wir verwandeln beim Wahrnehmen eine Menge von Lego-Steinen in eine Ganzheit. Diese Gestalt wird zur wesentlichen Information. Die einzelnen Steine müssen zwar zu ihrem Aufbau verwendet werden, aber sie sind an vielen Stellen austauschbar. Welcher Stein sich genau wo befindet, das ist eine Information, die wir nicht mehr als bedeutungsvoll ansehen.

Das „Sehen" einer Gestalt und damit einer speziellen Form ist zumindest für viele Tiere genauso wie für uns Menschen ein für das Überleben entscheidender Vorgang von Abstraktion. Eine Fülle an möglicherweise bedeutsamer Information wird – zumeist unbewusst oder vorbewusst – aufgeteilt in einen relevanten Anteil und einen irrelevanten Anteil. Diese Einteilung wird wesentlich vom jeweiligen Kontext mitbestimmt und ist daher schwer oder gar nicht in eine mathematische Formel zu pressen.

7.3 Form als bedeutungsvolle Information

Wir hatten die AQIs als bedeutungsoffene Quanteninformation eingeführt. Wie wir noch ausführlich darstellen werden, treten manche der AQIs in einer Struktur auf, die man üblicherweise als materielles Quantenteilchen oder als Energiequant bezeichnet. Solche elementaren Objekte besitzen so wenig Strukturreichtum, dass Objekte der gleichen Sorte untereinander nicht anhand ihrer Eigenschaften unterschieden werden können. Kein Elektron ist von einem anderen Elektron unterscheidbar.

Je komplexer zusammengesetzte Strukturen werden, desto mehr Eigenschaften können an ihnen zu Unterschieden zwischen ihnen werden. Bei den Lebewesen ist es schwer vorstellbar, dass es unmöglich sein sollte, eines von einem anderen der gleichen Art *nicht* unterscheiden zu können. Selbst bei den Viren, die ich nicht zu den Lebewesen rechne, scheinen die individuellen Mutationen fast so etwas wie eine Individualität zu ermöglichen.

Je mehr Eigenschaften vorhanden sind, desto besser lassen sich die verschiedenen Formen voneinander unterscheiden. In vielen Fällen sind aber von den prinzipiell möglichen Unterscheidungen die meisten bedeutungslos. Bei einer Kiste mit Schrauben, die von einem Automaten gefertigt wurden, werden wir keinen Grund erkennen können, die eine Schraube von einer anderen unterscheiden zu wollen.

Wenn wir das Angemerkte bedenken, dann können wir feststellen, dass nur wesentliche Eigenschaften eine Bedeutung erhalten. „Wesentlich" ist dabei natürlich kontextabhängig. Ob einer Struktur eine Bedeutung zugewiesen wird oder nicht, das hängt selbstverständlich vom betreffenden Lebewesen ab und in gleicher Weise auch von der konkreten Situation, in der es sich befindet.

> Wenn wir die philosophische Unterscheidung von Form und Inhalt reflektieren, dann zeigt sich, dass Bedeutung bei einer ersten Wahrnehmung fast immer einer Form zugewiesen wird. Der Inhalt kann dabei in vielen Fällen mehr in den Hintergrund treten.

Bei den Nahrungsmitteln kann dies wohl zuerst Widerspruch auslösen. Da alles gekaut wird, scheint die Form weniger wichtig zu sein, obwohl natürlich bei einer großen Hochzeitstorte die Form die eigentliche Bedeutung vermittelt. Aber sonst ist ja bei Schokolade oder Käse die Gestalt oft weniger wichtig als der Geschmack. Allerdings kann man sich damit herausreden, dass man bei einem Duft die Form der Moleküle über ihre Andockstelle in der Nasenschleimhaut erkennt und dass z. B. die Schokolade eine spezielle Form von Kakao und Milch ist. Auf jeden Fall ist festzustellen, dass die Unterscheidung zwischen Form und Inhalt vom jeweiligen Kontext abhängt und nicht durch Naturgesetze festgelegt wird.

Dieser Wechsel der Sichtweise wird auch bei einem eher unschön geformten Schmuckstück deutlich. So mag man einwenden, dass bei manchem Schmuck nur der Inhalt als Edelmetall bedeutungsvoll ist, die Form nicht. Diesem Einwand könnte man durch den Verweis begegnen, dass eine Anordnung von Protonen und Neutronen in Form von Goldatomen eine wesentlich andere Form ist als eine ähnliche Anordnung dieser Ausgangsteile zu anderen Atomen. Und genau diese Form der Elementarteilchen macht beim hässlichen Goldschmuck die Bedeutung aus, die man bei einem Verkauf realisieren könnte.

Es sollte deutlich geworden sein, dass fast alle AQIs, die ein Objekt konstituieren, normalerweise dem Inhalt zugeordnet werden. Lediglich ein winziger Anteil von ihnen, der die Form bestimmter Eigenschaften annimmt, wird zu bedeutungsvoller Information.

Im normalen Alltagsgeschehen werden wir eine Tasse Kaffee wohl nie als speziellen Zustand von Wasserstoff- und Sauerstoffatomen benennen, selbst dann nicht, wenn wir an Wassermoleküle denken, weil der Kaffee so dünn ist. Und wenn wir von den Atomen sprechen, auch dann meinen wir zumeist eine „Form“, diesmal von Elementarteilchen.

> Erst bei AQIs wird eine Unterscheidung zwischen „Form" und „Inhalt" zu einer Unmöglichkeit. Dann bleibt die Bezeichnung eine Frage der Vorstellungen oder Vorlieben.
>
> In-formation verweist allerdings doch stark auf Form.

7.4 Quantentheorie – Ausgedehnte Ganzheit, Verschränkung, Nichtlokalität

Vorm Weitergehen soll noch ein Blick auf manche üblicherweise vernachlässigte Aspekte der Quantentheorie geworfen werden. Viele populäre Darstellungen verweisen vor allem auf „kleinste Teilchen“ oder auf eine „Welle-Teilchen-Dualität“. Diese beiden Aspekte jedoch lassen noch Wesentlicheres der Quantentheorie nicht deutlich werden.

Die Quantentheorie erklärt, warum in einer Ganzheit oft die Kenntnis des Ganzen keinen eindeutigen Rückschluss auf die jeweiligen Zustände möglicher Teile zulässt. Und umgekehrt lassen die Eigenschaften der Atome von Wasserstoff und Sauerstoff für sich allein keinerlei von dem erkennen, was wir als Eigenschaften von Wasser wahrnehmen können.

Wenn wir die Möglichkeiten und damit die Optionen in der Natur – und damit auch von uns als Teil der Natur – besser und genauer beschreiben und erklären wollen, dann müssen wir das auch in der Theorie mit beachten.

> Wenn wir die Quantentheorie verstehen wollen, dann ist das Wesentliche an dieser besten naturwissenschaftlichen Theorie, die wir heutzutage kennen, dass sie diese Selbstverständlichkeiten unserer Alltagserfahrungen mithilfe einer klaren mathematischen Struktur in die theoretische Naturbeschreibung eingeschlossen hat.

Die Quantentheorie ist also sehr viel näher an solchen täglichen Erfahrungen als die klassische Physik. Sie verwendet daher auch andere mathematische Methoden als diese. Die Quantentheorie führt allerdings manchmal auch zu Resultaten, die zumindest auf den ersten Blick verblüffend erscheinen.

Da die Strukturen der Quantentheorie nicht mit den althergebrachten Strukturen der klassischen Physik auf eine einfache Weise kompatibel erscheinen, gibt es bis heute auch bei manchen Physikern den Wunsch, die Welt allein mit den alten Strukturen beschreiben zu wollen. Allerdings sind die Genauigkeiten der Experimente und die hochentwickelte Technik so weit vorangeschritten, dass die ungenügende Genauigkeit der klassischen Physik in vielen Bereichen der Naturbeschreibung erkennbar unzureichend geworden ist.

Wir fassen einige Prinzipien der Quantentheorie zusammen:

- Die Quantentheorie ist die Physik des Genauen. Im „Kleinen“ muss man immer genau sein, dort ist die Quantentheorie unverzichtbar. Im „Großen“ kann die Genauigkeit manchmal etwas weniger streng gefasst werden, dann genügt die klassische Physik.
- Die Quantentheorie ist eine Physik der Möglichkeiten. Sie hat uns erkennen lassen, dass bereits in der unbelebten Natur bloße Potenzialitäten reale Wirkungen erzeugen.
- Die Quantentheorie ist eine Physik der Beziehungen. Die führen zu Ganzheiten. Aus einfachen Strukturen werden auf eine multiplikative Weise komplexere Ganzheiten. Diese sind dann mehr als die Summe ihrer Teile, sie sind anders und etwas völlig Neues. Die Chemie ist die Wissenschaft, die zeigt, wie aus Atomen völlig neue Strukturen entstehen können, zum Beispiel die Moleküle.
- Quantische Ganzheiten erfassen als klare mathematische und physikalische Strukturen dasjenige, was in der Systemtheorie ganz allgemein als „System“ bezeichnet wird.
- Die quantischen Ganzheiten sind im Raum und in der Zeit ausgedehnt und ohne Teile, bis sie theoretisch oder tatsächlich zerlegt werden. Ein experimentelles Beispiel sind Schrödingers Kätzchen (siehe Abschnitt 7.8.1).
- Die einfachsten Quantenstrukturen können wegen ihrer mathematischen Gestalt als Quantenbits bezeichnet werden.

- Für jedes Geschehen kann die Reihenfolge von Ereignissen das Ergebnis beeinflussen. Das bezeichnet man oft als „Nichtvertauschbarkeit" von Operationen.
- Ein isoliertes Quantensystem verbleibt in einer ausgedehnten Gegenwart.

Die Rolle des Möglichen impliziert auch, dass ein Quantensystem zwischen einem faktischen Ereignis und dem nächsten an ihm in einem Zustand einer „ausgedehnten Gegenwart" – in einer „Zeitfreiheit" – verbleibt, in der sich zwar die Möglichkeiten verändern können, in der jedoch nichts passiert. Denn nur durch Fakten wird die Zeit gegliedert.

Die multiplikative Struktur führt zu solchen Phänomenen wie der Nichtlokalität und der Ausgedehntheit auch von Quantenstrukturen, wie sie beim Tunneleffekt oder bei EPR-Ereignissen deutlich werden.

Teilelosigkeit

Ein Charakteristikum der AQIs ist deren grundlegende Nichtlokalität. Diese Nichtlokalität wirkt sich auch in den Bereichen der Quantentheorie aus, in denen man mit dem Modell des Teilchens recht gut arbeiten kann. Teilchen sind definiert als lokalisierte Objekte. Daher erscheint für Teilchen eine „Nichtlokalität" als merkwürdige Vorstellung.

Verbinden sich Teilchen zu einem Ganzen, beispielsweise Atome zu einem Molekül, so wird dieses Ganze primär zu etwas Teilelosem. Ein Molekül und bereits ein Atom wirken primär als Ganzheit ohne Teile.

Teile kommen erst zum Vorschein, wenn das Ganze im Experiment oder zumindest gedanklich in der Theorie in Teile zerlegt wird. Eine solche „Zerlegung" entsteht schon, wenn an einem Molekül eine Wechselwirkung ersichtlich wird. Dann können beispielsweise Schwingungen der Atomkerne gegeneinander bemerkbar werden.

Auch hierbei ist es wieder hilfreich, sich an den Näherungscharakter der Naturwissenschaft zu erinnern. Je nach dem Genauigkeitsgrad, der in der jeweiligen Situation erforderlich ist, wird man mit verschiedenen Modellen arbeiten und pragmatisch vorgehen. Anschauliche Beispiele für einen solchen flexiblen Umgang liefert die Chemie.

Den theoretisch versierteren Chemikern ist durchaus bewusst, dass die Teilelosigkeit der delokalisierten Valenzelektronen in einem Molekül die chemische Bindung generieren. Andererseits wird kein Chemiker auf die Summen- und Strukturformeln der Chemie verzichten wollen. Bei allen chemischen Umsetzungen liefern diese „Bausteine" eine erkenntnisleitende Vorstellung. Schließlich sind sie der Ausdruck für die Stabilität der Atomkerne – und das ist in der Chemie eine unerlässliche Voraussetzung. Bei O_3, einem Ozon-Molekül, „sieht" man schließlich die Teile, die drei Sauerstoffatome, aus denen es zusammengesetzt ist und in die es bei einer chemischen Umsetzung zerlegt werden kann.

Wenn es allerdings auf eine sehr große Genauigkeit ankommt, dann sind diese halbklassischen Bilder nicht mehr sonderlich hilfreich. In der Physik hat man sich daran gewöhnt, dass in einem Doppelspalt-Versuch mit einzelnen Photonen oder Elektronen das Ergebnis unterschiedlich ausfällt, je nachdem, ob die Spalten kontrolliert werden oder nicht. (Siehe Abschnitt 10.5.) Dass aber auch ein einzelnes Riesenmolekül mit sich selbst interferieren kann, dass wird durchaus als sehr erstaunlich angesehen. Heute kann bereits ein großes Molekül aus etwa 2000 Atomen und mit einer Masse von etwa 25 000 Wasserstoffatomen erfolgreich mit sich selbst zur Interferenz gebracht werden. Das Molekül hat sich also dann wie eine Welle verhalten.

In solchen Fällen extremer Genauigkeit wird erkennbar, dass anstelle einer zutreffenden „teilelosen Ganzheit“ die pseudoanschaulichen Bilder eines „Moleküls aus vielen Teilchen“ ein Verständnis sehr erschweren können.

Zwei dieser Bereiche, an denen die Teilelosigkeit, die durch die Nichtlokalität der Quantenphysik bewirkt wird, auch im Experiment noch deutlicher erkennbar wird als im Doppelspaltversuch, der in Abschnitt 10.5 besprochen wird, sind die EPR-Experimente und der Tunneleffekt.

7.4.1 Tunneleffekt

> Beim Tunneleffekt kommt zum Tragen, dass Quantenteilchen mögliche Orte besitzen, die nie auf einen Punkt eingegrenzt sind. Je geringer die Masse eines Teilchens ist, desto größer sind seine Comptonwellenlänge und damit die Ausdehnung der möglichen Orte, an denen es mit hinreichender Wahrscheinlichkeit gefunden werden kann. Diese Wahrscheinlichkeit wird kleiner, je weiter ein möglicher Ort vom Massenmittelpunkt entfernt ist.

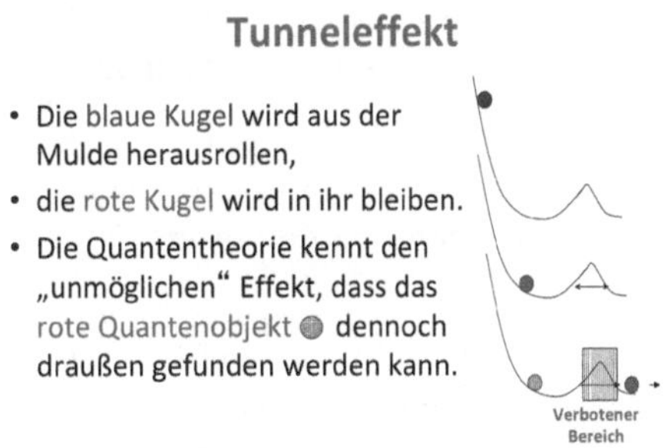

Bild 7.2 Ein Teilchen befinde sich innerhalb des Bereiches eines Potentialwalls. Wenn seine Energie nicht ausreicht, diesen Wall zu überwinden, dann wird es nach den Gesetzen der klassischen Physik, speziell des Energieerhaltungssatzes, in diesem Bereich verbleiben. Das ändert sich bei einer genaueren, also quantenphysikalischen Betrachtung.

Abhängig von Höhe und Breite des Potentialwalls können mögliche Orte des Teilchens auch außerhalb des Walls gefunden werden. In diesem Fall wird es eine – wenn auch kleine – positive Wahrscheinlichkeit dafür geben, dass sich das Teilchen an einem derartigen äußeren Ort auch faktisch befinden kann. Dann kann sich das Teilchen mit der Energie, die es im Inneren des Walls hatte, außerhalb von diesem hinwegbewegen. Dies erweckt den Eindruck, als habe es den Potentialwall „durchtunnelt".

7.4.2 EPR-Gedankenexperiment

Das EPR-Gedankenexperiment wurde im Jahre 1935 von Albert Einstein zusammen mit Boris Podolsky (1896 – 1966) und Nathan Rosen (1909 – 1995) vorgeschlagen. Einstein sah die Problematik, welche sich zwischen der Speziellen Relativitätstheorie als einer streng lokalen Theorie und der Nichtlokalität der Quantentheorie ergeben kann.

So wollten die drei Forscher aufzeigen, welche – nach ihrer Meinung absurden – Konsequenzen aus der mathematischen Struktur der Quantentheorie folgen. Interpretiert man das Experiment so, dass „zwei Teilchen" über beliebige Entfernungen augenblicklich ihren Zustand ändern würden, dann müsste eine Kraftwirkung oder zumindest eine Informationsübertragung folgen, die schneller als mit Lichtgeschwindigkeit ablaufen würde. Das wäre eine absurde Vorstellung.

Lange glaubte man, dass dieses Gedankenexperiment kaum Realität werden könnte. John Bell (1928 – 1990) hatte 1964 mit seinen Überlegungen gezeigt, dass man – durch Überprüfung der von ihm aufgestellten Ungleichung – feststellen könnte, ob ein Modell der Quantentheorie mit verborgenen lokalen Variablen möglich sei. Das würde bedeuten, dass man die Quantentheorie wie eine klassische Physik formulieren könnte. Bell hoffte das.

Wieder zwei Jahrzehnte später zeigten Versuche von Alain Aspect (*1947), dass dies nicht möglich ist. In Aspekts Versuchen wird ein Photon geteilt, sodass – wie man sagt – zwei verschränkte Photonen entstehen.

Die Quantentheorie zeigt jedoch im Gegensatz zu dieser üblichen Sprechweise, dass es sich immer noch um *ein teileloses Ganzes* handelt, welches ich deswegen als „ein Diphoton" bezeichne.

Dieses wird durch einen Eingriff dann tatsächlich in zwei Teile, in zwei Photonen, zerlegt. An diesen wird die sofortige Änderung der Korrelation nachweisbar.

Nach einem Vortrag an der TU München Anfang der 1980er-Jahre in Garching meinte Bell danach beim Bier zu Weizsäcker und mir, er sei kaltblütig genug, um zu akzeptieren, dass die Wirklichkeit anders ist, als er gehofft habe.

Bild 7.3 Eine teilelose Ganzheit (die evtl. aus zwei Quanten erzeugt wurde) breitet sich im Raum aus. Solche Ganzheiten werden präpariert, indem zwei Teilchen in Wechselwirkung gebracht werden und dann diese Ganzheit sich im Raum immer weiter ausbreitet, oder indem ein Photon in einem nichtlinearen optischen Medium in ein „Diphoton" verwandelt wird. (Was bisher etwas irreführend als „zwei Photonen mit halber Energie (also Frequenz) und damit doppelter Wellenlänge bezeichnet wird.)

EPR-Experiment

Beim EPR-Experiment trennen sich (gemäß der Vorstellung dieser Forscher) nach einer Wechselwirkung zwei Teilchen und laufen weit voneinander weg. Durch die Wechselwirkung wurde mit ihnen zuvor etwas aufgebaut, was Erwin Schrödinger als Verschränkung bezeichnet hat. Die „Verschränkung" hat zur Folge, wie bei EPR verdeutlicht wird, dass ein Eingriff an dem einen Teilchen eine sofortige Änderung des Zustandes vom anderen bewirkt – also schneller als mit Lichtgeschwindigkeit.

Wie ist EPR zu verstehen?

Durch die Wechselwirkung und die damit verbundene Tensorprodukt-Struktur wird aus den beiden Teilchen eine teilelose quantische Ganzheit. Diese dehnt sich aus. Wird jetzt an einem Ende ein Messeingriff vorgenommen, so wird dort ein faktisches Ergebnis erhalten. Die Ganzheit wird durch diesen Eingriff augenblicklich in zwei Teile zerlegt und das andere Ende gelangt sofort in einen Quantenzustand, der mit dem Messergebnis absolut korreliert ist.

Ereignisse können korreliert sein, ohne dass zwischen ihnen ein kausaler Zusammenhang gegeben sein muss. Oft kann allerdings ein Ereignis in der Vergangenheit als gemeinsame Ursache für die Korrelation gefunden werden. Bei dem bekannten Beispiel des Maximums der Geburtenhäufigkeit in Schweden und dem gleichzeitigen Erscheinen der Störche dort kann man spekulieren, dass das dortige Klima als Ursache in Betracht kommen kann. Auf die warmen Sommermonate mit den weißen Nächten folgt neun Monate später der Frühling mit den wiederkehrenden Störchen.

Bei den sichtbar werdenden Korrelationen in der Quantentheorie hat sich zuvor durch eine Wechselwirkung ein *teileloser Zustand* gebildet, an dem die Ausgangsteile nicht mehr deutlich werden.

7.4.3 Eine Veranschaulichung des EPR-Experimentes

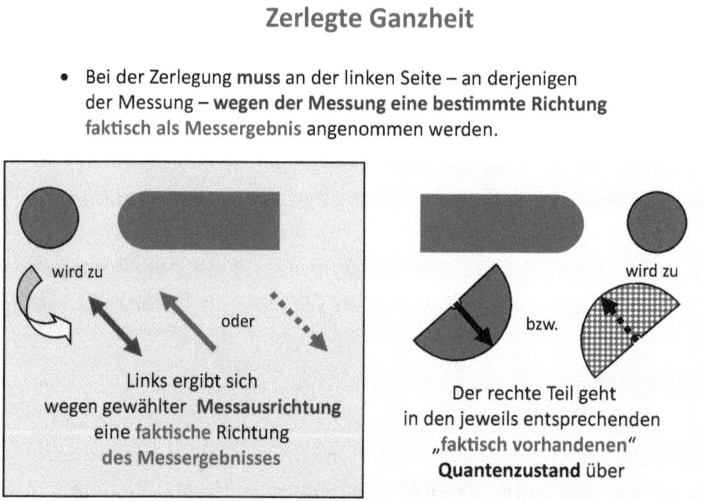

Bild 7.4 Bei der Messung an der Ganzheit wird der kohärente Quantenzustand zerlegt. Die entstehenden Teile sind korreliert. Der „nichtgemessene Quantenzustand liegt faktisch fest" und kann aus dem gewonnenen Messergebnis mit Sicherheit erschlossen werden. Daraus folgt jedoch nicht, dass damit auch eine Kenntnis über ein mögliches Messergebnis verbunden ist, was an diesem Zustand durchgeführt werden kann. Je nach geplantem Messvorgang ergibt sich eine Wahrscheinlichkeitsaussage.

Die gleiche Ganzheit anders zerlegt

- Bei der Zerlegung **muss** an der linken Seite – an derjenigen der Messung – **wegen der Messung eine bestimmte Richtung faktisch als Messergebnis** angenommen werden.

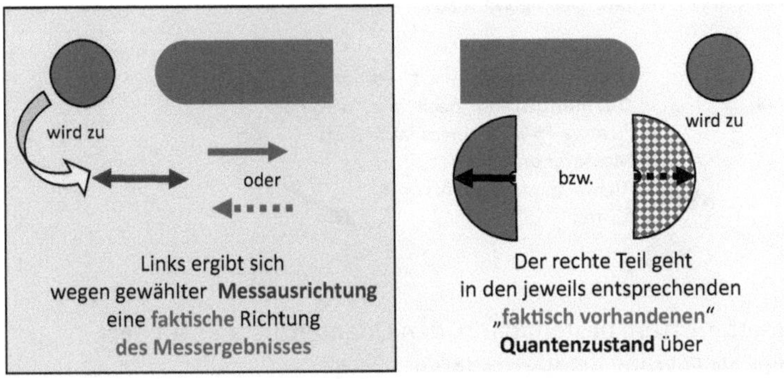

Bild 7.5 Die gleiche Ganzheit anders zerlegt: Die Messanordnung auf der einen Seite beeinflusst die *Möglichkeiten* an beiden entstehenden Teilen, am gemessenen die möglichen Fakten, am nichtgemessenen Teil den resultierenden Quantenzustand.

Nichtlokale Korrelationen 1

- Wird an der **rechten** Seite ebenfalls eine Messung mit der **gleichen Messausrichtung wie links** vorgenommen, z. B. ⟷
- wird also dort geprüft, ob dort der Zustandsvektor nach links zeigt, dann kann auf der linken Seite sofort das **Ergebnis auf der rechten Seite mit Sicherheit** vorhergesagt werden.

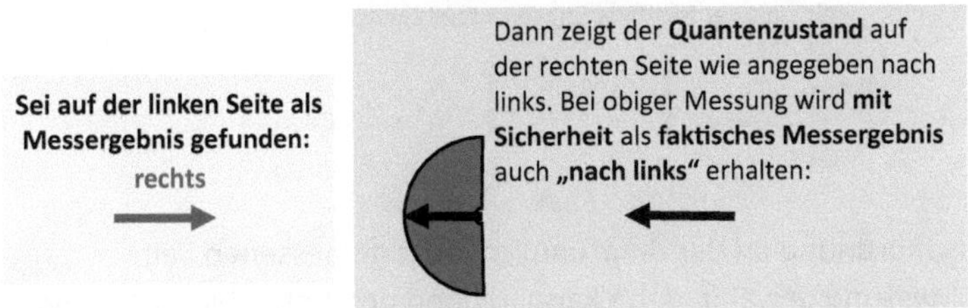

Bild 7.6 Aus dem Messergebnis auf der einen Seite lässt sich also mit absoluter Sicherheit der *Quantenzustand* des anderen Teils vorhersagen.

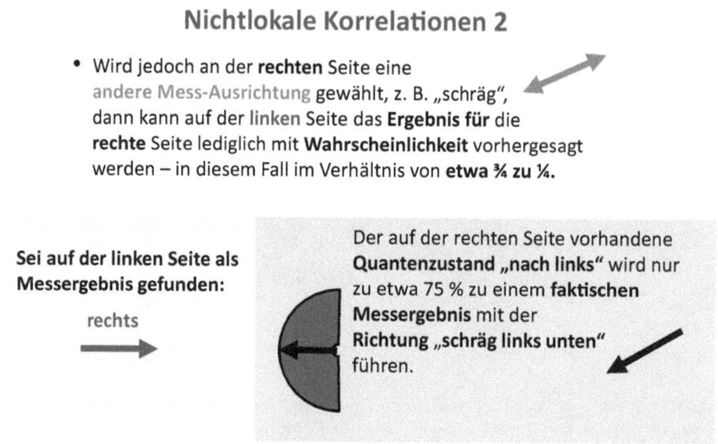

Bild 7.7 Ein oft geäußerter Irrtum besteht darin, den Quantenzustand auf der nichtgemessenen Seite als Faktum zu interpretieren.

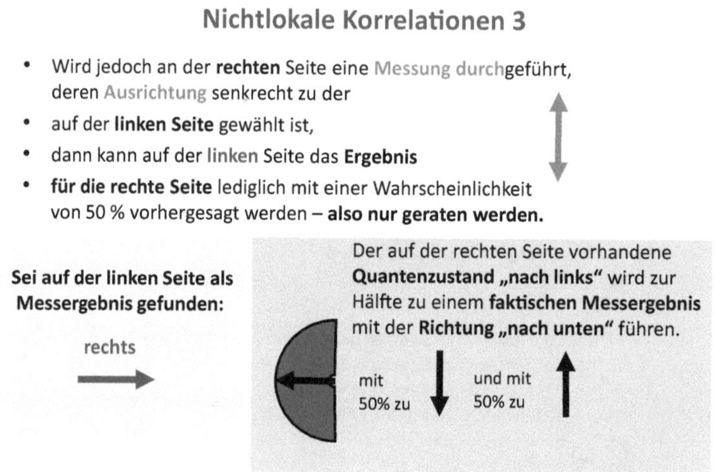

Bild 7.8 Wird die Messanordnung an der ursprünglich nicht gemessenen Seite konträr zu der ersten Messung gewählt, dann kann anhand der ersten Messung keine definierte Aussage über das Messergebnis bei der zweiten Messung gemacht werden. Das zweite Messergebnis kann in einem solchem Fall nur geraten werden.

Wenn wir bei den EPR-Experimenten am Denken von „zwei Teilen“ festhalten, dann bleibt eine Paradoxie bestehen. Erkennen wir jedoch, dass eine Ganzheit gebildet wird, die bis zu ihrer Zerlegung keine Teile besitzt, dann werden die Experimente leichter verstehbar.

Allerdings muss auch beachtet werden, dass der nichtgemessene Teil in einen determinierten, also faktisch vorhandenen Quantenzustand übergeht. Aus diesem Quantenzustand folgt jedoch kein faktisches Messergebnis. Somit ergibt sich auch kein faktisch festgelegter klassischer Zustand.

Der schwierige Zusammenhang der EPR-Experimente soll noch einmal zusammengefasst werden: Eine quantische Ganzheit wird durch die Messung an einer Seite in zwei Teile zerlegt. Der gemessene Teil geht in einen faktischen, also klassischen Zustand über. Dieser *klassische Zustand* ist streng korreliert mit dem *Quantenzustand*, der am noch nicht gemessenen Teil aufgrund der Zerlegung entsteht.

Dieser faktisch vorhandene Quantenzustand (eine schwierige sprachliche Konstruktion!) geht bei einer nun dort erfolgenden Messung in einen faktisch klassischen Zustand über, der sowohl von diesem Quantenzustand als auch von der gewählten Mess-Anfrage abhängig ist.

Gelegentlich wird Quantentheorie so geschildert, als ob in ihrem Rahmen fast alles möglich sei, was man sich so ausdenken kann. Das ist eine totale Karikatur dieser Theorie. Gesetze der Physik, sowohl der klassischen Physik als auch der Quantenphysik, werden in Form von Differentialgleichung formuliert. Differentialgleichungen beschreiben ein streng determiniertes Verhalten.

Wenige Monate nach dem Erscheinen von „Quantentheorie verstehen“ erhielten John Clauser, Alain Aspect und Anton Zeilinger den Nobelpreis für Physik. Ihre experimentelle Arbeit hatte wesentlich dazu beigetragen, die mit den EPR-Experimenten verbundenen Eigenschaften von Quantensystemen mit der physikalisch beschriebenen Realität zu verbinden. Wie diese Experimente verstanden werden können, und welche Vorstellungen damit verbunden werden sollten, ist im aktuellen Kapitel beschrieben. Eine ausführlichere Schilderung der Zusammenhänge findet sich im Netz.[3)]

Differentialgleichungen für Fakten und für Möglichkeiten

Die Differentialgleichungen waren die geniale Erfindung von Newton (1642–1727) und Leibniz (1646–1716), welche in großem Umfang die mathematische Behandlung physikalischer Fragestellungen ermöglicht haben. Wenn ein Kraftgesetz in Form einer Differentialgleichung vorliegt, dann folgt aus dem Zustand des beschriebenen Systems zu einem einzigen Zeitpunkt das gesamte Verhalten in der Zukunft und mathematisch auch in der Vergangenheit. Ein anderer Anfangspunkt legt dann eine andere Lösungskurve fest. Diese Kurven schneiden oder verzweigen sich nicht. Daher liefern die Differentialgleichungen das mathematische Modell für ein vollkommen determiniertes Verhalten.

[3] Görnitz, T.: *https://www.academia.edu/92858403/Explaining_Nobel_Prize_Physics_2022, https://www.researchgate.net/publication/364648473_Der_Nobelpreis_Physik_2022_-Die_seit_langem_ausstehende_offentliche_Anerkennung_fur_Experimente_welche_die_theoretischen_Aspekte_einer_grundlegenden_Eigenschaft_der_Quantenphysik_bestatigen*

> Differentialgleichungen erzeugen eine absolut deterministische und damit auch kausale Struktur. Sie liefern die Grundform der fundamentalen Naturgesetze.

Differentialgleichungen liefern das Gerüst von klassischer Physik und auch von der Quantentheorie. Der wesentliche Unterschied besteht darin, dass in der Quantentheorie ein determiniertes Verhalten nur für Möglichkeiten postuliert wird, also für die Veränderungen von Wahrscheinlichkeiten, in der klassischen Physik hingegen von Fakten. Das trifft auch für das „deterministische Chaos“ als Teilgebiet der klassischen Physik zu.

Ursprünglich wurde das „Chaos“ (χάος) im Griechischen als Ausdruck einer völligen Ungeordnetheit bezeichnet, als „tohuwabohu“ (ובהו והת) in der jüdischen Überlieferung. Das Chaos war vor dem Entstehen des Kosmos, der wiederum als „geordnete Schönheit“ verstanden wurde. Dieser Ausdruck von Ungeordnetheit ist bis heute damit verbunden geblieben. Die „Stochastik“ ist der Teil der Mathematik, der die Regelmäßigkeiten in rein zufälligen Ansammlungen von Daten untersucht. In der Stochastik spielt keine Rolle, welche Ursache hinter den Daten vermutet wird.

Da in der klassischen Physik die fundamentalen Gesetze als „deterministisch“ interpretiert werden müssen, kann sich in ihr eine Zufälligkeit nur aus der Unkenntnis über die tatsächlichen Verhältnisse ergeben. Deshalb spricht man in der klassischen Physik vom „deterministische Chaos“, weil in vielen klassischen Systemen die verwendeten Gesetze zwar eine determinierte Entwicklung fordern, diese Forderung zugleich mit einer unerfüllbaren Voraussetzung verbunden ist. Der Beginn der zu beschreibenden Entwicklung müsste mit einer unendlichen Genauigkeit angegeben werden, um zutreffende Berechnungen für beliebig lange Zeiten ausführen zu können. Bei chaotischen Systemen – die einfachsten betreffen lediglich drei Körper – kann die Entwicklung bei winzigsten Abweichungen am Beginn zu riesigen Abweichungen im späteren Verlauf führen. Die Unkenntnis über den „tatsächlichen Anfangspunkt“ (den es in der Natur nicht gibt) führt zu einem Verhalten, das für einen Beobachter wie zufällig erscheint.

Wenn sich also z. B. durch den Flügelschlag eines Schmetterlings der gedachte Anfang von dem tatsächlichen unterscheidet, dann kann sich die spätere Entwicklung fundamental von der berechneten unterscheiden. Dieser „Schmetterlings-Effekt“, eine sehr kritische Abhängigkeit von einem genauen Erfassen des Anfangspunktes der Entwicklung, ergibt sich oft für Systeme, die mit nichtlinearen Differentialgleichungen beschrieben werden.

In der Quantentheorie wird eine Determiniertheit lediglich für Möglichkeiten und nicht für die entstehenden Fakten gefordert. In der Natur wird es also höchstens einen „Quanten-Schmetterlings-Effekt“ geben. *Er könnte interpretiert werden als das Wirksamwerden von „Information“ bei einer unwesentlichen Beteiligung von Energie.*

Die noch nicht faktisch gewordenen Möglichkeiten, welche von der Quantentheorie beschrieben werden, liegen primär in der Zukunft. Man startet mit einer Präparation und berechnet die Entwicklung der Möglichkeiten. Über die Zustände, welche vorlagen, bevor man sie für die Präparation bearbeitet hat, kann man lediglich fantasieren. Eine „Rechnung in die Vergangenheit" – so wie in der klassischen Physik – ist in der Quantentheorie nicht möglich.

Von der Physik wird eine Kausalität in der Natur gesucht und gefunden.

> Jedoch im Unterschied zur klassischen Physik wird von der Quantentheorie wegen ihrer größeren Genauigkeit eine Kausalität nur noch für die Entwicklung der Möglichkeiten und nicht für die Entwicklung der Fakten postuliert.

Es ist nochmals zu betonen, dass es sich bei der Quantentheorie keineswegs um eine Theorie der Beliebigkeit handelt, also nicht um „anything goes". Die Potenzialitäten verändern sich gemäß der mathematischen Struktur der Quantentheorie streng gesetzmäßig.

In der Natur sehen wir nur die Fakten. Jedoch können wir die daraus erwachsenden Potenzialitäten erahnen und bestenfalls mit der Quantentheorie sogar berechnen. Welche von diesen Möglichkeiten schließlich wiederum zu einem Faktum wird, z. B. bei Entwicklungen in der biologischen Evolution, hängt vom Rahmen ab, der den Möglichkeitsbereich eröffnet hatte. Oft kann dieser so eng sein, dass der Eindruck eines festgelegten Faktums entstehen kann, weil die Wahrscheinlichkeiten für das Vorhandensein von Möglichkeiten sehr nahe bei 0 % oder 100 % liegen.

7.5 Zu welchen Strukturen hat die Quantentheorie geführt?

Max Planck hatte wie erwähnt entdeckt, dass Wirkungen nicht beliebig klein werden können. Es gibt in der Natur eine kleinste Wirkung, das Wirkungsquantum – weniger als dieses ist eine reine Null.

Albert Einstein hatte als erster vorgeschlagen, auch Kraftfelder mit Quantenteilchen zu beschreiben, nämlich das elektromagnetische Feld als Lichtquanten. Sie wurden später als Photonen bezeichnet.

Niels Bohr (1885 – 1962) hatte gesehen, dass der Drehimpuls die gleiche Dimension wie eine Wirkung hat und dass es deshalb in der Natur auch kleinste Veränderungen des Drehimpulses gibt.

Werner Heisenberg (1901 – 1976) und Erwin Schrödinger (1887 – 1961) hatten mit der Quantenmechanik gezeigt, dass komplexere Systeme multiplikativ aus einfacheren

Strukturen aufgebaut werden. In der Quantenmechanik werden aber die Anzahlen elementarer Teilchen noch wie etwas Faktisches behandelt und die Kraftfelder wie in der klassischen Physik.

Sin-Itiro Tomonaga (1906–1979), der bei Werner Heisenberg in Leipzig seine Doktorarbeit angefertigt hatte, die er später in Tokyo einreichte, sowie Julian Schwinger (1918–1994) und Richard P. Feynman (1918–1988) haben die Quantenfeldtheorien in die heute verwendete Form gebracht. Diese Theorien berücksichtigen auch den Möglichkeitscharakter aller Teilchen – auch von solchen, welche die Kräfte repräsentieren. Der Sinn von Potenzialität bedeutet, dass manches faktisch werden kann und dass andererseits Möglichkeiten verschwinden können. Die theoretische Beschreibung des Zustandes eines Quantenfeldes ändert sich dadurch, dass Feldquanten, also Quantenteilchen, erzeugt bzw. vernichtet werden. Diese Sprechweise von Erzeugen und Vernichten ist durch den Gebrauch in der Physik so festgefahren, dass nicht durch eine freundlicher klingende ersetzt werden kann. Der Vorgang beschreibt die Tatsache, dass aus dem Teilchenvakuum immer wieder spontan virtuelle Teilchen-Antiteilchen-Paare entstehen. Deren *virtuelle Existenz* erzeugt nachweisbare, wenn auch sehr geringe Effekte. Bei einer Energiezufuhr, z. B. durch ein sehr energiereiches Photon, kann dieses Teilchen-Antiteilchen-Paar real werden.

John Hasbrouck Van Vleck (1899–1980), Nevill Francis Mott (1905–1996) und Philip Warren Anderson (1923–2020) und viele andere Forscher haben dazu beigetragen, dass quantenfeldtheoretische Methoden immer erfolgreicher auf Probleme der Festkörper, der Flüssigkeiten und beginnend auch der Moleküle angewendet werden können.

Zusammenfassend können wir konstatieren:

- Alle Materie kann aufgebaut werden aus einigen wenigen stabilen Teilchen. Die Quantenfeldtheorie beschreibt deren Verhalten.
- Alle Kräfte können verstanden werden als das Wirken von virtuellen und realen Kraftquanten. Auch diese werden mit Quantenfeldtheorie beschrieben.

Im Inneren der stark wechselwirkenden Teilchen gibt es virtuelle Strukturen, die wie „Teilchen“ wirken können. Das sind die Quarks und Gluonen. Diese können nie als einzelne reale Teilchen außerhalb der Hadronen erscheinen, den Teilchen der starken Wechselwirkung. Die Gluonen sind virtuelle Kraftquanten, die nur als „Quasiteilchen“ existieren. Und auch die Quarks sind virtuelle Materiequanten, die ebenfalls nur als „Quasiteilchen“ innerhalb der Atomkerne oder – bei sehr hohen Energien wie bald nach dem ersten Quantum am Beginn des Kosmos – in einem „Quark-Gluon-Plasma“ erscheinen können. (Mehr zu den Teilchen und ihren Wechselwirkungen findet sich in den Kapiteln 22 und 23.)

Auch innerhalb der Strukturen von makroskopischen Objekten beschreibt die Quantentheorie die Wirkungen von „virtuellen Quanten“. In einem Kristall haben die Atomkerne eine sehr geordnete Struktur. Wenn sie durch eine Schallschwingung angeregt werden und um ihre Ruhelage schwingen, dann erzeugen diese positiven Ladungen damit einen Einfluss auf die negativen Ladungen der Elektronen. Die quantentheoretische Behandlung dieser Wechselwirkung führt zu ihrer Beschreibung als Schallquanten, Phononen. Erst diese Quasiteilchen lassen alle die Vorgänge (z. B. der Festkörperelektronik) verstehbar werden, sie können jedoch nie als reale Teilchen im Vakuum erscheinen. Man spricht daher auch von „Quasipartikeln" wie Phononen, Exzitonen, Polaritonen usw.

Was ist die Grundlage für alle diese Phänomene? Diese Frage führt zu den AQIs der Protyposis.

7.6 Die AQIs der Protyposis

Der Weg zu den AQIs – nicht nur als Rechengrößen, sondern vielmehr als *die einfachsten der mathematisch möglichen und real existierenden Quantenstrukturen* und damit als Grundlage für die Beschreibung der Realität – war lang und beschwerlich.

In Kapitel 2 war darauf verwiesen worden, dass in einem gewissen Unterschied zu den erkenntnistheoretischen Erklärungsmustern in der Philosophie[4)] in den Naturwissenschaften der Begriff der „Erklärung" so verstanden wird, dass man Komplexes und Kompliziertes aus den möglichst einfachsten Strukturen rekonstruiert beziehungsweise gedanklich konstruiert. Seit Jahrtausenden hat man sich dafür festgelegt auf unteilbare Strukturen der Materie, auf „Atome", also auf fundamentale Teilchen. Dieser Weg war von großen wissenschaftlichen Erfolgen begleitet gewesen. Er bildet den Kern der Ausbildung zum Physiker und ist noch bis heute mit der vorherrschenden philosophischen Sichtweise verkoppelt.

Auch bei Weizsäcker wird erst ein allmähliches Freiwerden von manchen überflüssigen Denkfesseln des Teilchenbegriffs deutlich. Natürlich ist der Teilchenbegriff in der Physik unverzichtbar und er ist von großer Nützlichkeit. Trotzdem sollte man in der Physik darüber reflektieren, dass der Begriff des Punktteilchens für seine materielle Realisierung gemäß der Quantentheorie (Plancks Formel $E = hc/\lambda$ und $\lambda \to 0$) eine unendlich große Energiekonzentration erfordern würde! Die Punktteilchen bedeuten daher eine sehr unzweckmäßige Idealisierung, zumindest dann, wenn es um die eigentlichen Grundsatzfragen der Quantentheorie gehen soll.

Die klassische Physik hingegen idealisiert die Objekte als Teilchen und betrachtet die Teilchen als die Grundlage der Wirklichkeit.

In seinem Werk die „Einheit der Natur" verwendet Weizsäcker für den damals bereits von ihm eingeführten Begriff des „Urs" die Vorstellung von Objekten. Eine klare

[4] siehe z. B.: *https://plato.stanford.edu/entries/scientific-explanation/*

Trennung zwischen Ur und Teilchen wird damals noch nicht so deutlich wie in späteren Publikationen.

> *„Die Urobjekte wären etwas wie Elemente eines Heisenbergschen ‚Urfeldes'. Meine Versuche in dieser Richtung sind bisher nicht erfolgreich genug gewesen, um eine Beschreibung zu rechtfertigen. Ich möchte nur sagen, daß diese Elementarteilchentheorie von Anfang an kosmologisch ist. Die Raumkrümmung bedeutet eine Quantelung des Impulses. Das einzelne Urobjekt entspricht einem Teilchen mit minimalem Impuls; es ist also im Weltraum nicht lokalisiert. Nehmen wir einen Weltradius von $R = 10^{40}$ nuklearen Längeneinheiten $= 10^{40} \times 10^{-13}$ cm an, so müßte ein Teilchen von nuklearem Impuls oder ein Teilchen, das in einem Kern lokalisiert werden kann, aus etwa 10^{40} Urobjekten bestehen."*[5]

Die mehrfache Quantelung wurde in der Arbeit auf ihre Konsequenzen hin untersucht

> *„In der bisher besprochenen n-fachen Alternative besteht die Quantelung in der Zuteilung komplexer Wahrheitswerte an die Grundaussagen."*[6]

Mit „quantisierten binären Alternativen", Quantenstrukturen mit einem zweidimensionalen Zustandsraum, hatten Weizsäckers Überlegungen begonnen. Bei ihm waren sie aus der Logik hergeleitet und mit Wissen und mit Bedeutung verbunden. Sie waren bei ihm „relativ zu zwei semantischen Ebenen" definiert:

> *„Es folgt dann, daß die Maßzahl der Information relativ auf zwei semantische Ebenen, eben die der zugrundegelegten Makro- und Mikrozustände definiert ist. Ein ‚absoluter' Begriff der Information hat keinen Sinn; Information gibt es stets nur ‚unter einem Begriff', genauer ‚relativ auf zwei semantische Ebenen'."*[7]

> Weizsäckers Aussage trifft voll zu, wenn Information genau so verstanden wird, wie er es ausführt, nämlich als *bedeutungsvolle Information* und als *Wissen*.

Bedeutung hat allerdings immer einen mehr oder weniger großen Anteil von Subjektivität. Physik jedoch richtet sich auf das Objektive.

Weizsäckers Weg zu seinen Ur-Alternativen als *bedeutungsvolle Information* hat Missverständnisse befördert, die manchmal sogar wie beabsichtigt erscheinen. Bedeutungsvolle Information kann niemals objektiv sein. Eine Äquivalenz von ihr mit Materie und Energie kann in der Tat als „verkappter Anthropomorphismus" gekenn-

---

5 Weizsäcker, C. F. v. (1971) *Einheit der Natur*, Hanser, München, zitiert nach dtv (1974), S. 171

6 Weizsäcker C. F. v.; Scheibe, E.; Süssmann, G. (1958) *Komplementarität und Logik III/Mehrfache Quantelung*, Zeitschrift für Naturforschung A, 13, S. 705 – 721

7 Weizsäcker, C. F. v. (1985) *Aufbau der Physik*, Hanser, München, S. 172

zeichnet werden. Da also die Begriffe „Quanteninformation“ und „Information“ fast automatisch mit „Bedeutung“ verbunden werden, war für die Physik und in ihr für eine Verwendung von Quantenbits eine Ablösung von den Vorstellungen über „Bedeutung und Wissen“ notwendig. Wenn Weizsäckers Vision von 1972:

> *„Masse ist Information“*[8]

realisiert werden soll, dann ist zu bedenken, dass es für die Masse einen absoluten Wert gibt. An 0 g Ruhmasse ist nichts relativ.

> Wir benötigen also auch einen absoluten Wert für eine Quanteninformation, die selbstverständlich auch deswegen als frei von jeder konkreten Bedeutung einzuführen ist.

Wenn sie absolut sein soll, so ist ein theoretischer Bezug zum Absoluten notwendig, in diesem Fall zum Kosmos als einem Ganzen.

Für die Grundlegung der Physik war daher nicht von punktförmigen kleinsten materiellen Teilchen mit ihrem unendlichdimensionalen Zustandsraum auszugehen. Erst recht nicht ist mit Quantenfeldern zu starten. Diese sind als eine unbeschränkte Anzahl von Quantenteilchen zu verstehen und haben daher einen überabzählbar unendlichdimensionalen Zustandsraum. Den notwendigen Ausgangspunkt bildeten daher die mathematisch einfachstmöglichen Quantenstrukturen. Deren lediglich zweidimensionaler Zustandsraum zeigt, dass sie mathematisch äquivalent sind zu Quantenbits und auch zu Weizsäckers Uren. Diese mathematische Äquivalenz hat allerdings für das Verstehen den erwähnten Nachteil, die zu enge Verbindung zu „Bedeutung“. Daher war es notwendig gewesen, einen neuen Begriff vorzuschlagen: Absolute Bits von Quanteninformation – AQIs –, welche zur Klarstellung auch nicht den Namen „Information“ tragen sollen. Wir haben sie als „die Protyposis – das Vorgeprägte“ bezeichnet.

> Die AQIs sind eine so einfache Struktur, dass bei ihnen eine Unterscheidung zwischen „Form“ und „Inhalt“ nicht sinnvoll gedacht werden kann. Sie sind auch in diesem Sinne das Grundlegende, aus dem sich alles Komplexere differenziert.

Physik-Nobelpreisträger Steven Weinberg (1933–2021) hat in einem Interview zu einer fundamentalen Theorie gesagt:

> *„... Fortschritt in Richtung auf Einfachheit muss irgendwann zu einem Ende kommen. Es stellt sich unweigerlich das Gefühl ein, dass man sich einem Endpunkt nähert, der nicht mehr einfacher sein kann...*

---

[8] Weizsäcker, C. F. v. (1972), S. 361

Mein Lehrer John Wheeler hat einmal gesagt, dass wir uns eine derart vollständige Erklärung heute nicht vorstellen können. Aber wenn wir sie einmal gefunden haben, werden wir merken, dass sie von Anfang an offensichtlich war.“[9]

Die AQIs, das Einfachste, was möglich ist, sind diejenigen Strukturen, die sich Wheeler und Weinberg damals nicht vorstellen konnten. Sie beziehen sich auf den Kosmos als einem Ganzen und sind in diesem Sinne absolut. Mit dem Begriff „absolut“ ist hier wie auch sonst in der Physik ein Bezug auf ein Extremum gemeint. So wie sich die „absolute Temperatur“ auf das Extremum des absoluten Nullpunktes bezieht, beziehen sich die AQIs auf die extremste mögliche Ausdehnung, auf die Erstreckung über den gesamten kosmischen Raum.

Absolute Temperatur

Die Temperatur liefert ein Beispiel dafür, dass erst durch einen Absolutwert ein Verständnis möglich wird. Temperatur-Definitionen wie Celsius oder Fahrenheit ermöglichen kein Verständnis. Man hat sich in der jeweiligen Kultur daran gewöhnt, aber doch sind diese Temperaturwerte willkürlich gewählt. Hingegen wird mit einem Absolutwert der Temperatur die Einsicht plausibel, dass Temperatur als ein Maß für die innere Bewegung des gemessenen Systems angesehen werden kann. Denn weniger Bewegung als keine ist unmöglich. Keine Bewegung würde dem absoluten Nullpunkt – null Grad Kelvin – entsprechen.

Bei den AQIs wiederum ist keine umfassendere Definition als die auf den gesamten Kosmos bezogene vorstellbar.

In der kosmischen Evolution formen sich anfangs aus den AQIs große Schwarze Löcher, materielle und energetische Quantenteilchen und nach langer Zeit schließlich sogar Lebewesen. Die absolute und daher auch abstrakte Information prägt und bildet also konkrete Formen. Ein Teil der AQIs kommt „in Form“ und im Lebendigen entsteht ein Prozess der Verarbeitung mit diesen Formen und ihrer Information.

Da alle *lokalisiert wirkende* Information aus physikalischen Gründen als Eigenschaft einer Menge von energetischen und materiellen Quantenteilchen erscheint, können solche Eigenschaften auch beim Entstehen des Lebens Wirkungen erzeugt haben.

Erst mit dem Lebendigen entsteht zugleich in der Evolution dasjenige, was gemeinhin mit dem Begriff „Information“ verbunden wird: Bedeutung.

Beim Entstehen des Lebens wird es gewisse Formen von „Prä-Bedeutungen“ gegeben haben. Mit ihnen werden kontingente – also nicht notwendige, aber mögliche – Eigenschaften von Molekülen in bestimmten Situationen und bei einem bestimmten räumlichen Zusammenwirken mit anderen Molekülen und Ionen eine steuernde Wirkung auf die ablaufenden chemischen Prozesse gehabt haben.

[9] Weinberg, S. (1999), *https://magazin.spiegel.de/EpubDelivery/spiegel/pdf/14011024*

Die beteiligten Moleküle und Photonen können, wie dargelegt, beschrieben werden als aus AQIs aufgebaute Strukturen. Daher kann man theoretisch ihre Eigenschaften bis in Qubits auflösen. Bei chemischen Wechselwirkungen können Qubits auf Photonen übertragen werden, von diesen wiederum auf andere Moleküle und dann dort wirksam werden.

Im Zusammenwirken mit etwas Lebendigem erhalten solche Qubits in ihrer Form als Eigenschaften von Quantenteilchen eine jeweils spezielle Bedeutung. Die Informationen über diese Eigenschaften werden bei den biochemischen Vorgängen ausgetauscht, die für das jeweilige Lebewesen mit dessen innerer Informationsverarbeitung zusammenwirken. Die Bedeutung entsteht also in einem komplexen Prozess, bei dem das Wirken dieser Eigenschaften auf die biochemischen Umsetzungen durch die konkreten Bedingungen der benachbarten Moleküle, durch die näheren und weiteren elektromagnetischen Bedingungen und durch ähnliches beeinflusst wird. Dieser Kontext in und um ein Lebewesen legt somit auch fest, welcher Einfluss von welchen Eigenschaften ausgehen kann.

Somit erfolgen bereits bei den Einzellern Bewertungen und Deutungen der Informationen, indem in einer spezifischen Weise auf sie reagiert wird. Mit dieser Definition von „Bedeutung“ kann nur ein Lebewesen einer Information eine Bedeutung zuweisen.

In der Regel kann auf erfolgte Bewertungen nur aus nachfolgenden Ereignissen geschlossen werden. Der Prozess der Informationsverarbeitung selbst ist zumeist kaum sichtbar. Bei sprachfähigen Menschen erlauben Mimik oder Körperreaktionen gewisse Rückschlüsse. Durch Rückfrage kann die Schlussfolgerung bestätigt oder widerlegt werden – beides natürlich nur unter der Voraussetzung, dass der Befragte bei der Wahrheit bleibt.

Eine Handlung, die auf die Informationsverarbeitung erfolgt, kann aus dem Unbewussten heraus geschehen. Wenn die Schwelle zum Bewusstsein überschritten wird, dann besteht auch die Möglichkeit, dass in einer Reflexion entschieden wird, eine äußerlich sichtbare Handlung zu unterlassen. Das ist sicher nicht nur beim Pokern der Fall.

7.7 Der Physik-Nobelpreis 2022 für Verschränkung und Nichtlokalität

Wenige Monate nach dem Erscheinen von „Quantentheorie verstehen“ erhielten John Clauser, Alain Aspect und Anton Zeilinger den Nobelpreis für Physik. Ihre experimentelle Arbeit hatte wesentlich dazu beigetragen, die mit den EPR-Experimenten verbundenen Eigenschaften von Quantensystemen mit der physikalisch beschriebenen Realität zu verbinden. Wie diese Experimente verstanden werden können, und welche Vorstellungen damit verbunden werden sollten, soll zusammenfassend beschrieben werden. Eine ausführlichere Schilderung der Zusammenhänge findet sich im Netz.[10]

Durch die preisgekrönten Experimente ist noch deutlicher als bisher erkennbar geworden, dass die Quantentheorie im Grunde eine Theorie der Information ist. Daher wird auch sichtbar, dass sie als eine ganzheitliche Theorie einen primär nichtlokalen Charakter besitzt

7.7.1 Einstein und die Nichtlokalität der Quantentheorie

Einstein hatte durch den Vorschlag eines Experimentes seine Zweifel an der grundlegenden Eigenschaft der sogenannten „Nichtlokalität" der Quantentheorie untermauert. Die Experimente von John Clauser, Alain Aspect und Anton Zeilinger haben wesentlich dazu beigetragen, die Einwände Einsteins viele Jahre nach dessen Tod auszuräumen.

Zusammen mit Boris Podolsky und Nathan Rosen hatte Albert Einstein folgendes theoretisch gezeigt: Wenn die Quantentheorie die Realität zutreffend beschreibt, wenn es also in ihrem Rahmen nichtlokale und somit weit im Raum ausgebreitete Eigenschaften gibt, dann würden zwei Teilchen, die gemeinsam erzeugt wurden, auf geheimnisvolle Weise miteinander verbunden bleiben, auch wenn sie weit auseinandergeflogen sind. Was sind die bereits erwähnten EPR-Experimente?

Weizsäcker erzählte mir einmal von einer Konferenz über EPR, an der auch Rosen anwesend war. Dort wurde in etwa ausgeführt: Einstein hätte EPR erfunden, um die „Absurdität der Quantentheorie" aufzuzeigen. Einstein hatte die Idee, Rosen machte die Rechnungen und Podolski die Reklame. Rosen habe zu dieser Bemerkung nicht widersprochen. Zum ersten Mal wurde eine physikalische Arbeit in der New York Times publiziert, bevor sie in den Physical Reviews erschien.[11]

Einstein nannte die erwähnte andauernde Beziehung im EPR-Experiment eine „spukhafte Fernwirkung". Die Veränderung an einem Teilchen hat gemäß der Theorie eine instantane Änderung am anderen Teilchen zur Folge. Die Änderungen würden also nicht nur höchstens mit Lichtgeschwindigkeit von einem Ort zum anderen erfolgen, wie es die Relativitätstheorie verlangt. Solche Phänomene erschienen Einstein inakzeptabel.

Erwin Schrödinger, welcher ebenfalls wie Einstein gegen die damals vorherrschende Interpretation der Quantentheorie eine große Abneigung verspürte, nannte solche verbundenen Teilchen „verschränkt". Der heute oft gebrauchte Begriff der „kohären-

---

[10] Görnitz, T: *https://www.academia.edu/92858403/Explaining_Nobel_Prize_Physics_2022 https://www.researchgate.net/publication/364648473_Der_Nobelpreis_Physik_2022_-Die_seit_langem_ausstehende_offentliche_Anerkennung_fur_Experimente_welche_die_theoretischen_Aspekte_einer_grundlegenden_Eigenschaft_der_Quantenphysik_bestatigen*

[11] Einstein, A.; Podolsky, B.; Rosen, N. (1935) *Can quantum-mechanical description of physical reality be considered complete?*, Phys. Rev. 47, S. 777 – 780

ten Zustände" trifft das Phänomen vielleicht besser. Denn wie in Abschnitt 7.4.3 dargestellt ist, sind zwei verschränkte Bretter immer noch zwei Bretter – und wie ich seit Jahrzehnten betone, geht es um die Herausbildung einer „teilelosen Ganzheit".

7.7.2 Die Bellsche Ungleichung

John Bell wollte zeigen, dass Einstein mit seinem Misstrauen gegen diesen „nichtlokalen" Aspekt der Quantentheorie recht hatte. „Nichtlokal" deshalb, weil diese Zusammenhänge unabhängig von der Entfernung der verschränkten Teilchen existieren. Bell hatte dafür in den 1960er-Jahren eine Ungleichung entwickelt.[12] Während bei einer Gleichung auf beiden Seiten immer das Gleiche steht, können mit Ungleichungen Unterschiede oder Bedingungen verdeutlicht werden.

So kennt wohl jeder den Pythagoras: $a^2 + b^2 = c^2$. Das gilt für die rechtwinkligen Dreiecke. Deren Ecken liegen alle auf dem Thales-Kreis.

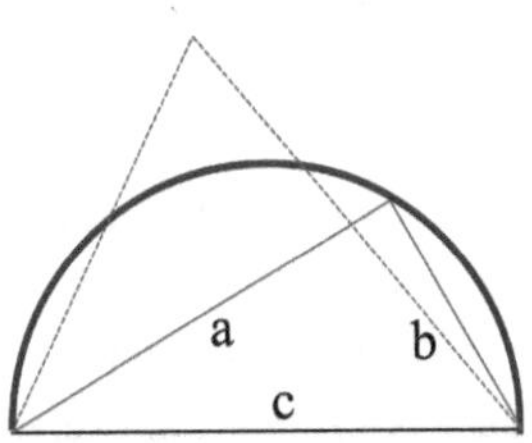

Bild 7.9
Der Thales-Kreis über der Hypotenuse c ist der geometrische Ort aller der Punkte, bei denen die Katheten a und b einen rechten Winkel einschließen. Für die Punkte außerhalb des Thales-Kreises wird der Winkel spitz, innerhalb wird er stumpf.

Wird der Winkel zwischen den Seiten a und b kleiner als ein rechter, weil die Ecke zwischen a und b von der festgehaltenen Seite c weiter entfernt wird, dann haben wir eine Ungleichung. $a^2 + b^2 > c^2$ ist eine Bedingung dafür, dass kein rechter, sondern ein spitzer Winkel vorhanden ist. $a^2 + b^2 < c^2$ ist die Bedingung für einen stumpfen Winkel.

Die Bellsche Ungleichung ist eine Bedingung für den Unterschied zwischen „lokal" und „nichtlokal". Gemäß einer lokalen Theorie wie der Relativitätstheorie kann eine „Fernwirkung", wie es Einstein genannt hatte, nicht existieren. Nichts breitet sich schneller als mit Lichtgeschwindigkeit aus. In einer nichtlokalen Theorie wie der Quantentheorie kann es solche scheinbaren Fernwirkungen geben. Das Wort „Fernwirkung" erzeugt allerdings dabei ein falsches Bild. Es handelt sich um *quantenphysikalische Korrelationen*. Diese können sich sofort, instantan, verändern. Die Änderung einer Korrelation ist keine Wirkung von einem Ort auf einen anderen Ort.

Für lange Zeit galt es unter den Experten als eine ausgemachte Sache, dass das EPR-Gedankenexperiment kein reales werden würde. John Bells Ungleichung öffnete allerdings ein Tor für eine Überprüfung. Lokale Theorien erfüllen sie, für die Quantentheorie gilt sie nicht, sie verletzt die Bellsche Ungleichung.

---

[12] Bell, J. S. (1964) *On the Einstein Podolsky Rosen Paradox*; Physics. 1, S. 195 – 200

7.7.3 Clausers Experiment 1972

John Clauser wollte, ebenso wie Einstein, gegen ein Verständnis und die daraus folgenden Darstellungen der Quantentheorie vorgehen, welche den üblichen Vorstellungen über die Spezielle Relativitätstheorie Einsteins widersprachen. Clauser war der Erste, der den Mut dazu hatte und auch die experimentellen Möglichkeiten, die Bellsche Ungleichung zu testen. Das Experiment, das 1972 von ihm zusammen mit Stuart J. Freedman (1944–2012)[13] publiziert wurde, ging so aus, wie es weder Einstein und Bell und auch nicht Clauser erhofft hatten.

Der Artikel wurde mit der Feststellung beendet, dass „es keine Anzeichen für eine Abweichung von den Vorhersagen der Quantenmechanik gibt. [...] Wir betrachten diese Ergebnisse als einen starken Beweis gegen lokale Theorien mit versteckten Variablen."

Wenn es solche verborgenen lokalen Variablen geben würde, dann würden diese beim Beginn des Experimentes bereits in jedem der erzeugten Teilchen festlegen, wie die spätere Messung ausgeht. Diese Festlegung könnte dann jedes Teilchen mit sich führen, eine irgendwie geartete verborgene Verbindung zum anderen Teilchen wäre überflüssig.

Allerdings gab es damals noch viel Kritik an Clausers Ergebnis. Bei vielen Physikern waren die Konsequenzen der Quantentheorie unbeliebt. Diese Abneigung gegen den Zufall, den die Quantentheorie in der Natur aufzeigt, gibt es auch ein halbes Jahrhundert später noch immer. Da die Quantentheorie statistische Aussagen macht, glaubte und glaubt man, ihr könne eine verborgene deterministische Theorie zugrundeliegen. Bei diesen Überlegungen hat man die klassische statistische Thermodynamik zum Vorbild genommen. Dort kann man von der deterministischen Mechanik mit kleinen Teilchen ausgehen. Durch Mittelwertbildungen über Orte und Geschwindigkeiten würde sich dann eine statistische Theorie ergeben.

7.7.4 Aspects Experiment 1982

Alan Aspect veröffentlichte 1982 mit Jean Dalibard und Gerard Roger[14] eine Arbeit über ein neues Experiment, gegen welches dieses Argument nicht mehr vorgebracht werden konnte. Im Experiment wurden die Photonen durch eine Glasfaser gesendet. Sie waren daher länger unterwegs als bei Clauser. Damit wurde es möglich, die Überprüfung erst einzurichten, nachdem die Photonen bereits losgeflogen waren. Ein ge-

---

[13] Freedman, S. J.; Clauser, J. F. (1972) *Experimental test of local hidden variable theories*, Physical Review Letters. 28, S. 938

[14] Aspect, A.; Dalibard, J.; Roger, G. (1982) *Experimental Test of Bell's Inequalities Using Time-Varying Analyzers*, Physical Review Letters, 49, S. 1804–1807

meinsames geheimes „Absprechen“ der Photonen auf die Prüfungssituation vor dem Losfliegen war nicht mehr möglich.

Am Ende der Arbeit von Aspect findet sich der Hinweis, dass „ein idealeres Experiment mit zufälligen und vollständigen Schaltvorgängen für ein schlüssiges Argument gegen die gesamte Klasse der Theorien mit zusätzlichen Parametern, die der Einsteinschen Kausalität gehorchen, erforderlich wäre. Die von uns beobachtete Verletzung der Bellschen Ungleichungen deutet jedoch darauf hin, dass die experimentelle Genauigkeit gut genug war, sodass eine hypothetische Diskrepanz zu den Vorhersagen der Quantenmechanik hätte aufgezeigt werden können. Ein solcher Effekt wurde nicht beobachtet.“

In einer Fußnote folgt noch eine wichtige Feststellung: „Wir möchten betonen, dass solche Ergebnisse nicht als Beweis für die Möglichkeit einer Kommunikation schneller als das Licht angesehen werden können.“ Es gibt also keinen Widerspruch zwischen EPR-Verhalten und Spezieller Relativitätstheorie.

7.7.5 John Bells Reaktion

Einige Zeit nach dem Erscheinen von Aspects Arbeit hielt John Bell in Garching einen Vortrag an der TU München über die Experimente zu seiner Ungleichung, besonders das neue Experiment von Aspect.

Carl Friedrich von Weizsäcker und ich, wir beide wollten Bell anhören. Ich holte ihn in Starnberg mit meinem Trabant ab, in dem ich mit meiner Frau und den Kindern 1979 in München gelandet war und den ich noch viele Jahre weiter genutzt hatte. Weizsäcker und ich hatten einige Zeit zuvor bei einem Besuch am CERN auch John Bell getroffen, und so saßen wir nach dem Vortrag noch mit ihm bei einem Bier zusammen, bzw. ich als Kraftfahrer mit einem Wasser.

Auch damals gab es noch Kritik an der Interpretation der Ergebnisse. Manche hofften, dass es noch immer mögliche Beweislücken geben könne.

Es machte auf mich einen großen Eindruck, dass John Bell, der diese Kritiken natürlich alle kannte, dazu lediglich meinte: Er sei „cold-blooded enough“, um akzeptieren zu können, dass die Wirklichkeit nicht so sei, wie er es sich gewünscht habe – dass nämlich hinter der Quantentheorie eine deterministische Theorie im Sinne Einsteins verborgen sei.

Im Buch „Der kreative Kosmos“ (Springer 2002)[15)], das ich mit meiner Frau publiziert hatte, hatte ich von dieser Begegnung mit Bell berichtet und auf die große Bedeutung der von Aspekt experimentell untermauerten Zusammenhänge hingewiesen.

[15] Görnitz, T.; Görnitz, B. (2002) *Der kreative Kosmos*, Springer, Heidelberg

7.7.6 Zeilingers Experimente zur Nichtlokalität in der Quantentheorie

Anton Zeilinger wurde 1971 bei Helmut Rauch (1939–2019) mit einer Arbeit über das Verhalten von Neutronen promoviert. Rauch, mit dem Weizsäcker und ich einmal diskutiert hatten, erregte bei den Physikern Aufsehen, als er 1974 zeigte, dass nicht nur Photonen, also Lichtquanten, sondern auch selbst so schwere Elementarteilchen wie Neutronen Wellencharakter haben und Interferenzmuster erzeugen können.[16] Zeilinger hat dann im Laufe seiner Forschungsarbeit solche Interferenzversuche mit immer schwereren Quantenteilchen durchgeführt.

In Zeilingers Arbeitsgruppe waren 1999 spektakuläre Experimente mit Fullerenen begonnen worden, mit Molekülen aus 60 Kohlenstoffatomen. Interferenzversuche mit derartig großen Massen schienen bis dahin unvorstellbar. Diese Arbeit[17], die Markus Arndt als Erstautor nannte, hatte gezeigt, dass ein solch riesiges Molekül wie eine Welle reagieren kann und Interferenzlinien erzeugen kann. Damit eine Welle solche Linien erzeugen kann sind „Spalten“ notwendig. Man spricht auch von „Beugungsgittern“. An den Spalten entstehen „Elementarwellen“, deren Wellenzüge sich kugelförmig ausbreiten. Sie verstärken sich dort, wo Berg auf Berg oder Tal auf Tal trifft, und löschen sich aus, wo Berge auf Täler treffen. Dabei müssen die Wellenlänge und die Spalten mit ihren Abständen von der gleichen Größenordnung sein.

Weitere Experimente, die von John Clauser und Anton Zeilinger initiiert und mit ihren Mitarbeitern durchgeführt wurden, haben dazu geführt, dass heute kein ernsthafter Physiker an diesen Phänomenen der Nichtlokalität zweifelt. John Clauser habe ich leider nie persönlich getroffen, aber Anton Zeilinger war im Jahre 2000 meiner Einladung für einen Vortrag in Frankfurt gefolgt.

Im Jahre 2000 wurde der hundertste Geburtstag der Quantentheorie gefeiert. Ich hatte mit meiner damaligen Habilitandin, der heutigen Professorin Dr. Gesche Pospiech, eine universitätsoffene Ringvorlesung durchgeführt, die von der Deutschen Bank gesponsert wurde: „Weltbilder im Lichte der Quantentheorie“.

Damals hatte ich mir überlegt, wer aus der Physik mit seinen zukunftweisenden Vorstellungen einen besonders interessanten Beitrag zur Vortragsreihe liefern könnte. Als Referenten hatten wir im Jahr 2000 neben Sir Roger Penrose (Nobelpreis 2020) auch Anton Zeilinger gewinnen können. Zeilinger sprach am 29. 11. 2000 über „Wirklichkeit und Wissen im Weltbild der Quantenphysik“.

Beim Kaffee in meinem Büro begeisterte mich im Gespräch Zeilingers Aussage, dass er hoffe, dass solche Interferenzversuche noch in absehbarer Zeit auch mit Viren

---

16 Rauch, H.; Treimer, W.; Bonse, U. (1974) *Test of a single crystal neutron interferometer*, Phys. Lett. 47A, S. 425

17 Arndt, M.; Nairz, O.; Vos-Andreae, J.; Keller, C.; van der Zouw, G.; Zeilinger, A. (1999) *Wave-particle duality of C60 molecules*, Nature 401, S. 680–682

durchgeführt werden könnten. Dass sei ihm wichtig, damit die Biologen endlich erkennen würden, dass das Leben ohne Quantentheorie nicht erklärt werden könnte. Das ist eine Meinung, die ich bereits damals schon länger vertreten hatte.

Im Jahre 2009 hatte eine populäre Zeitschrift ein Sonderheft herausgegeben.[18)] Ich war zu einem Beitrag aufgefordert worden und hatte ihm den Titel gegeben: „Quanten werden anders bleiben/Ein Rückblick auf die makroskopische Quantenwelt der Zukunft“. In diesem fiktiven Bericht aus dem Jahre 2109 auf die vergangenen zwei Jahrhunderte hatte ich dargelegt, dass die Quantentheorie im Alltag angekommen ist und das Leben verändert hat. Irrtümlich hatte ich 2009 dem „Nobelpreisträger Zeilinger“ den erfolgreichen Interferenzversuch mit Viren bereits für das Jahr 2012 zugeschrieben.

Die Isolation eines Virus ist noch einmal viel komplizierter als bei einem sehr großen Biomolekül. Aber mit einem Nobelpreis lag ich richtig.

Die Forschung an den großen Molekülen hat Zeilinger seit einiger Zeit an Markus Arndt übergeben. Markus Arndt habe ich im August 2020 auf einer Veranstaltung im Physikzentrum Bad Honnef der Deutschen Physikalischen Gesellschaft persönlich kennengelernt. Im „physikalisch-philosophischen Quartett“ ging es um die Frage „Quantenmechanik und Realität – Was ist Materie?“.

7.7.7 Zeilinger und das „Beamen“

Während die Interferenzversuche mit großen organischen Molekülen eher die Fachleute begeisterten, wurden die Experimente von Zeilinger und Mitarbeitern zum „Beamen“ von Quanteneigenschaften und vor allem zum abhörsicheren Übermitteln von Nachrichten mittels verschränkter Photonen auch in einer größeren Öffentlichkeit beachtet.

Bei diesen Versuchen wird Information über quantische Zustände mittels verschränkter Photonen von einem Ort zu einem anderen übertragen. Bei der Anwendung dieser Verfahren sorgt die Quantentheorie dafür, dass ein „Abhören“ aus naturgesetzlichen Gründen unmöglich ist. Die genauere Erläuterung wird in Abschnitt 7.7.11 erfolgen.

Aber Zeilinger ist nicht nur dadurch bekannt geworden. Seine Interessen sind weit gefächert. Seine Offenheit auch für philosophische und theologische Fragestellungen wird aus seinen Publikationen ersichtlich. Da bei seinen Versuchen die Information das Wesentliche ist, finde ich es nicht verwunderlich, dass er auch Weizsäckers Idee der Uralternativen zur Kenntnis genommen hatte.

---

[18] Zaun, H. (Hrsg.) (2009) *Zukunft – Die Welt in 1000 Jahren*, Telepolis Special 01/2009, Heise-Verlag, München/Hannover

So schreibt Zeilinger 2003 in seinem Buch: „Einsteins Schleier“[19]: „Information ist der Urstoff des Universums“. Allerdings ist bei ihm auf der nächsten Seite zu lesen: „Es ist sicherlich vernünftig anzunehmen, dass die Menge an Information, die wir benötigen, um ein System zu charakterisieren, umso kleiner wird, je kleiner das System ist.“

Eine solche Einschätzung – Kleinheit gleich weniger Information – hatte mich zu der dazu notwendigen Auseinandersetzung mit dem Informationsbegriff bei Weizsäcker geführt. Dazu kann eine kurze Revue zum Messprozess hilfreich sein.

7.7.8 Der „Messprozess“ als Spezialfall des Übergangs von Möglichkeiten zu Fakten

Da die Quantentheorie als Theorie der Möglichkeiten keine Fakten beschreibt, bleibt die klassische Physik als eine Theorie der Fakten unverzichtbar. Historisch wurde das Erscheinen eines Faktums in der Quantentheorie dann als gegeben postuliert, wenn ein Beobachter ein Messergebnis feststellte. Dass ein Messergebnis als Faktum verstanden wird, das dürfte evident sein.

Allerdings lief die weitere Diskussion aus meiner Sicht aus dem Ruder. Teilweise wurde das Bewusstsein des Beobachters nicht nur als die Entität verstanden, mit der er das Faktum zur Kenntnis nimmt, sondern das Bewusstsein sollte sogar das Faktum bewirken. Klarheit brachte die von Zeh, Joos und Kiefer begründete Theorie der „Dekohärenz“.[20]

Solange ein Quantensystem als „isoliert“ beschrieben werden kann, bleiben seine Zustände als Möglichkeiten ohne jedes Faktum. Ich spreche dabei gern von „ausgedehnter Gegenwart“.

Je massereicher ein Quantensystem ist, desto schwieriger wird es, es isoliert zu halten. Durch Wechselwirkungen mit seiner Umgebung wird das System mit dieser verschränkt. Die nähere Umgebung verschränkt sich mit der weiteren Umwelt usw. Nun kann man in der theoretischen Beschreibung des Quantensystems dieses rechnerisch aus der Verschränkung mit der Umwelt herausschneiden. Dann erhält man nicht mehr nur einen Quantenzustand und die mit ihm verträglichen, also nichtorthogonalen Zustände. Stattdessen ergibt sich eine „Dichtematrix.“ Diese geht mehr und mehr in eine klassische Wahrscheinlichkeitsverteilung von verschiedenen Quantenzuständen über. Die Dichtematrix ist keine quantentheoretische Überlagerung. Sie drückt aus, dass dieses „Zerschneiden“ kein eindeutiges Quantensystem mit einem definierten Zustand, sondern mehrere mögliche zur Folge hat.

---

[19] Zeilinger, A. (2003) *Einsteins Schleier – Die neue Welt der Quantenphysik*, C. H. Beck, München

[20] Zeh, H. D. (1970) *On the Interpretation of Measurement in Quantum Theory*, Foundations of Physics, Band 1, S. 69–76; Zeh, H. D.; Joos, E.; Kiefer, C.; Giulini, D.; Kupsch, J.; Stamatescu, I.-O. (1996) *Decoherence and the Appearance of a Classical World in Quantum Theory*, Springer, Heidelberg

Die Theorie der Dekohärenz zeigt dann, dass diese Beschreibung mit einer Dichtematrix sich im Laufe der zeitlichen Entwicklung immer mehr einer „Unkenntnis über Fakten" nähert, von denen eines eingetreten ist. Das entspricht schließlich der These: Der Würfel ist gefallen, aber der Becher verdeckt noch das Resultat.

In der mathematischen Beschreibung führt die Dekohärenz erst nach unendlich langer Zeit zu einem unbekannten Faktum. Da kommt nun wieder der Pragmatismus der Physik ins Spiel. Wenn ein Experimentator das Quantensystem beobachtet, dann kann dieser entscheiden, wann nach seiner Überzeugung genug Zeit vergangen ist und damit die Situation für ihn wie faktisch erscheint. Dann kann das Faktum auch zur Kenntnis gelangen.

Wie ich bereits in „Quanten sind anders"[21] dargelegt habe, entsteht ganz allgemein und auch ohne einen anwesenden Beobachter an einem Quantensystem ein Faktum, wenn Information über Quantenmöglichkeiten unumkehrbar aus dem System in den expandierenden Kosmos entflohen ist.

7.7.9 Ein Blick auf meine fachliche Diskussion mit C. F. v. Weizsäcker

Seit 1979 habe ich mit Weizsäcker zusammengearbeitet. Seine frühe philosophische Einsicht: „Materie ist Information" hat mich immer begeistert. Daher habe ich mich mit ihm immer wieder auch über die Rolle der Information auseinandergesetzt.

Er hatte den Begriff der „Ur-Alternativen" für Quantenstrukturen geprägt, welche den einfachsten Raum von Zuständen besitzen, der mathematisch möglich ist. Ein „Ur" hat also einen „zweidimensionalen komplexwertigen Hilbertraum". Mit der multiplikativen Struktur der Quantentheorie lassen sich aus solchen abstrakten zweidimensional-komplexen Strukturen alle beliebig komplizierten Strukturen erzeugen.

Wenn jedoch Information zu Materie und Energie äquivalent sein soll, dann muss sie absolut definiert werden. Weizsäcker jedoch war anderer Meinung. Er sprach von der „Relativität der Ure". Deshalb hatte er 1985 im „Aufbau der Physik" formuliert:

> *„Ein ‚absoluter' Begriff der Information hat keinen Sinn; Information gibt es stets nur ‚unter einem Begriff', genauer ‚relativ auf zwei semantische Ebenen'."*[22]

Ich hatte dazu 1999 in meinem Buch „Quanten sind anders" über diese Schwierigkeit mit der Information geschrieben, dass sie üblicherweise nur bis auf einen frei wählbaren Wert bestimmt ist. So kann die Information im Genom dadurch bestimmt werden, dass die vier Nucleobasen als Buchstaben interpretiert werden und dann die Information aus ihrer Kombination errechnet wird. Man könnte aber auch von den

[21] Görnitz, T. (1999)

[22] Weizsäcker, C. F. (1985), S. 172

Atomen ausgehen und erst die Information berechnen, die zu den Nucleobasen führt. Dieser Wert müsste dann dem vorherigen hinzugefügt werden. Die willkürlich gewählten Ausgangspunkte, man könnte schließlich auch mit Protonen, Neutronen und Elektronen beginnen, erläutern das, was Weizsäcker mit verschiedenen semantischen Ebenen meint.

Solange jedoch eine physikalische Größe, z. B. die Temperatur oder die Information, noch auf einen willkürlich gewählten Null- oder Anfangspunkt bezogen wird, haben wir diese Größe noch nicht in einem fundamentalen Sinne verstanden. Als Beispiel denke man an die Temperatur vor der Entdeckung des absoluten Nullpunktes. Im täglichen Leben beziehen wir die Temperatur auf den Gefrierpunkt des Wassers, man könnte aber – wie dies in den USA mit der Fahrenheit-Skala noch üblich ist – auch eine andere Temperatur als 0 Grad definieren. Erst mit dem absoluten Nullpunkt von –273 °C = 0 K konnte Temperatur als innere Bewegung der Stoffe verstanden werden. 0 K ist dann der Zustand, wo keine innere Bewegung mehr vorhanden ist. Und noch weniger als „keine Bewegung" kann man sich nicht vorstellen. (Auch wenn es prinzipiell unmöglich ist, 0 K exakt zu erreichen, so ist doch dieser Grenzwert ein wichtiger Anhaltspunkt.)

Zu dem Zusammenhang von Information und Entropie hatte ich damals weiter ausgeführt: Für den Begriff der Entropie gibt es – ähnlich wie bei der Energie – viele verschieden lautende Definitionen, auch ihre mathematische Form tritt in verschiedener Gestalt auf. In unserem Zusammenhang dürfte die zweckmäßigste und kürzeste und trotzdem noch zutreffende Definition die folgende sein:

Entropie ist Information, welche ***nicht*** *zur Verfügung steht.*

Die Information wurde in der Physik früher nur in der Gestalt des Begriffes „Entropie" verwendet. Die Entropie war bisher ebenfalls nur bis auf eine frei wählbare Konstante festgelegt. Die Änderungen der Entropie lassen sich wie die Änderungen der potenziellen Energie messen. Entropie ist Information, der keine Bedeutung zugeordnet werden kann.

Im Buch „Quanten sind anders" hatte ich schon damals darauf hingewiesen, dass an der Schnittstelle von Quantentheorie und Gravitationstheorie, d. h. in der Verbindung mit den „Schwarzen Löchern", die Entropie nun gleichfalls zu einer fundamentalen physikalischen Größe wird, die einen absoluten Wert erhalten kann.

7.7.10 Qubits als Eigenschaften von Objekten und AQIs als Basisstrukturen der Quantentheorie

Wie erwähnt schreibt Zeilinger in „Einsteins Schleier" über die Information: „... dass die Menge an Information, die wir benötigen, um ein System zu charakterisieren, umso kleiner wird, je kleiner das System ist." Hierbei kann sich leicht die Vorstellung verfestigen, dass weniger Information mit einer kleineren räumlichen Struktur verbunden ist. Das entspricht zwar den alten Vorstellungen über die kleinsten Teilchen, ist aber mit der Quantentheorie im Grunde nicht zu vereinbaren. Bei dieser These ist nichts zu verspüren von dem postulierten Zusammenhang zwischen Universum und Information als dessen „Grundstoff".

Die Anbindung an eine Theorie über das Universum, also eine Kosmologie, ist notwendig, wenn man von einer philosophischen These zu einer naturwissenschaftlichen Theorie gelangen möchte. Das wird in den Kapiteln 15–17 ausführlich dargestellt.

Wie Plancks Formel zeigt, wird immer mehr Information notwendig, um ein immer kleineres Objekt im Raum zu lokalisieren. Zutreffend ist allerdings, dass man z. B. bei Zeilingers Versuchen von einer komplizierten Struktur sehr oft nur ein einziges Bit als „bedeutungsvolle Information" benötigt und verwendet. Dieses Quantenbit ist dann eine Eigenschaft eines Quantenobjektes, z. B. eines Photons. Die Masse oder Energie dieses Objektes, das im Kosmos bzw. auf der Erde lokalisiert ist, entspricht einer riesigen Anzahl von weiteren AQIs.

Es ist wichtig, zwischen einem Qubit als einer interessanten Eigenschaft eines Quantenobjektes einerseits und andererseits einem AQI als einer kosmisch ausgedehnten quantischen Vorstruktur zu unterscheiden.

Das Quantenobjekt ist aus AQIs geformt. Durch das Zusammenwirken von vielen AQIs entsteht eine lokalisierte Struktur, an der wiederum Eigenschaften als Teilstrukturen davon definierbar sind. Manche Eigenschaften sind klassisch. Sie können kopiert werden. So kann ein Text mehrmals gelesen werden, also durch Photonen vom Papier ins Auge transportiert werden. Manche Eigenschaften sind quantisch, z. B. die aktuelle Energie und der Spin eines Quantenobjektes wie ein Ion oder Molekül. Sie werden nicht kopiert, sondern die Information über eine solche Eigenschaft wird als Qubits von Photonen zu anderen Quantenobjekten transportiert.

7.7.11 Die Versuche zur Teleportation, dem Beamen

Für die Übertragung von faktischer Information kann man diese codieren und an den anderen Platz senden. Faktische Information kann auch kopiert werden. Das weiß jeder seitdem die Kopierer in den Büros stehen.

Quanteninformation kann nicht kopiert werden. Dazu müsste man den exakten Zustand kennen. Es liegt nahe, ihn zu messen. Dann aber wäre der Zustand zwar faktisch, er ist aber verschieden von dem Quantenzustand vor dem Messeingriff. Außerdem verbietet die Unbestimmtheitsrelation eine Kopie eines Quantensystems. Nach dieser gibt es keinen Quantenzustand, in dem zwei konjugierte Größen einen exakten Wert haben würden, z. B. Ort und Impuls, oder alle Komponenten des Drehimpulses. Bei einer exakten Kopie könnte man an dem einen System die eine Größe genau messen und an dem anderen die dazu konjugierte. Und dann wären beide exakt bekannt.

Manchmal möchte man aber einen exakten Quantenzustand an einem anderen Ort zur Verfügung haben, kann aber wegen der Störeinflüsse einen Transport nicht durchführen. Mit der *Quantenteleportation* wird es möglich, die komplette Quanteninformation über den exakten Quantenzustand auf ein entferntes Teilchen zu übertragen. In Anlehnung an eine Science-Fiction-Serie wird die *Teleportation* zumeist als *Beamen* bezeichnet.

Beim Beamen wird also die Quanteninformation über den genauen aktuellen Zustand eines Quantenteilchens auf ein anderes Quantenteilchen der gleichen Sorte übertragen. Quantenteilchen der gleichen Sorte sind vollkommen ununterscheidbar. Wenn also ein Quantenteilchen B im vollkommen exakten Zustand wie Quantenteilchen A ist, dann bedeutet es das Gleiche, als wenn A an die Stelle von B versetzt worden wäre.

Die ersten Versuche zum Beamen, die von der Öffentlichkeit wahrgenommen wurden, erfolgten in Wien mit einer Banküberweisung durch einen Abwasserkanal unter der Donau. Der war durch seine Lage sehr gut vor äußeren Störungen geschützt. Schließlich darf das System nicht durch Einflüsse aus der Umwelt dekohärieren. Später machten dann die Versuche zwischen zwei kanarischen Inseln, also über einen Abstand von etwa 143 km durch die Atmosphäre großen Eindruck.[23)] Mich freute besonders, dass die populären Einschränkungen der Quantentheorie auf „Mikrophysik" bei dieser Größenordnung recht unangebracht klingen.

Nachdem China einen Satelliten gestartet hatte, mit dem verschränkte Photonen nach Wien und China gesendet werden konnten, wurden dann die Versuche auf eine Entfernung von 1200 km ausgedehnt.

Die Erklärungen der Teleportation sind nicht ganz einfach. Drei Teilnehmer sind beteiligt. Zwischen Alice und Bob wird ein spezieller verschränkter Zustand erzeugt. Chris hat ein Quantenobjekt, dessen Zustand γ zu Bob teleportiert werden soll. Nun führt Alice mit ihrem Anteil des verschränkten Zustandes und mit dem Zustand γ von Chris eine sogenannte „Bell-Transformation" durch. Dabei wird die Verschränkung zwischen Alice und Bob beendet und eine neue zwischen γ und dem Zustand von Bob geknüpft. Bob darf nun natürlich nicht messen, denn dabei würde er alles verderben.

Stattdessen muss Bob eine solche Bell-Transformation durchführen, die seinen Zustand in den originalen von γ verschiebt. Dazu muss Alice an Bob über eine klassische Verbindung mitteilen, welche von den vier möglichen Bell-Transformationen in Reaktion auf Alices Manipulation er anwenden muss. Diese Mittelung kann also höchstens mit Lichtgeschwindigkeit erfolgen. Anhand der zu Bob gesendeten Anleitung kann nun dieser seinen Anteil des verschränkten Quantenzustandes der entsprechenden Transformation unterziehen.

[23] Krenn, M.; Handsteiner, J.; Fink, M.; Fickler, R.; Ursin, R.; Malik, M.; Zeilinger, A. (2016) *Twisted Light Transmission over 143 kilometers*, P. Natl. Acad. Sci. USA 113, S. 13648 – 13653

Damit wird dieser Zustand bei Bob in den ursprünglichen Zustand γ von Chris überführt. Bob kennt dann zwar diesen Zustand nicht, aber er kann sicher sein, dass es der von γ ist.

Wenn Chris seinen Zustand gemessen hat, dann ist das Ergebnis ein anderer Zustand als γ. Es ist ein Faktum, welches wie üblich kopiert werden kann.

Bei der Teleportation eines Quantenzustandes – also von Information – benötigen wir die Vorstellungen der *Dynamischen Schichtenstruktur*. Die klassische Relativitätstheorie sorgt dafür, dass die Informationsübertragung maximal mit Lichtgeschwindigkeit erfolgt.

7.7.12 Abhörsichere Kommunikation

Wenn man eine Kommunikationsverbindung aufbauen will, die nicht abgehört werden kann, weil die quantentheoretischen Gesetze das unmöglich machen, ist das nicht nur eine riesige Herausforderung an die experimentelle Raffinesse. Es weckt auch große Begehrlichkeiten nicht nur bei den Banken und bei deren Kontrahenten von der organisierten Kriminalität, sondern natürlich auch bei Geheimdiensten und ähnlichen Organisationen.

Die Erklärung darüber beruht zwar auch wie das Beamen auf dem Austausch verschränkter Photonen, ist aber leichter zu verstehen.

Bei den Versuchen zur Quantenkommunikation wird ein energiereiches Photon in einem speziellen Kristall in zwei Photonen zerlegt. Deren Energie ist dann in der Summe die Energie des Ausgangsphotons.

Da diese Photonen verschränkt sind, ist es meiner Meinung nach sinnvoller, von *einem Diphoton* zu sprechen. Dieses Diphoton hat den Spin null. Diese Eigenschaft führt bei der Zerlegung in zwei Photonen zu einer strengen Korrelation ihrer Polarisationen. Jedes der beiden Photonen trägt ein Quantenbit, welches mit dem vom anderen Photon korreliert ist. Es wird also nicht Quanteninformation von einem Ort zum anderen Übertragen, wie beim Beamen. Vielmehr entstehen durch geeignete Zerlegung eines Quantensystems an zwei verschiedenen Orten streng korrelierte Qubits.

Das Diphoton breitet sich im Raum aus, bis es an einer von zwei Messeinrichtungen angelangt ist. Dort wird es gemessen. Diese Messung zerlegt das Diphoton in zwei getrennte und nicht mehr verschränkte Photonen. An dem Photon, das dort bei der Messzerlegung des Diphotons entsteht, wird die Polarisation gemessen, also die Ausrichtung seines Photonen-Spins.

Da bei der Messung der Spin des ersten Photons faktisch festgelegt wird, gerät augenblicklich das zweite Photon in den dazu entsprechenden Quantenzustand. Wenn also das Diphoton einen Spin Null hatte und das gemessene Photon einen Spin +1 in

z-Richtung, dann gelangt damit das andere Photon in einem Quantenzustand mit Spin –1 in z-Richtung. So ist die Summe null.

Damit liegt aber bisher nur fest, dass an diesem Photon nicht ein Spin +1 in z-Richtung gefunden werden kann. Wird in z-Richtung gemessen, so ergibt sich notwendig Spin –1. Ein Quantenzustand ist aber kein Faktum. Wird nämlich stattdessen in x-Richtung gemessen, dann kann mit gleicher Wahrscheinlichkeit der Spin +1 oder der Spin –1 in x-Richtung als Messresultat erscheinen.

Wie erfolgt das Erstellen eines abhörsicheren Schlüssels für eine Quantenkommunikation?

In der Beschreibung wird von zwei Teilnehmern Alice und Bob gesprochen. Sie können an ihrem Messgerät drei verschiedene Messungen vornehmen, vielleicht Polarisation senkrecht, Polarisation schräg und Polarisation waagerecht. Sie erhalten eine größere Menge von einzelnen Diphotonen und messen an diesen jeweils und zufällig die Polarisation ihres Photons.

Nun nimmt Alice einen Teil ihrer Messungen und teilt Bob die Versuchsnummer mit sowie die jeweilige Messanordnung und das dabei erhaltene Ergebnis mit. Bob vergleicht diese Daten mit seinen Ergebnissen in den Fällen, wo sie beide zufällig die gleiche Messung durchgeführt hatten.

Wenn dabei keine Korrelation ersichtlich ist, dann würde das auf einen Abhörversuch hinweisen. Falls Eve in den Prozess eingegriffen hätte, hätte sie dabei die Diphotonen zerlegt und damit wären die Korrelationen zwischen Alice und Bob zerstört worden.

Falls Bob hingegen eine Korrelation seiner Daten für die Fälle findet, in denen er die gleiche Messung wie Alice durchgeführt hatte, können beide davon ausgehen, dass die Leitung intakt war.

Dann schickt Alice wieder offen über das Internet von den verbliebenen Messungen eine Nachricht, welche Art der Messung durchgeführt wurde. Sie scheibt aber nichts über die Messergebnisse. Aus diesen Daten wiederum sucht Bob die Fälle aus, wo beide die gleiche Messung durchgeführt hatten. Die Nummern dieser Messungen sendet Bob an Alice – und wieder nichts über die Messergebnisse.

Dann wissen sie, dass sie mit ihren Messergebnissen aus diesen Fällen einen Schlüssel von Nullen und Einsen haben, mit dem eine Nachricht, deren Bitanzahl nicht größer als dieser Schlüssel ist, prinzipiell abhörsicher versendet werden kann.

Bei diesem Vorgang werden also Informationen über Qubits ausgetauscht, die nur für diese beiden, für Sender und Empfänger, Bedeutung erlangen können. Jeder Abhörversuch wird als Eingriff und Zerstörung der Ganzheit des jeweiligen Diphotons erkennbar.

7.8 Die Dynamische Schichtenstruktur – Koexistenz von klassischer und quantischer Physik

Auch wenn wir davon ausgehen, dass die Quantentheorie die grundlegende Struktur liefert, so kommen wir doch im Leben nicht an den Tatsachen vorbei, wie sie z. B. von der klassischen Physik beschrieben werden.

Ein Stuhl befindet sich niemals zur gleichen Zeit an zwei verschiedenen Stellen. Ein zerbrochenes Glas wird auch „der Möglichkeit nach" nicht wieder heil. Es wäre unsinnig, solche Fakten nur als Möglichkeiten interpretieren zu wollen.

Wenn wir also ein wenig reflektieren, dann wird uns natürlich sofort klar, dass wir nicht nur die Möglichkeiten ernst nehmen müssen, sondern dass es für uns auch so etwas wie „harte Fakten" gibt. In vielen praktischen Situationen läuft ein Geschehen so ab, dass wir es zutreffend als faktisch determiniert beschreiben können. Und oft erscheint uns in der Tat eine Struktur nur als die Summe ihrer Teile.

Die Quantentheorie zeigt, dass quantische Eigenschaften erst für ein „isoliertes Quantensystem" deutlich erkennbar werden. Quantische Bezüge sind immer vorhanden, aber die Genauigkeit für ein Erbringen experimenteller Nachweise dafür ist oft zu schwierig. Je massereicher ein System ist, desto enger liegen seine verschiedenen Energiestufen beieinander. Die Differenz zwischen zwei Energiestufen legt fest, welche Energie ein Photon haben wird, wenn das Objekt von einer energiereicheren zu einer energieärmeren Stufe übergeht. Je enger diese Stufen beieinanderliegen, desto leichter können immer energieärmere Photonen absorbiert oder ausgesendet werden. Größere Objekte stehen daher stets in einem engen Kontakt mit ihrer Umgebung.

Wenn ein größeres Objekt isoliert werden soll, dann werden sie auf eine extrem niedrige Temperatur abgekühlt. Das soll ein Aussenden von Wärmestrahlung und damit einen Kontakt zur Umwelt unterbinden. Je massereicher ein System wird, desto schwieriger wird es also, an ihm Quantenphänomene aufzuzeigen.

Ohne Abgrenzung steht ein Quantensystem in Beziehungen zu seiner Umgebung. Dadurch verliert es wegen der Tensor-Produktstruktur seine Eigenständigkeit, es wird mit der Umwelt verschränkt. Dann hat man das neue System in der neuen Gestalt: *ursprüngliches System mal dessen Umwelt.*

Nun ist daran zu erinnern, eine Isolierung eines Quantensystems ist im theoretischen Rahmen der Quantentheorie nicht vorgesehen, jedoch in dem der klassischen Physik.

> Unter diesem Gesichtspunkt ist die zerlegende und trennende Struktur der klassischen Physik eine Vorbedingung dafür, dass Quanteneigenschaften an Systemen erkennbar werden können.

Andererseits kann wiederum die klassische Physik für keines der Objekte, deren Verhalten von ihr beschrieben werden, die Existenz erklären. Nach der klassischen Theorie dürfte es keine Atome geben, denn die Elektronen müssten auf Bahnen um den Kern laufen und dabei ständig Energie abstrahlen. Nach kurzer Zeit wären sie in den Kern gestürzt und das Atom wäre verschwunden.

Beide Theoriebereiche – klassische und quantische Physik – bilden jeweils eine Voraussetzung für den anderen, sie sind enger aufeinander bezogen, als es allein die mathematischen Strukturen erkennen lassen.

Wenn wir das alles zusammenfassen, dann kommen wir zur „Dynamischen Schichtenstruktur" der Naturbeschreibung. Wir werden mit den näherliegenden Strukturen der klassischen Physik so lange arbeiten können, bis ihre Genauigkeit nicht mehr ausreicht. Wenn es wirklich genau werden muss, dann arbeiten wir mit der Quantentheorie. Zwischen diesen beiden Theoriebereichen mit ihren unterschiedlichen mathematischen Strukturen gibt es mathematische Übergänge von dem einen in den anderen Bereich.

Die enge Verbindung von klassischer und quantischer Beschreibung gilt im Besonderen für das Erklären von Leben.

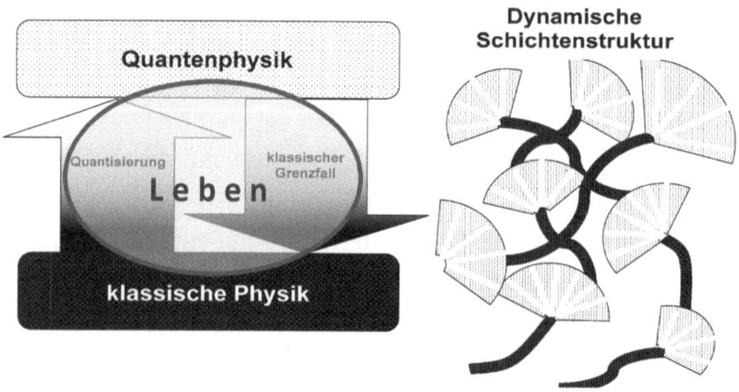

Bild 7.10 Die Dynamische Schichtenstruktur soll die gegenseitige Abhängigkeit von klassischer und quantischer Naturerfassung verdeutlichen. Über der klassischen Physik, welche die Bewegung der Alltagsobjekte gut erfasst, wirkt die genauere Quantenphysik, welche die Existenz solcher Objekte erst zu erklären erlaubt. Die Grenzübergänge von der einen zur anderen Beschreibung sind in ihrer mathematischen Struktur bekannt. Solange es genügt, wird man die Vorgänge mit der klassischen Vorstellung eines determinierten faktischen Verhaltens beschreiben (dicke schwarze Linien). Jedoch immer wieder wird man dabei in Situationen geraten, in denen man die Auffächerung quantischer Möglichkeiten nicht ignorieren kann.

> Beide Theoriebereiche – klassische und quantische Physik – bilden jeweils eine Voraussetzung für den anderen Bereich. Sie sind enger aufeinander bezogen, als es allein die mathematischen Strukturen erkennen lassen.
>
> Wenn wir die Natur in ihrer ganzen Breite mit den Naturgesetzen erfassen wollen, so werden wir mit diesen beiden Theoriebereichen arbeiten müssen.

Die enge Verbindung von klassischer und quantischer Beschreibung gilt im Besonderen für das Erklären von Leben.

Das Leben wird erst erklärbar und beschreibbar im Wechselspiel zwischen Faktischem und Möglichem, also in einer Beschreibung mit Einschluss von Quantentheorie und klassischer Physik. Von den Zellen bis zum gesamten Lebewesen wechseln sich Beschreibungsmöglichkeiten eines klassisch-determinierten Verlaufs mit solchen Situationen ab, die oft als Bifurkationspunkte bezeichnet werden. In diesen geschieht eine „Auffächerung" in Potenzialitäten, an denen eine quantentheoretische Beschreibung unvermeidlich wird.

Lebewesen unterscheiden sich von ihrer Umgebung. Sie sind abgetrennt durch eine Zellwand, eine Haut, eine Borke usw. Andererseits stirbt jedes Lebewesen, wenn es zu lange von seiner Umwelt isoliert wird. Als ein „Fließgleichgewicht" ist es darauf angewiesen, dass in ihm ein ständiger Durchsatz von Materie und Energie möglich ist.

Beim Leben wird das Wechselspiel zwischen isolierter Ganzheit und ständiger Wechselwirkung mit der Umgebung in besonderer Weise deutlich, welches mit der Dynamischen Schichtenstruktur aufgezeigt wird. Daher wird sie für eine Erklärung von Lebendigem unabweisbar. Auf die für eine Erklärung unverzichtbare steuernde Funktion von bedeutsam werdender Information in allen Lebewesen wird in Kapitel 27 noch einmal eingegangen.

7.8.1 Schrödingers Katze und Schrödingers Kätzchen

Als ein Beispiel für das Zusammenwirken einer Beschreibung von Lebewesen und Dynamischer Schichtenstruktur soll das berühmte Gedankenexperiment von Schrödingers Katze dienen.

Ebenso wie Albert Einstein hatte auch Erwin Schrödinger eine Abneigung gegen einige philosophische Konsequenzen der Quantentheorie. So hatte er die „verdammte Quantenspringerei" abgelehnt und an seinem Katzenbeispiel eine Konsequenz der Quantentheorie in einer etwas absurden Weise verdeutlichen wollen. Das mag vielleicht seltsam klingen, denn schließlich hatte erst die von ihm gefundene Schrödinger-Gleichung einen wirklich praktikablen Umgang mit der Quantentheorie ermöglicht.

Mit seiner „Katze“ hatte Schrödinger sich gegen die ursprüngliche Kopenhagener Interpretation gewendet, die oft so verstanden und zumeist auch so dargestellt wurde, als ob der Beobachter durch seine Beobachtung das Messergebnis auslösen würde.

Manche Darstellungen vermitteln auch heute noch den Eindruck, als sei es allein der Blick oder gar das Bewusstsein des Beobachters, was den Übergang von quantischen Möglichkeiten in ein Faktum bewirken würde. Deswegen war Schrödingers Widerstand gegen solche merkwürdigen Vorstellungen durchaus verständlich. Schließlich wird niemand glauben, dass ein Dinosaurier-Knochen erst durch das Ausgraben und die Kenntnisnahme durch einen Archäologen zu einer faktischen Realität wird, auch wenn der Knochen erst danach zu einem gewussten Faktum geworden ist. Auch wird wohl keiner auf die Idee kommen, dass der Mond nicht da ist, wenn er ihn nicht sieht - obwohl er diese Überzeugung in diesem Moment natürlich nicht durch seine Wahrnehmung bestätigen kann.

Schrödingers Gedankenexperiment ist wie folgt aufgebaut. (Es sollte angemerkt werden, dass niemals dabei eine Katze tatsächlich umgebracht worden ist.) In einem Kasten befinden sich eine Katze und ein Atom eines radioaktiven Elementes. Ferner gibt es einen Geigerzähler, der anschlägt, wenn das Atom zerfallen ist und der dabei – über einen Verstärkermechanismus – eine Giftampulle zerschlägt, wodurch die Katze umgebracht würde.

Die intendierte Vorstellung in einer quantenphysikalischen Betrachtung lautet: Dieses radioaktive Atom im Experiment befindet sich nach einiger Zeit mit einer bestimmten Wahrscheinlichkeit in einem Quantenzustand, in welchem es noch nicht zerfallen ist, und zugleich mit der entsprechenden Wahrscheinlichkeit in einem Quantenzustand, in welchem es bereits zerfallen ist (und deswegen die Giftampulle zerschlagen wurde). Im Rahmen der Quantentheorie ist dies eine vollkommen sinnvolle Aussage über den Gesamtzustand dieses Atoms als Superposition zweier seiner möglichen Zustände.

Schrödinger argumentierte nun, dass die Katze ebenfalls nach einiger Zeit einen Zustand erreicht hat, in welchem sie mit einer bestimmten Wahrscheinlichkeit noch lebt und mit der entsprechenden Wahrscheinlichkeit bereits tot ist.

In der weiteren Argumentation wendet sich Schrödinger dann gegen eine Interpretation der Quantenmechanik, bei welcher der Messprozess durch die Kenntnisnahme durch einen „Beobachter“ ausgelöst wird. Er sprach daher weiter davon, dass wenn der Beobachter den Kasten öffnet und dadurch mit seinem Blick hinein einen Messvorgang auslöst, dann die Katze schlagartig entweder tatsächlich tot oder tatsächlich lebendig sein würde.

Dies wird oft so dargestellt, als wäre die Katze in diesem Kasten vor dem Öffnen gleichzeitig tot und lebendig. Dass das ein Unfug ist, war natürlich nicht nur Schrödinger klar, selbst wenn man sich überlegt, dass das Sterben eines Lebewesens ein komplexer Vorgang ist und dass es möglicherweise Zwischenstufen in diesem Prozess gibt, in denen eine klare Aussage und Unterscheidung zwischen lebendig und tot vielleicht nicht möglich ist.

Hier kommt nun die dynamische Schichtenstruktur ins Spiel. Warum ist das Atom ein Quantensystem und die Katze als ganzes Lebewesen ist keines?

Für ein Atom ist die Quantenbeschreibung mit dem Zustand korrekt, der – wie der Fachjargon sagt – eine Überlagerung, eine Superposition, von „Zerfallen" und „Nichtzerfallen" ist.

> Eine lebendige Katze in ihrer Gesamtheit ist jedoch kein teileloses Quantenobjekt, auch wenn natürlich in ihr fortwährend ungezählte Quantenprozesse ablaufen.

Damit ein massereiches Objekt ein teileloses Ganzes und somit zu einem Quantenobjekt werden kann, muss man es extrem stark abkühlen, direkt bis vor den absoluten Nullpunkt. Erst fast am absoluten Nullpunkt wäre ein makroskopisches materielles Objekt von seiner Umgebung tatsächlich isoliert und würde somit eine Quantenbeschreibung ermöglichen. So müssen beispielsweise Bose-Einstein-Kondensate, bei denen eine riesige Anzahl von Atomen in der Tat einen einheitlichen Quantenzustand bildet, in den Mikro-Kelvin-Bereich abgekühlt werden. Anderenfalls würden sie fortwährend Photonen mit sehr niedriger Energie aussenden können, welche Informationen über den Quantenzustand mit sich hinwegführen – was einem Messprozess entspricht – und somit das Objekt immer wieder in einen faktischen Zustand überführen.

Auch wenn sich ohne eine Isolierung aus einem solchen faktischen Zustand ein neuer Quantenzustand entwickelte – was ständig geschieht –, so würde dieser sofort wieder faktisch werden. Solange ein großes materielles Objekt wärmer ist als seine Umgebung und nicht gegen jede Ausstrahlung isoliert ist, so lange wird es fortwährend Informationen über seinen Quantenzustand mit langwelligen Photonen aussenden, also solchen mit sehr geringer Energie, und dadurch immer wieder sofort in einen faktischen Zustand übergehen.

Wenn ein Atom isoliert ist und daher in einem seiner Quantenzustände verbleiben kann, ist eine viel größere Energie (ein viel energiereicheres Photon) notwendig, um die Isolation dieses Atoms von seiner Umgebung aufzuheben, als bei einer Katze. Es sei daran erinnert, dass eine starke Lokalisierung wie bei einem Atom für eine Wechselwirkung eine kurze Wellenlänge und damit eine hohe Energie benötigt. Sehr langwellige Photonen reagieren nicht mit einem einzelnen Atom. Dadurch ist eine Isolierung eines Atoms einfacher und es verbleibt leichter in seinem Quantenzustand als ein großes Objekt aus vielen Atomen.

Wenn man also tatsächlich eine Katze zu einem Quantenobjekt machen wollte, so müsste man sie so tief abkühlen, dass damit die Frage, ob sie tot oder lebendig sei, eindeutig geklärt sein würde – und das vollkommen unabhängig von irgendeiner Giftampulle.

Mit kleineren Objekten, scherzhaft als „Schrödingers Kätzchen" bezeichnet, wurde Schrödingers Überlegung experimentell bestätigt. Dabei wird ein elektrisch geladenes Atom, ein Ion, so manipuliert, dass es zugleich mit gleicher Wahrscheinlichkeit an zwei verschiedenen Orten gefunden werden kann. Diese gleichzeitigen verschiedenen Orte entsprechen der toten und lebendigen Katze in Schrödingers Gedankenexperiment. Seit ersten Experimenten 1996 wurden die Versuche weiterentwickelt. Heute werden Entfernungen erreicht, welche bereits das Fünfzigfache vom Durchmesser der verwendeten Ionen betragen.

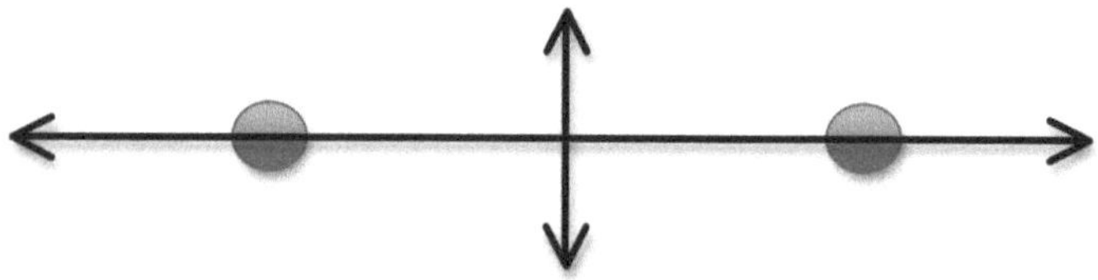

Bild 7.11 Schrödingers Kätzchen: Ein *einzelnes Ion* (ein elektrisch geladenes Atom) kann zur gleichen Zeit mit gleicher Wahrscheinlichkeit *an zwei verschiedenen Orten* gefunden werden. Das Ion ist dabei nicht über die ganze Strecke dazwischen „unscharf verschmiert". Vielmehr sind Experimente so verfeinert worden, dass das Ion nur im Bereich der beiden Kreise gefunden werden kann, deren Abstand etwa das Fünfzigfache des Ionendurchmessers beträgt.

7.8.2 Dynamische Schichtenstruktur und Quantencomputing

Ein anderes Beispiel für die unverzichtbare Verwendung der Dynamischen Schichtenstruktur liefert das bereits besprochene Quantencomputing. Die sinnvolle Beschreibung erfolgt je nach Anforderung im Rahmen einer klassischen oder quantischen Theorie.

Eine Rechnung beginnt dabei, die faktisch erhobenen Daten mithilfe eines klassischen Computers aufzubereiten und dem Quantencomputer bereitzustellen. Dann sollen gemäß eines Algorithmus, der bereits faktisch vorliegt, diese Daten im Quantencomputer verändert werden. Dazu sind wiederum faktische, also in ihrer Art und in ihrer Reihenfolge festgelegte, Eingriffe notwendig, die oft durch genau bestimmte Laserstrahlen erfolgen. Auch diese Steuerungen des Rechenablaufes im Quantencomputer werden durch klassische Computer vorgenommen. Am Ende des Rechenvorgangs wird wiederum mithilfe von klassischen Computern aus dieser Fülle der Quantenmöglichkeiten ein Übergang zu einem faktisch vorliegen Ergebnis initialisiert. Ausgabe und Aufbereitung der Daten erfolgt dann ebenfalls im Rahmen der klassischen Informationsverarbeitung.

Eine Beschreibung der Natur durch uns Menschen kann nicht sinnvoll werden, wenn wir die Fakten aus ihr ausschließen würden. Dass wiederum das Wirken der Potenzialitäten erst dann bemerkbar wird, wenn man die Vorgänge in der Natur sehr genau erfassen will, das zeigt die Quantentheorie auf.

7.8.3 Ignorabilia und kritische Vorannahmen

Vor der Entdeckung der Quantentheorie waren weder die physikalischen Experimente noch die theoretischen Beschreibungen extrem genau. Daher schienen die faktischen Darstellungen der klassischen Physik zu genügen.

Für „Unerklärliches" gab es im Laufe der Wissenschaftsgeschichte verschiedene Ausweichmöglichkeiten. Dabei kann man beispielsweise an das „Ignorabimus = wir werden es nicht wissen" von Emil du Bois-Reymond (1818–1896) denken. Er stellte die These auf, dass das Bewusstsein für immer einer naturwissenschaftlichen Erklärung unzugänglich bliebe. Er meinte das Bewusstsein und nicht die Hirnphysiologie, die gelegentlich mit diesem verwechselt wird. Manche philosophische oder theologische Vorstellungen beharren bis heute darauf, dass es auch in der Natur, also im Rahmen empirisch zugänglicher Phänomene und besonders bei der Erklärung des Geistigen so etwas wie „unauflösbare Geheimnisse" gäbe.

Überlegungen über Transzendentes scheinen zum Wesen eines reflexionsfähigen Menschen zu gehören, denn viele Menschen haben religiöse oder spirituelle Bedürfnisse bzw. Erfahrungen. Manchen kann es zustoßen, dass sie Erlebnisse haben, die sie mit keiner bisher etablierten naturwissenschaftlichen Struktur verbinden können.

Ich habe mich auf den „Rahmen der empirisch zugänglichen Erscheinungen" bezogen. Die Empirie bedeutet Einschränkung auf das, was „normaler Erfahrung" zugänglich ist. Zu dieser gehört, dass die betreffenden Experimente oder Beobachtungen intersubjektiv bei einer äquivalenten Ausbildung und unabhängig von Ort und Datum mit einem gleichartigen Equipment überprüfbar und reproduzierbar sind. Damit ist keinesfalls, wie bei Goethe, gemeint, dass der Mensch sich auf seine Sinne beschränken soll. Vielmehr bedeutet Empirie auch die Verwendung der höchstentwickelten Technik, die zur betreffenden Zeit zur Verfügung steht. In diese wird die gesammelte Erfahrung über die Natur aus der vorhergehenden Zeit eingeflossen sein. Das bedeutet, dass im Rahmen der Naturwissenschaften notwendigerweise Transzendenz methodisch ausgeschlossen werden muss.

Auch die Annahmen aus der Metaphysik sind immer wieder zu überprüfen. Zu ihr werden Annahmen gerechnet, die man bereits voraussetzen muss, damit ein Sprechen über „Erfahrung" und „Gesetze" überhaupt sinnvoll wird. Dann kann man erhoffen, dass in der Durchführung der Naturwissenschaft die gefundenen Resultate diese Annahmen bestätigen werden. Ein tatsächlicher Einzelfall kann nicht unter eine Regel fallen und erst recht nicht unter ein Gesetz. Allerdings sind wir Menschen so auf unsere Umwelt eingestellt, dass wir so gut wie automatisch verallgemeinern und damit verschiedene Fälle zu einem allgemeineren Fall zusammenfassen. Problematisch wird es dann, wenn sich im Laufe der Erforschung Widersprüche zu den Vorannahmen ergeben.

Vorannahmen

Ein Beispiel für ein solches Problem liefert die „Zeit“. Wie bereits Weizsäcker betont hatte, ist eine der Vorannahmen, die zu einer jeden Erfahrung gehören, die Unterscheidung zwischen den Zeitformen, also zwischen Vergangenheit, Gegenwart und Zukunft. Erfahrung bedeutet ein Lernen aus den vergangenen Ereignissen, um für die Zukunft besser gerüstet zu sein. Die genauen Erfahrungen an der Natur führen zur Quantentheorie. Diese aber beschreibt keine Unterteilung der Zeit durch Fakten. Die Zeit der Quantentheorie ist eine „andauernde bzw. ausgedehnte Gegenwart“. Wir haben in diesem Zusammenhang auch von der „ganzheitlichen Gegenwart“ oder der „Zeitlosigkeit der Quantenphysik“ gesprochen. Daher ist es notwendig, die Quantentheorie zu ergänzen durch das, was wir als die „Dynamische Schichtenstruktur“ von Quantentheorie und klassischer Physik bezeichnet haben. Durch das Entstehen eines Faktums wird ein Quantensystem wieder an die Zeit seiner Umgebung angeschlossen und seine „zeitfreie“ Phase beendet. Dazu auch als Metapher eine Erinnerung, die wohl viele teilen können: Manchem Menschen mag es so gegangen sein, dass er aus der Versunkenheit eines Tagtraums erschreckt zurück wieder in Zeit und Raum seiner Umgebung gelangte.

Transzendentes, also dasjenige, was als jenseits der objektivierbaren menschlichen Erfahrungen gedacht oder erlebt wird, ist definitionsgemäß natürlich auch keiner Überprüfung durch reproduzierbare intersubjektive Erfahrungen zugänglich. Aber trotzdem gehören Annahmen, die nicht durch die Erfahrung bestätigt werden können, zu den Hypothesen, die wir für eine sinnvolle naturwissenschaftliche Beschreibung der Welt voraussetzen müssen. Das wurde bereits bei Platon sichtbar, der die „Einheit“ und die „unbegrenzte Zweiheit“ zugleich annehmen musste, obwohl sie faktisch nicht zugleich erfüllt sein können. Eine weitere Analogie dazu findet sich bei Kurt Gödels (1906–1978) Beweis, dass die Widerspruchsfreiheit eines mathematischen Systems (welches so umfangreich ist, dass es zumindest die Arithmetik beinhalten kann) nur unter Zuhilfenahme von weiteren Annahmen gezeigt werden kann, die ihrerseits nicht aus den Axiomen des Systems folgen.

8 Ein Blick auf die „Zeit"

Die Zeit wird oftmals als ein großes Mysterium bezeichnet. Nur selten passen unsere Erfahrungen und Erlebnisse zu der Zeit, welche die Uhr anzeigt. Auch in der Physik erscheint die Zeit mit vielfältigen Perspektiven. Heute, mit der Quantentheorie der AQIs, können diese verschiedenen Aspekte geordnet und erklärt werden.

Die Zeit ist der Rahmen, in welchen wir hineingestellt werden und aus dessen Zwängen wir niemals entkommen können solange wir leben. *Wir können immer wieder nach draußen gehen, aber niemals nach vorhin.* Die Zeit kann so schnell verfliegen, dass uns nur ein Bedauern darüber bleibt, dass etwas Schönes zu Ende ist. Sie kann quälend langsam vergehen, sodass ein Leid kein Ende zu nehmen scheint. Obwohl nichts so bleibt wie es ist, kann Vergangenes in der Erinnerung wieder lebendig werden. Man kann auch sagen: *Leben ist Veränderung in der Zeit auf der Basis des Vergangenen.*

Wir sehen uns in der Zeit und sind unausweichlich eingebunden in ihren Ablauf. Wie verhält sich das zu der Zeit, die in der Physik gemessen und verarbeitet wird?

8.1 Wie wird Zeit wahrgenommen und eingeteilt

In einem Vorgriff auf die nachfolgenden Ausführungen soll kurz skizziert werden, wie die Physik im Allgemeinen mit der Zeit umgeht. Zeit wird wahrnehmbar an Veränderungen, an Bewegungen in einem umfassenden Sinne.

8.1.1 Fakten gliedern die Zeit

Die klassische Physik behandelt die Zeit als eine kontinuierliche Abfolge von Fakten.

Die Quantenphysik erfasst Zeit als Veränderung von Möglichkeiten. Den Umschlag von Möglichkeiten zu einem Faktum bezeichnet man in der Physik aus historischen Gründen als Messprozess.

Mit der Physik können wir heute sagen, die Zeit ist ein Ausdruck und ein Maß für die Entwicklung und Veränderung des Kosmos.

Wir sind eingebunden in universelle kosmische Abläufe. Früher wurde die Gliederung der Zeit durch die lokalen Regelmäßigkeiten am sichtbaren Himmel vorgegeben. Nach gegenwärtiger Kenntnis hat sich der Mensch in einer tropischen Umgebung entwickelt. In dieser gibt es zwar einen ausgeprägten und recht gleichmäßigen Tag-Nacht-Rhythmus, aber ansonsten wenig Notwendigkeiten, sich intensiver mit der Zeit zu befassen. Das änderte sich spätestens mit der Entwicklung der ersten Ackerbaukulturen. Die Termine von Aussaat und Ernte kann man nicht nur dem Zufall oder dem Gefühl überlassen. Selbst wenn sich in Mesopotamien jahreszeitlich die Temperaturen nicht wesentlich geändert haben, so war es doch wichtig Regenzeiten zu beachten. So sind bereits aus dem alten Babylon astronomische Aufzeichnungen überliefert.

In den frühen Religionen spielten Sonne und Mond die Rolle wichtiger Gottheiten. Daher wurden astronomische Daten wie beispielsweise Sonnenwende oder Frühjahrspunkt mit Riten und spirituellen Feierlichkeiten verbunden. Die Termine von Weihnachten und Pessach bzw. Ostern zeigen das. Frühsteinzeitliche astronomische Bauten wie Gossek und Stonehenge lassen die Bedeutung astronomischer Ereignisse für die sehr frühen Kulturen noch heute erkennen. Einen gewaltigen Aufklärungsschritt vollzog das Judentum etwa ein halbes Jahrtausend v. Chr., als Sonne und Mond zu bloßen „Lampen" herabgestuft wurden.

Die Tageslänge steht weder zum Umlauf des Mondes noch zum Jahreslauf der Sonne in einem ganzzahligen Verhältnis. Wenn man die Tage zählt, um mit einer festen Anzahl von ihnen einen Monat oder auch ein Jahr festzulegen, laufen bald die so festgelegten Monate und der Neumondtermin bzw. die Jahre und die Sonnenwende auseinander. Richtet man das Jahr nach einer festen Zahl von Mondumläufen, so wandern die Festmonate wie der Ramadan durch den Jahreslauf. Daher wurden für das Erstellen eines Kalenders, mit dem man geordnete Aussaat- und Erntetermine festlegen konnte, bereits früh in der Antike umfangreiche mathematische Überlegungen notwendig.

8.1.2 Aussagen über die Zeit

Von der Antike bis zur Neuzeit sind religiöse oder philosophische Aussagen über das Wesen der Zeit überliefert. In der griechischen Philosophie gab es z. B. die Auffassung, dass es keinen Beginn der Zeit gegeben habe, dass sie unbegrenzt sei. In der jüdischen und christlichen Tradition wurde aus dem Alten Testament ein Beginn der Zeit für die Welt übernommen. Eine ähnliche Vorstellung übernahm später der Islam.

Am Beginn der Verbindung der Naturwissenschaft mit ihrer mathematischen Beschreibung wurde von Newton ein unendlicher Raum und eine unendliche Zeit postuliert. Diese Ansicht wurde lange als natürlich und evident angesehen, auch weil in der Mathematik bis ins 19. Jahrhundert keine anderen Modelle für Raum und Zeit zur Verfügung standen.

8.1.3 Die moderne Physik und die Zeit – Relativitätstheorien und Quantenphysik

Der Blick auf die Zeit änderte sich in radikaler Weise am Beginn des 20. Jahrhunderts.

Mit der Speziellen Relativitätstheorie eröffneten sich neue Denkweisen über die Zeit.

Normalerweise ist für uns das Licht sofort da, wenn wir es einschalten. Dass das Licht sich jedoch nicht augenblicklich durch den Raum bewegt, so wie wir Menschen es auf der Erde ohne technische Geräte wahrnehmen, hatte Ole Rømer (1644–1710) bereits 1676 mit Beobachtungen der Jupiter-Monde festgestellt. Aus damaligen astronomischen Daten ergab sich, dass die Lichtgeschwindigkeit größer als 200 000 km/s sein musste.

Nachdem Licht als transversale Welle erkannt worden war, begann man das Medium zu suchen, dessen Schwingungen das Licht sein sollte. Schwingungen durch die Luft kannte man als Schallwellen. Beim Schall gibt es Transversalwellen nur in Festkörpern und so suchte man den „Äther", dessen Schwingungen das Licht sein sollten. Vom Äther war Merkwürdiges zu fordern. Einerseits sollte er ein fester Körper sein, damit in ihm transversale Wellen als Schwingungen möglich sein können. Andererseits musste er so durchlässig sein, dass die Planeten sich in ihm über Jahrmillionen reibungsfrei um die Sonne bewegen können. Da die Erde rotiert und einmal im Jahr um die Sonne läuft, musste die Erde sich auch relativ zum Äther bewegen. Daher begann man, nach einem „Ätherwind" zu suchen.

Mit ihrem berühmt gewordenen Experiment hatten Albert A. Michelson (1852–1931) und Edward W. Morley (1838–1923) einen Lichtstrahl aufgeteilt, über zwei verschiedene Wege laufen lassen, dann reflektiert und wieder überlagert. Das entstehende Interferenzmuster wurde untersucht. Wenn die Lichtgeschwindigkeit wegen der Relativbewegung der Erde gegen den Äther in verschieden Richtungen verschieden wäre, hätte man eine Veränderung an dem Interferenzmuster bemerken können. In immer genaueren Experimenten musste man jedoch feststellen, die Lichtgeschwindigkeit ist in der Luft und im Vakuum immer gleich, unabhängig davon, wie man sich relativ zu einem Lichtstrahl bewegt. (In einem festen Körper oder einer Flüssigkeit, z. B. Glas oder Wasser, ist allerdings die Lichtgeschwindigkeit geringer als in der Luft. In einem sauberen Fensterglas ist sie etwas verringert, erreicht aber danach wieder die Lichtgeschwindigkeit wie im Vakuum.)

Der negative Ausgang des Michelson-Morley-Experimentes zeigte, dass man die Geschwindigkeiten nicht mehr so addieren oder subtrahieren konnte, wie es in der Newtonschen Mechanik vorgeschrieben ist. Da die Geschwindigkeit das Verhältnis von Weg zu Zeit ist, musste also spätestens bei hohen Geschwindigkeiten die Definition von „Ausdehnung" verändert werden. Hendrik Antoon Lorentz (1853–1928) hatte postuliert, dass die Ausdehnung von Materie sich bei Bewegung gegen den Äther verändern müsste und schließlich 1904 auch die mathematischen Transformationsformeln für die „Lorentz-Kontraktion" entwickelt.

Einstein hatte schließlich den Mut, die Konstanz der Lichtgeschwindigkeit als Grundlage einer Theorie zu postulieren:

> Die Lichtgeschwindigkeit ist immer gleich, unabhängig davon wie sich die Lichtquelle oder der Empfänger des Lichtes bewegen mögen.

Eine solche Hypothese hat zur Folge, dass ein Ätherwind überflüssig wurde. Die Lorentz-Transformationen zeigen, wie eine beobachtete Zeit und eine beobachtete Ausdehnung sich verändern, wenn das beobachtete System sich relativ zum Beobachter gleichförmig bewegt.

Mit der Speziellen Relativitätstheorie ergibt sich, dass gegeneinander bewegte Bezugssysteme jeweils unterschiedliche Zeit- und Längenwahrnehmungen erkennen lassen. Denn wenn die eigene Geschwindigkeit nicht einfach zur Lichtgeschwindigkeit addiert oder von ihr subtrahiert werden kann, dann muss sich für ein bewegtes System, das man beobachtet, dessen eigene Geschwindigkeit, also das Verhältnis von Weg zu Zeit, ändern. Das ist im bewegten System selbst nicht bemerkbar. Von einem als ruhend wahrgenommenen System aus (weil man sich darin befindet) lautet die Faustregel: bewegte Uhren gehen langsamer. Das ist oftmals experimentell bestätigt worden.

Man kann es auch so übersetzen: In schnellen Systemen dehnt sich die Zeit. Für ein Photon, ein Lichtquant als das überhaupt Schnellstmögliche, bleibt sie sogar stehen. Auch wenn aus unserer Sicht, also mit der kosmologischen Zeit gemessen (wir bewegen uns relativ zum Kosmos sehr langsam), manche Photonen Milliarden von Jahren zu uns unterwegs waren, so vergeht für die Photonen selbst keine Zeit. Sie werden im gleichen Moment absorbiert, in dem sie gemäß ihrer eigenen Zeit emittiert worden sind.

Mit der Allgemeinen Relativitätstheorie wurde die mathematische Vorstellung möglich, dass der Kosmos weder im Raum noch in der Zeit unendlich ausgedehnt sein müsste.

Die Entdeckung der Fluchtgeschwindigkeit der Galaxien, die mit dem Namen von Edwin Hubble (1889–1953) verbunden wird, führte dazu, dem Kosmos ein endliches Alter zuzusprechen. Der heute als gültig angesehene Wert beträgt etwa 13,8 Milliarden Jahre.

Die Vorstellungen über die Struktur der Zeit wurden mit der Allgemeinen Relativitätstheorie (ART) noch komplexer: Auch in starken Gravitationsfeldern und bei sonstigen großen Beschleunigungen vergeht die Zeit langsamer. Am seltsamsten wird es bei der Beschreibung für den Sturz eines Objektes in ein Schwarzes Loch. Dabei zeigt die Allgemeine Relativitätstheorie für das Objekt selbst, dass es sich mit immer größerer Geschwindigkeit dem Horizont des Black Holes nähert. Am Horizont erreicht es schließlich gemäß Theorie die Lichtgeschwindigkeit. Aus großer Entfernung jedoch sieht der gleiche Fall in ein Schwarzes Loch vollkommen anders aus. Es scheint aus dieser Sicht, als würde das Objekt immer langsamer werden und schließlich am Horizont zum Stillstand kommen. Das zurückgesendete Licht wird dabei immer langwelliger und wäre schließlich nicht mehr wahrnehmbar. Dass diese beiden so gegensätzlichen Bilder zugleich zutreffend sind, jedoch für völlig unterschiedliche Betrachtungsweisen, das ist gewiss schwer vorstellbar. Die mathematische Beschreibung betrifft in einem Fall das Koordinatensystem eines mitbewegten Beobachters, der zum Horizont hinfliegt. Im anderen Fall haben wir die mathematische Beschreibung eines unendlich weit entfernten Beobachters, der das fliegende Objekt aus dieser Entfernung beobachtet und mathematisch beschreibt, und dessen Abstand zum schwarzen Loch konstant bleibt. Diese zwei mathematischen Beschreibungssysteme betreffen also zwei unterschiedliche Situationen.

8.1.4 Quantentheorie über die Zeit

Dass die Quantentheorie die allgemeinen Vorstellungen über die Zeit noch stärker infrage stellt als die Relativitätstheorie, darüber wurde selten geschrieben.

Die Quantentheorie ist von ihrem Wesen her eine Theorie über Möglichkeiten. Aber wie jedermann weiß, erfolgt die *Untergliederung der Zeit* durch Fakten. Erst mit einem Faktum wird es möglich, zwischen einem „Davor“ und einem „Danach“ zu differenzieren. An einem sehr gut isolierten Quantensystem gibt es jedoch keine Fakten. Es herrscht gleichsam eine „ausgedehnte Gegenwart“.

Das beste Beispiel für ein zeitweilig vollkommen von der Umwelt abgeschlossenes Quantensystem ist ein Photon. Zwischen Emission und bis zur Absorption bleibt es vollkommen vom Rest der Welt getrennt und ist von der kosmischen Zeit abgekoppelt. Sobald das Photon mit etwas anderem aus dem „Rest der Welt“, z. B. mit einem Atom reagiert, wird es absorbiert und ist verschwunden.

Deshalb verbleibt ein Photon während seiner Existenz in seiner ausgedehnten Gegenwart und ohne jeden internen Zeitverlauf.

> Ein vollständig abgeschlossenes Quantensystem – es muss kein Photon sein – wird vom Verlauf der kosmischen Zeit abgekoppelt und verbleibt in einer andauernden Gegenwart.[1]

Wenn die Isolierung nicht vollständig ist, dann kann die Zeit für dieses System als faktisch ablaufend beschrieben werden. Bei verschieden bewegten Systemen treten dann Effekte auf, die beispielsweise als „Zwillingsparadox" bezeichnet werden. Einer der beiden hatte eine interstellare Reise absolviert und ist jünger geblieben. Interstellare Reisen gibt es nicht mit Menschen, der Effekt ist aber mit instabilen Elementarteilchen in Beschleunigern oftmals bestätigt worden.

Nun könnte man zurecht einwenden, dass sich auch der Zwilling auf der Erde relativ zu dem Zwilling in der Rakete schnell bewegt und daher auch dessen Uhr von der Rakete aus gesehen langsamer gehen muss. Dieser Einwand ist berechtigt. Zum Zwillingsparadox gehört auch die Allgemeine Relativitätstheorie. Der Zwilling in der Rakete muss, im Gegensatz zu dem auf der Erde, bremsen, umkehren und wieder beschleunigen, wenn er den anderen Zwilling wieder treffen will. Diese Unterschiede in den Beschleunigungen unterscheiden die beiden und legen fest, bei welchem weniger Zeit vergangen ist. Der Zwilling in der Rakete ist der chronologisch Jüngere. (Ob er mit der Belastung bei einer langen Raumfahrt außerhalb des Schutzes durch das Erdmagnetfeld, u. a. durch die Radioaktivität und eine mangelnde Schwerkraft, gesund und auch biologisch jünger geblieben ist, scheint mir allerdings sehr unwahrscheinlich zu sein.)

Da ein Photon ein Quantensystem ist, welches bis zu seiner Absorption völlig von seiner Umgebung isoliert bleibt, kann man die *Quantentheorie für eine Erklärung von Phänomenen der Speziellen Relativitätstheorie* heranziehen. Wie erwähnt zeigt die Quantentheorie auf, dass in einem solchen isolierten System während der Isolierung keinerlei Fakten auftreten. Das legt nahe, dass in einem solchen System auch keine Zeit vergeht. Zu diesem Befund passt das Ergebnis der Relativitätstheorie, nach der für ein Photon während seiner Existenz tatsächlich keinerlei eigene Zeit vergeht. Die eigene Zeit der Photonen „bleibt stehen". Bei der „kosmischen Rotverschiebung" der Photonen von fernen Galaxien und erst recht vom „kosmischen Hintergrund" wird ihre Wellenlänge wegen der Expansion des kosmischen Raumes größer und ihre Energie somit kleiner. Das ist natürlich für jede Anschauung eine riesige Herausforderung. Sie lässt auch noch bis heute viele Menschen an den vielfach bestätigten Experimenten zweifeln.

Eine das Zeitverhalten beeinflussende *teilweise Isolierung* eines Systems kann wahrscheinlich im Rahmen der Quantentheorie bereits dadurch hervorgerufen werden, dass sich das System genügend schnell relativ zum kosmischen Hintergrund bewegt. Dabei wird der lokale Zeitablauf im System so gedehnt, wie es Einstein mit der Speziellen Relativitätstheorie gezeigt hatte. Für einen wahrnehmbaren Effekt, also eine

[1] Görnitz, T.; Görnitz, B. (2002) *Der kreative Kosmos*, Springer, Heidelberg, Kap. 12.6.1, S. 327

Unterscheidung des irdischen von dem kosmischen Zeitablauf, bewegt sich die Erde mit ihren etwa 500 km/s wohl nicht schnell genug. Erst seitdem die Hintergrundstrahlung sehr genau vermessen wurde, konnte die Bewegung der Erde relativ dazu festgestellt werden.

Die lokale Zeit ist dabei das, was man an der lokalen Uhr ablesen kann.

Offenbar wird gemäß Quantentheorie im bewegten System der Übergang von den Möglichkeiten zu den Fakten verlangsamt und bei einem Photon gänzlich unterbunden. Die Veränderung der Zeit in der Speziellen Relativitätstheorie könnte daher verstanden werden als Beschreibung der Veränderungen in einem lokal weitgehend isolierten schnell bewegten System.

Die veränderte lokale Zeit betrifft z. B. die Atomuhren in den um die Erde fliegenden Satelliten für GPS-Systeme. Die Ermittlung der zutreffenden Zeiten erfordert komplexe Rechenvorgänge, um die Radiosignale passend zu interpretieren. Die Wirkungen von Geschwindigkeit und Gravitation bei der Ortsbestimmung sind zu berücksichtigen, um eine hohe Genauigkeit erhalten zu können.

Mit hohen Geschwindigkeiten gelangen wir in den Geltungsbereich der Speziellen Relativitätstheorie. Diese beschreibt klassische Systeme, die sich relativ zueinander bewegen. Eine mögliche Aussage im Minkowski-Raum wäre, dass wir uns in der Raumzeit stets mit c bewegen. Wenn wir im Raum ruhen, also am Ort stehen bleiben, dann bewegen wir uns nur in der Zeit. Würden wir uns im Raum so wie die Photonen mit c bewegen, dann bliebe die Zeit stehen.

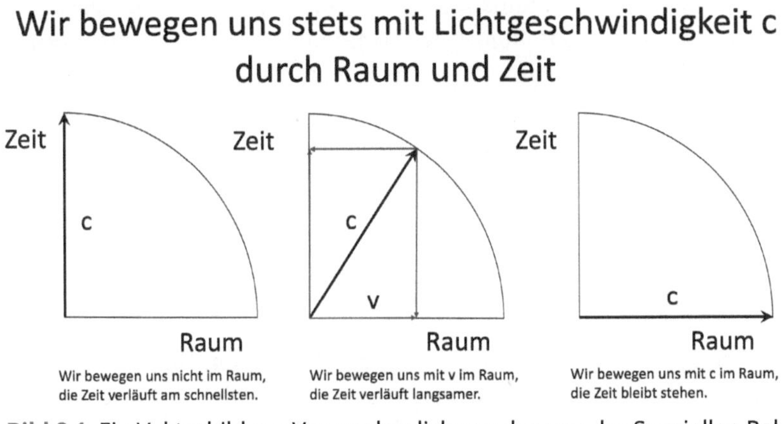

Bild 8.1 Ein Vektorbild zur Veranschaulichung des von der Speziellen Relativitätstheorie aufgezeigten *Verhältnisses zwischen Raum und Zeit bei verschiedenen Geschwindigkeiten v.* Wir bewegen uns mit räumlicher Geschwindigkeit $v = 0$, wenn wir ruhen, nur mit c in der Zeit und nicht im Raum. Bewegen wir uns mit einer beliebigen räumlichen Geschwindigkeit $0 < v < c$, dann verändert sich das Verhältnis von räumlichen und zeitlichen Entfernungen. Würden wir uns mit der hypothetischen räumlichen Geschwindigkeit $v = c$ bewegen, so bliebe die Zeit stehen.

Auch durch starke Gravitationsfelder werden Systeme von der kosmischen Zeit abgetrennt. Das wiederum beschreibt die Allgemeine Relativitätstheorie.

Mit der Protyposis ergibt sich das folgende Bild für die universelle kosmische Zeit. Mit dem, was heute als Urknall bezeichnet wird, beginnt die Existenz von Zeit und Raum. Da der Beginn mit nur einem AQI startet, ist dieses Bild viel zu gewaltförmig. In Kapitel 14 und später werden wir darüber reflektieren, dass Raum und Zeit als die „Existenzform" der Protyposis zu bezeichnen sind.

Die Frage nach einem „Davor", also nach einem Geschehen vor dem Beginn der Zeit und damit vor dem Beginn von einem „Irgendetwas", oder nach einem „Warum", also nach einer kausalen Ursache für die Existenz des Kosmos, führt aus der Naturwissenschaft heraus. Daher kann man im Rahmen einer Big Bang-Theorie nicht innerhalb der Physik nach einer „naturwissenschaftlichen Ursache" für die Existenz des Seienden suchen – und ebensowenig in der „First-Quantum-Kosmologie" der AQIs.

Metaphysische Betrachtungen oder rein mathematische Modelle mit einer zeitlich unbegrenzten Existenz sind natürlich möglich – sie verbleiben jedoch außerhalb der Physik und einer Kosmologie mit einer Expansion aus einem Anfang.[2] Vielleicht wird die Kluft zwischen Philosophie und Physik mit den AQIs leichter überbrückbar.

Mit den AQIs ist es nicht notwendig, den gesamten gegenwärtigen kosmischen Inhalt nach der Vorstellung des gegenwärtigen Standortmodells der Kosmologie bereits wie durch ein unbegreifliches Wunder am Anfang in die Existenz zu katapultieren. Es genügt vielmehr die Vorstellung, die aus dem „Nichts" die einfachste Quantenstruktur, das erste AQI, entstehen lässt, und die dann zu den weiteren AQIs führt. Vielleicht kann dies ähnlich zu einer „Vakuumfluktuation" verstanden werden. Danach wird eine weitere Entwicklung und Entfaltung des wachsenden kosmischen Inhaltes zu den Objekten ermöglicht, die wir beobachten können.

Hier soll bereits darauf verwiesen werden, dass in Abschnitt 16.8 die mathematischen Zusammenhänge dargelegt werden, dass und wieso die Gesamtheit aller AQIs der Protyposis ein Maß für die kosmische Zeit liefern.

8.1.5 Die Planck-Zeit

Mit dem Wirkungsquantum hatte Max Planck zu den bekannten Naturkonstanten (Lichtgeschwindigkeit und Gravitationskonstante) eine weitere dimensionsbehaftete Größe entdeckt. Eine sehr kreative Kombination dieser drei Konstanten ermöglichten auch die Definition einer Zeitdauer. Man gibt den drei Naturkonstanten den Zahlwert 1 und erhält eine Masse, eine Länge und eine Dauer. Die resultierende Planck-

---

[2] Durch eine mathematische Transformation mit dem Logarithmus kann man den Zeitpunkt $t = 0$ auf $t = -\infty$ verschieben.

Zeit von 10^{-44} s ist so klein, dass sie wohl noch für Jahrtausende jenseits des experimentell Zugänglichen liegen dürfte.

In diese Zeit-Definition gehen die zentralen Naturkonstanten der Gravitationstheorie, der Quantentheorie und der speziellen Relativitätstheorie ein. Sie markiert die kürzeste Zeitdauer und somit auch die größte noch als „real" zu verstehende Frequenz. Ein Photon mit dieser Frequenz würde zu einem Mini-Black-Hole werden und sofort explodieren.

8.2 Reversibilität und Zeitumkehr

Das Einführen von Symmetrien erleichtert es, Regeln und Gesetzmäßigkeiten einzuführen.

Kontinuierliche Symmetrien ermöglichen es dabei, Differentialgleichungen aufzustellen. Mit diesen kann man in der Gegenwart berechnen, was in der Zukunft zu erwarten ist.

Manche der als fundamental angesehenen Differentialgleichungen erlauben es aber auch, in gleicher Weise vom gegenwärtigen Zeitpunkt ausgehend die Vergangenheit des betrachteten Systems zu berechnen. Das kann sehr nützlich sein, wenn beispielsweise die Termine von totalen Sonnenfinsternissen mit historischen Quellen abgeglichen werden sollen. Solche Beispiele und die Form vieler Naturgesetze legen eine Symmetrie zwischen Vergangenheit und Zukunft nahe. So kann man wie in einem Film viele Abläufe in der klassischen Mechanik auch rückwärtslaufen lassen.

> Während die Rechnungen in die Zukunft und in die Vergangenheit gerichtet werden können, ist es natürlich bei allen realen Vorgängen in der Natur so, dass eine tatsächliche Zeitumkehr nur in der Theorie gegeben ist – nie in der Praxis.

Auch wenn die Zeitumkehr in die Gesetze eingefügt wird, wird bei ihrer Anwendung stets berücksichtigt, dass bei allen realen Prozessen Energie in Wärme umgewandelt wird. Diese Wärme wird dann über verschiedene Stufen in das kalte und dunkle Weltall abgestrahlt und kommt nicht zurück.

Es gibt keine Bewegungen in der Natur, die ohne Reibung wären. Reibung verbietet Zeitumkehr, weil eine entstandene Wärme nicht wieder vollständig in Arbeit verwandelt werden kann. Wir müssen daher bei der Interpretation der „fundamentalen" Naturgesetze etwas realistischer werden, denn Zeitumkehr ist eine Idealisierung.

Das hat in einer gewissen Weise sogar mit der Klimaproblematik zu tun. Die Photonen der Wärmestrahlung, die normalerweise vom Boden ins All gesendet werden, werden z. T. von Molekülen wie CO_2 oder Methan absorbiert. Das sofortige Wiederaussenden der Photonen von den Molekülen erfolgt dann in alle Richtungen. Daher wird ein Teil der Photonen wieder zur Erde zurückgeschickt, die ohne die Moleküle ins All gelangt wären und die Wärme abtransportiert hätten. Je mehr von diesen Molekülen vorhanden sind, desto deutlicher wird dieser Effekt.

Wenn man den Gültigkeitsbereich der Theorien außeracht lässt, dann ist eine unangenehme Folge das sogenannte „Problem des Zeitpfeils".

Bild 8.2 Der Zeitablauf in der Natur (oben) und der „Zeitpfeil" in seiner Beschreibung durch die klassische Physik (unten)

> Das Zeitpfeil-Problem tritt auf, wenn man die Theorien nicht als eine sehr gute Annäherung (Approximation) an die Realität begreift, sondern von der These ausgeht, dass einige der von uns aus dem Naturgeschehen abstrahierten Naturgesetze als Theorien fundamentaler sind als die Natur selbst.

Der mathematische Hintergrund dieses Problems ergibt sich daraus, dass hinter einer Differentialgleichung die „Gruppenstruktur der Bewegung in der Zeit" steht.

Eine Anpassung an die Realität würde die Ersetzung der Gruppe durch eine Halbgruppe erforderlich machen.[3] Da aber Halbgruppen weniger elegant zu behandeln sind als Gruppen und da man bei Rechnungen, welche etwas Reales beschreiben sollen, sowieso weiß, wie der reale Zeitverlauf geschieht, erspart man sich in der Physik zumeist diese Mühe.

Wenn wir den Zeitablauf mittels Fakten in Teilbereiche zergliedern wollen, dann können diese Fakten in einer klassischen Beschreibung als kontinuierliche Aneinanderreihung auftreten. Wird jedoch eine quantische Entwicklung eines Systems von außen beschrieben, so liegt zwischen zwei Fakten, die aus historischen Gründen als „Präparation" und „Messung" bezeichnet werden, ein faktenfreier Abschnitt. Da sich in diesem lediglich Möglichkeiten verändern, soll er als „ausgedehnte Gegenwart" bezeichnet werden.

Mathematische Bequemlichkeit verführt also dazu, zeitumkehr-invariante Gesetzmäßigkeit zu suchen und zu finden. Diese Gesetzmäßigkeiten dürfen wir jedoch – um es noch einmal zu betonen – nicht als fundamentaler ansehen als die Natur selbst.

---

[3] Görnitz, T.; Ruhnau, E.; Weizsäcker, C. F. v. (1992) *Temporal Asymmetry as Precondition of Experience/ The Foundation of the Arrow of Time*, Intern J of Theoret Physics 31, S. 37–46

8.3 Die „ausgedehnte Gegenwart" als Grundzug der Quantentheorie

Wir haben die Quantentheorie als Theorie der Möglichkeiten charakterisiert. Diese Kennzeichnung ist daran gebunden, dass das betrachtete System von seiner Umwelt isoliert ist. Eine vollständige Isolierung eines Systems ist allerdings eine Idealisierung. Sie kann nur in einer gewissen Näherung und nur für eine begrenzte Zeit realisiert werden.

In der Quantenphysik werden das Ende einer Isolierung und die damit erfolgte Verbindung zur Umwelt aus historischen Gründen als „Messprozess" bezeichnet. (Näheres dazu in Kapitel 11) Hier sei nur so viel vorweggenommen, dass jedes Eintreten eines Faktums damit verbunden ist, dass Information über quantische Möglichkeiten aus dem System in die Tiefen des Alls abgestrahlt wird.

Solange die Isolierung anhält, ereignen sich am System keine Fakten. Der hierbei verwendete Terminus „ausgedehnte Gegenwart" bedeutet: „Es gibt keine Reihenfolge, weil sich im System keine Fakten ereignen, mit denen die Zeit gegliedert werden könnte." Auch wenn sich in einer Beschreibung eines Quantensystems mit dem Verlauf der Zeitvariablen die Wahrscheinlichkeitswerte für die Möglichkeiten verändern können, so verbleiben diese Möglichkeiten doch parallel zueinander vorhanden.

Die Zeitvariable

Die Wellenfunktion $\psi(x, y, z, t)$ für ein Teilchen ist eine Funktion der Zeit t und der drei Raumkoordinaten x, y und z. Das Quadrat des Betrages von ψ, also $|\psi|^2$, liefert ein Maß dafür, zu der Zeit t in der Umgebung des Ortes (x, y, z) die durch die Masse m charakterisierte Teilchen finden zu können.

Die durch $\psi(x, y, z, t)$ beschriebene Wahrscheinlichkeitsverteilung eines isolierten Systems kann sich gemäß der Schrödingergleichung mit t entwickeln.

$$i\hbar\frac{\partial\psi}{\partial t} = -\frac{\hbar^2}{2m}\left(\frac{\partial^2\psi}{\partial x^2}+\frac{\partial^2\psi}{\partial y^2}+\frac{\partial^2\psi}{\partial z^2}\right)+V(x,y,z,t)\psi(x,y,z,t)$$

Das Potenzial V kann (muss aber nicht) von der Zeit t abhängen. Es ist das Maß für die Veränderung einer äußeren Kraft. (Die Kraft F ergibt sich durch Differentiation nach den Ortsvariablen als $F = -\text{grad } V$.)

Unter der Zeitentwicklung der Schrödingergleichung werden lediglich die Wahrscheinlichkeiten für die *möglichen* Messergebnisse verändert, ohne dass ein Faktum tatsächlich eintreten müsste. Da jedoch *nichts Tatsächliches geschieht*, fehlt dem Zeitparameter t die für die Zeit wesentliche Eigenschaft, frühere von späteren Fakten trennen zu können.

Dieser Aspekt der Quantentheorie ist für deren Verständnis sehr wichtig und wurde vom Autor immer wieder betont:

> *„Da in der rein quantenphysikalischen Weltbeschreibung keine Fakten vorkommen, ist damit auch die Zeit mit ihren Modi von Vergangenheit, Gegenwart und Zukunft in ihr nicht vorhanden.*
> *Die Zeitlosigkeit der Quantenphysik führt u. a. zu dem seltsamen Phänomen von ‚delayed choice', der verzögerten Wahl, bei der – in einer metaphorischen Sprechweise gesagt – jetzt entschieden werden kann, was zuvor gewesen sein soll, bei dem also der Unterschied zwischen früher und später seinen Sinn verliert."*[4]

Erst durch ein Aufheben der Isolierung des Quantensystems kann sich ein Faktum ergeben und damit wieder ein Anschluss des Systems an den Zeitablauf der Umgebung.

Natürlich kann dann ein möglicher Beschreiber dieses Vorgangs einen fiktiven Zeitverlauf während der Isolierung konstruieren. Allerdings darf man dabei nicht erwarten, dass das in jedem Fall in sinnvoller Weise möglich sein wird. Die Erfindung eines kausalen Ablaufes kann in Widerspruch zur Zeitlosigkeit geraten. Das wird der Fall sein, wenn im System ein Verhalten auftritt, welches man als eine Verschränkung oder Überlagerung von verschiedenen fiktiven Kausalketten bezeichnen könnte.

> Solange faktische Wirkungen fehlen ist eine übliche Kausalität nicht definierbar.

Manche Autoren, wie z. B. Philip Walther und Časlav Brukner, sprechen in diesem Zusammenhang von einem „Verschwimmen der Kausalität".[5]

Das ist eine etwas andere Formulierung des prinzipiellen Verhaltens von abgeschlossenen Quantensystemen. In diesen Systemen ergeben sich bis zum Ende des „individuellen Prozesses" (Bohr) keine Fakten und somit auch keine realen kausalen faktischen Wirkungen.

Walther und Brukner besprechen Experimente, die mit viel Geschick so angelegt wurden, dass zwei entgegengesetzte *scheinbar kausale Abläufe* – also ein Vertauschen von Ursachen und Wirkungen – konstatiert werden *müssten*, wenn in dem Geschehen tatsächlich etwas Faktisches geschehen würde. Genau das jedoch wird durch die kunstvolle Gestaltung des Experimentes verhindert.

Die seit langem geprägte Formulierung einer „ausgedehnten Gegenwart" kann an menschliche Erfahrungen anknüpfen. So könnte z. B. in einer tiefen Meditation oder einem ungestörten Versinken in einen Tagtraum eine Wahrnehmung einer solchen ausgedehnten Gegenwart erlebt werden. Zum Veranschaulichen eines quantischen Sachverhaltes eignen sich solche Gegebenheiten durchaus, die auch für die Hirnforschung wichtig sein können:

---

[4] Görnitz, T.; Görnitz, B. (2002), Kap. 12.6.1, S. 327

[5] Walther, P.; Brukner, C. (2019) *Kausalität in der Quantenwelt*, Spektrum der Wissenschaft, 4, S. 13–19

„Als noch spektakulärer wird empfunden, dass die Ganzheiten, die von der Quantentheorie beschrieben werden, ‚ausgedehnt' sind und sich über Raum und Zeit erstrecken können. Wird eine solche Ganzheit beispielsweise durch eine Messeinwirkung verändert, so geschieht dies augenblicklich und sofort am ganzen System.“[6)]

Bei der Ausdehnung eines Quantensystems im Raum sprechen Physiker von Nichtlokalität:

„Eine ‚zeitartige Nichtlokalität' ist eine ausgedehnte Gegenwart – ein langer Augenblick, der nicht durch ein Ereignis unterbrochen wird.“[7)]

8.4 Fakten und klassische Physik

Alles, was die klassische Physik beschreibt, wird in ihrem Formalismus als Fakten behandelt. Die mathematische Beschreibung von den meisten Vorgängen kann in der klassischen Physik gleicherweise in die Zukunft wie in die Vergangenheit erfolgen. Deswegen ist die klassische Physik nicht in der Lage, theoretisch den tatsächlichen Zeitablauf zu erfassen – so wie wir Menschen ihn im Unterschied zwischen Vergangenheit, Gegenwart und Zukunft immer erleben.

Am klarsten hat der französische Mathematiker Pierre-Simon de Laplace (1749–1827) die mathematische Struktur der klassischen Physik in Sprache übersetzt: Er postulierte die Idee eines Dämons mit einer alles überragenden Rechenfähigkeit. Dieser sollte von jedem Atom im Universum zu einem einzigen Zeitpunkt den exakten Ort und die exakte Geschwindigkeit wissen. Dann könnte er die gesamte Vergangenheit und die gesamte Zukunft von allem Geschehen im Universum berechnen.

Das ist die Idee, die zum philosophischen Modell des Determinismus geführt hat. Alles Geschehen ist festgelegt, so wie in einem fertig abgedrehten Film. Man kann es wohl nur mit einem quasireligiösen Beispiel erklären: Der Laplacesche Dämon hat einen Film gedreht, in dem die Figuren sich nicht nur bewegen, sondern auch denken müssen. Alles ist fertig, das gesamte Geschehen im Film, und nur dieser Dämon schaut sich den Film an. Wahrscheinlich lacht er über die Figuren, welche so handeln müssen, als würden sie selbst in einer Illusion von Freiheit auch über alles das nachdenken. Für die Figuren in einem Film ist alles determiniert – aber natürlich nicht für die Zuschauer. Gemäß Laplace werden wir allerdings alle nicht mehr als Zuschauer definiert, sondern in die Rolle von Figuren in einem abstrakten Film gepresst.

---

[6] Görnitz, T.; Görnitz, B. (2006) *Protyposis – die naturwissenschaftliche Grundlage für die Freiheit des Willens*, in: Heinze, M.; Fuchs, T.; Reischies, F. M. (Hrsg.) *Willensfreiheit – eine Illusion? Naturalismus und Psychiatrie*, Parodos Verlag, Berlin

[7] Görnitz, T.; Görnitz, B. (2016) *Von der Quantenphysik zum Bewusstsein: Kosmos, Geist und Materie*, Springer, Heidelberg, S. 440

In einem fertigen Film gibt es keine wirkliche Vergangenheit und keine wirkliche Zukunft. Alles liegt nach dem Filmschnitt fest, die Determiniertheit ist absolut und unabhängig von der Reihenfolge der Szenen bei deren Aufnahmen. Zum Verständnis dieses Determinismus darf man sich selbst keinesfalls in die Rolle eines Zuschauers versetzen. Vielmehr muss man sich in diesem philosophischen Modell als die Figur auf Zelluloid oder auf der DVD begreifen.

So lange, wie die deterministischen Gesetze der klassischen Physik hinreichend gut verwendbar sind, folgen aus ihnen auch nützliche und interessante Ergebnisse. Die Himmelsmechanik liefert Beispiele dafür. Eine Sonnenfinsternis ist auch heute noch ein ungeheuer beeindruckendes Schauspiel. In früheren Zeiten wird es, da die Menschen die naturwissenschaftlichen Zusammenhänge nicht kannten, bei denen, die davon überrascht wurden, Angst und Schrecken verbreitet haben. Der antike Historiker Herodot (490–430 v. Chr.) berichtet davon, dass Thales von Milet (ca. 624–548 v. Chr.) eine Sonnenfinsternis im Jahre 585 v. Chr. vorausgesagt haben soll. Herodot verbindet das mit der Schlacht am Hyalis und einem durch die Finsternis bewirkten Friedensschluss zwischen Lydiern und Medern. Moderne Forscher bezweifeln allerdings diese ausschmückenden Thesen von Herodot, aber nicht die Sonnenfinsternis vom 28.05.585 v. Chr., die man berechnet hat. Die Rechnung auf der Basis der Newtonschen Mechanik zeigt, dass eine deterministische Theorie tatsächlich in die Vergangenheit rechnen kann und diese Rechnungen in günstigen Fällen durch andere Dokumente überprüft werden können.

Der Physiker Isaac Newton starb 1727, fast zu gleichen Zeit, 1724, wurde der Philosoph Immanuel Kant geboren. Bereits in dessen Lebenszeit wurde die mathematische Naturwissenschaft so erfolgreich, dass er die Frage stellte, ob man begreifen könne, wieso man den Naturgesetzen vertrauen kann. Die Physik war schon damals zu gut und zu erfolgreich, als dass sie lediglich durch geniale Wissenschaftler einfach richtig „geraten" worden sein konnte. Andererseits besaß man in dieser Zeit bereits die historische Erfahrung, dass man wissenschaftliche Erklärungen hatte revidieren müssen, die als gesichert gegolten hatten.

Ich vermute, dass Kant die Bedingungen suchte, aus deren Erfüllung die notwendige Gültigkeit der Naturgesetze folgen würde, die in der Erfahrung gelten. Eine sofort einsehbare Bedingung für die Möglichkeit von Erfahrung besteht in der Struktur der Zeit. Aber deren Gliederung durch Fakten ist eine Näherung. Eine absolute Gewissheit über die Gültigkeit von Naturgesetzen scheint nicht erreichbar zu sein. Dies kann man in enger Parallelität zu den Erkenntnissen von Gödel sehen, der gezeigt hatte, dass die Widerspruchsfreiheit einer hinreichend interessanten mathematischen Struktur nicht mit den Mitteln dieser Struktur bewiesen werden kann. Die Gültigkeit von Naturgesetzen kann also nicht mit den Mitteln der Naturwissenschaft und nicht in einem mathematischen Sinne bewiesen werden. Wir können den Naturgesetzen vertrauen, auch wenn wir sie nicht beweisen können.

Die Gültigkeit der Naturgesetze kann mit Argumenten aus der Metaphysik höchstens plausibel gemacht werden. Zu diesen Argumenten könnte man ein Vertrauen in die bekannte und bewährte Mathematik rechnen und auch in die Gültigkeit der Logik. Dabei ist allerdings auch zu beachten, dass zwischen einer Logik der Fakten und einer Logik der Möglichkeiten wichtige Unterschiede bestehen.

8.5 Was war „vor" der Zeit?

Die gegenwärtige Kosmologie, auf die wir noch ausführlich eingehen werden, liefert sehr gute Gründe für die Feststellung, dass der Kosmos nicht seit unendlicher Zeit besteht. Der sogenannte Big Bang oder besser das „First Quantum" der AQI-Kosmologie bezeichnet den Beginn der Existenz des Universums, also von Raum und Zeit.

Eine solche Feststellung fordert wahrscheinlich unvermeidbar die Frage heraus, was denn „davor" gewesen sei.

Wir werden im Buch immer wieder darauf stoßen, dass Naturwissenschaften als empirische Wissenschaften eine Struktur von „Zeit" bereits voraussetzen. Die Frage nach einem „Etwas", bevor es „etwas" und das in Raum und Zeit gab, ist zwar sehr interessant, führt uns aber deutlich aus der Naturwissenschaft heraus in die Philosophie.

Die ältesten Aussagen zu derartigen Fragen stammen aus den Religionen. Ein Beispiel aus frühen griechischen, genauer aus orphischen Überlieferungen ist:

> *„Nach der orphischen Kosmogenese schuf Phanes, der goldgeflügelte Urgott, die Nacht aus sich und zeugte mit ihr Himmel und Erde. Nach anderer Tradition war am Anfang die Nacht: ein schwarzer Vogel mit schwarzen Flügeln, der, befruchtet vom Wind, ein silbernes Ei in den Schoß der Finsternis legte, Ur-Ei aus dem Eros (oder Phanes, der „Scheinende") heraustrat und alles ans Licht brachte, was das Ei enthielt: die ganze Welt."*[8)]

Eine ähnliche Vorstellung von einem „Ur-Ei" stammt aus Indien:

> *„Die Sonne ist das Brahma, so lautet die Anweisung [zur Verehrung]. Darüber ist diese Erläuterung. Diese Welt war zu Anfang nichtseiend; diese (Nichtseiende) war das Seiende. Das selbige entstand. Da entwickelte sich ein Ei. Das lag da, so lange wie ein Jahr ist. Darauf spaltete es sich; die beiden Eierschalen waren, die eine von Silber, die andere von Gold. Die silberne ist diese Erde, die goldene der Himmel dort. Die äußere Eihaut sind diese Berge, die innere Eihaut sind hier Wolken und Nebel, die Gefäßadern sind die Flüsse, das Fruchtwasser ist der Ozean."*[9)]

[8] Abenstein, R. (2012) *Griechische Mythologie*, Schöningh, Paderborn, S. 19

[9] Deussen, P. (Übers) (1897/1905) *Die Chândogya-Upanishad des Sâmaveda, http://12koerbe.de/hanumans/cha-3.htm*

Was aus diesen Texten deutlich wird, ist die Unmöglichkeit, ohne Paradoxie über etwas zu sprechen, was dort verortet wird, bevor es einen „Ort" und ein „Bevor" geben kann: „diese (Nichtseiende) war das Seiende".

In der abendländischen Tradition gibt es den berühmten Spruch von Augustinus (354–430) aus den „Bekenntnissen":

> *„Was also ist die Zeit? Wenn niemand mich danach fragt, weiß ich's, will ich's aber einem Fragenden erklären, weiß ich's nicht."*

Ein „Erklären" setzt stets etwas Einfacheres oder Fundamentaleres voraus.

> Die Zeit ist als Voraussetzung für Empirie grundlegend. Sie beruht auf dem Unterschied zwischen früheren Erfahrungen und Schlussfolgerungen für jetzt und später.

In den Kapiteln 15 und 16 wird im Zusammenhang mit der Kosmologie noch weiteres darüber ausgeführt. Trotzdem lässt sich über die Struktur der Zeit mehr sagen. Augustinus schreibt:

> *„Die gegenwärtige (Zeit) aber, wenn sie immer gegenwärtig wäre und nicht in Vergangenheit überginge, wäre nicht mehr Zeit, sondern Ewigkeit."*

An dieser Stelle kann man mit der Quantentheorie ansetzen und Einsichten von ihr in ein Gebiet erweitern, welches jenseits der Naturwissenschaft liegt.

Die Gliederung der Zeit in Gegenwart sowie Vergangenheit und Zukunft entsteht durch das Auftreten von Fakten. Ohne Fakten würde die Gegenwart die Gegenwart bleiben. Sie wäre dann das, was Augustinus als Ewigkeit bezeichnet.

Wenn wir also über etwas nachdenken wollen, was zum Anfang des Kosmos geführt haben soll, zum ersten Quantum, dann müssen wir über bloße Möglichkeiten spekulieren.

„Vor" der Existenz des Seins ist wahrscheinlich nur ein reines Nichts von Möglichkeiten anzunehmen. Wenn sich dann auf die hypothetische Frage „Sein oder Nichtsein" plötzlich die Antwort „Sein" einstellt, könnte ein erstes Faktum entstehen.

8.6 Der Beginn der Zeit

Wenn wir aus Sicht der Quantentheorie auf den Beginn der Zeit blicken, so erweist sich dies als ein komplexer Zusammenhang mit dem Raum.

Unsere jetzigen Erkenntnisse über die Entwicklung der kosmischen Struktur von Raum und Zeit geben sehr überzeugende Hinweise. Diese betreffen zum einen die

Expansion des Raumes wegen der Zunahme der Anzahl der AQIs und zum anderen die Existenz einer kleinsten Länge, der Planck-Länge.

Nach allen unseren heutigen Erkenntnissen ist es unmöglich, dass im Kosmos eine Struktur existieren kann, die eine kleinere Ausdehnung besitzt. Die Quantentheorie zeigt, dass immer kleinere Längen verbunden sind mit einer immer größeren Energiedichte. Wenn ein Quantenobjekt in die Größenordnung der Planck-Länge gelangt, dann folgt aus der Allgemeinen Relativitätstheorie, dass dieses Objekt sich zu einem Schwarzen Loch formt. Wenn man aus Sicht der Quantentheorie durch ein weiteres Hinzufügen von Energie eine weitere Verringerung der Ausdehnung bewirken möchte, so folgt stattdessen, dass das Schwarze Loch sich durch diese Energiezufuhr vergrößert und nicht kleiner wird.

Wenn wir also unsere heutigen Erkenntnisse in die Vergangenheit extrapolieren, so endet dieser mathematische Prozess bei einer hypothetischen Ausdehnung des kosmischen Raumes von der Größe der Planck-Länge. Dass eine solche Struktur mit der Quantentheorie beschrieben werden muss, das ist heute allgemeiner Konsens in der Physik. Aber was bedeutet das für die mathematischen und physikalischen Fundierungen und für unser Vorstellungen?

Eine klare Unterscheidung zwischen kosmischem Radius und Planck-Länge wird allerdings erst mit vielen AQIs ist möglich (siehe dazu auch Kapitel 15 und 16).

8.7 Ein „Ur-Hauch", ein „Quantum", statt „Urknall"

Die vielfach bestätigte Erfahrung, dass lokal Energie weder erzeugt noch vernichtet werden kann, wurde auch in die Kosmologie übertragen. So starten viele kosmologische Modelle damit, dass am Beginn des Kosmos der gesamte Inhalt des Kosmos bereits in einem winzigen Volumen vorhanden gewesen war. Die weitere Entwicklung bestünde dann in einer explosionsartigen Ausbreitung dieses materiellen und energetischen Inhaltes. Weizsäcker formulierte dazu:

> *„Auch der Urknall ist eine Art Mythos – der Entstehungsmythos der Welt im Zeitalter der Atombombe. Ob eine spätere Zeit die Weltentstehung nicht ganz anders beschreiben wird, das muß ich offenlassen."*[10]

Dieses Bild, dass bereits am Beginn alles später Vorhandene nur in anderer Form bereits vorhanden war, erinnert in einer gewissen Weise an Bilder, die von den Menschen vor der Begründung der Evolution des Lebens geglaubt wurden. In einem wörtlich verstandenen Schöpfungsbericht war nach einer Woche alles fertig, von Evolution keine Spur.

[10] Weizsäcker, C. F. v. (1992) *Zeit und Wissen*, Hanser, München, S. 434

Wie in Kapitel 16 erörtert wird, sind keine physikalischen Aussagen über weniger als ein AQI und etwas Kleineres als die Planck-Länge möglich. Die Entwicklung von Zeit und Raum kann also mathematisch mit einem solchen Anfang, mit einem Quantum beginnen.

Der Beginn von allem ist kein Knall, sondern nur ein Quantum. „Sein oder Nichtsein", das ist die erste Alternative. Sie wurde entschieden zum „Sein".

Das erste AQI erzeugt mit seiner Existenz zugleich die Existenz des Raumes, in welchem es sich befindet. Aus entschiedenen Möglichkeiten erwachsen neue Möglichkeiten. Die Zunahme der Anzahl der AQIs bewirkt eine zeitliche Entwicklung. Das Wachstum der Zeit und die Expansion des Raumes ergibt sich also aus der wachsenden Anzahl der AQIs. Diese sind alle miteinander verschränkt.

Wenn man von dieser mathematischen Hypothese zu einer physikalischen Beschreibung übergehen möchte, dann hat man das Problem, dass eine Ausdehnung des Raumes und damit eine Vergrößerung des Abstandes zwischen Objekten nur relativ zu einer als konstant definierten Referenzlänge definiert werden kann. Ebenso ist ein Verlauf der Zeit nur dadurch bemerkbar, dass zwischen dem Auftreten einzelner Fakten unterschieden werden kann. In der frühen Phase des Kosmos können aber weder räumliche Abstände noch Fakten definiert werden. Die topologische Struktur des Raumes als eine S^3 liegt von Beginn an vor. Eine Metrik hingegen, welche die Definition von räumlichen und zeitlichen Abständen ermöglicht, ist aber noch nicht definierbar.

Wie in Kapitel 15 gezeigt wird, bedarf es erst einer gewissen Entwicklung des Kosmos. Erst mit einer hinreichend großen Zahl von AQIs wird eine Definition der Planck-Länge mit mathematischen Überlegungen aus der Gruppentheorie realisierbar. Erst mit den ersten Schwarzen Löchern können Abstände zwischen diesen definiert werden. Getrennte Objekte und verschiedene Wechselwirkungen zwischen diesen ermöglichen es, quantische Verschränkungen aufzulösen und damit Fakten erscheinen zu lassen.

Erst mit vielen AQIs kann eine Metrik für die Raumzeit physikalisch sinnvoll eingeführt werden. Daraus kann man schließen, dass diese Metrik auf statistischen Aussagen aufbaut und mit ihr die quantische Genauigkeit durch eine pragmatisch handhabbare klassische Struktur abgelöst wird. Eine metrische Theorie der Raumzeit, also die Allgemeine Relativitätstheorie, wird sich daher notwendigerweise als eine klassische Näherung einer kosmologischen Quantenstruktur erweisen.

> Die eigentliche Physik beginnt erst dann, wenn Messungen als etwas Realisierbares erscheinen. Davor haben wir mathematische Projektionen in einen Bereich, welcher sich gleichsam zwischen Physik und Metaphysik befindet.

> Quantische Möglichkeiten allein erlauben noch keine Messungen. Für Messungen ist die Approximation einer klassischen Struktur notwendig, in der Fakten und getrennte lokalisierte Objekte in Erscheinung treten können.

Wie also kann die Zeit, die wir erleben, definiert werden?

Wenn eine Definition das Zurückführen eines Begriffes auf einfachere Strukturen sein soll, dann kann die Zeit definiert werden als der Ausdruck für die wachsende Anzahl der AQIs im Kosmos.

Das ist natürlich sehr abstrakt, wenn man es anschaulicher formulieren möchte, dann könnte man Folgendes sagen: Die Zeit ist der jeweilige für uns mögliche wahrnehmbare Aspekt der Expansion des Kosmos. Das betrifft deren unerbittlichen und unumkehrbaren Fortlauf sowie die ständige Veränderung von allem Existierenden. Die Zeit gliedert sich durch das unablässige Aufeinanderfolgen von wahrnehmbaren Fakten, beispielsweise durch Ereignisse, Situationen und unsere sich ablösenden unterschiedlichen Gedanken. Das ermöglicht eine Unterteilung in Vergangenheit, in das gegenwärtige Jetzt, und in die vor uns liegende Zukunft.

Die Fakten entstehen im Kosmos ständig und überall, bei allen Prozessen und Vorgängen. Sie ergeben sich durch ein Entfliehen von Informationen über quantische Möglichkeiten aus dem System in dessen Umgebung und schließlich in den expandierenden Kosmos, so dass nur eine von diesen als Faktum verbleibt. Das Entstehen eines Faktums wird in der Physik aus historischen Gründen immer noch als „Messprozess" bezeichnet. Die eigentliche physikalische Messung ist ein Spezialfall für das Entstehen eines Faktums.

Solange ein Quantensystem völlig von seiner Umgebung isoliert ist, unterbleibt auch das Aussenden von Informationen und damit für dieses System auch das Entstehen von Fakten. Damit ist für dieses auch keine Abfolge von Ereignissen möglich, man kann von einer ausgedehnten Gegenwart sprechen.

Die Isolation eines Quantensystems ist allerdings im Alltag nur selten erlebbar. Für Lebewesen wie uns Menschen ist eine vollständige Isolation des Körpers von der Umwelt unmöglich. In uns und um uns entstehen fortwährend ständig neue Fakten. Die materiellen Strukturen des Psychischen können Informationen über die Bedeutung vergangener Fakten speichern. Von dort können sie mehr oder weniger gut wieder aktiviert und erinnert werden. Regelhafte Einsichten und naturwissenschaftliche Erkenntnisse erlauben uns Vermutungen über künftige Möglichkeiten.

Darüber hinaus ist natürlich die menschliche Phantasie zu beliebig kreativen Schöpfungen, sowohl über die Vergangenheit als auch über die Zukunft und über sich selbst in der Gegenwart fähig.

Für die Vorgänge im Bewusstsein ergeben sich die Fakten unmittelbar, obwohl bei einer physikalischen Messung dieser Erfahrung eines „Jetzt" eine Ausdehnung von wenigen Sekunden zuzuordnen ist. Für das Bewusstsein ist – in gewissen Situationen und wohl auch nach längerem Training – eine gewisse Isolation von der Umwelt und damit auch das Erleben einer ausgedehnten Gegenwart vorstellbar.

Auch für das Unbewusste ist vielfach keine unmittelbare Anbindung an den Ablauf der äußeren Zeit gegeben.

Vielleicht haben solche sehr verschiedenartige Erfahrungen Augustinus zu seinem berühmten Ausspruch geführt, dass er zwar wisse, was die Zeit sei, dass er es aber nicht erklären könne, wenn er danach gefragt wird.

Die fortschreitende, in Vergangenheit, Gegenwart und Zukunft gegliederte Zeit, die wir im Alltag erleben, ergibt sich also dadurch, dass ständig und überall quantische Informationen über mögliche Eigenschaften an lokalisierten Objekten in die Tiefe des expandierenden Kosmos entfliehen.

Die jeweils verbleibenden Eigenschaften an einem lokalisierten Objekt können wir dann als „faktisch" wahrnehmen und bezeichnen. Eigenschaften materieller Objekte, wie archäologische Funde, zum Beispiel Keilschrift-Täfelchen oder Dinosaurierknochen, können uns auch über seit langem vergangene Fakten informieren.

9 Grundlagen der Empirie

Dass der Erfolg der Naturwissenschaft keineswegs selbstverständlich ist, wird gerade wegen ihres Erfolges selten reflektiert. Die von der Physik erkannten Gesetze ermöglichen oft erstaunlich gute Vorhersagen. Über Naturgesetze, die sich bisher so gut bewährt haben, kann man daher oft lesen: „Die Wissenschaft hat bewiesen, dass ...". Dabei wird allerdings ausgeblendet, dass ein Beweis erfordern würde, dass mit ihn gezeigt wurde oder bewiesen werden kann, dass er in sämtlichen möglichen Fällen etwas Zutreffendes beschreibt.

Die Mehrheit der möglichen Fälle, für die ein Naturgesetz gelten soll, ist jedoch noch nicht faktisch, sondern diese Fälle liegen in der Zukunft. Bewiesene Aussagen für diese zukünftigen Fälle würden jedoch nur aus der bereits bewiesenen Gültigkeit des Naturgesetzes folgen. Aber gerade diese Gültigkeit soll oder muss ja erst noch gezeigt werden. Also ist es mit einem „Beweisen" nicht so trivial, wie es manchmal dargestellt wird.

Gesetzmäßigkeiten zeigen sich z. B., wenn Symmetrien gefunden oder postuliert werden. Manche Gleichungen werden einfacher, wenn man (meist unausgesprochen) eine Symmetrie zwischen Vergangenheit und Zukunft postuliert. Derartige Idealisierungen, mit denen man sich das Problem des „Zeitpfeils" einhandelt, entstehen durch eine Vernachlässigung von Aspekten des Naturgeschehens, die im gegebenen Zusammenhang als unbedeutend betrachtet werden. Was dabei wegen des praktischen Erfolges oft aus den theoretischen Reflexionen ausgeschlossen wird ist die Einsicht, dass derartige Gleichungen, die durch Symmetrien gefunden wurden, keineswegs fundamentaler sein können als die Natur selbst. Es ist also mathematische Bequemlichkeit, die dazu verführt zeitumkehrinvariante Gleichungen als fundamental verstehen zu wollen.

Ein Beispiel aus der klassischen Physik (wie bereits im vorigen Kapitel erwähnt) wäre die oft vernachlässigte Reibung. Reibung verwandelt Bewegungsenergie in Wärme und Wärme lässt sich niemals wieder vollständig zurück in Bewegung verwandeln. Wärme wird letztlich abgestrahlt in die Tiefe des Alls und kehrt nie wieder zurück.

In der Quantentheorie betrifft – wie noch ausführlich dargelegt werden wird – der reale Ablauf der Zeit den Messprozess. Durch ihn wird eine irreversible Situation erzeugt. Das könnte verhindert werden durch eine vollständige Isolierung des Quantensystems. Aber auch diese Vorstellung ist eine Idealisierung, die nur beschränkt realisiert werden kann. Eine solche Isolierung kann nur für eine gewisse Zeit aufrechterhalten werden. Solange allerdings die Isolierung anhält, so lange geschehen am Quantensystem keine Fakten und damit keine irreversiblen Vorgänge. Die Realität der Natur jedoch führt uns immer wieder zurück in die Wirklichkeit.

9.1 Erfahrung und Empirie in der Naturwissenschaft

Wenn über die Naturwissenschaften gesprochen wird, dann wird immer betont, sie beruhen auf Erfahrung, sie sind „empirische Wissenschaften". Was meinen diese Begriffe in diesem doch speziellen Rahmen?

Für das Verstehen ist es wichtig, einen gewissen Bedeutungswandel hinweg vom Alltagsgebrauch zu registrieren.

In lange zurückliegenden Zeiten lebten die Menschen vor allem in kleinen Dorfgemeinschaften. Viele verblieben in deren Nachbarschaft für ihr ganzes Leben. Ein erfahrener Mensch war wesentlich weiter herumgekommen. Er hatte vieles erlebt und Erfahrungen gesammelt. Von seinen privaten Erfahrungen konnte er auch anderen und seinen Kindern und Enkeln erzählen. Auch heute macht jeder Mensch seine privaten Erfahrungen. Sie gehören zu dem, was seinen Lebenslauf konstituiert. Manches davon ist recht Alltägliches, anderes einmalig und vielleicht sogar unglaublich.

Von einer anderen Kategorie waren die ersten Betrachtungen, die man als „naturwissenschaftliche Beobachtungen" bezeichnen könnte. So begann man in den frühen Kulturen im Zweistromland zwischen Euphrat und Tigris oder in Ägypten, über Jahrhunderte hinweg astronomische Daten schriftlich festzuhalten. Das erlaubte es, mit ersten Anwendungen von Mathematik in diesen Daten Regelhaftigkeiten erkennen zu können. Das konnte kein einzelner Mensch leisten, eine Erfindung von Schrift war dafür jedenfalls notwendig.

Die griechische Astronomie entwickelte mathematisch strukturierte Modelle. Mit denen konnte die Bewegung der „Wandelsterne", von Sonne, Mond und Planeten, am Firmament nicht nur beschrieben und vorhergesagt, sondern in einer gewissen Weise auch erklärt werden. Damals begann die Naturwissenschaft, ihre Empirie vom bloßen Augenschein abzukoppeln. Der Augenschein lässt uns noch heute vom Aufgang und Untergang der Sonne sprechen. Schon vor zwei Jahrtausenden hatte Aristarch von Samos (310 – 230 v. Ch.) darauf verwiesen, dass nach seinen Beobachtungen die

Sonne größer sein muss als die Erde. Daher sei zu vertreten, dass die Sonne und nicht die Erde den Mittelpunkt des Kosmos bildet. Erst nach mehr als eineinhalb Jahrtausenden getraute sich Nikolaus Kopernikus (1473–1543), diese dem Augenschein widersprechende Erkenntnis zu vertreten.

Mit Galilei wurde die Empirie einen weiteren gewaltigen Schritt vom bloßen Augenschein hinweggeführt. Im Experiment wird eine idealisierte Situation geschaffen. Sie erlaubt es, das Verhalten der Natur in einer kontrollierten Situation und in Abhängigkeit von nur sehr wenigen Parametern zu studieren. Hinzu kommt als weitere erforderliche Beifügung die Wiederholbarkeit des Experiments durch andere Wissenschaftler.

Ein entscheidender Schritt erfolgte mit Isaac Newton. Die empirischen Beobachtungen werden mit ihrer Erklärung auf der Basis eines mathematischen Gesetzes eng verflochten. Seitdem wird zumindest in der Physik die Empirie untrennbar verbunden mit den mathematischen Strukturen von Gesetzen. Deren Gültigkeit wird in immer mehr verfeinerten und in technologisch sehr hoch entwickelten Experimenten getestet. Dieses Wechselspiel zwischen Mathematik und Einsichten in das Verhalten der Natur in sehr speziellen Situationen ermöglichte es, technisch immer ausgereiftere Produkte erstellen zu können.

Mit der Quantentheorie wurde eine weitere Stufe erklommen. Mit ihr wurde es möglich, Regelhaftigkeiten zu erkennen, an die man früher nicht einmal denken konnte. Immer besser wurde das Verhalten der Atome auch in festen Körpern verstanden. Mit speziell hergestellten materiellen Strukturen wurden die vielseitigen Entwicklungen der Festkörper-Elektronik möglich. Laser, Handys, Computer usw. gehören heute zum Alltag – selbst außerhalb der sogenannten „Industrieländer". Durch die damit möglich gewordene technische Informationsverarbeitung in immer leistungsfähigeren Computern wurde wiederum auch die Entwicklung von Experimenten und Beobachtungsmöglichkeiten weiterentwickelt. Die wissenschaftlichen Beobachtungen überdecken heute Zeitspannen von Milliarden von Jahren bis hin zu weniger als 10^{-17} Sekunden und Ausdehnungen von Milliarden von Lichtjahren bis zu Bruchteilen von 10^{-15} Metern. Dass dies mit den Alltagserfahrungen eines einzelnen Menschen überhaupt nichts zu tun haben kann und nur mit einer immer weiter verbesserten Technik erreichbar ist, liegt auf der Hand. Die Geräte wiederum, die aufgrund dieser empirischen Erfahrungen entwickelt werden können und die sich so verhalten, wie es berechnet wurde, zeigen den Erfolg dieser naturwissenschaftlichen Empirie. Gleichzeitig ermöglichen sie wiederum noch bessere und genauere Experimente.

Die Naturgesetze werden aufgrund der naturwissenschaftlichen Erfahrungen aus der Natur abstrahiert. Jedoch kann ihre *allgemeine Gültigkeit* – auch für Ereignisse in der Zukunft – nicht durch die *Erfahrung* bewiesen werden. Die Erfahrung bezieht sich immer nur auf die Vergangenheit.

Ob ein als *allgemeingültig* verstandenes Naturgesetz auch in der Zukunft zutreffen wird, kann also nicht durch beliebig viele experimentelle Bestätigungen in Gegenwart und Vergangenheit bewiesen werden. Aber diese Bestätigungen erleichtern es uns natürlich sehr, solchen *Gesetzen zu vertrauen*. Anderenfalls könnten wir weder mit der Eisenbahn noch mit dem Auto und schon gar nicht mit dem Flugzeug reisen.

> Das berechtigte Vertrauen in die Naturgesetze ist grundsätzlich von ihrem Beweis zu unterscheiden.

Wie kommt man der Begründung des Erfolgs der Naturwissenschaft näher?

9.2 Die Empirie und die Zeit

Die Physik ist – wie dargelegt – eine empirische Wissenschaft. Sie sucht das gesetzmäßige Verhalten in der Natur. Kern und Zweck eines solchen Gesetzes über die Natur ist die Prognose. Prognosen erfordern ein gewisses Verständnis von Zeit. Sie erfordern die Unterscheidung zwischen früher, jetzt und später. Das Verständnis dieser Unterscheidung ist daher eine Vorbedingung für jede empirische Wissenschaft.

Weizsäcker hat diese These stets offensiv vertreten. In der Philosophie wurde eine solche Fragestellung von Immanuel Kant (1724–1804) tiefgründig untersucht. Die Vorbedingungen für die Möglichkeit von Erfahrung werden von Kant als „a priori" bezeichnet. Mit dem Begriff „a priori" werden nach Kant Aussagen benannt, welche sich unabhängig von jeder Erfahrung als wahr erweisen. Da als Ausgangspunkt von Weizsäckers Gedankengängen über die Grundlagen der Physik vor allem seine philosophischen und logischen Überlegungen wahrgenommen wurden, wurde er gelegentlich dahingehend interpretiert, er würde eine „Physik a priori" suchen. Das könnte sie als bloße philosophische Spekulationen erscheinen lassen und es wäre ein Gegensatz zum Charakter der Physik als empirischer Wissenschaft.

Da die Protyposis-Theorie Weizsäckers Ideen einbezieht, ist eine Bemerkung zu diesem Problem angebracht.

Es gibt gewiss sehr viele gute Kant-Interpretationen. Das nachfolgende Kapitel soll ihnen in keiner Weise Konkurrenz machen. Wenn es allerdings um grundlegende Fragestellungen geht, so wie hier im Buch, dann erweist es sich immer wieder als nützlich, auch auf die klugen Gedanken früherer Generationen zurückzugreifen – man könnte scherzhaft sagen sogar dann, wenn diese mehr als ein Jahrzehnt zurückliegen. (Jedenfalls finde ich gelegentlich „Neues" und habe den Eindruck, ich hätte es bereits vor längerem schon einmal gehört.)

Da man sich als Physiker auf die Empirie konzentriert und dann noch die Mathematik für das Beschreiben von Experimenten und Beobachtungen zuhilfe nimmt, lässt der normale Forschungsalltag für weit darüberhinausgehende Fragestellungen keine Zeit übrig. Das wird auch nicht dadurch besser, dass man neben Vorlesungen, Seminaren und Prüfungen noch mit vielfältiger Bürokratie belastet wird.

Bei Wolfgang Pauli findet man immer wieder Hinweise darauf, welche unbewusst bleibenden Wirkungen auch auf die physikalische Forschung und Praxis Einfluss nehmen. Zu solchen unbewusst wirkenden Einflüssen gehören auch unreflektierte Bedingungen a priori, die wegen ihrer Selbstverständlichkeit nicht gesehen werden. Von solchen Einflüssen ist auch in der Geschichte der Naturwissenschaften manches zu verspüren.

Wahrscheinlich können wir heute schwer die Euphorie und die Begeisterung nachvollziehen, die in den gebildeten Kreisen nach den Beiträgen von Newton und Leibniz zur Mathematik und Physik und deren Erfolgen geherrscht haben mag. Immanuel Kant entwickelte die Vorstellung, dass man auch in den Naturwissenschaften ähnlich unbezweifelbare Erkenntnisse haben könnte wie in der Mathematik. Er nannte derartige Erkenntnisse, die Resultate eines reinen Nachdenkens sind, Erkenntnis a priori. Sie sind nach Kant so wie in der Mathematik unbezweifelbar und nicht auf empirische Erkenntnisse angewiesen.

Die Ansicht, dass man die Natur verstanden habe, wurde vertieft, nachdem mit den Maxwellschen Gesetzen die Vorgänge von Elektrizität, Magnetismus und Optik erfasst werden konnten. So berichtete Max Planck davon, dass ihm 1874 als Abiturienten von dem damals berühmten Physiker Professor Johann von Jolly (1809–1884) der Hinweis gegeben wurde, die Physik sei zu verstehen als:

> *„eine hochentwickelte, nahezu voll ausgereifte Wissenschaft die nunmehr, nachdem ihr durch die Entdeckung der Energie gewissermaßen die Krone aufgesetzt sei, wohl bald ihre endgültige stabile Form angenommen haben würde. Wohl gäbe es vielleicht in einem oder dem anderen Winkel noch ein Stäubchen oder ein Bläschen zu prüfen und einzuordnen, aber das System als Ganzes stehe ziemlich gesichert da, und die theoretische Physik nähere sich merklich demjenigen Grade der Vollendung, wie ihn etwa die Geometrie schon seit Jahrhunderten besitzt.“*[1]

Zurecht erinnert sich Max Planck an diesen gutgemeinten Ratschlag eines der führenden Köpfe in der Physik seiner Zeit. Es schrieb es auch deshalb, weil es nicht eine private Meinung eines Privatmannes war, sondern weil darin der feste Glauben der gesamten damaligen Physiker-Gemeinschaft ausgedrückt wurde. Entweder man hatte so gut wie alles bereits erkannt, und wenn es anderes geben sollte, dann konnte es prinzipiell nicht wissenschaftlich erforscht werden. Das hatte ähnlich etwa zur gleichen Zeit Emil Heinrich du Bois-Reymond (1818–1896) in seiner berühmten Rede über das „Ignoramus et ignorabimus“ („Wir wissen es nicht und wir werden es niemals wissen“) formuliert.

Es ist eine gewisse Ironie der Wissenschaftsgeschichte, dass Max Planck schließlich gezeigt hatte, wie völlig neben der Wirklichkeit diese Prognose von Jolly lag.

Eine ähnliche Vorstellung, dass man in den Wissenschaften einer tatsächlichen Gewissheit nahegekommen sei und dass dieses Ziel mit hinreichender Anstrengung

---

1 Roos, H.; Hermann, A. (Hrsg.) (2001) *Max Planck. Vorträge Reden Erinnerungen*, Springer, Berlin, S. 103

auch erreicht werden könnte, war damals auch in der Mathematik aktuell. So hatte David Hilbert (1862–1943) mit seinen 23 „berühmten Problemen“ auf dem Mathematiker-Kongress von 1900 u. a. die Hoffnung ausgedrückt, dass sich die Widerspruchsfreiheit der Arithmetik auf der Basis der damals bekannten Axiome, die von Giuseppe Peano (1858–1932) aufgestellt worden waren, beweisen lassen würden. (Mit diesen Axiomen begann in den 1960er-Jahren unser Mathematikstudium.)

Allerdings erhielt diese „kristallene Schale voller Hoffnungen“ auf eine absolute Gewissheit und auf einen determinierten Ablauf des Naturgeschehens im Jahre 1900 mit Plancks Entdeckung der Quanten einen gewaltigen Sprung. Es zeigte sich, dass die Determiniertheit des Geschehens nur für die Möglichkeiten erkennbar ist. Und auch für die Mathematik offenbarten die Erkenntnisse von Kurt Gödel (1906–1978) und Alan Turing (1912–1954), dass es selbst in ihr unentscheidbare Probleme gibt und der Beweis einer absoluten Widerspruchsfreiheit im Rahmen eines endlichen Axiomensystems nicht möglich ist.

Was kann daher heute zu den Überlegungen zum a priori gesagt werden?

Seit Kants Publikationen wurde eine gewaltige Menge an naturwissenschaftlichen Erkenntnissen zutage gefördert. Manches von dem, was er für „a priori gewiss“ gehalten hatte, sehen wir heute mit anderen Augen. Aber seine Überlegungen, dass allen empirischen Erkenntnissen bestimmte Gewissheiten vorausgehen, sind immer noch aktuell und vielleicht aktueller, als das gegenwärtig von manchen Menschen gesehen wird.

Kant unterscheidet zwei Sorten eines a priori. Manche Urteile a priori folgen allein aus dem Bedeutungszusammenhang der verwendeten Begriffe. Sie liefern keine neuen Erkenntnisse, sondern erläutern den Begriffszusammenhang. Man nennt sie „analytisch“. „Ein Junggeselle ist unverheiratet“ liefert nur dem etwas Neues, der das Wort „Junggeselle“ noch nie gehört hat. Nun kann man auf die Herkunft des Begriffes schauen. In der Handwerkersprache gibt es auch heute noch den „Altgesellen“, der stellvertretend für den Meister agiert. Der „Noch-nicht-Altgeselle“ war vor der Neuzeit noch zu arm, um eine Familie gründen zu können. Aus dieser Zeit stammt offenbar die Gleichsetzung von „Junggeselle = unverheiratet“. Da es aber heute oft Beziehungen auch ohne Ehe gibt und ein Geselle auch verheiratet sein kann, gerät diese Bedeutungskopplung zunehmend aus ihrem Gebrauch. Das Beispiel zeigt, dass die Konstatierung eines „analytischen a priori“ den damit verbundenen Bedeutungsgehalt eines Begriffes voraussetzt, der jedoch im Laufe der Jahrhunderte verloren gehen kann. So wird, wer bei „Schimmel“ nur an seinen Käse und nicht an ein Pferd denkt, bei dem Beispiel „Der Schimmel ist weiß“, wegen des Blauschimmelkäses keineswegs an ein a priori zutreffendes analytisches Urteil denken.

Neben den analytischen untersucht Kant auch „synthetische Urteile a priori“.

Solche Urteile sind ebenfalls wahr, ohne dass es bei diesen einen notwendigen Rückgriff auf die Erfahrung oder auf den konkreten Begriffsinhalt geben müsste. Bei ihnen folgt aber die Behauptung nicht allein bereits aus dem Begriff. Kant verwendet als eines der Beispiele, dass aus den Begriffen „fünf“ und „sieben“ keineswegs bereits der Begriff „zwölf“ folgt. Man benötigt bei genauem Nachdenken die „Anschauung“ dazu. Man kann in der Zeit von der Sieben um fünf Schritte weiter bis zur Zwölf zählen. Mathematische Urteile werden von Kant als „a priori“ angesehen.

> Die Überlegungen zum a priori sind deshalb interessant, weil aus ihnen bereits Bedingungen folgen, welche schon ohne Empirie gelten und die deshalb in der Empirie erst recht gelten müssen.

Für Phänomene und Erscheinungen, die bereits aus diesen Überlegungen gefolgert werden können, bereitet es daher keine Schwierigkeit, ihr Erfülltsein in der Erfahrung zu erklären.

Wir Menschen können aus der Empirie nichts beweisen, suchen aber gleichzeitig nach Sicherheit und Gewissheit. Synthetische Urteile a priori sind definitionsgemäß gewiss und einsichtig verstehbar. Daher wird dasjenige im Naturgeschehen, was bereits aus einem solchen a priori folgt, immerhin das Gewisseste sein, über das wir uns – Vernunft vorausgesetzt – einigen können. Aber auch das wiederum ist keineswegs so einfach, wie es klingen mag. Selbst in der Mathematik ist es mit einer absoluten Gewissheit schwierig. Dass 7 + 5 = 12, das ist gewiss. Aber bei solch einfachen Fakten ist die Mathematik nicht stehen geblieben. Die Mathematik ist erweitert worden in den Bereich der Möglichkeiten. Es ist möglich, immer weiter zu zählen – ohne Grenze, bis ins „Unendliche“.

> Für Systeme, die nicht auf endliche Fakten beschränkt sind (z. B. die natürlichen Zahlen mit Addition und Multiplikation), hat Kurt Gödel bewiesen, dass es mit den Mittel dieses Systems unmöglich ist, die Konsistenz des Systems zu beweisen. Das bedeutet, dass sich in ihm Aussagen finden lassen, die weder bewiesen noch widerlegt werden können.

Einen historischen Vorläufer kann man in der Euklidischen Geometrie sehen, die wir in der Schule bei den Dreiecken und dem Pythagoras lernen. Zu Kants Zeiten hatte es noch keine andere Geometrie gegeben. So meinte er wohl, dass sie „als gewiss und somit als a priori“ zu verstehen sei. Man hatte über Jahrhunderte versucht, das Parallelenaxiom aus den anderen Axiomen heraus zu beweisen. Dieses Axiom sagt, dass es zu einer Geraden durch einen nicht auf ihr liegenden Punkt genau eine Gerade gibt, welche die erste nicht schneidet. Weshalb ein solcher Beweis nicht gelang, wurde deutlich, als János Bolyai (1802–1860), Nikolai Lobatschewski (1792–1856) und Carl Friedrich Gauß (1777–1855) zeigten, dass eine widerspruchsfreie Geometrie möglich ist, in der „Gerade“ durch „geradeste Linie“ (Geodäte) ersetzt wird. In der sphärischen Geometrie, z. B. auf dem Globus, gibt es keine „Gerade“, aber es gibt die „Großkreise“, die geradesten Linien auf einem Globus. Dann kann es keine Parallele geben. Jeder

Großkreis schneidet jeden anderen. Hingegen in der hyperbolischen Geometrie – z. B. auf einer Sattelfläche – gibt es zu einer Geodäte beliebig viele Parallelen. Daher konnte das Parallelenaxiom in der Euklidischen Geometrie nicht bewiesen werden, es kann weder verifiziert noch falsifiziert werden. Man muss es als zusätzliches Axiom einführen, so wie es Euklid getan hatte.

Vielleicht kann man diese Überlegungen etwas plausibler werden lassen, wenn man darauf verweist, dass zu den Bedingungen von Gödels Aussagen über Unentscheidbarkeit eine „hinreichende Komplexität" gehört. Das schließt den obenerwähnten Übergang ins Unendliche und damit das „Mögliche" ein. Ähnlich dazu verhält sich das „Halteproblem" für einen Computeralgorithmus. Alan Turing hatte gezeigt, dass es keinen Algorithmus geben kann, welche in der Lage wäre, *für alle möglichen Algorithmen* zu entscheiden, ob der jeweils betrachtete Algorithmus bei einer beliebigen Eingabe zu einem Ende gelangt oder ob der Vorgang zu einer unendlichen Schleife führt.

Wir sehen also, dass auch in der Mathematik und in der Informatik ebenso wie in der Quantentheorie eine „absolute Gewissheit" für alle Aussagen unmöglich ist. Manches Einfache aber ist mit Sicherheit entscheidbar.

Wenn jedoch Möglichkeiten relevant werden können, dann zeigt es sich in allen Bereichen, dass dies zwar auch zu Freiheit, aber damit ebenfalls zu Unsicherheit führen kann.

Für Möglichkeiten ist die Logik der Fakten nicht ausreichend.

Manche der möglichen Aussagen kann man weder beweisen noch widerlegen. Das bringt diesen Bereich in die Nähe der Quantentheorie. Auch dort spielen die Möglichkeiten eine große Rolle und damit auch ein Hinaustreten aus dem Bereich einer „Logik der Fakten".

Die Suche nach faktischer Gewissheit hatte für lange Zeit in Mathematik und Physik einen großen Einfluss. Heutzutage kann man wissen, dass es ein nobles, aber unerreichbares Ziel bleibt. Das Gleiche gilt auch für den Versuch, eine absolute Gewissheit der Physik über a priori gewisse Urteile zu erreichen.

Eine „Physik nur a priori" würde bedeuten, dass man die Natur verstehen könnte, ohne auf Erfahrungen über sie zurückgreifen zu müssen. Das wäre ein offener Gegensatz zu der seit Galilei akzeptierten Einsicht, dass die Erkenntnisse über die Natur nur durch Erfahrungen mit und an der Natur gewonnen werden können. Wir können also Physik nur betreiben, wenn wir auf Erfahrungen an und in der Natur zurückgreifen. Dass schließt allerdings nicht aus, dass es sinnvoll ist, manche der Bedingungen zu beachten, die erfüllt sein müssen, damit Empirie möglich wird. Auch wenn sie nur unbewusst berücksichtigt werden, so sind sie doch in den weiteren Schlüssen präsent.

Im Vorgriff auf die weiteren Ausführungen sei bereits hier erwähnt, dass zu den Bedingungen, die der naturwissenschaftlichen Erfahrung vorausgehen, die Struktur der Zeit mit ihren Unterscheidungen zwischen früher, jetzt und später gehört. Ohne diese Einsicht ist „Erfahrung" undefinierbar.

> Alles, was sich a priori erklären lässt, das hilft, den Erfolg der Naturwissenschaft besser zu verstehen und vor allem auch, manche voreiligen Behauptungen zu relativieren.

Zu den aus meiner Sicht irreführenden Thesen gehört z. B. „Zeitpfeil".

Die Entwicklung des Begriffes „Erfahrung" in der Naturwissenschaft soll noch einmal zusammengefasst werden:

Aristoteles gilt als „Empiriker". Er beschrieb die Vorgänge so, wie sie ihm erschienen: „Aus altem Mehl werden Maden." Auch die moderne Astronomie stützte sich über lange Zeit ausschließlich auf Beobachtungen, wo liegt der Unterschied zu Aristoteles?

Die modernen Beobachtungen müssen eine enge Verbindung zum Experiment haben. Was wiederum ist mit „Experiment" gemeint?

Galilei gilt als der Begründer der experimentellen Erfahrungen in der Naturwissenschaft. Er hatte den freien Fall mit einer schiefen Ebene verlangsamt und damit diesen Vorgang an die damaligen Möglichkeiten einer Zeitmessung angepasst. So untersuchte er eine (fast) reibungsfreie Bewegung unter der Bedingung einer verminderten Schwerkraftwirkung.

> Ein Experiment bedeutet, dass eine künstliche Situation geschaffen wird, in welcher weitgehend alle Einflüsse auf das untersuchte System ausgeschaltet werden bis auf diejenigen, die man erforschen möchte.

Wenn man nur einen Parameter variiert und alle anderen Einflussgrößen unverändert lässt, dann ist zu erwarten, dass man die Abhängigkeit des untersuchten Systems von diesem Parameter mathematisch fassen kann.

In der Astronomie und erst recht nicht in der Kosmologie sind natürlich Experimente unmöglich. Allerdings zeigten die Aufzeichnungen der Planetenbewegungen über viele Jahrhunderte, dass die Annahme einer determinierten Bewegung der Planeten um die Sonne gut zu den Beobachtungen passte. So erschlossen Kepler und dann Newton mathematische Strukturen, welche ermöglichten, die beobachteten Daten sehr gut zu beschreiben. Die Erfolge beim Anwenden der Newtonschen Gleichungen auf der Erde bestärkten die Astronomen darin, sie auch sonst im Kosmos zu verwenden.

Nach der Mitte des 19. Jahrhunderts wurde von dem französischen Astronomen Urbain Le Verrier (1811 – 1877) eine winzige Abweichung der Merkur-Bahn von den Berechnungen mit der Newtonschen Himmelsmechanik festgestellt. Le Verrier war durch die rechnerische Vorhersage der Existenz des Neptuns berühmt geworden. Daher hatten seine Berechnungen großes Gewicht. Jedoch scheiterten seine und die späteren Versuche, diese Abweichungen in der Merkur-Bahn im Rahmen der Newtonschen Mechanik zu erfassen. Man hatte sogar einen weiteren Planeten postuliert: „Vulkan". Dieser sollte sich noch innerhalb der Merkurbahn eng um die Sonne bewegen, aber auch das blieb erfolglos.

Mit der Allgemeinen Relativitätstheorie gelang es schließlich Einstein, die Newtonsche Theorie zu verbessern und diesen Effekt zu berechnen. Er beruht auf der von der Masse der Sonne verursachten Krümmung der Raumzeit.

Wie erwähnt war Einstein durch das Gedankenexperiment des „frei fallenden Fahrstuhls" auf die lokale Ununterscheidbarkeit von Gravitation und Beschleunigung gekommen. Die Veränderung der Raumzeitstruktur um die Sonne erwies sich als die Ursache der „Periheldrehung der Merkur-Bahn", die mit Newtons Gravitationstheorie nicht zu erfassen war.

Die bei Newton und Einstein verwendeten mathematischen Strukturen von Differenzialgleichungen benötigen noch eine Proportionalitätskonstante, um die Verbindung zwischen Kraft einerseits und den beteiligten Massen sowie dem Abstand zwischen ihnen andererseits zu ermöglichen. Um den Wert dieser „Gravitationskonstanten" zu ermitteln, genügen Beobachtungen von Planetenbewegungen nicht. Dafür waren und bleiben Experimente auf der Erde notwendig. Es zeugt von der großen Experimentierkunst der früheren Physikergenerationen, solche Messungen auf der Erde durchführen zu können. Obwohl die Kraft der Gravitation Billionen mal Billionen mal Billionen mal schwächer ist als die der elektromagnetischen Kräfte, gelang es die gegenseitige Schwerewirkung zweier Massen zu messen. Die Gravitationskonstante ist die bisher am wenigsten genau ermittelte Naturkonstante. Daher sind weitere experimentelle Verbesserungen für ihre Bestimmung notwendig.

Es sollte deutlich geworden sein, dass Überlegungen zum a priori für die Naturwissenschaft wichtig sein können, dass aber eine „Physik nur a priori" ein Widerspruch in sich wäre. Naturwissenschaft ohne Anbindung an die Natur als Fundament wäre Unsinn.

Etwas, was niemals einen absoluten Wert haben kann, was nie a priori feststeht, weil es immer kontingent ist (also „nicht-notwendig", es könnte anders sein), ist der „Jetzt-Zeitpunkt" in der kosmischen Entwicklung. Man kann über das „Jetzt" kein Gesetz aufstellen.

> Das aktuelle Alter des Kosmos ist daher ein unvermeidlich notwendiger empirischer Input, um theoretische Strukturen an die Realität anschließen zu können.

Dieses Alter zu bestimmen ist eine schwierige Aufgabe für astronomische Beobachtungen.

9.3 Transzendentale Hypothesen

Leider müssen wir uns hier mit zwei fast gleichlautenden Begriffen befassen: *transzendent* und *transzendental*. Diese sind zwar verwandt (transcendentia – das Übersteigen), haben aber eine recht unterschiedliche Bedeutung.

Das *Transzendente* liegt *jenseits* objektivierbarer und wiederholbarer Erfahrung und damit jenseits aller Naturwissenschaften. Es ist ein Bereich, wo man glauben kann oder auch nicht glauben darf. Eine andere Rolle als das Transzendente spielt das *Transzendentale* – also dasjenige, was man postulieren muss, *damit Erfahrung überhaupt möglich ist*. Anders gesagt, dasjenige, was vor aller Erfahrung ist, ihr also vorausgeht. Es wird somit a priori sein. Ob die jeweils aufgestellten Schlüsse sich dann auch an der Realität bewähren, das wiederum zeigt sich in der Erfahrung.

> Nicht jedes a priori erweist sich in der Weise als zutreffend, wie der jeweilige Philosoph es selbst gedacht hatte oder wie es von seinen Zeitgenossen interpretiert wurde.

So scheint es keinen Zweifel daran zu geben, dass Kant für den Bereich der Naturerkenntnis den dreidimensionalen Euklidischen Raum als a priori gewiss angesehen hatte. Das ist der Raum, den Newton als den „wahren Raum“ bezeichnet hatte und für den Euklid die erste Axiomatik erstellt hatte. Ein Euklidischer Raum ist ungekrümmt und erstreckt sich in allen drei Dimensionen bis ins Unendliche. Diese Vorstellung einer A-priori-Gewissheit bezüglich des Raumes blieb auch noch bis in die Mitte des 20. Jahrhunderts sehr lebendig. So schrieb z. B. Hans Driesch (1867 – 1941), Biologe und Professor für Philosophie in Leipzig, im Jahre 1930 über den Raum:

> *„Weil nun also der Naturraum der allgemeine rein angeschaute Raum, unter bestimmten Gesichtspunkt, nämlich dem des ‚Gleichsam Selbstständig Seins‘, betrachtet ist, und weil für den allgemeinen rein angeschauten Raum die euklidische Geometrie mit absoluter Wesensevidenz gilt, so gilt auch für den Naturraum die euklidischen Geometrie mit absoluter Wesensevidenz, und die Frage, ‚ob‘ wohl die euklidischen Axiome für den Raum der Physik gelten möchten oder nicht, ist von vornherein eine Frage ohne jeden Sinn. Ich weiß um wenige Dinge so sicher, wie ich um die absolute Gültigkeit der euklidischen Geometrie für die Physik weiß.“*[2)]

Auch wenn die Suche nach einer A-priori-Gewissheit sehr sinnvoll sein kann, so ist es doch immer wieder notwendig zu prüfen, ob sie tatsächlich so gewiss ist, wie man glaubt.

[2] Driesch, H. (1930) *Relativitätstheorie und Weltanschauung*, Quelle & Meyer, Leipzig, S. 79

Die Allgemeine Relativitätstheorie zeigt uns, dass der reale Raum, in dem sich die Sterne bewegen, nicht so starr ist, wie es ein Euklidischer Raum sein muss. Die Struktur des Raumes wird lokal durch die anwesende Materie und Energie gekrümmt.

Heute würden wir die 3+1-dimensionale Struktur von Raum und Zeit nur noch lokal so modellierbar verstehen, wie es Kant wohl gedacht haben muss. Wir sprechen daher von einer Mannigfaltigkeit. Eine Mannigfaltigkeit sieht in einer kleinen Umgebung eines jeden Punktes so aus wie ein Euklidischer Raum, jedoch nicht darüber hinaus.

Das was man voraussetzen muss, damit man Naturwissenschaft sinnvoll betreiben kann, das Transzendentale, das darf und kann (wenn es zutreffend war) nicht im Widerspruch zu dem stehen, was man bei naturwissenschaftlichen Untersuchungen findet oder finden möchte. Zu solchen Voraussetzungen gehören mathematische und logische Strukturen. Von deren Gewissheit kann man weitgehend überzeugt sein. Daraus folgt aber noch nicht, dass auch die Abbildung natürlicher Vorgänge auf diese Strukturen, also die mathematische Modellierung realer Vorgänge, mit der gleichen Gewissheit betrachtet werden darf.

Bei Untersuchungen der Realität ist es notwendig, bestimmte Voraussetzungen zumindest implizit als erfüllt anzusehen. Das ist ähnlich wie in der Mathematik, wo man auch keine Struktur entwickeln kann, ohne bestimmte Axiome zu postulieren. Solche transzendentalen Hypothesen sind die Voraussetzungen und damit mögliche Ursachen für naturwissenschaftliche Theorien und nicht deren Folgen oder Wirkungen.

Kant schreibt über die Metaphysik:

> *„Alle wahre Metaphysik ist aus dem Wesen des Denkungsvermögens selbst genommen, und keineswegs darum erdichtet, weil sie nicht von der Erfahrung entlehnt ist, sondern enthält die reinen Handlungen des Denkens, mithin Begriffe und Grundsätze a priori, welche das Mannigfaltige empirischer Vorstellungen allererst in die gesetzmäßige Verbindung bringt, dadurch es empirische Erkenntnis, d. i. Erfahrung, werden kann."*[3]

Bei Rothbart und Scherer findet sich dazu der Kommentar:

> *„A general metaphysics, based on a complete theory of consciousness, finds meaning only when applied to the methods and practices of science; there must be a reflexive link between them."*[4]
> *(Eine allgemeine Metaphysik, die auf einer vollständigen Theorie des Bewusstseins beruht, findet nur dann einen Sinn, wenn sie auf die Methoden und Praktiken der Wissenschaft angewendet wird; es muss eine reflexive Verbindung zwischen ihnen bestehen.)*

[3] Kant, I. (1963) *Metaphysische Anfangsgründe der Naturwissenschaft*, Wiss. Buchgesellsch. Darmstadt, Bd. V, S. 17

[4] Rothbart, D.; Scherer, I. (1997) *Kant's Critique of Judgment and the Scientific Investigation of Matter*, HYLE – An International Journal for the Philosophy of Chemistry, Vol. 3 (1997), S. 65–80.

Was zu Kants Zeiten noch weit jenseits von allem Vorstellbaren war, wird durch die Evolution und die Quantentheorie der Protyposis in einen neuen Zusammenhang gestellt.

Kant hatte weitsichtig eine reflexive Verbindung zwischen einer Theorie des Bewusstseins und einer Theorie der Materie mit seiner Theorie der Urteilskraft vorbereitet. Damals war es noch nicht so lange her, dass man Tiere als bloße Automaten betrachtete und dass man im Gefolge von René Descartes das Bewusstsein als etwas vollkommen Verschiedenes von der Materie angesehen hatte.

Es ist eine interessante philosophische Aufgabe – die allerdings hier nicht weiter durchgeführt werden soll – zu erörtern, wie Kants Überlegungen im Lichte heutiger quantenphysikalischer Einsichten interpretiert werden können.

9.4 Zeit und Naturgesetze

Das naheliegendste Beispiel einer transzendentalen Hypothese für die Naturwissenschaft betrifft das Wesen der Zeit. Während die Mathematik vom Menschen konstruierte Strukturen untersucht, ist die Naturwissenschaft empirisch.

Unter Empirie kann man verstehen, erst Erfahrungen zu machen, dann diese zu verstehen und darauf aufbauend Prognosen zu erstellen.

Eine solche Struktur setzt voraus, dass man bereits ein Vorverständnis davon hat, was es bedeuten soll, wenn man von „vorher“ und von „nachher“ spricht – also von der fundamentalen Struktur der Zeit.

In langen Diskussionen mit Weizsäcker und Michael Drieschner (*1939) haben wir darüber nachgedacht, wie weit man mit solchen Überlegungen zu einer Grundlegung der Physik beitragen kann.[5)] Für eine Einsicht in die für die Naturwissenschaft fundamentalen Strukturen sind solche gründlichen Reflexionen notwendig.

Allerdings zeigt sich eine Analogie zu der Erkenntnis von Kurt Gödel. Wenn es selbst in der Mathematik – zumindest für deren interessanten, weil komplexen Strukturen – keine absolute und beweisbare Sicherheit gibt, dann ist zu erwarten, *dass erst recht in denjenigen Strukturen keine absolute Sicherheit möglich ist, die wir nicht wie in der Mathematik selbst konstruieren, sondern die wir vorfinden und zu begreifen versuchen.*

Immer wieder wird auf bestimmte Spiegelungssymmetrien verwiesen, die bei den als fundamental deklarierten Naturgesetzen als evident dargestellt werden. Das gilt besonders für die Elementarteilchenphysik. In dieser werden die Experimente weder von der Kosmologie noch von der Gravitation wesentlich beeinflusst. Nachdem es

---

[5] Drieschner M.; Görnitz, T.; Weizsäcker, C. F. v. (1987) *Reconstruction of Abstract Quantum Theory*, Int. J. Theor. Phys. 27, S. 289 – 306

sich allerdings herausgestellt hatte, dass die schwache Wechselwirkung die Parität verletzt (also die Spiegelung am Koordinatenursprung des Raumes) wird oft noch die Zeitumkehrinvarianz, die „Zeitspiegelung“, als fundamental angesehen. Zitate wie das folgende drücken eine solche Überzeugung deutlich aus:

> *„… was perturbed, because irreversibility would violate the fundamental symmetry of time.“*[6)]

Da eine „fundamentale Symmetrie der Zeit“ in der Natur nicht existiert, braucht man die Irreversibilität nicht zu erklären.

> Das, was statt der Irreversibilität vielmehr nach einer Erklärung verlangt ist die Tatsache, dass die reversiblen Gesetze sich in der Anwendung auf die Natur so oft so gut bewähren!

Und in der Tat, in sehr vielen Fällen laufen Experimente, die wie eine zeitgespiegelte Version beschrieben werden können, genauso ab wie die Originale. Die wesentliche Ursache dafür liegt allerdings darin begründet, dass durchweg mit einem großen technischen Können dafür gesorgt wird, die „Einflüsse der Realität“ gering zu halten.

> Dass man dennoch zeitsymmetrische Gesetze als fundamental deklariert, das hat mehr mit mathematischer Schönheit und Bequemlichkeit zu tun als mit der Natur.

Wie gezeigt wurde ist die reale Struktur der Zeit eine Vorausbedingung für die Möglichkeit von empirischen Wissenschaften. Bereits das lässt eine Reflexion über Bedingungen, die a priori der Empirie zugrunde liegen, als lohnend erscheinen. Als Grundlage für jede Erkenntnistheorie ist daher zu formulieren:

> Die Unmöglichkeit von absolut sicheren Naturgesetzen passt zu der Erkenntnis, dass Naturgesetze gefunden werden, indem wir Menschen unwesentlich erscheinende Unterschiede ignorieren und so Ähnlichkeiten und Gleichheiten in der Natur aufzeigen, dass also generalisiert wird.

Da Naturgesetze stets Näherungen sind, kann besonders im Bereich des Komplexen immer wieder erwartet werden, dass bisher Vernachlässigtes doch noch wichtig wird. Es gilt:

- Naturgesetze werden gefunden durch Abstrahieren und Generalisieren.
- Daher sind Naturgesetze vor allem im Komplexen offen für neue genauere Erkenntnisse.

---

[6] *https://www.quantamagazine.org/the-black-hole-information-paradox-comes-to-an-end-20201029/*, vom 02. 02. 2021

Empirie ist wie gesagt nur *innerhalb* von Raum und Zeit möglich. Die Gründe für die *Ermöglichung* der Existenz von Raum und Zeit sind somit der Empirie unzugänglich.

Dabei geht es um die Frage, was es geben kann oder was postuliert werden muss, damit Raum und Zeit zur Existenz kommen können. Hierüber kann man spekulieren und auch mathematische Theorien entwerfen. Ab Kapitel 11 werden wir uns diesen Fragen zuwenden.

9.5 Eine realistische Weltbeschreibung

Die universelle Gültigkeit der Quantentheorie impliziert, dass die Protyposis den Kosmos primär, also noch ohne weitere Differenzierungen, als strukturlose Ganzheit erfasst. Damit wäre jedoch unser menschliches Wahrnehmungs- und Erkenntnisvermögen keineswegs befriedigt. Auf dieser Sichtweise zu beharren würde bedeuten, einen Standpunkt wie der antike Philosoph Parmenides (ca. 520–460 v. Chr.) einzunehmen. Nach diesem ist das Sein ungeteilt und unveränderlich. Alles andere, z. B. die Existenz von Objekten und deren Veränderung, ist bloße „doxa“, ist nur „Meinung“.

> Um zu einer realistischen Weltbeschreibung zu gelangen, also auch zu Objekten und zu Fakten, ist eine quantische Struktur des Zustandsraums allein oder mit anderen Worten „die Wellenfunktion des Universums“ – also lediglich mit Potenzialitäten und ohne Fakten – noch nicht hinreichend.

Wir Menschen benötigen auch die Näherungen, welche uns einen Anschluss an die historisch gewachsenen Beschreibungen der Natur und vor allem an unsere alltäglichen Erfahrungen ermöglichen. Beispielsweise verlangen unsere Erfahrungen von Wechselwirkung eine näherungsweise Beschreibung von getrennten Objekten. Schließlich kann man nur bei Entitäten, welche voneinander getrennt erscheinen, sinnvoll von einer Wechselwirkung sprechen. Die mathematische Struktur der Quantentheorie fasst allerdings Objekte, die miteinander wechselwirken, durch das Tensorprodukt zu einer Ganzheit zusammen. Für eine teilelose Ganzheit jedoch erinnert der Begriff der Wechselwirkung an die absurde Frage nach dem „Unterschied zwischen einer Krähe“ und der noch absurderen Antwort: „beide Beine sind gleichlang, besonders das rechte.“ Erst wenn getrennte Teile als existierend behauptet werden können, können sie miteinander in Wechselwirkung treten.

Mit dem Konzept der Dynamischen Schichtenstruktur haben wir deutlich gemacht, dass wir neben der mathematischen Struktur der Quantentheorie auch notwendigerweise diejenige der klassischen Physik benötigen. An solchen Übergängen wird auch von „Brückengesetzen“ gesprochen. *In aller Strenge jedoch sind diese beiden Strukturen mathematisch inkompatibel. Daher sind die erwähnten mathematischen Grenzüber-*

gänge erforderlich. Je nach Aufgabenstellung werden einige Zusatzannahmen notwendig, um dann die erwünschten Näherungen erfassen zu können.

Die Vorstellung von „Teilchen" setzt eine gute Lokalisierung voraus, die Vorstellung von „Wechselwirkung" getrennte – oder zumindest trennbare – Objekte. „Teilchen" und „Wechselwirkung" sind gleichsam zwei Seiten einer Medaille.

Im Gegensatz zur Komplementarität, welche die gleichzeitige Möglichkeit einander faktisch ausschließender Behauptungen konstituiert, ist hier das Bild einer Medaille angebracht. Es handelt sich um die Auflösung einer Verschränkung. Beide Phänomene sind zur gleichen Zeit als Realitäten anzusehen: Es gibt keine Teilchen ohne Wechselwirkung und keine Wechselwirkung ohne Teilchen.

Dass zwischen Strukturen der Protyposis, welche die Eigenschaften von getrennten Teilchen in sehr guter Näherung besitzen, die quantentheoretischen Strukturen (die Verschränkungen) gelockert werden, darf keinesfalls dahingehend missverstanden werden, dass für diese so erhaltenen Teilsysteme die Quantentheorie überflüssig werden würde. Das Gegenteil trifft zu. Quantenstrukturen werden für eine Beschreibung nur dann gelockert, wenn es unabdingbar erscheint. Die Quanteneigenschaften werden jedoch für die dabei neu entstehenden Teilstrukturen wesentlich bleiben.

Eine wichtige gedankliche Aufteilung ist die zwischen Objekt und seinen Eigenschaften. Beides sind Strukturen, die aus verschränkten AQIs bestehen. Dabei wird zumeist der materielle Inhalt eines Objektes als etwas Faktisches behandelt. Hingegen können manche Eigenschaften durch Photonen transportiert werden und am Ziel als bedeutungsvolle Information Wirkungen hervorrufen. Genau eine solche gedankliche Aufteilung einer im Grunde ganzheitlichen Struktur aus AQIs hat es unter anderem ermöglicht, das Psychische als Realität auch naturwissenschaftlich beschreiben zu können und damit auch die wechselseitige Beeinflussung zwischen Körperlichem und Psychischem.[7)]

[7] Görnitz T & Görnitz B (2016) *Von der Quantenphysik zum Bewusstsein - Kosmos, Geist und Materie,* Springer, Heidelberg

10 Das Zählen von Fakten und von Möglichkeiten

In der Vorrede war darauf verwiesen worden, dass neben den mathematischen und physikalischen Strukturen auch die philosophischen Zusammenhänge erörtert werden, die ein Verständnis erleichtern können. Etliche philosophische Reflexionen wurden schon bedacht. Auch dann, wenn es nicht explizit als Philosophie deklariert ist, gehören viele derjenigen Fragen und Antworten zum Bereich der Philosophie, die sich aus dem ergeben haben, was neben der eigentlichen Theorie berichtet, aufgeschrieben oder erzählt wird.

10.1 Zwischenspiel

Auf die einstmals rein philosophischen Fragen, z. B. was Materie oder was Bewusstsein ist, werden im Buch naturwissenschaftliche Antworten gegeben. Man könnte dies vielleicht dahingehend deuten, dass im Prinzip jede Frage naturwissenschaftlich beantwortet werden könnte. Jedoch gibt es sinnvolle Fragen, welche einer empirischen Überprüfung entzogen sind. Beispielsweise kann ein einmaliges Ereignis, welches also nie wiederholt werden kann, nicht in eine Regel und erst recht nicht in ein Gesetz eingepasst werden.

Auch ist darüber zu reflektieren, wieso es unausweichlich ist, dass die mathematisch einfachsten Strukturen, die es überhaupt geben kann, so erfolgreich in der Lage sind, die realen Strukturen zu erklären, die wir in der Welt vorfinden können.

Der Begriff Struktur soll hier verwendet werden, um etwas sehr Allgemeines von dem zu unterscheiden, was nicht zu diesem gehört. Strukturen können materiell sein, z. B. Quantenteilchen oder makroskopischen Körper. Strukturen können auch nichtmateriell sein. Beispielsweise ist auch eine sprachliche Struktur etwas Nichtmaterielles. Sie ist anderes als dasjenige, was damit nicht bezeichnet wird. Der Begriff Sofa ist und meint etwas anderes als der Begriff Schrank. Mit dem Begriff „System" soll ein Zusammenhang bezeichnet werden, der eine vereinigende Verbindung zwischen den einzelnen Bestandteilen verdeutlicht und sie damit als eine Ganzheit deklariert.

Zur Naturphilosophie ist hier im Buch auch das zu rechnen, was über die empirisch prüfbaren und mathematisch formulierbaren Theorien hinausgeht. Das betrifft also auch alle die Spekulationen sowie die Bilder und Vorstellungen, die man erstellt, um die mathematischen Strukturen in einer gewissen Weise zu veranschaulichen. „Spekulation" ist hierbei im Sinne der klassischen deutschen Philosophie – wie z. B. bei Kant – zu verstehen:

> *„Eine theoretische Erkenntnis ist spekulativ, wenn sie auf einen Gegenstand oder solche Begriffe von einem Gegenstande geht, wozu man in keiner Erfahrung gelangen kann. Sie wird der Naturerkenntnis entgegengesetzt, welche auf keine anderen Gegenstände oder Prädikate derselben geht, als die in einer möglichen Erfahrung gegeben werden können."*[1]
> *„Wenn man nun vom Dasein der Dinge in der Welt auf ihre Ursache schließt, so gehört dieses nicht zum natürlichen, sondern zum spekulativen Vernunftgebrauch: weil jener nicht die Dinge selbst (Substanzen), sondern nur das, was geschieht, also ihre Zustände, als empirisch zufällig auf irgendeine Ursache bezieht; daß die Substanz selbst (die Materie) dem Dasein nach zufällig sei, würde ein bloß spekulatives Vernunfterkenntnis sein müssen."*[2]

In einer etwas moderneren Sprache kann man vielleicht darauf verweisen, dass jeder Empirie, also jeder Erkenntnis aus Erfahrung, Annahmen vorausgehen, die nicht aus der Empirie begründet werden können. Was man jedoch prüfen kann, das ist, ob manche Schlussfolgerungen den Erfahrungstatsachen widersprechen.

Physik-Nobelpreisträger Eugene Wigner (1902–1995) formulierte in einem berühmten Vortrag „The Unreasonable Effectiveness of Mathematics in the Natural Sciences":

> *„The preceding discussion is intended to remind us, first, that it is not at all natural that ‚laws of nature' exist, much less that man is able to discover them...*
> *However, the point which is most significant in the present context is that all these laws of nature contain, in even their remotest consequences, only a small part of our knowledge of the inanimate world. All the laws of nature are conditional statements which permit a prediction of some future events on the basis of the knowledge of the present, except that some aspects of the present state of the world, in practice the overwhelming majority of the determinants of the present state of the world, are irrelevant from the point of view of the prediction."*[3]

---

1 Kant, I. (1963) *Kritik der reinen Vernunft*, Wiss. Buchgesellsch. Darmstadt, S. 558

2 Kant, I. (1963), S. 559

3 Wigner, E. P. (1960) *The Unreasonable Effectiveness of Mathematics in the Natural Sciences*, Comm. in Pure and Applied Mathematics, 13, S. 1–14

(Die vorangegangene Diskussion soll uns zunächst daran erinnern, dass es überhaupt nicht natürlich ist, dass es „Naturgesetze“ gibt, geschweige denn, dass der Mensch in der Lage ist, sie zu entdecken…
Der im vorliegenden Zusammenhang wichtigste Punkt ist jedoch, dass all diese Naturgesetze, selbst in ihren entferntesten Konsequenzen, nur einen kleinen Teil unseres Wissens über die unbelebte Welt enthalten. Alle Naturgesetze sind bedingte Aussagen, die eine Vorhersage einiger zukünftiger Ereignisse auf der Grundlage des Wissens über die Gegenwart erlauben, mit der Ausnahme, dass einige Aspekte des gegenwärtigen Zustands der Welt, in der Praxis die überwältigende Mehrheit der Bestimmungsfaktoren des gegenwärtigen Zustands der Welt, aus der Sicht der Vorhersage irrelevant sind.)

Wigner spielt auf die Tatsache an, dass für den Ablauf vieler Vorgänge die weitere Umgebung bald belanglos wird. Und natürlich kann man sich fragen, wieso es überhaupt möglich ist, in der Natur Strukturen zu finden, die mit logischen und mathematischen Modellen nachgebildet werden können? Die Begründung dafür kann nicht von der Naturwissenschaft gegeben werden. Die Erklärung gehört zum Bereich der Metaphysik, also zu dem Buch, welches in der Klassifizierung der Philosophie des Aristoteles nach dem Buch der Physik eingeordnet wurde. Von der Sache her ist natürlich die Metaphysik vor der Physik einzuordnen. Die Metaphysik umfasst das Nachdenken und das spekulative Reflektieren darüber, was man bereits voraussetzen muss oder vorausgesetzt hat, wenn man die Natur mit physikalischen Methoden untersucht.

Es ist zu verdeutlichen, dass die Protyposis zu betrachten ist als Übergangsstruktur oder als Bindeglied zwischen mathematisch formulierter Naturwissenschaft und Naturphilosophie. Dies begründet sich auch darin, dass manche der metaphysischen Grundlagen der Naturwissenschaft durch die Protyposis eingefangen werden und sich dann – in der weiteren Ausarbeitung zu physikalischen Theorien – die naturwissenschaftlichen Resultate ergeben.

Die Protyposis betrifft Zusammenhänge von abstrakter Information. Sie kann daher in ihrer Entwicklung auch als eine Systembildung begriffen werden. Aus dem System der Protyposis separieren sich viele Teilsysteme. Diesen wird dann jeweils eine eigene Existenz theoretisch zugeordnet.

Die Konsequenzen von metaphysischen Überlegungen und Spekulationen können nicht immer widerlegt werden – manchmal allerdings schon. Eine der bedenkenswerten Konsequenzen besteht darin, dass die Mathematik die uns Menschen zugänglichen Strukturen durchleuchtet und somit erhellt. Die Physik untersucht diejenigen Strukturen, die wir Menschen aus der Natur durch Beobachtung und Untersuchung abstrahieren können. Sie werden uns dadurch zugänglich und behandelbar.

Wenn man sich dazu entschließt, in der Natur theoretische Strukturen finden zu wollen, dann werden diese Strukturen eine Teilmenge derjenigen sein, die wir bisher bereits als mathematische Strukturen erkannt haben. Diese Überlegungen treffen natürlich zuerst einmal nur für diejenigen einfachen Strukturen zu, welche die Physik sucht und untersucht. Für die Wissenschaften, die wesentlich komplexere Strukturen und Gebilde erforschen, wie die Chemie und vor allem die Biologie, sind die Zusammenhänge so komplex, dass eine mathematische Modellierung in vielen Fällen gegenwärtig noch nicht sonderlich zweckmäßig oder auch möglich erscheint.

Solange wir in einem Entwicklungsbereich forschen, in welchem man von „normaler Naturwissenschaft" sprechen kann, ist die Rolle von Philosophie stark eingeschränkt.

Man hat eine Theorie, die sich bewährt, und man weiß, wie und in welchem Bereich man sie anwenden kann. In der weiteren Entwicklung wird die Anwendung der Theorie auf Bereiche ausgedehnt, die zuvor unzugänglich erschienen. Solange wie die Theorie in diesen neuen Bereichen genauso gut arbeitet wie in den bisherigen, so lange besteht auch kein Bedarf an naturphilosophischen Reflexionen. Dann kann es jedoch geschehen, dass man in solche Bereiche der Realität gelangt, in denen die bisherigen theoretischen Überlegungen und die neuen Daten nicht zusammenpassen. Oder in den experimentell neu zugänglich gewordenen Bereichen klaffen verschiedene, bisher bewährte Theorien auseinander. In solchen Fällen werden philosophische Überlegungen notwendig.

Beispiele für eine notwendig gewesene Erweiterung von Theorien lieferte die Einsicht, dass man für Quantenmechanik und Relativitätstheorie eine neue gemeinsame Grundlage benötigte. Dazu gehörten ebenfalls die Erkenntnisse, dass man in Bereichen neue Überlegungen und neue Fragestellungen für das zu fordern hatte, was bisher als „letzte Ursachen", als die tatsächliche Grundlage physikalischer Erklärungen angesehen hatte – sozusagen als das, „was die Welt im Innersten zusammenhält". In diesen Fällen war ebenfalls Philosophie mit ins Spiel gekommen. Dazu musste man auch grundsätzliche Fragen stellen. Diese Fragestellungen können nicht allein aus den empirischen Daten abgeleitet werden.

Ein anderer Bereich, der Nachdenken benötigte, war die Vorstellung, man müsse die drei grundlegenden quantischen Wechselwirkungen zu einer einheitlichen Wechselwirkung zusammenfügen. An dieser Stelle wurde es notwendig, darüber zu reflektieren, ob man tatsächlich nur auf eine Vereinheitlichung der drei Kräfte zielen soll. Eine Vereinigung war zwar zwischen den optischen, elektrischen und magnetischen Kräften mit den Maxwell-Gleichungen gelungen. Daraus folgt jedoch keineswegs, dass das gleiche Vorgehen auch zwischen den drei quantischen Kräften, der schwachen, der elektromagnetischen und der starken Wechselwirkung, sinnvoll sein müsste. Vielmehr sollte man anerkennen, dass es eine tieferliegende gemeinsame Grundlage nicht nur für diese drei Kräfte, sondern dazu auch für die Materie gibt. Für diesen Erfolg war philosophisches Nachdenken notwendig gewesen.

Mit einem neuen theoretischen Fundament hatte sich aufklären lassen, weshalb die Beschreibung der Realität mit diesen drei Wechselwirkungen sinnvoll und nützlich ist, ohne dass man sie als eine einzige Kraft zu beschreiben versucht.

Für die Protyposis spricht unter anderem, dass die Trennungen zwischen Teilchen und Wellen oder zwischen Kraft und Stoff, welche die Quantentheorie in einer impliziten Weise abschafft, nun ganz explizit aufgehoben werden. Bei den AQIs ist es evident, dass ein einzelnes AQI weder Teilchen noch Kraft ist. Ein AQI ist auch keine Welle, denn Wellen transportieren Energie durch den Raum. Ein AQI ist höchstens zu veranschaulichen als eine stationäre Schwingung, als „Grundschwingung des kosmischen Raumes“. Da alle die bekannten physikalischen Strukturen aus den AQIs konstruiert werden können, wird erkennbar, dass die AQIs die Grundlage für das alles sind.

Die AQIs zeigen, dass bestimmte als getrennt beschriebene Bereiche aus einer gemeinsamen Grundlage abgeleitet werden können. Sie lassen andererseits erkennen, dass die Aufteilung in verschiedene Bereiche nützlich und praktisch ist. Somit ist es sinnvoll, in bestimmten Bereichen die Theorien zu verwenden, die dort erfolgreiche Prognosen ermöglichen, und andere Theorien wiederum in anderen Bereichen.

10.2 Zählen und Zahlen

Objekte kann man zählen, so zum Beispiel Tassen und Teller, Messer und Gabeln. Man kann aber auch etwas messen, beispielsweise die Höhe eines Tisches oder seinen Umfang. Sobald die Menschen etwas schriftlich überliefern konnten, war immer auch Gezähltes und Gemessenes dabei. Natürlich übermitteln die frühesten schriftlichen Überlieferungen auf babylonischen Keilschrifttäfelchen auch Mythen – wie das Gilgamesch-Epos – und gehen der Frage nach, wie Herkunft und Sinn der Menschheit verstanden werden kann. Das sind Fragen, die etwas schwerer erfassbar sind als einfache Maßangaben. Aber die Keilschriftfunde befassten sich zum Teil ebenfalls mit dem, was man heute vielleicht als Warenbegleitschein oder als Zoll- oder Steuerdeklaration benennen würde. Es wurde also mitgeteilt, wie viele Krüge Wein oder Bier oder wie viele Säcke voll Getreide geliefert oder als Abgaben entrichtet werden müssen.

Mit Regeln und Gesetzen wird der Mensch in die Lage versetzt, auf Künftiges rational zu reagieren. Gesetzmäßiges erfordert exakte Angaben, also Zahlenwerte. Beim Entwerfen von abstrakten Strukturen geht es auch um solche Fragen wie: „ob es Zahlen gibt oder nicht“. Man kann dazu sagen, dass es die Zahlen als Strukturen gibt, die wir Menschen im Bewusstsein entwerfen. Als Informationsstrukturen haben damit die Zahlen eine Realität. Sie ist allerdings abhängig davon, welche Denkgesetze wir uns vorschreiben. Denkgesetze, die an der Realität orientiert sind, kann man nur mit Logik entwickeln und Logik ist bereits bei den Tieren rudimentär vorhanden. Beispielsweise können Tiere Häufigkeiten abschätzen.

Dass man den Zahlen eine noch weitergehende Struktur außerhalb der Mathematik zusprechen kann, wird mit ihrer von Carl Gustav Jung (1875–1961) stammenden

Bezeichnung als „primäre Archetypen" verdeutlicht, als „unanschauliche Anordner". Der Physik-Nobelpreisträger Wolfgang Pauli war sehr an den Zusammenhängen zwischen Physik und Psychologie interessiert. Er stand mit dem erwähnten Schweizer Psychiater und Begründer der analytischen Psychologie in einem langen, z. T. brieflich überlieferten wissenschaftlichen Meinungsaustausch. Die Rolle der Archetypen als unbewusst formende Strukturen des Denkens beschäftigten Pauli. So schrieb er am 23. 12. 1953 an Jung:

> *„Lieber Herr Professor Jung,*
> *während ich eine eingehende Beantwortung Ihres letzten Briefes, insbesondere hinsichtlich des Zahlarchetypus auf später verschieben möchte…*
> *Da heute die Naturwissenschaften ihre Dynamik aus dem Archetypus der Quaternität beziehen, ist hierbei auch das ethische Problem des Bösen konstelliert, was durch die Atombombe ja besonders manifest geworden ist. Es scheint mir nun, daß hierzu kompensatorisch vom Unbewussten her die Tendenz entwickelt wird, die Physik den Wurzeln und Quellen des Lebens stärker anzunähern und daß es sich hierbei letzten Endes um eine Assimilierung der psychoiden Archetypen an eine erweiterte Physik handelt.*
> *Die alte alchemistische Idee, daß die Materie einen psychischen Zustand anzeigt, könnte auf diese Weise auf einer höheren Ebene eine neue Form der Realisierung erfahren. Ich habe den Eindruck, daß meine physikalische Traumsymbolik eben hierauf hinzielt. In Verbindung mit den physikalischen Archetypen haben Sie ja selbst (in Ihrem Artikel ‚Der Geist der Psychologie') eine physikalische Symbolik benützt, nämlich bewegte Massen und Spektralfarben. Es ist klar, daß bei mir als einem Physiker die betreffende Symbolik viel reicher mit Details ausgeschmückt ist. Neben dieser Entwicklungslinie, die auf eine Aufnahme der Parapsychologie in die Physik zielt, gibt es noch eine zweite, die zur Biologie führt und mit Ihren Begriffen des ‚absoluten Wissens' und der Synchronizität zusammenhängt."*[4)]

Da Pauli wusste, dass viele seiner Physiker-Kollegen ihm in diesem Gebiet nicht folgen würden, ist erst lange nach seinem Tode diese Seite seines wissenschaftlichen Interesses über seinen engsten Freundeskreis hinaus bekannt geworden.

Aber zurück zum Alltag. Im Gegensatz zu unseren üblichen Alltagserfahrungen wird in der Wissenschaft eine gewisse Systematik bei der Datenerhebung gefordert.

Die Zahlen vom bloßen Vorwärtszählen 1, 2, 3, 4 usw. genügen in vielen Fällen nicht. Vom Thermometer und wohl auch vom Konto haben wir gelernt, dass es „negative Zahlen" (z. B. Schulden) gibt. Des Weiteren sind manchmal Verhältnisse wichtig. Ein mathematisches Verhältnis setzt zwei ganze Zahlen in eine Beziehung. Üblicherweise bezeichnet man das als einen Bruch. Manche Tabletten haben eine Kerbe, damit man

[4] Meier, C. A. (Hrsg.) (1992) *Wolfgang Pauli und C. G. Jung – Ein Briefwechsel 1932–1958*, Springer, Berlin

sie leicht in zwei Hälften brechen kann. Auch von den Torten wissen wir, dass sie geteilt werden – eine halbe Torte oder ein Stück als ein Zwölftel vom Ganzen.

Die Wissenschaft hat noch mehr über die Zahlen herausgefunden. Wahrscheinlich kannten bereits die alten Ägypter den Zusammenhang der Seitenlängen am rechtwinkligen Dreieck, also den Satz des Pythagoras: $a^2 + b^2 = c^2$. Wenn man also ein Dreieck formt, dessen drei Seitenlängen zum Satz des Pythagoras passen, dann kann man damit einen rechten Winkel erhalten. Beispielsweise wussten die Ägypter, dass mit einem Seil, welches durch Knoten in zwölf gleiche Teile zerlegt war, wegen $3^2 + 4^2 = 5^2$ ein rechter Winkel abgesteckt werden kann. Dass jedoch bei einem Quadrat mit Seitenlänge 1 das Verhältnis von Diagonale zur Seitenlänge nicht als eine Beziehung zwischen zwei ganzen Zahlen und damit als ein Bruch verstanden werden kann, dass somit „die Wurzel aus zwei" kein Bruch sein kann, das wurde wohl erst in der Zeit von Pythagoras (ca. 570–510 v. Chr.) erkannt.

Die Mathematiker haben dann später den Übergang von den Brüchen, das sind die rationalen Zahlen, zu den irrationalen Zahlen durchgeführt. Zu diesen gehört auch die Wurzel aus zwei, also die Länge der Diagonale eines Quadrates mit Seitenlänge eins. Die irrationalen Zahlen kann man als nichtperiodische unendliche Dezimalbrüche schreiben. Die Brüche a/b mit ganzen Zahlen a und b haben entweder nur endlich viele Ziffern hinter dem Komma wie ½ = 0,5 oder sie sind periodische Dezimalbrüche wie ⅓ = 0,333 … Dieser Bruch ist auch ein unendlicher Dezimalbruch, aber er hat – im Gegensatz zu den irrationalen Zahlen – eine Periode, hier die Periode 3.

Natürlich ist es unmöglich, die unendlich vielen Ziffern einer irrationalen Zahl tatsächlich aufzuschreiben und damit alle zu kennen. So kennt man eine irrationale Zahl nur dann, wenn man ein Gesetz kennt, welches vorschreibt, wie innerhalb der jeweiligen Zahl, z. B. $\sqrt{2}$, die Ziffern (von der Null bis zur Neun) in ihrer Reihenfolge zu berechnen sind.

> Eine angebbare irrationale Zahl kann somit als ein Gesetz über eine Abfolge der Ziffern von 0 bis 9 verstanden werden.

> Wenn man das Bildungsgesetz der irrationalen Zahl kennt, dann kann man heute den Computer so weit rechnen lassen, wie man Lust oder Zeit hat. (Aber natürlich können kein Mensch und auch kein Computer unendlich lange rechnen, denn bereits in vier Milliarden Jahren wird die Sonne die Erde verschluckt haben!) Beispielsweise beginnt die Wurzel aus zwei wie folgt:
>
> $\sqrt{2} = 1{,}4142135623730950488016887242096980785696718753769480731766797379907 3\ldots$

10.3 Das Unendliche

Noch einmal zurück zu den rationalen Zahlen. Georg Cantor (1845–1918) hatte gezeigt, dass und wie man die rationalen Zahlen, also alle Brüche, „im Prinzip" abzählen kann. Das klingt zuerst sehr verwunderlich, denn wir wissen ja, dass unendlich viele Brüche bereits zwischen null und eins liegen und dass man zwischen zwei Brüche immer noch beliebig viele weitere Brüche konstruieren kann, die zwischen diesen beiden liegen – und dann soll man sie sogar zählen können?

Cantors Lösung war genial. Da ein Bruch das Verhältnis von zwei ganzen Zahlen ist, kann man die Brüche in ein quadratisches Schema einsortieren. Dabei steht in jeder Spalte der gleiche Zähler und in jeder Zeile der gleiche Nenner. In dieser zweifach unendlichen Anordnung kommt jeder Bruch mindestens einmal vor. Mit seinem berühmten „Diagonalverfahren" hatte Cantor gezeigt, wie man darin alle Brüche in einer Reihe anordnen kann und damit abzählen kann. Dass dabei die Brüche mehrmals (und sogar unendlich oft) auftreten ist kein Problem, es wäre lediglich schlimm, wenn ein Bruch überhaupt nicht erscheinen würde. Und das kann nicht der Fall sein:

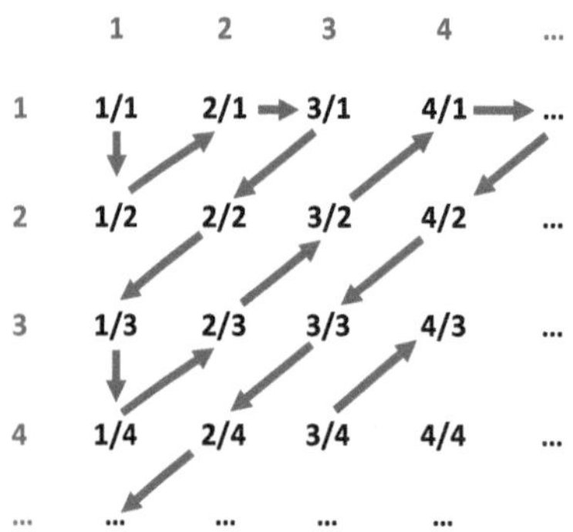

Bild 10.1
Cantors Diagonalverfahren, mit dem er gezeigt hatte, dass in dieser Reihe von allen Brüchen kein einziger fehlen kann. (Dass jeder Bruch dabei unendlich oft vorkommt, ist kein Problem.)

Vielleicht noch eine kurze Bemerkung zum Wesen des Unendlichen: Die Wurzel aus zwei ist wie gesagt ein nichtperiodischer Dezimalbruch. Aber zum verblüffenden Wesen des Unendlichen gehört, dass bei manchen irrationalen Zahlen z. B. jede beliebig lange Anfangssequenz sich immer wieder finden lassen kann. So kommen bei $\sqrt{2}$ die Ziffern 414 unter den ersten 1000 Stellen nach dem Komma 13-mal vor, 4142 jedoch nur zweimal und Ziffernfolge 141421 erscheint erst kurz vor der 110 300-sten Stelle wieder.

Cantor hatte weiterhin gezeigt, wie man die Annahme widerlegen kann, dass auch die irrationalen Zahlen in eine Reihe geschrieben, also abgezählt werden könnten. Er erntete wegen seiner Entdeckung, dass es in der Mathematik verschiedene Unendlichkeiten gibt, sehr großen Widerstand von manchen einflussreichen Mathematikern seiner Zeit.

Wenn eine solche fiktive Reihe von allen irrationalen Zahlen aufgeschrieben wäre, so ließe sich leicht eine weitere irrationale Zahl konstruieren, die an der ersten Stelle nach dem Komma eine andere Ziffer als die erste Zahl, an der zweiten Stelle eine andere Ziffer als die zweite Zahl, usw. hätte. Das wäre ein unendlicher Dezimalbruch, welcher gemäß seiner Konstruktion in der ursprünglichen Reihe nicht vorkommen kann. Für diese Reihe war aber vorausgesetzt worden, dass in ihr alle unendlichen Dezimalbrüche erscheinen – also ist diese Annahme falsch.

Die Folge $x_1, x_2, x_3, \ldots$ soll die angebliche Reihe sein, in der alle unendlichen Dezimalbrüche zwischen 0 und 1 vorkommen würden. Mit $a_i, b_i, c_i \ldots$ sind jeweils Ziffern (also 0, 1, 2, … 8, 9) gemeint. Dann schreiben wir:

$$x_1 = 0{,}a_1b_1c_1d_1$$

$$x_2 = 0{,}a_2b_2c_2d_2$$

$$x_3 = 0{,}a_3b_3c_3d_3$$

$$x_4 = 0{,}a_4b_4c_4d_4$$

Um zu zeigen, dass es irrationale Zahlen gibt, welche in dieser Reihe nicht vorkommen, genügt es bereits, eine einzige derartige Zahl zu konstruieren. Diese neue Zahl ist gemäß Konstruktion an mindestens jeweils einer Stelle von allen den aufgeführten Zahlen verschieden, also kann die Reihe nicht alle irrationalen Zahlen enthalten, also können diese nicht vollständig abgezählt werden.

Eine solche Zahl ist beispielsweise

$$\hat{x} = 0{,}\hat{a}_1\hat{b}_2\hat{c}_3\hat{d}_4\ldots$$

mit den Bedingungen $\hat{a}_1 \neq a_1$, $\hat{b}_2 \neq b_2$, $\hat{c}_3 \neq c_3$, $\hat{d}_4 \neq d_4, \ldots$

Die Unendlichkeit der irrationalen Zahlen ist unermesslich viel größer als die Unendlichkeit der rationalen Zahlen. Während die rationalen Zahlen abzählbar unendlich viele sind, sind die irrationalen Zahlen *überabzählbar* unendlich viele. Diese Unterscheidungen an den Zahlen, die im ersten Moment recht wenig mit der Natur zu tun zu haben scheinen, sind jedoch in der *Beschreibung der Natur* durch die moderne Physik wichtig geworden.

Dazu noch einmal ein Blick auf die Zahlen unter einem anderen mathematischen Gesichtspunkt: Zählen geschieht in der Zeit: 1, 2, 3 usw. Während am Verlauf der Zeit keine Änderungen möglich sind, also eine Rückkehr in eine „frühere Zeit“, sind die Operationen mit Zahlen in gewissem Rahmen umkehrbar.

Zu einer Anzahl kann eine weitere Anzahl hinzugefügt werden. Man kann zwar beliebig hinzuzählen, jedoch nicht mehr hinwegnehmen, als vorhanden ist. Die mathematische Struktur eines nur teilweise möglichen „Rückgängig-Machens“ der Addition bezeichnet man als eine *Halbgruppe*. Wenn man vier Nüsse hat, dann kann man davon nicht sechs Nüsse essen. Das wird mit Zahlen (nicht mit Nüssen) lösbar, wenn man im Zahlenraum von den natürlichen Zahlen durch Hinzufügen der negativen Zahlen zu den ganzen Zahlen übergeht und damit von der Halbgruppe zur Gruppe.

Die mehrmalige Addition derselben ganzen Zahl führt zur Halbgruppe der Multiplikation. Wenn die Multiplikation für alle Fälle durch Division umkehrbar gemacht werden soll, kommen wir von der Halbgruppe zur Gruppe, indem der Zahlenraum auf die rationalen Zahlen (die Brüche) erweitert wird. Mehrfaches Multiplizieren führt zu den Potenzen. Die Halbgruppe des Potenzierens wird durch das Wurzelziehen dann zu einer Gruppe, wenn wir zu den algebraischen komplexen Zahlen übergehen. Wenn bei den rationalen und bei den algebraischen komplexen Zahlen noch sämtliche Grenzwerte hinzugefügt werden, gelangt man zu den reellen bzw. komplexen Zahlen.

Der Übergang von einer Halbgruppe zu einer Gruppe hebt Beschränkungen für mathematische Operationen auf. Das lässt vieles bequemer und praktikabler werden.

Solche Fragen der Praktikabilität werden auch wichtig, wenn Naturgesetze aufgestellt werden.[5] Sie werden mathematisch in der Form von Gruppen formuliert, obwohl viele Abläufe in der Realität nur einer Halbgruppe genügen. Beim sogenannten Problem des Zeitpfeils haben wir bereits darauf verwiesen.

Wir befassen uns mit diesen „mathematischen Feinheiten“, weil sie für die Unterscheidung zwischen Quantenteilchen, Quantenfeldern und den tatsächlich einfachen Quantenstrukturen, den AQIs, wichtig werden. Für die Erläuterung dieser Zusammenhänge in der Quantentheorie benötigen wir die Begriffe des „Zustandes“, der „Dimension“ und der „Unendlichkeiten“.

Mit Cantors Klassifizierung der Zahlen waren die Bedürfnisse der Naturwissenschaften befriedigt. Eine reelle Zahl kann „beliebig klein“ werden. Mit der Differentialrechnung konnten Geschwindigkeit v und Beschleunigung b mathematisch erfasst werden:

$$v = \frac{\mathrm{d}x}{\mathrm{d}t}$$

und

$$b = \frac{\mathrm{d}v}{\mathrm{d}t}$$

Leibniz hatte bei den Differentialen von „unendlich kleinen Größen“ gesprochen. Augustin-Louis Cauchy (1789–1857) hatte eine klare mathematische Definition für Grenzwerte von Zahlenfolgen eingeführt. Die Menge der möglichen Grenzwerte für Folgen, die „konvergieren“, wurde in der Zeit nach Georg Cantors Untersuchungen

[5] Görnitz, T.; Ruhnau, E.; Weizsäcker, C. F. v. (1992) *Temporal Asymmetry as Precondition of Experience/The Foundation of the Arrow of Time*, Intern J of Theoret Physics, Vol. 31, S. 37–46

mit den reellen Zahlen gleichgesetzt. Damit schienen die „unendlich kleinen Größen" überflüssig zu sein.

Mathematiker jedoch sind kreativ. Abraham Robinson (1918–1974) legte in einer strengen mathematischen Form, mit der sogenannten Non-Standard Analysis dar, wie man mathematische Konstruktionen auch mit „unendlich kleinen Größen" behandeln kann.[6] Manches wird dabei anschaulicher und einfacher. So zeigte Robert Fittler, dass sich bei den Quantenfeldtheorien manche der Renormierungsprobleme bis auf infinitesimale Abweichung mit nur einem festen passenden Satz von Renormierungstermen behandeln lassen.[7]

10.4 Unendliches in der Physik?

Wie dargelegt ist in der Mathematik das „Unendliche" unvermeidbar. Auch wenn wir wissen, dass der exakte Wert von π zwischen 3,1 und 3,2 oder noch ein wenig genauer zwischen 3,1415 und 3,1416 liegt, so bleiben doch unendlich viele (also sämtliche der in endlicher Zeit nicht zu berechnenden) Stellen unbekannt. Derartige Unendlichkeiten sind für die Physik nicht irritierend, da nie eine Messung mit einer unendlichen Genauigkeit erfolgen kann. Von der Zahl π sind bisher etwa 1 Billion Stellen berechnet worden. Da aber π unendlich viele Stellen hat, sind diese 1 Billion Ziffern lediglich 0 % von allen unendlich vielen Ziffern von π. Zugleich aber kann man erkennen, dass die Bedeutung dieser restlichen 100 % der Ziffern lediglich verursacht, dass der wahre Wert von π etwa um ein Billionstel von dem errechneten Wert abweichen kann. Das beschreibt den Weg ins unendlich Kleine. Die Differenz zwischen dem Tatsächlichen und dem Berechneten verschwindet hierbei.

> Sehr viel problematischer hingegen sind für die Physik solche Aussagen, welche unendlich große Werte „vor dem Komma" behaupten.

Ein Beispiel wäre die unendlich große Materiedichte im Zentrum eines Schwarzen Loches in den populären Modellen. Allerdings ist das Innere eines Schwarzen Lochs für Beobachtungen unzugänglich. Aussagen darüber können keinen Konflikt mit der Beobachtung verursachen. Und falls jemand verwegen genug wäre, in ein Schwarzes Loch zu fliegen, dann könnte er nicht das Geringste von dem berichten, was ihm dabei widerfahren würde.

Ein viel gravierenderes Beispiel ist die in manchen kosmologischen Modellen postulierte unendliche Erstreckung des Ortsraumes. Zumeist spricht man dabei vom „kos-

---

[6] Robinson, A. (1996) *Non-standard analysis*, Princeton University Press

[7] Fittler, R. (1984) *Some nonstandard quantum electrodynamics*, Helv. Phys. Act. 57, S. 579–609; Fittler, R. (1993) *Asymptotic nonstandard quantum electrodynamics*, J. Math. Phys. 34, S. 1692–1724

mologischen Prinzip“. Das ist die Hypothese, dass derjenige Teil vom Kosmos, den wir mit unseren hochtechnisierten Geräten erforschen können, typisch für den gesamten unendlichen kosmischen Raum ist. Der Kosmos soll also im Wesentlichen überall etwa so aussehen, wie der Teil, der uns zugänglich ist. Eine solche Hypothese eines unendlichen Kosmos ist jedoch ein tollkühner Schluss von 0 % Bekanntem auf 100 % Unbekanntes. Man könnte einwenden, dass bei der Zahl π, mit der wir tagtäglich umgehen, ebenfalls unendlich Vieles unbekannt bleibt. Bei der Zahl π jedoch wird das unendlich viele Unbekannte klein, es verschwindet und spielt keine Rolle. Beim Kosmos jedoch ist das unbekannte Unendliche alles, das Ganze, und nur das uns Bekannte ist ein verschwindend kleiner Teil davon. Bei diesem Modell wird im Zusammenhang mit einem Beginn zumeist ausgeblendet, dass der unendlich große Raum gemäß Modell bereits bei diesem postuliert werden muss. Stattdessen wird ein Bild von einem Urknall vermittelt, bei dem etwas Kleines sich ausdehnt. Diese Vorstellung trifft jedoch nur dann zu, wenn auch in späteren Zeiten die Ausdehnung noch nicht aktual unendlich groß ist. Bei einem kleinen Beginn kann ein unendlich großer Raum, wenn überhaupt, dann erst nach unendlich langer Zeit erreicht werden. In den Kapiteln 11 und 15 über die Kosmologie wird das ausführlicher diskutiert.

Welche Schlussfolgerung ist aus dem Angeführten zu ziehen?

Dass bei einer Strecke von einem Zentimeter, in der unendlich viele Punkte angenommen werden können, ist kein physikalisches Problem. Ebenfalls bereiten unendlich viele verschiedene mögliche Eigenschaften einer Quantenstruktur keine Verständnisschwierigkeiten, wenn die betreffenden Messwerte in einem endlichen Rahmen verbleiben.

Es sei daran erinnert, dass man als „Zustandsraum“ eine abstrakte mathematische Struktur beschreibt, in der für jeden Zustand eines Objektes ein Vektor existiert, der diesen Zustand repräsentiert. Grafisch werden Vektoren als Pfeile dargestellt. Da zumeist verschiedene Eigenschaften zugleich vorhanden sind, werden die betreffenden Vektoren der Teileigenschaften zu einem Gesamtzustand addiert. Dabei wird das Ende des einen an die Spitze des anderen Vektors geheftet.

Zwei Vektoren sind „grundsätzlich verschieden“, wenn sie aufeinander senkrecht stehen. Die maximale Anzahl derartiger Vektoren nennt man die Dimension des Zustandsraumes.

Diese „Dimension“ ist eine mathematische Verallgemeinerung der Dimensionen, welche uns als Länge, Breite und Höhe geläufig sind. Die „Dimension des Zustandsraumes“ ergibt sich aus der Maximalzahl der voneinander unabhängigen und sich gegenseitig ausschließenden Antworten bzw. Messergebnisse.

Wenn bei einem Photon der Zustand „Polarisation vertikal“ vorliegt, dann liegt natürlich „Polarisation horizontal“ nicht vor. Die Vektoren für „vertikal“ und für „horizontal“ stehen im Zustandsraum senkrecht aufeinander. Sie entsprechen mit ihrem zweidimensionalen Zustandsraum einem Quantenbit. Die „Dimension“ des Zustandsraumes kennzeichnet also die Anzahl der voneinander unabhängigen Größen, die ein physikalisches Objekt von anderen Objekten zu unterscheiden erlauben. Ein Elektron im Wasserstoffatom hat unendlich viele mögliche Energiestufen. Die Anzahl seiner wegen der verschiedenen Energie grundsätzlich verschiedenen Möglichkeiten ist immer unendlich und daher benötigt man unendlich viele Angaben, um den Zustand exakt zu erfassen. Alle diese Energien können in ihrer Größe jedoch endlich bleiben. Beispielsweise so, wie für $n = 1, 2, 3, \ldots$ die unendlich vielen Brüche $(1 - 1/n^2)$ niemals aus dem Intervall von null bis 1 herauslaufen.

Ein Quantenteilchen hat einen unendlichdimensionalen Zustandsraum.

Unendlichdimensionale Zustandsräume

Die Folgerung eines unendlichdimensionalen Zustandsraumes ergab sich bereits aus Heisenbergs Matrizenmechanik. In dieser wurde der Teilchenzustand durch eine unendliche Matrix gekennzeichnet. Die Unendlichkeit folgt auch aus der Schrödinger-Gleichung. Deren Lösungen können als Vektoren in einem abstrakten unendlichdimensionalen Zustandsraum - dem Hilbert-Raum - als Vektoren dargestellt werden.

David Hilbert (1862 - 1943) war der bedeutendste Mathematiker seiner Zeit. Auf seine Forschungen geht die Theorie des Hilbert-Raumes zurück. Er hatte erkannt, dass nicht nur, wie es Descartes gesehen hatte, Geometrisches analytisch - also mit Zahlen und Funktionen - beschrieben werden kann. Vielmehr kann man auch für analytische Probleme geometrische Modelle entwickeln.

Joseph Fourier (1768 - 1830) hatte gezeigt, dass eine beliebige Funktion im Intervall zwischen Null und 2 π als eine unendliche Summe über Sinus- und Cosinus-Funktionen interpretiert werden kann.

$$f(x) = a_0 + \sum_{n=1}^{\infty} \left(a_n \sin(nx) + b_n \cos(nx) \right)$$

Hilbert sah, dass man die Koeffizienten a_n und b_n als Koeffizienten eines Vektors in einem abstrakten unendlichdimensionalen Raum auffassen kann: $z = (a_0, a_1, b_1, a_2, b_2, a_3, b_3, \ldots)$.

In der Physik werden solche Funktionen-Räume auch für andere Intervalle (z. B. von 0 bis ∞) wichtig. Dann sind andere Funktionentypen zu definieren, die diesem Problem angepasst sind. Diese mathematischen Resultate können für die Lösungen der Schrödingergleichung nutzbar gemacht werden - auch als Vektoren in einem abstrakten Hilbert-Raum.

Werner Heisenberg, der 1925 diese Mathematik noch nicht kannte, hatte den Beginn der Quantenmechanik mit unendlichen „quadratischen Schemata“ begonnen. Derartige Matrizen vermitteln Abbildungen zwischen Vektoren in unendlichdimensionalen Räumen.

Um ein Quantenteilchen exakt zu beschreiben, würde man also unendlich viele Zahlen benötigen. Dieser Hinweis sollte bereits erkennen lassen, dass ein „Teilchen" wohl keineswegs etwas „Einfaches" sein wird.

Allerdings gibt es immer wieder Situationen, in denen ab einer bestimmten Stelle bei der Erfassung des betreffenden Zustandes in der Darstellung des Zustandsvektors nur noch Nullen folgen. Für ein Quantenteilchen hat jedoch im Prinzip der Zustandsvektor unendlich viele Stellen. Die Dimension des Zustandsraumes ist abzählbar unendlich.

> Der Zustandsraum eines Quantenfeldes ist nicht mehr abzählbar, sondern er hat überabzählbar unendlich viele Dimensionen.

Das lässt sich auf keinen Fall mehr aufschreiben. Man hat allerdings Gesetze gefunden, welche vorschreiben, was man tun müsste, wenn man den Zustand exakt bestimmen wollte.

Die Quantenfelder sind das Komplizierteste, was man in der Physik behandeln kann. Daher stellen sie ein mächtiges Werkzeug dar, mit denen die Natur und das Verhalten von den in ihr zu findenden Strukturen erfasst und berechnet werden kann. Für konkrete Rechnungen begnügt man sich mit so vielen Ziffern hinter dem Komma, wie es für die gegebene Aufgabe notwendig erscheint. Wir erhalten also in allen Fällen stets nur Annäherungen der Beschreibung an das zu Beschreibende.

Während die Praxis mit einigen Stellen hinter dem Komma auskommt, können für grundsätzliche Überlegungen sogar die Unterschiede zwischen abzählbaren und überabzählbaren Unendlichkeiten und auch zwischen rationalen und irrationalen Zahlen wichtig werden. So gibt es in der Natur manche Fakten, welche sich prinzipiell nicht als Messwert aufschreiben lassen. (Man kann niemals unendlich viele Ziffern aufschreiben.) Da jeder Messwert „fehlerbehaftet" ist, spielt das in der wissenschaftlichen Praxis keine Rolle. Als Student klagt man anfangs höchstens über die Notwendigkeit der „Fehlerrechnung".

Man kann die Seiten eines Quadrates messen und die Diagonale berechnen, aber nicht von beiden den genauen Wert aufschreiben. Eine von beiden Größen ist eine Zahl mit unendlich vielen Ziffern. Das gilt wie erwähnt bei einem Quadrat mit Kantenlänge l für seine Diagonale $\sqrt{2}$ oder für den Kreis mit Durchmesser 1 für seinen Umfang: $\pi = 3{,}1415926\ldots$ Obwohl man die Bildungsgesetze – auch von π – kennt, kann man von den unendlich vielen und nicht in Periode erscheinenden verschiedenen Ziffern immer nur endlich viele berechnen und aufschreiben. Obschon von π bereits mehr als eine Billion Stellen berechnet worden sind, ist wie gesagt die Anzahl dieser Ziffern erst 0 % von allen den unendlich vielen Ziffern dieser Zahl.

(Die Prozentrechnung wird hier so ausführlich behandelt, weil „gefühlsmäßig" und zurecht oft gesagt wird, aber es ist ja was da. Ein *Prozentsatz* ist allerdings keine absolute, sondern eine relative Behauptung. Es geht um ein Verhältnis, und im Verhältnis zu unendlich wird alles zu null. Ein Prozentsatz ergibt sich wie bekannt aus dem Verhältnis: „x verhält sich zur Gesamtheit wie x % zu 100 %“. Die besondere physikalische und philosophische Problematik im Fall von π besteht darin, dass „die ganze Anzahl aller Ziffern von π“ unendlich ist. Da für jedes beliebige x gilt $x/\infty = 0$, so folgt, dass die entsprechenden x % exakt 0 % sind.

Die „Unendlichkeit“ wird uns in der Kosmologie wieder begegnen. Außerhalb der Mathematik ist es belanglos, dass, wie gesagt, wir immer unendlich viele Nachkommastellen von π *nicht* werden kennen können. Gleichgültig, wie viel wir von „unendlich“ kennen und deswegen davon abziehen können, der Rest bleibt in jedem Fall unendlich.

Wir fassen noch einmal zusammen: In der Mathematik ist das Unendliche eine notwendige, sinnvolle und unvermeidbare Konstruktion, in der Physik wäre es als Behauptung über etwas Faktisches unmöglich.

10.5 Fakten, Möglichkeiten, Freiheit

Wir hatten bereits darüber gesprochen, dass die klassische Physik eine vollständige Determiniertheit des Geschehens in der Natur behauptet. Der Laplacesche Dämon war das charakteristische Bild für eine solche Vorstellung. Aber bereits unsere Alltagserfahrung jedoch zeigt uns, dass es gute Gründe dafür gibt, dieses zu enge Bild zu korrigieren.

In der Medizin finden sich immer wieder Beispiele dafür, dass dem gleichen Symptom verschiedene Ursachen zugrunde liegen können. Und eine Ursache kann wiederum verschiedene Symptome hervorbringen. Es bedarf daher der Kunst und der Erfahrung der Ärzte, die zutreffenden Schlüsse ziehen zu können. Und nicht nur in der Medizin, auch in der Physik gibt es immer wieder Beispiel dafür, dass aus den gleichen Ursachen oder aus den gleichen experimentellen Anfangsbedingungen verschiedene Ergebnisse resultieren können. Wir können daher feststellen, dass nur in den sehr einfachen und daher seltenen Fällen eine tatsächliche Eins-zu-eins-Beziehung zwischen einer Ursache und einer Wirkung besteht.

Hingegen hört man gelegentlich von Politikern und Managern, die Fakten würden festliegen und damit seien die Entscheidungen alternativlos. An einer derartigen These ist richtig, dass Fakten gerade dadurch definiert werden, dass sie festliegen. Ob jedoch das Behauptete tatsächlich einem Faktum entspricht, dies ist allerdings eine zweite und die eigentlich wichtige Frage. Eine postulierte Alternativlosigkeit wird uns gewiss manchmal nachdenklich werden lassen. Ist es nur eine Schutzbehauptung für eine Entscheidung, über deren Alternativen eigentlich diskutiert werden müsste?

Manche Thesen sind berühmt geworden, weil auch große Wissenschaftler, wie z. B. Albert Einstein, sie vertreten haben. Sein Spruch „der Alte würfelt nicht" beinhaltet, dass das gesamte Weltgeschehen „alternativlos" ablaufen würde.

Wenn man an die Möglichkeit einer konsistenten Naturwissenschaft glaubt und deshalb gezwungen ist, diese These in strenger Weise zu deuten, dann können wir Menschen uns als Teil der Natur aus den Folgerungen nicht ausschließen. Aus der postulierten Wahrheit dieser These würde folgen, dass dann auch unser Denken und Verhalten seit dem Beginn des Kosmos vollkommen determiniert sein würde. Wir haben dies beim „Laplace'schen Dämon" bereits besprochen. Vor kurzem habe ich einer Diskussion mit Kollegen entnommen, dass es derartige Vorstellungen in der Tat gibt, die heutzutage als „Superdeterminism" bezeichnet werden. Das ist tatsächlich eine konsequente Weiterführung einer alten theologischen Vorstellung hinein in den Bereich der metaphysischen Grundlagen der Naturwissenschaft. Natürlich ist dieses Fehlen eines jeglichen Hauches von Freiheit unwiderlegbar und ist deswegen auch nicht zur Naturwissenschaft selbst zugehörig.

In der Naturwissenschaft sollte vernünftigerweise mindestens eine theoretische Möglichkeit bestehen, dass Thesen an der Empirie mehr oder weniger scheitern können. Sind sie so verfasst, dass sie prinzipiell nicht falsifiziert werden können, sind keine Naturwissenschaft. Zumindest beruht Naturwissenschaft auf der Annahme, dass der Experimentator die Bedingungen für das Experiment frei wählen und er somit seine Hypothese überprüfen und eventuell falsifizieren kann. Im anderen Fall, wenn also seine Entscheidung seit dem Beginn des Kosmos festliegen würde, würde aus den Experimenten nichts gefolgert werden können.

Freiheit

Wenn in der Physik von Freiheitsgraden gesprochen wird, dann steht dahinter eine Vorstellung darüber, welche prinzipiell unterschiedlichen Möglichkeiten der Experimentator hat, seinen Versuch ablaufen lassen zu können. Beispielsweise kann man eine Kugel nach vorn, zur Seite oder nach oben werfen. Diese verschiedenen Freiheitsgrade werden durch die Dreidimensionalität des Raumes eröffnet.

Mit Freiheit im ethischen Sinne wird in der Regel gemeint, dass freie Handlungen auf wohlerwogenen Gründen beruhen und nicht auf blind wirkenden Ursachen.

Ursachen wirken als verstandene oder unverstandene deterministische Naturgesetze ohne Rücksicht auf irgendwelche Umstände. Erfreulicherweise wird zunehmend auch in der naturalistischen Philosophie wahrgenommen, dass ein tatsächlicher Determinismus, so wie ihn z. B. Laplace auf der Basis der Wissenschaft des 18. Jahrhunderts propagieren musste, aus logischen Gründen jegliche Freiheit zu einer bloßen Illusion werden lässt.

Für Freiheit ist also der Ausschluss einer Determiniertheit der Fakten notwendig, jedoch noch keineswegs hinreichend. Freiheit ist keine Abhängigkeit von einem bloßen Zufall, sie ist kein „Müssen", sie kann aber verbunden sein mit einem „Sollen".

Das Erwägen von Gründen ist Reflexion, also „Information über Information". Das kann beispielsweise ein Überdenken von Fakten und von deren möglichen Konsequenzen betreffen. In der Reflexion wird die *Bedeutung* von Information geklärt und auch verändert. Dabei können in den Gedanken verschiedene mögliche Wirkungen und neue Ziele bedacht werden.

Es liegt auf der Hand, dass freie Entscheidungen unter äußeren oder auch inneren Zwängen schwierig oder sogar unmöglich sind. Vielleicht erscheint es weniger evident, dass für freie Entscheidungen auch ein gewisses Maß an Zeit notwendig ist. Reflexion, also ein Überdenken von Gründen und möglichen Konsequenzen, benötigt Zeit. Nur dann kann eine getroffene Entscheidung auch noch revidiert werden, bevor sie in eine Handlung umgesetzt wird, oder es kann zumindest erwogen werden, ob eine Handlung abgebrochen werden soll.

Erst mit der Protyposis kann naturwissenschaftlich erfasst werden, dass ein Wirksamwerden von Gründen uns geneigt macht, etwas zu tun. Im Gegensatz zu Ursachen können sie uns jedoch nicht dazu zwingen. Mit den AQIs der Protyposis können die realen Wirkungen – von bedeutungsvoller Information aus unseren Gedanken und Bildern im Bewusstsein – z. B. auf unser Gehirn und auf den weiteren Körper, also auf Materie, in die Naturwissenschaft einbezogen werden.

Mit einer Determiniertheit der Potenzialitäten und nicht der Fakten, verbunden mit einer weitgehenden Kausalität der Handlungen im Makroskopischen hat die Dynamische Schichtenstruktur die naturwissenschaftlich notwendigen Bedingungen dafür eröffnet, sinnvoll von Freiheit sprechen zu können.

Wenn wir die astronomischen Vorgänge betrachten, so erscheinen sie tatsächlich oft wie weitgehend determiniert. Aber erst, wenn wir durch die Quantentheorie auch astrophysikalische Prozesse verstehen und erklären, können wir auch die Einflüsse derjenigen naturgesetzlichen Bedingungen deutlich erkennen, die wir in Experimenten auf der Erde überprüft haben und die in den von uns beschriebenen Himmelskörpern wirken. Die Weiterentwicklung der Quantenmechanik zu den Anfängen der Kernphysik veranlasste die Experimentalphysiker, die entsprechenden Versuche durchzuführen, um kernphysikalische Daten zu gewinnen. Mit diesen Daten wiederum konnten Theoretiker wie C. F. v. Weizsäcker und H. Bethe (1906–2005) die Energieerzeugung in der Sonne erklären.

Die Interpretationen der Quantentheorie zeigen, dass eine Determiniertheit aller Fakten kein notwendiges Postulat für eine erfolgreiche Naturwissenschaft ist. Für naturwissenschaftliche Gesetze genügt die Determiniertheit der Möglichkeiten.

Vermutlich hat gewiss die eine oder der andere – so wie ich auch – das Gefühl, dass eine Konstruktion wie der „Superdeterminismus", die zum Ausschluss von Freiheit überhaupt führt, wohl in vielen Fällen eine nur sehr wenig zutreffende Sicht aufs Weltgeschehen bietet. Ich gebe gern zu, dass eine solche Festlegung – in der modernen Kosmologie spricht man dabei vom „Block-Universum" – auch als eine Entlastung von jeder Verantwortung interpretiert werden kann: Alles ist bereits determiniert, liegt also fest, auch wie ich mich entscheiden muss und es daher auch werde. Wenn dies wahr wäre, dann wären die Inhalte meiner Gedanken und Gefühle naturgesetzlich festliegend – genauso wie ein Stein fällt, wenn man ihn loslässt. Schließlich bin ich selbst ein Teil der Natur und bin in ihren Zusammenhang eingebunden.

Aber auch wenn – wie gesagt – es logisch unmöglich ist, eine solche These über einen im wissenschaftlichen Sinne tatsächlichen Determinismus zwingend zu widerlegen, so gibt es trotzdem nicht den geringsten Grund, sie für wahr zu halten. Sie würde, wie dargelegt, zur Folge haben, jegliche Freiheit leugnen zu müssen und davon ausgehen zu müssen, dass ein transzendenter metaphysischer Einfluss uns Menschen jede Entscheidung bereits abgenommen hat.

Der Superdeterminismus soll einerseits den „Kollaps der Wellenfunktion" vermeiden und damit die unitäre Zeitentwicklung in der Quantentheorie ohne Unterbrechung sichern. Dass man die Quantentheorie durch das Postulat einer Kraft, die mit der Speziellen Relativitätstheorie nicht zu vereinbaren ist, in eine mathematische Gestalt bringen kann, in der alle Vorgänge determiniert wie in der klassischen Physik erscheinen, wird bei der Bohmschen Interpretation in Abschnitt 30.2.2 ausführlicher behandelt. Der Superdeterminismus soll weiterhin bei den EPR-Korrelationen die von manchen postulierte reale Wirkungsausbreitung mit „Überlichtgeschwindigkeit" verhindern. Wenn seit dem kosmischen Anfang festliegt, welche Messungen an den beiden Enden des Experimentes von den beiden Experimentatoren aus naturgesetzlichen Gründen durchgeführt werden müssen, dann ist die Korrelation der Messergebnisse kausal erklärt.

Ich möchte jedoch einer Deutung der mathematischen Struktur der Quantentheorie keine Rolle zubilligen, die man als quasireligiös auslegen könnte, um mit ihr den Zufall aus der Beschreibung des Weltgeschehens auszuschließen. Ich teile auch das Ziel nicht, den Übergang von einer quantischen zu einer faktischen Beschreibung zu verbieten, nur weil die Umwandlung von Möglichkeiten in ein Faktum in manchen Interpretationen der Quantentheorie durch den „Kollaps der Wellenfunktion" veranlasst wird. Auch eine postulierte Überschreitung der Lichtgeschwindigkeit wie bei manchen EPR-Interpretationen betrachte ich als unzutreffend.

Nicht nur Menschen, auch Tiere können beachten, was zu erwarten ist und versuchen, sich darauf einzustellen. Wenn also Regen angesagt ist, dann werde ich wahrscheinlich einen Schirm mitnehmen oder einen Anorak anziehen, auch wenn ich noch keine Regenwolken sehen kann. Wir können also trivialerweise feststellen: Die künftigen Möglichkeiten beeinflussen bereits jetzt unser Verhalten. Das ist uns im Alltag vollkommen klar.

In der Wissenschaft hatte man sich allerdings über Jahrhunderte nur um die Fakten gekümmert. Möglichkeiten sah man lediglich als einen Ausdruck für ein mangelhaftes Wissen über Tatsachen. Das entsprach einem konsequenten Weiterdenken der mathematischen Struktur der klassischen Physik, in der es keinen Platz für Möglichkeiten gibt, die reale Wirkungen hervorrufen können.

Auch bei Einstein war die philosophische Überzeugung davon, wie die Welt zu sein hat, die Leitlinie für viele seiner wissenschaftlichen Arbeiten. Diese Vorstellung hatte ihm große Schwierigkeiten mit der späteren Quantentheorie und anfänglich auch mit seiner Kosmologie bereitet. Da nach seiner ursprünglichen Vorstellung der Kosmos weder einen zeitlichen Anfang noch ein zeitliches Ende haben sollte, seine Gleichungen der Allgemeinen Relativitätstheorie das jedoch nicht bestätigten, hatte er die Gleichungen durch die „kosmologische Konstante" so abgeändert, dass sie das von ihm Erwünschte liefern konnten.

Wenige Jahre danach berechnete der belgische Mathematiker und katholische Priester Georges Edouard Lemaître (1894–1966) mit den Einsteinschen Gleichungen einen expandierenden Kosmos mit einem zeitlichen Anfang. Die Beobachtung der Rotverschiebungen der Galaxien, welche von Vesto Slipher (1875–1969) und später auch von Edwin Hubble (1889–1953) gezeigt wurde, bestätigte Lemaîtres Ansatz eines expandierenden Kosmos. Einstein revidierte daraufhin seine Vorstellungen über den unveränderlichen Kosmos.

Dass es gegen Lemaîtres Modell anfangs eine gewisse Abneigung gab, mag vielleicht auch philosophische Gründe gehabt haben. Sieht diese Kosmologie doch aus wie eine wissenschaftliche Illustration einer naiven Schöpfungstheologie. C. F. v. Weizsäcker schreibt ganz allgemein dazu:

> *„Einige Theologen, auch Physiker, haben gemeint, die heute plausible Lehre vom Beginn der beobachteten Expansion des Universums in einem (‚Big Bang'), bestätige nun doch die christliche Lehre von der Schöpfung in der Zeit. Theologisch scheint mir diese Meinung inkonsequent, ein Überrest des Fundamentalismus. Wenn alles Gottes Schöpfung ist, so auch die Zeit. Er kann sowohl eine endliche wie eine unendliche Zeit geschaffen haben."*[8]

Auch Lemaître, der eine absolute Trennung der Bereiche Religion und Wissenschaft vertrat, wendete sich intensiv gegen den Versuch von Papst Pius XII., die Urknallhypothese als naturwissenschaftlichen Beleg der christlichen Schöpfungslehre zu interpretieren.

Es ist immer wieder erstaunlich, wie sehr das scheinbar Allerfernste, zum Beispiel ein Geschehen, was mit Sicherheit mehr als 10 Milliarden Jahre zurückliegt (und natürlich auch andere Erkenntnisse über die Struktur der Realität), von manchen Machtstrukturen immer wieder als Bedrohung empfunden wurde und wohl auch noch wird.

Vielleicht mag man sich auch fragen, was die räumliche und zeitliche Unendlichkeit des Kosmos, die der ehemalige Dominikanermönch Giordano Bruno (1548–1600) postuliert hatte, mit der irdischen Realität des 16. Jahrhunderts zu tun haben sollte. Neben echten Fragen des christlichen Glaubens waren es auch seine Thesen über

---

[8] Weizsäcker, C. F. v. (1992) *Zeit und Wissen*, Hanser, München, S. 478

unendlich viele Sterne, die Sonnen sind, und die von unendlich vielen bewohnten Planeten umkreist werden, welche die Mächtigen seiner Zeit nicht ertragen wollten und konnten. Nicht nur am Beispiel Brunos wird deutlich, dass neue naturwissenschaftliche Erkenntnisse und sogar auch bloße Hypothesen in Konflikt mit den ideologischen Grundlagen von etablierten Strukturen geraten. Das betraf keineswegs nur die katholische Kirche. Giordano Bruno ist ebenfalls von den Calvinisten und danach auch noch von den Lutheranern exkommuniziert worden, bevor er auf Betreiben der Inquisition verbrannt wurde.

Man muss nicht Jahrhunderte in die Vergangenheit zu schauen. Unter Stalin wurden führende sowjetische Genetiker wegen „Weismannismus" im GULAG umgebracht. Die Tatsachen der Genetik wurden als unvereinbar mit dem Weltverständnis des Marxismus-Leninismus angesehen. Die Nazis verunglimpften u. a. Werner Heisenberg als „weißen Juden", weil er den Unfug der „deutschen Physik" ablehnte, welche Einsteins Relativitätstheorie als „jüdisch" und deswegen als falsch deklarierte. Durch die Nazidiktatur wurden nicht nur viele führende Forscher ins Exil getrieben, sondern auch viele umgebracht.

In der Natur findet sich allerdings auch ein Aspekt, der zuversichtlich machen kann. Die Strukturen in Natur erweisen sich so, dass sie Freiheit ermöglichen. Wissenschaftliches Denken hilft dabei, dies erkennen zu können und solche Strukturen zu hinterfragen, die Freiheit unterdrücken oder das zumindest beabsichtigen. Auch wenn die Strukturen der klassischen Physik für sich allein genommen Freiheit unmöglich machen, ist doch die Physik nicht bei dieser groben klassischen Beschreibung der Natur stehen geblieben.

Wir hatten darauf verwiesen, dass die klassische Physik lediglich die Fakten als etwas Bewirkendes anerkennt. Wenn man jedoch die Natur sehr genau untersucht, also nicht bei Planeten oder großen Steinen stehen bleibt, dann zeigt sich in den quantenphysikalischen Experimenten überraschenderweise, dass sogar bereits in der unbelebten Natur manche der noch nicht faktisch gewordenen Potenzialitäten schon reale Wirkungen erzeugen können. Dies können wir Menschen analog dazu sehen, wie wir in unserem Alltag verschiedene Möglichkeiten erwägen und uns danach richten. Natürlich „erwägt" etwas Unbelebtes überhaupt nichts, aber die Existenz der verschiedenen Möglichkeiten ändert das Verhalten. Wir verweisen als Beispiel dazu auf den beschriebenen Doppelspaltversuch.

Aus den Experimenten können dann Schlussfolgerungen auch auf solche Vorgänge in der Natur gezogen werden, die nicht einer experimentellen Präparation unterliegen.

Ich hatte geschrieben, dass ich einem meiner Enkel einen Baum erklärt habe. Seinem Alter entsprechend war ich bei den makroskopisch sichtbaren Organen des Baumes stehen geblieben. Bei den älteren Enkeln kann ich natürlich genauer werden. Da kann ich mit der Beschreibung bis in die Zellen und zu den Molekülen und damit zur Quantenphysik kommen. Bei der Photosynthese ist es notwendig, auf die Nutzung der quantischen Möglichkeiten zu verweisen. Diese zeigen sich bei der Übertragung der

Photonenenergie zu den Stellen im Blatt, wo die weitere Nutzung von deren Energie erfolgt.[9] Die verschiedenen Möglichkeiten für diese Wege sind ähnlich zu verstehen wie die verschiedenen Möglichkeiten beim Doppelspalt. Bei den Experimenten am Doppelspalt können die Photonen ein Interferenzmuster erzeugen, solange nicht durch Kontrolle das Quantenobjekt gezwungen wird, *faktisch* durch einen der beiden Spalte zu fliegen.

Die Verbindung der Naturwissenschaft zu Alltagserfahrungen, bei denen wir die vorhandenen oder fehlenden Möglichkeiten bewerten und in unsere Handlungen einbeziehen, ist ein zentrales Kennzeichen der Quantentheorie. Sie ist ein weiterer Hinweis darauf, dass sie die Natur genauer beschreibt als die klassische Physik. Diese kennt Möglichkeiten nur als Unwissen – und Unwissen über ein System beeinflusst das System selbst nicht. Natürlich können wir die verschiedenen Möglichkeiten nicht zugleich in Handlungen umsetzen. Außerdem beeinflusst der Kontext, also die spezifische Situation, die Wahrscheinlichkeiten für das Realisieren eines Faktums aus den vorhandenen Möglichkeiten. Wenn es der Kontext verhindert, dann werden manche Möglichkeiten nie real werden. Das betraf beispielsweise im Jahre 2020/2021 viele Reisemöglichkeiten, die zwar theoretisch offenstanden, aber wegen der Pandemie nicht realisiert werden konnten.

> Wenn die „Wirklichkeit" das betrifft, was Wirkungen auslösen kann, dann ist die Wirklichkeit umfassender als die „Realität", als die Menge aller Fakten. Dann aber dürfen wir wirkende Möglichkeiten in unseren Vorstellungen und unseren inneren Bildern nicht wie Fakten behandeln.

Daraus lässt sich ableiten, dass für Fakten und Möglichkeiten unterschiedliche mathematische Strukturen verwendet werden.

In Abschnitt 4.6 wurde die Wahrnehmung von „Gestalten" geschildert. Sie können sich nicht nur als verschiedene Formen des gleichen materiellen Inhaltes, sondern auch und vor allem als gleiche Form von unterschiedlichen materiellen Inhalten erweisen.

Die möglichen Wirkungen hängen sowohl vom materiellen Inhalt als auch von der Form und außerdem von der Beziehungsstruktur zwischen beiden ab. So können bei biologischen Vorgängen Moleküle mit identischen materiellen Inhalten vorliegen, die wegen unterschiedlicher Gestalt (z. B. Chiralität) verschiedene Wirkungen erzeugen. Andererseits war der aufgebaute, gemalte oder gedachte Dampfer als Beispiel angeführt, dass unsere Wahrnehmungen nicht vollständig erfasst werden können, wenn dabei nur das Materielle, also die Steine, das Papier oder das Gehirn, als „Realität" begriffen wird. Bei allen diesen verschiedenen materiellen Inhalten bleibt der Dampfer ein Dampfer – also auch eine geistige Form als Eigenschaft eines materiellen Objektes.

---

[9] Lambert, N.; Chen, Y.-N.; Cheng, Y.-C.; Li, C.-M.; Chen, G.-Y.; Nori, F. (2013) *Quantum biology*, Nat. Phys. 9, S. 10–18

Dass das Eröffnen von verschiedenen Potenzialitäten reale Wirkungen erzeugen kann, wurde in Physik historisch am Fundamentalexperiment des Doppelspalts deutlich.

Wenn man die Experimente mit klassischen – also mit unpassenden – Vorstellungen beschreiben will, dann gelangt man zum sogenannten „Welle-Teilchen-Dualismus". Dieser kann ein Bild von widersprechenden Fakten entstehen lassen, während es sich doch vielmehr um Möglichkeiten handelt, die auf den Kontext reagieren.

Wirft man Steine gegen einen Zaun, dann entsteht hinter jeder Lücke ein Haufen. Lässt man Wasserwellen durch zwei Lücken laufen, dann ergeben sich dahinter Interferenzmuster, also mehr als zwei Wasserhügel.

In der Quantentheorie kommen die Möglichkeiten ins Spiel und ändern den Vorgang. Um ein Beispiel direkt aus den vielen Erzählungen über die Quantentheorie zu wählen: Wenn ein Photon die Möglichkeit hat, durch zwei Spalte zu fliegen, dann dürfen wir uns davon nicht ein Bild in der Weise machen, dass es nur durch einen der beiden Spalte tatsächlich fliegt und wir es nur nicht wissen! Wenn nicht durch eine spezielle Versuchsanordnung das Photon gezwungen wird, faktisch durch den einen oder durch den anderen Spalt zu fliegen, ist das einzig „Tatsächliche" die Existenz der möglichen Optionen. Das Photon hat die Möglichkeit, durch beide Spalten zu fliegen, ohne dass dies jedoch missverstanden werden darf als faktischer Vorgang an den Spalten.

Als mögliche Analogie im Alltag kennen wir dies z. B. als ein gleichzeitiges inneres Erfülltsein mit ambivalenten Wünschen oder Vorstellungen, welche sich jedoch als Fakten logisch ausschließen. Erst durch eine Entscheidung und auf jeden Fall durch eine Handlung wird etwas davon real - so wie erst beim Auftreffen des Photons auf dem Schirm ein Faktum entsteht.

Eine Handlung ist etwas Faktisches, selbst dann, wenn die dahinterliegenden Motive ambivalent bleiben.

Möglichkeiten beim Doppelspalt werden aufgehoben und zu Fakten gemacht entweder durch ein faktisches Verschließen eines Spaltes in jeweils der Hälfte der Zeit oder auch durch die faktische Kontrolle der durchlaufenen Spalten.

Es ist höchst bemerkenswert, dass sich ein Interferenzmuster ergibt, obwohl die Teilchen einzeln nacheinander durch das Experiment laufen. Der Versuch ist daher als eine „zeitüberbrückende Ganzheit" zu verstehen.

Die Einsicht in das objektive Wirken von Potenzialitäten war nicht nur eine naturwissenschaftliche Überraschung, sie bereitete den Physikern auch ein mathematisches Problem.

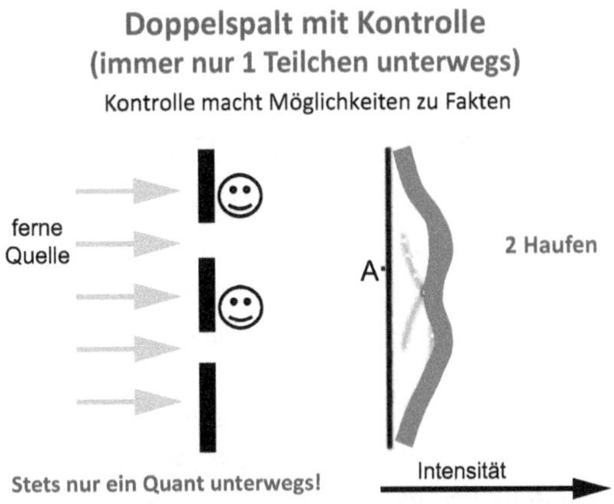

Bild 10.2 Bei dem Versuch fliegen die Teilchen nacheinander, sodass stets nur eines unterwegs ist.
Wird einer der Spalten blockiert, so erhält man – nachdem viele Teilchen auf dem Schirm gelandet sind – die entsprechende Intensitätskurve hinter dem offenen Spalt. Werden die Spalten nicht verschlossen, wird jedoch kontrolliert, also die Information entnommen, durch welchen Spalt das jeweilige Teilchen faktisch gelaufen ist, dann erhalten wir ebenfalls hinter den zwei Spalten die zwei Haufen. In allen diesen Fällen landen auch Teilchen bei A.

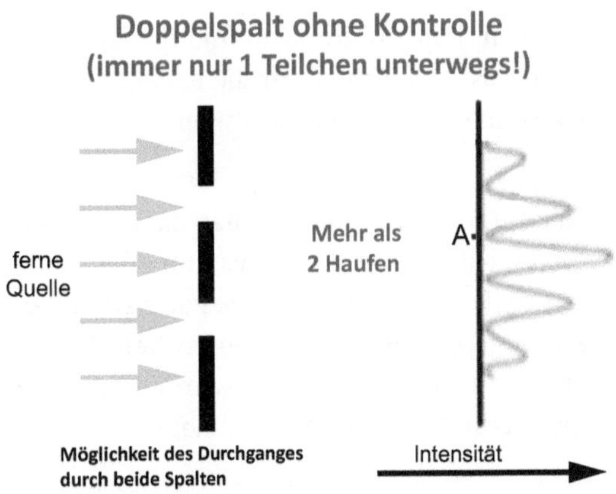

Bild 10.3 Der Doppelspalt als das Paradebeispiel für Quantenverhalten. Wird während des Fluges keine Information entnommen, sodass jedes Teilchen die Möglichkeit behält, unkontrolliert durch beide Spalten fliegen zu können, dann ergeben sich mehr als zwei Haufen! Sind beide Spalten unkontrolliert offen, dann wird der Punkt A nicht mehr von einem Quant getroffen.

10.6 Die Notwendigkeit der komplexen Zahlen

Zu den komplexen Zahlen hatte Wigner vor einem halben Jahrhundert festgestellt:

> *„Surely to the unpreoccupied mind, complex numbers are far from natural or simple and they cannot be suggested by physical observations. Furthermore, the use of complex numbers is in this case not a calculational trick of applied mathematics but comes close to being a necessity in the formulation of the laws of quantum mechanics.“*[10]
> *(Sicherlich sind komplexe Zahlen für den unbefangenen Verstand alles andere als natürlich oder einfach, und sie lassen sich nicht durch physikalische Beobachtungen nahelegen. Außerdem ist die Verwendung komplexer Zahlen in diesem Fall kein Rechentrick der angewandten Mathematik, sondern kommt einer Notwendigkeit bei der Formulierung der Gesetze der Quantenmechanik nahe.)*

Heute jedoch ist es möglich, aus physikalischen Überlegungen heraus Hinweise auf die Notwendigkeit der komplexen Zahlen zu geben.

Potenzialitäten, welche Wirkungen erzeugen, sind keine Fakten. Man kann sie daher nicht mit den gleichen Zahlen erfassen und messen wie die Fakten.

Die Mathematiker hatten allerdings – wie so oft für die Physik – bereits eine Lösung dafür entwickelt. Dies allerdings, ohne bereits etwas von den Quanten zu ahnen.

Leicht kann man sich überlegen, dass zwischen dem Faktum Null und der Möglichkeit Null kein Unterschied postuliert werden muss. Die Zahlen für die Fakten und die Zahlen für die Möglichkeiten werden sich also in der Null treffen können.

Dann allerdings wird es etwas schwieriger.

Die Zahlen für die Fakten, die Mathematiker sprechen von den „reellen Zahlen“ kann man mit dem „Zahlenstrahl“ verbildlichen. Zu jedem Faktum gibt es nun aber beliebig viele Möglichkeiten, welche mit ihm koexistieren können. Für die Potenzialitäten wird man daher einen zweiten Strahl benötigen, welcher mit den reellen Zahlen lediglich die Null gemeinsam hat. Diese neuen Typen von Zahlen wurden von den Mathematikern in sehr passender Weise bereits seit langem als die „imaginären Zahlen“ bezeichnet.

Die Zusammenfassung der reellen Zahlen mit den imaginären nennt man die komplexen Zahlen.

---

[10] Wigner, E. P. (1960)

Komplexe Zahlen

Die reellen Zahlen werden mit den imaginären zu den komplexen Zahlen zusammengefasst.

Die beiden Strahlen für die reellen und die imaginären Zahlen lassen sich in einer zweidimensionalen Ebene darstellen. Allerdings ist dabei zu beachten, dass diese Ebene wegen $i^2 = -1$ nicht mit einem tatsächlich zweidimensionalen reellen Raum verwechselt werden darf.

Eine komplexe Zahl z lässt sich daher schreiben $z = x + iy$. Das entspricht kartesischen, also rechtwinkligen Koordinaten.

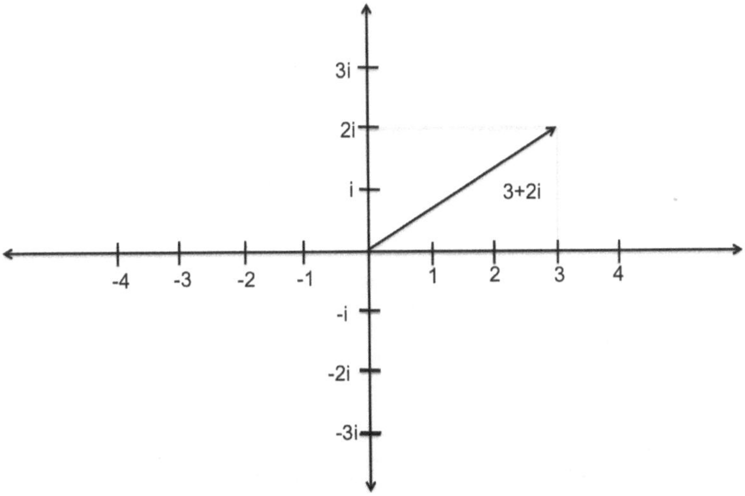

Bild 10.4 Der Vektor $z = 3 + 2i$ im eindimensionalen (!) Raum der komplexen Zahlen. Er kann durch einen reell zweidimensionalen Raum veranschaulicht werden. Er ist jedoch kein zweidimensionaler reeller Raum, denn i•i = 1.

Wenn also die Quantentheorie so genau ist, dass sie das Wirksamwerden nicht nur von Fakten, sondern auch von Potenzialitäten berücksichtigen kann, dann wird sie neben den reellen Zahlen auch die imaginären Zahlen bei ihren Rechnungen verwenden. Beide Zahltypen fassen die Mathematiker zu den „komplexen Zahlen" zusammen.

Die Quantentheorie als die Physik der Möglichkeiten wird also im Zahlenraum der komplexen Zahlen arbeiten.

Da Potenzialitäten immer wieder zu Fakten werden, können die reellen Zahlen nicht ignoriert werden. Das erinnert daran, dass imaginär mal imaginär gleich reell ist, $i \times i = 1$.

Eine andere Schreibweise der komplexen Zahlen $z = x + iy$ anstelle der kartesischen Koordinaten bieten die Polarkoordinaten: $z = r\,e^{i\varphi}$.

Die Umrechnung erfolgt gemäß $x = r \cos\varphi$ und $y = r \sin\varphi$.

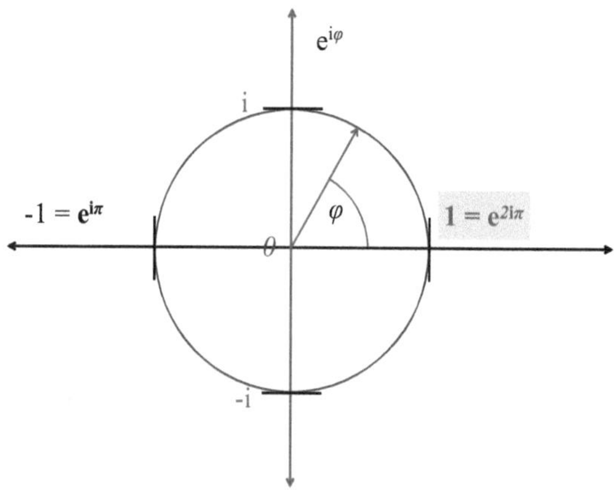

Bild 10.5
Der Ring i oder die Verbindung der imaginären Einheit „i" mit den beiden wichtigsten transzendenten Zahlen der Mathematik – mit e und π.

Eine transzendente Zahl lässt sich auf keine Weise durch Kombinationen von Brüchen oder Wurzeln von rationalen Zahlen darstellen.

e ist die Basis des natürlichen Logarithmus. Die Exponentialfunktion ermöglicht den Übergang von der Multiplikation zu einer Addition:

$$e^a \times e^b = e^{a+b}$$

Diese Struktur ist engstens mit der Quantentheorie verbunden. Bei der Quantisierung wird eine nichtlineare klassische Struktur in niedrigdimensionalen Räumen in die Vektoren eines hochdimensionalen linearen Raumes, in eine lineare quantische Struktur überführt.

Die Kreiszahl π bestimmt das Verhältnis zwischen Durchmesser und Umfang eines Kreises und repräsentiert damit die offenkundigste Symmetrietransformation in der Physik, die Drehsymmetrie.

Der Bedeutungsgehalt dieses Strukturgefüges hat schon lange die Mathematiker und Physiker gefesselt. Von Wolfgang Pauli stammt eine „aktive Imagination", die eine „Vorlesung an die fremden Leute" einschließt, in der er über den Ring i meditiert.[11] „Ring" deshalb, weil diese Formel als Ergebnis eines Umlaufs in den komplexen Zahlenraum um die Null im Abstand 1 verstanden werden kann. Diese Bewegung kommt nach dem Umlauf um 360° wieder bei der 1 an.

[11] Pauli, W. (1953) *Die Klavierstunde*, zitiert nach: Atmanspacher, H.; Primas, H.; Wertenschlager-Birkhäuser, J. (Hrsg.) (1995) *Der Pauli-Jung-Dialog und seine Bedeutung für die moderne Wissenschaft*, Springer, Heidelberg

Zur physikalischen Interpretation kann man formulieren:[12)]

> Das Zusammenwirken von wirkenden Möglichkeiten – i – mit den Objekten der klassischen Physik – π – führt über einen Quantisierungsprozess – e – zur Einheit – 1.

[12] Görnitz, T.; Görnitz B. (2016) *Von der Quantenphysik zum Bewusstsein: Kosmos, Geist und Materie*, Springer, Heidelberg, S. 472

11 Das Entstehen der Fakten in der Natur

11.1 Der Messprozess aus Sicht der Protyposis

Die gesamte Naturwissenschaft versteht sich als „empirisch“. Damit meint man, dass Beobachtungen, und – wenn dazu möglich – auch Experimente durchgeführt werden und dass dann daraus Schlüsse gezogen werden. In vielen Bereichen, wie beispielsweise in der Astrophysik oder der Evolutionsgeschichte, sind Experimente nicht möglich. Dann kommt es darauf an, dass die Theorien stringent mit denen verbunden werden, für die auf der Erde bereits experimentelle Bestätigungen erhalten wurden. Alle diese Phänomene betreffen selbstverständlich Vorgänge in der Zeit. *Damit ist die Zeit, wie ausgeführt wurde, eine zentrale Vorbedingung für jede Naturwissenschaft.*

11.1.1 Warum schenkt man dem sogenannten Messprozess eine so große Aufmerksamkeit?

Wie im vorhergehenden Kapitel geschildert wurde, ist in den beiden fundamentalen Theoriebereichen der Physik ein Zugang zu der realen Zeit nicht gegeben – jedenfalls nicht so, wie wir sie fortwährend erleben. In der klassischen Physik gibt es keine klare Unterscheidung zwischen Vergangenheit und Zukunft, die Quantenphysik beschreibt Möglichkeiten und keine Fakten. Für unser Verstehen der Natur ist es also notwendig, den Übergang von den Möglichkeiten zu den Fakten erklären zu können. Der Übergang von einer quantischen Beschreibung eines Systems zu einer klassischen Beschreibung muss miterklären, warum wir in unserer äußeren Alltagsumwelt nur faktische Objekte sehen.

Um die Struktur der Zeit und die Realität der Objekte verstehen zu können, müssen wir den Vorgang begreifen, der in der Physik als „quantentheoretischer Messprozess“

bezeichnet wird. In der Geschichte der Quantentheorie wurde das Entstehen eines Faktums aus quantischen Möglichkeiten zum ersten Mal am sogenannten Messprozess deutlich: Ein Experiment wird mit einer Messung beendet und man erhält ein faktisches Messresultat.

> Der Begriff „Messung" verdeckt, dass es dabei im Grunde um ein universelles Verstehen des soeben beschriebenen Übergangs von den Möglichkeiten zu den Fakten geht.

Fakten werden uns bekannt durch „Dokumente". Das ist nicht nur ein altes Pergament, sondern es kann auch ein Dinosaurierknochen oder sogar eine bestimmte neuronale Verbindung sein. Ein Dokument ist ein materielles Objekt. Es besitzt eine Ruhmasse und kann daher für eine gewisse Zeit in einem kleinen Raumbereich verweilen. Diese Selbstverständlichkeit wird betont, weil sie für die Quanten der Energie nicht besteht. Die Photonen laufen mit Lichtgeschwindigkeit, sie bleiben und verweilen nirgendwo. Damit kommen wir zu einer zweiten Vorbedingung für das Entstehen von Fakten. Diese betrifft die Existenz von Materie mit einer Ruhmasse.

Im Rahmen der Protyposis-Kosmologie ergibt sich, dass es am kosmischen Beginn noch keine materiellen Quantenteilchen gegeben hat. Mit der Formung stabiler materieller Teilchen beginnen die Strukturierungen aus den AQIs. Mit der Existenz von Teilchen ergeben sich zugleich Distanzen und Wechselwirkungen zwischen ihnen. Erst dann wird es auch sinnvoll, tatsächlich vom Entstehen von Fakten sprechen zu können. Wenn wir das Gesagte rekapitulieren, dann wird deutlich, dass mit dem Messprozess ein Kernproblem für das Verstehen der Physik und damit auch der übrigen Naturwissenschaften erfasst wird.

Für die Quantentheorie als „Theorie der Möglichkeiten" ist der Übergang zu den Fakten kein trivialer Vorgang. Wie erwähnt ist ein wichtiger Spezialfall dieses Übergangs von vielen Möglichkeiten zu einem Faktum der Messprozess im engeren Sinne.

Die klassische Physik ging weithin von der Idealisierung aus, dass man alle Beobachtungen und alle Experimente so vorsichtig durchführen könnte, dass man dabei das Beobachtete nicht beeinflussen würde. Natürlich wird wohl jeder glauben, dass es für den Mond und sein Verhalten völlig gleichgültig ist, ob ich nach ihm schaue oder nicht. Auch wird es keine Rolle spielen, ob ich erst versuche, die Milchstraße zu sehen und dann den Mond, oder ob ich es in umgekehrter Reihenfolge vornehme. Das sind Beispiele für Handlungen, bei denen die Reihenfolge ohne Bedeutung ist.

Jedoch für die gewöhnlichen Handlungen, die wir im Alltag vornehmen, wäre eine solche Herangehensweise sehr kontraproduktiv. Niemand wird erst das Wasser in die Badewanne laufen lassen und erst danach den Abfluss schließen. Von den meisten unserer Handlungen wissen wir, dass eine Änderung der Reihenfolge das Ergebnis beeinflussen wird. Die mathematische Struktur der klassischen Physik blendet für die Beobachtungen diesen wichtigen Aspekt der Wirklichkeit aus.

Die klassische Physik arbeitet mit der Idealisierung, dass man alle Beobachtungen an einem System so durchführen kann, dass sie Ergebnisse liefern, die unabhängig von der vorgenommenen Reihenfolge sind.

Die Quantentheorie ist so genau, dass sie derartige Fehlinterpretationen der Natur nicht zulässt. Eine nachfolgende Untersuchung eines Quantensystems kann von einer vorhergehenden Untersuchung beeinflusst werden.

Diese „Nichtkommutativität" von Operationen in der Quantentheorie wurde oft als ihr wesentliches Unterscheidungsmerkmal beim Vergleich mit der klassischen Physik betrachtet. Um das genauer verstehen zu können, ist daran zu erinnern, dass die Quantentheorie eine Theorie über noch nicht faktisch gewordene Potenzialitäten ist. Obwohl die Quantentheorie grundlegend und universell gültig ist, so konstatieren wir jedoch in der Lebenspraxis stets auch die Existenz von Fakten.

Mit der Quantentheorie war es erstmals im Rahmen der Physik notwendig geworden, das Entstehen von Fakten erklären zu müssen.

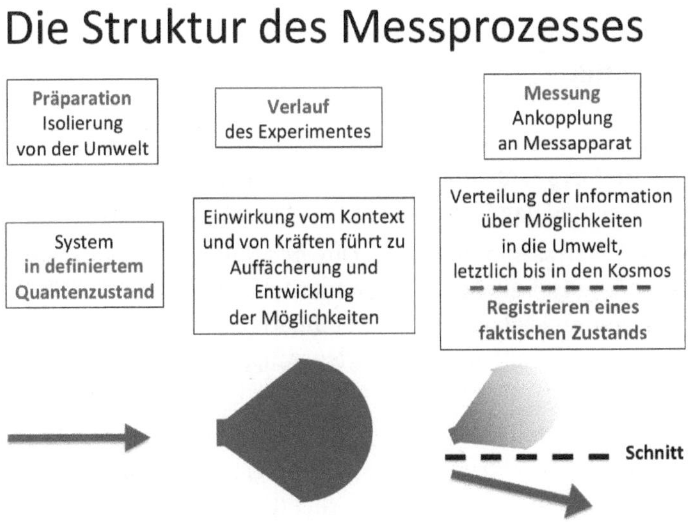

Bild 11.1 Der nach der Messung erhaltene faktische Zustand erlaubt wenig Aussagen über den Teil der zuvor vorhandenen und nun verlorenen Möglichkeiten. Die Informationen darüber sind über Zwischenstufen letztlich in den expandierenden Kosmos entschwunden.

Mit den Atomen und dem Licht wurde die Quantenmechanik experimentell überprüft. Und natürlich muss ein Messergebnis an einem Quantensystem ein Faktum sein. Man hat also zuerst eine Beschreibung von seinen Verhaltensmöglichkeiten und dann ein Messergebnis.

Eine naheliegende Erklärung besteht darin, diesen Wechsel von Möglichkeiten zu Fakten auf einen Wechsel in der Beschreibung zu beziehen. Ohne Zweifel beginnt man mit einer Beschreibung des Systemverhaltens – z. B. mit der Schrödingergleichung – und erhält dann das faktische Messergebnis. Natürlich kann man nicht daran zweifeln, dass dies eine Änderung in der Kenntnis des Beobachters über das im Experiment untersuchte System bedeutet. Durch neues Wissen kann altes Wissen verändert werden. Das ist eine Selbstverständlichkeit. Daran ist nichts rätselhaft. Das ist eine kurze Zusammenfassung der Kopenhagener Interpretation der Quantenmechanik. Allerdings blieben bei der Kopenhagener Interpretation ein Beobachter und sein Bewusstsein definitiv aus einer naturwissenschaftlichen Beschreibung ausgeschlossen.

Bei den fundamentalen physikalischen Gesetzen geht es jedoch nicht nur um einige Experimente, die ein Beobachter durchführt. Experimente und ihre Messungen werden zumeist in der Absicht gesucht und untersucht, um Neues und Prinzipielles über die Welt und über die in ihr zu findenden Strukturen zu erfahren. Daher gab und gibt es lebhafte Auseinandersetzungen über die Interpretation des Messprozesses in der Quantenmechanik.

11.1.2 Zur Interpretation des Messprozesses in der Quantenmechanik

Die Grundlagen der Naturwissenschaft, sei es in der Kosmologie, in der Theorie der Evolution oder aber auch in der Quantentheorie, berühren in einer fundamentalen Weise unser Verstehen der Welt und damit auch unser Selbstverständnis als Menschen.

Bei der Quantentheorie kam erstmals in der Geschichte der Naturwissenschaft und Naturphilosophie hinzu, dass unterschieden werden muss zwischen einerseits dem Wirken der Möglichkeiten, woraus sich die Nichtdeterminiertheit der Zukunft ergibt, und andererseits der Existenz von Fakten, deren Verleugnung unvereinbar mit jeglicher Lebenspraxis wäre.

Zuerst in der Mathematik der Quantenmechanik und später in Experimenten zeigten sich Phänomene, die an oder mit Objekten von hinreichend großer Masse nie beobachtet werden können. Sie betrafen die wesentliche Nichtlokalität vieler Quantenphänomene. Im Gegensatz zu den Erwartungen vieler Wissenschaftler ließ sich Nichtlokalität für immer mehr und immer ausgedehntere Quantensysteme zweifelsfrei experimentell bestätigen.

Diese Merkwürdigkeiten der Quantenphysik haben keine Ähnlichkeiten mit dem Verhalten von massereichen Objekten. Eher sind sie mit manchen Erfahrungen zu vergleichen, die uns bei der Herausbildung unserer Gedanken im Strom unseres Bewusstseins begegnen.

Hinter den Kontroversen über das Messproblem sind vor allem philosophische und psychische Gründe zu vermuten. Die Auseinandersetzungen über das Messproblem wurden und werden teilweise mit einer Leidenschaft geführt, die sonst in der Physik selten anzutreffen ist. Das ist wenig verwunderlich, werden doch daran die Interpretationsprobleme nicht nur der Quantentheorie, sondern auch der Wirklichkeit insgesamt wie unter einem Brennglas sichtbar.

Alles, was bei den Interpretationen der Quantenmechanik über die einfache mathematisch formulierte Theorie hinausgeht, sind philosophische Auslegungen.

> Solange die Theorie in ihrer mathematischen Gestalt nicht verändert wird und man im Geltungsbereich der Quantenmechanik verbleibt, ist es prinzipiell unmöglich, verschiedene Interpretationen der Quantenmechanik empirisch gegeneinander zu testen oder zu prüfen.

Schließlich müssen wegen der gleichen Theorie natürlich auch identische Prognosen erstellt werden, da ja in den Voraussetzungen die gleichen theoretischen und mathematischen Strukturen benutzt werden.

Wenn man allein die Beschreibung ändert und die mathematische Struktur nur anders anordnet, ist eine experimentelle Differenzierung unmöglich. Das wird an den Beispielen von „Viele Welten“ oder „Bohmsche Mechanik“ in Abschnitt 30.2.2 gezeigt.

Es liegt auf der Hand, dass sich bei einer tatsächlichen Änderung der mathematischen Struktur – nicht allein ihrer Beschreibung – die Situation ändern könnte.

In der Quantenmechanik benutzt man das Postulat einer festen Anzahl von beteiligten Teilchen. Da sich die Anzahlen der Lichtquanten bei allen quantenmechanischen Prozessen ändern, dieses aber nicht berücksichtigt werden soll, arbeitet man in der Quantenmechanik mit dem klassischen Modell des Coulombfeldes, gegebenenfalls mit elektromagnetischen Wellen. Wie die theoretische Chemie zeigt, ist das in sehr vielen Fällen für die praktischen Anwendungen völlig ausreichend. Bereits in Abschnitt 2.3 war darauf hingewiesen worden, dass die naturwissenschaftlichen Regeln und Gesetze Annäherungen an die Realität und nicht die Natur selbst sind. Welche Näherung an welcher Stelle sinnvoll ist und wann sie zu ungenau wird, das kann ebenfalls nur näherungsweise festgestellt werden.

Die Situation um die Interpretationen der Quantentheorie ändert sich, wenn man aus dem eigentlichen Geltungsbereich der Quantenmechanik hinausgeht und die ursprünglichen theoretischen Strukturen in *verschiedener* Weise auf andere Situationen extrapoliert. Geht man über den engen Rahmen der Quantenmechanik hinaus, so kann man unter Umständen zu anderen und damit auch unterschiedlichen theoretischen Konstruktionen gelangen. Zumeist werden dann Änderungen der Teilchenzahlen nicht mehr ausgeschlossen und man gelangt in den Bereich der Quantenfeldtheorien.

Die möglichen Erweiterungen von der nichtrelativistischen Schrödingergleichung in den Bereich der Quantenfeldtheorien sind nicht mehr zwingend vorgeschrieben. Sie können daher zu unterschiedlichen Prognosen führen. Nach solchen Unterschieden könnte man gegebenenfalls experimentell suchen.

> Verschiedene Theorien kann man gegeneinander testen, verschiedene Interpretationen der gleichen Theorie nicht.

Es ist möglich, dass die verschiedenen Erweiterungen der Quantenmechanik besser oder auch weniger gut zu den verschiedenen Interpretationen passen können. Schließlich hat sich in dem Jahrhundert seit den Anfangsjahren der Quantenmechanik die Quantentheorie in einer überwältigenden Weise weiterentwickelt.

Die Quantenmechanik ist die Theorie der Atome mit ihren Elektronen und Atomkernen sowie des klassisch beschriebenen elektromagnetischen Strahlungsfeldes. In der Quantenmechanik wird die Anzahl der Quantenteilchen nicht verändert und die Strahlung wird als klassisches Kraftfeld behandelt. In den Quantenfeldtheorien werden die Kräfte mit Kraftquanten – also mit Teilchen – beschrieben. Weiterhin werden das Erzeugen und Vernichten von Quantenteilchen und die realen Wirkungen auch von virtuellen Quanten erfasst.

Mit der Kopenhagener Deutung der Quantenmechanik wurde die beim Messprozess erfolgende Änderung von Möglichkeiten zu einem Faktum als eine Veränderung der subjektiven Information im Bewusstsein eines Beobachters interpretiert. Damit schien es nahezuliegen, den Messprozess mit den subjektiven Empfindungen eines Menschen zu verkoppeln. *Wenn es jedoch um das allgemeine Entstehen von Fakten geht, dann kann ein solcher Vorgang nicht von der Teilnahme eines menschlichen Bewusstseins abhängig sein.* Eine allgemeinere Vorstellung war notwendig.

Schließlich sind wir wohl alle davon überzeugt, dass es bereits lange vor dem Erscheinen der ersten Menschen Fakten in der Evolution gegeben hat. Wenn ein solches Entstehen von Fakten ohne den Menschen beschrieben werden kann, dann wird es auch möglich, das faktische Entstehen des menschlichen Bewusstseins zu erklären.

Mit der Theorie der *Quanteninformation* ergab sich eine neue abschließende Grundlegung der Realität.

Mit der Protyposis ändert sich der Charakter der Informationen von einer lediglich subjektiven Wahrnehmung zu einer naturwissenschaftlich definierten und damit objektivierbaren Größe. Dies hat Auswirkungen auch auf das Verstehen des Übergangs von den Möglichkeiten zu den Fakten. Die beschriebenen Versuche zu EPR und zum Doppelspalt sind Beispiele für Messvorgänge bei typischen Quantenexperimenten. So finde ich es als erfreulich, dass die Physik-Nobelpreise 2022 für Experimente zu diesen Grundlagen der Quantentheorie und nicht für „kleine Teilchen" vergeben wurden.[1)] Diese Hinwendung zu den Grundlagen wurde gewiss dadurch erleichtert,

---

[1] Görnitz, T. https://www.academia.edu/92858403/Explaining_Nobel_Prize_Physics_2022; h*ttps://www.researchgate.net/publication/364648473_Der_Nobelpreis_Physik_2022_-Die_seit_langem_ausstehende_offentliche_Anerkennung_fur_Experimente_welche_die_theoretischen_Aspekte_einer_grundlegenden_Eigenschaft_der_Quantenphysik_bestatigen*

dass in den vielen Jahren nach der Entdeckung des Higgs-Teilchens kein einziges der vielfach prognostizierten weiteren Teilchen gefunden werden konnte.

Da man in der klassischen Physik ausschließlich mit Fakten arbeitet und „Möglichkeiten" nur als unzureichendes Wissen über etwas Faktisches begreift, ergibt sich dort das Problem eines „Entstehens von Fakten" nicht – es ist sowieso alles faktisch. Wenn – wie in der klassischen Physik – alles Geschehen als faktisch beschrieben wird, dann kann auch eine Beobachtung oder eine Messung gemäß der Theorie ebenfalls nur ein Faktum feststellen. Für einen Wechsel in der Beschreibung ergibt sich in der klassischen Physik keinerlei Notwendigkeit. Im Unterschied dazu nutzt man in der Quantenmechanik die Wellenfunktion für die Beschreibung eines Quantensystems. Die Wellenfunktion beschreibt die Veränderungen der Verhaltensmöglichkeiten des betrachteten Systems. Bei einer Messung wird eine der Möglichkeiten aus der Fülle aller Möglichkeiten als faktisches Messergebnis erhalten.

Diese Anpassung an zwei mathematisch verschiedene Beschreibungsstrukturen der Wirklichkeit wurde im Rahmen der Kopenhagener Interpretation als sehr sinnvoll erkannt.[2),3),4)]

Die Kopenhagener Interpretation führt einen Beobachter ein, der dafür verantwortlich ist, festzustellen, dass ein Ergebnis eingetreten ist. Wenn er verifizieren kann, dass der Prozess stattgefunden hat, kann das Ergebnis als ein Faktum angesehen werden. Die oft zu eng verstandene Rolle des Beobachters in der Kopenhagener Interpretation hat zu verschiedenen Versuchen geführt, andere Interpretationen zu entwickeln. Ein Überblick dazu findet sich in Abschnitt 30.2.

Da jede Beschreibung der Wirklichkeit eine Person voraussetzt, die diese Beschreibung vornimmt, ist die Einführung eines Beobachters in die *Beschreibung* der Natur keine ernsthafte Einschränkung. Allerdings erlaubt dieses Konstrukt nicht, den Beobachter selbst in die wissenschaftliche Beschreibung einzubeziehen, die letztlich auf Physik, d. h. auf Quantentheorie, beruhen muss.

Am Beginn der Entwicklung der Quantenmechanik dachte man allerdings nicht, dass dieser Theorie eine universelle Gültigkeit zugeschrieben werden könnte. Vielmehr hat man die Gültigkeitsbereiche von klassischer Physik und Quantentheorie so behandelt, als ob es zwei getrennte Bereiche der Wirklichkeit seien. Da es sich jedoch beim Messvorgang um den Übergang von einer Beschreibung von Möglichkeiten zu einem Faktum handelt, ist der Übertritt zwischen diesen Bereichen das besonders Interessante daran.

---

2 Görnitz, T.; Weizsäcker, C. F. v. (1987) *Quantum Interpretations*, International Journal of Theoretical Physics. Vol. 26, Nr. 10, S. 921–937

3 Görnitz, T; Weizsäcker, C. F. v. (1988) *Copenhagen and Transactional Interpretations*, International Journal of Theoretical Physics. Vol. 27, Nr. 2, S. 237–250

4 Haag, R. (1999) *Quantentheorie und die Teilung der Welt*, Z. Naturforsch. 54a, S. 2–10

C. F. v. Weizsäcker berichtete gelegentlich über die Notwendigkeit eines „Schnittes“ zwischen Quantenphysik und klassischer Physik und über die Gespräche darüber mit seinem Freund Werner Heisenberg in den 1930er-Jahren:

> *„Wollte man den Schnitt auch noch über den Beobachter selbst zurückziehen, so bliebe keine Physik mehr übrig.“*[5]

In seinem Buch argumentierte Heisenberg noch etwas allgemeiner wie folgt:

> *„Es muss auch betont werden, dass der statistische Charakter des Zusammenhangs darauf beruht, dass der Einfluss der Messapparate auf das zu messende System anders behandelt wird, als der gegenseitige Einfluss der Teile des Systems. Denn auch der letztere Einfluss bewirkt Richtungsänderungen des Systemvektors im Hilbertschen Raum, diese sind aber völlig bestimmt. Würde man die Messinstrumente zum System rechnen – wobei man auch den Hilbertraum entsprechend erweitert –, so würden die oben als unbestimmt angesehenen Änderungen des Systemvektors jetzt bestimmt. Den Nutzen hieraus könnte man jedoch nur ziehen, wenn unsere Beobachtung der Messinstrumente von Unbestimmtheit frei wäre. Für diese Beobachtungen gelten aber die gleichen Überlegungen wie oben, und wir müssten etwa auch unsere Augen mit ins System einschließen, um an dieser Stelle der Unbestimmtheit zu entgehen usw. Schließlich könnte man die Kette von Ursache und Wirkung nur dann quantitativ verfolgen, wenn man das ganze Universum in das System einbezöge – dann ist aber die Physik verschwunden und nur ein mathematisches Schema geblieben. Die Teilung der Welt in das beobachtende und das zu beobachtende System verhindert also die scharfe Formulierung des Kausalgesetzes. (Das beobachtende System braucht dabei keineswegs ein menschlicher Beobachter zu sein, an seine Stelle können auch Apparate, wie photografische Platten usw. gesetzt werden.)“*[6]

Heisenberg spricht hier von der Unterscheidung zwischen dem System, das beobachtet wird, und dem System, welches beobachtet. Diese Sichtweise ist leicht verständlich, denn damals beschränkte sich der Bereich der Physik auf materielle und energetische Objekte. Er erstreckte sich noch nicht auf die abstrakte Quanteninformation, die sich zu Materie, Energie und zu bedeutungsvoller Information und damit auch zu Bewusstsein formen kann.

Interessant ist die Aussage, dass eine Ausdehnung der Quantentheorie auf das gesamte Universum nur zu einem mathematischen Schema führen würde.

Aus Sicht der Protyposis würde ich Heisenbergs Ausführungen dahingehend interpretieren, dass zwar der Bezug auf einen Beobachter nicht unbedingt notwendig ist, dass aber mit der Ausdehnung der Quantentheorie auf den gesamten Kosmos als

---

[5] Weizsäcker, C. F. v. (1985) *Aufbau der Physik*, Hanser, München, S. 527

[6] Heisenberg, W. (1958) *Die physikalischen Prinzipien der Quantentheorie*, Hirzel Verlag, Stuttgart, S. 44

Ganzheit eine Festlegung von Fakten nicht mehr möglich ist. Das wird beispielsweise auch deutlich in Überlegungen zur Quantengravitation. Diese zeigen, dass es in dieser Theorie für den Kosmos als Ganzen keinen Zeitablauf gibt.

> *„The absence of spacetime, and in particular of time, is usually understood as the quantum version of the problem of time. It means that the quantum world at the fundamental level is timeless – it just is."*[7]

Wie nachfolgend dargelegt wird, ist mit der Protyposis eine Definition von Fakten für lokalisierte Bereiche im Kosmos möglich, z. B. für Ansammlungen von Galaxienhaufen, nicht aber für den Kosmos als eine Ganzheit. Auch daran wird ein wichtiger konzeptioneller Unterschied zwischen der Astronomie als Wissenschaft der vielen Objekte im Kosmos einerseits und der Kosmologie als dem Übergang von dieser Vielheit zum Unikat „Uni-versum" andererseits verständlich. Für das Universum als „Einzelstück" wird die Vorstellung von Regeln und Gesetzen zumindest problematisch.

Seit Heisenbergs Text sind viele Arbeiten zur Quanteninformation entstanden, die aufzeigen, dass das Bewusstsein als eine ganz besondere Form der Quanteninformation verstanden werden kann.[8],[9],[10]

Für eine wissenschaftliche Beschreibung des Beobachters und sogar seines Geistes muss die ursprüngliche Kopenhagener Interpretation erweitert werden. Darauf wird in den folgenden Überlegungen eingegangen.

11.2 Die dynamische Schichtenstruktur und der Messprozess

Warum sehen wir als Struktur der Zeit nur Faktisches und im Raum nur Objekte? Welches anschauliche Modell für einen Übergang von einer Möglichkeitsbeschreibung zu einem Faktum kann man erstellen?

Ein von seiner Umwelt isoliertes Quantensystem verbleibt im Zustand einer ausgedehnten Gegenwart. Die Möglichkeiten des Systems können sich im Laufe der Parameterzeit verändern, ohne dass deswegen eine von diesen Potenzialitäten zu einem Faktum werden müsste. Man beschreibt dabei das Quantensystem mit der Schrödingergleichung.

---

7 Kiefer, C. in: De Bianchi, S., Kiefer, C. (2020) *One Hundred Years of Gauge Theory: Past, Present and Future Perspectives*, Springer International Publishing AG

8 Görnitz, T., Görnitz, B. (2002), *Der kreative Kosmos*, Springer, Heidelberg

9 Görnitz, T., Görnitz, B. (2008) *Die Evolution des Geistigen*, Vandenhoeck & Ruprecht, Göttingen

10 Görnitz, T., Görnitz, B. (2016) *Von der Quantenphysik zum Bewusstsein: Kosmos, Geist und Materie*, Springer, Heidelberg

Die „normale“ Zeitentwicklung in der Quantentheorie ist ein einheitlicher Prozess. Im Schrödinger-Bild ist die zeitliche Entwicklung der Wellenfunktion $\Phi_{\text{Schr}}(t)$ durch eine unitäre Zeittranslation $\hat{U}(t)$ gegeben. Dabei ist $\hat{H}$ der (hier zeitunabhängig definierte) Hamilton-Operator des betrachteten Systems.

$$\Phi_{\text{Schr}}(t) = \hat{U}(t)\Phi_{\text{Schr}}(0) = \mathrm{e}^{-\frac{\mathrm{i}}{\hbar}\hat{H}t}\,\Phi_{\text{Schr}}(0) \tag{11.1}$$

Ein interessanter Aspekt der Quantentheorie besteht in der engen Verknüpfung zwischen Wellenfunktion und Operatoren. Sie erlaubt es, die zeitliche Veränderung an einem System entweder an der Wellenfunktion oder an den Operatoren zu verdeutlichen. Im ersteren Fall spricht man vom Schrödinger-Bild, im zweiten vom Heisenberg-Bild.

Im Heisenberg-Bild ist die Zeitabhängigkeit auf die physikalischen Operatoren $\hat{A}_{\text{Heis}}(t)$ verschoben:

$$\hat{A}_{\text{Heis}}(t) = \hat{U}(t)^{\dagger}\,\hat{A}_{\text{Heis}}(0)\hat{U}(t) = \mathrm{e}^{\frac{\mathrm{i}}{\hbar}\hat{H}t}\,\hat{A}_{\text{Heis}}(0)\mathrm{e}^{-\frac{\mathrm{i}}{\hbar}\hat{H}t} \tag{11.2}$$

Gemäß der Schrödingergleichung konserviert die Zeitentwicklung des Systems den Absolutwert des Skalarproduktes und verändert somit die Gesamtwahrscheinlichkeit nicht. Bei der Messung hingegen erfolgt der sogenannte „Kollaps der Wellenfunktion“. Über diesen Bruch in der Beschreibung der regulären Zeitentwicklung und ob er möglicherweise vermieden werden kann, wird viel diskutiert.

Dazu kurz die wesentlichen Aspekte: Befindet sich ein Quantensystem in einem Zustand Φ, so kann im Messprozess jeder Zustand Ψ gefunden werden, wenn

$$\langle\Phi||\Psi\rangle \neq 0$$

Die Wahrscheinlichkeit W, den Zustand Ψ zu finden, wenn sich das System im Zustand Φ befindet, ist gegeben durch

$$W = \langle\Phi||\Psi\rangle^2$$

Eine physikalische Größe, z. B. Ort oder Impuls eines Teilchens, wird durch einen Operator angegeben. Er kann in vielen Fällen als Matrix verstanden werden, in der Regel mit unendlich vielen Zeilen und Spalten. Ein solcher Operator hat reelle Eigenwerte. Daher erscheint er in einem geeigneten Koordinatensystem des abstrakten Hilbertraumes als Diagonalmatrix mit reellen Werten in der Hauptdiagonale. (Man spricht von einem reellen „Spektrum“.) Dieses Koordinatensystem bezeichnet man als von „Eigenvektoren“ bzw. von „Eigenfunktionen“ aufgespannt.

Wenn der aktuelle Zustand eines Quantensystems eine Eigenfunktion ist, dann hat der Operator in diesem Zustand den entsprechenden Eigenwert.

$$\begin{bmatrix} a_1 & 0 & 0 & \dots \\ 0 & a_2 & 0 & \dots \\ 0 & 0 & a_3 & \dots \\ \dots & \dots & \dots & \dots \end{bmatrix} \begin{bmatrix} 0 \\ 1 \\ 0 \\ \dots \end{bmatrix} = a_2 \begin{bmatrix} 0 \\ 1 \\ 0 \\ \dots \end{bmatrix} \tag{11.3}$$

Beispiel: Der Eigenvektor zum Eigenwert a_2 wird vom Operator mit diesem Eigenwert multipliziert.

So wie ein beliebiger Vektor nach den Koordinatenvektoren zerlegt werden kann, so kann eine beliebige Zustandsfunktion nach den Eigenfunktionen eines Operators entwickelt werden. Die Entwicklungskoeffizienten ergeben ein Maß dafür, den betreffenden Eigenwert zu finden, wenn der Operator in seiner Wirkung auf den Zustand geprüft wird.

Die Rolle des Beobachters

Das Quantensystem sei in einem Zustand Φ. Bei der Messung wird der Beobachter erkennen, dass alle möglichen Zustände Ψ nicht zu echten Fakten geworden sind, mit Ausnahme des besonderen Ψ_f, das mit dem Endergebnis verbunden ist.

Bleibt aber Ψ_f übrig, sind die Informationen über den früheren Zustand Φ nicht mehr verfügbar. Die einzige noch verbleibende Information über Φ ist, dass Φ nicht orthogonal zu Ψ_f gewesen sein konnte. Offensichtlich sind dies nur sehr vage und ungenaue Informationen, da es normalerweise unendlich viele Zustände gibt, die nicht orthogonal zu Ψ_f sind.

Wenn der Beobachter das mit Ψ_f verbundene Messergebnis erhält, wird er diese neue Wellenfunktion für die zukünftige Beschreibung des Systems verwenden. Es ist nützlich, diese Änderung der Wellenfunktion als Folge der Änderung des Wissensstandes des Beobachters zu beschreiben. Die Messung liefert neue Erkenntnisse, und der Beobachter kann diese berücksichtigen.

Wie kann dies mathematisch formuliert werden?

Eine Wechselwirkung des zu untersuchenden Objektes mit dem Messapparat wird dadurch beschrieben, dass das Tensorprodukt der Wellenfunktionen von beiden Systemen gebildet und damit eine hypothetische Gesamtwellenfunktion geformt wird.

In Anlehnung an eine frühere Arbeit[11] werde ein Messvorgang betrachtet, bei dem *S'* das Objekt und *S* das Messinstrument mit den zugehörigen Hilbert-Räumen *H'* und *H* kennzeichnen. Die Mengen $\{\tau_i\}$ und $\{\sigma_i\}$ sollen orthonormale Basen auf *H'* bzw. *H* sein. Dann hat der Hilbert-Raum des kombinierten Systems *S'+S* einen zugehörigen

[11] Görnitz, T.; Weizsäcker, C. F. v. (1987) *Remarks on S. Kochen's Interpretation of Quantum Mechanics*, in: Lahti, P.; Mittelstaedt, P. (Hrsg.) Proc. of the Symposium on the Foundations of Mod. Phys. Joensuu 1987, World Scientific

Hilbert-Raum *H'⊗H*, in dem jeder reine Zustand durch einen Vektor *Φ* dargestellt wird

$$\Phi = \sum_{i,j} \alpha_{ij} \tau_i \sigma_j \tag{11.4}$$

H'⊗H ist der Vektorraum, der auf einer Basis errichtet ist, die das kartesische Produkt der beiden Basen in *H'* und *H* ist. Seine Dimension ist daher das *Produkt* der Dimensionen von *H'* und *H*. In dieser traditionellen Beschreibung können die beiden Basissysteme $\{\tau_i\}$ und $\{\sigma_j\}$ unabhängig voneinander gewählt werden. Das Tensorprodukt wird als der Raum aller beschränkten linearen Abbildungen Φ: $H' \to H$ beschrieben. Diese koordinatenfreie Definition von *Φ* wird in den Koordinaten τ_i und σ_j durch die Menge aller Matrizen α_{ij} ausgedrückt. Jede Matrix α_{ij} vermittelt eine Abbildung $H' \to H$.

Gemäß der Polarzerlegung für lineare Transformationen, die erstmals von Erhard Schmidt (1876–1959) formuliert wurde, kann jede beliebige Abbildung *Φ* wie nachfolgend zerlegt werden. [Sie wurde dafür auch von J. v. Neumann (1903–1957) verwendet.]

$$\Phi = UV \tag{11.5}$$

wobei

$$V : H' \to H' \tag{11.6}$$

ein positiver hermitescher Operator ist und

$$U : H' \to H \tag{11.7}$$

eine (partielle) Isometrie ist, deren Definitionsbereich das Bild von *V* ist.

Zur Polarzerlegung von Operatoren

Eine komplexe Zahl $z = x + iy$ kann auch in Polarkoordinaten dargestellt werden: $z = r\,e^{i\varphi}$. Dabei bewirkt das reelle positive *r* eine Streckung oder Stauchung der 1, dem Winkel *Φ* entspricht eine Drehung.

In analoger Weise werden Abbildungen zwischen Vektorräumen als isometrisch bezeichnet, wenn sie Längen ungeändert lassen, also nur verallgemeinerte Drehungen sind. Eine partielle Isometrie ist nur auf einem Teilraum, ihrem Definitionsbereich, definiert. Dieser wird wiederum nur auf einen Teilraum abgebildet, den Bildraum oder Zielbereich. Da, wie gesagt, Isometrie bedeutet, dass Längen nicht geändert werden, findet also eine Art „Drehung" statt. Wird der gesamte Raum isometrisch transformiert, spricht man von einer „unitären" Abbildung.

Bei der Polarzerlegung wird eine Abbildung aufgespalten in einen positiven hermiteschen Operator mit positiven reellen Eigenwerten (Analogie zu *r*) und eine partielle Isometrie (dem Analogon zu *φ*).

Φ wird im Allgemeinen nicht diagonalisierbar sein, aber V ist es, wie jeder positive hermitesche Operator.

Mit U können entsprechende Basen $\{\varphi_i\}$ und $\{\kappa_i\}$ in H' und H so definiert werden, dass in Bezug auf diese beiden Basen die Matrix Φ diagonal ist:

$$\Phi = \sum_i \mu_i \varphi_i \kappa_i \tag{11.8}$$

Damit ist gezeigt, dass es für jeden Zustand des zusammengesetzten Systems $S' + S$ ein eindeutiges Paar von Basissystemen gibt, sodass jedes φ_i von S' eindeutig einem κ_i in S entspricht, und wenn wir κ_i nach der Messung als den Zustand von S betrachten, können wir schlussfolgern, dass der Zustand von S' dann φ_i ist.

Simon Kochen (*1934) hat in diesem Zusammenhang[12)] gezeigt, dass in einem Messvorgang $\Phi(t)$ kontinuierlich in $\varphi_i(t)$ und $\kappa_i(t)$ zerlegt werden kann.

Dann kann nach dem Ende der Wechselwirkung sowie unter der entscheidenden Voraussetzung, dass nun die beiden Systeme weit voneinander entfernt sind und sich deshalb in einem faktischen Zustand befinden, der Ausdruck

$$\Sigma |\mu_i|^2 P(\kappa_i) \tag{11.9}$$

dabei ist

$$P(\kappa_i) = |\kappa_i\rangle\langle\kappa_i|$$

als eine diagonalisierte Dichtematrix des Messgerätes betrachtet werden. Dabei wird die Dichtematrix aufgebaut als Summe über die Projektionen P auf die eindimensionalen Unterräume der Zustände des Messgerätes allein, die von den Vektoren κ_i jeweils aufgespannt werden. Die μ_i sind die zugehörigen Eigenwerte, welche die jeweilige (nun klassische) Wahrscheinlichkeit des noch unbekannten Messfaktums angeben.

Dieser von Kochen postulierte Übergang beschreibt den schließlich eingetretenen Zustand des Messgerätes als eine diagonale Dichtematrix. Eine derartige Dichtematrix ist zu verstehen als Beschreibung einer Menge von unbekannten Fakten, von denen ein Faktum tatsächlich vorliegt.

Eine Beobachtung des Zustands des Instruments ergibt dann κ_i mit der klassischen Wahrscheinlichkeit $|\mu_i|^2$ und erfüllt damit die Bohrsche Bedingung, dass das Ergebnis der Messung mit klassischen Begriffen beschreibbar sein muss.

Beide Systeme S' und S sind gleichberechtigt. Das eine „beobachtet" das andere.

Zu dieser Interpretation bleibt anzumerken, dass hierbei die Unklarheit fortdauert, auf welche Weise die Verschränkungsterme verschwinden können, sodass eine diagonale

---

[12] Kochen, S. (1985) *A new interpretation of quantum physics*, in: Lahti, P.; Mittelstaedt, P. (Hrsg.) Proc. of the Symposium on the Foundations of Mod. Phys. Joensuu 1987, World Scientific

Dichtematrix entsteht, und ebenfalls, wie ein System *S'* oder *S* zur Kenntnis seines eigenen faktischen Zustandes kommen kann.

Auch hier bei Kochen konzentriert sich die Beschränkung auf das, was der Erfahrung für eine Beschreibung zugänglich ist, also auf die Rolle des Beobachters, der diese Erfahrung macht. Natürlich kann man sagen, dass wenn keine Beobachtung erfolgt, man dann auch nicht wissen kann, was mit dem Quantensystem passiert. Die dabei noch bestehende herausgehobene Rolle des Beobachters mutet allerdings merkwürdig an bei Vorgängen, die man als objektiv und unabhängig von einem Beobachter darstellen möchte.

> *„Simon Kochen has offered a new interpretation of the quantum mechanical formalism. In contra-distinction to the ‚orthodox' interpretation he calls it the ‚Perspective Interpretation' (Kochen 1985). We consider it as an illuminating clarification of the mathematical structure of the theory, especially apt to describe the measuring process. We would, however, feel that it means not an alternative but a continuation to the Copenhagen Interpretation (Bohr and, to some extend, Heisenberg).*
> *This description of the ‚collapse' does not, however, make the real difference explicit. This difference lies in the statement that ‚S actually has exactly one of their properties P_i as witnessed by S' '. This is an ontological assumption which explicitly differs from Bohr's and v. Neumann's epistemological caution of not making arbitrary assertions which cannot possibly be verified or falsified by experiment that would permit a description by the only available theory, which is quantum theory. From Kochen's paper it is not evident whether he assumes that S actually jumps to and from between its possible states, or whether its state remains fixed and only continually changing with time like a classical magnitude.“*[13]

Ein anderer Vorschlag C. F. v. Weizsäckers war seine „Triester Theorie“.[14] Dabei schlug er vor, dass virtuelle Ereignisse die ganze Zeit über stattfinden. Wenn eines von ihnen irreversibel wird, dann sei ein Faktum erzeugt worden.

Es trifft zu, dass das Entstehen eines Ereignisses zu postulieren ist. Denn da Ereignisse nicht in der ursprünglichen Form der Quantentheorie behandelt werden, stellt sich die Frage, wie dieser Prozess verstanden werden kann. Das Problem besteht darin, dass weder in der klassischen noch in der Quantenphysik die Irreversibilität eine Folge der in ihnen verwendeten mathematischen Struktur ist. Beide Theorien haben eine reversible Struktur. Die Irreversibilität, auf die man in der Thermodynamik stößt, wird üblicherweise auf die unvollkommene Kenntnis des Beschreibers der mikroskopischen Konfigurationen des Systems zurückgeführt. Unvollkommene Kennt-

[13] Görnitz, T.; Weizsäcker, C. F. v. (1987)

[14] Weizsäcker, C. F. v. (1973) *Classical and quantum descriptions*, in: Mehra, J. (Hrsg.) *The physicists's conception of nature*, Dordrecht; Weizsäcker C. F. v. (2006) *Structure of Physics*, Edited by Th. Görnitz, H. Lyre, Springer, Berlin, S. 323

nisse können jedoch nicht die Ursache für ein physikalisches Ereignis sein. Das bedeutet, dass mit einer solchen Annahme das Problem, wie Ereignisse auftreten, keineswegs gelöst ist. Die faszinierende Frage blieb, wie ein Faktum in der Physik theoretisch zustande kommen kann, wenn es keinen Beobachter gibt, der es konstatiert.

In einer reinen Quantenbeschreibung können keine Fakten entstehen, zumindest wenn man nicht auf aktual unendlich viele Freiheitsgrade zurückgreift, wie es in der algebraischen Beschreibung des theoretischen Chemikers Hans Primas (1928–2014) geschieht.[15]

Die klassische Physik beschreibt zwar Fakten, jedoch macht diese Beschreibung keinen Unterschied zwischen vergangenen und zukünftigen Fakten, da alle Ereignisse in gleicher Weise bestimmt werden. Genauer gesagt, in der klassischen Physik tritt der „reale Charakter“ der Zeit mit ihrem Unterschied zwischen Vergangenheit und Zukunft nicht auf. Offensichtlich unterscheidet die Physik nur bei der „Messung“, d. h. beim Übergang von der Quanten-Beschreibung zur klassischen Beschreibung, zwischen einem „vor dem Ereignis“ und einem „nach dem Ereignis“.

Die vorangegangene Diskussion deutet bereits an, dass Information die zentrale Rolle bei der Messung spielen wird. Solange jedoch Information nur als „Wissen“ gedacht ist, muss auch ein menschlicher Beobachter eingeführt werden. Um zu einer Beschreibung übergehen zu können, die einen Beobachter nicht mehr explizit voraussetzt, müssen wir von „Information als Wissen“ übergehen zu einem allgemeineren Begriff von Information, der nicht mehr automatisch mit einer zugewiesenen Bedeutung zu verstehen ist.

11.3 Die umfassende Rolle der physikalischen Information

Auf einen wichtigen Aspekt der Protyposis soll noch einmal hingewiesen werden. Ausgangspunkt der Überlegungen hier im Buch sind die bewährten mathematischen Grundstrukturen der Quantentheorie. Gemäß ihr werden komplexe Strukturen mit dem Tensorprodukt aus einfacheren Strukturen aufgebaut. Diese multiplikative Struktur begründet, dass die einfachsten und damit grundlegenden Strukturen einen lediglich zweidimensionalen Zustandsraum besitzen. Ein AQI der Protyposis hat also einen zweidimensionalen komplexen Hilbertraum als Zustandsraum. Dieser mathematische Sachverhalt führt zur Bezeichnung Quantenbit. Dass Quantenbits auch zu bedeutungsvoller, also gewusster Information und damit zu „Wissen“ führen, das steht nicht am Beginn der Überlegungen, sondern ergibt sich an ihrem Ende.

---

[15] Primas, H. (1981) *Chemistry, Quantum Mechanics and Reductionism*, Springer, Berlin

Die Bezeichnung „Quantenbit“ legt leider sofort eine Assoziation zu „Information“ und diese wiederum zu „Bedeutung“ nahe.

Wie bereits mehrmals betont wurde ist „Bedeutung“ wesentlich von demjenigen Lebewesen abhängig, welches diese Information wahrnimmt und verarbeitet bzw. das von ihr beeinflusst wird. Da die Physik auf objektivierbare Sachverhalte gerichtet ist, kann mit ihren Strukturen eine „Bedeutung“ wegen deren subjektiven Gehalts nicht erfasst werden. Als eine reale physikalische Entität ist die Quanteninformation noch ohne eine ihr bereits zugewiesene Bedeutung zu verstehen. Nur Teile einer solchen Informationsmenge werden von verschiedenen Lebewesen in verschiedener Weise mit Bedeutungen versehen werden. Bedeutungsvolle Information ist daher nur ein Teil einer abstrakten und noch bedeutungsfreien absoluten Information.

Die bedeutungsfreie Information der AQIs kann sich u. a. zu Quanten der Energie und Materie formen.

Es soll noch einmal betont werden, dass die Abstraktion und Erweiterung von bedeutungsvoller Information auf eine noch bedeutungsfreie absolute Information keine einfache gedankliche Konstruktion ist.

Dass die einfachste Quantenstruktur einen nur zweidimensionalen und das einfachste Quantenteilchen hingegen einen unendlichdimensionalen Zustandsraum besitzt, das folgt wie dargelegt bereits aus der Quantenmechanik. Dass eine solche einfachste Quantenstruktur auch als Quantenbit bezeichnet wird, ist dem allgemeinen Sprachgebrauch geschuldet. Der Sprachgebrauch bewirkt auch, dass das Wort „Quantenbit“ als „Information“ bezeichnet wird. Dieses Wort wiederum wird fast immer als „Information mit einer bestimmten Bedeutung“ gedacht, auch wenn dies fast nie explizit dazugesagt wird – denn schließlich (so denken viele) ist diese Gleichsetzung evident.

Diese Gleichsetzung kann jedoch nicht für jedes physikalische Quantenbit sinnvoll sein.

Was also mit der Protyposis gefordert wird, ist die Einsicht, dass die mathematische Struktur der Quantentheorie zeigt, dass und wie Komplexes aus Einfacherem gebildet wird, und dass die einfachsten Quantenstrukturen die fundamentalsten sind.

Die AQIs der Protyposis können nicht allesamt als „bedeutungsvolle Information“ interpretiert werden. Das ist bereits deshalb so, weil „Bedeutung“ etwas sehr Subjektives ist. Auch gemorste Signale haben nur für diejenigen eine Bedeutung, die sie dechiffrieren können.

Einer der ersten Vorgänge einer Bedeutungszuordnung besteht für uns Menschen in der Benennung eines Objektes oder einer Substanz. Eine Benennung unterscheidet das Benannte von allem, welchem wir diese Benennung nicht geben. So geht beispielsweise die Bedeutung des chemischen Elementes Einsteinium für fast alle Menschen – wenn sie überhaupt davon gehört haben – über die Namensgebung nicht hinaus. Dies schon deshalb, weil nur sehr wenige Physiker in der Lage sind, einige von den sehr schnell zerfallenden Atomkernen herzustellen. Anders ist es mit dem Element

Thallium. Auch das dürfte glücklicherweise den wenigsten Menschen begegnet sein. Es wird nicht nur in der Herstellung von Spezialgläsern und für Hochtemperatur-Supraleiter benötigt, sondern es ist ein hochwirksames tödliches Gift, das Geheimdienste verwendet haben.

Bedeutung ist vielfältig. Aber es gilt auch: „was ich nicht weiß, macht mich nicht heiß" – und passend als leicht verändertes Gegenstück dazu: „Unwissenheit schützt vor Schaden nicht." Manche Bedeutungen von Informationen erkennen wir erst an den Wirkungen.

Da also üblicherweise der Begriff „Information" zumeist mit „bedeutungsvoll" verbunden wird, sollte die Einführung des Begriffs der „Protyposis" die für die Physik notwendige Abstraktion erleichtern.

Wenn die Rolle von Information mit der Protyposis erweitert wird,[16] dann lässt sich mit den AQIs auch erklären, dass und wie Fakten in der wissenschaftlichen Beschreibung der Natur erscheinen können, auch ohne dabei *für diesen Vorgang* einen Beobachter voraussetzen zu müssen.

Beispielsweise können die Experimente mit dem Quantenradierer[17],[18],[19] Licht auf die Rolle des Beobachters werfen. Die ersten Experimente dieser Art waren Doppelspaltexperimente. Wenn es – zumindest prinzipiell – möglich ist, dabei die Information darüber zu erhalten, „welchen-Weg" das Quant durch welchen Spalt genommen hat, fehlt die Interferenz. Wenn diese Information im endgültigen Messergebnis nicht mehr zugänglich ist, dann tritt die Interferenz auf.

Scully und Walther merkten dazu an:

> *„... as was pointed out some time ago,[20] it is not necessarily the indelicate nature of our probing that rubs out the interference pattern. It is simply knowing (or having the ability to know even if we choose not to look at the Welcher Weg detector) which eliminates the pattern. This has been verified experimentally. Hence one is led to ask: what would happen if we put a Welcher Weg detector in place (so we lose interference even if we don't look at the detector) and then erase the which way information after the particles have passed through? Would such a ‚quantum eraser' process restore the interference fringes? The answer is yes and this has also been verified experimentally."*[21]

---

[16] Görnitz, T. (2011) *The Meaning of Quantum Theory – Reinterpreting the Copenhagen Interpretation,* Advanced Science Letters. Vol. 4, S. 1 – 8

[17] Scully, M. O.; Englert, B.-G.; Walther, H. (1991) Nature, 351, S. 112

[18] Zajonc, A. G.; Wang, L. J.; Zou, X. Y.; Mandel, L. (1991) Nature, 353, S. 507

[19] Herzog, Th. J.; Kwiat, P. G.; Weinfurter, H; Zeilinger, A. (1995) Phys. Rev. Let. 75, S. 3034

[20] Scully, M. O.; R. Shea, R.;McCullen, J. (1978) Phys. Rep. 43, S. 486

[21] Scully, M. O.; Walther, H. (1998) Found. Phys. 28, S. 399

(... wie bereits vor einiger Zeit betont wurde, ist es nicht unbedingt die grobe Art unserer Sondierung, die das Interferenzmuster ausradiert. Es ist einfach das Wissen (oder die Fähigkeit, es zu wissen, auch wenn wir uns entscheiden, nicht auf den Welcher-Weg-Detektor zu schauen), was das Muster auslöscht. Dies wurde experimentell verifiziert. Daher stellt sich die Frage: Was würde passieren, wenn wir einen Welcher-Weg-Detektor aufstellen (so dass wir die Interferenz verlieren, auch wenn wir nicht auf den Detektor schauen) und dann die Information darüber, in welcher Richtung die Teilchen hindurchgegangen sind, auslöschen? Würde ein solcher „Quanten-Radierer"-Prozess die Interferenzstreifen wiederherstellen? Die Antwort ist ja, und dies ist auch experimentell verifiziert worden.)

Diese Experimente gehören zu den raffiniertesten im Rahmen der Quantentheorie. Sie lassen deutlich erkennen, dass es bei ihr vor allem um Information geht, die entweder ins Messergebnis eingeht oder die aus dem gesamten Prozess entweicht.

Wie beschrieben kann man bei einem Doppelspalt-Experiment entweder prüfen, durch welchen Spalt das Quant faktisch geflogen ist, oder ob es die Möglichkeit hatte, unkontrolliert durch beide fliegen zu können.

Mit einem einzelnen Quant kann man natürlich keine Wahrscheinlichkeiten prüfen. Auch wenn heute die Versuche so raffiniert geworden sind, dass immer nur ein Quant in der Apparatur fliegt, muss man viele nacheinander fliegen lassen, um zu Aussagen kommen zu können. Dabei wird es wichtig, dass die Quantentheorie nicht nur nichtlokal bezüglich räumlicher Abstände, sondern auch bezüglich zeitlicher Abstände sein kann. Daher muss ein Prozess auch als eine zeitliche Ganzheit betrachtet werden, wenn die Quanten nacheinander ausgesendet und in der Nachweiseinrichtung absorbiert werden. Nur so wird eine gute Vergleichsmöglichkeit des Ergebnisses an die errechnete Wahrscheinlichkeitsverteilung erhalten.

Die Versuche sind nun so angelegt, dass eine Verschränkung mit der „Welcher-Weg-Information", also rechts oder links, für jedes einzelne Photon mit einer zweiten Eigenschaft erfolgt, z. B. mit einem geringen Energieunterschied oder über Hilfsphotonen mit einer Polarisation, sagen wir up oder down.

Wir haben dann Photonen mit den Möglichkeiten rechts und links sowie up und down. Der Versuch ist so eingerichtet, dass die Polarisation und die Weginformation komplementär sind.

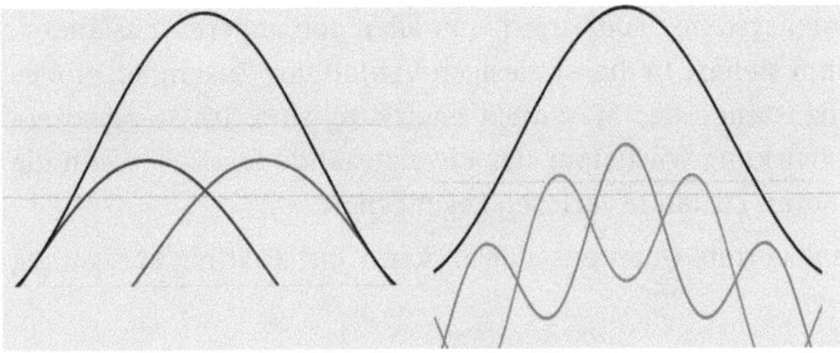

Bild 11.2 Veranschaulichung der Informationsauswahl beim Quantenradierer. Wenn eine „Welcher-Weg-Information" eingeschlossen ist, gibt es keine Interferenzmuster. Wird die „Welcher-Weg-Information" verworfen, zeigen sich in den jeweiligen Anteilen der Photonen Interferenzen.

Wenn die Polarisation nicht untersucht und die diesbezügliche Information verworfen wird, dann werden die rechts geflogenen Photonen die rote Häufigkeitsverteilung erzeugen und die linken die blaue. Die Summe beider Kurven ergibt die schwarze Kurve. An dieser wird allerdings die Unterteilung aller Photonen in „rechte" und „linke" nicht deutlich. Die Ortsverteilung ist keine scharfe Ja-nein-Unterscheidung und somit nicht einfach zu trennen. Deutlich ist aber zu sehen: es gibt kein Anzeichen für Interferenz. (Mir ist bisher kein Experiment bekannt, wo die rote und die blaue Kurve so weit auseinandergerückt wären, dass in der Summe, in der schwarzen Kurve, zwei Maxima sichtbar werden.)

Nun aber kann man das Experiment auch anders auswerten. Man verwirft die Weg-Information und wählt aus der zeitlich verschränkten Ganzheit aller Photonen nur noch die up-Photonen aus, sagen wir die grünen. Die Polarisation ist eine klare Ja-nein-Unterscheidung und daher leicht zu trennen. „up" allein ist aber zu wenig Information, um die Wege faktisch werden zu lassen. Durch die nun verlorene Information über den Weg erscheint ein Interferenzmuster. Man könnte auch die down-Photonen, die orangenen wählen. Die Summe von beiden ergibt wieder die schwarze Kurve.

Wie der Quantenradierer zeigt, ist es nicht notwendigerweise eine Störung durch den Beobachter, was den Messvorgang verursacht; entscheidend für das Entstehen eines Faktums ist vielmehr der Verlust der Information, wie er mit den AQIs erklärbar wird.

Der wesentliche Aspekt bei einer Messung ist, ob Information über den Zustand des betrachteten Systems, also über Formen von AQIs, aus dem System entweicht oder nicht. Solange die Möglichkeit besteht, dass die Informationen das System noch nicht endgültig verlassen haben, entsteht nur ein Teil-Faktum und eine tatsächlich endgültige Messung fand noch nicht statt.

Nur wenn die Information (oder zumindest ein wesentlicher Teil davon, man spricht dann von „unscharfer Messung") niemals in das System zurückkommen kann, wird ein Faktum geschaffen. Dieses kann dann als ein Messergebnis gefunden werden.

Jeder Zustand eines Quantensystems „koexistiert“ mit allen den anderen Zuständen, die nicht orthogonal zu ihm stehen. In dieser riesigen Vielfalt von Zuständen gibt es auch Zustände, die Eigenzustände der Messwechselwirkung sind. Im Messprozess und unter dieser Wechselwirkung wird einer der Eigenzustände faktisch, wenn die Information über alle anderen Zustände verloren gegangen ist.

Keiner der technisch realisierten Quantenradierer kann ein Faktum rückgängig machen.

> Dass der Messprozess auf einem Informationsverlust beruht, scheint widersprüchlich zu sein, ist es aber nicht: Bei der Messung wird eine riesige Menge an Quantenmöglichkeiten auf eine einzige spezielle klassische Information über einen Sachverhalt reduziert.

Eine Messung bewirkt also nicht nur eine Veränderung der Energie des gemessenen Systems, sondern vor allem auch seines Informationsgehaltes.

Bei einem massearmen Quantensystem spannt zum Zeitpunkt der Messung der Quantenzustand, der in der Messung tatsächlich eingetreten ist, sofort wieder einen neuen Fächer an Quantenmöglichkeiten auf. Ich spreche hier vom „tatsächlichen Quantenzustand“, den ein Beobachter in der Tat als Faktum registrieren könnte. Es ist hilfreich, diesen Vorgang mit der „Präparation“ eines Quantenzustandes in Beziehung zu setzen. Bei einer Präparation werden alle die Zustände, die vom erwünschten verschieden sind, wieder verworfen.

Die mit diesem neuen Zustand koexistierende Menge von Quantenmöglichkeiten, der „Fächer“, umfasst neben den sich neu eröffnenden Möglichkeiten (Zuständen) auch noch einen Teil von den zuvor vorhanden gewesenen Möglichkeiten. Unter diesen sich jetzt auffächernden Zuständen muss sich auch der zuvor existierende Zustand befinden, denn dieser kann nicht zum Messergebnis orthogonal gewesen sein. Sein genauer Wert vor der Messung bleibt allerdings unzugänglich. Diese konkrete Information ist tatsächlich verloren.

Geschieht die Messwechselwirkung mit einem massereichen Objekt, so wird mit wachsender Masse dessen Isolierung von der Umwelt immer unwahrscheinlicher.

Das wird gleich ausführlicher diskutiert beim Besprechen der Dekohärenz. Zuvor nur so viel: Zwar wäre in einer exakten Ausführung ein Grenzübergang zu einer Zeit $t \to \infty$ notwendig, aber für eine praktische Beschreibung kann ein Beenden dieses Übergangs zu einem Faktum bereits viel früher angenommen werden. An einem massereichen Objekt wie z. B. einem Messgerät treten fortwährende Wechselwirkungen mit der Umwelt auf, sodass sein Zustand und damit auch die in ihm abgespeicherte Information über den Zustand des gemessenen Quantenobjektes, welches in Wechselwirkung getreten war, als klassisch beschrieben werden kann. Das Messgerät mit seiner großen Masse und seinen ständigen Wechselwirkungen mit seiner Umwelt kann nur so ungenau erfasst werden, dass es als klassisch erscheint.

Die von einem Beobachter (einem im Sinne der Quantentheorie massereichen Objekt) aufgenommene Information über ein Messergebnis ist faktisch und damit eine klassische Information, die replizierbar ist. Solche klassischen Informationen können durch Duplizieren wiederholt aus demjenigen massereichen Speichersystem entnommen werden, in dem das Messergebnis faktisch gespeichert wurde. Der Speicher, zum Beispiel im Computer, kann wiederholt ausgelesen werden.

Es gibt keinen Grund, das Entstehen eines Faktums bei einem „unbeobachteten Messvorgang" anzuzweifeln. Aber solange ihn niemand kennt, sind Aussagen darüber nicht möglich.

Wie ist der Verlust von Quanteninformation beim Messvorgang mathematisch zu modellieren?

Ein wesentlicher Schritt zu einem besseren Verständnis wurde durch die Theorie der Quantendekohärenz erreicht, die ihren Ursprung in der Arbeit von Heinz-Dieter Zeh (1932 – 2018) hat.[22] Die Dekohärenz kann erklären, auf welche Weise ein Quantenobjekt in annähernder Weise klassische Eigenschaften erhält. Es gibt ein detailliertes Buch[23], auf das der Leser für technische Details verwiesen wird.

Dekohärenz

Wenn ein Quantensystem eine Wechselwirkung mit seiner Umwelt $|\Psi\rangle$ haben kann, dann wird es mit dieser verschränkt. War es zuvor in einem scharf definierten (einem „reinen") Zustand $|\psi\rangle$, so wird sich der Zustand nun im Rahmen des Gesamtsystems entwickeln.

$$|\psi\rangle|\Psi\rangle \rightarrow \text{Zeitentwicklung} \rightarrow \sum_{nm} c_{nm}|\psi\rangle|\Psi\rangle$$

Die $|\psi_n\rangle$ und die $|\Psi_m\rangle$ bilden jeweils ein Orthonormalsystem in dem System und eines in seiner Umwelt. Die c_{nm} erfassen die Zeitentwicklung der beiden ursprünglichen Zustände $|\psi\rangle$ und $|\Psi\rangle$.

Erhard Schmidt (1876 - 1959) hatte gezeigt, dass stets ein normiertes und orthogonales System von Vektoren, eine Basis, in folgender Gestalt gefunden werden kann:

$$\sum_{nm} c_{nm}|\psi\rangle|\Psi\rangle = \sum_{k} \gamma_k|\psi_k\rangle|\Psi_k\rangle$$

Ist dabei mehr als ein γ_k von Null verschieden, dann zeigt sich daran die Verschränkung von Teilchen und Umwelt. Der auf das Quantenteilchen eingeschränkte Zustand kann dann nur mit einer Dichtematrix beschrieben werden.

Mit wachsender Ausdehnung und Masse des Teilchens werden die Matrixelemente außerhalb der Hauptdiagonale mit der Zeit exponentiell sehr klein.

---

[22] Zeh, H. D. (1970) Found. Phys. 1, 69; eine pädagogische Einführung in: Kiefer, C.; Joos, E., arXiv:quant-ph/9803052v1 19 Mar 1998

[23] Schlosshauer, M. (2007) *Decoherence And The Quantum-To-Classical Transition*, Springer, Berlin, Rev. Mod. Phys. 76 (2004), 1267; oder arXiv:quant-ph/0312059v4

Sind nur noch in der Hauptdiagonale von null verschiedene Matrixelemente zu finden, dann beschreibt die Dichtematrix ein System von unbekannten Fakten und nicht mehr ein verschränktes Quantensystem.

Da der mathematische Übergang zu einer Diagonalmatrix bei einem exponentiellen Kleinerwerden der Elemente nicht in einer endlichen Zeit abgeschlossen ist, löst die Dekohärenz den Übergang von den Möglichkeiten zu einem Faktum „für alle praktischen Belange" – jedoch nicht in mathematischer Strenge.

Der zentrale Punkt ist, dass für das zusammengesetzte System des Objekts, des Messgeräts und der Umgebung die nicht-diagonalen Elemente in der partiellen Dichtematrix des Objekts in kurzer Zeit exponentiell klein werden. Daher stellt sich die Objektdichtematrix nach kurzer Zeit praktisch wie die Situation einer klassischen Wahrscheinlichkeit für einen unbekannten Sachverhalt aus einem Ensemble möglicher Fakten dar.

Dichtematrix, Dichteoperator

In der Idealvorstellung besitzt man eine vollständige Kenntnis von dem Zustand des Systems, das man beschreiben möchte. Wäre das System beispielsweise ein Teilchen, dann beträfe die vollständige Kenntnis in der Quantentheorie die Wellenfunktion, also einen „reinen Zustand", und in der klassischen Physik die Koordinaten- und Geschwindigkeitswerte des betreffenden Teilchens.

Wenn man keine genaue Kenntnis über den aktuellen Zustand des untersuchten Systems besitzt, dann kann man das System nur mit einer Dichtematrix beziehungsweise einem Dichteoperator beschreiben.

Ein solcher „gemischter Zustand" liegt vor allem dann vor, wenn man von einem Gesamtsystem nur ein Teilsystem betrachten kann oder will – wenn also ein verschränkter Zustand auf ein Teilsystem eingeschränkt wird.

Die Wellenfunktion einerseits und Ort und Geschwindigkeit (beziehungsweise Impuls) andererseits lassen die Trennung zwischen der quantischen und der klassischen Beschreibung besonders deutlich hervortreten. Die Dichtematrizen sind ein mathematisches Hilfsmittel, um einen Übergang von einem reinen quantischen Zustand in eine Wahrscheinlichkeitsbeschreibung von noch unbekannten Fakten zu erfassen. Daher werden die Unterschiede zwischen einer quantischen und einer klassischen Beschreibung mit dem Formalismus der Dichtematrizen besonders stark verwischt.

Wenn man wenig Genaues weiß, dann ist der Unterschied zwischen der genaueren quantischen und der weniger genauen klassischen Beschreibung nicht besonders groß.

Eine Dichtematrix, die ihrem Quadrat gleich ist, entspricht einem reinen Zustand. Sie hat also in einem geeignet gewählten Koordinatensystem in ihrer Diagonale lediglich an der Stelle, die dem Zustand entspricht, eine 1, und in allen übrigen Matrixelementen steht eine 0. Eine Dichtematrix, die nur in der Diagonale solche Elemente enthält, die von null verschieden sind, entspricht der Situation von unbekannten Fakten – so wie bei einem gefallenen Würfel unter dem Becher. Bei diesem Beispiel ist für jede Zahl die Wahrscheinlichkeit ein Sechstel, aber nur eine der sechs Zahlen liegt faktisch oben.

In mathematischer Sprache kann man mit der Dekohärenz feststellen, dass die Nichtdiagonal-Elemente in der Dichtematrix im Laufe der Zeit exponentiell klein werden. Das Hinauslaufen der Information über quantische Möglichkeiten entspricht diesem exponentiellen Abfall. Allerdings weiß man, dass bei der Exponentialfunktion zum Erreichen einer mathematischen Null eine unendlich lange Zeit benötigt wird.

Irreführenderweise wird gelegentlich behauptet, die Dekohärenz löse das Messproblem. Dies ist nicht der Fall. Heinz-Dieter Zeh schrieb, dass das Messproblem durch eine umweltbedingte Dekohärenz allein nicht gelöst wird.[24] Dies gilt umso mehr für eine mikroskopisch kleine Umgebung, in der Dekohärenz noch nicht zu einer irreversiblen Veränderung führt. Erich Joos schrieb dazu,

> *„dass die Ableitung der klassischen Eigenschaften aus der Quantenmechanik in einem wesentlichen Aspekt unzureichend bleibt. Die Mehrdeutigkeit der quantenmechanischen Dynamik (einheitliche Schrödinger-Dynamik versus indeterministischer Kollaps) bleibt ungelöst. Die Verwendung von lokalen Dichtematrizen setzt implizit das Messaxiom, d. h. den Kollaps, voraus.“*[25]

Die Dekohärenz in einem System wird durch die Wechselwirkung mit einem makroskopischen Gerät verursacht, das wiederum in eine noch größere Umgebung eingebettet ist. Als Folge davon fließt Information aus dem Quantenobjekt heraus. Solange dieses Hinausfließen auf ein endliches Volumen beschränkt bleibt, gibt es (allerdings nur theoretisch) kein grundsätzliches Hindernis dafür, dass die Information auch wieder in das Quantenobjekt zurückfließt. Dafür müssen aber hinreichend viele und gute Spiegel vorausgesetzt werden. Und solche idealen Spiegel, die dafür notwendig wären, kann man bisher nur für sehr kleine Volumina realisieren und die Reflexion der Photonen an ihnen ist nicht völlig verlustfrei. Also funktioniert es, wenn überhaupt, dann nur für kurze Zeiten.

Realistisch gesehen ist jede Umgebung letztlich an den gegenwärtig dunklen und fast leeren kosmischen Raum gekoppelt. Diese kosmische Randbedingung ist der Grund, dass am Ende, vielleicht mit einigen Zwischenschritten, die Information aus einem System entkommen kann, ohne dass es jemals einen ernsthaften Grund für ein Zurückkommen gibt.

---

[24] Zeh, H. D. (1996) in: Giulini, D.; Joos, E.; Kiefer, C.; Kupsch, J.; Stamatescu, I.-O.; Zeh, H. D. (Hrsg.) *Decoherence and Appearence of a Classical World in Quantum Theory*, Springer, Heidelberg, S. 23

[25] Joos, E. (1990) *Die Begründung klassischer Eigenschaften aus der Quantentheorie*, Philosophia Naturalis, 27, S. 31

Solange ein Quantensystem so vollständig isoliert ist, dass nicht einmal Information entkommen kann, wird das System in einem Quantenzustand mit allen seinen jeweiligen Möglichkeiten verbleiben. Erst wenn ein System nicht mehr so isoliert ist, kann ein Faktum entstehen. Der Informationsverlust geschieht normalerweise durch hinwegfliegende Photonen.

Natürlich ist man mathematisch mit einem limitierenden Verfahren konfrontiert. Um rigoros zu beweisen, dass keine Information jemals zurückkommen wird, muss eine unendliche Zeitgrenze in Betracht gezogen werden. Alternativ kann eine Umgebung mit aktual unendlich vielen Freiheitsgraden postuliert werden, um Superauswahlregeln in einem starken Sinne zu erhalten.[26)]

Was einen Beobachter des Prozesses anbelangt, so kann er entscheiden, dass für seine *praktischen Zwecke* das Erscheinen eines Faktums anerkannt werden kann. Er kennt die kosmologischen Bedingungen, d. h., dass es keinen Grund gibt, das Zurückkommen der Information zu erwarten. Daher ist er nicht mehr gezwungen zu meinen, dass die Entstehung des Faktums von seiner Wahrnehmung abhängt. Andererseits kann der Beobachter immer noch eine Rolle spielen, nämlich sicherzustellen, dass der begrenzende Prozess wirklich als „abgeschlossen“ angesehen werden kann.

> Locker gesprochen kann man sagen, dass der Beobachter „garantieren“ muss, dass die Informationen über alle die anderen möglichen Zustände, die vom vorliegenden Zustand verschieden waren, auf keinen Fall zurückkommen werden und sie somit die beobachtete Messung zu einer Illusion machen würden.

Normalerweise wird der ausgehende Informationsstrom von Photonen getragen. Da der Kosmos leer und dunkel ist und sich außerdem mit hoher Geschwindigkeit ausdehnt, besteht keine Chance, dass ein austretendes Photon nach einem Umlauf um den kosmischen Raum zurückkommen kann oder dass es durch ein einlaufendes identisches Photon ersetzt wird.

Der Kosmos war jedoch nicht immer leer und dunkel. Anfangs war der Kosmos dicht und heiß. Dies bedeutet, dass es beim theoretischen Zurückschreiten zu immer früheren Stadien des Universums immer wahrscheinlicher wird, dass ein austretendes Photon durch ein gleiches eintreffendes Photon ersetzt wird. Daher wird bei der Annäherung an die Singularität des Anfangs die Idee eines Erscheinens von Fakten mehr und mehr obsolet.

> Die Zeitstruktur mit ihrem Unterschied zwischen Vergangenheit, Gegenwart und Zukunft verliert beim theoretischen Zurückschreiten zum kosmischen Anfang immer mehr an Bedeutung, um in dessen Nähe völlig zu verschwinden.

---

[26] Z. B. Primas, H. (1983) *Chemistry, Quantum mechanics and Reductionism*, Springer, Berlin

Ohne die vertraute Struktur der Zeit hat eine Vorstellung von Empirie offensichtlich keine Bedeutung, ebenso wenig wie eine Vorstellung von empirischer Wissenschaft.

> Mit der Verallgemeinerung von „Wissen" zu „Information", genauer zu „Quanteninformation", wurde die Kopenhagener Interpretation so erweitert, dass der Beobachter und sein Bewusstsein in die wissenschaftliche Beschreibung einbezogen wurden.[27),28),29)]

Mit dieser Beschreibung werden nicht nur Quantenprozesse im Gehirn, sondern auch die Quantenprozesse des Psychischen erfasst. Dass biologische Prozesse, wie das Sehen, d. h. die Absorption von Photonen in der Netzhaut, oder die Absorption von Photonen in einer Pflanze und der anschließende Transport der Elektronen im Prozess der Photosynthese, als Quantenprozesse beschrieben werden müssen, ist seit längerem bekannt.[30)] Ein gut lesbarer Überblick findet sich auch in dem Buch von Jim Al-Khalili (*1962) und Johnjoe McFadden (*1956).[31)]

Die beschriebenen Quantenprozesse verweisen darauf, dass sie natürlich auch im Gehirn eine entscheidende Rolle spielen, dem vielleicht kompliziertesten Organ in der Biologie. Selbstverständlich wird es dabei auch zu Dekohärenzen kommen. Aber die Geschwindigkeit der Dekohärenz nimmt mit abnehmender Masse der Quantenobjekte ab. Am geringsten ist die Dekohärenz bei massenlosen Objekten wie Photonen. Verschränkte Photonen als Formen von AQIs haben als quantische Ganzheiten Eigenschaften, die einzelnen Photonen nicht zugeordnet werden können. Eigenschaften von vielen verschränkten Photonen können sich langsamer verändern als Einzelphotonen, die der Verschränkung beitreten und sie durch Absorption wieder verlassen. Diese Eigenschaften, also Formen von Quanteninformation, erscheinen zugleich essenziell als bedeutungsvolle Information im Gehirn, als Formen und Überbringer von Gedanken. Das steht im Einklang mit der forensischen Tatsache, dass die Persönlichkeit eines Patienten verschwindet, wenn im Hirntod keine Photonen mehr im EEG gefunden werden können.

---

27 Z. B.: Görnitz, T., Görnitz, B. (2002)

28 Görnitz, T., Görnitz, B. (2008)

29 Görnitz, T., Görnitz, B. (2016)

30 Engel, G. S.; Calhoun, T. R.; Read, E. L.; Ahn, T.-K.; Mancal, T.; Cheng, Y.-C.; Blankenship, R. E.; Flemin, G. R. (2007) *Evidence for wavelike energy transfer through quantum coherence in photosynthetic systems*, Nature 446, S. 782–786.

31 Al-Khalili, J.; McFadden, J. (2015) *Der Quantenbeat des Lebens; Wie Quantenbiologie die Welt neu erklärt*, Ullstein Verlag, Berlin

11.4 Schlussfolgerungen mit der Protyposis

Eine angemessene Beschreibung der Wirklichkeit muss auf Fakten beruhen und gleichzeitig die Wirksamkeit der Möglichkeiten berücksichtigen. Das bedeutet, dass zwei Arten von wissenschaftlichen Beschreibungen erforderlich sind. Die eine soll sich auf die klassische Physik stützen und die Entwicklung eines Systems als eine Reihe von Fakten beschreiben. Die andere gilt, wenn eine genauere Behandlung erforderlich ist, wenn Möglichkeiten in Betracht gezogen werden müssen, die auf der Quantentheorie beruhen.

Im Rahmen der klassischen Physik beziehen sich Wahrscheinlichkeiten auf die Unwissenheit des Beobachters. Sie werden unter Verwendung der klassischen Wahrscheinlichkeitstheorie mit reellen Zahlen behandelt. Im Gegensatz dazu sind „reale Möglichkeiten", welche noch nicht zu Fakten geworden sind und die dennoch Wirkungen erzeugen, mithilfe der Quantentheorie und der komplexen Zahlen zu behandeln.

Solange es ausreichend ist, kann die klassische Physik verwendet werden. Oft genügt es, Bewegungen mit großen quantischen Wahrscheinlichkeiten zur einer klassischen Bahnkurve zusammenzufassen. So wie es beispielsweise in der Nebelkammer anschaulich wird, wo energiereiche Quantenteilchen eine mit den Augen sichtbare Bahnkurve erzeugen.

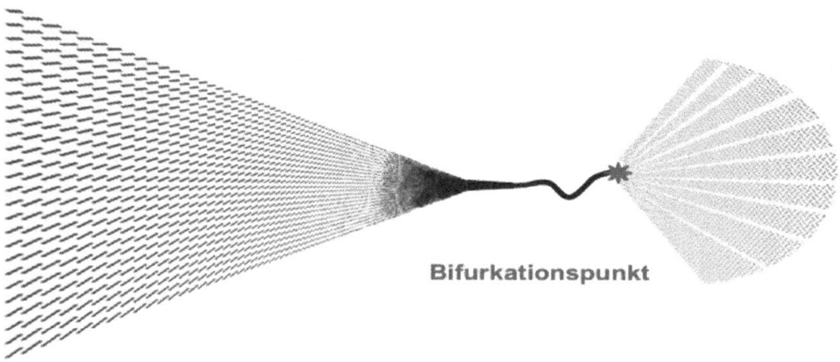

Bild 11.3 Bereiche mit großer quantentheoretischer Wahrscheinlichkeit können oft zu einer klassischen Bahnkurve zusammengefasst werden. Dabei werden allerdings immer wieder Situationen auftreten, in denen auf die Genauigkeit der Quantentheorie zurückgegriffen werden muss.

Zumindest in Situationen des sogenannten Bifurkationstyps ist die klassische Physik nicht mehr ausreichend. Gemäß der mathematischen Struktur der klassischen Physik befindet sich an einem Bifurkationspunkt ein Teilchen an einer exakten Position in Ruhe. Das liegt daran, dass eine klassisch beschriebene Flugbahn dort endet.

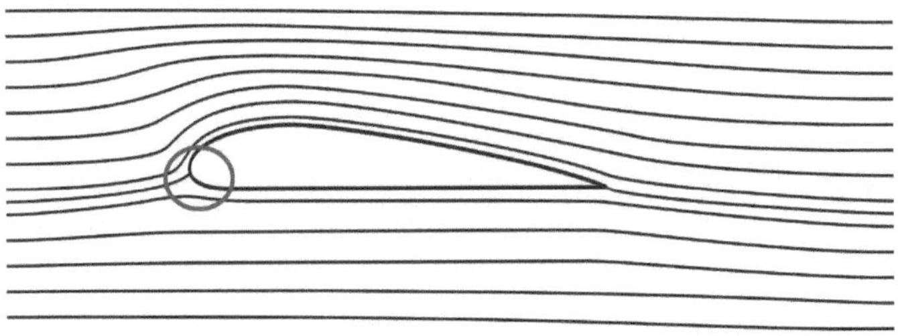

Bild 11.4 An einem Bifurkationspunkt würde in der klassischen Beschreibung ein Teilchen auf einem scharfen Punkt mit der Geschwindigkeit null dauerhaft verweilen. Eine exakte Position und gleichzeitig eine genaue Geschwindigkeit (in diesem Fall Null) ist jedoch bekanntlich nach der Heisenbergschen Unbestimmtheitsrelation unmöglich. Daher wird zumindest in Situationen dieser Art, die immer wieder und überall auftreten können, die Quantentheorie notwendig. Das gilt unabhängig von der Größe des Systems.

Wie weit die technischen Methoden fortgeschritten sind, die quantenphysikalische Methoden für extrem genaue Bestimmungen von physikalischen Parametern verwenden, zeigte sich vor kurzem. Man hatte Glaskügelchen aus ungefähr einer Milliarde Atome (also etwas, was in der Physik durchaus bereits als makroskopisch bezeichnet wird) bis fast zum Quantenlimit lokalisiert.[32)]

Zugleich wurde aus der Pressemitteilung deutlich, wie sehr eine unglückliche Begriffswahl ein Verstehen erschweren kann: „Komplexe Regelungstechnik kühlt kleine Glaskugel bis kurz vor die Grenzen der Heisenbergschen Unschärferelation."[33)] Wie soll ein Nichtfachmann erkennen können, dass eine Theorie, deren wesentliches Merkmal offenbar eine „Unschärfe" ist, die genaueste Beschreibung der Natur liefern kann?

Die Notwendigkeit, beide Arten der Beschreibung der Natur zu verwenden, wird als „Dynamische Schichtenstruktur"[34)] bezeichnet. Überall und jederzeit treten Entscheidungssituationen auf, für die klassische Beschreibungen korrigiert und durch Quantenbeschreibungen ersetzt werden sollten. Quantisierung und klassischer Grenzwert sind mathematisch begründete Übergänge zwischen diesen Formen der wissenschaftlichen Naturbeschreibung.

In seiner verallgemeinerten Form ist der Messprozess die ausgeprägteste Form des Übergangs von der quantischen zur klassischen Physik. Genau hier ergibt sich für die reale Struktur der Zeit mit dem unüberwindlichen Unterschied zwischen Vergangenheit und Zukunft die Grundlage für die wissenschaftliche Naturbeschreibung.

---

[32] Magrini, L. et al. (2021) *Real-time optimal quantum control of mechanical motion at room temperature*, Nature 595, S. 373, DOI: 10.1038/s41586-021-03602-3

[33] *https://www.pro-physik.de/nachrichten/glaskuegelchen-am-quantenlimit*

[34] Görnitz, T.; Görnitz, B. (2006) *Der kreative Kosmos*, Spektrum Akademischer Verlag, Heidelberg, S. 213–295

11.4.1 Protyposis: Fakten auch ohne Beobachter

Wir hatten bereits oft darauf verwiesen: Das Entstehen von Fakten begründet das Wesen der Zeit. Die Empirie der Naturwissenschaft ist an die damit ermöglichte Strukturierung der Zeit mit den Unterschieden von Vergangenheit, Gegenwart und Zukunft gebunden. Dabei sind es die Fakten, die eine solche Unterteilung ermöglichen.

Wie ist das Entstehen von Fakten an materiellen Systemen in der Natur vorzustellen?

Tagaus tagein machen wir immer wieder die Erfahrung, mit Fakten konfrontiert zu werden, ohne dass wir dabei jedesmal annehmen müssten, es sei ein Beobachter zugegen gewesen. Wir sehen frühmorgens, dass es nachts geregnet hat. Dabei setzen wir keineswegs voraus, dass mancher nachts nicht geschlafen hat, sondern es hat auch geregnet, wenn alle geschlafen haben und keiner ein Beobachter gewesen ist.

> Damit bei einer quantentheoretischen Beschreibung[35),36),37)] eines untersuchten Systems an diesem Fakten entstehen können, ist es notwendig, dass von Photonen (und eventuell auch von Gravitonen bzw. Gravitationswellen) getragene Informationen über Potenzialitäten das betreffende materielle System, vielleicht ein Atom oder ein Molekül, verlassen und nicht zurückkehren. (Die Gravitation und die elektromagnetische Wechselwirkung sind deshalb unentbehrlich, weil sie eine unbegrenzte Reichweite haben.)

Wie kann dieser Vorgang beschrieben werden?

Wenn das System wenig Masse hat, dann wird es leichter, für eine längere Zeit in der Menge seiner quantischen Möglichkeiten ungestört verbleiben zu können. Damit es durch eine Wechselwirkung mit seiner Umwelt verbunden wird, ist eine Einwirkung mit einer relativ großen Energiekonzentration notwendig. Bei massereicheren Systemen hingegen liegen wie erwähnt die Energieeigenwerte dichter beisammen. Daher wird für eine Wechselwirkung weniger Energie benötigt, sodass eine Isolierung mit wachsender Masse immer schwieriger wird. Durch eine Wechselwirkung entsteht ein kohärenter Zustand von System und Umgebung. Da die Umgebung eine wesentlich größere Masse enthält, wird deren Verschränkung mit ihrer noch größeren Umwelt noch leichter geschehen können.

Die Informationen über die quantischen Möglichkeiten des ersten Systems werden mit einer immer größer werdenden Umwelt geteilt. Die betreffenden Wechselwirkungen sind bis auf wenige Spezialfälle (z. B. radioaktive Atomkerne) elektromagnetisch. Dabei verlassen Photonen das System und geraten in dessen Umwelt. Von dort geht dieser Vorgang weiter. Letztlich entfliehen Photonen in einen Kosmos, der kälter ist als die Systeme, von denen sie stammen (z. B. die Erde mit fast 300 K). Daher kom-

[35] Z. B.: Görnitz, T.; Görnitz, B., (2002)

[36] Görnitz, T.; Görnitz, B. (2008)

[37] Görnitz, T.; Görnitz, B. (2016)

men heute fast keine solchen Photonen aus dem Kosmos (aus der Hintergrundstrahlung) zu uns, die ohne Technik wahrnehmbar wären – bis auf einige wenige von den Sternen – und im Gegensatz natürlich zu denen von der Sonne. Von dieser stammen alle für die Erde wesentlichen Photonen.

Alle Photonen mit ihren größeren oder kleineren Wellenlängen als das sichtbare Licht sehen wir mit unseren Augen nicht. Nur manche der Photonen von der Sonne und von denen, die von Mond und Planeten reflektiert werden, sowie die von Feuern und Lampen, haben sichtbare Wellenlängen. Photonen mit kürzeren Wellenlängen, wie von ultraviolettem Licht und Röntgenstrahlung, können wir Menschen erst seit etwas mehr als einem Jahrhundert technisch erzeugen und nachweisen.

Um zu den „Fakten ohne Beobachter" zu gelangen, beginnen wir mit zwei Thesen:

- Für das Entstehen der Fakten im System ist es notwendig, dass der Kosmos mit Lichtgeschwindigkeit expandiert.
- Weiterhin ist es erforderlich, dass es „nachts finster wird".[38]

Weshalb diese kosmologischen Forderungen für ein quantentheoretisches Problem?

Die kosmologischen Bedingungen für das Eintreten von Fakten hatte ich früher so formuliert:

> *„Oft wird die schiere Größe des Meßgerätes als hinreichendes Argument herangezogen. Da aber jeder Körper nur aus endlich vielen Atomen besteht, gilt ein solches Argument der Größe in Strenge ebenfalls nur dann, wenn sich der Körper in einem nachts finsteren Universum befindet.*
> *Die Bedingung, daß alle ausgestrahlten Photonen wegfliegen und niemals wieder kommen, bedeutet, daß wir einen schwarzen Nachthimmel fordern müssen, wenn wir diese Prozesse ermöglichen wollen.*
> *An die Stelle der früher geforderten Systeme mit unendlich vielen Freiheitsgraden tritt in diesem Modell der kosmische Hintergrund. Damit der obige Vorgang stattfinden kann, ist also eine bestimmte kosmologische Bedingung zu stellen."*[39]

Die Quantentheorie besitzt eine reversible mathematische Struktur. Die Natur hingegen ist irreversibel. Das Eintreten eines faktischen Messergebnisses ist etwas Irreversibles. Der „Messprozess" erfordert einen theoretischen Ausdruck für diese „Nichtumkehrbarkeit". Daher wird in vielen Darstellungen des Messprozesses diese notwendige Irreversibilität entweder einfach gefordert, z. B. in Weizsäckers „Triester Theorie"[40] und bei Rudolf Haag (1922–2016).[41] Oder sie wird – wie in der algebraischen

---

[38] Görnitz, T. (1999) *Quanten sind anders - Die verborgene Einheit der Welt*, Heidelberg, Spektrum Akademischer Verlag, S. 213 f.

[39] Görnitz, T. (1999), S. 209

[40] Weizsäcker, C. F. v. (1985), S. 606–012 (Triestiner Theorie)

[41] Haag, R. (1990) *Fundamental Irreversibility and the Concept of Events*, Commun. Math. Phys. 132, S. 245–251; Haag, R. (1999) *Quantentheorie und die Teilung der Welt*, Z. Naturforsch. 54a, S. 2–10

Quantentheorie bei Hans Primas – mathematisch durch das Modell eines Messgerätes in Verbindung mit postulierten aktual unendlich vielen Photonen erhalten.[42]

> Die Expansion des Kosmos, die im Protyposis-Modell fundamental ist und welche die Basis für die Definition von Zeit liefert, ist die Grundlage für das Erfassen der Irreversibilität in der Natur, die in anderen Theorien extra hinzugefügt werden muss.

Unter diesen kosmologischen Bedingungen kann eine Rückkehr der ausgesendeten Information ausgeschlossen werden. Um eine Rückkehr zu erreichen, müsste man sie durch eine sehr aufwendige Konstruktion von Verspiegelungen erzwingen. Dafür gibt es in der Natur keine Anhaltspunkte.

Wenn allerdings keine oder eine nur langsame kosmische Expansion anzunehmen wäre, dann bestünde zumindest eine theoretische Möglichkeit dafür, dass die ausgesendeten Photonen nach einem Umlauf durch den Kosmos wieder zum Ausgang zurückgelangen könnten – so wie auf der Erde ein ununterbrochen geradeaus fliegendes Flugzeug wieder zum Startpunkt gelangen kann.

Neben der Expansion mit Lichtgeschwindigkeit gibt es die noch merkwürdiger klingende Bedingung von *„nachts dunkel"*. Sie verweist darauf, dass ein Photon von einem anderen der gleichen Energie und der gleichen Polarisation ununterscheidbar ist. Wenn es daher zu den auslaufenden Photonen genügend viele einlaufende geben würde, die mit diesen identisch sind, würde kein tatsächlicher Verlust von Information eintreten. Dann könnte ein Erscheinen von Fakten nicht mehr postuliert werden.

Heute haben die Photonen der kosmischen Hintergrundstrahlung eine so geringe Energie, dass sie nicht in der Lage sind, die von Himmelskörpern mit ihren energiereicheren auslaufenden Photonen hinwegfliegende Information zu ersetzen. Das war in der zeitlichen Nähe zum Beginn des Kosmos noch anders.

Wie bereits gesagt konnte in der Frühphase des Kosmos wegen der hohen Temperatur des kosmischen Hintergrunds jedes auslaufende Photon unmittelbar durch ein einlaufendes mit den identischen Eigenschaften ersetzt werden. Wir haben einen dichten „Photonen-Brei", in dem die Vorstellungen einer Unterscheidung von „weglaufend" und „einlaufend" eigentlich unzulässig erscheinen. Ein unwiederbringlicher Verlust von Informationen über Quantenmöglichkeiten eines Systems ist unter diesen Bedingungen nicht zu erwarten.

Wir können daraus schließen, dass mit der Annäherung an den Beginn der kosmischen Entwicklung eine Untergliederung der Zeit in „vor einem Faktum" und „nach einem Faktum" immer unwahrscheinlicher wird.

Nun könnte man einwenden, dass es kalte Körper geben kann, welche die Temperatur der Hintergrundstrahlung haben. Bei denen könnte jedes auslaufende Photon

---

[42] Primas, H. (1981, 1983) *Chemistry, Quantum Mechanics and Reductionism*, Springer, Berlin

durch ein identisches aus der Hintergrundstrahlung ersetzt werden. Und das sind immerhin etwa 400 Photonen pro cm^3. Dann könnte man doch nicht mehr davon sprechen, dass ein Faktum durch das Entweichen von Information „in die Tiefe des Alls“ entstehen würde. Dieser Einwand trifft zu. Wenn ein solches hypothetisches Objekt tatsächlich diese Eigenschaften besitzen würde, dann würden in der Tat an ihm keine Fakten entstehen. Es verbliebe in diesem Gleichgewichtszustand, in dem nichts Wahrnehmbares passiert. Erst wenn ein energiereiches Photon oder ein massives Partikel das Objekt treffen würde, würden auch wieder energiereichere Photonen abgestrahlt werden. Damit könnte dann von einem Faktum gesprochen werden.

Auf der Erde kann man seit geraumer Zeit in spezialisierten Laboren noch wesentlich tiefere Temperaturen als im kosmischen intergalaktischen Raum erzeugen. Das Ziel ist dabei, auch größere Systeme in einen Quantenzustand zu versetzen und damit zu verhindern, dass an ihnen unkontrollierte Fakten spontan entstehen. Dann kann man sehr erfolgreich mit Effekten wie beispielsweise Supraleitung, Suprafluidität und Bose-Einstein-Kondensaten experimentieren.

Die faktischen Unterteilungen der Zeit sind aber wie gesagt eine der Voraussetzungen für Empirie und damit für Naturwissenschaft. Schließlich bedeutet „Empirie“, aus den Fakten der Vergangenheit Regeln und Gesetze zu abstrahieren. Erst dann kann man überprüfbare Prognosen für die Zukunft erstellen.

Es ist eine Tatsache, dass die Strukturen der Naturwissenschaft heute sehr schlüssig miteinander verwoben sind. Das bekräftigt die Ansicht, dass Naturwissenschaft nur *in der Zeit* Geltung haben kann und nicht außerhalb der Zeit.

> Ein „Beginn“ von Raum und Zeit, also eine „Ursache“ für das „first quantum“, den Beginn des Kosmos, kann nicht in den Geltungsbereich der empirischen Naturwissenschaft fallen – auch nicht in den der Physik.

Dass die uns im Alltag selbstverständliche Struktur der Zeit auch eine Voraussetzung für das Realisieren von Naturwissenschaft darstellt, wird in vielen Behandlungen des „Zeitproblems“ nur selten erörtert.

In der Kosmologie ist es zweckmäßig, das Bild einer gleichmäßig verlaufenden Zeit – mit einer gewissen Ähnlichkeit zum Modell der Zeit in der Newtonschen Mechanik – als universell anzusehen. Allerdings zeigen Relativitätstheorie und Quantentheorie auf, dass die Struktur der Zeit zumindest für lokale Systeme keinesfalls so simpel ist, wie es dieses Bild nahelegt. Der lokale Zeitverlauf ändert sich bei Relativbewegungen. Er stagniert bei einer kompletten Isolierung, die allerdings lediglich für Photonen, also Quantensysteme möglich ist. Systeme, die Kontakt zu ihrer Umwelt erhalten, schließen sich der dort geltenden Zeit an. Die verdienstvollen Arbeiten zur Dekohärenz[43),44)] haben

[43] Joos, E., Zeh, H. D. (1985) *The emergence of classical properties through interaction with the environment*, Zeitschrift für Physik B, 59(2), S. 223–243

[44] Zeh, H. D. (1970) *On the Interpretation of Measurement in Quantum Theory*, Found. of Physics, 1, S. 69–76

gezeigt, dass der Übergang von einer quantischen zu einer solchen Beschreibung, die sich immer mehr den klassischen Vorstellungen annähert, keineswegs „plötzlich" erfolgen muss.

Für lange Zeit wurde ein „schlagartiger" Übergang von einer Beschreibung mit der Wellenfunktion zu einer Beschreibung mit einer diagonalen Dichtematrix angenommen. Die Rechnungen zur Dekohärenz zeigen, dass die Ausbreitung von Informationen maximal mit Lichtgeschwindigkeit erfolgen kann.

Wiederum ist auch hierbei daran zu erinnern, dass Naturwissenschaft eine *Annäherung* an die Wirklichkeit ist. Die Rolle des Beobachters bei der Beschreibung des Faktisch-Werdens, also des erfolgten Messprozesses, besteht darin zu entscheiden, wann der exponentielle Abfall zu so kleinen Werten geführt hat, dass sie in Anbetracht der Umstände nicht von null zu unterscheiden sind. An den Beschleuniger-Experimenten werden die Fakten bereits nach Bruchteilen von Millisekunden konstatiert.

In der klassischen Physik wird ein Wirksamwerden von noch nicht faktisch gewordenen Potenzialitäten nicht beachtet. Die klassische Physik berücksichtigt auch nicht die Bildungen von Ganzheiten mit neuen und anderen Eigenschaften als die der Teile, aus denen diese Ganzheit jeweils gebildet wird. Erinnert sei dabei z. B. an die Molekülbildungen.

> Durch den mit dem Messprozess beschriebenen Verlust von Information über quantische Möglichkeiten gelangt man von der viel genaueren Quantentheorie zu einer weniger genauen klassischen Physik.

In anderen Worten bedeutet dieser Prozess den Übergang von einer determinierten Veränderung von Potenzialitäten zu einem zufälligen Eintreffen eines Faktums – natürlich innerhalb des Rahmens, der durch die Potenzialitäten abgesteckt wird. Das, was gefunden werden kann, betrifft Zustände, welche nicht orthogonal zum vorhandenen Quantenzustand des untersuchten Systems sind.

Beispielsweise können bei einer Impulsmessung an einem System, welches sich in einem Zustand mit einem scharfen Ort befindet, als mögliche Impulszustände alle zwischen null und unendlich gefunden werden. Hingegen entspricht bei der gleichen Impulsmessung an einem System, welches sich in einem Zustand mit einem scharfen Impuls befindet, nur dieser vorhandene Impuls dem sich ergebenden Messergebnis. Würde man stattdessen an einem System mit scharfem Impuls eine Ortsmessung vornehmen, dann würden sich die Ortsresultate in allen Entfernungen zwischen null und unendlich befinden können.

Nochmals mit anderen Worten: an einem System mit einem scharfen Ort kann jeder Impuls gefunden werden, an einem System mit scharfem Impuls nur dieser – und umgekehrt.

11.4.2 Der Quanten-Zenon-Prozess

Der sogenannte „Quanten-Zenon-Effekt“ verweist darauf, dass ein Quantensystem durch fortwährend wiederholte gleiche Messungen des bestehenden Zustandes gezwungen werden kann, in diesem Zustand zu verbleiben.

Die Bezeichnung „Quanten-Zenon-Effekt“ bezieht sich auf eine berühmte Parabel von Zenon (490–430 v. Chr.), eines Schülers des Parmenides, der selbst ein berühmter Lehrer wurde. Zenon behauptete, dass Achill die zehnmal langsamere Schildkröte nicht überholen könne, wenn diese einen Vorsprung von zehn Schritten erhalten würde.

Der Witz in dieser Parabel besteht darin, wie Zenon das normalerweise sehr schnell erfolgende Überholen unmöglich werden lässt. Zenon fordert, dass jedesmal, wenn Achill an der Stelle eintrifft, an welcher die Schildkröte zuvor gewesen war, nachgeprüft wird, ob Achill die Schildkröte bereits überholt habe. Damit wird jedesmal der gesamte Vorgang durch eine Messung unterbrochen. Jede solcher Messung stoppt den Ablauf. Der Vorsprung der Schildkröte vermindert sich von Messung zu Messung jedesmal auf ein Zehntel des vorherigen Wertes, aber er wird in endlicher Zeit nie tatsächlich Null. In der Fiktion dieser Erzählung könnte man unendlich oft einen solchen Mess-Stopp durchführen, sodass – natürlich nur in dieser Fiktion – Achill nie an der Schildkröte vorbeikäme. Der Zustand des normalen Laufens kann sich durch diese unendlich vielen Unterbrechungen in keiner Weise entfalten. Achill bleibt wegen der ununterbrochenen Messungen nach kurzer Zeit praktisch stehen. Er kann sich nicht zeitlich normal so verändern, wie es sonst mit ihm ohne Messung geschehen würde.

Der Quanten-Zenon-Effekt beschreibt das verwandte Phänomen, dass ein Quantensystem durch fortwährende Messungen des bestehenden Zustandes daran gehindert werden kann, den Zustand durch eine normale zeitliche Entwicklung so zu verändern, wie es gemäß der Schrödingergleichung ohne Messung tatsächlich und gesetzmäßig geschehen würde.

Wird ein Quantensystem darauf überprüft, ob der soeben gemessene Zustand noch vorhanden ist, dann wird bei hinreichend kurzem zeitlichem Abstand die Wahrscheinlichkeit dafür beliebig nahe bei Eins sein. Das System hatte noch keine Zeit, sich wesentlich zu verändern. Da jedes System bei einer Messung auf die Messvorgabe reagiert, die im Beispiel der Ort ist, so wird mit großer Wahrscheinlichkeit der wahrscheinlichste Messwert eingenommen – und dieser ist der zuvor gewesene. Auf die Frage „bist du noch da?“ muss das System jedes Mal mit „ja, noch hier“ antworten, sodass ein Weitergehen unmöglich wird.

Das Beispiel zeigt, dass ein Quantenzustand durch die Wechselwirkung eines bloßen Beobachtens angehalten werden kann. Dazu kann man sich klarmachen, dass jede Entnahme von Information aus einem System, auch ein „bloßes Beobachten“, d. h.

eine Wechselwirkung mit dem Photonenfeld, auch eine Wechselwirkung bedeutet wie andere Wechselwirkungen sonst. Die „Beobachtung" unterscheidet sich von anderen Wechselwirkungen dadurch, dass bei ihr Information über Quantenphasenbeziehungen dem System irreversibel entnommen wird, dadurch ein Faktum konstituiert wird und deshalb die künftigen Wahrscheinlichkeiten verändert werden und somit das System in einen geänderten Zustand gelangt, beim Quanten-Zenon-Effekt zurück in den gerade zuvor vorhanden gewesenen. Allerdings ist der kontinuierlich veränderbare „Ort" vielleicht kein so gutes Beispiel. Eine Quantenzahl wie z. B. der Spin, der klar getrennte Antworten kennt, ist dafür besser geeignet. Wenn gemessen wird, ob die Spin-Richtung nach oben oder unten zeigt, und die Antwort war „oben", dann wird die weitere Entwicklung gemäß Schrödingergleichung den Zustandsvektor nur sehr wenig aus der Senkrechten gedreht haben. Dann ist die sofortige wiederholte Mess-Alternative „oben oder unten" mit Sicherheit wieder „oben".

11.4.3 Verlust von „Bedeutung", jedoch nicht von absoluter Information

Die Unterscheidung zwischen absoluter QuantenInformation, AQIs, einerseits und bedeutungsvoller Information andererseits ist auch für die Interpretation des Informations-Paradoxons hilfreich. Dieses wird in Kapitel 21 bei der Entropie der Schwarzen Löcher (Black Holes) besprochen. Da es aber eine Analogie zu Messprozess bedeutet, wird bereits hier darauf eingegangen.

Hawking-Strahlung der Schwarzen Löcher

In Abschnitt 4.3.1 haben wir den Zusammenhang von Entropie und Strahlung bei den Schwarzen Löchern erläutert. Die existierenden Schwarzen Löcher haben eine so große Masse, dass sie sehr viel kälter sind als ihre Umgebung. Hypothetische winzige Schwarze Löcher, für die es allerdings bisher keinerlei Hinweise gibt, würden (wenn es sie gäbe) sehr viel heißer sein, deswegen strahlen, dadurch noch heißer werden und schließlich explodieren. Dabei würden ihre gesamte Masse und Energie wieder abgestrahlt.

Wenn man akzeptiert, dass Masse und Energie äquivalent zu den AQIs sind, gibt es dabei kein Problem mit der „Unitarität". Schließlich sind die Menge der AQIs im Black Hole und der AQIs in der gesamten emittierten Strahlung bis zum Verschwinden des Schwarzen Lochs identisch.

Bisher wurde jedoch üblicherweise nicht zwischen AQIs und bedeutungsvoller Information differenziert. Wenn man daher Information mit Bedeutung gleichsetzt, ist man immer wieder mit dem Verlust von Bedeutung konfrontiert und kann dann darin fälschlich eine Verletzung physikalischer Gesetze sehen.

Sämtliche Bedeutung von dem, was in ein Schwarzes Loch fällt, geht verloren. Das Informations-Paradoxon wird oft so dargestellt, dass aufgrund physikalischer Gesetze „Information nicht verloren gehen kann", dass aber trotzdem ein solcher Eindruck entstehen würde. Dazu ein Beispiel: Wenn man eine in Stein gemeißelte Inschrift in einer unbekannten Sprache findet, dann ist zwar Stein und Schrift noch vorhanden, jedoch die Bedeutung, welche die Schreiber hinterlassen wollten, ist verloren. Dass wir heutigen Leser der Schrift keine Bedeutung zuordnen können, ist kein Widerspruch zur Physik. Die Information bleibt, die Bedeutung ist weg. Das ist an den Schwarzen Löchern genauso.

Mit der Protyposis lässt sich zu den Schwarzen Löchern feststellen:

> Wenn von einem System durch Photonen oder durch Gravitationswellen Informationen in die Tiefe des Alls getragen wird oder auch, wenn Informationen durch den Horizont in das Innere eines Black Holes fliegen, dann wird eine mögliche Bedeutung, die man diesen hinwegfliegenden Objekten zugeschrieben hatte, unwiederbringlich verloren sein.

„Bedeutung" entsteht durch die Wechselwirkung von einlaufender Information mit denjenigen Informationen, die *im empfangenden Lebewesen* für die Informationsverarbeitung ***bereitgestellt und dann mitverarbeitet*** wird. Diese Beziehungsstruktur, die für ein Entstehen von Bedeutung unerlässlich ist, wird durch die in das All hinauslaufende Information unwiederbringlich aufgebrochen. Daher geht beim Messprozess und beim Hineinfliegen in ein Black Hole in der Tat die Bedeutung von Information über quantische Möglichkeiten verloren. Sie kann auch nicht wiederhergestellt werden.

Die abstrakte Quanteninformation ohne eine ihr zugeordnete konkrete (subjektive) Bedeutung bleibt jedoch in allen diesen Fällen erhalten. Bei einem „Verdampfen" eines Black Holes wird diese abstrakte Quanteninformation wieder vollständig abgestrahlt. Eine hypothetische „Verletzung der Unitarität" findet nicht statt.

11.4.4 Massereiche Objekte erscheinen lokalisiert

Erich Joos formuliert in seinem Text über die Dekohärenz eine Frage, die sich viele Physiker auch stellen:

> *„... bestimmte Objekte scheinen für einen lokalen Beobachter klassisch zu sein (also zu definieren, was ein klassisches Objekt ist), aber die zentrale Frage bleibt ungelöst: warum gibt es in der nicht-lokalen Quantenwelt überhaupt lokale Beobachter?"*[45]

[45] Joos, E. (1990) *Die Begründung klassischer Eigenschaften aus der Quantentheorie*, Philosophia Naturalis, 27, 31

Bevor die Frage nach dem „lokalen" Beobachter beantwortet werden kann, sind neben der Quanteninformation auch kosmologische Aspekte der Quantentheorie zu berücksichtigen. Im Rahmen der Dekohärenz werden Möglichkeiten dadurch zu Fakten, dass Informationen über Möglichkeiten in die Tiefe des Raumes entweichen.

Alle Körper besitzen eine Temperatur, die über dem absoluten Nullpunkt liegt. Ein Elektron oder ein Proton sind noch keine „Körper", sie haben eine Energie, jedoch keine Temperatur. Bei einem Virus, also einem Riesenmolekül, kann eine Temperatur als wahrscheinlich und bei einem Bakterium als gewiss angenommen werden.

Die Körper senden elektromagnetische Wellen in Form vieler Photonen aus. Die Anzahl dieser Photonen wächst, je massiver der betreffende Körper ist und je langwelliger daher die ausgesendete Strahlung sein kann. Ein angeregtes Wasserstoffatom sendet beim Übergang in den Grundzustand ein einziges Photon aus. Unser Gehirn sendet im Tiefschlaf unerhört viele Photonen mit Wellenlängen von bis zu 300 000 km aus. Diese haben eine so geringe Energie, dass es manchen meiner Physiker-Kollegen schwerfällt, sich diese elektromagnetischen Wellen auch als Photonen vorzustellen.

Das Aussenden von Informationen erfolgt von einem Körper in alle Richtungen des Raumes. Dieses Ausstrahlen der Informationen mittels Photonen legt damit ein Zentrum fest und somit eine Lokalisation im Raum.

Wenn wir das noch einmal zusammenfassen, so können wir feststellen:

> Massereiche Objekte werden im Ortsraum lokalisiert, weil sie eine Temperatur besitzen, die höher ist als die der Hintergrundstrahlung. Daher senden sie Information über quantische Potenzialitäten mit Photonen gleichmäßig in alle Raumrichtungen aus und definieren damit einen Mittelpunkt des Objektes.

Auch wenn Objekte sich bis auf die Temperatur der kosmischen Hintergrundstrahlung abgekühlt haben und daher bei ihnen Absorption und Emission im Gleichgewicht stehen, wird doch die Emission im Wesentlichen gleichmäßig in alle Richtungen erfolgen.

> Je massiver die Objekte sind, desto deutlicher tritt als zweite Ursache der Lokalisation von Objekten ihre gravitative Wirkung hervor.

Bisher ist keine stringente Quantisierung der Gravitation erreicht. Aber für die linearisierte Version der Einsteinschen Gleichungen lassen sich Spin-2-Gravitonen darstellen. Deren zumindest virtuelle Emission (analog zur Coulomb-Kraft) darf angenommen werden.

Wenn wir in Abschnitt 22.8 die Struktur des Lorentz-Vakuums im Minkowski-Raum betrachten, dann erinnert die Komplexität dieses Vakuums in gewisser Weise an eine sehr einfache Quantenstruktur eines Festkörpers. In einem Festkörper gibt es virtuelle Quanten, z. B. die des Schalls, die Phononen, die in ihm wie „Teilchen" wirken.

Aus dem Lorentz-Vakuum lassen sich nicht nur masselose Spin-1-Quanten erzeugen, also Photonen. Eine Erzeugung ist gleichermaßen möglich auch für masselose Spin-2-Quanten. Diese lassen sich als Gravitonen interpretieren – oder wenigstens als virtuelle Gravitations-Quanten analog zu den virtuellen Phononen des Coulomb-Feldes.

Die Frage, warum wir in unserer Umwelt lokalisierte Objekte wahrnehmen, ist noch einmal zusammenfassend zu behandeln. An den sichtbaren und greifbaren Objekten ist von einer Nichtlokalität, wie sie die Quantentheorie auszeichnet, nichts zu bemerken.

Für teilelose Quantenobjekte scheint eine materielle Obergrenze zu existieren. Die Kunst der Experimentalphysiker hat dazu geführt, dass Moleküle mit fast der Größe eines Virus als Quantenobjekte behandelt werden können. In Doppelspaltversuchen kann ein Molekül mit der Masse von vielen Tausend Wasserstoffatomen mit sich selbst interferieren.

Wichtige Größen für solche Versuche sind die von Louis de Broglie (1892–1987) postulierten Materiewellen. Er hatte Einsteins Überlegungen, die Lichtwellen auch als Lichtteilchen zu beschreiben, auf Teilchen wie die Elektronen übertragen. Einem bewegten Elektron kommt eine Wellenlänge zu, die sehr viel kleiner als die des sichtbaren Lichtes ist. Daher kann man mit einem Elektronenmikroskop sehr viel kleinere Strukturen sichtbar machen als mit einem Lichtmikroskop. Für ein Teilchen der Masse m ergibt sich bei der Geschwindigkeit v seine de Broglie-Wellenlänge λ_{dB}. Für Streuungen eines Teilchens an Licht wird seine Compton-Wellenlänge λ_{C} bedeutsam:

$$\lambda_{\mathrm{dB}} = \frac{\hbar}{mv}$$

und

$$\lambda_{\mathrm{C}} = \frac{\hbar}{mc} \tag{11.10}$$

Reale Wellenlängen können nicht kleiner werden als die Planck-Länge:

$$\lambda_{\mathrm{dB}} = \frac{\hbar}{mv} \geq l_{\mathrm{Pl}} = \left(\frac{\hbar G}{c^3}\right)^{\frac{1}{2}}$$

$$\lambda_{\mathrm{C}} = \frac{\hbar}{mc} \geq l_{\mathrm{Pl}} = \left(\frac{\hbar G}{c^3}\right)^{\frac{1}{2}} \tag{11.11}$$

Mit der Compton-Wellenlänge λ_{C} folgt für die Masse m eines Teilchens, dass sie für ein Quantenobjekt kleiner sein muss als die Planck-Masse m_{Pl}:

$$m \leq \frac{\hbar}{l_{\mathrm{Pl}} c} = \frac{\hbar}{c}\left(\frac{c^3}{\hbar G}\right)^{\frac{1}{2}} = \left(\frac{\hbar c}{G}\right)^{\frac{1}{2}} = m_{\mathrm{Pl}} \tag{11.12}$$

Für Objekte mit Masse ist die Geschwindigkeit immer kleiner als die Lichtgeschwindigkeit. Damit kann für eine Masse, welche größer ist als die Planck-Masse, trotzdem die de Broglie-Wellenlänge größer als die Planck-Länge bleiben. Aber ich vermute, dass Versuche mit Molekülen, die eine Masse besitzen, welche größer als die Planck-Masse ist, keine Interferenzversuche mehr erfolgreich sein werden. Bei der de Broglie-Wellenlänge ist also das Argument mit Planck-Masse und Planck-Länge nicht mehr für die Festlegung einer scharfen Grenze zwischen quantischem und klassischem Verhalten hilfreich und eine scharfe Grenze zwischen quantischem und klassischem Verhalten ist nicht erkennbar. Größere Systeme, die lokalisiert sein werden, werden Substrukturen aufweisen. Auch wenn das große System klassisch behandelt wird, können Quanteneigenschaften an den Substrukturen durchaus relevant bleiben. Das zeigen solche makroskopischen Quantenphänomene wie Supraleitung oder Suprafluidität.

Mit der Entwicklung der AQIs ist es nicht mehr notwendig, den Beobachter und dessen Bewusstsein aus der naturwissenschaftlichen Beschreibung auszuschließen. Der evolutionäre Weg bis zum bewusstseinsfähigen Menschen lässt sich jetzt in die Naturwissenschaft einbinden. Die Erscheinungsformen und Wirkungsweisen dessen, was man im weitesten Sinne als das „Geistige" bezeichnen kann, können als Abstraktion von der denkerischen Informationsverarbeitung angesehen werden. „Geistige Tätigkeiten" umfassen allerdings mehr als nur das Kognitive. Die unbewussten Vorbereitungen der bewussten Prozesse gehören unbedingt dazu.

Die Informationsverarbeitung aller Lebewesen greift die Tatsache auf, dass makroskopische Objekte lokalisiert erscheinen. Sämtliche Lebewesen sind materielle Objekte. Materielle Objekte haben primär eine räumliche Zuordnung, weil – wie dargelegt – die Aussendung von langwelligen Photonen die Information über den Massenmittelpunkt des jeweiligen Körpers charakterisiert. Diese Photonen gehen gleichmäßig in sämtliche Richtungen vom betreffenden Körper aus. Somit ist für die Lebewesen eine räumliche Zuordnung wesentlich. Wenn in Lebewesen auch Bewusstsein entsteht, dann werden sie interne Modelle von der äußeren Realität erstellen. Diese internen Modelle sind dann um das Lebewesen herum räumlich zentriert.

> Jedes Lebewesen steht damit im Mittelpunkt seiner Welt.
> Lebewesen organisieren ihre Modelle der Umgebung daher vor allem räumlich.

Der Nobelpreis für Medizin des Jahres 2014 wurde dafür vergeben, dass die Struktur des räumlichen Gedächtnisses bei Ratten aufgeklärt werden konnte. John O'Keefe (*1939), May-Britt Moser (*1963) und Edvard Moser (*1962) hatten die „Gitterzellen" im entorhinalen Cortex entdeckt. Dieser liegt unterhalb des Hippocampus. Diese Zellen ordnen sich zu regelmäßigen Sechsecken an. Die Schlussfolgerung der Forscher war, dass diese Zellen eine Form der Repräsentation von Abständen abspeichern.

Aus geometrischer Sicht hat die Natur dies sehr vernünftig eingerichtet. In der Mathematik wird durch eine „Triangulierung" möglich, die Struktur einer Fläche auch bei einer Krümmung vollständig zu erfassen. Die Fläche wird lückenlos mit Dreiecken überzogen. Im ebenen Fall können die Dreiecke gleichseitig sein. Die Zellen im Cortex bilden ein Gitter aus solchen Dreiecken. Diese formen ihrerseits regelmäßige Sechsecke, wie sie für das Rattenhirn beschrieben wurden.

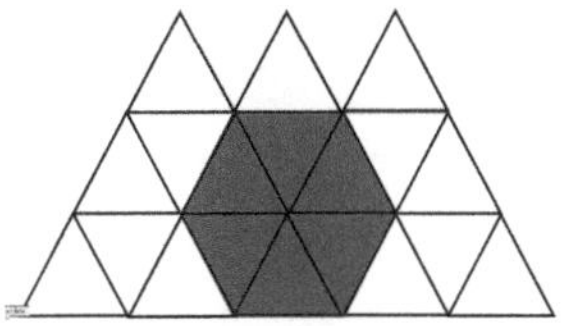

Bild 11.5
Triangulierung führt in der Ebene zu Sechsecken.

Wir müssen die Lokalisierung und ihre Verarbeitung also nicht nur als evolutionäre Tatsache akzeptieren, sondern können sie auch aus der Quantentheorie heraus verstehen.

11.5 Die Protyposis macht den Messprozess begreiflich

Ein Experiment wird von einem Menschen entworfen und aufgebaut und natürlich dann auch ausgewertet. Eine Beobachtung in der Astronomie allerdings geschieht nicht so, dass man sich einen Stern bastelt und ihn dann untersucht. Vielmehr wird jeder Mensch annehmen, dass die Sterne auch dann existieren, wenn man sie nicht betrachtet. Aber trotzdem ist auch in der Astronomie für das Wahrnehmen und Interpretieren eines Messergebnisses oder einer Beobachtung ein Mensch notwendig. Ein Messvorgang im engeren Sinne wird immer von einem Experimentator durchgeführt. In der Quantentheorie führte das dazu, dass der Messprozess für seine Beschreibung auf verschiedene Weise mit einem Experimentator und oft auch mit dessen Bewusstsein verbunden wurde. Diese Verbindung hatte wie erwähnt die sehr seltsame Vorstellung entstehen lassen, dass der Übergang von möglichen zu faktischen Zuständen ohne ein Bewusstsein nicht möglich sei. Das wurde zum Teil noch verschärft durch die noch seltsamere Vorstellung, dass erst das Bewusstsein diesen Übergang *verursachen* würde.

Viele Experimente im Bereich der Quantenphysik werden heute mit Computern und anderen Instrumenten einer künstlichen Informationsverarbeitung durchgeführt. Dabei kann man von künstlicher Intelligenz – KI – sprechen, wenn diese Geräte im Wesentlichen das tun, was ihre Erbauer mit ihnen beabsichtigt haben. Bei „Deep Learning" kann es durchaus passieren, dass man als Mensch im Einzelnen nicht genau wissen kann, welche Verarbeitungsvorgänge im Gerät ablaufen. Trotzdem können wir Menschen auch durch diese Geräte an Quantensystemen Messungen vornehmen und die faktischen Daten speichern lassen.

Wenn dafür ein Bewusstsein notwendig wäre, dann könnte eine fiktive KI einen Messvorgang erst dann bewirken, wenn sie auch zu einem künstlichen Bewusstsein fähig wäre. Dass diese Aussage nicht zutrifft, das erleben wir beim Einsatz von KI laufend. Unabhängig davon wird vielfach diskutiert, ob man bei der Weiterentwicklung der technischen Geräte diese Artefakte schließlich bewusstseinsfähig werden lassen könnte.

> Gegen ein „nichtbiologisches Bewusstsein" sprechen gute Gründe.[46]

Manche der Annahmen über eine mögliche Rolle des Bewusstseins für den Messprozess selbst (und nicht nur für seine Beschreibung und Interpretation) führten zu großen philosophischen Problemen und zu den beschriebenen, teilweise recht merkwürdigen physikalischen Versuchen, Auswege zu konstruieren.

In diesem Zusammenhang muss noch einmal klargestellt werden: Eine Messung ist nur eine solche, wenn nach ihr ein faktisches Messergebnis vorliegt. Damit ergibt sich:

> Messungen sind ein sehr kleiner Teil des Entstehens von Fakten überhaupt.

Für einen Naturwissenschaftler ist es wohl unvorstellbar, dass Fakten nur dann entstehen würden, wenn sie auch beobachtet werden. Wenn wir sinnvollerweise davon ausgehen, dass all unser Wissen über die Vergangenheit sich auf Fakten bezieht, dann werden wir sofort zugestehen, dass sich fast alle diese Fakten ohne ein Zutun von Menschen ergeben haben. Kein Naturwissenschaftler wird glauben, dass die Fakten in der Evolution erst mit den Menschen begonnen haben. Andererseits ist es natürlich auch unabweisbar, dass eine Kenntnisnahme und eine Beschreibung von entstandenen Fakten jemanden benötigt, der diese Beschreibung vornimmt oder der zumindest ein Gerät gebaut und programmiert hat, welches das Messergebnis festhält und für eine spätere Auswertung und Bewertung aufbewahrt.

An einem isolierten Quantensystem ergeben sich keine Fakten. Das ändert sich erst, wenn ein Kontakt zur Umwelt eröffnet wird. Für alles Größere, z. B. bei einem winzigen Staubteilchen, das in einem durch die Jalousie fallenden Lichtstahl sichtbar wird, und erst recht bei größeren Objekten, geschieht dies unablässig und fortwährend mit großer Geschwindigkeit, z. B. durch das Licht und die übrige elektromagnetische Strahlung in der Umgebung.

Ein beobachteter Messvorgang ist jedoch nur eines von vielen möglichen Beispielen für ein Aufheben der Isolierung des betreffenden Systems.

---

[46] Görnitz, T.; Görnitz, B. (2016), Kap. 13.7.2

Wie steht es sonst um ein Entstehen von Fakten, wenn dabei kein Beobachter anwesend ist – oder bei Fakten, die in der Vergangenheit entstanden sein müssen?

Bei dem Prozess des Entstehens von Fakten war die Isolierung zwischen Quantensystemen und Umgebung aufgehoben worden. Üblicherweise bezeichnet man einen solchen Vorgang jedoch nicht als „Messung".

Um sich von der Fixierung auf einen Menschen als den Verursacher einer Verbindung des Quantensystems zur Umwelt des Systems lösen zu können, ist zum einen die Einbindung von Information in die physikalische Beschreibung notwendig. Zum anderen ist eine Verbindung des Systems zu seiner Umwelt und somit letztlich zum Kosmos erforderlich.[47]

Für die Auseinandersetzung mit den Folgen der Quantentheorie spielt die von dieser Theorie aufgezeigte Nichtlokalität eine besondere Rolle. Sie ist zwar im Alltag nicht offensichtlich, sie wird aber bei genauer Untersuchung in der Natur gefunden. Gerade die Nichtlokalität wird mit der Protyposis leichter verstehbar. Wenn die einfachsten Quantenstrukturen verstanden werden können als „Grundschwingungen des kosmischen Raumes", dann erweist sich die „Nichtlokalität" als grundlegend und eine gute Lokalisierung wie bei einem Teilchen wird zu einem komplexen Phänomen.

Zusammenfassend kann festgestellt werden:

- Hinter der Theorie des Messprozesses wird die enge Verbindung zwischen dem Geschehen hier auf der Erde und dem kosmischen Raum erkennbar.
- Fakten an einem Quantensystem entstehen dadurch, dass Informationen über fast alle der quantischen Potenzialitäten aus dem System entweichen.
- Die verbleibende Information kennzeichnet das Faktum.

Wir hatten die Frage gestellt, weshalb wir nur Faktisches als Strukturen in der Zeit und nur Objekte als Strukturen im Raum sehen. Nun sollte die Antwort klargeworden sein:

> Damit wir etwas wahrnehmen können, müssen wir davon Informationen erhalten. Über den atomaren Bereich hinaus in größere Entfernungen wirkt nur die elektromagnetische Wechselwirkung. Es müssen also Photonen zu uns gelangen. Das Aussenden von Photonen (und eventuell von Gravitonen) von den Objekten lokalisiert diese Objekte im Raum. Die Emission bewirkt zugleich, dass am Objekt, welches die Photonen emittiert, Fakten gesetzt werden.

Eine Wahrnehmung kann auch durch virtuelle Photonen übermittelt werden, sodass dabei akustische, olfaktorische oder taktile Sinneswahrnehmungen erzeugt werden, denn auch die dabei stattfindenden Wechselwirkungen sind alle elektromagnetisch.

[47] Görnitz, T. (1999), Kap. 5.4

12 Die Protyposis und das Ganze

12.1 Ein wichtiger Unterschied zwischen Astronomie und Kosmologie

Worin besteht der wesentliche Unterschied zwischen Astronomie und Kosmologie?

Astronomie und Astrophysik untersuchen beispielsweise die Galaxien mit ihren Sternen, Planeten und Schwarzen Löchern, die Gasmassen zwischen den Galaxien und die Gravitationswellen.

> Für ein Beobachten und Beschreiben von solchen realen Objekten ist es unwichtig, ob das Volumen des Kosmos endlich oder unendlich ist.

Für die Kosmologie jedoch ergibt sich damit ein gewaltiger Unterschied, denn die Kosmologie betrachtet den Kosmos als ein Ganzes. Die astronomischen Erkenntnisse liefern die Basis, auf der die Kosmologie aufbauen kann und muss. Die Kosmologie darf daher nicht zu Schlussfolgerungen gelangen, welche im Widerspruch zu den astronomischen Befunden stehen.

Ein wichtiges Problem bei der Kosmologie betrifft die Frage nach der „Unendlichkeit". Manche mathematischen Unendlichkeiten liefern leider kein zutreffendes Beispiel dafür. So kennen wir zwar bei irrationalen Zahlen wie bei Wurzel aus 2 oder π unendlich viele Ziffern *nicht*, aber wir kennen das Bildungsgesetz, also die Rechenvorschrift. Und außerdem wissen wir, dass für die Anwendungen die Ziffern immer unwichtiger werden, je weiter sie nach dem Komma platziert sind.

Bei der Kosmologie geht es hingegen nicht um eine abstrakte mathematische Größe. Bei ihr geht es um die Gesamtheit des real Existierenden. Wird in der Kosmologie ein unendlich großer Raum als aktuale Realität postuliert, so bereitet dies ein erkenntnistheoretisch riesiges Problem. Bei einem räumlich unendlich ausgedehnten kosmologischen Modell gibt es keinerlei erkennbare Gründe dafür, dass das theoretische Modell tatsächlich irgendetwas mit dem als real unendlich postulierten Kosmos zu tun haben müsste. Es gibt lediglich eine quasireligiöse Hoffnung, dass der von dem unendlichen Raum verbleibende unendlich große Teil, von dem wir niemals irgendwelche empirischen Kenntnisse erhalten können, genauso ist wie der endlich große Teil, den wir überblicken können.

Ein zweiter Punkt kommt noch hinzu, der ebenfalls zumeist der öffentlichen Aufmerksamkeit entgeht. Ein unendlich großer Kosmos ist immer unendlich groß, bereits beim Beginn seiner Entwicklung. Das Bild, dass etwas anfangs Kleines im Laufe der Evolution immer größer wird, ist nur dann zutreffend, wenn der Kosmos endlich ist und in allen endlichen Zeiten auch endlich bleibt.

Wenn von manchen Kosmologien postuliert wird, dass das Volumen des Kosmos zu allen Zeiten unendlich ausgedehnt sei, dann bedeutet das, dass wir einen unendlich großen Teil von ihm nie kennen können. Für eine Wissenschaft wie die Physik, welche Aussagen über die Realität machen möchte, erscheint mir dieser Sachverhalt als ein ernsthaftes Problem. Ich bezeichne es als das „Empirie-Problem".

Natürlich kann man mathematische Modelle eines Kosmos mit einem zu allen Zeiten unendlich großen Raum konstruieren. Allerdings ist dann auch eine naturphilosophische Erläuterung zu geben, was eine solche mathematische These mit möglicher empirischer Erfahrung zu tun haben kann – oder besser, dass sie nichts mit möglicher Empirie zu tun haben kann.

Auch am Umgang mit Unendlichkeiten zeigt sich ein prinzipieller Unterschied zwischen Mathematik und Physik.

Die Physik kann etwas unendlich Großes nicht als zum Faktischen gehörend ansehen. Hingegen bereitet das „unendlich Kleine“ keine Probleme. Es zeigt uns, dass wir es ignorieren können. Jedoch für die Beschreibung von Möglichkeiten und natürlich auch für die Mathematik ist das „Unendliche“ in beiden Richtungen, ins Große und ins Kleine, unverzichtbar.

Beispielsweise ist es für die strenge mathematische Formulierung der Naturgesetze unabdingbar, die Unendlichkeiten als Möglichkeit mitzubeachten. Ohne unendlich viele mögliche Energiezustände des Elektrons im Wasserstoffatom ist bereits eine Theorie des einfachsten Atoms unmöglich. In einer Messung wird man allerdings immer nur endlich viele davon tatsächlich unterscheiden können.

Für eine mathematische Beschreibung von Teilchen ist wiederum die *Möglichkeit* beliebig großer Energien unverzichtbar. Das ist genauso wie bei den Zahlen. Wenn jemand „die größte“ Zahl nennen würde, dann brauchte man nur 1 hinzuzuzählen, um zu zeigen, dass eine solche These über Möglichkeiten unsinnig ist.

Wir hatten in Abschnitt 1.7.2 und 5.2 auf die beiden absolut verschiedenen Polarisationen eines Photons, nämlich vertikal und horizontal verwiesen. Die möglichen Polarisationszustände könnte man mit dem Kontinuum des Viertelkreises zwischen 0° und 90° kennzeichnen. Das sind überabzählbar unendlich viele mögliche Punkte. Aber bei einer Messung kann nur einer dieser Punkte die faktische Polarisierung angeben.

Weiterhin kann man immer wieder feststellen, dass ein mathematischer Übergang zum „Unendlichen" manches vereinfacht, weil man damit das Wesentliche hervorheben und das Unwesentliche „verschwinden lassen" kann. (Der Kehrwert von unendlich ist null.) Wenn beispielsweise eine physikalische Größe mit dem Fünffachen der Zeitdauer und eine andere Größe mit dem Dreifachen anwächst und bei beiden noch ein Anteil hinzukommt, welcher von den konkreten Anfangsbedingungen abhängt, dann wird bei der Annäherung ans Unendliche das Verhältnis zwischen beiden immer mehr zu 5/3 werden:

Für $x = 1$ gilt

$$\frac{5x+1295}{3x+10} = 100 \tag{12.1}$$

jedoch

$$\lim_{x\to\infty} \frac{5x+1295}{3x+10} = \frac{5}{3}$$

Die Anfangsbedingungen werden dabei immer unbedeutender. Mit dem Grenzübergang zum Unendlichen werden sie in diesem Beispiel völlig verschwinden.

Die Hypothese einer unendlichen Realität würde uns eine Erkenntnis über sie unmöglich machen. Hingegen wird in allen endlichen Strukturen das Unwesentliche vom Wesentlichen dadurch getrennt, dass manches zum Verschwinden gebracht wird, dass also ein Grenzwert „1/unendlich" gebildet wird.

Erst mit solchen Brückengesetzen, bei denen durch Ignorieren von Unwesentlichem die mathematische Struktur geändert wird, wird dasjenige erklärt, was mit dem Begriff „Emergenz" lediglich gekennzeichnet werden kann.

Mit all den bisher beschriebenen Typen von Zahlen kann man Tatsachen, also Fakten feststellen: Sechs Teller stehen auf dem Tisch. Das Konto steht mit 200 € im Minus. Auch irrationale Zahlen können ein Faktum bezeichnen. Das Verhältnis zwischen dem Umfang eines Kreises und dessen Durchmesser ist ein Faktum. Dieses Verhältnis ist für alle Kreise gleich. Es wird durch die Zahl π ausgedrückt und diese Zahl ist irrational.

12.2 Das Ganze ist der Kosmos

Die Quantentheorie kann nur verstanden werden, wenn ihre henadische Struktur[1], ihr „Gerichtetsein auf Einheit, aufs Ganze“, mit beachtet wird. Das Ganze ist der Kosmos.

So war die Kosmologie ein zentraler Einstiegspunkt in die Theorie der Protyposis. Auch dabei waren die Beziehungen zwischen den Quantenbits und klassischen Vorstellungen, also die Dynamische Schichtenstruktur unvermeidlich.

Üblicherweise geht man für ein kosmologisches Modell von der der Allgemeinen Relativitätstheorie aus. Seit einiger Zeit werden gelegentlich auch manche Abänderungen von dieser Theorie diskutiert. Dazu später mehr.

Kosmos und Allgemeine Relativitätstheorie

Natürlich gibt es sehr viele sehr überzeugende Beobachtungen und Experimente, welche für eine Anwendung der Einsteinschen Gleichungen sprechen. Trotzdem habe ich in Diskussionen mit Weizsäcker seinem philosophischen Einwand gegen deren unreflektierte Verwendung in der Kosmologie zugestimmt: Von den unendlich vielen kosmologischen Lösungen der Allgemeinen Relativitätstheorie kann im besten Fall eine einzige den realen Kosmos richtig beschreiben – und der Kosmos ist die Gesamtheit dessen, worüber eine empirische Naturwissenschaft möglich ist. (Natürlich sind rein mathematische Modelle auch über Entitäten möglich, für die jede Kenntnisnahme unmöglich ist. Das aber ist dann Mathematik und keine Physik.)

Was, bitte schön, so war Weizsäckers Frage, ist der physikalische Sinn einer Gleichung, bei der alle Lösungen bis auf höchstens eine nichts mit der Realität zu tun haben?

> Aus meiner Sicht ist die hervorragende Gültigkeit der Allgemeinen Relativitätstheorie in lokalen Situationen darin begründet, dass sie eine lokal anzuwendende Theorie ist.

Im Inneren von Einsteins „Fahrstuhl“ ohne Fenster ist der Unterschied zwischen Beschleunigung, also einer raum-zeitlichen Größe, und einem Schwerkraftfeld nicht zu unterscheiden. Eine Raumzeit-Struktur und eine Kraft erzeugen dort den gleichen Effekt. Jedoch durch „einen Blick nach Außen“ in den Kosmos wird der Unterschied sofort erkennbar.

Eine Beschleunigung, also eine veränderliche Bewegung relativ zum Sternenhintergrund, ist von der Schwerkraft leicht zu unterscheiden. Ein Blick zum Sternenhimmel

[1] Görnitz, T. (2011) *Quanten sind anders: Die verborgene Einheit der Welt*, Spektrum Akademischer Verlag, Heidelberg

zeigt uns, ob wir in einer Rakete durch die Beschleunigung immer schneller werden, oder ob wir uns im Liegestuhl im Schwerkraftfeld der Erde befinden.

Im Lokalen, also weit hinein bis in den Bereich der Galaxienhaufen, ist die Allgemeine Relativitätstheorie hervorragend bewährt. (Mit anderslautenden, aber unzutreffenden Thesen bezüglich der Rotationskurven von Galaxien werden wir uns in Abschnitt 19.7 auseinandersetzen.) Allerdings ist der mathematische Aufbau dieser Theorie so, dass eine Ausdehnung der Gültigkeit einer Lösung auf den gesamten Kosmos nur durch einen willkürlichen Eingriff in diese mathematische Struktur begrenzt werden kann.

Wenn daher die Allgemeine Relativitätstheorie ohne einen solchen „Abschneide-Vorgang" verwendet wird, erhält man als Lösung stets eines von unendlich vielen kosmologischen Modellen. Diese Lösung wird fast immer von der Realität verschieden sein. Im besten Fall beschreibt von diesen vielen Modellen höchstens eines die Realität des Kosmos.

Wie in Kapitel 16 gezeigt wird, kann mit der Protyposis für die Kosmologie auf die Voraussetzung der Einsteinschen Gleichungen verzichtet werden. Die Gleichungen lassen sich dann induktiv sich als eine Folgerung aus der Kosmologie der AQIs erschließen. Die empirischen Vorannahmen für die Protyposis-Kosmologie beruhen auf bisher immer wieder bestätigten physikalischen Erkenntnissen. Diese betreffen primär den Einstieg in die Quantenstrukturen. Es handelt sich dabei um die Plancksche Relation der umgekehrten Proportionalität zwischen charakteristischer Ausdehnung und Energie. Hinzu kommt der Bezug auf den Ersten und den Zweiten Hauptsatz der Thermodynamik. Das sind zwei Postulate, die zumeist der klassischen Physik, also einer faktischen Beschreibung der Realität zugerechnet werden. Bei dieser folgen die Wahrscheinlichkeiten aus Unkenntnis über den tatsächlichen Zustand.

12.3 Unbekannte Information – Thermodynamik

Wenn man sich für Einzelheiten eines Systems nicht interessieren will oder nicht auf sie zugreifen kann, dann wird man die Mittelwerte untersuchen. Mit statistischen Methoden lässt sich dann noch immer eine Menge an Ergebnissen erzielen, sodass zwischen diesen beiden Fällen in der Physik keine Unterscheidung getroffen wird. Da heute für einzelne Atome und Moleküle deren Zustand in „Atom-Fallen" sehr genau untersucht werden kann, besteht nur ein praktisches, jedoch kein prinzipielles Hindernis, sich derartige Untersuchungen auch für die Moleküle eines Gases vorzustellen. Hingegen ist der innere Zustand eines Black Holes von außen prinzipiell unerkennbar.

Der Erste Hauptsatz der Thermodynamik

Der Erste Hauptsatz der Thermodynamik wird oft auch als „Satz von der Erhaltung der Energie" bezeichnet. Er besagt, dass ein „Perpetuum mobile" unmöglich ist: Eine Maschine, welche Arbeit aus dem Nichts (oder aus dem Vakuum) erzeugt, ist unmöglich.

Seine erste Anwendung zielte auf die Dampfmaschinen, also Systeme gefüllt mit Dampf und Gas und mit einem veränderlichen Volumen. Für ein abgeschlossenes System, bei dem also keine Materie hinein oder hinaus geht, kann sich die Energie U in verschiedener Weise auf Wärme (Q - *quantity* of energy transferred as heat) und Arbeit (W - *work*) verteilen:

$$\mathrm{d}U = \delta Q + \delta W \tag{12.2}$$

Für die Arbeit, die nach außen abgegeben wird, ergibt sich, dass eine Veränderung des Volumens mit einer Veränderung des Druckes verbunden ist.

$$\delta W = -p\mathrm{d}V \tag{12.3}$$

Bei einem „idealen Gas" ist ohne Wärmeänderung das Produkt von Druck p und Volumen V konstant. Bei einem realen Gas werden Wechselwirkungen zwischen den Molekülen berücksichtigt, sodass auch eine Veränderung der Energie U erfolgen kann.

Für das Verständnis der weiteren Überlegungen ist es wichtig, noch einmal darauf zu verweisen, dass der Erste Hauptsatz nicht verkürzt behauptet, dass „die Energie erhalten bleibt". Diese Aussage trifft nur für ein vollkommen abgeschlossenes System mit einem konstanten Volumen zu. Es darf also keinen irgendwelchen Austausch mit einer möglichen Umgebung geben und außerdem muss dafür das Volumen unveränderlich sein. Bei einem veränderlichen Volumen und ohne Wärmetausch gilt:

$$\mathrm{d}U + p\mathrm{d}V = 0 \quad (12.4$$

Während die Energie nur vom aktuellen Zustand des Systems abhängig ist, sie ist eine Zustandsgröße, hängt ihre Verteilung auf Wärme und Arbeit (Formel 12.2) auch von der Vorgeschichte ab, die zum aktuellen Zustand geführt hat. Wenn das System Arbeit leistet, vermindert sich seine Energie. Das Volumen ist ebenfalls eine Zustandsgröße, während die Arbeit davon abhängt, auf welchem Wege der Druck verändert wird.

Wenn der Behälter von außen erwärmt oder gekühlt wird, steht auf der rechten Seite der Gleichung (Formel 12.4) nicht mehr null, sondern die zu- oder abgeführte Wärmemenge. Um die Wärmemenge mit einer Zustandsgröße zu verbinden wurde die Entropie S eingeführt. Der Erste Hauptsatz schreibt sich damit in der Form:

$$\mathrm{d}U = \left(\frac{\partial U}{\partial S}\right)_V \mathrm{d}S + \left(\frac{\partial U}{\partial V}\right)_S \mathrm{d}V = T\mathrm{d}S - p\mathrm{d}V \tag{12.5}$$

Das Glied TdS, welches einen Teil der Änderung der Energie erfasst, wird hier mit derjenigen Änderung der Entropie verbunden, die beim Austausch von Wärme mit einer äußeren Umgebung bewirkt wird. Bei den partiellen Ableitungen ist jeweils die andere Zustandsgröße konstant zu halten. Für die Protyposis-Kosmologie wird beides weitere Überlegungen erforderlich machen.

Wenn man die Temperatur T gedanklich mit einem Mittelwert der Energie in Verbindung bringt, dann könnte die Entropie ein Maß dafür betrachtet werden, womit dieser Mittelwert multipliziert werden muss, damit das Energieäquivalent der gesamten betreffenden Wärmemenge erhalten werden kann.

Mit der Zustandsgröße der Entropie wird es möglich, sich von einer zu engen gedanklichen Verbindung an „Wärme“ etwas zu lösen. Entropie ist ein Maß für Information, die unbekannt ist. Sie ist also Information, der noch keine Bedeutung zugeordnet wurde oder zugewiesen werden kann.

Bei einem Gas ergibt sich der Druck aus dem Stoß der Moleküle auf die Wände des Behälters. Somit ist ein durch Teilchen erzeugter Druck stets positiv. In der Allgemeinen Relativitätstheorie fällt diese Beschränkung für den Druck weg. Dort kann der „kosmologische“ Druck auch negativ werden. Ein negativer Druck macht allerdings für „Teilchen“ keinen Sinn. Ein negativer Druck ermöglicht jedoch, dass mit einem wachsenden Volumen trotzdem eine wachsende Energie verbunden sein kann.

In der Kosmologie ist es wegen der Möglichkeit eines negativen Drucks möglich, mit einer Energie Null und einem Volumen Null beginnen zu können und mit wachsender Information eine Fülle von Erscheinungen zu erhalten. Man beginnt sozusagen mit einem „Nichts“ und spaltet dann den immer größer werdenden Inhalt des Kosmos in einen gleichermaßen anwachsenden positiven und negativen Anteil auf. (Siehe auch Kapitel 15 und 16.) Wenn also im Kosmos eine positive Energiedichte entsteht, dann wird dies ausgeglichen durch einen gleichgroßen negativen Anteil, welcher als „negativer kosmologischer Druck“ bezeichnet wird. Die positive Energiedichte formt sich dann in der kosmischen Entwicklung u. a. zu den Entitäten, die in der Sprache der Teilchenphysik als Materie, als Antimaterie und als Energie bezeichnet werden.

Der Zweite Hauptsatz der Thermodynamik spricht über das „Wachsen der Entropie“. Das wird oft als ein „Wachsen der Unordnung“ bezeichnet. Eine bessere Kennzeichnung ist:

> Die Menge der Information, die man nicht oder noch nicht weiß oder wissen könnte, wird im Laufe der Zeit niemals kleiner.

13 Reflexionen über die AQIs

Wenn wir über die größere Genauigkeit der Quantentheorie im Vergleich zur vorhergehenden Physik sprechen wollen, ist ein Blick auf die Anlässe hilfreich, die in der mathematischen Struktur der Quantentheorie deren Genauigkeit erkennen lassen.

13.1 Der Weg zu den quantischen Zuständen

Den Übergang von Aristoteles (384 – 322 v. Chr.) zur modernen Physik kann man an Newtons (1642 – 1727) Erkenntnis festmachen, dass Gesetze z. B. in gleicher Weise das Fallen eines Apfels vom Baum wie auch den Umlauf der Planeten um die Sonne erklären.

Seit Newtons Zeit erforscht man in der Physik Objekte, welche ihre Identität bewahren, und Kräfte, welche zwischen diesen Objekten wirksam werden. Verändern sich die Objekte selbst unter der Wirkung einer Kraft, dann werden die Objekte gemäß der antiken Atomhypothese als zusammengesetzt aus kleineren Objekten verstanden, welche dann ihrerseits als unveränderlich postuliert werden. Wenn ich beispielsweise einen Ast biege, dann wird er auf der einen Seite gestreckt und auf der anderen gedrückt. An den Seiten wird er verbogen. Diese Formänderungen werden sich ändernden Abständen von Molekülen zugeschrieben, die jedoch dabei als unverändert angesehen werden.

Das bereits erwähnte Prinzip einer additiven Zusammensetzung wird auch bei der Behandlung unseres Sonnensystems sehr schön und klar erkennbar. Es gibt die Sonne und es gibt die Planeten und zwischen diesen wirkt die Schwerkraft. Bei dieser Beschreibung des Systems erzielte man sehr gute Resultate. Die Sonne und jeder Planet für sich sind jeweils einzeln die Quelle ihrer Schwerkraftwirkung. Das ganze Sonnensystem erweist sich auf diese Weise als die Summe dieser Objekte.

Als man entdeckte, dass die Bahn des Planeten Uranus nicht genauso verlief, wie sie aus den Gleichungen folgte, hat man nicht gemeint, die großartige Newtonsche Theorie sei damit „falsifiziert“. Man hat sie nicht verworfen. Vielmehr war das Zutrauen in die Erkenntnisse, die man mit der Newtonschen Theorie der Schwerkraft erhalten hatte, sehr groß. So stellte man die Hypothese auf, dass ein noch unbekannter Planet mit seiner Wirkung auf den Uranus dessen Bahn beeinflusst und dass man mit dieser Theorie den Ort dieses vermuteten Planeten berechnen kann. Es war dann ein großer Erfolg, dass tatsächlich an der berechneten Stelle der Planet auftauchte, der später „Neptun“ getauft wurde.

In der Newtonschen Theorie erweist sich wie gesagt das Sonnensystem als die Summe von Sonne und ihren Planeten. Wenn man das Verhalten eines jeden Planeten kennt, dann hat man gemäß klassischer Physik die volle Kenntnis über das System. Somit trifft das in der Quantentheorie zutreffende und bereits erwähnte geflügelte Wort: „Ein Ganzes ist oft mehr als die Summe seiner Teile“ auf die Beschreibung des Sonnensystems mit der Newtonschen Mechanik nicht zu – und auf andere physikalische Systeme ebenfalls nicht.

Daher war es eine große Überraschung, dass die sehr genaue Beschreibung durch die Quantentheorie zeigte, dass in der Natur das Ganzheitsprinzip sehr oft gültig ist – so, wie wir es aus unserem Alltag kennen.

13.2 Komplexes aus Einfachem

Für die Biologie liegt es auf der Hand, dass ein Lebewesen sehr oft mehr ist als die Summe seiner Teile. Für Pflanzen, von denen man Senker kultivieren kann, mag dies etwas anders aussehen. Auch die Planarie, ein kleiner Plattwurm, oder die Hydra, ein Süßwasserpolyp, können sich aus einem abgetrennten Teil vollständig regenerieren. Jedoch für Wirbeltiere gilt die „Unteilbarkeit“ gewiss.

Die Quantentheorie zeigt, dass ein Ganzheitsprinzip bereits in der unbelebten Natur Geltung besitzt. Schon ein Molekül ist mehr und hat völlig andere Eigenschaften als jedes seiner Atome. Wie zeigt sich dies mathematisch?

Um „mehr als eine Summe“ zu erhalten legt nahe, Produkte zu verwenden:

$$2 \cdot 2 \cdot 2 > 2 + 2 + 2 \tag{13.1}$$

In der Quantentheorie werden die Zustände eines Systems, welches aus Untersystemen kombiniert wurde, nicht additiv, sondern multiplikativ miteinander verknüpft. Der mathematische Fachausdruck für diese Bildung ist das „Tensorprodukt der Zustandsräume“. Dabei werden die Dimensionen der Zustandsräume der Teilsysteme nicht wie bei Newton additiv kombiniert. Vielmehr werden die Anzahlen der Dimensionen multiplikativ für das Gesamtsystem kombiniert.

$$H_{\text{gesamt}} = H_1 \otimes H_2 \otimes \ldots \otimes H_n \tag{13.2}$$

Die kleinstmögliche Dimension, welche eine solche multiplikative Bildung von etwas Komplexen aus einfachen Ausgangsteilen ermöglicht, ist zwei, denn $1 \times 1 \times \ldots \times 1 = 1$.

Wir hatten schon vorn auf die Tensorproduktstruktur der Quantentheorie verwiesen. Aus dieser Konstruktion folgt, wie in der Quantentheorie aus einfachen Systemen komplexe Systeme aufgebaut werden. Der Ausgangspunkt der folgenden Untersuchungen ist die These, auf die bereits Carl Friedrich von Weizsäcker seine Überlegungen gestützt hatte:

Mit Tensorprodukten von zweidimensionalen Zustandsräumen lassen sich die Zustandsräume von allen Systemen erzeugen, welche die Physik untersucht.

Dieser Hinweis auf die multiplikative Struktur der Quantentheorie ist auch im Hinblick auf die von John von Neumann begründete[1] „Algebraische Quantentheorie" wichtig. Die mathematischen Operationen an einem physikalischen System kann man miteinander verknüpfen. Man kann sie kombinieren und man kann sie nacheinander ausführen. Das entspricht mathematisch einer Addition und einer Multiplikation. Die Mathematiker sprechen davon, dass die Operatoren eine Algebra bilden.

Algebra der Operatoren

Eine Algebra ist eine Struktur mit zwei Verknüpfungen. Man kann dabei an eine Addition und eine Multiplikation denken.

Da in der Quantentheorie die Zustände eines Systems durch Vektoren charakterisiert werden, benötigt man für den Übergang von einem zu einem anderen (z. B. späteren) Zustand „Operatoren", welche die Vektoren ineinander überführen. In endlichdimensionalen Zustandsräumen werden die Operatoren durch Matrizen dargestellt.

Matrizen können elementweise addiert werden, wenn sie von gleicher Gestalt sind:

$$\begin{pmatrix} a_{11} & a_{12} \\ a_{21} & a_{22} \end{pmatrix} + \begin{pmatrix} b_{11} & b_{12} \\ b_{21} & b_{22} \end{pmatrix} = \begin{pmatrix} a_{11}+b_{11} & a_{12}+b_{12} \\ a_{21}+b_{21} & a_{22}+b_{22} \end{pmatrix}$$

Bei der Multiplikation von Matrizen muss die Anzahl der Spalten, also der Elemente in einer Zeile, beim ersten Faktor gleich der Anzahl der Zeilen, also der Elemente in einer Spalte, beim zweiten Faktor sein. Man kombiniert die Zeilen der ersten Matrix mit den Spalten der zweiten. Das gilt auch für Vektoren. Diese sind spezielle Matrizen (z. B. mit nur einer Spalte).

$$\begin{pmatrix} a_{11} & a_{12} \\ a_{21} & a_{22} \end{pmatrix} \begin{pmatrix} x \\ y \end{pmatrix} = \begin{pmatrix} a_{11}x+a_{12}y \\ a_{21}x+a_{22}y \end{pmatrix}$$

---

1 Murray F. J.; von Neumann, J. (1936) *On rings of operators*, Ann. Math. 37, S. 116–229; Murray F. J.; von Neumann, J. (1937) *On rings of operators II*, Trans. Amer. Math. Soc. 41, S. 208–248; von Neumann, J. (1940) *On rings of operators III*, Ann. Math. 41, S. 94–161; Murray, F. J.; von Neumann, J. (1943) *On rings of operators IV*, Ann. Math. 44, S. 716–808

Zwischen dem Raum der Zustände und den möglichen Operatoren gibt es eine Wechselbeziehung. Ist der Zustandsraum gegeben, so folgen daraus die Operatoren, die in ihm wirken. Ist die Algebra der Operatoren bekannt, so können damit passende Zustandsräume konstruiert werden. Man gibt einen Vektor vor, z. B. das Vakuum, dann entfaltet sich unter der Wirkung der Algebra der Operatoren der gesamte Zustandsraum eindeutig.

Die algebraische Quantentheorie arbeitet auch mit der Idealisierung von unendlichdimensionalen Zustandsräumen und mit den darin auftretenden Operator-Algebren.

Operator-Algebren

In der Quantentheorie spricht man von Zustandsvektoren und von Operatoren, welche Abbildungen zwischen diesen Vektoren vermitteln. Operatoren entsprechen dabei messbaren physikalischen Größen, beispielsweise dem Ort oder dem Drehimpuls.

Bei einem n-dimensionalen Hilbert-Raum H_n bilden die beschränkten linearen Operatoren $B(H_n)$ (die beschränkten Matrizen) eine von-Neumann-Algebra vom Typ I_n.

Auch im unendlichdimensionalen Fall kann man aus den beschränkten Operatoren Algebren bilden. Bei den beschränkten unendlichdimensionalen Matrizen spricht man bei $B(H_\infty)$ von der Algebra vom Typ I_∞.

Die Elemente dieser solchen Algebra $B(H)$ transformieren Zustandsvektoren in Zustandsvektoren, also reine Zustände in reine Zustände.

Sei A eine Teilalgebra von $B(H)$. Dann wird mit A' die Algebra aller der Operatoren bezeichnet, die mit A kommutieren. A ist dann eine von-Neumann-Algebra, wenn sie gleich ist mit dem Kommutanten ihres Kommutanten: $A = A''$.

Falls gilt: $A \cap A' = z \cdot 1$ mit z komplex und 1 als Einheitsoperator, dann bezeichnet man A als „Faktor". Faktoren sind in gewisser Weise den irreduziblen Darstellungen bei den Gruppen verwandt. So wie man Darstellungen einer Gruppe in irreduzible Darstellungen zerlegen kann, kann man analog dazu von-Neumann-Algebren in Faktoren zerlegen.

13.3 AQIs – ein einleuchtendes Postulat

Carl Friedrich von Weizsäcker sprach oft von der „Trivialität der Urhypothese". Damit meinte er, dass seine Urhypothese eine bloße Selbstverständlichkeit sei. Mit Tensorprodukten von zweidimensionalen Quantenstrukturen lassen sich im Prinzip die komplexeren mathematischen und physikalischen Strukturen generieren. Allerdings musste die von ihm intensiv vertretene Verbindung von „Information" mit „Bedeutung" aufgelöst werden. Weizsäcker hatte von Hans Bethe das Misstrauen gegen die Existenz Schwarzer Löcher übernommen. Diese jedoch sind eine Voraussetzung für die Definition einer absoluten Quanteninformation. Mit der damit definierbaren bedeutungsfreien Quanteninformation, also mit einer allgemeineren Vorstellung von Information, wurde es möglich, Weizsäckers Vision zu einer mathematischen und physikalischen Theorie zu entwickeln. Erst damit wurde es u. a. möglich, auch zwischen Entropie und AQIs zu differenzieren (siehe Abschnitt 16.6).

Was bereits an konkreten theoretischen Ergebnissen erreicht wurde, wird in den nachfolgenden Kapiteln gezeigt.

Für die einfachste quantentheoretische Struktur, für ein System mit einem zweidimensionalen komplexen Zustandsraum, besteht die Menge der Operatoren aus 2×2-Matrizen, die einer bestimmten Symmetrie genügen. Sie müssen „symmetrisch" sein. (Sie werden auch als „selbstadjungiert" oder „hermitesch" bezeichnet.)

Selbstadjungiertheit

Die Forderung der Symmetrie bzw. Selbstadjungiertheit bei Matrizen bedeutet, dass bei einer Spiegelung an der Hauptdiagonale sich an der Matrix nichts ändert, wenn das Spiegeln mit einem Wechsel des Vorzeichens am „*i*" verbunden wird.

Beispiel:

$$\begin{pmatrix} 1 & 2+i \\ 2-i & 3 \end{pmatrix}$$

ist symmetrisch,

$$\begin{pmatrix} 1 & 2+i \\ 2+i & 3 \end{pmatrix}$$

ist nicht symmetrisch.

Eine solche Matrix entspricht einer möglichen Messung am System und die Selbstadjungiertheit garantiert, dass dann die Messwerte reelle Zahlen sind – so wie man es für ein faktisches Ergebnis fordern muss.

Solche und noch viele allgemeinere Symmetrieforderungen bilden die Basis für das Entwickeln von Naturgesetzen. „Ähnliches" und vor allem „Gleiches" ändert sich nicht wesentlich, wenn man ähnliche oder gleiche Strukturen miteinander vertauscht.

Ein Beispiel für die Nützlichkeit solcher Symmetrieforderungen kann die Definition eines „Teilchens" liefern. „Ein Teilchen ist ein Objekt, welches bei sämtlichen Bewegungen in Raum und Zeit im Wesentlichen unverändert bleibt" (natürlich ändert sich dabei sein Zustand, aber, wenn ich ein Buch auf dem Tisch verschiebe, dann ist es immer noch dasselbe Buch). Die Symmetriegruppe aller Bewegungen im Minkowski-Raum ist die „Poincaré-Gruppe". Sie zeigt, dass ein Teilchen durch zwei Invarianten charakterisiert ist: seine Masse und sein Spin.

Auch die *Eigenschaften* an einem System können gewissen Symmetrieanforderungen genügen. Dann unterscheidet sich ein Zustand nicht wesentlich von einem anderen. Wenn sich an einer Kugel keine Markierungen befinden, dann kann man den ursprünglichen Zustand nicht von einem gedrehten unterscheiden: „Die Kugel ist rotationssymetrisch." Wenn über ein AQI nichts weiter festgelegt wird, dann kann jeder Zustand von ihm in jeden anderen transformiert werden. Mit solchen Überlegungen werden wir in Kapitel 14 beginnen, das für die Physik so wichtige Thema der Symmetrien zu betrachten.

Zuvor noch einige Bemerkungen zu den Zuständen, die aus den einfachsten Quantenstrukturen folgen. Um die Wirklichkeit zu beschreiben, benötigen wir sehr viele Quantenbits. Carl Friedrich v. Weizsäcker sprach vom „offenen Finitismus". Dies meint, dass es keine feste Grenze für die Anzahl dieser zweidimensionalen Strukturen, für die Ure gibt.

Das Arbeiten mit großen Zahlen kann sehr kompliziert werden. Es wird jedoch vieles einfacher, wenn man zum Grenzwert von unendlich großen Zahlen übergeht. Das ist aus der Sicht des Finitismus eine Idealisierung. Diese erleichtert aber viele Überlegungen und Rechnungen. Man muss allerdings dabei beachten, dass eine solche Approximation eventuell zu unsinnigen Aussagen führen kann, wenn man ihre Nützlichkeitsgrenze überschreitet. Das wiederum muss sich nicht bereits sofort bemerkbar machen, sondern kann sich erst später an unendlich großen Rechenresultaten zeigen.

Idealisierungen sind in der Physik immer wieder notwendig, wenn es darum geht, nur das Wesentliche in einer Beschreibung zu behalten.

Unsere Untersuchungen werden sich daher auch mit Schlussfolgerungen befassen, welche bei unendlich vielen von diesen zweidimensionalen Systemen auftreten können.

Die Dimension des „Zustandsraums" eines Quantensystems gibt an, wie viele grundsätzlich verschiedene Antworten auf eine gegebene Frage an das System höchstens möglich sind. Es geht also hierbei um die Menge der grundsätzlich verschiedenen faktischen Messergebnisse, welche man am System feststellen kann.

Die Menge der Potenzialitäten an einem Quantensystem ist immer unendlich, so wie die Menge der möglichen Punkte auf einem Blatt Papier. Gemeint sind hierbei natürlich die mathematischen Punkte, wie sie durch unendliche Dezimalbrüche charakterisiert werden können. Jeder Punkt mit einem sehr spitzen Stift ist immer schon ein kleiner Kreis mit einem nicht verschwindenden Radius, in den daher unendlich viele Punkte hineinpassen.

Es gibt auf einem Blatt Papier unendlich viele Möglichkeiten, Geraden zu zeichnen. Aber bei den Geraden kommt eine weitere wichtige Eigenschaft hinzu: Auf einem Blatt Papier kann man zwei Geraden so zeichnen, die aufeinander senkrecht stehen und sich in einem Punkt schneiden. Dieser Punkt soll als „Nullpunkt" bezeichnet werden. Dann ist es faktisch unmöglich, eine weitere Gerade auf dem Papier so zu zeichnen, dass sie auf diesen beiden Geraden senkrecht steht und diese ebenfalls im Nullpunkt schneidet, dass sie also prinzipiell verschieden zu beiden ist. Jede weitere Gerade würde eine oder beide in einem anderen Punkt schneiden oder schief zu beiden sein. Papier ist zweidimensional, eine dritte Gerade müsste auf dem Papier senkrecht stehen, wenn sie auf den beiden Geraden zugleich senkrecht stehen soll. Das würde also eine neue Dimension hinzubringen – vom Blatt in die Höhe.

Ein System mit einem zweidimensionalen Zustandsraum wird also maximal zwei grundverschiedene Antworten geben können – ja oder nein.

Die Möglichkeiten beim Quantenbit sind unendlich viele, die Antwort wird jedoch immer ein Bit sein. Deswegen spricht man bei irgendeinem zweidimensionalen Zustandsraum zumeist von einem „Quantenbit". Bekannte physikalische Beispiele für eine konkrete Realisation sind die Polarisation eines Photons oder der Spin eines Elektrons.

Die Bits sind heute, im Zeitalter der Computer, kein Fremdwort mehr. Dass man allein mit Ja-Nein-Antworten sich jedem Problem nähern kann, wurde in meiner Jugendzeit beispielsweise im Fernsehen am „Heiteren-Berufe-Raten" sichtbar. Die Frager des Teams erhielten nur die Antworten ja bzw. nein und es war manchmal verblüffend zu sehen, wie schnell sie einen ausgefallenen Beruf einkreisen konnten. (Zu meiner Überraschung habe ich vor kurzem bemerkt, dass ähnliche Rate-Ereignisse im Fernsehen noch heute stattfinden.)

Wie geschildert wird beim „Quantencomputer" nicht nur mit Null und Eins gerechnet, sondern auch mit allen Werten zwischen 0 und 1, mit Qubits. Es werden allerdings vom vollen zweidimensionalen komplexen Zustandsraum – bezeichnet als C^2 – nur zwei reelle Parameter genutzt. Wenn beispielsweise ein Qubit physikalisch durch die Polarisation eines Photons realisiert wird, dann ist im Experiment die Ausbreitungsrichtung des Photons durch die entsprechende Blendenanordnung bereits vorgegeben. Zwei mögliche Richtungswinkel für den Weg des Photons liegen fest und müssen nicht erfasst werden. Es genügen die beiden verbleibenden Parameter der Blochkugel (siehe Abschnitt 5.2) (die für die Polarisation), um das konkret behandelte Quantenbit an dem gewählten Photon mit seinen noch verbleibenden Möglichkeiten zu beschreiben.

Die wesentlichen Gesichtspunkte sollen noch einmal zusammengefasst werden:

> Die zweidimensionalen Quantenbits, welche für die hier vorliegenden Untersuchungen wesentlich sind und die den vollen C^2 aufspannen, lassen sich als Absolute Bits von QuantenInformation (AQIs) begreifen.

Mit der Einführung der kosmologisch begründeten, daher absoluten und bedeutungsoffenen Quanteninformation, der Protyposis, konnte die sehr naheliegende, aber zu einschränkende Verbindung von „Information" zu „Kenntnis" oder zu „Bedeutung" aufgelöst werden.

Es sei noch einmal daran erinnert, dass die Quantentheorie mit komplexen Zahlen rechnet, weil Fakten und noch nicht faktisch gewordene Möglichkeiten in ihr nicht mit den gleichen Zahlen behandelt werden. Den Fakten kann man die reelle und den Möglichkeiten die imaginäre Achse zuordnen. Für das Quantenbit sind dann jeweils zwei komplexe, also insgesamt vier reelle Achsen, notwendig. Wenn man die Möglichkeiten ausschließt und einen scheinbar nur faktischen Zustand betrachtet, dann kann man die Rechnungen auch in der Quantenmechanik natürlich rein reell durchführen. Ein bekanntes Beispiel dafür sind stationäre Zustände, z. B. vom Wasserstoffatom. Die Energie-Eigenzustände E_n kann man mit der stationären Schrödingergleichung völlig im Reellen lösen. Damit wird dieser konstante, weil wechselwirkungsfreie Zustand als ein Faktum beschrieben. Wird jedoch die Zeit nicht durch eine Vorgabe vollkommen ausgeschlossen, dann wird der stationäre Zustand auch zeitlich beschrieben. Dabei wird seine Eigenschaft deutlich, dass „von außen gesehen" zwar „nichts passiert", dass aber die Zeit t über die imaginäre Phase $e^{iEt/\hbar}$ die „faktenfreie" Veränderung von Möglichkeiten anzeigt.

Für die AQIs kann keine von den Bedingungen vorgeschrieben werden, welche beim „Quantencomputing" wie selbstverständlich erscheinen. Nicht einmal die Phase (ein abstrakter Winkel) kann bei den AQIs ignoriert werden. Wir arbeiten daher mit dem vollen zweidimensional komplexen Raum (mit seinen vier reellen Parametern – genauso vielen wie die Koordinaten von Raum und Zeit).

Weshalb betrachten wir diese einfachsten aller möglichen Quantenstrukturen?

Naturwissenschaft will nicht lediglich beschreiben, was wir in der Natur vorfinden. Eine bloße Beschreibung kann auf jeder Komplexitätsstufe beginnen. Beispielsweise kann man viele physiologische Vorgänge erst einmal in der Weise beschreiben, dass man Moleküle wie Steckbaukästen aus Kugeln und Stäben behandelt. So werden z. B. mit Schlüssel-Schloss-Darstellungen Reaktionen an Proteinen sehr plausibel. Oder man beginnt bei der Darstellung der kosmischen Evolution mit der Existenz von Elementarteilchen. Auch diese sind bereits eine höhere Komplexitätsstufe als die einfachsten Quantenstrukturen.

Eine Grundlegung der Naturwissenschaft muss über das bloße Schildern und Beschreiben hinaus zu einer tatsächlichen Erklärung gelangen. In Kapitel 1 hatten wir verdeutlicht, dass man naturwissenschaftlich unter „Erklären" versteht, dass etwas Komplexes aus Einfacherem konstruiert wird. Ein fundamentales Erklären wird sich zwangsläufig auf das Einfachste beziehen müssen, was logisch und damit mathematisch denkbar ist. Die Einführung der AQIs als die einfachsten aller möglichen Strukturen ist somit unabdingbar.

Aus einer solchen prinzipiellen Feststellung folgen jedoch noch keine konkreten Strukturen. Der Begriff der Protyposis – Griechisch: das Vorgeprägte – soll deutlich machen, dass aus diesen einfachsten von allen Quantenstrukturen sämtliche derjenigen Strukturen aufgebaut werden können, in welche wir die Wirklichkeit zu zerlegen gelernt haben.

Dazu wird in Kapitel 22 gezeigt werden, wie mit einem notwendigen Übergang zu unendlich vielen AQIs eine mathematisch klar definierte Beschreibung von relativistischen Quantenteilchen möglich wird. Ein solcher Übergang bedeutet zugleich auch den Übergang von einer physikalischen Kosmologie, die in Kapitel 16 und 17 vorgestellt wird, zu einer Raumzeit, welche wie ein Tangentialraum an den Kosmos verstanden werden kann. So, wie eine Tangente eine gekrümmte Kurve in einem Punkt berührt, so trifft der Minkowski-Raum, der ebenfalls in alle Richtungen ungekrümmt verläuft, an einer Stelle den realen Kosmos. Da eine Tangente als Gerade wesentlich einfacher ist als eine irgendwie gekrümmte Kurve, lässt auch der Übergang in einen Tangentialraum viele Beschreibungen einfacher werden. Und da die gegenwärtige Krümmung des Kosmos sehr gering ist, ist für viele Bereiche der Physik, vor allem für die Elementarteilchenphysik, dieser Unterschied zwischen Minkowski-Raum und Kosmologie kaum bemerkbar und wird zumeist ignoriert.

14 Symmetriegruppen für Quantensysteme

Symmetrien sind ein wichtiges Hilfsmittel, um Regelmäßigkeiten zu finden und zu beschreiben.

Das Einführen von Symmetrien erleichtert es, Regelmäßigkeiten und Gesetzmäßigkeiten zu entdecken. Und wenn man auch kontinuierliche Symmetrien gefunden hat, dann erlauben diese wiederum, Differenzialgleichungen aufzustellen. Eine Differenzialgleichung ist ein Hilfsmittel, um ausgehend von einer gegebenen Situation in der Gegenwart eine zukünftige Entwicklung berechnen zu können. Wir Menschen suchen also Regelmäßigkeiten und Gesetzmäßigkeiten in der Natur. Das gelingt dann besonders gut, wenn man Symmetrien findet oder sie postulieren kann.

Die Physik des 19. Jahrhunderts verwendete vor allem das mathematische Werkzeug der Differentialgleichungen. Damit war es James Clerk Maxwell (1831–1879) gelungen, die Theorie des Elektromagnetismus zu entwickeln. Optik, Magnetismus und Elektrizität wurden zu einer einheitlichen Theorie zusammengefasst. Im 20. Jahrhundert kam die Gruppentheorie als machtvolles mathematisches Hilfsmittel hinzu. Diese damals für die Physiker neue Mathematik wurde anfangs als „Gruppenpest" geschmäht. So schreibt noch 1931 Eugene Wigner im Vorwort seines Buches „Gruppentheorie und ihre Anwendung auf die Quantenmechanik der Atomspektren":

> *„Man hat gegen die gruppentheoretische Behandlung der Schrödingergleichung oft den Einwand erhoben, daß sie ‚nicht physikalisch' sei. Es scheint mir aber, daß die bewußte Ausnutzung elementarer Symmetrieeigenschaften dem physikalischen Gefühl eher entsprechen muß, als die mehr rechnerische Behandlung. Der erwähnte Einwand dürfte darauf zurückzuführen sein, daß die Gruppentheorie einen wesentlich anderen Charakter hat, als die dem Physiker hauptsächlich geläufigen Teile der Mathematik, so daß es immerhin einige Zeit erfordert, bis man sich mit ihr befreundet hat. Sie besteht nämlich aus einer großen Zahl unscheinbarer Schlüsse,*

die zwar einzeln betrachtet trivial, in ihrer Gesamtheit aber doch nicht so leicht zu überblicken sind.“[1]

Die Gruppentheorie erwies sich trotz anfänglicher Widerstände immer mehr als ein sehr nützliches Werkzeug zum Erkennen und theoretischen Bearbeiten von Strukturen.

Eine Gruppe kann als eine mathematische Beschreibung von miteinander korrelierten Handlungen verstanden werden. Kinder können einen Klotz auf dem Tisch hin- und herschieben, sie können ihn drehen und auch wieder in die Anfangspositionen zurückbringen. Diese Handlungen könnte man mathematisch als eine „Gruppe“ beschreiben.

Definition einer Gruppe

Eine Gruppe ist eine Struktur mit einer Verknüpfung – oft als Addition oder als Multiplikation veranschaulicht – mit den folgenden Eigenschaften für die Elemente:

- Es gibt ein neutrales Element. Die Kombination mit diesem verändert nichts, z. B. die Addition von Null oder – in einer anderen Verknüpfung wie der Multiplikation – die Multiplikation mit 1.
- Das „Hintereinander-Ausführen" von zwei Elementen aus der Gruppe ist wieder ein Element der Gruppe. Dieses „Zusammenfassen von zwei benachbarten Elementen zu einem" kann bei einem Ausführen von vielen Elementen in beliebiger Weise erfolgen (es können beliebig Klammern gesetzt werden – Assoziativgesetz).
- Und schließlich gibt es zu jedem Element ein zweites, sodass deren Kombination das neutrale Element ergibt.

Diese Schilderung einer Gruppe klingt sehr einfach. Die eigentliche Stärke dieses Zweiges der Mathematik wird erst erkennbar, wenn man weitere Differenzierungen zulässt. So gibt es Gruppen mit nur endlich vielen Elementen. Beispielsweise kann man einen Würfel nur auf 24 verschieden Weisen drehen, sodass der Würfel danach aussieht wie zuvor (sofern sich an ihm keine Markierungen befinden.) Dem neutralen Element entspricht „keine Drehung“. Drei Drehachsen gehen durch die Mitte der Seitenflächen, da kann man um Vielfache von 90° drehen, vier Achsen gehen durch die Ecken und ermöglichen Drehungen um Vielfache von 120°, sowie sechs Achsen durch die Mitte der Kanten mit Drehungen um 180°.

Nimmt man statt des Würfels eine Kugel, dann hat man beliebig viele Drehachsen mit beliebigen Drehwinkeln. Kennzeichnet man einen Punkt der Kugeloberfläche, z. B. den Nordpol, als aktuell ausgewählten Zustand, dann kann dieser auf jeden beliebi-

[1] Wigner, E. (1931) *Gruppentheorie und ihre Anwendung auf die Quantenmechanik der Atomspektren*, Friedr. Vieweg & Sohn, Braunschweig

gen Punkt gedreht werden. Das ist ein Beispiel dafür, dass durch eine Symmetrietransformation jeder Zustand in andere Zustände transformiert werden kann.

Irreduzibilität

Wenn aus einem Zustand unter der Wirkung der Gruppe jeder andere erreicht werden kann, dann nennt man den Raum der Zustände unter der Symmetrie unzerlegbar (irreduzibel).

Eine Zerlegbarkeit deutet immer daraufhin, dass keine Ganzheit beschrieben wird, sondern etwas, das als zusammengesetzt verstanden werden sollte.

Die Parameter solcher kontinuierlicher Gruppen wie die Drehungen einer Kugel bilden differenzierbare Mannigfaltigkeiten. Daher kann bei ihnen auch der ganze Apparat der Differential- und Integralrechnung zum Einsatz kommen.

14.1 Der Weg zu den Symmetrien für das Quantenbit

Für ein Quantenbit ist der Zustandsraum der zweidimensionale Raum der komplexen Zahlen. Er besitzt wie erwähnt vier reelle Parameter.

Im Jahre 1955 hatte Weizsäcker seine ersten Überlegungen zu „Komplementarität und Logik" publiziert.[2] Als Beispiel führt er u. a. aus:[3]

> *„Es sei etwa ein Magnetfeld in der z-Richtung vorgegeben. Die ursprüngliche Alternative lautet dann: a_1: ‚der Spin liegt in der positiven z-Richtung'; a_2: „der Spin liegt in der negativen z-Richtung'. Jedem Spinor (u, v) entspricht dann eine Richtung, in der der Spin orientiert ist, wenn a_1 und a_2 die ‚Wahrheitswerte" u bzw. v haben. Man kann diese Richtung z. B. durch ihre Richtungskosinusse definieren:*

$$x = uv^* + vu^*;\ y = \mathrm{i}\left(uv^* - vu^*\right);\ z = uu^* - vv^*$$

$$x^2 + y^2 + z^2 = 1 \tag{7}$$

oder durch die Polarwinkel ϑ, φ

$$u = \cos\left(\frac{\vartheta}{2}\right)\mathrm{e}^{\left(-\frac{\mathrm{i}\varphi}{2}\right)};\quad v = \sin\left(\frac{\vartheta}{2}\right)\mathrm{e}^{\left(\frac{\mathrm{i}\varphi}{2}\right)} \tag{8}$$

2 Weizsäcker, C. F. v. (1955) *Komplementarität und Logik I*, Naturwiss. 42, S. 521–529 und S. 545–555

3 Weizsäcker, C. F. v. (1955), S. 547

Bereits damals hatte Weizsäcker folgende (man könnte sagen: revolutionäre) Vermutung publiziert:

> *„Die Quantenlogik der einfachen Alternative führt zu einer Mannigfaltigkeit von Zuständen, die der Gesamtheit der Richtungen im dreidimensionalen reellen Raum zugeordnet werden kann [vgl. Gl. (7) und (8)]. Es ist die bekannte Mathematik der Spinoren. Gibt man die Normierung auf, so fällt die letzte der vier Gleichungen (7) fort, und man erhält eine Mannigfaltigkeit von Zuständen, die der der Punkte im dreidimensionalen Raum zugeordnet werden kann. Ich möchte vermuten, daß die mathematischen Eigenschaften des wirklichen physikalischen Raumes auf diese Weise aus der Komplementaritätslogik folgen. Das Argument, das ich bisher nicht streng formulieren kann, macht von der Forderung der Konsistenz der Logik bei mehrfacher Quantelung Gebrauch: Wenn die Physik überhaupt einfache Alternativen zuläßt, so definieren diese stets, zunächst abstrakt, dreidimensionale reelle Räume. Also ist zu erwarten, daß es eine Darstellung der Physik gibt, in der diese die Vorgänge in dreidimensionalen reellen Räumen oder vielleicht in einem solchen Raum beschreibt."*[4]

Wie in Kapitel 7 erwähnt, wurde die mehrfache Quantelung in einer anderen Arbeit auf ihre Konsequenzen hin untersucht:

> *„In der bisher besprochenen n-fachen Alternative besteht die Quantelung in der Zuteilung komplexer Wahrheitswerte an die Grundaussagen."*[5]

In diesen drei frühen Arbeiten wurde die Kosmologie nicht eingeschlossen und auch noch nicht als notwendige Aufgabe formuliert. Allein die Vorstellung, Strukturen des Raumes aus quantentheoretischen Überlegungen herzuleiten, war so revolutionär, dass eine enge Verbindung von Quantentheorie und Kosmologie damals noch weit hinter dem Horizont des Erkennbaren lag. Damals war auch noch nicht erkennbar, welch ein fundamentaler Unterschied zwischen einer binären Alternative und einem kleinsten Teilchen bestand. Letzteres wurde wegen seiner Spin-Eigenschaften auch als Spinor bezeichnet. Dies führte später zu Missverständnissen, indem auch die Alternativen nur als Spin im üblichen Sinne missverstanden wurden.

Der Prozess der mehrfachen Quantelung wurde von Weizsäcker oft als die „naive mehrfache Quantelung" bezeichnet. Es wurde definiert:

> *„Wir führen nun einen abstrakten ‚logischen' Sinn des Wortes ‚Quantelung' ein. In der bisher besprochenen n-fachen Alternative besteht die Quantelung in der Zuteilung komplexer Wahrheitswerte an die Grundaussagen."*[6]

---

[4] Weizsäcker, C. F. v. (1955), S. 552

[5] Weizsäcker, C. F. v.; Scheibe, E.; Süssmann, G. (1958) *Komplementarität und Logik III/Mehrfache Quantelung*, Zeitschrift für Naturforschung A, 13, S. 705 – 721

[6] Weizsäcker, C. F. v. (1992) *Zeit und Wissen*, Hanser, München, S. 314

Diese Zuordnung wurde als viel einfacher und daher auch „naiver“ angesehen als die üblichen Verfahren mit den Übergängen von Poisson-Klammern zu Kommutatoren, der Einführung von Erzeugungs- und Vernichtungs-Operatoren oder der Berechnung von Pfad-Integralen.

Später konnte vom Autor gezeigt werden[7)], dass hinter diesem Verfahren eine Struktur liegt, in welcher der eigentliche Kern der Quantentheorie zum Vorschein kommt: Man geht von einer Darstellung der klassischen Fakten über zur Menge der komplexwertigen Funktionen über diesen Fakten und kann dadurch die quantischen Potenzialitäten erfassen. In der Mathematik bezeichnet man dies als den *„Übergang zur Potenzmenge“*, zur Menge der Teilmengen einer Menge oder auch der Funktionen über einer Menge. Bekanntlich werden Potenzen (mit gleicher Basis) miteinander *multipliziert* (ein nichtlinearer Vorgang), in dem die Exponenten *addiert* werden (ein linearer Vorgang).

Auch dies ist ein charakteristischer Zug der Quantentheorie: Eine im Allgemeinen nichtlineare klassische Theorie geht über in eine lineare Quantentheorie.

Dazu die Feststellung aus dem Jahre 1999:

> *„Weizsäcker hat diesen Prozeß als ‚naive Quantisierung‘ bezeichnet. Diese Darstellung ist allerdings zu naiv, wenn man den tatsächlichen Übergang von einem Teilchen der klassischen Mechanik zu seiner quantisierten Beschreibung erfassen möchte. Bei der Darstellung der mehrfachen Quantisierung werden wir auf dieses Problem noch genauer eingehen. Sie ist aber keineswegs naiv, wenn man die Grundstruktur der Quantisierung erfassen und verdeutlichen will.*
> *Mit der Quantisierung werden klassische Strukturen in eine sehr reichhaltige und zugleich lineare Struktur überführt. So geschieht die quantenmechanische Beschreibung eines Teilchens bereits in einem unendlichdimensionalen Raum, der aus den Funktionen über seinen Ortskoordinaten gebildet werden kann…*
> *Mit diesem Übergang jeweils von einem Punkt zu einer Geraden, oder – mathematisch gesprochen – von einer Menge zu der Menge der Funktionen auf dieser ursprünglichen Menge, zur Potenzmenge – ist das Wesen des sogenannten Quantisierungsprozesses im Prinzip erfaßt.“*[8)]

Was ist mit dem Übergang von klassischen Strukturen in eine sehr reichhaltige und zugleich lineare Struktur gemeint?

Der Zustand eines Teilchens in der Mechanik wird durch seine drei Ort- und drei Impulskoordinaten erfasst. Deren Veränderung wird im Allgemeinen durch eine nichtlineare Funktion dieser Koordinaten beschrieben.

---

7 Görnitz, T. (1999)

8 Görnitz, T. (1999), S. 113

Der Zustand eines Teilchens in der Quantenmechanik wird durch eine Funktion von allen möglichen Orts- oder Impulskoordinaten erfasst. (Diese Funktion enthält so viel Information, dass aus ihrer Darstellung als Funktion der Orts- *oder* der Impulskoordinaten allein die jeweils andere Form berechnet werden kann.) Die Veränderung des Zustands wird im Allgemeinen durch eine lineare Abbildung im linearen Raum aller dieser Funktionen beschrieben.

Die quantenmechanische Beschreibung eines Teilchens erfolgt in einem unendlich-dimensionalen Zustandsraum, der aus den Funktionen über seinen Ortskoordinaten gebildet werden kann. Die quantentheoretische Beschreibung verwendet viel mehr Daten und kann daher viel genauer und somit reichhaltiger sein als die klassische Beschreibung.

Symmetrie und Gruppen

Symmetrien erlauben an einem System Transformationen vorzunehmen, ohne dass eine Veränderung erkennbar wird. So kann ein Quadrat um Vielfache von 90° gedreht und ein Sechseck um Vielfache von 60°, ohne dass eine Veränderung zu bemerken ist. Einen Kreis und eine Kugel kann man um einen beliebigen Winkel ohne merkliche Veränderung drehen.

Das Hintereinander-Ausführen solcher Transformationen ist wieder eine Transformation. Die entgegengesetzte Bewegung macht eine Transformation ungeschehen, und wenn man nichts unternimmt, dann bleibt alles ungeändert.

Diese Transformationen bilden eine Gruppe.

Eine Gruppe ist eine mathematische Struktur mit einer Verknüpfung. Bei den Drehungen des Kreises werden die Drehwinkel additiv zusammengefasst. Die Reihenfolge der Drehungen spielt dabei keine Rolle. Sie bilden eine „abelsche oder kommutative Gruppe", nach Henrik Abel (1802 - 1829). Anders liegt der Fall bei einem Rubik-Würfel. Bei diesem hängt das Ergebnis sehr von der Reihenfolge der Drehungen ab. Man spricht dabei von einer „nichtkommutativen Gruppe".

Eine „diskrete Gruppe" erlaubt nur feststehende Veränderungen (wie bei Quadrat und Sechseck), eine „kontinuierliche oder Liesche Gruppe" beliebig kleine (wie beim Kreis). Sophus Lie (1842 - 1899) hatte die fruchtbare Theorie dieser kontinuierlichen Gruppen begründet. Er zeigte, wie in diesen Gruppen durch die Verbindung zur Differential- und Integralrechnung bedeutsame Zusammenhänge deutlich werden.

Bei Drehungen in Räumen mit reellen Koordinaten bleibt die Länge von Vektoren ungeändert. Man nennt sie die orthogonalen Gruppen. Wenn keine Spiegelung dabei ist, heißt sie „speziell". In der Ebene ist das die $SO(2)$ und im Raum die $SO(3)$.

Werden komplexe Zahlen erlaubt, kommt man zu den „unitären" Gruppen. Auch diese lassen die Länge von Vektoren ungeändert. Die einfachste der unitären Gruppen ist die $U(1)$. Im zweidimensionalen komplexen Raum ist es die $SU(2)$ und in einem dreidimensionalen komplexen Raum die $SU(3)$.

Die Quantentheorie arbeitet unter der Voraussetzung, dass die Wahrscheinlichkeiten für alle im Laufe der Zeit möglichen Ereignisse zwischen null und eins liegen. Der mathematische Ausdruck dafür lautet: „unitäre Zeitentwicklung". Daher werden auch für die Quantenbits primär unitäre Gruppen wesentlich, die *U*(1), die unitäre Gruppe in einer Dimension, sowie die *SU*(2), die spezielle unitäre Gruppe in zwei komplexen Dimensionen. Die Gruppe *U*(1) verkörpert eine Phase. Sie erlaubt einen „stationären Zustand", also eine zeitliche Variation, obwohl sich *nichts Messbares* verändert.[9] Die Gruppe *SU*(2) kann interpretiert werden in Analogie zu den Drehungen, denn die „Länge" der Vektoren bleibt bei den Transformationen ungeändert, sie finden aber im Raum komplexer Zahlen statt. In der Arbeit von Weizsäcker, Scheibe und Süssmann[10] wurde die Forderung der Unitarität teilweise aufgegeben.

Ein Verzicht auf die Unitaritätsforderung eröffnet eine wichtige Verbindung, um aus der Quantentheorie der AQIs eine Verbindung zur *Speziellen* Relativitätstheorie herzustellen.

Dazu ist eine Uminterpretation des Wahrscheinlichkeitsbegriffes notwendig.

Die Wahrscheinlichkeiten bleiben damit nicht auf das Intervall zwischen null und eins beschränkt. Das erinnert in gewisser Weise an den Unterschied zwischen einer Wahrscheinlichkeit, welche die günstigen zu den möglichen Fällen in ein Verhältnis setzt, und der *thermodynamischen Wahrscheinlichkeit*. Die übliche Wahrscheinlichkeit variiert zwischen null und eins, bzw. zwischen 0 % und 100 %. Die thermodynamische Wahrscheinlichkeit hingegen erfasst die Anzahl der Mikrozustände bei einem gegebenen Makrozustand. Sie kann somit beliebig groß werden und ist nicht auf ein Intervall zwischen 0 % und 100 % beschränkt.

Damit kann in einer gewissen Weise eine veränderliche Anzahl von Quantenbits berücksichtigt werden, die im Prinzip bis ins Unendliche gehen kann. Die Gruppe der Symmetrien erweitert sich dann in diesem zweidimensionalen Zustandsraum zur Gruppe *SL*(2, *C*). Neben den unitären Transformationen (den komplexen „Drehungen") enthält die Gruppe auch Streckungen und Stauchungen.

Diese lokalkompakte Gruppe *SL*(2, *C*), die Spezielle Lineare Gruppe in zwei komplexen Dimensionen, ist lokal isomorph zu der Gruppe *SO*(3, 1). Diese spezielle orthogonale Gruppe, die auch als Lorentz-Gruppe bezeichnet wird, ist die Symmetriegruppe im Minkowski-Raum mit seinen 3+1 Dimensionen von Raum und Zeit, also die Symmetriegruppe der Speziellen Relativitätstheorie.

Der komplexe zweidimensionale Raum enthält vier reelle Parameter – so wie der Minkowski-Raum auch. Beide Räume haben auf den ersten Blick eine unterschiedliche Struktur. Der Hinweis, dass i • i = –1, lässt vielleicht beim Übergang vom C^2 zum

9 Görnitz, T.; Görnitz, B. (2002), S. 89 ff.

10 Weizsäcker, C. F. v.; Scheibe, E.; Süssmann, G. (1958)

Minkowski-Raum den Unterschied zwischen der Zeitkoordinate und den Ortskoordinaten leichter verstehbar werden, wie er an der Metrik des Minkowski-Raums deutlich wird: $ds^2 = -dt^2 + dx^2 + dy^2 + dz^2$.

Die manchmal von Außenstehenden vorgenommene unzutreffende Interpretation der quantisierten binären Alternativen, die später von Weizsäcker als „Ure" bezeichnet wurden, als „Spinoren", also als Beschreibung eines Fermion-Teilchens mit Spin ½, hat aus meiner Sicht dazu beigetragen, dass dieser Arbeit noch nicht der erwünschte Erfolg beschieden war. So schrieb v. Weizsäcker:

> *„Die Arbeit hat damals begründeterweise wenig Resonanz gefunden. Ihr hafteten drei wesentliche Mängel an:*
> *1. Die begrifflichen Grundlagen des Ansatzes waren nicht geklärt.*
> *2. Wir waren daher nicht imstande, die formal hergeleiteten Gleichungen einerseits mit ihren Voraussetzungen, andererseits mit der Erfahrung in einen physikalisch durchsichtigen Zusammenhang zu bringen; so unterliefen uns in der Deutung unserer Formeln einige Inkonsistenzen.[1]*
> *([1] Ich gab etwa 1972 die Arbeit J. Jauch zu lesen, der sie nicht gekannt hatte, der sich aber inzwischen für unsere späteren Arbeiten (mit M. Drieschner und L. Castell) sehr interessierte. Auf meine Frage nach seiner Lektüre: ‚Hätte Sie dieser Text damals überzeugt?' sagte er freundlich lächelnd: ‚Nein!')*
> *3. Es gelang uns nicht, die Wechselwirkung zu beschreiben."*[11]

Weder das damals verwendete noch das später von Lutz Castell vorgeschlagene Teilchenkonzept[12] entsprachen den Bedingungen, die an ein Teilchen im Minkowski-Raum zu stellen sind. Die von Castell vorgeschlagene Erzeugung von Uren aus dem Ur-Vakuum ist zwar eine mathematisch erlaubte Bildung, führt jedoch nicht wie von ihm behauptet zum (in dieser Zeit noch als masselos verstandenen) Neutrino oder überhaupt zu einem Teilchen.

Zutreffend aber konnte damals von Weizsäcker argumentiert werden, dass bei einem Verzicht auf den Finitismus ein Übergang von den quantisierten binären Alternativen zur Speziellen Relativitätstheorie offensteht. Zwar lässt die Lorentz-Gruppe in abstrakter Weise die Raum-Zeit-Abstände im Minkowski-Raum invariant, jedoch eine volle Symmetrie für alle Bewegungen von Teilchen erfordert eine noch größere Gruppe.

Teilchen und Poincaré-Gruppe

Für die Darstellung von Teilchen im Rahmen der Speziellen Relativitätstheorie ist es notwendig, auch die Translationen einzubeziehen. Damit kommt man zur Poincare-Gruppe und damit zur mathematischen Darstellung von Teilchen.

---

[11] Weizsäcker, C. F. v. (1985), S. 450

[12] Weizsäcker, C. F. v. (1985), S. 443 ff.

> Erst mit der Poincaré-Gruppe wurde es möglich, in mathematisch sauberer Weise physikalische Teilchen zu definieren und ihr Verhalten zu beschreiben.[13)]

Die Poincare-Gruppe wird auch als „inhomogene Lorentz-Gruppe“ bezeichnet. Sie erweitert die Lorentz-Gruppe um die Translationen.

Mit der Poincaré-Gruppe ist es möglich, eine klare und mathematisch wohldefinierte Definition für ein „Teilchen“ zu geben. Sie ist eine in der Elementarteilchenphysik besonders wichtige Gruppe. Ein Teilchen kann in Raum und Zeit bewegt werden. Dabei verändert sich nur sein Zustand, das Teilchen selbst bleibt dabei mit sich identisch. Die Mathematik der Poincaré-Gruppe zeigt dann, dass die möglichen Typen von Teilchen durch zwei physikalische Größen charakterisiert und unterschieden werden, durch ihre Masse sowie durch ihren Spin.

Die Masse m kann Werte von 0 (Photonen sind masselos) bis unendlich annehmen:

$$0 \leq m < \infty \tag{14.2}$$

Der Spin kann die Werte 0, ½, 1, 3/2 usw. erhalten. Objekte von diesen Typen werden in der Realität gefunden.

(Natürlich gibt es noch weitere Darstellungen der Poincaré-Gruppe. Zu diesen gehören beispielsweise solche mit einer imaginären Masse, die zu den aus Science-Fiction-Filmen bekannten Tachyonen führen. Auch daran wird deutlich, dass die Möglichkeiten der Mathematik mehr umfassen, als in der physikalischen Realität gefunden werden kann.)

14.2 Symmetrien an Quantensystemen mit einem zweidimensionalen Zustandsraum

Quantenzustände haben mit Möglichkeiten, mit Potenzialitäten zu tun. „Irgendetwas“ wird immer eintreten. Diese „Gewissheit“ wird dadurch erfasst, dass diesen „100 %“ mathematisch eine Normierung des Zustandsvektors auf 1 entspricht. Ein zweidimensionaler komplexer Vektor im C^2 hat die Form

$$\vec{z} = (z_1, z_2) = (x_1 + \mathrm{i}y_1, x_2 + \mathrm{i}y_2) \tag{14.3}$$

Eine komplexe Zahl z enthält die beiden reellen Zahlen x und y sowie die imaginäre Einheit i mit $\mathrm{i}^2 = -1$. Die „Norm“, die Länge des Vektors, wird über das „Skalarprodukt“

---

[13] Görnitz, T.; Graudenz, D.; Weizsäcker, C. F. v. (1992) *Quantum field theory of binary alternatives*, Intern J Theoret Phys 31: S. 1929–1959

des Vektors mit sich selbst berechnet. Dabei wird bei dem zweiten Faktor aus der Zeile eine Spalte mit einem Vorzeichenwechsel bei der imaginären Einheit i

$$\begin{aligned}\vec{z}\cdot\overline{\vec{z}} &= (x_1+\mathrm{i}y_1, x_2+\mathrm{i}y_2)\cdot\begin{pmatrix}x_1-\mathrm{i}y_1\\x_2-\mathrm{i}y_2\end{pmatrix}\\ &= (x_1+\mathrm{i}y_1)\cdot(x_1-\mathrm{i}y_1)+(x_2+\mathrm{i}y_2)\cdot(x_2-\mathrm{i}y_2)\\ &= x_1^2+y_1^2+x_2^2+y_2^2=1\end{aligned} \tag{14.4}$$

Aus Sicht der Quantentheorie ist eine Symmetrie, welche die Norm eines Vektors ungeändert lässt, gleichsam „natürlich“.

14.2.1 Die normerhaltende *SU*(2)-Symmetrie

Die Symmetriegruppe, welche im C^2 die Vektoren in ihrer Länge ungeändert lässt, kann in zwei Teile zerlegt werden, sie werden üblicherweise als *U*(1) und *SU*(2) bezeichnet. Das *U* bedeutet „unitär“ und meint, dass die Länge eines Vektors unter der Transformation nicht verändert wird. Im Reellen entspricht das einer Drehung. Eine Streckung oder Stauchung ist dabei nicht erlaubt. Das *S* bei *SU*(2) meint „speziell“ und bedeutet, dass die Determinante der Transformationsmatrizen nicht negativ wird. Die Gruppe *U*(1) ist ein Phasenfaktor:

$$e^{-i\varphi} \tag{14.5}$$

Die Matrizen der Gruppe *SU*(2) haben die Form

$$\begin{pmatrix}a+ib & c+id\\-c+id & a-ib\end{pmatrix} \tag{14.6}$$

mit der speziellen Nebenbedingung:

$$a^2+b^2+c^2+d^2=1 \tag{14.7}$$

Die Matrizen sind erkennbar nicht symmetrisch, sie sind „unitär“. Die „adjungierte“ Matrix entsteht dadurch, dass an der Hauptdiagonale gespiegelt und „*i*“ durch „-i“ ersetzt wird. Für eine unitäre Matrix ist das Produkt mit ihrer Adjungierten gleich der Einheitsmatrix:

$$\begin{pmatrix}+a+ib & +c+id\\-c+id & +a-ib\end{pmatrix}\cdot\begin{pmatrix}+a-ib & -c-id\\+c-id & +a+ib\end{pmatrix}=\begin{pmatrix}a^2+b^2+c^2+d^2 & 0\\0 & a^2+b^2+c^2+d^2\end{pmatrix}=\begin{pmatrix}1 & 0\\0 & 1\end{pmatrix}$$

> An der Formel 14.7 sieht man sofort, dass die Mannigfaltigkeit, die von den Parametern der Gruppe *SU*(2) aufspannt wird, eine S^3 ist, die dreidimensionale „Oberfläche“ einer vierdimensionalen Kugel.

So wie die zweidimensionale Oberfläche einer dreidimensionalen Kugel, z. B. der Erde, zwar endlich groß ist aber keine Randlinie hat, an der sie endet und wo man herunterfallen könnte, hat die S^3 ein endlich großes Volumen aber keine Randwände, an denen der Raum enden würde.

Vielleicht ist es wichtig darauf zu verweisen, dass wir zwar eine mathematisch klare Beschreibung einer solchen S^3 (S wie Sphäre) erstellen können, dass aber die Vorstellung eines Raumes mit einem endlichen Volumen ohne Wände kaum erfassbar ist. Die S^3 muss als ein „Faserbündel", als eine „Hopf-Faserung" beschrieben werden. Sie war 1931 von Heinz Hopf (1894–1971) gezeigt worden.

Faserbündel

Um ein Faserbündel zu verstehen beginnen wir mit dem „normalen" dreidimensionalen Raum. In der Umgebung eines jeden Punktes sieht alles so aus, wie wir es aus dem Alltag gewohnt sind. Wir können den Raum beschreiben, indem wir jedem Punkt auf der nach oben gerichteten Achse eine waagrechte Fläche zuordnen. Keine dieser Flächen schneidet eine andere. (Die Seiten eines liegenden Buches sind ein Beispiel.) Der dreidimensionale Raum wird zu einer „Faserung" aus Ebenen.

Bei der S^3 wird es viel „verwickelter". Der Boden, auf dem wir im Alltag stehen, muss dann wie die Oberfläche der Erde als Oberfläche einer Kugel vorgestellt werden, als S^2, und nicht als Ebene. Die dritte Dimension, die nach oben geht, ist nun eine Kreislinie, eine S^1, und keine Gerade. Jedem Punkt der Kreislinie ist dann eine S^2 zugeordnet. Dann aber muss alles so ineinander „verschraubt" werden, dass keine S^2 eine andere S^2 schneidet.

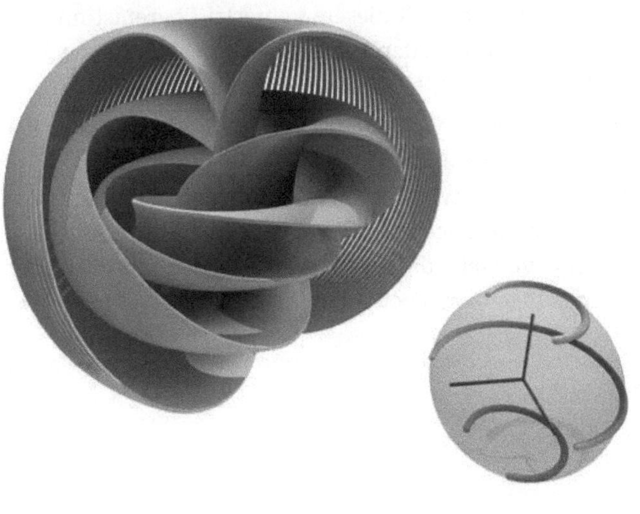

Bild 14.1 Veranschaulichung der Hopf-Faserung einer S^3 aus Kugelflächen S^2, die an einem Kreis S^1 „aufgereiht" sind. Zumindest wird deutlich, dass es „sehr verwickelt" ist.[14)]

[14] Quelle: *https://upload.wikimedia.org/wikipedia/commons/thumb/b/b9/Hopf_Fibration.png/1152px-Hopf_Fibration.png*, vom 02. 02. 2021

Die Frage, weshalb der Raum, in welchem sich alles Existierende befindet, drei Dimensionen hat, war lange Zeit ohne eine befriedigende Antwort geblieben. Allerdings hatte C.F.v. Weizsäcker wie erwähnt in den 1950er-Jahren geschrieben, dass er in der Quantentheorie der „binären Alternativen" den tieferen Grund dafür sieht. So bezieht sich Drieschner auf Heisenberg und Weizsäcker, wenn er formuliert:

> *„Der Raum ist diejenige Mannigfaltigkeit, mit der die Stärke der Wechselwirkung parametrisiert wird."*[15)]

Von dieser naturphilosophischen Kennzeichnung – Kräfte hängen vom Abstand ab – ausgehend, werden mit den AQIs in Kapitel 23 die konkreten mathematischen Strukturen der Wechselwirkungen beschrieben, die es im Rahmen der Quantentheorie in der Natur gibt.

Dass der Ortsraum die Wechselwirkungen parametrisiert, das kann man leicht einsehen, wenn man bedenkt, dass alle Wechselwirkungen vom Abstand (von der Distanz im Raum) – und manchmal noch von dessen Zeitableitung (von der Geschwindigkeit) – abhängen. Schließlich bedeutet Wechselwirkung eine Interaktion zwischen getrennten Objekten – und Trennung ist hierbei räumlich gemeint.

Wenn man diese Vorstellung in den Bereich der Gruppentheorie überträgt, dann kann man etwa wie folgt argumentieren:

Eine Transformationsgruppe von Bewegungen in Raum und Zeit erlaubt es, einen Zustand in einen anderen zu überführen. Ein simples Beispiel bietet eine Uhr mit zwei Zeigern. Wenn ich an einem Zeiger drehe, so kann dieser mit dem zweiten Zeiger zur Deckung gebracht werden – gleichgültig wohin der zweite zeigt. Der erste kann aber auch so bewegt werden, dass er auf dem zweiten senkrecht steht, also mit ihm einen rechten Winkel bildet und somit mit diesem keinerlei Übereinstimmung hat. Wenn ich allerdings die ganze Uhr drehe, dann zeigen zwar beide Zeiger in eine neue Richtung, aber das Verhältnis zwischen ihnen bleibt unverändert.

Ähnlich verhält es sich mit dem Beispiel von Quantenbits. Werden alle Zustände der gleichen Transformation unterworfen, so ändert sich *zwischen* ihnen nichts. Wird aber nur ein AQI transformiert, dann ändern sich die Beziehungen zu den anderen Zuständen. Wenn man die Übereinstimmungen zwischen zwei Vektoren als ein „Bild für eine Wechselwirkungsstruktur" versteht, dann können die Transformationen der $SU(2)$ als ein Maß für die Veränderungen zwischen ihnen interpretiert werden.

Die Parameter der $SU(2)$, die wie erwähnt eine S^3 formen, werden so zu den Koordinaten des Ortsraumes.

[15] Drieschner, M. (1979) *Voraussage, Wahrscheinlichkeit, Objekt*, Lect. Notes in Physics 99, Berlin

Als wichtige Aufgabe hatte Weizsäcker verdeutlicht, dass man diesen Raum eine Metrik einführen muss, also die Möglichkeit, einen Abstand zu definieren.[16)]

Wie anschließend in Kapitel 15 ausführlich erläutert wird, war es mit der Darstellungstheorie möglich geworden, einen solchen dreidimensionalen Raum, wie ihn Weizsäcker bereits seit langem vorgeschlagen hatte, auch messbar werden zu lassen. Dafür war es notwendig, in diesem Raum eine Längeneinheit zu definieren – und genau das hatte die Darstellungstheorie für die Gruppe $SU(2)$ ermöglicht.

Bei der Darstellung einer Gruppe wird jedem Element der Gruppe eine spezielle quadratische Matrix zugeordnet. Alle diese Matrizen haben die gleiche Anzahl von Zeilen (und somit auch von Spalten). Dieser Zahl entspricht zugleich die Dimension des Darstellungsraumes, also des Zustandsraumes von dem Quantensystem, welches mit dieser Darstellung beschrieben wird. Der Verknüpfung von zwei Elementen der Gruppe entspricht die Multiplikation der zugeordneten Matrizen.

Die Vektoren in einem Darstellungsraum kann man mathematisch auch als Funktionen interpretieren. Dass man Funktionen als einen „Vektor" in einem abstrakten mathematischen Raum darstellen kann, bedeutete einen gewaltigen Abstraktionsschritt. Einen beliebigen Vektor im dreidimensionalen Raum kann man aus den drei Einheitsvektoren in Richtung der drei Koordinatenachsen mit entsprechenden Vorfaktoren additiv aufbauen.

Mit der Erkenntnis, dass man Funktionen durch Summen anderer Funktionen sehr gut approximieren kann, eröffnete sich das Feld der „Funktional-Analysis". Solche Funktionenreihen kennt man als „Taylor-Reihen" aus den Potenzen oder wie bereits beschrieben als „Fourier-Reihen" von Sinus- und Cosinus-Funktionen:

$$f(x)=\sum_{n=0}^{\infty}a_n x^n \tag{14.8}$$

bzw.

$$f(x)=a_0+\sum_{n=1}^{\infty}\left(a_n\cdot\sin(nx)+b_n\cdot\cos(nx)\right)$$

Wenn beispielsweise die Summe über die Sinus- und Cosinus-Funktionen nur bis zu einem bestimmten n läuft, dann können damit Funktionen über dem Kreis nur bis zu einer kleinsten Wellenlänge, bis zu $2\pi/n$ erfasst werden.

Durch geeignete Definitionen konnte man erklären, was es bedeuten soll, dass zwei Funktionen „orthogonal" zueinander sind. Auch konnte definiert werden, was „ein Skalarprodukt" und damit „ein Abstand" zwischen zwei Funktionen sein soll. David Hilbert hat viel dazu beigetragen, diese abstrakten Räume einem geometrischen Verständnis zu öffnen (daher der Name „Hilbert-Raum").

---

[16] Weizsäcker, C. F. v. (1985), S. 399

Diese mathematischen Verfahren kann man von den „Funktionen auf einem Kreis" auf die „Funktionen auf einer Gruppe" übertragen. Abhängig von den jeweils vorliegenden Bedingungen gibt es dann bei solchen Funktionen so etwas wie eine kleinste Wellenlänge. Auf diesem Weg konnte man den Funktionen, die eine Darstellung der *SU*(2) charakterisieren, eine kleinste Länge zuordnen.

Mit der Quantentheorie wird erklärbar, dass letztlich die Strukturen von allen komplizierten Erscheinungen in Raum und Zeit mathematisch aus Quantenbits konstruiert werden können. Damit wird die Parametermenge der *SU*(2), also die Menge der zu dieser Gruppe gehörenden Symmetrieoperationen - der dreidimensionale geschlossene Raum der Gruppenparameter -, zu einem mathematischen Bild desjenigen Raumes, in welchem alles Existierende sich befindet.

14.2.2 Der Übergang von der *SU*(2) zur *SL*(2,*C*)

C. F. v. Weizsäcker, E. Scheibe und G. Süssmann beginnen ihre Arbeit „Komplementarität und Logik III. – Mehrfache Quantelung" mit der gleichermaßen visionären wie auch revolutionären These:

> *„Die Quantenfeldtheorie freier Teilchen ergibt sich durch dreimalige Quantelung einer einfachen Alternative."*[17)]

Heute, nach einem halben Jahrhundert von wissenschaftlicher Forschung, kann man diese Aussage sehr viel differenzierter betrachten.

Die Quantisierung entspricht dem Übergang von den Fakten zu den Möglichkeiten, mit anderen Worten: dem Übergang zur Potenzmenge, die durch die möglichen Funktionen über der Grundmenge der Fakten erzeugt wird. So wird aus dem klassischen Bit der zwei Punkte {0, 1} die Menge aller Funktionen über diesen beiden Punkten, nämlich der C^2.

Wie im vorigen Kapitel dargestellt bilden die normerhaltenden Symmetrie-Operationen im C^2 die Gruppe $U(1) \times SU(2)$. Das ist eine vierdimensionale Mannigfaltigkeit. Dabei wird die *SU*(2) zum mathematischen Modell des Ortsraumes und die *U*(1) wird beim Übergang zu einem imaginären Parameter zu einem Modell der Zeit.

[17] Weizsäcker, C. F. v.; Scheibe, E.; Süssmann, G. (1958)

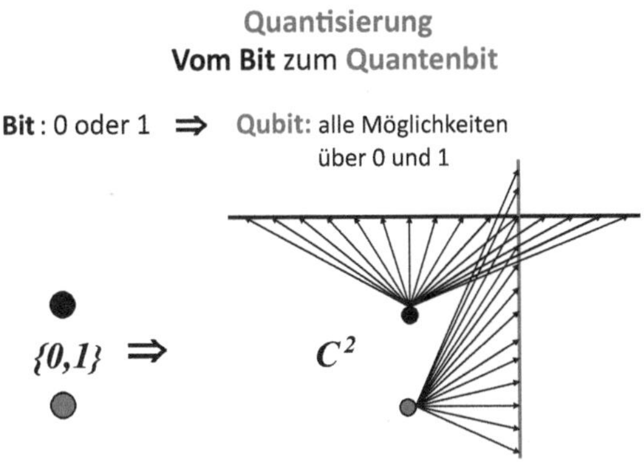

Bild 14.2
Die Quantisierung der binären Alternative

Mit diesen Überlegungen kann eine Abbildung des C^2 auf den Minkowski-Raum definiert werden. Mit dem nächsten Quantisierungs-Übergang zu den quadratintegrablen Funktionen über dem C^2 kann man einen abzählbar-unendlichdimensionalen Hilbert-Raum erhalten. Dieser kann als Zustandsraum eines Quantenteilchens interpretiert werden. Die Mächtigkeit der Dimensionen ist also $\aleph_0$. (Mit „Aleph null" wird in der Mathematik die Mächtigkeit „abzählbar unendlich" bezeichnet, mit $\aleph_1$ „überabzählbar unendlich".)

Wenn wir die Kontinuumshypothese der Mengenlehre vorrausetzen, dann gibt es zwischen dem abzählbar Unendlichen $\aleph_0$ und dem Kontinuum $\aleph_1$ keine weitere dazwischenliegende unendliche Menge. Dann gilt $2^{\aleph_0} = {\aleph_0}^{\aleph_0} = \aleph_1$. Die Potenzmenge über einem Hilbertraum mit abzählbar unendlich vielen Dimensionen wird also zu einem Raum mit überabzählbar unendlich vielen Dimensionen führen, also zu Dimensionsanzahlen mit der Mächtigkeit des Kontinuums. Derartige Zustandsräume gehören zu den Quantenfeldtheorien. Diese Quantisierungs-Prozesse sind also notwendig, um aus den binären Alternativen die Quantenteilchen und die Quantenfelder zu erzeugen. Sie sind jedoch noch nicht hinreichend dafür.

> In der frühen Arbeit von Weizsäcker, Süssmann und Scheibe von 1958 wurde der große Unterschied zwischen einem Quantenbit und einem Quantenteilchen noch nicht deutlich.

Die Alternative wird erfasst durch einen Spinor. Aus diesem Spinor konstruieren die Autoren einen Vierervektor, für den dann postuliert wird:

„Wir fassen von nun an k_μ als Energie-Impuls-Vektor eines Teilchens der Ruhmasse Null auf."

Auf dieser frühen Stufe und bis zu den Überlegungen von Castell wurde zwischen einer Alternative und einem Teilchen noch kein Unterschied deutlich.

Was aber an der „Drei-Männer-Arbeit“ bemerkenswert ist, das ist der Hinweis darauf, dass bei einem Verzicht auf eine Normierung die Symmetriegruppe $SU(2)$ übergeht in die spezielle lineare Gruppe in zwei komplexen Dimensionen, in die $SL(2, C)$. Diese Gruppe aber ist wie erwähnt lokal isomorph zur Symmetriegruppe der Speziellen Relativitätstheorie, der Lorentzgruppe $SO(3, 1)$.

Das ist ein Aspekt, der im Anhang, Abschnitt 30.5, noch weiter ausgebaut werden soll.

15 AQIs und die Planck-Länge

Die Symmetriestruktur der Protyposis kann dahingehend interpretiert werden, dass die AQIs in ihrer Gesamtheit die Existenz von Raum und Zeit gleichsam erzwingen. Raum und Zeit sind die Darstellungsweisen, in denen sich die Protyposis-Strukturen zeigen und ausformen. Diese nicht auflösbare Verbindung kann man charakterisieren durch die These:

> Das Sein zeigt sich nur in der Form des Werdens.

Die topologische Struktur einer S^3 genügt allerdings allein noch nicht, um auch Naturwissenschaft betreiben zu können. Naturwissenschaft bedarf auch einer Metrik, um etwas messen zu können. Erst mit einem Maßstab, mit einer Längeneinheit, kann man beginnen, an ein Messen zu denken. Eine aus naturgesetzlichen Gründen „kleinste Länge" ist das, was sich dafür anbietet. Aus dem Zusammenspiel von der Quantentheorie und den Relativitätstheorien kann begründet werden, dass es eine solche kleinste Länge in der Natur geben muss. Noch bevor diese drei Theorien mathematisch ausgearbeitet worden waren, hatte Max Planck gesehen, dass mit drei Naturkonstanten eine Länge, eine Dauer und eine Masse festlegt werden kann. Diese Konstanten sollten sich später jeweils für eine dieser Theorien als fundamental erweisen.

Wie kann in einem kosmischen Raum, in welchem sich zu einem gegebenen Zeitpunkt eine Anzahl N von AQIs befinden sollen, eine kleinste faktische Länge gefunden werden? Wie kann also die Planck-Länge definiert werden? Die Mathematik zeigt, dass im Kontinuum beliebig kleine Längen theoretisch gebildet werden können. Aber wie weit folgt die Natur dieser Vorstellung? Für die Beantwortung dieser Frage ist die angesprochene enge Beziehung zwischen der Quantentheorie und der Gruppentheorie entscheidend.

Wir hatten dargelegt, dass Quantensysteme multiplikativ, also über das Tensorprodukt der Zustandsräume, miteinander kombiniert werden. Da jedem Teilsystem eine Darstellung der Symmetriegruppe entspricht, gehört zum Tensorprodukt der Teilsysteme das „direkte Produkt“ der Gruppendarstellungen.

Wenn auf einen ausgewählten Zustandsvektor sämtliche möglichen Symmetrietransformationen aus der Gruppe angewendet werden, dann können dabei sämtliche Zustandsvektoren des Systems erhalten werden. In diesem Fall spricht man davon, dass die Darstellung der Gruppe „unzerlegbar“ ist, sie ist „irreduzibel“. Eine irreduzible Darstellung ist physikalisch zu interpretieren als die Beschreibung von einem „Objekt“. Eine reduzible Darstellung kann dann interpretiert werden als Ausdruck davon, dass das Beschriebene in verschiedene mögliche Objekte zerfällt.

Die Tensorprodukte von AQIs können zu Darstellungen der $SU(2)$ führen, die zu sehr verschiedenen Strukturen gehören. Wenn man auf einen beliebig herausgegriffenen Vektor aus einem derartigen Tensorprodukt alle Transformationen der Gruppe anwendet, dann wird man damit den Zustandsraum des ganzen Produktes nicht vollkommen ausschöpfen können. Nur ein Teilraum vom Ganzen wird erreicht. Eine solche Produkt-Darstellung ist „zerlegbar“, „reduzibel“. Sie kann aber in irreduzible Darstellungen zerlegt werden.

Ein Produkt bedeutet in der Quantentheorie ein Gesamtsystem. Eine „direkte Summe“ ist ein Ausdruck dafür, dass das System so erscheinen kann, als ob es durch einen von den Summanden aus dieser Summe repräsentiert werden kann. Dabei ist allerdings nicht festgelegt, welcher von diesen es ist.

> Bei einer Zerlegung eines direkten Produktes von Darstellungen in eine direkte Summe von irreduziblen Darstellungen entspricht jeder dieser Summanden einem möglichen System.

Einige von diesen irreduziblen Darstellungen können in der Summe auch mehrmals erscheinen. Die Häufigkeit des Auftretens eines Summanden liefert ein Maß für die Wahrscheinlichkeit, bei einer Nachprüfung genau ein solches Objekt vorzufinden, welches diesem Summanden entspricht. Je häufiger der Summand in der Summe auftaucht, desto wahrscheinlicher wird er bei einer Prüfung gefunden werden.

Ein AQI als die einfachste und „energieärmste“ Struktur im Kosmos ist gemäß Plancks Formel $E = h\nu = hc/\lambda$ zugleich auch die ausgedehnteste (E ist die Energie, ν die Frequenz, c die Lichtgeschwindigkeit und λ die Wellenlänge). Ein AQI ist also die Struktur mit der größtmöglichen Wellenlänge. Die Zustände eines AQI spannen wie erwähnt eine zweidimensionale Darstellung der $SU(2)$ von Funktionen auf, die nur eine einzige Null-Hyperebene auf dieser S^3 und damit eine maximale, eine kosmisch ausgedehnte Wellenläge besitzen.

> Das Tensorprodukt von vielen AQIs, also von vielen zweidimensionalen Darstellungen der Symmetriegruppe, kann mit den Methoden der Gruppentheorie in eine Summe von irreduziblen Darstellungen zerlegt werden.

Diese Summe wird dann auch Darstellungen mit Zuständen enthalten, die durch Funktionen mit kürzeren Wellenlängen repräsentiert werden und die somit sehr viel stärker lokalisiert sind als ein einzelnes AQI. Dem wollen wir uns nun zuwenden.

15.1 Die gruppentheoretische Definition der Metrik im kosmischen Raum

In seinem großen physikalischen Alterswerk „Aufbau der Physik“[1] erläutert Weizsäcker, wie ein geschlossener dreidimensionaler kosmischer Raum aus seinen Überlegungen zur Urtheorie folgt, dass der Raum aus den binären Quantenalternativen abgeleitet werden kann. Jedoch konnte er damals noch keine Metrik begründen – und eine Metrik ist die Voraussetzung für jedes Messen und damit für Physik:

> *„Alle Dynamik ist Wechselwirkung. Alle Wechselwirkung ist letzten Endes Wechselwirkung zwischen Uren. Also wird sie invariant sein, wenn der Zustand aller Ure gleichzeitig mit demselben Element der Symmetriegruppe des Urs transformiert wird. Somit sollte der Ortsraum ein homogener Raum der SU(2) sein. Der natürlichste homogene Raum der SU(2) ist die SU(2) selbst. Sie ist eine S^3, also isomorph dem Ortsanteil des Einstein-Kosmos. Deshalb ergibt sich uns der Einstein-Kosmos als einfachstes Modell des durch die Quantentheorie implizierten Ortsraums. Natürlich folgt daraus noch keineswegs das Einsteinsche Weltmodell. Wir haben ja noch keine Theorie der Längen und Zeitmessung.“*[2]

Messen bedeutet den Vergleich der gemessenen Größe mit einem als Einheit definierten Wert. Wenn ein Viertel des Erdumfanges 10 000 km beträgt, so wurde damit eine Definition einer Längeneinheit – das Meter – festgelegt. Das Meter weicht nicht allzu sehr von der damals üblichen und an die Alltagsbedingungen gut angepassten „Elle“ ab.

Diese Definition ist für keine außerirdische Zivilisation nachvollziehbar. Um dem abzuhelfen hatte Max Planck bereits 1899[3] gezeigt, dass mit drei fundamentalen Naturkonstanten (der Lichtgeschwindigkeit, der Gravitationskonstanten, sowie mit dem von ihm entdeckten Wirkungsquantum) ein universelles Maßsystem definiert werden kann.

---

1 Weizsäcker, C. F. v. (1985) *Aufbau der Physik*, Hanser, München

2 Weizsäcker, C. F. v. (1985), S. 393

3 Planck, M. (1899) *Über Irreversible Strahlungsvorgänge, fünfte Mitteilung*, in: Sitzungsbericht der Königlich Preußischen Akademie der Wissenschaften, erster Halbband, S. 440–480

Jede dieser drei Naturkonstanten ist eine dimensionsbehaftete Größe, also eine Kombination aus Masse, Länge und Dauer. Diese Naturkonstanten sind im gesamten Universum gleich. Plancks Kombination dieser Konstanten ergab eine Länge, eine Dauer und eine Masse. Planck sagte, dass diese Konstruktion von allen denkbaren Zivilisationen im Universum nachvollzogen werden kann. Wir bezeichnen die betreffenden Maßeinheiten heute als die „Planck-Länge", die „Planck-Zeit" und die „Planck-Masse". Planck hatte dann noch die Definition einer Temperatur angegeben. In diese geht allerdings mit der Boltzmann-Konstanten nur ein Umrechnungsfaktor zwischen irdischen Maßeinheiten ein, die keine Naturkonstante ist.

Die Planck-Länge ist die kleinste Länge, welche noch als eine faktische Länge gedacht werden darf. Kürzere Längen sind reine mathematische Idealisierungsmöglichkeiten ohne einen Bezug zu Realität und Faktizität.

Heute können wir sagen, dass ein Photon mit einer Wellenlänge von der Größe der Planck-Länge so viel Energie auf einen so kleinen Raumbereich konzentrieren würde, dass es zu einem Schwarzen Loch werden würde. Das Massenäquivalent zu dieser Energie ist die Planck-Masse. Diese kennzeichnet das schwerste bzw. energiereichste Quantenobjekt, welches noch als eine teilelose quantische Ganzheit gedacht werden kann. Die Planck-Masse von etwa 10^{-5} g markiert die Grenze zwischen den Quantenteilchen und den Schwarzen Löchern. Quantenteilchen haben weniger und Schwarze Löcher haben mehr Masse.

> Wenn man also theoretisch versuchen wollte, faktische Längen zu erzeugen, die *kleiner* wären als die Planck-Länge, so müsste man dazu Photonen postulieren, welche eine Energie haben müssten, die ihrerseits *größer* wäre als *Planck-Masse mal* c^2.
>
> Das jedoch würde nach allen bekannten und bewährten Theorien dazu führen, dass ein winziges Schwarzes Loch erzeugt würde mit einem Durchmesser, welcher wiederum größer wäre als die Planck-Länge.

Wenn man also ein Quantenteilchen durch Energiezufuhr noch kleiner machen wollte als die Planck-Länge, so würde diese zusätzliche Energie kein kleineres Teilchen erzeugen. Vielmehr würde dieser Vorgang dazu führen, dass das schwarze Loch wiederum größer werden würde.

Die Allgemeine Relativitätstheorie liefert den Schwarzschildradius eines Black Hole der Masse m als $r_S = 2Gm/c^2$. Für ein Black Hole gilt also, je kleiner die Masse, desto kleiner der Schwarzschild-Radius.

Die charakteristische Ausdehnung, also die Wellenlänge λ eines Photons der Energie E ist $\lambda = hc/E$ oder die Comptonwellenlänge λ_C eines Elementarteilchens mit Masse m oder Energie $E = mc^2$ ist $\lambda_C = h/mc$. Für ein Elementarteilchen gilt also, je größer die Masse, desto kleiner die Wellenlänge.

Wie sich sofort zeigen wird, ist für eine kleinste Länge zu wählen: Planck-Masse, geteilt durch√2. Genau dann folgt mit $m_{Pl}/\sqrt{2} = \sqrt{(hc/2G)}$

$$r_{S_{Pl}} = \frac{2G\sqrt{\frac{hc}{2G}}}{c^2} = \sqrt{\frac{4G^2hc}{2Gc^4}} = \sqrt{\frac{2hG}{c^3}}$$

$$\lambda_{C_{Pl}} = \frac{h}{c\sqrt{\frac{hc}{2G}}} = \frac{h}{\sqrt{\frac{hc^3}{2G}}} = \sqrt{h^2\frac{2G}{hc^3}} = \sqrt{\frac{2hG}{c^3}}$$

Bei der kleinsten Länge fallen also Wellenlänge und Schwarzschild Radius zusammen. Würde man mehr Energie aufwenden wollen, um eine noch kleinere Wellenlänge zu erzeugen, so würde man wie gesagt damit ein Schwarzes Loch generieren mit einer Ausdehnung, die wiederum größer wäre als diese kleinste Länge.

Mathematisch kann man zwar über kleinere Längen als die Planck-Länge sprechen, physikalisch jedoch macht es, falls als Aussage über „Fakten“ gemeint, keinen Sinn.

Wenn die Quantentheorie auf den Vorstellungen der Protyposis von Information aufgebaut wird, dann werden paradox erscheinende Beziehungen verstehbar.

Im Alltag und in der klassischen Physik sind wir vertraut mit der Vorstellung, dass immer mehr Masse oder Energie zu immer größeren Strukturen führt. Für die doppelte Menge an Energie benötigt man einen doppelt so großen Haufen an Brennholz. Plancks Einstiegsformel in die Quantenphysik $E = hc/\lambda$ zeigt hingegen, dass im Geltungsbereich der Quantentheorie im Widerspruch zu dieser Vorstellung die immer kleineren Strukturen immer mehr Energie erfordern.

> Verwenden wir jedoch anstelle der Energie unsere Vorstellungen von Information, dann wird die Plancksche Formel höchst plausibel: Es ist evident, dass man mit immer mehr Information etwas immer besser lokalisieren kann.

Im Alltag ist es eine triviale Erfahrung, dass eine Suche sich umso einfacher gestaltet, je mehr Informationen über das Gesuchte und über seinen möglichen Ort zur Verfügung stehen. *Immer mehr Information grenzt eine Lokalisierung immer besser ein.*

Diese Erfahrung steht scheinbar in einem gewissen Widerspruch zu dem, was wir über die Computer hören. Dort gibt es seit vielen Jahren das sogenannte „Mooresche Gesetz“. Diese Faustregel besagt, dass sich für die Bits die Anzahl der Speicherplätze pro cm^2 in regelmäßigen Abständen verdoppelt. Wenn also bei den Computern *ein Bit immer weniger Platz* benötigt, dann kann daraus die *Fantasie* erwachsen, dass die Krönung für die Quantenbits darin besteht, dass einem Bit schließlich nur noch die Ausdehnung einer Planck-Länge zugeordnet werden sollte.

In der Praxis steht man bereits jetzt vor dem Problem, nicht mehr zu immer kleineren Abständen übergehen zu können. Man nutzt auch die dritte Dimension mit

FinFETs oder gate-all-around Technologien. Ein FinFET ist eine Weiterentwicklung der Metall-Oxid-Halbleiter-Feldeffekttransistoren. Er ist auf einem Substrat aufgebaut, bei dem sich die Gates auf bis zu vier Seiten des Kanals befinden können und so eine Mehrfach-Gate-Struktur entsteht. Damit können immer kleinere Strukturen gebaut werden.[4)]

Die Vorstellung aus der klassischen Physik – im Kleinen wird es einfacher – wird obsolet in Bereichen, in denen auch die starke Wechselwirkung belangvoll wird. Dies zeigt sich z. B. beim Übergang in das Innere der Atome und zu den Elementarteilchen. Ein Bereich mit einer Ausdehnung in der Größenordnung der Planck-Länge bedeutet die maximal mögliche Energiekonzentration und damit das Zusammenwirken einer maximalen Anzahl von AQIs.

Diese Feststellung markiert den *fundamentalen Unterschied* zwischen der Protyposis-Theorie und den in Kapitel 3.6 erwähnten Theorien eines „holografischen Universums“. In solchen Theorien wird einem Quantenbit eine Fläche zugewiesen, welche die Ausdehnung der Planck-Länge besitzt. Damit wird mit dieser Vorstellung einem Quantenbit die maximal mögliche Energiedichte zugeordnet und somit einem Bit eine Äquivalenz zu etwa 10^{20} Wasserstoffatomen.

Auch wenn ein Atom oder ein Elektron oder Photon aus einer ungeheuren Anzahl von Quantenbits geformt ist, so stehen davon nur sehr wenige AQIs für eine Manipulation und damit für eine Bedeutungszuweisung zu Verfügung. Der größte Teil der Quantenbits ist der Lokalisierung im riesigen Kosmos und der Formung des betreffenden Teilchentyps und seiner möglichen internen Strukturen wie Quarks oder Gluonen zuzuordnen.

Auch zur dritten Planck-Einheit, der Planck-Zeit, soll noch eine kurze Bemerkung folgen. Die Schwingungsdauer eines Photons, dessen Wellenlänge die Planck-Länge wäre, ist gerade die Planck-Zeit. Um kürzere Zeiten zu realisieren, wären Photonen mit noch kürzerer Wellenlänge nötig, die es in der Realität nicht geben kann. Ein Photon mit einer noch größeren Energiekonzentration würde – wie erwähnt – ein mikroskopisches Black Hole formen. Dessen Masse wäre größer als die Planck-Masse und die Ausdehnung wäre wiederum größer als die Planck-Länge. Da das Innere eines Black Holes unzugänglich ist, wäre auch jede Fantasie über eine „Schwingung“ in ihm unüberprüfbar.

Es kann keine faktischen Zeitabschnitte geben, welche kürzer als die Planck-Zeit wären. Kürzere Zeiten sind lediglich mathematische Möglichkeiten ohne Bezug zur Realität.

Wie konnten Plancks Überlegungen mit der Protyposis-Hypothese verbunden werden?

---

4 Ich danke Günter Kornmann für diesen Hinweis und möchte dazu noch anmerken, dass man dazu bei Wikipedia in vielen Sprachen Artikel finden kann, jedoch nicht auf Deutsch.

15.2 Die gruppentheoretische Begründung der Planck-Länge mit der Protyposis

Der Berührungspunkt zwischen Quantentheorie und Gravitationstheorie wird durch die Bekenstein-Hawking-Entropie der Schwarzen Löcher gebildet. Aus ihr folgt, dass die Entropie eines Black Holes sich proportional zum Quadrat des Radius verhält. Diese Beziehung hatte den Einstieg in die gruppentheoretischen Überlegungen eröffnet. Es stellte sich damals die Frage, wie man eine solche Beziehung mit mathematischen Überlegungen plausibel machen kann.[5)]

In Abschnitt 14.2 wurde gezeigt, dass zu einem AQI die Symmetriegruppe $SU(2)$ gehört.

Die Parameter der Gruppe $SU(2)$ spannen eine dreidimensionale reelle Mannigfaltigkeit auf, eine S^3. Das ist die dreidimensionale Oberfläche einer vierdimensionalen Kugel. Diese „Kugel-Oberfläche" hat keinen Rand. Aber sie hat trotzdem ein endliches dreidimensionales Volumen. Die Mathematiker sagen, sie ist kompakt. Als Beispiel erinnern wir wieder an die Erdoberfläche. Auch sie hat keine Randlinie, keine „Kante", aber trotzdem eine nur endlich große Oberfläche.

Für die Gruppe $SU(2)$ ist die einfachste nichttriviale Darstellung (bei der trivialen Darstellung würde alles auf die Eins abgebildet werden) die Gruppe selbst als Gruppe von 2×2-Matrizen. Wenn nicht ein AQI, sondern eine große Anzahl N von ihnen vorhanden ist, so formt sich daraus gemäß der Kombinationsregeln der Quantentheorie das N-fache Tensorprodukt der zweidimensionalen Darstellungen. Wie bei allen kompakten Gruppen zerfällt ein solches Tensorprodukt von irreduziblen Darstellungen der $SU(2)$ in eine Summe von irreduziblen Darstellungen.

Eine irreduzible Darstellung kann wie erwähnt aus physikalischer Sicht als Darstellung einer Ganzheit ohne Teile verstanden werden. Alle Zustandsvektoren der Darstellung entsprechen allen möglichen Zuständen eines solchen Quantensystems. Der gesamte Darstellungsraum einer irreduziblen Darstellung kann mit einem einzigen Vektor aus diesem Raum erzeugt werden, indem sämtliche Gruppenelemente auf ihn angewendet werden. So ist jeder Vektor in einer irreduziblen Darstellung durch eine solche Symmetrie-Transformation in jeden anderen Vektor überführbar.

Das Tensorprodukt erzeugt in der Quantentheorie ein neues Objekt. Dessen Zerlegung in eine Summe von irreduziblen Darstellungen bedeutet, dass es mit einer gewissen Wahrscheinlichkeit als ein Objekt erscheinen kann, welches durch die Darstellung von einem der Summanden repräsentiert wird. Die Häufigkeit, mit der ein Summand in einer derartigen Summe erscheint, drückt die Wahrscheinlichkeit dafür aus, wie oft er bei einer Nachprüfung gefunden werden wird.

---

5 Görnitz, T. (1988a) *Abstract Quantum Theory and space-time Structure. 1. Ur Theory and Bekenstein-Hawking Entropy*, International Journal of Theoretical Physics. Vol. 27, Nr. 5, S. 527–542

Wenn das Tensorprodukt in irreduzible Darstellungen zerlegt wird, dann ergibt die Häufigkeit der einzelnen Darstellungen ein Maß für die Wahrscheinlichkeiten dafür, ein System mit einer dazugehörigen Eigenschaft zu finden.

Eine für unsere Zwecke wichtige Veranschaulichung von Darstellungen bietet die sogenannte „reguläre Darstellung". Diese ist für kompakte Gruppen (kompakt bedeutet: kein Gruppenparameter wird unendlich groß) wie folgt definiert: Man nimmt die Gruppe selbst, also hier die S^3. Der Radius dieser S^3 werde mit R bezeichnet. Dann bildet man den Hilbert-Raum H der „quadratisch integrierbaren Funktionen" auf diesem Raum:

$$H = L^2\left(SU(2)\right) = L^2\left(S^3\right)$$

(Das L bedeutet, dass dabei die Integration mit dem von Henri Léon Lebesgue (1875 – 1941) entwickelten Maß erfolgt. Das Lebesgue-Maß ist allgemeiner als das Riemannsche. Die ^{2} verweist auf das Quadrat. Es genügt vielleicht, bei „quadratintegrablen Funktionen" darauf hinzuweisen, dass diese Funktionen keine so wilden Eigenschaften haben, dass sie nur von mathematischem Interesse sein würden, sondern sie sind auch physikalisch relevant.)

Einem Element $z \in SU(2)$ wird ein Operator G_z zugeordnet. Dieser wirkt auf eine Funktion $\Phi(w) \in L^2\left(SU(2)\right)$ bei der regulären Darstellung wie folgt:

$$G_z\Phi(w) = \Phi\left(z^{-1}w\right) \tag{15.1}$$

Es zeigt sich, dass jede irreduzible Darstellung der *SU*(2) als eine Teildarstellung in diesem Funktionen-Raum über der S^3 konstruiert werden kann.

Für unsere Überlegungen ist es wichtig, dass die Funktionen, welche zu einer irreduziblen Darstellung ^nD der *SU*(2) mit der Dimension n gehören, Wellenlängen in der Größenordnung R/n besitzen. (Siehe dazu den Anhang 30.4.)

Für das Tensorprodukt von $N = 2 \cdot k$ dieser zweidimensionalen Darstellungen ^2D ergibt für die Vielfachheiten (die Multiplizitäten) der irreduziblen Darstellungen ^nD mit den Dimensionen n die Formel:

$$\left(^2D\right)^{\otimes 2k} = \sum_{j=0}^{k} \frac{(2k)!(2k+1-2j)}{(2k+1-j)!\,j!}\, {}^{2k-2j+1}D \tag{15.2}$$

bzw. für $N = 2 \cdot k + 1$

$$\left(^2D\right)^{\otimes(2k+1)} = \sum_{j=0}^{k} \frac{(2k+1)!(2k+1+1-2j)}{(2k+1+1-j)!\,j!}\, {}^{2k-2j+1}D \tag{15.3}$$

Die Formeln werden im Anhang 30.3 durch vollständige Induktion bewiesen.

Man kann der Darstellung ^{n}D einen „Spin" zuordnen. Eine Spin-(1/2)-Darstellung, also ein Quantenbit, hat die Dimension 2. Allgemein hat eine Darstellung zum Spin *j* die Dimension 2*j* + 1. Sie ist also als $^{(2j+1)}D$ zu bezeichnen.

In dem Tensorprodukt von *N* der AQIs kommen, wie die Formel zeigt, Darstellungen vor, deren Zustandsfunktionen in Teil-Räumen von $L^2(SU(2))$ mit verschiedenen Dimensionen existieren.

Die Dimensionen dieser Zustandsräume reichen von 1 für *j* = *N*/2 bis *N* für *j* = 0. Dabei bewegen sich die Wellenlängen in der Größenordnung von *R* für die 1-dimensionale Darstellung bis zu *R*/*N* in einer *N*-dimensionalen Darstellung.

Diese Feststellung allein hat noch wenig physikalische Aussagekraft. Da es sich um Wahrscheinlichkeitsaussagen handelt, sind die Häufigkeiten bedeutsam. Für die Physik ist daher der Häufigkeitsfaktor wesentlich, mit dem die jeweiligen Darstellungen erscheinen.

Die jeweilige Multiplizität wird durch die Funktion *f*(*j*) festgelegt.

$$f(j) = \frac{N!(N+1-2j)}{(N+1-j)!\,j!} \tag{15.4}$$

Für ein Rechenbeispiel wählen wir *N* = 900. (Das lässt sich mit mathematica noch gut numerisch auswerten.) Für diesen Fall läuft *j* von 0 bis 450. Für eine grafische Darstellung setzen wir *l* = (*N*/2) –*j* und fragen, wie verhält sich *f*(*l*)?

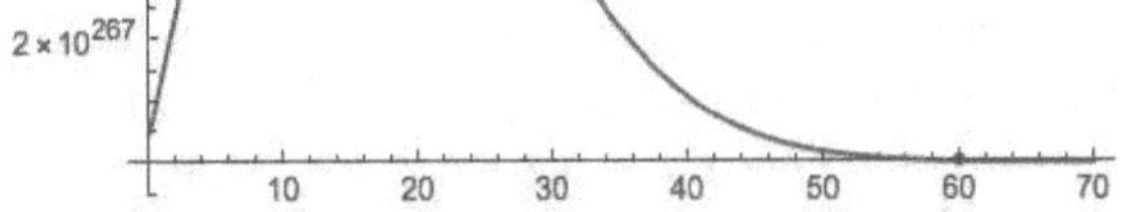

Bild 15.1 Für *N* = 900 wird mit *l* = (*N*/2)–*j* = 450–*j* der Verlauf von *f*(*l*) für die Werte von *l* = 0 über ½$\sqrt{N}$ und weiter bis über 2$\sqrt{N}$ hinaus dargestellt.
D. h. die Anzahl der Zustandsräume, also *f*(*l*), wächst etwa mit ½$\sqrt{N}$ (also fast linear) von der Dimension 1 bei *l* = 0 bis zum Maximum bei ½$\sqrt{N}$, d. h. in Beispiel bei *l* = 15, und fällt dann etwa exponentiell ab. Die verbleibenden Häufigkeiten jenseits von 2$\sqrt{N}$ sind zu vernachlässigen. Dort befinden sich noch etwa 0,03 % aller Multiplizitäten.
Die Wahrscheinlichkeit, eine Länge faktisch zu finden, welche kleiner ist als *R*/(2$\sqrt{N}$), ist im Beispiel kleiner als 0,000289931 und kann vernachlässigt werden.

Dass eine solche Festlegung plausibel ist, zeigt eine doppeltlogarithmische Darstellung (Bild 15.2).

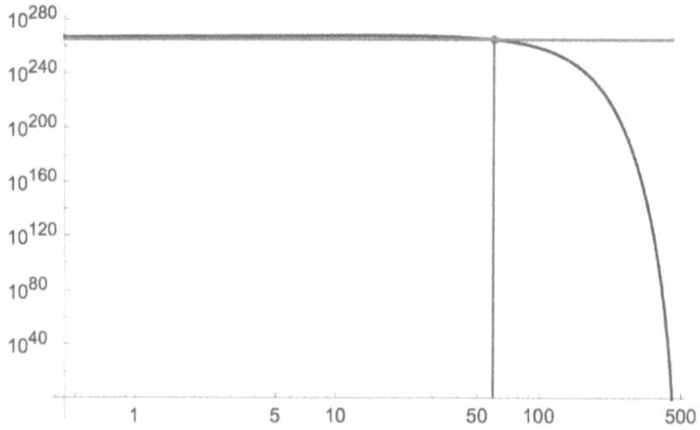

Bild 15.2 Für $N = 900$ sind die Kurven $f(l)$ und $f(60)$ in einer Log-Log-Repräsentation dargestellt. Ein deutlicher exponentieller Abfall setzt ab $2\sqrt{N}$, im Beispiel ab $2\sqrt{N} = 60$ ein.

Es wird daher als kleinste und somit noch als faktisch verstehbare Länge, also als Planck-Länge, definiert:

$$l_{\text{Pl}} = \frac{R_{\text{Kosmos}}}{2\sqrt{N_{\text{Kosmos}}}} \tag{15.5}$$

Eine solche Festlegung ist kein „Beweis" in einem mathematischen Sinne. Sie passt aber bis auf Werte von der Größenordnung 1 sehr gut zu den empirischen kosmologischen Daten. Wie in der Mathematik, wo man ohne Axiome nichts ableiten kann, kann man ohne manche Festlegungen auch in der Kosmologie keine Schlüsse ziehen.

(Es ist aus naturphilosophischer Sicht interessant, dass und wie beispielsweise eine Hypothese wie die „primordial cosmic inflation" weitgehend akzeptiert wurde, ohne dass es den geringsten Hinweis auf dazu tatsächlich passende empirische Ergebnisse geben würde. Sie passte allerdings recht gut zu dem damals und bis heute aktuellen Dogma der Kosmologie. Da man noch immer für jede mit Quantentheorie zu erklärende Erscheinung die Idee verfolgt, es müsse dazu auch ein Quantenfeld mit den entsprechenden Feldquanten, also Quantenteilchen geben, werden solche Ideen auch von der Teilchenphysik gern aufgegriffen. Eine an die Million reichende Menge an Verweisen[6] zum Thema „Inflation" erbrachten nichts Überzeugendes. Daher wird „Inflation" von manchen Kosmologinnen und Kosmologen zunehmend kritischer gesehen. [7])

---

[6] Beispielsweise verweist Google am 27.02.2021 bei der Frage nach Arbeiten über „primordial cosmic inflation" auf ungefähr 905 000 Ergebnisse.

[7] Ijjas, A.; Steinhardt, P. J.; Loeb, A. (2017) *POP goes the universe – the latest astrophysical measurements, combined with theoretical problems, cast doubt on the long-cherished inflationary theory of the early cosmos and suggest we need new ideas*, Scientific American, S. 32 ff.

Das Maximum der Verteilung kann man für den allgemeinen Fall mit einem Verfahren finden, das man bei Max Planck findet und das sich für das Diskrete anbietet. Es wird mit diesem Ansatz gefunden

$$f\left(j_{\max}\right)=f\left(j_{\max}+1\right) \tag{15.6}$$

Die Lösung ergibt sich aus

$$\begin{aligned}
&\frac{N!(N+1-2j)}{(N+1-j)!\,j!}=\frac{N!(N+1-2j-2)}{(N+1-j-1)!(j+1)!}\\
&\frac{(N+1-2j)}{(N+1-j)}=\frac{(N+1-2j-2)}{(j+1)}\\
&(N+1-2j)(j+1)=(N+1-2j-2)(N+1-j)\\
&(N+1-2j)+j(N+1-2j)=N(N+1-2j-2)+(N+1-2j-2)-j(N+1-2j-2)\\
&N+1-2j+jN+j-2jj=NN+N-2jN-2N+N+1-2j-2-jN-j+2jj+2j\\
&-N-1+2j-jN-j+2jj+NN+N-2jN-2N+N+1-2j-2-jN-j+2jj+2j=0\\
&-N-4jN+4jj+NN-2=0\\
&+jj-jN+\left(NN-N-2\right)/4=0
\end{aligned} \tag{15.7}$$

Die resultierende quadratische Gleichung für j

$$j^2-Nj+\frac{N^2-N-2}{4}=0 \tag{15.8}$$

ergibt als Lösung den Wert für das Maximum von $f(j)$ bei

$$j_{\max}=\left(N-\sqrt{(N+2)}\right)/2 \tag{15.9}$$

Für $N \gg 1$ folgt

$$j_{\max}=\left(N-\sqrt{N}\right)/2$$

und weiter

$$l_{\max}=\frac{N}{2}-j_{\max}=\sqrt{N}/2$$

Für $f(j)$ ergibt sich mit der Stirlingschen Formel: $\ln(n!) = (n + ½) \ln n$ und mit weiteren Näherungen

$$f\left(l=0\right)=f\left(\frac{N}{2}\right)=O\left(2^{N+1}N^{-1}\right) \tag{15.10}$$

$$f\left(l_{\max}\right)=f\left(\frac{N-\sqrt{N}}{2}\right)=O\left(2^{N+1}N^{-1/2}\right)$$

Man erkennt auch in der Formel den moderaten Anstieg mit $\sqrt{N}$ von $l = 0$ bis $l = ½\sqrt{N}$, dem sich später ein im Wesentlichen exponentieller Abstieg anschließt. Dieser Abstieg kann mit einem Parameter a genähert werden durch

$$f\left(j_{\max}-\frac{a}{2}\right)=2^N \exp\left\{-(1+\frac{a}{\sqrt{N}})^2\right\} \tag{15.11}$$

Man sieht an dieser ausführlichen Schilderung, dass die Multiplizitäten groß sind für Darstellungen ${}^lD$ mit $1 \leq l \leq 2\sqrt{N}$.

Wegen des exponentiellen Abfalls haben die Darstellungen mit Wellenlängen der Zustandsfunktionen, welche kleiner als $R/(2\sqrt{N})$ sind, eine extrem geringe Wahrscheinlichkeit, gefunden werden zu können. Sie können faktisch nicht gefunden werden und sollen daher ignoriert werden.

Zusammenfassend kann festgestellt werden, dass mit einer Anzahl N von AQIs eine stark zerlegbare Darstellung der $SU(2)$ von Funktionen auf dieser Gruppe (also von Funktionen auf einer S^3) erzeugt wird. Bei der Ausreduktion sollen Funktionen mit Wellenlängen kleiner als $R/(2\sqrt{N})$ sinnvollerweise ignoriert werden.

Damit ist ein Maß für die realistischerweise zu erwartenden Längen auf dieser S^3 gegeben. Der Radius war mit R bezeichnet worden. Die kleinste noch als „faktisch" mögliche Länge soll mit der Planck-Länge l_{Pl} identifiziert werden. Dann ergibt sich:

$$l_{\mathrm{Pl}}=\frac{R}{2\sqrt{N}} \tag{15.12}$$

oder

$$R=l_{\mathrm{Pl}}\,2\sqrt{N}$$

Natürlich gilt auch die Umkehrung

$$N=\frac{R^2}{4l_{\mathrm{Pl}}^2} \tag{15.13}$$

Man sieht also, dass die Anzahl der AQIs bei der Expansion des Kosmos nicht mit der dritten Potenz des Radius wächst, also mit dem Volumen, sondern nur mit dem Quadrat des Radius, also proportional zu einer möglichen Oberfläche. Dieses Anwachsen mit dem Quadrat des Radius wird oft mit einem gewissen propagandistischen Aufwand als das „holographische Prinzip" bezeichnet. Mit den AQIs und einer gruppentheoretischen Rechnung ergibt sich dieser Zusammenhang zwischen Ausdehnung und Informationsgehalt sehr einfach. Die AQIs zeigen auch, dass dieser Zusammenhang nicht nur dann gültig ist, wenn wie bei einem Schwarzen Loch von außen eine Oberfläche erkennbar ist, sondern auch wenn ein geschlossener Raum vorliegt, der natürlich keinerlei Oberfläche besitzt, dafür aber einen Krümmungsradius.

Kleinere Längen gibt es bei gegebener Zahl N von AQIs im Kosmos lediglich „der Möglichkeit nach", sie werden faktisch nicht gefunden werden.

> Wenn die Planck-Länge l_{Pl} als eine *zeitlich unveränderliche Konstante* definiert wird, dann hängt – gemessen mit dieser Länge – der Radius R der S^3, also der kosmische Krümmungsradius, von der Anzahl N der AQIs ab: R^2 proportional zu N. Wenn diese Anzahl N wächst, dann wächst auch der kosmische Raum und sein Volumen proportional zu R^3.

Anderenfalls müsste mindestens eine oder alle drei Naturkonstanten c, G, und h als variabel postuliert werden. Dafür kennen wir keine experimentellen Hinweise. Außerdem müsste in diesem Fall die mathematische Struktur der drei fundamentalen Theorien, der Quantentheorie, der Speziellen und der Allgemeine Relativitätstheorie abgeändert werden. Im Lichte der durch diese Theorien so erfolgreich beschriebenen Phänomene erscheint auch dies wenig attraktiv.

16 Kosmologie und die Äquivalenz von Masse, Energie und absoluter Quanteninformation

Mit diesem Kapitel gelangen wir an eine zentrale Stelle des ganzen Buches. Die einfachste der mathematisch möglichen Quantenstrukturen ist das Quantenbit. Mit der durch die Quantentheorie festgelegten Kombinationsregel werden alle komplexeren Entitäten im Kosmos aus diesen Quantenbits aufgebaut. Dies erfordert es, die Einsteinsche Äquivalenz von Masse und Energie, $E = mc^2$, auf die AQIs der Protyposis zu erweitern. Im Folgenden wird diese Äquivalenz hergeleitet.

16.1 Kosmologische Vorüberlegungen

Kurt Gödel hatte mit Überlegungen über die Grundlagen der Mathematik gezeigt: Es ist für jedes hinreichend interessante theoretische System unmöglich, die Gültigkeit der im System angewendeten theoretischen Strukturen mit den Mitteln des Systems selbst zu begründen.

So muss auch die Kosmologie Hypothesen erstellen, welche den naturwissenschaftlichen Überlegungen vorgeschaltet werden müssen und die daher nicht aus der Naturwissenschaft selbst abgeleitet werden können. In der Philosophie werden derartige Annahmen zumeist zur „Metaphysik" gerechnet. In der Naturwissenschaft werden solche Vorannahmen zwar eingeschlossen, aber in den Darstellungen gern ignoriert oder verschwiegen.

Wenn also die naturwissenschaftlichen Erkenntnisse sehr gut begründete Hinweise auf einen Beginn von Raum und Zeit vor etwa 13,8 Milliarden Jahren liefern und wenn andererseits alle naturwissenschaftlichen Kenntnisse nur innerhalb von Raum und Zeit gewonnen werden können, dann kann es keine naturwissenschaftliche Begründung im eigentlichen Sinne für den Beginn dieser Entwicklung geben. Naturwissenschaftliche Erfahrung ist unmöglich vor einer Existenz von Raum und Zeit, also ohne diese.

Mit der Protyposis haben wir daher so etwas wie eine Zwischenstellung zwischen Metaphysik als Teil der Naturphilosophie und der eigentlichen Naturwissenschaft. Die AQIs liefern eine mathematische Struktur, die sich als eine naturwissenschaftliche Struktur interpretieren lässt. Aus ihr kann die Existenz von Raum und Zeit gefolgert werden, ohne dass der Beginn des Kosmos als etwas Notwendiges bewiesen werden könnte. Wir müssen die Existenz des Existierenden akzeptieren. Da wir selbst Teil der kosmischen Evolution sind, können wir keine stichhaltigen Gründe dafür angeben, warum dies so ist. Aber das verbietet natürlich in keiner Weise, dass man trotzdem darüber außerhalb der Naturwissenschaften Gedanken und Vorstellungen entwickelt.

Wenn naturwissenschaftliche Modelle sich den Grenzen ihrer Akzeptanz nähern, dann werden gern weitere freie Parameter eingeführt. Diese ermöglichen, neue Daten, die eventuell das Modell infragestellen könnten, gefahrlos einzupassen. So hatte gegen Ende des geozentrischen Weltbildes der bedeutendste beobachtende Astronom, Tycho Brahe, gesehen, dass er mit Epizykeln, also freien Parametern, die Beobachtungen besser beschreiben konnte als mit den seit einem halben Jahrhundert bekannten Kopernikanischen Vorstellungen. Als dann Kepler das Dogma der himmlischen Kreisbewegungen entthronte, wurde dies zu dessen Lebzeiten weithin ignoriert.

In Bezug auf die gegenwärtige Situation der Kosmologie sei erst einmal nur kurz auf ein Interview mit dem CERN courier verwiesen. Eine der in diesem Bereich führenden Kosmologin und theoretische Physikerin führte mit einem gewissen Stolz zu den „ΛCDM-Kosmologien" aus:

> *„It is a model that has only six parameters, most constrained at the percent level, which explains most of the observations that we have of the universe."*[1]
> *(Es handelt sich um ein Modell mit nur sechs Parametern, von denen die meisten auf das Prozent-Niveau eingeschränkt sind, das die meisten unserer Beobachtungen des Universums erklärt.)*

In meiner Jugend war ein Bericht des Physikers Freeman Dyson über ein Gespräch mit Enrico Fermi wohlbekannt gewesen. Dyson hatte zu Fermis Theorie der pseudoskalaren Mesonen einen Fit erstellt und wollte diesen Fermi vorstellen. Fermi verwies darauf:

> *„‚There are two ways of doing calculations in theoretical physics', he said. ‚One way, and this is the way I prefer, is to have a clear physical picture of the process that you are calculating. The other way is to have a precise and selfconsistent mathematical formalism. You have neither.'"*[2]

1 CERN courier 2 July 2021

2 Dyson, F. (2004) *A conversation with Fermi*, Nature, 427, S. 297

(„Es gibt zwei Möglichkeiten, Berechnungen in der theoretischen Physik durchzuführen", sagte er. „Der eine Weg, und diesen Weg bevorzuge ich, besteht darin, ein klares physikalisches Bild des Prozesses zu haben, den man berechnen will. Der andere Weg ist, einen präzisen und in sich konsistenten mathematischen Formalismus zu haben. Sie haben weder das eine noch das andere.")

Dyson fragte dann, was Fermi von den gefitteten Kurven halte.

„In desperation I asked Fermi whether he was not impressed by the agreement between our calculated numbers and his measured numbers. He replied, ‚How many arbitrary parameters did you use for your calculations?' I thought for a moment about our cut-off procedures and said, ‚Four.' He said, ‚I remember my friend Johnny van Neumann used to say, with four parameters I can fit an elephant, and with five I can make him wiggle his trunk.' With that, the conversation was over." (In meiner Verzweiflung fragte ich Fermi, ob er nicht beeindruckt sei von der Übereinstimmung zwischen unseren berechneten Zahlen und seinen gemessenen Zahlen. Er antwortete: „Wie viele willkürliche Parameter haben Sie für Ihre Berechnungen verwendet?" Ich dachte einen Moment lang über unsere Abschneideverfahren nach und sagte: „Vier." Er sagte: „Ich erinnere mich, dass mein Freund Johnny von Neumann zu sagen pflegte, mit vier Parametern kann ich einen Elefanten fitten, und mit fünf kann ich ihn mit dem Rüssel wackeln lassen." Damit war das Gespräch beendet.)

Johannes Kepler konnte mit einer neuen und vereinfachenden Struktur, mit den Ellipsen, viele der Parameter entthronen. Die Epizykel waren bei Ptolemäus, bei Brahe und auch noch bei Kopernikus notwendig gewesen.

Im 19. Jahrhundert genügten die bekannte Physik und Chemie nicht, um Leben zu erklären. So stand die theoretische Biologie lange vor der Notwendigkeit, weitere Parameter wie beispielsweise eine „Lebenskraft" oder eine „Entelechie" postulieren zu müssen. Später realisierte man, dass es dabei um den Einfluss von Information geht.[3] Mit den AQIs, also der Information als Grundbegriff der Naturwissenschaft, sind für die Biologie nichtnaturwissenschaftliche Parameter überflüssig geworden.

Die gegenwärtigen ΛCDM-Standardmodelle der Kosmologie benötigen viele freie Parameter für die Modellierung. Hinzu kommen die Naturkonstanten wie Lichtgeschwindigkeit, Wirkungsquantum und Gravitationskonstante, die als Selbstverständlichkeiten nicht zu den Parametern gerechnet werden.

Dass man außerdem die Gesetze der klassischen Physik und der Quantentheorie, im Besonderen die der Allgemeinen und der Speziellen Relativitätstheorie, der Quantenmechanik und der Quantenfeldtheorie voraussetzt, wird selten explizit angemerkt.

---

3 Penzlin, H. (2016) *Das Phänomen Leben – Grundfragen der Theoretischen Biologie*, Springer, Berlin, Heidelberg, S. 2

Das geschieht vielleicht deshalb, weil dies so selbstverständlich ist, dass man nur Abweichungen davon explizit werden lässt. Auch im vorliegenden Buch gehen wir davon aus, dass die aus der Natur abgeleiteten Regeln und Gesetze beispielsweise der Mechanik, der Relativitätstheorien und der Quantentheorie als gültig angenommen werden.

Die kosmische Entwicklung beginnt nach den ΛCDM-Theorien damit, dass am Beginn der gesamte Inhalt des Kosmos, also eine Entität mit einer unendlich großen Energiedichte, einfach als existent postuliert wird – allerdings in einer anderen Form als gegenwärtig. Dann tritt alles durch den „Knall des Big Bang" in die Realität ein.

Immer wieder kann man lesen, man würde lediglich 5 % der Realität wissenschaftlich untersuchen und beschreiben können. Für den unbekannten Rest wurden dann Hypothesen wie die Inflation, die kosmologische Konstante, die Dunkle Energie und die Dunkle Materie eingeführt. Allerdings könne man bisher keine Erklärungen für das damit Postulierte liefern. *Es sei bereits hier angemerkt, dass in den nächsten Kapiteln gezeigt wird, dass die Protyposis-Kosmologie diese Parameter entweder überflüssig werden ließ oder dass sie die Phänomene erklärt, wofür diese Hypothesen eingeführt wurden.*

Wir erleben immer wieder, wie sinnvoll es ist, die Wirklichkeit zu unterteilen in Objekte und in die Kräfte, die zwischen diesen Objekten Wirkungen erzeugen. Aus diesen Überlegungen folgen die mathematischen Modelle der klassischen Physik. Ich darf in diesem Zusammenhang noch einmal auf eine meiner zentralen Thesen verweisen:

> Beim genauen Untersuchen der Natur macht sich jedoch auch bemerkbar, dass oftmals ein Ganzes mehr ist als nur die Summe seiner Teile. Außerdem kann man dabei feststellen, dass nicht nur die Fakten Wirkungen hervorrufen können, sondern auch Möglichkeiten, die noch nicht faktisch geworden sind. Diese Beobachtungen führen zu den mathematischen Strukturen der Quantentheorie.

Welche Annahmen sind auch in der Protyposis-Kosmologie noch notwendig?

Mit mathematischen Argumenten wurde in Kapitel 15 eine Längeneinheit, also eine Metrik für die S^3 hergeleitet. Die S^3 stellt das mathematische Modell des Ortsraumes dar.

In einer *lokalen Umgebung* erscheint diese S^3 nicht anders als unsere Zimmerecken mit Länge, Breite und Höhe. Auch da und auf der Straße merken wir nichts davon, dass die Erde keine Scheibe ist. Dass der Weltraum in analoger Weise wie die S^2 der Erdoberfläche gekrümmt ist, das wurde erst mit der mathematisch formulierten Kosmologie der Allgemeinen Relativitätstheorie vorstellbar.

Der Raum soll selbstverständlich zu einer Kosmologie führen. Dies ist allein mit einem Maß für „Längen" und damit auch für Flächen und Volumina nicht möglich.

Wir übernehmen als empirischen kosmologischen Input, dass der Kosmos expandiert und somit der Krümmungsradius R wächst.

Für die Physik benötigen wir auch Modelle und Vorstellungen für „Zeit“ und „Energie“.

> Für die Herleitung der Kosmologie werden wir uns über die mathematischen Strukturen hinaus, die sich aus der Protyposis ergeben, nur auf solche empirischen Befunde stützen, die für die gesamte Physik als gültig angesehen werden.

Eine solche Anbindung an die bewährte Empirie ist sehr vertrauenerweckend. Schließlich kennt man diese Strukturen aus der erfolgreichen Physik bereits gut und sie haben sich bisher in allen Fällen hervorragend bewährt.

In den gegenwärtigen Standard-ΛCDM-Kosmologien [lambda-(die kosmologische Konstante)-cold-dark-matter] ist es modern geworden, Hypothesen z. B. wie Inflation und unbekannte Teilchen aufzustellen, für die es bisher keine empirischen Hinweise dafür gibt, dass ihnen etwas Reales entspricht. Diese Annahmen mussten postuliert werden, weil ohne sie die bisherigen Konzepte mit der beobachteten Realität nicht genügend gut verträglich sind.

> Wäre es wegen der vielen freien Parameter nicht rationaler, die Voraussetzungen für diese bisher nicht sonderlich erfolgreichen Konzepte zu überdenken? Wäre eine solche Reflexion nicht sinnvoller, als für ein schon recht kompliziertes Modell immer wieder neue und weitere „Epizykel“ hinzuzuerfinden?

(Die Epizykel sind natürlich als Metapher zu verstehen. Aber auch bei ihnen ging es um eine Hinzunahme von weiteren freien Parametern zur besseren Beschreibung des Beobachteten.)

Als historische Parallele und als Beispiel, wie differenziert solche Probleme zu betrachten sind, möge ein Hinweis auf die Geschichte der Physik dienen.

Galileo Galilei hatte mit der Entdeckung der Jupiter-Monde ein wichtiges Argument gegen die These gefunden, dass sich sämtliche Himmelskörper um die Erde drehen, weil die Erde der Mittelpunkt des Kosmos sei. Das war bei den Jupiter-Monden erkennbar nicht der Fall. Galilei war der Überzeugung, dass seine Beobachtung die Argumente für die Theorie des Kopernikus stärkte, obwohl sie auch zu dem Modell von Tycho Brahe gepasst hätten. Diese Möglichkeit zeigt ein Bild von Andreas Cellarius (1596–1665) aus dem Jahre 1661.

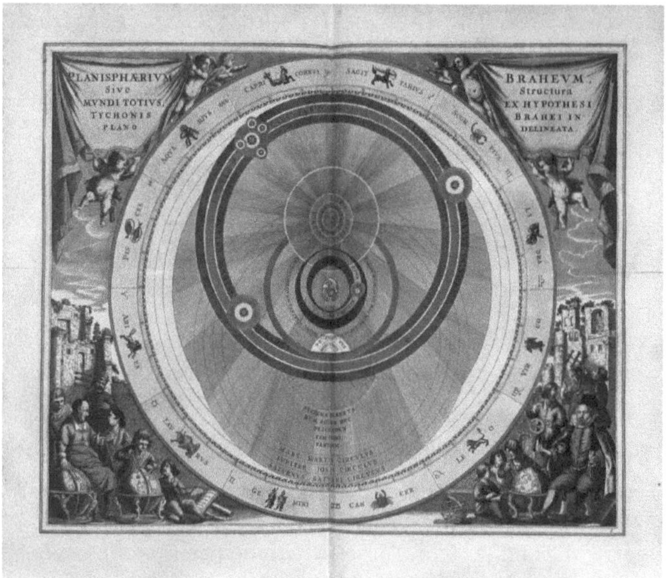

Bild 16.1 Die Planisphäre von Brahe oder die Struktur des Universums nach der Hypothese von Tycho Brahe, gezeichnet in einer ebenen Ansicht aus dem Buch von Cellarius[4)]

Das Buch erschien mehr als ein halbes Jahrhundert nach Keplers grundlegender Veröffentlichung seiner „Astronomia Nova" von 1609. Unter den 29 großformatigen Abbildungen in diesem astronomischen Atlas wurden die Weltmodelle von Ptolemäus, Kopernikus, Brahe und Aratos dargestellt. Während teilweise Galileis Jupitermonde berücksichtigt sind, fehlt auch noch in der Ausgabe von 1708 jeder Hinweis auf die entscheidende Erkenntnis Keplers.

Tycho Brahe kann als der vielleicht bedeutendste Astronom seiner Zeit gesehen werden. Er hatte die genauesten Beobachtungsdaten gesammelt. Es war ihm klar, dass die Vorstellung „kristallener Sphären", an denen die Planeten befestigt sind, unvereinbar mit der von ihm erkannten „translunaren" Bewegung eines Kometen ist. Es war ihm auch klar, dass die genauen Beobachtungen nur den unvermeidlichen Schluss erlauben, dass Venus und Merkur um die Sonne laufen müssen. Da jedoch keine Parallaxe von Fixsternen zu beobachten war und außerdem der Augenschein sowie das Erleben dafür sprachen, ließ Brahe die Erde im Zentrum des Universums ruhen.

In Brahes Modell bewegen sich, so wie man es täglich zu sehen meint, die Sonne und der Mond um die Erde. Die „übrigen Planeten" bewegen sich um die Sonne und mit dieser zusammen erst indirekt um die Erde. Merkur und Venus haben eine sehr enge Bahn um die Sonne, sodass sie immer innerhalb der Sonnenbahn um die Erde verbleiben. Mars, Jupiter und Saturn hingegen laufen auf so weiten Bahnen um die

4 Quelle: *http://www.phys.uu.nl/~vgent/cellarius/cellarius_plates.htm, Platte 6*; vom 30.11.2020

Sonne, dass sie von der Erde aus auch am Mitternachtshimmel sichtbar sein können, also der Sonne gegenüber.

Aus heutiger Sicht mag das Modell von Brahe fast absurd erscheinen, damals war es ein genialer Kompromiss. Aber auch damals war das Bessere der Feind des Guten. Ein überzeugenderes, weil besseres Modell dafür, dass die Bewegung der Planeten um die Sonne erfolgt, lieferten erst die Ellipsenbahnen von Kepler. Auf der Basis der genauen Beobachtungen Brahes war ihm diese Erkenntnis möglich geworden. Keplers Ellipsen ergaben eine wesentliche Verbesserung der Vorhersagen und ermöglichten darüber hinaus die Bestimmung der Abstandsverhältnisse zwischen Sonne und Planeten.

Kepler hatte seine Ergebnisse an Galilei geschickt. Dieser jedoch war nicht in der Lage, Keplers Entdeckung aufzugreifen. Vielleicht hatten die starken Widerstände, die Galilei gegen seine eigenen wissenschaftlichen Ergebnisse zu überwinden hatte, einen Anteil daran, dass er bei allen seinen revolutionären Einsichten nicht auch anderen neuen Erkenntnissen folgen konnte. Da es vor Newton noch keinen wissenschaftlichen Kraftbegriff gab, waren Vorstellungen analog zu den „kristallenen Sphären" auch noch für Galilei ein wesentlicher Aspekt zur Erklärung der Kreisbewegungen am Himmel.

Bei Kepler finden sich hingegen erste Überlegungen zu Kraftwirkungen am Himmel. Er suchte sie in Analogie zum Magnetismus. Den konnte man auf der Erde beobachten und diese Kraft wirkte ohne sichtbare Stricke oder Stangen durch einen Abstand hindurch von einem Körper auf den anderen.

Wie erwähnt waren bei Galilei – wie seit Jahrtausenden postuliert – alle Bewegungen außerhalb der Erde an Kugelsphären bzw. Kreise gebunden. Das war mit einer Vorstellung von Ellipsen unvereinbar. Man kannte die Ellipsen in der Wissenschaft gut, jedoch nur als mathematische Gebilde ohne Bezug zur Realität. Auch Tycho Brahes wichtige Entdeckung, dass die Bahn des Kometen von 1577 keinesfalls mit einer Vorstellung von einer „sublunaren Bewegung" oder von „himmlischen Sphären" vereinbar war, wurde von Galilei abgelehnt und verspottet.

16.2 Ein Blick auf Kosmologie und Allgemeine Relativitätstheorie

Umbruchsituationen in den Wissenschaften lassen öfter gewisse Parallelen sichtbar werden. Dies gilt besonders dann, wenn es darum geht, anschauliche oder bewährte Vorstellungen neu zu reflektieren. Gegenwärtig kann man das in der Kosmologie sehen. In dieser wird einerseits nach immer neuen, jedoch vollkommen unbekannten Substanzen gerufen. Die Stichworte dafür lauten beispielsweise Inflation, Dunkle Energie, Dunkle Materie. Andererseits wird an der seit Jahrtausenden postulierten These festgehalten, dass die grundlegenden Strukturen kleinste Teilchen sein müssten.

Dies geschieht, obwohl es immer deutlicher erkennbar wird, dass einige der aufgestellten Hypothesen mit Teilchenvorstellungen nicht zu vereinbaren sind.

Daran ändert auch wenig, dass man eventuell die Teilchenanzahlen unbegrenzt sein lässt und dann von Quantenfeldern spricht. Schließlich gilt ein Quantenfeld erst dann als nachgewiesen, wenn eine Anregung seines Grundzustandes in Form eines Teilchens gefunden wurde. So stand die Existenz des Higgs-Feldes erst fest, nachdem Higgs-Teilchen dokumentiert worden waren. Die postulierten Quantenfelder zur Kosmologie, also zur Inflation, zur Dunklen Energie oder zur Dunklen Materie, sind bisher ohne jeden Nachweis für die vorhergesagten und dafür notwendigen Teilchen geblieben.

Einen anderen Bereich, in dem die Allgemeine Relativitätstheorie unsere Vorstellungen enorm herausfordert, betrifft diejenige physikalische Größe, die wir als Druck bezeichnen. Im Alltag begegnet uns bei Fahrrädern und Pkw-Reifen der Druck immer wieder. Ein Behälter ist gefühlt mit den Teilchen eines Gases und deren Druck wirkt auf die Wände. Wenn von außen der Luftdruck einen Reifen zusammenpressen würde, kann ein größerer Innendruck dies verhindern.

Bei einem Stern erzeugen Kernreaktionen im Inneren einen Druck, der dem Gewicht der äußeren Gashülle entgegenwirkt und der damit verhindert, dass der Stern kollabiert.

Der Druck p ist definiert als „Kraft K pro Fläche, also pro Länge zum Quadrat; l^2“:

$$p = \frac{K}{l^2} \tag{16.1}$$

Eventuell überlegt man sich dabei nicht zugleich mit, dass die Energie U als die Fähigkeit, Arbeit leisten zu können, als Kraft K mal Weg l eingeführt werden kann. Da Volumen V auch Fläche mal Weg $l^2 \cdot l$ ist, ergibt sich der Druck auch als eine Form einer Energiedichte:

$$p = \frac{K}{l^2} = \frac{K \cdot l}{l^2 \cdot l} = \frac{U}{\mathrm{V}} \tag{16.2}$$

In der Dampfmaschine wirkt der Druck p des heißen Gases auf den Kolben. So kann durch die Vergrößerung des Volumens im Zylinder der dabei bewegte Kolben Arbeit leisten. Um einen solchen Druck zu erzeugen, muss man dem Gas Wärme zuführen. Man muss also Energie in das System hineinbringen und diese Energie wird aufgeteilt in Arbeit, die man nutzen kann, und in Abwärme, die aus dem System wieder entfernt wird.

Diese Beziehungen zwischen den Veränderungen von Energie dU, von Wärme δQ und von Arbeit δW untersucht die Thermodynamik. Wir erinnern an den Ersten Hauptsatz. Dieser drückt das in der Form aus

$$\mathrm{d}U = Q\delta + \delta W = \delta Q - p\mathrm{d}V \tag{16.3}$$

Dabei wird vorausgesetzt, dass kein Materialaustausch mit der Umgebung stattfindet. Die Änderungen der Energie dU verteilen sich auf zu- oder abgeführte Wärme δQ und auf aufgenommene oder abgegebene Arbeit $-pdV$.

Kommen wir nun noch einmal zurück zu einem Stern. Wird ein Gas erhitzt, dann steigt der Druck. Wenn die Kernreaktionen im Inneren an ihr Ende gelangen, dann versiegt damit auch die Wärmequelle für den positiven inneren Druck. Dieser hatte bisher den Stern vor einem Kollaps bewahrt. Nun wird die Sternmaterie sich unter ihrem durch die Gravitation verursachten Gewicht weiter verdichten. Dabei steigt der Druck im Inneren des Sterns weiter an. Dies geschieht so lange, bis ein dabei auch entstehender typisch quantenphysikalischer Druck mit wesentlich wird.

Dieser positive „Entartungsdruck" der Elektronen beruht auf dem Pauli-Prinzip. Er verhindert, dass zwei Elektronen sich im gleichen Zustand befinden können, z. B. mit gleichem Spin am gleichen Ort. Auch dieser Entartungsdruck wirkt gegen das Gewicht der äußeren Bereiche des Sterns. Damit stabilisiert sich der Stern schließlich zu einem Weißen Zwerg. Dabei ergibt sich ein Gleichgewicht zwischen dem nach außen gerichteten positiven Entartungsdruck der Elektronen und dem nach innen gerichteten durch die Gravitation erzeugten Gewicht der Sternmaterie. Ein Weißer Zwerg von Sonnenmasse ist dann etwa so groß wie die Erde.

Falls die Masse des Sterns wesentlich größer ist als die unserer Sonne, dann reicht der Entartungsdruck der Elektronen nicht aus, um gegen das Gewicht der äußeren Sternenhülle standhalten zu können. Salopp gesagt werden dann die Elektronen in die Protonen hineingepresst und es entsteht ein Neutronenstern. Dieser wird durch den noch sehr viel größeren positiven Entartungsdruck der Neutronen vor einem Zusammenbruch bewahrt. Die Compton-Wellenlänge der Neutronen, bei der die „Pauli-Abstoßung" einsetzt, ist etwa 2000-mal kleiner als die der Elektronen. Dadurch wird ein Neutronenstern sehr viel dichter als ein weißer Zwerg und der Innendruck sehr viel größer als bei diesem. Ein Neutronenstern von etwa Sonnenmasse hat nur noch einen rund 2000-mal kleineren Durchmesser als ein weißer Zwerg. Das führt zu der Größenordnung von 20 km.

An dieser Stelle nun bringt die Allgemeine Relativitätstheorie einen Effekt ins Spiel, welcher mit allem bricht, was uns auf der Erde begegnen kann.

Die Allgemeine Relativitätstheorie hat aufgezeigt, dass sämtliche vorstellbaren Formen einer Energiedichte (die als „Energiedichte im engeren Sinne" in der Physik immer als positiv verstanden wird) eine gravitative Wirkung hervorruft.

> Da ein positiver Druck in einem erweiterten Sinne ebenfalls eine positive Energiedichte ist, erzeugt ein positiver Druck ebenfalls eine gravitative Wirkung.

Normalerweise ist von den zwei gegensätzlichen Wirkungen des Drucks nichts zu verspüren. Neben der abstoßenden expansiven Wirkung eines positiven Druckes bleibt die anziehende gravitative Wirkung wegen ihres extrem kleinen Wertes völlig verborgen.

Aber ein Neutronenstern ist in diesem Sinne nichts „Normales". Wenn weitere Materie zu einem Neutronenstern hinzukommt oder wenn der ursprüngliche Stern schon anfänglich sehr viel größer gewesen ist, dann geschieht etwas sehr Seltsames.

> Der positive Druck im Inneren eines Neutronensterns ist riesig. Er wirkt als Energiedichte stärker anziehend, als es seine abstoßende Druckwirkung zu kompensieren vermag.

Der immer größer werdende positive Druck im Stern erzeugt eine immer stärker werdende Gravitationswirkung. Daher ist der Kollaps eines solchen Objektes zu einem Schwarzen Loch durch überhaupt nichts aufzuhalten.

Jede Verstärkung des positiven Drucks verstärkt zugleich und im Übermaß die gravitative Wirkung zu einem Kollaps. Der immer stärker werdende positive und daher gegen die äußeren Schichten wirkende Druck verursacht also merkwürdigerweise den Zusammensturz des Neutronensterns zum Schwarzen Loch. Das ist ein fundamentaler Gegensatz zu allem, was wir am Fahrrad- oder Autoreifen gelernt haben.

16.3 Kosmologische Variable

> Die Allgemeine Relativitätstheorie beschreibt in ihren kosmologischen Modellen die Wechselwirkung von allem, was sich im Kosmos befindet, mit der Raumzeitstruktur, die der Kosmos ist.

In der Allgemeinen Relativitätstheorie werden dabei keine speziellen Voranannahmen getroffen, weder über das, was im Kosmos ist, noch über die Art und Weise, welche Wirkungen der Inhalt des Kosmos hervorruft. Der Inhalt des Raumes wird erfasst mit einem allgemeinen Energiedichte-Druck-Tensor. Im einfachsten, d. h. im symmetrischen Fall treten keine Scherkräfte auf und auch keine innere Reibung ist zu berücksichtigen. Man spricht von einer idealen Flüssigkeit. In diesem Fall kann der Tensor in einem geeignet gewählten Koordinatensystem auf Diagonalform gebracht werden.

Eine solche Form führt dann zu der sogenannten FLRW-Metrik. Sie wird benannt nach Alexander Friedmann (1888–1925), Georges Lemaître (1894–1966), Howard Robertson (1903–1961) und Arthur Walker (1909–2001). Diese Astronomen und Physiker haben die Eigenschaften von exakten Lösungen der Einsteinschen Feldgleichungen ausgearbeitet, bei denen eine homogene und isotrope Verteilung von Materie und Energie angenommen wird. Als zeitlich veränderliche Größen verbleiben in diesem Fall nur noch eine Energiedichte und ein Druck. Wegen der Symmetrieforderung sind

Energiedichte und Druck für alle Orte und alle Richtungen im Raum gleich. Sie können sich jedoch im Laufe der Zeit verändern.

Da es sich um Differentialgleichungen handelt, hatte bereits Einstein gesehen, dass man die Freiheit hat, eine Integrationskonstante hinzuzufügen. Eine solche Konstante ist der Einheitstensor mal eine Zahl. Das klingt erst einmal sehr harmlos.

$$\Lambda = q \begin{pmatrix} 1 & 0 & 0 & 0 \\ 0 & 1 & 0 & 0 \\ 0 & 0 & 1 & 0 \\ 0 & 0 & 0 & 1 \end{pmatrix} \tag{16.4}$$

Da jedoch seit Einstein die Zeit als eine imaginäre Größe erkannt worden war und ein Vektor im Minkowski-Raum die Form *(it, x, y, z)* hat, ergibt sich für die Metrik

$$\mathrm{d}s^2 = g_{ik}\mathrm{d}x^i\mathrm{d}x^k = (\mathrm{i}\mathrm{d}t)^2 + \mathrm{d}x^2 + \mathrm{d}y^2 + \mathrm{d}z^2 = -\mathrm{d}t^2 + \mathrm{d}x^2 + \mathrm{d}y^2 + \mathrm{d}z^2 \tag{16.5}$$

und der metrische Tensor für den Minkowski-Raum besitzt die Gestalt

$$g_{ik} = \begin{pmatrix} -1 & 0 & 0 & 0 \\ 0 & 1 & 0 & 0 \\ 0 & 0 & 1 & 0 \\ 0 & 0 & 0 & 1 \end{pmatrix} \tag{16.6}$$

So haben die raumartigen Komponenten im Einheitstensor *von ihrer Bedeutung her* bei der kosmologischen Konstante das entgegengesetzte Vorzeichen wie die zeitartige Komponente.

Dazu ist vielleicht noch anzumerken, dass die Verteilung des Vorzeichens in der Allgemeinen Relativitätstheorie nicht einheitlich gehandhabt wird. Die bis hierher dargestellte Überlegung spricht für das Minus bei dem *t*. Zumeist und in vielen Lehrbüchern, z. B. dem von Misner, Thorne und Wheeler[5)], welches in Abschnitt 17.4 benutzt wird, verbindet man das Minus jedoch mit *x*, *y* und *z*. Auch wir werden diese Konvention später aufgreifen.

> Die indefinite Metrik des Raumzeitkontinuums hat die Konsequenz, dass im Tensor der „kosmologischen Konstanten" die Energiedichte und der Druck als physikalische Größen ein verschiedenes Vorzeichen erhalten.

- Eine *positive* kosmologische Konstante bedeutet eine *positive* Energiedichte sowie einen *negativen* Druck.
- Im Fall einer *negativen* kosmologischen Konstante ist die Energiedichte *negativ* und der Druck *positiv*.

5 Misner, C. W.; Thorne, K. S.; Wheeler, J. A. (1973) *Gravitation*, Freeman & Comp., New York

- Eine *negative* Energiedichte ist unvorstellbar für alles, was die Physik kennt.
- Ein *negativer* Druck ist mit keiner Vorstellung von Teilchen oder Wellen vereinbar, die in der Physik untersucht werden. Mit den AQIs der Protyposis wird jedoch eine Lösung auf eine einfache Weise möglich. Sie sind primär weder Teilchen noch Welle und können sich erst sekundär zu diesen Strukturen formen.

Einstein hatte ursprünglich das Ziel, ein kosmologisches Modell zu entwickeln, welches statisch ist. Es sollte also ohne einen zeitlichen Beginn und ohne ein zeitliches Ende existieren. Durch eine geeignete Wahl der kosmologischen Konstante kann eine Anti-Gravitation hervorgerufen werden, die der gravitativen Kontraktionen durch die Materie entgegenwirken und so den Kosmos unveränderlich halten kann. Nachdem die Expansion der Galaxien entdeckt worden war, war dieses kosmologische Modell nicht mehr aktuell und damit trat die kosmologische Konstante wieder in den Hintergrund.

Wenn in der Allgemeinen Relativitätstheorie ein nur mit Materie und Licht gefüllter geschlossener Kosmos, also ohne kosmologische Konstante, eine Anfangsexpansion hat, dann schließt sich später eine Kontraktion und der Zusammenbruch des ganzen Kosmos an. Ein solcher Endkollaps entsprach vor etwa vier Jahrzehnten der festen Überzeugung fast aller Kosmologen. Eine interessante Darstellung der philosophischen und theologischen Konsequenzen, die aus der mathematischen Struktur einer solchen „Endknall-Kosmologie“ gezogen werden können, publizierte der amerikanische Kosmologe Frank Tipler (*1947)[6].

Das ebenfalls vor vier Jahrzehnten vorgestellte Modell der Protyposis mit seinem geschlossenen, jedoch mit Lichtgeschwindigkeit expandierenden Kosmos passte nicht zu den damals als selbstverständlich angesehenen Vorstellungen eines Endkollapses.

In vielen interessanten Gesprächen u. a. mit Weizsäcker, Rudolf Haag (1922–2016), Jürgen Ehlers (1929–2008) und Georg Süssmann (1928–2017), die in loser Folge in München stattfanden, ging es hauptsächlich um Fragen der Interpretation und des Verständnisses von Quantentheorie. Ich erinnere mich aber auch an manche Diskussionen mit Ehlers und Süssmann, die damals die tonangebende Meinung eines „Big Crunch“ vertraten. Vor allem die Frage, was mit dem Charakter der Zeit geschehen würde, wenn der Kosmos nach der Anfangsausdehnung in seine gemäß Modell postulierte Kontraktionsphase eintritt, wurde von Ehlers und Süssmann mit Weizsäcker und mir kontrovers diskutiert.

Später dann wurden in der Kosmologie die Vorstellungen von einem „Endkollaps“ abgelöst durch das entgegengesetzte Modell eines beschleunigt expandierenden Kosmos.

[6] Tipler, F. J. (1995) *The Physics of Immortality: Modern Cosmology, God and the Resurrection of the Dead*, Doubleday, New York

Ein solches Modell kann nur mit einer kosmologischen Konstante oder mit etwas ihr Entsprechendem wie mit einem *negativen Druck* berechnet werden.

> Im Gegensatz zur Thermodynamik bei Gasen, bei Flüssigkeiten und bei festen Stoffen musste man in der Kosmologie akzeptieren, dass das Verhindern eines Kollapses des Kosmos einen negativen Druck erforderlich macht. Nur dieser kann eine antigravitative Wirkung hervorrufen, weil wie gesagt jeder positive Druck gravitativ wirkt.

Allerdings kannte man bisher keinerlei Substanz, die aus vernünftigen Gründen eine solche Eigenschaft eines negativen Drucks haben würde. Dieses Problem wurde dadurch etwas kaschiert, dass man für die postulierten unbekannten Substanzen mit einem negativen Druck Bezeichnungen wie „kosmologische Konstante", „Inflation" oder „Dunkle Energie" bzw. „Quintessenz" verwendete.

Diese Hypothesen wurden aufgestellt, um eine vermutete beschleunigte Expansion des Kosmos zu beschreiben. Das Verhältnis zwischen Energiedichte und negativen Druck kann dabei je nach Postulat verschieden sein. Für die kosmologische Konstante lautet die Zustandsgleichung $p = -\varrho$. Bei Dunkler Energie oder Quintessenz gilt für den Druck $-\infty < p < -\varrho/3$. Anderenfalls wäre die beschleunigte Expansion des Kosmos nicht möglich, denn bei $p = -\varrho/3$ erfolgt die Expansion unbeschleunigt.

Die neueren Beobachtungsdaten verweisen darauf, dass es keine Hinweise darauf gibt, dass der Kosmos sich wieder zusammenzieht.

> Man hat sich in der Allgemeinen Relativitätstheorie seit einiger Zeit mit der Vorstellung eines negativen Drucks offen oder meist eher verdeckt arrangiert.

Dass die aus der Protyposis sich ergebende kosmologische Struktur die erforderliche Eigenschaft eines negativen Drucks hat, soll nachfolgend gezeigt werden.

16.4 Die Erweiterung von $E = mc^2$ auf die AQIs

Die Theorie der Protyposis ist wie erläutert keine Physik a priori, sondern sie benötigt natürlich einen Rückgriff auf empirische Daten.

Zu diesen empirischen Daten gehören drei fundamentale Naturkonstanten. Die Rechnungen werden einfacher, wenn diesen drei Konstanten jeweils der Zahlwert 1 zugeordnet wird. Damit gelangen wir zu den Planck-Einheiten.

Der erste Bezug zur bewährten Empirie besteht in der Verwendung der drei Naturkonstanten: des Planckschen Wirkungsquantums h sowie der Lichtgeschwindigkeit c und der Gravitationskonstante G.

Max Planck hatte gezeigt, dass aus diesen Naturkonstanten ein universelles, im ganzen Kosmos gültiges und nachvollziehbares Maßeinheiten-System konstruiert werden kann.

- Durch die gruppentheoretischen Berechnungen war mit den AQIs bereits eine fundamentale Längeneinheit definiert worden.
- Zusammen mit der Lichtgeschwindigkeit wird es möglich, aus einer fundamentalen Längeneinheit auch eine fundamentale Zeiteinheit zu gewinnen.

Der sich ergebende Zusammenhang mit der Kosmologie wird in Abschnitt 16.8 noch ausführlicher diskutiert. Hier soll zuerst die Beziehung zur Energie diskutiert werden.

> Eine definierende Länge ermöglicht zusammen mit der Lichtgeschwindigkeit die Festlegung einer Energieeinheit, denn das Wirkungsquantum verbindet eine charakteristische Systemausdehnung mit der Energie.

Die Plancksche Beziehung zwischen der Energie E einer quantischen Entität einerseits sowie deren charakteristischen Ausdehnung λ andererseits wird durch das Wirkungsquantum h und die Lichtgeschwindigkeit c vermittelt:

$$E = hc / \lambda \tag{16.7}$$

In der Quantenmechanik entspricht die Größe λ bei den masselosen Teilchen der Wellenlänge und bei den Teilchen mit einer Ruhmasse der Compton-Wellenlänge $\lambda_C = h/(mc)$.

In diesem Zusammenhang ist noch einmal an die seit Jahrtausenden bestehende und herrschende Vorstellung zu erinnern. Sie betrifft die Meinung, dass es dadurch einfacher wird, wenn man zu immer kleineren Strukturen übergeht. Und bis zu den Atomen trifft dies auch zu. Die Atome sind einfacher als die Moleküle und erst recht als die Flüssigkeiten und als die Objekte der Festkörperphysik.

„Kleiner wird komplexer"

> Eine gravierende Änderung an der Vorstellung „kleiner wird einfacher" erfolgt durch die Quantentheorie. Die Plancksche Formel zeigt, dass für immer kleinere Ausdehnungen immer größere Energiekonzentrationen notwendig sind.

So werden immer größere Beschleuniger notwendig, um mit immer größeren Energien immer kleinere Strukturen zu erzeugen und zu untersuchen. Diese Folgerung aus Plancks Formel hat man als Tatsache seit langem akzeptiert. Die ersten Erfolge vor einem halben Jahrhundert zeigten bei Stößen von hochenergetischen Elektronen mit Protonen, dass Protonen eine interne Struktur besitzen. Das hatte zu den erfolgreichen Modellen von Quarks und Gluonen geführt. Auch für technische und medizinische Anwendungen ist es wichtig geworden, eine hohe Energiekonzentration auf kleine Bereiche zu konzentrieren. Mit Lasern wurde es durch solche Konzentration auf kleinere Bereiche nicht nur möglich, in der Medizin spezielle Operationen, z. B. am Auge, durchzuführen, sondern auch Stahl zu schneiden oder gar eine Kernfusion zu initiieren.

In der Grundlagenphysik werden die kleineren Strukturen mit der Absicht gesucht, Grundlegendes zu finden. Man sucht Strukturen, welche die „Basisbausteine" der Realität sein sollen. Sie müssen daher nicht weiter zerlegbar sein und einfach.

Dass ein „immer-mehr an Energie" dazu führt, dass es „immer kleiner" wird, das klingt für den Alltagsverstand sehr seltsam. Da meint „mehr Energie" beispielsweise einen größeren Haufen Kohle und keinen kleineren.

Die Plancksche Formel wird jedoch leichter einsichtig, wenn die Information einbezogen wird, wenn also „mehr Energie" zugleich „mehr Information" bedeutet.

Dass immer mehr Information eine immer schärfere Lokalisation ermöglichen kann, das ist evident.

So hat sich der Weg zu immer mehr an Energiekonzentration zugleich als ein Weg zu „immer Komplizierterem" erwiesen. Der Gleichklang von mehr Energie und mehr Information erleichtert zugleich die Einsicht, dass und wie Energie und Information als äquivalent verstanden werden können. Das wird im Folgenden gezeigt.

Natürlich kann man darauf verweisen, dass in hochenergetischen Stößen die erzeugten Produkte sich dann „in kleinere Teile zersprengen". Dabei ist jedoch dieses „kleinere" ein „kleiner bezüglich der Energie" und damit etwas räumlich weiter Ausgedehntes!

Im Stoßprozess erfolgt die größte Energiekonzentration im kleinsten Raumbereich. Danach dehnt sich alles immer weiter aus, auch die Teilchen, die als Streuergebnis eine kleinere Energie bzw. Ruhmasse als der „Gesamtstoß" besitzen.

Das gedankliche Bild, welches in der Teilchenphysik bisher vorherrschend war und das vor allem *vorstellungsbildend* ist, ist das Bild des Punktteilchens als „das Einfachste". Dahinter steht eine verbreitete Vorstellung, die freilich nur bei einem Ignorieren der Quantentheorie zutrifft: Es ist die Vorstellung, dass man sich etwas noch Einfacheres als einen mathematischen „Punkt" nicht vorstellen könne.[7] Nach den Grundprinzipien der Quantentheorie, wie sie aus der Planckschen Relation folgen, würde ein Punktteilchen eine unendlich große Energie benötigen, um als „Punkt" existieren zu können.

Auch wenn es in der Natur keine Punktteilchen gibt, so gibt es doch „Quantenpunkte". Im Jahre 2023 hat es einen Nobel-Preis für Chemie für Strukturen gegeben, die als „Quantenpunkte – quantum dots" bezeichnet werden. Sie haben wichtige Anwendungsmöglichkeiten, vor allem in der Halbleiterphysik und bei den Farbstoffen. Da

---

[7] z. B. Pietschmann, H. (2003) *Quantenmechanik verstehen*, Springer, Berlin, Heidelberg, S. 1

ein Nanopartikel, welches als solcher Quantenpunkt bezeichnet wird, aus mehr als 10 000 Atomen besteht, handelt sich hierbei in keiner Weise um etwas, was man in einem *mathematischen Sinne* als Punkt bezeichnen kann.

Die Vorstellung der „Punktteilchen“ ist ein Relikt aus der klassischen Physik. Nach einem Jahrhundert erfolgreicher Quantenphysik erscheint es mir an der Zeit, die Punkte durch die AQIs als eine bessere Vorstellung abzulösen. Das Einfache hat eine geringe Energiedichte und ist deshalb ausgedehnt. Quantenfelder werden zwar auch als „ausgedehnt“ beschrieben. Da aber ein Quantenfeld eine unbegrenzte Anzahl von Quantenteilchen bedeutet, sind Quantenfelder noch viel weniger „einfach“ als die Teilchen.

Die Quantenfelder werden erst dann unverzichtbar, wenn man bei der Beschreibung und Erklärung von Experimenten berücksichtigen muss, dass auch die Existenz von Teilchen eine Frage von Möglichkeiten ist und dass somit Teilchen erzeugt und vernichtet werden können und dass virtuelle Teilchen reale Wirkungen erzeugen können.

16.5 Die Energie eines AQIs

Bevor wir zu den mathematischen Modellen für Teilchen kommen, soll die Plancksche Relation genutzt werden, um einem einzelnen AQI eine „Energie“ zuzuordnen.

Da ein AQI interpretiert werden kann als „Grundschwingung“ des kosmischen Raumes, ist die charakteristische Ausdehnung eines einzelnen AQIs gleich R, also gleich dem Krümmungsradius der kosmischen S^3. Wir werden daher einem AQI eine Größe mit der Dimension einer Energie wie folgt zuordnen:

$$E_{\mathrm{AQI}} = \frac{hc}{R} \tag{16.8}$$

Für ein Objekt, das aus n AQIs (Quantenbits) gebildet ist und das eine Ruhmasse m mit dem Energieäquivalent E_{m} besitzt, folgt dann die Erweiterung der Einsteinschen Formel $E = mc^2$ in der Form

$$E_{\mathrm{m}} = n \cdot E_{\mathrm{AQI}} = mc^2 \tag{16.9}$$

Mit $E_{\mathrm{m}} = n \cdot E_{\mathrm{AQI}}$ wird die absolute und daher abstrakte Quanteninformation zu einer Seinsstruktur, welche äquivalent zu Masse und Energie ist und damit physikalisch gleichberechtigt neben diese tritt.

Diese Erkenntnis stellt die Grundlegung für das tatsächliche Fundament der Physik bereit. Sie löst die bisherigen Versuche ab, dieses Fundament nur auf dem Teilchenbegriff bzw. auf dem darauf aufbauenden Feldbegriff gründen zu können.

Diese Äquivalenz stellt auch einen Meilenstein für das Verstehen des Lebendigen dar. Im Lebendigen kennen wir Wirkungen, welche allein mit den Begriffen Materie oder Energie nicht zu erklären sind. In Lebewesen kann Quanteninformation reale steuernde Wirkungen hervorrufen, welche über die Wirkungen von Energie und Masse allein hinausgehen. (Davon mehr in Kapitel 27.)

Für die Kosmologie ergeben sich weitere Folgerungen. Mit *U* werde die aufsummierte Energie von sämtlichen AQIs im Raum bezeichnet. Deren Anzahl ist *N*.

Mit der Energie eines AQIs hc/R aus Formel 16.8 und dem in Formel 15.13 hergeleiteten Zusammenhang – *N* proportional zur R^2 – folgt

$$U = N\left(\frac{hc}{R}\right) = \left(\frac{R^2}{4l_{Pl}^2}\right)\left(\frac{hc}{R}\right) = \frac{Rhc}{4l_{\mathrm{Pl}}^2} = \frac{R}{2l_{\mathrm{Pl}}}\frac{hc}{2l_{\mathrm{Pl}}} \tag{16.10}$$

und damit

$$U = \left(\sqrt{N}\right)\cdot\frac{hc}{2\cdot l_{\mathrm{Pl}}} \tag{16.11}$$

Die Gesamtenergie *U* im Kosmos wächst also mit der Wurzel aus der Anzahl der AQIs.

16.6 Die wichtige Unterscheidung zwischen AQIs und Entropie

Von Werner Heisenberg stammt die Kennzeichnung des Raumes als Parametermenge der Wechselwirkungsstärke. Diese Parameter werden verkörpert durch die drei Koordinaten eines Abstands. Wenn der Abstand größer wird, dann verringert sich die Stärke der Wechselwirkung.

> Da alle Informationsübermittlung auf Wechselwirkungen beruht, kann man formulieren, dass sämtliche Informationen im Kosmos letztlich auf solcher Information gründen, die auf räumliche Strukturen bezogen ist, und die auf deren Veränderung in der Zeit zurückgeführt werden kann.

Das wird keineswegs bei allen Informationsübermittlungen unmittelbar ersichtlich sein, wird aber schließlich darauf hinauslaufen.

Wie kann man eine solche abstrakte physikalische Aussage verständlich machen?

Für uns Menschen ist bei der Schrift die Bedeutung der räumlichen Struktur völlig selbstverständlich. Aber auch bei allen Sinneswahrnehmungen kommt es auf Räumliches und auf dessen Veränderungen an, z. B. beim Hören auf die Schwingungseigenschaften von Membranen, wie z. B. dem Trommelfell, oder beim Riechen und Schmecken auf die Orte möglicher Moleküle und deren räumliche Gestaltung. Beim Tasten geht es um die räumlichen Beziehungen zwischen Haut und äußeren Körpern. Selbst bei psychologischen Versuchen mit einer Pseudo-Hand aus Gummi ist der gespiegelte Ort entscheidend für die Bedeutungszuordnung. Nur dann kann die Gummihand als eigene wahrgenommen werden.

Die genauestmögliche räumliche Information ist dann erreicht, wenn die unbekannte Information, also die Entropie des betreffenden Systems, nur noch 1 Bit beträgt: „Sein oder Nichtsein" – existiert dort etwas oder nicht. Das ist für diesen Fall die Frage, die dann nur noch als letzte offenbleibt.

16.7 Das „It from Bit" muss reflektiert werden

Dieses eingängige Schlagwort von Wheeler impliziert, dass Materie und Information in einem tiefen Zusammenhang verschiedene Ausformungen von ein und derselben „Grundsubstanz" sind. C. F. v. Weizsäcker hatte bereits zwei Jahrzehnte zuvor als philosophische These formuliert:

> *„Masse ist Information."*[8]

Als Kopernikus sein Weltmodell vorstellte, war die öffentliche Reaktion darauf bei Weitem nicht so groß, wie man aus manchen heutigen Darstellungen entnehmen kann. Die dargestellte aktuelle Wahrnehmung von vergangenen Ereignissen ist immer zeitabhängig und wohl nie „objektiv". Dass beispielsweise Luther sich massiv gegen Kopernikus gewendet haben soll, ist eine Erfindung der zwei katholischen Theologen Franz Beckmann und Franz Hipler aus der Zeit Bismarcks und des „Kulturkampfes" im 19. Jahrhundert.[9]

Den meisten Menschen am Übergang zur Neuzeit erschien das Bild von Kopernikus einfach unglaubhaft. Man sah doch täglich das Gegenteil des Behaupteten. Diese Feststellung ist natürlich noch kein starkes Argument. Gewichtiger ist, dass der bedeutendste Astronom der Zeit nach Kopernikus, Tycho Brahe, in den Berechnungen von Kopernikus die zu großen Abweichungen zu seinen eigenen Beobachtungen sah. Das Modell von Kopernikus beruhte noch auf Kreisen und war nicht sehr genau. Das alternative Model von Brahe beließ die Erde, wie gewohnt und wie täglich gesehen, im Mittelpunkt des Universums und führte noch ein paar zusätzliche Parameter ein. Daher war seine Übereinstimmung mit der Beobachtung besser als im damals existierenden heliozentrischen Modell von Kopernikus.

---

8 Weizsäcker, C. F. v. (1971) *Die Einheit der Natur*, Hanser, München, S. 361

9 Kleinert, A. (2003) *Eine handgreifliche Geschichtslüge – Wie Martin Luther zum Gegner des kopernikanischen Weltsystems gemacht wurde*, Berichte zur Wissenschaftsgeschichte 26, S. 101 – 111

Eine Analogie dazu kann man heutzutage an der Vorstellung sehen, dass das Einfachste räumlich klein sein muss. Diese Ansicht wird bestärkt durch die Entwicklung in der technischen Informationsverarbeitung. Bei ihr zeigt sich, dass ein zentrales Ziel der technischen Entwicklung darin besteht, ein Bit in einem immer kleineren Raumbereich des Trägers, z. B. der Festplatte, speichern zu können. Wenn man schließlich bei einem Atom angelangen würde, dann hätte man eine Lokalisierung auf etwa 10^{-10} m.

In einem Atom geschieht noch sehr viel, da muss also noch viel unbekannte Information, also Entropie, vorhanden sein. Rein theoretisch ist eine Lokalisierung bis auf 10^{-35} m, bis auf die Plancklänge, möglich. Das ist rund 25 Größenordnungen kleiner als ein Atom.

Die Festlegung wird dann am genauesten sein, wenn die verbleibende Unkenntnis, die Entropie, minimal ist. Eine immer kleiner werdende Ausdehnung ist gekoppelt an eine immer größer werdende Energiekonzentration. Die stärkste Lokalisierung ist erreicht, wenn sie zu einem winzigen Schwarzen Loch geführt hat. Die Existenz der Schwarzen Löcher wiederum verdeutlicht, dass eine Entropie null nicht zu erreichen ist, weil man aus dem Inneren eines Schwarzen Loches nicht die geringste Erfahrung über den dortigen *Zustand* erhalten kann. Man kann von einem Schwarzen Loch nur die Ausdehnung, die Masse und seine Entropie, also die Größenordnung der unbekannten Bits kennen.

Also wird das Minimum der Entropie bei einem Bit liegen.

> Die genaueste mögliche räumliche Information ist erreicht, wenn die unbekannte Information, also die Entropie des betreffenden Systems, nur noch 1 Bit beträgt:
>
> Wie gesagt ist die Frage, die dann nur noch als letzte offenbleibt: „Sein oder Nichtsein" – existiert dort etwas oder nicht?

Wie Bekenstein[10] gezeigt hatte, wird die geringstmögliche Entropie bei der Planck-Länge erreicht. Man postuliert ein Objekt, dessen Oberfläche etwa nur eine Planck-Länge zum Quadrat groß ist. Ein solches „Mini-Black-Hole" ist ein hypothetisches Objekt, welches nur „ein Bit als Entropie" enthält – und für das die Planck-Masse von 10^{-5} g notwendig ist.

Wenn beim „It from Bit" die Vorstellungs-Konzentration auf die Planckflächen an der Oberfläche eines Black Hole erfolgt, dann tritt bei diesen Bildern ein wichtiger Zusammenhang in den Hintergrund. Wenn für eine Oberfläche (die nach Voraussetzung mit dem Quadrat der Masse wächst) und der Masse selbst ein Verhältnis angedacht wird, so muss das zu Verständnisproblemen führen. *Eine postulierte Äquivalenz zwischen einer linearen und einer quadratischen Größe kann nicht funktionieren.*

[10] Bekenstein, J. D. (1973) *Black Holes and Entropy*, Physical Review D 7, S. 2333–2346

In Abschnitt 21.2 wird gezeigt werden, dass sowohl die Entropie als auch die zugängliche Information zusammen betrachtet werden muss, um die mit „It from Bit“ intendierte Äquivalenz von Information und Energie tatsächlich zu erhalten.

Was wurde in Bekensteins und Wheelers *Erklärungen* nicht beachtet, denn die *Rechnungen sind korrekt*?

In Bekensteins Rechnungen zeigte er, dass einem Black Hole von Sonnenmasse, also von etwa $1{,}99 \cdot 10^{30}$ kg, eine Entropie von etwa 10^{77} Bit zukommt. Was bei Bekenstein nicht dargestellt wurde, ist was passiert, wenn ein Mini-Black-Hole mit seiner Entropie von 1 Bit in das große Black Hole geworfen wird. Die Massen addieren sich, die Entropie jedoch wächst bei diesem Vorgang, also beim Einbringen von einem Bit, um etwa 10^{39} Bit!

Die Rechnungen dazu finden sich wie gesagt in Abschnitt 21.2, dabei wird mit den Massen gerechnet. Zur Sonnenmasse wird dabei die Masse des Mini-Black-Holes addiert. Dann wird aus der Massensumme die neue Entropie errechnet. Diese aber ist proportional zum Quadrat der Massensumme und nicht zur Massensumme selbst. Also kann die Masse nicht proportional zur Entropie behauptet werden, wie es mit „It from Bit“ und den Planck-Quadraten in Wheelers Zeichnung intendiert wird. Mit der Protyposis kann diese „wundersame Vermehrung der Entropie“ – aus 1 Bit werden 10^{39} Bit – erklärt werden. Dazu muss allerdings unbedingt ihre realistische Kosmologie berücksichtigt werden. Ohne Anbindung an die realistische Kosmologie der AQIs kann man die Menge der zugänglichen Information nicht abschätzen.

> Das „It“, die Masse, kann nicht aus dem Bit folgen, wenn dieses Bit als „Entropie“ interpretiert wird, als Information, die unzugänglich ist!
>
> Das „It“ kann nur dann aus den „Bits“ folgen, wenn sowohl die unbekannte als auch die bekannte Information über das Objekt im kosmischen Raum zusammen eingerechnet wird.

Das hatten Bekenstein und Wheeler nicht in ihre *Erklärung* einbezogen. Dieser Unterschied ist zu beachten, wenn wir genau werden müssen. Sonst ist es fast unvermeidlich, zu dem falschen, aber immer noch oft anzufindenden Ergebnis zu gelangen, dass 1 Bit das *räumlich Kleinste* sein würde.

Natürlich sind Bilder und Vorstellungen wichtig. Aber eine Bedeutung ist nichts Objektives. Welche Assoziationen mit einem Bild verbunden werden, das liegt nicht mehr in der Macht des Entwerfers. Als Analogie sei an das Bohrsche Atommodell erinnert. Bohr hatte völlig zutreffend verschiedene Energieniveaus für das Elektron des Wasserstoffatoms erklärt. Was aber mit in die Vorstellungen und in die Medien gelangte, das war das falsche Bild von „Elektronenbahnen“, die aus quantentheoretischer Sicht irreführend sind.

Auch dazu ist eine Bemerkung zum Physik-Nobelpreis des Jahres 2023 angebracht. Mit diesem wurden die Forscherin Anne L’Huillier sowie die Forscher Agostini und

Ferenc Krausz ausgezeichnet. Ihnen ist es in exzellenten Experimenten gelungen, Laser-Pulse mit einer Dauer im Bereich von einigen Attosekunden (10^{-18} sec) herzustellen. Damit können Zwischenstufen für Wahrscheinlichkeitsveränderungen bei Quantenprozessen untersucht werden – auch bei Prozessen, bei denen man für lange Zeit von einer unmittelbaren, sofortigen Veränderung ausgegangen war. Auch ein „Quantensprung" ist ein Vorgang in der Zeit. Jedoch so lange man nicht mit einem Laser-Puls ein Faktum schafft, gibt es während des Quantensprungs auch keine Fakten.

Bei einer Interpretation ist allerdings zu beachten, dass jede solche Messung ein Faktum erzeugt. Das unterscheidet den Vorgang von seinem unbeeinflussten Ablauf. Ohne Mess-Einfluss hat das Elektron keine faktischen, sondern zwischen Emission und Absorption nur mögliche Orte. Jede dieser Messungen erzwingt einen faktischen Ort. Deren Verteilungen im Raum lassen sich aber mit diesen Kurzzeitmessungen experimentell überprüfen.

Ohne diese Messungen nimmt also ein Elektron keinen der gemessenen Punkte tatsächlich ein – also faktisch. Aber durch die Messungen wird deutlich, wie sich die Wahrscheinlichkeiten der möglichen Orte im Verlaufe der Zeitdauer des Quantensprungs verändern.

Bei Bekensteins und Wheelers Bild trifft es zu, dass die Entropie im Inneren des Black Hole durch die Menge der „Planck-Quadrate" auf seiner Oberfläche bestimmt ist. Das befördert die Vorstellung, dass ein Bit durch ein Planck-Quadrat repräsentiert wird. *Das ist eine ähnlich irreführende Vorstellung wie Bohrs Bahnen.* Es würde die kleinste Einheit der Information an die größtmögliche Energiekonzentration koppeln – ein zwar noch immer verbreitetes, aber unsinniges Bild.

Die Entropie, die unbekannte Information eines Systems, ist stets nur eine Teilmenge seiner gesamten Information, die das System letztlich „ist". Eine solche Gesamtinformation wurde bei Bekenstein und Wheeler *nicht* einbezogen.

> Als Voraussetzung für die Berechnung einer *Gesamtinformation*, die zur Masse äquivalent werden kann, ist ein *endliches kosmisches Volumen* notwendig.

Schließlich wäre in einem Kosmos mit einem unendlichen Volumen die „äußerlich zugängliche Information" stets unendlich groß und damit eine unsinnige Vorstellung.

Wenn man nur die Entropie der Schwarzen Löcher betrachtet, also ohne die Kosmologie, in der sie eingebettet sind, dann würde dabei die Information auf die Entropie eingeschränkt. Eine Äquivalenz zwischen Materie und Information wäre ausgeschlossen.

Bekenstein hatte ein Objekt gesucht, welches so winzig ist, dass in ihm nur noch ein Bit an Entropie vorhanden sein kann. Daraus hatte er für die Schwarzen Löcher zeigen können, dass die Anzahl der Quantenbits ihrer Entropie der Anzahl der Planck-Flächen entspricht, in die man die Oberfläche des Schwarzen Lochs einteilen kann. Die wenigen Bits der Entropie sind keine AQIs im ursprünglichen Sinne, denn ein AQI ist kosmisch ausgedehnt. Diese wenigen Bits aus AQIs in winzigen Black Holes sind neue Strukturen im Inneren. Eine Analogie wäre die Umwandlung eines Elektron-Positron-Paares in Photonen. Obwohl ein Photon weder ein Elektron noch ein Positron ist, ist die Äquivalenz zwischen den völlig verschiedenen Eingangs- und Ausgangsstrukturen gewahrt.

Neben der Entropie, also einer Information, über die lediglich die *Anzahl* der Bits gewusst werden kann, kann aber über ein solch winziges Objekt ungeheuer viel Information über seinen konkreten Ort in dem riesigen Kosmos gewusst werden.

Wie kann über die Entropie hinaus die Gesamtinformation, die das Mini-Black-Hole „ist", ermittelt werden?

Man kann ein Gedankenexperiment konstruieren, bei dem auch die zugängliche Information des Mini-Black-Hole zu Entropie wird. Dazu betrachtet man den Kosmos wie von außen. Dabei wird diese gesamtkosmische Entropie, die Menge aller kosmischen AQIs, die den Ort der Objekte im Kosmos festlegen, äquivalent zur existierenden Masse und Energie in all ihren verschiedenen Erscheinungsformen, seien sie Teilchen, Wellen oder noch andere Erscheinungen der AQIs.

Von außerhalb des Kosmos ist keine Aussage über den Zustand im Inneren möglich, sämtliche Information muss als Entropie interpretiert werden. Lediglich die Masse von allen Inhalten ist feststellbar. Dann werden alle 10^{61} AQIs, die der Masse von 10^{-5} g des Mini-Black-Holes entsprechen, zu Entropie. Daraus lässt sich dann schließen, dass von innerhalb des Kosmos die Entropie des Mini-Black-Hole 1 Bit beträgt und die restliche, die zugängliche räumliche Information 10^{61} Bit. Beim Einfall in ein „Sonnen-Black Hole" werden von den 10^{61} Bit etwa 10^{39} zu Entropie. Die restlichen AQIs, $10^{61} - 10^{39}$ Bit werden ein Teil der zugänglichen Information über die räumliche Situation des „Sonnen-Black Hole" im Kosmos.

Diese Aussagen über die beiden Formen der Informationen sind physikalische Aussagen, die als objektiv zu verstehen sind. Die Größen dieser Informationsmengen, also der zugänglichen Informationen und der Entropie, ergeben sich aus der kosmischen Situation und aus der Größe des betreffenden Objektes. Sie liegen auch vor, wenn kein Lebewesen sie registriert. Diese Information ist daher auch nicht als bedeutungsvolle Information für ein Lebewesen zu interpretieren. Aber natürlich kann sie für einen Astronomen bei einer Beobachtung für diesen bedeutungsvoll werden.

> Je kleiner ein Schwarzes Loch ist, desto weniger von den AQIs, die sich zu diesem Black Hole formen, werden zu Entropie. Die meisten ihrer AQIs betreffen Informationen, die man kennen kann, wenn man die Information über seinen Ortsbereich im Kosmos berechnet. Bei einem Mini-Black-Hole von 10^{-5} g wird nur das Äquivalent von einem AQI zur Entropie.

Wir wiederholen: wenn wir über ein Schwarzes Loch im kosmischen Raum sprechen, dann gehört zu diesem Objekt sehr viel Information über seinen Ort im Raum dazu. Diese Information könnte man im Prinzip kennen.

So ist es beispielsweise prinzipiell möglich, die Zustände der Atome in einem Gas kennen zu können. Es ist jedoch sehr sinnvoll und zweckmäßig, diese Kenntnis nicht zu beachten und eine Entropie für ein Gas aus Molekülen in einem Behälter zu berechnen. Für thermodynamische Anwendungen ist das vollkommen ausreichend, mehr wäre unsinnig. Daher wäre es in der Thermodynamik von Gasen aus Molekülen eine sinnlose Vorstellung, eine Beziehung zwischen der Entropie eines solchen Gases und den Massen seiner Moleküle herstellen zu wollen.

Das, was im Inneren eines Black Hole geschieht, ist und bleibt jedoch immerfort prinzipiell unbekannt und somit eine unauflösbare Entropie. Von dieser ist nur die Größe zu ermitteln, und zwar über die Masse des Black Hole mittels der davon verursachten Gravitationswirkung im Außenraum.

Von der zuvor ermittelbaren Information über das Mini-Black-Hole ist nach dem Einfall in das „Sonnen-Black-Hole“ nur noch erkennbar, dass das Kleine „irgendwie“ im Großen ist. Nicht einmal ein „irgendwo“ ist sinnvoll, denn es würde postulieren, dass diese Form noch vorhanden wäre, was unbeweisbar und wohl auch falsch ist. Jetzt kann man nur noch den Raum im Kosmos kennen, wo sich auch die Anteile des ehemaligen kleinen Black Holes befinden müssen. Es ist der Bereich, den das große Black Hole einnimmt. Das ist ein gewaltiger Zuwachs an der Unerkennbarkeit vom Ort des Kleinen. Der kann jetzt nur noch auf etwa 10 km bestimmt werden, konnte jedoch zuvor auf 10^{-35} m (auf die Planck-Länge) festgelegt werden. Das ist ein Unterschied von 39 Größenordnungen, und dieser Übergang von (möglicherweise) bekannter Information zu unbekannter, also zu Entropie, ergibt sich aus Bekensteins Rechnungen. Und erst, wenn von dem Mini-Black-Hole überhaupt nichts mehr zugänglich ist, dann werden die 10^{-5} g seiner Masse äquivalent zu den 10^{61} Bit, die das Mini-Black-Hole immer war und ist.

> Es geht also bei dieser Klarstellung nicht um die Rechnungen, sondern um die *Interpretation* und um die damit verbundenen Behauptungen, Erklärungen und Bilder. Wenn das It proportional zum Bit sein soll, dann können die 10^{-5} g der Masse eines Mini-Black-Holes nicht 1 Bit Entropie, sondern sie müssen 10^{61} Bit Gesamt-Quanteninformation sein.

Wir hatten gezeigt, dass mit der Protyposis die Äquivalenz von Materie und Energie zu einer absoluten Quanteninformation begründet wird. Dabei ist es wichtig noch einmal zu betonen, dass zumeist nur ein sehr kleiner Bruchteil der AQIs als unzugängliche Entropie interpretiert werden kann. Die meiste Information kann also „im Prinzip“ bekannt gemacht werden, nur niemals diejenige im Inneren eines Black Hole.

Da wie gesagt die Entropie eines Black Hole mit dem Quadrat der Energie wächst, kann es keine Äquivalenz zwischen Energie und Entropie geben. Die Energie und der Radius wachsen als Gerade, die Entropie und die Oberfläche als eine Parabel.

> Es gibt keine allgemeine Äquivalenz zwischen Entropie und Energie, sondern nur zwischen Energie und einer objektiven absoluten Quanteninformation, den kosmischen AQIs.

Die Anbindung an die kosmische Quanteninformation ist also wesentlich, um die Einsteinsche Äquivalenz zwischen Materie und Bewegung zu erweitern auf eine universelle Äquivalenz zwischen diesen beiden physikalischen Größen und einer bedeutungsoffenen, weil absoluten Quanteninformation.

Da an einem Black Hole von außen über die Quantenstruktur im Inneren nichts zu erkennen ist (nur die Größe des Unwissens, die *Zahl der Bits* der Entropie, können gewusst werden) bleibt die Interpretationsmöglichkeit der klassischen Physik für das *Äußere* eines Black Hole in einem gewissen Rahmen weiterhin möglich. Allerdings ist dabei von der Hawking-Strahlung zu abstrahieren. Diese ist allerdings im gegenwärtigen mit 2,7 K noch zu warmen Kosmos bei keinem realen Black Hole wahrzunehmen.

Es wurde im Text schon oft angemerkt, dass die klassische Physik auf dem atomistischen Vorurteil beruht, dass immer kleiner werdende Strukturen zugleich auch immer einfacher werden. Die Krönung dieses falschen Bildes ist das Modell des Punktteilchens. Eine solche Idealisierung ist zu weit von der Natur entfernt, als dass es noch in der Quantentheorie sinnvoll bleiben könnte. Um wenigstens einen Schritt hin zur Realität zu tun, ist zumindest eine Anleihe bei der Quantentheorie notwendig.

Während in der Quantentheorie eine räumlich immer kleinere Unterteilung mit einem immer größer werdenden Energieaufwand verbunden ist, wird dieser wichtige Aspekt im Rahmen der Mathematik der klassischen Physik völlig ausgeblendet. Wenn man so genau wird, wie es die Quantentheorie verlangt, dann besitzt mit $E = hc/\lambda$ ein Punktteilchen notwendigerweise eine unendlich große Energie. Natürlich ist das kein gutes Modell der Realität.

Bohr hatte für sein Atommodell die Mechanik und den Elektromagnetismus teilweise außer Kraft gesetzt. Bei Wheeler und seinen Nachfolgern wird die Vorstellung der klassischen Physik über den Raum als einem Kontinuum von Fakten gegen die Planck-Fläche als minimale Ausdehnung als Anleihe bei der Quantentheorie eingetauscht.

Dass ein solches Objekt mit der Ausdehnung eines Mini-Black-Hole, als Realität gemeint, eine extrem große Energiedichte erfordern würde, dieser zentrale Aspekt der Quantentheorie wird dabei allerdings oft ausgeblendet.

Ein realistischeres Bild ergibt sich, wenn die Menge der unzugänglichen Information im Inneren eines Black Hole nicht mehr durch die Planck-Flächen an der Oberfläche, sondern stattdessen durch die Anzahl der „inneren AQIs“, AQI_{innen} im Black Hole, verbildlicht wird.

In Kapitel 21 wird vorgerechnet, dass wenn man die Ausdehnung eines Black Holes kennt, dann damit auch festgelegt ist, wie groß die Wellenlänge einer „Grundschwingung“ in seinem Inneren sein kann. Dann wiederum ergibt sich, wie viele kosmische AQIs notwendig sind, ein solches „inneres AQI“ zu formen. Die Anzahl der AQI_{innen} ergibt die Entropie des Schwarzen Lochs.

Mit der Einführung der AQI_{innen} wird auch die (aus der Allgemeinen Relativitätstheorie notwendig folgende, aber unphysikalische) Schwarzschild-Singularität im Zentrum des Black Hole aus quantenphysikalischen Gründen ausgeschlossen.

Das Innere eines Black Hole schließt sich zu einem winzigen FLRW-Kosmos. Dieser hat keine Wand, hat also vom Inneren her keine Außenfläche, von außen her gesehen natürlich doch. Man wird daher vernünftigerweise die durch die Quantentheorie definierte kleinste Länge, die Planck-Länge, sowohl von innen wie auch von außen berücksichtigen. Dann folgt aus der Quantenstruktur im Inneren eines solchen winzigen Objekts mit der Entropie 1, dass diese Oberfläche gemäß Definition bei einem solchen „Mini Black Hole“ gerade einer Planck-Fläche entspricht.

An der Oberfläche eines jeden Black Holes treffen somit die Beschreibungsweisen der klassischen Physik mit der Allgemeinen Relativitätstheorie von außen und der Quantentheorie von innen in einer interessanten Weise zusammen.

Im Inneren gibt es keine wahrnehmbare Begrenzung, weil das Innere sich als ein geschlossener Raum ohne Wand erweist. Die Menge der möglichen Zustände in diesem Inneren ergibt sich wie dargelegt als die Anzahl der in ihm möglichen AQI_{innen}.

Die Proportionalität der äußeren Oberfläche eines Black Hole mit der Anzahl der Planck-Flächen, in die sie aufgeteilt werden könnte, macht es so schwierig, den klassisch-physikalischen Charakter hinter dieser Vorstellung einer Gleichsetzung von „winzigsten Flächen mit einem Bit“ zu bemerken. Schließlich berücksichtig man dabei von der Quantentheorie nur „eine Hälfte“, denn die Zusammenhänge zwischen Ausdehnung und Energie werden ignoriert. Das alles wird in Kapitel 21 noch genauer beschrieben.

16.8 Die zeitliche Entwicklung des Kosmos

Wir hatten als Input aus den Beobachtungen für die Kosmologie verwendet, dass der kosmische Raum expandiert. Daher stellt sich die Frage nach der Geschwindigkeit dieser Expansion – oder auch nach dem Zeitmaß, mit dem diese Expansion gemessen wird.

Auch wenn immer wieder einmal der Vorschlag einer veränderlichen Lichtgeschwindigkeit im Vakuum propagiert wird, so ist es doch ein fundamentaler Grundsatz in der Physik, dass die Lichtgeschwindigkeit im Vakuum die Maximalgeschwindigkeit für sämtliche realen Vorgänge ist. Das gilt im Besonderen für den Transport von Materie, Energie und Information. Nichts davon kann mit einer größeren Geschwindigkeit bewegt werden.

> Als weiteren Input, den wir der naturwissenschaftlichen Erfahrung entnehmen, akzeptieren wir die Existenz einer ausgezeichneten, weil maximalen unveränderlichen Geschwindigkeit, der Lichtgeschwindigkeit *c*, auch für die Expansion des kosmischen Raumes.

Mit der Formel 16.8 $E_{\text{AQI}} = hc/R$ wird implizit mit dem Wirkungsquantum eine Zeit und zugleich die zeitliche Entwicklung des kosmischen Krümmungsradius R definiert. Wirkung ist Energie mal Zeit, daher gilt: *Die Energie eines AQIs mal Weltalter ist genau ein Wirkungsquantum.*

$$E_{\text{AQI}} = \frac{hc}{R} \tag{16.12}$$

und

$$E_{\text{AQI}} \cdot t_{\text{Kosmos}} = h$$

daher

$$\frac{c\,t_{\text{Kosmos}}}{R} = 1$$

Der Krümmungsradius wächst demgemäß mit Lichtgeschwindigkeit:

$$R = c \cdot t_{\text{Kosmos}} \tag{16.13}$$

Das hat mit Formel 15.12, also $R = l_{\text{Pl}}\, 2\sqrt{N}$, die weitere Konsequenz:

$$c \cdot t = l_{\text{Pl}} \sqrt{4N} \tag{16.14}$$

bzw.

$$N = \left(\frac{tc}{2l_{\text{Pl}}}\right)^2 \tag{16.15}$$

oder auch

$$t = \frac{l_{\text{Pl}}}{c}\sqrt{4N}$$

N, die Anzahl der AQIs, wächst mit dem Quadrat dieser so definierten Zeit.

Der überraschende Befund soll betont werden: Aus quantentheoretischen Überlegungen wird eine kosmologische Aussage erhalten.

In der bisherigen Argumentation in diesem Kapitel wurde die Allgemeine Relativitätstheorie weder vorausgesetzt noch verwendet.

Stattdessen wurde auf der Basis von *quantentheoretischen* unter Hinzunahme von *thermodynamischen* Überlegungen sowie der *Lichtgeschwindigkeit* die Grundlage für ein einziges kosmologisches Modell entwickelt. Es zeigte sich allerdings in der weiteren Durchführung der Überlegungen zur Protyposis, dass das Modell, welches sich daraus ergibt, eine exakte Lösung der Allgemeinen Relativitätstheorie ist. Darauf werden wir in Abschnitt 18.2 wieder zurückkommen.

Die Formel 16.13 ermöglicht eine neue Interpretation der Lichtgeschwindigkeit:

> Die Lichtgeschwindigkeit kann verstanden werden als die Maximalgeschwindigkeit, mit der überhaupt etwas im oder mit dem Kosmos ablaufen kann. Aus dieser Interpretation der Lichtgeschwindigkeit folgt unter anderem, dass es im Kosmos keine Bereiche gibt, für die eine kausale Verbindung aus prinzipiellen Gründen unmöglich sein würde. Das erklärt, wieso die kosmische Hintergrundstrahlung aus allen Richtungen so gleichförmig erscheint.

In Abschnitt 17.4 wird erläutert werden, weshalb in anderen kosmologischen Modellen (wie z. B. ΛCDM) für die Erklärung der Homogenität eine Inflation postuliert werden musste, gegen die es gewichtige Argumente gibt.[11)]

Die Geschwindigkeit c wird seit einigen Jahren als eine Konstante mit einem *exakten Wert* von 299 792 458 m/s definiert und ist damit einer der Grundpfeiler für alle verwendeten gesetzlichen Maßeinheiten.

Da man heutzutage die Zeit mit einer sehr hohen Genauigkeit messen kann, startet man im internationalen System der Einheiten (SI) mit der Definition der Sekunde über die Frequenz des Hyperfeinstrukturübergangs des Grundzustands des Cäsiumatoms. Zusammen mit der Lichtgeschwindigkeit ergibt sich die Definition des Meters als einer abgeleiteten Größe. Eine weitere Definition betrifft das Wirkungsquantum (Wirkung als Energie mal Zeit). Die Planck-Konstante h wird im SI-System als exakt gleich $6{,}626\,070\,15 \cdot 10^{-34}$ Joulesekunden (Js) definiert. Zusammen mit der „Zeit“ ergibt sich aus h die hier verwendete Beziehung zur Energie.

---

11 siehe z. B. Ijjas, A.; Steinhardt, P. J.; Loeb, A. (2017) *POP goes the universe – the latest astrophysical measurements, combined with theoretical problems, cast doubt on the long-cherished inflationary theory of the early cosmos and suggest we need new ideas*, Scientific American, S. 32 ff.

Wir hatten den Raum über die Symmetriegruppe $SU(2)$ der AQIs eingeführt. Die volle Symmetriegruppe besteht jedoch wie erwähnt aus $SU(2)$ und $U(1)$.

In der $U(1)$ haben wir einen zyklischen Parameter: φ.

Solange wir mit einem einzigen AQI argumentieren, kann der Parameter φ als eine „zyklische Zeit“ interpretiert werden. Für die Beschreibung eines expandierenden Kosmos wird eine wachsende Zeit benötigt. Man kann dann formulieren:

Die Menge der Möglichkeiten wächst.

Möglichkeiten gehören zur Quantentheorie und diese beschreibt Möglichkeiten mit imaginären Größen. Eine wachsende Zeit t erhalten wir, wenn wir von φ zu it übergehen.

$$\mathrm{e}^{-\mathrm{i}\varphi} \Rightarrow \mathrm{e}^{-\mathrm{i}\cdot\mathrm{i}t} = \mathrm{e}^{t} \tag{16.16}$$

Das Einführen einer *imaginären Zeitkoordinate* ist also ein unvermeidlicher Schritt, wenn man von der Gruppenstruktur eines einzelnen AQIs zu einem expandierenden kosmologischen Modell übergehen will.

Im nächsten Kapitel werden wir untersuchen, wie eine solche Zeit mit einer wachsenden Anzahl von AQIs verbunden werden kann.

Eine solche Verbindung zwischen Raumkoordinaten und einer imaginären Zeitkoordinate findet sich erstmals bei Einsteins frühen Darstellungen der Speziellen Relativitätstheorie, bevor später von Minkowski die Darstellung als indefinite Metrik des Raum-Zeit-Kontinuums eingeführt wurde.

Für die Metrik im Minkowski-Raum gilt wie beschrieben:

$$\mathrm{d}s^2 = +\mathrm{d}(\mathrm{i}t)^2 + \mathrm{d}x^2 + \mathrm{d}y^2 + \mathrm{d}z^2 = -\mathrm{d}t^2 + \mathrm{d}x^2 + \mathrm{d}y^2 + \mathrm{d}z^2$$

Die Interpretation der Minkowski-Metrik kann daher so erfolgen:

Durch die Einführung der imaginären Zeitkoordinate wird das Wachsen der Möglichkeiten mit der Anzahl der AQIs verbunden. Von der quantentheoretisch begründeten kosmologischen Struktur geht man über in eine tangierende flache Raumzeit, den Minkowski-Raum.

> Der Minkowski-Raum ist besonders gut angepasst an eine Beschreibung des Verhaltens von Teilchen, in der die Wirkung des Kosmos auf die lokalen Verhältnisse nicht berücksichtigt werden muss.

In diesem Sinne kann die Minkowski-Metrik als ein unvermeidliches Relikt einer Quantenkosmologie verstanden werden, die auch in den klassischen Beschreibungen der Speziellen Relativitätstheorie nicht außer Acht gelassen werden kann.

16.9 Die Zustandsgleichung des Kosmos

Die „Energie“ ist eine zentrale Größe der Physik. Der „Energiesatz“ gilt als ein fundamentales Dogma. So gibt es keine Vorgänge im Labor oder sonst auf der Erde, bei denen Energie erzeugt oder vernichtet werden könnte. Lediglich Umwandlungen von einer Energieform in eine andere finden statt.

Für den Kosmos als Ganzen stellt sich die Situation der „Energie“ etwas differenzierter dar.

So hatte bereits Albert Einstein entdeckt, dass in seiner Allgemeinen Relativitätstheorie die Definition einer Energie gewisse Schwierigkeiten bereitet. Er merkte dazu an:

> *„Während die allgemeine Relativitätstheorie bei den meisten theoretischen Physikern und Mathematikern Zustimmung gefunden hat, erheben doch fast alle Fachgenossen gegen meine Formulierung des Impuls-Energiesatzes Einspruch. Da ich der Überzeugung bin, mit dieser Formulierung das Richtige getroffen zu haben, will ich im folgenden meinen Standpunkt in dieser Frage mit der erforderlichen Ausführlichkeit vertreten.“*[12)]

Später erwägt Einstein in diesem Artikel das Problem:

> *„In diesem Fall einer endlichen Welt ergibt sich aber dafür die interessante Frage, ob die Erhaltungssätze für die Welt als Ganzes zutreffen, die doch unbedingt als ‚isoliertes System‘ zu betrachten ist.“*

Wir hatten bereits darauf verwiesen, dass der Begriff „kosmologische Konstante“ leicht vergessen lässt, dass damit eine unerklärte und überall im gesamten Kosmos und für alle Zeiten konstante Energiedichte eingeführt wird, welche zugleich mit drei Druckkomponenten von jeweils der gleichen Größe wie die Energiedichte verbunden ist – jedoch mit einem entgegengesetzten Vorzeichen.

Einstein postulierte damals, dass das Gravitationsfeld nichts zur Energie der Welt beiträgt. Allerdings ist mir nichts darüber bekannt, wie weit dabei reflektiert worden wäre, dass mit dem „Λ-Glied“ sowohl eine neue positive Energiedichte als auch wie erwähnt ein spezieller negativer kosmischer Druck postuliert wird.

Es gibt wie schon erwähnt auch kosmologische Modelle, bei denen das ΛGlied mit einem umgekehrten Vorzeichen postuliert wird. Das sind die sogenannten Anti-de-Sitter-Modelle (AdS-Modelle). Dabei ist zwar der Druck positiv, aber die negative Energiedichte verstößt dann massiv gegen bewährte und akzeptierte physikalische Prinzipien. Ich finde es zumindest interessant, dass dieser Zusammenhang als keiner Erwähnung für notwendig befunden wird. Nach meiner Kenntnis fehlt ein solcher

---

[12] Einstein, A. (1918) *Der Energiesatz in der allgemeinen Relativitätstheorie*, Sitzungsberichte der königlich preußischen Akademie der Wissenschaften, S. 448–459

Hinweis bei den mit großem propagandistischem Aufwand vertretenen AdS-Modellen des „holografischen Prinzips". Auch wenn diese Modelle nicht von einer vierdimensionalen Kosmologie, sondern von einem fünfdimensionalen Anti-de-Sitter-Raum ausgehen, bleibt das Unrealistische einer AdS-Kosmologie erhalten. Das ändert sich auch dadurch nicht, dass dann noch weitere mikroskopische Dimensionen beigefügt werden, um zu einer String-Theorie zu gelangen.

Für ein kosmologisches Modell wird in der Allgemeinen Relativitätstheorie eine „Zustandsgleichung" benötigt. Diese gibt den Zusammenhang zwischen den beiden fundamentalen Formen einer verallgemeinerten „Energiedichte" an, also zwischen der eigentlichen Energiedichte ϱ und dem Druck p.

Mit einem wachsenden Radius R wächst das Volumen V. Wir stellen U und V als Funktionen von R dar. Das Volumen V einer S^3 ist

$$V = 2 \cdot \pi^2 \cdot R^3 \tag{16.17}$$

Mit Formel 16.13 folgt

$$V = 2 \cdot \pi^2 \cdot (ct)^3 \tag{16.18}$$

In Formel 16.10, Formel 16.11 und Formel 16.13 war für die Festlegung der Gesamtenergie U aller AQIs nur postuliert worden, dass die quantenphysikalische Relation von Planck zwischen Energie und charakteristischer Ausdehnung eines AQIs – $E = hc/\lambda$ – gültig ist und dass die Vakuumlichtgeschwindigkeit c als ausgezeichnete und maximale Geschwindigkeit über die Definition der Wirkung $E_{\text{AQI}} \cdot t_{\text{Kosmos}} = h$ auch für die zeitliche Veränderung des kosmischen Krümmungsradius zuständig ist.

Das Verhalten der kosmischen Gesamtenergie, ihr Anwachsen mit wachsendem Volumen ist höchst ungewöhnlich. Blicken wir noch einmal auf Formel 16.10 zurück

$$U = \frac{hcR}{4l_{\text{Pl}}^2} = \frac{hc^2 t_{\text{Kosmos}}}{4l_{\text{Pl}}^2} = \frac{hc}{4l_{\text{Pl}}^2} \cdot \left(\frac{V}{2\pi^2}\right)^{\frac{1}{3}} = \sqrt{N} \cdot \frac{hc}{2l_{\text{Pl}}} \tag{16.19}$$

Wir kennen keine irdische Substanz, keine Teilchen oder Wellen, mit einem derartigen Verhalten.

Für ein mögliches Verständnis ist zu bedenken, dass die Gravitation in der Kosmologie ähnlich wie bei den Schwarzen Löchern zu sehr seltsam anmutenden Erscheinungen führen kann. Während bei allen bekannten Körpern eine Abstrahlung von Energie zu einer Temperaturerniedrigung führt, werden Schwarze Löcher umso heißer, je mehr Energie sie abstrahlen. Dieser Hinweis sollte es erleichtern zu akzeptieren, dass die Gravitation auch Phänomene bewirken kann, für die wir auf der Erde keine Entsprechung finden können.

Mit den Postulaten aus der Quantentheorie und mit der Lichtgeschwindigkeit ergibt sich aus der Gesamtenergie für die AQIs eine Energiedichte ϱ

$$\varrho = \frac{U}{V} = (V)^{-\frac{2}{3}} \cdot hc\left(2\pi^2\right)^{-\frac{1}{3}} / (4 \cdot l_{\mathrm{Pl}}^2) \tag{16.20}$$

oder auch mit Formel 16.13

$$\varrho = \left[2\pi^2 (ct)^3\right]^{-\frac{2}{3}} \cdot hc\frac{\left(2\pi^2\right)^{-\frac{1}{3}}}{4\, l_{\mathrm{Pl}}^2} = \frac{h}{t^2 8 c \pi^2\, l_{\mathrm{Pl}}^2} \tag{16.21}$$

Während bei allen auf der Erde bekannten Stoffen die Energiedichte in einem abgeschlossenen System mit $V^{-1} = 1/R^3$ abnimmt, geschieht dies im AQI-Kosmos mit $1/R^2$.

Wir sind in unserer Theorie damit konfrontiert, dass zugleich mit dem Volumen V auch die Energie U wächst. Das weist bereits darauf hin, dass für die AQIs der Protyposis jede Teilchenvorstellung in die Irre führen würde. Für Teilchen bzw. für die aus ihnen konstruierten Quantenfelder ist solches Verhalten unbekannt.

Solange eine rein quantentheoretische Beschreibung des Kosmos erfolgt, bleibt es bei einer völligen Verschränkung aller N AQIs und ihres Zustandes in einem Hilbert-Raum von 2^N Dimensionen. Wir sehen aber heute durchaus einen Kosmos mit Galaxien aus Sternen und leeren Räumen dazwischen. Um das zu beschreiben, sind Fakten notwendig. Es ist daher auch in der Kosmologie notwendig, die Dynamische Schichtenstruktur zu verwenden. Der Übergang zu einer auch klassischen Näherung ist also sehr sinnvoll.

Um den zweiten notwendigen Parameter, den Druck p bestimmen zu können, ist eine Anleihe bei der klassischen Physik notwendig. In Abschnitt 12.3 war eine thermodynamische Beziehung zwischen den Größen U, p und V aufgestellt worden. Üblicherweise wird ein solcher Zusammenhang über den Ersten Hauptsatz der Thermodynamik gefunden.

In der statistischen Thermodynamik wird der jeweilige Makrozustand durch thermodynamische Variable wie Volumen V und Teilchen-Anzahl N_A bestimmt. Volumen und Teilchenzahl gelten dabei als voneinander unabhängig und ermöglichen die Bestimmung von abzuleitenden Größen wie Temperatur T, Druck p usw. Als maßgebliche Größe gilt die Gesamtenergie U, aus der dann T und p abgeleitet werden können. Der zentrale thermodynamische Begriff ist die Entropie S als logarithmisches Maß für die Anzahl der Mikrozustände. Während für Teilchen die Entropie aus der konkreten Situation erst berechnet werden muss, ist für N AQIs die Zahl der Mikrozustände gleich 2^N. Damit wird $S \approx N$. Wenn, wie in diesem Fall, der Kosmos wie von außen betrachtet wird, dann wird die Anzahl der AQIs zur Gesamtentropie.

In der „normalen“ Thermodynamik wird die Zahl der Mikrozustände als eine Funktion der Variablen U, V und N_A charakterisiert: $S = S(U, V, N_A)$. Dann gilt beispielsweise:

$$p = -\left(\frac{\partial U}{\partial V}\right)_{S,N_A}$$

Der Druck wird also definiert als die Veränderung der Energie bei einer Veränderung des Volumens, wobei dabei die Teilchenzahl N_A und die Anzahl der Mikrozustände S konstant gehalten werden sollen.

Bei einer Thermodynamik von Teilchen sind Volumen, Teilchenanzahl und Energie des Systems einzeln beeinflussbar. *Da jedoch mit den AQIs eine einheitliche Grundsubstanz definiert worden ist, sind Größen wie U, V und N eindeutige Funktionen der Anzahl der AQIs.* Da wir im AQI-Modell somit keine voneinander unabhängigen Parameter haben, sind „partielle Ableitungen nach einem Parameter bei festgehaltenem anderen Parameter“ hier nicht definiert. Die partiellen Ableitungen müssen dann sinnvollerweise in totale Differenziale umgewandelt werden.

Für einen „kosmischen Energieerhaltungssatz“ beachten wir, dass der Kosmos ein abgeschlossenes Volumen ist, für das kein „Außen“ existiert. Daher kann davon ausgegangen werden, dass Wärme weder aufgenommen noch abgegeben werden kann. Das bedeutet $\delta Q = 0$ und wir erhalten aus Formel 16.3 eine Gleichung, welche die Veränderung der inneren Energie $\mathrm{d}U$ ins Verhältnis setzt zu der Energieänderung, die mit der Volumenveränderung $\mathrm{d}V$ verbunden ist. Um von der Volumenänderung zu einer Energie zu gelangen, ist eine Größe von der Dimension eines Drucks p notwendig.

$$\mathrm{d}U + p\mathrm{d}V = 0 \tag{16.22}$$

oder auch

$$p = -\mathrm{d}U / \mathrm{d}V$$

mit

$$U = \frac{hc}{4l_{\mathrm{Pl}}^2} \cdot \left(\frac{V}{2\pi^2}\right)^{\frac{1}{3}}$$

wird p zu

$$p = -\frac{1}{3} \cdot (V)^{\frac{-2}{3}} \frac{hc}{4l_{\mathrm{Pl}}^2} \left(\frac{1}{2\pi^2}\right)^{\frac{1}{3}} \tag{16.23}$$

Der Vergleich mit Formel 16.20 ergibt die für die „normale Physik“ ungewohnte Gleichung

$$p = -\frac{\varrho}{3} \tag{16.24}$$

Wir erhalten einen negativen Druck mit dem Wert eines Drittels der Energiedichte.

In vielen gegenwärtigen Modellen der Kosmologie wird ein negativer Druck ohne weitergehende Begründungen als notwendiges Postulat eingeführt, weil sich ohne diese Forderung ein Rekollaps des kosmischen Raumes ergibt. Die dafür gewählte Bezeichnung „Dunkle Energie“ ist zwar im Hinblick auf ihren Charakter als Energiedichte möglich, lässt aber ihre Eigenschaft als die eines „negativen Drucks“ aus meiner Sicht zu sehr im Hintergrund verschwinden.

Mit $p = -\varrho/3$ ist die Summe der drei Komponenten des Drucks und der Energiedichte des Kosmos für alle Zeiten auf den Wert null festgelegt.

Es sei angemerkt, dass bei diesen Überlegungen die Allgemeine Relativitätstheorie keine Rolle gespielt hat. Trotzdem wird sich zeigen, dass diese Überlegungen sehr gut zur ART passen und dass sich sogar daraus eine Begründung der ART herleiten lässt.

Die Energie U des kosmischen Inhalts war über die gruppentheoretischen Überlegungen und die Plancksche Relation festgelegt worden. Die Energie U wächst linear mit der Zeit. Die Änderung der damit verbundenen Energiedichte wird ausgeglichen durch die Veränderung des in der Summe gleichgroßen negativen kosmologischen Drucks.

Man kann also dazu feststellen, dass der Energiesatz in dem Sinne gültig bleibt, dass das „Vakuum der AQIs“, also ein Zustand von einem reinen „Nichts“, in der thermodynamischen Approximation in zwei gleich große veränderliche Anteile mit unterschiedlichem Vorzeichen aufgespalten wird.

Mit der hier verwendeten Interpretation des kosmischen Energieerhaltungssatzes für die AQIs werden die rein quantentheoretischen Überlegungen ergänzt durch eine Näherung im Rahmen der klassischen Physik. Damit wird mit der Protyposis eine quantentheoretische Begründung für ein klassisches kosmologisches Modell gegeben.

In einer „rein quantentheoretischen“ Kosmologie ohne klassische Näherung würde der Zustand des Kosmos in einem Hilbertraum von riesiger Dimension verbunden werden mit einem vollkommen gleichförmig gefüllten dreidimensionalen Ortsraum und einer gleichsam unendlichen Gegenwart ohne jedes faktische Ereignis.

Im kosmologischen Modell wird die Vielzahl der AQIs ersetzt durch das Modell einer idealen Flüssigkeit. Deren Zustand wird durch zwei Größen festgelegt, durch Energiedichte und Druck.

Wir haben uns in der Physik seit langem daran gewöhnt, bei einer Flüssigkeit an Atome oder Moleküle zu denken, in die sie zerlegt werden kann. Dieses anschauliche Bild ist aber beim AQI-Modell nicht notwendig und auch nicht möglich. Durch den kosmischen Energieerhaltungssatz ist auch für die AQIs klargestellt, dass „alles mit rechten Dingen“ zugeht. Da aber ein AQI etwas völlig Anderes ist als ein Teilchen, kann auch der Druck bei den AQIs ein anderes Verhalten zeigen, als wir es von Atomen und Molekülen kennen.

Viele kosmologische Modelle beginnen damit, dass beim sogenannten Urknall der gesamte materielle Inhalt des Kosmos auf eine unerklärte Weise vorhanden ist. Dieses schlagartige Entstehen von allem, was es an Elementarteilchen gab und gibt, kann als eine irritierende Hypothese angesehen werden. Die spätere Evolution im Kosmos wäre dann lediglich eine andere Anordnung des bereits Vorhandenen.

Daher werden auch andere Postulate erstellt. Diese Modelle postulieren Aussagen über einen Kosmos „vor“ derjenigen Zeit, die erst mit dem kosmischen Anfang beginnt. Dafür wurden Annahmen über einen Kosmos erstellt, der vor der Existenz des jetzigen Kosmos existiert haben musste und der gemäß Postulat zu einem „Fast-Endknall“ kollabiert war. Dazu wurde von Wolfgang Priester und Hans-Joachim Blome der „Big Bang“ durch einen „Big Bounce“[13),14),15)] ersetzt. Der vorhergehende Kosmos stürzt zusammen, und bevor er völlig verschwindet entsteht ein Phönix-Kosmos neu aus dem alten.

Eineinhalb Jahrzehnte nach Blome und Priester hatte Martin Bojowald (*1973) ein Big Bounce-Modell vorgestellt.[16)] Dabei wird versucht, den Endknall eines Universums mit den Methoden der „Schleifengravitation“ in einen Urknall unseres Kosmos umzuwandeln. Von Roger Penrose gibt es seit etwa einem Jahrzehnt ein anderes Big Bounce-Modell.[17)]

Attraktiv finde ich an der Idee von Penrose, die Entropie des Universums über die Bekenstein-Hawking-Entropie zu berechnen. Dabei wird der Kosmos „von außen wie ein Schwarzes Loch“ betrachtet. Auf diese Weise erhält die Entropie die gleichen Werte wie bei der Protyposis-Kosmologie. Allerdings hält Penrose wie die meisten Relativisten an der Vorstellung fest, dass die Quantentheorie erst an der Singularität im Zentrum eines Black Holes zu beachten sei, in der Umgebung der Planck-Länge. Weshalb ich diese Vorstellung über das Innere eines Black Holes nicht teile, das sollte bereits deutlich geworden sein.

Auch die dargelegten Vorstellungen über ein „Neu-Entstehen“ des Universums haben geistesgeschichtliche Vorläufer. Dass aus einer Götterdämmerung etwas Neues entsteht, das gehört z. B. zu den germanischen Mythen. Der Titanenkampf, aus dem die Götter schließlich siegreich hervorgehen, ist Teil der griechischen Mythologie. Das

---

13 Blome, H. J.; Priester, W. (1984) *Urknall und Evolution des Kosmos I*, Naturwissenschaften 71, S. 456–467, *https://doi.org/10.1007/BF00455898*

14 Blome, H. J.; Priester, W. (1984) *Urknall und Evolution des Kosmos II*, Naturwissenschaften 71, S. 515–527, *https://doi.org/10.1007/BF00455640*

15 Blome, H. J.; Priester, W. (1984) *Vacuum energy in a Friedmann-Lemaître cosmos*, Naturwissenschaften 71, S. 528–531, *https://doi.org/10.1007/BF00455641*

16 Bojowald, M. (2001) *Absence of Singularity in Loop Quantum Cosmology*, Phys.Rev.Lett.86:5227–5230

17 Penrose, R. (2011) *Zyklen der Zeit*, Springer, Heidelberg

Befassen mit dem Ganzen, mit der Welt und allem, ist offenbar ein urmenschliches Anliegen und es hilft zu verstehen, wieso etwas so Fernes wie die Kosmologie zu den Bereichen der Naturwissenschaft gehört, die immer wieder von neuem ein großes öffentliches Interesse erhalten.

16.10 Von der quantischen zu einer faktischen Beschreibung der kosmischen Entwicklung

Das mit der Protyposis vertretene Modell beginnt mit der *Möglichkeit* von einem AQI, mit einem möglichen „Fast-Nichts" an Volumen und „Fast-Nichts" an Energie. Wenn sich die Alternative „Sein oder Nichtsein" *faktisch* zum „Sein" entscheidet, dann entfaltet sich nach diesem ersten Faktum eine weitere Fülle von Möglichkeiten. Die Anzahl der AQIs nimmt zu. So entsteht eine immer umfangreichere Struktur von verschränkter Quanteninformation. Die mathematische Behandlung mit der Gruppentheorie zeigt mit den Tensorprodukten und deren Zerlegung in irreduzible Darstellungen, dass in dieser sich immer mehr vergrößernden Menge von AQIs neue Strukturen auch mit immer kürzeren Wellenlängen möglich werden. Dann gibt es auch viel Faktisches wie Schwarze Löcher, Sterne und Galaxien.

Die wachsende Anzahl der AQIs lässt statistische Methoden zu. Eine sinnvolle kleinste Länge in diesem gewaltigen Gebilde aus Quanteninformation formt sich heraus. Am Anfang haben wir von den AQIs bereits die Topologie einer S^3 erhalten. Nun wird auch die Definition einer Metrik möglich. Denn der Krümmungsradius der S^3 kann mit dieser kleinsten Länge verglichen werden. Je mehr AQIs entstehen desto größer wird im Vergleich dazu der Radius des kosmischen Raumes.

Dieses Anwachsen des Raumes wird mit der größten Geschwindigkeit erfolgen, die wir in der Physik bei der Untersuchung der Natur gefunden haben. In der späteren Entwicklung zeigt sich, dass alle Objekte mit einer Masse auch eine Trägheit besitzen. Somit können sie diese maximale Geschwindigkeit niemals erreichen. Nur Strukturen ohne Masse, also Photonen und Gravitonen, können sich im Vakuum mit dieser Geschwindigkeit, nämlich der Lichtgeschwindigkeit, bewegen.

Aus einer Länge, dem kosmischen Radius, und aus der Geschwindigkeit seiner Veränderung ergibt sich ein Maß für die Zeit. Jetzt lässt sich auch die anwachsende Zahl der AQIs mit der Zeit verbinden.

Das Anwachsen der Anzahlen, der Übergang von eins zu zwei und so weiter, passt zu dem, was Einstein mit seiner Forderung für einen „finite set of numbers" für „a purely algebraic theory"[18)] gemeint hat.

[18] Einstein, A. (1954) *The Meaning of Relativity*, 6th ed., Princeton University Press, Princeton, New Jersey, USA, Appendix II D, S. 164

Unsere üblichen klassischen kosmologischen Vorstellungen können nun sinnvoll angewendet werden, weil so viele AQIs vorhanden sind. Bei der großen Zahl kann es gut so beschrieben werden, als ob es kontinuierlich geschehen würde. Nun passt die Hypothese von einer Ausdehnung mit einer konstanten Geschwindigkeit sehr gut zu den Beobachtungen. Und auch der Mittelwert einer Energiedichte und eines Drucks sind nun gut definiert, denn manche Begriffe werden erst bei einer gewissen Anzahl verwendbar. Dazu wird von Niels Bohr eine passende scherzhafte Bemerkung berichtet:

> *„Ein Junge kommt in den Laden und verlangt für zwei Pfennige ‚gemischte Bonbons'. Der Kaufmann gibt ihm für die zwei Pfennige zwei Bonbons und macht dazu die Einschränkung: ‚Mischen musst Du sie Dir aber selber.'"*

Die wachsende Ausdehnung des kosmischen Raumes geschieht so, dass dabei jedes einzelne AQI auch weiterhin die gesamte Ausdehnung des wachsenden kosmischen Raumes überdeckt. Die „Wellenlänge" von jedem der AQIs wächst also genau wie der kosmische Radius R mit der Geschwindigkeit c. Damit verändert sich die Energie jedes einzelnen AQIs proportional zu $1/R$. Die quantischen Kombinationen von AQIs, die als Tensorprodukte erscheinen, zerfallen in Substrukturen (irreduzible Darstellungen), die wesentlich kürzeren Ausdehnungen entsprechen.

Wie bereits dargelegt, erfolgt in der thermodynamischen Beschreibung des Protyposis-Modells eine „Zerlegung der Energie des Raums des AQI-Kosmos", in einen gleichwertigen positiven und negativen Anteil. Diese beiden, Energiedichte und Druck, ergänzen sich weiterhin während der gesamten kosmischen Evolution in der Bilanz zu null.

Es gibt nach allgemeiner Erfahrung keine Möglichkeit, „Ladungen" zu erzeugen oder zu vernichten. Was aber bei den Ladungen möglich ist, ist eine „Null" in einen positiven und einen gleichgroßen negativen Anteil aufzuspalten. Genau das zeichnet unseren Kosmos im Hinblick auf die elektrische Ladung aus. Er ist insgesamt elektrisch neutral, aber durchaus mit lokalen Abweichungen.

Als Zustandsgleichung für eine näherungsweise, d. h. klassisch beschriebene Protyposis-Kosmologie hatte sich wie dargelegt ergeben:

$$p = -\varrho / 3 \tag{16.25}$$

Die Formel 16.22 über das Verhalten der Energie U und des Volumens V aus dem Jahre 1988[19] findet sich beispielsweise ohne Bezug dazu 1994 in einem Lehrbuch „Einführung in die Kosmologie"[20] als „gewagte Annahme" für die Grundlegung der Zustandsgleichung (Formel 16.25) und damit für ein kosmologisches Modell mit einer konstanten Expansionsgeschwindigkeit.

---

[19] Görnitz, T. (1988) *Connections between Abstract Quantum Theory and Space-Time Structure*, International Journal of Theoretical Physics Vol. 27, No. 6, S. 659–666; II. A Model of Cosmological Evolution

[20] Goenner, H. (1994) *Einführung in die Kosmologie*, Spektrum Akademischer Verl., Heidelberg, S. 91

> Wie gezeigt werden wird, hat dieses Wagnis dazu geführt, dass man die Allgemeine Relativitätstheorie aus einer quantenphysikalischen Theorie ableiten kann.

Das wird möglich, weil eine solche Zustandsgleichung, wenn sie im Rahmen der Allgemeinen Relativitätstheorie untersucht wird, auch genau zu der kosmologischen Lösung führt, wie sie mit den obigen Überlegungen erhalten wurde.

Der Druck p in einer der drei Koordinatenrichtungen ist also gleich das Negative von einem Drittel der Energiedichte ϱ. Mit anderen Worten: Die Summe über Energiedichte und dreimal Druck ist und bleibt in der gesamten kosmischen Entwicklung null.

Es ist ein weit verbreitetes Vorurteil, dass ein Druck immer positiv sein müsste. Zwar ist dies in sehr vielen Fällen der Thermodynamik der Fall. Bei einem Gas aus Molekülen in einem Behälter ist ein positiver Druck unvermeidlich. Der Druck ergibt sich dabei aus dem Mittelwert des Impulsübertrages der Moleküle bei deren Stoß gegen die Behälterwand. *Das lässt verständlich werden, dass ein negativer Druck nicht durch irgendwelche Teilchen-Modelle oder Quantenfelder bewirkt werden kann.*

Wenn wir jedoch die Vorstellung hinter uns lassen, dass die Realität im Letzten auf „kleinste Teilchen" reduziert werden könnte, dann erweitert sich das Spektrum der Potenzialitäten. Dies trifft im vorliegenden Fall zu, weil ein einzelnes AQI in keiner Weise als ein Teilchen interpretiert werden darf. Lokalisierbare Teilchen ergeben sich erst im Zusammenwirken einer unbegrenzten Anzahl von AQIs.

> Bereits in dem berühmten zehnbändigen Lehrbuch der Theoretischen Physik von Landau und Lifschitz wird im Band V über Thermodynamik[21] darauf verwiesen, dass ein negativer Druck eine homogene Struktur inhomogen werden lässt.

Für einen Kosmos, welcher seit seinem Beginn expandiert und damit das Entstehen von Auflockerungen und deswegen auch an anderen Stellen von Verdichtungen ermöglicht und damit das Entstehen von immer neuen Gestalten, stellt von daher ein negativer Druck kein Argument dar, welches man zurückweisen müsste. Der negative Druck ist nicht nur für eine ungebremste Expansion notwendig, er ist darüber hinaus auch ein gutes Argument, um die Herausbildung von Strukturen im frühen Kosmos verständlicher werden zu lassen.

Die „ideale Flüssigkeit" der AQIs lässt in ihrem Inneren durch den negativen Druck Hohlräume entstehen. Dann führen die dabei notwendigerweise entstehenden Verdichtungen um diese Hohlräume herum zu einer Verstärkung der dort befindlichen Energiedichte. Die stärkere Energiedichte verstärkt zugleich die gravitativen Effekte.

[21] Landau, L. D.; Lifschitz, E. M. (1971) *Lehrbuch der Theoretischen Physik*, Bd. V, Akademie-Verlag, Berlin, S. 47

Die stärkere gravitative Anziehung kann bewirken, dass sich aus den AQIs im frühen Kosmos große Schwarze Löcher und um diese herum dann weiter Strukturen aus Galaxien formen können. Dieses Bild erinnert stark an die Simulationen, die man über die Entstehung der frühen Strukturen im Universum finden kann und die an eine Struktur von Seifenschaum erinnern.

Bild 16.2 Schnappschuss einer Supercomputer-Simulation des kosmischen Netzwerks vor 11,5 Milliarden Jahren.[22] Die Forscher haben mehrere solcher Modelle erzeugt und anschließend mit den Quasar-Beobachtungen verglichen, um Rückschlüsse auf die Eigenschaften des Universums kurz nach der Reionisierungs-Ära zu ziehen. Die Seitenlänge des gezeigten würfelförmigen Ausschnitts beträgt 24 Millionen Lichtjahre.

16.11 Eine Nachbemerkung zur kosmologischen Konstante

In der ART befindet sich ein negativer Druck bereits seit langem in der Diskussion. Bei der von Einstein[23] in die ART eingeführten kosmologischen Konstante Λ ist wie gesagt der negative Druck in seinem aufsummierten Betrag gleich dem Dreifachen der gesamten Energiedichte. Allerdings wurde bei der Einführung der Konstanten Λ (bei

[22] Quelle: © J.Oñorbe/ MPIA, *https://www.mpg.de/11639718/original-1508158646.jpg?t=eyJ3aWR0aCI6NjgyLCJvYmpfaWQiOjExNjM5NzE4fQ%3D%3D--a1356dda037ba1e4785e756cdb69392e81331924*, vom 09. 02. 2021

[23] Einstein, A. (1917) *Kosmologische Betrachtungen zur allgemeinen Relativitätstheorie*, Sitzungsberichte der königlich preußischen Akademie der Wissenschaften, S. 142 – 152

Einstein: λ) nicht explizit von einem Druck[24] und erst recht nicht von einem negativen Druck gesprochen.

Wiederum gibt es gute Gründe, mit „Druck" nicht allzu phantasievoll umzugehen. In ihrem wichtigen Buch „The Large Scale Structure of the Universe"[25] hatten Stephen Hawking und George Ellis (*1939) im Rahmen der Allgemeinen Relativitätstheorie Bedingungen an Energiedichte ϱ und Druck p formuliert, welche für ein sinnvolles physikalisches Verhalten zu beachten sind.

Die „dominante Energiebedingung"

$$\varrho \geq 0 \tag{16.26}$$

sowie

$$\varrho \geq p \geq -\varrho$$

garantiert, dass die betreffende Materie sich nicht schneller als mit c, mit der Lichtgeschwindigkeit, bewegen kann.

Die „starke Energiebedingung"

$$\varrho + 3p \geq 0 \tag{16.27}$$

sichert, dass die Gravitation stets anziehend, also stets gravitativ wirkt.

Die „schwache Energiebedingung"

$$\varrho \geq 0 \tag{16.28}$$

sowie

$$\varrho + p \geq 0$$

hat zur Folge, dass jeder beliebige Beobachter unabhängig von seinem relativistischen Bewegungszustand stets eine *positive Energiedichte* wahrnimmt.

Diese sehr vernünftig erscheinenden Forderungen an Energiedichte und Druck sind in den späteren Jahren nicht immer ernsthaft beachtet worden. Manche Hypothese in der Kosmologie, wie z. B. die Inflation oder eine Quintessenz, hat darauf keine Rücksicht genommen – was allerdings bisher einer unkritischen Resonanz wenig geschadet hat. Diese Nichtbeachtung wichtiger physikalischer Grundsätze ist verbunden mit Einbußen an physikalischem Gehalt. Dabei ergibt sich aus der Missachtung dieser Bedingungen nicht einmal eine tatsächliche Lösung von kosmologischen Problemen.

---

24 Um unnötiger Kritik vorzubeugen: Das Wort Druck kommt in dieser Arbeit Einsteins lediglich einmal und in diesem Zusammenhang vor: „Die Materie ist bei einer bestimmten (äußerst kleinen) Dichte im Gleichgewicht, ohne daß für dieses Gleichgewicht innere Kräfte der Materie (Druck) nötig wären."

25 Hawking, S. W.; Ellis, G. F. R. (1973) *The Large Scale Structure of the Universe*, University Press, Cambridge, S. 90

Der Versuch, die kosmologische Konstante als eine Eigenschaft des Vakuums quantenfeldtheoretisch zu berechnen, hatte zu der größten bisher in der Physik bekanntgewordenen Differenz zwischen Theorie und Beobachtung geführt. Die Zahlenwerte differieren um mehr als 40 Größenordnungen:

> *„Zel'dovich 1967, 1968 found that basic principles of quantum field theory suggested a lower bound of $10^{10\,cm2}$ for the cosmological constant (corresponding to an energy density of $\varrho_\Lambda = 10^{17}$ g/cm^3), far exceeding a maximum value of $\Lambda = 10^{-54}$ cm^2 (or $\varrho_\Lambda = 10^{-29}$ g/cm^3) set by observation.“*[26]
> *(Zel'dovich 1967, 1968 stellte fest, dass die Grundprinzipien der Quantenfeldtheorie eine untere Schranke von 10^{-10} cm^2 für die kosmologische Konstante nahelegen [entsprechend einer Energiedichte von $\varrho_\Lambda = 10^{17}$ g/cm^3], die weit über dem durch Beobachtungen ermittelten Höchstwert von $\Lambda = 10^{-54}$ cm^2 [oder $\varrho_\Lambda = 10^{-29}$ g/cm^3] liegt.)*

Die Konsequenz der Bedingungen von Hawking und Ellis kann zusammengefasst werden zu:

$$\varrho \geq p0 \tag{16.29}$$

sowie

$$\varrho/3 \geq p \geq -\varrho/3$$

Die Grenzen p = +ϱ/3 werden vom Licht und p = –ϱ/3 von der Protyposis erfüllt.

Die Vorschläge in den gegenwärtig noch tonangebenden Modellen für Inflation, Dunkle Energie und kosmologische Konstante liegen teilweise außerhalb des von Hawking und Ellis abgesteckten sinnvollen Bereiches. Dass sie für die bisherigen Erklärungsversuche ein großes Problem darstellen, wird beispielsweise auch an folgendem Zitat deutlich:

> *„The interpretation of dark energy is a major puzzle. The gravitational effect of the quantum vacuum is expected to be equivalent to an effective cosmological constant, which according to the standard view will cause an accelerated expansion of the universe. However, simple estimates of its expected magnitude are very large, exceeding the observed value by between 60 and 120 orders of magnitude; a blatant contradiction with observations. This indicates a profound discrepancy between General Relativity (GR) and Quantum Field Theory (QFT) – a major problem for theoretical physics.“*[27]

[26] O'Raifeartaigh; O'Kee, M.; Nahm, W.; Mitton, S. (2018) *One hundred years of the cosmological constant: from „superflous stunt““ to dark energy*, Eur. Phys. J. H 43, 73/117, *https://doi.org/10.1140/epjh/e2017-80061-7*

[27] Ellis, G. F. R.; van Elst, H.; Murugan, J.; Uzan, J.-P. (2011) *On the trace-free Einstein equations as a viable alternative to general relativity*, Classical and Quantum Gravity, 28, 225007 [arXiv:1008.1196]

> *(Die Interpretation der Dunklen Energie ist ein großes Rätsel. Es wird erwartet, dass der Gravitationseffekt des Quantenvakuums einer effektiven kosmologischen Konstante entspricht, die nach der Standard-Ansicht eine beschleunigte Expansion des Universums bewirkt. Einfache Schätzungen ihrer erwarteten Größe sind jedoch sehr groß und übersteigen den beobachteten Wert um 60 bis 120 Größenordnungen; ein eklatanter Widerspruch zu den Beobachtungen. Dies deutet auf eine tiefgreifende Diskrepanz zwischen der Allgemeinen Relativitätstheorie (GR) und der Quantenfeldtheorie (QFT) hin – ein großes Problem für die theoretische Physik.)*

Die AQI-Kosmologie zeigt, wie dieses Problem gelöst wurde.

17 Einige Gedanken über den realistischen Kosmos der Protyposis

Mit dem Begriff „realistisch" soll eine Kosmologie bezeichnet werden, die nicht in einem offensichtlichen Widerspruch zu den Beobachtungen steht. Sie sollte also keine Vakuum-Lösung ohne Materie sein und auch keine Zeitschleifen enthalten wie die Anti-de-Sitter-Lösung. Auch muss sie dem Prinzip genügen: „Aus nichts kann vieles werden, jedoch nur, wenn die Bilanz der Energieformen null bleibt" – anders gesagt, das Positive muss dabei dem Negativen die Waage halten.

17.1 Ein Bild der kosmischen Entwicklung

Da die hier vorgestellten Überlegungen neu und ungewohnt sind, sollen sie aus verschiedenen Perspektiven auch wiederholend betrachtet werden. Die wachsende Menge der Quantenbits bewirkt die Expansion des Kosmos. Den AQIs *in ihrer Gesamtheit* wird eine positive Energiedichte und ein negativer Druck zugeordnet. Die Beträge dieser beiden Größen werden mit der Expansion des Raumes kleiner.

Der Kosmos wird damit primär als eine wachsende Menge von absoluter Quanteninformation beschrieben.

Der Kosmos ist anfangs gleichmäßig gefüllt mit einer wachsenden Zahl von AQIs. Für jedes einzelne AQI wird die Energie mit der Expansion des Kosmos und mit der damit verbundenen wachsenden Wellenlänge kleiner. Die Energie eines einzelnen AQIs ist Wirkungsquantum, geteilt durch das Weltalter. Und wie erläutert wächst deren Anzahl mit dem Quadrat des Weltalters.

Daraus hat es sich ergeben, dass die Gesamtenergie proportional zum Radius R wächst und dieser proportional zum Weltalter. Da das Volumen natürlich proportional zur dritten Potenz des Radius anwächst, ergibt sich für die Energiedichte, also für die Gesamtenergie geteilt durch das Volumen, eine Abnahme proportional zu $1/R^2$.

Die Energiedichte des Kosmos nimmt also nur mit dem Quadrat des Krümmungsradius des Kosmos ab und nicht mit der dritten Potenz wie bei den Modellen, die eine bloße Verdünnung des anfänglichen Gesamtinhaltes postulieren. Damit steht in allen Entwicklungsphasen der AQI-Kosmologie mehr Energie zur Verfügung als in den Modellen mit einer statischen Gesamtenergie.

Das ist ein großer Unterschied zu den Vorstellungen, die davon ausgehen, dass beim Beginn des Kosmos bereits der gesamte materielle Inhalt des Kosmos vorhanden gewesen sein sollte.

In Kapitel 18 wird gezeigt werden, dass die Gravitation verstanden werden kann als die Reaktion des Kosmos auf seinen Inhalt. Der Kosmos hat, wie beschrieben worden ist, bei einer hohen Energiedichte einen kleinen Krümmungsradius. Der Krümmungsradius wird größer, wenn die kosmische Energiedichte geringer wird, dieser Zusammenhang wird nun vom Kosmos als einem Ganzem auf die Zustände in seinem Inneren übertragen.

Das kosmologische Modell der AQIs startet mit einer homogenen und isotropen Energiedichteverteilung. Das ist ein recht gutes Modell, denn aus der kosmischen Hintergrundstrahlung wird deutlich, dass die Struktur des Kosmos im Großen, also in Bereichen, die groß sind gegen die Galaxienhaufen, in der Tat einen sehr gleichmäßigen Eindruck deutlich werden lässt.

Die AQIs im Kosmos spannen somit einen hochdimensionalen Möglichkeitsraum auf.

Die quantischen Möglichkeiten bewirken natürlich, dass es eine Homogenität nur im Großen gibt, denn es werden in diesem Quantensystem immer wieder lokale Schwankungen in der Dichte des kosmischen Inhaltes auftreten. So wie in der kosmischen Evolution eine größere Energiedichte der AQIs mit einer stärkeren Krümmung, also einem kleineren Krümmungsradius verbunden war, so wird auch eine stärkere lokale Verdichtung eine stärkere lokale Krümmung des Raumes bewirken. Wie Einstein gezeigt hatte, kann diese interpretiert werden als eine *Verstärkung der gravitativen Anziehung*. Die Gravitationswirkung wiederum führt zu einer weiteren Verdichtung. Damit wird plausibel, dass in wachsendem Maße in kleineren Bereichen des Kosmos Verdichtungen entstehen, die von stärkeren Verdünnungen umgeben sind. Diese werden später zu den Voids, den großen Leerbereichen im kosmischen Raum.

Die Wirkung der Gravitation wird sich bereits in der frühen Phase des Kosmos selbstlokalisierend verstärken und schließlich in den jeweiligen Zentren der Gravitationswirkung zur Bildung von Schwarzen Löchern (BHs) führen.

Bisher haben wir ein AQI als eine kosmisch ausgedehnte Schwingung vorgestellt, die nicht lokalisiert ist. *Durch die quantische Produktbildung können eine größere Anzahl von AQIs verschränkte und somit viel stärker lokalisierte Zustände formen.*

In dem Maße, in welchem eine Beschreibung von räumlich getrennten Objekten möglich wird, weil die quantischen Verschränkungen nicht mehr in vollem Umfang berücksichtigt werden müssen, werden auch Vorstellungen von „Teilchen“ möglich, die aus den AQI-Strukturen geformt werden. Dabei wird ein Teilchen definiert als ein Objekt, welches sich in gewissem Ausmaß in Raum und Zeit bewegen kann, ohne dabei notwendigerweise seine Identität verlieren zu müssen.

> Das Vernachlässigen der Verschränkung wird zum Teil dadurch kompensiert, dass zwischen den durch die Trennung entstehenden Objekten Wechselwirkungen berücksichtigt werden.

Auf die Begründung der drei quantischen Eichwechselwirkungen aus der Protyposis-Kosmologie werden wir in Kapitel 23 genauer eingehen. Diese Wechselwirkungen werden verursacht durch drei Typen von Ladungen: der elektromagnetischen, der schwachen und der starken. Ihnen entsprechen die drei Eichgruppen $U(1)$, $SU(2)$ und $SU(3)$. Diese Ladungen sind in der Protyposis-Kosmologie die Ursache für die jeweilige Ruhmasse von Teilchen. Wir dürfen annehmen, dass für die Ladungen Erhaltungssätze gelten. Auf jeden Fall gilt dies für die mit der Zeitstruktur zusammenhängende Gruppe $U(1)$, also für die elektromagnetische Ladung. Zumindest zeigen dies alle Experimente, bei denen aus einem Vakuum-Zustand im Minkowski-Raum Teilchen mit einer Ladung erzeugt werden. Dabei addieren sich die entstehenden Ladungen stets zum Wert Null.

Wegen der Universalität der elektrischen Ladung kann man vermuten, dass diese sich zuerst geformt hat, indem Teile des ladungslosen kosmischen Inhalts sich in gleichviele Objekte mit positiver wie mit negativer elektrischer Ladung aufgeteilt haben. Dafür spricht, dass die positive Elementarladung betragsmäßig mit der negativen Elementarladung identisch ist und dass der Kosmos insgesamt exakt elektrisch neutral ist.

In einer späteren Phase der kosmischen Entwicklung verbinden sich die elektrisch negativ geladenen Anteile mit der leptonischen Ladung, sodass Elektronen erscheinen. Die elektrisch positiven Anteile binden an die baryonische Ladung und werden zum Proton.

Daneben bilden sich auch leptonische und baryonische Ladungen mit einer elektrischen Ladung „Null" wie Neutrino und Neutron.

Erst in einer sehr viel späteren Phase der kosmischen Entwicklung kann lokal eine „Zeitumkehrinvarianz *T*" und darüber hinaus sogar eine *CPT*-Invarianz in vielen Fällen als eine *gute lokale Näherung* für die Beschreibung der Natur im Minkowski-Raum akzeptiert werden. (*P* ist die Spiegelung des Ortsraumes am Koordinatenursprung, *C* kehrt das Vorzeichen von Ladungen um und verwandelt somit Teilchen in Antiteilchen.)

> Eine *CPT*-Invarianz wird mit wachsendem kosmischem Radius immer besser erfüllbar und scheint im flachen Tangentialraum, dem Minkowski-Raum, korrekt erfüllt zu sein.

Dann im Minkowski-Raum werden sich beim Erzeugen von Teilchen mit Ruhmasse aus dem Vakuum stets gleichviele Anteile von Materie wie von Antimaterie ergeben.

> Am Beginn des Kosmos gibt es keinen Grund für das Bestehen der erwähnten diskreten Symmetrien und auf keinen Fall für eine auch nur angenäherte *T*-Invarianz. Dass unter den damaligen Bedingungen in gleichem Maße Materie wie Antimaterie entstanden sein sollen, ist daher nicht zu vermuten.

Es ist unbezweifelbar, dass lokal im Minkowski-Raum bei der Umwandlung von Energie in Materie stets gleiche Mengen von Materie wie Antimaterie entstehen. Dies ist ein Hinweis darauf, dass bei diesen lokalen Experimenten ein möglicher Einfluss des Kosmos so gering ist, dass er sehr lange weit jenseits der Nachweisgrenze gelegen hatte. Bei den Zerfällen von K^0- und B^0-Teilchen zeigen sich sehr schwache Unterschiede zwischen Materie und Antimaterie.

Ist es begründet, dieses Verhalten lokal im Minkowski-Raum auch auf den Beginn der kosmischen Entwicklung zu projizieren?

Diese Frage führt zu dem schwierigen Begriff des Vakuums. Er ist eng verbunden mit dem Begriff des Nichts. Obwohl damit alles genichtet wird, so benötigen wir ihn dennoch, um zu versuchen, einen Zustand absoluter Nichtexistenz zu definieren, aus welchem das Sein sich erst ergibt. In der Sprache der Physik ist das Vakuum mehr als ein reines Nichts. Ein Vakuum im Sinne von „Nichts“ gibt es in der Physik nicht. Ein physikalisches Vakuum im Sinne von „Abwesenheit von materiellen Teilchen“ gibt es in sehr guter Näherung im intergalaktischen Raum oder auf der Erde in wenigen technischen Anlagen. Die Abwesenheit von materiellen Teilchen in einem Raumgebiet schließt jedoch nicht aus, dass in diesem Kraftteilchen wie Photonen und Gravitonen vorhanden sind. Bekanntlich ist das Vakuum des gesamten kosmischen Raumes gefüllt mit den Photonen der Hintergrundstrahlung.

In der Mathematik der zweiten Quantisierung erhält der Begriff des Vakuums eine weitere Bedeutung. Sie ist der Vorstellung vom Nichts vollkommen entgegengesetzt. Werner Heisenberg hat es so formuliert: „Das Vakuum ist das Ganze“. Und von Paul Dirac stammt das Bild der Dirac-See. Diese Vorstellung liefert das Bild eines Sees, der dicht angefüllt ist mit virtuellen Teilchen. Erst wenn durch Zufuhr von Energie ein Teilchen über die Seeoberfläche gelangt, soll es als real verstanden werden. Das dabei entstehende Loch unter der Oberfläche verkörpert dann ein reales Antiteilchen.

In der Frühphase des Kosmos gibt es noch nicht so etwas Ähnliches wie ein Vakuum. Der Kosmos ist zu allen Zeiten dicht gefüllt mit AQIs.

Auch der Begriff „Ur-Knall“ erscheint mir irreführend zu sein. Er passt zwar zu der Vorstellung, am Anfang ist durch ein Wunder bereits alles da und fliegt dann mit einem großen Knall nur noch auseinander. Aber die tatsächliche Evolution wird meiner Meinung nach besser durch einen „Ur-Hauch“ gekennzeichnet.

Auch ist es kurz nach dem „Ur-Hauch" des Kosmos noch nicht möglich, so etwas wie „Teilchen" zu definieren. Schließlich ist die allgemeine Vorstellung eines Teilchens die eines Objektes, welches sich im Vakuum (also in einem Bereich, den man als leeren Raum betrachten kann) bewegen kann, ohne sich selbst dabei verändern zu müssen. Teilchenartige Strukturen werden daher im frühen Kosmos höchstens virtuell erscheinen können. Das Quark-Gluon-Plasma ist vielleicht eine gute Vorstellung von dieser frühen Phase. Zwar werden Quarks und Gluonen im heutigen Sprachgebrauch oft als „Elementarteilchen" bezeichnet, aber sie existieren als *lediglich virtuelle* Strukturen. Quarks und Gluonen können niemals als freie Teilchen im Vakuum erscheinen.

Die Gravitation, die Wirkung des Kosmos auf seinen Inhalt, ermöglicht einerseits Konzentrationen zu formen mit hohen Energiedichten, wie z. B. Schwarze Löcher, und andererseits wachsende Zwischenräume. Die BHs sind die frühesten Objekte im Kosmos, für die eine räumliche Trennung vorgestellt werden kann.

Manche der AQIs werden sich dann zu den erwähnten Quantenteilchen formen. Teilchen, Wasserstoff und Helium, bilden schließlich die Sterne und Galaxien um die Schwarzen Löcher. In den Sternen entstehen aus Protonen und Neutronen die schwereren chemischen Elemente. Deren Freisetzung aus den Sternen, z. B. durch Supernova-Explosionen, ermöglicht dann die Bildung auch von Planeten.

Auf günstig positionierten Planeten kann sich Leben bilden. Nach dem Entstehen von Leben können Quantenbits, die als Eigenschaften von materiellen Objekten erscheinen und von Photonen transportiert werden, für Lebewesen zu bedeutungsvoller Information werden.

Bereits bei der Vorstellung des Ersten Hauptsatzes der Thermodynamik war in einer sehr allegorischen Sprechweise darauf verwiesen worden, dass „das Nichts" – in physikalischer Sprache „das Vakuum" – in einen positiven und einen negativen Anteil von *Energieformen* transformiert werden kann, die sich zu null ergänzen.

Hierzu ist daran zu erinnern, dass die Physiker zumeist recht unbekümmert vom Vakuum sprechen. Dabei ist einerseits tatsächlich ein „Nichts" gemeint, aber andererseits wird mit dem Bild der Dirac-See zugleich eine hochkomplexe Struktur entworfen. Philosophisch muss jede Sprechweise über ein „Nichts" in eine Paradoxie führen, denn bereits als ein Satzgegenstand wird es zu einem „Etwas".

(Zur unausweichlichen Paradoxie des „Nichts" und des „Vakuums der Protyposis" sei auch auf die Abschnitte 8.5 und 22.7 verwiesen.)

Das Aufspalten des kosmischen Inhalts in zwei gleichgroße, wachsende und nichtverschwindende gegensätzliche Anteile geschieht in der Zeit, wir müssen daher einen Blick auf die kosmische Entwicklung werfen. Die kosmologischen Beobachtungen lassen erkennen, dass alle Galaxien auseinanderstreben. Das wird mit der Einsteinschen Theorie dahingehend gedeutet, dass der kosmische Raum expandiert. Extrapoliert man die empirischen Daten der Expansion immer weiter in die Vergangenheit, so erscheint der Kosmos früher immer kleiner und dichter. Das lässt den Schluss auf einen

„Beginn" des Kosmos fast unausweichlich erscheinen. Allerdings gilt diese Schlussfolgerung nicht für den flachen, d.h. unendlich großen Raum der ΛCDM-Kosmologien. Der ist zu allen Zeiten, auch im Urknall, wegen seiner postulierten Flachheit immer unendlich weit ausgedehnt.

So wie Albert Einstein waren und sind viele Kosmologen der Ansicht, dass man sich „einen Beginn des Kosmos" nicht vorstellen könne. Der Astrophysiker Fred Hoyle (1915–2001) hatte eine Theorie entwickelt, nach welcher der Kosmos zu allen Zeiten und an allen Orten im Wesentlichen gleich erscheinen sollte. Wohl mit einem etwas abwertenden Unterton hatte er den von ihm abgelehnten Beginn der kosmischen Evolution als „Big Bang" bezeichnet. Im Deutschen wurde daraus der „Urknall". Die Beobachtungsdaten wurden schließlich mit dem Modell von Hoyle unverträglich. Der Begriff „Big Bang" jedoch blieb.

Die Protyposis-Theorie nötigt dazu, in diesen Auseinandersetzungen deutlich *für* eine Version eines Modells mit einem Beginn des Kosmos Stellung zu nehmen. Allerdings sind „Urknall" und „Big Bang" zwei Begriffe, welche viel zu gewaltförmige Bilder erzeugen. Die mathematischen und physikalischen Grundlagen führen zu der Vorstellung, dass der Beginn der kosmischen Entwicklung mit einem „first quantum", einem ersten AQI startet. Der Beginn ist eher sanft und klein und keinesfalls so etwas wie eine „Anfangsexplosion".

Wie schon oft angemerkt, ermöglicht die Quantentheorie die Vorstellung, dass Sichtbares und Wirkendes neu entstehen kann, ohne dass man deswegen gegen bewährte physikalische Gesetze verstoßen müsste.

Wenn man im Alltag von der „Erhaltung der Energie" spricht, dann ist das immer zutreffend und berechtigt. Im Kosmos jedoch darf man nicht vergessen, dass die Energiedichte, die positiv ist, durch einen Druck ergänzt werden muss. Im Gegensatz zum üblichen und irdischen Druck in Gasen und Flüssigkeiten kann wie geschildert nach den bekannten Naturgesetzen ein Druck auch negativ sein.

Ein einzelnes AQI ist kein Teilchen. Wenn man ein AQI veranschaulichen will, dann vielleicht als „Schwingungen des kosmischen Raumes" und somit als kosmische Entität. Wenn eine Saite zum Schwingen gebracht wird, dann zieht sie an ihren Enden. Das wäre eine sehr grobe Veranschaulichung für den negativen (sozusagen nach „innen" gerichteten) Druck, der den AQIs aufgrund des kosmischen Energieerhaltungssatzes zugesprochen werden muss.

Die wachsende Anzahl der AQIs lässt den kosmischen Radius wachsen. Die sich vergrößernde Anzahl der AQIs erhöht die Gesamtenergie, obwohl bei der Ausdehnung jedes einzelne AQI energieärmer wird. Es entsteht immer mehr Raum, in welchem im Zusammenwirken der AQIs lokalisierte Objekte entstehen können. Das Zusammenspiel dieser Vorgänge ermöglicht die realistische Kosmologie.

Das Entstehen des Kosmos aus dem Vakuum der AQIs kann als eine „Quanten-Vakuum-Fluktuation" verstanden werden.

Etwas Ähnliches kennt man vom Vakuum der Teilchen. Aus diesem „Nichts" können auf der Erde beispielsweise die Wirkungen von virtuellen Teilchen-Antiteilchen-Paaren beobachtbar werden. Dabei behält die Gesamtladung den Wert null. Diese Paare entstehen spontan aus dem Vakuum und verschwinden sofort wieder. Wird diesem Prozess von außen Energie hinzugefügt, z. B. mit einem Teilchen-Beschleuniger oder mit einem starken Laser, dann können wie beschrieben die virtuellen Teilchen real werden.

Wie wichtig ein solcher Prozess mit virtuellen Quanten ist, das wurde gegenwärtig am schweren Geschwisterteilchens des Elektrons deutlich, dem Myon. Als „rotierende elektrische Ladung" hat es ein Magnetfeld – und dieses Magnetfeld wird beeinflusst durch virtuelle Teilchen-Antiteilchen-Paare. Deren Einflüsse hat man in einem extrem genauen Experiment neu vermessen.[1] Was im gegenwärtigen Zusammenhang dabei auch interessant ist, ist dass das Resultat offenbar perfekt zu dem Standard-Modell der *Elementarteilchenphysik* passt. Die Daten scheinen entgegen von manchen Prognosen keinen Hinweis auf neue unbekannte Teilchen zu implizieren. In Kapitel 23 werden *die Protyposis-Grundlagen für die drei Wechselwirkungen des Standard-Modells der Elementarteilchen* dargelegt. Aus diesen ergibt sich kein Anlass für solche hypothetischen Teilchen, nach denen mit dem Argument eifrig gesucht wird, dass das Standard-Modell der *Kosmologie* sie erforderlich mache. Das Standard-Modell der *Elementarteilchen* beschreibt die Natur offenbar sehr gut, wogegen das Standard-Modell der *Kosmologie* durch ein besseres abzulösen ist.

17.2 Aspekte von Kosmologie und Naturphilosophie

Natürlich liegt es besonders in den Naturwissenschaften nahe, nach Ursachen zu fragen. Das ist auch für das Verstehen der kosmischen Entwicklungsstufen unverzichtbar. Eine solche Frage kommt jedoch an eine Grenze, die innerhalb der Naturwissenschaft nicht überwindbar ist. Der „Urhauch" verweist darauf, dass es „einen Beginn der Zeit" gegeben hat. Jedoch wird ohne eine Zeitstruktur jede Vorstellung von Empirie und jede Frage nach Ursachen, die in ihrem Gefolge (also zeitlich nach den Ursachen) Wirkungen hervorrufen, unmöglich. Dazu sei noch einmal an die Kapitel 8 und 9 erinnert.

Da man sich in diesem Bereich des Nachdenkens nicht mehr auf Empirie oder gar auf Experimente stützen kann, findet sich hier ein weites Feld von Hypothesen und Überzeugungen. Das Nachdenken über alles, was „vor" der Physik bzw. der Naturwissenschaft zu platzieren ist, gehört gemäß der philosophischen Tradition zur Metaphysik.

---

1 *https://muon-g-2.fnal.gov/result2023.pdf*

In unserer Monographie „Die Evolution des Geistigen“[2] haben wir u. a. dazu weitere Überlegungen angestellt.

In einer gewissen Weise ist das verbreitete Interesse an der Kosmologie sehr bemerkenswert. Nichts ist unserem Alltag so weit entfernt wie der Kosmos - und nur weniges wie er kann auch bei Nichtphysikern so lebhafte Reaktionen hervorrufen.

Da es beim Kosmos um eine Gesamtschau geht, wird bei jedem Diskussionsteilnehmer zugleich die eigene Stellung zum Ganzen tangiert. Schließlich ist ein „Weltbild“ ohne Bezug zur Welt schwer vorstellbar. Unerwünschte Argumente werden dabei gern mit einem Hinweis auf fehlende empirische Evidenz abgetan. Für das wachsende Interesse gibt es einige Argumente. Schließlich werden die Science-Fiction-Medien durch fragwürdige Theorien über Zusatzdimensionen oder über Schwarze Löcher mit Wurmlöchern beflügelt. Aber natürlich muss und wird die Nutzung des Weltraumes zu einem wachsenden, auch ökonomischen Bereich der menschlichen Aktivitäten werden. Eine fantasierte Ewigkeit der Erde ist nicht mehr haltbar. Daher könnte eine eventuelle Umsiedlung auf den Mars irgendwann wegen der Umwandlung der Sonne in einen „Roten Riesen“ aus dem Bereich der Fantasie in den der Notwendigkeit geraten.

> In der Naturwissenschaft geht es wesentlich um eine konsistente theoretische Verknüpfung des Neuen mit bereits bewährten Erkenntnissen.

Nikolaus Kopernikus (1473 – 1543) hatte bekanntlich anstelle der Erde die Sonne ins Zentrum der Welt gerückt. Er hatte recht damit, dass die Erde um die Sonne kreist, aber nicht damit, dass die Sonne das Zentrum der Welt markiert. Heute weiß man, dass es ein solches „Zentrum“ nicht gibt.

Die Gegner von Kopernikus argumentierten gegen ihn mit einer bei ihm mangelhaften, also inkonsistenten Anbindung an die Empirie. Mit den alten Modellen der Erde im Mittelpunkt waren angesichts der vielen verwendeten freien Parameter bessere Vorhersagen möglich. Und kleinere Korrekturversuche, die man am Kopernikanischen Modell vornahm, verbesserten damals wenig. So versuchte man bei Kopernikus, die Sonne etwas aus dem Mittelpunkt der Kugel-Sphären zu rücken und die Geschwindigkeit der rotierenden Sphären zu verändern. Wegen der Einführung von solchen neuen freien Parametern zerstörten sie den entscheidenden Unterschied zum alten Bild.

Erst mit Johannes Kepler (1571 – 1630) wurde wie erwähnt ein tatsächlicher Umschwung erreicht. Damals waren die Ellipsen zwar in der Mathematik bekannt, jedoch nicht am Himmel vermutet worden. Erst mit den von Kepler durch seine Berechnungen entdeckten Ellipsenbahnen wurde eine genauere Beschreibung des Sonnensystems möglich. Ein empirischer Beweis für eine Bewegung der Erde um die Sonne

---

[2] Görnitz, T.; Görnitz, B. (2008) *Die Evolution des Geistigen*, Vandenhoeck & Ruprecht, Göttingen

wurde jedoch erst drei Jahrhunderte später mit der ersten Fixstern-Parallaxe gefunden. Auch Einsteins Prognose der Möglichkeit von Gravitationswellen musste ein Jahrhundert warten, bis die ersten von ihnen nachgewiesen werden konnten.

Nach Keplers Entdeckung wurde schließlich mit Newtons Gravitationsgesetz aus dem Jahre 1687 eine ernsthafte, mathematisch begründete Naturwissenschaft für ein Geschehen auch jenseits der Erde möglich. Bis dahin wurde zwischen „irdischen“ und „himmlischen“ Vorgängen eine strenge Grenze gesehen.

Für Newton stellte der Raum das „Sensorium Gottes“ dar. Wegen Gottes Unendlichkeit musste auch der Raum unendlich ausgedehnt vorgestellt werden. Die damalige Geometrie kannte als mathematisches Modell dafür nur das, was wir heute als „Euklidische Geometrie“ bezeichnen. Der Raum, den Newton postulierte, war flach und in allen drei Dimensionen unendlich weit ausgedehnt.

Im 19. Jahrhundert hatten Untersuchungen von János Bolyai (1802–1860), Nikolai Lobatschewski (1792–1856) und Carl Friedrich Gauß (1777–1855) gezeigt, dass auch andere Geometrien als die Euklidische möglich sind. Die Unterschiede liegen beim sogenannten Parallelen-Axiom. In der Euklidischen Geometrie gibt es zu einer Geraden durch einen nicht auf ihr liegenden Punkt genau eine Parallele.

Wenn „Gerade“ durch „geradeste Linie = Geodäte“ ersetzt wird, dann werden zwei weitere „Nichteuklidische“ Geometrien möglich. Für den zweidimensionalen Fall kann man das veranschaulichen.

In der Euklidischen Geometrie (in der Zeichenebene) gibt es durch einen Punkt, der nicht auf einer ausgewählten Geraden liegt, genau eine Parallele zu dieser. Auf einer Kugeloberfläche sind die „geradesten Linien“ die Großkreise. In einer „sphärischen Geometrie“ (auf der Kugeloberfläche) gibt es zu einem Großkreis durch einen nicht auf diesem liegenden Punkt keinen anderen Großkreis, der den ersten nicht schneidet - es gibt also keine Parallelen. Auf einer Sattelfläche ist es umgekehrt. In einer solchen „hyperbolischen Geometrie“ gibt es durch einen Punkt, der nicht auf der ausgewählten Geodäten liegt, beliebig viele andere Geodäten, welche die erste Geodäte nicht schneiden - es gibt also unendlich viele verschiedene Parallelen zu einer Geodäten durch einen Punkt.

Bernhard Riemann zeigte dann, wie eine Geometrie entwickelt werden kann, in der die lokalen Krümmungen zwischen der sphärischen, euklidischen und hyperbolischen Geometrie wechseln können.

Albert Einstein wollte die Ergebnisse, die er mit seiner Speziellen Relativitätstheorie für die Elektrodynamik erhalten hatte, auf die Newtonsche Gravitationstheorie anwenden. Diese entspricht einer „Fernwirkungstheorie“, denn die Gravitationswirkung in ihr ist instantan, d. h. sie breitet sich nach Newtons Theorie mit unendlicher Geschwindigkeit aus. Derartiges wird von der Speziellen Relativitätstheorie ausgeschlossen. Nach dieser ist bekanntlich c die maximale Geschwindigkeit für die Ausbreitung von Kräften und Bewegungen von Energie oder Materie.

Erst mit der Allgemeinen Relativitätstheorie wurde von Einstein eine Anpassung der Gravitation an eine endliche Ausbreitungsgeschwindigkeit erreicht. Dabei ging es keinesfalls um eine „neue Mathematik". Die Riemannsche Geometrie war seit langem bekannt. Daher konnte Hilbert, einer der bedeutendsten Mathematiker seiner Zeit, die mathematische Struktur der Allgemeinen Relativitätstheorie fast zur gleichen Zeit wie Einstein fertigstellen. Er hatte Kenntnis von Einsteins publizierten Versuchen, die der endgültigen Fassung vorausgegangen waren, und hatte bei einem Besuch Einsteins in Göttingen von dessen Überlegungen erfahren. So war es ihm mit seinen mathematischen Kenntnissen wohl leichter gefallen, die mathematische Struktur auszuformulieren.

Das Entscheidende jedoch war in diesem Fall Einsteins physikalische Intuition und nicht eine neue Mathematik. Einsteins Gedankenexperiment zum „Fahrstuhl" zeigte ihm, dass lokal eine Beschleunigung nicht von einer Schwerewirkung unterschieden werden kann. Gravitation bedeutet also eine Veränderung des raumzeitlichen Zusammenhangs. Eine andere Formulierung dafür ist die Gleichheit von schwerer Masse (Gravitation) und träger Masse (Beschleunigung). Diese Gleichheit blieb bei Newton noch ein ungeklärtes Rätsel. Das gilt auch noch im Modell des Minkowski-Raumes. In diesem ist die Kosmologie und damit auch die Gravitation ausgeschlossen. Schließlich gibt es im Minkowski-Raum keinerlei Abweichungen von der euklidischen Geometrie. Mit dem Higgs-Feld kann man das Erscheinen der Massen-Trägheit beim Vorhandensein von Ladungen erklären, nicht jedoch die Schwerewirkung, die nicht wie die Trägheit auf die Masse beschränkt ist, sondern auch für die Energie und die Information gültig ist.

Die Einsteinschen Gleichungen der Allgemeinen Relativitätstheorie sind gekoppelte nichtlineare Differentialgleichungen zweiter Ordnung für die Beziehungen zwischen dem metrischen Tensor, der die Struktur der Raumzeit festlegt, und dem materiellen und energetischen Inhalt im betrachteten Bereich. Die Lösungen geben die Struktur der Raumzeit an. Aus Symmetriegründen sind von den 16 Komponenten in den Tensoren nur 10 voneinander unabhängig. Die verbliebenen Strukturen von 10 nichtlinearen Differentialgleichungen gehören zu den interessantesten mathematischen Formen mit besonders schwierigen Problemen. Bei deren Behandlung werden sich für die Mathematiker und theoretischen Physiker noch für eine lange Zeit interessante Aufgabenstellungen ergeben.

Um diese sehr schwierigen Aufgaben einer Lösung zuführen zu können, waren wie gezeigt erleichternde Annahmen über weitere Symmetrien hilfreich. Die sich ergebenden vereinfachten Versionen der Einstein-Gleichungen ermöglichten zum ersten Mal verschiedene mathematische Modelle für den Kosmos als Ganzen. Je nach dem, was für die Energiedichte und für den Druck postuliert wird, erhält man für jeden von solchen Ansätzen ein verschiedenes kosmologisches Modell.

Einstein hatte offenbar eine klare Vorstellung, wie der Kosmos beschaffen ist. Vielleicht um den Unterschied zu Newton zu verdeutlichen und weil die mathematische

Struktur es erstmals erlaubte, suchte er eine Lösung für einen Kosmos mit einem endlichen Volumen, aber ohne eine begrenzende Wand. Die Lösung ist ein „Einstein-Kosmos“, die dreidimensionale „Oberfläche“ einer vierdimensionalen Kugel. In Bezug auf die zeitliche Entwicklung war es Einstein wichtig, dass sein Modell statisch, ohne Beginn und Ende sein sollte.

Da seine Gleichungen eine solche Lösung nicht erlaubten, änderte Einstein sie wie erwähnt durch das Hinzufügen einer „kosmologischen Konstante“ Λ ab.

Bisher war bei der Protyposis-Kosmologie von der absoluten Quanteninformation, von den AQIs gesprochen worden. Zu dieser Grundstruktur werden drei weitere Hypothesen aus der Beobachtung und Erfahrung hinzugefügt. Diese Hypothesen werden in der Physik zweifellos als gültig betrachtet. Sie werden aber zumeist nicht mit Kosmologie verbunden.

Gewöhnlich wird für kosmologische Modelle die Allgemeine Relativitätstheorie vorausgesetzt. Dann werden noch Symmetrieforderungen gestellt, um die Gleichungen lösbar werden zu lassen. Bei der Protyposis-Kosmologie wird die Allgemeine Relativitätstheorie nicht vorausgesetzt. Diese Kosmologie erweist sich aber als eine exakte Lösung einer FLRW-Kosmologie. Man kann daher die Beziehungen zwischen Energiedichte und Raumkrümmung, so wie sie sich in der AQI-Kosmologie zeigen, auch auf lokale Dichteschwankungen im Inneren des Kosmos ausdehnen. *Damit wird induktiv die Einsteinsche Theorie begründet.* Das ist die übliche naturwissenschaftliche Methode. Man schließt aus wenigen oder einem Fall, z. B. Einsteins Fahrstuhl, auf ein allgemeines Gesetz.

17.3 Zusammenfassung der Argumentationslinie

- Erklären bedeutet in der Naturwissenschaft, aus einfachen Strukturen die komplexen Strukturen zu konstruieren.
- In der Quantentheorie werden komplexe Systeme über das Tensorprodukt der Zustandsräume der einfacheren Teile aufgebaut.
- Die einfachsten aller möglichen Quantensysteme haben einen zweidimensionalen Zustandsraum. Sie werden oft als Quantenbits bezeichnet und deswegen irrtümlich mit „Wissen“ identifiziert. Sie sind jedoch als „absolut“ und „bedeutungsoffen“ zu verstehen und sollen als AQIs bezeichnet werden.
- Da alles Existierende aus AQIs aufgebaut ist, lässt sich alles durch die AQIs darstellen.
- Aus gruppentheoretischen Überlegungen folgt, dass diejenigen Entitäten, welche aus den AQIs konstruiert werden, durch Funktionen auf einer S^3 dargestellt werden können. Dieser S^3 wurde die Rolle des kosmischen Raumes zugewiesen.

- Eine gruppentheoretische Konstruktion und Wahrscheinlichkeits-Überlegungen begründen auf der S^3 für eine jeweilige Anzahl von AQIs eine kleinste reale Länge und damit eine Metrik.
- Die kleinste Länge benötigt im expandierenden Raum wegen der damit wachsenden Wellenlänge der AQIs das Zusammenwirken einer immer größeren Anzahl von AQIs, um konstant bleiben zu können (das Zweifache der Wurzel aus der Gesamtanzahl der AQIs). Diese große Zahl markiert einen prinzipiellen Gegensatz zu der Vorstellung, die kleinste Ausdehnung würde einem einzigen Quantenbit entsprechen.
- Die Existenz einer maximalen Geschwindigkeit, die für die Spezielle Relativitätstheorie grundlegend ist, sowie die Plancksche Relation, die für die Quantentheorie grundlegend ist, ermöglichen Definitionen von Zeit und Energie in Abhängigkeit von der wachsenden Anzahl der AQIs.
- Durch die Hinzunahme des kosmischen Energieerhaltungssatzes der Thermodynamik wird aus der Beschreibung eines Quantensystems die Beschreibung einer klassischen Struktur. Diese klassische Näherung erlaubt die Definition eines kosmischen Drucks und mit diesem Druck die Gewährleistung des kosmischen Energiesatzes.

Wir erhalten das Modell eines geschlossenen und mit Lichtgeschwindigkeit expandierenden Raums. Der Inhalt dieses Raums entspricht in dieser klassischen Näherung einer idealen homogenen und isotropen Flüssigkeit mit der Energiedichte ϱ und dem Druck p sowie der Zustandsgleichung und dem Zeitverhalten:

$$p = -\frac{\varrho}{3} = -\frac{hc}{8\pi^2 l_{\mathrm{Pl}}^2 3R^2} = -\frac{h}{8\pi^2 c l_{\mathrm{Pl}}^2 3t^2} \tag{17.1}$$

17.4 Die Metrik der Protyposis-Kosmologie

Die Protyposis-Kosmologie führt auf eine mit Lichtgeschwindigkeit expandierende S^3.

Man nennt ein solches Modell einen Friedmann-Lemaître-Robertson-Walker-Kosmos (FLRW-Kosmos). Dieses Modell beruht auf der Forderung nach einer überall (jedoch nicht zu allen Zeiten) gleichen Energiedichte und nach einem überall und in jeder Richtung gleichen Druck. Das bedeutet eine maximale Symmetrie für den Inhalt des Kosmos. Je nachdem, was für das Verhalten von Energiedichte und Druck postuliert wird, erhält man eine Lösung aus dieser Schar von homogenen und isotropen kosmologischen Modellen. Mit den quantenphysikalischen Überlegungen der Protyposis ergeben sich die Formel 17.1 und damit auch die realistische Kosmologie.

Um Abstände im Kosmos messen zu können, bedarf es wie erwähnt einer Metrik. Diese gestaltet sich im Fall eines homogenen und isotropen Kosmos zu

$$ds^2 = c^2 dt^2 - a(t)^2 \left[\left(1 - kr^2\right)^{-1} dr^2 + r^2 \left(d\theta^2 + \sin^2\theta d\varphi^2\right) \right] \quad (17.2)$$

(Anmerkung: Bisher hat sich in der Physik bezüglich der Vorzeichen noch keine der möglichen Konventionen fest etabliert. Zur Anpassung an die nachfolgenden Rechnungen verwenden wir ab hier eine Metrik mit der Signatur +,-,-,-.)

Der Parameter $a(t)$ bestimmt den zeitlichen Verlauf der kosmischen Expansion. Weshalb in vielen Modellen eine Form der Expansion, die vom AQI-Modell verschieden ist, mit der in Abschnitt 16.8 erwähnten Problematik der großen Homogenität und Isotropie der Hintergrundstrahlung verbunden ist, das soll kurz erläutert werden.

Kausal zusammenhängen kann nur, was untereinander mit Licht erreichbar ist. Das Licht aus der Frühzeit des Kosmos läuft durch einen sich ausdehnenden Raum. Für die Bereiche, die uns heute erreichen können, gilt nach Allgemeiner Relativitätstheorie die folgende Formel für die Distanz d:

$$d(t) = a(t) \int_0^t \frac{d\tau}{a(\tau)}$$

Warum ergibt sich bei etablierten Modellen wie beispielsweise einem strahlungsdominierten Kosmos mit $a(t)$ proportional zu $t^{1/2}$, bei einem materiedominierten mit $t^{2/3}$ und bei einem fiktiven Modell mit $a(t)$ proportional zu $t^{3/4}$ das Horizontproblem und bei der AQI-Kosmologie nicht?

Bei $a(t)$ proportional zu $t^{1/2}$ wird $d(t)$ mit Berechnung des Integrals proportional zu $2t$ bzw. bei $a(t)$ proportional zu $t^{2/3}$ ergibt sich $3t$. Mit dem fiktiven Modell $a(t)$ proportional zu $t^{3/4}$ zeigt sich, dass der kausal unverbundene Bereich immer unwesentlicher wird, je mehr sich der Exponent von t der 1 annähert. Das ist bei dem Protyposis-Modell mit $a(t)$ proportional zu t schließlich der Fall.

Die grafische Darstellung zeigt, dass für einen Strahlungs- (strich-punktierte Linien) bzw. Materie-Kosmos (punktierte Linien) der kosmische Radius $a(t)$ (Kurve) in der Nähe des Anfangs über denjenigen Bereich hinausreicht, welcher über $d(t)$ (Gerade) mit dem Bereich einen kausalen Kontakt gehabt haben kann, der von uns gesehen werden kann. Später jedoch geraten diese Bereiche, die gemäß Modell anfangs ohne kausalen Kontakt waren, ins Blickfeld. Wieso sie ohne zuvorigen kausalen Kontakt die identische Struktur zeigen wie das bisher kausal Verbundene, das ist das Horizontproblem.

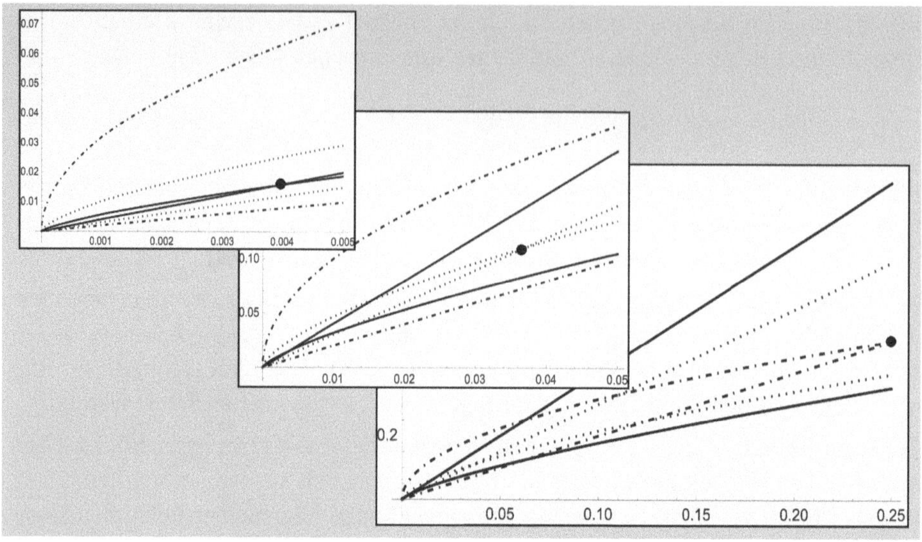

Bild 17.1 Für drei kosmologische Modelle mit dem Expansionsverhalten $t^{1/2}$ bei Strahlung (strich-punktiert), $t^{2/3}$ bei Materie (punktiert), und $t^{3/4}$ für ein fiktives Modell (durchgezogen), ist an der Expansionskurve (Kurve) mit einem Punkt der davor liegende Bereich markiert, an dem der *kausal unverbunden gewesene Bereich* in den Rückwärtslichtkegel (Gerade) des Beobachters gelangt.
Unterhalb der Geraden liegen die Bereiche, die nach Modell in kausalem Kontakt sein können. Die Kurven zeigen die kosmische Ausdehnung nach dem Anfang und den Bereich bis zu dem jeweiligen markierten Punkt, in dem sie gemäß Modell ohne kausalen Kontakt gewesen sind. Da die Beobachtungsdaten aber einen solchen kausalen Kontakt nahelegen, werden Fantasien wie die kosmische Inflation erfunden.
Bei der Annäherung an t^1 wird der kausal getrennt gewesene Bereich zum Verschwinden gebracht.

In der Protyposis-Kosmologie mit ihrer sphärischen Geometrie besteht das Horizontproblem wegen a(t) = t nicht.

Die Konstante k in Formel 17.2 legt die globale Raum-Struktur fest ($k = 1$ ist sphärisch, $k = 0$ ist flach, $k = -1$ ist hyperbolisch). Diese Raum-Struktur ist gemäß Allgemeiner Relativitätstheorie unveränderlich. Ein flaches oder ein hyperbolisches Modell ist immer unendlich weit ausgedehnt, auch bereits beim Beginn. Die in Abschnitt 16.8 erwähnte Problematik der großen Homogenität und Isotropie der Hintergrundstrahlung bleibt für solche Modelle ohne neue fiktive Parameter unlösbar. Alle Beobachtungen würden gemäß Modell außerdem stets nur 0 % des unendlich großen Kosmos erfassen.

Nun soll gezeigt werden, dass die Protyposis-Kosmologie, die ohne die Verwendung der Einsteinschen Gleichungen hergeleitet worden ist, eine Lösung dieser Gleichungen ist (mit Gravitationskonstante G und Lichtgeschwindigkeit c und ohne eine postulierte kosmologische Konstante). Die allgemeine Form der Einsteinschen Gleichungen

$$G_{ik} = \left(\frac{8\pi G}{c^4}\right) T_{ik} \tag{173}$$

reduziert sich in diesem Fall auf die Friedmann-Gleichungen mit G, Materiedichte μ bzw. Energiedichte $\varrho = \mu c^2$ und Druck p.

$$\left(\frac{\dot{a}}{a}\right)^2 + \frac{kc^2}{a^2} = \frac{8\pi G}{3}\mu = \frac{8\pi G}{3c^2}\varrho \tag{17.4}$$

$$2\frac{\ddot{a}}{a} + \left(\frac{\dot{a}}{a}\right)^2 + \frac{kc^2}{a^2} = -\frac{8\pi G}{c^2}p$$

Wenn wir die beiden Gleichungen voneinander subtrahieren, dann erhalten wir

$$2\frac{\ddot{a}}{a} = \frac{8\pi G}{c^2}\left(\frac{\varrho}{3} + p\right)$$

Nur wenn $p = -\varrho/3$ ist, wird in den Friedmann-Gleichungen $\ddot{a}$ zu null.

Für einen geschlossenen Kosmos wird $k = 1$. Mit $p = -\varrho/3$ ergibt sich wie gezeigt

$$\left(\frac{\dot{a}}{a}\right)^2 + \frac{kc^2}{a^2} = \frac{8\pi G}{3c^2}\varrho \tag{17.5}$$

$$2\frac{\ddot{a}}{a} + \left(\frac{\dot{a}}{a}\right)^2 + \frac{kc^2}{a^2} = \frac{8\pi G}{3c^2}\varrho$$

und somit

$$\ddot{a} = \frac{\mathrm{d}^2 a}{\mathrm{d}t^2} = 0 \tag{17.6}$$

Dieses Resultat für die Friedmann-Gleichungen wurde erhalten, indem nicht die Allgemeine Relativitätstheorie verwendet wurde, sondern stattdessen das Postulat der Lichtgeschwindigkeit als Maximalgeschwindigkeit für alle realen Vorgänge, der erste Hauptsatz der Thermodynamik und aus der Quantentheorie gruppentheoretische Berechnungen mit den AQIs.

Die kosmologischen Modelle beschreiben somit mit der Zustandsgleichung aus Formel 17.1 eine Expansion mit konstanter Geschwindigkeit. Im speziellen Fall der Protyposis, also bei $R \approx ct$ wird $a(t)$ zu $(1 + ct)$ sowie $k = 1$. Oft setzt man noch $c = 1$ und erhält dann als Metrik

$$\mathrm{d}s_{\mathrm{P}_1}^2 = \mathrm{d}t^2 - (1+t)^2 \left[\frac{\mathrm{d}r^2}{(1-r^2)} + r^2\left(\mathrm{d}\vartheta^2 + \sin^2\vartheta \mathrm{d}\varphi^2\right)\right] \tag{17.7}$$

Mit einer Transformation der Koordinaten (in Analogie zum Übergang von kartesischen zu Polar-Koordinaten) erhalten wir die folgende Form:

Mit $r = \sin\chi$ wird $dr = \cos\chi\, d\chi$ und $dr^2 = (1 - \sin^2\chi)d\chi^2$ bzw. $d\chi^2 = (1 - r^2)^{-1}dr^2$, so erhalten wir

$$ds^2 = c^2dt^2 - (1+ct)^2\left[d\chi^2 + \sin^2\chi\left(d\vartheta^2 + \sin^2\vartheta d\varphi^2\right)\right] \tag{17.8}$$

Und weiter mit $1 + ct = e^{(1+\tau)}$ ergibt sich

$$ds^2_{P_2} = e^{2(1+\tau)}\left[d\tau^2 - d\chi^2 - \sin^2\chi\left(d\vartheta^2 + \sin^2\vartheta d\varphi^2\right)\right] \tag{17.9}$$

Diese verschiedenen Koordinatensysteme werden sich später als angepasst an verschiedene kosmologische Probleme als nützlich erweisen.

17.5 Eine unzeitgemäße Überlegung

Das Bild einer geschlossenen und ewig unveränderlichen Fixsternsphäre hat eine sehr lange kulturelle Tradition. Einstein hatte offenbar aus philosophischen Überlegungen heraus ursprünglich einen geschlossenen Kosmos postuliert, der für alle Zeiten einen unveränderlichen Krümmungsradius besitzt.

Man überlegt sich leicht, dass ein derartiges Bild auch mit dem hier vorgestellten kosmologischen Modell vereinbart werden kann. Wenn allerdings ein fester Krümmungsradius für den Kosmos postuliert werden soll, dann hat man dabei zu berücksichtigen, dass für einen solchen Fall wesentliche Teile der bekannten Physik umformuliert werden müssten. Beispielsweise müsste dann die Lichtgeschwindigkeit nach dem Zeitpunkt einer Emission immer geringer werden und schließlich gegen null gehen. Sonst könnte die wachsende Entfernung der Galaxien voneinander nicht in ein solches Modell eingebaut werden.

Aus den gruppentheoretischen Überlegungen war das Verhältnis zwischen der Plank-Länge und dem kosmischen Radius abgeleitet worden:

$$R = l_{P1} 2\sqrt{N}$$

Wenn die Planck-Länge l_{Pl} als eine Konstante definiert wird, dann hängt – gemessen in dieser Länge – der Krümmungsradius R der S^3 von der Anzahl N der AQIs ab.

Eine mathematisch äquivalente Interpretation wäre, den Radius R als eine Konstante zu definieren. Dann würde allerdings in diesem Fall eine Planck-Länge λ_{Pl} mit der Wurzel aus der Anzahl N der AQIs kleiner werden. Diese Vorstellung wäre mit einem kosmischen Krümmungsradius verbunden, dem man ohne Beschränkung der Allgemeinheit für alle Zeiten den Wert $R = 1$ zuordnen könnte.

$$\lambda_{\mathrm{P1}} = 1\left(2\sqrt{N}\right)$$

Der Radius bleibt bei dieser Vorstellung für alle Zeiten konstant. Irgendwann, zu einer Zeit $t = 0$, entwickelt sich in diesem Raum eine wachsende Zahl von Quantenbits. Diese ermöglichen eine immer feiner werdende Unterteilung des Kosmos. In diesem Bild mit dem konstanten Radius der S^3 würde nicht nur die Planck-Länge λ_{Pl} immer kleiner werden, sondern natürlich auch der gesamte geformte Inhalt des kosmischen Raumes, d. h. alle Galaxien, alle Planeten und auch wir Menschen. Das ließe sich zwar immer noch mathematisch exakt beschreiben, würde aber wahrscheinlich für viele ein wenig attraktives Bild erzeugen.

Da wir mit der Vorstellung aufgewachsen sind, dass die uns umgebenden Dinge nicht alle miteinander schrumpfen, sondern vielmehr damit, dass der Kosmos expandiert, soll dieses Bild nicht weiterverfolgt werden.

17.6 Der empirische Input

Im Rahmen der Protyposis erscheint als empirischer und kontingenter Input für die Kosmologie primär nur das Alter des Kosmos. Dabei wird den drei fundamentalen Naturkonstanten Wirkungsquantum, Lichtgeschwindigkeit und Gravitationskonstante jeweils der Zahlenwert „1“ zugeordnet. Es werden also Planck-Einheiten verwendet.

Das Protyposis-Modell kommt ohne die vielen freien Parameter aus, die sonst an die empirischen Daten angepasst werden.

Die kosmische Expansion wird beschrieben durch das „Hubble–Lemaître-Law“. Die sogenannte Hubble-Konstante H_0 beschreibt dabei, wie mit wachsender Entfernung (gemessen in Mpc = $3{,}6 \times 10^6$ Ly = 3×10^{19} km) die Geschwindigkeit (in km/s) zunimmt. Wenn man die Mpc in Kilometern angibt und die Kilometer kürzt, dann erhält man den Kehrwert einer Zeit. Edwin Hubble hatte den Wert mit etwa 500 (km/s)/Mpc angegeben. Bei diesem Wert ist keine Verbindung zu einer kosmologischen Zeit erkennbar.

Gegenwärtig findet hinsichtlich des empirischen Wertes der Hubble-Konstanten eine intensive Diskussion statt. Die Werte für H_0 liegen gegenwärtig zwischen H_0 = 75 (km/s)/Mpc und H_0 = 67,4 (km/s)/Mpc.

Die Hubble-Konstante ist ein zentraler Parameter in den ΛCDM-Modellen. Wie noch gezeigt wird, ist der Wert der Kehrwert des gegenwärtigen Weltalters. Das ist ein starker Hinweis darauf, dass die Expansion des Kosmos sich so zeigt, als wäre er seit seinem Beginn exakt mit Lichtgeschwindigkeit expandiert. Daher beginnt man zunehmend, anstelle von einer Konstanten von einem „Hubble-Parameter“ zu sprechen. Da jedoch gegenwärtig in den ΛCDM-Modellen noch das Postulat einer beschleunigten Expansion vertreten wird, wird in den meisten öffentlichen Darstellungen die Konsequenz für die Expansionsgeschwindigkeit nicht diskutiert. Man spricht von der „Hubble-Zeit", so als wenn diese mit dem tatsächlichen Weltalter nichts zu tun hätte.

Der kleinere Wert für H_0 ergibt sich aus Berechnungen mit den ΛCDM-Modellen des Kosmos, der größere aus Resultaten des Planck-Satelliten über die Struktur der Hintergrundsstrahlung. Die ΛCDM-Modelle sollen hier nicht vorausgesetzt werden. Für die hier beabsichtigte Abschätzung lediglich von Größenordnungen soll ein Wert H_0 = 70 (km/s)/Mpc gewählt werden. Mit dem Wert für das Megaparsec von $3{,}08567758149137 \cdot 10^{19}$ km und der Planck-Zeit von $t_{Pl} = 5{,}39 \cdot 10^{-44}$ s ergibt sich daraus die Hubble-Zeit $t_{Kosmos} = 1/H_0$ zu

$$t_{\text{Kosmos}} = 8{,}17831 \cdot 10^{60} t_{\text{P1}} \tag{17.10}$$

(Das sind $8{,}17831 \cdot 10^{60}(5.39 \cdot 10^{-44})/(60 \cdot 60 \cdot 24 \cdot 365) = 13{,}978 \cdot 10^9$ Jahre.)

Aus dem aktuellen Weltalter folgt mit der Protyposis-Kosmologie die aktuelle Anzahl der AQIs.

Für diese Anzahl der AQIs folgt mit der Formel $c^2\ t_{Kosmos}{}^2 = l_{Pl}{}^2\ 4\ N$ und damit in Planck-Einheiten $N = t_{Kosmos}{}^2/4$

$$N = 1{,}67212 \cdot 10^{121} \tag{17.11}$$

Weizsäckers Überlegungen hatten auf die Prognose geführt, dass sich für die Ruhmasse eines Protons $N^{(1/3)}$ Ure zusammenfinden würden.

$$N^{1/3} = 2{,}55715 \cdot 10^{40} \tag{17.12}$$

Die Energie eines AQIs folgt aus

$$E_{\text{AQI}} = \frac{hc}{R_{\text{Kosmos}}} = \frac{hc}{ct_{\text{Kosmos}}} = \frac{h}{t_{\text{Kosmos}}} \tag{17.13}$$

Mit dem Wert für das *Wirkungsquantum* $h = 4{,}1356677 \cdot 10^{-15}$ eV s und der *Hubble-Zeit* $44{,}08109 \cdot 10^{16}$ s folgt

$$E_{\text{AQI}} = 9{,}38195 \cdot 10^{-33} \text{eV} \tag{17.14}$$

Somit ergibt sich für 1 Proton aus $E_{Proton} = 9{,}38272 \cdot 10^8$ eV $= 1{,}00008 \cdot 10^{41}$ AQIs. Wenn wir Anlass haben, einem Objekt eine Masse m bzw. Energie E zuordnen zu können, dann erweitert sich Einsteins berühmteste Formel, welche die Masse äquivalent zur Energie werden lässt, indem die Anzahl n_{AQI} der AQIs für dieses Objekt zu seiner Masse bzw. Energie in Beziehung gesetzt wird.

> Die Einsteinsche Äquivalenz wird also erweitert zu einer Äquivalenz von absoluten Quantenbits mit Masse und Energie.

$$E = mc^2 = \frac{n_{\text{AQI}} h}{t_{\text{Kosmos}}} \tag{17.5}$$

Für ein Proton ergibt sich aus Weizsäckers Abschätzung $E_{\text{Proton}} = N^{(1/3)} \cdot E_{\text{AQI}}$ der Wert

$$E_{\text{Proton}} = 0{,}245492\,\text{GeV} \tag{17.6}$$

Es ist erstaunlich, dass ein so grober Überschlag die zutreffende Größenordnung liefert. Der Unterschied ergibt sich in der Zahl der AQIs zwischen $10^{40{,}4}$ und 10^{41}.

Die Energie bzw. die Ruhmasse eines Objektes ergeben sich durch die Anzahl der AQIs, die sich zu ihm geformt haben. Obwohl eine exakte Bestimmung der scharfen Ruhmassen der drei stabilen Elementarteilchen noch aussteht, kann trotzdem dieses Ergebnis bereits als ein Beleg für die Evidenz der Protyposis-Theorie angesehen werden.

18 Gravitation als Wirkung des Kosmos auf seinen Inhalt

Das kosmologische Modell der Protyposis kann ohne die Zuhilfenahme der Allgemeinen Relativitätstheorie begründet werden. Die Voraussetzungen waren anstelle dieser Theorie die Quantentheorie, die Lichtgeschwindigkeit sowie die Thermodynamik. Letztere bewirkt eine klassische Annäherung an eine Quantenstruktur. Das resultierende Modell einer mit Lichtgeschwindigkeit expandierenden S^3 mit der Zustandsgleichung $p = -\varrho/3$ ist als mathematische Struktur zugleich auch eine Lösung aus der Menge der exakten Lösungen der FLRW-Kosmologien im Rahmen der Einsteinschen Gleichungen.

Das kosmologische Modell der Protyposis kann daher als Basis für eine *induktive Begründung* der Allgemeinen Relativitätstheorie dienen.[1]

18.1 Einstein über Kosmologie und Verbindungen von Allgemeiner Relativitätstheorie zur Newtonschen Theorie

Das Newtonsche Gravitationsgesetz war die erste mathematische Formulierung der gravitativen Kräfte. Daher bleibt es wichtig, die Beziehungen der ART zur Newtonschen Theorie zu untersuchen.

In seiner Arbeit „Kosmologische Betrachtungen zur allgemeinen Relativitätstheorie" beginnt Einstein mit der Poissonschen Differentialgleichung.

$$\Delta\Phi = 4\pi K \varrho$$

---

[1] Görnitz, T. (2009) *From Quantum Information to Gravitation*, arXiv:0904.1784 [physics.gen-ph]

Damit ist allerdings die Newtonsche Theorie noch nicht vollständig ersetzt. Es fehlt eine Festlegung des Potenzials Φ im Unendlichen. Nach der Diskussion dieses Problems schlägt Einstein eine Abänderung der Poisson-Gleichung vor, die er im Rahmen der Newtonschen Theorie nur als Gedankenspiel vorschlägt:

> *„An die Stelle der Poissonschen Gleichung setzen wir $\Delta\Phi - \lambda\Phi = 4\pi K\varrho$, wobei λ eine universelle Konstante bedeutet. Ist ϱ die (gleichmäßige) Dichte einer Massenverteilung, so ist $\Phi = -\frac{4\pi K}{\lambda}\varrho$ eine Lösung der Gleichung.“*[2]

Einstein wendet sich dann der Allgemeinen Relativitätstheorie zu und diskutiert ebenfalls das Problem des Unendlichen. Der Vorschlag, dass dort im Wesentlichen eine Minkowski-Metrik gelten soll, widerstrebt ihm. Dies vor allem auch deshalb, weil eine vernünftige Erklärung von Trägheit nicht möglich wird. Er führt dann weiter aus:

> *„Es geht aus dem bisher Gesagten hervor, daß mir das Aufstellen von Grenzbedingungen für das räumlich Unendliche nicht gelungen ist. Trotzdem existiert noch eine Möglichkeit, ... Wenn es nämlich möglich wäre, die Welt als ein nach seinen räumlichen Erstreckungen geschlossenes Kontinuum anzusehen, dann hätte man überhaupt keine derartigen Grenzbedingungen nötig.“*

Bei Einstein findet sich kein Hinweis darauf, dass seine Konstante λ bei positiven Energiebeitrag einen negativen Druck impliziert. Der Bezug zur Poisson-Gleichung wird in einem Artikel von Ehlers et al.[3] aufgenommen. Um die „aktive Massendichte“ zu erhalten, wird in der Poisson-Gleichung ϱ um den Wert $3p$ ergänzt (mit $c = 1$)[4]

$$\Delta V + \Lambda = 4\pi G(\varrho + 3p)$$

> *„After a historical introduction to Poisson's equation in Newtonian gravity, we review its analog for static gravitational fields in Einstein's theory. The source of the potential, which we call the active mass density, comprises not only all possible sources of energy, but also the pressure term $3p/c^2$.“*[5]
> *(Nach einer historischen Einführung in die Poisson-Gleichung in der Newton'schen Gravitation betrachten wir ihr Analogon für statische Gravitationsfelder in der Einstein'schen Theorie. Die Quelle des Potenzials, die wir die aktive Massendichte nennen, umfasst nicht nur alle möglichen Energiequellen, sondern auch den Druckterm $3p/c^2$.)*

---

[2] Einstein, A. (1917) *Kosmologische Betrachtungen zur allgemeinen Relativitätstheorie*, Sitzungsberichte der Preussischen Akademie der Wissenschaften, S. 142–152

[3] Ehlers, J.; Ozsvth, I.; Schücking, E. L.; Shang, Y. (2005) *Pressure as a source of gravity*, Physical Review D 72, 124003

[4] Harvey, A.; Schücking, E. L. (2000) *Einstein's mistake and the cosmological constant*, Am. J. Phys. 68, S. 723

[5] Ehlers, J.; Ozsvth, I.; Schücking, E. L. (2006) *Active mass under pressure*, Am. J. Phys. 74, S. 607–613, *https://doi.org/10.1119/1.2198881*

Wenn man die Expansion des Kosmos nicht mit dem Wunder eines plötzlichen Erscheinens des gesamten kosmischen Inhaltes, sondern stattdessen mit einem Anwachsen des Vorhandenen erklären möchte, dann ist auf den Ersten Hauptsatz der Thermodynamik zu verweisen. Mit den AQIs erhält der kosmische Druck genau den Wert $p = -\varrho/3$, der für eine solche realistische Entwicklung sorgt.

18.2 Die Lösung des Konsistenzproblems zwischen Allgemeiner Relativitätstheorie und Quantentheorie

In den erwähnten Diskussionen in München vor allem mit Jürgen Ehlers über die Beziehung zwischen Quantentheorie und Allgemeiner Relativitätstheorie vertrat dieser die Meinung, dass wohl die Quantentheorie einer Veränderung bedürfe – eine bei den Relativisten weit verbreitete Überzeugung. Sie wird, wie mir später bei seinem Besuch bei mir in der Frankfurter Universität deutlich wurde, vielleicht mit den besten mathematischen Gründen von Sir Roger Penrose vertreten.

Die Motive dafür sind für einen mathematischen Physiker gut nachvollziehbar. Die Allgemeine Relativitätstheorie ist eine wundervolle Struktur mit einer unerhört großen Reichhaltigkeit von sehr interessanten mathematischen Problemen. Diese Fülle an mathematischen Aufgaben wird im Gegensatz zur Quantentheorie jedoch nicht begleitet von der Notwendigkeit, den Denkrahmen der klassischen Physik verlassen zu müssen. Da in der Allgemeinen Relativitätstheorie alles Geschehen als faktisch beschrieben wird, kommen Interpretationsprobleme wie die einer Unterscheidung zwischen wirkenden nichtfaktischen Möglichkeiten und Fakten wie bei der Quantentheorie in ihr nicht vor.

Wenn Ehlers meinte, die Quantentheorie werde Federn lassen müssen, antwortete Weizsäcker in seiner diplomatischen Art mit einem Schüttelreim (wie er es gern tat): „Man soll die Sache nicht so ledern fassen, sie werden beide Federn lassen."

Ich bin in den langen Jahren der Arbeit an Quantentheorie und Kosmologie zu der Überzeugung gelangt, dass mit guten Gründen beide als fundamentale Theorien bestehen bleiben werden. Allerdings ist die Beziehung zwischen beiden Theorien anders, als diese beiden großen Physiker wohl damals gemeint haben.

Wenn wir die Allgemeine Relativitätstheorie betrachten, so sind aus meiner Sicht dazu zwei Bemerkungen angebracht. Man kann diese Theorie als ein „Axiom" voraussetzen. Dann behandelt man sie als eine unbezweifelbare mathematische Wahrheit und muss das auch für ihre Lösungen annehmen. Wie Hawking und Penrose gezeigt haben, lässt sich daraus schließen, dass unter vernünftigen physikalischen Annahmen über Energie und Druck, sowie über Zeitordnungen und Kausalität in allen Lösungen Singularitäten unvermeidbar sind.

Zu solchen Singularitäten gehört beispielsweise der Urknall. Bei diesem beginnt die Entwicklung eines geschlossenen Universums aus einem Punkt. Das Modell eines flachen, also offenen Universums beginnt allerdings mit einem unendlich ausgedehnten Raum und dehnt sich dann, falls man an die Inflation glaubt, explosionsartig weiter aus. Ein anderer Typ von Singularität findet sich im Inneren von Black Holes. Bei diesen ergeben Rechnungen, falls ausschließlich mit der Allgemeinen Relativitätstheorie und ohne Quantentheorie durchgeführt, das Verschwinden aller Materie in einem mathematischen Punkt.

Aus meiner Sicht sollte eine „Singularität" als Hinweis darauf verstanden werden, dass eine physikalische Theorie so gut ist, dass sie in bestimmten Situationen selbst deutlich werden lässt, dass sie dort nicht mehr angewendet werden darf.

Diese geschilderten sehr allgemeinen Ergebnisse folgen aus einer strengen mathematischen Verwendung der Einsteinschen Gleichungen. Neben diesem mathematisch-theoretischen Verfahren gibt es sehr viele konkrete Lösungen, die in der praktischen physikalischen Anwendung verwendet werden. Dazu werden dann Näherungen eingeführt, die dem jeweiligen Problem angepasst sind. Das betrifft einerseits Lösungen, die beispielsweise Einstein zur Erklärung der Periheldrehung des Merkur geführt haben und mit denen die Black Holes beschrieben werden, und anderseits die vielen kosmologischen Modelle. Das sind zwar auch exakte Lösungen der ART, aber sie werden pragmatisch verwendet.

Worin besteht der Pragmatismus?

Bekanntlich kann man in der Newtonschen Gravitationstheorie die Bewegung von drei Körpern nicht für alle Konstellationen für beliebige Zeiten vorausberechnen. In der Allgemeinen Relativitätstheorie gibt es diese Schwierigkeit bereits bei zwei Körpern.

Einstein musste in seiner Rechnung die Masse des Merkur vernachlässigen. Nun beträgt die Masse des Merkur nur etwa 0,00002 % der Sonnenmasse und es erscheint vollkommen berechtigt, die Störung des Gravitationsfeldes durch diesen winzigen Anteil zu vernachlässigen. Andererseits ist aus der Theorie chaotischer Systeme – Stichwort „Schmetterlingseffekt" – bekannt, dass in nichtlinearen Situationen (wie z. B. auch in der Allgemeinen Relativitätstheorie) winzige Abweichungen am Beginn später zu riesigen Abweichungen in den Lösungen führen *können* (nicht müssen!). Trotzdem ist eine pragmatische Verwendung in der Physik berechtigt. Bei Einsteins Rechnungen kam es darauf an, das jetzige Bahnverhalten des Merkur zu erklären. Zeiträume, in denen die Sonne und das Planetensystem aus (damals noch nicht bekannten astrophysikalischen Gründen) nicht mehr existieren werden, sind dabei unwesentlich.

Die Schwarzschild-Lösung wird bis heute als Beispiel für das Verhalten der Raumzeit bzw. eines Probekörpers an einem Schwarzen Loch verwendet. Auch dabei geht man in der Physik pragmatisch vor. Die Schwarzschild-Lösung ist eine exakte Lösung der ART, die einen unendlich ausgedehnten völlig leeren und daher asymptotisch flachen Raum mit dem Black Hole allein in der Mitte beschreibt. Ein solcher Kosmos widerspricht den einfachsten Himmelsbeobachtungen. Da jedoch die Himmelskörper sehr weit voneinander entfernt sind und die Gravitation die schwächste aller Wechselwirkungen ist, ist in der Umgebung eines Sterns oder eines Black Holes oft nichts vom Rest des Kosmos zu verspüren. Deshalb wird der Rest des kosmischen Inhaltes ignoriert und somit kann man aus der Schwarzschild-Lösung sehr viele richtige Erkenntnisse gewinnen.

Allerdings zeigen unsere Rechnungen in Kapitel 20, dass es nicht nur einen Unterschied macht, ob das Black Hole als ruhend oder als rotierend angenommen wird. Auch der kosmologische Hintergrund, also die für den Kosmos als Ganzes berechnete mittlere Energie und der mittlere Druck, können Auswirkungen auf die nähere Umgebung eines Black Hole haben. Dass also die Struktur des Kosmos im Großen, z. B. ob er geschlossen ist oder unendlich ausgedehnt, einen Einfluss auf die Umgebung eines Schwarzen Loches hat, welches im Vergleich mit dem Kosmos winzig ist, habe ich erst durch unsere eigenen Rechnungen erkannt. In Büchern fand ich darüber nichts.

Bei rotierenden Schwarzen Löchern *im Protyposis-Kosmos* ergibt sich die *Abweichung der Rotationskurven von den Kepler-Gesetzen* automatisch aus der Allgemeinen Relativitätstheorie. Dies wird in Kapitel 20 gezeigt. Werden jedoch Schwarze Löcher in einem flachen, also unendlich weit ausgedehnten Kosmos wie im ΛCDM-Modell behandelt, dann können die Rotationskurven der Galaxien um das zentrale Schwarze Loch nur mit zusätzlichen Hypothesen wie „Teilchen einer Dunklen Materie" oder mit einer Änderung der Newtonschen Theorie (MOND = Modifizierte Newtonsche Dynamik) erklärt werden.

Nicht nur mit den lokalen, auch mit den kosmologischen Lösungen geht man pragmatisch um. Da exakte Lösungen sehr schwierig zu erhalten sind, werden Symmetrie- und Homogenitätsannahmen eingeführt. Das ist sehr sinnvoll, weil die Beobachtungen zeigen, dass sie auf kosmischen Maßstäben recht gut erfüllt sind.

> Mit der Annahme einer universellen, also uneingeschränkten Gültigkeit der Allgemeinen Relativitätstheorie handelt man sich auch unendlich viele kosmologische Lösungen ein, die strenggenommen keinerlei Entsprechung in der Realität des einen beobachtbaren Universums haben. Auch hierbei zeigt die Mathematik sehr viel mehr an Möglichkeiten, als tatsächlich in der Natur realisiert sind.

Das gewichtigere Problem ist jedoch ein noch anderes.

Die interpretatorischen Schwierigkeiten, welche viele Physiker auch heutzutage noch mit der Quantentheorie haben, haben bei vielen von ihnen dazu geführt, die Allgemeine Relativitätstheorie als die allgemeinere und fundamentalere von beiden Theorien zu betrachten. Im Zusammenhang damit und mit der zu engen Interpretation der Quantentheorie als ausschließlich „Mikrophysik" werden quantenphysikalische Überlegungen oft erst dann zuhilfe genommen, wenn in der Allgemeinen Relativitätstheorie ein Singularitätspunkt erscheint. Selbst Bekenstein und Hawking, die so entscheidende Schritte für eine Verbindung beider Theorien unternommen hatten, konnten sich nicht von der Vorstellung lösen, dass die Allgemeine Relativitätstheorie im Inneren eines Black Hole bedenkenlos angewendet werden kann, ohne eine prinzipielle Unterscheidung der inneren zu den äußeren Bedingungen vorzunehmen, wie sie sich aus quantentheoretischen Überlegungen zwangsläufig ergeben. Schließlich folgt im Gegensatz zur Allgemeinen Relativitätstheorie, wie bereits mehrfach erwähnt, dass die Quantentheorie für einen Bereich innerhalb eines von innen her undurchdringlichen Potenzialwalls einen anderen Grundzustand vorhersagt als in dem Bereich außerhalb des Potenzialwalls.

Bei den Black Holes wird üblicherweise erst dann an die Quantentheorie gedacht, wenn aus der Allgemeinen Relativitätstheorie mit Notwendigkeit folgt, dass der gesamte Inhalt eines Black Hole in einem mathematischen Punkt verschwinden würde. Auch in der Kosmologie wird die Quantentheorie nur für die allerersten Mikrosekunden als relevant angesehen. Da ist alles – allerdings nur im kompakten Fall eines geschlossenen Universums – noch so klein und so heiß, dass es für jeden Physiker evident ist, dass ganz ohne quantentheoretische Überlegungen kein sinnvolles Ergebnis erzielt werden kann.

Mit der Quantentheorie der Protyposis haben wir eine quantentheoretische Grundlage für die Entwicklung des Kosmos über alle Zeiten und außerdem – wie nachfolgend dargelegt wird – einen quantenphysikalischen Zugang zur Allgemeinen Relativitätstheorie.

Damit wird das Konsistenzproblem zwischen Quantentheorie und Allgemeiner Relativitätstheorie gelöst, wenn auch vielleicht anders, als es mancher erwartet hatte.

Die Quantenstruktur der Protyposis erweist sich als fundamentaler als die Allgemeine Relativitätstheorie und sie ermöglicht die Begründung der ART. Eine „Rückquantisierung" der Einstein-Gleichungen durch eine Einführung von hypothetischen Quantenteilchen, den Gravitonen, der sich bisher so unermessliche Widerstände entgegengestellt haben, erscheint damit nicht mehr als dringlich.

In den üblichen Anwendungen werden die kosmologischen Lösungen aus der Allgemeinen Relativitätstheorie auf lokale Situationen eingegrenzt. Sie werden also nicht als kosmologische Modelle interpretiert, obwohl sie es mathematisch natürlich sind.

Allerdings entsprechen sie nicht dem realen Kosmos. Man lässt also einen uninteressanten Bereich der Lösung weg und beschränkt sich auf eine lokale Umgebung. Dann werden solche Lösungen sehr nützlich, um alle die verschiedenen Schwerkraft-Situationen innerhalb des Kosmos zu erfassen.

In sehr guter Näherung kann man (wie es Einstein getan hatte) eine Lichtablenkung an der Sonne mit einem allgemein-relativistischen Modell so behandeln, als gäbe es nur die Sonne in einem sonst leeren Kosmos. (Dabei muss natürlich ausgeblendet werden, dass es dann im mathematischen Modell auch den Stern nicht gibt, dessen Licht von der Sonne abgelenkt wird.) Ähnliche Näherungen gelten für ein Schwarzes Loch und auch für ein Doppelsternsystem. Oft werden dabei auch numerische Lösungen zugelassen. An den Beobachtungen von Doppelpulsaren hat sich gezeigt, wie gut und genau deren Verhalten durch die Allgemeine Relativitätstheorie erfasst wird. Dabei verzichtet man bei der Beschreibung von einem oder zwei Sternen vernünftigerweise darauf, die Lösung als zuständig für den gesamten Kosmos zu interpretieren, obwohl sie es mathematisch eigentlich ist. Alle anderen Sterne sind so weit entfernt, dass sie in der Umgebung des betrachteten Falles keine erkennbare Wirkung erzeugen. Daher kann in der Rechnung alles Wirkungslose ignoriert werden, sodass das betreffende System wie in einem ansonsten leeren Kosmos behandelt werden kann.

Die gegenwärtig vorherrschende Kosmologie geht von der Hypothese aus, dass der gesamte materielle Inhalt des Kosmos bereits bei einem Urknall vorhanden war – natürlich in einer anderen Form als die, in der er sich gegenwärtig zeigt. Die gesamte Materie bzw. Energie war nach dieser Vorstellung bereits da. Sie werden danach im Laufe der kosmischen Entwicklung nur anders angeordnet, z. B. in Form von Sternen oder von Menschen. Dann muss notwendig die kosmische Energiedichte proportional zur dritten Potenz des Krümmungsradius abnehmen. Über die Herkunft des kosmischen Inhaltes kann dabei nichts Überprüfbares behauptet werden.

Eine solche Annahme, der übliche Satz von der Erhaltung der Energie, ist für einen lokalen Bereich – z. B. für die Erde oder für einen Galaxienhaufen – sehr vernünftig. Für den Kosmos jedoch muss man auch den Einschluss des Drucks beachten. Der Erste Hauptsatz der Thermodynamik ist allgemeiner als nur die Materie-Erhaltung, denn er berücksichtigt neben der Energiedichte auch die Druckkomponente im Kosmos. Solange ein Druck keine bemerkbaren lokalen Unterschiede erkennen lässt, kann von ihm auch keine wahrnehmbare Wirkung ausgehen. Deshalb konnte beispielsweise ein negativer Druck nicht in die Newtonsche Gravitationstheorie eingebaut werden.

> Die Protyposis-Kosmologie beschreibt nicht nur eine Umformung des Vorhandenen zu neuen Formen, sondern im Grunde „das Sein in der Form des Werdens".

Dieses „Entstehen von Neuem“ muss keineswegs nur durch ein Entstehen von materiellen Teilchen erfolgen. Diejenigen AQIs, die sich nicht zu Teilchen formen, können Eigenschaften haben, die im heutigen Sprachgebrauch einer „Dunklen Energie“ und einer „Dunklen Materie“ zugeschrieben werden. Von den AQIs sind Bildungen mit Wirkmöglichkeiten zu erwarten, die heute einer hypothetischen „Dunklen Materie“ übertragen werden, und die dennoch keinen irgendwie gearteten Formungen von Teilchen entsprechen müssen.

18.3 Naturphilosophische Fragen zur Interpretation der Allgemeinen Relativitätstheorie

Einstein hatte in einer genialen Einsicht erkannt, dass in einem *abgeschlossenen Behälter*, einem *„Einstein-Fahrstuhl“* ohne Fenster, nicht unterschieden werden kann, ob der Kasten einer Beschleunigung oder einer Wirkung der Schwerkraft unterliegt.

Die ISS fliegt seit vielen Jahren im freien Fall um die Erde. Die hohe Tangentialgeschwindigkeit sorgt dafür, dass die Bahn nicht „nach unten zieht“, hin auf die Erdoberfläche. Daher ist, wie man an Fernsehübertragungen von dort sehen kann, alles schwerelos, was sich in dieser Raumstation bewegt.

> Da die Beschleunigung die zweite Ableitung des Ortes nach der Zeit ist, muss sich *also lokal* die Wirkung der Schwerkraft wie eine veränderte Raum-Zeit-Geometrie darstellen lassen.

Das lokal mögliche Verschwinden der Gravitation im Fahrstuhl, wenn dieser frei fällt, ist einer der Gründe, welche die Definition einer „Energie des Gravitationsfeldes“ so problematisch werden lassen. Wenn das Gravitationsfeld lokal zum Verschwinden gebracht werden kann, dann fragt man sich, wo dann dessen „Energie“ geblieben ist.

Die verschiedensten astrophysikalischen Situationen werden von den Gleichungen der Allgemeinen Relativitätstheorie hervorragend beschrieben. Diese reichen von einer sehr genauen Ortsbestimmung bei GPS-Systemen über das Verhalten von Doppelpulsaren bis zu den Gravitationswellen. Aber wie so oft gibt es auch hier viel mehr mathematische Möglichkeiten, als sie sich in der physikalisch beschriebenen Realität faktisch auffinden lassen.

Sobald die Insassen der ISS aus einem der Fenster schauen, dann sehen sie sofort, dass sie sich nicht in einem schwerelosen Bereich des Kosmos unendlich weit von all den Galaxien und Sternen befinden, sondern im dauerhaft freien Fall um die Erde.

Die Gleichungen der Allgemeinen Relativitätstheorie gelten lokal. Wo jedoch die „Lokalität“ der Gleichungen endet, das wird aus den Gleichungen selbst nicht erkennbar. Und so dehnt sich ohne einen notwendigen pragmatischen Eingriff des Physikers der mathematische Gültigkeitsbereich der Gleichungen und der aus ihnen abgeleiteten Lösungen aus bis auf den gesamten Kosmos. Wenn die Einstein-Gleichungen überall im Kosmos gelten, dann ist es sehr naheliegend, dass sie auch für den Kosmos als Ganzes gültig bleiben. Da aber wie gesagt in der Mathematik sehr viel mehr Möglichkeiten zu finden sind als in der Realität, hat das auch Konsequenzen für die Interpretation der Allgemeinen Relativitätstheorie.

In der Allgemeinen Relativitätstheorie gibt es unendlich viele Lösungen, die das Raumzeit-Verhalten von beliebigen Modellen von Universen beschreiben.

Gewichtige Gründe sprechen dafür, dass das Universum, also die Gesamtheit von allem, durch *höchstens eine* Lösung der Allgemeinen Relativitätstheorie *im Wesentlichen zutreffend* beschrieben wird. Die logische Schlussfolgerung davon ist, dass alle anderen Lösungen nichts mit der Realität, mit „dem *Uni*-versum" zu tun haben können.

Bereits Carl Friedrich v. Weizsäcker hatte in diesem Zusammenhang die Frage gestellt, was die Bedeutung einer physikalisch interpretierten Gleichung sein kann, bei der so gut wie alle Lösungen nicht zur Realität gehören.

> *„Dabei wird man aber meist nicht aufmerksam auf das Paradox, daß man eine Differentialgleichung voraussetzt, die unendlich viele Lösungen zuläßt, und nur eine einzige dieser Lösungen als die Wirklichkeit bezeichnet. Was bedeuten dann alle anderen Lösungen? Und was bedeutet dann die Differentialgleichung? Differentialgleichungen als Naturgesetze sind sinnvoll in der Welt, in der viele verschiedene Anfangsbedingungen vorkommen und daher viele verschiedene Lösungen empirisch überprüft werden können. Welchen empirischen oder philosophischen Grund haben wir, eine solche Gleichung auf das Ganze der Welt anzuwenden?"*[6)]

Da man für alle beliebigen lokalen Situationen die Schwerkraft durch freien Fall verschwinden lassen kann, bedeutet das für die Metrik, dass man sie für einen hinreichend kleinen raumzeitlichen Bereich als Minkowski-Metrik darstellen kann. Im Umkehrschluss folgt daraus, dass es für eine solche lokale Situation kein ausgezeichnetes Koordinatensystem geben kann. Jedes physikalisch sinnvolle Koordinatensystem kann so gut verwendet werden wie jedes andere – denn jedes lässt sich lokal in die Minkowski-Metrik überführen. Das ist die berühmte „Diffeomorphismus-Invarianz" der Einsteinschen Gleichungen. Man wird also aus praktischen Gesichtspunkten entscheiden können, welches Koordinatensystem man in welcher Situation sinnvollerweise verwendet.

Für hinreichend kleine Bereiche gilt die Gleichberechtigung aller möglichen Bezugssysteme. Daraus ist aber nicht ohne weiteres zu schließen, dass es auch für den Kosmos als Ganzen kein ausgezeichnetes Bezugssystem gibt. Dass es durchaus im Kosmos

[6] Weizsäcker, C. F. v. (1985), S. 275

ein ausgezeichnetes Bezugssystem geben kann, hatte bereits Paul Dirac (1902–1984) in einer Publikation von 1980 bemerkt.

> *„The only reason why Michelson and Morley got a null result, why they failed to observe the motion of the earth in an absolute sense, was because their technology was inadequate. …*
> *You might say that, with the microwave radiation showing Einstein was wrong, that would destroy relativity. But it has not destroyed the importance of Einsteins work. The importance lies in another respect. You shouldn't say that Einsteins theory rests solely on its agreement with observation. There is agreement with observation only provided that you don't use a sufficiently advanced technology. In the absolute sense the agreement no longer holds. The real importance of Einstein's work was that he introduced Lorentz transformations as something fundamental in physics. …*
> *That is certainly the situation with regard to the special theory of relativity. I would say the reason why we believe in special relativity is because it puts importance on these Lorentz transformations which are beautiful mathematically. There is certainly no general philosophical basis for it, and we cannot say that it is supported by experiment if we allow experiments involving the most advanced technology. We can say that it dominates atomic theory and that the examples in which a special zero velocity shows up refer to cosmological questions which should be left out of consideration in the development of atomic theory."*[7]
> *(Der einzige Grund, warum Michelson und Morley ein Nullergebnis erhielten, warum sie die Bewegung der Erde im absoluten Sinne nicht beobachten konnten, war, dass ihre Technologie unzureichend war …*
> *Man könnte sagen, dass durch den Nachweis der Mikrowellenstrahlung die Relativitätstheorie zerstört würde, dass Einstein sich geirrt hat. Aber das hat die Bedeutung von Einsteins Arbeit nicht zerstört. Die Bedeutung besteht in einer anderen Hinsicht. Man sollte nicht sagen, dass Einsteins Theorie allein auf ihrer Übereinstimmung mit der Beobachtung beruht. Die Übereinstimmung mit der Beobachtung ist nur dann gegeben, wenn man keine hinreichend fortgeschrittene Technologie verwendet. Im absoluten Sinne ist die Übereinstimmung nicht mehr gegeben. Die eigentliche Bedeutung von Einsteins Arbeit bestand darin, dass er die Lorentz-Transformationen als etwas Grundlegendes in der Physik eingeführt hat …*
> *Das ist sicherlich die Situation in Bezug auf die spezielle Relativitätstheorie. Ich würde sagen, der Grund, warum wir an die spezielle Relativitätstheorie glauben, ist, dass sie diesen Lorentz-Transformationen, die mathematisch wunderschön sind, Bedeutung beimisst. Es gibt sicherlich keine allgemeine philosophische Grundlage für sie, und wir können nicht sagen, dass sie durch Experimente gestützt wird, wenn wir Experimente mit der modernsten Technologie zulassen.*

[7] Dirac, P. A. M. (1980) *Why we believe in the Einstein theory*, in: Gruber, B.; Millman, R. S. (Hrsg.) *Symmetries in Science*, Plenum Press, New York, London

Wir können sagen, dass sie die Atomtheorie dominiert und dass die Beispiele, in denen eine spezielle Geschwindigkeit Null auftaucht, sich auf kosmologische Fragen beziehen, die bei der Entwicklung der Atomtheorie außer Acht gelassen werden sollten.)

Zur Allgemeinen Relativitätstheorie führt Dirac weiter aus:

„Every time the Einstein theory is confirmed; it has passed all the tests with flying colours. With all these observations you could say that there is very strong support for the Einstein theory of gravitation. …
I feel that the situation here is very similar to what it is with the special theory of relativity, where with modern technology applied to the observation of the microwaves one finds that there is an absolute zero of velocity. That doesn't spoil the Einstein theory, it just shows an inadequacy. It might very well turn up that there is an inadequacy with regard to the general theory of relativity, but so far it has not yet showed up. …
There is one respect in which the present Einstein theory is clearly inadequate. It is a theory which gives equations describing the gravitational field, but does not give sufficiently complete equations for one to be able to get answers to definite problems. In order to be able to get definite answers; we have to have the field equations supplemented by boundary conditions. We have to know something about the conditions at very great distances. People up to the present have been working on the assumption that to study the gravitational field of particular masses, one can assume that at great distances space is just the flat space of Minkowski. That is certainly not a correct assumption, even though it has worked in describing phenomena in the solar system.
In order to understand the conditions at great distances, one has to have a model of the universe. One has to have some appreciation of what the universe is like when the local irregularities produced by the stars and galaxies being scattered about in it are smoothed out.
Einstein himself realized the need for these boundary conditions and thus the need for a model of the universe."
(Jedes Mal, wenn die Einsteinsche Theorie bestätigt wird, hat sie alle Tests mit Bravour bestanden. Mit all diesen Beobachtungen kann man sagen, dass die Einsteinsche Gravitationstheorie sehr stark unterstützt wird…
Meines Erachtens ist die Situation hier sehr ähnlich wie bei der speziellen Relativitätstheorie, wo man mit moderner Technologie bei der Beobachtung von Mikrowellen feststellt, dass es einen absoluten Nullpunkt der Geschwindigkeit gibt. Das macht die Einsteinsche Theorie nicht zunichte, es zeigt nur eine Unzulänglichkeit. Es könnte sich sehr wohl herausstellen, dass es eine Unzulänglichkeit in Bezug auf die allgemeine Relativitätstheorie gibt, aber bis jetzt hat sie sich noch nicht gezeigt…

Es gibt einen Aspekt, in dem die gegenwärtige Einstein-Theorie eindeutig unzureichend ist. Es handelt sich um eine Theorie, die zwar Gleichungen zur Beschreibung des Gravitationsfeldes liefert, die aber nicht vollständig genug ist, um Antworten auf konkrete Probleme geben zu können. Um eindeutige Antworten zu erhalten, müssen wir die Feldgleichungen durch Randbedingungen ergänzen. Wir müssen etwas über die Bedingungen in sehr großen Entfernungen wissen. Bis heute geht man davon aus, dass man bei der Untersuchung des Gravitationsfeldes bestimmter Massen davon ausgehen kann, dass der Raum in großen Entfernungen einfach der flache Raum von Minkowski ist. Das ist sicherlich keine korrekte Annahme, auch wenn sie bei der Beschreibung von Phänomenen im Sonnensystem funktioniert hat. Um die Bedingungen in großen Entfernungen zu verstehen, muss man ein Modell des Universums haben. Man muss eine Vorstellung davon haben, wie das Universum aussieht, wenn man die lokalen Unregelmäßigkeiten ausgleicht, die durch die darin verstreuten Sterne und Galaxien entstehen.
Einstein selbst erkannte die Notwendigkeit dieser Randbedingungen und damit die Notwendigkeit eines Modells des Universums.)

Wenn wir Diracs Argumentation kurz zusammenfassen, dann lässt sich das Folgende feststellen: Die enorme Homogenität und Isotropie der kosmischen Hintergrundstrahlung zeichnet ein universelles kosmisches Ruhesystem aus. Eine solche universelle Ruhelage erlaubt es, Bewegungen relativ dazu als solche zu definieren und zu messen. Damit kann der Kosmos als vorgegeben erklärt werden und die Effekte, welche durch die lokalen Abweichungen von Homogenität, Isotropie und von der Ruhe entstehen, müssen erklärt und beschrieben werden. Diracs Aufforderung, dass zuerst ein Modell des Universums notwendig ist, um dann erst die passende Lösung der Allgemeinen Relativitätstheorie zu ermitteln, wird mit der AQI-Kosmologie der Protyposis erfüllt.

> Wenn wir Weizsäckers und Diracs Ausführungen bedenken, dann scheint es sehr sinnvoll zu sein, nicht eine Kosmologie aus Einsteins Gleichungen herzuleiten, sondern umgekehrt die Gültigkeit der Einstein-Gleichungen ausgehend von einer sinnvollen realistischen Quanten-Kosmologie zu begründen.

In meiner Arbeit von 1988 war die Hoffnung geäußert worden, dass die Allgemeine Relativitätstheorie aus Weizsäckers Ur-Theorie begründet werden kann:

„In the first part of the present work … I treated the global structure of space by ur-theoretic considerations and also introduced a smallest physical accessible length. This enterprise led to a cosmography, a description of a cosmic model at a fixed time. Of course, there must also be a description of its time development, of the change of the number of urs with time. There has been no a priori assumption for this process. Here an attempt will be made to treat this evolution by means of general relativity and to compare the result with observations. This means that

general relativity is used as an existing and adequate theory; it is hoped that general relativity can be reconstructed from ur theory.“[8]
(Im ersten Teil der vorliegenden Arbeit... habe ich die globale Struktur des Raumes durch ur-theoretische Überlegungen behandelt und auch eine kleinste physikalisch zugängliche Länge eingeführt. Dieses Unternehmen führte zu einer Kosmographie, einer Beschreibung eines kosmischen Modells zu einem festen Zeitpunkt. Natürlich muss es auch eine Beschreibung seiner zeitlichen Entwicklung geben, der Veränderung der Anzahl der Ure mit der Zeit. Für diesen Prozess gibt es keine a priori Annahme. Hier wird der Versuch unternommen, diese Entwicklung mithilfe der allgemeinen Relativitätstheorie zu behandeln und das Ergebnis mit Beobachtungen zu vergleichen. Dies bedeutet, dass die allgemeine Relativitätstheorie als bestehende und adäquate Theorie verwendet wird; es wird gehofft, dass die allgemeine Relativitätstheorie aus der Ur-Theorie rekonstruiert werden kann.)

Dieses Vorhaben konnte allerdings erst erfolgreich durchgeführt werden, als mit der Protyposis eine weitere Stufe der Abstraktion erreicht wurde.

> Es erwies sich als notwendig, die „Quanteninformation" sehr viel allgemeiner zu begründen und deswegen von einer Gleichsetzung der Quanteninformation mit „Wissen" oder mit „Bedeutung" zu abstrahieren.

Außerdem erforderte die Begründung der Allgemeinen Relativitätstheorie die Einsicht, welche empirischen Befunde aus der etablierten Physik in die Voraussetzungen für ihre Begründung eingeschlossen werden müssen. Dies erfolgte mit der Planckschen Relation, mit dem Wirkungsquantum und der Lichtgeschwindigkeit, der Gravitationskonstante sowie dem kosmischen Energiesatz und führte somit zu einer klassischen Näherung an eine quantentheoretische Grundlage.

Nun ist darzulegen, mit welchen Gründen die Allgemeine Relativitätstheorie als die klassische Näherung einer Quantentheorie der AQIs erscheint.

[8] Görnitz, T. (1988b) *Connections between abstract Quantum Theory and space-time Structure. II. A model of Cosmological Evolution*, International Journal of Theoretical Physics. Vol. 27, Nr.6, S. 659–666

18.4 Eine Begründung von Einsteins Gleichungen aus der Quantentheorie der AQIs

Bisher ist eine Quantisierung der Allgemeinen Relativitätstheorie nach den althergebrachten Verfahren nicht in zufriedenstellender Weise gelungen. Ein Grund dafür dürfte darin bestehen, dass eine Quantisierung noch immer nach dem Modell „vom Quantenteilchen zur Quantenfeldtheorie" versucht wird.

So gibt es jetzt zunehmend mehr Versuche, eine Quantisierung der Allgemeinen Relativitätstheorie zu hinterfragen. Das größte Medien-Echo[9)] ergab sich für einen Ansatz von Jonathan Oppenheim[10)]. Er weist darauf hin:

> *„The two pillars of modern theoretical physics are general relativity, which holds that gravity is the bending of spacetime by matter, and quantum field theory, which describes the matter that lives in that space-time. Yet, they are fundamentally inconsistent. Einstein's equation for gravity*
>
> $$G^{\mu\nu} = \frac{8\pi G}{c^4} T^{\mu\nu} \qquad (1)$$
>
> *has a left-hand side which encodes the space-time degrees of freedom via the Einstein tensor and is treated classically, while on the right-hand side sits the energy-momentum tensor encoding the matter degrees of freedom which must become an operator* $\widehat{T^{\mu\nu}}$ *according to quantum theory (we henceforth denote quantum operators by placing a ^ on them). The widespread belief is that this inconsistency should be remedied by finding a quantum theory of gravity so that the left-hand side of Eq. (1) is also an operator. Yet, although we have candidates such as string theory, which is in its mid-50's [1], and loop quantum gravity turning just over 40 [2–4], a convincing theory of quantum gravity remains elusive."*[11)]
>
> *(Die beiden Säulen der modernen theoretischen Physik sind die allgemeine Relativitätstheorie, die besagt, dass die Schwerkraft die Krümmung der Raumzeit durch Materie ist, und die Quantenfeldtheorie, die die Materie beschreibt, die in dieser Raumzeit lebt. Dennoch sind sie grundlegend widersprüchlich. Einsteins Gleichung für die Schwerkraft*
>
> $$G^{\mu\nu} = \frac{8\pi G}{c^4} T^{\mu\nu} \qquad (1)$$

---

[9] *https://www.spiegel.de/wissenschaft/natur/neues-modell-zur-quantengravitation-von-physiker-jonathan-oppenheim-vorgestellt-a-45b2a7ab-64be-4c38-af78-429f54b98532*

[10] Oppenheim, J.; Sparaciari, C.; Šoda, B.; Weller-Davies, Z. (2023) *Gravitationally induced decoherence vs space-time diffusion: testing the quantum nature of gravity*, Nature Communications, 14:7910

[11] Oppenheim, J. (2023) *A Postquantum Theory of Classical Gravity?* Physical Review X 13, 041040

hat eine linke Seite, die die Freiheitsgrade der Raumzeit über den Einstein-Tensor kodiert und klassisch behandelt wird, während auf der rechten Seite der Energie-Impuls-Tensor sitzt, der die Freiheitsgrade der Materie kodiert und gemäß der Quantentheorie zu einem Operator $\widehat{T^{\mu\nu}}$ werden muss (wir bezeichnen Quantenoperatoren im Folgenden mit einem ^). Die weit verbreitete Meinung ist, dass diese Inkonsistenz durch die Suche nach einer Quantentheorie der Gravitation behoben werden sollte, sodass die linke Seite von Gleichung (1) ebenfalls ein Operator ist. Doch obwohl es Kandidaten wie die Stringtheorie gibt, die bereits Mitte ihrer 50er-Jahre steht [1], und die Schleifen-Quantengravitation, die gerade 40 Jahre alt wird [2-4], ist eine überzeugende Theorie der Quantengravitation nach wie vor schwer zu finden.)

Von Oppenheim wird eine Modifikation der Quantentheorie vorgeschlagen, sodass eine Wechselwirkung mit dem als klassisches Feld vorgeschlagenen Gravitationsfeld stochastisch wird:

„Since the theory presented here modifies quantum theory so that the interaction is stochastic, the gravitational field need not become unambiguously correlated with the particle's path and the interference pattern is restored.“
(Da die hier vorgestellte Theorie die Quantentheorie so modifiziert, dass die Wechselwirkung stochastisch ist, muss das Gravitationsfeld nicht eindeutig mit dem Weg des Teilchens korreliert werden, und das Interferenzmuster wird wiederhergestellt.

Und später findet sich die Überlegung:

„The case where we attempt to put the planet in a superposition of the two locations …“
(Der Fall, in dem wir versuchen, den Planeten in eine Superposition der beiden Orte zu bringen …)

In Abschnitt 18.3 wurde bereits deutlich gemacht, weshalb es eher angebracht ist, über die Allgemeine Relativitätstheorie zu reflektieren, als die Quantentheorie abzuändern. Man sollte bedenken, dass eine Superposition das betreffende Objekt als Quantenobjekt interpretiert.

Eine Superposition der Orte eines Quantenobjektes erfordert die Möglichkeit, diesem eine Wellenlänge zuzusprechen. Dies ist für hypothetische Quantenobjekte mit einer Masse größer als die Planck-Masse naturgesetzlich unmöglich. Deren Compton-Wellenlänge müsste kleiner werden als die Planck-Länge. Ein solches Objekt würde zu einem Mini-Black-Hole.

Um die gesuchte Verbindung zwischen Allgemeiner Relativitätstheorie und Quantentheorie herzustellen, werden wir mit der Quantenkosmologie beginnen. Dann zeigt sich Folgendes:

> Die Gravitation ist die universale Wirkung des quantentheoretisch beschriebenen Kosmos auf seinen Inhalt.

Dabei darf das Existierende jedoch nicht allein auf das Modell des „Teilchens" sowie des „Quantenfeldes" eingeschränkt werden.

> Die gesuchten Quanten, aus denen die Gravitation folgt, sind die AQIs der Protyposis, auch ohne dass sie alle zu Teilchen geformt sein müssten.

Als das kosmologische Modell aus dem Ur-theoretischen Ansatz erstmals entwickelt wurde, geschah dies mithilfe der Allgemeinen Relativitätstheorie.[12] Allerdings stand damals für die „kosmologische Folklore" fest, dass ein geschlossener Kosmos rekollabiert. Als ich das Modell didaktisch aufbereitet auch bei einer Fachzeitschrift einreichen wollte, „wussten" die dortigen Fachleute sogar ohne nachzurechnen, dass es im Widerspruch zur Allgemeinen Relativitätstheorie stehen würde, da sich in ihm kein „Endknall" ergeben würde. Der Re-Kollaps des geschlossenen Universums war damals so gewiss, dass ein Modell ohne diesen per Definition unmöglich erschien.

In späteren Jahren schlug die allgemeine Vorstellung in der Kosmologie ins Gegenteil um. Der bis heute noch vorherrschende Standpunkt vertritt die Meinung, dass der Kosmos beschleunigt expandiert. Allerdings gab es bereits damals ein empirisches Argument, welches auf eine Expansion des Kosmos mit Lichtgeschwindigkeit verwiesen hat.

Es sei noch einmal daran erinnert, dass der Hubble-Parameter, welcher ein Maß für die Fluchtgeschwindigkeit der Galaxien ist, in (km/s)/Mpc gemessen wird. Er gibt an, wie sich diese Geschwindigkeit mit der Entfernung vergrößert. Ein 1 Parsec (Parallaxensekunde) ist die Entfernung, in welcher der Erdbahnradius unter dem Winkel von einer Bogensekunde erscheint. 1 Megaparsec – Mpc – entspricht rund 3,26 Millionen Lichtjahren.

Der Hubble-Parameter, noch immer oft als Hubble-Konstante bezeichnet, ist der *Kehrwert einer Zeit*.

Weshalb man eine „Zeit" als Konstante bezeichnen möchte, ist und bleibt mir rätselhaft.

Bereits vor zwei Jahrzehnten zeigte sich mit den damals aktuellen Daten, dass diese sogenannte Konstante sehr genau das Inverse derjenigen Zeit ist, die seit dem Beginn des Kosmos bis jetzt verstrichen ist.

---

[12] Görnitz, T. (1988b)

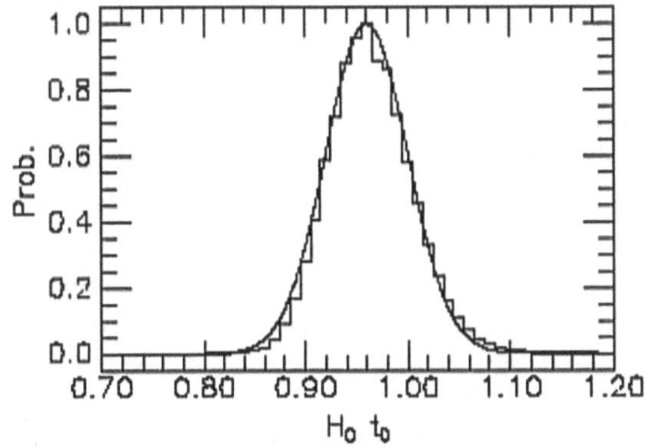

Bild 18.1 Die Beziehung zwischen dem Hubble-Parameter H_0 und dem Alter des Kosmos t_0.[13] Der Parameter H_0 hat die Dimension 1/Zeit. In der Abbildung wird nun H_0 mit dieser Zeit t_0 multipliziert und das Ergebnis ist der Zahlwert 1. Wenn man auf weitere oder willkürliche Annahmen verzichtet (wie beispielsweise: „wir leben in einer kosmischen Zeit, in der völlig zufällig dieser Wert 1 angenommen wird, der aber trotzdem über das gesamte Alter des Kosmos gemittelt ebenfalls 1 ist"), so ist das zu interpretieren als: Der Kosmos expandiert mit Lichtgeschwindigkeit, die wie im Planck-Maßsystem in diesen Maßeinheiten den Zahlwert 1 erhält.

Während in vielen kosmologischen Modellen diese Übereinstimmung zwischen Hubble-Parameter H_0 und dem Alter des Kosmos t_0 wie ein zufälliger Befund des gegenwärtigen Weltalters erscheint, ist es im Protyposis-Modell eine notwendige Folge aus den mit der Quantentheorie verbundenen Prämissen. Auch aus einer anderen Sicht wurde ein Modell postuliert, in welchem der Kosmos mit Lichtgeschwindigkeit expandiert.[14],[15],[16],[17]

Im Jahre 2011 konnte mit mathematischen Argumenten der Weg von der Protyposis-Kosmologie zur Allgemeinen Relativitätstheorie aufgezeigt werden.[18] Ab dem Jahr 2012 publizierte der Astronom Fulvio Melia mit Mitarbeitern viele

[13] Tonry, J. L. et al. (2003) *Cosmological Results from High-z Supernovae*, Astrophysical J. 594, S. 1–24

[14] John, M. V.; Joseph, K. B. (1996) *A modified Ozer-Taha type cosmological model*, Physics Letters B 387, S. 466–470

[15] John, M. V.; Joseph, K. B. (2000) *Generalised Chen-Wu type cosmological model*, Physical Review D 61, 087304

[16] John, M. V.; Narlikar, J. V. (2002) *Comparison of cosmological models using Bayesian theory*, Phys Rev D 65, 043506

[17] John, M. V. (2019) *RH =CT and the eternal coasting cosmological model*, Monthly Notices of the Royal Astronomical Society: Letters, 484, 1, L35–L37

[18] Görnitz, T. (2011) *Deriving General Relativity from Considerations on Quantum Information*, Advanced Science Letters Vol. 4, S. 577–585

Arbeiten zu einem kosmologischen Modell, welches ebenfalls mit Lichtgeschwindigkeit expandiert.[19),20),21),22)]

Einstein hatte mit seinem Gedankenexperiment des Fahrstuhls verdeutlicht, dass Beschleunigung, also eine Änderung der raumzeitlichen Verhältnisse, lokal nicht von der Wirkung der Schwerkraft unterschieden werden kann. Aus dieser lokalen Veränderung ergibt sich ein lokaler Zusammenhang zwischen Raum-Zeit-Geometrie und den dort vorhandenen Materie- und Energiedichten und Drücken. Eine mathematische Formulierung dieser Zusammenhänge führt zu den Einsteinschen Gleichungen. Jede strenge Lösung dieser Gleichungen ist ein spezielles kosmologisches Modell. Diese mathematischen Zwangsläufigkeiten haben zur Folge, dass mit ihnen sehr vieles beschrieben wird, was lediglich von mathematischem Interesse ist. Für die meisten dieser Lösungen folgt daher auch, dass sie ein Verhalten beschreiben, welches physikalisch nicht realisiert ist.

Das könnte einer der Gründe sein, weshalb die Versuche, die Allgemeine Relativitätstheorie zu „quantisieren", bisher nicht als sonderlich erfolgreich eingestuft worden sind. Der bisher ausgebliebene Erfolg wird vielfach als ein großes Problem angesehen. Hier wird ein Weg von der Quantentheorie hin zur Allgemeinen Relativitätstheorie vorgeschlagen. Auf diesem Weg erschient die Allgemeine Relativitätstheorie, wie oben erwähnt, als klassische Näherung der Quantentheorie in Form der Protyposis. Es wird also kein Versuch gemacht, die Allgemeine Relativitätstheorie zu „quantisieren" – genauso wenig wie man den Versuch machen würde, die Schwingungsgleichung für Luft zu quantisieren angesichts der Tatsache, dass Luft sich aus Gasmolekülen zusammensetzt. Dies wurde von dem Physiker Ted Jacobson treffend so formuliert:[23)]

> *„This perspective suggests that it may be no more appropriate to quantize the Einstein equation than it would be to quantize the wave equation for sound in air."*
> *(Diese Sichtweise legt nahe, dass die Quantisierung der Einstein-Gleichung ebenso wenig sinnvoll ist wie die Quantisierung der Wellengleichung für Schall in der Luft)*

---

[19] Melia, F.; Shevchuk, A. S. H. (2012) *The Rh=ct universe,* Monthly Notices of the Royal Astronomical Society, 419, Issue 3, January 2012, S. 2579–2586

[20] Melia, F.; Maier, R. S. (2013) *Cosmic Chronometers in the Rh=ct Universe,* Monthly Notices of the Royal Astronomical Society, 432, 2669

[21] Wei, J.-J.; Wu, X.-F.; Melia, F.; Maier, R. S. (2015) *The Gamma-ray Burst Hubble Diagram and its Cosmological Implications,* The Astrophysical Journal, 772, id 43

[22] Yennapureddya, M. K.; Melia, F. (2018) *A cosmological solution to the Impossibly Early Galaxy Problem,* Physics of the Dark Universe, Vol. 20, S. 65–71, *doi.org/10.1016/j.dark.2018.03.003*

[23] Jacobson, T. (1995) *Thermodynamics of Spacetime: The Einstein Equation of State,* Phys. Rev. Lett. 75, 1260

18.5 Vom Kosmos zur Allgemeinen Relativitätstheorie!

Seit Newton wird eine Kraft damit definiert, dass ihr Wirken zu einer Abweichung von einer gradlinig gleichförmigen Bewegung führt. Mit der Riemannschen Geometrie wird eine andere Deutung möglich: „Eine Kraft verändert die raumzeitlichen Strukturen." Damit lässt sich die Wirkung der Schwerkraft als Wirkung einer Krümmung der Raumzeit verstehen.

> Die Schwerkraft ist dadurch von anderen Kräften unterschieden, dass bei ihr ein lokaler Wechselwirkungspartner nicht notwendig ist. Allerdings erscheint es sinnvoll, den gesamten Kosmos als den entsprechenden Wechselwirkungspartner zu verstehen.
>
> Die Protyposis-Kosmologie ist eine Realisierung des Machschen Prinzips, die aus den quantenphysikalischen Grundlagen erwächst. Ernst Mach (1838 - 1916), der mit seinen philosophischen Überlegungen Einstein stark beeinflusste, hatte die Hypothese aufgestellt, dass die Trägheit einer Masse als die Wirkung der Gesamtheit der Galaxien auf diesen Körper verstanden werden kann.

Natürlich wird unser Gewicht von der Schwerkraft der Erde verursacht. Aber Schwerkraft und Beschleunigung können wie gesagt lokal nicht unterschieden werden und für eine Beschleunigung ist kein zweites Objekt notwendig. Daher ist die Gravitation dahingehend zu verstehen, dass sie verbunden ist mit einer Veränderung der Wirkungen auf denjenigen Bereich der Raumzeit, in dem sich das betreffende Objekt befindet. Wie kann diese lokale Veränderung der Raumzeit verstanden werden?

> Das kosmologische Modell aus den AQIs zeigt eine Beziehung zwischen der Geometrie der Raumzeit und dem jeweiligen Inhalt des Kosmos. Wird die Energiedichte geringer, dann wird auch die Krümmung der Raumzeit geringer. Ist die Energiedichte größer, dann ist auch der Raum stärker gekrümmt.

Die AQI-Kosmologie wird als ein quantisches System erklärt. Dafür sind Fluktuationen eine typische Erscheinung. Es wird also Bereiche im Raum mit einer größeren Energiedichte und solche mit einer geringeren Energiedichte geben, als sie *zum jeweiligen Zeitpunkt für den Mittelwert* im Kosmos vorliegt.

Die gemittelte Energiedichte und die räumliche Krümmung des kosmischen Raumes verändern sich im Laufe der Zeit. In Analogie dazu, wird gefordert, dass lokale Änderungen der Energiedichte auch zu lokalen Änderungen der Raumkrümmung führen. Damit wird damit Einsteins Theorie als eine Wirkung des Kosmos auf Inhomogenitäten in seinem Inneren begriffen. Aus der Quantenkosmologie der AQIs kann man folgern, dass im Inneren des Kosmos die lokale Struktur des Raumes von den Einstein-

Gleichungen bestimmt wird. Das Wirken der Schwerkraft ist damit auf eine quantenphysikalische Ursache zurückgeführt.

> Aus der AQI-Theorie folgt, dass wir mit den AQIs auch eine Quantentheorie der Gravitation besitzen. Alles, was im Kosmos existiert, ist letztlich aus AQIs, aus Quantenstrukturen aufgebaut. Es unterliegt daher auch der Gravitation. Die Gravitation wirkt also nicht nur auf die Massen, sondern auch auf masselose Quanten wie die Photonen und ebenfalls auf Dichte-Inhomogenitäten der AQIs, die nicht als Quantenteilchen erscheinen. *Schwere ist also im Gegensatz zu Trägheit universell.* Schwere ist mit allem verbunden, was sich im Kosmos befindet.

Trägheit gibt es lediglich bei Massen. Als Ursache dafür kann eine Veränderung des Quantenvakuums vom Minkowski-Raum zum Higgs-Feld angesehen werden. (Mehr dazu in Kapitel 23)

Die Ladungen, welche die Quellen für eine Wechselwirkung von Teilchen sind, sind zugleich die Ursachen für deren Ruhemassen. Die Quantentheorie der Wechselwirkungen zeigt, dass das Vakuum vom Minkowski-Raum wegen der Quantenwechselwirkungen in ein Higgs-Feld, also ein geändertes Vakuum zu transformieren ist. Die Wechselwirkung von massebehafteten und somit ladungtragenden Quantenteilchen mit dem Higgs-Feld führt zur Trägheit. Trägheit ist bekanntlich ein Phänomen, welches lediglich von der Größe der Masse abhängt und bei Objekten mit Masse null nicht existiert. Der Trägheit entspricht die Kraft, die notwendig ist, um ein Objekt in Bewegung zu versetzen: Kraft ist Masse mal Beschleunigung. Von allen Wechselwirkungen im Rahmen der Teilchenphysik wirkt lediglich das Higgs-Feld streng proportional zur jeweiligen Masse des Elementarteilchens.

Da die Ruhmasse der Teilchen proportional zur Anzahl der AQIs ist, welche dieses Teilchen formen, ergibt sich eine Gleichheit von schwerer und träger Masse.

Diese Überlegungen sollen nun mit empirischen Daten in Beziehung gesetzt werden.

18.6 Die Verbindung zur Empirie

Nach der quantentheoretischen Begründung einer Expansion des kosmischen Raumes mit Lichtgeschwindigkeit in den 1980er-Jahren erschien ab dem Jahre 2012 eine wachsende Anzahl von Arbeiten, welche anhand der Auswertung von astronomischen und astrophysikalischen Daten zunehmend mehr empirische Argumente für eine solche Expansion aufzeigten.[24),25),26),27),28),29),30),31),32),33)]

In diesen Arbeiten wird die gleiche Zustandsgleichung für den Inhalt des Kosmos wie im Protyposis-Modell verwendet: $p = -\varrho/3$, da nur diese Zustandsgleichung im Rahmen der FLRW-Modelle der Allgemeinen Relativitätstheorie eine solche Expansionsgeschwindigkeit bewirkt. Die anderen Autoren bevorzugen jedoch ein asymptotisch flaches Modell für den Raum. Das ist rechnerisch einfacher, muss aber ein unendlich großes Volumen postulieren.

Dass man sich mit einem aktual unendlich großen Volumen die Möglichkeit nimmt, Kosmologie empirisch, also als Naturwissenschaft, zu betreiben, wird dabei allerdings nicht erörtert. Naturwissenschaft muss sich auf Beobachtungen und Experimente stützen können. Aber bei einem unendlich großen Volumen würde man lediglich exakt null Prozent des Universums beobachten können.

Die Zustandsgleichung bei Melia und Mitarbeitern wird aus der Beobachtung abgeleitet und nicht wie bei der Protyposis aus grundsätzlichen quantenphysikalischen Überlegungen.

---

[24] Melia, F.; Shevchuk, A. S. H. (2012) *The Rh=ct universe*, Monthly Notices of the Royal Astronomical Society, 419, Issue 3, January 2012, S. 2579 – 258

[25] Melia, F.; Maier, R. S. (2013) *Cosmic Chronometers in the Rh=ct Universe*, Monthly Notices of the Royal Astronomical Society, 432, 2669

[26] Wei, J.-J.; Wu, X.-F.; Melia, F.; Maier, R. S. (2015) *The Gamma-ray Burst Hubble Diagram and its Cosmological Implications*, The Astrophysical Journal, 772, id 43

[27] Melia, F.; McClintock, T. M. (2015) *Supermassive Black Holes in the Early Universe*, Proceedings of the Royal Society A, 471, 20150449

[28] Melia, F.; López-Corredoira, M. (2016) *Alcock-Paczynski Test with Model-independent BAO Data*, arXiv:1503.05052v3 [astro-ph.CO]

[29] López-Corredoira, M.; Melia, F.; Lusso, E.; Risaliti, G. (2016) *Cosmological Tests with the QSO Hubble Diagram*, Intern. Journal of Modern Physics D, 25, 1650060

[30] Melia, F. (2016) *Definitive test of the Rh = ct universe using redshift drift*, MNRAS 463, L61–L63

[31] Melia, F. (2017) *The zero active mass condition in Friedmann–Robertson–Walker cosmologies*, Front. Phys. 12(1), 129802, DOI 10.1007/s11467-016-0611-4

[32] Yennapureddya, M. K.; Melia, F. (2018) *A cosmological solution to the Impossibly Early Galaxy Problem*, Physics of the Dark Universe, Vol. 20, 65 – 71, *doi.org/10.1016/j.dark.2018.03.003*

[33] Melia, F.; Wei, J.-J.; Wu, X.-F. (2022) *Model selection using time-delay lenses*, 2212.06113v1

Wie kürzlich gezeigt wurde, ist Einsteins Prinzip der Äquivalenz von schwerer und träger Masse neben dem Minkowski-Raum nur in den Kosmologien erfüllt, welche die Zustandsgleichung der AQIs erfüllen und die daher konstant mit Lichtgeschwindigkeit expandieren.[34] In anderen kosmologischen Modellen wirkt sich eine Beschleunigung der kosmischen Expansion auf die Trägheitsbewegung aus, sodass das Äquivalenzprinzip verletzt wird. Neue empirische Arbeiten verweisen darauf, dass auch empirische Gründe einen kosmischen Raum mit einem endlichen Volumen nahelegen.[35]

Nach diesen Vorbemerkungen zum aktuellen Stand der Beobachtungen wollen wir uns wieder den theoretischen Folgerungen aus der Protyposis zuwenden.

Die Metrik soll mit Energiedichte und Druck in Beziehung gesetzt werden. Der Energie-Impuls-Tensor einer homogenen und isotropen Flüssigkeit hat in einem orthogonalen Koordinatensystem bekanntlich die Form

$$T_i^k = \begin{bmatrix} \varrho & 0 & 0 & 0 \\ 0 & p & 0 & 0 \\ 0 & 0 & p & 0 \\ 0 & 0 & 0 & p \end{bmatrix} \tag{18.1}$$

wobei der negative Druck $p = -\varrho/3$ im vorliegenden Fall wegen der indefiniten Metrik erscheint als

$$T_i^k = \begin{bmatrix} \varrho & 0 & 0 & 0 \\ 0 & \varrho/3 & 0 & 0 \\ 0 & 0 & \varrho/3 & 0 \\ 0 & 0 & 0 & \varrho/3 \end{bmatrix}$$

Wir setzen c gleich 1 und erhalten für die Metrik, die in Abschnitt 17.4 mit Formel 17.8 für die Protyposis-Kosmologie eingeführt wurde

$$ds^2 = dt^2 - (1+t)^2\left[d\chi^2 + \sin^2\chi\left(d\vartheta^2 + \sin^2\vartheta d\varphi^2\right)\right] \tag{18.2}$$

In einer Orthonormalbasis wird die Metrik von kartesischen Einheitsvektoren gebildet

$$g^{ik} = (\omega^t)^2 - (\omega^x)^2 - (\omega^y)^2 - (\omega^z)^2 \tag{18.3}$$

und wir erhalten im vorliegenden Fall die Gestalt[36]

[34] Melia, F. (2023) *The Friedmann–Lemaître–Robertson–Walker metric and the principle of equivalence*, Z. Naturforsch.; 78(6)a: S. 525 – 533

[35] Di Valentino, E.; Melchiorri, A.; Silk, J. (2020) *Planck evidence for a closed Universe and a possible crisis for cosmology*, Nature Astronomy, S. 196 – 203

[36] Misner, C. W.; Thorne, K. S.; Wheeler, J. A. (1973) *Gravitation*, Freeman, New York, S. 728 ff.

$$\begin{aligned}
\omega^t &= \mathrm{d}t \\
-\omega^\chi &= (1+t)\mathrm{d}\chi \\
\omega^\vartheta &= (1+t)\sin\chi\mathrm{d}\vartheta \\
\omega^\varphi &= (1+t)\sin\chi\sin\vartheta\mathrm{d}\varphi
\end{aligned} \tag{18.4}$$

Daraus folgt für die vier von null verschiedenen Komponenten des Einstein-Tensors G_{ik}

$$G_{tt} = 3\left(\frac{a_{,t}}{a}\right)^2 + \frac{3k}{a^2} = 3\left(\frac{1}{1+t}\right)^2 + 3\left(\frac{1}{1+t}\right)^2 = 6\left(\frac{1}{1+t}\right)^2 \tag{18.5}$$

$$\begin{aligned}
G_{\chi\chi} = G_{\vartheta\vartheta} = G_{\varphi\varphi} &= -2\frac{a_{,tt}}{a} - \left(\frac{a_{,t}}{a}\right)^2 - \frac{k}{a^2} \\
&= 0 - \left(\frac{1}{1+t}\right)^2 - \left(\frac{1}{1+t}\right)^2 = -2\left(\frac{1}{1+t}\right)^2
\end{aligned} \tag{18.6}$$

Hierbei ist $a(t) = 1 + t$ und $k = 1$; $a_{,t}$ bezeichnet die Ableitung von a nach t.

Wenn wir von G_{ik} zu ko- und kontravarianten Indizes G_i^k übergehen, um G_i^k mit dem Energie-Impuls-Tensor aus Formel 18.1 vergleichen zu können, dann sind die Terme in Formel 18.5 und Formel 18.6 mit der Metrik aus Formel 18.3 zu überschieben und wir erhalten

$$G_i^k = \begin{bmatrix} \frac{6}{(1+t)^2} & 0 & 0 & 0 \\ 0 & \frac{2}{(1+t)^2} & 0 & 0 \\ 0 & 0 & \frac{2}{(1+t)^2} & 0 \\ 0 & 0 & 0 & \frac{2}{(1+t)^2} \end{bmatrix} \tag{18.7}$$

Wenn wir dieses Ergebnis mit dem Energie-Impuls-Tensor aus Formel 18.1 vergleichen, dann sehen wir, dass der Einstein-Tensor G_i^k proportional ist zum Energie-Impuls-Tensor T_i^k, denn die Energiedichte ϱ im Energie-Impuls-Tensor ist proportional zu $1/t^2$ (siehe Formel 15.20). Damit ist gezeigt, dass die Zustandsgleichung der Protyposis $p = -\varrho/3$ (und damit auch das kosmologische Modell eines mit Lichtgeschwindigkeit expandierenden Kosmos) die Gleichungen der Allgemeinen Relativitätstheorie erfüllt.

Wir sehen eine Beziehung zwischen der Geometrie des Kosmos und seinem Inhalt, den AQIs der Protyposis.

> Wenn man fordert, dass diese Proportionalität zwischen Geometrie und Inhalt des Kosmos auch für lokale Schwankungen der Dichte und des Drucks des kosmischen Inhalts erhalten bleiben soll, dann ergeben sich die Einsteinschen Gleichungen für alle gravitativen Wechselwirkungen im Kosmos.

18.7 Die wesentlichen Strukturen im Kosmos

In den Einstein-Gleichungen wird der Inhalt der Raumzeit durch den Energie-Impuls-Tensor charakterisiert. Wie in der Kosmologie üblich, soll dieser Tensor in verschiedene Anteile zerlegt werden.

Mit der Verbindung zu einer „imaginären“ Zeit, die von Minkowski zu einer indefiniten Metrik umformuliert worden war, ergibt sich der Energie-Impuls-Tensor für die aus den AQIs geformte klassische Flüssigkeit mit ϱ, der Energiedichte der AQIs und dem kosmologischen Druck p.

Welche Anteile unterscheidet man in der Astrophysik am Energie-Impuls-Tensor?

Die Energiedichte der Materie ϱ_{M} wird in der Astrophysik als ein druckloser Staub behandelt.

Der Energiedichte der Strahlung ϱ_{L}, des Lichts, ist ein positiver Strahlungsdruck $p_{\mathrm{L}} = +\varrho_{\mathrm{L}}/3$ zugeordnet, der (wegen der indefiniten Metrik) im Tensor mit einem negativen Vorzeichen erscheint.

> Da nicht vorausgesetzt werden kann, dass alle AQIs sich zu Licht oder zu Materie formen, ist eine mögliche Dunkle Energie oder auch Dunkle Materie mit der Energiedichte ϱ_{DE} zu berücksichtigen. Dieser Tensor hat die gleiche Form wie derjenige der AQIs, er verkörpert eine „nicht-teilchenartige“ Form des kosmischen Inhalts, also der Protyposis.

Es zeigt sich dann, dass bei dieser Aufteilung in die verschiedenen Erscheinungsformen notwendig noch ein Term erscheinen muss, welcher die Form einer Vakuum-Energiedichte hat. Diese entspricht einem variablen kosmologischen Term Λ und kann als eine „Vakuum-Energiedichte“ interpretiert werden.

In einer neueren Arbeit wird über die „kosmologische Konstante“ ausgeführt:

> *„While the concordance Λ-CDM model represents a great triumph of observational cosmology, the model poses a number of major puzzles for theorists. Three outstanding problems are the nature of the inflationary field (or alternatives), the*

nature of dark matter and the nature of dark energy. In particular, the empirical evidence for dark energy, mathematically equivalent to a small but non-zero cosmological constant, raises once again the question of the physics underlying this term. Indeed, the so-called cosmological constant problem is more pressing than ever as theorists are challenged to explain not only why the cosmological constant is extremely small, but why it has the specific non-zero value that it does; this is sometimes referred to as the new cosmological constant problem.
A second puzzle is the strange coincidence that the energy contribution of the cosmological constant happens to be of the same order of magnitude as that of matter in today's universe, an enigma that has become known as the coincidence problem.“[37]
(Während das Konkordanz-ΛCDM-Modell einen großen Triumph der beobachtenden Kosmologie darstellt, wirft das Modell eine Reihe von großen Rätseln für Theoretiker auf. Drei herausragende Probleme sind die Natur des inflationären Feldes (oder Alternativen zu diesem), die Natur der Dunklen Materie und die Natur der Dunklen Energie. Insbesondere der empirische Nachweis der Dunklen Energie, die mathematisch einer kleinen, aber von Null verschiedenen kosmologischen Konstante entspricht, wirft erneut die Frage nach der diesem Term zugrundeliegenden Physik auf. In der Tat ist das sogenannte Problem der kosmologischen Konstante drängender denn je, da Theoretiker herausgefordert sind, nicht nur zu erklären, warum die kosmologische Konstante extrem klein ist, sondern auch, warum sie den spezifischen Nicht-Null-Wert hat, den sie hat; dies wird manchmal als das neue Problem der kosmologischen Konstante bezeichnet.
Ein zweites Rätsel ist der seltsame Zufall, dass der Energiebeitrag der kosmologischen Konstante zufällig in der gleichen Größenordnung liegt wie derjenige der Materie im heutigen Universum, ein Rätsel, das als Koinzidenzproblem bekannt geworden ist.)

Das Λ in der ΛCDM-Kosmologie als eine Konstante wird mit aktuellen Beobachtungen noch problematischer als bisher.[38] Damit bricht ein Standbein der gegenwärtig tonangebenden Kosmologie ein.

---

[37] O'Raifeartaigh; O'Kee, M., Nahm, W.; Mitton, S. (2018) *One hundred years of the cosmological constant: from „superflous stunt“ to dark energy*, Eur. Phys. J. H 43, 73{117 (2018), *https://doi.org/10.1140/epjh/e2017-80061-7*

[38] DESI 2024 VI: Cosmological Constraints from the Measurements of Baryon Acoustic Oscillations, 10.48550/arXiv.2404.03002

Die Protyposis-Kosmologie gibt eine klare Antwort auf die Λ-Problematik. Dazu wird die angekündigte Zerlegung des Energie-Impuls-Tensors in die Anteile von drucklosem Staub, von Licht, von einem kosmologischen Term und von einer möglichen Energiedichte von Dunkler Energie/Dunkler Materie vorgenommen:

$$\begin{bmatrix} \varrho & & & \\ & \frac{\varrho}{3} & & \\ & & \frac{\varrho}{3} & \\ & & & \frac{\varrho}{3} \end{bmatrix} = \begin{bmatrix} \varrho_M & & & \\ & 0 & & \\ & & 0 & \\ & & & 0 \end{bmatrix} + \begin{bmatrix} \varrho_L & & & \\ & \frac{-\varrho_L}{3} & & \\ & & \frac{-\varrho_L}{3} & \\ & & & \frac{-\varrho_L}{3} \end{bmatrix} + \\ + \begin{bmatrix} \Lambda & & & \\ & \Lambda & & \\ & & \Lambda & \\ & & & \Lambda \end{bmatrix} + \begin{bmatrix} \varrho_{DE} & & & \\ & \varrho_{DE}/3 & & \\ & & \varrho_{DE}/3 & \\ & & & \varrho_{DE}/3 \end{bmatrix} \tag{18.8}$$

Der hypothetische Anteil der Dunklen Energie/Dunklen Materien ϱ_{DE} kann mit der Formel 18.8 nicht festgelegt werden, die Verhältnisse von Materie und Licht zum kosmologischen Λ-Term allerdings schon.

Es sei ϱ_0

$$\varrho_0 = \varrho - \varrho_{DE} \tag{18.9}$$

dann würde ohne einen Λ-Term folgen

$$\varrho_0 = \varrho_M + \varrho_L \tag{18.10}$$

sowie

$$\varrho_0 = -\varrho_L$$

Da jedoch sinnvollerweise gefordert werden muss

$$0 \leq \varrho_M \tag{18.11}$$

sowie

$$0 \leq \varrho_L$$

und damit auch

$$0 \leq \varrho_0$$

ist Formel 18.10 aus physikalischer Sicht wegen der einzigen Lösung $\varrho_0 = \varrho_M = \varrho_L = 0$ sinnlos. Erst mit einem Λ-artigen Term löst sich das Problem. Aus Formel 18.8 folgt

$$\varrho_0 = \varrho_M + \varrho_L + \Lambda \tag{18.12}$$

sowie

$$\varrho_0 = -\varrho_L + 3\Lambda$$

und damit

$$\varrho_M + 2\varrho_L = 2\Lambda \tag{18.13}$$

Wir definieren das Verhältnis Materie (Staub) zu Licht als

$$\omega = \varrho_M / \varrho_L \tag{18.14}$$

und damit

$$\varrho_M = \omega \varrho_L$$

mit $0 \leq \omega \leq \infty$.

Wenn man annimmt, dass in einer frühen Phase des Kosmos ein möglicher Teilchenanteil im Wesentlichen nur aus Licht bestanden hatte, dann gilt in dieser Zeit

$$\varrho_L = \Lambda$$

Für ϱ_0 folgt aus

$$\varrho_0 = 3\varrho_M / 2 + 2\varrho_L = \left(2 + \frac{3\omega}{2}\right)\varrho_L$$

Schließlich

$$\varrho_L = \varrho_0 2 / (3\omega + 4)$$

$$\varrho_M = \varrho_0 2\omega / (3\omega + 4)$$

$$\Lambda = \varrho_0 (2 + \omega) / (3\omega + 4)$$

Für den Λ-Term folgt damit

$$\varrho_0 / 3 \leq \Lambda \leq \varrho_0 / 2 \tag{18.15}$$

und damit natürlich auch

$$\frac{\varrho_0}{2} \leq \varrho_M + \varrho_L \leq 2\varrho_0 / 3$$

Die Festlegung für den Λ-Term liefert die Lösung für das Koinzidenzproblem, warum nämlich der Energiebeitrag der kosmologischen Konstanten in der gleichen Größenordnung liegt wie derjenige von Materie und Licht:

$$\varrho_0 / 3 \leq \Lambda \leq \varrho_0 / 2 \leq \varrho_M + \varrho_L \leq 2\varrho_0 / 3$$

Daraus ergibt sich, dass der Energiebeitrag der kosmologischen Konstanten Λ zwischen einem Drittel der Energiedichte ϱ_0 (der Differenz der gesamten Energiedichte ϱ und der Energiedichte einer „Dunklen Energie" aus nicht-teilchenartig strukturierten AQIs) und dem Energiebeitrag von Materie und Licht liegt. Dies entspricht den heute beobachteten Werten der kosmologischen Konstanten. Damit ist eines der wesentlichen Probleme der heutigen Kosmologie gelöst.

Die Protyposis-Kosmologie zeigt also außerdem mit Notwendigkeit auf, warum ein Λ-Term bei der Beschreibung des astrophysikalischen Inhalts des Kosmos notwendig ist.

Dieser Λ-Term kann interpretiert werden als Energie-Druck-Tensor eines Teilchenvakuums.

Er ist jedoch keine willkürliche Konstante. Vielmehr ist seine Größe abhängig von der Ausdehnung des kosmischen Raumes, so wie es die Quantentheorie erfordert. Mit der Protyposis-Kosmologie wird außerdem seine Größenordnung, die sonst unerklärlich ist, auf die empirisch zutreffende Größenordnung eingegrenzt.

Als Zusammenfassung kann man feststellen: Das Koinzidenzproblem hatte man in dem bislang unerklärlichen Befund gesehen, dass die Energiedichte einer kosmologischen Konstante, die mit den astronomischen Beobachtungen verträglich ist, von der gleichen Größenordnung ist wie die Energiedichten von Materie und Licht zusammengenommen.

Die Protyposis kann aufgeteilt werden in einen nicht-teilchenartigen Anteil ϱ_{DE} mit der ursprünglichen Zustandsgleichung $p_{DE} = -\varrho_{DE}/3$. Falls ein solcher Anteil existiert, kann er eventuell als „Dunkle Energie" oder für lokale Erscheinungen als „Dunkle Materie" interpretiert werden, da er ausschließlich gravitativ wirkt. In dem verbleibenden Anteil, der die Quantenteilchen mit und ohne Ruhmasse umfasst, wird es notwendig, neben der Materie ϱ_M und dem Licht ϱ_L auch einen kosmologischen Λ-Term einzuführen, der einen Teil der Gravitationswirkung zwischen kosmischen Raum und Protyposis beschreibt. Dieser Term hat einen Energie-Impuls-Tensor wie ein Teilchen-Vakuum, er kann jedoch keine Konstante sein. Er muss zu allen Zeiten von der gleichen Größenordnung sein wie die Energiedichte von Materie und Licht.

19 Lösungen für Probleme der gegenwärtigen Kosmologie

In den letzten vierzig Jahren richteten sich die Forschungsschwerpunkte der Kosmologie auf verschiedene Probleme. Manche haben Bestand bis heute, andere verwandelten sich stattdessen in ihr Gegenteil, z. B. die Abbremsung der Expansion in eine Beschleunigung derselben.

19.1 Das Koinzidenz-Problem

Das Koinzidenzproblem bestand – wie in Kapitel 18 beschrieben – in dem unerklärlich gewesenen Befund, dass die *Energiedichte einer kosmologischen Konstante von der gleichen Größenordnung ist wie die Summe der Energiedichte von Materie und Licht.*

Die Lösung mit den AQIs erfolgte wie in Kapitel 18 dargestellt. Wie es in der Astronomie üblich ist, wird der Inhalt des Kosmos aufgeteilt. Die Erscheinungsformen der AQIs sind einmal die Materie (im Wesentlichen die Sterne). Sie wird als druckloser Staub ($p = 0$) behandelt. Die elektromagnetische Strahlung (die Photonen) hat die Zustandsgleichung $p = +\varrho/3$.

Wenn Druck und Energiedichte der AQIS in dieser Weise aufgeteilt werden, dann ergibt sich die Notwendigkeit, einen weiteren Term einführen zu müssen. Dieser erweist sich als Druck-Energiedichte-Tensor eines Vakuums (so wie die kosmologische Konstante) und er ist von gleicher Größenordnung wie die Summe von Strahlung und Materie.

19.2 Das Empirie-Problem

Das Empirie-Problem betrifft die These eines unendlich großen Kosmos. Da jede beliebige endliche Größe stets 0 % von unendlich ist, würde die These zugleich bedeuten, dass unsere gesamte empirische Kenntnis sich auf 0 % vom Ganzen beschränken müsste. Mit dem Begriff des sogenannten *kosmologischen Prinzips* wird diese Problematik überdeckt. Aber die damit aufgestellte Behauptung, dass das, was wir vom Kosmos sehen, typisch ist für den gesamten Kosmos, kann im Falle von „unendlich" durch nichts bewiesen werden. In der Mathematik kennt man die Beispiele der asymptotischen Reihen. Diese divergieren im Unendlichen, lassen aber eine Annäherung an die gesuchte Situation mit endlich vielen Gliedern zu. Obwohl das Verhalten im Endlichen recht vernünftig erscheint, verliert es im Unendlichen jeden Sinn.

Natürlich können wir nicht alles beobachten. Beispielsweise sehen wir von der Erde aus immer nur eine Seite des Mondes. Trotzdem ist es nicht verrückt, auch schon früher vermutet zu haben, dass die uns abgewandte Seite nicht grundsätzlich anders aussehen wird als die, welche man damals beobachten konnte. Flüge um den Mond herum haben gezeigt, dass die erdabgewandte Seite durchaus etwas anders strukturiert ist als die uns zugewandte, aber keinesfalls völlig verschieden. Der Schluss von einem großen Teil aufs Ganze, zum Beispiel von 50 % auf 100 %, wird immer ein gewisses Risiko in sich bergen. Das Problem erscheint jedoch in einem vollkommen anderen Licht, wenn man von einigen Milliarden Lichtjahren, die man überblickt, auf das Unendliche schließen möchte. Denn auch ein Volumen mit einem Radius von mehr als vielen Milliarden Lichtjahren ist immer nur 0 % von Unendlich.

Eine Unkenntnis von 100 % ist selbst für theoretische Überlegungen ziemlich groß. Aus der Quantentheorie der Protyposis folgt zwar auch ein expandierender Kosmos. Jedoch zu jeder endlichen Zeit nach dem Existenzbeginn ist dessen Volumen nur endlich groß. Mit einem solchen expandierenden geschlossenen Kosmos ist das Empirie-Problem gelöst.

19.3 Das Horizont-Problem und die Inflation

Als das Horizont-Problem bezeichnet man die empirische Tatsache, dass die *kosmologische Mikrowellen-Hintergrundstrahlung aus allen Richtungen des Kosmos identisch* ist, obwohl es in den etablierten theoretischen Modellen dafür keinerlei mögliche Gründe gibt. Die bisherigen Modelle konnten nicht erklären, wieso die Hintergrundstrahlung auch aus solchen Himmelsrichtungen identisch ist, welche nach den Formeln dieser Modelle niemals einen kausalen Kontakt hätten haben können. Denn nur damit wäre eine solche Gleichförmigkeit erklärbar.

Für eine Korrektur des Horizont-Problems hatte man die Inflation erfunden. Damit bezeichnet man ein hypothetisches überschnelles Aufblasen des Kosmos direkt nach dem Anfang des Kosmos. Für einen solchen Prozess gibt es außer dieser Hypothese keine naturwissenschaftlichen Belege. Dagegen spricht außerdem, dass die Zustandsgleichung der Inflation $p \leq -\varrho$ wichtige Bedingungen verletzt, die für eine vernünftige Physik notwendig sind.[1)]

Die Inflation wird seit einigen Jahren auch von manchen der daran beteiligten Fachleuten immer kritischer gesehen. So stellt Paul Steinhardt, einer der Erfinder der Inflation, heute fest, dass die ursprünglichen Hoffnungen sich nicht erfüllt haben:

> *„The inflationary paradigm is fundamentally untestable, and hence scientifically meaningless.“*[2)]
> *(Das Paradigma der Inflation ist grundsätzlich nicht überprüfbar und daher wissenschaftlich bedeutungslos.)*

Die Argumente wurden später noch drastischer formuliert.[3)] Auch die intensive Suche nach „Inflatonen“, nach den Teilchen, welche die Inflation bewirken sollen, ist bisher erfolglos geblieben.

In einem Kosmos, der wie das Protyposis-Modell zu allen Zeiten mit Lichtgeschwindigkeit expandiert, gibt es keine Bereiche, die niemals ohne kausalen Kontakt zueinander waren. *Damit wird die Homogenität der Hintergrundstrahlung erklärt, die aus allen Richtungen identisch ist.*

19.4 Die kosmologische Konstante

Wie beschrieben handelt es sich bei dem Problem der kosmologischen Konstante darum, eine Größe erklären zu müssen, die absolut gesehen winzig klein ist, die aber dennoch in vielen kosmologischen Modellen nicht gleich Null gesetzt werden kann, ohne dabei bedeutsame Differenzen zu den Beobachtungen zu erhalten.

Versuche, diese Konstante mit quantenfeldtheoretischen Methoden zu berechnen, führten zum größten jemals erhaltenen theoretischen Fehlergebnis in der Physik. (Siehe Abschnitt 16.11.)

---

1 Hawking, S. W.; Ellis, G. F. R. (1973) *The Large Scale Structure of the Universe*, University Press, Cambridge

2 Steinhardt, P. J. (2014) *Big Bang blunder bursts the multiverse bubble*, nature, Vol. 510, S. 9

3 Ijjas, A.; Steinhardt, P. J.; Loeb, A. (2017) *POP goes the universe – the latest astrophysical measurements, combined with theoretical problems, cast doubt on the long-cherished inflationary theory of the early cosmos and suggest we need new ideas*, Scientific American, S. 32 ff.

Mit der Lösung des Koinzidenzproblems (Abschnitt 19.1) ist auch das allgemeinere Problem der kosmologischen Konstante in gewisser Weise gelöst. Diese Größe hat die Gestalt einer Vakuum-Energie. Sie ist zwar keine Konstante, aber mit der Protyposis-Theorie ergibt sich ein *variabler Term von der Form einer „Vakuum-Energie"* in der richtigen Größenordnung. Wenn man sie als Grundzustands- oder Vakuum-Energie interpretiert, dann zeigt die Quantentheorie, dass sie in einem wachsenden Volumen keine Konstante sein kann.

19.5 Die frühen Schwarzen Löcher

Die sehr frühen riesigen Black Holes, um welche sich die Galaxien gebildet haben, bereiten große theoretische Probleme.

> *„Indeed, there has historically been an ‚impossibly early black hole' problem similar to the impossibly early galaxies."*[4]
> *(In der Tat gab es in der Vergangenheit das Problem der „unmöglich frühen Schwarzen Löcher", ähnlich wie bei den unmöglich frühen Galaxien)*

Bis heute ist kein Prozess bekannt, welcher in der Zeit, die aus dem ΛCDM-Modell gefolgert werden muss (lambda-cold-dark-matter), die Bildung dieser Objekte aus irgendeiner Art von Gas oder Staub erlauben würde. So haben Mortlock et al. festgestellt:

> *„The existence of ~ $10^9\,M_\odot$ black holes at $z \approx 6$ already placed strong limits on the possible models of black-hole seed formation, accretion mechanisms and merger histories; the discovery that a $2{\cdot}10^9\,M_\odot$ black hole existed just 0.77 Gyr after the Big Bang makes these restrictions even more severe."*[5]
> *(Die Existenz von Schwarzen Löchern von etwa 1 Milliarde Sonnenmassen bei $z \approx 6$ setzte den möglichen Modellen für die Entstehung von Schwarzen Löchern, Akkretionsmechanismen und Fusionsgeschichten bereits starke Grenzen; die Entdeckung, dass ein Schwarzes Loch mit 2 Milliarden Sonnenmassen bereits 770 Millionen Jahre nach dem Urknall existierte, verschärft diese Einschränkungen noch.)*

Die „Rotverschiebung" der Spektrallinien des Lichtes von entfernten Galaxien, gekennzeichnet mit dem Buchstaben „z", war der erste Hinweis auf die Expansion des Universums.

---

[4] Steinhardt, P. L. et al. (2016) *The impossibly early galaxy problem*, The Astrophysical Journal, 824:21 (9pp)

[5] Mortlock, D. J. et al. (2011) *A luminous quasar at a redshift of z = 7.085*, Nature, 474(7353):616-9, doi:10.1038/nature10159

Rotverschiebung

Die Rotverschiebung z einer Spektrallinie mit Wellenlänge λ ist definiert als

$$z = \frac{\lambda_{\text{heute}} - \lambda_{\text{Emission}}}{\lambda_{\text{Emission}}} = \left(\lambda_{\text{heute}} - \lambda_{\text{Emission}}\right) - 1 \tag{19.1}$$

z ist verbunden mit dem Skalenfaktor $a(t)$ durch

$$z = \frac{a\left(t_{\text{heute}}\right)}{a\left(t_{\text{Emission}}\right)} - 1 \tag{19.2}$$

Definiert man die Ausdehnung des Kosmos zum heutigen Alter von 13,8 Gyr als 1, also $a(t_{\text{heute}}) = 1$, dann ergibt sich für den Skalenfaktor zur Zeit der Emission

$$a\left(t_{\text{Emission}}\right) = \frac{1}{z+1} \tag{19.3}$$

Zu der Zeit, die $z = 6$ entspricht, hatte der Kosmos 1/7 der heutigen Ausdehnung. Bei einem Weltalter (Hubble-Zeit) von 13,98 Gyr entspricht $z = 6$ einer Emissionszeit von etwa 2 Mrd. Jahren und ein Alter von 770 Mio. Jahren entspricht einem z von etwa 17.

Wie McClintock, Yennapureddya und Melia[6),7)] gezeigt haben, wird in einem mit Lichtgeschwindigkeit c expandierenden Kosmos zumindest das Problem einer zu knappen Zeitspanne aufgelöst.

Trotzdem verbleibt die Schwierigkeit, dass eine einfallende Materie wegen der elektromagnetischen Wechselwirkung durch den entstehenden Strahlungsdruck wieder weggeblasen werden würde:

> *„There is a limit to the rate of how fast this assembly could have occurred, first worked out by the British astrophysicist Arthur Eddington. The idea here is that the higher the mass assembly rate, the larger the output of radiation. At some point the outward pressure exerted by the radiation is able to overwhelm the inward force of gravity. This balancing of forces defines the Eddington (accretion) rate, the maximum growth rate of black holes.“*[8)]
> *(Es gibt eine Grenze für die Geschwindigkeit, mit der dieses Zusammenfügen [von Materie zu einem Schwarzen Loch] vonstattengehen könnte, die erstmals von dem britischen Astrophysiker Arthur Eddington ermittelt wurde. Die Idee dahinter ist, dass die elektromagnetische Strahlung umso größer ist, je schneller die Massen*

6 Melia, F.; McClintock, T. M. (2015) *Supermassive Black Holes in the Early Universe*, Proceedings of the Royal Society A, 471, 20150449

7 Yennapureddya, M. K.; Melia, F. (2018) *A cosmological solution to the Impossibly Early Galaxy Problem*, Physics of the Dark Universe, Vol. 20, S. 65 – 71, *doi.org/10.1016/j.dark.2018.03.003*

8 Smith, A., Bromm, V. (2019) *Supermassive black holes in the early universe*, Contemporary Physics *doi.org/10.1080/00107514.2019.1615715*

zusammengebacken werden. Irgendwann kann der nach außen gerichtete Strahlungsdruck die nach innen gerichtete Schwerkraft übersteigen. Das Kräftegleichgewicht definiert die Eddington-Akkretionsrate, die maximale Wachstumsrate von Schwarzen Löchern.)

Da alle Elektronen und Atomkerne eine elektrische Ladung haben, markiert dieser Grenzwert eine deutliche Schranke. Neue Untersuchungen[9)] geben starke Hinweise auf supermassive Schwarze Löcher mit kaum vorstellbaren 10^7 bis 10^8 Sonnenmassen bereits bei einer Rotverschiebung von $z \approx 10$. Die Autoren schreiben, dass

> *"… combined JWST and Chandra observations provide unambiguous evidence that UHZ1 harbors a rapidly-accreting and heavily-obscured supermassive BH already in place when the Universe was only 500 Myrs old."*
> *(kombinierte JWST- und Chandra-Beobachtungen eindeutige Beweise dafür liefern, dass UHZ1 ein sich schnell bildendendes und stark verdecktes supermassives BH beherbergt, das bereits existierte, als das Universum erst 500 Mio. Jahre alt war.)*

Es wird dann diskutiert, welche Möglichkeiten es mit den gegenwärtigen Modellen gibt. Dabei werden u. a. Akkretionsraten erwogen, die über dem Doppelten des Eddington-Limits liegen. Die Autoren postulieren einen anfänglich schweren Kern, der dann auf die beobachtete Größe anwachsen können soll. Sie räumen ein,

> *„While these heavy seeds from direct collapse require rare physical conditions, simulations suggest that they are available in the early Universe."*
> *(Diese schweren Samen aus direktem Kollaps erfordern zwar seltene physikalische Bedingungen, aber Simulationen legen nahe, dass sie im frühen Universum vorhanden sind.)*

Auch andere Autoren[10)] spekulieren darüber, wie man eine viel schnellere Akkretionsrate haben könnte, als es die elektromagnetische Wechselwirkung mit dem Eddington-Limit erlaubt.

Auch für dieses Problem bietet die Protyposis-Kosmologie eine elegante Lösung an.

> Solange noch keine Teilchen mit elektrischer Ladung einen wesentlichen Anteil an der Bildung eines Black Hole haben, sondern „Wolken" von sich konzentrierenden AQIs, liegt lediglich eine gravitative Wechselwirkung und keine elektromagnetische vor.

---

[9] Bogdan, A. et al. (2023) *Evidence for heavy seed origin of early supermassive black holes from a z~10 X-ray quasar*, arXiv:2305.15458v2 [astro-ph.GA] 25 Sep 2023

[10] Basu, S.; Das, A. (2019) *The Mass Function of Supermassive Black Holes in the Direct-collapse Scenario*, The Astrophysical Journal Letters, 879:L3

Daher spielt für eine solche Form der AQIs, in der sie *nicht als Teilchen* erscheinen, der Eddington-Limit keine Rolle, da dieser nur auf der elektromagnetischen Wechselwirkung zwischen Materie und Photonen beruht. So können sich sehr bald nach hinreichend vielen AQIs im Kosmos aus diesen bereits große Black Holes formen.

Es ist aber auch möglich, dass sich Verdichtungen von AQIs bilden, die große Raumbereiche einnehmen, ohne dass derartige „verdichtete Wolken" zu Black Holes kollabieren müssten oder dass sie sich in relativistische Teilchen aufspalten.[11] Wenn jedoch danach auch Teilchen existieren, können sich um die Black Holes auch Galaxien mit Sternen aus normaler Materie formen, die in diese Wolken eingebettet sind und welche die Wirkungen hervorrufen, für welche die Dunkle Materie postuliert wird.

19.6 Dunkle Energie und Dunkle Materie

Für zwei weitere Probleme hatte man die Begriffe der Dunklen Energie und der Dunklen Materie erfunden. Dazu kann man vielfach lesen, dass es diese beiden Strukturen auf jeden Fall geben soll und dass zugleich niemand eine Vorstellung davon habe, worum es sich dabei handeln könnte.

Seit Jahrzehnten ist die Suche nach den *Teilchen* der Dunklen Materie erfolglos geblieben.

Das kosmologische Modell, das auf der Protyposis basiert, ist frei von diesen Problemen. Da der Kosmos gemäß Modell mit Lichtgeschwindigkeit expandiert, gibt es keine Bereiche, die kausal unzusammenhängend gewesen wären. Es wurde gezeigt, weshalb in dieser Kosmologie ein Term zu erwarten ist, der die Gestalt des Energie-Impuls-Tensors eines Vakuums hat und dessen Energiedichte sich notwendigerweise als von der gleichen Größenordnung erweist wie die mittlere Energiedichte von Materie plus Photonen im Kosmos.

> Aus Sicht der Protyposis ist keine Notwendigkeit dafür erkennbar, dass alle AQIs sich zu Teilchen formen. So konnte ein gewisser Anteil von den AQIs, wenn sie lokalisierte Strukturen gebildet haben, die Phänomene bewirken, die man der Dunklen Materie zugewiesen hat (Effekte der Galaxien-Rotation und der Gravitationslinsen).

Die Dunkle Energie soll so etwas wie eine „Antigravitation" bewirken und daher verhindern, dass es zu einem „kosmischen Endkollaps" kommt. Schließlich gibt es für die über viele Jahre als unausweichlich angenommene Verlangsamung der Expansion,

---

[11] Görnitz, T.; Schomäcker, U. (2021) *Quantumbit Cosmology explains Effects of Rotation Curves of Galaxies*, Foundations of Science, online: *https://www.researchgate.net/publication/353768231_Quantumbit_Cosmology_Explains_Effects_of_Rotation_Curves_of_Galaxies*

die zum „Endknall“ führen sollte, keine Belege. Der negative kosmologische Druck der Protyposis bewirkt, dass die Expansion nicht abgebremst wird.

Lokale nicht-teilchenartige Konzentrationen von AQIs können mit ihrer positiven Energiedichte die zusätzlichen gravitativen Wirkungen hervorrufen, wie sie bei der Interpretation von gravitativer Lichtablenkung um Galaxienhaufen – Stichwort Gravitationslinsen – manchmal postuliert werden. Nach diesen Überlegungen, besonders wegen der Zustandsgleichung der AQIs mit dem bei „Teilchen“ nicht möglichen negativen Druck, ist zu erwarten, dass weder Dunkle Energie noch Dunkle Materie in Form von Teilchen erscheinen werden.

19.7 Wofür wurde die Dunkle Materie postuliert?

Seit der Entdeckung von Johannes Keplers Gesetzen der Planetenbewegung ist bekannt, dass die Umlaufgeschwindigkeiten der Planeten um die Sonne geringer werden, je weiter deren Bahnen vom Zentrum des Sonnensystems entfernt sind. Diese Geschwindigkeiten sind proportional zum Kehrwert der Wurzel des Abstandes.

Daher ergab sich eine große Überraschung für die Astronomen, als Fritz Zwicky (1898–1974) in den 1930er-Jahren erstmals feststellte, dass die Umlaufgeschwindigkeiten von Sternen um das Zentrum ihrer jeweiligen Galaxie nicht den Kepler-Gesetzen folgten. Diese Umlaufgeschwindigkeiten werden nicht kleiner, sondern sie sind im Wesentlichen unabhängig vom Radius der Bahn.

Im Gegensatz zu den Planeten im Sonnensystem laufen eng um das Zentrum einer Galaxie sehr viele weitere Sterne. Deren Massen haben natürlich ebenfalls Einfluss auf die Bewegung von Sternen, deren Bahnen zusätzlich zum Zentrum noch weitere Sterne umschließen.

In Bild 19.1 erkennt man einen relativ steilen Anstieg der Rotationsgeschwindigkeit in dem Bereich direkt um das Zentrum, in welchem sich viele Sterne befinden.

Jedoch außerhalb dieses Bereiches des Bulks, der durch eine großen Massendichte ausgezeichnet ist, würde man dann gemäß der Keplerschen Gesetze eine Geschwindigkeitsabnahme weiter weg von den vielen gravitierenden Massen erwarten.

Da diese Abnahme nicht zu erkennen ist, ist die einfachste und vielleicht auch die nächstliegende Annahme, dass noch eine weitere Materieform diese Abnahme verhindert. Diese Materie müsste allerdings weniger dicht sein als in dem Bereich, wo die Geschwindigkeit wegen der vielen dort vorhandenen Sterne zunimmt. Aber von dieser hypothetischen Materie ist in den Teleskopen nichts zu sehen – sie wäre deswegen „dunkel“. Aufnahmen von Vera Rubin (1928–2016) und ihrem Team zeigen vielmehr eine im Wesentlichen konstante Umlaufgeschwindigkeit der Sterne in den äußeren Regionen von Galaxien.

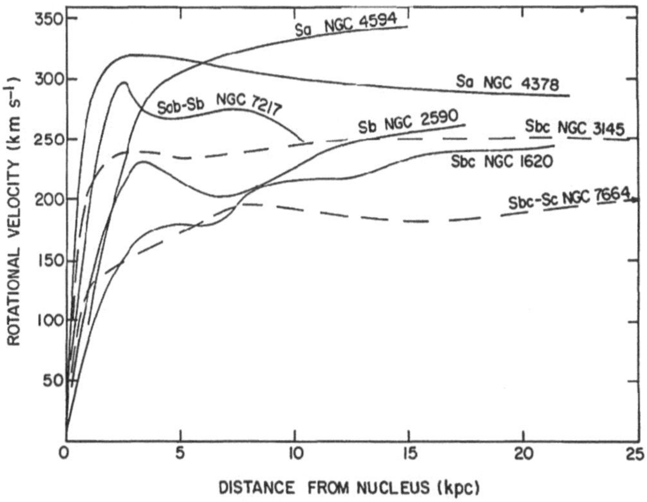

Bild 19.1 Rotationsgeschwindigkeiten in sieben Galaxien als Funktion des Abstands vom Zentrum[12)]

Zuerst soll das Verhalten der Umlaufgeschwindigkeiten mit der Annahme einer unbekannten Materie plausibel gemacht werden. Sie ist seit vielen Jahren die intensiv verfolgte Hypothese und kann mit der klassischen Mechanik leicht nachvollzogen werden. Es sei schon hier angemerkt, dass sich mit der Allgemeinen Relativitätstheorie und der Protyposis-Kosmologie ein besseres Modell für die Umlaufgeschwindigkeiten ergibt, ohne dass man deshalb ein Postulat von „unbekannten Teilchen" aufstellen muss.

Auf einer stabilen Kreisbahn mit Radius r bewege sich ein Körper der Masse m mit der Geschwindigkeit v um das Massenzentrum mit der Masse M. Dann müssen sich Zentrifugalkraft und Gravitationskraft die Balance halten:

$$\frac{mv^2}{r} = \frac{GmM}{r^2} \tag{19.4}$$

oder

$$v^2 = \frac{GM}{r}$$

(G bezeichnet die Gravitationskonstante.)

Wenn nicht nur ein Zentralkörper vorhanden ist, sondern eine Massenverteilung mit der Dichte $\varrho(r)$, dann ergibt sich für die Geschwindigkeit im Abstand r_0 die Relation

$$v(r_0)^2 = \frac{G}{r_0}\int_0^{r_0} 4\pi r^2 \varrho(r)\mathrm{d}r \tag{19.5}$$

[12] Rubin, V. C.; Ford, W. K.; Thonnard, N. (1978) *Extended rotation curves of high-luminosity spiral galaxies. IV. Systematic dynamical properties*, Astrophysical Journal, 225:L107-L111

Für eine weitere Vereinfachung nehmen wir an, dass ϱ nicht von r abhängt, sondern konstant ist, also $\varrho(r) = \varrho_0$. Dann ist die Gesamtmasse innerhalb eines Radius r gegeben durch $M(r) = \varrho_0\ 4\pi\ r^3/3$. Außerhalb der Materieverdichtung soll die Massendichte verschwinden: ($\varrho = 0$). Dann ist dort nach den Keplerschen Gesetzen ein Abfall der Geschwindigkeit mit dem Inversen der Quadratwurzel des Radius zu erwarten.

$$v(r) = \sqrt{\frac{GM_{\text{total}}}{r}} \tag{19.6}$$

Hingegen zeigt sich innerhalb des zentralen Teils der Galaxis, wo die Massendichte $\varrho > 0$ ungefähr konstant ist, ein lineares Anwachsen der Geschwindigkeit

$$v(r) = \sqrt{\frac{G}{r}\frac{\varrho_0 4\pi r^3}{3}} = r\sqrt{\frac{G4\pi\varrho_0}{3}} \tag{19.7}$$

Der prinzipielle Verlauf eines solchen Kepler-Verhaltens wird in Bild 19.2, Kurve 3 gezeigt. Der Unterschied zu den beobachteten Rotationskurven von Galaxien in Bild 19.1 ist deutlich.

Wenn allerdings eine zusätzliche Massendichte, eine „Dunkle Materie", geeignet eingeführt wird, dann kann eine gute Anpassung an den flachen Verlauf der Umlaufgeschwindigkeit erreicht werden. Ein solcher, gut geeigneter und auch leicht berechenbarer Ansatz für eine solche Dichte ist der sogenannte „isothermale" Dichteverlauf. Dafür wählt man für die Dichte in Abhängigkeit vom Radius beispielsweise als $\varrho(r) = 1/(1 + r^2)$. Die entsprechende Kurve für die Umlaufgeschwindigkeiten, die sich bei dieser Dichte der Dunklen Materie allein ergibt, ist ebenfalls im nachfolgenden Bild 19.2 mit Kurve 2 zu finden.

Im Gegensatz zum kosmologischen Druck und der kosmologischen Energiedichte der Protyposis wird zur Beschreibung dieses realen Effektes in diesem Modell die Existenz einer Dunklen Materie postuliert.

Eine mathematische Vereinfachung für die hier gezeigte Beispielrechnung, die aber den Beobachtungen in Bild 19.1 nicht widerspricht, besteht in der Annahme über das Verhalten der sichtbaren galaktischen Materie, also für die Sterne, welche um das Zentrum kreisen. Für die Dichte der Sterne im Zentrum der Galaxie wird eine konstante Dichte $\varrho(r) = \varrho_0$ postuliert. Diese soll bei $r = 1$ schlagartig in $\varrho = 0$ übergehen. Das lässt das Integral sehr einfach werden, erzeugt jedoch auch den scharfen Knick in der Kurve 3 bei $r = 1$. Dann erfolgt ein Abfall gemäß Kepler-Gesetzt und im Widerspruch zur Beobachtung. Für die hypothetische Dunkle Materie, die zusätzlich eingeführt und durch die Kurve 2 beschrieben wird, wird wie erwähnt eine Dichte $\varrho = 1/(1 + r^2)$ postuliert. Die Summe von beiden Kurven ist Kurve 1. Diese passt zu den Beobachtungen.

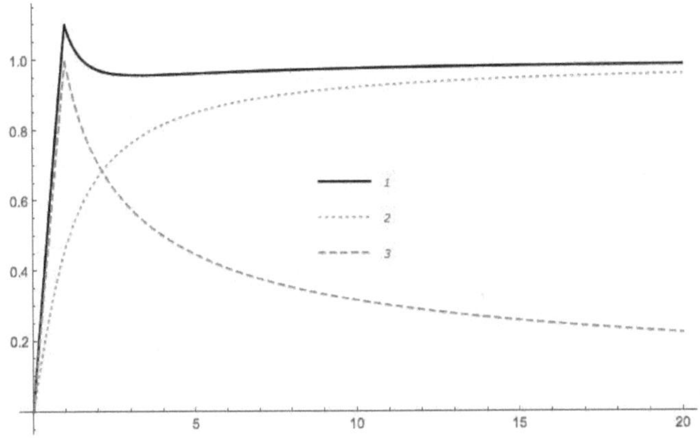

Bild 19.2 Die theoretischen Kurven (in beliebigen Einheiten) der Rotationsgeschwindigkeit in Abhängigkeit vom Abstand vom Zentrum der Galaxis
Kurve 3: Gemäß der Formel 19.7 und Formel 19.6 zeigt sich ein lineares Anwachsen der Geschwindigkeit innerhalb der normalen Materie, für die eine konstante Dichte postuliert wird (hier bis $r = 1$), und ein sich anschließender Abfall gemäß Keplerschem Gesetz.
Kurve 2 zeigt den alleinigen Effekt einer hypothetischen „Dunklen Materie", für die eine abnehmende Dichte gemäß $\varrho = 1/(1 + r^2)$ postuliert wird.
Kurve 1 zeigt die Summe der Kurven 2 und 3. Sie liefert eine hinreichend gute Übereinstimmung mit den empirischen Kurven in Bild 19.1.

Man erkennt, dass bereits mit einem so einfachen Ansatz, einen freien Parameter einzuführen, also mit dem „Erfinden einer Dunklen Materie", eine recht gute Simulation der Daten möglich ist.

Wenn man allerdings eine neue Sorte von Materie einführt, dann folgt aus den gängigen Vorstellungen über elementare Teilchen, dass es Teilchen auch für die Dunkle Materie geben müsste. Derartige Teilchen-Vorstellungen beeinflussen in massiver Weise Theorien, Experimente und somit auch die Vergabe von Fördermitteln.

> *„A global effort is under way to carry out a complete search for high-mass dark-matter particles using an experiment called DarkSide-20k and its successor, which rely on novel liquid-argon technologies.*
> *Compelling cosmological and astrophysical evidence for the existence of dark matter suggests that there is a new world beyond the Standard Model of particle physics still to be discovered and explored. Yet, despite decades of effort, direct searches for dark matter at particle accelerators and underground laboratories alike have so far come up empty handed. This calls for new and improved methods to spot the mysterious substance thought to make up most of the matter in the universe."*[13]

[13] CERN Courier, October 2018, S. 21 (Hervorhebungen durch T. Görnitz)

(Mit dem Experiment DarkSide-20k und seinem Nachfolger, die sich auf neuartige Flüssig-Argon-Technologien stützen, wird weltweit nach massereichen Teilchen der Dunklen Materie gesucht.
Überzeugende kosmologische und astrophysikalische Beweise für die Existenz Dunkler Materie deuten darauf hin, dass es eine neue Welt jenseits des Standardmodells der Teilchenphysik gibt, die noch entdeckt und erforscht werden muss. Doch trotz jahrzehntelanger Bemühungen ist die direkte Suche nach Dunkler Materie sowohl an Teilchenbeschleunigern als auch in unterirdischen Labors bisher ergebnislos geblieben. Daher sind neue und verbesserte Methoden erforderlich, um die geheimnisvolle Substanz aufzuspüren, die vermutlich den größten Teil der Materie im Universum ausmacht.)

Wenn man die Forderung nach mehr Geld mit einem gewissen inneren Abstand betrachtet, könnte man sich auch vorstellen, dass neben neuen größeren Experimenten vielleicht auch neue Ideen erwogen werden könnten.

Die Dunkle Materie wurde ursprünglich eingeführt, um die Umlaufgeschwindigkeit von Sternen um das galaktische Zentrum zu verstehen. Wie das mit der ART und der AQI-Kosmologie und ohne Dunkle Materie berechnet werden konnte, wird in Kapitel 20 dargelegt. Aber neben den Geschwindigkeitsverteilungen nötigen auch andere astronomische Beobachtungen zu dem Schluss, dass in den Galaxien mehr an Gravitationswirkung vorhanden sein muss, als es die Massen der strahlenden Sterne miteinander aufbringen. Diese Wirkung von „Schwere" aus einer Galaxie heraus kann zum Teil damit erklärt werden, dass nichtleuchtende Himmelskörper, wie Gas- und Staubwolken, Planeten und kleine Schwarze Löcher zwar nicht leuchten, aber gravitativ wirken. Die Beobachtungen verweisen allerdings bisher darauf, dass diese Körper nicht ausreichen, um die astronomischen Befunde zu erklären.

> Zu den Wirkungen, die einer Dunklen Materie zugeschrieben werden, können auch lokale Verdichtungen der AQIs der Protyposis beitragen.

Die AQIs können ausgedehnte Gebilde formen, die eine Verstärkung der lokalen Gravitationswirkung zur Folge haben. So können sich um ein sehr großes Schwarzes Loch und auch um einen Galaxienhaufen „Wolken" aus AQI-Strukturen bilden, welche die Ausdehnung einer Galaxis oder eines Galaxienhaufens besitzen. Sie vergrößern die lokale Energiedichte, *ohne sich jedoch zu irgendeiner Form von Teilchen zu zergliedern.* Damit würde sich erklären lassen, weshalb die Suche nach Teilchen der Dunklen Materie bisher erfolglos geblieben ist.

Wenn wir die Sonnenmasse von $M_{Sun} = 1{,}988 \times 10^{30}$ kg bzw. $E_{Sun} = 1{,}11545 \times 10^{66}$ eV in AQIs umrechnen, so ergeben sich $1{,}1889 \times 10^{98}$ AQI_{Sun}. Für die Dichte der Dunklen Materie bei Galaxien vom Typ der Milchstraße wird ein Wert $\varrho_{DM} = 0{,}21 - 0{,}46$ GeV cm^{-3}

angenommen.[14] Das entspricht einer Dichte von etwa 2 bis 4 × 10^{40} AQIs pro cm^3. Für Galaxienhaufen bewegen sich die Schätzungen auf eine Masse von etwa 10^{14} bis 10^{15} Sonnenmassen M_{Sun}. Das entspricht etwa 10^{112} bis 10^{113} AQIs und muss in Relation gesetzt werden zur Gesamtzahl der AQIs im gegenwärtigen Kosmos von 1,7 × 10^{121} AQIs. Diese grobe Abschätzung führt zu etwa eine Milliarde Galaxien im Kosmos.

Die bisherigen Überlegungen verblieben im Rahmen der Newtonschen Gravitationstheorie. Wenn wir von der klassischen zu einer relativistischen Beschreibung übergehen, dann ist dort anstelle der Massendichte nun der Tensor von Energiedichte und Druck für die gravitative Wirkung zuständig. Der diagonalisierte Energiedichte-Druck-Tensor der Protyposis-Kosmologie hat wie dargelegt die Gestalt mit positiver Energiedichte ϱ und negativem Druck p:

$$T_i^k = \begin{vmatrix} \varrho & 0 & 0 & 0 \\ 0 & p & 0 & 0 \\ 0 & 0 & p & 0 \\ 0 & 0 & 0 & p \end{vmatrix} \tag{19.8}$$

Es sei daran erinnert, dass der Druck (Kraft/Fläche) die Dimension einer Energiedichte ϱ (Kraft × Weg/Volumen) hat. Alle vier Komponenten des Tensors tragen gleichermaßen zur Gravitationswirkung bei.

Zum negativen Druck

Es seien hier noch einmal die Erörterungen von Kapitel 15 zusammengefasst: Während sich auf der Erde und in den Laboren der Druck zwischen $0 < p < \infty$ bewegt, wird seit einigen Jahren öfter wahrgenommen, dass er in der Allgemeinen Relativitätstheorie auch negativ sein kann. Ein negativer Druck kann allerdings keinesfalls von einer „teilchenartigen“ Materie und von deren Stößen gegen eine Gefäßwand erzeugt werden. Im Fall eines negativen Druckes schwächt dieser vielmehr die kontraktive Wirkung der Gravitation ab. Wenn für den Druck gilt: $3p = -\varrho$, dann heben sich für den Kosmos die anziehenden und die abstoßenden Anteile der gravitativen Wirkungen auf. Solche Wirkung wurde in der Kosmologie deutlich. Wenn $\varrho + 3p > 0$ ist, dann überwiegt die gravitative Wirkung und der Kosmos wird nach einer Ausdehnungsphase wieder zusammenstürzen. Ein solcher „Endcrash“ war die herrschende Überzeugung in der Kosmologie noch vor 30 Jahren. Diese Meinung wurde später abgelöst durch die Vorstellung einer beschleunigten Expansion. Dafür musste eine kosmologische Konstante und/oder eine Quintessenz postuliert werden, sodass $\varrho + 3p < 0$ wird.

Eine mit dem kosmischen Energieerhaltungssatz thermodynamisch und mit der Protyposis quantentheoretisch begründete Kosmologie zeigt, dass sich aus diesen sehr

---

[14] Gomes-Oliveira, N. et al. (2023) *Dark matter distribution in Milky Way-analog galaxies*, arXiv:2310.13839v1 [astro-ph.GA] 20 Oct 2023

allgemeinen Annahmen die Zustandsgleichung $\varrho + 3p = 0$ ergibt. Damit folgt für die kosmische Expansion weder eine beschleunigte noch eine abgebremste Wirkung.

Für diese Zustandsgleichung des kosmischen Inhalts folgt auch aus den Gleichungen der Allgemeinen Relativitätstheorie die Expansion mit Lichtgeschwindigkeit.

Es soll noch einmal darauf verwiesen werden, dass wenn man für die Expansion des Kosmos die Existenz einer ausgezeichneten weil maximalen Geschwindigkeit – also der Lichtgeschwindigkeit – postuliert, dann ermöglicht es diese Kosmologie – wie dargelegt –, die Gültigkeit der Einsteinschen Gleichungen *für den Inhalt des Kosmos* zu erklären und viele der kosmologischen Probleme zu lösen oder die entsprechenden Hypothesen überflüssig werden zu lassen, wie z. B. Teilchen von Dunkler Energie oder Dunkler Materie, kosmologische Konstante und Horizontproblem samt Inflation sowie das Empirie-Problem.

20 Erklärung für ein Phänomen, für das die „Dunkle Materie" postuliert wurde

Die gewonnenen Erkenntnisse über die mit den AQIs begründeten Strukturen lassen sich auf die Probleme der riesigen Black Holes anwenden, um die herum sich die Galaxien gebildet haben. In unseren nachfolgenden Rechnungen zeigt sich, dass auch die gewaltigen Jets aus dem Umfeld von aktiven Black Holes neben der elektromagnetischen auch eine gravitative Ursache haben können.

Ferner wird deutlich, dass einer der Effekte, für welchen die Dunkle Materie erfunden worden war, die Abweichungen der Rotationskurven von den Keplerschen Gesetzen, notwendig bereits dann aus der Protyposis-Kosmologie folgt, wenn man den Kern einer Galaxis, also das zentrale rotierende Black Hole, mit der Allgemeinen Relativitätstheorie im Rahmen der AQI-Kosmologie beschreibt.

In der Protyposis-Theorie hat die Metrik des Kosmos die Form eines (FLRW)-Linienelements:[1)]

$$\mathrm{d}s^2 = c^2\mathrm{d}t^2 - \left(1+ct\right)^2\left[(\left(1-r^2\right)^{-1}\mathrm{d}r^2 + r^2\mathrm{d}\Omega^2)\right] \tag{20.1}$$

In einer wichtigen Arbeit hat Prahalad Chunnilal Vaidya (1918–2010) gezeigt, wie sich die Metrik eines geschlossenen expandierenden FLRW-Kosmos in Anwesenheit eines rotierenden Black Hole mit gravitativer Masse m_0 sowie Drehimpulses J lokal ändert, wie also die nach ihrem Entdecker Roy Kerr (*1934) benannte Kerr-Lösung in einen variablen geschlossenen FLRW-Kosmos eingebettet werden kann.[2)]

Es zeigt sich dabei, dass die Rotation des Black Hole in dessen näherer Umgebung den kosmologischen Druck und die Energiedichte in einer spezifischen Weise verändert.

---

1 Görnitz, T. (1988a) *Abstract Quantum Theory and space-time Structure. 1. Ur Theory and Bekenstein-Hawking Entropy*, International Journal of Theoretical Physics. Vol. 27, Nr. 5, S. 527–542; Görnitz, T. (1988b) *Connections between abstract Quantum Theory and space-time Structure. II. A model of Cosmological Evolution*, International Journal of Theoretical Physics. Vol. 27, Nr. 6, S. 659–666

2 Vaidya, P. C. (1977) *The Kerr metric in cosmological background*, Pramãna, Vol. 8, Nr. 6, S. 512–517

Für die Protyposis-Kosmologie ergeben sich dabei aus den Rechnungen automatisch die beobachteten Geschwindigkeitsverteilungen um die Galaxienkerne. Die Hypothesen über eine Dunkle Materie werden hierbei überflüssig.

Vaidya definiert zwei Parameter, die gravitative Masse des Black Hole: $m = Gm_0/c^2$, sowie über $a = J/(cm_0)$ dessen Drehimpuls J. Die Metrik folgt dann[3] als

$$ds^2 = e^{2F(\tau)} \left\{ \begin{array}{c} 2\left(du + a \cdot \sin^2\alpha \cdot d\beta\right) d\tau \\ -\left(1 + 2m\mu \cdot e^{-2F(\tau)}\right)(du + a \cdot \sin^2\alpha \cdot d\beta)^2 \\ -M^2 \cdot \left[\left(1 - a^2 \cdot \sin^2\alpha / R^2\right)^{-1} d\alpha^2 + \sin^2\alpha \cdot d\beta^2\right] \end{array} \right\} \tag{20.2}$$

mit

$$M^2 = (R^2 - a^2)\sin^2\left(\frac{r}{R}\right) + a^2 \cdot \cos^2\alpha \tag{20.3}$$

$$\mu = R \cdot \sin\left(\frac{r}{R}\right) \cdot \cos\left(\frac{r}{R}\right) / M^2 \tag{20.4}$$

Um zu zeigen, welche Form die Metrik erhält, die dann mit ds_0^2 bezeichnet werden soll, wenn kein Black Hole vorhanden ist, ist zu setzen: $m = 0$ und $a = 0$.

Dann wird M^2 zu $M_0^2 = R^2 \sin^2(r/R)$ und μ zu $\mu_0 = [\cot(r/R)]/R$.

Ohne Einschränkung der Allgemeinheit kann $R = 1$ gesetzt werden. Dann wird die Vaidya-Metrik zu

$$ds_0^2 = e^{2F(\tau)} \left\{ 2du d\tau - du^2 - \sin^2 r\left[d\alpha^2 + \sin^2\alpha \cdot d\beta^2\right]\right\} \tag{20.5}$$

Mit der Transformation $u = \tau - r$ erhält man

$$ds_0^2 = e^{2F(\tau)} \left\{ d\tau^2 - dr^2 - \sin^2 r\left[d\alpha^2 + \sin^2\alpha \cdot d\beta^2\right]\right\} \tag{20.6}$$

so dass sich für

$$F(\tau) = 1 + \tau \tag{20.7}$$

das in Abschnitt 17.4 dargestellte kosmologische Modell der Protyposis der Formel 17.9 ergibt:

$$ds^2_{\text{Protyposis}} = e^{2(1+\tau)} \left\{ d\tau^2 - dr^2 - \sin^2 r\left[d\alpha^2 + \sin^2\alpha \cdot d\beta^2\right]\right\} \tag{20.8}$$

Die Parameter in der Metrik aus Formel 20.2 können an verschiedene Koordinatensysteme angepasst werden. Mit den hier gewählten Parametern entspricht sie der Protyposis-Kosmologie.

[3] Vaidya P. C. (1977) *The Kerr metric in cosmological background*, Formel (15)

20.1 Jet-Strukturen an Black Holes

Quasare (quasistellare Radioquellen) und andere Formen aktiver Galaxienkerne, gehören zu den gewaltigsten Erscheinungen im Kosmos. Aus relativ kleinen Bereichen werden riesige Energien ausgestrahlt. Sie werden freigesetzt, wenn Materie in Black Holes stürzt. Bevor diese Massen den Horizont des Black Hole erreichen, treten enorme Beschleunigungen auf, welche die Geschwindigkeit der Materie bis in die Größenordnung der Lichtgeschwindigkeit bringen können.

Bild 20.1 Der Kern der Galaxie NGC4261 enthält ein supermassive Black Hole mit einem riesigen Jet.[4)]

Ein homogener und isotroper Druck hat keine lokal erkennbaren Konsequenzen. Erst in der Umgebung einer Inhomogenität kann eine lokale Wirkung des kosmologischen Druckes erkennbar werden.

[4] Quelle: *https://hubblesite.org/image/82*

Im Gravitationsfeld eines rotierenden Black Hole ändert sich entlang der Rotationsachse ein sonst homogener und isotroper kosmologischer Druck.[5] Damit folgt in der Umgebung des Black Hole für die AQIs mit ihrer sonst geltenden Zustandsgleichung $p = -\varrho/3$ in Achsenrichtung ein *positiver Druck* in Relation zu dem sonst negativen kosmologischen Druck.

Mit Vaidya werden im dreidimensionalen Raum $\tau = const$, also im Ortsraum zu einer festen Zeit, drei infinitesimale zueinander orthogonale Vektoren definiert. Da die Metrik im Raum um das rotierende Black Hole nicht isotrop ist, sind die Druckkomponenten in den verschiedenen Richtungen nicht identisch. Die Druckkomponente *in Achsenrichtung wird dabei mit q* und die (rotationssymetrischen) Komponenten in *Richtung der Rotationsebene werden mit p* bezeichnet sowie die Energiedichte mit ϱ.

Für ein Rechenmodell basierend auf der Metrik aus Formel 20.2, wurden die numerischen Werte so gewählt, dass eine Berechnung mit mathematica® auf einem Laptop möglich wurde. Die Einheiten an den Grafiken sind willkürlich, sie sind aber in allen Fällen gleich gewählt. Sie können somit ein Prinzip sichtbar werden lassen. *An den Ergebnissen dieses Modells soll also das grundsätzliche Verhalten zwischen Druck und Energiedichte für die Protyposis-Kosmologie in einer Vaidya-Metrik in der Umgebung des Black Hole verdeutlicht werden.*

Die Energiedichte ist in der unmittelbaren Umgebung des Black Hole wegen des starken attraktiven Gravitationspotenzials negativ, nähert sich aber für etwas größeren Abstand bald dem kosmischen Wert.

Die Rechnungen lassen erkennen, dass die deutliche Unterscheidung in der Metrik zwischen der Richtung der Rotationsachse und derjenigen der Rotationsebene sich auch auf die Komponenten des Drucks überträgt. *Daher ist in der Umgebung des Black Hole der Druck nicht mehr isotrop.*

Am Horizont des Black Holes ist der Druck positiv.

In der Umgebung der Rotationsachse entsteht ein Druck, welcher sowohl für die q- als auch für die p-Komponenten im Verhältnis zum umgebenden negativen kosmischen Druck p_{cosmic} positiv ist.

> Damit kann dieser positive Druck in der Umgebung der Rotationsachse eines Black Hole wegen des Vorliegens eines kosmologischen negativen Drucks zusätzlich zu den elektromagnetischen Kräften einen Beitrag zu der an den aktiven Black Holes, den Quasaren, zu beobachtenden Jet-Struktur leisten.

Im Bereich der Rotationsebene gehen die Druck-Komponenten schnell zu den Werten über, die sie auch weitab vom Black Hole haben. Mit dem Druck $p = -\varrho/3$ sind in der Rotationsebene die Voraussetzungen erfüllt, die zu einer *abstandsunabhängigen Umlaufgeschwindigkeit* führen.

---

[5] Vaidya, P. C. (1977)

Während z. B. die Schwarzschild-Lösung am Horizont eines Black Hole singulär wird, setzen sich im Rahmen der ART andere der im Außenraum gültigen Lösungen – wie auch hier bei der Vaidya-Metrik – stetig in den Innenraum des Horizontes bis zur singulären Stelle im Zentrum fort. Mit quantentheoretischen Überlegungen wurde vor langem gezeigt, dass diese glatte Fortsetzung durch den Horizont des Black Holes unphysikalisch ist.[6]

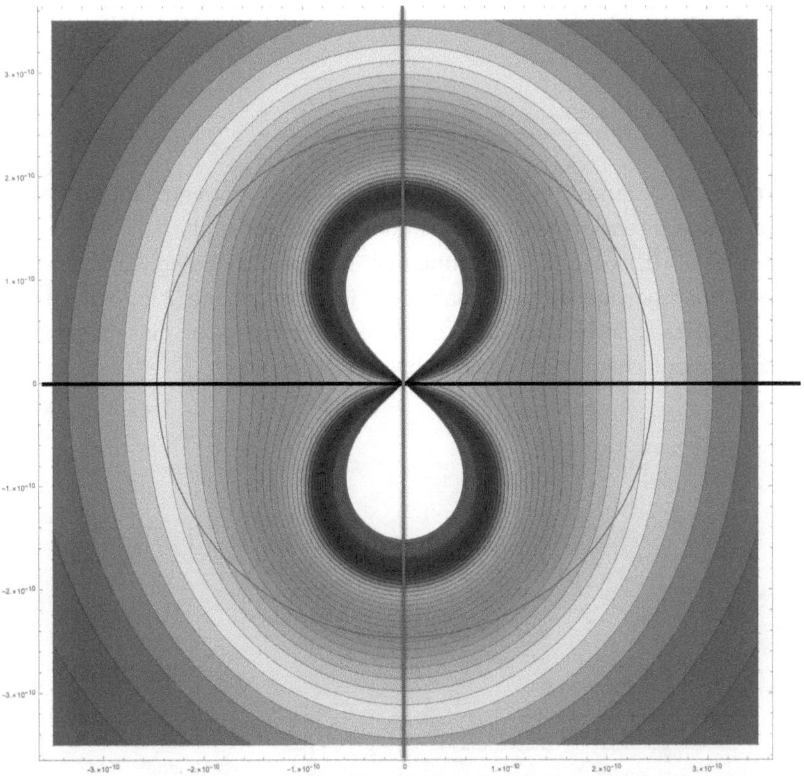

Bild 20.2 Die schematische Darstellung der Druck-Komponente q (die in Richtung der Rotationsachse zeigt) des diagonalisierten Spannungs-Druck-Tensors. Die Druckverhältnisse an einem rotierenden Black Hole parallel zu dessen Rotationsachse in einem expandierenden Kosmos lassen besonders in Richtung der Drehachse eine positive Druckwirkung erkennen, die geeignet ist, Materie, die in Richtung des Schwarzen Lochs fallen würde, als Jet vom Black Hole wegzutreiben. Der schwarze Kreis markiert den Horizont. Das Innere des Kreises ist nur mit Allgemeiner Relativitätstheorie gerechnet und wegen der Missachtung von Quantentheorie nicht zu berücksichtigen. (Das Bild 20.3 zeigt, dass der farbliche Übergang in Bild 20.2 einen wachsenden positiven Druck markiert.)

---

[6] Görnitz, T.; Ruhnau, E. (1989) *Connections between Abstract Quantum Theory and Space-Time- Structure; III. Vacuum Structure and Black Holes*, Intern. J. Theoret. Phys. 28, S. 651 – 657

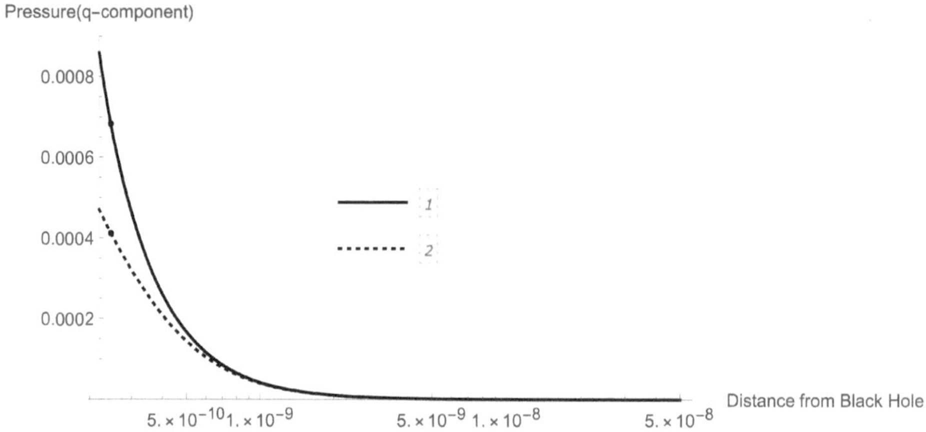

Bild 20.3 1: q-Komponente längs der Rotations-Achse; 2: q-Komponente längs der Rotations-Ebene. Die zwei schwarzen Punkte markieren den Horizont.
Die Komponenten des Drucks q (der in Richtung der Rotationsachse zeigt) sind sowohl längs der Achse (1, durchgezogen) als auch längs der Rotationsebene (2, punktiert) in der Umgebung des Black Hole positiv. Erst in größerer Entfernung von diesem sind sie vom negativen kosmologischen Druck nicht mehr zu unterscheiden.

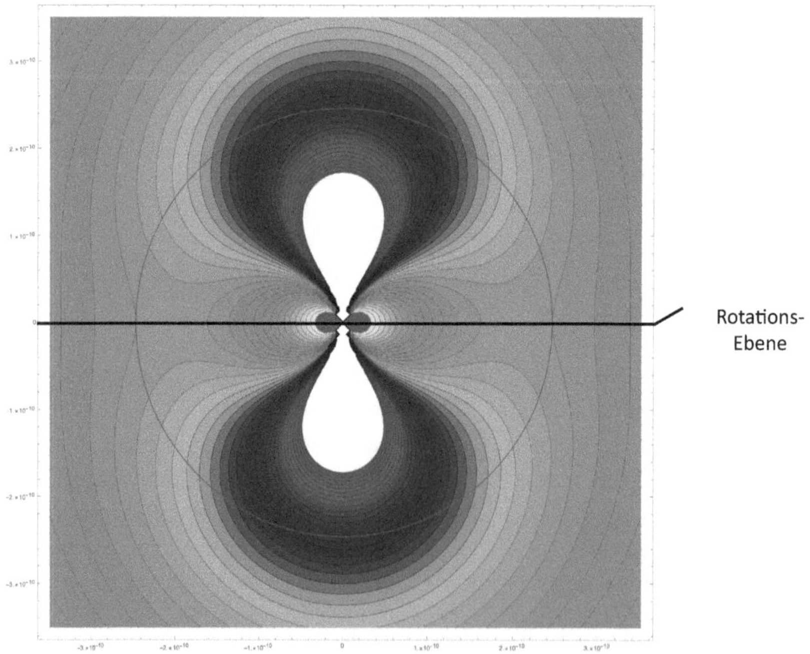

Bild 20.4 Die schematische Darstellung der Druckverhältnisse der p-Komponenten (die in Richtung der Rotationsebene weisen) des diagonalisierten Spannungs-Druck-Tensors an einem rotierenden Black Hole. Sie zeigt, dass in der Rotationsebene der kosmologische Druck bis in die Nähe des Ereignishorizontes (schwarzer Kreis) des Black Hole praktisch unverändert bleibt.

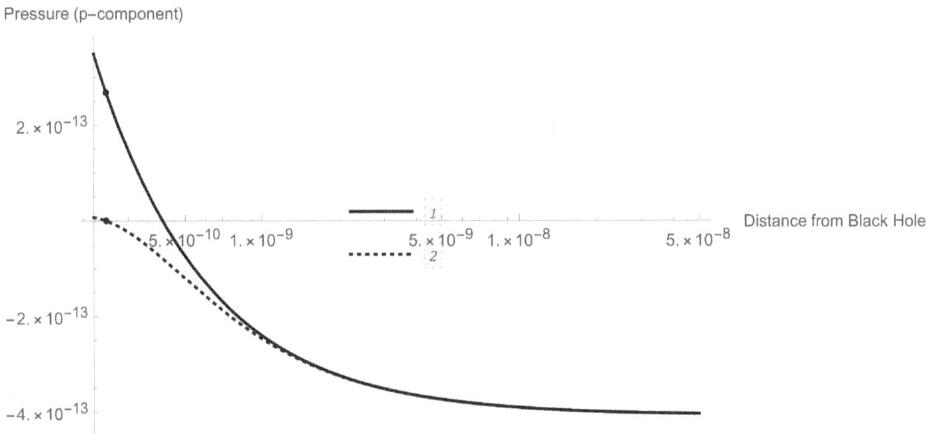

Bild 20.5 Die Komponente des Drucks p (der in Richtung der Rotationsebene zeigt) ist längs der Achse (1, durchgezogen) positiv, jedoch nicht längs der Rotationsebene (2, punktiert) in der Umgebung des Black Hole. In nicht allzu großer Entfernung vom Black Hole sind beide vom negativen kosmologischen Druck nicht mehr zu unterscheiden.

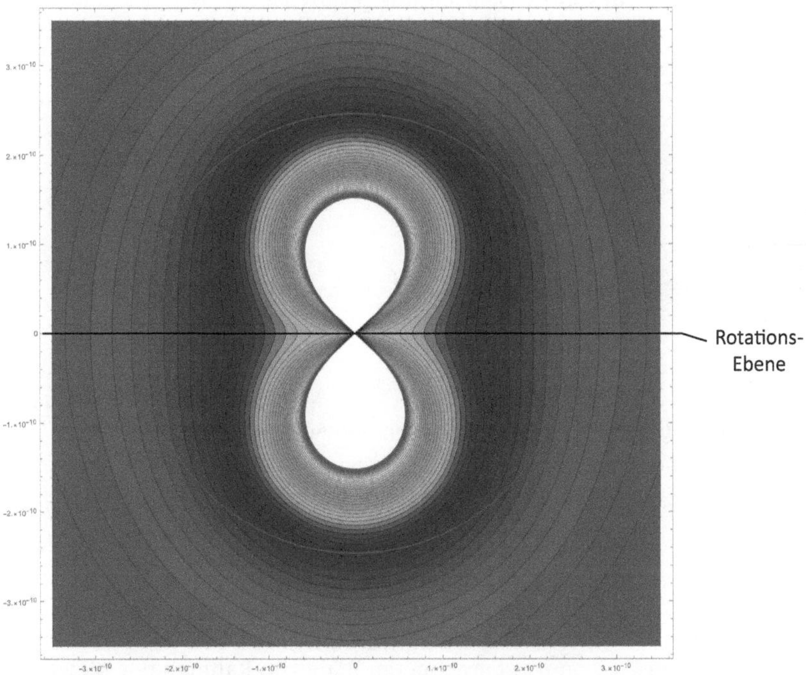

Bild 20.6 Die schematische Darstellung (in willkürlichen Einheiten) der Energiedichte ϱ um ein Black Hole in einem expandierenden Kosmos (die Rotationsachse ist senkrecht). (Die Farbänderung markiert die zunehmende negative Größe der anziehenden Energiedichte in Bild 20.7.)

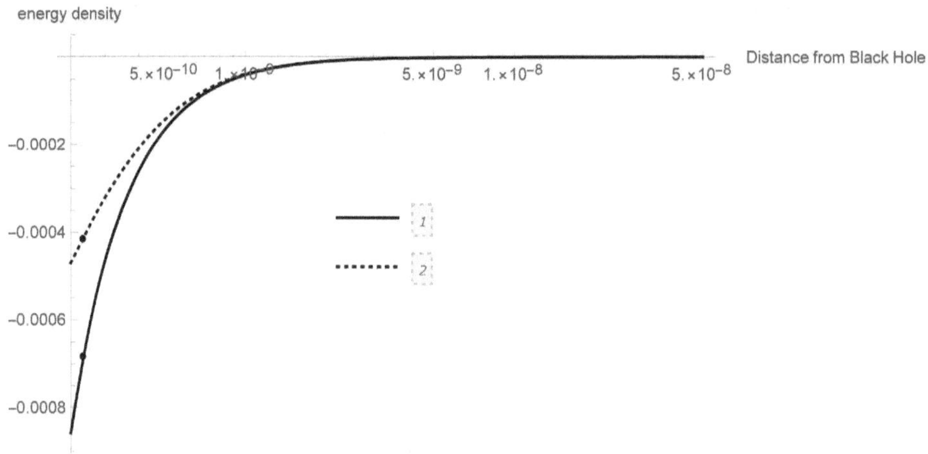

Bild 20.7 Die Energiedichte ϱ um ein Black Hole in einem expandierenden Kosmos (1, längs der Rotationsachse schwarz; 2, in der Rotationsebene punktiert, die zwei dicken schwarzen Punkte kennzeichnen den Horizont des Black Hole.)

Eine Darstellung in engerer Umgebung des Schwarzen Loches zeigt deutlich, dass nahe des Horizontes der Druck in Achsenrichtung positiv ist, der Druck in Richtung der Ebene kaum merklich verändert ist und sich recht bald wie das Negative eines Drittels der Energiedichte verhält.

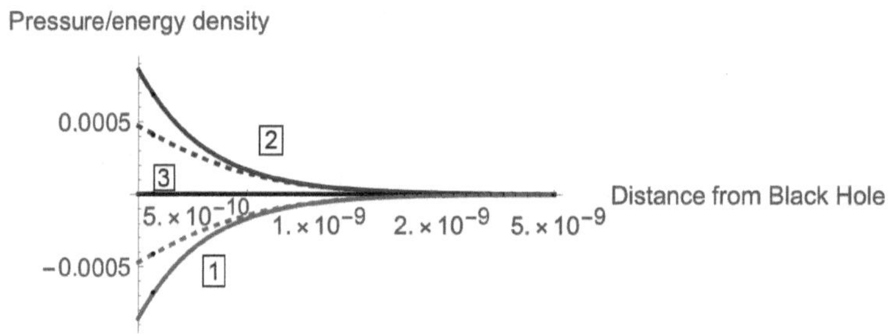

Bild 20.8 Energiedichte ϱ (Linie 1), Druckkomponente in Achsenrichtung (q Komponente – Linie 2), Druck in der Richtung der Ebene (p Komponente – Linie 3), gemessen längs der Achse (durchgezogen) und in der Ebene (gepunktet). (Die schwarzen Punkte markieren den Horizont.) Der Abstand vom Zentrum ist in einer logarithmischen Skala angegeben.

An den Darstellungen in Bild 20.2 bis Bild 20.8 wird zweierlei deutlich. Da die Arbeit von Vaidya und die damit die von uns berechneten Bilder im Rahmen der Allgemeinen Relativitätstheorie und ohne Bezug zur Quantentheorie erfolgt, erscheint der Übergang in das Innere des Horizontes stetig.

Die Unstetigkeiten, welche bei einer Berücksichtigung der quantentheoretischen Zusammenhänge auftreten,[7] können daher nicht erfasst werden. Diese in der Allgemeinen Relativitätstheorie nicht erfassbaren Unstetigkeiten resultieren daraus, dass der „undurchdringliche Kasten", der Horizont des Black Hole, in seinem Inneren einen anderen quantentheoretischen Grundzustand (ein anderes „Vakuum") bedingt als in seinem Äußeren. Für das Äußere des Black Hole haben die quantentheoretischen Korrekturen, die im Inneren notwendig sind, keine Bedeutung.

Für die Verhältnisse der Geschwindigkeiten in der Rotationsebene und vor allem für die Erklärung der Rotationsgeschwindigkeiten im Außenbereich der Galaxien ist es wichtig, dass die Wirkung von $p_{\text{cosmic}} = -\varrho/3$ schon recht bald in der Nähe des Black Hole zum Tragen kommt.

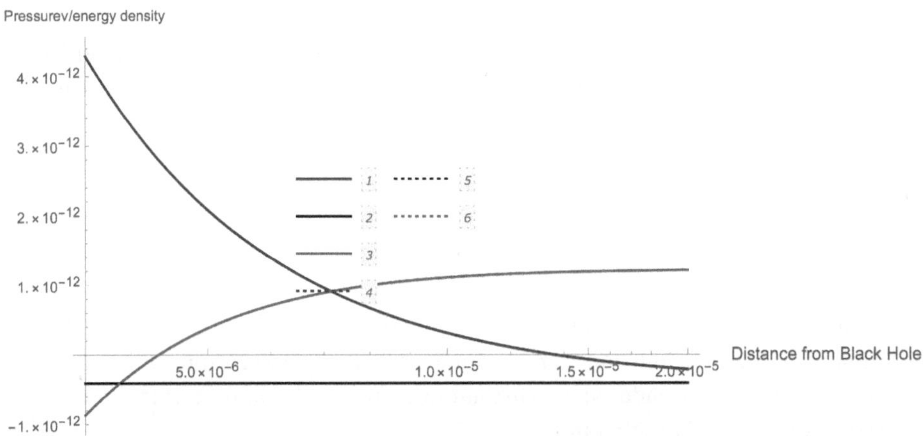

Bild 20.9 Die Energiedichte ϱ (3, von unten nach oben) wird positiv und der Druck der q-Komponente (2, von oben nach unten) wird weit genug vom Horizont negativ. Die p-Komponenten des Drucks (1, horizontal) sind bereits in geringer Distanz vom Zentrum gleich $-p/3$. (Der Abstand vom Zentrum liegt auch hier in einer logarithmischen Skala vor. Durchgezogene und gepunktete Beiträge wie in Bild 20.8 sind bei den hier gewählten Abständen nicht mehr zu trennen.)

Zusammenfassend sieht man, der Druck längs der Rotationsachse ist positiv gegenüber dem kosmologischen Druck in einem wesentlich größeren Bereich als in der Rotationsebene.

Bisher werden die Jets vor allem über die elektromagnetischen Wirkungen von sehr starken Magnetfeldern erklärt. Unsere Rechnungen zeigen, dass die Jets, die sich entlang der Rotationsachse bis weit in den Raum außerhalb des Black Hole erstrecken, auch einen gravitativ verursachten Beitrag haben können. In der Rotationsebene um das Black Hole wiederum wird sehr schnell ein Druck erreicht, welcher nur sehr

7 Görnitz, T. (2013)

wenig gegenüber dem kosmologischen Druck verändert ist. Wie im folgenden Abschnitt gezeigt wird, kann mit diesem Befund aus der Kosmologie der Protyposis und dem rotierenden Black Hole die Wirkung auf die Umlaufgeschwindigkeiten der Galaxien erklärt werden, für welche die Dunkle Materie erfunden worden war.

20.2 Die Wirkung auf die Umlaufgeschwindigkeiten der Sterne

Im Gegensatz zum Verhalten längs der Drehachse wird der Druck in der Rotationsebene sowohl für die q-Komponente als auch für die p-Komponente recht schnell fast identisch mit dem kosmologischen Druck p_{cosmic}.

Wie aus Bild 20.8 und Bild 20.9 zu erkennen ist, wird die Wirkung des Galaxienkerns relativ schnell durch die kosmische Wirkung der Protyposis so beeinflusst, dass in der Rotationsebene für den Druck die Gleichung $p = -\varrho/3$ erfüllt ist.

> Das aber ist entscheidend dafür, dass weder eine wesentliche Abnahme noch eine wesentliche Zunahme der Rotationsgeschwindigkeit der Sterne um ihr galaktisches Zentrum zu erwarten ist.

Nach meiner Kenntnis wurde diese Korrelation zwischen dem negativen Druck und der Umlaufgeschwindigkeit von Sternen um ihr galaktisches Zentrum zum ersten Mal in zwei Arbeiten von F. Siddhartha Guzmán und Tonatiuh Matos gezeigt[8),9)], letztere mit Darío Núñez und Erandy Ramírez.

Diese Autoren postulieren in der Umgebung eines Black Holes eine hypothetische „Quintessence" mit der Zustandsgleichung $p = -\varrho/3$. Sie zeigen dann, dass ein solcher Druck die Ursache für das Verhalten der Rotationsgeschwindigkeit um das Zentrum der Galaxis ist, so wie es in den äußeren Bereichen der Galaxien beobachtet wird. (mathematische Einzelheiten dazu in Abschnitt 30.6) Allerdings bemerken die Autoren auch:

> *„However, notice that in this approximation it cannot be said anything else about the matter producing the observed motion. The Newtonian approximation fixes the matter to be dust-perfect-fluid-like type. This is the usual way of reasoning: it is supposed a priori that the dark matter is a completely Newtonian dust and at the*

---

8 Guzmán, F. S.; Matos, T. (2003) *Quintessence-like Dark Matter in Spiral Galaxies*, Rev. Mex. Fís. 49 (3), S. 203–206

9 Matos, T.; Núñez. D.; Guzmán, F. S.; Ramírez, E. (2002) *Geometric Conditions on the Type of Matter Determining the Flat Behavior of the Rotational Curves in Galaxies*, General Relativity and Gravitation, Vol. 34, S. 283–305

end of the day one arrives to a consistent description of the dark matter determining only the shape of the Newtonian gravitational potential."[10]
(Es ist jedoch zu beachten, dass in dieser Näherung nichts weiteres über die Materie gesagt werden kann, die die beobachtete Bewegung erzeugt. In der Newtonschen Näherung wird die Materie als Staub und als perfekte Flüssigkeit festgelegt. Dies ist der übliche Weg der Argumentation: Man geht a priori davon aus, dass die Dunkle Materie ein vollständiger Newtonscher Staub ist [mit Druck null], und am Ende kommt man zu einer konsistenten Beschreibung der Dunklen Materie, die nur die Form des Newtonschen Gravitationspotenzials bestimmt.)

Die Protyposis erweist sich als das gesuchte kosmische Substrat. Der sich dabei einstellende kosmologische Druck bewirkt in der Umgebung des zentralen Schwarzen Loches einer Galaxis eine Veränderung des Gravitationspotenzials. Dabei ergibt sich genau diejenige Änderung, die von Guzmán, Matos et al. gefordert wird, um das Verhalten der Umlaufgeschwindigkeiten zu erklären. Mit anderen Worten: die AQIs liefern die Eigenschaften der von Guzmán und Matos postulierten unbekannten Quintessenz.

Der Ansatz von Guzmán and Matos wurde von Valery Kiselev diskutiert, welcher ebenfalls für $p = -\varrho/3$ die Effekte aufzeigt, für die sonst die Dunkle Materie postuliert wird.

„Further, the angle surplus caused by the scalar field as found in, can be obtained in the perfect fluid approach used, too. Indeed, the limit of $\omega_q \to -1/3$ implies that the metric component g_{rr} tends to a constant value."[11]
(Darüber hinaus kann der durch das Skalarfeld verursachte Winkelüberschuss, wie er gefunden wurde, auch in dem verwendeten Ansatz der perfekten Flüssigkeit erhalten werden. Der Grenzwert von $\omega_q \to -1/3$ impliziert, dass die metrische Komponente g_{rr} zu einem konstanten Wert tendiert.)

(Dazu ist anzumerken, dass mit ω_q in den Quintessence-Modellen das Verhältnis p/ϱ bezeichnet wird.) Der konstante Wert der Komponente g_{rr} des metrischen Tensors hat zur Konsequenz, dass die Umlaufgeschwindigkeit nicht mehr vom Abstand abhängt. Für die Kosmologie insgesamt, also fernab vom Black Hole, bevorzugt Kiselev allerdings andere Werte für den Druck.

Während bei der Protyposis mit der Kosmologie gestartet wird und daraus auf galaktische Konsequenzen geschlossen wird, wird in zwei interessanten Arbeiten von Rahaman et al.[12],[13], der Weg in der umgekehrten Richtung begangen. Diese Autoren

---

[10] Matos, T.; Núñez, D. et al. (2002), S. 297

[11] Kiselev, V. V. (2003) *Quintessence and black holes*, Class. Quantum Grav. 20, S. 1187–1197

[12] Rahaman, F.; Nandi, K. K.; Bhadra, A.; Kalam, M.; Chakraborty, K. (2010) *Perfect fluid dark matter*, Physics Letters B, 694, S. 10–15

[13] Rahaman, F.; Kuhfittig, P. K. F.; Chakraborty, K.; Kalam, K.; Hossain, D. (2011) *Modelling galactic halos with predominantly quintessential matter*, Int. J. Theor. Phys. 50: S. 2655–2665

starten mit den flachen Rotationskurven der Galaxien und folgern daraus kosmologische Konsequenzen. Beide Zugänge führen zu der gleichen Zustandsgleichung:

> *„a … the equation of state of ‚curvature fluid' is found to be $\varrho + 3p = 0$…"*
> *(… die Zustandsgleichung des „Krümmungsfluids" lautet $\varrho + 3p = 0$…)*

Rahaman et al. nehmen einen statischen Kosmos an und bemerken dazu, dass das lediglich als eine Form einer zeitlich lokalen Approximation zu verstehen ist. Sie stellen weiterhin fest:

> *"… stable stellar orbits together with an attractive gravity exist only if ω_q is extremely close to -⅓, a result consistent with the special case studied by Guzman et al.[14]. Less exceptional forms of quintessence dark energy do not yield the desired stable orbits and are therefore unsuitable for modeling dark matter…*
> *Ordinarily quintessence dark energy is unable to do so: evidently, its repulsive action is too strong."[15]*
> *(… stabile stellare Umlaufbahnen zusammen mit einer anziehenden Gravitation gibt es nur, wenn ω_q extrem nahe bei –⅓ liegt, ein Ergebnis, was mit dem von Guzman et al. untersuchten Spezialfall übereinstimmt. Weniger außergewöhnliche Formen der quintessenziellen Dunklen Energie führen nicht zu den gewünschten stabilen Umlaufbahnen und sind daher für die Modellierung Dunkler Materie ungeeignet…*
> *Normalerweise ist die quintessenzielle Dunkle Energie dazu nicht in der Lage: Offensichtlich ist ihre abstoßende Wirkung zu stark.)*

Bild 20.9 zeigt, dass in der Rotationsebene in einer sehr engen Umgebung eines Black Holes ω_q gleich null ist. Dort jedoch ist die Dichte der sichtbaren Materie, der Sterne, so groß, dass eine Wirkung von „Dunkler Materie" unbeobachtbar ist. Jedoch in einer etwas größeren Distanz nimmt der allgemeine kosmologische Druck sehr schnell den Wert $-\varrho/3$ an und erklärt die beobachteten Geschwindigkeiten.

Zusammenfassend kann festgestellt werden, dass mit der Protyposis-Kosmologie in einer galaktischen Ebene die Bedingungen erfüllt sind, die für eine konstante, also nicht vom Radius abhängige Umlaufgeschwindigkeit der Sterne in einer etwas größeren Entfernung um das galaktische Zentrum erforderlich sind. Nahe am Zentrum ist die Dichte der Sterne, also der sichtbaren Materie, so groß, dass dort ein steiler Anstieg der Umlaufgeschwindigkeiten beobachtet wird.

Die Wirkung der Protyposis hat also bereits durch den Einfluss der Größe des *negativen Drucks aus der Kosmologie* die flachen Rotationskurven zur Folge, wie sie bei Guzmán und Matos berechnet wurden.[16]

---

[14] Guzmán, F. S.; Matos, T. (2003)

[15] Rahaman, F. et al. (2011)

[16] Guzmán, F. S.; Matos, T. (2003)

20.3 Gravitationslinsen

Neben den rotierenden Black Holes gibt es die gravitativen Wirkungen der großen Gravitationslinsen, die der Wirkung einer Dunklen Materie zugeordnet werden. Sie werden beispielsweise sichtbar an sogenannten „Einstein-Kreuzen." Diese erscheinen, wenn das Licht einer sehr fernen Supernova auf verschiedenen Wegen um ein Gravitationszentrum läuft und daher von einer Supernova vier Bilder erscheinen.

Bild 20.10 Bild vom Hubble-Teleskop mit Einstein-Kreuz im Galaxien-Haufen MACS J1149

Bei diesem Einstein-Kreuz wird eine Gravitationswirkung erkennbar, die nach Aussage der Autoren mit der sichtbaren Materie allein nicht erklärt werden kann und die deshalb einer „Dunklen Materie" zugeordnet wird.

Für das bisherige Nichtauftreten von allen der seit langem vorausgesagten hypothetischen Teilchen, welche die Dunkle Materie bilden sollen, kann mit der Protyposis ebenfalls eine Erklärung vorgeschlagen werden:

> Da die AQIs und somit auch alles, was sich aus ihnen gebildet hat, im Kosmos eine gravitative Wirkung erzeugen, werden sich Dichteschwankungen ihres Auftretens bemerkbar machen. Solche Verdichtungen werden sich als gravitativ wirkende Strukturen, z. B. als Gravitationslinsen äußern. In der Frühzeit des Kosmos werden sie sich teilweise zu sehr großen Schwarzen Löchern formen. In „Wolken" aus Verdichtungen von AQIs, die sich nur teilweise oder nicht zu Black Holes geformt haben, müssen sich diese AQIs nicht notwendig sämtlich zu Teilchen formen.

Mit den AQIs wird erklärbar, dass es gravitative Wirkungen *wie von einer „Dunklen Materie"* gibt. Dabei handelt es sich aber dabei nicht um „Materie" im Sinne materieller Objekte und auch nicht um „Teilchen" von irgendeiner noch unentdeckten Sorte.

In solchen „Wolken" aus Verdichtungen von AQIs müssen sich aus diesen nicht notwendig Teilchen formen.

Das erste Modell der Protyposis-Kosmologie ging von der Annahme einer homogenen und isotropen Verteilung von Energiedichte und kosmologischem Druck aus. Der Möglichkeitscharakter der Quantentheorie legt nahe, dass es lokale Dichteschwankungen gibt. Bereiche mit einer größeren Energiedichte und damit größerer AQI-Dichte werden auch eine stärkere Gravitationswirkung erzeugen.

21 Schwarze Löcher: Entropie und Singularität

Die Schwarzen Löcher gehören zu den interessantesten und seltsamsten Erscheinungen im Kosmos. In Kapitel 3 wurde bereits sehr ausführlich auf die Schwarzen Löcher (BHs) eingegangen. Jetzt soll das Wichtigste noch einmal kurz zusammengefasst werden.

Die Möglichkeit der Existenz der BHs folgt aus der Allgemeinen Relativitätstheorie. Ihr Verhalten tatsächlich zu verstehen gelingt jedoch nur in der Verbindung auch mit der Quantentheorie. Die Allgemeine Relativitätstheorie allein genommen führt zu dem Bild einer Singularität im Zentrum des Black Holes – einer mathematischen Unendlichkeit für die Materie-Dichte. In der Natur gibt es jedoch keine unendlich großen Materie- oder Energiedichten. Die Quantentheorie verhindert diese Singularität. So zeigt sich an den Schwarzen Löchern, welche enge Verbindung zwischen Allgemeiner Relativitätstheorie und Quantentheorie zwingend erforderlich ist.

Diese und ähnliche Zusammenhänge wie das Erscheinen von Singularitäten in den Lösungen von Gleichungen der klassischen Elektrodynamik haben mit Notwendigkeit zur Einführung der Quanteninformation in die Gegenstände der Physik geführt. Die sich damit ergebende Verbindung zwischen diesen beiden Theorien, zwischen Quantentheorie und Allgemeiner Relativitätstheorie, wird nachfolgend deutlich gemacht.

Die von Weizsäcker angestellten Überlegungen über die Anzahl der Ure, also der Quantenbits, welche ein Proton konstituieren: „ein Proton sind 10^{40} Ure“, wurden in den 1970er-Jahren und auch später entweder ignoriert oder sogar unfreundlich abgelehnt.

Mit der Bekenstein-Hawking-Entropie wurden zum ersten Mal so riesige Zahlenwerte für eine Entropie in die Physik eingebracht. Sie sind seitdem weitgehend akzeptiert. Werden die Überlegungen über Schwarze Löcher auf den gesamten Kosmos ausgeweitet, so zeigt sich mit den Beobachtungsdaten, dass für ein hypothetisches Black

Hole mit der Gesamtmasse des Kosmos ein hinzugefügtes Proton die Entropie dieses Black-Hole-Kosmos um etwa 10^{41} Bit erhöht. Das eröffnete den Weg, um Weizsäckers Gedanken über eine Grundlegung der Physik aufbauend auf Quantenbits, also auf Quantenstrukturen mit einem zweidimensionalen Zustandsraum, mit den bereits etablierten Bereichen der Physik zu verbinden.

Man kann Entropie begreifen als ein Maß für solche Information, die für eine Kenntnisnahme unzugänglich ist. Von dieser Sicht aus ist es naheliegend, dass die Entropie eines Black Holes alle bis dahin bekannten Vorstellungen weit übertreffen muss. Da an einem solchen astrophysikalischen Objekt nichts außer den drei Werten für Masse, Drehimpuls und Ladung erkennbar sein können, muss die unzugängliche Information über das Verhalten möglicher Objekte im Inneren riesig groß sein.

21.1 Der quasiklassische Zugang zur Entropie der Schwarzen Löcher

Die Vorstellung, man könnte praktisch unzerstört in das Innere eines hinreichend großen Schwarzen Loches gelangen, folgt aus der Allgemeinen Relativitätstheorie – allerdings nur bei Vernachlässigung der Quantentheorie. Für einen solchen „harmlosen Übergang" von außen nach innen ist jedoch keinerlei Form eines empirischen Beleges möglich. Daher kann auch nicht begründet werden, wieso nichtquantische Vorstellungen aus dem Außenraum – zum Beispiel wie die über einen bruchlosen Übergang durch den Horizont gemäß der Allgemeinen Relativitätstheorie oder über die weitere zeitweilige unzerstörte Existenz von speziellen Elementarteilchen – nach dem Durchgang durch den Horizont dann im Inneren des Schwarzen Loches noch unverändert gültig sein sollen, bis sie in dem Singularitätspunkt verschwinden.

Seit Beginn der Quantentheorie war es immer wieder erstaunlich, dass man im Rahmen von Vorstellungen der klassischen Physik durch die Hinzunahme nur eines Aspektes aus der Quantenphysik ziemlich gut zutreffende Modelle entwickeln konnte. So erkannte Niels Bohr, dass das Wirkungsquantum nicht nur Energie mal Zeit ist, sondern natürlich auch die Dimension „Drehimpuls" besitzt. Mit der Zugabe eines *gestuften Drehimpulses* zur klassischen Mechanik konnte er das überaus erfolgreiche Atommodell entwickeln, das später nach ihm benannt wurde. Wie wirkmächtig solche anschaulichen Bilder sind, das zeigt sich bis heute, wenn „Bilder von Atomen" dargestellt werden oder wenn allgemein über Quantenmechanik gesprochen wird und dann das „Bohrsche Atommodell" gezeigt wird. Bohr konnte durch das Einbinden des Wirkungsquantums als gequantelten Drehimpuls in sein klassisches Modell als Erster die Spektrallinien des Wasserstoffs erklären. Dass beim Bohrschen Atommodell allerdings weitere wesentliche Zusammenhänge der Quantenmechanik fehlen, wurde bereits am Heliumatom deutlich.

In der klassischen Physik ist das Modell des Punktteilchens die Krönung der Einfachheit. In der klassischen Physik ist nichts Einfacheres vorstellbar. Die Quantentheorie hingegen zeigt, dass ein Teilchen im dreidimensionalen Ortsraum mit dem unendlichdimensionalen Hilbert-Raum seiner Zustände eine recht komplexe Struktur ist. Die Vorstellung: „winzige Ausdehnung = Einfachheit" ist aber weiterhin wirkungsmächtig für viele wissenschaftliche Bilder geblieben. Allerdings ist allgemein akzeptiert, dass eine „Ausdehnung null" eine zu unrealistische Idealisierung wäre. Daher besteht eine quantische Zugabe im Zusammenhang mit der Entropie der Schwarzen Löcher in dem aus der Quantentheorie stammenden Postulat der Existenz einer „kleinsten Ausdehnung", die verschieden von null ist.

Max Planck hatte, wie in Kapitel 3 gezeigt, viele Jahre vor den beiden Relativitätstheorien darauf verwiesen, dass man aus den drei Fundamentalkonstanten Lichtgeschwindigkeit, Gravitationskonstante und dem von ihm entdeckten Wirkungsquantum ein universelles System von Maßeinheiten, die Planck-Einheiten, konstruieren kann. Dass bei der Planck-Länge die Compton-Wellenlänge und der Schwarzschild-Radius zusammentreffen, das konnte Planck selber noch nicht wissen, als er 1899 sein Maßsystem vorstellte. Diese Länge ist mit 10^{-35} m fast unvorstellbar klein, etwa 20 Größenordnungen kleiner als die Compton-Wellenlänge des Protons, aber sie ist nicht null. Zur Wiederholung sei noch einmal erwähnt, dass die Compton-Wellenlänge λ_C für ein Teilchen der Masse m ein Maß dafür liefert, dass das Teilchen bis auf etwa $\lambda_C = h/mc$ lokalisiert werden kann, bevor eine Bildung von Teilchen-Antiteilchen-Paaren dieser Masse einsetzt. Der Schwarzschild-Radius für eine Masse m wiederum gibt an, welchen Radius ein Black Hole dieser Masse haben würde.

Wenn ein Black Hole von einem entfernten Beobachter beschrieben werden soll, dann sind die Schwarzschild-Koordinaten dafür geeignet. Alle in das Black Hole hineinfallenden Objekte scheinen dabei immer langsamer zu werden und schließlich am Horizont unsichtbar werdend zu verweilen. Die Oberfläche des Horizontes ist gemäß ART proportional zum Quadrat der Masse. Das Bild der Schwarzschild-Koordinaten kann die Assoziation erwecken, dass die unbekannt werdende Information über den Zustand der einfallenden Objekte mit dieser Oberfläche verbunden sein kann.

Im Gegensatz zu diesem Bild folgt aus der Allgemeinen Relativitätstheorie, dass für solche *einfliegenden Objekte selbst – im Gegensatz zu einem weit entfernten Beobachter* – eine zutreffende Beschreibung mit den Eddington-Finkelstein-Koordinaten geliefert wird. Gemäß dieser Beschreibung stürzt alle Materie mit Lichtgeschwindigkeit durch den Horizont und nach dem Durchqueren des Horizonts im Inneren des Black Hole unaufhaltsam in einen mathematischen Punkt im Zentrum des Black Holes.

Dann erkannte Bekenstein, dass den Schwarzen Löchern eine Entropie zugeordnet werden muss. Wie im nächsten Kapitel gezeigt wird, nahm er zu dem von der klassischen Physik gelieferten Zusammenhang zwischen Masse und Oberfläche eines Black Holes als quantischen Zusatz die Existenz der Planck-Länge hinzu. In einer gewissen

Analogie zum Bohrschen Atommodell hat Bekenstein mit einem derartigen quasiklassischen Modell ein zutreffendes Resultat für die Entropie eines Black Hole erhalten.

Im Bohrschen Atommodell blieb das Bild „ein Punktteilchen auf einer Bahn" erhalten. Zwischen diesen Elektronen, so kann man sogar noch heute vielfach lesen, sei nur „leerer Raum". Dass stattdessen bestimmte Volumenbereiche um den Atomkern (die Orbitale) nicht „leer", sondern dicht gefüllt sind mit *möglichen Orten* der Elektronen, das kann mit diesem Bild nicht wahrgenommen werden. So wie Bohrs zutreffende Beschreibung der Energieniveaus im Wasserstoffatom die Einsicht verhinderte, dass es keine „Elektronenbahnen" gibt, so verhindert Bekensteins zutreffendes Resultat mit den Planck-Flächen die Einsicht, dass eine winzige Struktur von einer derartigen Ausdehnung gemäß Quantentheorie mit der maximal möglichen Energiekonzentration verbunden sein müsste. Wie man von der semiklassischen Näherung der Entropie der Black Hole zu einer quantentheoretischen Erklärung gelangt, wird in Abschnitt 21.3 gezeigt.

21.2 Bekensteins Entropie eines Schwarzen Loches

In der Publikation seiner von Wheeler betreuten Dissertation entwickelte Jacob D. Bekenstein die theoretischen Überlegungen zu einer Entropie der Schwarzen Löcher.[1] Er beginnt mit einem Prozess von Penrose und Floyd[2], der auch im Lehrbuch „Gravitation" sogar mit einer Zeichnung beschrieben wird.[3] Bei diesem Vorgang wird Rotationsenergie eines rotierenden Black Hole (also von einer Kerr-Lösung) dem System entzogen. Dabei wird Materie und mit dieser zusammen Entropie in das Black Hole befördert. (Im Lehrbuch findet sich das Bild einer „sehr fortschrittlichen Zivilisation", die um ein rotierendes Schwarzes Loch eine Hülle und auf dieser eine Stadt gebaut hat. Dann verwenden sie das Black Hole als Müllschlucker, der außerdem die Elektrizitätsversorgung sichert.) Die Materie besitzt in Bezug auf das Black Hole wegen dessen gravitativer Anziehung in einem gewissen Bereich eine negative Energie. Daher kann in diesem Vorgang dem Black Hole Energie entzogen werden, die (natürlich nur theoretisch) für Arbeitsleistung genutzt werden kann. So kommt Bekenstein dabei zu dem Schluss, dass dieser Prozess im Sinne der Thermodynamik behandelt werden muss.

[1] Bekenstein, J. D. (1973) *Black Holes and Entropy*, Physical Review D 7, S. 2333–2346

[2] Penrose, R.; Floyd, R. M. (1971) *Extraction of Rotational Energy from a Black Hole*, Nature Physical Science 229, S. 177–179

[3] Misner, C. W.; Thorne, K. S.; Wheeler, J. A. (1973) *Gravitation*, Freeman & Comp., New York, S. 906 ff.

Nach einem Theorem von Demetrios Christodoulou (*1951)[4] kann von der „irreversiblen Masse“ M_{ir} eines Black Hole bei einem Penrose-Prozess nichts als nützliche Energie extrahiert werden. Sie ist daher „träge Energie“, die nicht in Arbeit verwandelt werden kann.

$$M_{ir} = (A/16\pi)^{1/2} \tag{21.1}$$

Bekenstein definiert neben der Oberfläche A einen Term (rationalized area) $\alpha = A/4\pi$. Damit, so Bekenstein

> *„Thus, an increase in A, and hence in M_{ir}, corresponds to the degradation (in the thermodynamic sense) of some of the energy of the black hole. The irreducible mass of a Schwarzschild black hole is just equal to its total mass. Thus, no energy can be extracted from such a black hole by means of Penrose processes.“*[5]
> *(... entspricht eine Zunahme von A, und damit von M_{ir}, der Degradation (thermodynamisch nicht mehr für Arbeit nutzbar) eines Teils der Energie des Schwarzen Lochs. Die irreduzible Masse eines Schwarzschild-Schwarzen-Lochs ist gleich seiner Gesamtmasse. Somit kann dem Schwarzen Loch keine [Rotations-]Energie durch Penrose-Prozesse entzogen werden.)*

Dass bei der Fusion von zwei Schwarzschild-Black Holes Energie abgestrahlt werden kann, vergleicht Bekenstein mit zwei Systemen im thermischen Gleichgewicht. Auch von diesen kann einzeln keine Arbeit abgezogen werden. Haben sie aber unterschiedliche Temperaturen, so kann aus der Verbindung der beiden Arbeit gewonnen werden. Die Wirkung einer Wärmekraftmaschine beruht, wie Sadi Carnot (1796–1832) mit Kreisprozessen gezeigt hat, auf dem Temperaturunterschied zweier Wärmereservoire.

Bekenstein konstruiert daher für ein Kerr-Black Hole ein Analogon zum ersten Hauptsatz der Thermodynamik. Für die Beziehung zur Informationstheorie bezieht er sich auf C.E. Shannon (1916–2001) und W. Weaver (1894–1978) sowie auf E.T. Jaynes (1922–1998). Die Entropie S wird daher gleichgesetzt mit der fehlenden Information über die interne Konfiguration des Systems.

$$S = -\Sigma_n p_n \cdot \ln(p_n) \tag{21.2}$$

Diese Entropie ist dimensionslos definiert. Das bedeutet, dass die Temperatur in Einheiten der Energie gemessen wird. Bekenstein übernimmt dann von Léon Nicolas Brillouin (1889–1969) die Identifikation von Informationen als negative Entropie. Am Beispiel von Maxwells Dämon verweist Bekenstein darauf, dass der Erwerb von Information zu einer Vergrößerung der Entropie in der Umgebung führt, die den

4 Christodoulou, D. (1970) *Reversible and Irreversible Transformations in Black-Hole physics*, Phys. Rev. Letters 25, S. 1596

5 Bekenstein, J.D. (1973) *Black Holes and Entropy*, Physical Review D 7, S. 2334

Betrag der erworbenen Informationen übersteigt. (Maxwells Dämon sortiert Atome je nach ihrer Energie und erzeugt dadurch eine Temperaturdifferenz. Die damit einhergehende scheinbare Verletzung des zweiten Hauptsatzes wurde durch die damit verbundene Entropieerzeugung beseitigt.)

> *„It is then natural to introduce the concept of black-hole entropy as the measure of the inaccessibility of information (to an exterior observer) as to which particular internal configuration of the black hole is actually realized in a given case."*[6]
> *(Es liegt dann nahe, den Begriff der Entropie des Schwarzen Lochs als Maß für die Unzugänglichkeit der Information (für einen äußeren Beobachter) darüber einzuführen, welche bestimmte innere Konfiguration des Schwarzen Lochs in einem gegebenen Fall tatsächlich realisiert ist.)*

Bekenstein kommt zu dem Schluss, dass die Entropie des Schwarzen Lochs eine monoton wachsende Funktion der Oberfläche des Horizontes ist:

$$S_{bh} = f(\alpha) \tag{21.3}$$

Nachdem er klargestellt hat, dass $f(\alpha) \approx \alpha^{1/2}$ keine mögliche Festlegung bedeutet, ergibt sich die nächsteinfachste Wahl als

$$f(\alpha) = \gamma\alpha \tag{21.4}$$

mit einer noch zu bestimmenden Konstante γ. Da α die Dimension (Länge)^2 besitzt, muss γ eine inverse Fläche sein. Da es in der ART keine Konstante mit dieser Dimension gibt, wählt Bekenstein (mit heute üblicher Bezeichnung) das Quadrat der Planck-länge l_{Pl}^2:

$$S_{bh} = \eta\, l_{Pl}^{-2}\alpha \tag{21.5}$$

mit einer Konstanten η in der Größenordnung von eins. Um den Wert dieser Konstanten einzugrenzen, überlegt Bekenstein dann, wie ein Teilchen beschaffen sein müsste, damit es ein Bit in das Black Hole einbringen kann. Er betrachtet dann ein Teilchen der Masse μ mit dem Radius b. Für dieses gilt, dass die minimale Änderung der Entropie des Black Hole und damit von α sich beläuft auf:

$$(\Delta\alpha)_{min} = 2\,\mu b \tag{21.6}$$

Der Wert für die Entropie wird kleiner, wenn b kleiner wird. Das geht höchstens bis zur Compton-Wellenlänge der Masse μ. Ein Punktteilchen mit $b = 0$ könnte keine Entropie einbringen. Ist also μ kleiner als die Planck-Masse ($\mu < m_{Pl}$), dann ist b größer als die Planck-Länge:

$$b > l_{Pl} / \sqrt{2}$$

---

6 Bekenstein, J. D. (1973) *Black Holes and Entropy*, Physical Review D 7, S. 2336

Für Massen μ größer als die Planck-Masse ($\mu > m_{Pl} \approx 1^{-5}$ g) ist b größer als der Gravitationsradius [Anmerkung: Schwarzschild-Radius: $r_S = 2GM/c^2$, Bekenstein verwendet Maßeinheiten mit $G = c = 1$]. Damit folgt (wegen $\alpha = 4\ M_{ir}^{\ 2}$) dass: $4\ \mu^2 > 2\ m_{Pl}^{\ 2}$

> *„The Compton wavelength is the larger for $\mu \leq 2^{-½}\,\hbar^{½}$, [Erinnerung: $G = c = 1$] and the gravitational radius is the larger for $\mu > 2^{-½}\,\hbar^{½}$, ($2^{-½}\,\hbar^{½} \approx 10^{-5}$ g). Thus, if $\mu \leq 2^{-½}\,\hbar^{½}$, then $2\ \mu\ b$ can be as small as $2\ \mu\ \hbar\ \mu^{-1} = 2\ \hbar$. But if $\mu > 2^{-½}\,\hbar^{½}$, then $2\ \mu\ b$ can be no smaller than $4\ \mu^2 > 2\ \hbar$.*
> *We conclude that quantum effects set a lower bound of 2 ħ on the increase of the rationalized area of a Kerr black hole when it captures a particle. Moreover, this limit can be reached only for a particle whose dimension is given by its Compton wavelength. Of course, only such an „elementary particle" can be regarded as having no internal structure. Therefore, the loss of information associated with the loss of such a particle should be minimum. And indeed we find that the increase in black-hole entropy is smallest for just such a particle. This supports our view that 2 ħ is the increase in rationalized area associated with the loss of one bit of information."[7]*
> *(Die Compton-Wellenlänge ist größer für $\mu \leq 2^{-½}\,\hbar^{½}$ [Erinnerung: $G = c = 1$] und der Gravitationsradius ist größer für $\mu > 2^{-½}\,\hbar^{½}$, ($2^{-½}\,\hbar^{½} \approx 10^{-5}$ g). Wenn also $\mu \leq 2^{-½}\,\hbar^{½}$ ist, dann kann $2\ \mu\ b$ so klein wie $2\ \mu\ \hbar\ \mu^{-1} = 2\ \hbar$ sein. Wenn aber $\mu > 2^{-½}\,\hbar^{½}$ ist, dann kann $2\ \mu\ b$ nicht kleiner sein als $4\ \mu^2 > 2\ \hbar$.*
> *Wir kommen zu dem Schluss, dass Quanteneffekte eine untere Grenze von 2 ħ für die Vergrößerung der rationalisierten Fläche eines Kerr-Schwarzen Lochs setzen, wenn es ein Teilchen einfängt. Außerdem kann diese Grenze nur für ein Teilchen erreicht werden, dessen Dimension durch seine Compton-Wellenlänge gegeben ist. Natürlich kann nur ein solches „Elementarteilchen" als ein Teilchen ohne innere Struktur betrachtet werden. Daher sollte der Informationsverlust, der mit dem Verlust eines solchen Teilchens einhergeht, minimal sein. Und tatsächlich finden wir, dass der Anstieg der Entropie des Schwarzen Lochs für ein solches Teilchen am geringsten ist. Dies unterstützt unsere Ansicht, dass 2 ħ die Zunahme der rationalisierten Fläche ist, die mit dem Verlust eines Bits an Information [aus dem Außenraum ins Innere] verbunden ist.)*

Bekenstein sieht, dass das Minimum sowohl einer Compton-Wellenlänge als auch das Minimum eines Schwarzschild-Radius bei der Planck-Länge liegen, und postuliert, dass der minimale Zuwachs der Oberfläche eines Black Hole von einer Planck-Fläche bei der Hinzufügung von 1 Bit zu seiner Entropie erfolgt.

---

7 Bekenstein, J. D. (1973) S. 2338

„Following our program we shall equate the minimum increase in black-hole entropy, $(\Delta S_{bh})_{min} = 2\,\hbar\, df/d\alpha$, with ln 2, the entropy increase associated with the loss of one bit of information. Integration of the resulting equation gives $f(\alpha) = (½ \ln 2)\, \hbar^{-1} \alpha$."
(Unserem Programm folgend werden wir die minimale Zunahme der Entropie des Schwarzen Lochs, $(\Delta S_{bh})_{min} = 2\,\hbar\, df/d\alpha$, , mit ln 2 gleichsetzen, also mit der Entropiezunahme, die mit dem Verlust eines Bits an Information einhergeht. Die Integration der resultierenden Gleichung ergibt $f(\alpha) = (½ \ln 2)\hbar^{-1} \alpha$.)

Bekenstein erhält damit für die Entropie eines Black Hole

$$S_{bh} = (½ \ln 2)\hbar^{-1}\alpha[=(½ \ln 2)\; l_{PI}\,\alpha] \tag{21.7}$$

Das wird – so Bekenstein – in konventionellen Einheiten zu:

$$S_{bh} = (1{,}46 \cdot 10^{48}\,\text{erg}\,\text{K}^{-1}\,\text{cm}^{-2})\,A \tag{21.8}$$

dabei war *A* die Oberfläche des Black Hole.

Der Verlust von 1 Bit an Information in ein Black Hole hinein soll also (bis auf einen Faktor der Größenordnung 1) dessen Horizontfläche um eine Planck-Fläche wachsen lassen.

Zugleich wird einem so einfachen Teilchen, da es sich innerhalb seiner Compton-Wellenlänge befindet, lediglich 1 Bit Entropie zugebilligt.

Für die Sonne mit einer Masse von $1{,}99 \cdot 10^{30}$ kg und damit mit einem Schwarzschild-radius von $2{,}95 \cdot 10^{3}$ m berechnet Bekenstein mit $A = 4\,\pi\,r^2$ die Entropie eines Black Hole mit Sonnenmasse zu rund $S_{bh}(BH_{Sonnenmasse}) = 10^{60}$ erg/K. Er verweist in seiner Arbeit auf den gewaltigen Unterschied zwischen der Entropie eines Black Hole von Sonnenmasse und der thermischen Entropie der Sonne selbst, $S(\text{Sonne}) \approx 10^{42}$ erg/K.

Bekensteins Resultat konstatiert, dass die Entropie eines Schwarzen Lochs mit dem Quadrat der Masse wächst.

21.3 Eine kritische Frage an Bekensteins Resultat

Wir postulieren in Ergänzung zu Bekenstein ein Schwarzes Loch mit der Oberfläche von nur $\alpha = l_{Pl}^{\;2}$. Dann sollte wegen dieser Oberflächengröße in diesem nur noch etwa ein Bit an Entropie enthalten sein. Mit der Boltzmann-Konstante k_B folgt:

$$S_{bh} = 1\,\text{Bit} = (½ \ln 2)\; k_B = (½ \ln 2)\; 1.380649 \cdot 10^{-16}\,\text{erg/K} \tag{21.9}$$

Damit wird umgekehrt

$$1\,\text{erg/K} \approx\; 2 \cdot 10^{16}\,\text{Bit} \tag{21.10}$$

So ergibt sich für die Entropie eines Black Hole mit Sonnenmasse, wenn wir sie nicht in erg/K, sondern in Bit ausdrücken, ein Wert von etwa 10^{76} Bit.

Der Gravitationsradius der Sonne beträgt $3 \cdot 10^3$ m. Dann entspricht die Entropie eines Black Hole von Sonnenmasse dem Verhältnis von Black-Hole-Oberfläche zu Planck-Fläche:

$$S(BH_{\text{Sonnenmasse}}) \approx A / 4\,\pi\, l_{\text{Pl}}^{\;2} \approx 4\pi\, 9 \cdot 10^6 / 4\pi\, (10^{-35})2 \approx 9 \cdot 10^{76}\,\text{Bit} \tag{21.11}$$

Das hat zu dem seither fast überall verwendeten Bild geführt: Der Horizont wird in Planck-Flächen eingeteilt. Deren Anzahl ist das Maß für die Entropie des Black Hole.

Dieses Bild einer Kugeloberfläche mit „Planck-Quadraten" ist numerisch zutreffend. Als Folge dieses Bildes kann man oft lesen, dass die Information „auf der Oberfläche" eingefangen wird (so wie aufgeklebt). Andererseits wird geschrieben, dass die Materie im Zentrumspunkt gesammelt wird. Beides zusammen kann einen seltsamen Eindruck und eine große Unklarheit über das Geschehen im Inneren des Horizonts entstehen lassen. Weiter ist festzustellen, dass von Bekenstein bei einem Black Hole eine Beziehung zwischen Masse und/oder Energie sowie Information (beim Black Hole noch genauer: prinzipiell unbekannter Information = Entropie) festgestellt wird, während eine ähnliche Beziehung unabhängig von einem Black Hole nicht erwogen wird. (Sie wurde mit dem Slogan „It from Bit" von seinem Doktorvater Wheeler ein Jahrzehnt nach seinem Besuch bei der Weizsäcker-Tagung aufgestellt.)

In gleicher Weise wie mit den Flächen ergibt sich der Wert der Entropie bei einem Black Hole mit der Masse der Sonne $M_{\text{Sonne}} = 2 \cdot 10^{33}$ g und der Planck-Masse $2 \cdot 10^{-5}$ g

$$S(BH_{\text{Sonnenmasse}}) \approx 16\pi\, M_{ir}^{\;2} / 4\pi\, m_{\text{Pl}}^{\;2} \approx 4(4 \cdot 10^{66}) / (10^{-5})^2 \approx 16 \cdot 10^{76}\,\text{Bit} \tag{21.12}$$

Zu einer Entropie gehört nach der Thermodynamik auch eine Temperatur. Stephen Hawking hatte diese berechnet.[8)]

$$T_{\text{bh}} = \hbar\, c^3 / (8\,\pi\, G\, M\, k_{\text{B}}) \tag{21.13}$$

Für die nach ihm benannte Hawking-Temperatur schreibt er, dass sie den Wert $10^{26}\, M^{-1}$ K erhält, wenn die Masse M in Gramm angegeben wird. Schwarze Löcher werden also immer kälter, je mehr an Masse sie enthalten. Für ein Black Hole mit Sonnenmasse folgt aus Hawkings Formel

$$T_{\text{bh}}\left(M_{\text{Sonne}}\right) = 10^{26} \cdot \left(2 \cdot 10^{33}\right)^{-1} \cdot K = 0{,}5 \cdot 10^{-7}\,\text{K} \tag{21.14}$$

Das ist sehr viel kälter als die Temperatur der Hintergrundstrahlung mit ihren 2,7 K. Ein Schwarzes Loch wird daher genauso wenig eine Wärmestrahlung in den jetzigen Kosmos abgeben wie ein Schneeball in einer Wanne voll warmen Wassers.

---

[8] Hawking, S. (1975) *Particle Creation by Black Holes*, Commun. math. Phys. 43, S. 199 – 220

Wir wollen noch einmal zusammenfassend wiederholen: Ein Teilchen mit der Masse m_{PL} enthält nach Bekenstein etwa ein Bit an Entropie.

$$S_{bh}\left(m_{Pl}\right) \approx \frac{16\pi \cdot m_{PI}{}^{2}}{4 \cdot \pi \cdot m_{PI}{}^{2}} \approx 4\,\text{Bit} \tag{21.15}$$

Nun wollen wir aber betrachten, was passiert, wenn ein solches Teilchen mit einer Entropie von etwa 1 Bit und einer Masse m_{Pl} in ein Schwarzes Loch von Sonnenmasse fällt.

Wegen $A = 16\,\pi\,M_{ir}{}^{2}$ gilt

$$\Delta S_{BH} = S_{BH}\left(M + m_{PI}\right) - S_{BH}(M) \approx \frac{4\left(\left(M_{ir} + m_{PI}\right)^{2} - M_{ir}{}^{2}\right)}{m_{PI}{}^{2}} \approx \frac{8\left(M_{ir} \cdot m_{PI}\right)}{m_{PI}{}^{2}} \tag{21.16}$$

Für den hier untersuchten Fall einer Sonnenmasse ergibt sich

$$\Delta S_{BH} \approx \frac{8\left(M_{ir} \cdot m_{P}\right)}{m_{Pl}^{2}} \approx \frac{8M_{ir}}{m_{Pl}} \approx \frac{8 \cdot 2 \cdot 10^{33}\,\text{g}}{2 \cdot 10^{-5}\,\text{g}} \approx 8 \cdot 10^{38}\,\text{Bit} \tag{21.17}$$

> Ist das nicht extrem verwunderlich: Man schickt ungefähr 1 Bit Entropie hinein und die gesamte Entropie erhöht sich in diesem Fall dabei um 10^{39} Bit.

Eine verstehbare Antwort darauf kann schwerlich mithilfe des Bildes mit den Planck-Flächen abgeleitet werden.

> Diese Interpretation, bei der die Black Hole-Entropie mit den Planck-Flächen verbunden wird, erschwert es zu sehen, dass damit die einfachste Quanteninformationsstruktur gemäß Plancks Formel wegen ihrer kleinstmöglichen Ausdehnung mit einer maximalen Energiedichte verbunden wird. Auch behindert die bisherige Ausrichtung der Physik „aufs Kleine", auf „Punktteilchen", den nächsten für das Verstehen entscheidenden Schritt.

Wenn sich bei lokalen Prozessen die Menge der Information nicht verändern soll, dann darf Information nicht auf „Entropie" eingeschränkt werden.

Eine „Nichtveränderung der Informationsmenge" folgt aus der „Unitarität" der Quantentheorie. Diese sorgt für den Erhalt von Wahrscheinlichkeiten. So wie lokal die Energie erhalten bleibt, gilt dies gleichfalls für die Information.

Eine solche Erhaltung der Information wird beispielsweise auch bei dem sogenannten „Informationsparadox" postuliert. Einen Überblick über diese Diskussion findet man beispielsweise in einem Artikel von Leonard Susskind (*1940):

> *„Hawking's claim that a black hole consumes information has drawn attention to a potencially serious conflict between quantum mechanics and the general theory of relativity. The problem is known as the information paradox.*

When something falls into a black hole, one cannot expect it ever to come flying back out. The information coded in the properties of its constituent atoms is, according to Hawking, impossible to retrieve.“[9]
(Hawkings Behauptung, dass ein Schwarzes Loch Informationen vernichtet, hat die Aufmerksamkeit auf einen potenziell ernsten Konflikt zwischen der Quantenmechanik und der allgemeinen Relativitätstheorie gelenkt. Das Problem ist bekannt als das Informationsparadoxon.
Wenn etwas in ein Schwarzes Loch fällt, kann man nicht erwarten, dass es jemals wieder herausfliegt. Die Information, die in den Eigenschaften der Atome, aus denen es besteht, kodiert ist, lässt sich laut Hawking nicht wiederherstellen.)

An diesem Zitat wird deutlich, wie hierbei in diesem Zusammenhang der Begriff „Information“ interpretiert wird, nämlich als „bedeutungsvolle kodierte Information“. Und jede spezielle Bedeutung geht natürlich beim Einfall ins Black Hole unwiederbringlich verloren! – nicht jedoch die Menge an AQIs!

21.4 Die Black-Hole-Entropie wird mit der Protyposis plausibel

Die bisher betrachteten Modelle von Kerr und Schwarzschild kann man beschreiben als ein rotierendes bzw. nichtrotierendes Black Hole in einer Umgebung, die mit wachsendem Abstand vom Black Hole in einen leeren Minkowski-Raum übergeht. Eine reale Kosmologie wird bei solchen Modellen nicht beachtet.

Die Schwarzschild-Metrik ist eine „Vakuum-Lösung“ der Einsteinschen Gleichungen, in diesem Fall eines unendlich großen und völlig leeren Raumes um das Black Hole mit seinem Radius R_{BH}.

$$\mathrm{d}s^2 = \left(1 - \frac{R_{\mathrm{BH}}}{r}\right)\mathrm{d}t^2 - \left[\left(1 - \frac{R_{\mathrm{BH}}}{r}\right)^{-1} \mathrm{d}r^2 + r^2\left(\mathrm{d}J^2 + \sin^2 J\mathrm{d}\varphi^2\right)\right] \tag{21.18}$$

Weit entfernt vom Schwarzen Loch, d. h. für $r \to \infty$, geht sie in die Metrik des Minkowski-Raums über (hier in Kugel-Koordinaten).

$$\mathrm{d}s^2 = \mathrm{d}t^2 - \left[\mathrm{d}r^2 + r^2\left(\mathrm{d}\vartheta^2 + \sin^2\vartheta\,\mathrm{d}\varphi^2\right)\right] \tag{21.19}$$

Information, die in ein Schwarzes Loch gerät, wird zu Entropie. Mit der Protyposis lässt sich die riesige Entropie eines Schwarzen Loches, welche die Zahlenwerte der bekannten thermodynamischen Modelle von Gasen und Ähnlichem weit übersteigt (siehe obiges Beispiel der Sonne), leichter veranschaulichen.

---

[9] Susskind, L. (1997) *Holes and the Information Paradox*, Scientific American, 276, Nr. 4, S. 52–57

An dieser Nahtstelle von Gravitation und Quantentheorie wird es unumgänglich, dass die Information als physikalischer Begriff aufgeteilt werden muss in einen Bereich, der als Entropie bezeichnet wird. Entropie ist wie erwähnt Information, die wie beim Schwarzen Loch unzugänglich ist (oder die wie bei einem Gas in der Thermodynamik ignoriert wird).

Über die Entropie hinaus gibt es dann noch *Information, die im Prinzip* (also zumindest theoretisch) *gewusst oder berechnet* werden könnte – falls man nicht ein unendlich großes Universum postuliert, in welchem die Informationsmenge immer unendlich groß und damit sinnlos wäre.

Die Menge der unbekannten Information, den Zahlwert der Entropie, kann man in der Physik berechnen. Wenn man der Information, die im Prinzip gewusst werden könnte, ebenfalls ein Maß zuordnen will, dann ist das natürlich in einem Kosmos unmöglich, wenn man diesem einen unendlich ausgedehnten Ortsraum zuschreibt. Der geschlossene Kosmos der Protyposis ermöglicht es hingegen, den *zugänglichen Anteil der Information* abzuschätzen. Auch das ist ein weiterer Grund, eine Kosmologie mit einem flachen, also unendlich ausgedehnten Ortsraum kritisch zu hinterfragen.

Information bezieht sich im Wesentlichen auf räumliche Strukturen. Das ist im Alltag fast selbstverständlich, bei der Schrift sowieso, auch der Schall verändert die räumliche Struktur am Trommelfell. Mit kosmologischen Überlegungen in den Kapiteln 15 bis 17 hatten wir gezeigt, welcher Zusammenhang zwischen der Anzahl der Quantenbits im Kosmos und den dann möglichen räumlichen Differenzierungen mithilfe der Planck-Länge besteht.

Die beiden Teile der physikalischen Information, die zugängliche und die unbekannte, werden zusammengefasst mit dem Begriff „Protyposis“ bezeichnet. Das soll verdeutlichen, dass hierbei noch keinesfalls bereits an irgendeine konkrete Bedeutung gedacht werden darf.

Wir wollen noch einmal kurz zusammenfassen, was über Schwarze Löcher bekannt ist. Aus den astronomischen Beobachtungen kennen wir Objekte, welche als Schwarze Löcher bezeichnet werden. Von den Black Holes kann man den Ort bzw. die räumliche Ausdehnung im Verhältnis zu einem endlichen Kosmos kennen. *Diese Information ist keine Entropie*, denn sie ist – zumindest theoretisch – zugänglich.

Als Eigenschaften eines Black Hole gibt es wie erwähnt lediglich die drei Größen Masse, Drehimpuls und elektrische Ladung. Da alles andere unbekannt bleiben muss, haben die Black Holes die von Bekenstein als Erstem gezeigten riesigen Werte für ihre Entropie.

Wie gesagt ergeben die Rechnungen allein mit der Allgemeinen Relativitätstheorie einen stetigen Übergang von außen durch den Horizont nach innen. Das folgt aus dem dabei verwendeten klassischen Modell. Im Widerspruch zu Grundtatsachen der Quantentheorie wird dabei für das Innen und das Außen der gleiche Grundzustand postuliert. Die Quantentheorie zeigt im Gegensatz zur ART, dass für ein System in einem „Kasten“, aus dem nichts herauskann, ein anderer Grundzustand (ein anderes Vakuum) existiert als außen herum. Wird dieser quantentheoretische Tatbestand berücksichtigt, dann ändert sich, wie gezeigt werden wird, die Metrik im Inneren des Schwarzen Lochs. Black Holes sind jedoch immer noch ein Teilbereich im realen Kosmos. Es ist daher sinnvoll zu fordern, dass die drei Naturkonstanten G, h und c und damit auch z. B. die Planck-Länge für das Schwarze Loch im Inneren den gleichen Wert haben wie im übrigen Kosmos.

Im Rahmen der Protyposis-Theorie wird nun ein Modell eines Black Hole konstruiert.[10)]

21.5 Das Black-Hole-Modell der Protyposis

Es sei r_{BH} der Radius des Black Holes und M_{BH} seine Masse. Dann folgt mit den Einsteinschen Gleichungen folgende Beziehung zwischen Schwarzschild-Radius und Masse:

$$r_{BH} = \frac{2GM_{BH}}{c^2} = \frac{2GE_{BH}}{c^4} \tag{21.20}$$

Man erkennt sofort, dass dies eine klassische Gleichung ist, denn das Wirkungsquantum h erscheint in der Gleichung nicht.

Nun soll gezeigt werden, wie durch eine elementare Überlegung mithilfe der Protyposis die Beckenstein-Hawking-Entropie eines Schwarzen Loches hergeleitet werden kann.

Um die Masse über die Energie der AQIs, also über einen quantentheoretischen Zusammenhang, zu erzeugen, sei die Anzahl n_{BH} von AQIs notwendig. Jedem davon ist jeweils eine Energie E_{AQI} zugeordnet:

$$M_{BH} = \frac{E_{BH}}{c^2} = \frac{n_{BH} \cdot E_{AQI}}{c^2} = \frac{n_{BH} hc}{Rc^2} \tag{21.21}$$

Mit der Darstellungstheorie der $SU(2)$ schließen wir, dass jeweils s Stück der AQIs im Kosmos mit Radius R Strukturen mit Wellenlängen von einer Ausdehnung R/s erzeugen können.

Diese Überlegung soll noch einmal etwas ausführlicher beleuchtet werden. Wir wählen eine Anzahl s_{BH} von AQIs, sodass in ihrem Tensorprodukt die Wellenlängen einer Ausdehnung r_{BH} entsprechen. Um also in einem Kosmos mit Radius R eine Lokalisierung mit einer Ausdehnung r_{BH} zu formen, sollen s_{BH} von AQIs notwendig werden.

$$r_{BH} = \frac{R}{s_{BH}} \tag{21.22}$$

10 Görnitz, T.; Ruhnau, E. (1989) *Connections between Abstract Quantum Theory and Space-Time- Structure. III. Vacuum Structure and Black Holes*, Intern. J. Theoret. Phys. 28, S. 651 – 657

bzw.

$$S_{BH} = \frac{R}{r_{BH}} \tag{21.23}$$

Die Gesamtzahl n_{BH} der AQIs formt die Masse des Black Hole. Es gilt somit für die gesamte Ruhenergie des BH

$$E_{BH} = \frac{n_{BH}\, hc}{R} \tag{21.24}$$

Diese Anzahl n_{BH} wird in einen Anteil s_{BH} sowie einen Anteil z_{BH} aufgeteilt. Der Anteil s_{BH} beschreibt das Verhältnis von kosmischem Radius R zu Black Hole-Radius r_{BH}. Er verkörpert die Beziehung des Black Hole zum Gesamtkosmos. Die Ausdehnung der s_{BH}-Strukturen ist gerade so, dass sie innerhalb des Horizontes gefangen sein können. Jede dieser s_{BH}-Strukturen würde damit eine „Grundschwingung im Black Hole" bilden.

Damit entspricht s_{BH} der von außen möglicherweise zu erhaltender Menge an Information über Größe und Ort des Black Hole im riesigen Kosmos. s_{BH} liefert den einen Beitrag zur Masse (bzw. Ruhenergie) des Black Hole – Information, von der es nicht unmöglich ist, sie kennen zu können.

Der zweite Faktor z_{BH} beschreibt die Zahl der unbekannten inneren Zustände, die den s_{BH}-Strukturen offenstehen. Damit entspricht z_{BH} der *Entropie des Black Hole*. Das liefert den zweiten Faktor zur Masse.

$$n_{BH} = s_{BH} z_{BH} = \frac{z_{BH} R}{r_{BH}} \tag{21.25}$$

Um das Black Hole zu modellieren, hatten wir die Forderung gestellt, dass sich die Energie zum Radius beim Black Hole wie bei einem kosmologischen Modell gleicher Größe verhalten soll.

> Damit wird gefordert, dass es in und mit der AQI-Kosmologie nur einen Typ von geschlossenen Räumen geben soll: Für die Quantentheorie gilt die Plancksche Relation zwischen Ausdehnung und Energie: $E \times \lambda = hc$.
>
> Eine inverse Relation soll für die Ausdehnung eines geschlossenen Raumes und die in ihm enthaltene Energie gelten. Sie ist Ausdruck einer universellen Konstanten, nämlich vierte Potenz der Lichtgeschwindigkeit c^4 geteilt durch das Zweifache der Gravitations-Konstante: $E/r = c^4/2G$.

Wir haben zwei Ausdrücke für die Energie des Black Holes, einen aus der Allgemeinen Relativitätstheorie und einen über die Protyposis. Aus $A = 4\pi\, r_S^2 = 16\,\pi\,(G\,M/c^2)^2$ folgt mit der ART

$$r_{BH}^{\ 2} = 4\left(\frac{G\,M_{BH}}{c^2}\right)^2 = 4\left(\frac{G\,E_{BH}}{c^4}\right)^2$$

und damit

$$r_{BH} = \frac{2GE_{BH}}{c^4} \quad \Rightarrow \quad E_{BH} = \frac{r_{BH}c^4}{2G}$$

und aus der Protyposis folgt

$$E_{BH} = \frac{hcz_{BH}R}{r_{BH}} \cdot \frac{1}{R} = \frac{hcz_{BH}}{r_{BH}} \tag{21.26}$$

Damit ergibt sich

$$\frac{r_{BH}c^4}{2G} = \frac{hcz_{BH}}{r_{BH}} \tag{21.27}$$

und weiter

$$z_{BH} = \frac{r_{BH}{}^2 c^3}{2Gh} = \frac{r_{BH}{}^2 2\pi c^3}{Gh4\pi} = \frac{\pi r_{BH}{}^2}{l_{Pl}{}^2 4\pi^2}$$

$$z_{BH} = \frac{\pi \left(\frac{r_{BH}}{2\pi}\right)^2}{l_{Pl}{}^2} \tag{21.28}$$

Dies ist bis auf den Faktor $(1/2\pi)^2$ der Wert der Beckenstein-Hawking-Entropie eines Schwarzen Lochs. *Da* z_{BH} *gleich der Entropie des Black Hole* ist, so kann Formel 21.26 auch in Analogie zum Ersten Hauptsatz $dU = T\,dS$ interpretiert werden:

$$E_{BH} \approx \left(\frac{1}{r_{BH}}\right) z_{BH} \tag{21.29}$$

Da E_{BH} der Energie U des Black Hole entspricht, z_{BH} die Entropie des Black Holes ist und r_{BH} zur Masse proportional ist, wird damit auch die Proportionalität der Temperatur T des Black Hole zum Inversen seiner Masse verständlich.

> Wir haben mit den s_{BH}-Strukturen gleichsam „Black Hole-interne AQIs" erzeugt, AQI_{BH}, also „interne Black Hole-Grundschwingungen" mit maximaler Ausdehnung innerhalb des Horizontes. Diese neuen Strukturen im Inneren der Black Holes haben sich aus den kosmischen AQIs geformt. Über ihre „Wellenlänge", die dem Radius des Horizontes entspricht, wird ihre Energie festgelegt und damit die Anzahl der kosmischen AQIs, welche diese BH-internen Schwingungen formen. Ihre von außen über die Gravitationswirkung feststellbare Gesamtenergie war $E_{BH} = n_{BH}\, h\, c/R$. Der verbleibende Faktor z_{BH} ist dann die unbekannte Information, also die von außen feststellbare Entropie des Black Holes.

Jede dieser Schwingungen im Black Hole wird aus s_{BH} der kosmischen AQIs gebildet. Die von außen nicht erkennbaren konkreten einzelnen Zustände im Inneren bilden in ihrer Gesamtheit und *mit ihrer Anzahl* z_{BH} *die Entropie des Black Hole*. Diese Zahl z_{BH} ist von außen messbar.

Wenn man sich also mit einer universellen Informations-Struktur und nicht mit den bisher üblichen Bildern von Teilchenvorstellungen den Black Holes nähert, dann wird das Geschehen im Inneren des Horizontes leichter verstehbar. *Dass die internen AQI_{BH} es auch ermöglichen, die völlig unphysikalische Singularität im Zentrum des Black Hole zu korrigieren und auch die Beziehung zwischen der Größe der Oberfläche und der Entropie zu begründen, wird in* Abschnitt 21.6 *gezeigt, was beim Einfall von Teilchen in ein Black Hole geschieht in* Abschnitt 21.7.

21.6 Die Innenraumlösung für Black Holes

Die Schwarzschild-Koordinaten zeigen, wie ein unendlich weit entfernter Beobachter ein Schwarzes Loch wahrnehmen kann. Die für ihn zuständigen Koordinaten enden am Horizont. Für einen Beobachter jedoch, der zu einem Black Hole hinfliegt, sind die Eddington-Finkelstein-Koordinaten zuständig. In diesen Koordinaten erreicht ein frei fliegender Beobachter am Horizont die Lichtgeschwindigkeit. Wie erwähnt könnte er – wenn die Beschreibung mit der Allgemeinen Relativitätstheorie zutreffend wäre – bei einem sehr großen Black Hole ohne spürbaren Einfluss durch den Horizont in das Innere fliegen. Das wird in Büchern auch immer wieder so dargestellt.[11)] Das Einzige, was der Raumfahrer dabei theoretisch wahrnehmen könnte, wäre hinter sich das Verschwinden des äußeren Kosmos. Dann allerdings wird der Pilot mitsamt seiner Rakete (allerdings nur, wenn diese Koordinaten fälschlich als physikalisch zutreffend interpretiert werden) wegen des immer stärker werdenden Gravitationsunterschieds zwischen Kopf und Fuß immer länger gezogen und endet schließlich wie alles andere in einem mathematischen Punkt im Zentrum des Black Hole.

Gegen diese Beschreibung gibt es einen sehr ernsthaften Einwand aus der Quantentheorie. Wir haben ihn bereits in Kapitel 3.2 erläutert. Wird ein System – gleich welcher Art auch immer – auf einen räumlichen Bereich beschränkt, zum Beispiel einen Kasten oder auch den Horizont eines Black Hole, dann ändert sich in ihm der Zustand niedrigster Energie. Dieser wird gemeinhin als Grundzustand oder als Vakuum bezeichnet. *Diese quantentheoretische Tatsache kann mit Eddington-Finkelstein-Koordinaten nicht berücksichtigt werden.*

---

[11] Taylor, E. F.; Wheeler, J. A. (2000) *Exploring Black Holes: Introduction to General Relativity*, Pearson, ISBN 978-0201384239

21.6.1 Die Firewall am Horizont des Black Hole

Eine quantentheoretische Reaktion auf die berechnete Lichtgeschwindigkeit am Horizont ist die sogenannte „Feuerwand“ (Firewall).[12] Während aus einer sehr großen Entfernung die Temperatur des Black Hole nach Formel 21.13 und Formel 21.14 sehr niedrig ist, stellt sich dies beim Flug auf das Black Hole in dessen unmittelbarer Nähe vollkommen anders dar. Die extrem niederenergetischen Photonen der sehr kalten Hawking-Strahlung, die im kosmischen Mikrowellen-Hintergrund völlig unerkennbar bleiben, erhalten für einen auf den Horizont hinzufliegenden Körper eine immer höhere Energie. Schließlich fliegt ein solcher Körper selbst mit Lichtgeschwindigkeit den Photonen entgegen. Die resultierenden Wechselwirkungen werden daher immer intensiver. *Man kann deshalb schließen, dass alles, was auf den Horizont trifft, sich in die zum Schwarzen Loch gehörenden* AQI_{BH} *auflöst.*

Da der Inhalt des Black Holes nach den vorangegangenen Überlegungen aus den AQI_{BH} in seinem Inneren besteht, nehmen wir auch für die AQI_{BH} die Zustandsgleichung für AQI_{Kosmos} an. Auch wenn natürlich Energiedichte und Druck von der Zeit und von der Ausdehnung des Black Hole abhängen, so ist doch die Beziehung zwischen den beiden Größen p und ϱ von der Zeit unabhängig. Auch für AQI_{BH} im Inneren des Black Hole gelte immer:

$$p_{\mathrm{BH}} = \frac{-\varrho_{\mathrm{BH}}}{3} \tag{21.30}$$

> Da die Dichte eines Black Hole größer ist als die umgebende Dichte des kosmischen Raumes, ist auch der negative Innendruck im Betrag stärker als der äußere Druck. Daher ergibt sich auf jeden Fall eine für den Zusammenhalt des Black Hole notwendige positive Druckwirkung von außen auf das Innere des Black Hole.

21.6.2 Die quantentheoretisch begründete Innenraum-Metrik

Wir starten für die Konstruktion der Innenraum-Metrik mit der allgemeinsten Form einer kugelsymmetrischen Metrik

$$\mathrm{d}s^2 = \mathrm{e}^{2\mathrm{A}}\mathrm{d}t^2 - \mathrm{e}^{2\mathrm{B}}\mathrm{d}r2 - r^2\left(\mathrm{d}\vartheta^2 + \sin^2\vartheta\mathrm{d}\varphi^2\right) \tag{21.31}$$

[12] Almheiri, A.; Marolf, D.; Polchinski, J.; Sully, J. (2013) *Black Holes: Complementarity or Firewalls?*, arXiv:1207.3123v4 [hep-th]

Dabei könnten im allgemeinsten Fall A und B zwei beliebige Funktionen von Radius r (und wegen der Kugelsymmetrie nicht von den Winkeln) und Zeit t sein:

$$A = A(r,\ t) \tag{21.32}$$

und

$$B = B(r,\ t) \tag{21.33}$$

Da jedoch nach George Birkhoffs (1884–1944) Theorem eine sphärisch-symmetrische Vakuumlösung statisch sein muss, können die A und B nicht von der Zeit abhängen. Wir wählen daher für den Außenraum $R_{BH} < r < \infty$

$$A(r,t) = \tfrac{1}{2}\ln\left(1 - \frac{R_{BH}}{r}\right) \tag{21.34}$$

sowie

$$B(r,t) = -\tfrac{1}{2}\ln\left(1 - \frac{R_{BH}}{r}\right) \tag{21.35}$$

Die Konstante R_{BH} wird dann den Horizont einer Schwarzschild-Metrik kennzeichnen:

$$ds^2 = \left(1 - \frac{R_{BH}}{r}\right)dt^2 - \left[\left(1 - \frac{R_{BH}}{r}\right)^{-1} dr^2 + r^2\left(dJ^2 + \sin^2 J d\varphi^2\right)\right] \tag{21.36}$$

Für den Innenraum $0 < r < R_{BH}$ wählen wir

$$A(r,\ t) = 0 \tag{21.37}$$

sowie

$$B(r,t) = -\tfrac{1}{2}\ln\left(1 - \frac{r^2}{R_{BH}{}^2}\right) \tag{21.38}$$

und erhalten das Linienelement

$$ds^2 = dt^2 - \left[\left(1 - \frac{r^2}{R_{BH}{}^2}\right)^{-1} dr^2 + r^2\left(dJ^2 + \sin^2 J d\varphi^2\right)\right] \tag{21.39}$$

Betrachten wir dazu Einsteins Feldgleichungen (mit $\kappa = 8\pi G/c^2$) in der Form

$$G_{ab} = \kappa T_{ab} \tag{21.40}$$

mit $a, b = 0, 1, 2, 3$.

Dann führt der Energiedichte-Druck-Tensor einer idealen Flüssigkeit zu

$$G_{00} = -\kappa\varrho \tag{21.41}$$

sowie

$$G_{\alpha\beta} = \kappa p \delta_{\alpha\beta} \tag{21.42}$$

mit α, β =1, 2, 3.

Ein Test mit der Metrik aus Formel 21.39 ergibt

$$\varrho = 3/\left(\kappa R_{\mathrm{BH}}{}^2\right) \tag{21.43}$$

sowie

$$p = -1/(\kappa R_{\mathrm{BH}}{}^2)$$

Wenn wir die Gesamtmasse ausrechnen, so zeigt sich

$$2M = \kappa \int_0^{R_{\mathrm{BH}}} \varrho r^2 \mathrm{d}r = R_{\mathrm{BH}} \tag{21.44}$$

Das bedeutet, R_{BH} ist in der Tat der Schwarzschild-Radius des Black Hole.

Wenn wir das Linienelement aus Formel 21.39 in neuen Koordinaten schreiben: $r_{\mathrm{in}} = r/R_{\mathrm{BH}}$, dann erhält es die Gestalt:

$$\mathrm{d}s^2 = \mathrm{d}t^2 - R_{\mathrm{BH}}{}^2\left[\left(1 - r_{\mathrm{in}}^2\right)^{-1} \mathrm{d}r_{\mathrm{in}}{}^2 + r_{\mathrm{in}}{}^2\left(\mathrm{d}\vartheta^2 + \sin^2\vartheta \mathrm{d}\varphi^2\right)\right] \tag{21.45}$$

Wir sehen, dass der Innenraum des Black Holes sich als ein stationärer FLRW-Kosmos mit Krümmungsradius R_{BH} erweist.

Die unphysikalische Singularität im Zentrum mit einer unendlich großen Materie- und Energiedichte ist korrigiert worden.

Der Innenraum erscheint wie ein kleiner Kosmos. Er ist geschlossen, daher gibt es von innen her auch keine Wand. Wenn es also möglich wäre, unbeschädigt in ein Schwarzes Loch zu gelangen, so würden wir den gleichen Eindruck erhalten wie von unserem Kosmos kurz nach seinem Entstehen, als er noch so klein war wie dieses Black Hole ist.

Wenn wir das Ergebnis noch einmal zusammenfassen, dann sehen wir zum einen, dass die Schwarzen Löcher mit der Allgemeinen Relativitätstheorie begründet werden können und müssen. Das betrifft die Situation im Außenraum, bei der quantische Effekte bis auf die Hawking-Strahlung keine wesentliche Rolle spielen. Dort sind als Makrozustände nur Masse, Drehimpuls und Ladung feststellbar.

Für das Innere der Black Holes ist es anders. Die Entropie beschreibt das Verhältnis von Mikrozuständen zu Makrozuständen und ist nur mit der Quantentheorie erklärbar. Die Entropie bezieht sich auf die Situation im Inneren des Horizontes, wo eine Kenntnis von außen über die Mikrozustände unmöglich ist.

Damit wird deutlich, dass die Entropie der Schwarzen Löcher nur in der Verkopplung von Quantentheorie und Allgemeiner Relativitätstheorie aufgeklärt werden kann.

Für diese Entropie war es notwendig gewesen, erstmals in der Geschichte der Physik diese beiden Theorien zusammenzuführen. Bis dahin wurden sie für Bereiche als zuständig betrachtet, die als völlig getrennt interpretiert wurden: Allgemeine Relativitätstheorie für die „großen", die kosmischen Probleme und die Quantentheorie als „Mikrophysik". Erst wenn man sich von einer solchen Auftrennung trennt, können die Verbindungen und Verknüpfungen dieser beiden Theorien erreicht werden.

21.7 Das Black-Hole-Informationsparadox auflösen

Das sogenannte Informationsparadox ergibt sich aus dem bisherigen Verständnis von Information und ihrer Beziehung zu der Entropie der Schwarzen Löcher. Solange man sich der Entropie der Schwarzen Löcher allein mit den Vorstellungen von „Teilchen" nähern möchte, bleibt die enorme Größe dieser Entropie schwer zu verstehen.

Seit einiger Zeit wird die Problematik einer ausschließlichen Verwendung der Allgemeinen Relativitätstheorie am Horizont eines Schwarzen Loches neu betrachtet. Das Konzept des „Firewalls" verdeutlicht, dass es gute Gründe dafür gibt, einen völlig unmerklichen Übergang von außen durch den Horizont hindurch ins Innere als unwahrscheinlich anzusehen.

Da die Schwarzen Löcher eine Entropie haben, müssen sie auch eine Temperatur besitzen. Von ihnen geht daher die „Hawking-Strahlung" aus. So hatte sich die Frage erhoben, was dabei mit der Entropie im Inneren des Black Holes geschieht.

Dass Strahlung Energie aus dem Black Hole entführt, das bereitet kein Problem. Dass dabei aber auch die gewaltige Menge an Information aus dem Schwarzen Loch wieder entweichen muss, dass führte nach Ansicht mancher Autoren zum sogenannten Informationsparadox am Ende des Zerstrahlungsvorgangs. Dann ist nach den üblichen Annahmen das Black Hole auf etwa eine Planck-Masse geschrumpft. Claus Kiefer beschreibt das Problem sehr anschaulich:

> *„Kann die Information durch Zerstrahlung dieser Überreste wiedergewonnen werden? Man kann leicht abschätzen, daß dies – wenn überhaupt – nur über einen sehr langen Zeitraum hinweg geschehen kann. Nach (9) [d. h.: $S_{SL} = M^2 (4\pi k_B G)/(\hbar c)$] ist für ein kugelsymmetrisches Loch dessen Entropie $S_{SL} \propto M^2$, wobei die Masse des Überrestes im Bereich der Planck-Masse liegt. Damit in der ausgesandten Strahlung trotz kleiner Energie all die Information steckt, muß sie aus einer*

riesigen Anzahl von energiearmen Teilchen, beispielsweise Photonen, bestehen. Da jedes Photon etwa ***ein Bit an Information*** *trägt (Hervorhebung TG), sind $N \propto M^2$ Photonen vonnöten.“*[13]

Dass ein Photon tatsächlich ein Bit an bedeutungsvoller Information tragen wird, ist eine sehr verbreitete Vorstellung. Beispielsweise schreibt Anton Zeilinger:[14]

> *„Natürlich wird ein physikalisches Teilchen auch andere Eigenschaften besitzen als nur die der Weginformation. Ein Elektron wird zum Beispiel einen Spin besitzen, ein Photon eine Polarisation. Wenn wir hier also von einem elementaren System gesprochen haben, das nur einem Bit an Information entspricht, so beschränken wir uns immer auf eine spezifische Fragestellung, in unserem Fall etwa ausschließlich auf die Betrachtung der Weginformation. Unsere Grundannahme für die Quantenphysik ist also:*
> *Das elementarste System entspricht einem Bit an Information.“*

Offensichtlich kann es kein einfacheres Quantensystem als ein Quantenbit geben. Hier wird also z. B. bei einem Photon oder einem Elektron ein Bit an Information betrachtet.

Was allerdings ist mit zu beachten und ist am Schwarzen Loch besonders wichtig?

> Am Schwarzen Loch muss diejenige gesamte Information mitbedacht werden, die das ganze Teilchen oder Photon selbst *ist* und die mit ihm ebenfalls in das Black Hole hineingetragen wurde.

Zuvor konnte man (theoretisch) wissen, wann das Teilchen sich wo in einem riesigen kosmischen Raum befand. Wir können diese riesigen Mengen an Informationszuwachs beim Einfall nur dadurch plausibel werden lassen, dass ein Objekt, welches in ein Black Hole fällt, nicht *nur seine eigentliche (z. B. thermodynamische) Entropie, sondern auch seine ganze weitere Information, die es ist, ebenfalls mit hineinträgt*.

Wenn man also die Erkenntnis über die AQIs nutzt, dass ein Photon, welches ein Bit bedeutungsvoller Information hineinträgt – etwa 10^{30} Bit *ist* – und dass diese 10^{30} Bit auch wieder in der Hawking-Strahlung hinaus gesendet werden, dann verschwindet das Problem des unverstandenen Entropie-Exports aus dem Black Hole.

Das Informationsparadox ergibt sich daraus, dass man vermeintlich nur 1 Bit von den 10^{30} Bit mit dem Hawking-Photon entweichen lässt.

---

13 Kiefer, C. (1997) *Quanteneigenschaften Schwarzer Löcher*, Physik in unserer Zeit, 28. Nr. 1, S. 22–30

14 Zeilinger, A. (2003) *Einsteins Schleier, Die neue Welt der Quantenphysik*, Beck, München, S. 221

Dass man von den AQIs ausgehend mit so einfachen Überlegungen, wie sie hier vorgestellt werden, diese Verbindungsstelle zwischen Quantentheorie und Allgemeiner Relativitätstheorie, nämlich die Entropie der Schwarzen Löcher, auf eine gleichsam natürliche Weise erfassen konnte, das war eine sehr willkommene Bestätigung dieser Überlegungen.

Die Protyposis legt nahe, dass beim Übergang in das Innere eines Schwarzen Loches die hineinfallenden Objekte bis in ihre Quantenbits zerlegt werden.

Beim „Verdampfen" eines Schwarzen Loches wiederum organisieren sich dann AQIs auch zu Quantenteilchen. Wegen der niedrigen Temperaturen von realen schwarzen Löchern können diese Teilchen nur masselose Photonen sein. Außerdem ist die Hintergrundstrahlung immer noch viel wärmer als jedes existierende Black Hole. Deshalb ist die Bilanz für sehr lange Zeiten so, dass mehr absorbiert wird als emittiert werden kann. Erst in einer unermesslich fernen Zukunft wird der Kosmos so kalt, dass die Black Holes tatsächlich durch ihre Strahlung Energie verlieren können. Und dann wird es noch Äonen dauern, bis sie so klein geworden sind, dass sie beginnen, Elektron-Positron-Paare zu emittieren. Danach jedoch werden sie sehr schnell immer heißer und zerstrahlen schließlich ganz. Also erst bei sehr kleinen Black Holes wird es vorstellbar, dass wegen der dann sehr hohen Temperaturen auch Teilchen mit Ruhmasse in der Hawking-Strahlung auftreten.

Am Durchgang durch den Horizont des Black Hole in dieses hinein ist es wesentlich, die physikalische Information nicht im Sinne von „Bedeutung" zu interpretieren.

Nur wenn die Begriffe „Information" und „Bedeutung" gleichsam wie identisch verwendet werden und wenn man an „Kleinheits-Vorstellungen" festhält, nur dann stößt man auf das sogenannte „Informationsparadox".

Mit dem Informationsparadox wird die Tatsache bezeichnet, dass es nach dem Einfall eines Objektes nie wieder möglich wird, zu erfahren, um was für ein Objekt es sich zuvor gehandelt hatte. *Die spezielle Bedeutung dieser Information ist in der Tat und für alle Zeit verloren.* Die physikalische Information bleibt jedoch so wie die Energie erhalten. Deswegen hat man irrtümlich vom Entropieparadox oder vom Informationsverlustparadox gesprochen.

Es sei dazu noch angemerkt, dass es als ein großer Erfolg der theoretischen Physik gilt, dass man auch mit den komplizierten mathematischen Methoden der „Stringtheorien" oder der „Loop-Quantengravitation" die Größenordnung der Entropie der Black Holes berechnen kann.

Eine strenge Erhaltung der physikalischen Information trifft auf lokalisierte Systeme wie zum Beispiel Schwarze Löcher vollinhaltlich zu. Die Erhaltung betrifft jedoch nicht den Anteil davon, der im Prinzip gewusst oder gekannt werden kann. Die Relation dieses Teils der Information zu der Information des ganzen Systems kann sich ändern.

Sämtliche AQIs, die ein Schwarzes Loch konstituieren oder die – in welcher Form und Verbindung auch immer – in dieses hineingeraten, bleiben entweder in diesem Schwarzen Loch erhalten und formen sich darin zu inneren AQIs, oder sie werden beim Verdampfen desselben ohne Verlust wieder freigesetzt.

Was jedoch aus physikalischen Gründen keinem Erhaltungssatz unterliegen kann, ist die Bedeutung, die sich für einen möglichen Beobachter für die Objekte ergibt, die in das Schwarze Loch gelangen oder die aus diesem als Hawking-Strahlung heraustreten. Diese teilweise berechenbare Bedeutung kann die Zusammensetzung aus Elementarteilchen mit deren Quantenzahlen umfassen, wie die Art der Teilchen, die einzelnen Ladungen, die gegenseitige räumliche Anordnung sowie die Lage dieser Struktur im Kosmos.

Die Verletzung der Unitarität am Horizont des Schwarzen Lochs ist analog zu sehen zur Verletzung der Unitarität beim „Kollaps der Wellenfunktion" (siehe Kapitel 11).

Sowohl beim Entfliehen von Quanteninformation in die Tiefe des Alls beim Messprozess als auch beim Hindurchtreten von Quanteninformation durch den Horizont in ein Schwarzes Loch geht die Bedeutung verloren, die ein möglicher Beobachter dieser Information zugeordnet hatte. Mit einem derartigen Vorgang wird der Kontext zerrissen, durch den eine bestimmte Bedeutung hervorgebracht wurde.

Die lokale unitäre Entwicklung im Rahmen der Quantentheorie betrifft die abstrakte und absolute Information, nicht jedoch eine mögliche subjektiv konnotierte Bedeutung.

Beim Messprozess wird die Information über das entstandene Faktum von der Information über diejenigen quantischen Möglichkeiten getrennt, die nicht im Faktum realisiert worden sind. Dieser Verzicht auf die Information über die nicht realisierten Möglichkeiten bedeutet mathematisch den Übergang von einem reinen Zustand zur einer Dichtematrix. Derselbe Übergang vom reinen Zustand zur Dichtematrix passiert am Horizont des Black Hole.

Das „Informationsparadox" ergibt sich wie gesagt, wenn keine Unterscheidung vorgenommen wird zwischen einerseits einer absoluten Quanteninformation, die der Physik zugänglich ist und die äquivalent zu Energie und Masse ist und die daher lokal erhalten bleibt, und andererseits einem Teil davon, welchem subjektiv eine Bedeutung zugesprochen wird. Die subjektive Bedeutung, also auch die subjektive Bewertung von objektiven Tatsachen, kann nicht von der Physik erfasst werden. Und Bedeutung kann verloren gehen. Man denke an die extremen Schwierigkeiten bei der Entzifferung unbekannter ausgestorbener Sprachen.

Natürlich „hinken" Vergleiche, aber, wenn ich in einem Buch gelesen habe, es zuklappe und später die Bedeutung vergesse, dann ist der Text noch immer im Buch, auch wenn für mich die Bedeutung verloren ist. Im Gegensatz zu einem Buch, das wieder aufgeklappt werden kann, kann jedoch aus einem Black Hole nichts wieder herausgeholt werden.

> An dieser Stelle ist noch einmal zu betonen, dass Bedeutung dadurch zustande kommt, dass ein Lebewesen in einem bestimmten Kontext bestimmten Informationen eine Bedeutung zuweist.

Die klare Unterscheidung zwischen einer als „objektiv" zu verstehenden absoluten und daher bedeutungsfreien Quanteninformation und der weitgehend subjektiven Zuschreibung von irgendwelchen möglichen Bedeutungen war ein wesentlicher Grund dafür, die AQIs nicht mit dem Begriff der „Quanteninformation", sondern mit dem der „Protyposis" zu bezeichnen. Für eine subjektive Bedeutung kann es keinen Erhaltungssatz geben und schon gar nicht an einem Schwarzen Loch.

22 Quantenteilchen im Minkowski-Raum

Die Teilchenvorstellungen werden noch immer als fundamental angesehen. Mit dem Standardmodell der Teilchenphysik, welches auf den drei fundamentalen quantischen Wechselwirkungen und den dazugehörenden elementaren Teilchen aufbaut, hat man eine sehr gute Beschreibung der Physik im Minkowski-Raum erhalten. Hochpräzise Experimente zeigen allerdings, dass es offenbar winzige Abweichungen von diesem Modell gibt. Die bisherigen Schlussfolgerungen bestehen darin, nach „neuen Teilchen“ zu suchen. Bisher jedoch liefern die Ergebnisse der immer besseren und genaueren Experimente keine Hinweise darauf. Als Beispiel kann ein jüngster Bericht über die Suche nach „Dunklen Photonen“ dienen. In der Mitte vom Abstract findet sich:

> *„... No significant excess of events above the standard model background is observed. The results are interpreted as limits on the parameters of the hidden Abelian Higgs model, in which the Higgs boson decays to a pair of long-lived dark photons; and of an R-parity violating SUSY model, in which long-lived neutralinos decay to a pair of muons and a neutrino.“*[1)]
> *(... Es wird kein signifikanter Überschuss an Ereignissen über dem Hintergrund des Standardmodells beobachtet. Die Ergebnisse werden als Grenzwerte für die Parameter des versteckten abelschen Higgs-Modells interpretiert, in dem das Higgs-Boson in ein Paar langlebiger dunkler Photonen zerfällt; und eines R-Paritäts-verletzenden SUSY-Modells, in dem langlebige Neutralinos in ein Paar Myonen und ein Neutrino zerfallen.)*

Es wird nichts Signifikantes gefunden und man sucht keine neuen Ideen, sondern veränderte Parameter für bisher nicht besonders erfolgreiche Hypothesen.

---

1 *https://cms-results.web.cern.ch/cms-results/public-results/preliminary-results/EXO-23-014/index.html*

Die Teilchenphysik setzt Idealisierungen voraus, z. B. über Symmetrien, die sehr vernünftig erscheinen, deren Gültigkeit aber bei den heute erreichbaren Genauigkeiten reflektiert werden muss.

Mit der absoluten und daher vollkommen abstrakten und noch bedeutungsfreien Quanteninformation, mit den AQIs, erweisen sich die Quantenteilchen zwar nicht mehr als das Fundament der Wirklichkeit, aber sie bleiben trotzdem die Grundlage für alle Beschreibungen der Materie. Daher ist es notwendig, mit mathematischen Strukturen aufzuzeigen, wie aus den AQIs die Teilchen konstruiert werden, deren Verhalten wir in der Physik beschreiben.

22.1 Der Teilchenbegriff in der Kosmologie

Im Alltag und in allen experimentellen Erfahrungen haben wir uns daran gewöhnt, Teilchen und auch größere Objekte zuerst nach ihrer Masse zu ordnen. Über Jahrhunderte hinweg galt der Satz von der Erhaltung der Masse in der Naturwissenschaft als fundamental. Für Chemie und Biologie gilt dies auch weiterhin uneingeschränkt. Erst mit Einsteins $E = mc^2$ wurde deutlich, dass man Masse und Energie als äquivalente Erscheinungsformen verstehen darf. Um jedoch Energie in Masse zu verwandeln sind allerdings so hohe Energien notwendig, wie sie in Chemie und Biologie nicht erreicht werden.

Die fundamentale Bedeutung des Massebegriffs wird in den physikalischen Experimenten zugrunde gelegt. Die Experimente der Teilchenphysik werden im Minkowski-Raum beschrieben und wie in Abschnitt 22.5 bis Abschnitt 22.11 berechnet wird, ist dort die Masse eine Invariante. Doch sobald man genötigt ist, eine realistischere Raum-Vorstellung anwenden zu müssen, ergeben sich Schwierigkeiten. In Abschnitt 22.4 wird gezeigt, dass bereits im Falle eines geschlossenen und somit endlich großen Ortsraum-Modells, wie es beim de-Sitter-Raum verwendet wird, die Vorstellung von einer definierten und erhaltenen Masse ohne eine stabile mathematische Grundlage bleibt.

Im de-Sitter-Raum existiert für die mathematischen Strukturen, die man als Darstellungen von Teilchen betrachten darf, noch ein Übergang zum Minkowski-Raum. Hingegen ist in einer realistischen Kosmologie die Möglichkeit einer Symmetriegruppe nicht mehr gegeben, wie man sie benötigt, um ein klares mathematisches Modell für Teilchen zu erzeugen.

Sobald man die kosmologischen Bedingungen tatsächlich beachtet, bleibt unklar, was eine Teilchenmasse sein soll und erst recht, wieso diese eine Invariante der Beschreibung sein soll.

Wenn wir also mit der Kosmologie beginnen, dann ist zuerst daran zu erinnern, dass die Quantentheorie sich dadurch auszeichnet, dass sie Umwandlungen zwischen

Strukturen beschreiben kann, die auf den ersten Blick als vollkommen fremd zueinander erscheinen. Das vielleicht anschaulichste Beispiel dafür ist die Umwandlung eines Elektron-Positron-Paares in zwei Photonen. Massive Teilchen mit elektrischer Ladung gehen über in ladungslose und masselose Quantenteilchen.

Ein ähnlicher unanschaulicher Übergang geschieht, wenn sich viele AQIs zu einem im Raum lokalisierten Gebilde formen. Wie gezeigt wurde, können sie sich zu Tensorprodukten formen, welche in irreduzible Darstellungen der Symmetriegruppe zerlegt werden können. Damit wird erklärt, dass sich aus den kosmisch ausgedehnten AQIs lokalisierte Strukturen bilden. Obwohl dieses Lokale aus Informationsstrukturen gebildet ist, bleibt dieser Zusammenhang ohne den rechnerischen Kontext ebenso undeutlich wie die Herkunft der Photonen aus der Zerstrahlung des Elektron-Positron-Paares. *Wird allerdings der Aufbau aus AQIS bedacht, so wird verständlich, dass solche Objekte nicht nur Energie aufnehmen und abgeben können, sondern auch „Eigenschaften". Diese Eigenschaften können dann zu bedeutungsvoller Information werden.*

Bisher werden die im Alltag und mathematisch im Minkowski-Raum entwickelten Idealisierungen über Teilchen und Massen nach meiner Wahrnehmung ziemlich unreflektiert auf kosmische Situationen übertragen. Die dabei verwendeten Übertragungen von physikalischen Begriffen in Bereiche, in denen die ursprünglichen Idealisierungen problematisch werden können, müssen neu überdacht werden.

22.2 Von den abstrakten Thesen zu den mathematischen Strukturen

Die Teilchenphysik wird im Minkowski-Raum beschrieben, und wir können uns auf die Vorarbeit vieler bedeutender Mathematiker und Physiker stützen. Es seien noch einmal einige von diesen angeführt, eine vollständige Liste kann wohl kaum erstellt werden.

An der mathematischen Struktur des Raumbegriffes nach Einsteins Allgemeiner Relativitätstheorie haben für die Kosmologie unter anderem Friedmann, Lemaître, Robertson und Walker geforscht. Erst in Raumzeiten mit einer hohen Symmetrie kann man Teilchen definieren. Diese Raumzeiten wurden u. a. von Minkowski und de Sitter untersucht. Die Transformationsgruppen, mit deren Hilfe man Teilchen definiert, beruhen auf der Vorarbeit von Lie, dann von Lorentz und Poincaré, Wigner und nicht zuletzt von Emmy Noether (1882 – 1935), welche den fundamentalen Zusammenhang zwischen Symmetrien und den Ladungen als den „Generatoren von Lie-Gruppen" aufgezeigt hat.

Eine wichtige Bemerkung sei bereits hier angebracht. Wir haben uns daran gewöhnt, nicht nur die makroskopischen Körper, sondern auch die Quantenteilchen vor allem nach ihrer Masse zu ordnen. Die Masse und der Spin kennzeichnen jeweils einen Typ von Teilchen. Daneben gibt es noch verschiedene Typen von Ladungen. Diese unterscheiden dann die Teilchen von ihren Antiteilchen. Bei den möglichen Bewegungen in Raum und Zeit bleiben diese Größen erhalten, während sich Ort, Geschwindigkeit und auch die Zeitverläufe verändern können.

Die möglichen Bewegungen setzen sich bei den drei Raum-Koordinaten und der Zeit-Koordinate des Minkowski-Raumes aus vier Translationen und aus verallgemeinerten Drehungen zusammen. Die erste Koordinate kann mit den drei anderen gedreht werden, die zweite mit den beiden anderen und die dritte noch mit der vierten. Damit ergibt sich eine 10-dimensionale Bewegungsgruppe, die Poincaré-Gruppe. Masse und Spin sind „Eigenwerte" von Casimir-Operatoren der Poincaré-Gruppe, sind also Invarianten bei den möglichen Bewegungen im Minkowski-Raum.

Wenn man auch solche Veränderungen der Raum-Zeit-Struktur zulassen würde, wie es die Allgemeine Relativitätstheorie bei der Gravitation mit lokalen Krümmungen erforderlich macht, würden die Bewegungen keine so große Symmetrie mehr erlauben – und ohne diese Symmetrien wird eine mathematische Definition von Teilchen problematisch. Beispielsweise kann im Labor nur noch eine Drehung um eine Achse senkrecht zur Erdoberfläche ohne Einfluss auf die Bewegung eines Teilchens unter der Gravitation bleiben – die Gravitation bricht die Symmetrie zwischen oben und unten. Für beliebige Bewegungen gilt in der Praxis die Symmetrie der Poincaré-Gruppe nicht, auch wenn wir in der Theorie die volle Symmetrie für die idealen Situationen annehmen dürfen.

Eine zehnparametrische Transformationsgruppe gibt es nur noch in anderen Raumzeiten, wenn diese ebenfalls eine konstante Raumzeit-Krümmung haben. Neben dem Minkowski-Raum mit der Krümmung null gibt es den de-Sitter-Raum mit positiver Krümmung und den Anti-de-Sitter-Raum mit negativer Krümmung. Alle drei Raumzeiten sind „Vakuum-Lösungen" der Allgemeinen Relativitätstheorie. Sie lassen also in Strenge keine von Materie verursachten lokalen Veränderungen der Raumzeit zu. Trotzdem arbeitet die Teilchenphysik im Minkowski-Raum sehr erfolgreich, weil die Gravitation zumeist ausgeblendet werden kann.

Wie erwähnt zeigen die mathematischen Untersuchungen, dass Teilchen mit einer wohldefinierten Masse ausschließlich im Minkowski-Raum definiert werden können. Sobald ein Raum eine Krümmung aufweist und nicht mehr flach ist, ist eine Masse nicht mehr mathematisch sauber über eine Darstellung einer Transformationsgruppe zu definieren. Nur die Bewegungsgruppe im Minkowski-Raum zeigt für ihre Darstellungen, dass es dann eine invariante Masse geben kann. Wie oben gesagt kennzeichnen diese invarianten Massen zusammen mit den Spins als Eigenwerte von Casimir-Operatoren der Poincaré-Gruppe eine Teilchensorte.

Der de-Sitter-Raum hat aus Sicht der *Protyposis-Kosmologie* den Vorteil, dass er einen geschlossenen Ortsraum, eine S^3, besitzt, genauso wie die Protyposis-Kosmologie. Er stellt daher eine etwas bessere Approximation an die Kosmologie dar als der Minkowski-Raum. Im de-Sitter-Raum gibt es ebenfalls eine zehnparametrische Bewegungsgruppe, die $SO(4,1)$.

Im Mittelalter wussten die Gelehrten, wie beispielsweise Nikolaus von Kues (1401–1464), dass der Umfang eines unendlich großen Kreises nicht von einer Geraden unterschieden werden kann. Der Ortsraum der de-Sitter-Kosmologie, die erwähnte S^3, ist die dreidimensionale Oberfläche einer vierdimensionalen Kugel. Wenn der Krümmungsradius in einem Grenzübergang ins Unendliche wächst, wird der Raum flach. In diesem Limes eines nicht mehr gekrümmten, sondern flachen Ortsraumes geht die $SO(4,1)$ in die Poincaré-Gruppe über.

Die $SO(4,1)$ erlaubt aber keine invariante Definition einer Ruhmasse mehr. In Abhängigkeit davon, wie der Limes durchgeführt wird, werden aus einer irreduziblen Darstellung dieser de-Sitter-Gruppe zwei irreduzible Darstellungen der Poincaré-Gruppe mit einem im Grenzprozess wählbaren Massewert. Die beiden entstehenden Darstellungen unterscheiden sich durch eine ladungsartige Größe, so wie Teilchen und Antiteilchen.

Ich vermute, dass hinter diesem mathematischen Resultat die Lösung für das Fehlen von Antimaterie im Kosmos verborgen ist. Es könnte sein, dass am Anfang, wo die Poincaré-Gruppe und auch die Zeitspiegelung nicht anwendbar sind, auch eine Unterscheidung zwischen Materie und Antimaterie noch problematisch ist. So wird nach dem Beginn des Kosmos, wenn dann genügend AQIs vorhanden sind, nur Materie entstehen. Zwar werden bei allen Experimenten im Minkowski-Raum aus reiner Energie stets gleiche Anteile von Materie und Antimaterie erzeugt. Hingegen ist in der frühen kosmischen Evolution eine solche Approximation des Kosmos mit dem Minkowski-Raum unangebracht. Aber nur eine solche Approximation würde auch für den Kosmos insgesamt gleiche Mengen von Materie und Antimaterie erforderlich werden lassen. Bei der Beschreibung der Wechselwirkungen werden diese Fragen weiter erörtert.

Da die elementaren Teilchen nur so wenige Eigenschaften aufweisen, kann man Teilchen der gleichen Sorte untereinander nicht unterscheiden. Zwei fundamentale Sorten von Quanten werden mit den Namen von Bose, Dirac, Einstein und Fermi verbunden. Wenn sich bei der Vertauschung von zwei gleichen Teilchen das Vorzeichen der Beschreibung ändert, sprechen wir von Fermi-Dirac-Statistik. Das sind die Teilchen, welche die Materie bilden. Dieses Verhalten führt vereinfacht gesagt dazu, dass wo eines ist, kein zweites sein kann. Materie ist „widerständig“ gegen ein Zusammendrücken. Die andere Sorte von Teilchen reagiert nicht auf Vertauschungen, dass wird Bose-Einstein-Statistik genannt. Sie beschreiben die Quanten der Kräfte.

In diesem Kapitel geht es um die mathematische Darstellung davon, wie aus den abstrakten Quantenbits die Teilchen theoretisch hergeleitet werden.

Die abstrakte These, dass alle physikalischen Strukturen „im Prinzip“ aus den AQIs konstruiert werden können, ist zwar richtig, jedoch noch keineswegs konstruktiv. Wenn bei einer Beschreibung von einer neuen Entwicklung „nur noch einige technische Einzelheiten fehlen“, dann sind die meisten meiner Kollegen so wie ich auch zu Recht misstrauisch.

In den folgenden Kapiteln wird deutlich, wie komplex bereits die Konstruktion eines einfachen Quantenteilchens ist. Ein bloßer Hinweis auf die Tensorproduktstruktur und das damit ermöglichte Erscheinen von völlig neuen Eigenschaften wird wohl erst akzeptabel, wenn die erforderlichen mathematischen Strukturen vorgestellt werden. Dazu sind Tensorprodukte von AQIs notwendig, jedoch in einer genauen Aufsummation von sehr verschiedenen Produkten mit den zutreffenden Häufigkeiten. Erst dann werden diese Konstruktionen tatsächlich ein solches Transformationsverhalten zeigen können, welches man vom mathematischen Modell eines Quantenteilchens fordern muss und was nachfolgend vorgestellt wird.

Dazu sind auch manche von solchen mathematischen Methoden notwendig, die nicht unbedingt in das Curriculum eines normalen Physikstudiums gehören. Auch ist es nicht einfach, die Bilder, die man im Studium vermittelt bekommt, durch neue Vorstellungen zu erweitern. Die Komplexität der Aufgabe und die Unsicherheit bezüglich eines Erfolges mögen auch dazu geführt haben, dass wissenschaftlich arbeitende Kolleginnen und Kollegen, die vor Jahrzehnten zeitweise an konkreten Aufgaben mitgedacht hatten, sich später anderen Projekten zugewendet haben. Schließlich liegen die zu lösenden Probleme, die sich bei der Herleitung der physikalischen und mathematischen Strukturen für Teilchen aus den Quantenbits ergeben, nicht auf der Hand. Und letztendlich standen dafür auch nie Forschungsgelder zu Verfügung.

Die verbalen Erläuterungen zu den Rechnungen sollen es erleichtern, den Sinn der mathematischen Prozeduren zu verstehen.

22.3 Teilchen als Idealisierungen von Objekten

In Kapitel 6 war verdeutlicht worden, wie fest eingeprägt bei ausgebildeten Physikern – so wie es bei Weizsäcker und bei mir auch gewesen war – die Festlegung auf den Teilchenbegriff als Fundament der Wirklichkeit ist. Auch heute werden in naturwissenschaftlichen Vorträgen auf die Frage nach dem, „was die Welt im Innersten zusammenhält", sehr gern die elementaren Teilchen herangezogen. Jedoch heute ermöglicht die Quantentheorie eine neue, unerwartete, aber letztlich auch sehr einfache und wesentlich bessere Antwort.

> Das Allereinfachste ist das Grundlegende – und das sind nicht mehr die seit langen dafür gehaltenen Teilchen, sondern es sind physikalische Strukturen, die als Quantenbits bezeichnet werden können.
>
> Allerdings, auch wenn „Teilchen" nicht die Basis der Wirklichkeitsbeschreibung bilden, so sind sie doch unerlässlich, um die Vorgänge in der Realität zu modellieren. Die Vorstellungen über Teilchen sind nicht überflüssig geworden. Sie erhalten aber eine neue Fundierung.

Wir leben nicht nur in der Welt unserer Gedanken, sondern auch in einer Welt der Objekte. Und ein Teilchen ist die Idealisierung der Vorstellungen von einem Objekt. Wenn man die Gesetze der Quantentheorie völlig ausschließt, dann kann man diese Idealisierung bis zum „Punktteilchen" treiben.[2] Die Idealisierung zum Punkteilchen ist eine so starke Vereinfachung, dass sogar von einem Planeten nur noch ein Punkt übrigbleibt.

Seit langem arbeitet man in Newtons Mechanik mit dem Modell des Punktteilchens. Das Teilchen ist festgelegt durch seine Masse (und in der Quantentheorie, aber nur dort, auch durch den Spin) sowie durch mögliche Ladungen. Sein Zustand wird gekennzeichnet durch Ort und Geschwindigkeit. Aus diesen Werten folgen gemäß den Gesetzen der klassischen Physik vollständig determiniert alle künftigen und sogar auch alle vergangenen Zustände. Bis heute wird ein solches Modell eines deterministischen faktischen Verhaltens von vielen Wissenschaftlern als anzustrebendes Ideal der Physik betrachtet. Dabei wird zumeist ignoriert, dass diese Idealisierung einen logischen Widerspruch beinhaltet.

Ein Ort wird definiert durch einen Punkt im Raum, eine Geschwindigkeit durch die Zeitdauer, in der eine bestimmte Strecke zurückgelegt wird. Erst die wunderbar erfolgreiche Idealisierung, sich eine Strecke so klein ausdenken zu können, dass sie von einem Punkt nicht unterschieden werden kann, hat die mathematischen Erfolge der theoretischen Physik ermöglicht. An die Abstraktion vom verschwindenden Unterschied zwischen einer Strecke und einem Punkt haben wir uns in der Physik seit mehreren Jahrhunderten gewöhnt und empfinden sie keineswegs mehr als seltsam oder unverständlich.

Für das Überleben von Tieren und auch von Menschen ist die Unterscheidung zwischen verschiedenen Objekten unverzichtbar. Dies gilt ebenfalls für eine wissenschaftliche Beschreibung der Natur. Wie erwähnt ist jedoch für das Aufstellen von Regeln und erst recht von Gesetzen ein Verzicht auf unwesentliche Informationen notwendig.

Ein Objekt lässt sich von seiner Umgebung unterscheiden und oft auch relativ zu seiner Umgebung zumindest theoretisch bewegen. Objekte haben ein kleineres Volumen als die Umgebung, in der sie sich befinden. Das unterscheidet die AQIs grundlegend von möglichen Objekten. Ein AQI ist ausgedehnt über das gesamte Volumen des Kosmos. Eine Bewegung des AQIs relativ zum Kosmos ist nicht vorstellbar. *Daher können AQIs nicht als Objekte begriffen werden.* Erst die quantentheoretische Kombination von vielen AQIs ermöglicht Zustände, die eine starke Lokalisierung auf ein kleines Volumen im kosmischen Raum bedeuten. Also sind viele AQIs notwendig, um einen Zustand zu erzeugen, welcher Eigenschaften eines kleinen Teilchens aufweisen kann.

---

[2] z. B. Pietschmann, H. (2003) *Quantenmechanik verstehen*, Springer, Berlin, Heidelberg, S. 1

Mit dem Begriff „Teilchen“ wird hier im Buch das abstrakte Modell für ein beliebiges Objekt bezeichnet, also für eine lokalisierbare und bewegbare Entität.

Das Modell „Teilchen“ ist in der Physik notwendig und unverzichtbar. In ihrer abstrakten Form als stabile Elementarteilchen erscheinen sie wie erwähnt als ununterscheidbar. Mit dieser Nichtunterscheidbarkeit scheinen sie gegen das von Leibniz aufgestellte fundamentale philosophische Prinzip der „identitatis indiscernibilium“, gegen die „Identität des Ununterscheidbaren“ zu verstoßen. Dazu kann aus Sicht der Quantentheorie ausgeführt werden, dass eine Vielzahl „gleicher Teilchen“ als eine „Ganzheit“ zu beschreiben ist, z. B. nicht als „zwei identische Elektronen“, sondern als „ein Dielektron“. Das Leibnizsche Prinzip wird durch die Quantentheorie „aufgehoben“ – in der gegebenen Zweideutigkeit dieses Begriffs. Zum einen im juristischen Sinne als nicht mehr wörtlich gültig und andererseits als weiterhin aufbewahrt. Verschiedene identische Strukturen erweisen sich bei genauer Beschreibung als eine neue Ganzheit, bei der die „Vielheit“ verschwunden ist. Wenn es in höchster Abstraktion nur die henadische, also einheitliche teilelose Quantenstruktur des Kosmos gibt, dann verschwindet auf diesem Abstraktionsniveau jede Vielheit.

Wenn Teilchen aus AQIs konstruiert werden sollen, dann ergibt sich für diese Quantenbits eine Schwierigkeit. Die AQIs sind so abstrakt und so einfach, dass sie außer ihrem aktuellen Zustand keine Eigenschaft besitzen können. Ein einfaches Bild davon bietet der Sinus. Die möglichen Zustände von Sinus-Funktion können sich lediglich darin unterscheiden, an welcher Stelle des Kreises ihr Maximum liegt.

Wegen ihrer absoluten Einfachheit sind die AQIs nicht zu unterscheiden. Eine derartige Ununterscheidbarkeit würde zu einer „Bose-Statistik“ führen. Dieser Begriff stammt aus der Quantenfeldtheorie und wurde zuerst von Satyendranath Bose (1894–1974) und Albert Einstein für das Verhalten der Photonen erkannt. Diese Statistik gilt für alle „Kraftquanten“, also alle Quantenteilchen mit einem ganzzahligen Spin. Wenn man z. B. zuerst Photon Nr. 1 und dann Photon Nr. 2 erzeugt oder dies in umgekehrter Reihenfolge geschehen lässt, so wird dabei kein Unterschied bewirkt. Das wird sinngemäß auf so definierte AQIs übertragen, man spricht davon, dass die Wirkung einer „Vertauschung“ gleich null ist.

Wird eine solche Vertauschbarkeit für die AQIs postuliert, dann können allerdings unter dieser Voraussetzung aus den AQIs lediglich masselose Darstellungen der Poincaré-Gruppe konstruiert werden, also masselose Quantenteilchen.

Teilchen mit einer „Ruhmasse“ können definitionsgemäß in einem kleinen Raumbereich verweilen. Ein anderes Teilchen mit Masse kann sich an einem anderen Ort befinden.

Aus dieser Sicht kann eine gewisse Unterscheidbarkeit bei den AQIs angenommen werden. Die AQIs der einen Masse sind nicht an der Formung der anderen Masse beteiligt. Um Teilchen mit einer Masse konstruieren zu können, kann man die AQIs also in einer gewissen Weise unterschiedlich werden lassen. Das mathematische Modell dafür wird damit erstellt, dass AQIs, die zum gleichen Teilchen gerechnet werden, untereinander nicht unterschieden werden können. Man kann sie ohne erkennbare Wirkung vertauschen. Jedoch AQIs, die zu verschiedenen Teilchen gehören, sollen bei einer Vertauschung einen Vorzeichenwechsel bewirken.

Einen Vorzeichenwechsel beim Vertauschen kennt man in der Quantenfeldtheorie von der Fermi-Dirac-Statistik. Wenn zwei Fermionen, also Teilchen mit einem halbzahligen Spin, im gleichen Zustand sind, dann ist wegen dieser Gleichheit eine Vertauschung des Platzes ohne Wirkung. Da sie aber nach Voraussetzung einen Vorzeichenwechsel bewirken sollen, muss die Wahrscheinlichkeit für zwei Fermionen im gleichen Zustand gleich null sein. Man spricht von „Anti-Vertauschung". Alle Fermionen sind Materieteilchen. Die Ausgedehntheit der Materie wird durch dieses Verhalten bei einer Anti-Vertauschung verursacht.

Bei den AQIs ergibt sich mit der erwähnten Festlegung ein Vorzeichenwechsel beim Vertauschen zwischen verschiedenen Typen („Anti-Vertauschen") und keine Unterschiede beim Vertauschen von AQIs des gleichen Typus. Das Resultat ist dann eine „Parabose-Statistik". Sie wird in Abschnitt 22.4 genauer untersucht.

Es sei nur angemerkt, dass der gleiche Effekt erzielt werden kann, wenn man anstelle von Parabose-Statistik einen neuen Freiheitsgrad einführt – so wie bei den Quarks die drei „Farbladungen" – und dazu fordert, dass dieser Freiheitsgrad nie wahrnehmbar ist. Diese Festlegung entspricht bei den aus den Quarks konstruierten Teilchen wie Proton und Neutron der Forderung, dass sie alle „weiß", also farblos sein müssen.

Diese kurzen Bemerkungen zu Erscheinungen und Zusammenhängen in der etablierten Teilchenphysik sollen dazu dienen, das Ziel des Vorhabens zu verdeutlichen.

Wir benötigen einen Anschluss von den AQIs an die bewährten theoretischen und experimentell bestätigten Strukturen. Das bedeutet in einem ersten Schritt das Aufstellen von Modellen für elementare Teilchen. Mit den Teilchen und deren Wechselwirkungen kann man dann die bewährten und bereits existierenden Strukturen der Quantenfeldtheorien verwenden und hat zusätzlich den Gewinn, nun auch die Quanteninformation mit eingeschlossen zu haben. Wie bereits deutlich gemacht wurde, ist ohne einen Einschluss der Information eine naturwissenschaftliche Erklärung der Lebensvorgänge nicht möglich. Dazu später mehr, jetzt sind zuerst die Strukturen zu erklären, die bisher in der Physik als die einfachsten angesehen worden waren, die Teilchen.

Ein AQI der Protyposis ist wie erwähnt eine extrem nicht-lokale Struktur. Im Gegensatz dazu ist ein „Objekt" in der Physik eine solche Struktur, die in Raum und Zeit lokalisierbar ist und die daher auch bewegt werden kann. Unter einer Bewegung soll nur der Zustand des Objektes verändert werden, nicht aber das Objekt selbst. Diese Vorstellung lässt sich im Minkowski-Raum, also in dem Raum, in welchem die Spezielle Relativitätstheorie gültig ist, mathematisch klar definieren. Wir können somit unsere Definition etwas anders formulieren:

> Wenn ein Objekt bei jeder möglichen Bewegung in Raum und Zeit lediglich seinen Zustand ändern soll, nicht aber sich selbst, dann soll es als „Teilchen" bezeichnet werden.

Alle möglichen Bewegungen in Raum und Zeit, genauer gesagt im Minkowski-Raum, bilden die Bewegungsgruppe in diesem Raum. Dann müssen alle möglichen Zustände eines Teilchens eine irreduzible Darstellung dieser Gruppe aufspannen.

Die im Minkowski-Raum möglichen Bewegungen, bzw. die ihnen entsprechenden Transformationen, formen sich aus den drei Drehungen, den vier Translationen und den drei „Boosts". Die Boosts beschreiben die Veränderung der Geschwindigkeit, z. B. wenn ein bewegtes Objekt aus einem anderen Bezugssystem beschrieben wird. (So ändert sich beispielsweise die wahrgenommene Geschwindigkeit eines Autos, wenn es aus einem fahrenden Zug beobachtet wird.) Die Transformationen formen miteinander eine Gruppe, die heute zumeist als Poincaré-Gruppe bezeichnet wird (früher auch als inhomogene Lorentzgruppe $ISO(3,1)$). Sie wurde in Kapitel 14 bereits erwähnt.

Eugen Wigner (1902–1995) hatte gezeigt[3], dass es mit dieser Gruppe für den Minkowski-Raum eine exakte mathematische Definition für ein Teilchen gibt:

> Ein Teilchen ist in der mathematischen Beschreibung der Physik eine Struktur, deren Zustände durch die Elemente einer irreduziblen Darstellung der Poincaré-Gruppe beschrieben werden.

Diese irreduziblen Darstellungen, die den Typ eines Elementarteilchens festlegen, werden durch den Spin und die Masse charakterisiert. (Siehe Abschnitt 22.6.) Teilchen können masselos sein oder eine Ruhemasse besitzen. Es wird gezeigt werden, dass sich aus der mathematischen Struktur der Poincaré-Gruppe ergibt:

> Alle physikalisch realisierbaren der mathematisch möglichen Teilchen sowie der Vakuumzustand im Minkowski-Raum können aus den AQIs der Protyposis konstruiert werden.

Als „Teilchen-Vakuum" bezeichnet man den Zustand: „Kein Teilchen ist im Minkowski-Raum." (Siehe Abschnitt 22.9.)

---

[3] Wigner, E. P. (1939) *On unitary representations of the inhomogeneous Lorentz group*, Annals of Mathematics, 40, S. 149–204

Wie ebenfalls bereits erwähnt sind die mathematischen Möglichkeiten wiederum wesentlich reichhaltiger als dasjenige, was dann in der Natur realisiert ist. Nicht allen irreduziblen Darstellungen der Poincaré-Gruppe entsprechen auch reale Objekte. So gibt es beispielsweise keine Tachyonen, denn diese müssten eine imaginäre Masse haben. Als Konsequenz würden sie in der Zeit rückwärts fliegen. Das lässt zwar Science-Fiction-Filme spannend werden, hat aber nichts mit der Realität zu tun.

Wie könnte eine Veranschaulichung des Minkowski-Raums aussehen?

Die Experimente mit Elementarteilchen finden in mehr oder weniger großen Laboren statt. In einem Labor ist es so wie in einem Zimmer – von der Krümmung der Erdoberfläche ist nichts zu bemerken. Natürlich wissen wir alle, dass es Berge und Täler gibt, aber für die Arbeit im Labor ist das erst einmal belanglos. Dort soll der Fußboden eben sein.

Ein Bild vom Minkowski-Raum, also von dem Raum, in dem die mathematische Beschreibung von Teilchen modelliert wird, wäre ein Labor, bei dem sich jedoch Länge, Breite und Höhe jeweils von minus bis plus Unendlich erstrecken und in dem ebenfalls überall die Zeit völlig gleichmäßig verläuft. In einem derartigen Raum ist von lokalen Krümmungen nichts zu bemerken. Ein solches Modell schließt daher eine Wirkung von möglicher Gravitation auf die Raumstruktur aus. Durch die verwendete mathematische Struktur wird also Schwerkraft und damit im Grunde auch eine „schwere Masse" ausgeschlossen. Das ist im Rahmen der Elementarteilchenphysik unproblematisch, denn die Gravitationswirkungen sind so winzig, dass sie fast keine Rolle spielen.

Allerdings verführte der scheinbare Ausschluss der Gravitation z. B. auch zu der Fantasie, dass eventuelle Antimaterie auch einer „Antigravitation" unterliegen könnte.

Vor kurzem konnte im Experiment gezeigt werden,[4)] dass auch Antimaterie so wie alles andere im Kosmos ganz normal der Gravitation unterliegt. Man hatte neutrale Atome aus Antiwasserstoff fallen lassen und gesehen, dass sich dabei kein Unterschied zu normalem Wasserstoff zeigte.

Bei der Auswertung musste natürlich die Schwerkraft einbezogen werden, auch wenn eine Raumkrümmung methodisch im Minkowski-Raum ausgeschlossen ist. Als Ausweg gab und gibt es zur Berücksichtigung der Gravitation natürlich die Newtonsche Gravitationstheorie. Sie kann mathematisch im Rahmen der Quantenmechanik als klassisches Kraftfeld beschrieben werden.

Alles, was existiert, ist aus AQIs aufgebaut. Sie sind die Ursache auch der Gravitation. Daher war es auch keine Überraschung, dass auch Antimaterie im Schwerefeld fällt und nicht aufsteigt.

Man könnte meinen, dass mit dem theoretischen Fehlen der schweren Masse auch die träge Masse nicht definiert werden kann. Interessanterweise zeigt sich aus der Struktur der quantischen Wechselwirkungen, dass diese in einer quantenfeldtheore-

---

[4] Anderson, E. K.; Baker, C. J.; Bertsche, W. et al. (2023) *Observation of the effect of gravity on the motion of antimatter*, Nature 621, S. 716–722, *https://doi.org/10.1038/s41586-023-06527-1*

tischen Beschreibung ein geändertes Vakuum erzeugen, das sogenannte Higgs-Feld. Im Unterschied zur Gravitation, die mit allem Existierenden wechselwirkt, also mit Materie, Energie und auch Information, reagiert das Higgs-Feld nur mit den Massen. Die Massen der fundamentalen Teilchen, der Leptonen, Quarks sowie W- und Z-Bosonen, werden von den Ladungen erzeugt. Das Higgs reagiert dann nicht unterschiedlich mit den verschiedenen Ladungen, der elektrischen, der starken und der schwachen, sondern nur mit der erzeugten Masse. Diese Wechselwirkung ruft damit die Trägheit hervor – und zwar exakt proportional zur Masse.

Räume und Teilchen

Die größte Symmetriegruppe für die Bewegungen, die in einer vierdimensionalen Raumzeit wie dem Minkowski-Raum möglich ist, ist wie gesagt die Poincaré-Gruppe. Sie hat zehn Parameter – man sagt, sie ist zehndimensional. Wenn es – so wie es die Allgemeine Relativitätstheorie zeigt – lokal variable Krümmungen im Raum gibt, dann gibt es weniger Symmetrien und die Größe der Symmetriegruppe verringert sich oder sie verschwindet ganz.

Die Definitionen und Gesetze der Physik sind stets Approximationen an die Realität der Natur. Mathematisch muss man in der Poincaré-Gruppen-Darstellung einem Teilchen (z. B. einem Elektron) die Möglichkeit einräumen, einen energetischen Zustand erreichen zu können, der dem Energie-Äquivalent eines Galaxienhaufens entspricht. Diese rein mathematische Möglichkeit ist natürlich aus experimenteller Sicht ein vollkommener Unsinn. Aber die mathematischen Strukturen erfordern ihn.

Eine praktische Vorstellung, wie sie für die Experimente recht hilfreich ist, wäre, dass ein physikalisches Teilchen sich wie ein kleines wirkliches Teilchen verhält, so ähnlich, wie wenn wir eine Murmel werfen. Diese Vorstellung ist zwar anschaulich und in vielen Fällen auch nützlich, aber unsere handhabbare mathematische Struktur entspricht ihr nur näherungsweise. Schließlich haben wir bei diesem Bild eine ununterbrochene faktische Situation vor Augen, während es zwischen zwei Fakten, zwischen Präparation und Messung, nur Möglichkeiten gibt.

Wenn wir einen Blick in die Kosmologie werfen, dann sehen wir auch, dass der Minkowski-Raum ein recht schlechtes Modell für den Kosmos ist. Die Kosmologie der Protyposis zeigt, dass zumindest in ihrem Rahmen ein geschlossener Ortsraum ein besseres Modell darstellt als der unendlich ausgedehnte Minkowski-Raum. Allerdings ist das Protyposis-Modell der Kosmologie auch eine Struktur, in der eine so große Symmetriegruppe wie die Poincaré-Gruppe nicht möglich ist. Damit erfordert ein mathematisches Modell für „Teilchen" im Protyposis-Kosmos – wie für alle anderen kosmologischen Modelle auch – weitere Überlegungen. Schließlich ist im Minkowski-Raum eine relativistische Beschreibung der Gravitation ausgeschlossen. Wiederum wäre ein solcher Ausschluss in der Kosmologie unmöglich.

Die Festlegung auf eine Teilchendefinition über eine zehndimensionale Symmetriegruppe lässt wie erwähnt lediglich Mannigfaltigkeiten mit einer konstanten vierdimensionalen Krümmung zu. Physikalisch bedeutet das einen Kosmos, in welchem sich – so wie im Minkowski-Raum – gemäß mathematischer Beschreibung keine Materie befindet.

Der Approximations-Charakter jeder Naturwissenschaft wird auch bei den Teilchen deutlich. Der Minkowski-Raum ist wie erwähnt eine Vakuum-Lösung der Einsteinschen Gleichungen. Daher wird die Gravitation ignoriert und die beobachteten und untersuchten Teilchen sollen auch das Vakuum in seiner Struktur nicht wesentlich beeinflussen.

Neben dem Minkowski-Raum mit Krümmung null und mit der Poincaré-Gruppe als Bewegungsgruppe gibt es noch die beiden erwähnten Räume, die nach dem Astronomen Willem de Sitter (1872–1934) benannt wurden. *Sie werden mit der Einführung einer kosmologischen Konstante konstruierbar*. Der de-Sitter-Raum kann veranschaulicht werden als ein geschlossener dreidimensionaler Ortsraum, eine S^3, mit einer unbeschränkten Zeit und der Bewegungsgruppe $SO(4,1)$. Die Drehungen der dreidimensionalen Oberfläche einer vierdimensionalen Kugel bilden die „spezielle orthogonale Gruppe" in vier Dimensionen, die $SO(4)$. So wie die Drehungen im Dreidimensionalen, $SO(3)$, durch die Hinzunahme der Zeit zur homogenen Lorentzgruppe $SO(3,1)$ erweitert wird, wird die $SO(4)$ durch die Hinzunahme der Zeit zur De-Sitter-Gruppe $SO(4,1)$ erweitert. Im De-Sitter-Raum hat die kosmologische Konstante eine *positive Energiedichte und einen negativen Druck.*

Der Anti-de-Sitter-Raum hat einen hyperbolischen Ortsraum mit einer zyklischen Zeit. Für eine solche zyklische Zeit ist die Gruppe der Drehungen im Zweidimensionalen zuständig, die $SO(2)$. Sie wird dann durch die Hinzunahme eines dreidimensionalen Ortsraumes ergänzt zur $SO(3,2)$. Dieses kosmologische Modell erfordert ebenfalls eine kosmologische Konstante. Diese hat zwar einen positiven Druck, jedoch eine negative (!) Energiedichte.

Diese drei Lösungen der Einsteinschen Gleichungen für einen Kosmos, der nur ein „Vakuum" und eventuell eine kosmologische Konstante enthält, ergeben drei verschiedene vierdimensionale Räume mit einer konstanten Krümmung. Daher ist in ihnen jeweils eine zehndimensionale Bewegungsgruppe möglich. Das erlaubt es, in diesen Räumen mit den irreduziblen Darstellungen dieser Gruppen mathematische Modelle für so etwas Ähnliches wie „Teilchen" definieren zu können.

Dass es sich dabei um „Vakuumlösungen" der Einsteinschen Gleichungen handelt, muss uns nicht sonderlich stören. Schließlich wird auch im Minkowski-Raum mit existierenden Teilchen gerechnet und dabei die Wirkung der Gravitation und der Kosmologie ignoriert.

Der Minkowski-Raum kann mathematisch mit einem Tangentialraum an die Protyposis-Kosmologie veranschaulicht werden. So wie eine Tangente nur einen Punkt mit einem Kreis gemeinsam hat, haben auch diese beiden vierdimensionalen Räume – die Protyposis-Kosmologie und der Minkowski-Raum – nur einen Punkt gemeinsam.

Der de-Sitter-Kosmos ermöglicht mit seinem endlichen Ortsraum, mit einer S^3, eine bessere Approximation an die Protyposis-Kosmologie. Die zeitliche Veränderung vom Radius der S^3 in diesen beiden Kosmologien ist allerdings verschieden. Im de-Sitter-Kosmos verläuft die Zeit von $t = -\infty$ bis $t = +\infty$. Dabei schrumpft der Krümmungsradius R in einer hyperbolischen Abhängigkeit von der Zeit von $R = \infty$ auf einen Minimalwert zu der Zeit $t = 0$ (dem man die Größe $R = 1$ geben kann), um sich dann wieder bis ins Unendliche auszudehnen.

In der Protyposis-Kosmologie beginnt die Zeit bei einem Radius $R = 1$ des Ortsraumes, der sich dann mit linearer Abhängigkeit von der Zeit mit dieser bis ins Unendliche dehnt. Daher gibt es zu jedem Zeitpunkt im Protyposis-Kosmos einen entsprechenden Zeitpunkt im de-Sitter-Kosmos, sodass die Ortsräume übereinstimmen.

Die Gruppe der Bewegungen im de-Sitter-Kosmos, die de-Sitter-Gruppe $SO(4,1)$, beschreibt mögliche Objekte in einer solchen Kosmologie. Wie Wigner und Erdal İnönü (1926–2007) gezeigt hatten[5)], geht der de-Sitter-Kosmos in den Minkowski-Raum und die Gruppe $SO(4,1)$ in die Poincaré-Gruppe über, wenn man den Radius der S^3 im mathematischen Grenzwert unendlich groß werden lässt.

22.4 Ein erster Erfolg: Objekte in einem de-Sitter-Kosmos

22.4.1 Symmetrien für Quantenbits

Da der Minkowski-Raum eine physikalische Kosmologie im Grunde ausschließt, soll eine Verbindung zwischen Kosmologie und Teilchenphysik mit einem etwas realistischeren kosmologischen Modell, dem de-Sitter-Kosmos begonnen werden.

Für unsere kosmologischen Untersuchungen hatten wir die Symmetriegruppen $U(1)$ und $SU(2)$ der AQIs betrachtet. Aber neben diesen beiden Gruppen existiert noch eine weitere Operation, die ebenfalls das Skalarprodukt zwischen zwei Vektoren in dem zweidimensionalen komplexen Zustandsraum eines AQIs invariant lässt. Dabei handelt es sich um die Komplexkonjugation, also den Übergang von „i" zu „–i".

Wenn man eine solche antiunitäre Operation durch einen unitären Operator darstellen will, dann ist dazu der Raum zu verdoppeln. Man geht von einem C^2 über zu einem C^4. C. F. v. Weizsäcker sprach in Analogie zu Teilchen und Antiteilchen von „Uren" und „Anti-Uren". Diese Verwendung von „Vierer-Uren" hat sich als zweckmäßig erwiesen, um Teilchen mathematisch darzustellen.

5 Inönü, E.; Wigner, E. P. (1953) *On the contraction of groups and their representations*, Proc Natl Acad Sci USA; 39(6), S. 510–524; (1954) *On a particular type of convergence to a singular matrix*, Proc Natl Acad Sci USA; 40(2), S. 119–121

Wie man aus Quantenbits, aus Weizsäckers Uren und Anti-Uren, Teilchen mathematisch konstruieren kann, wurde für den Fall eines geschlossenen Ortsraums, also für eine S^3, erstmals 1986 gezeigt.[6] Es sei noch einmal daran erinnert, dass der Begriff des „Teilchens“ zu verstehen ist als ein Objekt, welches sich in der Zeit und einem dreidimensionalen Raum – also in einer vierdimensionalen pseudoeuklidischen Mannigfaltigkeit – bewegen kann, ohne dass sich dabei diejenigen Parameter ändern müssten, die seine jeweilige Identität festlegen. Im Minkowski-Raum sind diese beiden Größen die Masse und der Spin.

Im Gegensatz zum Minkowski-Raum ist ein solcher geschlossener Ortsraum wie beim de-Sitter-Kosmos eine gute Anpassung an eine vernünftige Kosmologie, in welcher das Empirie-Problem nicht auftritt. Allerdings zeigt sich in der de-Sitter-Kosmologie auch, dass dort definierte „Teilchen“ erst in einem Grenzprozess in die Teilchen übergehen, die in einem strengen physikalischen und mathematischen Sinn für den Minkowski-Raum definiert sind.

Um von den Quantenbits zu den Quantenteilchen zu gelangen ist zuvor ein Blick auf die Quantisierung zu werfen. Erst dieser Prozess erklärt einen solchen Übergang.

22.4.2 Quantisierung: Erzeugungs- und Vernichtungsoperatoren

In Abschnitt 1.5 war die „Quantisierung“ vorgestellt worden. Quantisierung kann als Übergang von einer faktischen, d. h. klassischen, zu einer Quantenbeschreibung so charakterisiert werden, dass man von den Fakten übergeht zur Menge der Potenzialitäten, die aus den Fakten erwachsen können.[7] Beim Übergang von der Quantenmechanik zur Quantenfeldtheorie, der oft als „zweite Quantisierung“ bezeichnet wird, werden die Zustände des Quantenfeldes durch die Erzeugung oder Vernichtung von Feldquanten verändert.

> Daher lag die Analogie nahe, dass der Übergang von den Quantenbits zu den Quantenteilchen durch die Erzeugung oder Vernichtung von Quantenbits beschrieben wird.

Für ein solches Erzeugen und Vernichten ist im Rahmen der Quantentheorie die Annahme vernünftig, dass die Reihenfolge solche Operationen einen Einfluss auf das Ergebnis haben kann. Man spricht daher im Rahmen der Quantentheorie von Vertauschungsrelationen. Erwähnt wurden die Bose- und Fermi-Vertauschungsregeln

[6] Görnitz, T.; Weizsäcker, C. F. v. (1986) *De Sitter representations and the particle concept in an ur-theoretical cosmological model*, in: Barut, A. O.; Doebner, H. D. (Hrsg.) *Conformal Groups and Related Symmetries, Physical Results and Mathematical Background*, Springer, Berlin

[7] Görnitz, T. (1999, 2006, 2013) *Quanten sind anders: Die verborgene Einheit der Welt*, Spektrum Akademischer Verlag, Heidelberg

für Quantenteilchen. Für die Quantenteilchen einer Sorte, also z. B. Photonen oder Elektronen, folgt aus den experimentellen Erfahrungen, dass diese Teilchen untereinander nicht unterschieden werden können. Wenn man in einem Zustand zwei von ihnen vertauscht, dann gibt es die Möglichkeit, dass der neue Zustand so wie der alte ist. Das nennt man eine Bose-Vertauschung, man spricht von Bosonen. Bosonen sind die Teilchen der Kräfte.

Wenn ganz allgemein für Operatoren die Vertauschungsregeln gelten

$$\left[a_r, a_s^+\right] = a_r a_s^+ - a_s^+ a_r = \delta_{rs} \tag{22.1}$$

sowie

$$\left[a_r^+, a_s^+\right] = \left[a_r, a_s\right] = 0$$

mit $\delta_{rs} = 1$ für $r = s$ und $\delta_{rs} = 0$ für $r \neq s$

dann sollen die α_r^+ als Bose-Erzeugungsoperatoren und die a_r als Bose-Vernichtungsoperatoren bezeichnet werden. Die Index-Menge ist für ein konkretes Problem jeweils festzulegen.

Von den Teilchen der Materie, den Fermionen, ist bekannt, dass niemals zwei von einer Sorte in einem identischen Zustand sein können. Wenn man daher zwei im gleichen Zustand erzeugen wollte, so muss sich null ergeben.

Bei den Fermi-Erzeugungsoperatoren b_s^+ und den Fermi-Vernichtungsoperatoren b_r wird in den Vertauschungsregeln die Differenz durch die Summe ersetzt:

$$\left\{b_r, b_s^+\right\} = b_r b_s^+ + b_s^+ b_r = \delta_{rs} \tag{22.2}$$

sowie

$$\left\{b_r^+, b_s^+\right\} = \left\{b_r, b_s\right\} = 0$$

Bei den Quantenteilchen sind diese Symmetrieforderungen wegen der empirischen Befunde unvermeidbar. Weizsäcker hatte darauf verwiesen, dass jedoch eine solche Aussage für seine Ur-Alternativen, die bei ihm mit „Bedeutung" verbunden waren, erst einmal unplausibel ist. Normalerweise kann man die Bedeutung einer Information von der Bedeutung einer anderen Information sehr wohl unterscheiden. Weizsäcker suchte daher nach einer Form von Erzeugung und Vernichtung, die im vollen Tensor-Raum wirken kann und nicht nur in einem symmetrisierten Teilraum davon. Seine Lösung waren Operatoren, die er als „Rupf- und Stopf-Operatoren" bezeichnete.[8)]

[8] Weizsäcker, C. F. v. (1985) *Aufbau der Physik*, Hanser, München

22.4.3 Weizsäckers „Stopf- und Rupfoperatoren"

Der Zustandsraum eines Vierer-Ures ist der C^4 mit den vier Basisvektoren r_i {mit $i = 1, 2, 3, 4$}. Das Tensorprodukt von n Räumen C^4 werde bezeichnet als $(C^4)^{\otimes n}$.

Der „Tensorraum" T ist die direkte Summe über alle $(C^4)^{\otimes n}$.

$$T = \Omega \oplus_{n=1}^{\infty} \left(C^4\right)^{\otimes n} \tag{22.3}$$

Dabei ist $\Omega = C^1$ das Vakuum, also der Zustand: „kein Ur und kein Anti-Ur" vorhanden.

Eine Basis für die Zustände im C^4 werde gebildet von Vektoren r_i (mit $i = 1, \ldots, 4$). Dann formen Monome (also Produkte aus diesen Basisvektoren und keine Summen von ihnen) der Gestalt $\left|r_{i1} r_{i2} \ldots r_{in}\right\rangle$ eine Basis in $(C^4)^{\otimes n}$ und es gilt für das Skalarprodukt

$$\left\langle r_{i1} r_{i2} \ldots r_{in} \middle| r_{k1} r_{k2} \ldots r_{km} \right\rangle = \delta_{nm} \delta_{i1\,k1} \ldots \delta_{in\,kn} \tag{22.4}$$

(δ_{nm} bewirkt die Orthogonalität von Zuständen mit unterschiedlichen Tensorrang, d. h. unterschiedlicher Anzahl von Monomen.)

Die Stopf- und Rupfoperatoren („stuff- and pick-operators") werden wie folgt definiert:[9)]

$$Sr_\alpha \left|r_1 \ldots r_n\right\rangle = \left|r_\alpha r_1 \ldots r_n\right\rangle + \left|r_1 r_\alpha \ldots r_n\right\rangle + \ldots + \left|r_1 \ldots r_\alpha r_n\right\rangle + \left|r_1 \ldots r_n r_\alpha\right\rangle \tag{22.5}$$

$$\left|Rr_\alpha \middle| r_1 \ldots r_n\right\rangle = \left|r_1 \ldots r_{i1} \ldots r_n\right\rangle + \ldots + \left|r_1 \ldots r_{i2} \ldots r_n\right\rangle + \ldots + \left|r_1 \ldots r_{ij} \ldots r_n\right\rangle \tag{22.6}$$

Dabei bedeutet r_{ij}, dass der betreffende Vektor r_{ij} jeweils an allen den Stellen aus dem Monom entfernt wird, an denen $r_{ij} = r_\alpha$ ist. Bezüglich des Skalarproduktes Formel 22.4 sind die Operatoren adjungiert: $R_r{}^* = S_r$. Das bedeutet, zu jedem Monom $\left|u\right\rangle$ und $\left|v\right\rangle$ gibt es ein Monom $\left|u^*\right\rangle$ mit

$$\left|u^*\right\rangle = R_r \left|u\right\rangle$$

sodass

$$\langle u \mid S_r v\rangle = \langle R_r u \mid v\rangle = \langle u^* \mid v\rangle$$

Weiterhin werden Bewegungsoperatoren („trucking-operators") t_{rs} definiert, welche in den Monomen die Vektoren vom Typ „s" in solche vom Typ „r" wie folgt verwandeln:

$$t_{rs} \left|r_1 \ldots s_1 \ldots s_k \ldots r_n\right\rangle = \left|r_1 \ldots r \ldots s_k \ldots r_n\right\rangle + \ldots + \left|r_1 \ldots s_1 \ldots r \ldots r_n\right\rangle \tag{22.7}$$

mit $s_i = s$ und $r_1 \neq s$.

---

[9] Weizsäcker, C. F. v. (1985), S. 421 ff.

Als Beispiel:

$$t_{23}\left|r_1 r_2 r_3 r_3 r_1 r_3\right\rangle = +\left|r_1 r_2 r_2 r_3 r_1 r_3\right\rangle + \left|r_1 r_{2r3} r_2 r_1 r_3\right\rangle + \left|r_1 r_2 r_3 r_3 r_1 r_2\right\rangle \tag{22.8}$$

Der Operator t_{rr} multipliziert ein Monom mit der Anzahl der in ihm enthaltenen Vektoren r.

Für die angegebenen Operatoren gelten die folgenden Vertauschungsregeln:

$$\left[S_i, S_j\right] = \left[R_i, R_j\right] = 0 \tag{22.9}$$

$$\left[R_r, S_s\right] = t_{sr}$$

für $s \neq r$.

$$\left[R_v, t_{st}\right] = +R_t \delta_{rs}$$

$$\left[S_r, t_{st}\right] = -S_s \delta rt$$

$$\left[R_r, S_r\right] = t_{rr} + \{n+1\}$$

Dabei multipliziert der Operator *{n}* ein Monom mit der Anzahl seiner Vektoren, die als Faktoren in ihm enthalten sind.

Wir definieren *R* und *S* wie folgt um:

$$R_r = -t_{0r} \tag{22.10}$$

$$S_r = +t_{r0} \tag{22.11}$$

$$\{n+1\} = -t_{00} \tag{22.12}$$

Der Index *0* kennzeichnet bei t_{0r} die Umwandelung in einen „Grundzustand“, bei t_{r0} die Erzeugung eines Vektors aus einem Grundzustand.

Dann kann Formel 22.9 wie folgt zusammengefasst werden:

$$\left[t_{rs}, t_{tu}\right] = t_{ru} \delta_{st} - t_{ts} \delta_{ru} \tag{22.13}$$

Diese Operatoren können in gesamten Tensorraum *T* wirken.

Nun werden als „Grundzustände“ Ω_N in *T* definiert, wenn gilt:

$$R_r \left|\Omega_N\right\rangle = 0 \tag{22.14}$$

$$t_{rs} \left|\Omega_N\right\rangle = 0 \quad \text{für } r \neq s$$

$$-t_{00}\left|\Omega_N\right\rangle = (N+1)\left|\Omega_N\right\rangle$$

Dabei ist $\left|\Omega_0\right\rangle = \left|\Omega\right\rangle$ das reguläre Vakuum, also C^1. Ein allgemeiner Grundzustand ist von der Gestalt

$$\left|\Omega_{4n}\right\rangle = (4!)^{\frac{-n}{2}} \sum_{P_i} (-1)^{T_1} P_1\left|r_1 r_2 r_3 r_4\right\rangle \dots (-1)^{T_n} P_n\left|r_1 r_2 r_3 r_4\right\rangle \quad (22.15)$$

Dabei bedeutet P_k eine Permutation des Quadrupels der Basisvektoren und T_k zählt die dabei auftretenden Transpositionen. Die Summe erstreckt sich über alle Permutationen in allen Quadrupeln.

Über einem Grundzustand $\left|\Omega_N\right\rangle$ erzeugen die Stopfoperatoren einen linearen Teilraum vom Gesamt-Tensorraum T.

Die orthonormierten Basisvektoren haben in einem derartigen Teilraum mit der Festlegung

$$N = 4n \quad (22.16)$$

sowie

$$L = l_1 + l_2 + l_3 + l_4$$

die folgende Form (das Zeichen =!= soll gelesen werden als: „definiert als")

$$\left|L_N\right\rangle =!= \left|l_1, l_2, l_3, l_4\right\rangle_N = \sqrt{\frac{(N+n)!}{(N+n+L)!\,l_1!\,l_2!\,l_3!\,l_4!}} S_1^{l_1} S_2^{l_2} S_3^{l_3} S_4^{l_4} \left|\Omega_N\right\rangle \quad (22.17)$$

Auf die Vektoren wirken die Stopf- und Rupfoperatoren wie folgt:

$$R_j\left|l_i, l_j, l_k, l_l\right\rangle_N = \sqrt{l_j}\sqrt{N+n+L}\left|l_i, l_j - 1, l_k, l_l\right\rangle_N \quad (22.18)$$

$$S_j\left|l_i, l_j, l_k, l_l\right\rangle_N = \sqrt{l_j+1}\sqrt{N+n+L+1}\left|l_i, l_j + 1, l_k, l_l\right\rangle_N \quad (22.19)$$

$$t_{ji}\left|l_i, l_j, l_k, l_l\right\rangle_N = \sqrt{l_j+1}\sqrt{l_i}\left|l_i - 1, l_j + 1, l_k, l_l\right\rangle_N \quad (22.20)$$

$$t_{jj}\left|l_i, l_j, l_k, l_l\right\rangle_N = \left(n + l_j\right)\left|l_i, l_j, l_k, l_l\right\rangle_N \quad (22.21)$$

$$-t_{00}\left|l_1, l_2, l_3, l_4\right\rangle_N = (N+L+1)\left|l_1, l_2, l_3, l_4\right\rangle_N \quad (22.22)$$

22.4.4 *SO*(4,1)-Darstellung über einem gegebenen Grundzustand

Es sei $|\Omega_N\rangle$ ein gewählter Grundzustand, sozusagen ein verallgemeinertes Vakuum. Dann kann mit einer entsprechenden Normierung der Rupf- und Stopf-Operatoren eine irreduzible unitäre Darstellung v_{r,N^2} der de-Sitter-Gruppe $SO(4,1)$ aufgebaut werden.

Die unitären Darstellungen der de-Sitter-Gruppe $SO(4,1)$ waren von L.H. Thomas (1903–1992)[10], T.D. Newton[11] und komplett von J. Dixmier (*1924)[12] sowie von R. Takahashi [13] klassifiziert worden.

Im hier vorgestellten Modell werden Äquivalente für die Massen für verschiedene Teilchen durch die Anzahlen N der Monome im jeweiligen Grundzustand festgelegt. Für den Fall eines Spins größer null, also $r > 0$, gibt es $2r + 1$ Vektoren mit minimaler Anzahl von Monomen im Grundzustand. Dieser enthält dann $(N + 2r)$ Monome.

Um die normierten Rupf- und Stopf-Operatoren zu definieren, setzen wir für die Indizes 1 und 2 die Bezeichnung a und b und für 3 und 4 dann c und d.

$$\begin{aligned} S_{ac}|L\rangle_N &= S_{ca}|L\rangle_N \\ &= \sqrt{\frac{\left(\frac{L}{2}+1-r\right)\left(\frac{L}{2}+2+r\right)}{(l_1+l_2+1)(l_1+l_2+2)(l_3+l_4+1)(l_3+l_4+2)}} \\ &\times\sqrt{\frac{\left(\frac{L}{2}+1\right)\left(\frac{L}{2}+2\right)+N^2}{(N+n+L+1)(N+n+L+2)}}S_aS_c|L\rangle_N \end{aligned} \tag{22.23}$$

$$\begin{aligned} R_{ac}|L\rangle_N &= R_{ca}|L\rangle_N \\ &= \sqrt{\frac{\left(\frac{L}{2}-r\right)\left(\frac{L}{2}+1+r\right)}{(l_1+l_2)(l_1+l_2+1)(l_3+l_4)(l_3+l_4+1)}} \\ &\times\sqrt{\frac{\left(\frac{L}{2}\right)\left(\frac{L}{2}+1\right)+N^2}{(N+n+L)(N+n+L+1)}}R_aR_c|L\rangle_N \end{aligned} \tag{22.24}$$

[10] Thomas, L. H. (1941) *On unitary representations of the group of de Sitter space*, Ann. of Math., Vol. 42, S. 113

[11] Newton, T. D. (1949) *A note on the representations of the de Sitter group*, Ann. of Math., Vol. 51, S. 730–733

[12] Dixmier, J. (1961) *Représentations intégrables du groupe de De Sitter*, Bulletin de la S. M. F., tome 89, S. 9–41

[13] Takahashi, R. (1963) *Sur les représentations unitaires des groupes de Lorentz généralisés*, Bulletin de la S. M. F., tome 91, S. 289–433

$$T_{ac}|L\rangle_N = \frac{1}{2}\sqrt{\frac{\left(\frac{1}{2}(l_3+l_4-l_1-l_2)+r\right)\left(\frac{1}{2}(l_1+l_2-l_3-l_4)+1+r\right)}{(l_3+l_4)(l_3+l_4+1)(l_1+l_2+1)(l_1+l_2+2)}} \times\sqrt{4N^2+(l_3+l_4-l_1-l_2)(2+l_3+l_4-l_1-l_2)}\,t_{ac}|L\rangle_N \tag{22.25}$$

$$T_{ca}|L\rangle_N = \frac{1}{2}\sqrt{\frac{\left(\frac{1}{2}(l_1+l_2-l_3-l_4)+r\right)\left(\frac{1}{2}(l_3+l_4-l_1-l_2)+1+r\right)}{(l_1+l_2)(l_1+l_2+1)(l_3+l_4+1)(l_3+l_4+2)}} \times\sqrt{4N^2+(l_1+l_2-l_3-l_4)(2+l_1+l_2-l_3-l_4)}\,t_{ca}|L\rangle_N \tag{22.26}$$

Mit diesen Definitionen lassen sich die Generatoren der Gruppe *SO*(4,1) darstellen. Die Untergruppe *SO*(4), die kompakt ist und die daher die Anzahl der Monome nicht verändert, wird von den folgenden sechs Generatoren erzeugt:

$$\begin{aligned} M_1 &= (t_{12}+t_{21}+t_{34}+t_{43})/2 & P_1 &= (t_{12}+t_{21}-t_{34}-t_{43})/2 \\ M_2 &= -i(t_{12}-t_{21}+t_{34}-t_{43})/2 & P_2 &= -i(t_{12}-t_{21}-t_{34}+t_{43})/2 \\ M_3 &= (t_{11}-t_{22}+t_{33}-t_{44})/2 & P_3 &= (t_{11}+t_{22}-t_{33}-t_{44})/2 \end{aligned} \tag{22.27}$$

Die noch fehlenden vier Operatoren werden mit den normierten Operatoren der Formel 22.23 bis Formel 22.26 wie folgt gebildet:

$$\begin{aligned} P_0 &= (S_{14}-S_{23}+R_{14}-R_{23}+T_{31}+T_{13}+T_{42}+T_{24})/2 \\ N_1 &= -i(S_{13}-S_{24}+R_{24}-R_{13}+T_{32}-T_{23}+T_{41}-T_{14})/2 \\ N_2 &= -(S_{13}+S_{24}+R_{24}+R_{13}+T_{32}+T_{23}-T_{41}-T_{14})/2 \\ N_3 &= i(S_{14}+S_{23}-R_{14}-R_{23}+T_{31}-T_{13}-T_{42}+T_{24})/2 \end{aligned} \tag{22.28}$$

Die Casimir-Operatoren für diese Repräsentationen haben die Gestalt

$$C_2 = P_0^2-P_1^2-P_2^2-P_3^2+N_1^2+N_2^2+N_3^2-M_1^2-M_2^2-M_3^2 \tag{22.29}$$

$$C_4 = \left(\vec{M}\vec{P}\right)^2-\left(P_0\vec{M}-P_0\times\vec{N}\right)^2-\left(\vec{M}\vec{N}\right)^2 \tag{22.30}$$

Die entsprechenden Eigenwerte ergeben sich zu

$$C_2|l_1,l_2,l_3,l_4\rangle_N = \left(N^2-r(r+1)+2\right)|l_1,l_2,l_3,l_4\rangle_N \tag{22.31}$$

$$C_4|l_1,l_2,l_3,l_4\rangle_N = -N^2r(r+1)|l_1,l_2,l_3,l_4\rangle_N \tag{22.32}$$

(Anmerkung: Ström[14)] bezeichnet C_2 als Ω und C_4 als Ω')

[14] Ström, S. (1965) *Construction of representations of the inhomogeneous Lorentz group by means of contraction of representations of the (4+1) de Sitter group*, Arkiv för Fysik, 30, S. 455 – 472

Wenn die Casimir-Operatoren explizit in den Rupf- und Stopfoperatoren aufgeführt werden, erhalten wir z. B. für C_2 die Gestalt

$$\begin{aligned}2C_2 &= S_{14}R_{14} + S_{13}R_{13} + S_{24}R_{24} + S_{23}R_{23} - \left(t_{11} - t_{22}\right)^2 \\ &+R_{14}S_{14} + R_{13}S_{13} + R_{24}S_{24} + R_{23}S_{23} - \left(t_{33} - t_{44}\right)^2 \\ &+T_{13}T_{31} + T_{14}T_{41} + T_{23}T_{32} + T_{24}T_{42} - 2\left(t_{12}t_{21} + t_{21}t_{12}\right) \\ &+T_{31}T_{13} + T_{41}T_{14} + T_{32}T_{23} + T_{42}T_{24} - 2\left(t_{34}t_{43} + t_{43}t_{34}\right)\end{aligned}$$

Im Spin-null-Fall ist $r = 0$ sowie $l_1 + l_2 = l_3 + l_4$, sodass für alle T_{ac} und T_{ca} die numerischen Vorfaktoren und damit diese Operatoren aus Formel 22.25 und Formel 22.26 verschwinden.

Darstellungen mit einem halbzahligen Spin sind nur für $N^2 \geq 1/4$ unitär.

Darstellungen mit einem ganzzahligen Spin r sind auch für $N^2 = 0$, also über dem regulären Vakuum $|\Omega\rangle = C^1$ unitär. In diesem Fall zerfällt die Darstellung jedoch in die direkte Summe von drei irreduziblen Darstellungen π der diskreten Serie der Darstellungen von $SO(4,1)$:

$$\lim_{N^2 \to \infty} v_{r,N^2} = \pi^+_{r,1} + \pi_{r,0} + \pi^-_{r,1} \tag{22.33}$$

Mit den irreduziblen unitären Darstellungen der $SO(4,1)$ haben wir für den de-Sitter-Kosmos die mathematische Beschreibung für Objekte, die frei in dieser Raumzeit bewegt werden können. Wie man von diesen Objekten zu denjenigen Teilchen gelangt, die z. B. in der Elementarteilchenphysik und im Minkowski-Raum beschrieben werden, wird nachfolgend dargelegt.

22.4.5 Der Übergang zur Poincaré-Gruppe

Der de-Sitter-Raum war hier eingeführt worden als Zwischenform zwischen der Protyposis-Kosmologie und dem Minkowski-Raum als dem Raum der Teilchenphysik. Mit der Protyposis-Kosmologie gibt es die Übereinstimmung mit der S^3 als Ortsraum. Die beiden Bewegungsgruppen im Minkowski-Raum und im de-Sitter-Raum, die Poincaré-Gruppe und die $SO(4,1)$, haben jeweils 10 Parameter. Man bezeichnet sie als lokalkompakt, weil einige Parameter bis ins Unendliche laufen können. Da sie die gleiche Dimension und eine gewisse Ähnlichkeit in der Struktur besitzen, ist es möglich, durch eine geeignete Grenzwertbildung, eine „Gruppenkontraktion“, von der $SO(4,1)$ zu der Poincaré-Gruppe überzugehen. Konkret lässt man dabei den Radius der S^3 des de-Sitter-Raumes gegen unendlich gehen.

Staffan Ström[15] hatte im Einzelnen gezeigt, wie dieser Übergang von irreduziblen Darstellungen der $SO(4,1)$ zu irreduziblen Darstellungen der Poincare-Gruppe – also

[15] Ström, S. (1965)

zu Teilchen im Minkowski-Raum – beschrieben werden kann. Im de-Sitter-Raum wird eine irreduzible Darstellung und damit ein „Teilchen" festgelegt durch die minimale Anzahl N der Monome im Grundzustand $|\Omega_N\rangle$. Mit den Operatoren R und S aus Formel 22.18 und Formel 22.19 wird aus einem Grundzustand eine irreduzible Darstellung der $SO(4,1)$ erzeugt, welche zum einen durch die Zahl N^2 charakterisiert wird. Die zweite Größe betrifft den Spin, der hier mit r bezeichnet wird.

Bei einem Übergang zur Poincaré-Gruppe kann sich je nach gewähltem Grenzübergang aus einer Darstellung v_{r,N^2} der $SO(4,1)$ eine Darstellung mit Spin *r und einer beliebigen Masse m* ergeben. Da in dem hier gewählten Modellen die Anzahl N als Äquivalent für die Masse angegeben wird, ist es sinnvoll, die Grenzübergänge so durchzuführen, dass aus dem Verhältnis N_1^2/N_2^2 für zwei verschiedene Teilchen aus der $SO(4,1)$-Darstellung sich ein identisches Massenverhältnis m_1^2/m_2^2 in der Poincaré-Gruppen-Darstellung ergibt.

Für den Kontraktionsprozess muss der Krümmungsradius gegen unendlich beziehungsweise der Kehrwert, die Krümmung λ des de-Sitter-Raums gegen null gehen und damit die Krümmung verschwinden. Der resultierende flache Raum ist der Minkowski-Raum. Zugleich geht bei diesem Prozess der Wert von N^2 gegen unendlich. Es wird sich zeigen, dass für die Definition eines Teilchens im Minkowski-Raum die Anzahl der AQIs in der Tat unbegrenzt sein muss.

Ein möglicher Ansatz für den Grenzwert kann gebildet werden mit der Festlegung

$$N_1^2 = m_1^2 / \lambda^2$$

dann wird

$$\lim\left(\lambda^2 \to 0 \ \& \ N^2 \to \infty\right) \text{ von } \lambda^2 N_1^2 = \lambda^2 m_1^2 / \lambda^2 = m_1^2$$

$$N_2^2 = m_2^2 / \lambda^2$$

dann wird

$$\lim\left(\lambda^2 \to 0 \ \& \ N^2 \to \infty\right) \text{ von } \lambda^2 N_2^2 = \lambda^2 m_2^2 / \lambda^2 = m_2^2$$

Aus den kosmologischen Überlegungen heraus erscheint es sinnvoll zu sein, die verschiedenen Massen auf die Planck-Masse als Massen-Normal zu beziehen, welches als unveränderlich definiert wird.

Eine andere Möglichkeit wäre, dass man als Massen-Normal, wie bei Weizsäcker, die Protonen-Masse wählt. Während allerdings über die Gruppentheorie eine mathematische Struktur zur Planck-Masse führt, gibt es zur Protonen-Masse bisher lediglich eine heuristische Abschätzung.

Arno Böhm(*1936)[16] und Patrick Moylan[17] haben gezeigt, dass die irreduzible Darstellung der *SO*(4,1) in eine Summe zweier irreduzibler Darstellungen der Poincaré-Gruppe übergeht, die sich durch eine ladungsartige Quantenzahl unterscheiden.

> Man kann dies so verstehen, dass für ein Teilchen-Modell im de-Sitter-Raum noch keine klare Unterscheidung zwischen Materie und Antimaterie stattfinden kann.

Ich möchte diesen Umstand so interpretieren, dass eine Unterscheidung zwischen Materie und Antimaterie am Beginn der kosmischen Entwicklung weder möglich noch sinnvoll ist. Erst wenn der Kosmos so groß ist, dass er lokal wie ein flacher Raum beschrieben werden kann, wird die Unterscheidung zwischen Materie und Antimaterie sinnvoll und notwendig. Aus dem Vakuum des Minkowski-Raumes entstehen durch Zufuhr von Energie stets gleiche Mengen von Materie und Antimaterie. Die Voraussetzungen für die Argumente, die das erzwingen, wie beispielsweise CPT- oder CP-Invarianz, und die aus Untersuchungen im Minkowski-Raum stammen, können in der Umgebung des kosmischen Anfangs nicht gefordert werden. Dort ist die Krümmung zu stark.

22.5 Masselose Teilchen im Minkowski-Raum

Wir hatten bereits mehrmals darauf verwiesen, dass es für die elementaren Teilchen in der Quantenmechanik oder in der Quantenfeldtheorie nicht möglich ist, ein Teilchen von einem anderen der gleichen Sorte zu unterscheiden.

Wenn, wie bei Weizsäckers Ur-Alternativen, eine „Bedeutung" mitschwingt, dann liegt es nahe, für diese Ure eine Unterscheidbarkeit zu erwägen. Eine solche Unterscheidbarkeit führt zur Boltzmann-Statistik. Sie erlaubt keine der Symmetriegruppen, wie sie für eine Konstruktion von Teilchen notwendig sind.

Als Boltzmann-Statistik wird eine Statistik mit unterscheidbaren Objekten bezeichnet. In diesem Fall sind zwei Vektoren, die sich lediglich in der Reihenfolge ihrer Monome unterscheiden, als verschieden zu betrachten. Der Vektorraum wird dann dadurch erzeugt, dass an das Vakuum oder an ein vorhandenes Monom von links immer wieder ein neuer Vektor angefügt wird.

---

[16] Böhm, A. (1973) *Generalized Eigenvectors and Group Representations–The Connection between Representations of SO(4,1) and the Poincare Group*, in: Barut, A. O. (Hrsg.) *Studies in Mathematical Physics*, Reidel, New York

[17] Moylan, P. (1983) *Unitary representations of the (4 +1) de Sitter group on unitary irreducible representation spaces of the Poincare group*, J. of Math. Physics 24, 2706 (1983), *https://doi.org/10.1063/1.525669*

Weizsäckers Rupf- und Stopfoperatoren führen bereits eine gewisse Symmetrie ein, da sie an allen möglichen Stellen ein neues Monom hinzufügen oder hinwegnehmen und dann das Ergebnis aufsummiert wird.

Ein AQI trägt keine Bedeutung. Dann soll man auch keine Unterscheidbarkeit fordern, um Modelle für Objekte zu erstellen.

Nachfolgend soll nun diese Unterscheidbarkeit, die bei Weizsäckers Interpretation seiner Ure wegen der zugebilligten Bedeutung noch nahegelegen hatte, weiter abgeschwächt werden, um reale Teilchen konstruieren zu können. Dazu wird nicht mehr jedes einzelne Ur als verschieden von jedem anderen definiert. Vielmehr werden verschiedene Typen von Quantenbits eingeführt. Für Quantenbits des gleichen Typus soll die Reihenfolge keine Rolle spielen.

Für die bedeutungsfreien AQIs ist die Annahme einer Unterscheidbarkeit unhaltbar. Mit ihnen können Teilchen konstruiert werden.

Wenn jedoch verschiedene Sorten von Teilchen unterscheidbar sind, dann kann dies in einer gewissen Weise auch auf die Quantenbits übertragen werden, die sich zu diesen Teilchen formen.

Eine Möglichkeit dafür ergibt sich mit der schon kurz erwähnten Parabose-Statistik, die nachfolgend ausführlich dargestellt wird. Sie kann interpretiert werden als eine Kombination von Fermi- und Bose-Statistik. Es hat sich gezeigt, dass man in der Tat mit der Parabose-Statistik der AQIs die physikalisch relevanten irreduziblen unitären Darstellungen der Poincaré-Gruppe ohne und mit Masse konstruieren kann. Damit erhält man einen wohldefinierten Zugang zur mathematischen Definition von Teilchen.[18]

Von Linksmultiplikations-Operatoren zu Parabose-Operatoren

Die Überlegungen beginnen mit der Boltzmann-Statistik und dem „Boltzmann-Tensorraum“ T_B.

$$T_B = C^1 \oplus C^2 \oplus C^2 \otimes C^2 \oplus C^2 \otimes C^2 \otimes C^2 \oplus \ldots \oplus \left(C^2\right)^{\otimes n} \oplus \ldots = \bigoplus_0^\infty T_n \qquad (22.34)$$

Dabei ist $\otimes$ das Tensorprodukt, $\oplus$ die direkte Summe und $T_n = (C^2)^{\otimes n}$.

Das Skalarprodukt in T_B ist induziert vom C^2. Alle Elemente von T_n sind orthogonal zu den Elementen von T_m für $n \neq m$.

[18] Görnitz, T. (1991) *The role of parabose-statistics in making abstract quantum theory concrete*, in: Gruber, B.; Biedenharn, L. C.; Doebner, H. D. (Hrsg.) *Symmetries in science V: algebraic Systems, their representations, realizations, and physical applications*, Plenum press, New York & London

Wenn die Basisvektoren $|x_1\rangle$ und $|x_2\rangle$ den C^2 aufspannen, dann bilden die $2n$ Monome

$$|x_i x_j x_k \dots x_1 x_m x_n\rangle$$

mit

$$[x_i, x_j, x_k, \dots, x_1, x_m, x_n \in \{x_1, x_2\}]$$

eine Basis für T_n.

Nun lassen sich Abbildungen zwischen den Räumen T_n und T_{n+1} einführen. Dazu werden Operatoren l_i^+ wie folgt definiert.

$$l_i^+|x\rangle = l_i^+|x_j x_k \dots x_p\rangle = |x_i x_j x_k \dots x_p\rangle \tag{22.35}$$

l_i^+ ist ein Operator mit Norm 1 und daher wohldefiniert auf T_B. Zu ihm existiert ein adjungierter Operator l_i. Dieser ist definiert für jedes $|y>$ und alle $|x>$ durch die Bedingung: Es gibt ein $|y^*>$ mit

$$|y^*\rangle = l_i|y\rangle \tag{22.36}$$

sodass

$$\langle y|l_i^+ x\rangle = \langle l_i y|x\rangle = \langle y^*|x\rangle$$

Es gilt

$$l_i l_i^+ = id \qquad l_i^+ l_i = P_i \qquad l_k l_i^+ = 0 \quad \text{für } i \neq k \tag{22.37}$$

„id“ ist die Identität, P_i ist ein Projektionsoperator. Dieser annihiliert alle $|x\rangle$, bei denen der letzte Vektor auf der linken Seite verschieden sind von $|x_1\rangle$.

$$P_i|x_\alpha\rangle = P_i|x_j x_k \dots x_l x_m\rangle = \delta_{ij}|x_j x_k \dots x_l x_m\rangle \tag{22.38}$$

Somit sind l_i^+ und l_i partielle Isometrien. Sie können daher zu einer unitären Transformation erweitert werden durch eine *Erweiterung des Hilbert-Raumes.*[19] *Eine solche Einbettung von T_B in den Tensorraum T kann analog zur Einbettung der natürlichen Zahlen in die positiven und negativen ganzen Zahlen gesehen werden.*

[19] Riesz, F.; Sz.-Nagy, B. (1981) *Vorlesungen über Funktionalanalysis*, Dt. Verl. d. Wissenschaften, Berlin, S. 436 ff.

Für eine solche Erweiterung ist zuerst ein „Vakuum“ $|\Omega\rangle$ zu definieren:

$$l_i|x_i\rangle = |\Omega\rangle \quad \text{bzw.} \quad l_i^+|\Omega\rangle = |x_i\rangle \quad \text{für jedes } i \tag{22.39}$$

sowie weitere Vektoren

$$|x_{(-i)}\rangle = l_i|\Omega\rangle \tag{22.40}$$

usw., wobei alle diese Vektoren orthogonal zu allen Vektoren in T_B sind.

Dann wird $|x_{(-1)}\rangle$ als $|x_4\rangle$ und $|x_{(-2)}\rangle$ als $|x_3\rangle$ bezeichnet. Damit entspricht

$$l_1|\Omega\rangle = l_4^+|\Omega\rangle \tag{22.41}$$

und

$$l_2|\Omega\rangle = l_3^+|\Omega\rangle$$

Eine Basis für die Zustände im Tensorraum T wird durch die l_i^+ erzeugt, die für $i \in \{1, 2, 3, 4\}$ auf $|\Omega\rangle$ wirken.

$$l_i^+l_j^+\ldots l_k^+l_l^+|\Omega\rangle = |x_ix_j\ldots x_kx_l\rangle \tag{22.42}$$

mit $i, j, \ldots, k, l \in \{1, 2, 3, 4\}$.

Für diese erweiterten Operatoren gilt

$$l_il_i^+ = l_i^+l_i = id \tag{22.43}$$

und damit

$$[l_i^+, l_i] = 0$$

Für eine Definition von Teilchen ist eine Symmetriegruppe notwendig.

Das erfordert wie erwähnt Vertauschungsmöglichkeiten von Erzeugungs- und Vernichtungsoperatoren. Im Boltzmann-Raum T_B legt die Reihenfolge der Monome den Tensor fest. Eine Lockerung dieser festen Reihenfolge kann bewirken, dass Zustände mit beiden Faktoren $|x_1\rangle$ und $|x_4\rangle$ oder mit beiden Faktoren $|x_2\rangle$ und $|x_3\rangle$ möglicherweise verschwinden würden. Daher soll die Identität von $l_1|\Omega\rangle$ mit $l_4^+|\Omega\rangle$ sowie von $l_2|\Omega\rangle$ mit $l_3^+|\Omega\rangle$ aufgehoben werden.

Es wird festgelegt

$$l_i|\Omega\rangle = 0 \tag{22.44}$$

für jedes $i \in \{1, 2, 3, 4\}$.

Nun werden Stopf-Operatoren s_i^b und Rupf-Operatoren r_i^a für verschieden Typen eingeführt, die mit einem oberen Index gekennzeichnet werden.

$$s_i^b\left|\Omega\right\rangle=\left|x_i^b\right\rangle \quad \text{sowie} \quad r_i^a\left|x_i^a\right\rangle=\left|\Omega\right\rangle \tag{22.45}$$

Für ein Monom in *T* wird dann definiert

$$\begin{aligned}&s_i^a\left|x_j^b x_k^c \ldots x_1^d\right\rangle=N_s\Big[\left|x_i^a x_j^b x_k^c \ldots x_1^d\right\rangle\\&+\varepsilon(a,b)\left|x_j^b x_i^a x_k^c \ldots x_l^d\right\rangle\\&+\varepsilon(a,b)\varepsilon(a,c)\left|x_j^b x_k^c x_i^a \ldots x_l^d\right\rangle\\&+\ldots+\varepsilon(a,b)\varepsilon(a,c)\ldots\varepsilon(a,d)\left|x_j^b x_k^c \ldots x_1^d x_i^a\right\rangle\Big]\end{aligned} \tag{22.46}$$

Der Normalisierungsfaktor N_s kann dabei vom Grad des Monoms abhängen, d. h. von der Anzahl *n* der Vektoren $\left|x_p^q\right\rangle$ in ihm. Der Vorzeichenfaktor $\varepsilon(a,b)$ unterscheidet sich in Reaktion auf die oberen Indizes wie folgt:

$$\varepsilon(a,b)=+1 \tag{22.47}$$

für $a = b$, sowie

$$\varepsilon(a,b)=-1$$

für $a \neq b$.

Der Wertebereich der oberen Indizes wird zur Parabose-Ordnung werden.

Für die Operatoren r_i^a ergibt sich

$$r_i^a\left|x_j^b\right\rangle=\delta_{ab}\delta_{ij}\left|\Omega\right\rangle \tag{22.48}$$

und weiter für irgendein Monom

$$\begin{aligned}r_i^a\left|x_j^b x_k^c \ldots x_1^d x_m^e\right\rangle=N_r\Big[&\delta_{ab}\delta_{ij}\left|x_j^b x_k^c \ldots x_1^d x_m^e\right\rangle+\\&+\varepsilon(a,b)\delta_{ac}\delta_{ik}\left|x_j^b x_k^c \ldots x_1^d x_m^e\right\rangle+\ldots\\&+\varepsilon(a,b)\varepsilon(a,c)\ldots\varepsilon(a,\ldots)\delta_{ad}\delta_{il}\left|x_j^b x_k^c \ldots x_1^d x_m^e\right\rangle+\\&+\varepsilon(a,b)\varepsilon(a,c)\ldots\varepsilon(a,d)\delta_{ae}\delta_{im}\left|x_j^b x_k^c \ldots x_1^d x_m^e\right\rangle\Big]\end{aligned} \tag{22.49}$$

Dabei bezeichnet x_j^b, dass dieser Term entnommen wird, falls er mit x_i^a übereinstimmt. Im anderen Fall wird durch die $\delta_{ab}\ \delta_{ij}$-Terme erreicht, dass der Summand verschwindet. Es ergeben sich mit

$$s_i^a s_j^b+s_j^b s_i^a=\left\{s_i^a,s_j^b\right\} \tag{22.50}$$

$$s_i^a s_j^b + s_j^b s_i^a = \left\{s_i^a, s_j^b\right\}$$

die für die Definition der Parabose-Statistik notwendigen Vertauschungsrelationen:

$$\left\{s_i^a, s_j^b\right\} = \left\{s_i^a, r_j^b\right\} = \left\{r_i^a, r_j^b\right\} = 0 \tag{22.51}$$

für $a \neq b$ und

$$\left[s_i^a, s_j^a\right] = \left[r_i^a, r_j^a\right] = 0$$

Im Rahmen der Boltzmann-Statistik ist jedes AQI von jedem anderen unterschieden. Für die Vorbereitungen der Parabose-Statistik sollen wie erwähnt die AQIs in verschiedene Typen eingeteilt werden. Innerhalb dieser Typen wird postuliert, dass zwischen den AQIs kein Unterschied besteht. Die Anzahl der verschiedenen Typen von AQIs, die „Parabose-Ordnung“, soll mit p bezeichnet werden.

Unter dieser Symmetrisierungsbedingung können nur noch Zustände in T berücksichtigt werden, die mit den s_i^a aus dem Vakuum $|\Omega\rangle$ erzeugt wurden.

Zuerst sind die Normierungsfaktoren N_s und N_r aus Formel 22.46 und Formel 22.49 zu betrachten. Die Vertauschungsrelationen aus Formel 22.51 bleiben unverändert – im Unterschied zu $\left[r_i^a, s_i^a\right]$. Um auch diesen Kommutator in eine verwendbare Form zu bringen, hat es hat sich als sinnvoll erwiesen, r_i^a und s_i^a entsprechend neu zu normieren und so neue Operatoren zu definieren:

$$b_k^{a+} = s_k^a \tag{22.52}$$

mit

$$N_s = \left(n^a + 1\right)^{(-1/2)}$$

und

$$b_k^a = r_k^a \tag{22.53}$$

mit

$$N_r = \left(n^a\right)^{(-1/2)}$$

Damit ergeben sich folgende Vertauschungsregeln

$$\left[b_k^a, b_j^{a+}\right] = \delta_{kl} \quad \left[b_i^{a+}, b_j^{a+}\right] = 0 \quad \left[b_i^a, b_j^a\right] = 0 \tag{22.54}$$

und für $b \neq a$

$$\{b_k^a, b_j^{a+}\} = 0 \quad \{b_i^{a+}, b_j^{a+}\} = 0 \quad \{b_i^a, b_j^a\} = 0 \tag{22.55}$$

Solche antikommutierenden Bose-Operatoren werden in der Greenschen Zerlegung [Herbert Sydney Green (1920–1999)] der Parabose-Operatoren genutzt.[20),21)]

$$a_k^+ = b_k^{1+} + b_k^{2+} + \ldots + b_k^{p+} \tag{22.56}$$

$$a_k = b_k^1 + b_k^2 + \ldots + b_k^p \tag{22.57}$$

(Die oberen Indizes sind keine Potenzen, sie entsprechen den Indizes [a] und [b].)

Bekanntermaßen erfüllen die $a_k^\dagger$ und a_k die folgenden trilinearen Vertauschungsrelationen

$$[\{a_r, a_s\}, a_t] = 0 \quad [\{a_r^+, a_s^+\}, a_t^+] = 0 \quad [\{a_r, a_s^+\}, a_t] = -2\delta_{st} a_r \tag{22.58}$$

Die quantentheoretische Interpretation dieser Konstruktion ist naheliegend. Die Green-Indizes beziehen sich auf eine verborgene Klassifikation. Ein AQI gehört mit gleicher Wahrscheinlichkeit zu jedem Typ. Vertauschungen, die den gleichen Typ betreffen, verändern nichts. Eine Vertauschung zwischen zwei verschiedenen Typen ändert das Vorzeichen.

Die Wirkung auf das Vakuum $|\Omega\rangle$ ist wie folgt

$$a_r|\Omega\rangle = 0 \quad a_r a_s^+|\Omega\rangle = p\delta_{rs}|\Omega\rangle \tag{22.59}$$

Nachdem der Übergang von den Rupf- und Stopf-Operatoren zu den Parabose-Operatoren aufgezeigt worden ist, können wir uns nun mit diesen Parabose-Operatoren den Darstellungen der Poincaré-Gruppe und damit den Quantenteilchen im üblichen Sinne zuwenden.

---

20 Green, H. S. (1953) *Generalized Method of Field Quantization*, Phys. Rev. 90, S. 270–273

21 Weizsäcker, C. F. v. (1985), S. 427 ff.

22.6 Generatoren der Poincaré-Gruppe

Die mathematisch exakte Definition eines Teilchens stammt wie erwähnt von Wigner. Alle Zustände eines Teilchens werden aufgespannt von einer irreduziblen unitären Darstellung der Poincaré-Gruppe. Die Generatoren dieser Darstellungen lassen sich aus den Parabose-Operatoren konstruieren.

Wir benutzen die folgenden Abkürzungen:

$$\tau_{sr} = \frac{1}{2}\left\{a_r, a_s^+\right\} \quad \alpha_{sr}^+ = \frac{1}{2}\left\{a_r^+, a_s^+\right\} \quad \alpha_{sr} = \frac{1}{2}\left\{a_r, a_s\right\} \tag{22.60}$$

und definieren einen Anzahloperator wie folgt

$$\tilde{n}_r = \tau_{sr} - p/2$$

Aus diesen drei Typen von Operatoren lassen sich die Generatoren der konformen Gruppe $O(4, 2)$ des Minkowski-Raumes wie folgt erzeugen:

$$\begin{aligned}
&M_{12} = \left(\frac{i}{2}\right)\left(\tilde{n}_1 - \tilde{n}_2 + \tilde{n}_3 - \tilde{n}_4\right) && N_{14} = \left(\frac{i}{2}\right)\left(+\alpha_{13} + \alpha_{13}^+ - \alpha_{24} - \alpha_{24}^+\right) \\
&M_{13} = \left(\frac{1}{2}\right)\left(-\tau_{12} + \tau_{21} - \tau_{34} + \tau_{43}\right) && N_{24} = \left(\frac{1}{2}\right)\left(-\alpha_{13} + \alpha_{13}^+ - \alpha_{24} + \alpha_{24}^+\right) \\
&M_{23} = \left(\frac{i}{2}\right)\left(+\tau_{12} + \tau_{21} + \tau_{34} + \tau_{43}\right) && N_{34} = \left(\frac{i}{2}\right)\left(-\alpha_{14} - \alpha_{14}^+ - \alpha_{23} - \alpha_{23}^+\right) \\
&M_{15} = \left(\frac{i}{2}\right)\left(+\tau_{12} + \tau_{21} - \tau_{34} - \tau_{43}\right) && N_{16} = \left(\frac{1}{2}\right)\left(-\alpha_{13} + \alpha_{13}^+ + \alpha_{24} - \alpha_{24}^+\right) \\
&M_{25} = \left(\frac{1}{2}\right)\left(+\tau_{12} - \tau_{21} - \tau_{34} + \tau_{43}\right) && N_{26} = \left(\frac{i}{2}\right)\left(-\alpha_{13} - \alpha_{13}^+ - \alpha_{24} - \alpha_{24}^+\right) \\
&M_{35} = \left(\frac{i}{2}\right)\left(\tilde{n}_1 - \tilde{n}_2 - \tilde{n}_3 + \tilde{n}_4\right) && N_{36} = \left(\frac{1}{2}\right)\left(+\alpha_{14} - \alpha_{14}^+ + \alpha_{23} - \alpha_{23}^+\right) \\
&M_{46} = \left(\frac{i}{2}\right)\left(\tilde{n}_1 + \tilde{n}_2 + \tilde{n}_3 + \tilde{n}_4 + 2p\right) && N_{45} = \left(\frac{1}{2}\right)\left(+\alpha_{14} - \alpha_{14}^+ - \alpha_{23} + \alpha_{23}^+\right) \\
&s = \left(\frac{1}{2}\right)\left(\tilde{n}_1 + \tilde{n}_2 - \tilde{n}_3 - \tilde{n}_4\right) && N_{56} = \left(\frac{i}{2}\right)\left(+\alpha_{14} + \alpha_{14}^+ - \alpha_{23} - \alpha_{23}^+\right)
\end{aligned} \tag{22.61}$$

Die Poincaré-Gruppe ist eine Untergruppe der konformen Gruppe. Ihre Generatoren sind die vier Translationen

$$P_i = M_{i5} + N_{i6} \tag{22.62}$$

$$P_4 = N_{46} + M_{46} \tag{22.63}$$

sowie die Generatoren der $SO(3,1)$, der Lorentzgruppe,

$$M_{12}, M_{13}, M_{23} \tag{22.64}$$

$$N_{14}, N_{24}, N_{34} \tag{22.65}$$

Die Impulsoperatoren haben die explizite Form:

$$\begin{aligned}
2P_1 &= \left[i\left(+\tau_{12} + \tau_{21} - \tau_{34} - \tau_{43}\right) - \alpha_{13} + \alpha_{24} + \alpha_{13}^{+} - \alpha_{24}^{+} \right] \\
2P_2 &= \left[i\left(+\tau_{12} - \tau_{21} - \tau_{34} + \tau_{43}\right) + \alpha_{13} + \alpha_{24} + \alpha_{13}^{+} + \alpha_{24}^{+} \right] \\
2P_3 &= \left[i\left(+\tilde{n}_1 - \tilde{n}_2 - \tilde{n}_3 + \tilde{n}_4\right) + \alpha_{14} + \alpha_{23} - \alpha_{14}^{+} - \alpha_{23}^{+} \right] \\
2P_4 &= \left[i\left(+\tilde{n}_1 + \tilde{n}_2 + \tilde{n}_3 + \tilde{n}_4 + 2p\right) + \alpha_{14} - \alpha_{23} - \alpha_{14}^{+} + \alpha_{23}^{+} \right]
\end{aligned} \tag{22.66}$$

Das Vakuum der AQIs, der Vakuum-Vektor $|\Omega\rangle$, ist nicht invariant unter den Generatoren der Poincaré-Gruppe.

22.7 Impulszustände der Poincaré-Gruppe

Konkrete Eigenzustände $|\Phi\rangle$ der Impulsoperatoren, welche sich in Richtung der z-Achse ausbreiten, haben die folgende Gestalt:

$$\left(P_1 + P_2\right)|\Phi\rangle = \left[i\left(\tau_{12} - \tau_{34}\right) + \left(+\alpha_{13}^{+} + \alpha_{24}\right) \right]|\Phi\rangle = 0 \tag{22.67}$$

$$\left(P_4 + P_3\right)|\Phi\rangle = \left[i\left(\tilde{n}_1 + \tilde{n}_4 + p\right) + \left(+\alpha_{14} - \alpha_{14}^{+}\right) \right]|\Phi\rangle = im_{+}|\Phi\rangle \tag{22.68}$$

$$\left(P_4 - P_3\right)|\Phi\rangle = \left[i\left(\tilde{n}_2 + \tilde{n}_3 + p\right) + \left(-\alpha_{23} + \alpha_{23}^{+}\right) \right]|\Phi\rangle = im_{-}|\Phi\rangle \tag{22.69}$$

Wenn sowohl m_+ als auch m_- von Null verschieden sind, dann beschreibt $|\Phi\rangle$ den Zustand eines massiven Teilchens. Falls das Produkt $m_+m_-=0$ ist, dann liegt ein masseloses Teilchen vor. Für $m_+=m_-=0$ erhalten wir den Vakuumzustand im Minkowski-Raum.

Ein solcher Zustand $|\Phi\rangle$ ist eine recht nichtssagende Angabe. $|\Phi\rangle$ kann dann noch als Funktion des Teilchenortes eines „Punktteilchens“ definiert werden. Das aber setzt voraus, dass man sowieso weiß, was das betreffende Teilchen ist oder sein soll. Eine tatsächliche Beschreibung einer zugrundeliegenden allgemeinen Struktur wird damit noch nicht gegeben.

22.8 Impulszustände der Poincaré-Gruppe über dem Vakuum der AQIs

> Das Vakuum $|\Omega\rangle$ der AQIs ist definiert als: „Es ist kein Quantenbit vorhanden."

Aus philosophischer Sicht wird an diesem Begriff eine gewisse, aber notwendige Paradoxie sichtbar. Sie ist unvermeidbar, wenn man über den „Beginn" des Seins sprechen möchte. Dabei geht es jetzt um das Erzeugen eines Teilchens und nicht um eine kosmologische Betrachtung. Das Sprechen über $|\Omega\rangle$ ist in dem Sinne paradox, dass nicht einmal ein AQI vorhanden sein soll. Es gibt also „nichts". Selbst Raum und Zeit entstehen erst mit dem ersten AQI. Bereits deshalb muss ein Sprechen über ein Geschehen „vor der Existenz der Zeit" paradox sein, denn „vor" soll ja in diesem Zusammenhang als „zeitlich vor" interpretiert werden. Diese Paradoxie wird bei diesen und ähnlichen mathematischen Prozessen und physikalischen Konstruktionen ausgeblendet. Mit der „leeren Menge" gibt es ein Vorbild für ein „Etwas", in dem „nichts ist".

Aber das erwähnte „Nichts", das Vakuum $|\Omega\rangle$, soll immerhin die Möglichkeit beinhalten, dass aus ihm etwas werden kann. So sollen über diesem Zustand $|\Omega\rangle$ nun Teilchenzustände im Minkowski-Raum durch das Erzeugen von Quantenbits gebildet werden. Für diese Quantenbits wird gefordert, dass sie einer Parabose-Statistik genügen.

Für den Zustand eines masselosen und spinlosen Bosons setzen wir an:

$$|\Phi\rangle = \sum_{\mu}\sum_{\beta}(-1)^{\mu+\beta} i^{\mu-\beta}(\mu!\beta!)^{-1} c(\mu,\beta)\alpha_{14}^{+\mu}\alpha_{14}^{+\beta}|\Omega\rangle \tag{22.70}$$

Mit der Bedingung $m_+ \neq 0$ ergeben sich für die Koeffizienten $c(\mu, ß)$ folgende Gleichungen

$$c(\mu,\beta) = c(\mu) \tag{22.71}$$

und

$$(\mu+p)c(\mu+1) - \left(2\mu+p-m_+\right)c(\mu) - \mu c(\mu-1) = 0 \tag{22.72}$$

Für $p = 1$ ist die Formel 22.72 die Rekursionsgleichung für die Laguerre-Polynome [Edmond Nicolas Laguerre (1834–1886)].

Ein Zustand eines masselosen Bosons mit Helizität σ wird konstruierbar aus dem Ansatz

$$|\psi\rangle = \sum_{\mu}\sum_{B} i^{\beta-\mu}(\mu!\beta!)^{-1} c(\mu,\sigma)\alpha_{11}^{+\sigma}\alpha_{14}^{+\mu}\alpha_{23}^{+\beta}|\Omega\rangle \tag{22.73}$$

(σ, μ und $ß$ sind Potenzexponenten.)

Mit der Bedingung $m_+ \neq 0$ ergeben sich für die Koeffizienten $c(\mu, \sigma)$ folgende Bedingungen

$$(\mu + p + 2\sigma)c(\mu + 1,\sigma) - (2\mu + p + 2\sigma - m_+)c(\mu,\sigma) + \mu c(\mu - 1,\sigma) = 0 \tag{22.74}$$

Ein Zustand eines masselosen Fermions mit Helizität ½ ergibt sich zu

$$|\Phi\rangle = \sum_\mu \sum_\beta i^{\mu-\beta}(\mu!\beta!)^{-1} c(\mu) a_1^+ \alpha_{14}^{+\mu} \alpha_{23}^{+\beta} |\Omega\rangle \tag{22.75}$$

Die Bedingungsgleichung für $m_+ \neq 0$ ist

$$(\mu + p + 1)c(\mu + 1) - (2\mu + p + 1 - m_+)c(\mu) + \mu c(\mu - 1,\sigma) = 0 \tag{22.76}$$

In welcher Form ergibt sich der Zustand eines massiven Teilchens?

Dessen Zustände können nicht mehr mit Potenzreihen aus $\alpha_{14}^{+\mu}$ und $\alpha_{23}^{+\beta}$ allein gebildet werden. Zusätzliche Faktoren des Typs $\alpha_{13}^{+\sigma}$ und $\alpha_{24}^{+\sigma}$ sind notwendig.

Für ein massives spinloses Teilchen, wie es z. B. das Higgs-Boson ist, ist ein Ansatz wie folgt zweckmäßig

$$|\Theta\rangle = \sum_\sigma \sum_\mu \sum_\beta i^{\beta-\mu}(\mu!\beta!\sigma!\sigma!)^{-1} g(\mu,\beta,\sigma) \alpha_{13}^{+\sigma} \alpha_{24}^{+\sigma} \alpha_{14}^{+\mu} \alpha_{23}^{+\beta} |\Omega\rangle \tag{22.77}$$

Dann ergeben sich mit Formel 22.67 die folgenden Rekursionsgleichungen

$$\begin{aligned}
&(\sigma+1)g(\mu,\beta,\sigma) + (\sigma+1)g(\mu+1,\beta+1,\sigma) - (\sigma+1)g(\mu,\beta+1,\sigma) - (\sigma+1)g(\mu+1,\beta,\sigma) - \\
&-\mu g(\mu-1,\beta,\sigma+1) - \beta g(\mu,\beta-1,\sigma+1) + (\mu+\beta+p+\sigma)g(\mu,\beta,\sigma+1) = 0 \\
&-(2\mu+2\sigma+p-m_+)g(\mu,\beta,\sigma) + (2\sigma+\mu+p)g(\mu+1,\beta,\sigma) + \mu g(\mu-1,\beta,\sigma) = \\
&= -\beta g(\mu,\beta-1,\sigma+1) \\
&-(2\beta+2\sigma+p-m_-)g(\mu,\beta,\sigma) + (2\sigma+\beta+p)g(\mu,\beta+1,\sigma) + \beta g(\mu,\beta-1,\sigma) = \\
&= -\mu g(\mu-1,\beta,\sigma+1)
\end{aligned} \tag{22.78}$$

Hieraus folgt

$$\begin{aligned}
&-(2\mu+2\sigma+p-m_+)g(\mu,\beta+1,\sigma) + (2\sigma+\mu+p)g(\mu+1,\beta+1,\sigma) + \mu g(\mu-1,\beta+1,\sigma) = \\
&= -(\beta+1)g(\mu,\beta,\sigma+1) \\
&-(2\beta+2\sigma+p-m_-)g(\mu+1,\beta,\sigma) + (2\sigma+\beta+p)g(\mu+1,\beta+1,\sigma) + \beta g(\mu+1,\beta-1,\sigma) = \\
&= -(\mu+1)g(\mu,\beta,\sigma+1)
\end{aligned} \tag{22.79}$$

und aus dieser wiederum eine Gleichung mit festem σ

$$\begin{aligned}
&(\mu+1)\{-(2\mu+2\sigma+p-m_+)g(\mu,\beta+1,\sigma) + (2\sigma+\mu+p)g(\mu+1,\beta+1,\sigma) + \mu g(\mu-1,\beta+1,\sigma)\} = \\
&= (\beta+1)\{-(2\beta+2\sigma+p-m_-)g(\mu+1,\beta,\sigma) + (2\sigma+\beta+p)g(\mu+1,\beta+1,\sigma) + \beta g(\mu+1,\beta-1,\sigma)\}
\end{aligned} \tag{22.80}$$

Es hatte sich gezeigt, dass eine geschlossene Rekursionsgleichung nicht gefunden werden konnte. Eine gliedweise Berechnung der $g(\mu, \beta, \sigma)$ führte zu wenig übersichtlichen Erkenntnissen.

22.9 Das Teilchen-Vakuum im Minkowski-Raum

Die Überlegungen im letzten Kapitel hatten nahegelegt, für die Beschreibung physikalischer Strukturen vom „Vakuum der Quantenbits", von $|\Omega\rangle$ zu starten.

> Sollen allerdings Teilchen beschrieben werden, dann ist es sinnvoll, zu einem „Vakuum der Teilchen" überzugehen und aus diesem heraus die Teilchen zu erzeugen.[22]
>
> Als das Lorentz-Vakuum „$|0\rangle$" bezeichnen wir diesen teilchenfreien Zustand im Minkowski-Raum.

Der Übergang aus einem S^3-Ortsraum in einen R^3, einen flachen euklidischen Ortsraum, bedeutet die Abkopplung der Teilchenphysik von der Kosmologie.

In vielen Experimenten auf der Erde hat sich immer wieder gezeigt, wie gut bei diesen Vorgängen die Gesetze der Speziellen Relativitätstheorie sich als gültig erweisen. Sie zeigen auf, wie Bewegungen in der flachen Raumzeit des Minkowski-Raums mit seiner indefiniten Metrik zu beschreiben sind. Die Gruppe dieser Bewegungen – die Poincaré-Gruppe – ermöglicht eine klare mathematische Definition von Teilchen. Um ein quantentheoretisches Erzeugen und Vernichten von Teilchen zu beschreiben, ist – wie gesagt – der geeignete Ausgangspunkt das Teilchen-Vakuum $|0\rangle$.

> Im Gegensatz zu der Aussage „$|\Omega\rangle$ liegt vor, also kein Quantenbit ist vorhanden", setzt die Behauptung „$|0\rangle$ liegt vor, an keinem Punkt des Minkowski-Raums befindet sich ein Teilchen", eine unendlich große Informationsmenge und damit auch unendlich viele AQIs voraus!

Wir konstruieren einen Zustand ohne Ruhmasse ($m^2 = m_+ m_- = 0$), den wir dann als Lorentz-Vakuum bezeichnen werden, wenn zusätzlich gilt $m_+ = m_- = 0$, d. h. auch Energie und Impuls sind gleich null. Dieser Zustand soll den Zustand „kein Teilchen im Minkowski-Raum" darstellen. An diesen werden somit primär die Forderungen gestellt:

$$(P_1 + iP_2)|0\rangle = \left[i(\tau_{12} - \tau_{34}) + (+\alpha_{12}^{+} + \alpha_{24})\right]|0\rangle = 0 \tag{22.81}$$

$$(P_1 - iP_2)|0\rangle = \left[i(\tau_{21} - \tau_{43}) + (-\alpha_{13} - \alpha_{24}^{+})\right]|0\rangle = 0 \tag{22.82}$$

$$(P_4 + P_3)|0\rangle = \left[i(\tilde{n}_1 + \tilde{n}_4 + p) + (+\alpha_{14} - \alpha_{14}^{+})\right]|0\rangle = 0 \tag{22.83}$$

$$(P_4 - P_3)|0\rangle = \left[i(\tilde{n}_2 + \tilde{n}_3 + p) + (-\alpha_{23} + \alpha_{23}^{+})\right]|0\rangle = 0 \tag{22.84}$$

[22] Görnitz, T. (1991), S. 289

Die Forderungen werden erfüllt von der Lösung

$$\begin{aligned}|0\rangle &= \sum_{\mu}\sum_{\beta}(-1)^{\mu+\beta}(\mu!\beta!)^{-1}a_{14}^{+\mu}a_{23}^{+\beta}|\Omega\rangle \\ &= \exp\left[\mathrm{i}\left(a_{23}^{+} - a_{14}^{+}\right)\right]|\Omega\rangle\end{aligned} \tag{22.85}$$

Es zeigt sich, dass auch die Anwendung der übrigen Generatoren der Poincaré-Gruppe auf das Lorentz-Vakuum zum Wert null führt. Die Wirkungen der Parabose-Operatoren auf das Lorentz-Vakuum $|0\rangle$ werden in Abschnitt 30.8. angegeben.

Die Formel 22.85 ist in mehrfacher Hinsicht interessant.

Die Quantisierung war definiert worden als der Übergang von einer Grundmenge zur Menge der Möglichkeiten über der Grundmenge. Das war im mengentheoretischen Sinne interpretiert worden als der Übergang zur Potenzmenge. Man spricht dabei auch von der Exponentialabbildung.

Hier sehen wir, dass das „Vakuum der Teilchen" im Minkowski-Raum dargestellt werden kann als die Exponential-Abbildung des „Vakuums der AQIs".

Dabei wird die komplexe mathematische Struktur des Lorentz-Vakuums erkennbar. Es wird deutlich, dass die These, an keinem Ort ist ein Teilchen, eine unendliche Menge an Information bedeutet.

> Diese Struktur des Teilchen-Vakuums erinnert an das Bild der Dirac-See und an die damit verbundene Unterscheidung zwischen „Materie" und „Antimaterie".
>
> Diese Unterscheidung ist also verbunden mit einer Symmetrie, welche nur in der Abstraktion des Minkowski-Raumes existiert.
>
> Es sei daran erinnert, dass in einem de-Sitter-Kosmos eine solche Unterscheidung nicht so evident ist und in ihm eine Trennung zwischen Materie und Antimaterie keineswegs offensichtlich ist.

Das Bild der Dirac-See

Der Physik-Nobelpreisträger Paul Dirac hatte die erste relativistische Gleichung für Elektronen aufgestellt. Aus heutiger Sicht kann man sie als einen wichtigen Hinweis auf die Konsistenz der theoretischen Strukturen der Physik betrachten. Die Relativitätstheorie wird erst bei sehr großen Geschwindigkeiten wichtig, also bei großen kinetischen Energien. Dann aber zeigt die experimentelle Erfahrung, dass aus dieser Energie dann Teilchen-Antiteilchen-Paare entstehen können.

Eine solche Existenz von Antimaterie hatte Dirac mit seiner Gleichung vorhergesagt.

In seiner Gleichung gibt es für die Elektronen beliebig viele Zustände mit negativer Energie. Die Physik beinhaltet als Prinzip, dass alle Systeme danach streben, in den Zustand mit niedrigster Energie überzugehen. Unendlich viele Zustände negativer

Energie würden jede Existenz von Materie unmöglich machen. Um das zu korrigieren hatte Dirac das Bild der „Dirac-See“ entwickelt. Es nutzte das von Pauli für die Elektronen aufgestellte „Ausschließungs-Prinzip“. Man kann es so formulieren: „In keinem Zustand eines Elektrons kann noch ein zweites Elektron sein.“

Das „Vakuum“ sei – so Dirac – ein Gebilde, in welchem alle Zustände mit negativer Energie bereits besetzt sind.

Wenn nun Energie in die Dirac-See geschossen wird, dann wird diesem Vorgang ein Bild von einem richtigen See zur Seite gestellt. Wird ein Stein hineingeworfen, dann werden einerseits Wassertropfen in die Luft springen und andererseits Luftblasen ins Wasser mitgerissen. Der Stein ist das Bild für die Energie, die Wassertropfen verkörpern die Materie, die Elektronen, und die Luftblasen, die Löcher im Wasser, verkörpern die Antimaterie, die Positronen.

Für die Festkörperphysik ist das Bild der Dirac-See sehr fruchtbar geworden. In einem Kristall ist im Prinzip jeder Platz für ein Elektron besetzt. Wird durch Energiezufuhr ein Elektron wegbewegt, dann entsteht an seinem Platz ein „Loch“. Dieses „Loch“ ist ein Quasiteilchen. Es verhält sich nun innerhalb des Festkörpers wie ein Teilchen mit entgegengesetzter Ladung, also wie eine Art „Anti-Teilchen“.

Das Lorentzvakuum mit seinen dafür notwendigen unendlich vielen AQIs erinnert an die Dirac-See mit ihren unendlich vielen besetzten Energiezuständen.

Ein Vakuum in der Teilchenphysik ist also eine unendlich reichhaltige Struktur.

Die mathematische Ursache, die letztlich diese Struktur notwendig werden ließ, war die Existenz der diskreten Symmetrie der „Komplexkonjugation“ bei den AQIs, also des Übergangs zwischen der imaginären Größe „i“ und ihrem Negativen, „–i“.

Für das Lorentz-Vakuum hat das Vernichten von Parabose-Operatoren mit Index 1 und 2 die gleiche Wirkung wie die Erzeugung der Operatoren mit Index 4 und 3, bzw. umgekehrt. Das Lorentz-Vakuum ist den Teilchen-Strukturen angepasst. So werden über ihm die Formeln für die Erzeugung von Teilchen wesentlich einfacher als über dem Vakuum der AQIs.

22.10 Masselose Teilchen über dem Lorentz-Vakuum

Um ein Teilchen mit Masse Null und Spin σ über dem Lorentz-Vakuum |0 > zu konstruieren, sind folgende Forderungen zu erfüllen:

$$(P_1 + iP_2)\Phi(m_+,\sigma)^+|0\rangle = 0 \tag{22.86}$$

$$(P_4 - P_3)\Phi(m_+,\sigma)^0|0\rangle = 0 \tag{22.87}$$

$$(P_4 + P_3)\Phi(m_+,\sigma)^+|0\rangle = im_+\Phi(m_+,\sigma)^+|0\rangle \tag{22.88}$$

$$M_{12}\Phi(m_+,\sigma)^+|0\rangle = i\sigma\Phi(m_+,\sigma)^+|0\rangle \tag{22.89}$$

Wir setzen für $\Phi(m_+,\sigma)^+|0\rangle$ das Folgende an

$$\Phi(m_+,\sigma)^+|0\rangle = \alpha_{11}^{+\sigma}\sum_{\mu} c(\mu,\sigma)\alpha_{14}^{+\mu}|0\rangle \tag{22.90}$$

und erhalten

$$c(\mu,\sigma) = c(0,\sigma)(im_+)^{\mu}\frac{(p+2\sigma-1)!}{[\mu!(p+2\sigma-1+\mu)!]} \tag{22.91}$$

für μ = 0, 1, 2, 3, ...

Für ein Teilchen mit halbzahligem Spin ist $\alpha_{11}^{+\sigma}$ in Formel 22.90 zu ersetzen durch $\alpha_1^+\alpha_{11}^{+\sigma}$ sowie σ in Formel 22.91 durch (σ +1/2).

Damit lassen sich die Impuls-Eigenzustände für masselose Bosonen und Fermionen als Potenzreihen in Parabose-Operatoren darstellen.

22.11 Spinlose Teilchen mit Ruhmasse im Minkowski-Raum

Massive Bosonen ohne Spin (d. h. $n_1 + n_2 = n_3 + n_4$) müssen die folgenden Bedingungen erfüllen:

$$(P_1 + iP_2)\Phi(m)^+|0\rangle = 0 \tag{22.92}$$

$$(P_1 - iP_2)\Phi(m)^+|0\rangle = 0 \tag{22.93}$$

$$(P_4 - P_3)\Phi(m)^+|0\rangle = im\_\Phi(m)^+|0\rangle \tag{22.94}$$

$$\left(P_4+P_3\right)\Phi(m)^+\left|0\right\rangle = \mathrm{i}m_+\Phi(m)^+\left|0\right\rangle \tag{22.95}$$

mit $m_- \cdot m_+ \neq 0$.

Dafür setzen wir an:

$$\Phi(m)^+\left|0\right\rangle = \sum_\sigma\sum_\mu\sum_\beta h(\mu,\beta,\sigma)\alpha_{13}^{+\sigma}\alpha_{24}^{+\sigma}\alpha_{14}^{+\mu}\alpha_{23}^{+\beta}\left|0\right\rangle \tag{22.96}$$

und erhalten die folgenden Bedingungen:[23)]

$$\begin{aligned}&-(\mu+1)(\beta+1)h(\mu+1,\beta+1,\sigma)-(\sigma+1)(\mu+\beta+p+\sigma)h(\mu,\beta,\sigma+1)=0\\&+\mathrm{i}m_+ + h(\mu,\beta+1,\sigma)-(\mu+1)(p+\mu+2\sigma)h(\mu+1,\beta+1,\sigma)-(\sigma+1)^2h(\mu,\beta,\sigma+1)=0\\&-\mathrm{i}m_-(\mu+1,\beta,\sigma)-(\beta+1)(p+\beta+2\sigma)h(\mu+1,\beta+1,\sigma)+(\sigma+1)^2h(\mu,\beta,\sigma+1)=0\end{aligned} \tag{22.97}$$

Mit längeren Rechnungen ergeben sich Rekursionsgleichungen für $h(\mu, ß, \sigma)$

$$h(\mu+1,\beta,\sigma)=\frac{\mathrm{i}m_+(\mu+\beta+p+\sigma-1)h(\mu,\beta,\sigma)}{(\mu+1)(\mu+\beta+p+\sigma-1)(p+\mu+2\sigma)-\beta(\sigma+1)} \tag{22.98}$$

$$h(\mu,\beta+1,\sigma)=\frac{-\mathrm{i}m_-(\mu+\beta+p+\sigma-1)h(\mu,\beta,\sigma)}{(\beta+1)(\mu+\beta+p+\sigma-1)(p+\beta+2\sigma)-\mu(\sigma+1)} \tag{22.99}$$

für $\mu > 0$, $ß > 0$, $\mu \neq ß$.

$$h(\mu,\beta,\sigma+1)=\frac{h(\mu,\beta,\sigma)(-m_-m_+)(p+\sigma+2)(p+\mu+\beta+2\sigma)}{(\sigma+1)\left[(p+\sigma+2)(p+\beta+2\sigma)-\mu(\sigma+1)\right]\left[(p+\sigma+2)(p+\mu+2\sigma)-\beta(\sigma+1)\right](p+\mu+\beta+2\sigma+1)} \tag{22.100}$$

für $\mu > 0$, $\mu = ß$.

$$h(\mu,\mu,\sigma+1)=\frac{h(\mu,\mu,\sigma)(-m_-m_+)(2\mu+p+\sigma-1)}{(\sigma+1)(\mu+p+\sigma-1)(\mu+p+\sigma-1)(p+2\mu+2\sigma)(p+2\mu+2\sigma+1)} \tag{22.101}$$

Für ein massives Boson mit Spin null im Ruhezustand gilt $m_- = m_+ = m$. Dafür konnte eine geschlossene Form für die Entwicklungskoeffizienten $h(\mu, ß, \sigma)$ angegeben werden:[24)]

$$h(\mu,\beta,\sigma)=\frac{h(0,0,0)(-m_-)^\beta(m_+)^\mu(-m_-m_+)^\sigma(\mu+\beta+\sigma+p-2)!}{\mu!\beta!\sigma!(\beta+\sigma+p-2)!(\mu+\sigma+p-2)!(\beta+\mu+2\sigma+p-1)!} \tag{22.102}$$

---

[23] Görnitz, T.; Graudenz, D.; Weizsäcker, C. F. v. (1992) *Quantum field theory of binary alternatives*, Intern J Theoret Phys 31, S. 1929–1959

[24] Görnitz, T.; Graudenz, D.; Weizsäcker, C. F. v. (1992), S. 1950

22.12 Rechnerunterstützung für Teilchen-Darstellungen mit Spin und Ruhmasse im Minkowski-Raum

Da die Rechnungen recht umfangreich werden, hat sich eine Rechnerunterstützung als hilfreich erwiesen.[25)] Das Lorentz-Vakuum war definiert als

$$|0\rangle = \sum_{n_1=0}^{\infty}\sum_{n_2=0}^{\infty} \frac{(-1)^{n_1+n_2}}{n_1!n_2!}\left(\frac{a_1^+a_3^+ + a_3^+a_1^+}{2}\right)^{n_1}\left(\frac{a_2^+a_4^+ + a_4^+a_2^+}{2}\right)^{n_2}|\Omega\rangle$$

Damit ergeben sich für die Erzeugungs- und Vernichtungs-Operatoren die folgenden Relationen

$$a_1|0\rangle = -a_3^+|0\rangle \quad a_2|0\rangle = -a_4^+|0\rangle \quad a_3|0\rangle = -a_1^+|0\rangle \quad a_4|0\rangle = -a_2^+|0\rangle$$

Für die Verwendung von mathematica® wird nun gesetzt:

$$a_r^+ \Rightarrow e[r] \quad (\text{Erzeuger})$$

$$a_r \Rightarrow v[r] \quad (\text{Vernichter})$$

$$\{a_r^+, a_s^+\} \Rightarrow 2f[r,s] \quad \{a_r, a_s^+\} \Rightarrow 2w[r,s]$$

$$\{a_r^+, a_s\} \Rightarrow 2d[r,s] \quad |0\rangle \Rightarrow lvac \quad i \Rightarrow I$$

Die Generatoren der Poincaré-Gruppe erhalten damit die folgende Form.

Translationen:

$$\begin{aligned}
P1 &= (-w[2,3]-f[3,2]-w[1,4]-f[4,1]-d[1,2]-d[2,1]-d[4,3]-d[3,4])/2\\
P2 &= I\cdot(-w[2,3]+f[3,2]+w[1,4]-f[4,1]-d[1,2]+d[2,1]-d[4,3]+d[3,4])/2\\
P3 &= (-w[1,3]-f[3,1]+w[2,4]+f[4,2]-d[1,1]+d[2,2]-d[3,3]+d[4,4])/2\\
P0 &= (-w[1,3]-f[3,1]-w[2,4]-f[4,2]-d[1,1]-d[2,2]-d[3,3]-d[4,4])/2
\end{aligned} \quad (22.103)$$

[25] Görnitz, T.; Schomäcker, U. (2012) *Quantum particles from quantum information,* J. Phys.: Conf. Ser. 380, 012025, doi:10.1088/1742-6596/380/1/012025

Boosts:

$$
\begin{aligned}
&M10 = I \cdot (+w[1,4] - f[4,1] + w[2,3] - f[3,2])/2 \\
&M20 = (+w[1,4] + f[4,1] - w[2,3] - f[3,2])/2 \\
&M30 = I \cdot (+w[1,3] - f[3,1] - w[2,4] + f[4,2])/2
\end{aligned} \tag{22.104}
$$

Rotationen:

$$
\begin{aligned}
&M32 = (+d[1,2] + d[2,1] - d[4,3] - d[3,4])/2 \\
&M21 = (+d[1,1] - d[2,2] - d[3,3] + d[4,4])/2 \\
&M31 = I \cdot (-d[2,1] + d[1,2] + d[4,3] - d[3,4])/2
\end{aligned} \tag{22.105}
$$

Mit ** wird die nicht-kommutative Multiplikation bezeichnet. Das nichtkommutative Produkt von n Exemplaren $f[r,s]$, also $f[r,s]**f[r,s]** \ldots **f[r,s]$ wird mit $f[r,s,n]$ abgekürzt.

Aus den Generatoren der Poincaré-Gruppe lassen sich speziell Polynome bilden, die dadurch ausgezeichnet sind, dass sie mit allen Generatoren der Poincaré-Gruppe vertauschen, die Casimir-Operatoren. Ihre Eigenwerte legen die jeweilige Darstellung fest und beziehen sich auf Masse und Spin des dargestellten Teilchens.

Die zwei Casimir-Operatoren der Poincaré-Gruppe sind zum einen das Massenquadrat m^2

$$
\begin{aligned}
&-m^2 = -\left(P0^2 + P1^2 + P2^2 + P3^2\right) \\
&= d[1,1] + d[3,3] + f[3,1] + f[4,2] - d[1,1]^{**} w[2,4] - d[1,2]^{**} \\
&w[1,4] + d[2,1]^{**} d[1,2] + d[2,1]^{**} w[2,3] + d[2,2]^{**} d[1,1] \\
&-d[2,2]^{**} w[1,3] - d[3,3]^{**} d[2,2] - d[3,3]^{**} w[2,4] + d[3,4]^{**} \\
&d[1,2] + d[3,4]^{**} w[2,3] + d[4,3]^{**} d[2,1] + d[4,3]^{**} d[3,4] \\
&+d[4,3]^{**} w[1,4] - d[4,4]^{**} d[1,1] - d[4,4]^{**} d[3,3] - d[4,4]^{**} \\
&w[1,3] - f[3,1]^{**} d[2,2] - f[3,1]^{**} d[4,4] - f[3,1]^{**} w[2,4] \\
&+f[3,2]^{**} d[1,2] + f[3,2]^{**} d[4,3] + f[3,2]^{**} w[2,3] + f[4,1]^{**} \\
&d[2,1] + f[4,1]^{**} d[3,4] + f[4,1]^{**} f[3,2] + f[4,1]^{**} w[1,4] \\
&-f[4,2]{**}d[1,1] - f[4,2]^{**} d[3,3] - f[4,2]^{**} f[3,1] - f[4,2]^{**} \\
&+w[1,3] - w[1,3]{**}w[2,4] + w[1,4]^{**} w[2,3] + w[1,3] + w[2,4]
\end{aligned} \tag{22.106}
$$

und zum anderen der Pauli-Lubanski-Operator $W^2 = W_a W^a$ mit $W_d = (1/2)\varepsilon_{abcd}\, M^{ab}\, P^c$ und dem Eigenwert Massenquadrat und Spin s: $m^2 s(s+1)$.

Ein Hinweis auf die explizite Darstellung von W^2 ist in Abschnitt 30.8.1 zu finden. Die Angabe macht einsichtig, dass die Rechnungen ohne Hilfe des Computers sehr mühsam werden.

22.13 Explizite Zustände relativistischer Teilchen

Beispiele für Zustände von masselosen relativistischen Teilchen mit verschiedenen Helizitäten sowie für massive Teilchen in Ruhe mit Spin 0 und Spin ½ werden im Folgenden angegeben.[26]

Die Parabose-Ordnung wird mit $p[0]$ bezeichnet.

Die Impuls-Komponenten eines masselosen Bosons sind $P0 = P3 = m$, $P1 = P2 = 0$ und der Spin ist gleich null, dann hat der Zustand die Form

$$\sum_{p[1]=0}^{\infty} \frac{(p[0]-1)!(-m)^{p[1]}}{p[1]!(p[0]-1+p[1])!} f[3,1,p[1]]**lvac \tag{22.107}$$

Für Zustände mit Helizitäten $p[2] = 1, 2, 3, \ldots$ erhalten wir folgende Struktur

$$\sum_{p[1]=0}^{\infty} \frac{(2p[2]+p[0]-1)!(-m)^{p[1]}}{p[1]!(p[0]-1+p[1]+2p[2])!} f[3,1,p[1]]**f[1,1,p[2]]**lvac \tag{22.108}$$

Für den Zustand eines masselosen Fermions mit Helizität $p[2]+(1/2)$ ergibt sich

$$\sum_{p[1]=0}^{\infty} \frac{(2p[2]+p[0]-1)!(-m)^{p[1]}}{p[1]!(p[0]-1+p[1]+2p[2]+1)!} e[1]**f[3,1,p[1]]**f[1,1,p[2]]**lvac \tag{22.109}$$

Da es gemäß Definition im Minkowski-Raum weder eine kleinste noch eine größte Länge gibt, kann es in den Theorien, die auf der Basis dieses Raumes arbeiten, auch keine natürliche Massen-Einheit geben.

In den Darstellungen der Poincaré-Gruppe, benannt nach dem französischen Mathematiker Henri Poincaré (1854–1912), die hier konstruiert werden, ist daher die Masse ein freier Parameter. Jede beliebige Masse ist in diesem Zusammenhang mathematisch möglich. Der Minkowski-Raum ermöglicht daher von seiner Struktur her keine Festlegung, weshalb es in der Realität nur die wenigen stabilen Elementarteilchen mit ihren festgelegten Massen gibt.

Da die Theorie im Minkowski-Raum wie erwähnt unfähig ist, einen Massenwert vor einem anderen auszuzeichnen, ist zu erwarten, dass die Lösung für dieses Problem im Zusammenhang mit der Kosmologie erfolgen wird.

Der Zustand eines massiven spinlosen Bosons ist selbst in Ruhe komplizierter als der masselose Fall. Dafür muss die Parabose-Ordnung größer als 1 werden: $p[0] > 1$.

[26] Görnitz, T.; Schomäcker, U. (2012)

Im Ruhezustand ist der Impuls $P0 = m$, $P1 = P2 = P3 = 0$. Der Zustand hat folgende Form:

$$\sum_{p[3]=0}^{\infty}\sum_{p[2]=0}^{\infty}\sum_{p[1]=0}^{\infty}\frac{(-1)^{(p[1]+p[2]+p[3])}(m)^{(2p[1]+p[2]+p[3])}(p[1]+p[2]+p[3]+p[0]-2)!}{(2p[1]+p[2]+p[3]+p[0]-1)!(p[3]-1+p[0]-1+p[1])!} \\ *\frac{f[4,2,p[3]]**f[4,1,p[1]]**f[3,2,p[1]]**f[3,1,p[2]]**lvac}{(p[2]-1+p[0]-1+p[1])!p[1]!p[2]!p[3]!} \tag{22.110}$$

Der Zustand eines massiven Fermions ist noch komplizierter. Wiederum gilt $p[0] > 1$. Im Ruhezustand ist auch in diesem Fall $P0 = m$, $P1 = P2 = P3 = 0$. Der Spin in z-Richtung ist $s_z = ½$. Der Zustand besteht aus zwei Summanden, die jeweils eine Dreifachsumme beinhalten.

Da alle stabilen Elementarteilchen, also Neutrino, Elektron und Proton, einen Spin ½ besitzen, spielt die Darstellung eines massiven Spin-½-Fermions die Rolle der real existierenden Materie.

$$\sum_{p[3]=0}^{\infty}\sum_{p[2]=0}^{\infty}\sum_{p[1]=0}^{\infty}\frac{(-1)^{(p[1]+p[2]+p[3])}(m)^{(2p[1]+p[2]+p[3])}(p[1]+p[2]+p[3]+p[0]-1)!}{p[1]!p[2]!p[3]!(2p[1]+p[2]+p[3]+p[0]!)} \\ *\frac{e[1]**f[4,2,p[3]]**f[4,1,p[1]]**f[3,2,p[1]]**f[3,1,p[2]]**lvac}{(p[1]+p[3]+p[0]-2)!(p[1]+p[2]+p[0]-1)!} \\ +\sum_{p[3]=0}^{\infty}\sum_{p[2]=0}^{\infty}\sum_{p[1]=0}^{\infty}\frac{(-1)^{(p[1]+p[2]+p[3])}(m)^{(1+2p[1]+p[2]+p[3])}(p[1]+p[2]+p[3]+p[0]-1)!}{p[1]!p[2]!p[3]!(2p[1]+p[2]+p[3]+p[0]!)} \\ *\frac{e[2]**f[4,2,p[3]]**f[4,1,p[1]+1]**f[3,2,p[1]]**f[3,1,p[2]]**lvac}{(p[1]+p[3]+p[0]-1)!(p[1]+p[2]+p[0]-1)!} \tag{22.111}$$

Im Rahmen der Teilchen-Darstellungen mit der Poincaré-Gruppe ist noch eine weitere Zustands-Darstellung möglich, welche die gleiche Masse, den gleichen Spin und den gleichen Impuls beinhaltet. Die Notwendigkeit, die Komplexkonjugation – also eine antiunitäre Operation – durch einen unitären Operator darzustellen sowie die Überlegungen im Anschluss an Formel 22.37 hatten dazu geführt, in der Sprache von Weizsäcker von den „Uren“ zu „Uren und Anti-Uren“ überzugehen.

In dieser zweiten Darstellung des Zustandes ist die Rolle der AQIs mit Index 1 und 2 vertauscht mit der mit den Indizes 3 und 4. Diese Zustände kann man als Darstellungen von Antimaterie interpretieren.

$$\sum_{p[3]=0}^{\infty}\sum_{p[2]=0}^{\infty}\sum_{p[1]=0}^{\infty}\frac{(-1)^{(p[1]+p[2]+p[3])}(m)^{(2p[1]+p[2]+p[3])}(p[1]+p[2]+p[3]+p[0]-1)!}{p[1]!p[2]!p[3]!(2p[1]+p[2]+p[3]+p[0]!)} \\ *\frac{e[4]**f[4,2,p[3]]**f[4,1,p[1]]**f[3,2,p[1]]**f[3,1,p[2]]**lvac}{(p[1]+p[3]+p[0]-2)!(p[1]+p[2]+p[0]-1)!} \tag{22.112}$$

Es liegt nahe, hierbei an den Übergang von einem Teilchen zu seinem Antiteilchen zudenken. Denn mit den Parabose-Operatoren wird es möglich, über die beiden Casimir-Operatoren hinaus weitere Operatoren zu konstruieren, welche ebenfalls mit allen Operatoren der Poincaré-Gruppe kommutieren. Im Gegensatz zu den Casimir-Operatoren werden sie nicht aus Operatoren der Poincaré-Gruppe gebildet.

Mit diesen Operatoren erhalten wir im Minkowski-Raum die Möglichkeit, Darstellungen mit den gleichen Poincaré-Eigenwerten zu verbinden.

Im Prozess der Berechnungen wurden diesen Operatoren die Bezeichnungen *P*832 und als *P*906 zugeordnet. Ihre konkrete Form ist:

$$\begin{aligned} P832 = {} & (-2)\times d[1,4]+3\times d[2,3]+d[1,1]^{**}d[1,4]+d[1,4]^{**}w[1,3]+d[2,4]^{**}d[1,2] \\ & +d[2,4]^{**}w[2,3]+d[3,4]^{**}d[1,3]+d[3,4]^{**}w[3,3]+d[4,4]^{**}d[1,4]+d[4,4]^{**}w[3,4] \\ & +f[2,1]^{**}d[1,1]+f[2,1]^{**}w[1,3]+f[2,2]^{**}d[1,2]+f[2,2]^{**}w[2,3]+f[3,2]^{**}d[1,3] \\ & +f[3,2]^{**}w[3,3]+f[4,2]^{**}d[1,4]+f[4,2]^{**}w[3,4]+(-1)\cdot d[1,3]^{**}w[1,4] \\ & +(-1)\cdot d[2,1]^{**}d[1,3]+(-1)\cdot d[2,2]^{**}d[2,3]+(-1)\cdot d[2,3]^{**}w[2,4] \\ & +(-1)\cdot d[3,3]^{**}d[2,3]+(-1)\cdot d[3,3]^{**}w[3,4]+(-1)\cdot d[4,3]^{**}d[2,4] \\ & +(-1)\cdot d[4,3]^{**}w[4,4]+(-1)\cdot f[1,1]^{**}d[2,1]+(-1)\cdot f[1,1]^{**}w[1,4]+(-1)\cdot f[2,1]^{**}d[2,2] \\ & +(-1)\cdot f[2,1]^{**}w[2,4]+(-1)\cdot f[3,1]^{**}d[2,3]+(-1)\cdot f[3,1]^{**}w[3,4]+(-1)\cdot f[4,1]^{**}d[2,4] \\ & +(-1)\cdot f[4,1]^{**}w[4,4] \end{aligned} \tag{22.113}$$

$$\begin{aligned} P906 = {} & (-3)\cdot d[3,2]+4\times d[4,1]+d[1,2]^{**}w[1,1]+d[2,2]^{**}w[1,2]+d[3,1]^{**}d[1,2] \\ & +d[3,2]^{**}d[2,2]+d[3,2]^{**}d[3,3]+d[3,2]^{**}w[1,3]+d[4,2]^{**}d[3,4]+d[4,2]^{**}w[1,4] \\ & +f[4,1]^{**}d[3,1]+f[4,1]^{**}w[1,1]+f[4,2]^{**}d[3,2]+f[4,2]^{**}w[1,2]+f[4,3]^{**}d[3,3] \\ & +f[4,3]^{**}w[1,3]+f[4,4]^{**}d[3,4]+f[4,4]^{**}w[1,4]+(-1)\cdot d[1,1]^{**}w[1,2] \\ & +(-1)\cdot d[2,1]^{**}w[2,2]+(-1)\cdot d[3,1]^{**}w[2,3]+(-1)\cdot d[4,1]^{**}d[1,1] \\ & +(-1)\cdot d[4,1]^{**}d[4,4]+(-1)\cdot d[4,1]^{**}w[2,4]+(-1)\cdot d[4,2]^{**}d[2,1] \\ & +(-1)\cdot d[4,3]^{**}d[3,1]+(-1)\cdot f[3,1]^{**}d[4,1]+(-1)\cdot f[3,1]^{**}w[1,2]+(-1)\cdot f[3,2]^{**}d[4,2] \\ & +(-1)\cdot f[3,2]^{**}w[2,2]+(-1)\cdot f[3,3]^{**}d[4,3]+(-1)\cdot f[3,3]^{**}w[2,3]+(-1)\cdot f[4,3]^{**}d[4,4] \\ & +(-1)\cdot f[4,3]^{**}w[2,4] \end{aligned} \tag{22.114}$$

Für jeden Generator G der Poincaré-Gruppe gilt $[G, P832] = [G, P906] = 0$. Damit werden Eigenwerte von Zuständen dieser beiden Operatoren *P*832 und *P*906 unter der Wirkung der Poincaré-Gruppe nicht geändert.

Wenn wir Fermionen-Zustände mit einer Masse m betrachten, so zeigt sich, dass $(1/m)\cdot P906$, also ein um die Masse korrigierter Operator den Fermion-Zustand eines Spin-1/2-Teilchens mit einer solchen Masse m in den korrespondierenden Antiteilchen-Zustand transformiert. Der Operator $(-1/m)\cdot P832$ bewirkt den gleichen Vorgang vom Antiteilchen-Zustand in den Teilchen-Zustand. Es wird sich zeigen, ob diese Transformationen als „Ladungs-Spiegelung" interpretiert werden können.

Andererseits annihilieren sowohl *P*832 als auch *P*906 die Zustände von masselosen Teilchen. Sie annihilieren ebenfalls massive spinlose Zustände. Da masselose Teilchen keine Ladung tragen, annihiliert diese ein Operator für Ladung. Da die massiven

Kraftquanten der schwachen Wechselwirkung, die W- und Z-Bosonen Spin 1 haben, würden sie von diesen beiden Operatoren nicht annihiliert werden.

Nach der hier vertretenen Theorie (siehe Kapitel 25) werden die Ruhmassen von den Ladungen erzeugt. Die spinlose Anregung des Vakuums, die sich als Higgs-Feld bemerkbar macht, würde als ladungslos ebenfalls von diesen beiden Operatoren annihiliert.

Künftige Rechnungen sollen zeigen, ob und wie diese Operatoren sich als Operatoren für die Erfassung einer Ladung eignen.

22.14 Qubits zu Quantenteilchen – was bedeutet das

In diesem langen Kapitel sollte deutlich geworden sein, wie schwierig der Weg zu der absoluten Basis der Physik war. Mit den hier dargestellten Rechnungen ist gezeigt, dass in der Tat materielle Quantenteilchen, wie sie im Minkowski-Raum beobachtet werden, aus absoluten Bits von Quanteninformation, aus AQIs, konstruiert werden können. Das ist ein wesentlicher Schritt hin zu einem tatsächlich fundamentalen Verständnis der Materie. Schließlich sind „Teilchen" dadurch definiert, dass sie in Raum und Zeit bewegt und auch lokalisiert werden können. Daher können die Physiker mit Quantenteilchen und somit auch mit deren zugeordneten Quantenfeldern experimentieren. Und deshalb werden die elementaren Teilchen als die „Bausteine der Materie" verstanden.

Ohne den mit den Rechnungen erhaltenen Anschluss der Protyposis an die Darstellung und die Experimente mit Teilchen im Minkowski-Raum bliebe jedes Sprechen über eine „Neue Physik" lediglich „naturwissenschaftliche Folklore".

Für die philosophischen Vorstellungen über die Materie ergibt sich damit ein zweiter großer Einschnitt. Die kosmische und biologische Evolution ist mit einer dualistischen Vorstellung, mit einer absoluten Trennung zwischen Materie und „Geist", nicht vereinbar, die bei Descartes noch so naheliegend war.

Der monomaterialistische Fehlschluss, die Realität ausschließlich auf „kleinste Teilchen" gründen zu wollen, war allerdings nach den Erfolgen der Naturwissenschaft im 19. Jahrhundert historisch nachvollziehbar.

Wie sehr die Bewertung, Beurteilung und Interpretation der Physik von den gesellschaftlichen Bedingungen und der herrschenden Ideologie abhängt, habe ich selbst erlebt. Durch die immer genauere Physik war der im kommunistischen Machtbereich propagierte „wissenschaftliche Materialismus" in eine Krise geraten. Die Physik war so präzise geworden, dass die eigentlich erwünschte Ablehnung von Relativitätstheorie und Quantentheorie als „Bürgerliche Ideologie" nicht durchgehalten werden konnte. Darüber hinaus erleichterte es das Streben nach sowjetischen Atomwaffen, die „reine Lehre“ nicht zu ernst zu nehmen. Die Energie als das Maß der Bewegung sollte eigentlich nach der „reinen materialistischen Lehre“ die „Grundeigenschaft der Materie“ verkörpern. So wurden in meiner Studentenzeit auch die Photonen, also die Energie, als Materie bezeichnet.

Natürlich gibt es auch heute wissenschaftssoziologische Einflüsse auf die Wissenschaften. Der ungeheure Veröffentlichungsdruck auf den wissenschaftlichen Nachwuchs macht es diesem fast unmöglich, unabhängige Gedanken neben dem Mainstream zu verfolgen. Das Wort von den Zitier-Kartellen ist leider keine bösartige Nachrede, sondern hat einen gewissen realen Hintergrund. Und dorthin, wo viele Forschungsgelder hinfließen, gibt es natürlich auch gern gesuchte Kontakte von den Medien.

Gegenwärtig werden Biologie, Evolutionstheorie und Hirnforschung so genau, dass alleinige Vorstellungen von „kleinsten Teilchen“ nicht erklären können, wie die informationsgesteuerten Abläufe zu verstehen sind, die in diesen Wissenschaften untersucht werden. Diese Wissenschaften erfordern somit eine Neufundierung ihrer chemischen und physikalischen Grundlagen.

Erst mit den hier dargestellten mathematischen Modellen für Quantenteilchen als komplexe und komplizierte Strukturen aus bedeutungsfreier Quanteninformation wird verstehbar, wieso Eigenschaften von Teilchen, also von Molekülen und Photonen und daraus zusammengesetzten Strukturen, in Lebewesen zu bedeutungsvoller Information werden. Diese kann auch übermittelt, also transportiert und damit an anderen Stellen wirksam werden.

23 Die fundamentalen Wechselwirkungen

„Was Gott getrennt hat, soll der Mensch nicht zusammenfügen.“[1]

Wolfgang Pauli

Wolfgang Pauli war einer der bedeutendsten physikalischen Denker. Er verkörperte das Gewissen der Physik seiner Zeit. Diese Bemerkung Paulis zielte zwar gegen Einsteins Versuch, mit der Zusammenfassung eines symmetrischen Tensors mit einem antisymmetrischen Tensor einen Ausgangspunkt für eine neue Theorie zu entwickeln, aber sie passt nach meiner Meinung auch zu den gegenwärtigen Versuchen zur Wechselwirkung.

Der enorme Erfolg der von Maxwell vorgenommenen Vereinigung einer Theorie der elektrischen, der magnetischen und schließlich auch der optischen Phänomene in der Elektrodynamik erscheint bis heute dem physikalischen Mainstream als Vorbild für eine Theorie der Wechselwirkungen. So berechtigt aus heutiger Sicht die Vereinigung dieser Phänomene in einer einheitlichen Theorie gewesen war, so wenig kann eine solche Vereinigung heute noch als Anregung für die Behandlung sämtlicher Wechselwirkungen dienen.

Mit der Quantentheorie ist deutlich geworden, dass die früher als unüberwindlich angesehene Unterscheidung zwischen Kraft und Stoff hinfällig geworden ist. Wir wissen heute, dass die Quantenobjekte sich darin unterscheiden, ob der Spin ganzzahlig ist, wie bei der Kraft, oder halbzahlig ist, wie beim Stoff, also der aus Fermionen aufgebauten Materie. Diese Einsicht zeigt, dass es nicht mehr darum gehen kann, die Wechselwirkungen zu einer einzigen General-Wechselwirkung zusammenzunageln. Vielmehr geht es darum, für die Kräfte und für die Materie die gemeinsame Grundlage zu erforschen, wie es durch die Quantentheorie aufgezeigt und ermöglicht wurde.

---

[1] Zitiert nach: Jordan, P. (1973) *Erinnerungen an Wolfgang Pauli*, Physikalische Blätter, 29. Jg, S. 295

Die tatsächliche Aufgabe besteht nicht in einer Vereinigung der Kräfte, sondern in einer Vereinheitlichung der Grundlage von allem real Existierenden. Das kann dann sinnvollerweise in die verschiedenen Erscheinungen der Kräfte und der Materie aufgespalten werden.

Wie in Abschnitt 1.2 dargelegt wurde, besteht ein wesentliches Merkmal der Quantentheorie in der Tensorprodukt-Struktur von miteinander verbundenen Quantensystemen. Diese Produktstruktur führt zu dem, was als Verschränkung bezeichnet wird. Der Begriff der Verschränkung wurde von Erwin Schrödinger eingeführt, der sich über die „verdammte Quantenspringerei" so geärgert hatte, dass er ab der Mitte der 1930er-Jahre im Wesentlichen nur noch auf dem Feld der Allgemeinen Relativitätstheorie arbeitete.

Ich habe bereits oft darauf verwiesen, dass dieser Begriff aus dem Tischlerei-Bereich geeignet ist, das Verstehen des quantenphysikalischen Sachverhaltes fast unmöglich zu machen. Zwei verschränkte Bretter sind immer noch leicht als zwei Bretter zu identifizieren.

Zwei „verschränkte" Teilchen sind hingegen aus mathematischer Sicht ein neues, teileloses Quantensystem. Das System ist ein Ganzes. Es könnte zwar wieder in die Ausgangsteile zerlegt werden. Allerdings kann es sich aber auch in etwas vollkommen anderes umwandeln. Daher ist die Vorstellung zutreffender, dass das verschränkte System bis zu einer Zerlegung nicht aus diesen dabei entstehenden Teilen „besteht" – selbst wenn es aus diesen geformt wurde.

Anmerkung: Man spricht bei der Zerlegung von verschränkten Zuständen von „Dekohärenz" und daher auch manchmal von einer Auflösung eines kohärenten Zustandes. Das erzeugt vielleicht eine bessere Vorstellung als die „Verschränkung". Die übliche Verwendung des Begriffes „kohärenter Zustand" stammt aus der Optik.

Ein kohärenter Zustand im engeren Sinne $|\varphi\rangle$ ist davon zu unterscheiden. Er wird auch als Klauder-Zustand {John R Klauder (1925 – 2018)} bezeichnet und ist ein Eigenzustand für den Vernichtungs-Operator $\hat{a}$ eines Teilchens: $\hat{a}|\varphi\rangle = \phi|\varphi\rangle$. Ein solcher Zustand kann verstanden werden als ein Zustand, z. B. von Photonen, der einem klassischen Zustand sehr nahekommt. Denn dieser Zustand verändert sich nicht, wenn ein Photon entnommen wird. Er besteht daher aus Produktzuständen von allen möglichen n-Photonen-Zuständen mit $n \in \{1, 2, 3, \ldots \infty\}$.]

23.1 Wie können die allgegenwärtigen Verschränkungen aufgehoben werden?

Sehr genaue Experimente haben in den letzten Jahren immer deutlicher werden lassen, dass Verschränkungen zu den zentralen Erscheinungen in der Quantentheorie gehören. Besonders an diesen Effekten wurde deutlich, dass die Eingrenzung der Quantentheorie auf „Mikrophysik" immer unzulässiger wird, je genauer die Experimente durchgeführt werden können. Solche Quantensysteme mit ihren „verschränkten Zuständen" mit Ausdehnungen von Hunderten von Kilometern gehören in wachsendem Maße zu einem bewundernswerten experimentellen Alltag. Mit dem Physiknobelpreis 2022 wurden mit John Clauser, Alain Aspect und Anton Zeilinger drei Experimentalphysiker geehrt, die mit grundlegenden Experimenten diesbezügliche Zweifel an der Struktur und an mancher Interpretation der Quantentheorie ausgeräumt haben.[2)] In Abschnitt 7.4 wurden die damit zusammenhängen Probleme ausführlich dargestellt. Sie sind vor allem als Einstein-Podolski-Rosen-Phänomene (EPR-Experimente) bekannt geworden.

Hingegen bei den Experimenten an den großen Beschleunigern mit ihren riesigen Energien spielt das Auftreten von möglichen Verschränkungen bisher kaum eine Rolle. Dort wird ein faktischer Zustand in Bruchteilen von Millisekunden erreicht. Dabei eine wahrnehmbare Verschränkung festzustellen ist so gut wie unmöglich.

Wenn man sich somit dem Problem der Wechselwirkungen vonseiten der Hochenergiephysik nähern will, dann besteht eine naheliegende Fragestellung darin, wie man von einer Beschreibung des dortigen faktischen Geschehens auch zu einer Erfassung von Verschränkung gelangen kann. Die gleiche Fragestellung ergibt sich ebenfalls, wenn man von theoretischen Modellen ausgeht, die das „Einfachste" im „Kleinen" suchen. Bei diesen theoretischen Versuchen im Gefolge von Wheeler soll die Vorstellung von einem Quantenbit mit einem Bereich von einer Ausdehnung in der Größenordnung der Planck-Länge verbunden werden. (Erinnert sei an Wheelers Zeichnung in Abschnitt 4.6) Es soll also gemäß dieser Vorstellung, die ich nicht für aufklärend halte, die maximal lokalisierte und damit größtmögliche Energiekonzentration einem Quantenbit entsprechen. Auch bei einem solchem Ausgangspunkt ist das Auftreten von Verschränkungen keineswegs naheliegend.

Startet man hingegen mit den Grundstrukturen der Quantentheorie, mit AQIs, dann zeigt sich das Problem gerade in der umgekehrten Weise. Die Verschränkungen sind allgegenwärtig.

---

[2] siehe z. B. Görnitz, T. (2022) *What does the Nobel Prize Physics 2022 mean*, DOI: 10.13140/RG.2.2.31708.26243

> Ein wichtiges Problem in der Quantentheorie besteht darin, wie man das Auflösen der allgegenwärtigen Verschränkungen und damit das Erscheinen von lokalisierten Objekten im kosmischen Rahmen erklären kann.

Lokalisierte Objekte sind definitionsgemäß nicht mit ihrer Umwelt verschränkt und stellen daher in gewisser Weise einen Widerspruch zur mathematischen Struktur der Quantentheorie dar. Aber nur für lokalisierte Objekte ist es sinnvoll und auch erst möglich, Wechselwirkungen zwischen diesen zu konstatieren.

Die Vorstellung von Wechselwirkung setzt voneinander getrennte Objekte voraus.

Innerhalb eines teilelosen Ganzen gibt es definitionsgemäß keine Teile und damit nichts, was innerhalb dieser Ganzheit im Sinne einer *Wechselwirkung* aufeinander Einfluss nehmen könnte.

Dass man „von außen" auf eine Ganzheit Einfluss nehmen kann, das ist natürlich evident. Schließlich setzt die Vorstellung von einem „Außerhalb" eine bereits erfolgte Trennung voraus.

> Wechselwirkung ist also notwendig, um den Fehler zu minimieren, der eintritt, wenn man eine quantische Ganzheit theoretisch oder experimentell in getrennte Teile zerlegt.

Die kosmologischen Überlegungen waren davon ausgegangen, dass die AQIs eine quantische Gesamtheit formen. Eine so weitgehende Abstraktion ermöglicht jedoch keine Unterscheidungen irgendwelcher Art. Es ist also notwendig, bestimmte Unterschiede in der Realität zuzulassen und damit auch voneinander unterscheidbare Objekte. Ein „Objekt" ist von seiner Umgebung unterschieden und kann sich im Prinzip innerhalb seiner Umgebung bewegen bzw. bewegt werden. Das Modell eines Objektes – wenn von allen dessen Eigenschaften außer Masse und Spin abgesehen wird – ist ein Teilchen.

Wenn die fundamentale Beschreibung des Kosmos diesen zu einer quantischen Ganzheit werden lässt, dann wird die Einführung von Objekten, die als voneinander getrennt beschrieben werden, auch eine Einführung von Wechselwirkungen zwischen diesen Objekten erforderlich machen. Schließlich bedeutet die räumliche Trennung eine Aufspaltung von quantentheoretischen Zusammenhängen.

> Man könnte also formulieren, dass die Modelle der Teilchen und die Modelle der Wechselwirkungen zwei Seiten ein und derselben Medaille sind.

Die mit der Zerlegung einer Quantenganzheit bewirkten Verluste an Genauigkeit (wegen des damit verbundenen Zerschneidens von Beziehungsstrukturen) können durch das Einführen von Wechselwirkung in einer gewissen Weise minimiert werden.

23.2 Vier grundlegende Wechselwirkungen

Vier grundlegende Wechselwirkungen werden von der Physik beschrieben. Die schwache und die starke Wechselwirkung haben eine sehr kurze Reichweite. Daher können sie ausschließlich im Rahmen der Quantentheorie behandelt werden.

Die elektromagnetische Wechselwirkung hat im Prinzip eine bis ins Unendliche reichende Wirkungsfähigkeit, die jedoch wegen des Auftretens von entgegengesetzten Ladungen in vielen Fällen ebenfalls wie auf kurze Reichweiten beschränkt erscheint. Die Gravitation ist so schwach, dass sie im Bereich der Elementarteilchen fast nie zu verspüren ist. Für das Geschehen im astronomischen Rahmen hingegen ist sie wegen der beteiligten Massen, die im Vergleich mit den Elementarteilchen riesig sind, die bestimmende Wechselwirkung.

In Kapitel 18 ist die Gravitation als „Wirkung des Kosmos auf Inhomogenitäten seines Inhalts" beschrieben worden. Die Inhomogenitäten bewirken unterschiedliche Dichten. Beim Kosmos als Ganzem sind während seiner Expansion die unterschiedlichen Dichten mit einer unterschiedlichen Krümmung verbunden. Dann soll auch im Kosmos eine lokale Dichteänderung eine entsprechende lokale Krümmungsänderung hervorrufen.

Es wurde auch erklärt, warum eine Quantisierung der Schwerkraft nur für eine linearisierte Version der Allgemeinen Relativitätstheorie sinnvoll erscheint.

> Die Allgemeine Relativitätstheorie ist die „klassische Näherung der Quantenkosmologie der AQIs".

Von den drei anderen Wechselwirkungen gibt es eine etablierte quantentheoretische Beschreibung. Seit langem durchgeführte, umfangreiche und sehr genaue Experimente haben dazu geführt, diese Wechselwirkungen als „Quanteneichfeldtheorien" zu konstruieren. Dass man auch beim Verstehen der Wechselwirkungen davon ausgeht, die Grundlage dafür in der Quantentheorie zu suchen, das erscheint nach allen bisherigen experimentellen Erfahrungen und theoretischen Untersuchungen sehr vernünftig zu sein.

Die geniale Vereinigung der elektrischen, magnetischen und optischen Phänomene zum Elektromagnetismus war gewiss die große wissenschaftliche Leistung in der Physik des 19. Jahrhunderts. Maxwells Kontinuumstheorie beschrieb sehr viele Effekte sehr gut. Bei vielen führenden Forschern in der damaligen Zeit gab es daher starke Zweifel an einer atomaren Basis der Wirklichkeit. Eine universelle bewährte Kontinuumstheorie und eine Atom-Hypothese erscheinen als Widersprüche.

Daher hatte es Einstein mit seinem Vorschlag, die elektromagnetische Kontinuumstheorie durch eine Teilchenversion zu ergänzen, für lange Zeit schwer, von der etablierten Physik akzeptiert zu werden.

Selbst Max Planck war von den Lichtquanten wenig begeistert, zu gut in der Beschreibung der Wirklichkeit und zu schön erschien ihm die Maxwellsche Theorie. So schrieb Planck in seiner Laudatio für Einsteins Anstellung in der Preußischen Akademie der Wissenschaften (Die dazu führen sollte, dass Einstein mit der Maßgabe eingestellt werden soll, dass er nur das machen solle, wozu er Lust habe.), dass dieser

> *„in seinen Spekulationen gelegentlich auch einmal über das Ziel hinausgeschossen haben mag, wie z. B. in seiner Hypothese der Lichtquanten, wird man ihm nicht allzu schwer anrechnen dürfen; denn ohne einmal ein Risiko zu wagen, lässt sich auch in der exaktesten Naturwissenschaft keine wirkliche Neuerung einführen."*[3]

Einsteins Lichtquanten, die Photonen, (für die er seinen Nobelpreis erhielt) wurden später mit der Quantenelektrodynamik in die mathematische Struktur der Quantentheorie eingefügt. So setzte sich schließlich die Vorstellung durch, dass eine Quantentheorie der Kraftfelder nach dem Modell der Quantenelektrodynamik auf der Basis von Feldquanten, also Quantenteilchen, gestaltet werden soll.

Erst die Quantenfeldtheorien ermöglichen das theoretische Beschreiben des Erzeugens und Vernichtens von Feldquanten sowie außerdem der Existenz von virtuellen Quanten. Das alles ist für die Beschreibung von Kraftfeldern unverzichtbar. Mit der Entdeckung der schwachen und der starken Wechselwirkung schien es möglich und wohl auch erforderlich zu sein, die Modelle von anderen „Kraft-Teilchen" als den Photonen weiterzuentwickeln.

Die erfolgreiche Vereinigung der drei unterschiedlichen Erscheinungen Elektrizität, Magnetismus und Optik zu einer einheitlichen Theorie des Elektromagnetismus wurde zum Vorbild, wie man weiterhin verfahren wollte. Mit dem Zusammenbinden der schwachen Wechselwirkung mit dem Elektromagnetismus zur elektroschwachen Wechselwirkung war ein Schritt in diese Richtung erfolgt. Daraus ergibt sich folgende Aussage:

Jedes Postulat einer Symmetrie ist damit verbunden, dass bestimmte Unterschiede von Erscheinungen in der Natur als irrelevant deklariert werden.

Je größer die betreffende Symmetriegruppe ist, desto mehr an zuvor möglich gewesenen Unterscheidungen können nicht mehr getroffen werden. Zugleich haben größere Gruppen mehr Generatoren. Das bedeutet physikalisch, dass mehr an „fundamentalen Teilchen" aus der Theorie folgen, für die dann neue teure Experimente notwendig werden.

---

[3] Wahlvorschlag vom 12. Juni 1913 von Max Planck für Albert Einstein zum ordentlichen Mitglied der physikalisch-mathematischen Klasse der Preußischen Akademie der Wissenschaften, *http://planck.bbaw.de/planckiana.php?dokument=120*, vom 10. 05. 2017

Lie-Gruppen und ihre Generatoren

Eine Lie-Gruppe hat in der Umgebung ihres Eins-Elements (oder auch „neutralen Elementes") die Struktur eines n-dimensionalen Raumes. Die $U(1)$ ist eindimensional, $SU(2)$ ist dreidimensional und $SU(3)$ achtdimensional.

Als Generatoren bezeichnet man die infinitesimalen Transformationen in Richtung der Koordinatenachsen. Sie spannen den Tangentialraum am Eins-Element der Gruppe auf. Die Generatoren bilden eine Lie-Algebra. Durch die Exponentialabbildung kann man aus der Algebra den mit dem Eins-Element zusammenhängenden Teil der Lie-Gruppe erzeugen. Daher hat die $U(1)$ einen, die $SU(2)$ drei und die $SU(3)$ acht Generatoren.

Die Erkenntnis der bedeutenden Mathematikerin Emmy Noether (1882–1935), das Noether-Theorem, verbindet Invarianten unter einer Symmetrietransformation mit physikalischen Erhaltungsgrößen. Jede Symmetrie in der Physik, die als Lie-Gruppe dargestellt werden kann, wird durch Generatoren aus der Lie-Algebra erzeugt. Jeder zugeordneten physikalischen Größe entspricht dann einer dieser Generatoren.

Den Generatoren der Symmetriegruppe wird in der Elementarteilchenphysik eine entsprechende Anzahl von „fundamentalen Kraft-Teilchen" zugeordnet. So hat die Elektrodynamik nur das Photon, die schwache Wechselwirkung enthält als Kraftteilchen W^+, W^- sowie Z^0 und die starke Wechselwirkung hat acht Gluonen.

Für lange Zeit war GUT (Grand Unified Theory), die „große vereinheitlichte Theorie", das Ziel, auf das Generationen von jungen Forschern (u. a. auch mein leider verstorbener Leipziger Studienfreund Harald Fritzsch) angesetzt wurden. Man suchte große Gruppen, in denen die drei Symmetriegruppen der quantischen Wechselwirkungen als Untergruppen enthalten sein sollten. Diese großen Symmetriegruppen führten zur Vorhersage von einer Unzahl an neuen Teilchen.

Zur „minimalen großen Vereinheitlichung" gehört die Gruppe $SU(5)$ mit $(5 \cdot 5 - 1) = 24$ Generatoren. Auch die Gruppen $SO(10)$ mit Dimension $(10 \cdot 9)/2$, also mit 45 Generatoren oder sogar $E(8)$ mit 248 Generatoren wurden intensiv studiert. Allerdings sind die dabei konkret postulierten Teilchen bisher ohne experimentelle Nachweise geblieben.

Ich halte es für selbstverständlich, dass mit einem wachsenden und hinreichend großen Aufwand an Energie tatsächlich so viele Unterschiede vernachlässigbar werden, dass in solchen Ausnahmesituationen auch größere Symmetriegruppen möglich werden. Dann könnten dabei für immer kürzere Zeiten auch die entsprechenden Strukturen erzeugt werden. Jedoch zielt wohl ein solches Aufblähen der „fundamentalen" Strukturen in eine falsche Richtung.

23.2.1 Einige grundsätzliche Fragen

Gewiss ist klargeworden, dass und wie die Probleme miteinander verwoben sind. Trotzdem ist es sinnvoll, einzelne Schwerpunkte herauszuarbeiten. So sind beispielweise die folgenden grundsätzlichen Fragen zu den Wechselwirkungen zu behandeln:

1. Welche allgemeinen theoretischen Gründe gibt es dafür, dass wir die quantischen Wechselwirkungen in der Natur als lokale Eichtheorien formulieren?
2. Weshalb werden die in der Natur auftretenden Wechselwirkungen, die elektromagnetische, die schwache und die starke, durch die drei Symmetriegruppen $U(1)$, $SU(2)$ und $SU(3)$ beschrieben?
3. Weshalb sind die Strukturen der starken Wechselwirkung, die Quarks und Gluonen, so gestaltet, dass sie niemals als reale Objekte in Erscheinung treten, dass sie aber als ausschließlich virtuell existierende Strukturen jedoch reale Wirkungen erzeugen können?

23.2.2 Zwei Seiten einer Medaille

Wenn die Modelle der Teilchen und die Modelle der Wechselwirkungen zwei Seiten ein und derselben Medaille sind, dann scheinen die Teilchen und die Wechselwirkungen die Basiskonzeption der Quantentheorie darzustellen. Ein genaueres Nachdenken zeigt allerdings, dass die Sachlage keineswegs so einfach ist, wie sie auf den ersten Blick erscheint. Das Problem besteht darin, dass im Grunde „Wechselwirkung" eine Konzeption ist, welche – wie erwähnt – der mathematischen Struktur der Quantentheorie im Grunde fremd ist. Dies klingt gewiss sehr befremdlich, um nicht zu sagen absonderlich. Eine etwas tiefere Analyse der mathematischen Struktur der Quantentheorie macht dies aber schnell begreiflich.

Wieso also sollte „Wechselwirkung" nicht zur Quantentheorie passen?

Der erst einmal merkwürdig erscheinende Sachverhalt wird an der Grundstruktur der Quantentheorie deutlich. Sie zeigt, dass bei jeder Wechselwirkung das Gesamtsystem mathematisch durch das Tensorprodukt der Zustandsräume von Teilsystemen erfasst wird.

$$\mathcal{H} = \mathcal{H}_1 \otimes \mathcal{H}_2 \tag{23.1}$$

Wenn durch Wechselwirkung von Teilsystemen ein Gesamtsystem entsteht, dann bilden diejenigen Zustände des Gesamtsystems, bei denen man noch davon sprechen kann, dass sie aus den Teilsystemen „bestehen", die also reine *Produktzustände* der ursprünglichen Teilsysteme sind, im Zustandsraum des Gesamtsystems lediglich eine *Menge vom Maße Null.* Alle anderen Zustände erweisen sich als Summen von verschiedenen Produktzuständen, also als *verschränkte Zustände von Produktzuständen.*

„Mengen vom Maße null“, sogenannte Null-Mengen, wie beispielsweise die unendlich dünnen Koordinatenachsen in der Zeichenebene, kann man in der mathematischen Behandlung in der Regel vernachlässigen. Das bedeutet, dass die Zustände, bei denen man tatsächlich noch von Wechselwirkung „zwischen zwei getrennten Objekten“ sprechen könnte, im Prinzip als belanglos ignoriert werden könnten. Bei den anderen Zuständen, die nicht mit dem Bild zweier verschiedener Teilchen behandelt werden können (also bei fast allen), spricht man wie dargelegt von „Verschränkung“.

Der zugrundeliegende mathematische Sachverhalt bedeutet in Worten ausgedrückt, dass die Vorstellung einer Wechselwirkung von Teilsystemen in Strenge gesehen an derjenigen Beschreibung der Wirklichkeit vorbeigeht, wie sie durch die Quantentheorie mathematisch festgelegt wird.

Die Idee einer Wechselwirkung setzt das Vorhandensein von getrennten Objekten voraus, zwischen denen durch Kräfte diese Wechselwirkung vermittelt wird.

Dies ist aber ein Widerspruch zu der teilelosen Ganzheit, wie sie in der Quantentheorie durch das Tensorprodukt ausgedrückt wird.

An dieser Stelle ist eine grundsätzliche Bemerkung notwendig. Natürlich wissen die Physiker in der Praxis, wie sie wechselwirkende Teilchen zu behandeln haben. Dass man sie nicht unterscheiden kann, wird beispielsweise dadurch berücksichtigt, dass eine sogenannte Austausch-Wechselwirkung beachtet wird. Auch werden in der Quantenmechanik gemäß der Theorie keine Teilchen erzeugt oder vernichtet. Daher kann man die bestehenden Teilchen auch in der Rechnung weiterhin wie getrennte Objekte behandeln und mit der erwähnten Austausch-Wechselwirkung einen gewissen Aspekt der Ganzheit mitberücksichtigen.

Unter praktischen Gesichtspunkten bleibt es daher weiterhin sinnvoll, die Vielelektronen-Zustände eines Atoms, Moleküls oder Festkörpers als Zustände von vielen Teilchen zu behandeln.

Im *Gegensatz zur Quantenmechanik* mit ihren festen Teilchenzahlen zielen die Überlegungen hier aufs Grundsätzliche. Es ist deshalb notwendig, einiges zu beachten, was in der physikalischen Praxis vielleicht nicht deutlich oder nicht notwendig wird. Diese Grundsätzlichkeit ist vor allem auch deshalb bedeutsam, weil die Teilchen hier nicht mehr als letztes Fundament der Wirklichkeit postuliert werden. In der bisherigen Entwicklung der Physik wird dieses mit der Wechselwirkung verbundene Problem gelegentlich auch dadurch überdeckt, dass (zumeist nur implizit) Superauswahlregeln angenommen wurden.

Superauswahlregeln zwischen Teilsystemen postulieren, dass zwischen diesen keine verschränkten Zustände existieren.

In der Quantenmechanik rechnen wir stets mit einer zwar im Prinzip nicht begrenzten, jedoch endlichen festen Anzahl von Teilchen. Dann folgt aus dem mathematischen Formalismus der Quantentheorie, dass diese durch ihre Wechselwirkungen stets verschränkte Zustände bilden. Üblicherweise sind jedoch in der Chemie die Energieumsätze so gering, dass eine reale Erzeugung von Teilchen-Antiteilchen-Paaren mit einer Ruhmasse nicht möglich wird. Wenn die Rechnungen sehr genau werden müssen, dann muss man zur Quantenfeldtheorie übergehen. Mit dieser wird auch das Wirken von *virtuellen Quantenobjekten* berücksichtigt. Die allgegenwärtigen Verschränkungen können dann nicht mehr in jedem Fall ignoriert werden. Nachweise von Effekten der Erzeugung und Vernichtung von virtuellen Teilchen erfordern eine so hohe Genauigkeit, dass virtuelle Teilchen bisher in der Chemie zumeist vernachlässigt werden konnten. Dies beginnt sich gegenwärtig zu ändern. Das Beispiel der chemischen Wirkungen von Polaritonen zeigt, dass bei einer sehr großen Genauigkeit die Verschränkungen auch in der Chemie bemerkbar werden können.

Bei aller Notwendigkeit für ein quantenmechanisches Verstehen von chemischen Reaktionen bleibt es für die Chemie wesentlich, auch Ensemble-Größen wie Temperatur und Druck zu erfassen. Dies wurde möglich durch eine Weiterentwicklung der Quantenmechanik, die auch für die theoretische Chemie bedeutsam geworden ist, durch die „algebraische Quantenmechanik“.

Der theoretische Chemiker Hans Primas (1928–2014)[4] erläutert, dass die Operator-Algebren für die Beschreibung von Systemen, die er als die „Pionier-Quantenmechanik“ bezeichnet, durch von-Neumann-Algebren vom Typ *I* gebildet werden können. Mit Typ-*I*-Algebren lassen sich jedoch für die Chemie so wichtige Größen wie Temperatur und Druck (also Ensemble-Eigenschaften anstelle von Teilchen-Eigenschaften wie Energie und Impuls) nicht definieren. Für solche Ensemble-Eigenschaften muss man über das Ensemble mitteln. Wir hatten bei der Entropie darauf verwiesen, dass man die Temperatur wie ein Maß für die mittlere Energie der Gasteilchen interpretieren kann. Die Entropie gibt dann dazu an, womit dieser Mittelwert multipliziert werden muss, um die Gesamtenergie zu erhalten. Mittelwerte sind immer mit einem Verlust an Information über die Einzelsysteme verbunden. Dieser Verlust an zugänglicher Information ist dann mit der Entropie verbunden. Aber während die Einzelwerte der Moleküle praktisch kaum zugänglich sind, sind die für die Chemie wichtigen Mittelwerte wie Temperatur oder Druck gut messbar.

Wie Primas zeigte, sind für chemische Beschreibungen daher beispielsweise von-Neumann-Algebren vom Typ III zu verwenden. Mit diesen mathematischen Strukturen werden zum Beispiel auch mathematische Modelle möglich, die man für Quantenfeldtheorien benötigt. Bereits in unendlichen Tensorprodukten von zweidimensionalen Quantenstrukturen wie den AQIs (und nicht nur von Quantenteilchen) können Teilsysteme unterschieden werden, zwischen denen Superauswahlregeln existieren. Dabei

---

[4] Primas, H. (1981, 1983) *Chemistry, Quantum Mechanics and Reductionism*, Springer, Berlin

wird allerdings eine *aktual unendliche* Anzahl von AQIs und nicht nur eine potenziell unendliche Anzahl vorausgesetzt. In solchen Modellen verhalten sich die entsprechenden Teilstrukturen zueinander so, wie man es von Teilsystemen der klassischen Physik gelernt hat. Da die Konstruktion des infiniten Tensorproduktes Vielheiten zu einer neuen Struktur zusammenfasst, ist es nicht verwunderlich, dass damit auch Ensemble-Eigenschaften modelliert werden können.

Die Analogie zu den Dichte-Operatoren erleichtert es, die Beziehung zur klassischen Physik zu verstehen. So beschreiben beispielsweise von-Neumann-Algebren vom Typ *III* Systeme, zwischen denen Superauswahlregeln gelten. Die Typ III_λ-Algebren verhalten sich zu der Typ I_∞-Algebra in ähnlicher Weise wie Dichtematrizen, die ein Gemisch beschreiben, zur Wellenfunktion, die einen reinen Zustand erfasst. Wie Primas dargelegt hat, können damit auch für die Chemie wichtige Strukturen erzeugt werden, die rein quantentheoretisch eine faktische Unterscheidung von Quantensystemen mit verschiedenen Temperaturen ermöglichen. Allerdings ist es dafür notwendig, mit einem Modell zu arbeiten, das aktual unendlich viele Photonen postuliert.[5] Das ist für eine Beschreibung im Minkowski-Raum sinnvoll, jedoch nicht für einen geschlossenen Kosmos. Aber wie immer gilt auch hierbei, dass jede physikalische Beschreibung der Natur eine Annäherung an diese ist. Auch dann, wenn eine Approximation sehr gut ist, so ist sie doch nicht die Natur selbst.

Als Ausgangsstruktur für die algebraische Quantentheorie können infinite Tensorprodukte von zweidimensionalen Quantensystemen (wie die AQIs es sind) verwendet werden. Derartige infinite Tensorprodukte genügen, um alle für die Physik interessanten Strukturen zu konstruieren.

Die von-Neumann-Algebren, welche nicht vom Typ I_n oder I_∞ sind, sind das mathematische Ergebnis der erwähnten Mittelwertbildungen und von Grenzübergängen. Sie erlauben, dass wegen der weniger genauen Beschreibung nun Observablen mit klassischen Eigenschaften – also Superauswahlregeln – im Rahmen einer solchen quantentheoretischen Beschreibung mathematisch möglich werden.

Eine Superauswahl-Observable wie zum Beispiel die Temperatur oder Druck kann einem einzelnen Molekül nicht zugeordnet werden.

Im Falle einer Superauswahlregel ist eine Überlagerung von Zuständen zwischen Objekten ausgeschlossen, wenn sie zu verschiedenen Superauswahlsektoren gehören. Im Fall von Superauswahlregeln kann die getrennte Existenz von solchen Strukturen weiterhin angenommen werden.

Solange also Quantenteilchen oder Quantenfelder unter der Wechselwirkung ihre Identität beibehalten, können sie als Grundlage von quantenphysikalischen Über-

5 Primas, H. (1981, 1983)

legungen angesehen werden. Und solange stellt sich das Problem des Widerspruchs zwischen einer „reinen Quantentheorie" und der Wechselwirkung nicht in seiner vollen Schärfe.

23.3 Wechselwirkung und dynamische Schichtenstruktur

Wenn man sich der Wechselwirkung nicht mit der Vorstellung individueller Teilchen nähert, sondern versucht die Physik auf wirklich einfachsten Quantenstrukturen zurückzuführen, dann tritt das Problem einer „eigentlichen Nichtexistenz" von Wechselwirkung in voller Klarheit zutage. Dann gibt es keine „getrennten Strukturen", die in Wechselwirkung treten könnten. Alles ist bzw. wäre verschränkt.

Wir benötigen daher für die Beschreibung von Wechselwirkung die „dynamische Schichtenstruktur" von klassischer und quantischer Physik.

Mit ihr wird nicht nur das Problem des Messprozesses verstehbar[6)], sondern sie zeigt auch auf, dass die henadische Beschreibung[7)] der Welt durch die Quantentheorie für uns Menschen ergänzt werden muss.[8)]

Wegen der auf das Eine zielenden Struktur der Quantentheorie ist die Erfassung der Welt auch durch die klassische Physik mit ihrer Zerlegung in getrennte Objekte für Alltagsanwendungen notwendig. Wenn eine Wechselwirkung zwischen Objekten durch Kräfte vermittelt wird, so folgt aus der relativistischen Behandlung, dass die Kräfte letztlich durch Quantenfelder repräsentiert werden können.

Einstein hatte als erster gezeigt, dass bestimmte Phänomene der Wechselwirkung von Licht mit Materie nur verstanden werden können, wenn man dem Licht Korpuskeleigenschaften zuspricht, wenn man es als eine Menge von Photonen versteht. Mit der von Wladimir Alexandrowitsch Fock (1898–1974) gefundenen Darstellung eines Quantenfeldes wird diese auf Einstein zurückgehende Erkenntnis in mathematischer Form ausgedrückt.

---

[6] Görnitz, T. (2011) *The Meaning of Quantum Theory – Reinterpreting the Copenhagen Interpretation,* Advanced Science Letters. Vol. 4, S. 3727–3734

[7] siehe z. B.: Görnitz, T.; Görnitz, B. (2005) *Das Bild des Menschen im Licht der Quantentheorie,* in: Buchholz, M. B.; Gödde, G. (Hrsg.) *Das Unbewusste in aktuellen Diskursen II: Anschlüsse,* Psychosozial-Verlag, Gießen, S. 720–745

[8] Ich verwende gern den Begriff henadisch {Griech: τὸ ἕν [to hen], das Eine}, um die auf Einheit zielende Struktur der Quantentheorie zu betonen, welche in ihrer abgeschlossenen Eins-heit deutlich wird. Das holistische {Griech. ὅλος [hólos], ganz} ist einerseits ein sehr unspezifisch gewordener Begriff und betont wohl eher das Ganze als Teil von etwa Umfassenderen.

Ein Quantenfeld kann verstanden werden als eine potenziell unendliche Menge seiner Feldquanten, also von Quantenteilchen. Die Algebren von Quantenfeldern besitzen bekanntlich überabzählbar unendlich viele verschiedene inäquivalente Darstellungen in der Form von von-Neumann-Algebren. Die einfachste und wohl auch anschaulichste unter diesen ist die Fock-Darstellung. Dabei erweist sich der Zustandsraum $H(\Phi)$ des Quantenfeldes Φ als die direkte Summe über die n-fachen Tensorprodukte der Einteilchen-Zustandsräume H_1

$$\mathcal{H}(\Phi) = \sum_{n=0}^{\infty} \mathcal{H}_1 \otimes \ldots \otimes \mathcal{H}_n \tag{23.2}$$

Wenn also einfache Quantenstrukturen gesucht werden, so wird hieran ersichtlich, dass Quantenteilchen offensichtlich wesentlich einfachere Strukturen sind als Quantenfelder.

Wir hatten bereits darauf verwiesen, dass ein elementares Objekt, ein Teilchen, dadurch gekennzeichnet ist, dass man es im Raum und in der Zeit bewegen kann, sodass sich dabei sein Zustand ändert, nicht aber das Objekt selbst. Ein elementares Objekt wird – wie bereits erwähnt – als etwas angesehen, von dem keine weiteren inneren Freiheitsgrade angenommen werden. Seine Zustände bilden daher eine irreduzible Darstellung der Poincaré-Gruppe.

Bis auf das Vakuum (eine eindimensionale Darstellung) spannen alle Darstellungen der Poincaré-Gruppe unter der Wirkung der Gruppenoperatoren einen unendlichdimensionalen Hilbert-Raum auf. Das Lorentz-Vakuum $|0\rangle$ ist ein Vektor, also der Raum einer eindimensionalen Darstellung der Poincaré-Gruppe. Die Operatoren für Masse und Spin, die Casimir-Operatoren [nach Hendrik Casimir (1909–2000)] m^2 und W^2 der Poincaré-Gruppe (siehe Abschnitt 22.11 und Abschnitt 30.8.2) haben für das Vakuum der Teilchen $|0\rangle$ beide den Eigenwert null.

$$m^2|0\rangle = W^2|0\rangle = 0 \tag{23.3}$$

Mit der Protyposis wird erkennbar, dass dieser so einfach erscheinende Zustand, das Vakuum im Minkowski-Raum, als eine komplexe Struktur aus unendlich vielen AQIs verstanden werden muss. Dies Idealisierung wird möglich, da der Minkowski-Raum durch einen mathematischen Grenzübergang zu unendlich vielen AQIs entsteht und deshalb flach wird.

> Da die AQIs der Protyposis nicht wie ein Objekt „hier und jetzt" sein können, bleibt nur, dass man sie sich als „immer und überall" vorzustellen hat.

Quantenstrukturen wie die AQIs, die nicht als Objekte und erst recht nicht als Quantenfelder gedacht werden dürfen, sind also sehr abstrakt und somit sehr unanschaulich. Diese Vorstellung fällt völlig aus dem bisherigen Begriffs- und Vorstellungssystem der Physik heraus, dessen mathematische Basis sie jedoch bildet.

Ein AQI erscheint zwar ausgedehnt wie ein Quantenfeld, hat aber im Gegensatz dazu keineswegs dessen unendlich vielen Freiheitsgrade.

23.4 Wechselwirkung erfordert Trennung

In der klassischen Physik ist ein expliziter Hinweis auf „Trennung" überflüssig. In ihr werden die Zustandsräume wechselwirkender Objekte additiv kombiniert, sodass die Individualität jedes Objektes bei dieser additiven Verknüpfung erhalten bleibt.

Wenn wir die in der Physik verwendeten Modelle für Wechselwirkung betrachten, so fällt als erstes auf, dass jedem Teilchen sein eigener „Koordinaten-Kosmos" zugeordnet wird.

Bereits in der Newtonschen Mechanik wird die im dreidimensionalen Raum stattfindende Bewegung der Erde um die Sonne mit sechs Orts- und sechs Geschwindigkeits- (bzw. Impuls-)Koordinaten beschrieben. Auch allgemein steht in der Mechanik jedem Teilchen ein voller dreidimensionaler Orts-Koordinaten-Raum zur Verfügung. Das gleiche gilt für die Impulse.

Dass jedem Objekt ein eigener „Kosmos" zugeordnet wird, also eine eigene Menge von Koordinaten, ist zwar die übliche Rechenpraxis. Sie wird jedoch selten als eine formulierte Überlegung dargestellt.

Schließlich ist ja alles, was es gibt und was miteinander wechselwirkt, in dem einen Ortsraum vorhanden. Aber so lange für wechselwirkende Objekte deren Identität erhalten bleibt, hat jedes von ihnen *seine eigenen „privaten" Ortskoordinaten*, die sich im Prinzip über den ganzen Raum erstrecken können.

In diesem Zusammenhang soll noch einmal auf den Unterschied zwischen der Gravitation und den drei anderen Wechselwirkungen hingewiesen werden. Gravitation als äquivalent zur Beschleunigung ist nicht auf ein zweites Objekt angewiesen. Sie kann durch die die Änderung der Metrik in der Raumzeit des betreffenden Teilchens selbst beschrieben werden. Bei den drei quantischen Wechselwirkungen, die auf der Wechselwirkung zwischen Ladungen von (mindestens) zwei Objekten beruhen, wird die Kraftwirkung auf das Objekt durch die Raumzeitstruktur des Wechselwirkungspartners verursacht.

Daher tritt zur Bewegung des freien Teilchens im Minkowski-Raum als Korrektiv die zweite Raumzeitstruktur hinzu, die sich aus der Wechselwirkung ergibt. Das führt zu den Modellen der Eichwechselwirkungen.

Wie in der klassischen Physik werden auch in der Quantenmechanik jedem Teilchen seine eigenen Ortskoordinaten zugeordnet, wodurch seine Identität auch bei einer Wechselwirkung in einer gewissen Weise gewahrt werden kann. Allerdings lassen sich, wie beschrieben, Quantenteilchen der gleichen Sorte nicht mehr unterscheiden. Für die Teilchen gilt dann wie oft erwähnt im Falle von Kraftquanten eine Bose-Statistik, für Materiequanten die Fermi-Statistik.

Eine Erhaltung der Identität eines einzelnen Quantenteilchens geht offensichtlich verloren, wenn es als eine Fock-Darstellung von Quantenbits verstanden wird. Ein Tensorprodukt von Fock-Zuständen von zwei Teilchen (die nach Definition beide aus Quantenbits aufgebaut zu denken sind) wird sich als *eine* quantenphysikalische Ganzheit erweisen und die ursprüngliche Identität jedes des an der Wechselwirkung beteiligten Teilchens wird verlorengehen. Das entspricht insofern der Realität, als aus der Quantentheorie bekannt ist, dass zumindest bei genügend hohen Energien alle Vorstellungen von „zwei Teilchen" illusorisch werden. Im LHC am CERN entstehen beim Stoß von zwei Protonen größenordnungsmäßig tausend neue Teilchen.

Bei einer Darstellung eines derartigen Vorganges mit den AQIs ergibt sich die Möglichkeit für viel Neues bereits unabhängig von der beteiligten Energie. Wenn ein „elementares Teilchen" aus unzähligen AQIs besteht, dann wird es leichter verstehbar, dass bei einem Zusammenstoß von Teilchen sehr viele verschiedene Neuanordnungen der AQIs mit neuen Eigenschaften entstehen können.

Wechselwirkung setzt eine Beschreibung voraus, in der jedem Objekt sein eigener Koordinaten-Raum zugeordnet wird. Daher wird es sich für eine Beschreibung von Wechselwirkungen im Rahmen der Protyposis als notwendig erweisen, der Gesamtheit der Quantenbits, die ein Teilchen formen, gemeinsam einen eigenen Teilchen-Koordinatenraum zuzuweisen. Dieser ist in der Teilchenphysik der Minkowski-Raum, in dem mit der Poincaré-Gruppe eine mathematische Darstellung von Teilchen gewährleistet ist.

Dieser Raum ist dann theoretisch von dem Koordinaten-Raum zu trennen, welchem die Umgebung zugeordnet wird, mit der das Teilchen wechselwirkt.[9)]

Heisenberg charakterisierte den Ortsraum als die Parameter-Mannigfaltigkeit der Wechselwirkungsstärke, so berichtete gelegentlich sein Schüler und Freund C. F. v. Weizsäcker. Das halte ich für eine sehr klare Kennzeichnung, denn die wichtigsten Variablen für die Wechselwirkungsstärke sind die räumlichen Abstände. Bevor wir zu den notwendigen Strukturen für eine Beschreibung der Wechselwirkung übergehen, soll ein kurzer Blick auf die Typen der Wechselwirkung geworfen werden.

9 Görnitz, T. (2014) *Simplest quantum structures and the foundation of interaction*, Rev. in Theor. Science, 2 (4), S. 289 – 300

23.5 Die Typen der Wechselwirkung

In Abschnitt 23.2 waren die vier verschiedenen Typen von Wechselwirkungen, die Gravitation, die schwache, die elektromagnetische und die starke Wechselwirkung und deren Beziehungen zu den jeweiligen Eichgruppen kurz dargelegt worden. Die entsprechenden physikalischen Eigenschaften sollen nun etwas ausführlicher betrachtet werden.

Die Gravitation wirkt auf alles, was sich im Kosmos befindet. Im Rahmen der allgemeinen Relativitätstheorie wird Gravitation als lokale Veränderungen der Raumzeit bei einer lokalen Variation der Dichte von Materie und Energie – besser und allgemeiner: des kosmischen Inhalts – beschrieben.

Die bedeutsamste Wechselwirkung für alle chemischen und biologischen Vorgänge ist die elektromagnetische, die durch die elektrischen Ladungen erzeugt wird. *Außer den wenigen Einflüssen der Gravitation sind alle anderen biologischen Wechselwirkungen und Wahrnehmungen, also chemische, optische, aber auch taktile, akustische und olfaktorische usw., ausschließlich elektromagnetisch.*

Die beiden Wechselwirkungen, gravitative und elektromagnetische, haben im Prinzip eine beliebig große Reichweite und sind daher auch im Alltag wahrnehmbar. Daraus folgt auch eine (im Allgemeinen weniger genaue) Beschreibungsmöglichkeit im Rahmen der klassischen Physik.

Die Gravitation verspüren wir als Schwere. Das betrifft unseren Körper auf der Waage und alle Objekte, die wir heben wollen oder müssen. Alles andere, das Sehen, das Hören, das Fühlen und Tasten, das Schmecken und das Riechen, betrifft die elektromagnetische Wechselwirkung. Sie bewirkt die gegenseitigen Einflussnahmen zwischen Ionen und Molekülen in Gasen und Flüssigkeiten sowie von diesen mit Festkörperoberflächen. Die beiden anderen Wechselwirkungen, die schwache und die starke, haben eine sehr kurze Reichweite und treten daher ausschließlich im mikrophysikalischen Bereich innerhalb der Atome auf. Sie können nur mit Quantentheorie beschrieben werden.

Eichfreiheit und lokale Eichtheorien

Beim freien Fall hängt bekanntlich die Geschwindigkeit von der durchlaufenen Strecke und nicht vom Ort des jeweils gewählten Koordinatenursprungs ab. In der Hamiltonschen Gestalt der Mechanik ergeben sich Geschwindigkeit und Beschleunigung durch Ableitungen der Hamiltonfunktion $H(x_i, p_i)$, also der Energie, die durch das Quadrat des Impulses p_i^2 und der Masse m sowie ein Potenzial $V(x_i)$ gebildet wird. Mit

$$E = H(x_i, p_i) = V(x_i) + p_i^2 / 2m \qquad (23.4)$$

folgt für die Geschwindigkeit v_i und die Kraft F_i

$$dx_i / dt = v_i = \partial H / \partial p_i \tag{23.5}$$

sowie

$$dp_i / dt = F_i = -\partial H / \partial x_i$$

> Daher bewirkt eine Änderung des Koordinatenursprungs und damit des Wertes der Energie um eine konstante Größe nichts. Wenn es jedoch erlaubt sein soll, dass derartige „Umeichungen" an verschiedenen Orten auch verschieden sein dürfen, genügen diese einfachen Überlegungen nicht.

Wir erweitern das Potenzial $V(x_i)$ und die Impulse p_i um eine jeweils zeit- und ortsabhängige Funktion:

$$V_{\text{neu}}(x_i) = V(x_i) + e \cdot \varphi(x_i, t) \tag{23.6}$$

und

$$p_{i\text{neu}} = p_i + e \cdot A_i(x_i, t)$$

dann erhalten wir

$$dxi / dt = v_{i\text{neu}} = \partial H / \partial p_{i\text{neu}} \tag{23.7}$$

Hingegen für die Kraft ergibt sich

$$\begin{aligned} F_i &= -\partial H / \partial x_i \\ &= -\partial V / \partial x_i - e\partial\varphi / \partial x_i - 2\left(\left(p_i + e A_i(x_j, t)\right)/2m\right) \cdot \left(e\partial A_j / \partial x_i\right) \\ &= -\partial V / \partial x_i - e\partial\varphi / \partial x_i - v_{i\text{neu}}\, e\left[\partial A_j / \partial x_i + \left(\partial A_j / \partial t\right)\left(\partial t / \partial x_i\right)\right] \\ &= -\partial V / \partial x_i - e\partial\varphi / \partial x_i - e v_{i\text{neu}}\left(\partial A_j / \partial x_i\right) - e\left(\partial A_j / \partial t\right) v_{i\text{neu}} / v_{ii\text{neu}} \\ &= -\text{grad}\, V(x_i) - e\,\text{grad}\varphi - e v_{i\text{neu}} \times rot\, A_j - e\left(\partial A_j / \partial t\right) \end{aligned} \tag{23.8}$$

Das aber ist die Bewegungsgleichung für ein Teilchen mit der Ladung e im Potenzial V unter der zusätzlichen Wirkung eines elektrischen Feldes E_i und eines Magnetfeldes B_i

$$E_i = -\partial A_i / \partial t - \nabla_i \varphi \tag{23.9}$$

sowie

$$B_i = \varepsilon_i^{\ jk} \nabla_j A_k$$

In der Quantenmechanik ist die Schrödinger-Gleichung eichinvariant unter einer globalen Phasentransformation. Die Wellenfunktionen $\Psi(x,t)$ und $e^{i\varphi} \cdot \Psi(x,t)$ beschreiben die gleiche Situation. Die Phasenfaktoren $e^{i\varphi}$ sind die Elemente der Gruppe $U(1)$.

Wenn diese Phase zeit- und ortsabhängig wird, dann sind die partiellen Ableitungen nach der Zeit und nach dem Ort zu ersetzen durch die kovarianten Ableitungen.

Wegen

$$\partial\left[e^{i\varphi(x,t)}\psi(x,t)\right]/\partial t = e^{i\varphi(x,t)}\partial\psi(x,t)/\partial t + e^{i\varphi(x,t)}\psi(x,t)\mathrm{i}\,\partial\varphi(x,t)/\partial t$$

werden die kovarianten Ableitungen zu

$$D_t = \partial/\partial t + \mathrm{i}\,\partial\varphi(x,t)/\partial t \tag{23.10}$$

$$D_x = \partial/\partial x + \mathrm{i}\,\partial\varphi(x,t)/\partial x \tag{23.11}$$

Aus einer kräftefreien Bewegung mit konstanter Energie und konstantem Impuls wird damit eine Bewegung unter der Wechselwirkung mit einem Kraftfeld. Im drei-plus-ein-dimensionalen Minkowski-Raum führt ein solcher Prozess einer lokalen $U(1)$-Eichung zum Einbeziehen der elektromagnetischen Potenziale. Für die beiden anderen quantischen Wechselwirkungen bilden die Gruppen $SU(2)$ und $SU(3)$ die zuständigen Eichgruppen.

Die starke Wechselwirkung ist eine Eichtheorie mit der Gruppe $SU(3)$ als Eichgruppe. Sie sorgt für die Stabilität der Atomkerne.

Die schwache Wechselwirkung mit der Eichgruppe $SU(2)$ bewirkt unter anderem den Zerfall der Neutronen und von instabilen Atomkernen.

Die elektromagnetische Wechselwirkung, fundamental für Chemie und Biologie, kann als eine lokale Eichtheorie mit der Gruppe $U(1)$ als Eichgruppe beschrieben werden.

Zwar ist es möglich, auch die Gravitation in die Struktur einer lokalen Eichwechselwirkung zu pressen, jedoch sind die dabei versuchsweise verwendeten verschiedenen Gruppen nicht kompakt wie die Eichgruppen der drei anderen Wechselwirkungstypen. Auch scheint es nicht möglich zu sein, eine Begründung dafür zu geben, warum welche Gruppe ausgewählt wird. Dazu passt ebenfalls, dass trotz jahrzehntelanger Bemühungen vieler theoretischer Arbeitsgruppen eine zufriedenstellende Quantisierung der Allgemeinen Relativitätstheorie nicht konstruiert werden konnte. Überlegungen in Kapitel 18 haben gezeigt, dass die Gravitation als der lokale Ausdruck einer Quantenkosmologie zu verstehen ist, dass also eine Quantisierung und ebenso eine Formulierung als Eichtheorie sich für die Gravitation als nicht notwendig erweisen.[10]

[10] Görnitz, T. (2011)

23.6 Bisherige Probleme mit den Eichtheorien

Dass die Gravitation sich auf keine einfache Weise in die Struktur der Eichtheorien einfügen lässt, wird von vielen Spezialisten als Problem gesehen. Des Weiteren gab und gibt es intensive Versuche, in Analogie zu den frühen Vereinigungserfolgen der Elektrodynamik alle drei Wechselwirkungen in einer einzigen Eichtheorie zu vereinigen. Mit dem dabei bisher ausgebliebenen Erfolg verbunden ist das Problem, zu erklären, weshalb die drei erwähnten und keine anderen Gruppen eine derartige Rolle spielen. Es gibt viele weitere Gruppen mit ähnlichen Freiheitsgraden. Deren Verwendung hat sich in den Experimenten nicht bewährt. Die Frage ist, gibt es einsehbare und tieferliegende Gründe, die das verstehbar werden lassen.

Dass die Eichtheorien bei allem experimentellen Erfolg durchaus auch Probleme aufwerfen, wird immer wieder hervorgehoben. Die Erfahrungen der Hochenergie- und Elementarteilchenphysik haben aufgezeigt, dass die verwendeten Eichgruppen sehr zweckmäßig gewählt sind. Jedoch die experimentelle Praxis allein ist noch kein überzeugender Ausweis, ob es nicht vielleicht noch tieferliegende Gründe für deren mathematische Struktur geben kann. So schreibt beispielsweise Holger Lyre (*1965):

> *„Am Horizont sowohl der physikalischen als auch der philosophischen Untersuchungen über Eichtheorien deutet sich die noch völlig ungeklärte Frage nach einer noch tieferen Bedeutung der Konzeption der Eichtheorien an. Denn wenngleich das Eichprinzip – wie gezeigt – nicht zwingend auf nichtflache Konnektionen führt, so ist ja doch die in der kovarianten Ableitung vorgegebene Struktur des Wechselwirkungsterms auch für den empirisch bedeutsamen Fall nicht-verschwindender Feldstärken korrekt beschrieben. Diese Wechselwirkungsstruktur ist also tatsächlich aus der lokalen Eichsymmetrie-Forderung hergeleitet. Was aber ist der tiefere Grund für diese, zunächst rein formale Möglichkeit? Scheinbar handelt es sich um einen tiefliegenden und konzeptionell noch völlig unverstandenen Zusammenhang zwischen Raum und Wechselwirkung."*[11)]

Aus späteren Jahren noch eine zweite Stimme dazu. Norbert Straumann stellte fest:

> *„The standard model has even other unsatisfied aspects. This starts with the fact that we do not understand why exactly its and no other gauge symmetries are realized."*[12)]
> *(Das Standardmodell hat aber noch andere unbefriedigende Züge. Das beginnt schon damit, dass wir nicht verstehen, weshalb gerade seine und nicht andere Eichsymmetrien realisiert sind.)*

---

[11] Lyre, H. (2002) *Zur Wissenschaftsphilosophie moderner Eichfeldtheorien*, in: Beckermann, A.; Nimtz, C. (Hrsg.) *Argument & Analyse – Sektionsvorträge*, mentis, Paderborn

[12] Straumann, N. (2005) *Relativistische Quantentheorie – Eine Einführung in die Quantenfeldtheorie*, Springer, Berlin, Heidelberg, S. 5

Eine andere Unsicherheit ist in den Bereichen zu beobachten, in denen experimentell nach Realisierungsmöglichkeiten von größeren umfassenden Symmetriegruppen gesucht wird. Die vielfachen Versuche von vielen guten Physikerinnen und Physiker, durch das Einführen von immer größeren Gruppen, welche die drei Gruppen $U(1)$, $SU(2)$ und $SU(3)$ als Untergruppen enthalten, die drei Wechselwirkungen zu einer einzigen zusammenzufassen, führen keineswegs auch zu einfachen Strukturen. Stattdessen ist dabei eine theoretische Inflation von immer komplexeren Teilchengebilden zu beobachten, deren Exemplare, sofern sie sich experimentell erzeugen lassen würden, immer energiereicher, komplizierter und kurzlebiger würden. Dabei soll natürlich hier keineswegs bestritten werden, dass es möglich ist, auch auf experimentellem Wege Systeme zu erzeugen, die eine solche Komplexität besitzen, wie sie aus derartigen Theorien folgt. Jedoch tatsächlich einfache und damit grundlegende Strukturen sind etwas Anderes.

Bevor diese Fragen beantwortet werden, ist ein weiterer Blick auf die Mathematik der Wechselwirkungen sinnvoll.

23.7 Einige Bemerkungen zur Mathematik bei Quantenfeldtheorien

Es gibt keine quantischen Wechselwirkungen ohne ein Erzeugen und Vernichten von Quantenteilchen. Zumindest Photonen, die keine Ruhmasse haben und die deswegen beliebig wenig Energie sein können, entstehen und vergehen bei allen elektromagnetischen Wechselwirkungen. Die Quantenfeldtheorien sind diejenigen Strukturen, die das Entstehen und Vergehen von realen und von virtuellen Teilchen beschreiben. Daher sind alle Eichtheorien auch Strukturen von Quantenfeldtheorien.

Über Quantenfeldtheorie gibt es eine Unmenge an guten Lehrbüchern. Das dort ausgebreitete Wissen soll hier nicht wiederholt werden. Jedoch einige mathematische Bemerkungen, die für das Folgende nützlich sein können, sollen noch vorgetragen werden.

Es sei noch einmal daran erinnert, dass in der Quantentheorie die Beschreibung der Potenzialitäten so etwas erfordert wie einen „zweiten Zahlenstrahl“ der imaginären Zahlen, und dass einige der Potenzialitäten im Laufe der Zeit faktisch werden können. Hinzu kommt, dass sich Potenzialitäten an einem System verändern können, obwohl der faktisch erkennbare Zustand sich währenddessen als unverändert zeigt. Man kann dazu feststellen, dass sich Potenzialitäten in stationären Zuständen befinden können. Solche Zustände könnte man als virtuelle Veränderungen bezeichnen, die faktisch wie etwas Statisches erscheinen.

So kann in der Quantentheorie berücksichtigt werden, dass die „echten“ Möglichkeiten Wirkungen hervorrufen und sich gegenseitig beeinflussen können. Das kann geschehen, weil sie objektiv vorhanden sind und nicht lediglich auf einem Unwissen desjenigen beruhen, der den Vorgang beschreibt. Beispielsweise kann eine gegenseitige Beeinflussung der Potenzialitäten dazu führen, dass zuvor mögliche Fakten zu unmöglichen werden.

Die Beschreibung von wirkenden Potenzialitäten hatte zur Notwendigkeit geführt, mit der Quantentheorie im Körper der komplexen Zahlen zu rechnen. Die reelen Zahlen allein genügen nicht. Damit die Beschreibung im Rahmen der komplexen Zahlen durch Differentialgleichungen erfolgen kann, ist es notwendig, dass die betreffenden Funktionen komplex differenzierbar sind. Sie müssen daher den Cauchy-Riemannschen-Differentialgleichungen genügen: Sei $f(z)$ eine Funktion der komplexen Variablen $z = x + iy$,

$$f(z) = f(x, y) = f(x + iy) = u(x, y) + iv(x, y) \tag{23.12}$$

Dann ist für die Differenzierbarkeit von $f(z)$ notwendig, dass für die beiden reellen Funktionen u und v gilt

$$\frac{\partial u(x,y)}{\partial x} = \frac{\partial v(x,y)}{\partial y} \tag{23.13}$$

sowie

$$\frac{\partial u(x,y)}{\partial y} = -\frac{\partial v(x,y)}{\partial x} \tag{23.14}$$

Durch die komplexen Zahlen kommt ein wesentlicher Zusammenhang zu den Berechnungen hinzu, der im Reellen nicht existiert. Er hat aber eine zentrale Bedeutung für die Quantentheorie, die jedoch nicht oft explizit erwähnt wird. Bekanntlich ist eine einmal komplex differenzierbare Funktion auch beliebig oft differenzierbar. Sie kann daher in eine Potenzreihe entwickelt werden, man bezeichnet sie als eine *analytische Funktion*:

$$f(z) = \sum_{n=0}^{\infty} a_n z^n \tag{23.15}$$

Diese Reihenentwicklung ist nicht nur eine interessante mathematische Struktur, sondern sie hat auch eine physikalische Entsprechung mit der sogenannten zweiten Quantisierung.

> Die analytischen Funktionen repräsentieren in der Mathematik denjenigen henadischen Aspekt, welcher die Quantentheorie von der klassischen Physik unterscheidet. Schließlich ist das wesentliche Merkmal einer analytischen Funktion, dass ein beliebig kleines Stück von ihr die gesamte Funktion festlegt, dass diese Funktion also *eine und teilelose Ganzheit* ist.

Dieser Eigenschaft der analytischen Funktionen entspricht in der Quantentheorie der Tatbestand, dass in ihr ein System ebenfalls als eine Einheit zu behandeln ist.

Die Struktur der zweiten Quantisierung und damit der Kern von Quantenfeldtheorien wird am deutlichsten sichtbar, wenn man die Fock-Raum-Darstellung verwendet. Bei dieser Darstellung wird der Zustandsraum H eines Quantenfeldes als eine unendliche Summe über die Zustandsräume $H^{\otimes n}$ von n Quantenteilchen dargestellt.

$$\mathcal{H} = \oplus_{n=1}^{\infty} \mathcal{H}^{\otimes n} \tag{23.16}$$

Dabei ist der n-Teilchen-Zustandsraum $H^{\otimes n}$ das Tensorprodukt von n Ein-Teilchen-Zustandsräumen H_1:

$$\mathcal{H}^{\otimes n} = \mathcal{H}_1 \otimes \mathcal{H}_1 \otimes \ldots \otimes \mathcal{H}_1 \otimes \mathcal{H}_1 \qquad (n\text{-mal}) \tag{23.17}$$

Je nachdem, ob es sich um Bose- oder ein Fermi-Teilchen handelt, die das Quantenfeld erzeugen, sind die n-Teilchen-Zustandsräume H_n noch zu symmetrisieren bzw. zu antisymmetrisieren.

Die Änderungen der Zustände eines Quantenfeldes erfolgen wie gesagt durch die Erzeugung oder die Vernichtung derjenigen Teilchen, die als Feldquanten eingeführt worden sind. Dass mit der Summenstruktur aus Formel 23.16 ein zentraler Aspekt der Quantentheorie erfasst wird, zeigt sich auch darin, dass wiederum ein Quantenteilchen in ähnlicher Weise aus Quantenbits, aus den tatsächlich einfachsten Quantenstrukturen, konstruiert werden kann.[13),14)]

Der übliche Weg, Wechselwirkung in die Quantentheorie einzuführen, geschieht im Rahmen der Quantenfeldtheorie durch die Vorgabe einer Lagrangedichte [nach Joseph-Louis de Lagrange (1736 – 1813)].

Lagrangedichte

Was macht eine Lagrangedichte im vorliegenden Zusammenhang so interessant?

Das Raum-Zeit-Integral über die Lagrangedichte ergibt die Wirkung. Mit der Lagrangedichte wird damit eine Aufteilung der Wirkung auf die einzelnen Punkte des Raumes modelliert. Man könnte sie daher auch als „Wirkungsdichte" bezeichnen. Mit dem Integral wird die Wirkung in jedem Raumzeitpunkt aufsummiert, sodass sich die gesamte Wirkung ergibt, die im betrachteten Modell erfasst wird und ihm zugrundeliegt.

Die AQIs sind die kleinste Einheit der Wirkung und zugleich deren ausgedehnteste Erscheinung. Da die Quantentheorie auf den *Quanten der Wirkung* aufbaut, ist damit auch deren enge Beziehung zu einer raumzeitlichen Verteilung der Wirkung einsehbar. Eine kontinuierliche Dichte würde gleichsam unendlich viele AQIs voraussetzen.

---

[13] Görnitz, T.; Graudenz, D.; Weizsäcker, C. F. v. (1992)

[14] Görnitz, T.; Schomäcker, U. (2012)

In der klassischen Mechanik kann man mit der Lagrangefunktion der Orte und Geschwindigkeiten $L(x_i,\partial x_i/\partial t,t)$ das Verhalten eines Systems berechnen. Wenn man von einer Beschreibung der Teilchen zu einer Beschreibung von Feldern übergeht, dann tritt an die Stelle der Lagrangefunktion die Lagrangedichte. Diese enthält die Feldkomponenten sowie die Ableitung von diesen nach den Koordinaten des Raumes und der Zeit. Das Raum-Zeit-Integral über die Lagrangedichte ergibt wie erwähnt die Wirkung. Über das Variationsprinzip gelangt man zu der Bewegungsgleichung des betreffenden Feldes:

$$\frac{\partial L}{\partial \Phi}-\frac{\mathrm{d}}{\mathrm{d}t}\frac{\partial L}{\partial\frac{\partial \Phi}{\partial t}}-\sum_{i=1}^{3}\frac{\mathrm{d}}{\mathrm{d}x_i}\frac{\partial L}{\partial\frac{\partial \Phi}{\partial x_i}}=0 \tag{23.18}$$

Für das freie Klein-Gordon-Feld hat die Lagrangedichte die Gestalt

$$L=½\left[\left(\partial_\mu\Phi\right)\left(\partial^\mu\Phi\right)-m^2\Phi^2\right)\right] \tag{23.19}$$

$\mu \in \{x_0, x_1, x_2, x_3\}$.

Durch Hinzufügen eines Wechselwirkungsterms kann dann eine Wechselwirkung eingeführt werden. Das Prinzip kann am einfachsten am Beispiel eines Teilchens im elektromagnetischen Feld verdeutlicht werden: Der Hamiltonoperator H des Teilchens im Potenzial $V(x)$ hat die Gestalt

$$H=p^2/(2m)+V\left(x_i\right) \tag{23.20}$$

Mit der Ladung q koppelt das Teilchen an das elektromagnetische Feld durch die Ersetzungen

$$p_i \Rightarrow p_i-qA_i\left(x_j,t\right) \tag{23.21}$$

und analog die Zeitableitung

$$\partial t \Rightarrow \partial t-q\,\varphi\left(x_j,t\right) \tag{23.22}$$

Dabei ist $A_i(x_j, t)$ das Vektorpotenzial und $\varphi(x_j,t)$ das skalare Potenzial des elektromagnetischen Feldes. Wenn wir diesen Vorgang im Minkowski Raum beschreiben, dann entspricht dieser Änderung am Viererimpuls dem Übergang zur kovarianten Ableitung:

$$\partial_\mu \Rightarrow \partial_\mu+\mathrm{i}qA_\mu \tag{23.23}$$

Der Übergang von den einfachen Ableitungen zu den kovarianten Ableitungen ist der Kern der Einführung von lokalen Eichgruppen für die Beschreibung der Wechselwirkungen.

23.8 Die Modellierung von Wechselwirkung

Um einen Zugang zu den quantischen Wechselwirkungen zu erhalten, gehen wir von einem Quantenteilchen im Minkowski-Raum aus. Im Minkowski-Raum gibt es eine klare mathematische Definition eines Teilchens. Diese bietet auch die Basis für die Beschreibung von Teilchen-Wechselwirkungen.

Die Quantenteilchen sollen verstanden werden als elementare Objekte. Das bedeutet, dass man primär keine Rücksicht auf mögliche interne Zustände nimmt und dass ihre Zustände durch eine irreduzible Darstellung der Poincaré-Gruppe beschrieben werden. Damit haben wir für die Beschreibung eines freien Teilchens eine sichere und bewährte mathematische Grundlage.

Zuerst soll die Herleitung der Wechselwirkungsstrukturen erfolgen, deren Kraftquanten als reale Teilchen in Raum und Zeit erscheinen können, also für die schwache und die elektromagnetische Wechselwirkung.[15] Für die starke Wechselwirkung werden zusätzliche Überlegungen notwendig.

Für die beiden Gruppen $U(1)$ und $SU(2)$ war gezeigt worden,[16] wie ihre Verwendung als Eichgruppen mit Überlegungen begründet werden kann, die von den mathematisch einfachsten möglichen Quantenstrukturen, von den AQIs der Protyposis ausgehen.

Dabei geht es darum, den Übergang von den Ableitungen zu den kovarianten Ableitungen zu begründen, da dieser das Wesentliche für die Erklärung der Gruppenstrukturen in den Eichwechselwirkungen bedeutet. Eine spezielle Lagrangedichte muss dafür noch nicht bereits vorgegeben werden.

Von der Protyposis aus gesehen sind bis zu den Quantenfeldern zwei Quantisierungsstufen zu durchlaufen. Wenn man also nach tieferliegenden Gründen für die Eichtheorien und ihre Gruppen sucht, so liegt es nahe, bei den einfachsten Strukturen anzusetzen und nicht bei den kompliziertesten, also bei der Protyposis und nicht bei den Quantenfeldtheorien.

> Wenn wir ein lokalisiertes Teilchen vorfinden, dann wird sich eine mögliche Wechselwirkung in einer Änderung seines Impulses äußern.

Für ein freies Teilchen sind die Komponenten des Impulses die Ableitungen nach den Koordinaten der Raumzeit, also die Generatoren der Translationen in seinem Ortsraum:

$$P^k = -\mathrm{i}\partial / \partial x_k \tag{23.24}$$

[15] Görnitz, T. (2014)

[16] Görnitz, T. (2014)

Wie erklären wir die Änderung dieses Impulses, wenn auf das Teilchen eine Kraft einwirkt?

Es sei daran erinnert, dass von der Newtonschen Mechanik an bis zur Quantenmechanik bei den Wechselwirkungen für jeden der als eigenständig angesehenen Wechselwirkungspartner ein eigener Koordinatenkosmos postuliert wird. Nur durch diese Trennung kann eine Wechselwirkung „zwischen verschiedenen Objekten" beschrieben werden.

> Der wesentliche Punkt für die Überlegungen zu den Eichwechselwirkungen besteht darin, dass der Koordinatenkosmos des Teilchens von dem Koordinatenkosmos unterschieden werden muss, in welchem ein Wechselwirkungspartner verortet wird.

23.9 Elektromagnetische und schwache Wechselwirkung

Wechselwirkungen werden erkennbar an einer Abweichung von einer freien Bewegung. Eine kräftefreie Bewegung wird erzeugt durch den Impulsoperator. Durch eine Wechselwirkung wird der Impulsoperator verändert. Nachfolgend sollen die Gründe dargelegt werden, die aus Sicht der Protyposis für die konkreten Änderungen des Impulsoperators sprechen.

Die Zustände eines Teilchens werden wie erwähnt durch eine irreduzible Darstellung der Poincaré-Gruppe im Minkowski-Raum beschrieben. Dieser Raum ist wie dargelegt lediglich eine Approximation an die reale Kosmologie. *Er ist aber für die Beschreibung von Teilchen die beste Wahl.* Für den Wechselwirkungspartner wählen wir allerdings die Raumzeitstruktur, die von der Protyposis generiert wird. Dieser Beschreibungskosmos ist der maximale homogene Raum der Symmetriegruppe der AQIs, $U(1)\times SU(2)$, d. h. die Gruppe selbst.

Die Zustände der Protyposis-Qubits, die nicht zum betrachteten Teilchen gehören sollen, lassen sich durch Zustandsfunktionen auf diesem symmetrischen Raum der Symmetriegruppen charakterisieren.

In den Fällen, in denen der Ortsraum die Stärke der Wechselwirkung unmittelbar parametrisiert, also im Fall der elektromagnetischen und der schwachen Wechselwirkung, hängt die Stärke von der Entfernung der beteiligten Objekte voneinander, also von den Relativkoordinaten ab. Die Veränderung dieser Koordinaten wird durch die Generatoren der Bewegungen erzeugt.

Diese Generatoren sind im Minkowski-Raum der *freie Impulsoperator* sowie im maximalen homogenen Raum der Gruppe $U(1)\times SU(2)$ die *infinitesimalen Generatoren.*

Die Theorie der Protyposis legt es daher nahe, für die Wechselwirkung eine Kombination der Generatoren für die Bewegung *auf den jeweiligen Mannigfaltigkeiten* zu betrachten, nämlich der Mannigfaltigkeit für die Bewegungen des Teilchens – dem Minkowski-Raum – und der Mannigfaltigkeit für die Bewegungen des Wechselwirkungspartners – $U(1)\times SU(2)$. Die Impulse des betrachteten Objektes im Minkowski-Raum sind daher zu ergänzen durch die Bewegungen auf der Gruppenmannigfaltigkeit von $U(1)$ und $SU(2)$, die dem wechselwirkenden Partner zugerechnet wird.

Eine solche Mannigfaltigkeit wie $U(1)\times SU(2)$ wird in der Mathematik als „Faserbündel" bezeichnet. Faserbündel sind lokal gestaltet wie ein sogenanntes „direktes Produkt" der betreffenden Räume. Sie können aber global nicht mehr so interpretiert werden, da z. B. „Verwindungen" auftreten können.

Zu dieser Sprechweise ist noch eine wichtige Anmerkung zu geben: Die hier übliche Verwendung der Bezeichnung „direktes Produkt" sollte aus meiner Sicht bei kontinuierlichen Räumen besser als „direkte Summe" bezeichnet werden, denn die Dimensionszahlen werden dabei addiert. Aus dem Begriff direktes Produkt mit seiner additiven Struktur folgt eine mögliche Verstehensschwierigkeit in Abgrenzung zum Tensorprodukt, bei dem die Dimensionszahlen multiplikativ verknüpft werden.

Der Parameterraum der $U(1)$ ist eindimensional, derjenige der $SU(2)$ dreidimensional. Die infinitesimalen Generatoren der Gruppen, also die Erzeugenden der Lie-Algebren sollen mit 1 und σ_a, den Pauli-Matrizen, bezeichnet werden:

$$1=\begin{bmatrix}1 & 0\\ 0 & 1\end{bmatrix} \quad \sigma_1=\begin{bmatrix}0 & 1\\ 1 & 0\end{bmatrix} \quad \sigma_2=\begin{bmatrix}0 & -\mathrm{i}\\ \mathrm{i}1 & 0\end{bmatrix} \quad \sigma_3=\begin{bmatrix}1 & 0\\ 0 & -1\end{bmatrix}$$

Der Vollständigkeit halber sei daran erinnert, dass ein Gruppenelement g in der Umgebung des 1Elementes der Gruppe mit den Parametern A bzw. B_a durch den Beginn der Taylor-Reihenentwicklung der Exponentialfunktion dargestellt werden kann – für die $U(1)$ als

$$g=\exp\{\mathrm{i}A1\}\approx 1_{U(1)}+\mathrm{i}A1 \tag{23.25}$$

bzw. für die *SU*(2) als

$$g = \exp\left\{i\Sigma_a B_a \sigma^a\right\} \approx 1_{Su(2)} + i\Sigma_a B_a \sigma^a \tag{23.26}$$

mit $a \in \{1, 2, 3\}$.

Die Anfangsglieder der Potenzreihe mit den infinitesimalen Generatoren 1 bzw. σ^a und den Parametern A bzw. B_a charakterisieren die Bewegung auf dem homogenen Raum der Gruppe in der Umgebung ihres neutralen Elementes.

Aus der Verkopplung der Impulse im Minkowski-Raum, also der Translationen, die dort zu einer Ortsveränderung führen, mit den „Translationen" in der Geometrie des Wechselwirkungs-Partners ergibt sich eine Substitution für jede Komponente P^k des Impulsoperators im Minkowski-Raum in der folgenden Form

$$P^k = -i\partial / \partial x_k \quad \Rightarrow \quad -i\partial / \partial x_k + e_1 A^k 1 + e_2 \Sigma_a B_a{}^k \sigma^a \tag{23.27}$$

mit $k \in \{0, 1, 2, 3\}$, $a \in \{1, 2, 3\}$.

Der Impulsoperator eines freien Teilchens im Minkowski-Raum muss ergänzt werden durch die Eichterme, die von der Geometrie des Koordinatenkosmos $U(1)\times SU(2)$ stammen, der dem Wechselwirkungspartner zuzurechnen ist. Die e_1 und e_2 sind Kopplungskonstanten (elektrische und schwache Ladungen), die in ihrer zahlenmäßigen Größe durch die bisherigen Überlegungen noch nicht festgelegt sind.

Wir fassen noch einmal zusammen: Der Impulsoperator der kräftefreien Bewegung erzeugt eine gradlinige Bewegung mit konstanter Geschwindigkeit. Die Änderungen, welche durch den Übergang zur kovarianten Ableitung eingeführt werden, verursachen die Änderungen in Betrag oder Richtung der Geschwindigkeit. An diesen Änderungen wird eine Krafteinwirkung erkennbar. Mit diesen Überlegungen wird eine auf der Protyposis beruhende Begründung für die Eichwechselwirkungen durch diese beiden Gruppen gegeben.

> Die auf der grundlegenden Struktur der AQIs basierenden Überlegungen lassen verständlich werden, dass die Kraftquanten der schwachen und der elektromagnetischen Wechselwirkung als reale Teilchen gefunden werden können.

In diesem Zusammenhang darf noch einmal daran erinnert werden, dass wegen der Masselosigkeit der Photonen die Reichweite der elektromagnetischen Kraft unbegrenzt ist. Im Gegensatz zu den Teilchen der Materie, für die als Fermionen stets nur in einem Zustand ein einziges Objekt vorhanden sein kann, können bei den Photonen als Bosonen beliebig viele im gleichen Zustand auftreten. Das lässt verständlich werden, weshalb in vielen Fällen die Näherung durch die klassische Beschreibung mit elektromagnetischen Kraftfeldern und elektromagnetischen Wellen die Natur so gut beschreiben kann.

Das Vorbild der Maxwellschen Gleichungen mit ihrer Vereinigung von magnetischen und elektrischen mit den optischen Erscheinungen hat wahrscheinlich zusammen mit den Experimenten zur schwachen und zur elektromagnetischen Wechselwirkung dazu beigetragen, dass im Minkowski-Raum die Beschreibung zur theoretischen Struktur der „elektroschwachen Wechselwirkung" geführt hat, dem „Standardmodell der Teilchenphysik".

Im Standardmodell der Teilchenphysik beginnt man mit masselosen Kraftfeldern. Die vier Generatoren der Eichgruppe $U(1)\times SU(2)$ führen anfangs somit zu vier zugeordneten masselosen Kraftquanten. Durch den Higgs-Mechanismus werden dann daraus das masselose Photon des Elektromagnetismus γ, das Gamma-Quant, sowie die drei massiven Kraftquanten der schwachen Wechselwirkung W^+, W^-, Z^0. Das Photon ist ladungslos. Eine elektrische Ladung tragen die zwei Kraftquanten der schwachen Wechselwirkung W^+, W^-. Die vier Kraftquanten dieser beiden Wechselwirkungstypen sind Objekte. Sie erscheinen alle als reale relativistische Teilchen in Raum und Zeit.

Für die Begründung der starken Wechselwirkung sind die vorliegenden Überlegungen noch nicht ausreichend.

23.10 Die starke Wechselwirkung

Die starke Wechselwirkung ist die Ursache für die Dauerhaftigkeit der stabilen Atomkerne und damit für die Stabilität der Materie überhaupt. Erst auf der Basis von stabilen Atomkernen können sich elektromagnetisch gebundene stabile Atome und dann Moleküle bilden. Für das Verstehen der Realität ist also die starke Wechselwirkung unverzichtbar.

Andererseits unterscheidet sich die starke Wechselwirkung von der schwachen und der elektromagnetischen dahingehend, dass bei ihr alle anschaulichen Vorstellungen von wechselwirkenden Teilchen zusammenbrechen.

Wir hatten ein „Teilchen" definiert als eine Entität, die frei in Raum und Zeit bewegt werden kann, ohne dass sie sich dabei notwendigerweise verändern müsste. Über die Quarks und Gluonen hingegen weiß man mit Sicherheit, dass sie sich nicht als freie Objekte im Raum und Zeit bewegen können. Das klingt zuerst seltsam. Dass die Quarks reale Wirkung erzeugen, das wurde schon lange in den Experimenten sichtbar. Daher hatte man sich über Jahrzehnte erfolglos bemüht, freie Quarks nachzuweisen.

> Dass aber reale Wirkungen auch von bloßen Möglichkeiten verursacht werden können, das wurde in den Lehrbüchern der Physik über lange Zeit nicht mit dem genügenden Nachdruck betont.

Da man aber in der Festkörperphysik mit immer mehr und immer neuen virtuellen Quanten konfrontiert wurde, hat man sich auch in den anderen Bereichen der Physik an die realen Wirkungen von virtuellen Objekten gewöhnt.

Quarks und Gluonen existieren als wesentliche interne Strukturen der Hadronen. Ohne sie würden der Aufbau der Hadronen und die starke Wechselwirkung unverstehbar bleiben. Die Aufgabe, ein Quark zu isolieren, sodass es als freies Teilchen erscheinen könnte, ist vergleichbar mit der Aufgabe, von einem Gummiband ein Ende so abzuschneiden, dass man nur das Ende und nicht das geringste Stückchen von Band erhalten sollte. Zwar sind diese Band-Enden reale Strukturen, zugleich jedoch weiß man, dass sie nicht vom Band isoliert erscheinen können.

Die Unmöglichkeit, eine für ein Verstehen wesentliche Struktur nicht als ein isoliertes Objekt vorführen zu können, kennt man seit langem vom Magneten. Auch wenn es nachvollziehbare theoretische Gründe gegeben haben mag, magnetische Monopole zu postulieren, so sind doch alle Versuche ergebnislos geblieben, derartige Objekte nachzuweisen. Auch beim Magneten ist es unmöglich, einen Pol so abzubrechen, dass man nur einen Nordpol erhält. An der Bruchstelle des Magneten entstehen ein neuer Nord- und ein neuer Südpol, sodass man beim Zerbrechen eines Magneten zwei kleinere Magnete erhält.

Ein ähnliches Verhalten findet sich bei den Quarks. Der Versuch, ein Quark zu isolieren, führt „an der Bruchstelle“ zur Erzeugung eines Quark-Antiquark-Paares. Daher wird man beim Versuch, ein Quark freizusetzen, stets ein Meson erzeugen, also eine Quark-Antiquark-Struktur.

> Es bleibt also festzuhalten, dass Quarks und Gluonen lediglich „der Möglichkeit nach" existieren, also lediglich als „virtuelle Teilchen".

Da jedoch einer der Grundzüge der Quantentheorie darin besteht, dass nicht nur Fakten, sondern auch Potenzialitäten bereits in der Gegenwart reale Wirkungen hervorrufen können, folgt notwendig, dass diese Strukturen der Quarks und Gluonen sehr bedeutsam für die Beschreibung der realen physikalischen Vorgänge sind. Die Strukturen der starken Wechselwirkung müssen daher als reine Virtualitätsphänomene verstanden werden, als Ausdruck von wirkenden Potenzialitäten.

Im Gegensatz zur schwachen und zur elektromagnetischen Wechselwirkung, die beide durch reale Quanten in Raum und Zeit vermittelt werden, werden wir bei der Beschreibung der starken Wechselwirkung ausschließlich virtuelle Quanten verwenden können. Welche Rückschlüsse lassen sich daraus für die mathematische Struktur der starken Wechselwirkung ziehen?

Um mit der Quantentheorie die realen Wirkungen, die von nichtfaktischen Möglichkeiten ausgehen, mathematisch fassen zu können, war es notwendig gewesen, durch den Übergang von den reellen zu den komplexen Zahlen die Zahlenstruktur in einer gewissen Weise zu verdoppeln. (Siehe Kapitel 10.6.)

Wir werden daher – so ähnlich wie beim Übergang von den reellen zu den komplexen Zahlen – bei der starken Wechselwirkung auf eine Verdoppelung derjenigen Strukturen zurückgreifen, welche der Wechselwirkung zugrunde liegen.

Im „rein Reellen", also als „faktische Struktur", haben wir als denjenigen homogenen Raum, der die Symmetrie eines AQIs repräsentiert, die $U(1)\times SU(2)$-Struktur. Aus dieser Gruppe lassen sich sowohl Argumente für die Kosmologie als auch für die zwei reellen Wechselwirkungen herleiten.

Wenn wir über den Übergang von den reellen zu den komplexen Zahlen sprechen, so ist daran zu erinnern, dass der eindimensionale Raum der komplexen Zahlen zwar durch einen zweidimensionalen reellen Raum in gewisser Weise veranschaulich werden kann, jedoch von diesem auf eine grundsätzliche Weise wiederum verschieden ist. Wir müssen also darüber reflektieren, was an der Struktur der komplexen Zahlen einen Anhalt bieten kann für eine Übertragung in eine allgemeinere Gruppenstruktur.

Die komplexen Zahlen bilden unter der Multiplikation eine Abelsche Gruppe. (Darunter versteht man, dass die Reihenfolge der Faktoren vertauscht werden darf, ohne damit eine Änderung hervorzurufen.) Dabei formen die reellen Zahlen eine Untergruppe.

$$\text{reell} \times \text{reell} = \text{reell} \tag{23.28}$$

$$\text{imaginär} \times \text{imaginär} = \text{reell} \tag{23.29}$$

$$\text{reell} \times \text{imaginär} = \text{imaginär} \tag{23.30}$$

Wenn wir von der multiplikativen Gruppe in die Exponenten übergehen, so wird dort aus der Multiplikation die Addition.

Bei kontinuierlichen Gruppen, wie beispielsweise bei den komplexen Zahlen, bezeichnet man das als den *Übergang von der Gruppe zur Lie-Algebra der Gruppe.*

$$z = x + \mathrm{i}y = r\,\mathrm{e}^{\mathrm{i}\varphi} = \mathrm{e}^{a+\mathrm{i}\varphi} \tag{23.31}$$

Die *Untergruppe* der reellen Zahlen schreibt sich nun als

$$x_1 \cdot x_2 = \mathrm{e}^a \cdot \mathrm{e}^b = \mathrm{e}^{a+b} \tag{23.32}$$

Alle Gruppenelemente, welche das gleiche reelle Element enthalten und sich nur im imaginären Teilunterscheiden, bilden eine *Nebenklasse*. Das ergibt eine Äquivalenzrelation:

$$z_1 \sim z_2 \tag{23.33}$$

falls

$$z_1 = \mathrm{e}^{a+\mathrm{i}\varphi}$$

sowie

$$z_2 = \mathrm{e}^{a+\mathrm{i}\psi}$$

Rein imaginäre Zahlen haben die Form $\mathrm{i}y = \mathrm{e}^{a+\mathrm{i}\pi/2}$. Damit folgt für

$$\mathrm{i}y_1 \cdot \mathrm{i}y_2 = \mathrm{e}^{a+\mathrm{i}\pi/2} \cdot \mathrm{e}^{b+\mathrm{i}\pi/2} = \mathrm{e}^{a+b+\mathrm{i}\pi} = -\mathrm{e}^{a+b} \tag{23.34}$$

Eine zu einer Untergruppe und zu den Nebenklassen analoge Struktur benötigen wir bei der Einführung einer Beschreibung der starken Wechselwirkung. Auch dabei gehen wir von einer multiplikativen Verknüpfung in der Gruppe über zu einer additiven Verknüpfung in der Lie-Algebra.

Während eindimensionale Gruppen wie die $U(1)$ abelsch sind, haben die mehrdimensionalen Gruppen wie beispielsweise die $SU(2)$ nicht in jedem Fall eine kommunikative Verknüpfung. Das erfordert es dann, dass in der Lie-Algebra die Kommutatoren anstatt einer einfachen Addition zu verwenden sind.

Für eine Gruppe G mit Lie-Algebra **G** mit einer Untergruppe K mit Lie-Algebra **K** und einer Nebenklasse **P** gibt es die Cartan-Zerlegung[17] von **G** der folgenden Form [Élie Joseph Cartan (1869–1951)]

$$\mathbb{G} = \mathbb{K} \oplus \mathbb{P} \tag{23.35}$$

Für die jeweiligen Elemente

$$\mathbb{k} \in \mathbb{K} \quad \text{und} \quad \mathbb{p} \in \mathbb{P} \tag{23.36}$$

gelten dann die folgenden Vertauschungsregeln, die an die oben angeführten Verknüpfungen der komplexen Zahlen erinnern:

$$\left[\mathbb{k}_i, \mathbb{k}_j\right] \in \mathbb{K} \quad \text{und} \quad \left[\mathbb{p}_i, \mathbb{p}_j\right] \in \mathbb{K} \quad \text{sowie} \quad \left[\mathbb{k}_i, \mathbb{p}_j\right] \in \mathbb{P} \tag{23.37}$$

Wir hatten für die Wechselwirkungen, die mit realen Kraftquanten zu beschreiben sind, die Gruppen $U(1)$ und $SU(2)$ plausibel gemacht. Die Photonen der elektromagnetischen sowie die W- und Z-Bosonen der schwachen Wechselwirkung können als reale Teilchen frei durch das Vakuumfliegen.

[17] siehe z. B. Küssner, T. (2012) *Lie-gruppen und homogene Räume, http://newton.kias.re.kr/~kuessner/root.pdf* vom 12.7.20202; Böhm, M. (2011), S. 304 ff; Knapp, A. W. (2002)

In Analogie zum Übergang von den reellen zu den komplexen Zahlen werden wir diese Gruppenstruktur entsprechend der Cartan-Zerlegung verdoppeln. In der verdoppelten Struktur wird die Gruppenmannigfaltigkeit von $U(1)\times SU(2)$ zum einen als Untergruppe und zum anderen als Nebenklassenstruktur erscheinen. *Es zeigt sich, dass das Ergebnis dieses Vorganges genau die SU(3)-Struktur der starken Wechselwirkung ist.* Dann ist zu erwarten, dass damit zugleich auch der Übergang vom Faktischen zum Möglichen mit eröffnet wird. *Das erklärt auch, weshalb die Strukturen der starken Wechselwirkung, die Quarks und Gluonen, nicht als reale Teilchen im Vakuum erscheinen können.*

Die $SU(3)$ ist eine achtdimensionale kompakte Gruppe. Die Parametrisierung dieser Struktur wird exakt durch die obige Doppelstruktur der beiden Gruppen erhalten.

Die acht Parameter der $SU(3)$ sollen durch den Vektor $(\alpha, \beta, \gamma, \vartheta, a, b, c, \varphi)$ gekennzeichnet werden. Wir folgen dabei der Darstellung von Byrd.[18]

Wenn wir Redundantes eliminieren, dann erhalten wir die folgende Darstellung für ein beliebiges Gruppenelement $D(\alpha, \beta, \gamma, \vartheta, a, b, c, \varphi)$ der $SU(3)$ in der Form eines Produktes von Generatoren eindimensionaler Untergruppen:

$$D(\alpha,\beta,\gamma,\vartheta,a,b,c,\varphi) = \mathrm{e}^{\mathrm{i}\lambda_3\alpha}\mathrm{e}^{\mathrm{i}\lambda_2\beta}\mathrm{e}^{\mathrm{i}\lambda_3\gamma}\mathrm{e}^{\mathrm{i}\lambda_5\vartheta}\mathrm{e}^{\mathrm{i}\lambda_3 a}\mathrm{e}^{\mathrm{i}\lambda_2 b}\mathrm{e}^{\mathrm{i}\lambda_3 c}\mathrm{e}^{\mathrm{i}\lambda_8\varphi} \tag{23.38}$$

Die λ_i mit $i \in \{1,2,3,4,5,6,7,8\}$ sind 3×3-Matrizen. Die konkrete Form dieser Gell-Mann-Matrizen findet sich in Anhang 30.9.

Damit kann ein Element D von $SU(3)$ wie folgt geschrieben werden:

$$D(\alpha,\beta,\gamma,\vartheta,a,b,c,\varphi) = D^{(2)}(\alpha,\beta,\gamma)\mathrm{e}^{\mathrm{i}\lambda_5\vartheta}D^{(2)}(a,b,c)\mathrm{e}^{\mathrm{i}\lambda_8\varphi} \tag{23.39}$$

Die zwei Exponentialfunktionen $\mathrm{e}^{\mathrm{i}\lambda_5\vartheta}$ und $\mathrm{e}^{\mathrm{i}\lambda_8\varphi}$ beschreiben die *Mannigfaltigkeiten* (also nur die räumliche Struktur) der beiden $U(1)$-Gruppen. $\mathrm{D}^{(2)}(a, b, c)$ ist ein Element aus einer SU(2)-Teilmannigfaltigkeit in der $SU(3)$. Die D und $D^{(2)}$ sind, so wie die λ_i, 3×3-Matrizen. Die Elemente mit λ_1, λ_2, λ_3 und λ_8, also

$$D^{(2)}(a,b,c)\mathrm{e}^{\mathrm{i}\lambda_8\varphi} = \mathrm{e}^{\mathrm{i}\lambda_3 a}\mathrm{e}^{\mathrm{i}\lambda_2 b}\mathrm{e}^{\mathrm{i}\lambda_3 c}\mathrm{e}^{\mathrm{i}\lambda_8\varphi} \tag{23.40}$$

gehören zu der $U(1)\times SU(2)$-Untergruppe $\boldsymbol{K}$. Aus dieser Untergruppe können mit λ_5 die weiteren Elemente der Nebenklasse $\boldsymbol{P}$ erzeugt werden. Das wird ersichtlich aus der Multiplikationstabelle der Gell-Mann-Matrizen λ_i in Abschnitt 30.9.

Da die $SU(3)$ halbeinfach ist, besteht diese Gruppe lediglich aus einer zusammenhängenden Komponente. Daher überdeckt die Parametrisierung mit $(\alpha, \beta, \gamma, \vartheta, a, b, c, \varphi)$ die gesamte Gruppe.

Für unsere Überlegungen ist die Formel 23.39 zentral. Sie zeigt auf, wie sich die $SU(3)$-Struktur der starken Wechselwirkung aus dem Ansatz mit den Quantenbits der

[18] Byrd, M. (1998), *Differential Geometry on SU(3) with Applications to Three State Systems*, UTEXAS-HEP-97-18, arXiv:math-ph/9807032v1

Protyposis ergibt. Mit den Generatoren λ_b der *SU*(3) ist die Formel 23.27 zu ergänzen zu

$$P^k \to -i\partial / \partial x_k + e_1 A^k 1 + e_2 B_a^k \sigma^a + e_3 C_b^k \lambda^b \quad (23.41)$$

mit der Einsteinschen Summenkonvention sowie

$$k \in \{0,1,2,3\};\ a \in \{1,2,3\};\ b \in \{1,2,\ldots 7,8\}$$

Damit ist gezeigt worden, dass die der Protyposis zugeordneten Gruppenstrukturen die Veränderungen des Impuls-Operators durch kovariante Ableitungen erzeugen, die für die drei Eichwechselwirkungen erforderlich sind.

Hierbei soll noch einmal betont werden, dass im Gegensatz zu der elektromagnetischen und der schwachen Wechselwirkung, bei denen die Kräfte durch reale Quantenteilchen vermittelt werden, bei der *SU*(3) eine quantentheoretisch begründete Verdopplung wie beim Übergang vom Reellen ins Komplexe eingeführt wurde.

Diese Transformation verweist darauf, dass es sich bei der betreffenden Gruppenstruktur der *SU*(3) lediglich um eine Beschreibung von virtuellen Quantenobjekten handeln kann, welche diese reale Wechselwirkung vermitteln.

Dieser Zusammenhang begründet auch, warum Quarks und Gluonen genauso wenig als freie Teilchen im Vakuum erscheinen können wie Phononen aus einem Festkörper ins Vakuum heraustreten können. Dennoch erzeugen alle diese virtuellen Quantenstrukturen reale Wirkungen.

Wenn wir die Ergebnisse der vorliegenden Überlegungen zusammenfassen, wird aus ihnen deutlich, weshalb alle die umfangreichen Versuche erfolglos geblieben sind, die drei fundamentalen quantischen Wechselwirkungen zu einer einzigen „zusammenzunageln".

Es gibt die drei einzelnen Wechselwirkungen. Sie sind getrennt zu behandeln. Weitere fundamentale Wechselwirkungen und fundamentale Teilchen sind aus diesen Üerlegungen nicht zu erwarten. Beispielsweise kann dazu an die eine Zeitlang sehr in Mode gewesene „fünfte Wechselwirkung" erinnert werden. Das trifft auch auf die Hypothesen von neuen Wechselwirkungen im Zusammenhang mit der sogenannten „Dunklen Materie" und „Dunklen Energie" zu.

Die Überlegungen hier und die Rechnungen aus Kapitel 19 zu den Phänomenen, für welche die „Dunkle Materie" erfunden wurde, stützen sich gegenseitig.

Das Wesentliche ist die *einheitliche Grundlage der Wirklichkeit*, sind die AQIs, mit denen die *verschiedenen unterschiedlichen Wechselwirkungs-Phänomene* erklärt werden können.

Aber ebenso, wie die elektromagnetische Wechselwirkung in der Chemie zu sehr komplexen gebundenen Zuständen führt, zu den Molekülen, so ist auch zu erwarten, dass auch in der starken Wechselwirkung zu den bisher bekannten Mesonen und Hadronen noch weitere komplexe Verbindungen gefunden werden.

23.11 Die Antworten

Wir hatten Abschnitt 23.2.1 gefragt, welche theoretischen Gründe es dafür gibt, neben der Gravitation als einer klassischen Wechselwirkung die quantischen Wechselwirkungen in der Natur als lokale Eichtheorien zu formulieren.

Wechselwirkung wird auf dem Modell der Teilchen aufgebaut. Teilchen werden in einer mathematisch bewährten Weise im Minkowski-Raum beschrieben. Ohne Wechselwirkungen bleibt der Impuls eines Teilchens ungeändert. Wenn eine Wechselwirkung, also die Wirkung einer Kraft, erfasst werden soll, dann geschieht dies durch eine additive Zufügung zum Impuls-Operator. Danach wird die Bewegung des Teilchens wegen der Wirkung der Kraft nicht mehr als unbeschleunigt beschrieben. Die Beschreibung mit einem konstanten Impuls ist nicht mehr möglich.

Der Sinn von Wechselwirkung impliziert einen Partner. Dieser Partner aber wird mit und in einem eigenen Koordinaten-Kosmos beschrieben. Als einen solchen notwendigen Koordinaten-Kosmos bietet die Protyposis-Theorie die Mannigfaltigkeit der Gruppen $U(1) \times SU(2)$ an.

Um die Wechselwirkung zu erfassen ist die Kombination des Impuls-Operators der kräftefreien Bewegung des Teilchens mit den entsprechenden infinitesimalen Bewegungen am neutralen Element derjenigen Gruppen zu kombinieren, welche die Wechselwirkung bestimmen. Diese Hinzufügung aus der Gruppe zum Impuls-Operator erzeugt die Struktur, welche die Eichwechselwirkungen charakterisieren. Die kräftefreie Bewegung wird ergänzt durch die möglichen Bewegungs-Aspekte des Wechselwirkungs-Partners. Dies geschieht in der mathematischen Darstellung durch den Übergang von den partiellen Ableitungen zu den kovarianten Ableitungen.

Damit können wir zur Antwort auf die zweite Frage überleiten, weshalb die in der Natur auftretenden Wechselwirkungen, die elektromagnetische, die schwache und die starke, durch die drei Symmetriegruppen $U(1)$, $SU(2)$ und $SU(3)$ beschrieben werden.

Dass die Protyposis-Theorie für den Koordinaten-Kosmos eines Wechselwirkungs-Partners die Gruppen $U(1) \times SU(2)$ anbietet, war bereits erläutert worden.

Die Symmetriegruppe $U(1)$ ist eine Abelsche Gruppe, die Gruppenoperationen können somit folgenlos in ihrer Reihenfolge vertauscht werden. Die zugehörigen Kraftquanten der elektromagnetischen Wechselwirkung sind masselos, daher hat die Kraft eine beliebig große Reichweite.

Die *SU*(2) ist eine dreidimensionale nichtabelsche Gruppe. Die drei zugehörigen Kraftquanten sind sehr massereich, daher hat die zugehörige schwache Kraft nur eine sehr kurze Reichweite.

Wenn auch die Hinzunahme der *SU*(3) erklärt werden soll, dann ergibt sich damit auch die Antwort auf die Frage, weshalb die Strukturen der starken Wechselwirkung, die Quarks und Gluonen, so gestaltet sind, dass sie niemals als reale Objekte in Erscheinung treten, dass sie aber als ausschließlich virtuell existierende Strukturen jedoch reale Wirkungen erzeugen können.

Um auch die nichtfaktischen Möglichkeiten in ihrer Wirkung erfassen zu können, geht man in der Quantentheorie wie in Abschnitt 10.6 beschrieben von den reellen Zahlen zu den komplexen Zahlen über. Dies geschieht unter Hinzunahme des „zweiten Zahlenstrahls" der imaginären Zahlen. Analog dazu erfolgt der Übergang von den realen Wechselwirkungen der elektromagnetischen und schwachen Kraft zu der Erweiterung der starken Wechselwirkung. Zu der realen Gruppenstruktur *U*(1)×*SU*(2) wird die gleiche Mannigfaltigkeit *U*(1)×*SU*(2) als eine mögliche Parametermenge hinzugefügt und damit die achtdimensionale Gruppenstruktur der *SU*(3) erhalten.

Dieser Übergang kann die Eigenschaft der starken Wechselwirkung als eine rein quantische Entität verdeutlichen. Deren Quanten, die Quarks und Gluonen, besitzen daher eine lediglich virtuelle Existenz. Sie erzeugen aber selbstverständlich reale Wirkungen. Diese über die Gruppe definierten Quasiteilchen haben reale Wirkungen, wie es die Quantentheorie immer wieder zeigt. Das geschieht, obwohl sie selbst aus ihrer Struktur innerhalb von Protonen, Neutronen und Atomkernen nicht ins Vakuum übertreten können.

Im Rahmen der Protyposis-Theorie findet sich kein Anhalt für eine weitere oder noch größere Symmetrie-Gruppe.

> Die drei quantischen Wechselwirkungen, die wir in der Natur finden, sind also eine Folge der Symmetrien, die sich aus den AQIs ergeben.

Zusammenfassend ist mit der Protyposis zu erwarten, dass weitere mathematische Strukturen, die wie das Standardmodell aus den drei Eichgruppen konstruiert werden können, wie z. B. das Higgs-Teilchen, auch mit hinreichenden Experiment-Energien gefunden werden können. Ob allerdings die Bewertung dieser Strukturen genauso bleiben wird, wie es gegenwärtige Ansichten darüber wollen, die alles als Teil einer umfassenderen Universalkraft, wie beispielsweise der GUT (Grand Unified Theory) interpretieren möchten, das dürfte eher eine offene Frage sein.

24 Modelle für lokalisierte Objekte

Die mathematisch eindeutig festgelegte Behandlung von Elementarteilchen im Rahmen der Hochenergiephysik geschieht wie dargelegt im Minkowski-Raum. Seit Wigners Untersuchungen der inhomogenen Lorentz-Gruppe, die heute als Poincaré-Gruppe bezeichnet wird, wird alle Teilchenphysik auf dieser Grundlage aufgebaut. So wird auch die Lorentz-Invarianz, also die uneingeschränkte Gültigkeit der Speziellen Relativitätstheorie und die CPT-Invarianz, also die kombinierte Invarianz eines physikalischen Systems gegen die gemeinsame Spiegelung von Raum (P) und Zeit (T) sowie die Umwandlung der Materie in ihr jeweilige Antimaterie (C) ohne Einschränkung als gültig behauptet.

24.1 Erläuterung zu den Grenzen des Standardmodells der Elementarteilchenphysik

Die Experimente in der Teilchenphysik sind jetzt so genau geworden, dass kleine Abweichungen vom Standardmodell der Elementarteilchenphysik sichtbar werden. Als Konsequenz wird darauf verwiesen, dass es noch massereichere Teilchen geben soll. Dass jedoch bei Berücksichtigung der bisher ignorierten Kosmologie und Gravitation vielleicht der Teilchenbegriff fragwürdig wird, das wird eher nicht diskutiert.

Oft wird nicht ausdrücklich erwähnt, dass der Minkowski-Raum zwar eine recht nützliche, aber doch nur eine Idealisierung ist. Mit dieser lässt sich gut arbeiten, aber dass bei dieser Idealisierung sehr viel auch Wichtiges ausgeblendet wird, das wird selten betont. Zum einen ist die Lorentz- und CPT-Invarianz mit einer realistischen Kosmologie unverträglich. Des Weiteren ist wichtig, dass es im Minkowski-Raum keine natürlichen Maßeinheiten gibt. Daher sind alle irreduziblen Darstellungen der Poincaré-Gruppe mit Massen zwischen null und unendlich in gleicher Weise möglich.

Wiederum ist eine feste Ruhmasse nur im Minkowski-Raum wohldefiniert und in anderen Räumen nicht.

Da alle diese Darstellungen, wenn sie aus AQIs konstruiert werden, als notwendig die Möglichkeit einer unbegrenzten Anzahl von AQIs erfordern, kann im Minkowski-Raum die kosmologisch begründete Beziehung zwischen der Ruhmasse eines Teilchens und der im Grundzustand vorhandenen Anzahl der AQIs nicht realisiert werden. Die Ruhmasse ist in allen Darstellungen der Poincaré-Gruppe ein freier Parameter, der nicht innerhalb der Darstellung oder im Minkowski-Raum begründet werden kann.

Für eine theoretisch-physikalische Festlegung von speziellen Massenwerten scheint eine Einbettung in einen kosmischen Raum mit endlichem Volumen und einer minimalen Länge, also der Planck-Länge, hilfreich zu sein, denn damit wird ein „natürliches“ Maßsystem möglich. Allerdings ist dann die hohe Symmetrie des Minkowski-Raums nicht mehr vorhanden, die es ermöglicht hatte, mit der Poincaré-Gruppe eine klare mathematische Definition für „Teilchen“ zu erstellen. Welche neuen Näherungen dann notwendig werden, ist noch nicht klar.

Für eine Darstellung von isolierten Objekten in der Protyposis-Kosmologie hatte sich als erste Annäherung eine Betrachtung der Energie als nützlich erwiesen. Die Energie eines Objektes wird durch die Anzahl der AQIs festgelegt, die sich zu diesem Objekt formen. Dieser Ansatz hatte mit einfachen statistischen Überlegungen zu ersten Resultaten geführt.[1]

Welche kosmologischen Überlegungen für eine Herausformung von isolierten Objekten, also für Teilchen, lassen sich durchführen, wenn bei den Teilchen von einer inneren Struktur abgesehen wird?

In Kapitel 21 war darauf verwiesen worden, dass mit k AQIs in einem Kosmos mit Radius R eine Lokalisierung mit einer Ausdehnung r erreicht werden kann:

$$r = R / k$$

Weizsäckers erste Überlegungen über eine Lokalisierung bezogen sich darauf, dass alles Wissen, welches wir über die Realität erhalten können, mithilfe von Messgeräten und unserem eigenen Gehirn erhalten wird. Das sind alles Objekte, die aus einer Materie mit Ruhmasse geformt sind. Die Masse aller Materie wird im Wesentlichen durch die Atomkerne festgelegt. Diese wiederum bestehen aus Protonen und Neutronen, zwei Elementarteilchen mit fast identischer Masse.

Weizsäcker verwendete anfangs für die Ure noch die Vorstellungen von Quantenteilchen:

> *„Das einzelne Urobjekt entspricht einem Teilchen mit minimalem Impuls.“*[2]

---

1 Görnitz, T. (1988a) *Abstract quantum theory and space-time structure, part I, Ur theory, space-time continuum and Bekenstein-Hawking entropy*, Intern Journ Theoret Phys 27, S. 527 – 542

2 Weizsäcker, C. F. v. (1971), S. 271

Man erkennt daran leicht, wie sehr man durch die Ausbildung als Physiker des 20. Jahrhunderts auf die Vorstellung von „kleinsten" oder „elementaren" Teilchen geprägt ist und wie schwierig eine Abkehr von dieser scheinbaren Grundlage fallen muss.

Weizsäcker verband diesen Ansatz mit dem Wissen, dass ein Teilchen auf ein Volumenelement lokalisiert werden kann, welches etwa den Durchmesser seiner Compton-Wellenlänge hat. Es sei daran erinnert, dass um ein Teilchen auf einen Volumenbereich einzugrenzen, der einen wesentlich kleineren Durchmesser als die Compton-Wellenlänge besitzt, so viel lokalisierte Energie notwendig wird, dass Teilchen-Antiteilchen-Paare erzeugt werden und die Vorstellung „eines" Teilchens obsolet wird.

Weizsäcker postulierte dann, dass das gesamte mögliche Wissen über den Kosmos, also die Gesamtzahl N seiner Ure, gleich ist der Anzahl der Compton-Volumina ${\lambda_{\text{proton}}}^3$ der Nukleonen im Kosmos. Der Kosmos wird also in lauter „Kästen" mit dem Volumen ${\lambda_{\text{proton}}}^3$ eingeteilt, von denen jeder ein Nukleon enthalten kann oder auch nicht.

Daraus ergibt sich näherungsweise:

$$N = R^3 / {\lambda_{\text{proton}}}^3 \tag{24.1}$$

Weizsäcker verwendete als empirischen Input das Verhältnis zwischen dem kosmischen Radius und dem Radius des Compton-Volumens ${\lambda_{\text{proton}}}^3$ der Nukleonen. Dies ergab sich aus den damaligen Werten zu

$$R = 10^{40} \cdot \lambda_{\text{proton}} \tag{24.2}$$

und damit

$$R^3 = \left(10^{40} \cdot \lambda_{\text{proton}}\right)^3 \tag{24.3}$$

Daraus zog Weizsäcker den Schluss, dass es $N = 10^{120}$ Ure geben müsse als die Gesamtzahl von allen wissbaren Bits. Das Wissen bedeutet, dass für jedes Compton-Volumen geklärt ist: Besetzt oder leer. Um ein Compton-Volumen darauf zu testen, sind nur $3 \cdot 10^{40}$ Entscheidungen notwendig. Daher, so Weizsäcker, sollte die Anzahl der Protonen z_{proton} von der Größenordnung $N/(3 \cdot 10^{40})$, also

$$z_{\text{proton}} = 10^{80} \tag{24.4}$$

sein. Dieser Wert liegt in der Größenordnung der experimentellen Befunde. Allerdings lag damals die Vorstellung, ein Proton mit einer solchen Zahl wie 10^{40} Bits zu verbinden, so weit außerhalb des Vorstellungsvermögens der meisten Fachleute, dass diese Überlegungen zum Teil mit Spott abgelehnt wurden. Problematisch ist dabei nicht die große Zahl, sondern die damals noch enge Bindung an die Vorstellung, die „kleinen Kästchen" würden die Bits, also die Ure repräsentieren. Die spätere Entwicklung ist dabei nicht stehen geblieben. Da jedoch die Vorstellungen, die Quantentheorie mit der Kosmologie zu verbinden, sehr ungewohnt und schwierig war und noch ist, wurde die Weiterentwicklung nicht so wahrgenommen, wie es wünschenswert gewesen wäre.

24.2 Quantenteilchen aus AQIs

Die Einsicht, dass alle Quantenobjekte, seien sie mit oder ohne Ruhmasse, spezielle Formen von AQIs sind, steht erst einmal konträr zu den Vorstellungen, mit denen man als Physiker in der Ausbildung versorgt wird. Da geht es um Masse und Energie. Information gehörte in meiner Ausbildung und auch lange Zeit danach nicht zu den Begriffen der Physik.

Heutzutage wird allerdings die Information nicht mehr grundsätzlich aus der Physik ausgeschlossen. Jedoch wenn in der Physik mit „Information" argumentiert wird, dann geschieht dies fast immer noch im Sinne von „Bedeutung". Im letzten Jahrzehnt hat sich daran nicht viel geändert. Bereits in der „Evolution des Geistigen" führten wir aus:

> *„Seit einiger Zeit schreibt beispielsweise auch A. Zeilinger ‚Information ist der Urstoff des Universums'.*[3] *Allerdings ist bei ihm auf der nächsten Seite zu lesen: ‚Es ist sicherlich vernünftig anzunehmen, dass die Menge an Information, die wir benötigen, um ein System zu charakterisieren, umso kleiner wird, je kleiner das System ist.'"*[4]

Wir haben dann Zeiliger weiter interpretiert:

> *„Diese weit verbreitete Meinung, die man auch beispielsweise bei Bekenstein*[5] *und t'Hooft*[6] *findet, lässt allerdings alle diejenige Information außer Acht, die benötigt wird, ein kleines Objekt im Kosmos zu lokalisieren und damit zu seiner Charakterisierung beizutragen.*
> *Diese sehr große ‚Lokalisierungsinformation' ist ebenfalls mit diesem Objekt verbunden und kann – wie später aufgezeigt wird – auch berechnet werden. Dazu ist es notwendig, den Kosmos einzubeziehen und sich auf dessen quantenphysikalische Beschreibung zu stützen, die allerdings nicht – so wie bisher oft – auf den Anfang der kosmischen Evolution beschränkt werden darf.*
> *Es zeigt sich, dass solange dieser Schritt einer Einbeziehung des kosmischen Ganzen ausgelassen wird, keine Möglichkeit besteht, Information zu Materie äquivalent werden zu lassen."*

[3] Zeilinger, A. (2003) *Einsteins Schleier, Die neue Welt der Quantenphysik*, Beck, München, S. 177 f.

[4] Görnitz, T.; Görnitz, B. (2008) *Die Evolution des Geistigen*, Vandenhoeck & Ruprecht, Göttingen, S. 139 f.

[5] Bekenstein, J. (2003) *Das holografische Universum*, Spektrum der Wissenschaft, 11, S. 34 ff.

[6] t'Hooft, G. (2000) *The Holographic Principle*, hep-th/0003004

An diesem Zitat soll deutlich werden, dass eine tatsächliche Anbindung von „Information“ an die übrigen physikalischen Größen und Begriffe ohne die mit der Protyposis begründete Äquivalenz nicht erfolgen kann. Quantentheorie bleibt für den gesamten Kosmos in seiner gesamten Evolution wichtig.

Wenn wir tatsächlich die Information als äquivalent zur Materie und zur Energie begreifen wollen, als „Urstoff des Universums“, dann ist die erste Schlussfolgerung, dass mehr an Masse und Energie dann auch zu mehr Information äquivalent sein müssen. Die zweite Schlussfolgerung ergibt sich aus Plancks Einsicht, dass bei Quantenteilchen immer mehr Masse zu immer kleineren Lokalisierungen führt.

Die falsche Analogie zum Moorschen Gesetz

Bei den historisch ersten Berührungspunkten von Physik und Information ging es um die Speicherung von bedeutungsvoller Information auf physikalischen Trägern. Das erwähnte Mooresche Gesetz wurde in der Festkörperphysik mit der Vorstellung verbunden, dass der technische Fortschritt darin besteht, ein Bit in einem immer kleiner werdenden Volumen speichern zu können. Bei einer vorgegebenen technischen Entwicklungsstufe werden bei einer dann möglichen Speicherdichte selbstverständlich in immer kleinere Teilvolumina auch immer weniger Bits in diese hineinpassen. Dann gibt es ein kleinstes Volumen, in das nur ein Bit passt. Mit einer neuen Speichergeneration wird die Speicherdichte größer, sodass das kleinste Volumen für ein Bit kleiner ist als in der vorherigen Generation.

Dieses Bild aus der technischen Computerentwicklung intendiert die Vorstellung, dass es „ein allerkleinstes Volumen geben sollte“ in das dann aus physikalischen Gründen schließlich nur noch ein Bit hineinpasst. Sehr anschaulich wird dies z. B. von Anton Zeilinger geschildert:

> *„Wir starten mit einem System, das durch sehr viele Aussagen charakterisiert wird, das also sehr vielen Bits an Information entspricht. Im Falle eines makroskopischen, klassischen Systems wird die Anzahl der Bits, die wir benötigen, zumindest der Zahl der Atome entsprechen, aus denen das System besteht, wird also eine astronomisch große, nie vollständig erreichbare Zahl sein. Nun beginnen wir wieder unsere Teilung des Systems in die Hälfte und wieder die Hälfte und wieder die Hälfte und benötigen dabei immer weniger Bits, um ein einzelnes dieser Teilsysteme zu charakterisieren. Letztlich erreichen wir eine einfache, klare, unvermeidliche Grenze, nämlich dann, wenn wir bei einem System angelangt sind, das so klein ist, dass es nur noch durch ein einzelnes Bit charakterisiert werden kann, wenn es also nur noch den Wahrheitswert für eine einzige Aussage trägt, wenn es nur mehr eine definitive Antwort auf eine Frage liefern kann. Ist dies erreicht, so haben wir das kleinstmögliche System, das wir als elementarstes System bezeichnen wollen.“*[7]

[7] Zeilinger, A. (2003) *Einsteins Schleier, Die neue Welt der Quantenphysik*, Beck, München, S. 219

Vom Loch in der Hollerith-Karte bis zur winzigen Transistor-Struktur in einem SSD-Speicher-Chip wird der Platzbedarf für „ein Bit“ immer kleiner. Daraus ist wahrscheinlich der Eindruck entstanden, dass die Menge an Information, die notwendig ist, um ein System zu charakterisieren, in gleicher Weise wie das System kleiner wird: „Die jeweils kleinste Struktur trägt nur noch ein Bit.“

Diese Vorstellung, dass ein Bit zur kleinsten Struktur gehört, ist allerdings das Gegenteil zu der Ansicht, dass die Realität, das „It“, aus „Bits“ aufgebaut sein soll, dass die Information der „Urstoff“ des Universums ist. Wenn die Compton-Wellenlänge eines Quantenteilchens kleiner wird, dann wächst seine Masse. Diese wachsende Masse kann nicht zu einer kleiner werdenden Information äquivalent sein, sondern nur zu einer ebenfalls größer werdenden.

Was bei diesen Vorstellungen auch nicht in den Blick gerät ist die Tatsache, dass das Wichtigste bei den technischen Speichervorgängen darin besteht, dem Bit durch seinen räumlichen Kontext eine Bedeutung zuordnen zu können. Für eine räumliche Festlegung ist eine Ruhmasse die Voraussetzung und damit ein Teilchen mit einer Masse.

In Kapitel 6 wurde verdeutlicht, dass bei den AQIs mit ihren über den gesamten Kosmos ausgebreiteten Wellenfunktionen nur mit sehr vielen von ihnen und erst in einem quantischen Zusammenwirken etwas scharf Lokalisiertes erzeugt werden kann.

Wir hatten dargelegt, wie Quantenteilchen als geformte absolute und abstrakte Quanteninformation zu begreifen sind. An diesen Teilchen ist „an sich“, also ohne unsere kulturelle und wissenschaftliche Bedeutungszuweisung, primär von einer „bedeutungsvollen Information“ nichts zu bemerken. Wir hatten in Kapitel 1.7 darauf verwiesen, dass in der kosmischen Evolution erst die Lebewesen manche Eigenschaften von energetischen und materiellen Quanten bzw. manche Eigenschaften von den aus diesen Quantenteilchen geformten Körpern als bedeutungsvolle Information interpretieren.

Sobald eine Bedeutung entsteht, kommen die Begriffe „Codierung“ und „Decodierung“ ins Spiel. Es geht um eine Bedeutungszuweisung zu einer primär noch bedeutungsfreien Information.

Unter einer Codierung wurde ursprünglich zumeist gemeint, eine Nachricht so zu verschlüsseln, dass sie von Unbefugten nicht mit Bedeutung versehen werden konnte. Heute wird dieser Begriff allgemeiner gefasst. Man versteht darunter die Übertragung einer Informationsstruktur in eine andere Informationsstruktur – oft von einer Form von Informationen in eine solche, in der sie übermittelt und verwendet werden können. Dabei überlappen sich oft die Begriffe „Codierung“ und „Decodierung“. Man spricht beispielsweise in der technischen Informationsverarbeitung vom Programmcode. Die Decodierung überführt codierte Informationen in eine solche Form, dass sie verstanden werden können. Die einfachste Form von Decodierung geschieht, wenn ich meinen kleinen Enkeln eine Geschichte vorlese. Die als schriftlicher Text codierte Geschichte wird dabei in gesprochene Sprache decodiert.

Mit jedem Begriff codieren wir eine mögliche Symbolbildung. Mit den vier Buchstaben „BAUM“ fassen wir eine ungeheure Fülle an pflanzlichen Einzelerscheinungen in einem einzigen Symbol zusammen. Technische Codierung ist oft noch sehr viel weitgehender. Ein einziger USB-Stick kann eine riesige Bibliothek enthalten.

Bedeutungsvolle Information erscheint uns Menschen zumeist als eine Eigenschaft eines Trägers. Oft machen wir uns dies nicht explizit bewusst, wie bei den Schwingungen von Luftmolekülen, die wir als Gesang wahrnehmen, oder den Mustern auf Papier, die wir unmittelbar als gedruckte Worte sehen. Noch seltener realisieren wir, dass der Träger als solcher ebenfalls eine Form von absoluter und damit abstrakter Information ist und nur deshalb auch Eigenschaften von diesem zu bedeutungsvoller Information werden können.

Ein solcher Träger muss, damit wir ihn als solchen erkennen können, in Raum und Zeit mehr oder weniger lokalisiert sein. Die einfachsten Objekte bezeichnen wir als Quantenteilchen. Ein Quantenteilchen hat mindestens eine charakterisierende zentrale Eigenschaft, beispielsweise Masse und Spin. Diese ermöglicht es, das betreffende Teilchen von den anderen Sorten von Teilchen zu unterscheiden. Quantenteilchen selbst besitzen so wenige Eigenschaften, dass die Teilchen einer Sorte untereinander nicht unterschieden werden können. Man kann einem Quantenteilchen „keine Hausnummer“ und keinen „individuellen Namen“ ankleben.

Die charakterisierende Eigenschaft wird zumeist als Masse, Energie oder auch Ladung des Teilchens bezeichnet. Hinter der Feststellung einer Masse steht die ungeheure Menge an Information, die notwendig ist, um das Compton-Volumen eines Teilchens im riesigen kosmischen Raum zu lokalisieren. Eine solche Lokalisierung hatte erstmals C. F. v. Weizsäcker erwogen, als er einem Proton die Anzahl von 10^{40} Uren, also Quantenbits, zuordnete.

Wahrscheinlich denkt fast kein Mensch bei dem Wort „Proton“ zuerst an „Information“. Die große Menge an AQIs, wie die 10^{41} AQIs, die ein Proton bilden, wird nicht insgesamt als „Information“ wahrgenommen. Die „Bedeutung“ wird für uns codiert in der Bezeichnung „Proton“ und in seiner Masse. Das ist so ähnlich wie bei der Wahrnehmung eines Buchstabens in einem Text. Eigentlich verschwindet der Buchstabe in dem Wort, das ihn enthält. Allein und ohne Kontext hat ein Buchstabe selten eine Bedeutung. Und dass der Buchstabe beim Druckvorgang aus Reihen von Pixeln zusammengesetzt wird, das spielt erst recht keine Rolle – es sei denn, man will den Font-Unterschied zwischen Times, Times New Roman und Helvetica am Beispiel des betreffenden Buchstabens erklären.

Wenn dies noch einmal rekapituliert wird, dann wird deutlich, dass der umfangreichste und wohl auch wichtigste Anteil an Information die räumliche Anordnung betrifft. Das wird auch von der Erfahrung bestätigt, dass bei den Bildungen, die von Quantenzuständen zu einem klassischen Objekt führen, diese Objekte im Raum lokalisiert wahrgenommen werden.

24.3 Abschätzungen für „Bosonen“ und „Fermionen“

Eine Möglichkeit, Abschätzungen vorzunehmen, besteht darin, dass man lediglich einen bosonischen oder fermionischen Charakter der Teilchen voraussetzt und noch keine Annahme über Energie und Ruhmasse vornimmt.[8] Dabei soll „fermionisch“ bedeuten, dass ein Elementarvolumen im Sinne des Pauli-Prinzips höchstens von einem Teilchen besetzt werden kann. Bereits ein so einfaches Modell erlaubt es, Entropiewerte bezüglich solcher lokalisierten Teilchen abzuschätzen.

Es werde angenommen, dass n_i AQIs mit $n_i \leq \sqrt{N}$ ein Teilchen mit der Masse beziehungsweise der Energie $m_i = n_i R$ und dem Elementar-Volumen $v_i = \lambda_i^3 = (R/n_i)^3$ formen.

Damit wird es möglich, eine thermodynamische Abschätzung bezogen auf solche lokalisierbaren Teilchen zu geben.

Die Anzahl z_i solcher Teilchen aus n_i AQIs mit Masse m_i kann bis zu maximal $z_i = N/n_i$ reichen. Die Anzahl P_i von möglichen Elementar-Volumina in einem kosmischen Raum des Volumens V ist gleich

$$P_i = V / v_i = R^3 / \left(R / n_i\right)^3 = n_i^3 \tag{24.5}$$

24.3.1 Ein Modell für „Bosonen“

Die thermodynamische Wahrscheinlichkeit, z_i Teilchen eines bosonischen Typs auf P_i Plätze zu verteilen ist

$$W_{Bi} = \left(P_i + z_i\right)! / \left(P_i! z_i!\right) \tag{24.6}$$

Für ein allgemeines n_i erhalten wir daraus die Entropie in bekannter Weise als

$$\begin{aligned}
S_{Bi} = \ln W_{Bi} &= \left(n_i^3 + \frac{N}{n_i}\right)\ln\left(n_i^3 + \frac{N}{n_i}\right) - n_i^3 \ln n_i^3 - \left(\frac{N}{n_i}\right)\ln\left(\frac{N}{n_i}\right) \\
&= n_i^3 \ln\left(n_i^3 + \frac{N}{n_i}\right) - n_i^3 \ln n_i^3 + \left(\frac{N}{n_i}\right)\ln\left(n_i^3 + \frac{N}{n_i}\right) - \left(\frac{N}{n_i}\right)\ln\left(\frac{N}{n_i}\right) \\
&= n_i^3 \ln\left(1 + \frac{N}{n_i^4}\right) + \left(\frac{N}{n_i}\right)\ln\left(1 + \frac{N}{n_i^4}\right) \\
&= n_i^3 \left[\left(1 + \frac{N}{n_i^4}\right) + \left(\frac{N}{n_i^4}\right)\ln\left(1 + \frac{N}{n_i^4}\right)\right]
\end{aligned} \tag{24.7}$$

[8] Görnitz, T. (1988a), S. 537 ff.

Wegen $1 \leq n_i \leq \sqrt{N}$ folgt für $\alpha_i = n_i^4/N$ bzw. $n_i^4 = \alpha_i N$, dass $N^{-1} \leq \alpha_i \leq N$, und wir erhalten für S_{Bi}

$$S_{Bi} = N^{3/4}\alpha_i^{3/4}\left[\ln\left(1+\alpha_i^{-1}\right)+\alpha_i^{-1}\ln\left(1+\alpha_i\right)\right] = N^{3/4} f_B\left(\alpha_i\right) \tag{24.8}$$

Die Funktion $f_B(\alpha_i)$ hat bei $\alpha_i = 17{,}5$ ihr Maximum $f_B(17{,}5) = 1{,}902$. Dem entspricht für n_i der Wert $n_{imax} = 2{,}045\ N^{1/4}$.

Die Entropie S_{Bi} für identische Bosonen hat somit einen Maximalwert

$$S_{B\max} \approx 2N^{3/4} \tag{24.9}$$

Wenn diese Bosonen als „Photonen" interpretiert werden, dann würde ihnen für den gegenwärtigen Wert $N_{Kosmos} = 1{,}7 \cdot 10^{121}$ etwa eine Anzahl von $n_{imax} = 4 \cdot 10^{30}$ *AQIs* zugeordnet werden.

Die Anzahl der „Photonen" mit $z_{imax} = N/n_{imax} \approx N^{3/4} \approx 4 \cdot 10^{90}$ verhält sich zu der Anzahl der Protonen aus Formel 24.4 entsprechend zu $N = 10^{121}$ mit $z_{Pr} = 4{,}6 \cdot 10^{80}$ ungefähr wie $6 \cdot 10^9$ zu 1. Der gegenwärtige empirische Wert der Photonen in der kosmischen Hintergrundstrahlung zu den Nukleonen liegt bei etwa 10^9 zu *1*. Das ist für so eine einfache Überlegung ein erstaunlich gut passender Wert.

Die Anzahl von $n_{imax} = 4 \cdot 10^{30}$ *AQIs* für ein Photon ergibt mit der Energie eines AQIs mit $E_{AQI} = 9{,}38195 \cdot 10^{-33}$ eV und mit der Boltzmann-Konstanten $8{,}61733 \cdot 10^{-5}$ eV/K eine Temperatur von etwa 435 K. In diese Überlegungen ist die Annahme eingegangen, dass sämtliche AQIs lediglich diese Sorte von Bosonen formen. Daher liegt der errechnete Temperaturwert natürlich weit über der gegenwärtigen Temperatur der Photonen der Hintergrundstrahlung. Verglichen mit der Planck-Temperatur von 10^{33} K (siehe Abschnitt 4.6) ist der Unterschied allerdings zu vernachlässigen.

24.3.2 Ein Modell für „Fermionen"

Wenn pro Elementarvolumen höchstens ein Teilchen erlaubt sein soll, dann soll es wie erwähnt als Fermion bezeichnet werden. Für die Wahrscheinlichkeit ergibt sich dann für die Zahl der Plätze P_i wegen $P_i = n_i^3$ und $z_i = N/n_i$

$$W_{Fi} = P_i!/\left[\left(P_i - z_i\right)!\,z_i!\right] = \frac{n_i^3!}{\left[\left(n_i^3 - \dfrac{N}{n_i}\right)!\left(\dfrac{N}{n_i}\right)!\right]} \tag{24.10}$$

Ein Extremfall liegt vor, wenn die Anzahl der Plätze gleich ist mit der Anzahl der Teilchen. Dann ist jeder Platz besetzt. Für $P_i = z_i$ oder $n_i^3 = N/n_i$ bedeutet das $n_i = N^{1/4}$. Dafür ist natürlich die Wahrscheinlichkeit $W_{Fi} = 1$ und die Entropie $S_{Fi} = 0$.

Zu identischen Neutrinos, welche sämtliche der möglichen Plätze besetzen, würde damit eine Ruhmasse gehören, die bei $N = 10^{121}$ etwa einem Wert von $n_i = 1{,}8 \cdot 10^{30}$ *AQIs* entsprechen. Daraus resultiert eine Energie für solche hypothetischen Neutrinos

$$n_1 \times E_{AQI} = 1{,}8 \cdot 10^{30} \cdot 9{,}38195 \cdot 10^{-33}\,\text{eV} = 0{,}017\,\text{eV} \tag{24.11}$$

Dieser Wert könnte als Untergrenze einer Neutrinomasse interpretiert werden.

Für ein allgemeines n_i erhalten wir

$$\begin{aligned} S_{Fi} &= \ln W_{Fi} \\ &= n_i^3 \ln n_i^3 - \left(n_i^3 - \frac{N}{n_i}\right) \ln\left(n_i^3 - \frac{N}{n_i}\right) - \frac{N}{n_i} \ln\left(-\frac{N}{n_i}\right) \end{aligned} \tag{24.12}$$

Mit

$$n_i^4 = x_i N$$

und

$$1 \le x_i \le N$$

folgt

$$n_i = x_i^{1/4} N^{1/4}$$

sowie

$$N / n_i = N / \left(x_i^{1/4} N^{1/4}\right) = N^{3/4} / x_i^{1/4}$$

Damit wird

$$S_{Fi} = N^{3/4} x_i^{3/4} \ln\left(N^{3/4} x_i^{3/4}\right) - \left(N^{3/4} x_i^{3/4} - N^{3/4} x_i^{1/4}\right) \ln\left(N^{3/4} x_i^{3/4} - N^{3/4} x_i^{1/4}\right) - \frac{N^{3/4}}{x_i^{1/4}} \ln\left(\frac{N^{3/4}}{x_i^{1/4}}\right) \tag{24.13}$$

und weiter

$$S_{Fi} = N^{3/4} x_i^{3/4} \left\{ \ln\left(N^{3/4} x_i^{3/4}\right) - \left(1 - \frac{1}{x_i}\right) \ln\left(\left(N^{3/4} x_i^{3/4}\right)\left(1 - \frac{1}{x_i}\right)\right) - \left(\frac{1}{x_i}\right) \ln\left(\frac{N^{3/4} x_i^{3/4}}{x_i}\right) \right\}$$

$$\begin{aligned} S_{Fi} = \left(N^{3/4} x_i^{3/4}\right) &\left\{ \ln\left(N^{3/4} x_i^{3/4}\right) - \left[\ln\left(N^{3/4} x_i^{3/4}\right) + \ln\left(1 - \frac{1}{x_i}\right) \right] \right. \\ &\left. + \left(\frac{1}{x_i}\right)\left[\ln\left(N^{3/4} x_i^{3/4}\right) + \ln\left(1 - \frac{1}{x_i}\right) \right] - \left(\frac{1}{x_i}\right)\left[\ln\left(N^{3/4} x_i^{3/4}\right) + \ln\left(\frac{1}{x_i}\right) \right] \right\} \end{aligned}$$

$$S_{Fi} = \left(N^{3/4} x_i^{3/4}\right) \left\{ -\ln\left(1 - \frac{1}{x_i}\right) + \left(\frac{1}{x_i}\right) \ln\left(1 - \frac{1}{x_i}\right) + \left(\frac{1}{x_i}\right) \ln\left(x_i\right) \right\}$$

$$S_{Fi} = \left(N^{3/4} x_i^{3/4}\right)\left\{-\ln\left(1 - x_i^{-1}\right) + \left(x_i^{-1}\right)\left[\ln\left(1 - x_i^{-1}\right) + \ln\left(x_i\right)\right]\right\}$$

$$S_{Fi} = N^{3/4} x_i^{3/4} \left\{-\ln\left(1 - x_i^{-1}\right) + x_i^{-1} \ln\left(x_i - 1\right)\right\}$$

Wir definieren eine Funktion $f_F(x_i) = x_i^{3/4}\{-\ln(1 - x_i^{-1}) + x_i^{-1} \ln(x_i - 1)\}$ und erhalten

$$S_{Fi} = N^{3/4} f_F\left(x_i\right) \tag{24.14}$$

Die Entropie S_{Fi} hat ihren Maximalwert bei $x_i = 22{,}5$. Wegen $f_F(22{,}5) = 1{,}8782$ ergibt sich

$$S_{\max Fi} \approx 2 N^{3/4} \tag{24.15}$$

Wegen $n_i = x_i^{1/4} N^{1/4}$ folgt weiterhin

$$n_{i\max} \approx 2 N^{1/4} \tag{24.16}$$

Die Anzahl der AQIs für diese wahrscheinlichsten „Neutrinos" würde diesen eine Ruhmasse zuordnen, die für die gegenwärtige Anzahl der AQIs von $N_{\text{Kosmos}} = 10^{121}$ etwa einem Wert von $n_i = 4 \cdot 10^{30}$ *AQIs* für ein „Neutrino" entspricht. Ein solcher Energiewert von 0,0375 eV hat die gleiche Größe wie die oben dargestellten „Photonen". Die gegenwärtige experimentell ermittelte Obergrenze für die Neutrinomasse wird mit kleiner als 1 eV angegeben.[9)]

24.4 Die Teilchenmassen als Aufgabe

Bisher werden die Ruhmassen der Elementarteilchen aus den experimentellen Daten gewonnen. Auch der Higgs-Mechanismus kann die konkreten Massen noch nicht festlegen. Sie sind auch in diesem Modell freie Parameter. Weizsäckers Abschätzung der Nukleonen-Massen ergibt auch nur deren Größenordnung.

Gegenwärtig werden von der „Particle Data Group" etwa 500 Objekte gelistet, die man in meiner Studentenzeit als Elementarteilchen bezeichnet hätte. Bis auf lediglich drei von ihnen sind alle mit einer Ruhmasse instabil. Im Sinne der Quantentheorie ist es daher sinnvoll, die instabilen Teilchen als Strukturen zu begreifen, in denen „lediglich der Möglichkeit nach" diese stabilen Teilchen virtuell vorhanden sind. Die instabilen Objekte werden durch die Kräfte zwischen den virtuellen Subobjekten für eine gewisse Zeit zusammengehalten.

---

[9] Karlsruher Tritium Neutrino Experiment KATRIN

Falls es gelingt, die Massen der wenigen stabilen Fermionen aus wahrscheinlich kosmologischen Zusammenhängen abzuleiten, dann ist zu erwarten, dass auf dieser Basis die Massen der vielen instabilen Objekte mit den Methoden der Quanteneichfeldtheorien berechnet werden können.

Vor über einem Jahrhundert wurde in der Physik darüber gerätselt, ob die Masse des Elektrons eine Folge seiner elektrischen Ladung ist. Jetzt sind alle drei Sorten von Ladungen, die Teilchen haben können, und welche die quantischen Wechselwirkungen verursachen, im Gegensatz zu früher bekannt. So sehe ich darin eine interessante Möglichkeit, tatsächlich das Problem der Massen der drei stabilen Elementarteilchen Neutrino, Elektron und Proton aufzuklären.

25 Ladungen generieren die Massen

Es ist ein Kennzeichen von Theorien, die sich gut bewährt haben und die erfolgreich die wesentlichen Aspekte der Realität erfassen, dass mit ihnen auch zutreffende Prognosen erstellt werden können über Bereiche, die bisher *nicht* experimentell oder durch Beobachtung zugänglich waren.

Beispiele dafür waren in der Allgemeinen Relativitätstheorie die Schwarzen Löcher. Diese wurden für lange Zeit lediglich als theoretische Extravaganzen betrachtet, wie beispielsweise auch von Hans Bethe und Carl Friedrich v. Weizsäcker. Ein anderes Beispiel sind die Gravitationswellen, von denen selbst Einstein vermutete, dass sie niemals nachweisbar sein würden. Mit dem durch die Quantentheorie ermöglichten ungeheuren Fortschritt an Präzision können sie seit einigen Jahren untersucht werden.

25.1 Gravitations- und Higgs-Feld – Ähnlichkeiten und Unterschiede

In Kapitel 18 wurde dargelegt, dass die Gravitation die Wirkung des Quanten-Kosmos auf Inhomogenitäten in seinem Inneren ist. Die Gravitation wirkt daher gleichermaßen in ihrer Form als Schwerkraft auf Massen, Energien und Information, also auf alle lokalisierten Erscheinungsformen der AQIs. Diese Wirkung äußert sich als eine Veränderung der betreffenden Bereiche der raumzeitlichen Metrik, sodass Geodäten nicht mehr Geraden sein müssen.

Im Rahmen der Elementarteilchenphysik wurde bisher eine enge Beziehung zwischen Teilchen und dem Kosmos nur selten erwogen. Die Elementarteilchenphysik rechnet im Minkowski-Raum. Damit wird mathematisch und methodisch die Kosmologie ausgeblendet. Da der Minkowski-Raum ohne jede Krümmung zu denken ist, wird auch die Schwerkraft als Raum-Zeit-Krümmung ausgeschlossen. Im Notfall kann sie als klassische Newtonsche Struktur zur Quantentheorie hinzugenommen werden. Die unendliche Ausdehnung des Minkowski-Raums lässt die Grundzustandsenergie in ihm zu null werden.

Im ursprünglichen Standardmodell erschienen alle Teilchen masselos. Die gegenwärtige Teilchenphysik gibt als Ursache für die Erklärung der Massen der elementaren Teilchen deren Wechselwirkung mit dem Higgs-Feld an.

Ausgehend von der $U(1)\times SU(2)$-Gruppenstruktur der elektromagnetischen und schwachen Wechselwirkung konnte von François Englert (*1932), Robert Brout (1928–2011) sowie von Tom Kibble (1932–2016), Gerald S. Guralnik (1936–2014), C. Richard Hagen (*1937) und von Peter Higgs (*1929) in den 1960er-Jahren gezeigt werden, dass es zu dieser Wechselwirkung ein skalares ladungsloses Feld geben müsse. Peter Higgs hatte das dazu gehörende Teilchen prognostiziert. Ein halbes Jahrhundert später wurde es entdeckt und nach ihm benannt.

Das Higgs-Feld ist ein etwas abgeändertes Vakuum, d. h. ein Quantenfeld von spinlosen und ladungslosen Bosonen, die aber im Gegensatz zum eigentlichen Teilchen-Vakuum eine riesige Masse besitzen. Durch hinreichende Energiezufuhr kann man aus diesem Pseudo-Vakuum-Zustand das entsprechende Quantenteilchen – das Higgs-Boson – für den billionsten Teil einer milliardstel Sekunde erzeugen, bevor es in einer Kaskade von vielen und wesentlich leichteren Teilchen explodiert. Im Experiment zeigte sich, dass das Higgs-Boson selbst eine Masse von etwa 126 Protonen oder die eines Atomkerns von Iod hat. Berechnen kann man diese Masse wohl noch nicht.

Veranschaulicht wird die Erzeugung der Massen der Elementarteilchen in diesem Modell mit dem Bild, dass bei der Bewegung der ursprünglich als masselos postulierten Teilchen im Higgs-Feld diese durch die Wechselwirkung mit diesem Feld abgebremst werden, sie werden träge – und Trägheit ist ein Charakteristikum für Masse.

Die Wechselwirkung der Teilchen mit dem Higgs-Feld ist nicht universell, sondern sie soll proportional sein zur Masse des jeweiligen Fermion-Typs, also der jeweiligen Sorte von „Materie-Teilchen“. Dieser Vorgang kann daher so interpretiert werden, dass die Massen mit diesem Modell nicht direkt berechnet werden, sondern dass die Massen – über den Umweg der jeweiligen Wechselwirkungs-Stärke mit dem Higgs-Feld für das betreffende Teilchen – im Grunde lediglich anhand der empirischen Daten postuliert werden. Man berechnet sozusagen aus der jeweiligen Masse die zugehörige Wechselwirkungsstärke und dann aus dieser speziellen Wechselwirkung wieder die gesuchte (aber eigentlich aus dem Experiment entnommene) Masse.

Welche Alternativen kann man dazu reflektieren?

Es gibt drei fundamentale quantische Wechselwirkungen. Daraus folgt, dass diese drei Kräfte von drei Typen von Ladungen verursacht werden.

> Aus der Empirie konnte man bisher entnehmen, dass Ladungen erhalten bleiben und dass es lediglich drei stabile elementare Teilchen gibt.

Für eine Reflexion kann daran erinnert werden, dass bereits in der Zeit, als man lediglich die elektrische Ladung kannte, diese als Ursache für die Massen erwogen wurde. Hier soll daher eine Überlegung als Fundierung für den Higgs-Mechanismus erörtert werden: *Ist es möglich, die Massen der stabilen Quantenteilchen über ihre Ladungen festzulegen?* Neben den drei stabilen Teilchen mit Ladung und Masse, dem Neutrino, Elektron und Proton, werden als „elementare Teilchen" insgesamt sechs Leptonen sowie als interne Strukturen in den Hadronen sechs Quarks aufgeführt. Es ist anzunehmen, dass die Eigenschaften der übrigen, der instabilen Elementarteilchen mit den Methoden der Quantenfeldtheorie berechnet werden können.

25.2 Drei Ladungstypen

Es gibt wie gesagt drei fundamentale quantische Wechselwirkungen. Daraus folgt, dass es drei fundamentale Typen von Ladungen gibt.

Für diese Ladungen darf man annehmen, dass sie insoweit einen „quantischen" Charakter besitzen, dass sie nicht in halbe oder in noch kleinere Teile der betreffenden elementaren Ladung zerlegt werden können. Die Ganzzahligkeit der Ladungen in der Realität verhindert nicht, dass innerhalb bestimmter Formen der Materie, zum Beispiel in Festkörpern, auch virtuelle Quasiteilchen – Anyonen – erscheinen können, bei denen es zweckmäßig ist, ihnen eine drittelzahlige Ladung zuzuordnen.[1)] Dieser Effekt erscheint beispielsweise, wenn einlagige Schichten von Molybdänditellurid $MoTe_2$ gegeneinander verdreht werden.

Da die Eichgruppe der Quantenfeldtheorie der starken Wechselwirkung, die $SU(3)$, wie zwei verdrehte Gruppen $U(1)\times SU(2)$ interpretiert werden kann, scheint es möglich, dass die drittelzahlige Ladung der virtuellen Strukturen der starken Wechselwirkung, der Quarks, auf einem ähnlichen Effekt beruhen.

Seit langem ist in der Physik bekannt, dass eine Ladung einen Widerstand gegenüber der Bewegung in ihrem eigenen Kraftfeld hervorruft. Dieser Zusammenhang soll nachfolgend betrachtet werden.

Die additive Zusammensetzung von Systemen im Rahmen der klassischen Physik bestärkte die Vorstellung von „kleinsten Bausteinen der Materie". Und tatsächlich kann man ein Elektron oder auch ein Proton im Experiment nicht weiter zerlegen. Es gibt keine halben Elektronen oder Protonen. Die Elektronen werden bis heute oft als „Punktteilchen" behandelt – und ein Punkt hat natürlich nicht einmal denkbare Teile. Auch die Protonen kann man nicht in kleinere Teilchen zerlegen, obwohl man bei den

---

1 Der Übersichtsartikel in Nature: Repellin, C. (2023) *The twisted material that splits the electron*, Nature 662, S. 36–37, verweist auf vier Originalarbeiten: 1. Cai, J. et al. (2023) Nature 622, S. 63–68; 2. Zeng, Y. et al. (2023) Nature 622, S. 69–73; 3. Park, H. et al. (2023) Nature 622, S. 74–79; 4. Xu, F. et al. (2023) Phys. Rev. X. 13, 031037

Protonen eine interne Struktur – die Quarks und die Gluonen – gefunden hat. Wegen dieser experimentell nachweisbaren inneren Struktur versagt bei den Protonen sehr oft das Bild des Punktteilchens.

> Die „Nichtzerlegbarkeit" der drei stabilen Elementarteilchen mit Masse, also der Neutrinos, der Elektronen und der Protonen, scheint ein wichtiges Argument dafür geliefert zu haben, „Teilchen" ganz allgemein als die „Grundbausteine" der Wirklichkeit zu deuten.

Die Vorstellung von einer „Nichtzerlegbarkeit" der stabilen Teilchen versagt bei den ladungslosen Photonen. Photonen sind stabil, aber sie lassen sich zerlegen. Sehr viele der hochinteressanten Versuche der Quantenoptik beginnen damit, dass man ein Photon in zwei Photonen mit halber Energie, also mit doppelter Wellenlänge, aufspaltet.

> Von der Protyposis ausgehend kann man postulieren, dass eine Zerlegung beim Elektron oder beim Proton wegen der vorhandenen Ladungen nicht möglich ist.

Wir wiederholen diese fundamentale Tatsache: Alle massebehafteten Teilchen haben Ladungen. Viele sind elektrisch geladen, hinzukommen kann noch eine leptonische und eine baryonische Ladung. Und diese drei Typen von Ladungen kann man nicht spalten!

Will man in Experimenten Ladungen aus dem *Teilchen-Vakuum des Minkowski-Raums* erzeugen, dann können stets nur gleichviel positive wie negative von diesen Ladungen generiert werden. Die Summe davon ist und bleibt Null.

Die Beschreibungen der Erzeugung von Teilchen mit Ladungen erfolgen im Rahmen von relativistischen Quantenfeldtheorien. Die Spezielle Relativitätstheorie ist dabei unbedingt erforderlich, weil die Erzeugung von Teilchen mit Ladung und deswegen mit Ruhmasse so hohe Energien benötigt, dass sowohl $E = mc^2$ als auch relativistische Bewegungsgleichungen verwendet werden müssen.

Wenn also Ladungen nur so erzeugt werden können, dass „gleichviel" von positiver wie von negativer Ladung entsteht, dann steht man vor dem Problem, dass in der Natur fast nur Teilchen von Materie und fast keine von Antimaterie auftreten.

25.3 Zum Verhältnis von Materie und Antimaterie

Die Teilchen, die wir in der Natur normalerweise vorfinden, nennen wir „Materie" und die mit der jeweils entgegengesetzten Ladung nennen wir „Antimaterie".

Eines der großen Probleme der gegenwärtigen Physik ist die Frage, wieso es nicht gleichviel Materie wie Antimaterie im Kosmos gibt, obwohl bisher in allen Experimenten im Minkowski-Raum in deren Verhalten und bei den Eigenschaften der Teilchen bis auf die unterschiedlichen Ladungsvorzeichen keine oder höchstens minimale Unterschiede zwischen Materie und Antimaterie gefunden werden konnten.

Bisher hat es keinen Anlass gegeben daran zu zweifeln, dass für die elektrische Ladung ein absolut gültiger Erhaltungssatz gilt und dass das „Normale" im Kosmos bei den Atomen die elektrische Neutralität ist.

Hinsichtlich der leptonischen und baryonischen Ladung gab es immer wieder ernsthafte Überlegungen, ob deren Erhaltung weniger streng sein könnte als diejenige für die elektrische Ladung.

Bezüglich der leptonischen Ladung gab und gibt es die Überlegung: Neutrinos könnten „Majorana-Teilchen" sein. [Ettore Majorana (1906–1938)] Dann wären sie, so wie die Photonen, ihre eigenen Antiteilchen und sie würden so wie die Photonen keine Ladung haben. In der Zeit, als man die Neutrinos noch für masselos gehalten hatte, war das eine sehr verständliche Überlegung. Seitdem man weiß, dass Neutrinos eine Ruhmasse besitzen können, ist ihre Einstufung als Majorana-Teilchen viel weniger naheliegend. Sehr sorgfältige Experimente haben auch bisher keinen Hinweis darauf geliefert, dass Neutrinos und Antineutrinos identisch sein würden.[2)]

Wie in Kapitel 23 erwähnt, wurde über Jahrzehnte hinweg im Rahmen von „grand unified theories" (GUTs) mit den Symmetriegruppen $SU(5)$ oder $SO(10)$ beispielsweise über einen „Zerfall des Protons" geforscht. Eine solche Symmetriegruppe eröffnet zwangsläufig einen solchen Zerfallskanal, weil der Zweck ihres Postulats gerade darin besteht, die Trennung zwischen den drei fundamentalen Wechselwirkungen aufzuheben. Ein Zerfall des Protons wäre allerdings nur dann möglich, wenn die baryonische Ladung sich – so wie in diesen Theorien vorhergesagt – ändern könnte. Sämtliche Nachweisversuche zu einem solchem Zerfall sind erfolglos geblieben.

Im Nachhinein haben sich jedoch die großen experimentellen Installationen, die man mit dem Ziel des Nachweises eines Protonzerfalls aufgebaut hatte, als ein großer Glücksfall für die Neutrino-Forschung erwiesen. Auch dies ist ein sehr schönes Beispiel dafür, wie sich aus theoretischen Konzepten sehr fruchtbare experimentelle Ergebnisse für andere als die ursprünglich intendierten Ziele ergeben können.

> Manchmal ergeben sich neue Wege aus genauen experimentellen Beobachtungen, welche die ursprünglichen theoretischen Hypothesen nicht bestätigen, und manchmal ergeben sich die neuen Horizonte aus theoretischen Überlegungen.

Was gibt es gegenwärtig an experimentellen Befunden und theoretischen Überlegungen zum Verhältnis von Materie und Antimaterie?

---

2 Agostini, M. et al. (2020) *Final Results of GERDA on the Search for Neutrinoless Double-Decay*, Physical Review Letters 125, 252502

Die theoretische Beschreibung der Teilchenphysik findet hauptsächlich im Minkowski-Raum statt. Das erscheint als sehr sinnvoll, weil es in den Experimenten der Teilchenphysik bisher keinerlei Hinweise dafür gibt, dass in deren Beschreibung auch die Allgemeine Relativitätstheorie und/oder die Kosmologie einbezogen werden müsste. Der Minkowski-Raum hat sehr hohe Symmetrie-Eigenschaften – und diese Symmetrien erleichtern die Berechnungen sehr. Neben der Beschreibung der Bewegungen von Teilchen durch die Poincaré-Gruppe gibt es im Minkowski-Raum noch drei bereits kurz erwähnte diskrete Symmetrien.

Die T-Transformation vertauscht Vergangenheit mit Zukunft. Bekanntlich sind fast alle Gesetze der klassischen Physik so gestaltet, dass in gleicher Weise vom Startpunkt aus in die Zukunft wie in die Vergangenheit gerechnet werden kann. Ein Vektor im Minkowski-Raum (t, x, y, z) transformiert sich dabei in $(-t, x, y, z)$.

Die P-Transformation ist eine Punktspiegelung am Koordinatenursprung im dreidimensionalen Orts-Raum. Dabei werden die Vektoren (x, y, z) in $(-x, -y, -z)$ überführt. Sogenannte Pseudovektoren wie der Drehimpuls bleiben hingegen unverändert. Sie sind das Vektor-Produkt von zwei Vektoren. Wenn bei beiden Vektoren zugleich die Richtung vertauscht wird, so ändert sich das Vektor-Produkt nicht.

Die C-Transformation ist eine Symmetrie, die es in der klassischen Physik nicht gibt. Sie bewirkt die Vertauschung von Materie mit Antimaterie.

Wie von Gerhart Lüders[3)] (1920–1995) und Wolfgang Pauli[4)] (1900–1958) gezeigt wurde, gilt die Kombination dieser drei Symmetrien – die *CPT*-Invarianz – unter wenigen Annahmen für alle Quantenfeldtheorien im Minkowski-Raum. Aus quantenfeldtheoretischer Sicht kann das so interpretiert werden, dass diese Invarianz fundamental ist. Sie lässt daher bei allen Erzeugungsprozessen im Minkowski-Raum theoretisch eine gleiche Menge an Antimaterie wie an Materie entstehen.

Allerdings gilt die *CPT*-Invarianz keinesfalls bei einem Einschluss der realen Kosmologie:

> *„It is clear from its proof that the CPT-theorem is not expected to hold if the main assumption – Lorentz symmetry – is violated. This should apply, in particular, to a fundamental theory of quantum gravity, since already the classical theory of gravity (Einstein's theory of general relativity) is not a Lorentz-invariant theory (it possesses instead diffeomorphism invariance).“*[5)]
> *(Aus dem Beweis des CPT-Theorems geht hervor, dass seine Gültigkeit nicht zu erwarten ist, wenn die Hauptannahme – die Lorentz-Symmetrie – verletzt wird.*

---

[3] Lüders, G. (1954): *On the Equivalence of Invariance under Time Reversal and under Particle-Anti-Particle Conjugation for Relativistic Field Theories*; K. Dan. Vidensk. Selsk. Mat.-fys. Medd. 28(5)

[4] Pauli, W. (1955) *Exclusion Principle, Lorentz Group and Reflection of Space-Time and Charge*, in: Pauli, W. (Hrsg.) *Niels Bohr and the Development of Physics*, Pergamon Press, New York, S. 30–51

[5] Kiefer, C. (2009) *CPT Theorem, in Compendium of Quantum Physics: Concepts, Experiments, History and Philosophy*, in: Greenberger, D.; Hentschel, K.; Weinert, F. (Hrsg.) Springer, Berlin, Heidelberg

Dies sollte insbesondere für eine fundamentale Theorie der Quantengravitation gelten, da bereits die klassische Gravitationstheorie (Einsteins Allgemeine Relativitätstheorie) keine Lorentz-invariante Theorie ist (sie besitzt stattdessen eine Diffeomorphismusinvarianz).

Wie steht es um die anderen Symmetrien?

Seit längerem ist aus den Experimenten bekannt, dass für die Prozesse der schwachen Wechselwirkung die *P*-Symmetrie maximal verletzt wird.[6)]

Kann das im Rahmen der Protyposis plausibel erscheinen?

Die Symmetriegruppe für die schwache Wechselwirkung ist die Gruppe *SU*(2). Wir wiederholen die Darstellung der Elemente der Gruppe:

$$\begin{pmatrix} a+ib & c+id \\ -c+id & a-ib \end{pmatrix} \tag{25.1}$$

sowie die für die *SU*(2) spezielle Nebenbedingung:

$$a^2+b^2+c^2+d^2=1 \tag{25.2}$$

Die Elemente der *SU*(2) bilden ersichtlich die dreidimensionale „Oberfläche" einer vierdimensionalen Kugel. Dieser dreidimensionale Raum war in Abschnitt 23.9 als der *Ortsraum* der Wechselwirkungspartner für die schwache Wechselwirkung definiert worden. Wenn wir nun bei dem Vektor (*a*, *b*, *c*, *d*), der einem Element der *SU*(2) entspricht, eine Spiegelung am Ursprung vornehmen – was als *P*-Transformation interpretiert wird – dann ergibt sich folgende Umformung:

$$\begin{pmatrix} a+ib & c+id \\ -c+id & a-ib \end{pmatrix} \overset{\mathbb{P}}{\Rightarrow} \begin{pmatrix} -a-ib & -c-id \\ +c-id & -a+ib \end{pmatrix} = -\begin{pmatrix} a+ib & c+id \\ -c+id & a-ib \end{pmatrix} \tag{25.3}$$

In diesem Bild lässt eine *P*-Transformation den Vektor *(a, b, c, d)* nicht invariant, sondern sie multipliziert ihn mit –1, sie transformiert ihn also in sein Gegenteil. Aus der Sicht der Protyposis erfordert somit die *SU*(2)-Wechselwirkung eine *Verletzung der P-Invarianz.*

Es schien nach der Entdeckung der Paritätsverletzung, gegen die nicht nur Wolfgang Pauli zuerst große Zweifel äußerte, für längere Zeit so, dass wenigstens die Kombination *CP* als Invarianz erhalten bleiben würde. Sehr genaue Messungen zeigten, dass bei manchen Prozessen auch die *CP*-Invarianz verletzt wird. Daraus folgt, dass sich die Materie in diesen Prozessen ein wenig anders verhält als die Antimaterie.

Für das Entstehen von Teilchen mit einer Ruhmasse wird üblicherweise und aufbauend auf den Rechnungen im Minkowski-Raum postuliert, dass nach dem Urknall in gleichem Umfang sowohl Materie als auch Antimaterie entstanden sei. Oft kann man

---

6 Wu, C. S.; Ambler, E.; Hayward, R. W.; Hoppes, D. D.; Hudson, R. P. (1957) *Experimental Test of Parity Conservation in Beta Decay*, Physical Review. 105, S. 1413–1415

in diesem Zusammenhang lesen, dass die heute gefundenen *CP*-Verletzungen noch nicht ausreichend dafür sein würden, das Verschwinden der Antimaterie im Kosmos zu erklären.

Wenn man die Kosmologie berücksichtigt, dann ist zumindest die erste naheliegende Schlussfolgerung, dass im Kosmos keine *T*-Invarianz gelten kann. In Anbetracht der Expansion ist eine Zeitumkehr unplausibel. Wenn *T*-Invarianz nicht gegeben ist, aber bereits *CPT* postuliert werden soll, muss auch die *CP*-Invarianz verletzt werden. Da die schwache Wechselwirkung eine maximale Verletzung der *P*-Invarianz zeigt, erscheint ein Festhalten an der *C*-Invarianz in der Nähe des Urknalls wenig plausibel

Die Expansion des kosmischen Raumes ist die grundlegende Erfahrung der modernen Kosmologie. Daher kann eine *T*-Invarianz lediglich in der Näherung und für die Zeiten der kosmischen Entwicklung postuliert werden, in der die kosmische Expansion praktisch im Lokalen vernachlässigt werden kann.

Besonders in der Anfangsphase der kosmischen Entwicklung und bei der damals starken und sich schnell veränderlichen Raumkrümmung dürfte eine Annahme einer *T*-Invarianz einen zu großen Fehler bedeuten.

Während nach dem ersten Jahrtausend der Wert für das Verhältnis der Raumkrümmung zu derjenigen im nächsten Jahrtausend den Wert 0,5 hat, beträgt er nach 300 000 Jahren, also nach der Entkopplung von Licht und Materie bereits 0,99668. In der kosmischen Gegenwart, also knapp 14 Mrd. Jahre nach dem Urknall, hat er den Wert 0,99999993. Das ist experimentell von 1, also von keiner Veränderung, nur schwer zu unterscheiden.

Eine mögliche Schlussfolgerung daraus könnte sein, dass eine Verletzung der *T*-Invarianz früher wesentlich bedeutsamer gewesen sein könnte und dass sie heute nur noch mit extrem genauen Messungen nachweisbar ist.

Am Beginn der kosmischen Entwicklung ist das Bild eines flachen und unbegrenzten Raumes aus dem Standardmodell der ΛCDM-Kosmologie völlig unpassend. Heute hingegen kann man mit der Vorstellung des Minkowski-Raums zum Beispiel in der Hochenergiephysik oder beim Empfang von ebenen Gravitationswellen sehr gute experimentelle Resultate erzielen.

Im Minkowski-Raum ist auch das Modell eines „Quantenvakuums der Teilchen" eine sinnvolle Vorstellung. Dass dieses Vakuum eine jetzt gut passende Vorstellung ist, das wird auch daran erkennbar, dass beim Zuführen von Energie heute stets die gleichen Mengen von Materie und Antimaterie erzeugt werden. Daraus kann aber noch keineswegs geschlossen werden, dass das auch für die Situation am Beginn der kosmischen Entwicklung zutreffen muss.

Heute bereitet es beispielsweise wenige Probleme, in der klassischen Physik oder in der Elementarteilchenphysik in gleicher Weise in die Vergangenheit zu rechnen wie in die Zukunft, also in die Realität. Am Beginn des Kosmos war jedoch die Situation vollkommen anders. So ist die extreme Verletzung einer theoretischen *T*-Invarianz kurz nach dem „Ur-Hauch" zu beachten. Es kann daher sein, dass die massiven zeitlichen Veränderungen in der damaligen Frühphase der kosmischen Expansion ausschließlich zur Erzeugung von Materie geführt haben.

Heute hingegen werden fast immer gleiche Anteile von Materie und Antimaterie erzeugt, weil heute im Minkowski Raum die *T*-Invarianz ziemlich gut gewährleistet ist.

Zu der offensichtlichen Verletzung der *T*-Invarianz kommt als weiterer Hinweis auf die Ursache des Materie-Antimaterie-Ungleichgewichtes hinzu, dass bei der schwachen Wechselwirkung die *P*-Invarianz maximal verletzt wird und dass darüber hinaus in der Kosmologie auch die Bedingungen für die *CPT*-Invarianz nicht erfüllt sind.

Eine Erklärung des Materieüberschusses über die Antimaterie ist im Rahmen einer Quantenfeldtheorie im Minkowski-Raum nicht zu erreichen. Es ist daher zu erwarten, dass die Erklärung des Überschusses der Materie über die Antimaterie, also eine maximale Verletzung der *C*-Invarianz, nur im Rahmen einer realistischen Kosmologie erfolgen wird. Allerdings ist ebenfalls zu vermuten, dass zuvor erklärt werden muss, wie die drei stabilen Teilchentypen der Materie verstanden werden können.

25.4 Historische Versuche zur Erklärung der Masse

Die Chemie beschreibt und erklärt, wie aus wenigen, aber stabilen Atomen durch die elektromagnetische Wechselwirkung eine Unzahl an Molekülen entstehen kann. Notwendig dafür ist, dass es stabile Atomkerne gibt, die durch die Wechselwirkung mit den Elektronen eine Atomhülle ermöglichen. Die elektromagnetische Wechselwirkung verschiedener Atomhüllen führt zu den unterschiedlichen Formen von Molekülen, die unter sehr verschiedenen Bedingungen stabil sind. In den Sternen ist die Temperatur für Moleküle zu hoch, dort werden die Moleküle in ihre Atome zerlegt.

Daneben gibt es noch instabile Formen von Atomen und Molekülen, die zumeist als „angeregte Zustände" bezeichnet werden. Sie entstehen, wenn Photonen absorbiert werden und dadurch die Elektronen in einen Zustand mit höherer Energie übergehen. Solche Zustände zerfallen bald wieder in nichtangeregte Zustände und ausgesendete Photonen.

Die Kernphysik beschreibt und erklärt mit der starken Wechselwirkung, wie aus einem stabilen Teilchen, dem Proton, und einem fast stabilen, dem Neutron, eine dreistellige Zahl von verschiedenen stabilen Atomkernen gebildet werden kann. Diese werden bekanntlich nach ihrer elektrischen Ladung (= Anzahl der Protonen) in 81 stabile

Elemente eingeordnet, von denen viele als verschiedene stabile Isotope, also mit unterschiedlicher Neutronen-Anzahl auftreten können.

Auch stabile Atomkerne können angeregt werden und dann unter Aussendung von Photonen wieder in einen stabilen Zustand übergehen. Neben den stabilen gibt es auch instabile – radioaktive – Atomkerne. Diese zerfallen unter Aussendung verschiedener stabiler Teilchen.

Die Elementarteilchenphysik bindet neben der elektromagnetischen auch die schwache und die starke Wechselwirkung ein und beschreibt ebenfalls eine Unzahl an mehr oder weniger schnell zerfallenden Teilchen und Resonanzen.

> Zu den drei Wechselwirkungen gibt es drei zugeordnete und erhaltene Ladungen und somit drei tatsächlich stabile, also unzerlegbare Teilchen.

Alle anderen Produkte der Hochenergiephysik zerfallen zumeist in Bruchteilen von Sekunden in Neutrinos, Elektronen und Protonen (und/oder in deren Antiteilchen) sowie Photonen.

Natürlich kann dieses Bild noch etwas präzisiert werden. Die schwache Wechselwirkung bewirkt nach bisheriger Kenntnis keine gebundenen Zustände, aber dafür sind die Neutrinos in der Lage, mit „Neutrino-Oszillationen“ aus einer ihrer Erscheinungsformen in eine der beiden anderen überzugehen. Von den anderen Leptonen aus der Elektronen-Familie, die auch elektrisch geladen sind, ist dies bisher nicht bekannt geworden. Die beiden schweren „Verwandten“ des Elektrons, das Myon und das Tauon, zerfallen innerhalb von etwa 10^{-6} s bzw. 10^{-12} s in ein Myon-Neutrino bzw. ein Tauon-Neutrino und weitere Teilchen. Diese zerfallen ihrerseits weiter, bis letztlich neben möglichen Photonen nur noch Elektronen (bzw. Positronen) und Neutrinos vorhanden sind.

Die Protonen besitzen eine innere Struktur, die sich in Experimenten deutlich zeigt. Die historische Fixierung auf den „Teilchen-Begriff“ hat verursacht, dass diese lediglich virtuellen Strukturen innerhalb des Protons, die Quarks und Gluonen, ebenfalls als „Teilchen“ bezeichnet und vor allem auch als „Teilchen“ vorgestellt und gedanklich eingestuft werden. Ein beliebiges Zitat – sogar aus dem „nichtamerikanischen Kulturkreis“ – kann dies illustrieren:

> *„To make it possible for quarks to be considered fundamental physical particles, the hypothesis was proposed in 1965 by three authors (Bogolubov, Struminsky, Tavkhelidze) []that the quarks, introduced by Gell-Mann and Zweig, should possess an additional quantum number, and that quarks of each kind may exist in three (unitary) equivalent states q ≡ (q1, q2, q3).“*[7]

[7] Matveev, V. A.; Tavkhelidze, A. N.(2006) *The quantum number color, colored quarks and qcd*, E2-2006-17, Report presented at the 99th Session of the JINR Scientific Council, Dubna, 19 – 20 January 2006

(Damit die Quarks als fundamentale physikalische Teilchen betrachtet werden können, wurde 1965 von drei Autoren [Nikolai Nikolajewitsch Bogoljubov (1909 – 1992), Boris Vladimirovich Struminsky (1939 – 2003), Albert Nikiforovich Tavkhelidze (1930 – 2010)] die Hypothese aufgestellt, dass die von Gell-Mann und Zweig eingeführten Quarks eine zusätzliche Quantenzahl besitzen sollten und dass Quarks jeder Art in drei (einheitlichen) äquivalenten Zuständen existieren können q ≡ (q1, q2, q3).)

Ein Quantenfeld gilt erst dann als „real“, wenn ein Feldquant – also ein Teilchen – nachgewiesen wurde. Für Außenstehende wurde das in letzter Zeit am Higgs-Feld deutlich. Erst nachdem das Higgs-Teilchen gefunden worden war, galt das Feld als nachgewiesen. Die Quark-Felder im Inneren der Hadronen beschreiben virtuelle Teilchen, interne Strukturen. Die Ausbildung zum Physiker verführt einen aber trotzdem dazu, dass man sie sich als „Teilchen“ vorstellt. Im Gegensatz zu den virtuellen Quanten kann man reale Teilchen im Raum bewegen. Sie ändern dabei ihren Ort und eventuell auch ihre Geschwindigkeit, also nur ihren Zustand, aber nicht sich selbst. Während masselose Teilchen immer mit Lichtgeschwindigkeit fliegen, sind Teilchen mit einer Ruhmasse „träge“. Es bedarf einer Kraft, um ihren Zustand zu ändern.

Dass eine felderzeugende Ladung einen Widerstand gegen eine Veränderung der Geschwindigkeit des ladungstragenden Teilchens hervorrufen kann, ist seit langem bekannt. Ebenfalls weiß man, dass Trägheit ein Maß für Masse ist.

Über einen sich daraus ergebenden Zusammenhang zwischen elektrischer Ladung und der Masse eines Teilchens, zu dem diese Ladung gehört, gibt es bereits seit langem und schon im Rahmen der klassischen Physik durchgeführte Überlegungen. So hatte Hendrik Antoon Lorentz (1853 – 1928) bereits 1900 erwogen, ob die Masse eines Ions nur elektromagnetisch verursacht ist:

„Aus den Beobachtungen über Kathodenstrahlen hat man bekanntlich das Verhältnis e/m, das Verhältnis zwischen der Ladung eines Ions e und seiner Masse m, ableiten können. Es entsteht die Frage, was unter dieser Masse zu verstehen ist. Jedenfalls müssen wir dem Ion eine scheinbare Masse zuschreiben, da es vermöge seiner Bewegung eine gewisse Energie im Äther hervorbringt. Diese scheinbare Masse wollen wir mit m_0 bezeichnen. Es ist möglich, dass das Ion außerdem noch eine wirkliche Masse in dem gewöhnlichen Sinne des Wortes besitzt; in diesem Falle ist $m_0 < m$. Ist das nicht der Fall, so ist $m_0 = m$.“[8]

Für diesen Fall leitet er mit dem Radius R und der Ladung e des Ions mit wenigen Schritten her:

$$m_0 = 2e^2 / (3R) \tag{25.4}$$

[8] Lorentz, H. A. (1900) *Über die scheinbare Masse der Ionen*, Physikalische Zeitschrift, 2, S. 78 – 80

In der Diskussion, die direkt im Anschluss an die Arbeit von Lorentz gedruckt wurde, bemerkt Wilhelm Wien (1864–1928):

> *„Ich habe versucht, über den Lorentzschen Standpunkt insofern noch hinauszugehen, dass ich mir die Frage vorlegte, ob man nicht überhaupt mit der scheinbaren Masse auskäme und die träge Masse weglassen und durch die elektromagnetisch definierte scheinbare Masse ersetzen könnte, um die mechanischen und elektromagnetischen Erscheinungen einheitlich darzustellen."*

In einer weiteren Arbeit „Electromagnetic phenomena in a system moving with any velocity smaller than that of light"[9] aus dem Jahre 1904 betrachtet Lorentz die Bewegung eines Elektrons gegen den Äther. Aus Michelsons Interferenzversuch schlussfolgerte er, dass die Dimensionen fester Körper sich infolge ihrer Bewegung durch den Äther ein wenig ändern.

Die Translationsgeschwindigkeit eines Elektrons in x-Richtung bezeichnet er mit w. Lorentz sucht Effekte zweiter Ordnung und definiert zwei Terme k und l. Für l zeigt er später, dass sich $l = 1$ ergibt. Wichtiger ist k, das wie folgt definiert wird: $k^2 = c^2/(c^2 - w^2)$. Erst später schreibt er k in der Form, wie sie heute in der Relativitätstheorie verwendet wird:

$$k = 1/\sqrt{1-\left(w^2/c^2\right)} = 1/\sqrt{1-\beta^2}$$

Neue Koordinaten werden wie folgt eingeführt: $x' = kl\,x$, $y' = l\,y$, $z' = l\,z$, $t' = l\,t/k - kl\,x(w/c^2)$. Es folgen dann sehr umfangreiche Rechnungen, die zu einer *„longitudinalen und transversalen Masse"* führen. Lorentz führt dazu weiter aus:

> *„Bis dahin haben wir nur die Fundamentalgleichungen ohne neue Annahmen benutzt. Ich nehme jetzt an, daß die Elektronen, die ich im Ruhezustand als Kugeln vom Radius R ansehe, ihre Dimensionen unter dem Einfluß einer Translation ändern, und zwar sollen die Dimensionen in der Bewegungsrichtung kl mal und die in den dazu senkrechten Richtungen l mal kleiner werden…*
> *Zweitens nehme ich an, daß die Kräfte zwischen ungeladenen Teilchen, ebenso wie die Kräfte zwischen ungeladenen Teilchen und Elektronen, durch eine Translation in genau derselben Weise wie die elektrischen Kräfte in einem elektrostatischen System beeinflußt werden."*

---

[9] Lorentz, H. A. (1904) *Electromagnetic phenomena in a system moving with any velocity smaller than that of light*, Proceedings Acad. Sc. Amsterdam 6 (1904) S. 809. Zitiert nach: Elektromagnetische Erscheinungen in einem System, das sich mit beliebiger, die des Lichtes nicht erreichender Geschwindigkeit bewegt, in: Lorentz, H. A.; Minkowski, H.; Einstein, A. (Hrsg.) (1913) *Das Relativitätsprinzip, eine Sammlung von Abhandlungen*, Teubner, Leipzig, S. 17 ff.

Lorentz kommt dann zu der Schlussfolgerung:

$$m_1 = \frac{e^2}{6\pi c^2 R} \cdot \frac{\mathrm{d}(klw)}{\mathrm{d}w}$$

und

$$m_2 = \frac{e^2}{6\pi c^2 R} kl$$

> *„Folglich verhält sich das Elektron bei Vorgängen, bei welchen eine Beschleunigung in der Bewegungsrichtung auftritt, als ob es die Masse m_1 hätte, bei Beschleunigung in einer zur Bewegung senkrechten Richtung, als ob es die Masse m_2 besäße. Diese Größen m_1 und m_2 werden deshalb passend die „longitudinale“ und „transversale“ elektromagnetische Masse genannt. Ich nehme an, daß außerdem keine „wirkliche“ oder „materielle“ Masse besteht. Da k und l sich von der Einheit um Größen der Ordnung w^2/c^2 unterscheiden, finden wir für kleine Geschwindigkeiten*
>
> $$m_1 = m_2 = e^2 / (6\pi c^2 R)$$
>
> *Das ist die Masse, mit der man zu rechnen hat, wenn in einem System ohne Translation die Elektronen kleine Schwingungen ausführen.“*

Nach einer Behandlung von Messergebnissen von Walter Kaufmann (1871 – 1947) zeigt Lorentz, dass *l* den Wert 1 erhält und für größere Geschwindigkeiten *k* den Wert erhält

$$k = \frac{1}{\sqrt{(1-\beta^2)}}$$

mit $ß = w/c$.

Dieser Term ist aus der speziellen Relativitätstheorie wohlbekannt. Auch Einstein führt in seiner berühmten Arbeit zur Relativitätstheorie aus:

> *„Zur Interpretation dieser Gleichungen bemerken wir folgendes. Es liegt eine punktförmige Elektrizitätsmenge vor welche im ruhenden System K gemessen von der Größe „eins“ sei, d. h. im ruhenden System ruhend auf eine gleiche Elektrizitätsmenge im Abstand 1 cm die Kraft 1 Dyn ausübe. Nach dem Relativitätsprinzip ist diese elektrische Masse auch im bewegten System gemessen von der Größe ‚eins‘.“*[10]

[10] Einstein, A. (1905) *Zur Elektrodynamik bewegter Körper*, Ann. der Physik und Chemie, 17, S. 891 – 921

Auch in der Lehrbuch-Literatur wird darauf eingegangen. So findet sich z. B. im Lehrbuch von Landau und Lifschitz[11] [Lev Davidovich Landau (1908–1968), Evgeny Mikhailovich Lifshitz (1915–1985)] der Hinweis auf einen klassischen Elektronenradius R_0. Dieser wird so bestimmt, dass die elektromagnetische potenzielle Energie e^2/R_0 der Ruhmasse des Elektrons entspricht:

$$R_0 \sim e^2 / \left(mc^2\right) \tag{25.5}$$

bzw.

$$m \sim e^2 / \left(R_0 c^2\right) \tag{25.6}$$

Diese Formel wird bei Landau/Lifschitz zugleich mit dem Hinweis verbunden, dass Quanteneffekte bereits bei Größenordnungen von $\hbar/(mc)$ bedeutsam werden, also bei der Compton-Wellenlänge. Auch im Zusammenhang mit der Strahlungsdämpfung[12] wird die klassische Elektrodynamik für Wellenlängen gleich oder kleiner R_0 selbstwidersprüchlich.

Die Überlegungen von Lorentz wurden von Poincaré weitergeführt.[13] Während er zuerst einen „Ätherdruck“ auf das Elektron postulierte, formulierte er später, dass sich mit dem Modell einer geladenen Sphäre ein interner negativer Druck ergibt.

In einer umfangreichen Arbeit hat Rodrigo Medina[14] den gesamten Problembereich zusammengefasst. Dabei ist es interessant, dass auch für die Masse-Erzeugung durch eine Ladung die Lösung zu einem Energie-Impuls-Tensor mit einem negativen Druck führt:

> *„In 1905, Poincaré [8, 9] showed that the existence of a pressure was required in order to balance the electrostatic repulsion and thus ensure the stability of the particle. The work of the pressure, as the volume of the particle changes, was supposed to fix the power unbalance. But there is a problem, in [8] and in the introduction of [9] (p. 20) Poincaré refers to an external pressure, whose work is indeed proportional to the change of volume, but the pressure that is actually calculated (p 63 of [9]) is an internal negative pressure, whose work over the whole particle is obviously zero. It is worth noting that the results of Lorentz, Abraham and Poincaré on this subject conform with relativity in spite of being previous to the 1905 Einstein paper, because they assume an ad hoc Lorentz contraction.*

---

[11] Landau, L D.; Lifschitz, E. M. (1981) *Lehrbuch der Theoretischen Physik*, Bd. II, Akademie-Verlag, Berlin, S. 106

[12] Landau, L. D.; Lifschitz, E. M. (1981), S. 246

[13] Poincaré, H. (1906) *Sur la dynamique de l'électron*, Rendiconti del Circolo matematico di Palermo 21: S. 129–176, Engl. Übersetzung: On the Dynamics of the Electron, *https://en.wikisource.org/w/index.php?title=Translation:On_the_Dynamics_of_the_Electron_(July)&oldid=9443723*

[14] Medina, R. (2006) *Radiation reaction of a classical quasi-rigid extended particle*. J. Phys. A: Math. Gen. 39, S. 3801–3816, doi:10.1088/0305-4470/39/14/021

Most of the puzzles that this problem has aroused are due to the inertia of the negative pressure that equilibrates the electrostatic repulsion inside the particle. The effective mass of this pressure is – $U_e/(3c^2)$, where – U_e is the electrostatic energy… The pressure contribution to the mass of the particle is – ⅓ U_e/c^2, which is just what is needed to fix the 4/3 problem. The power unbalance also disappears.“
(1905 zeigte Poincaré [8, 9], dass die Existenz eines Drucks erforderlich ist, um die elektrostatische Abstoßung auszugleichen und damit die Stabilität des Teilchens zu gewährleisten. Die Arbeit des Drucks, wenn sich das Volumen des Teilchens ändert, sollte das Kräfteungleichgewicht beheben. Aber es gibt ein Problem, in [8] und in der Einführung von [9] (S. 20) bezieht sich Poincaré auf einen externen Druck, dessen Arbeit ist in der Tat proportional zur Änderung des Volumens, aber der Druck, der tatsächlich berechnet wird (S. 63 von [9]) ist ein interner Unterdruck, dessen Arbeit über das gesamte Teilchen ist offensichtlich Null. Es ist erwähnenswert, dass die Ergebnisse von Lorentz, Abraham und Poincaré zu diesem Thema mit der Relativitätstheorie übereinstimmen, obwohl sie dem Einstein-Papier von 1905 vorausgehen, da sie eine Ad-hoc-Lorentz-Kontraktion annehmen.
Die meisten der Rätsel, die dieses Problem aufgeworfen hat, sind auf die Trägheit des Unterdrucks zurückzuführen, der die elektrostatische Abstoßung im Inneren des Teilchens ausgleicht. Die effektive Masse dieses Drucks ist – $U_e/(3c^2)$, wobei – U_e die elektrostatische Energie ist…
Der Druckbeitrag zur Masse des Teilchens ist – ⅓ U_e/c^2, was genau das ist, was zur Lösung des 4/3-Problems benötigt wird. Das Kräfteungleichgewicht verschwindet ebenfalls.)

> Es ist interessant, dass Poincaré einen negativen Druck einführt, welcher genau dem entspricht, den die Protyposis-Kosmologie zugrundelegt.

Die für die „elektromagnetische Masse“ notwendigen empirischen Daten sind die Elementarladung e = 1,602176634 · 10^{-19} C, die Lichtgeschwindigkeit im Vakuum c = 299792458 m/s, die Masse des Elektrons m_e = 9,1093837015 · 10^{-31} kg sowie die Permittivität des Vakuums (auch als elektrische Feldkonstante oder Dielektrizitätskonstante des Vakuums bezeichnet)

$$\varepsilon_0 = e^2/(2hc\alpha) = 8{,}8541878128 \cdot 10^{-12}\mathrm{s^2c^2m^{-2}kg^{-1}}$$

Der klassische Elektronenradius r_e ergibt sich daraus gemäß

$$r_\mathrm{e} = e^2/\left(4\pi\varepsilon_0 c^2 m_e\right) = 2{,}81794 \times 10^{-15}\,\mathrm{m} \tag{25.7}$$

Um die Größenordnung in Planck-Einheiten abzuschätzen wird der Elektronenradius mit der Planck-Länge l_{Pl} = 1,616 × 10^{-35} m verglichen:

$$r_\mathrm{e} = 1{,}743 \times 10^{20} l_\mathrm{Pl} \tag{25.8}$$

Es zeigt sich, dass es durchaus erwägenswert sein kann, an die alten Überlegungen anzuknüpfen. Sie konnten damals nicht erfolgreich sein, da weder die schwache noch die starke Wechselwirkung bekannt waren. Die elektrische Ladung allein müsste den Elektronen und den Protonen die gleiche Masse zuordnen. Dieser Widerspruch zur Empirie ist zu groß, um akzeptiert werden zu können.

25.5 Ladung, Masse, Gravitation

Wenn wir das Gesagte noch einmal überdenken, dann ergeben sich die folgenden Gesichtspunkte:

> Aus der Protyposis-Theorie können wir schließen, dass es drei fundamentale Eichgruppen für die drei fundamentalen Wechselwirkungen gibt. Die Quellen dieser drei Kräfte sind die drei fundamentalen Ladungen, die elektromagnetische, die schwache und die starke.

Die Ladungen, welche diese Kräfte hervorrufen, wirken unmittelbar aufeinander. Insofern sind die Ladungen spezifisch für die jeweilige Wechselwirkung.

Bei sehr hohen Energiekonzentrationen können allerdings Teilchen-Antiteilchen-Paare erzeugt werden – auch mit Ladungstypen, welche zuvor nicht präsent waren. So können bei einer sehr energiereichen *elektromagnetischen* Wechselwirkung auch Proton-Antiproton-Paare entstehen, welche *auch stark wechselwirken*. Dadurch kann die Trennung z. B. zwischen elektromagnetischer und starker Kraft weniger deutlich erscheinen. Das wird in den Experimenten bestätigt. Man sieht, dass die gemessenen Wechselwirkungsstärken sich im Bereich sehr hoher Wechselwirkungs-Energien verändern können.

> Wenn die Erzeugung der Massen wie postuliert allein durch die Ladungen bewirkt wird, dann tritt dadurch eine weitere, sozusagen eine „Superwechselwirkung" zu den drei quantischen Wechselwirkungen hinzu. Während die Ladung nur auf ihresgleichen wirkt, beeinflusst die Masse über die Gravitation alles Existierende.

Das unterstützt die These, dass die Gravitation verstanden werden muss als die Wirkung des Kosmos auf seinen jeweiligen lokalen Inhalt. Denn die Gravitation wirkt fast unabhängig von der jeweils speziellen Ladung. Lediglich die langreichweitige elektrische Ladung Q hat einen Einfluss auf die Raumzeitstruktur. Das wird bei der Reissner-Nordström-Metrik erkennbar:[15)]

[15] Misner, C. W.; Thorne, K. S.; Wheeler, J. A. (1973) *Gravitation*, S. 841

$$E = \frac{Q}{r^2} e_{\hat{r}} \tag{25.9}$$

$$ds^2 = -\left(1 - \frac{2M}{r} + \frac{Q^2}{r^2}\right)dt^2 + \left(1 - \frac{2M}{r} + \frac{Q^2}{r^2}\right)^{-1} dr^2 + r^2\left(d\theta^2 + \sin^2\theta d\varphi^2\right)$$

Bei der Reissner-Nordström-Metrik erzeugt das Quadrat der elektrischen Ladung Q^2 einen negativen Druck. Dieser Druck ist wegen des Quadrates unabhängig vom Vorzeichen der elektrischen Ladung.

Die Gravitation könnte somit als eine Art „Superwechselwirkung" interpretiert werden. Die Ladungstypen erzeugen alle eine Masse, die je nach Typ verschieden ist. Aber alle Massen gemeinsam wirken gravitativ aufeinander ein.

25.6 Modelle für Teilchen im Kosmos der AQIs

Es sei noch einmal daran erinnert: das Modell des Kosmos der AQIs ist eine S^3, die mit Lichtgeschwindigkeit expandiert. Der de-Sitter-Kosmos ist eine S^3, die mit exponentiell wachsender Geschwindigkeit expandiert, und der Minkowski-Raum ist statisch, also ohne zeitliche Entwicklung.

Mathematisch wohldefinierte Modelle für Teilchen gibt es im Minkowski-Raum. Er ist wie erläutert das Modell eines Tangential-Raumes an den realen kosmischen Raum. Teilchen werden darin, wie in Kapitel 22 dargestellt, mit ihren möglichen Zuständen durch eine irreduzible Darstellung der Poincaré-Gruppe erfasst. Die physikalisch relevanten Darstellungen haben eine Masse größer oder gleich null und einen halb- oder ganzzahligen Spin.

Jedoch bereits bei einem Übergang vom Minkowski-Raum mit Krümmung null zu dem gekrümmten geschlossenen Ortsraum der de-Sitter-Kosmologie und damit von der Poincaré-Gruppe zur der Gruppe $SO(4,1)$ ist die Masse keine wohldefinierte Invariante mehr. Dies ergibt sich, obwohl die $SO(4,1)$ wie die Poincaré-Gruppe gleichfalls zehn Parameter besitzt. Ein Grund dafür kann in einem veränderten Verhalten bezüglich der Trägheit gesehen werden.

Im Minkowski-Raum können die Translationen als Folge der Trägheit einer Masse mathematisch bis ins Unendliche reichen. Im De-Sitter-Kosmos mit der $SO(4,1)$ als Bewegungsgruppe für seinen geschlossenen S^3-Ortsraum laufen die Trägheitsbewegungen jedoch wieder in den Ausgang zurück. Dies geschieht so wie bei einem Flugzeug, das sich auf der Erde nicht beliebig weit von seinem Startpunkt entfernen kann. Bei einem hinreichend langem „Geradeausflug" wird die größte Entfernung am Antipodenpunkt erreicht. Dann wird der Abstand wieder kleiner und der Flieger gelangt wieder zum Startpunkt.

Nach dem weiteren Übergang von der de-Sitter-Kosmologie zur Protyposis-Kosmologie gibt es keine konstante vierdimensionale Krümmung mehr. Daher existiert in dieser Kosmologie auch nicht mehr eine Symmetriegruppe für die Bewegungen, die zehn Parameter hätte. Hier bleibt noch zu untersuchen, welche mathematischen Strukturen gebildet werden können, die bei der Beschreibung im tangentialen Minkowski-Raum in die irreduziblen Darstellungen der Poincaré-Gruppe übergehen können.

Im Minkowski Raum selbst ist das Problem der Ladung und der scharfen Ruhmassen nicht zu lösen. Ein dafür notwendiger Maßstab ist wahrscheinlich nur mit der Kosmologie zu erhalten. Dabei ist der rechnerische Zusammenhang zwischen Ladungen und Massen aufzuklären. So werden die drei quantischen Wechselwirkungen jeweils durch ihre Ladungen verursacht. Andererseits haben die drei stabilen Teilchen in der Natur eine Ruhmasse, die durch ihre jeweiligen Ladungen erzeugt wird.

Ein weiteres noch ungelöstes Rätsel der Elementarteilchenphysik ist die „Familienstruktur". Sie führt bei den drei elektrisch neutralen Leptonen Elektron-Neutrino, Myon-Neutrino und Tau-Neutrino zu den Neutrino-Oszillationen.

Bei elektrisch geladenen Teilchen Elektron, Myon und Tau erscheint die „Familienstruktur" als sehr deutlicher Massenunterschied. Das gilt ebenfalls für die Quark-Strukturen Up und Down, Strangeness und Charm, sowie Bottom und Top. Es ist anzunehmen, dass die drei Familien eine Folge der dreidimensionalen $SU(2)$-Struktur der schwachen Wechselwirkung sind.

Eine andere Erklärungs-Möglichkeit ergibt sich aus der Parabose-Statistik der AQIs. Mit Parabose-Ordnung eins, also mit Bose-Statistik der AQIs, können lediglich masselose Teilchen – Photonen (und eventuell Gravitonen) – konstruiert werden. Daneben aber sind für die AQIs noch die Parabose-Ordnungen zwei, drei und vier möglich. Diese können Darstellungen der Poincaré-Gruppe mit einer Ruhmasse ergeben und stellen eine andere der zu prüfenden Möglichkeiten dar, welche zu der Familienstruktur führen könnte.

Die Parabose-Statistik erlaubt die Charakterisierung der Anzahl interner Klassifizierungsmöglichkeiten. Dazu passt, dass Photonen keine Ladung tragen und masselos sind. Neutrinos tragen eine leptonische Ladung, Elektronen eine leptonische und eine elektrische und Protonen auch noch eine baryonische Ladung. Die mathematischen Möglichkeiten, welche die Parabose-Statistik eröffnet, bieten sich für eine Behandlung des „Familien-Problems" ebenfalls an.

26 Revue der mathematisch-physikalischen Resultate

Der dargestellte mathematische und theoretisch-physikalische Teil soll noch einmal zusammenfassend Revue passieren. Es ist gewiss deutlich geworden, dass in den vielen Jahren der Forschung von den ersten Anfängen bis heute ein Anschluss an die bereits bewährten Theorien der Physik erreicht wurde.

Die theoretisch-physikalische Ausarbeitung der Visionen von Einstein, Weizsäcker und Wheeler, dass die Grundlage der Physik im Bereich der einfachsten und daher auch diskreten Quantenstrukturen liegt, hat zu außerordentlich fruchtbaren Ergebnissen geführt. Wie von einer fundamentalen Theorie gefordert werden muss, reichen sie von den kosmischen Anfängen und der Herausformung der kosmischen Gestalten über die biologische Evolution bis zum erreichten Anschluss an ein naturwissenschaftliches Verstehen nicht nur des Gehirns, sondern auch des Bewusstseins.

26.1 Begründung einer Metrik für den kosmischen Raum, in dem wir leben

Für die AQIs, die Bits einer absoluten Quanteninformation, konnte mit einer gruppentheoretischen Berechnung eine kleinste Länge für den kosmischen Raum definiert werden, die aus theoretischen Gründen noch als reale Größe interpretierbar ist, die Planck-Länge.

> Mit den Rechnungen ergibt sich die Ausdehnung des kosmischen Raumes in Abhängigkeit von der Anzahl der AQIs. Wenn der Krümmungsradius des kosmischen Ortsraumes in Planck-Längen gemessen wird, dann ist er proportional zur Wurzel aus der Anzahl der AQIs.

26.2 Die Definition einer kosmischen Zeit

Um in der vierdimensionalen Raumzeit messen zu können, muss neben einer Länge auch eine Zeit definiert werden. Das lässt sich bewerkstelligen, wenn neben der Längeneinheit auch eine fundamentale Geschwindigkeit existiert. Da wir in der Physik nur eine fundamentale Geschwindigkeit kennen, nämlich die Lichtgeschwindigkeit im Vakuum, liegt es nahe, eine fundamentale Einheit der Zeit zusammen mit der Längeneinheit über die Lichtgeschwindigkeit zu definieren.

Wir definieren eine fundamentale Einheit der Zeit, die Planck-Zeit, so, dass der kosmische Krümmungsradius, gemessen mit dieser Zeit, mit Lichtgeschwindigkeit expandiert. Die Menge der AQIs wächst dann mit dem Quadrat dieser Zeit.

Diese universelle kosmische Zeit gibt ein Maß für die Möglichkeiten an, die sich im Kosmos im Laufe von dessen Expansion ergeben. Für den Kosmos als Quantenobjekt ergibt sich damit eine Abschätzung für die Veränderungen der Möglichkeiten in ihm, jedoch keine faktische Zeit. Dies passt zu den Ergebnissen der Forschungen zur Quantengravitation, welche ebenfalls keine faktische Zeit ausweist.

Der Übergang von Möglichkeiten zu Fakten

Der Übergang von Möglichkeiten zu Fakten wird üblicherweise als „Messprozess" bezeichnet. Die Ergebnisse der Protyposis legen es nahe, dass es Fakten für begrenzte raumzeitliche Gebiete gibt. Fakten entstehen durch Verlust von Information über quantische Möglichkeiten. Aus einem begrenzten Bereich hinaus in einen mit Lichtgeschwindigkeit expandierenden Kosmos ist dies immer möglich. Aus dem Kosmos als einem Ganzen kann jedoch nichts entweichen. Philosophische Konsequenzen aus dieser naturwissenschaftlichen Einsicht werden später ausführlich diskutiert.

26.3 Die Definition der Energie

Die Energie ist eine physikalische Grundgröße. Sie bezeichnet die Fähigkeit, Arbeit leisten zu können.

Jeder Quantenstruktur kann eine charakteristische Ausdehnung zugeordnet werden. Sie ist bei masselosen Quantenteilchen die Wellenlänge, bei Teilchen mit einer Ruhmasse die Compton-Wellenlänge. Mit Plancks berühmter Formel wird die Energie als invers proportional zu dieser Länge erkannt, wobei der Proportionalitätsfaktor durch das Wirkungsquantum gegeben wird.

In der gegenwärtigen Physik gibt es keine berechtigten Gründe, an Max Plancks grundlegender Beziehung zwischen räumlicher Ausdehnung eines Quantenobjekts und dessen zugeordneter Energie zu zweifeln. Ebenso wenig gibt es begründete Zweifel an der herausragenden Rolle der Lichtgeschwindigkeit sowie an den beiden Hauptsätzen der Thermodynamik.

> Mit dem Wirkungsquantum als weiterer Naturkonstante neben der Lichtgeschwindigkeit wird es möglich, aus der charakteristischen Ausdehnung eines Quantenobjektes, aus seiner „Wellenlänge", auf seine Energie zu schließen.

Ein AQI als „Grundschwingung" des Raumes hat damit eine Energie, welche als invers zum Krümmungsradius des Raumes definiert ist. Das ist auch insofern konsequent, weil damit für ein AQI das Produkt aus dem jeweiligen Weltalter und der zu dieser Zeit gegebenen Energie des AQIs immer gleich dem Wirkungsquantum ist.

> Das Wirkungsquantum kann verstanden werden als die Wirkung genau eines AQIs.

26.4 Die Rolle der Thermodynamik

Albert Einstein soll einmal gesagt haben, das Letzte, an dem er zweifeln würde, wären die beiden Hauptsätze der Thermodynamik.

Der *Erste Hauptsatz* beschreibt, dass es in der Welt „mit rechten Dingen zugeht", dass also keine Arbeit aus dem Nichts gewonnen werden kann.

Jedes reale System nimmt ein Volumen ein. Seine Gesamtenergie geteilt durch dieses Volumen ist seine aktuelle Energiedichte. Neben dieser eigentlichen Energiedichte gibt es in der vierdimensionalen Raumzeit eine weitere Größe von der physikalischen Dimension einer Energiedichte, den Druck. Der Erste Hauptsatz begründet eine Beziehung zwischen den Veränderungen von Energie, Druck und Volumen.

> Für alle sinnvollen Modelle eines realen physikalischen Systems ist die Energiedichte ϱ positiv, für einen physikalisch sinnvollen Druck p gilt hingegen: $-\varrho/3 \leq p \leq +\varrho/3$.

Für die Lichtquanten, für die Photonen, ist $p = +\varrho/3$.

> Für die AQIs gilt als Zustandsgleichung, also als Beziehung zwischen Energiedichte und Druck: $p = -\varrho/3$.

Der *Zweite Hauptsatz* beruht auf der Tatsache, dass Wärme von allein nur vom Heißen ins Kalte fließt. Eine andere Formulierung beschreibt, welche Konsequenz daraus folgt, dass man nicht mehr die Energie einzelner Teilchen, sondern nur noch die Temperatur eines Systems beschreibt. Wenn man mit der Temperatur so etwas wie einen Mittelwert der Energie betrachtet, dann gibt die Entropie ein Maß für die Menge an Zuständen an, von denen jedem im Mittel diese Energie zugeordnet wird. Da man natürlich die konkreten Zustände nicht kennt, ist die Entropie zugleich ein Maß für die „Menge an unbekannter Information".

26.5 Das kosmologische Modell der AQIs

Wir haben mit den Überlegungen zu den AQIs einen expandierenden Raum und eine Zustandsgleichung für seinen Inhalt erhalten, nämlich eine Beziehung zwischen der zeitlichen Entwicklung des Volumens des Kosmos und des Inhaltes in diesem Volumen.

Üblicherweise wird ein kosmologisches Modell so erstellt, dass man die Einsteinschen Feldgleichungen voraussetzt. Diese erstellen eine Beziehung zwischen der Geometrie der Raumzeit und dem Verhalten des Inhaltes. Dieser Inhalt wird durch den „Energiedichte-Druck-Tensor" erfasst. Da das Einsteinsche System von gekoppelten nichtlinearen Differentialgleichungen nicht nur eine sehr interessante, sondern auch eine extrem komplizierte mathematische Struktur bildet, werden in der Physik zumeist Symmetrieannahmen aufgestellt, welche die Rechnungen etwas vereinfachen.

In das AQI-Modell geht die physikalische Annahme ein, dass der Kosmos im Ganzen im Wesentlichen homogen und isotrop ist. Dann werden Druck und Energiedichte überall im Raum als gleich beschrieben. Sie können sich jedoch in der Zeit ändern. In der Allgemeinen Relativitätstheorie werden die Lösungen, die sich aus dieser durch die Beobachtung der kosmischen Hintergrundstrahlung gerechtfertigten Annahme von Homogenität und Isotropie ergeben, als FLRW-Kosmen bezeichnet.

Bei den Überlegungen zur AQI-Kosmologie wurde die Allgemeine Relativitätstheorie nicht vorausgesetzt. Einfaches Nachrechnen zeigt jedoch, dass es sich bei diesem kosmologischen AQI-Modell um eine exakte Lösung dieser Theorie handelt.

Wir haben mit der Gruppentheorie, den Hauptsätzen der Thermodynamik und mit der Verwendung von zwei Naturkonstanten sowie mit den AQIs ein kosmologisches Modell entwickelt, welches gut zu den Beobachtungen passt und das einige der bisher als notwendig erachteten, jedoch bisher nicht belegten kosmologischen Hypothesen überflüssig werden lässt.

Zu diesen Hypothesen, die nicht mehr notwendig sind, gehören solche Quintessenz-Modelle, welche die Energiebedingungen verletzen, weiter die Inflation, gegen die sich sogar ein Mitbegründer dieser Erfindung wendet. Fernerhin ist es auch nicht mehr notwendig, für die beobachteten Phänomene, für deren Erklärung die bisher als vollkommen unerklärlich bezeichnete Dunkle Energie oder Dunkle Materie erfunden wurden, zugehörige Teilchen zu postulieren, von denen bisher kein einziges gefunden wurde.

Die verbleibenden kosmologischen Probleme, wie beispielweise die bisher rätselhaft erscheinende winzige Größe einer „kosmologischen Konstante", das Horizont- oder das Empirie-Problem, werden gelöst. Die Effekte, für welche die Dunkle Materie und die Dunkle Energie erfunden wurden, können jetzt im Rahmen der AQI-Kosmologie erklärt werden.

Wie von Strominger prophezeit worden war, erweist sich die Entropie der Schwarzen Löcher, die zu den AQIs geführt hatte, als ein Schlüssel zu diesen Problemen mit der Schwerkraft und der Kosmologie.

Wie alle FLRW-Kosmologien betrachtet auch die Protyposis-Kosmologie einen Raum in derjenigen Näherung, in der über die lokalen Dichteunterschiede gemittelt wird. Die kosmische Hintergrundstrahlung hat uns aufgezeigt, dass ein solches Modell auf einem großen Maßstab sehr gut zu den Beobachtungen passt. Aber bereits dann, wenn wir zur Beschreibung von kleineren Bereichen vorstoßen, wenn wir vom Kosmos als Ganzem zu den Galaxienhaufen und den „Voids" zwischen ihnen übergehen, zeigt sich der Kosmos lokal nicht mehr als homogen und isotrop.

26.6 Die Allgemeine Relativitätstheorie

Einstein hatte mit seinem genialen Fahrstuhl-Gedankenexperiment gezeigt, dass lokal Beschleunigung, also eine raumzeitliche Größe, und Schwere, also eine Kraftwirkung, nicht unterschieden werden können.

Diese Äquivalenz ist beim freien linearen Fall des Fahrstuhls stets nur für eine begrenzte Zeitspanne erfüllbar. Ein frei fallender Fahrstuhl wird nach kurzer Zeit hart auf dem Boden der Realität auftreffen. Einer geradlinig beschleunigten Rakete wird ebenfalls nach kurzer Zeit der Treibstoff ausgegangen sein.

> Eine zeitlich unbegrenzte Realisierung der Äquivalenz von Schwerkraft und Beschleunigung ist nur bei einer räumlichen Beschränkung möglich.

Wenn man mit einer hinreichend großen Tangentialgeschwindigkeit das Aufprallen auf der Erde vermeidet, dann kann man beliebig lange *frei um die Erde fallen*. Die ISS vollführt das bereits seit über zwei Jahrzehnten, sodass in ihrem Inneren relativ zu ihr keine Schwere nachweisbar ist. Natürlich bleibt die Trägheit der Massen erhalten. In einer Zentrifuge wiederum kann für beliebig lange Zeiten eine künstliche Schwere erzeugt werden.

> Die Einsteinsche Äquivalenz ist also eine lokal nachweisbare Erscheinung. Die mathematische Formulierung jedoch führt in den Lösungen der Allgemeinen Relativitätstheorie stets zu kosmologischen Modellen.

Wie sonst in der Physik zeigt sich auch in der Allgemeinen Relativitätstheorie, dass die mathematischen Möglichkeiten wesentlich reichhaltiger sind als das, was in der Natur davon realisiert wird. Allerdings gehört es zu einer Ausbildung als Physiker, dass man theoretische Konstrukte nicht dort weiterverwendet, wo die Ergebnisse zu stark von der Realität abweichen. So werden fast alle Lösungen der Allgemeinen Relativitätstheorie nur als Näherungen verwendet. Die Schwarzschild-Lösung wird als Umgebung eines Sternes oder eines Schwarzen Lochs verstanden. Der Aspekt, dass sie mathematisch eine Kosmologie eines unendlich großen Vakuums ist, wird zu Recht ausgeblendet, da viele Einzelsterne sehr weit voneinander entfernt sind und sich kaum gegenseitig beeinflussen. Die Merkurbahn wurde mit einem masselosen Planeten berechnet, die gängigen FLRW-Kosmologien werden wie erwähnt als homogen und isotrop angesetzt.

So erscheint es aus philosophischer Sicht sinnvoll, die Kosmologie nicht als eine von vielen nur mathematisch existierenden Lösungen der Allgemeinen Relativitätstheorie zu verstehen. *Vielmehr soll die gut begründete Quantenkosmologie als Ausgangspunkt dafür verwendet werden, um im Inneren des Kosmos die lokale Gültigkeit der Allgemeinen Relativitätstheorie zu erklären.* Der enorme Erfolg dieser Theorie bei den lokalen Näherungen konnte in einer Umkehrung der Argumente in induktiver Weise aus der Quantenkosmologie der AQIs begründet werden.

Eine solche Begründung der Allgemeinen Relativitätstheorie aus der Quantentheorie relativiert zugleich die bisher noch nicht erfolgreichen Versuche, die Allgemeine Relativitätstheorie durch eine Quantisierung wie bei den anderen Feldtheorien mit der Quantentheorie zu verbinden.

26.7 Schwarze Löcher

Mit den AQIs konnte die riesige Entropie der Schwarzen Löcher, die mit ihrer Größe alles bis dahin Vorstellbare bei Weitem übersteigt, auf einfache Weise erklärt werden. Des Weiteren wurde auch gezeigt, dass sich aus „Wolken" von AQIs, die nicht zu Teilchen kondensiert sind, die frühen riesigen Schwarzen Löcher gebildet haben können. Um diese formten sich später die Galaxien.

Die universelle Gültigkeit der Quantentheorie und die AQIs haben es weiterhin ermöglicht, die physikalisch unsinnige Innenraumlösung der Schwarzen Löcher zu korrigieren. Diese Lösung der Allgemeinen Relativitätstheorie folgt aus einem unbegründeten Ausschluss der Quantentheorie aus den Rechnungen. Die ART postuliert im Zentrum des Schwarzen Lochs eine unendlich große Materiedichte. Mit der Protyposis ändert sich das Innere eines Black Holes in einen kleinen FLRW-Kosmos ohne eine punktförmige Singularität.

26.8 Wirkungen, die der Dunklen Materie zugeschrieben werden

Die Rotationskurven von Galaxien zeigen ein anderes Verhalten, als man es von den Planeten des Sonnensystems kennt. Man hatte dafür eine „Dunkle Materie" erfunden, von der bisher jedoch nichts nachgewiesen werden konnte.

Mit der Protyposis-Kosmologie konnte im Rahmen der Allgemeine Relativitätstheorie berechnet werden, dass sich um ein rotierendes Schwarzes Loch die lokalen raumzeitlichen Verhältnisse gerade so verändern, dass das beobachtete Rotationsverhalten der Galaxien daraus folgt.

Die Wirkungen von Gravitationslinsen zeigen, dass die sichtbare Materie nicht ausreicht, um sie zu erklären. Lokale Dichteschwankungen der AQIs um Galaxienhaufen erzeugen eine Schwerewirkung, ohne dass sie deswegen auch in Form von lokalisierbaren Teilchen auftreten müssten.

26.9 Relativistische Teilchen

Auch wenn die materiellen Elementarteilchen ihre Rolle als die Grundlage dessen, „was die Welt im Innersten zusammenhält" aufgeben mussten, so bleiben sie selbstverständlich ein fundamentales Hilfsmittel, um die Welt zu verstehen. Daher war es wichtig gewesen zu zeigen, wie die elementaren Teilchen der Speziellen Relativitätstheorie aus den AQIs zu konstruieren sind.

Eine klare mathematische Definition für das, was als „Teilchen" in der relativistischen Quantenmechanik zu verstehen ist, stammt von Eugen Wigner. Ein Teilchen ist ein Objekt ohne eine zu berücksichtigende innere Struktur. Es verändert unter Bewegungen im Minkowski-Raum seinen Zustand, jedoch keine anderen Eigenschaften. Gesamtspin, Masse und Ladungen bleiben unverändert.

Die Gruppe der Bewegungen im Minkowski-Raum wird heute als Poincaré-Gruppe bezeichnet. Die Zustände eines Teilchens spannen demnach eine irreduzible Darstellung der Poincaré-Gruppe auf. Auch hierzu ist es sinnvoll, noch einmal daran zu erinnern, dass wegen der mathematischen Vollständigkeit dabei Zustände berücksichtigt werden müssen, die aus physikalischer Sicht vollkommen unsinnig sind. Einem Elementarteilchen eine fast unendlich große kinetische Energie zubilligen zu müssen ist mathematisch korrekt und notwendig, aber doch gewiss unrealistisch. Schließlich wird bei der Planck-Energie die Umwandlung des Teilchens in ein Mini-Black-Hole unvermeidlich. Derartige Effekte werden in der relativistischen Quantenmechanik ausgeblendet.

Die Konstruktion von irreduziblen Darstellungen der Poincaré-Gruppe ohne und mit Ruhmasse sowie mit Spin 0, ½, und 1 aus AQIs wurde gezeigt. Dabei hatte es sich als sehr nützlich erwiesen, zuerst das Teilchenvakuum im Minkowski-Raum zu konstruieren. Dabei bedeutet die Aussage „an keinem Punkt des Minkowski-Raums befindet sich ein Teilchen", eine unbegrenzte Menge an Information. Über diesem Vakuum-Zustand aus unbeschränkt vielen AQIs lassen sich dann mit Erzeugungsoperatoren für AQIs die Zustände der Teilchen aufspannen.

In einer weniger mathematischen Sprechweise kann man diese Zusammenhänge wie folgt formulieren: Da aus Bewegung, z. B. aus hochenergetischen Photonen, Materie zusammen mit Antimaterie aufgebaut werden kann, ist es verständlich, dass Materie auch Energie aufnehmen und abgeben kann. Und da Materie und Energie aus Quanteninformation konstruiert werden können, ist es verständlich, dass sie Information aufnehmen und abgeben können.

26.10 Die fundamentalen Wechselwirkungen

Wenn man aus der quantischen teilelosen Ganzheit des Kosmos einzelne Teilchen theoretisch herauslöst, so werden damit quantentheoretische Verschränkungen aufgebrochen. Wenn für die dabei möglicherweise entstehenden Verschlechterungen der Beschreibung eine Korrektur eingeführt werden soll, so kann dies mit der Einführung von Wechselwirkungen geschehen. Wechselwirkungen bedeuten also zuerst eine Definition von getrennten Objekten. Für das Verstehen, welche Wechselwirkungen dabei entstehen können, ist es wichtig daran zu erinnern, dass jedem Wechselwirkungspartner ein eigener „Koordinatenkosmos" zugeordnet wird.

Die freie Bewegung eines einzelnen Teilchens wird im Minkowski-Raum durch den Impulsoperator erfasst. Er wird dargestellt als die Ableitung nach den Koordinaten, also durch das Erfassen einer infinitesimalen Ortsveränderung.

Elektromagnetische und schwache Wechselwirkung

Wechselwirkungen bedeutet die Einwirkung einer Kraft, und eine Kraft verändert den Impuls. Die Wechselwirkungen werden daher durch Veränderungen am Impulsoperator beschrieben. Für die Berücksichtigung eines Wechselwirkungspartners sind dem Impulsoperator des Teilchens die möglichen Bewegungen im Koordinatenkosmos des Partners hinzuzufügen, also die dort möglichen infinitesimalen Veränderungen. Der mathematische Fachausdruck dafür ist der Übergang von der normalen zur kovarianten Ableitung.

Die AQIs zeigen, dass der Kosmos durch eine Gruppenstruktur, durch $U(1)\times SU(2)$ aufgespannt wird. Die infinitesimalen Veränderungen werden durch die Lie-Algebren dieser beiden Gruppen erzeugt.

> Werden diese infinitesimalen Generatoren der Bewegungen in diesen Gruppen dem Impulsoperator hinzugefügt, so erhält dieser damit die seit langem bekannte Struktur einer lokalen Eichwechselwirkung der elektromagnetischen und der schwachen Wechselwirkung.

Starke Wechselwirkung

Für die Herleitung der starken Wechselwirkung ist daran zu erinnern, dass die Quantentheorie grundsätzlich eine Theorie über Möglichkeiten ist und dass für deren Beschreibung der Übergang von den reellen zu den komplexen Zahlen, also der *Einschluss des Imaginären*, notwendig war. Der Zerlegung der komplexen Zahlen in ihre reellen und imaginären Anteile entspricht bei den kompakten Gruppen die Cartan-Zerlegung der Gruppe in einen Normalteiler und die entsprechende Nebenklasse.

Die starke Wechselwirkung hat sich als eine lokale Eichtheorie mit der Gruppe $SU(3)$ erwiesen. Die Erklärung für die Existenz dieser Eichgruppe ist mit den AQIs möglich. Sie kann nach dem Vorbild geschehen, wie sich die komplexen Zahlen durch zwei reelle eindimensionale Räume parametrisieren lassen, zu denen dann die Nebenbedingung $i^2 = -1$ hinzutritt. Die $SU(3)$ kann in einer dazu analogen Weise in eine $U(1)\times SU(2)$-Untergruppe und in eine als Mannigfaltigkeit gleiche Nebenklasse aufgespalten werden.

Die starke Wechselwirkung ist daher als eine rein quantische Wechselwirkung zu betrachten, deren Strukturen nur als Quasiteilchen wirksam werden, die nie als reale Objekte in Erscheinung treten. Das betrifft die Quarks als Fermionen und damit als etwas Materieartiges, sowie die Gluonen als Bosonen und damit als etwas Kraftartiges.

Stabile Materie

Während die Neutrinos mit ihrer schwachen Ladung nicht zerfallen, sich aber die drei Typen der Neutrinos ineinander umwandeln, gibt es zur elektromagnetischen Ladung nur das Elektron als stabiles Teilchen in unserer Umwelt. Sein Antiteilchen, das Positron, ist in der Natur sehr selten zu finden. Man muss es künstlich herstellen, wenn man viele davon benötigt. Die schweren Varianten des Elektrons, Myon und Tauon, sind hingegen instabil.

Anders ist es bei der starken Wechselwirkung. Als unzerlegbares stabiles Teilchen existiert nur das Proton. Darüber hinaus formen sich AQIs zu zwar zerlegbaren, aber dennoch dauerhaften Objekten. Sie bilden als Atomkerne die Basis der sichtbaren Realität. Die starke Wechselwirkung hält die Atomkerne stabil. Im Vergleich dazu ist die elektromagnetische Wechselwirkung sehr viel schwächer. Diese relative Schwäche ermöglicht es, mit den Elektronen sehr flexible Atom- und Molekülhüllen zu bilden.

26.11 Quanteninformation

Mit AQIs wurde es möglich, die Quanteninformation ganz allgemein in den Bereich der naturwissenschaftlichen Grundgrößen einzubinden.

> Von der theoretischen Möglichkeit, die stabilen materiellen und energetischen Quanten als Tensorprodukte von AQIs zu verstehen, bleibt für die Praxis vor allem wesentlich, dass damit eine Grundlage für eine prinzipielle theoretische Zerlegung von Teilchen u. a. auch in Quantenbits gegeben ist.

Damit kann man ein materielles Quantenteilchen theoretisch zerlegen in den Teil solcher Quantenbits, die als „Kern“ des materiellen Objektes zu verstehen sind, da sie seine Masse repräsentieren. Ein weiterer Anteil kann theoretisch und im Experiment abgespalten werden in solche Quantenbits, welche die veränderlichen energetischen Anteile des materiellen Quantenteilchens bedeuten, seine Energie. Schließlich verbleiben dann auch noch solche Quantenbits, die als veränderliche und übermittelbare Eigenschaften für die Kommunikation von bedeutungsvoller Information wesentlich sind oder wesentlich werden.

26.12 AQIs und Qubits

Bei der Zerlegung eines Tensorproduktes aus AQIs in die hier geschilderten Formen von Qubits sind diese Qubits nicht mehr als die eigentlichen, ursprünglichen AQIs zu verstehen. Durch den *Kontext eines Teilchens* sind sie zwar immer noch als „aus AQIs konstruiert" zu begreifen, aber die Zerlegung in die angeführten Formen von Qubits ergibt keine der ursprünglichen AQIs. Der lokale Kontext lässt die Qubits andere Wirkungen hervorrufen als der kosmische Kontext der AQIs.

Ein solches Verhalten ist für die Quantentheorie typisch. So kann aus dem Tensorprodukt eines miteinander wechselwirkenden Elektron-Positron-Paars ein Photonenpaar entstehen. Dennoch wäre es fast immer unzweckmäßig, ein Photon als gebundenen Zustand von Elektron und Positron zu beschreiben, obwohl diese Möglichkeit virtuell immer vorhanden ist.

Ein besonders entscheidender Schritt für diejenigen Naturwissenschaften, die komplexere Strukturen untersuchen, als es die Physik tut, ist die jetzt erfolgte Einbindung der Quanteninformation in die physikalischen Grundbegriffe. *Mit der Information eröffnet sich der Weg zu einer Erklärung der biologischen Vorgänge. Ohne die Information wäre eine Erklärung der Lebensvorgänge unmöglich.* Im nächsten Kapitel soll darüber ein kurzgefasster Überblick gegeben werden. Die sich aus den AQIs ergebenden neuen Anregungen ermöglichen ein besseres Verstehen der komplexen naturwissenschaftlichen Zusammenhänge in der Chemie und besonders in der Biologie.

27 Leben, Bewusstsein, Soziales

Die Antwort auf die Frage nach dem, was das Leben ist, gehört wahrscheinlich zu der kompliziertesten Aufgabe, vor der die Wissenschaft gegenwärtig steht. Bisher gibt es keine kurze, griffige Definition von Leben. Es gibt eine Sammlung von Kriterien, die in ihrer Gesamtheit das Leben charakterisieren. Dazu gehören z. B. Stoffwechsel, eine Hülle, innerhalb der dieser Stoffwechsel stattfindet, sowie eine invariante Vermehrung, d. h. Nachkommen, die den Vorfahren sehr ähnlich sind, und darauf aufbauend eine Evolution. In ihrer einfachsten Form besteht das Leben aus einer einzigen Zelle.

Was für die Biologen seit langem selbstverständlich ist, das ist die Einsicht, dass allein mit den Begriffen von Materie und Energie eine Erklärung von Leben ausgeschlossen ist.

27.1 Musterbildung

Die kosmische und die dann sich herausformende biologische Evolution führen zu immer differenzierteren Gestalten und Mustern. Bilder von Galaxien können uns als ästhetische Muster sehr ansprechen. Nachdem sich die chemischen Elemente gebildet haben, gibt es die Möglichkeiten für Kristalle, aber auch für chemische Reaktionen. In manchen Kreisprozessen, die wie die Belousov-Zhabotinsky-Reaktion auch als „chemische Uhren“ bezeichnet werden, bilden sich zeitliche oder auch räumliche Muster. Es sind dissipative Strukturen fernab vom thermodynamischen Gleichgewicht. Sie führen zu spontan gebildeten Mustern, die allerdings um ein Vielfaches in der biologischen Evolution übertroffen werden. Man denke nur an die Flügel der Schmetterlinge, die Formen der Blüten oder das Gefieder der Vögel.

27.2 Unbelebtes und Lebendiges – Chemie und Informations-Chemie

Auch im Unbelebten laufen chemische Prozesse ab und es entstehen neue Moleküle. Trotzdem ist das Leben im Vergleich zum Nichtlebendigen etwas völlig Neues und Anderes.

> Lebewesen sind – von den einfachsten Formen an – hochorganisierte dynamische Strukturen. Bei der Beschreibung von Wirkungen auf Lebewesen genügen die groben Beschreibungen mit Materie und Energie nicht mehr. Lebewesen können auch auf Eigenschaften reagieren. Das geschieht unabhängig davon, von welchen Formen von Materie und Energie diese Eigenschaften stammen. Die Eigenschaften werden dabei zu bedeutungsvollen Informationsstrukturen und können zur Stabilisierung der eigenen Existenz des Lebewesens verarbeitet werden.

Dass es einen Einfluss von Information auf chemische Prozesse geben kann, eine Informations-Chemie, ist eine recht neue Erkenntnis.

> *„Von einem bestimmten Zeitpunkt an war der Schritt zum Leben, so wie wir es kennen, vollzogen. Im Zeitraum davor muss ein Übergang von der rein physikochemischen zur informationsgesteuerten organischen Molekülbildung stattgefunden haben.“*[1)]

Bevor wir unsere Überlegungen ausführlicher darstellen, wollen wir kurz entwerfen, wie man sich eine „informationsgesteuerte Molekülbildung“ vorstellen kann.

Zuerst ist auch hier noch einmal daran zu erinnern, dass die einfachsten Quantenstrukturen, die im Kosmos vorkommen können, die im Buch oft erwähnten AQIs sind. Spezielle Formungen aus AQIs bezeichnen wir als Quanten von Materie oder von Energie. Hinreichend komplexe Strukturen aus Materie haben immer mehr Eigenschaften, die sie kennzeichnen. Da Materiestrukturen aus Quanteninformation gebildet sind, können ihre Eigenschaften ebenfalls als Strukturen von Quanteninformation von Photonen zwischen materiellen Strukturen übermittelt werden.

Informationen in der herkömmlichen Bedeutung dieses Wortes sind übertragbare Eigenschaften. Die Übertragungen zwischen Sender und Empfänger geschehen durch Photonen. Ein Steuermann steuert ein Schiff, indem er auf die Eigenschaften aus der Umwelt und des Schiffes reagiert. Ein Rezept kann die Zubereitung eines Kuchens steuern, in dem man die Eigenschaften auf dem Papier, also den Text, als Leitfaden

---

1 Schreiber, U. C. (2019) *Das Geheimnis um die erste Zelle – Dem Ursprung des Lebens auf der Spur*, Springer, Berlin, S. 6

für die Verwendung von Zutaten und für den Zubereitungsprozess übernimmt. Wie kann man sich eine Steuerung zwischen Molekülen vorstellen?

Auch Moleküle haben Eigenschaften. Wenn sie miteinander reagieren, dann entstehen neue Ganzheiten, welche ihrerseits Eigenschaften entwickeln können, die ein einzelnes Molekül nicht aufweisen kann. Besonders vielfältige und besonders anpassungsfähige Moleküle bilden sich aus Kohlenstoffatomen. Komplexe Moleküle, die wesentliche Anteile von Kohlenstoff haben, werden als organisch bezeichnet. Besonders aus organischen Molekülen entstehen bei engen räumlichen Konzentrationen derartige Ansammlungen von Molekülen, die sich mit ihren Eigenschaften gegenseitig beeinflussen. Eine solche Beeinflussung kann man durchaus als Steuerung verstehen. Manche Moleküle finden zueinander und verbinden sich. Andere wiederum treffen geeignete Moleküle und zerlegen sich dabei, sodass sich die Teile neu verbinden können. Alle diese hochdynamischen Prozesse werden von den Eigenschaften in ihrer Nachbarschaft beeinflusst. Wenn nun genügend viele und genügend verschiedene Moleküle in kleinen Raumbereichen beieinander sind, und wenn diese gegenseitigen Beeinflussungen durch die Eigenschaften einerseits zu Kreisprozessen führen, die sich stabilisieren und andererseits zu einer gewissen Umhüllung, die aber noch die Möglichkeit zum Austausch mit der Umgebung bietet, dann ist das ein wichtiger Schritt zur Entstehung von Leben. Aber natürlich ist die Hülle zwar notwendig, aber bei Weitem nicht hinreichend für Leben.

Der seit langem auch von mir dargestellte Einfluss des Tunneleffektes[2] auf chemische und damit auch auf psychische Vorgänge wird seit 2019 auch sehr viel deutlicher vom Mainstream in der Chemie wahrgenommen. Kürzlich erschienene Arbeiten haben gezeigt, welchen Einfluss der Tunneleffekt auf chemische Prozesse haben kann.[3],[4] Durch den Tunnelprozess können Moleküle zu Reaktionen angeregt werden, die aufgrund der klassischen Kräfteverhältnisse nicht möglich sind. Dabei werden Informationen aus den einzelnen Teilen unzugänglich. Bei der Reaktion miteinander werden sie zu einer Ganzheit verbunden. In dem neu entstehenden Zustandsraum der Möglichkeiten sind die Möglichkeiten der Teile wegen ihrer Verschränkung nicht mehr offenliegend. Die Autoren vergleichen diesen Prozess mit der Informationsverschlüsselung beim Einfall von Objekten in ein schwarzes Loch. Oft wird bei der Darstellung von solchen Vorgängen der mit der Verschränkung sich ergebende Verlust von Bedeutung irrtümlich gleichgesetzt mit einem „Verlust von Information". Das ist natürlich nicht der Fall, Information geht nicht verloren. Allerdings kann zumeist die ursprüngliche Bedeutungszuordnung nicht mehr rekonstruiert werden. Diese Probleme ent-

---

2 Görnitz, T.; Görnitz, B. (2002) *Der kreative Kosmos*, Spektrum, Heidelberg, Görnitz, T.; Görnitz, B. (2008) *Die Evolution des Geistigen*, Vandenhoeck & Ruprecht, Göttingen

3 Chenghao Zhanga et al. (2024) *Quantum information scrambling and chemical reactions*, PNAS https://doi.org/10.1073/pnas.2321668121

4 Wild, R. et al. (2023) *Tunneling measured in a very slow ion-molecule reaction*, Nature, 615, 425–429

stehen nicht, wenn „Information" korrekt als AQIs, als physikalisch abstrakte und noch bedeutungsfreie Information interpretiert wird.

Üblicherweise wird der Weg zum Leben durch eine Bottom-up Beschreibung erläutert. Er beginnt mit der gegebenen Existenz der Erde. Die davorliegende kosmischen Evolution, die bis zur Herausformung von kleinen und daher nichtglühenden Himmelskörpern wie zum Beispiel Planeten geführt hat, wird oft nur mit „wir sind Sternenstaub" illustriert.

Auf festen Himmelskörpern, Planeten, Monden[5)] und Asteroiden, können vielfältige chemische Prozesse zur Bildung von organischen Molekülen führen. Dann können Kreisprozesse geschehen, die wegen ihrer Instabilität durch Eigenschaften in ihrer Umgebung, wir würden sagen durch Informationen, beeinflusst werden können. Werden diese organischen Strukturen in eine halbdurchlässige Hülle eingeschlossen, hätten wir die ersten Lebewesen. Eine solche Beschreibung, die im Wesentlichen von der materiellen Struktur ausgeht und die wie gesagt als bottom-up interpretiert wird, genügt aber nicht um das Leben zu erklären.

Die Beschreibung muss notwendigerweise ergänzt werden durch die steuernde Wirkung von Information. Sie ist an allen Stufen der biologischen Prozesse beteiligt und wird zumeist als top-down Einfluss gekennzeichnet. Das soll nun ausführlicher dargestellt werden.

27.3 Quantentheorie und Biologie

Die Quantentheorie liefert eine notwendige Korrektur zu derjenigen Physik, die früher zu Recht als die „Wissenschaft der unbelebten Materie" bezeichnet worden war. Zumeist jedoch ist die Bedeutung der Quantentheorie im normalen Alltag kaum sichtbar. So genügen beispielsweise in der *medizinischen Praxis* die dort üblichen Begriffe und Beschreibungen. Für die professionelle Handhabung eines Kernspinresonanz-Gerätes (NMR) muss man nicht über die quantenphysikalischen Grundlagen nachdenken. Allerdings präsentiert die Quantentheorie eine Struktur von Naturwissenschaft, die demjenigen Erleben recht nahekommt, welches wir aus unserem alltäglichen Leben kennen. Quantentheorie zeigt einer blinden deterministischen Rationalität ihre Grenzen auf. Als Physik der Möglichkeiten könnte man sie auch als *„Physik der Balance und der Ausgewogenheit"* verstehen.

Die *Beziehungsstruktur* der Quantentheorie begründet eine *Basisstruktur für die kosmische und biologische Evolution.*

[5] Ling, X. (2023) *New Evidence Discovered That Saturn's Moon Could Support Life, https://www.scientificamerican.com/article/new-evidence-discovered-that-saturns-moon-could-support-life/*

Bisher wurden die ganzheitlichen Aspekte der Biologie vor allem von der Systemtheorie her untersucht. Diese wird zumeist nicht mit einer so klaren mathematischen Struktur vorgestellt wie die Quantentheorie.

> Unter dem Begriff „System" verstehen wir eine Struktur, die nur unter Beachtung ihrer Ganzheitlichkeit verstanden werden kann. Systeme können theoretisch und oft auch praktisch in Teile zergliedert werden. Jedoch sind sie dadurch ausgezeichnet, dass ihr Verhalten nicht allein aus dem Verhalten der Teile begriffen werden kann. Es gibt also Aspekte am System, die durch keinen seiner Teile erklärbar sind. Sehr oft können Systeme in Untersysteme aufgeteilt werden. Auch für diese gilt dann, dass sie als ein Ganzes wiederum anders zu verstehen sind als ihre eventuellen Unter-Untersysteme, in die man sie abermals theoretisch unterteilen kann.

Eine Neubegründung des naturwissenschaftlichen Weltbildes, in dem das Materielle zwar als real, jedoch *nicht mehr als „das Grundlegende"* verstanden wird, ist keine triviale Angelegenheit. *Anstelle der Materie bildet eine abstrakte quantische Informationsstruktur die Grundlage der Realität.* Die AQIs formen sich dann auch zu vielgestaltigen materiellen und energetischen Strukturen aus, die durch ihre Eigenschaften charakterisiert werden. *Innerhalb von Lebewesen können die Eigenschaften als „Information im Alltagssinne", also mit Bedeutsamkeit, reale Wirkungen erzeugen.* Genau diese Möglichkeit zeichnet das Lebendige aus.

27.3.1 Beschreibung von Steuerung als Problem der Darstellung

Was mit der Protyposis möglich wurde, ist der Einschluss der für die Biologie fundamentalen steuernden Rolle von Information. Nach der Überzeugung früherer Wissenschaftler übersteigt eine „Lebenskraft" oder eine „Entelechie" den Bereich der physikalischen Gesetzmäßigkeiten.[6] Jetzt hat sich gezeigt, dass materielle und energetische Quanten und somit auch deren Eigenschaften als Gestaltungen von AQIs zu verstehen sind. Eigenschaften charakterisieren Strukturen. Sie werden als steuernde Informationen für ein Verstehen des Lebens fundamental. Natürlich erscheinen diese Informationen als Eigenschaften materieller (Atome, Moleküle usw.) oder energetischer (Photonen) Strukturen, aber das Wesentliche im Steuerungsprozess sind nicht diese Träger-Strukturen, sondern die jeweiligen Bedeutungen der Information für den betreffenden Prozess.

Wir Menschen sind darauf angewiesen, die Informationen, die wir erhalten zu decodieren. Jedes Decodieren geschieht im Rahmen der bereits vorhandenen Informationen, also der Kenntnisse, die genetisch angelegt wurden und vor allem derjenigen,

[6] siehe z. B. Krall, S. et al. (2021) *Hinter der Materie – Hans Driesch und die Natur des Lebens*, Graue Edition, Zug

die wir uns im Laufe unseres Lebens erworben haben. Da jedes Leben von jedem anderen verschieden ist, werden also damit die Bilder und Vorstellungen, die im Prozess der Dekodierung entstehen, voneinander verschieden sein.

In der Naturwissenschaft geht es nicht primär um mathematische Formeln, sondern um eine sinnvolle Interpretation der Zusammenhänge, die mit den Formeln erfasst werden. Interpretation ist ein anderes Wort für Dekodierung, also für die Zuweisung von Bedeutung zu einer einlaufenden Information.

Erst mit der Quantentheorie wurde deutlich, dass die Einteilungen der Realität in Materie, Energie und Information auf einer gemeinsamen Grundlage dieser drei Erscheinungen beruhen. Die enorme Zweckmäßigkeit dieser Einteilung lässt leicht vergessen, dass Materie als „gefrorene Energie", oder noch provokativer und eindeutiger als „gefrorene Bewegung" verstanden werden darf. Mit den AQIs zeigt sich, dass Energie und Materie von der Grundlage her sogar als „verdichtete gestaltete Quanteninformation" begriffen werden können. Diese Erkenntnisse lassen deutlich werden, welche Herausforderung an unsere Vorstellungskraft ein wirkliches fundamentales Verstehen der Natur darstellt. Erst mit dieser naturwissenschaftlichen Basis erhalten die Steuerungsvorgänge im Lebendigen ein Fundament.

Lebewesen erneuern in ihren Zellen ständig ein instabiles Gleichgewicht von energiereichen Molekülen, vor allem ATP. Diese instabile Energie kann durch eine bloße Information „ausgelöst" werden, um in einem Prozess verwendet zu werden. Dabei gibt es ein Zusammenspiel der Eigenschaften der beteiligten Moleküle und der restlichen Umwelt mit den Eigenschaften der Photonen, mit deren Beteiligung der Prozess ausgelöst und durchgeführt wird.

Dabei ist es kein Nachteil, dass wohl jede Beschreibung von Lebensvorgängen eine gewisse Intentionalität anklingen lässt. Schließlich sind nur solche Strukturen im Lebendigen zu finden, denen zumindest eine Intention zum Weiterleben zugesprochen werden muss. Alle anderen Formen sind wieder aus der Evolution ausgeschieden.

Mir ist es begegnet, dass Gesprächspartner manches von ihrem Verhalten mit „ihren Genen" begründen. Trotz eines wahren Kerns kann das schnell eine falsche Vorstellung erzeugen. Leicht hat man ein Bild vor Augen, bei dem die Gene wie von außen oder wie eine höhere Macht das Verhalten steuern. Auch die allgemeine Verwendung von „Steuerung" kann eine solche Vorstellung hervorrufen.

Natürlich *beeinflusst* auch die in den Genen gespeicherte bedeutungsvolle Information unser Verhalten, aber sie determiniert es nicht. Die Wirkung geschieht im Zusammenspiel mit Informationen aus dem Gedächtnis und aus der aktuellen Verarbeitung. Es handelt sich also um ein gemeinsames Wirken von allen Anteilen unserer Informationsverarbeitung. Dass wir eine quantische Ganzheit in diese Anteile untergliedern, ist der Tatsache geschuldet, dass vieles davon ungeändert verbleibt, anderes sich nur wenig und langsam verändert und nur der geringste Anteil sich schnell und bemerkbar wandelt. Um zu einem Verständnis zu gelangen ist es sehr zweckmäßig, diese Untergliederungen auch als Hilfe für die Beschreibung zu akzeptieren. Es sei dazu auf Formel 27.7, Formel 27.8 und Formel 27.9 verwiesen.

Das Staunen über und das Glücksgefühl für das „Wunder des Lebens“ wird keineswegs geringer, wenn man die zugrundeliegenden Prozesse und Vorgänge in einem naturwissenschaftlichen Rahmen verstehen und erklären kann. Ein tatsächliches Verstehen kann durchaus zu einer größeren Ehrfurcht vor dem Lebendigen führen.

27.3.2 Leben als metastabiles Fließgleichgewicht

Alle Lebewesen sind lokalisierte Strukturen. Eine Lokalisierung gibt es nur für Materie. Materie befindet sich normalerweise in einem Zustand niedrigster Energie und ist daher unveränderlich. Wenn an Materie etwas verändert werden soll, dann ist Energie notwendig. Veränderungen an stabilen materiellen Strukturen benötigen also den Einsatz von Energie.

Mit dem Leben erscheint in der kosmischen Entwicklung eine neuartige und nicht mehr ähnlich stabile Struktur wie beispielsweise ein Stein. *Leben ist eine Erscheinung von lokalisierter ständiger Veränderung*, die aber im Gegensatz zu den Sternen die Atome der Materie unverändert lässt.

In Sternen werden Atome in andere Elemente umgewandelt. Bei den Lebensvorgängen werden nur die Anordnungen der Atome zu Molekülen verändert. Dazu bedarf es eines ständigen Zuflusses von Energie von außen. Leben ist jederzeit durch die Möglichkeit des Todes bedroht.

Die Art der Instabilität hat zur Folge, dass Veränderungen an Lebewesen nicht ausschließlich durch äußere materielle und energetische Einflüsse erfolgen müssen.

Lebewesen können bereits durch Informationen beeinflusst werden, welche im Lebewesen bereitgestellte Energien für Veränderungen auslösen können. Die Energien müssen sich selbst zuvor in einem metastabilen Zustand befinden.

Wodurch ist dies möglich?

Eine Information kann nicht eine beliebige Energie auslösen, sondern nur eine solche, die sich bereits in einem derart metastabilen Zustand befindet, sodass sie durch eine Information ausgelöst werden kann.

Lebewesen sind grob betrachtet metastabile Fließgleichgewichte. Fließgleichgewichte beruhen auf einem ständigen Durchsatz von Materie und Energie. Ein solcher Durchsatz setzt immer Gradienten voraus, d.h. unterschiedliche Situationen, bei denen aus diesen Unterschieden dann Wirkungen hervorgerufen werden können. Das einfachste mechanische Bild für Gradienten ist ein Abhang. Ein Felsblock kann sich aus seiner Verankerung lösen und hinunterrollen und dabei etwas bewirken. Das Auslösen dafür kann ein kleiner Funke an einer Dynamitladung sein. Das Dynamit ist ein Bild für den metastabilen Zustand des Felsen. Die auslösende Information ist der

Zuruf des Sprengmeisters. Das Verhältnis von Ruf und Funken zur Wirkung des Felsenbrockens ist riesig.

Von den sonstigen Fließgleichgewichten unterscheiden sich Lebewesen durch eine Hülle, die einen Unterschied zwischen innen und außen definiert, die aber gleichzeitig einen Material- und Energiedurchsatz erlaubt. Das ist bei Einzellern die Zellmembran, kann bei Mehrzellern auch eine Haut, Panzer, Borke oder ähnliches sein.

Für das Leben sind also an seinem Beginn chemische und energetische Gradienten notwendig. Die einfachsten und frühesten Lebens-Vorformen nutzen chemische Unterschiede in ihrer Umgebung, um daraus Energie zur Aufrechterhaltung ihrer Existenz zu beziehen. Die Bildung von organischen Molekülen beginnt bereits im interplanetaren Raum.

Je komplexer eine Struktur wird, desto mehr an übertragbarer Information kann sie umfassen. Das banale Beispiel dazu ist, dass man zwar einen Text vorlesen kann, jedoch nicht ein Bild. Bei diesem ist viel mehr an bedeutungsvoller Information zu einer Ganzheit verschränkt. Bei jeder Schilderung eines Bildinhaltes, also bei einer versuchten sprachlichen Decodierung dieser optischen Ganzheit, geht vieles verloren.

> Da ein mathematischer Aufbau von Ganzheiten in der klassischen Physik unmöglich ist und nur im Rahmen der Quantentheorie gelingen kann, sind alle Versuche, das Entstehen des Lebens allein auf der Grundlage der klassischen Physik erklären zu wollen, notwendig zum Scheitern verurteilt.

Erst mit der Quantentheorie konnten auch die henadischen, auf Einheit und Ganzheit zielenden Aspekte der Wirklichkeit mit eingeschlossen werden, die im Biologischen unverzichtbar sind.

27.3.3 Elektromagnetische Wechselwirkung – Grundlage aller Lebensvorgänge

> Photonen sind für das Lebendige grundlegend, denn alle Wechselwirkungen in der Biologie sind elektromagnetisch.

Die elektromagnetische ist die einzige Wechselwirkung, die vom Prinzip her langreichweitig ist und damit über den Atomkern hinaus wirken kann. Sie ist auch stark genug, um auch im Bereich der Atome wirken zu können – was die Gravitation nicht kann. Zugleich lässt sie die Materie stabil. Sie kann sie nicht zersetzen, wie es die schwache Wechselwirkung bei der Radioaktivität bewirkt. Die Photonen sind die Übermittler der elektromagnetischen Wirkung zwischen den elektromagnetischen Ladungen der Teilchen, konkret der Elektronen und der Atomkerne. Die Photonen werden von den geladenen Quantenteilchen emittiert und absorbiert. Wenn man die weniger genaue Beschreibung der klassischen Physik, die Coulomb-Kraft und die Hertzschen Wellen, durch die genauere quantische ersetzt, dann spricht man von virtuellen und realen Photonen. Das elektromagnetische Spektrum umfasst etwa 200 Oktaven. Der für uns sichtbare Anteil von Rot bis Violett ist nur eine einzige Oktave. Die übrigen Photonen können wir lediglich mit technischen Geräten nachweisen.

Da die Photonen die Akteure der Lebensvorgänge sind, übermitteln sie auch die Wirkungen von Eigenschaften, die dadurch zu bedeutungsvoller Information werden. Eine quantische Informationsverarbeitung hat eine potenziell unendlich große parallele Verarbeitungsstruktur. Man kann formulieren: Alle realen Möglichkeiten werden gleichzeitig und parallel zueinander bearbeitet. Das führt zu einer großen und umfangreichen Verschränkung der Eigenschaften der beteiligten Photonen und Moleküle. Ein faktisches Ergebnis entsteht allerdings dann nur aus einer einzigen dieser quantischen Möglichkeiten.

Diese quantische Parallelität wird noch ergänzt durch die parallele Verarbeitung in den Netzen der Nervenzellen. Für diese gilt der Übergang von vielen Möglichkeiten zu einem einzigen Faktum nicht, da sie im Wesentlichen Fakten parallel verarbeiten. Zumindest das „Feuern“ darf als Faktum interpretiert werden.

Ein Photon ist aus ungefähr 10^{30} AQIs gebildet. Ein Teil der Informationsbits eines Photons formt sich zu Eigenschaften, die beispielsweise Herkunftsort und Spin codieren. Das hat etwa so viel „Bedeutung“ wie ein einzelnes Pixel auf dem Bildschirm. Dadurch, dass sich die Photonen bei ihrer Wechselwirkung mit den Molekülen verschränken, werden sich auch ihre Eigenschaften verschränken. Dabei erwachsen komplexere Bedeutungen.

Es wird also die einkommende Information mit der bereits vorhandenen abgeglichen. Dies kann mathematisch wie folgt modelliert werden:

Bei dieser großen Zahl von verschränkten Qubits kann man von einem Vektor in einem sehr hochdimensionalen Raum sprechen. Diese Qubits sind zwar aus AQIs gebildet, sind aber selbst keine kosmisch ausgedehnten AQIs. Sie sind lokalisierte Eigenschaften von Quantenobjekten, die als Tensorprodukte ursprünglich aus AQIs geformt wurden. Dieser Vektor kann nun mit aktivierten vorhandenen Mustern abgeglichen werden, die ihrerseits Eigenschaften von verschränkten Molekülen sind. Diese Eigenschaften als Quantenzustände werden ihrerseits als Vektoren im gleichen Raum modelliert. Dann können mit dem „einlaufenden Vektor“ parallele Skalarprodukte mit den aktivierten Vektoren gebildet werden. Ein Skalarprodukt kann wie eine senkrechte Projektion des einen Vektors auf den anderen veranschaulicht werden. Dem maximalen von diesen Skalarprodukten entspricht dann die Decodierung, also eine Bedeutungszuweisung aus den vorhanden Informationen zu der einlaufenden Information.

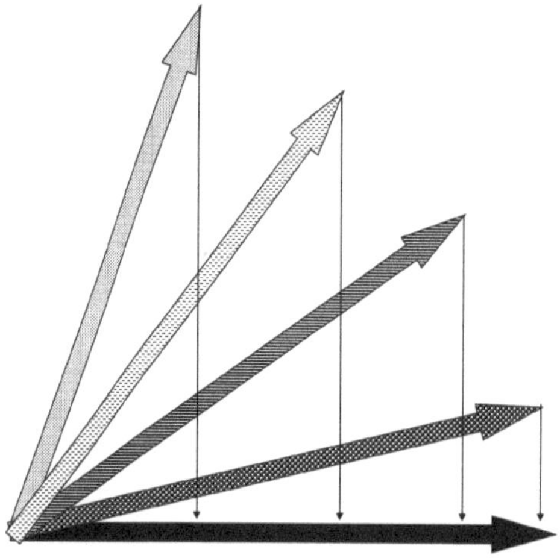

Bild 27.1 Bei der senkrechten Projektion von gleichlangen Vektoren auf einen Referenzvektor wird der „Schatten" immer kürzer, je mehr die Vektoren in verschiedene Richtungen zeigen und daher das Skalarprodukt immer kleiner wird. Der ähnlichste hat den längsten „Schatten", das größte Skalarprodukt.

Diese Vorgänge werden im Grunde erst verständlich, wenn man mitbeachtet, dass es sich dabei um Milliarden von Photonen und Molekülen handelt. Durch Verschränkung werden komplexe Zusammenhänge aus einfachen Eigenschaften zu bedeutungsvoller Information. Man kann dazu daran erinnern, dass erst ungefähr eine Million von schwarzen und weißen Pixeln, also von Ja-nein-Eigenschaften an winzigen Fotodioden, zu einer Seite von Text auf einem Bildschirm werden.

Bei den einfachsten Lebewesen wird die mit den Photonen einlaufende Information über Eigenschaften in der Umwelt zu einem einfachen Reiz-Reaktions-Verhalten führen. Auch Pflanzen werden an einem Hindernis ohne reflektierendes Nachdenken die Wachstumsrichtung ändern.

Wenn Tiere ein *Gehirn* ausgebildet haben, spätestens wahrscheinlich bei den Insekten und manchen Mollusken, wird durch die Verschränkung der Information ein wesentlich komplexeres Verhalten und eine Orientierung *in wechselnder räumlicher Umgebung* möglich. Die quantische Parallelverarbeitung und die biologische Netzwerkstruktur mit ihrer ebenfalls enormen Parallelität lassen wegen der Tensorprodukt-Struktur die Dimension der Möglichkeiten exponentiell anwachsen. Diese große Fülle an quantischen Möglichkeiten für die Verarbeitung von Informationen lässt sich mit der Vorstellung eines oder mehrerer Schalter wohl nicht plausibel machen.

Die Taktrate der biologischen Informationsverarbeitung ist verglichen mit modernen Computern relativ langsam. Diese arbeiten aber vielfach seriell, also nacheinander. Da die biologische Informationsverarbeitung parallel abläuft, kann sie bei manchen Aufgaben trotzdem noch so schnell sein wie ein Computer.

Wir sollten daran denken, dass bei den Tieren sich das Gehirn hauptsächlich für die Orientierung in einer veränderlichen räumlichen Umwelt entwickelt hat. Festsitzende Tiere wie Hydra bauen oft das Gehirn wieder ab. Der Teil der Informationsverarbeitung, der die *internen Abläufe* in Zellen und Organen steuert, ist wohl noch umfangreicher. Sie ist auch bei Pflanzen und Pilzen gegeben.

Die ungeheure Diversität des Lebendigen wird mit den Dimensionen der quantischen Informationsverarbeitung vielleicht leichter verstehbar.

Die mit der Parallelverarbeitung verbundene ungeheure Speicherkapazität vieler Moleküle kann ähnlich wie ein Hologramm verstanden werden. Sie ermöglicht bereits bei Insekten eine interne, also im Gedächtnis gespeicherte Abbildung der Umgebung. Mit diesem Abbild werden dann die eingehenden Informationen aus der Umwelt abgeglichen. Forschungen an den Bienen haben gezeigt, dass diese in der Finsternis des Bienenstocks in der Lage sind, entsprechende Informationen über die räumliche Situation von Futterstellen den anderen Bienen mitzuteilen. Diese Mitteilung im Finstern geschieht über die elektromagnetischen Felder, also über den Austausch nichtsichtbarer Photonen. Die Bienen können sich so untereinander wahrnehmen. Sie haben diese Fähigkeiten, sehr schwache elektromagnetische Felder wahrzunehmen, vielleicht auch deshalb entwickelt, um über elektromagnetische Wechselwirkung (Coulomb-Feld) eine kürzlich besuchte Blüte anhand des veränderten Feldes von einer nährstoffreichen unbesuchten Blüte unterscheiden zu können.

Dass Eigenschaften reale Wirkungen erzeugen können, ist einerseits evident. Das wird allerdings erst wirklich dadurch verstehbar, dass die nützliche und weit verbreitete Unterscheidung zwischen Form und Inhalt lediglich eine pragmatische Zweckmäßigkeit und keinen fundamentalen ontologischen Sachverhalt darstellt. Die Form wird als grundlegende Eigenschaft eines materiellen Objektes angesehen. Sie ist aber lediglich eine spezielle Struktur aus AQIs, so wie die Materie selbst. Mit $E = mc^2$ wird der Unterschied zwischen Materie und Bewegung als eine ihrer Eigenschaften relativiert und mit den AQIs ebenso der Unterschied zwischen diesen beiden und der abstrakten Informationsstruktur.

Von diesen grundlegenden Erkenntnissen ist im Alltag wenig zu bemerken. Chemie und Biologie können keine solchen Energien aufbringen, sodass in einem solchen Prozess daraus Materie entstehen könnte und noch weniger können im Alltag Informationen zu Energie werden. Möglich ist aber, dass Informationen Energien auslösen kann und das Energien Materie verändern können. Da letztlich alles Strukturen aus AQIs sind, können sie sich gegenseitig beeinflussen. Bei Menschen und anderen Tieren ist die Wirkung einer positiven Nachricht oft von außen ganzkörperlich bemerkbar. Freudige und auch bedrohliche Informationen verändern den gesamten Körpertonus.

27.3.4 Dynamische Schichtenstruktur und Leben

Die Quantentheorie stellt das naturwissenschaftliche Fundament für das Verstehen der Biologie bereit. Die Dynamische Schichtenstruktur erinnert daran, dass trotzdem die Fakten, die durch die klassische Physik beschrieben werden, für die Biologie gleichfalls unersetzlich sind.

Da Lebewesen halboffene Systeme sind, gibt es eine ständige Verbindung zur Umwelt und damit ein Entstehen von faktischen Situationen an und in ihnen. Das erlaubt in vielen Fällen eine ausreichende Erklärung von elektromagnetischen Vorgängen mit Bildern aus der klassischen Physik. Das „Feuern einer Nervenzelle“ kann z. B. als faktisches Ereignis beschrieben werden.

Für das Verstehen des Lebens ist auch daran zu erinnern, dass die Inhalte eines „Gedächtnisses“, also ererbte Erfahrungen von den Vorfahren und erworbene eigene Erfahrungen als faktische Eigenschaften materieller Strukturen gespeichert werden. Das sind zum einen die Gene, also die DNA, und dann auch Strukturen an der DNA (Epigenetik) sowie bei Tieren auch im Nervensystem.

27.3.5 Vom metastabilen Fließgleichgewicht zum Metabolismus

Energie- und Materialgradienten, z. B. Dichte-, Konzentrations-, Temperatur- und pH-Unterschiede, lassen einen ständigen Durchsatz und damit Fließgleichgewichte zu. Ein Fließgleichgewicht kann dadurch gekennzeichnet werden, dass eine *Form* erhalten bleibt. Jedoch die Energie und die Materie, aus denen diese Form gebildet ist, bleiben nicht erhalten. Sie wechseln ständig.

Die Vorgänge in Fließgleichgewichten werden zumeist mit klassischer nichtlinearer Physik beschrieben. Wie Hermann Haken (*1927) mit seiner Synergetik[7] gezeigt hat, sind solche nichtlinearen Prozesse für Strukturbildungen jeglicher Art wichtig. So können sich Attraktoren formen. Diese haben die Eigenschaft, ein System ziemlich unabhängig vom Ausgangszustand in ein und denselben Endzustand zu ziehen. Auch das Entstehen von zyklischen Prozessen wird wahrscheinlich. Nobelpreisträger Manfred Eigen (1927–2019) hatte auf die Wichtigkeit von zyklischen Prozessen für die Entstehung des Lebens verwiesen.

Ein Lebewesen unterscheidet sich mit einem wichtigen Aspekt von sonstigen Fließgleichgewichten, wie zum Beispiel Wolken. Es gibt eine klare Unterscheidung zwischen innen und außen. Diese erst ermöglichte das Kernstück des Lebendigen: eine intelligente Informationsverarbeitung. Zur Unterscheidung von anderen Fließgleichgewichten spricht man in der Biologie vom Metabolismus. Damit wird der Stoffwech-

7 Haken, H. (1984) *Synergetik – Die Lehre vom Zusammenwirken*, Ullstein, Frankfurt a. M.

sel bezeichnet, der noch einmal in den aufbauenden Anabolismus (Anabolika sind Muskelaufbaustoffe) und den abbauenden Katabolismus unterteilt wird. Das Entscheidende ist jedoch die stabilisierende Informationsverarbeitung.

27.3.6 Leben = Stabilisierung durch Informationsverarbeitung

Lebewesen reagieren auf äußere Informationen, also auf Signale und Reize.

> Als „intelligent" soll die Informationsverarbeitung eines Systems bezeichnet werden, wenn sie durch ihre Deutungen, Bewertungen und die sich daraus ergebenden Reaktionen das eigene Fortbestehen befördert und seinen Erhalt stützt.

Die Intelligenz der Informationsverarbeitung zeigt sich u. a. darin, wie in allen Stufen der Verarbeitung auch *abstrahiert und generalisiert* wird. Der Möglichkeitscharakter der Quanteninformation eröffnet, von konkreten Situationen auf ähnliche zu schließen. Ohne eine solche Generalisierung wäre Leben in seinen wechselnden Umgebungen nicht denkbar.

Im lebendigen Organismus sind die chemischen mit informativen Kreisprozessen verwoben. Alle Prozesse der Informationsverarbeitung beeinflussen nicht nur die Folgen, sondern auch wieder die Ausgangssituationen. Diese *Rückkopplung* muss das Wirken von quantischer Information einschließen, einer Information, die sowohl im Raum als auch in der Zeit nichtlokale Wirkungen entfalten kann. Das Zutreffen bzw. die Stimmigkeit einer Bewertung wird ursprünglich daran gemessen, ob sie den Erhalt des Lebewesens befördert und stabilisiert. Das findet sich bereits bei den Einzellern.[8)]

> Fakten sind feststehende Tatsachen und daher gilt für sie, es ist so oder es ist nicht so. Das gilt jedoch nicht für die Bewertungen eines Faktums. Beim Bewerten geht es um Folgerungen und Handlungsmöglichkeiten, die sich aus dem Faktum ergeben können – oder auch nicht. Bewertungen richten sich auf Möglichkeiten, die in der konkreten Situation erkennbar werden. *Bewertungen sind daher nicht determiniert und nicht objektiv.*

Deutungen und Bewertungen sind bedeutungsvolle Informationen über eine einlaufende Information. Im Zusammenspiel von beiden wird die einlaufende Information für die betreffende Situation zu einer Bedeutung. Wenn also Quanteninformation an und in einem Lebewesen eine Reaktion auslösen kann, dann wird sie dadurch für dieses betreffende Lebewesen bedeutungsvoll. Die Reaktion kann in einer Handlung

---

8 Später in der Evolution, bei komplexen Organismen, die sich um ihren Nachwuchs kümmern, kann dessen Überleben höher bewertet werden als das eigene. Und in einer sprachfähigen Kultur kann schließlich der „Nachruhm" oder etwas Ähnliches wiederum bedeutsamer werden als eigenes Überleben und das der Kinder. Die Geschichte ist voll von Helden-Berichten darüber.

oder auch im Unterlassen einer Handlung bestehen. Die Bedeutung, also die Bewertung, die in dem Wechselwirkungsprozess entsteht, ist eine spezifische für das betreffende biologische Individuum. So kann es höchstens eine intersubjektive, jedoch nie eine „objektive" Bedeutung geben. Daher kann „Bedeutung" nicht zu den physikalischen Größen gerechnet werden. Das ist ein Gegensatz zur „bedeutungsoffenen" Informationsstruktur der AQIs.

> Bedeutung ist subjektiv und auch abstrahierend, denn „Unbedeutendes" wird ignoriert. Durch diese Abstraktionen können Ähnlichkeiten erkannt werden. Bei hochentwickelter Informationsverarbeitung können auch Assoziationen entwickelt werden. Diese können u. a. ähnliche Situationen durch Verbindung zu nichtoffensichtlichen Strukturen anreichern.

Für das Entstehen des Lebens ist die Fähigkeit fundamental, Erfahrungen speichern zu können, also so etwas wie ein „Gedächtnis" zu entwickeln. Die bei der Verarbeitung entstehenden Bedeutungsstrukturen können dann wiederum auf die Beziehungsstrukturen einwirken und diese sich somit gegenseitig beeinflussen. Jedes Lebewesen vom Bakterium über einfache Mehrzeller bis hin zu Pflanzen und zum Menschen verarbeitet in intelligenter Weise Informationen aus seinem Inneren im Zusammenspiel mit denjenigen Informationen, die von außen einwirken. Der Rückgriff auf bereits vorhandene Informationen betrifft alle Lebewesen. In der Hirnforschung des 20. Jahrhunderts war die theoretische Konstruktion eines Homunculus nicht unüblich. Der Homunculus sollte die Instanz sein, die wie ein „kleines Menschlein" im Gehirn die Sinnesdaten betrachten, bewerten und bewusstmachen sollte und so die Informationsverarbeitung händeln. Eine solche Konstruktion ist wegen der Reflexivität von Information nicht notwendig.[9] Ein Homunculus würde außerdem das Problem nur in einen infiniten Regress verschieben.[10]

Vielleicht angeregt durch diese Vorstellung suchte man in der Hirnforschung lange nach dem Zentrum des Bewusstseins, nach dem „Ort des Ich's im Gehirn". Dieser Ort wurde nicht gefunden.

> Da Information ihrem Wesen nach reflexiv ist, kann Information eine andere Information bewerten. Das stellt die erste und einfachste Form einer Reflexion dar, also einer Information über eine andere Information.

Je komplexer die Fähigkeiten für eine Informationsverarbeitung werden, desto differenzierteres Reagieren wird ermöglicht. Damit können mehr Möglichkeiten abgewogen und manche reine Reiz-Reaktions-Kette kann zugunsten von mehr Vielfalt aufge-

---

[9] Görnitz, T. (1999) *Quanten sind anders: Die verborgene Einheit der Welt*, Spektrum Akademischer Verlag, Heidelberg, Kapitel 7.5

[10] Siehe beispielsweise Edelman, M. (1994) *Göttliche Luft, vernichtendes Feuer – Wie der Geist im Gehirn entsteht*, Piper, München, S. 120

brochen werden. Diese Aussage über eine wachsende Komplexität darf jedoch nicht so missverstanden werden, als ob die einfacheren biologischen Formen dadurch verloren gehen würden. So bilden die einzelligen Lebewesen in jeder Evolutionsstufe eine große und diverse Masse an lebender Substanz. Auch wir Menschen beherbergen ca. 30 Billionen Einzeller in und an uns. Das sind in etwa so viele, wie wir Körperzellen haben.

> Ein Lebewesen lebt nur so lange, wie ein Durchsatz an Material und Energie nicht dauerhaft unterbrochen ist – ein Durchsatz, bei dem sich das Lebewesen durch Steuerung stabilisiert. Beispielsweise könnte man sagen, dass das instabile System „Lebewesen" durch Steuerung metastabil wird. In Biologie und Physiologie spricht man dabei von Homöostase.

Bekanntlich können manche Frösche und Fische einfrieren und wieder auftauen. In flüssigem Stickstoff existieren tiefgefrorene Embryonen eine längere Zeit ohne einen wahrnehmbaren Metabolismus. Wie lange in einem solchen „angehaltenen Zustand" eine Lebensform verweilen kann, ist unbekannt. Bei den mehrzelligen Tieren ist wahrscheinlich das Bärtierchen eine besondere Ausnahme. Bei einer Weltraummission haben rund 2 % von ihnen das Vakuum und die Strahlung, gegen die sie unterschiedlich geschützt waren, an der Außenhaut des kosmischen Gefährts zehn Tage in ihrer sogenannten Tönnchenform überstanden. Am längsten scheinen Pflanzensamen ein Einfrieren überdauern zu können, es können in günstigen Fällen Jahrtausende sein.

Eine Steuerung wird am Beginn der Evolution des Lebens im Wesentlichen auf „trial and error" beruhen. Durch die Wirkung der Selektion wird sich bei den Lebewesen, die nicht aussortiert werden, ein gewisser „Lerneffekt" einstellen. Das erfolgreiche Reagieren wird gespeichert werden. Das Speichern von nützlicher Information und deren Anwendung in analogen Situationen ist bereits eine frühe Form des Lernens. So kann sich ein absichtsvolles Agieren herausbilden. Homöostase als Prozess der Lebenserhaltung führt damit zum Handeln mit der Absicht der Weiterexistenz. Im Laufe der späteren Evolution kann man schließlich beim Menschen auch den philosophischen Begriff der „Intentionalität" verwenden.

> Zunehmend wird erkannt, dass *Eigenschaften* von Quantensystemen zu *Quasiteilchen* (siehe Abschnitt 1.6), *zu pseudomateriellen Entitäten*, werden können. Eine solche Vorstellung erleichtert es zu verstehen, wie Eigenschaften als Formen von Information ihre Wirkungen erzielen.
>
> Wir dürfen sicher sein, dass alle die Phänomene, die wir bisher mit der Naturwissenschaft in der Natur entdeckt haben und auch diejenigen, die wir noch entdecken werden, in der Natur „verwendet werden" und in ihr Wirkungen hervorrufen.

Wegen ihrer starken katalytischen Eigenschaften gehören die Proteine zu den wichtigen und interessanten Molekülen. Ihr Einfluss ist für die Steuerung des Metabolismus unersetzlich. Man erkennt den Unterschied zwischen Biologie und Industrie, sozusagen die Differenz zwischen Steuerung und „brut force", bereits leicht, wenn man die Druck- und Temperaturverhältnisse in industriellen Reaktionen mit denen vergleicht, unter denen sich biologische Vorgänge abspielen. Obwohl in der Industrie bereits vielfach Katalysatoren eingesetzt werden, laufen die wenigsten Prozesse bei normalen Umweltbedingungen ab. Wenn beim Haber-Bosch-Verfahren Ammoniak mithilfe eines Eisen-Katalysators aus dem Luftstickstoff synthetisiert wird, um daraus Dünger herzustellen, so geschieht dies bei Temperaturen von über 400 °C und bei Drücken von über 150 bar. Die Knöllchenbakterien erledigen das in Symbiose mit Leguminosen (z. B. Lupinen) bei Zimmertemperatur und 1 bar, also dem normalen Luftdruck.

Die Steuerung, also die Deutung und Bewertung von Information und zugleich deren Nutzung für die eigenen inneren Prozesse, wie den Metabolismus, führt dazu, dass diese Vorgänge nicht nur zu immer komplexeren materiellen Lebensformen, sondern auch zugleich zu immer komplexeren Formen von Informationsverarbeitung geführt haben.

Bei der biologischen Informationsverarbeitung wird oft unterschieden zwischen einer Bottom-Up- und einer Top-Down-Wirkung. Dabei bezeichnen diese beiden Begriffe die Endpunkte von Prozess- und Einflussformen zwischen den vorstellbaren Strukturen und Substrukturen eines Lebewesens. Die Erklärungsformen der Biochemie gehen zumeist bottom-up von den Ionen und Molekülen aus und versuchen, von dort aus auf das Verhalten und auf die Reaktionen von größeren Strukturen zu schließen. Für das Lebendige jedoch reichen diese Bottom-up-Darstellungen allein nicht aus. Im Lebendigen gibt es immer Wirkungen von Informationsstrukturen, welche dem Gesamtsystem, z. B. dem Einzeller bzw. einer Zelle, einem Organ oder dem Gesamtlebewesen zugeordnet werden müssen und nicht lediglich theoretischen Teilsystemen davon. Auch solche Top-down-Information aus dem Gesamtsystem kann Wirkungen an den denkbaren Teilen hervorrufen. *Ein triviales Beispiel für eine Top-down-Wirkung, von bedeutungsvoller Information auf den Körper, liefert tagtäglich die Sprache.* Die Information einer zugerufenen Warnung (und nicht der Schalldruck) oder die Wahrnehmung einer Gefahr kann unmittelbare und schnelle Wirkungen bis auf den Zellstoffwechsel und den Hormonstatus hervorrufen. Erst im Zusammenspiel von Bottom-Up- und einer Top-Down-Wirkungen zwischen allen theoretischen Organisationsstufen eines Lebewesens lassen sich biologische Vorgänge begreifen.

> Die Informationsverarbeitung im Lebewesen ordnet die Prozesse und strukturiert dabei sowohl die materiellen Inhalte wie auch die energetischen Abläufe. Organisation ist dabei, wie auch im Alltag, mit einem gewissen Aufwand verbunden – deshalb erfordert es den Einsatz von Energie und deren daraus folgende Umwandlung von einer qualitativ hochwertigen Version in eine, die nicht mehr verwertet werden kann. Das wird oft als „Export von Entropie" bezeichnet.

27.3.7 Wahrnehmung, Empfindung und Quantentheorie

Die steuernde Informationsverarbeitung, die nur innerhalb einer materiellen Abgrenzung erfolgen kann, charakterisiert den Unterschied zwischen einem unbelebten und einem lebendigen metastabilen Fließgleichgewicht. Information kann sehr gezielt an speziellen Stellen eine dafür verfügbare Energie, zumeist Moleküle von ATP, auslösen. Damit können sehr konkrete Veränderungen herbeigeführt werden. Wir hatten das Beispiel mit dem Dynamit und dem Felsbrocken angeführt. Das wäre im Gegensatz zu einem Erdbeben eine gezielte Wirkungskette, ausgelöst durch Information, in diesem Fall durch den Zuruf des Sprengmeisters. Das ist natürlich eine nur sehr grobe Analogie zu den sehr genau und fein abgestimmten Vorgängen in einer lebendigen Zelle.

Wir hatten den Biologen Heinz Penzlin in Abschnitt 1.6 zitiert, dass das Leben als Produkt aus der Dreiheit von Energie, Stoff und Information erklärt werden muss.[11] Auch an dem bereits aufgeführten Zitat von Ulrich Schreiber über die „informationsgesteuerte organische Molekülbildung" wurde dies deutlich.[12]

Bereits bei den ersten einzelligen Lebewesen kann man die in ihnen ablaufenden Prozesse der Informationsverarbeitung auch als *Wahrnehmungen* und *Empfindungen* bezeichnen.

Von anderen Autoren wird schon bei den einfachen Lebewesen oft von Fühlen[13], Erleben und Gefühl gesprochen.[14] Manche verwenden bereits bei Einzellern den Begriff des „Selbst".[15] Gemeint ist bei den verschiedenen Begriffen die ganzkörperliche Reaktion von Lebewesen auf Einflüsse aus ihrer Umwelt und aus ihrem Inneren.

Wenn solche Schilderungen im Lichte der Protyposis erklärt werden sollen, so ist auf die Verwobenheit der beeinflussenden Informationen zu verweisen. Der Begriff der „Uniware"[16] lässt dabei erkennen, dass die sprachliche Trennung zwischen materiellen, energetischen und informativen Einflüssen oft zwar für eine Beschreibung nützlich ist, jedoch die Gefahr beinhaltet, sich die Teile letztlich wie voneinander unab-

---

[11] Penzlin, H. (2016) *Das Phänomen Leben – Grundfragen der Theoretischen Biologie*, Springer, Berlin, Heidelberg, S. 2

[12] Schreiber, U. C. (2019) *Das Geheimnis um die erste Zelle – Dem Ursprung des Lebens auf der Spur*, Springer, Berlin, S. 6

[13] Weber, A. (2008) *Alles fühlt*, Berliner Taschenbuch Verlag

[14] Wir bevorzugen Wahrnehmen und Empfinden als ersten Vorgang einer Informationsaufnahme aus der Umgebung und dem Inneren. Dies führt dann zum Fühlen und das kann aus unserer Sicht jedem Lebewesen zugeordnet werden. Pflanzen fühlen ein Hindernis und wachsen darum herum. Ein Gefühl ist die zumindest vorbewusste Wahrnehmung eines Körperzustandes und setzt eine zumindest einfache Form von Bewusstsein voraus.

[15] Mann, C. (2021) in: Mann, F.; Mann, C. (Hrsg.) *Im Lichte der Quanten*, wbg Theiss, Darmstadt, S. 26

[16] Görnitz, T.; Görnitz, B. (2015) *Von der Quantenphysik zum Bewusstsein: Kosmos, Geist und Materie*, Springer, Heidelberg, Kap 5.4.9, S. 180 ff.

hängig vorzustellen. Die *Ganzheit der Informationsverarbeitung* im Lebendigen fasst die von außen einwirkenden mit den im Inneren ablaufenden Prozessen zu der *Gesamtheit des Empfindens* zusammen. Dabei werden Einschätzungen erstellt, welche die zusammenkommenden Informationen auf das Wesentliche konzentrieren, also auf „positiv" und „negativ" vereinfachen. Daraus kann sich eine Handlung ergeben, z. B. einen zu warmen oder zu basischen Bereich zu verlassen oder auch, eine Handlung zu unterlassen und in der Nähe einer Nahrungsquelle zu verbleiben.

Bei solchen Entscheidungen können verschiedene Komplexitätsstufen differenziert werden. Sie werden nachfolgend dargestellt.

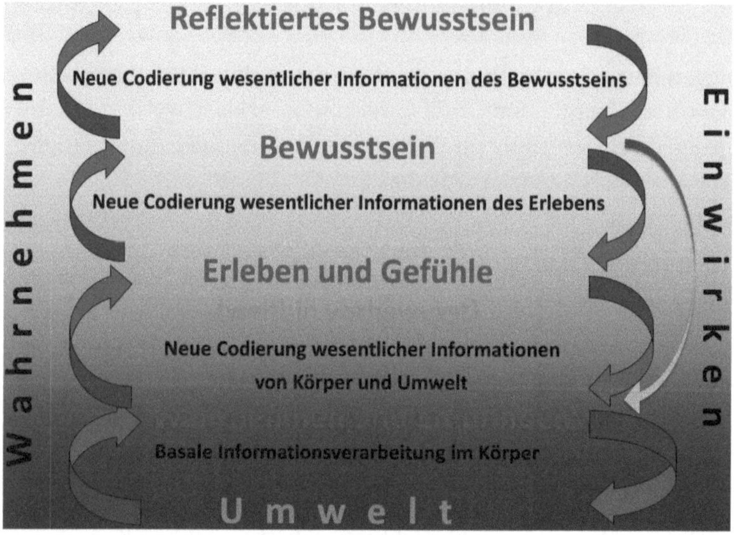

Bild 27.2 Wahrnehmen und Empfinden sind Grundformen der Informationsverarbeitung im Lebendigen. In der Evolution formen sich weitere Abstraktionsstufen heraus. In jeder Stufe wird Information decodiert und analysiert. Die Speicherung erfolgt ursprünglich in der Zelle mit dem Genom, nach der Ausformung von Nervenzellen zusätzlich in deren Strukturen.
Dabei wird dann das als wesentlich Erscheinende für die nächste Stufe codiert und weitergeleitet. Die theoretische Trennung zwischen diesen Stufen erleichtert das Verständnis. In der Natur jedoch gibt es für die einzelnen Repräsentationsstufen keine scharfen Grenzen.

Lebewesen sind wegen Ihrer Instabilität nicht nur durch Material und Energie beeinflussbar, sondern sogar durch übertragbare *Eigenschaften* von Material und Energie, die dann in Form von *bedeutungsvoller Information* auf die Prozesse einwirken. Eigenschaften von Molekülen werden durch Photonen auf andere Moleküle übertragen.

Ein *naturwissenschaftlich erklärter* Austausch von Information ist ein entscheidender Schritt, der bisher für eine naturwissenschaftliche Erklärung von Leben nicht zur Verfügung gestanden hatte. Alle Lebewesen sind in der Lage, auf Eigenschaften aus ihrem Inneren und aus ihrer äußeren Umgebung als Informationen in einer gewissen Weise zu reagieren. Zu solchen Eigenschaften gehören u. a. die *Systemeigenschaften* wie die Temperatur, der Druck, der pH-Wert und die verschiedenen Konzentrationen und räumlichen Anordnungen der beteiligten Moleküle. Solche Systemeigenschaften können einem Teil bzw. dem ganzen Lebewesen sowie auch seiner Umgebung zukommen, jedoch nicht einem einzelnen Molekül.

Faktische Eigenschaften können kopiert werden. Das kann beispielsweise ein Text auf einem Papier sein. Kopiert werden kann auch der Bauplan für ein Protein auf einem Gen oder eine faktisch gespeicherte Erinnerung. Wir müssen also die Oma nicht vergessen, nur, weil wir uns an sie erinnern. Wenn hingegen eine *quantische Eigenschaft* übertragen werden soll, dann wird sie beim Sender annihiliert. Das wird bei biochemischen Vorgängen in der Zelle zwischen zwei Molekülen keine Probleme bereiten. Es muss aber für ein bewusstseinsfähiges Lebewesen nicht in jeden Fall sinnvoll sein. Die bewussten Inhalte unserer Emotionen sind zumeist begleitet von einer Fülle von unbewussten Anteilen. Versuchen wir, über diese zu sprechen, um sie einem anderen mitzuteilen, wird danach ein Teil von dem unartikulierten Vorbewussten nicht mehr zugänglich sein.

> Das Non-cloning-Theorem zeigt auf, dass ein *unbekannter* Quantenzustand nicht verdoppelt werden kann. Es wird daher für einen Gedächtnisinhalt *ein materieller Träger für eine faktische Information* benötigt. Diese kann dann durch eine Wechselwirkung mit Photonen zu einem Quantenzustand aktiviert werden. Da Photonen sich gegenseitig durchdringen, ohne miteinander zu reagieren, ist für eine weitere Verarbeitung der von ihnen übermittelten Information wiederum eine Wechselwirkung mit einem materiellen Objekt notwendig.

Der von Photonen getragene aktuelle Zustand von Quanteninformation, der das Bewusstsein ist, ist nicht faktisch. Er wird immer wieder neu präpariert. Dazu mehr in Abschnitt 27.5.2.

Wie gesagt kann in Lebewesen eine Information bereitgestellte Energien auslösen und *Energie kann Materie und deren Verhalten verändernd beeinflussen.* Dies können wir Menschen an uns selbst erleben, wenn wir z. B. eine wichtige Information erhalten und sie heftige Gefühle auslöst, welche auch bis auf den ganzen Körper, wie den Kreislauf, die Muskulatur, das Verdauungssystem, das Hormonsystem usw. wirken. Die Reaktionen werden oft auch außen sichtbar. Das zeigt sich bei freudigen Erregungen oder Schrecken, aber auch sehr lebhaft bei Musik. Wir Menschen nehmen das Wirksamwerden von bedeutungsvoller Information am deutlichsten an sprachlichen und schriftlichen Einflüssen wahr. Auch die rein gedanklichen Einflüsse bringen massive Wirkungen hervor. Aus Vorstellungen, welche z. B. als Fantasien lediglich in unserem Bewusstsein bestehen oder die sogar unbewusst bleiben können, entstehen aus der Psyche verursacht, u. a. bei Ängsten, ganzkörperliche Reaktionen. Daher ist es leider fast unvermeidlich, dass zur Veranschaulichung der Informationsverarbeitung im Lebendigen am besten solche Bilder geeignet sind, die Analogien zu unserer menschlichen Informationsverarbeitung bereitstellen.

Die Verbindung zur Umwelt und der ständige Abfluss von Informationen als Entropie lässt in den Lebewesen immer wieder neue Fakten entstehen. Diese eröffnen ihrerseits stets neue Möglichkeiten, denn Fließgleichgewichte sind dadurch definiert, dass stets Energie für das Entstehen von neuen quantischen Zuständen zur Verfügung steht.

> Durch diesen fortwährenden Wechsel zwischen Fakten und neuen Möglichkeiten sind die Prozesse in Lebewesen lediglich hinreichend gut festgelegt, jedoch nicht determiniert in einem wissenschaftlichen Sinne.

Der Wechsel zwischen determinierten Möglichkeiten und den in ihrem Rahmen zufälligen Fakten bringt erst die Vielfalt, die Diversität in der biologischen Evolution hervor.

Die Nachkommen sehen fast genauso aus wie ihre Vorfahren, aber eben nur fast.

> Lebewesen besitzen eine hohe Plastizität. Sie sind fähig, sich auf weitgehend unterschiedliche Bedingungen einstellen zu können. Zugleich zeigen sie dabei eine hohe Robustheit, indem sie schwierigen Umweltbedingungen in einem oft erstaunlichen Maße standhalten können.

Leben kann letztlich nur mit Quantentheorie und der daraus folgenden Nichtdeterminiertheit der faktischen Entwicklung verstanden werden. Obwohl also Lebendiges nicht in einem wissenschaftlichen Sinne als determinert erscheint, findet sich sehr oft ein stark regelhaftes Verhalten.

> Mit dem „Quanten-Zenon-Effekt" lässt sich erklären, dass ein Quantensystem, an welchem *fortwährend die gleiche Messung* vorgenommen wird, mit hoher Wahrscheinlichkeit in dem Zustand verbleibt, welcher sich bei der Messung zuvor realisiert hatte. Daher verbleibt bei den Lebensvorgängen die Wahrscheinlichkeit für das Erscheinen von bestimmten Ergebnissen oft über eine gewisse Zeit sehr nahe bei null oder bei eins. Es ist „beinahe faktisch".

27.3.8 Systemtheorie und die Beschreibung des Lebendigen

Lebewesen sind Ganzheiten. In der chemischen Beschreibung beginnt man zumeist mit Atomen, welche sich zu Molekülen verbinden und die dann in der biochemischen Schilderung sehr komplizierte Prozesse durchlaufen können. Die notwendige quantentheoretische Darstellung zeigt dann, dass durch die Wechselwirkungen alle beteiligten Teile zu einer Gesamtheit geformt werden, welche Zustände umfasst, die aus keinem Teilbereich allein heraus erklärt werden können. Auch wenn in der Beschreibung ein Lebewesen *theoretisch* in Teile zerlegt wird, z. B. ein „Baum" in Wurzeln, Stamm, Zweige und Blätter, oder das „Bewusstsein" in unbewusst, vorbewusst, bewusst, so bilden sie doch eine Ganzheit.

> Die quantentheoretische Grundlegung zeigt auf, dass die Bildung eines Systems aus Teilen multiplikativ erfolgt.

Bisher beschreibt man in der Biologie oft mit dem Vokabular der Systemtheorie, wieso vom Ganzen Einflüsse auf die Teile erfolgen können und wiederum von den Teilen Einflüsse auf das Ganze und auf die anderen Teile. Bedeutende Beiträge zu einer Systembiologie haben unter anderem Paul Weiss (1898–1989), und Ludwig von Bertalanffy (1901–1972) entwickelt.[17] Ein noch lebender namhafter Vertreter der Systemtheorie ist Stuart A. Kauffman (*1939). Bei ihm liegt der Schwerpunkt der Erklärung auf der Herausbildung von Komplexität.[18] Er sieht aber auch die bedeutsame Rolle der Quantentheorie für das Verstehen der Welt. Allerdings wendet er sich mit seiner philosophischen Sicht auf die Evolution gegen die „Träume von einer endgültigen Theorie":

> *„Then very complex systems can come to exist without entailing law foundations. This must cause us to begin to question whether and, if so, when and why we need foundations."*[19]
> *(Dann können sehr komplexe Systeme entstehen, ohne dass es dafür eine gesetzliche Grundlage gibt. Dies muss uns veranlassen, uns zu fragen, ob und wenn ja, wann und warum wir Grundlagen brauchen.)*

Falls sich Kauffman mit dem „Traum einer endgültigen Theorie" gegen die Meinung wenden sollte, als seien die von uns gefundenen Naturgesetze die Grundlage, nach der sich die Natur zu richten hätte, dann muss ich dem zustimmen. Schließlich finden

[17] Bertalanffy, L. v. (1969) *General System Theory*, George Braziller, New York

[18] Kauffman, S. A. (2019) *A World beyond Physics, the Emergence & Evolution of Life*, Oxford University Press

[19] Kauffman, S. A. (2016) *Humanity in a Creative Universe*, Oxford University Press, Incorporated. ProQuest Ebook Central, *http://ebookcentral.proquest.com/lib/senc/detail.action?docID=4310803*, Created from senc on 2021-10-21 08:54:35.

wir die Natur vor und versuchen, aus ihrem Verhalten und durch ein Vernachlässigen von Unwichtigem Regeln und Gesetze zu abstrahieren. Allerdings sehe ich für Dasjenige, was dabei naturwissenschaftlich beschrieben und erklärt wird und somit als Gesetz formuliert werden kann, durchaus eine „einfachste Grundlage“. Aus dieser können dann die komplexeren Strukturen abgeleitet werden.

Leben wird oft charakterisiert als eine „Einheit von Ordnung und Chaos“. Dieser Aspekt wird in Arbeiten von Kauffman oft betont. Ordnung und Chaos sind eng verbunden mit thermodynamischen Überlegungen. In einer neueren Arbeit wird eine Verbindung zur Kosmologie untersucht. Bei dieser Untersuchung gehen die Autoren davon aus, dass der gesamte kosmische Inhalt bereits beim Urknall vorhanden sein soll. Sie diskutieren dann ausführlich die thermodynamischen Gleichgewichtsformen. Typ I und II sind unlebendig. Typ III bezeichnet Lebewesen.

> *„We consider how a definition of Type III systems may augment our familiar definitions of life. These familiar definitions include ‚an open non-equilibrium thermodynamic molecular system capable of self-reproduction and evolution‘. This minimal definition is often augmented by the concepts of: i. Replicating genetic material, ii. A metabolism, iii. A bounding membrane. Further augmentations include that of thermodynamic work and agency, and constraint closure by which cells do thermodynamic work to construct themselves.“*[20]
> *(Wir überlegen, wie eine Definition von Systemen des Typs III unsere bekannten Definitionen von Leben ergänzen kann. Diese bekannten Definitionen beinhalten „ein offenes thermodynamisches Nicht-Gleichgewichtssystem auf molekularer Ebene, das zur Selbstreproduktion und Evolution fähig ist“. Diese Minimaldefinition wird häufig durch folgende Konzepte ergänzt: i. Replizierendes genetisches Material, ii. ein Stoffwechsel, iii. Eine begrenzende Membran. Weitere Erweiterungen umfassen die Begriffe thermodynamische Arbeit und Handlungsfähigkeit und Schließung der Grenzen, durch die Zellen thermodynamische Arbeit leisten, um sich selbst zu konstruieren.)*

Die Autoren kommen dann zu ihrer Definition von Leben:

> *„A living organisms a Kantian Whole within a Type III system that is a non-equilibrium self-reproducing system with a metabolism, an identity and a boundary, and which is capable of open-ended evolution by heritable variation and selection or drift.“*
> *(Ein lebender Organismus ist eine Kantische Ganzheit innerhalb eines Systems vom Typ III, d. h. ein sich selbst reproduzierendes System ohne Gleichgewicht mit einem Stoffwechsel, einer Identität und einer Grenze, das zu einer unbegrenzten Evolution durch vererbbare Variation und Selektion oder Drift fähig ist.)*

[20] Cortês, M.; Kauffman, S. A.; Liddle, A. R.; Smolin, L. (2022) *Biocosmology: Biology from a cosmological perspective*, arXiv:2204.09379v2

Eine „Kantische Ganzheit“ ist aus meiner Sicht als eine quantische teilelose Ganzheit zu interpretieren, wie sie aus der Quantentheorie notwendig folgt. Kant konnte die ganzheitliche Struktur zwar erkennen, nicht jedoch die zugrundeliegende mathematische Struktur des Tensorproduktes der Zustandsräume.

Für „K“, ein Lebewesen, wird bei Kauffman et al. ausgeführt:

> *„A coding is a process that allows K to store information about its own structure. This involves an abstraction, in the sense that a sequence of letters made of nucleic acids on a strand of DNA can represent a sequence of amino acids. A code is an abstraction if the function that reads and writes information to a subcomponent involves an arbitrary map, which gives a representation of, but is not an instantiation of, that structure.*
> *At this point something very interesting happens. The same coding that gives the information needed to construct itself can be altered to code any of a vast space of alternatives. That is, the organism in its construction explicitly refers to itself (through the coding) and implicitly it refers to a vast set of adjacent possibilities. The first is recursive, we call the second excursive.“*
> *(Eine Kodierung ist ein Prozess, der es K ermöglicht, Informationen über seine eigene Struktur zu speichern. Dabei handelt es sich um eine Abstraktion in dem Sinne, dass eine Folge von Buchstaben aus Nukleinsäuren auf einem DNA-Strang eine Folge von Aminosäuren darstellen kann. Ein Code ist eine Abstraktion, wenn die Funktion, die Informationen in eine Unterkomponente liest und schreibt, eine beliebige Abbildung beinhaltet, die eine Repräsentation dieser Struktur darstellt, aber keine Instanziierung dieser Struktur ist.*
> *An diesem Punkt geschieht etwas sehr Interessantes. Dieselbe Kodierung, die die Informationen liefert, die für den Aufbau des Organismus erforderlich sind, kann so verändert werden, dass sie eine beliebige der zahlreichen Alternativen kodiert. Das heißt, der Organismus bezieht sich in seiner Konstruktion explizit auf sich selbst (durch die Kodierung) und implizit auf eine riesige Menge von benachbarten Möglichkeiten. Das erste ist rekursiv, das zweite nennen wir exkursiv.)*

Man sieht, dass Information für die Erklärung der Lebensvorgänge unverzichtbar ist. Der Begriff Information wird an den drei Stellen, wo er verwendet wird, in der Beschreibung wie selbstverständlich vorausgesetzt. Die steuernde Funktion der Information wird nicht erkennbar.

Kaufmann verwendet vielfach, sogar in einem Buchtitel, den Begriff der „Emergenz“.[21] Da Kauffmans Überlegungen vor allem im Bereich der klassischen Physik und der Thermodynamik beheimatet sind, kann aus diesen theoretischen Strukturen nur das erwachsen, was üblicherweise als schwache Emergenz bezeichnet wird. Bei

[21] Kauffman, S. A. (2019) *A world beyond physics: the emergence and evolution of life*, Oxford University Press, New York

der schwachen Emergenz kann das entstandene oder entstehende Neue aus den Teilen erklärt werden, aus dem es sich zusammenbaut. Bei der starken Emergenz hingegen kann das Neue nicht aus den Ausgangsteilen erklärt werden.

Wenn wir auf die mathematischen Strukturen schauen, dann ist die schwache Emergenz das Resultat einer additiven Zusammensetzung von Teilen zu etwas Neuem. Bei der starken Emergenz haben wir keine additive, sondern eine multiplikative Zusammensetzung. Das bedeutet, dass die Menge der Zustände schnell so groß wird, dass damit Strukturen gebildet werden können, die zuvor in den Ausgangsteilen in keiner Weise zu erkennen waren. Wir können also diese beiden Formen von Emergenz parallel sehen zur additiven Struktur der klassischen Physik und zur multiplikativen Struktur der Quantentheorie.

Die „world beyond physics", die Kauffman beschreibt, soll die Phänomene der Biologie erklären. Man kann die Ergebnisse der Evolution der Lebewesen und ihrer Organe nicht vorherberechnen. Deshalb würde, so Kauffman, die Biologie jenseits der Physik beheimatet sein. Die world beyond physics ist vor allem eine Welt jenseits der klassischen Physik. Natürlich zeigen biologische Phänomene vieles, was im Rahmen von Thermodynamik und der Ergodentheorie nicht vorkommt. Man spricht von „Ergodizität", wenn bei einem System der Mittelwert seiner zeitlichen Entwicklung dem Mittelwert über ein Ensemble gleicher Systeme zu einer festen Zeit, dem sogenannten Scharmittel, mit der Wahrscheinlichkeit eins entspricht. Natürlich ist eine solche mathematische Forderung bei einem System, welches evolutionär ist, nicht erfüllbar. Außerdem erweisen sich die biologischen Vorgänge bei einer genauen Untersuchung als quantisch. Das bedeutet, dass die entstehenden Fakten nicht determiniert sind. Man kann höchstens die Wahrscheinlichkeiten ihres Erscheinens berechnen. Daraus schließe ich aber nicht, dass die Physik an ihre Grenzen gelangt, sondern das man notwendigerweise auch die Konsequenzen der Quantentheorie beachten muss.

Die Probleme mit der Kosmologie ergeben sich bei Kauffman aus der Hypothese, dass die gesamte Materie des Kosmos bereits im Urknall vorhanden sein soll. Die AQI-Kosmologie zeigt, dass der Kosmos ebenfalls ein dynamisches System ist, dessen Inhalt sich erst im Laufe der kosmischen Evolution herausformt. Daraus kann man schließen, dass ergodisches Verhalten lediglich in Systemen beobachtet werden kann, die kunstvoll von der kosmischen Evolution isoliert wurden. Das ist für Lebewesen prinzipiell unmöglich.

Die vielfach erwähnte Emergenz kann bei einer Berücksichtigung der AQIs durch eine physikalische Erklärung abgelöst werden.[22] Damit wird auch auf natürliche Weise die Rekursivität der Information in die naturwissenschaftliche Beschreibung eingeschlossen. Diese Rekursivität ist eine Voraussetzung dafür, dass ein Lebewesen sich durch eine intelligente Steuerung selbst stabilisiert.

[22] Siehe z. B. Görnitz, T.; Görnitz, B. (2015)

27.3.9 Die mathematische Struktur zur Beschreibung des Lebendigen

Für die Strukturen, die so komplex sind, dass sie zur Biologie gerechnet werden, sind Gesetze in einem mathematischen Sinne zunächst schwer vorstellbar. Lebewesen haben so viele Eigenschaften, dass bei genügend genauer Betrachtung keines einem anderen gleich ist. Man wird daher nur Ähnlichkeiten feststellen können. Aus diesen folgen Regeln. Der Versuch, trotzdem Gesetze zu formulieren, führt in vielen Fällen wegen der dafür notwendigen Vernachlässigung von Unterschieden zu Näherungen. Diese können dann für ein Verstehen durchaus hilfreich sein. Solche Näherungen können beispielsweise die Unterteilung eines Lebewesens in verschiedene Organe oder in verschiedene Erscheinungsformen wie Materie, Energie und Information sein.

Die Tensorproduktstruktur der Quantentheorie ist die mathematische Basis dafür, die systemische Strukturbildung erklären zu können. Die Tensorproduktstruktur beschreibt die Kombination der Zustandsräume der Teile zu einem multiplikativen Gesamtraum.

Theoretische Erzeugung der Zustände eines Lebewesens als Ganzheit aus AQIs:

$$C^2 \otimes C^2 \otimes C^2 \otimes \ldots \otimes C^2 \otimes C^2 = H(Lw) \tag{27.1}$$

Der Zustandsraum des Gesamtlebewesens, der Hilbert-Raum $H(Lw)$, ist hier theoretisch beschrieben als Tensorprodukt aus den zweidimensionalen komplexen Zustandsräumen C^2 der AQIs.

In dem Zusammenwirken der Ausgangsteile zu einem Ganzen, zu einem Tensorprodukt, wird sehr viel mehr, sehr viel Anderes und sehr viel Neueres erscheinen können, als dies in den Ausgangsteilen vorstellbar gewesen wäre. Dazu müssen wir allerdings von dem abstrakten Raum des Tensorproduktes, dem Zustandsraum der Ganzheit, zu einzelnen konkreten Zuständen in dem Gesamtraum übergehen. Dann zeigt sich, dass für fast alle *Zustände* der Ganzheit eine Sprechweise: „in diesem Zustand besteht sie aus diesen oder jenen Teilen“ in Strenge unzutreffend ist. Wenn bei der Bildung der Ganzheit in jedem Faktor, also in jedem Teilraum, ein wohldefinierter Zustand vorliegt, dann ist der sich ergebende Zustand im Ganzen ein Produkt der Zustände der Teile – ein reiner Produktzustand. Alles in der Biologie ist in einem ständigen Fluss, alles verändert sich. Daher verändert sich auch der Gesamtzustand, also derjenige der Ganzheit. Selbst wenn im Moment der Bildung dieser Zustand ein reiner Produktzustand ist, so zeigt mathematische Analyse, dass dieser bald danach kein reiner Produktzustand mehr sein kann. Wenn es ein Produktzustand bliebe, dann bestünde das Ganze weiterhin aus den Teilen, es wäre also keine Ganzheit. Ein Fortbestehen der Teile ist ein Kennzeichen der klassischen Physik. Eine Skizze soll helfen, das zu verdeutlichen.

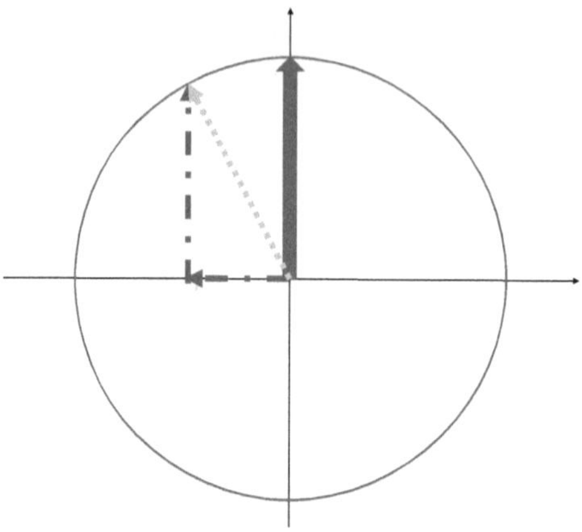

Bild 27.3 Der *Zustandsraum*, also die Menge aller Zustände der Ganzheit, soll durch die *Kreislinie* charakterisiert werden. Alle Zustände werden dargestellt durch einen Vektor vom Ursprung zu einem Punkt auf der Kreislinie. Einer von diesen kann der aktuelle Zustand sein.
Die *reinen Produktzustände* sollen durch die Vektoren auf den Koordinatenachsen oder parallel zu diesen dargestellt werden. Als Beispiele soll der breite durchgezogene Pfeil den Zustand bei der Bildung des Gesamtsystems charakterisieren. Die beiden strichpunktierten Pfeile sollen ebenfalls reine Produktzustände darstellen. Bei diesen ist für jeweils einen von ihnen der Gesamtzustand das Produkt von wohldefinierten Teilzuständen. Nur in einem solchen Fall kann zutreffend formuliert werden: „Das Ganze besteht aus diesen Teilen."
Ein *verschränkter* Zustand aus *reinen Produktzuständen* ist nicht parallel zu einer Achse. (Beispiel: der punktierte Pfeil als Summe der beiden strichpunktierten Pfeile, die verschränkt den punktierten bilden.) Fast alle Zustände der Ganzheit sind solche verschränkten Zustände (im Bild aus den beiden strichpunktierten mit jeweils verschiedenen Anteilen [Längen]). Sie können nicht als Produkt von je einem Zustand in je einem Teil verstanden werden. In der Sprache der Quantentheorie nennt man diese Summe von Möglichkeiten die *Superposition* der Vektoren. Sie wird, wie verdeutlicht, als *Verschränkung* bezeichnet.
Es gibt also sehr viel mehr Zustände in der Ganzheit, als sich allein durch je einen einzigen jeweils konkreten Zustand in den Teilen erfassen lässt. Wenn das System mit einem reinen Produktzustand gebildet wird, dann ist es nach kurzer Zeit in einer Superposition von Produktzuständen. Diese sind dann verschränkt.
Bei einem allgemeinen Zustand des Gesamtsystems kann man nicht mehr behaupten, dass damit ein Teilsystem ebenfalls in einem bestimmten Zustand wäre. In den Teilen müssten gleichzeitig verschiedene Zustände angenommen werden, um den Zustand des Gesamtsystems zu beschreiben.

Fast alle Zustände der Ganzheit sind verschränkte Produktzustände und liegen im Bild nicht auf den Koordinatenachsen. Bei einem verschränkten Zustand (also bei allen bis auf „eine Menge vom Maße null") kann man nicht mehr davon sprechen, dass das Ganze noch aus den Teilen besteht, aus denen es gebildet wurde. Das Ganze ist dann fast völlig neu und fast völlig verschieden von den Ausgangsteilen. Lediglich die Summe der Massen und Spins sowie die Summe der Ladungen bleiben bei einer chemischen bzw. biochemischen Verbindung erhalten. Alle anderen Eigenschaften können sich ändern.

Es soll noch einmal ein mathematischer Blick auf die beiden Begriffe „Tensorprodukt" und „Superposition" geworfen werden. Wenn zwei Quantensysteme durch eine Wechselwirkung zu einer Zeit t_0 zusammenkommen, dann bilden sie ein Gesamtsystem. Der Zustand des Gesamtsystems $|\psi_0\rangle$ zum Zeitpunkt t_0 ist dann in diesem Moment des Entstehens ein Tensorprodukt ⊗ aus je einem Zustand der beiden Teile $|\psi_1\rangle$:

$$|\psi_0\rangle = |\psi_1\rangle \otimes |\psi_2\rangle \tag{27.2}$$

Beim Zusammenfügen, also nur im Moment des Zusammenführens, ist für die Produktzustände die Sprechweise noch sinnvoll, dass sie aus den beiden Teilen aufgebaut werden. Die zeitliche Entwicklung des Zustandes $|\psi\rangle$ wird allerdings in der Regel so verlaufen, dass er bereits nach einer kurzen Zeit nicht mehr als ein solcher Produktzustand darstellbar ist.

$$|\psi_t\rangle = |\psi_{1a}\rangle \otimes |\psi_{2a}\rangle \oplus |\psi_{1b}\rangle \otimes |\psi_{2b}\rangle \tag{27.3}$$

Dieser Zustand ist jetzt nur noch darstellbar als eine Superposition (als eine Summe) solcher Produktzustände. Er ist also kein reiner Produktzustand, daher kann er nicht als „aus den ursprünglichen Teilen bestehend" interpretiert werden. Die Superposition verdeutlicht, dass Möglichkeiten als solche nur dann sinnvoll sind, wenn sie zugleich mit anderen Möglichkeiten gegeben sind.

> Natürlich ist es trivial, dass ein Faktum mit allen Fakten unvereinbar ist, die von ihm verschieden sind. Eine Möglichkeit ist nur dann vorstellbar, wenn auch andere (also von ihr verschiedene) Möglichkeiten ebenfalls möglich sind. *Sonst wäre die betreffende Möglichkeit ein Faktum.*

Mathematisch werden die Superpositionen als Summen der Zustandsvektoren dargestellt. Dieser Summenzustand im Tensorprodukt-Raum ist dann kein Produkt mehr von Vektoren aus jeweiligen Teilräumen. Somit ist die Sprechweise, dass das Ganze aus den Teilen $|1\rangle$ und $|2\rangle$ bestehen würde, nicht mehr zutreffend.

Würde man $|\psi_t\rangle$ in die Teile $|\psi_{1a}\rangle$ und $|\psi_{2a}\rangle$ zerlegen, dann würde man durch einen solchen Eingriff ins System den Anteil $|\psi_{1b}\rangle \otimes |\psi_{2b}\rangle$ verlieren. Dieser Verlust von Information geschieht wie geschildert bei einem Messprozess. Auch bei diesem wird eine Superposition durch Verlust von Information in ein Faktum überführt.

Wenn also die meisten der Zustände in der Gesamtheit verschränkt sind, die ursprünglich aus einem solchen Produkt entstanden ist, dann bedeutet das, dass sie dann nicht mehr so betrachtet werden können, als ob sie aus den Ausgangsteilen bestehen würden. Sie sind dann etwas Neues mit neuen Eigenschaften. Diese verschränkten Zustände können bei einer neuen Wechselwirkung zu einer genäherten mathematischen und pragmatisch sinnvollen Zerlegung in „neue Teile" führen.

$$|\psi_t\rangle = |\varphi_1\rangle \otimes |\varphi_2\rangle \tag{27.4}$$

Die neuen Teile, deren Zustände mit $|\varphi_1\rangle$ und $|\varphi_2\rangle$ gekennzeichnet werden, können vollkommen verschieden sein von den Teilen, mit denen die Ganzheit gebildet worden war.

Eine theoretische Form für die praktische Beschreibung

Für die praktische Beschreibung und das Verstehen ist es zweckmäßig, eine gedankliche Zerlegung der Ganzheit des Lebewesens in unterscheidbare Teile vorzunehmen. Der Zustandsraum des Gesamtlebewesens *H(Lw)* ist somit *theoretisch* zu zerlegen. Dabei gibt es eine gewisse Willkür und ebenfalls zumeist keine scharfen Grenzen zwischen den so erzeugten Teilen. Das beeinflusst jedoch die Zweckmäßigkeit der Aufteilung wenig.

$$H(Lw) = H(Körper) \otimes H(Energien) \otimes H(Information) \tag{27.5}$$

Mit *H(Körper)* sollen die Zustände der materiellen Anteile (ihr Zustandsraum) gekennzeichnet werden. Der Zustandsraum der realen und virtuellen Photonen, also der gespeicherten und aktiven Energien, ist *H(Energien)*. Mit *H(Information)* soll die Menge der Zustände der in der Verarbeitung befindlichen bedeutungsvollen Informationen gekennzeichnet werden.

Nach dieser theoretischen Zerlegung kann davon gesprochen werden, dass das Lebewesen aus den Teilen „Körper", „Energie" und „Information" besteht. *Hinter dieser Vereinfachung bleibt aber die Tatsache bestehen, dass dabei viele der existierenden Verschränkungen durch die theoretische Beschreibung zerlegt und/oder ausgeschlossen worden sind.* In vielen medizinischen Fällen wird eine weitere theoretische Zerlegung, z. B. des Körpers in einzelne Organe, sinnvoll sein. Wenn man jedoch dabei den Informationsanteil des Lebewesens als einem Ganzen ausblendet, dann fallen u. a. psychosomatische Zusammenhänge durch das Raster.

Da in chemischen Reaktionen keine neuen Massen entstehen können, kann das Neue entweder eine andere Anordnung der Ausgangsatome sein, also neue und zuvor nicht vorhandene Moleküle, virtuelle Photonen als gespeicherte Energie, sowie auch Quasiteilchen. Letztere haben zwar keine reale Ruhmasse, können aber reale Wirkungen erzeugen. Das sind dann Wirkungen, die ohne diese virtuellen Teilchen schwerlich erklärt werden könnten. *Daraus ergibt sich einerseits, dass eine genäherte Beschreibung des Ganzen als eine Anordnung von getrennten Untersystemen (beispielsweise ein*

Molekül beschrieben als die Atome mit ihren Wechselwirkungen) oft hinreichend gut ist. Die Zerlegung kann so geschehen, dass manche von diesen neu geformten Teilen (Quasiteilchen) verschieden von denjenigen sind, aus denen man in der Beschreibung oder in der Natur das ganze System aufgebaut hatte (Elektronen und Atomkerne). In der Chemie beginnt man jetzt, über die früheren Beschreibungsweisen hinauszugehen und genauer zu werden. (Siehe z. B. dazu auch die Sammlung von weiteren quantenbiologischen Resultaten.[23])

Zusammenfassend soll noch einmal darauf verwiesen werden, dass sich mit der Tensorproduktbildung ergibt, dass die Anteile von bedeutungsvoller Information von einer verschränkten Gesamtheit von ständig wechselnden virtuellen und realen Photonen getragen werden.

Wir haben eine Gesamtheit von verschränkten Eigenschaften, also von verschränkter Quanteninformation, die eine gewisse zeitlang andauert, bevor sie sich verändert. Es ist zuzugeben, dass es sich hier um kein einfaches Bild handelt. Daher soll bereits hier ein kurzer Blick auf das Bewusstsein geworfen werden, das in Abschnitt 27.5 ausführlicher behandelt wird. Da wir aber unmittelbaren Zugriff auf unser eigenes Bewusstsein haben, kann es Beispiele liefern, die ein Verstehen erleichtern.

Die verschränkten Photonen, welche diese Eigenschaften im Gehirn – z. B. einen bewussten Gedanken – präsent halten, wechseln in einer sehr viel kürzeren Zeit als die verschränkten Eigenschaften selbst.

Die von Photonen getragenen verschränkten Quanteninformationen bilden das Bewusstsein in einem lebendigen Gehirn.

Die Veränderungen am Bewusstsein geschehen in viel längeren Zeitabschnitten als der Austausch der Photonen, die diese Quanteninformation präsent halten. Als Beispiel denke man an das Lesen eines Textes. Dieser verändert sich in unserer Wahrnehmung nur so schnell, wie wir lesen, also in Bruchteilen von Sekunden. Die Photonen hingegen, welche diese verschränkten Informationen in unsere Augen tragen, wechseln in Bruchteilen von Nanosekunden.

Dieser Wechsel der Photonen, also ein ständiger Durchsatz von Energie, war eine der erwähnten Bedingungen, die mit dem Begriff „Fließgleichgewicht“ bezeichnet werden. Dazu ist anzumerken, dass die „chemisch gespeicherte Energie“, z. B. die Bindungsenergie von ATP, eine Form von virtuellen Photonen ist. Diese werden in den Reaktionen zu realen Photonen. Nach der Wechselwirkung werden sie über Zwischenstufen schließlich zu „Wärmestrahlung“ und transportieren Entropie in die Umwelt. Erst durch die Chemie können wir die Reichhaltigkeit und Vielfalt der elektromagnetischen Wechselwirkung erkennen.

[23] Al-Khalili, J.; McFadden, J. (2015) *Der Quantenbeat des Lebens; Wie Quantenbiologie die Welt neu erklärt*, Ullstein, Berlin

27.3.10 Das ist Leben

Nach diesen vielfältigen Vorbereitungen wird eine Definition von Leben vorgeschlagen:

> *Das Leben als Erscheinung einer lokalen biologischen Evolution entwickelt sich im Rahmen der kosmischen Evolution. Das konnte geschehen, weil sich in dieser Evolution absolute, also noch bedeutungsfreie und kosmisch definierte Bits von Quanteninformation, AQIs, auch zu den Quanten von Materie und Energie formen können. Strukturen aus diesen Quanten haben Eigenschaften, die übertragbar werden und die bei Lebewesen zu bedeutungsvoller Information werden können.*

Ein Lebewesen ist ein metastabiles Fließgleichgewicht, also mit einem ständigen Austausch von Materie und Energie. Dieser wird als Metabolismus bezeichnet. Lebewesen besitzen innerhalb ihrer semipermeablen Hülle Anteile von unterschiedlicher Stabilität.

> *Im Unterschied zu anderen Fließgleichgewichten ist Lebendiges dadurch ausgezeichnet, dass es sich durch eine interne Informationsverarbeitung steuernd selbst stabilisiert. Ein Lebewesen befindet sich in Homöostase und muss als informationsbasierte quantische Ganzheit verstanden werden. Die Verarbeitung externer und interner Informationen beruht auf chemisch realisierter elektromagnetischer Wechselwirkung. Dabei handelt es sich um den Austausch von verschränkten realen und virtuellen Photonen als den Übermittlern dieser Informationen zwischen ihrerseits ebenfalls verschränkten Molekülen.*

Eine stabilisierende Informationsverarbeitung, also die Codierung und Dekodierung bedeutungsvoller Information, wird als intelligent bezeichnet. Solche selbstreflexive Struktur setzt eine Form von Gedächtnis voraus, sodass der Prozess der Informationsverarbeitung auf vergangene Erfahrungen zurückgreifen kann, also lernfähig ist. Dieses Gedächtnis wird bei den Lebensformen, die wir kennen, zuerst in Form von RNA und DNA faktisch gespeichert. Mit Nervensystem und Gehirn eröffnen sich weitere Formen einer Informationsverarbeitung.

Die grundlegend quantische Struktur aller Lebensvorgänge mit der damit gegebenen Fülle von Möglichkeiten eröffnet allen Lebewesen die Fähigkeit zur Anpassung an die sich ändernden Umwelten.

Alle diese Fähigkeiten müssen Lebewesen an Nachkommen, die ihnen ähnlich sind, weitergeben können. Falls die Mitglieder einer Art dazu nicht in der Lage sind oder falls die erforderlichen Änderungen wegen einer sich zu schnell verändernden Umwelt zu radikal sein müssten, können Arten von Lebewesen aussterben.

Diese sehr nüchterne naturwissenschaftliche Definition kann natürlich noch nicht all die Fülle an wunderbarer Schönheit, die vielfältigen Formen von Kooperationen und

Synergieeffekten und auch nicht manche erschreckende Seite des Darwinschen „Struggle for Life" ausmalen. Das kann in einer so konzentrierten Darstellung auch nicht beabsichtigt werden und soll einer späteren Arbeit vorbehalten bleiben.

Wir haben die Eigenschaften des Lebendigen dargestellt. Das erlaubt, die Unterschiede zwischen unbelebter Materie und einer lebendigen Struktur zu kennzeichnen. Nun wollen wir uns dem Prozess zuwenden, bei dem der Übergang vom Unbelebten zum Lebendigen geschieht.

27.4 Die Evolution des Lebendigen

Bisher kennen wir nur einen Planeten, auf dem sich Lebewesen entwickelt haben, unseren. Allerdings ist anzunehmen, dass in dem riesigen Kosmos mit einer ungezählten Anzahl von Planeten das Leben durchaus in vielfacher Weise entstanden sein wird. Es gibt allerdings ernstzunehmende Hinweise auf die Möglichkeit zumindest auf Vorformen von Leben auf dem Saturn-Mond Enceladus.[24] In den Eisfontänen aus diesem Mond wurde eine zahlreiche Anzahl verschiedener organischer Moleküle gefunden, die ein einfaches Leben im Ozean unter dem Eis wenigstens denkbar erscheinen lassen.

Alle Lebensformen, die wir kennen, basieren auf Wasser mit der Dipolwirkung seiner Moleküle und der daraus auch folgenden Clusterbildung von diesen Molekülen. Besonders häufig vorkommende Elemente sind neben Sauerstoff, Kohlenstoff, Wasserstoff und Stickstoff, die beim Menschen etwa 96 % des Körpergewichts umfassen, Calcium, Phosphor, Schwefel, Kalium, Natrium, Chlor, Magnesium, Eisen, Mangan, Chrom und noch viele andere. Weitere Vorbedingungen für die biochemischen Reaktionen waren: ultraviolette Strahlung von der Sonne, Einschläge von Asteroiden, der Vulkanismus und die Kontinentalverschiebung, also große Verwerfungen der Erdkruste mit hohen Temperaturen und Drücken. Neben Wasser ist offenbar auch flüssiges CO_2 als Lösungsmittel wichtig.[25] Beim Erkalten der Erdkruste gibt es im Gestein Einlagerungen von Flüssigkeit in winzigen Spalten. Bei chemischen Reaktionen in Mikroporen und unter sehr speziellen Druck- und Temperaturbedingungen ist zu vermuten, dass nicht allein die Energie der Photonen für das Verstehen der Reaktionen hinreichend ist. So wird unter hohem Druck CO_2 flüssig und zu einem Lösungsmittel für Stoffe, die beispielsweise in Wasser unlöslich sind. Damit kann räumliche Nähe für solche Moleküle hergestellt werden, die sich ohne ein solches Lösungsmittel abstoßen werden. Bei einer Annäherung können sie auf ihre Eigenschaften reagieren, also

---

[24] Peter, J. S.; Nordheim, T. A.; Hand, K. P. (2023) *Detection of HCN and diverse redox chemistry in the plume of Enceladus*, Nature Astronomy, *https://doi.org/10.1038/s41550-023-02160-0Article*

[25] Schreiber, U. C. (2019) *Das Geheimnis um die erste Zelle – Dem Ursprung des Lebens auf der Spur*, Springer, Berlin

Informationen austauschen. Das Wasser als Lösungsmittel kann weitere Effekte bewirken, die teilweise dem, was man üblicherweise in der Schule lernt, auf den ersten Blick widersprechen. So können sich beispielsweise in manchen Fällen im Wasser negativ geladenen Teilchen anziehen und so chemische Reaktionen beeinflussen, obwohl sie sich gemäß Coulomb-Gesetz abstoßen sollten.[26)]

Aus den Darstellungen über die Quantentheorie sollte deutlich geworden sein, dass sie nicht nur eine Theorie des Ausgleichs und der Balance, sondern durch die ganzheitlichen Beziehungsstrukturen auch eine Theorie des Neuen und der Veränderungen ist.

Bei den metastabilen Lebewesen sorgt die Steuerung mittels bedeutungsvoller Information dafür, dass die Veränderungen nicht aus dem Ruder laufen und somit eine Homöostase erreicht wird.

In der Biologie wird man weiterhin auf den Erkenntnissen von Charles Darwin (1809–1882) und Alfred Russel Wallace (1823–1913), aber auch von den Evolutionsbiologen Ernst Mayr (1904–2005), Theodosius Dobzhansky (1900–1975) und anderen aufbauen, sowie auf der neuen und aktuellen Forschung zur Epigenetik. Eine Betrachtung der Biologie zeigt, dass man bisher bereits die faktischen Strukturen für die Regulierung des Lebendigen schon recht gut untersucht und erkannt hat. Dabei geht es um das Verstehen der chemischen und biochemischen Vorgänge innerhalb der lebenden Zellen. Dieser Weg ins Genaue und ins Kleine birgt jedoch die Gefahr, dass die für das Verstehen des Lebendigen unabdingbare Berücksichtigung der Ganzheit sowohl einer Zelle als auch eines Organs und eines Lebewesens aus dem Blickfeld geraten kann.

27.4.1 Ganzheitliche Strukturen und das Entstehen von Bedeutung

Wie dargestellt werden oft unter dem Terminus einer „Systemtheorie" die ganzheitlichen Aspekte der Lebewesen als Schwerpunkt gesetzt. Aus einer anderen Richtung kommen die biochemischen Forschungen. Sie werden bereits so genau, dass neben dem unabweisbaren Wirken des Faktischen auch immer mehr die Einflüsse von Möglichkeiten erkennbar werden. Mit den Methoden der Theorie über Quanteninformation war es durchführbar, den beiden wichtigen und bisher eher als recht unterschiedlich zu interpretierenden Bereichen, der Molekularbiologie und der Systembiologie, eine gemeinsame theoretische Grundlage zu geben.

Bei allen Evolutionsschritten vom kosmischen Anfang bis zum Leben sehen wir immer wieder Aufteilungen des kosmischen Inhalts in verschiedene Formen und Objekte

26 Wang, S., Walker-Gibbons, R., Watkins, B. et al. (2024) *A charge-dependent long-ranged force drives tailored assembly of matter in solution.* Nat. Nanotechnol. *https://doi.org/10.1038/s41565-024-01621-5*

und zugleich dabei auch das Entstehen von neuen Ganzheiten. In der Biologie war die bedeutsame Rolle der Evolution bereits viel früher erkannt worden als in der Physik. Einsteins Allgemeine Relativitätstheorie hatte es erstmals gestattet, mathematische Modelle für eine Evolution des Kosmos zu entwerfen. C. F. v. Weizsäckers Vorlesung über „Die Geschichte der Natur"[27] hatte (zumindest für den deutschsprachigen Raum) mitgeholfen, den Entwicklungsgedanken auch außerhalb der Biologie zu verorten. Chemische Objekte wie einfache Moleküle, z. B. Aminosäuren, die auf der Erde oder in Kometen entstanden sind, können miteinander in Beziehungen treten. Dabei formen sich unter der elektromagnetischen Wechselwirkung der quantischen Teile neue Ganzheiten. Die Beschreibungen im Rahmen der Chemie differenzieren die Stärken dieser Wechselwirkungen beispielsweise als kovalente Bindung, als Ionenbindung, als Van-der-Waals-Bindung oder als Wasserstoffbrücken. Komplexere Strukturen werden immer mehr unterscheidbare Eigenschaften besitzen, sodass sie dann anhand von diesen Eigenschaften voneinander unterschieden werden können. Komplexe Systeme können so etwas wie eine Individualität erhalten. Man kann sie einzeln benennen, so wie man einem Hund oder einer Katze einen Namen gibt.

Für etwas Unbelebtes hat nichts eine Bedeutung. Für einen Stein oder einen Stern gibt es natürlich die Wirkung von Kräften. Bei allen derartigen Einwirkungen kann man von Veränderungen und Bewegungen, jedoch nicht von Bedeutung sprechen. Selbstverständlich können Menschen einem Stein oder einem Stern eine Bedeutung zusprechen, die er für sie hat. Man gibt Sternen und großen Steinen (also Felsen und Gebirgen) einen Namen, weil man ihnen Bedeutungen und oft sogar einen Einfluss zuspricht, was sie für viele andere Menschen auch haben. Berge können so hoch und steil sein, dass manche ihr Leben riskieren, um sie zu besteigen. In der Fantasie kann man sogar Steine oder Sterne auch sprechen lassen. Aber dass es für einen Stein bedeutungsvoll sein soll, ob man ihn als Schmuck trägt oder ihn z. B. im Museum ausstellt, das ist schwer zu glauben.

Leben beginnt, wenn Informationen zu spezieller Bedeutung werden. Die Bedeutung besteht am Anfang im Weiterbestand des Lebewesens, indem bestimmte chemische Vorgänge ermöglicht, beschleunigt oder verstärkt und andere vermindert werden. Bedeutungsvoll ist also alle Information im Kontext des gesamten Lebewesens, die erst einmal primär zu seinem Erhalt beiträgt.

An den Viren, die nicht zu den Lebewesen gerechnet werden und die auch keinen Stoffwechsel haben, wird der Übergang zwischen einer *bedeutungsfreien* zu einer *bedeutungsvollen* Information leicht erklärbar. Ein Virus ist ein riesiges Molekül mit vielen verschiedenen Eigenschaften. Nur in einer geeigneten Umgebung können diese Eigenschaften durch diese Umgebung decodiert werden und danach als nun bedeutungsvoll gewordene Information steuernd auf die Abläufe in dieser Umgebung einwirken. Dies geschieht oft, aber nicht immer, zum Nachteil des Wirts.

---

[27] Weizsäcker, C. F. v. (1948) *Die Geschichte der Natur*, Zwölf Vorlesungen (gehalten in Göttingen 1946), Hirzel, Leipzig/Stuttgart/Zürich

Eine Decodierung von einlaufender Information kann nur im Zusammenwirken mit derjenigen Information erfolgen, die bereits am Verarbeitungsort vorhanden ist bzw. die im Prozess der Bedeutungsgebung zusätzlich dahin gelangt und gleichzeitig mitverarbeitet wird. Die entstehende *Bedeutung* stammt nur zu einem Teil aus derjenigen Information, die einlaufend an den Verarbeitungsort gelangt. Dort muss wie gesagt dann weitere Information bereitstehen oder hinzugeholt werden, damit die einlaufende Information bewertet und damit bedeutungsvoll werden kann. So kann man gesprochene Sprache erst dann verstehen, wenn man zuvor die Bedeutung der Worte gelernt hatte.

Je nach Situation kann der Verarbeitungsort ein Teil einer Zelle, aber sogar auch das ganze Gehirn sein.

> Die sich entwickelnde Vielfältigkeit, die große Diversität des Lebendigen, entfaltet sich im Wechselspiel zwischen dem durch die Umwelt jeweils gegebenen Kontext und der spezifischen Informationsverarbeitung der verschiedenen Lebewesen.

27.4.2 Räumliche Information und Katalyse

Bereits am Beginn des Lebens werden die chemischen Umsetzungen anders verlaufen sein als im Reagenzglas oder gar als in den großen Reaktoren der technischen Chemie. *Es wird immer deutlicher, dass in den eingeengten Raumbereichen, in denen das Leben entstanden sein muss, zwischen den Reaktionspartnern und den Begrenzungen des Bereiches die Beeinflussungen auf verschiedene Weise stattfinden.*

Es zeigt sich, wie bedeutsam und wesentlich auch für die chemischen Umsetzungen die räumliche Anordnung der beteiligten Moleküle ist. Nicht nur in der Chemie, sondern vor allem auch bei der Entstehung des Lebens und dann weiter überall in der Biologie kommt es darauf an, in welchen räumlichen Beziehungen zueinander sich verschiedene Moleküle befinden. *Die Eigenschaften von Molekülen entsprechen keinen langreichweitigen Einflüssen.* Deshalb kann, so wie bei den Proteinen, eine spezielle räumliche Anordnung, die Taschen oder Höhlen erzeugt und mit diesen kurzreichweitige Wirkungen, ganz wesentliche Einflüsse auf die chemischen Reaktionen haben.

Als Katalysatoren bezeichnet man Oberflächen- oder Molekülstrukturen, die einen Einfluss auf chemische Prozesse haben, ohne in diesen Prozessen verbraucht zu werden. Daher kann mithilfe von Katalysatoren, die in der Biologie als Enzyme bezeichnet werden, eine Beeinflussung von chemischen Synthesen oder von Zerlegungen erfolgen. Das kann sich sowohl auf die Einleitung der Prozesse als auch auf deren Geschwindigkeit beziehen.

Die Eigenschaften von Katalysatoren kann man erläutern mit einer Fabel aus dem Orient. Ein Vater hat drei Söhne und 17 Kamele. In seinem Testament verfügt er, dass der älteste die Hälfte der Kamele erhält, der zweite ein Drittel und der dritte ein Neuntel. Nach dem Tod des Vaters sind die Söhne völlig verzweifelt. Wenn sie dem Testament Genüge tun, dann ist das Erbe wertlos. Schließlich müssten sie zumindest einen Teil der Kamele schlachten. Zum Glück kommt ein reisender Derwisch und will ihnen helfen. Er stellt sein Kamel zu den 17 anderen und teilt dem Ersten die Hälfte, nämlich neun Kamele zu. Der zweite erhält ein Drittel, also sechs Kamele. Der jüngste bekommt ein Neuntel, also zwei Kamele. Der Derwisch nimmt dann sein übrig gebliebenes Kamel und reitet weiter.

Bei einer Katalyse leiht gleichsam der Katalysator ein Elektron oder ein Proton, manchmal auch mehrere, an die beteiligten Moleküle aus. Diese zusätzlichen elektrischen Ladungen gestatten an den Zielmolekülen eine Reaktion, welche ohne diese zusätzlichen Ladungen nicht erfolgen würde. Die Katalysatormoleküle sind in der Regel räumlich, wie ein Korb oder eine Höhle gestaltet. Dadurch erfolgen an den Zielmolekülen die oben erwähnten Veränderungen. Deren ursprüngliche Ladungsverteilung, wie sie in der freien Flüssigkeit vorliegt, wird durch eine umgreifende Struktur des Katalysators verändert und eine erwünschte Reaktion somit erleichtert. Mit der Quantentheorie kann man verstehen, dass durch den Katalysator Möglichkeiten eröffnet werden, die ohne diesen nicht gegeben sind. Bei Katalysen werden Eigenschaften zu bedeutungsvollen und damit wirksamwerdenden Informationen.

Der Nobelpreis für Chemie des Jahres 2021 wurde an Benjamin List (*1968) und David MacMillan (*1968) für die Entwicklung von metallfreien organochemischen Katalysatoren vergeben. Der katalytisch aktive Teil ist oft eine organische Säure, welche ein für die Katalyse wichtiges Proton abgeben kann. Diese Katalysatoren unterscheiden sich von den bisher verwendeten, die wesentlich auf einem Metallatom aufbauen. Dass viele Enzyme ohne ein Metallatom auskommen, wurde in der chemischen Praxis lange Zeit nicht beachtet.

Für uns Menschen ist es evident, dass viel Lärm und Schadstoffe in der Umwelt krankmachend sind. Man denke an die Zille-Bilder aus Berliner Hinterhöfen. Andererseits soll in der Werbung mit weiten sonnigen Strandflächen und einem Blick aufs Meer der glückverheißende Verkauf von Reisen angekurbelt werden.

Nicht nur für Lebewesen im Ganzen gestalten sich die Umwelten als wesentliche Einflussfaktoren. Auch bereits für Moleküle und die mit ihnen möglichen Prozesse von chemischen Umsetzungen sind die Umgebungen ein wichtiger Einflussfaktor. Dies wird besonders dann der Fall sein, wenn Teile der Berandungen katalytische Eigenschaften entwickeln. Wie bereits dargelegt kann ein Katalysator z. B. eine Festkörperoberfläche sein. Auch diese verändert in ihrer unmittelbaren Nachbarschaft die räumliche Struktur von Atomen oder Molekülen in der Weise, dass eine bestimmte chemische Reaktion schneller abläuft. Dann bilden sich neue Moleküle, die unter anderen Bedingungen nicht zu erwarten sind. Oder auch Moleküle werden zerlegt, die sonst stabil bleiben würden. Nach der Entwicklung lebender Zellen wird die Rolle von Festkörperoberflächen als Katalysatoren stark abnehmen. Für die Umsetzungen in den Zellen übernehmen biologische Katalysatoren diese Aufgaben. Diese Enzyme sind in der Regel Proteine, welche durch ihre sehr spezielle räumliche Faltung ebenfalls sehr spezielle Katalysen bewirken. Anschaulich gesprochen könnte man sagen, dass eventuelle Reaktionspartner einen „Fächer von Möglichkeiten aufspannen" oder „Fühler ausstrecken". Die Vorstellung von Informationen ermöglicht es, davon zu sprechen, dass Signale ausgesendet werden.

27.4.3 Leben als Informationsaustausch, als Kommunikation

Zu den vielfältigen Wechselwirkungen und Beziehungsstrukturen kann man feststellen: Leben ist Kommunikation. So wie es sich bei der Kommunikation zwischen uns Menschen keineswegs nur um den Austausch von Freundlichkeiten handelt, ist auch die „Kommunikation zwischen den Lebensformen" recht unterschiedlich. Sie reicht von der Einverleibung als Nahrung bis zu der Symbiose, bei der die Gemeinsamkeit zu besseren Ergebnissen führt als die alleinigen Handlungen, oder durch die eine erfolgreiche Handlung erst geschehen kann, wie bei der erwähnten Verarbeitung des Luftstickstoffs durch die Knöllchenbakterien und Leguminosen. Eine besonders wichtige Symbiose wurde in der Frühzeit des Lebens gebildet, als die Einzeller, die heute zu den Mitochondrien geworden sind, nicht verdaut, sondern eingegliedert worden sind. Kommunikation gibt es auch zwischen Pflanzen, wenn diese z. B. bei Schädlingsbefall Duftstoffe abgeben, die geeignet sind, bei anderen Pflanzen die Produktion von Abwehrstoffen anzuregen. So lange für die Pflanzen keine Notwendigkeit dafür besteht, werden diese Vorgänge aus energetischen Gründen unterlassen.

27.4.4 Rauschen – Quantenphysik im Verborgenen

Wir wollen die mathematischen Aspekte der Ganzheiten noch etwas genauer betrachten. Wenn bei der Bildung eines Tensorproduktes davon gesprochen wird, dass in der entstandenen Ganzheit die „Ausgangsteile" nicht mehr als solche erscheinen, dann betrifft das die *Eigenschaften* von diesen. Natürlich bleiben bei der Bildung komplexer Moleküle und der zwischen ihnen ablaufenden Kreisprozesse die Atomkerne mit ihren Massen und Ladungen weiterhin vorhanden. In der mathematischen Beschreibung mit von-Neumann-Algebren vom Typ III kann *im Rahmen der Quantentheorie* das Erscheinen von Superauswahlregeln dargestellt werden.[28] Für die Beschreibung der chemischen Prozesse gibt es Superauswahlregeln für die Temperatur und für den Druck und auch für die beteiligte Gesamtmasse. Zwischen Superauswahlsektoren

[28] Siehe z. B. Primas, H. (1983) *Chemistry, Quantum mechanics and Reductionism*, Springer, Berlin

gibt es *keine verschränkten Zustände, keine Superpositionen.* Sie können daher in einer solchen thermodynamischen Beschreibung wie getrennte *klassische Objekte* interpretiert werden.

Wir haben daher zwei scheinbar entgegengesetzte Ergebnisse. Mit der Dynamischen Schichtenstruktur haben wir verdeutlicht, dass wir bei der Beschreibung der Natur die Existenz von Fakten nicht ignorieren können – auch dann nicht, wenn wir von einer universellen Gültigkeit einer zugrundeliegenden Quantentheorie ausgehen. Die Beschreibung der Natur ist immer Annäherung an die Natur, nicht diese selbst.

Zum einen erscheinen uns klassische Eigenschaften als Fakten. Diese benötigen wir für eine zeitüberdauernde Beschreibung. Eine grüne Tomate ist auch morgen noch eine grüne Tomate. Wenn sie es nicht mehr ist, dann stellen wir eine neue Eigenschaft fest und erklären sie als rot und somit reif. Zum anderen entstehen durch quantische Effekte solche Eigenschaften an den neu gebildeten Strukturen, z. B aus einer Blüte eine Kirsche. Sie sind so, dass sie an den Ausgangsteilen ohne zusätzliches Wissen nicht einmal vorstellbar wären.

Es sei daran erinnert, dass *Erklären* in der Naturwissenschaft den Aufbau komplexer Strukturen aus einfachen bedeutet. Daher wird es für eine anschauliche *Beschreibung* der neu entstandenen Ganzheit wiederum oft hilfreich sein, sie *theoretisch* in Substrukturen zu untergliedern. Diese können dem jeweiligen Kontext oder der Aufgabenstellung angepasst werden. Dabei ist es nicht notwendig, dass sie viel mit den Ausgangsstrukturen gemeinsam haben.

Die biochemischen Prozesse sind durchweg nur mit Quantentheorie genau zu verstehen. Diese Genauigkeit wird allerdings bisher in den Analysen der Vorgänge und deren Beschreibung noch nicht immer erreicht. Als Physiker erkennt man die jetzt möglichen bzw. die notwendigen Kompromisse daran, dass anstelle der exakten quantentheoretischen Bezüge von „Rauschen“ bzw. von „noise“ gesprochen wird.

> *„Clonal populations of cells exhibit substantial phenotypic variation. Such heterogeneity can be essential for many biological processes and is conjectured to arise from stochasticity, or noise, in gene expression. We constructed strains of Escherichia coli that enable detection of noise and discrimination between the two mechanisms by which it is generated. Both stochasticity inherent in the biochemical process of gene expression (intrinsic noise) and fluctuations in other cellular components (extrinsic noise) contribute substantially to overall variation.“[29]*
> *(Klonale Zellpopulationen [d. h. Einzeller, die sich einfach teilen] weisen eine erhebliche phänotypische Variation auf. Eine solche Heterogenität kann für viele biologische Prozesse von wesentlicher Bedeutung sein und ist vermutlich auf Stochastizität oder Rauschen in der Genexpression zurückzuführen. Wir haben Stämme von Escherichia coli konstruiert, die den Nachweis von Rauschen und die Unterscheidung*

[29] Elowitz, M. B.; Levine, A. J.; Siggia, E. D.; Swain, P. S. (2002) *Stochastic Gene Expression in a Single Cell,* SCIENCE 297, S. 1183–1186

zwischen den beiden Mechanismen ermöglichen, durch die es erzeugt wird. Sowohl die dem biochemischen Prozess der Genexpression innewohnende Stochastik (intrinsisches Rauschen) als auch Fluktuationen in anderen zellulären Komponenten (extrinsisches Rauschen) tragen wesentlich zur Gesamtvariation bei.)

Hinter der Vokabel „Rauschen" steckt der Versuch, die unvermeidlichen Einflüsse aus dem Bereich der Quanten einzuschließen, ohne dabei auf die Quantentheorie Bezug nehmen zu müssen.

Besonders in der Biologie beginnen allerdings die philosophischen Widerstände gegen eine Berücksichtigung der Quantentheorie nachzulassen. Dabei hilft die Einsicht, dass quantische Einflüsse keineswegs mit „anything goes" verwechselt werden dürfen. Schließlich ist – wie vielfach erwähnt – die quantische Entwicklung der Möglichkeiten determiniert. Wird ein Ganzes für eine Beschreibung und Erklärung in verschiedene Teilsysteme aufgefächert, so wird sich auf verschiedenen Stufen der Beschreibung neben den explizit quantischen Abläufen auch die Vorstellung eines teilweise faktischen Verhaltens als vereinfachend und damit als hilfreich und sinnvoll erweisen.

Auch wenn in der Biologie vielfach von „Stochastik" gesprochen wird, so geschieht doch der Informationsfluss sehr kontrolliert. Hinter der Sprechweise von Stochastik und Chaos dürfte auch der Effekt verborgen sein, dass beim Zusammenwirken der Millionen von Molekülen verschiedenster Art auf engstem Raume auch Informationen generiert werden, die keinem Einzelmolekül allein zugeordnet werden können, sondern die erst durch die *Verschränkung von vielen Molekülen* erklärbar werden. Und solche Eigenschaften aus einer größeren Ganzheit wiederum wirken auf die biochemischen Vorgänge mit ein. Das kann in einer ähnlichen Weise geschehen, wie man es in der Physik bereits auch sonst von Quasiteilchen kennt.

Die erkennbare hohe Komplexität der Vorgänge in den lebenden Zellen ermöglicht eine erhöhte Redundanz. Es kann sich dabei um eine Absicherung handeln, für die wichtige Kompartimente mehrfach bereitgestellt werden. Da es um ein Überleben in einer unvorhersehbaren Umwelt geht, ist eine solche Redundanz überlebenswichtig. Das Gesamtsystem wird damit wesentlich zuverlässiger als es seine denkbaren Untersysteme oder Einzelteile sein könnten. Redundanz bedeutet, dass auch dann noch weiterhin verschiedene Wege begangen werden können, wenn einer davon nicht oder nicht mehr „offen" steht. Die Möglichkeit vielseitiger Interaktionen eröffnet mehr Vorteile als ein eindeutiges determiniertes Schema. So wird zunehmend erkannt, dass das Bild eines Schaltkreises wie bei den Nervenzellen nicht besonders gut zu einer Zelle passt, weil es eine komplexe Struktur zu sehr vereinfacht.

27.4.5 Bedeutung aus dem Wechselspiel von Form und Inhalt

An der Informationsverarbeitung in den Zellen zeigt sich auch, dass in zunehmend komplexen Situationen die Gestalt wichtiger werden kann als der materielle Inhalt. Mit anderen Worten:

> Eigenschaften und die aus ihnen folgenden bedeutungsvollen Informationen können in der Biologie wichtiger werden als der jeweilige materielle oder energetische Träger dieser Eigenschaften.

Als Beispiel sei noch einmal an die tragischen Folgen beim Thalidomid erinnert. Bei diesem Molekül gibt es eine rechts- und eine linkshändige Form. Der materielle Inhalt des als Contergan vermarkteten Moleküls ist für beide Formen völlig identisch, die biologische Wirkung auf erschreckende Weise unterschiedlich.

Ein anderes Beispiel liefern die beiden Nukleinbasen Uracil und Thymin. Sie haben eine verschiedene materielle Zusammensetzung. Sie ersetzen sich aber in ihrer Wirkung, je nachdem, ob es sich um RNA oder DNA handelt.

Eigenschaften der aussendenden Moleküle werden durch Eigenschaften der Photonen an die absorbierenden Moleküle vermittelt. Die elektromagnetischen Kraftfelder erweisen sich bei dieser genauen Beschreibung mehr als lediglich „Kräfte im Sinne der klassischen Physik".

Für Fernsehen oder Handynetze ist die Sprechweise von „elektromagnetischen Wellen" für Beschreibung und Verstehen der Vorgänge ausreichend. Die unerhört große Zahl der dabei beteiligten Photonen erlaubt es, deren Zusammenfassung zu einer klassisch beschreibbaren Entität zu nutzen, ohne dass dabei bereits für diese Vorgänge wesentliche Zusammenhänge ignoriert werden.

Bei biologischen Vorgängen hingegen sind die Effekte zumeist von wenigen Photonen abhängig. Eine Beschreibung mit den groben Methoden der klassischen Physik wird dann oft zu ungenau.

Die Photonen bei Lebensvorgängen transportieren als verschränkte Ganzheiten Informationen mit sich, die keinem Einzelphoton zugeordnet werden können, die aber für die eigentlichen Prozesse bedeutungsvoll werden können.

> Wenn bei verschränkten Informationen die zugeordneten Bedeutungen erklärt werden sollen, dann kann das nicht mehr durch eine theoretische Zerlegung in Eigenschaften von Einzelphotonen geschehen.

Der gesamte materielle Inhalt wird näherungsweise in verschiedenen Formen untergliedert. Wir greifen zur Vereinfachung einen Bereich aus dem Gesamtgeschehen heraus. Moleküle und Photonen werden durch die Wechselwirkungen zu einer theoretischen Ganzheit, die sofort in Zustände übergeht, die keine der ursprünglichen

Produktzustände mehr sind. Die Zustandsräume werden zu einem Gesamt-Tensorprodukt.

$$H_{(\text{Molekül})} \otimes H_{(\text{Molekül})} \otimes H_{(\text{Molekül})} \otimes \ldots \otimes H_{(\text{Photon})} \otimes H_{(\text{Photon})} \otimes \ldots \otimes H_{(\text{Photon})} = H_{(\text{System})} \quad (27.6)$$

Da in der Chemie die beteiligten Massen streng erhalten bleiben, ist es in der Beschreibung sinnvoll, eine Superauswahlregel für die Gesamtmasse zu postulieren. Man erhält eine sehr sinnvolle und praktische *Näherung*, wenn man die Masse theoretisch abspaltet.

$$H_{(\text{System})} = H_{(\text{Masse})} \otimes H_{(\text{Photon})} \otimes H_{(\text{Photon})} \otimes \ldots \otimes H_{(\text{Photon})} \quad (27.7)$$

Dann wird man nur noch den interessanten Anteil untersuchen und die invariante Masse ignorieren.

$$H_{(\text{System\_neu})} = H_{(\text{Photon})} \otimes H_{(\text{Photon})} \otimes \ldots \otimes H_{(\text{Photon})} \quad (27.8)$$

Dieser photonische Anteil kann weiterhin theoretisch zerlegt werden in einen Anteil von verschränkten und schnell wechselnden Photonen und einen weiteren Anteil einer ebenfalls verschränkten, jedoch sich viel langsamer verändernder bedeutungsvoller Information.

$$H_{(\text{System\_neu})} = H_{(\text{photonische Energie})} \otimes H_{(\text{bedeutungsvolle Information})} \quad (27.9)$$

Dabei können Eigenschaften von Molekülstrukturen die chemischen Prozesse in einer derartigen Weise beeinflussen, dass man auch dabei vom Entstehen einer „Prä-Bedeutung“ sprechen kann.

Ein solches Wirksamwerden von Informationen, die im Bereich der beteiligten Moleküle die Prozesse „in Gang setzen“ und beeinflussen, macht begreifbar, was frühere Generationen von Forschern vielleicht mit dem Begriff einer „Lebenskraft“, einer „Entelechie“, verdeutlichen wollten.[30)]

27.4.6 Zur RNA-Welt und der anschließenden Entwicklung

Um Molekülansammlungen werden sich auch semipermeable Membranen formen. Man spricht dabei gern von Kompartimenten. Wenn diese Moleküle – so wie die RNA (*Ribonukleinsäure*) –, nicht nur die Fähigkeit besitzen, katalytisch wirken zu können, sondern auch Eigenschaften zu speichern und damit diese Eigenschaften zu faktischen Informationen werden zu lassen, dann können diese Informationen wiederum steuernd in chemische Abläufe einwirken. Falls in den Molekülansammlungen als metastabile Fließgleichgewichte innerhalb einer semipermeablen Membranhülle

[30] Siehe z. B. Krall, S. et al. (2021) *Hinter der Materie. Hans Driesch und die Natur des Lebens*, Graue Edition, Zug

außerdem konstruktive katalytische Prozesse entstehen, dann scheint sich die Möglichkeit zu eröffnen, dass solche Gebilde sich zu den ersten Lebewesen weiterentwickeln.

> Wenn ein metastabiles Fließgleichgewicht in einer semipermeablen Umhüllung auf Informationen aus seiner Umgebung und aus seinem Inneren sich stabilisierend reagieren kann, könnte man davon sprechen, dass es ein „empfindsames Wesen" ist, dass sich also ein Lebewesen entwickelt hat.

Im Verlauf der biologischen Forschungen ist immer deutlicher geworden, dass am Beginn des Lebens eine „RNA-Welt" anzunehmen ist, dass die ursprünglichen Zellen bereits vor der DNA (Desoxyribonukleinsäure) existiert hatten. Denis Noble (*1936) merkt hierzu an, dass diese Sichtweise auch zu der Tatsache passt, dass die DNA nicht direkt zur Herstellung von Proteinen verwendet wird; sondern diese Funktion von mRNAs – messenger-RNA – übernommen wird.[31]

Die „Dynamische Schichtenstruktur" beschreibt den prozesshaften Wechsel zwischen Möglichkeiten und geformten faktisch vorliegenden Objekten. Als faktische Strukturen kann man z. B. die chemische Zusammensetzung der Moleküle betrachten. Der Aufbau des Moleküls mit seinen Atomkernen kann als eine faktische und deshalb duplizierbare Information verstanden werden. Das Wirksamwerden in einer konkreten Situation in einer konkreten Zelle aktiviert aus dem Faktum quantische Möglichkeiten. Diese entfalten sich als Quanteneigenschaften durch die Möglichkeiten der Elektronen, die sich u. a. aus ihren Möglichkeiten der räumlichen Anordnungen ergeben. Das aus der DNA gebildete Genom und seine chemische Zusammensetzung bildet hingegen eine faktische Informationsstruktur. Diese kann daher kopiert werden. Die Information ergibt sich aus der Reihenfolge der Nukleinbasen, die zusammen mit einem Zucker- und einem Phosphatanteil die Nukleinsäuren bilden.

Die Gene werden heute anders verstanden als in der Zeit, in der man meinte, mit den Genen bereits das „Geheimnis des Lebens" gelöst zu haben. Gene sind zentral und wichtig, aber die mit ihnen faktische gespeicherte Information muss abgerufen und verwendet werden.

> Bei der Verarbeitung der biologischen Information wird deren „Bedeutung" wichtig. Dabei ist es weniger wichtig, woher diese Information stammt.

Noble schreibt in seinem Artikel „Genes and causation" sinngemäß

> *Angesichts der schieren Komplexität der Eizelle – die Evolution hat mindestens 1 oder 2 Milliarden Jahre gebraucht, um zum eukaryotischen Zellstadium [d. h. für*

[31] Noble, D. (2016) *Dance to the Tune of Life – Biological Relativity*, Cambridge University Press, Cambridge, S. 113

den Aufbau eines Zellkerns] zu gelangen – können wir sagen, dass es falsch sein muss, das Genom als eine „riesige“ Datenbank und den Rest der Zelle im Vergleich dazu als irgendwie „klein“ zu betrachten. Bei einer hinreichend feinen Auflösung muss die Eizelle sogar mehr Informationen enthalten als das Genom. ... Ich ziehe es daher vor, die DNA als eine Datenbank und nicht als ein Programm zu betrachten. Was wir als Programm bezeichnen könnten, nutzt diese Datenbank, wird aber nicht von ihr gesteuert.[32)]

Diese Aussage ist aus meiner Sicht besonders bemerkenswert.

> Wenn die Zellsteuerung ein quantisches Programm ist, dann wird verständlich, dass es nicht kopiert werden kann, solange es als Quanteninformation unbekannt ist. Das betrifft jeden Versuch eines Eingriffs von außen. Hingegen bereitet es keine prinzipiellen Probleme, die klassische Information der DNA zu kopieren oder künstlich herzustellen, solange sie faktisch ist und nicht zu Quantenmöglichkeiten aktiviert wurde.

Alle die biochemischen Vorgänge beruhen wie dargelegt auf einem fortwährenden Austausch realer und virtueller Photonen. Diese vermitteln nicht nur die Kräfte. Eigenschaften der Photonen werden in den Lebewesen auch zu bedeutungsvoller Information. Es ist oft selbst für meine Physiker-Kollegen nicht immer leicht sich zu vergegenwärtigen, dass auch in den Prozessen, die zumeist mit den Vorstellungen von elektromagnetischen Wellen beschrieben werden, für die Erklärung der biologischen Informationsverarbeitung ein Rückgriff auf die realen Photonen als eigentliche Grundlage dieser Vorgänge notwendig ist.

> Nur über die Verschränkung der Photonen wird es erklärlich, dass Informationsstrukturen entstehen, deren Komplexität nicht mit Einzel-Photonen oder gar mit Vorstellungen von elektromagnetischen Wellen erfasst werden können.

Es ist auch noch einmal darauf zu verweisen, dass erst im Lebendigen die evolutionär bedeutungsoffene Information mit dem Ziel des Strukturerhalts des Lebewesens bewertet und erst damit bedeutungsvoll werden kann. „Falsche“ Bewertungen führen zum Ausscheiden aus der Evolution.

Bei den Bedeutungszuweisungen sind sowohl die Fitness des einzelnen Lebewesens als auch die populationsgenetischen Zusammenhänge wichtig. Letztere treten mithilfe ausgefeilter mathematischer Methoden der statistischen Untersuchungen deutlicher hervor. Die ersten wichtigen Ergebnisse stammen von dem britischen Mathematiker Ronald Fisher (1890 – 1962).

---

[32] Noble, D. (2008) *Genes and causation*, Phil. Trans. R. Soc. A 366, S. 3001 – 3015, S. 3004 & 3009, doi:10.1098/rsta.2008.0086

So werden heute bei den Veränderungen der Arten neben Einflüssen räumlicher Trennung in verschiedene Habitate nun auch Einflüsse aus dem jeweiligen Ökosystem nachgewiesen. Auch die früher als sehr strikt postulierte Weismann-Barriere [August Weismann (1834–1914)] wird heute als gelegentlich überwindbar erkannt. Sie bedeutete, dass es keinen Übergang aus dem Genom einer Körperzelle in das einer Keimzelle geben könne. Das war ein strenger Gegensatz zu der auf Jean-Baptiste de Lamarck (1744–1829) zurückgehenden Vorstellung, dass die Evolution auf den Veränderungen beruht, die ein Lebewesen im Laufe des Lebens erwirbt und die es dann auf seine Nachkommen überträgt.

Zu den an der DNA nachweisbaren Veränderungen, die zufällig von *Mutationen* verursacht werden, sind in den letzten Jahrzehnten viele neue Erkenntnisse über epigenetische Einflüsse auf die Vererbung hinzugekommen. Zu den Einflüssen der *Epigenetik* hat Conrad Waddington (1905–1975) die ersten wichtigen wissenschaftlichen Beiträge geliefert. Bei ihm bedeutete die Epigenetik eine Wechselwirkung zwischen Genen und ihren Produkten bei der Erzeugung des Phänotyps. Das schrieb er vor der Entdeckung der Doppelhelix. So wie heute über Epigenetik diskutiert und erforscht wird, ist diese eher in einem Lamarckschen Sinne zu verstehen. Die Weiterentwicklung der synthetischen Evolutionstheorie wird als „Evo-Devo“[33] bezeichnet. Ein Übersichtsartikel fasst die großen Vorhaben von Evo-Devo etwa wie folgt zusammen:

> *„Die evolutionäre Entwicklungsbiologie (evo-devo) hat seit ihrem Aufkommen als eigenständige Disziplin dramatische Veränderungen erfahren. Dieser Beitrag soll … zukünftige Versprechen von evo-devo aufzeigen, verschiedene Aspekte der Biologie zu verändern und zu vereinen. Wir formulieren Schlüsselfragen, die im Mittelpunkt von elf biologischen Disziplinen stehen – von Evolution, Entwicklung, Paläontologie und Neurobiologie bis hin zu Zell- und Molekularbiologie, quantitativer Genetik, menschlichen Krankheiten, Ökologie, Landwirtschaft und wissenschaftlicher Bildung und schließlich der evolutionären Entwicklungsbiologie selbst – und erörtern, warum evo-devo in der einzigartigen Lage ist, unsere Fähigkeit, sinnvolle Antworten auf diese grundlegenden Fragen zu finden, erheblich zu verbessern.“*[34]

Da das Leben auf Informationsverarbeitung beruht, wird es immer deutlicher, dass die Berücksichtigung sämtlicher Quellen und nicht nur der DNA von bedeutungsvollen Informationen für die Erklärung der Lebensvorgänge notwendig ist. Eine sehr wichtige Quelle von bedeutungsvoller Information ist natürlich die Umwelt. Je deutlicher die Rolle der Informationen wahrgenommen wird, desto klarer wird es auch, die Informationen aus der Umwelt und ihre Wirkung auf die Evolution zu beachten. Axel

[33] Eine gut lesbare und übersichtliche Darstellung auch der Entwicklung der Evolutionstheorien findet sich bei: Lange, A. (2020) *Evolutionstheorie im Wandel – Ist Darwin überholt?*, Springer, Heidelberg

[34] Moczek et al. (2015) *The significance and scope of evolutionary developmental biology*, Evolution & Development 17:3, S. 198–219, DOI: 10.1111/ede.12125

Lange zeigt in seinem Buch[35], dass Evo-Devo zu Eco-Evo-Devo weiterentwickelt wird. Wir Menschen sind jetzt in der Situation, dass wir unseren Verstand und unsere Kenntnisse anwenden müssen, um die von uns verursachten Beeinträchtigungen unserer Lebensumwelt nicht so gefährlich werden zu lassen, dass sie die Existenz unserer Art ernsthaft bedrohen.

27.4.7 Leben und Sauerstoff

Das Leben entstand in einer anaeroben Umgebung. Relativ neue Untersuchungen zeigen allerdings, dass es an heißen Stellen im Ozean wohl bereits recht früh Quellen für Erzeugung von Wasserstoffperoxid und damit für Sauerstoff gegeben hat.[36] Durch das Erstellen genetischer Stammbäume hat man LUCA (Last Universal Common/ Cellular Ancestor), den letzten gemeinsamen Vorfahren von Ein- und Mehrzellern konstruiert. Daher wird angenommen, dass bereits damals bei einigen Lebewesen die Fähigkeit vorhanden war, mit Sauerstoff umgehen zu können. Wohl etwa nach einer Milliarde Jahren später gab es Cyanobakterien (oft als Blaualgen bezeichnet), welche die Energie des Sonnenlichtes als Antriebsquelle ihres inneren Stoffwechsels nutzen konnten. Bei der Fotosynthese wird Sauerstoff freigesetzt. Die Blaualgen mussten also bereits in der Lage gewesen sein, mit Sauerstoff umgehen zu können, bevor sie die Photosynthese erfunden haben. Die Anreicherung dieses Zellgiftes in der Atmosphäre führte über einen längeren Zeitraum, da zu Beginn viel Sauerstoff gebunden wurde, ggf. zusammen mit anderen Sauerstoff-anreichernden Faktoren, zum ersten Massenaussterben unter den damaligen obligat anaeroben Einzellern.

27.4.8 Beziehungsstrukturen in der Evolution

Die eigentliche Steuerung der Lebensvorgänge erfolgt primär, also bei den Einzellern, aus dem Zellganzen, welches dabei auf die Daten im Genom zurückgreift. Das erlaubt es, *die Datenbank auszutauschen, die der Zellkern ist.* Jedoch ist es bisher noch nicht gelungen, auch die quantische Ganzheit einer Zelle herzustellen, welche unter Rückgriff auf die Datenbank des Genoms die Abläufe steuert und in Gang hält. Bei den einzelligen Lebensformen wird der steuernde Inhalt der Zelle von den verschiedenen Zellbestandteilen und von der Umgebung um die Zelle herum durch die jeweils übermittelte Information beeinflusst. Zugleich bildet sich in der Zelle eine *verschränkte Form von bedeutungsvoller Quanteninformation* heraus, welche die Gesamtsteuerung bewirkt.

[35] Lange, A. (2020), S. 113 ff.

[36] Stone, J.; Edgar, J. O.; Gould, J. A. et al. (2022) *Tectonically-driven oxidant production in the hot biosphere,* Nat Commun 13, 4529, *https://doi.org/10.1038/s41467-022-32129-y*

Bei den mehrzelligen Lebewesen kommt zu den beschriebenen immer vorhandenen Einflüssen von den Zellbestandteilen und von der äußeren Umwelt, also von Wasser, Luft und Nahrung, noch vor allem die Informationsübermittlung aus den Zellen und Organen für die Steuerung des Gesamtlebewesens hinzu.

So wirken Eigenschaften kleiner Gruppen von Zellen innerhalb eines sich entwickelnden Organismus auf den Gesamtorganismus. In einem Interview mit Scientific American führt der Biologe Martinez Arias aus:

> *„Cells have properties, which we are starting to discover, such as their ability to read the environment—not just in terms of nutrients but also pressure, forces, geometry, numbers of neighbors. Those things are impinging on what cells do and the genes they will use. You could say that cells have proteins that sense these things. This is true, but it is not one protein; it is an ensemble of proteins that now acquire properties that they don't individually have. This is what is called ‚emergence.' This is not a mystical property of matter; it is a real property that today we can explore and understand and that lies at the heart of how cells work."*
> *(Zellen haben Eigenschaften, die wir allmählich entdecken, wie z. B. ihre Fähigkeit, die Umwelt zu lesen – nicht nur in Bezug auf Nährstoffe, sondern auch auf Druck, Kräfte, Geometrie, Anzahl der Nachbarn. Diese Dinge wirken sich auf das aus, was Zellen tun, und auf die Gene, die sie verwenden. Man könnte sagen, dass Zellen Proteine haben, die diese Dinge wahrnehmen.* ***Das stimmt, aber es handelt sich nicht um ein einziges Protein, sondern um ein Ensemble von Proteinen, die nun Eigenschaften erhalten, die sie einzeln nicht haben.*** *[Hervorhebung TG] Dies wird als „Emergenz" bezeichnet. Dabei handelt es sich nicht um eine mystische Eigenschaft der Materie, sondern um eine reale Eigenschaft, die wir heute erforschen und verstehen können und die den Kern der Funktionsweise von Zellen bildet.)*

Arias untersucht Gastruloide.[37] Das sind Strukturen, die als Aggregat von embryonalen Stammzellen von Wirbeltieren entstehen. Sie ahmen manche Aspekte der frühen Embryonalentwicklung nach. Alle Gastruloide sehen gleich aus, egal von welcher Art sie stammen.

> *„It is possible to make gastruloids from many different organisms—from fish, frog, pig, mouse and human stem cells. When you take pluripotent stem cells from these species and separate the cells from the maternal organization that they have and put them in the same chemical conditions, they produce indistinguishable structures across species. And they do it very reproducibly. It's not a fish; it's not a mouse; it's a gastruloid."*[38]

[37] Arias, A. M.; Marikawa, Y.; Moris, N. (2023) *Gastruloids: Pluripotent stem cell models of mammalian gastrulation and embryo engineering*, Dev Biol. 2022 Aug; 488, S. 35 – 46, doi: 10.1016/j.ydbio.2022.05.002

[38] Arias, M.; Callier, V. (2023) *Small Collections of Cells Determine How a Body Takes Its Shape*, Scientific American, 9. Nov. 2023

(Es ist möglich, Gastruloide aus vielen verschiedenen Organismen herzustellen – aus Fisch-, Frosch-, Schweine-, Maus- und menschlichen Stammzellen. Wenn man pluripotente Stammzellen dieser Arten nimmt, die Zellen von ihrer mütterlichen Organisation trennt und sie denselben chemischen Bedingungen aussetzt, entstehen artübergreifend ununterscheidbare Strukturen. Und sie tun es sehr reproduzierbar. Es ist kein Fisch, es ist keine Maus, es ist ein Gastruloid.)

Ohne die Einflüsse einer Eihaut oder der Plazenta entwickeln sich die frühen Quasi-Embryonen zu einer bestimmten Struktur. Arias bezeichnet diese als „morphogenetischen Grundzustand“. Mit ihm werden also die Informationen für den Strukturaufbau genutzt, die sich aus einer Gesamtheit von embryonalen Stammzellen ergeben können. An diesen Gastruloiden wird erkennbar, welche Einflüsse für die Entwicklung eines regulären Embryos über die embryonalen Zellen hinaus aus Strukturen der Mütter notwendig sind, die in der betreffenden künstlichen Situation nicht vorhanden sind. Für einen regulären Embryo sind auch die Informationen wichtig, die aus dem Amnion oder der Plazenta auf den Embryo übergehen können.

Mit den AQIs der Protyposis kann man interpretieren, dass das Entstehen von neuen Strukturen von tierischen Embryonen, was von Arias als Emergenz bezeichnet wird, eine Konsequenz von quantenphysikalischen Verschränkungen ist, in diesem Fall von Proteinmolekülen in den Zellen und von Molekülstrukturen auf den Zelloberflächen. Sie verkörpern Eigenschaften, die als Informationen über Strukturen durch virtuelle und reale Photonen innerhalb dieser Gastruloide übermittelt werden können.

Die mathematische Struktur der AQIs mit der wichtigen Möglichkeit von Verschränkungen liefert eine Erklärung für diese bedeutsamen biologischen Prozesse.

Durch diese Verschränkungen werden Ganzheiten erzeugt, die Eigenschaften und Vorgänge ausbilden können, die an vorstellbaren oder denkbaren Unterteilungen, wie z. B. einzelnen Zellen, nicht erklärt werden können. Aber natürlich erfordern konkrete Aussagen und Erkenntnisse auch, dass man diese Ganzheiten in behandelbare und schonend experimentell untersuchbare Teile zerlegt.

Es sollte noch angemerkt werden, dass die einfache Unterteilung „Einzeller – Mehrzeller“ im Grunde viel zu grob ist. Zwischen den Bakterien, bei denen das genetische Material in der Zelle verteilt erscheint, und den einzelligen Eukarioten gibt es gewaltige Unterschiede in der internen und der äußeren Informationsverarbeitung. Diese früher auch als Protisten bezeichneten Einzeller gelten als die Ursprungsformen für Pflanzen, Tiere und Pilze. Sie haben nicht nur einen Zellkern, sondern vielfach sehr spezialisierte Organellen, so z. B. für Lichtwahrnehmung, für Nahrungsaufnahme und für Bewegungen. Andererseits gibt es einzellige Schleimpilze von sichtbarem Ausmaß und mit vielen Zellkernen in der einen Zelle. Volvox wiederum ist ein Mehrzeller mit lediglich zwei Typen von Zellen.

27.4.9 „Eingefrorene" Quantenzustände

Um Erkrankungen und ihr Entstehen erklären zu können, ist die ganzheitliche Beziehungsstruktur der Wirklichkeit daher oft räumlich und zeitlich zu untergliedern. Aber auch hierbei muss von der Dynamischen Schichtenstruktur gesprochen werden. Bestimmte Subsysteme müssen wie faktisch unveränderlich behandelt werden. Zum Beispiel werden Knochen von Wirbeltieren sich nur so langsam verändern, dass sie in vielen Fällen wie unveränderlich behandelt werden dürfen

Dieser Ansatz wird auch dadurch bestärkt, dass man in der Quantentheorie den Begriff der „eingefrorenen Zustände" kennt. Man überträgt dabei die Möglichkeit von manchen Pflanzen und Tieren, wie von den erwähnten Bärtierchen und Fröschen zum Beispiel, sich tatsächlich einfrieren zu lassen und wieder auftauen zu können, auf die abstrakte mathematische Möglichkeit. *Das zeigt, dass in einer Quantenstruktur bestimmte Zustände nicht angeregt werden können, weil die aktuell verfügbare Energie in der Umwelt dazu nicht ausreicht.*

Solche eingefrorenen Quantenzustände werden sich im betrachteten Kontext nicht verändern und müssen deshalb nicht mit in die Rechnungen einbezogen werden. Eingefrorene Zustände können ignoriert werden. Wenn die Protyposis in der Form erscheint, die man physikalisch als Gesamtmasse oder als Gesamtenergiebetrag bezeichnet, dann sind fast alle daran beteiligten Zustände „eingefroren". Sie werden sich bei biologischen Vorgängen daher nicht verändern. Nur ein gewisser Anteil der Qubits können dabei sinnvoll als „bedeutungsvolle Information" bezeichnet werden. Diese bedeutungsvolle Information kann sich ändern und vor allem kann sie von Photonen, deren Zustand sich dabei ebenfalls ändert, übertragen und damit auch neue Bedeutungen erhalten. Während beim Einzelphoton nicht viel mehr als Frequenz oder Spin als Eigenschaft erscheinen, gibt es in einer tensoriellen Gesamtheit von vielen Photonen neue Eigenschaften, die am Einzelphoton nicht formulierbar sind, z. B. Buchstaben, Sätze oder Gesichter.

Ein Lebewesen ist sowohl unter dem Aspekt seiner Ganzheit als auch unter dem seiner theoretischen Unterteilung zu beschreiben. Da es Wirkungen vom Ganzen auf die Teile und auch von den Teilen auf das Ganze gibt, können mögliche Erklärungsstränge in beide Richtungen durchlaufen werden. So schreibt Axel Lange zu den biologischen Funktionen, sie laufen

> *„auf jeder Ebene ab. Jede Ebene – ob Zellen, Proteine oder Gene – kann als Startpunkt für einen kausalen Prozess oder ein Modell verwendet werden. In einem Interaktionsmodell gibt es keine zu präferierenden Alternativen.*

Es gibt folglich eine Bottom-Up-Erklärungsrichtung, ebenso eine Top-Down-Richtung wie auch kausale Ketten in jede andere dreidimensionale Richtung. Alle Pfade sind gleichberechtigt."[39]

Die faktisch gespeicherten Daten im Genom haben zum Teil eine recht universelle Bedeutung für Lebewesen; andere Teile der Chromosomen sind jeweils artspezifisch. Mit der „Gen-Schere" CRISPER-Cas können Teile aus einem Chromosom herausgeschnitten werden. Der entfernten Information kann man dadurch eine Bedeutung zuordnen, dass man die sich ergebenden Veränderungen der Abläufe am Lebewesen beobachtet. Die mögliche Decodierung wird auch sichtbar, wenn mit modernen gentechnischen Methoden solche Fehler am Genom korrigiert werden können, die Krankheiten verursachen. Wenn die AQIs einen materiellen Träger wie Ionen und Moleküle bilden, dann können längerexistierende Eigenschaften dieser Träger zu bedeutungsvoller Information werden und als dann als etwas Faktisches wirken. Wegen des „Non-cloning-Theorems" für Quantenzustände können nur Fakten kopiert werden. Beispielsweise wird die Information der Gene vor der Zellteilung kopiert, weil sie als „faktische Information" vorliegt.

27.5 Vom Quantenbit zum Bewusstsein

Um das Bewusstsein und nicht nur das Gehirn zu erklären, müssen umfangreiche naturwissenschaftliche Erkenntnisse einbezogen werden. Neben den chemischen und biochemischen Phänomenen sind Erweiterungen der naturwissenschaftlichen Weltsicht notwendig. Die abstrakten und bedeutungsfreien AQIs können Strukturen bilden, die für Lebewesen bedeutungsvoll werden.

In der dargestellten Entwicklung vom kosmischen Beginn bis zum Leben bilden sich also Quantenobjekte aus AQIs heraus wie Elementarteilchen mit Masse und Photonen. Die Atome bilden ihrerseits noch wesentlich komplexere Strukturen wie beispielsweise Moleküle, Zellen, Organe. Deren Eigenschaften können dann für Lebewesen zu bedeutungsvoller Information werden.

Die Vorstellungen werden vielleicht erleichtert, wenn Bewusstseinsinhalte als Beispiel verwendet werden. Photonen, ausgesendet von Sinneszellen aus dem Hörbereich, werden mit Molekülen reagieren, die Gedächtnisinhalte für Sprache gespeichert haben. Da die Photonen sich verschränken, verschränken sich auch die Eigenschaften und ermöglichen sehr viel komplexere Bedeutungen als eine bloße Summe von Spin- und Raum-Eigenschaften. Sehr spezielle verschränkte Signal-Photonen werden nur mit sehr speziellen Ziel-Molekülen interagieren. So können Schallschwingungen zu Sprache dekodiert werden.

[39] Lange, A. (2020) *Evolutionstheorie im Wandel – Ist Darwin überholt?*, Springer, Heidelberg, S. 106

In der Verschränkung der Eigenschaften derjenigen Photonen, welche nach der Rezeption und Decodierung der Schallschwingungen weitergeleitet werden, entsteht ein spezieller Quantenzustand von Information.

27.5.1 Quantenmechanik und Bewusstsein?

Vor allem in den Bereichen außerhalb der Physik wird unter der Verwendung der Begriffe „Quantenmechanik“ und „Bewusstsein“ vieles publiziert, was zurecht Widerstand von Wissenschaftlern erzeugt. Die Argumentation kann sehr verkürzt so karikiert werden: die Quantenmechanik ist unverstehbar, ebenso das Bewusstsein. Daraus wird der (Fehl-)Schluss gezogen, dass aus dem einen das andere folgen muss. Zumeist ist der Ausgangspunkt von manchen abenteuerlichen Thesen verbunden mit dem sogenannten Problem des Messprozesses. Das Entscheidende zu diesem wurde in Kapitel 11 ausgeführt. Hier soll nur noch einmal kurz darauf verwiesen werden.

Der Physik-Nobelpreisträger Eugen Wigner hatte den Messprozess mit dem damit verbundenen Übergang von den quantischen Möglichkeiten zu einem Faktum als verursacht durch das menschliche Bewusstsein dargestellt. Seitdem geistert eine enge Verbindung von Quantenmechanik und Bewusstsein durch viele Medien.

So kann man lesen, dass weil die Fakten durch das Bewusstsein verursacht werden würden, man sich deshalb mit dem Bewusstsein seine Realität schaffen könne. Hier wird das Bewusstsein als Ursache der Fakten behauptet – und nicht als eine mit dem Bewusstsein vorgenommene *Bewertung* der Fakten.

In der Umkehrung einer solchen Vorstellung gibt es auch die von manchen Wissenschaftlern vertretene Meinung, dass durch das Entstehen von Fakten das Bewusstsein erzeugt werden würde. Wegen einer Änderung der Quantenmechanik durch eine noch zu findende Quantengravitation sollte es zu einer „orchestrierten Reduktion der Wellenfunktion“ (Penrose) kommen können. Dieses so verursachte Entstehen von Fakten würde seinerseits das Bewusstsein erzeugen.

Im Buch sollte klar geworden sein, dass die Quantentheorie durchaus verstehbar ist. Sie ist mathematisch eine deterministische Theorie – aber nicht über Fakten, sondern über Möglichkeiten! Für die Verständlichkeit muss man davon absehen, ungeeignete Bilder und Vorstellungen für Quantenphänomene zu erzeugen. Es ist gewiss auch deutlich geworden, dass die Quantentheorie keinesfalls auf den Bereich des Mikroskopischen eingeschränkt werden darf.

Geht man für eine naturwissenschaftliche Untersuchung des Bewusstseins eher von den psychologischen Phänomenen aus, dann wird man bei einer Ausbildung als Physiker am Bewusstsein ein deutliches quantisches Verhalten erkennen können. Aus der Vielzahl von Arbeiten über derartige Zusammenhänge soll nur auf einige verwiesen werden. Der Bereich von „quantum cognition“ wurde beispielsweise von Forschern wie Diederick Aerts[40],[41], Elio Conte[42],[43], Reinhard Blutner[44],[45], Peter beim Graben[46] bearbeitet. Eine gut lesbare Zusammenfassung des damaligen Standes der Forschungen in diesem Bereich bietet das Buch von Jerome Busemeyer und Peter Bruza[47]. Der Schwerpunkt in diesen Forschungen liegt bei typischen Quantenphänomenen wie z. B. der Komplementarität und der Verschränkung. Dass dabei eine kritische Betrachtung der bisherigen Ontologie nicht geplant war, wird beispielsweise am Entwurf einer „Weak Quantum Theory" von Harald Atmanspacher, Hartmann Römer und Harald Walach[48] erkennbar. So ist die Quantentheorie mit der damit verknüpften mathematischen Struktur (siehe Abschnitt 1.3.1 und 1.3.3) allein noch nicht ausreichend, um das Problem des Bewusstseins naturwissenschaftlich zu lösen.

27.5.2 Bewusstsein und Quantentheorie!

Ein vielbeachteter Übersichtsartikel in Nature lässt die Probleme deutlich werden, vor welchen neurowissenschaftliche Zugänge zum Bewusstsein stehen. Die Hirnforscher schreiben unter anderem:

> *„We also consider only neuroscientific theories that are consistent with known physical theory, and we also leave to one side theories that link consciousness directly to quantum mechanical processes"*[49]
> *(Außerdem betrachten wir nur neurowissenschaftliche Theorien, die mit den bekannten physikalischen Theorien übereinstimmen, und wir lassen auch Theorien beiseite, die das Bewusstsein direkt mit quantenmechanischen Prozessen in Verbindung bringen.)*

Wenn man als Physiker sich lange genug mit der Physik befasst hat, dann lernt man, dass eine wirklich genaue Beschreibung und Erklärung von allen Naturvorgängen

---

[40] Aerts, D. (1982) *Example of a macroscopical classical situation that violates Bell inequalities*, Lettere Al Nuovo Cimento, 34(4), S. 107–111

[41] Aerts, D. (2009) *Quantum structure in cognition*, Journal of Mathematical Psychology, 53, S. 314–348.

[42] Conte, E. (1983) *Exploration of Biological Function by Quantum Mechanics*, Paper presented at the Proceedings 10th International Congress on Cybernetics

[43] Conte, E.; Khrennikov, A. Y.; Todarello, O.; Robertis, R. D.; Federici, A.; Zbilut, J. P. (2008) *A Preliminary Experimental Verification on the Possibility of Bell Inequality Violation in Mental States*, NeuroQuantology, 6(3), S. 214–221

[44] Blutner, R. (2004) *Neural Networks, Penalty Logic and Optimality Theory*, ILLC, Amsterdam

[45] Blutner, R. (2021) *Complementarity and Quantum Cognition*, doi: 10.13140/RG.2.2.28123.90407

[46] beim Graben, P. (2004) *Incompatible Implementations of Physical Symbol Systems*, Mind and Matter, 2(2), S. 29–51

[47] Busemeyer, J. R.; Bruza, P. D. (2012) *Quantum Cognition and Decision*, Cambridge University Press, Cambridge

[48] Atmanspacher, H.; Römer, H.; Walach, H. (2002) *Weak Quantum Theory: Complementarity and Entanglement in Physics and Beyond*, Foundations of Physics, 32(3), S. 379–406

[49] Seth, A. K.; Bayne, T. (2022) *Theories of consciousness*, nature reviews | neuroscience,23, S. 439–452

ohne Quantentheorie unmöglich ist. Jedoch so lange noch immer davon geschrieben wird, dass diese beste und genaueste Theorie der Physik „unverstehbar" sei, kann dies ein Grund für die verbreitete Abneigung gegen sie in anderen Bereichen der Naturwissenschaft sein. Hier sei nur kurz darauf verwiesen, dass meine ausführliche Analyse der hirnphysiologischen Zusammenhänge im Internet zu finden ist.[50] Eine Charakterisierung der gegenwärtigen Situation findet sich in einem Interview des Quanta-Magazins mit dem Hauptautor Anil Seth des Nature-Artikels:

> *„The reason I called it the ‚real problem' was as a bit of a bit of a pushback — a kindly, friendly pushback against this ‚hard/easy problem' distinction from David Chalmers that has really dominated a lot of the contemporary science and philosophy of consciousness. And the reason it's different is because the hard problem of consciousness is this big, scary mystery. It's the problem that we mentioned at the start of this conversation. How is it that consciousness happens at all? What is it about matter arranged in a particular way that makes experience happen? I mean, Chalmers puts it like this himself, he said: ‚It is widely agreed that experience arises from a physical basis, but we have no good explanation of why and how it so arises. Why should physical processing give rise to a rich inner life at all? It seems objectively unreasonable that it should, and yet it does.' And that's a hard problem. It's not just like, difficult. It's hard in this conceptual sense of nobody even really knows what a good answer would look like."*[51]
> *(Der Grund, warum ich es das „wirkliche Problem" genannt habe, war ein kleiner Gegenschlag – ein freundlicher Gegenschlag gegen die Unterscheidung „hartes/leichtes Problem" von David Chalmers, die einen großen Teil der zeitgenössischen Wissenschaft und Philosophie des Bewusstseins dominiert hat. Der Grund dafür ist, dass das schwierige Problem des Bewusstseins ein großes, beängstigendes Rätsel ist. Es ist das Problem, das wir zu Beginn dieses Gesprächs erwähnt haben. Wie ist es möglich, dass Bewusstsein überhaupt entsteht? Was hat es mit der Materie auf sich, die auf eine bestimmte Art und Weise angeordnet ist, die Erfahrung ermöglicht? Ich meine, Chalmers selbst drückt es so aus, er sagte: „Es besteht weitgehend Einigkeit darüber, dass Erfahrung auf einer physikalischen Grundlage entsteht, aber wir haben keine gute Erklärung dafür, warum und wie sie entsteht. Warum sollte die physische Verarbeitung überhaupt ein reiches Innenleben hervorbringen? Es scheint objektiv unvernünftig zu sein, dass es so sein sollte, und doch ist es so. Und das ist ein schwieriges Problem. Es ist nicht einfach nur schwierig. Es ist schwer in diesem konzeptionellen Sinne, dass niemand wirklich weiß, wie eine gute Antwort aussehen würde.)*

[50] Görnitz, T. (2023) *Beziehungen zwischen Quantentheorie und Panpsychismus, https://www.researchgate.net/publication/370778633_Beziehungen_zwischen_Quantentheorie_und_Panpsychismus*

[51] Strogatz, S. (2023) *What Is the Nature of Consciousness?, https://www.quantamagazine.org/what-is-the-nature-of-consciousness-20230531/*, im Transkript (10:54)

Erst mit dem Übergang von der Quantenmechanik und Quantenfeldtheorie mit ihren auch virtuellen Teilchen zum Einschluss von Quanteninformation in die grundlegenden begrifflichen Strukturen der Naturbeschreibung wie Materie und Energie konnte auch eine Behandlung des Bewusstseins als einer Informationsstruktur in einem naturwissenschaftlichen Rahmen gelingen.

Um also das Bewusstsein zu verstehen ist eine Abkehr vom bisherigen Weltbild notwendig.

Materie kann nicht mehr als die alleinige Form von Realität verstanden werden. Sie ist eine spezielle Ausprägung von abstrakten Quanteninformationsstrukturen. Änderungen im Weltbild sind problembehaftet. Die Menschen reagierten auf den Übergang zum kopernikanischen Weltbild in der Weise, dass sie die alten Sprachmuster wie „Sonnenaufgang" beibehielten. So kann der „Phantom-Schmerz" verringert werden, der mit der damit verbundenen Abkehr von anschaulichen Bildern verbunden ist. Aber erst dieser Übergang eröffnete mit Newton den Beginn einer kausalen mathematischen Beschreibung der Naturvorgänge.

Das menschliche Bewusstsein gilt gemeinhin als der höchste Ausdruck von Subjektivität. Die Inhalte des Bewusstseins sind privat und nur sehr schwer und dann nur sehr ungefähr von anderen zu ermitteln. Dass eine Erscheinung wie Subjektivität in der Natur möglich ist, das folgt aus den Strukturen der Quantentheorie. Sie zeigt prinzipiell, dass der aktuelle Zustand eines noch unbekannten Quantensystems von außen nicht erkennbar ist.

Wir sprechen daher seit langem in unseren Veröffentlichungen von einem „Subjektivitäts-Keim" bereits bei einfachen Quantensystemen.[52]

Wenn der Zustand eines unbekannten Systems mit einer „Messung" erkannt wird, dann ist er ein anderer als der zuvor aktuell gewesene. Messung bedeutet in ihrem allgemeinsten Sinne eine Kenntnisnahme durch das Konstatieren eines Faktums. Nur von etwas Bekanntem kann der aktuelle Zustand gewusst werden.

Wenn also Bewusstsein etwas so Privates ist, wie ist es dann möglich, naturwissenschaftlich über Bewusstsein zu sprechen?

Jede Leserin und jeder Leser dieses Textes wird, wenn er jetzt darauf verwiesen wird, sich sofort klarmachen, dass er bei Bewusstsein ist. Diese unmittelbare Erfahrung unseres Wachbewusstseins ist unhintergehbar. Wir können nicht glauben, dass wir das nicht denken, was wir soeben bewusst denken. Das ist völlig unabhängig davon, ob die Inhalte unserer aktuellen Gedanken etwas mit der Wirklichkeit zu tun haben können oder nicht. Schwieriger ist jedoch die Frage, ob ein anderes Wesen ebenfalls Bewusstsein hat.

---

[52] Görnitz, T.; Görnitz, B. (2016), S. 774

Anhaltspunkte für die Möglichkeit von Bewusstsein bei anderen Wesen folgen aus eigenen Kenntnissen und Beobachtungen sowie dann aus einem Schluss von dort auf evolutionäre Verwandtschaft.

In Kapitel 5 wurde als Gegensatz zu den technischen Informationsverarbeitungs-Systemen die biologische Uniware vorgestellt. Sie kennzeichnet die nicht auflösbare Verwobenheit der psychischen und physischen Prozesse durch die chemisch basierte Informationsverarbeitung in Lebewesen.

Sie liefert aus unserer Sicht einen hinreichenden Grund dafür, die Idee eines „nicht-biologischen Bewusstseins" zu verneinen. Nach der Erzeugung eines „künstlichen Lebens" würde sich diese Frage vielleicht neu stellen.

Zugleich ist es unangebracht, den Begriff „Bewusstsein" so inhaltsleer werden zu lassen, dass er vom Begriff „Leben" oder gar von „Information" nicht mehr unterschieden werden kann.[53)]

Von den einfachsten Lebensformen an gibt es eine Informationsverarbeitung, also eine Bewertung von wahrgenommener Information. Wir bezeichnen sie als „intelligent", weil sie auf die Existenzerhaltung der Lebewesen zielt. Solche Empfindungen und Reaktionen auf Wahrnehmungen bleiben bei einfachen Lebewesen sowie bei Pflanzen und Pilzen ohne Bewusstsein. Sie kann bei Tieren mit einem hochentwickelten Gehirn in eine unterbewusste, wie die Steuerung der Stoffwechselvorgänge, in eine unbewusste, in eine vorbewusste und in eine bewusste Informationsverarbeitung unterteilt werden. Die drei letzteren Formen der Informationsverarbeitung werden üblicherweise zur Psyche zusammengefasst. Beim Menschen kann das noch ausführlicher gefasst werden, sodass das Vergessene und das verdrängte Unbewusste hinzukommen. Die Unterteilung scheint zwar unvermeidbar zu sein, ist aber im konkreten Fall oft zu starr. Außerdem gibt es immer auch Übergangsformen wie bei hochentwickelten Insekten, wo eine zu starre Unterteilung unzutreffend werden kann.

Eine Ausweitung der Vorstellung vom „Psychischen" über die Bereiche der Psyche hinaus halte ich für unzweckmäßig. Das gilt insbesondere für den Begriff des „Panpsychismus", mit dem die „Psyche" sogar über den Bereich des Lebendigen hinaus ausgedehnt werden soll. Natürlich trifft es zu, dass man mit den üblichen Vorstellungen von Materie das Entstehen von Bewusstsein in der Evolution nicht erklären kann. Das lässt manche darauf zurückgreifen, der Möglichkeit von „Psyche" – bereits von Beginn einer Naturerklärung an – eine Art „Vorexistenz" einzuräumen. Eine solche These wird auch von einigen der gegenwärtigen Hirnforscher vertreten.

[53] siehe Görnitz, T. (2023) *Beziehungen zwischen Quantentheorie und Panpsychismus, https://www.researchgate.net/publication/370778633_Beziehungen_zwischen_Quantentheorie_und_Panpsychismus*

„Aufgrund des Postulats, dass Bewusstsein ein fundamentales Merkmal des Universums ist, statt der Annahme, dass es aus simpleren Elementen erwächst (Emergenz), ist die Theorie der integrierten Information eine ausgearbeitete Version des Panpsychismus. Die Hypothese, dass alle Materie bis zu einem gewissen Grad empfindungsfähig ist, ist aufgrund ihrer Eleganz, Einfachheit und logischen Kohärenz außerordentlich ansprechend. Sobald man annimmt, dass Bewusstsein real und ontologisch verschieden von seinem physikalischen Substrat ist, ist es ein einfacher Schritt zu schließen, dass der ganze Kosmos von Empfindungsvermögen durchtränkt ist."[54)]

Hinter einer solchen Aussage steht die Absicht, das Bewusstsein irgendwie zu erfassen und nicht nur die Hirnphysiologie. Man hatte eine immer genauere Strukturauflösung der materiellen Gehirnbestandteile vorgenommen. Die Untersuchungen wurden z. B. mit viel öffentlichem Fördergeld beim „Human Genom Projekt" in Europa oder mit umfangreicher privater Förderung mit immer feineren Schnitten von Gehirnen wie bei Christof Koch in Seattle durchgeführt. Sie haben einerseits eine riesige Menge an wichtigen Daten über das Gehirn und die darin ablaufenden Stoffwechselvorgänge sowie die Nervenverbindungen erbracht. Sie zeigen zugleich, wie wenig diese Untersuchungen und Vorstellungen zu einem Verständnis des Bewusstseins an sich, also über die Hirnphysiologie hinaus, beitragen können.

Allerdings ist dabei anzuerkennen, dass hinter den panpsychistischen Vorstellungen zumindest die zutreffende Erkenntnis steht, dass die Frage einer Erklärung des Bewusstseins eng verkoppelt ist mit der Sicht auf den materiellen Inhalt des Kosmos. Das wird oft fälschlich als voneinander völlig unabhängig geglaubt. Man kann diese Ansichten auch mit einer unzureichenden bzw. falschen Vorstellung von Materie verbinden.

Ich habe erlebt, dass eine Vorstellung wie der Panpsychismus den Begriff der Psyche und damit auch oft des Bewusstseins für Bereiche verwendet, in denen eine Psyche vielleicht aus einer quasireligiösen oder weltanschaulichen, jedoch nicht aus einer naturwissenschaftlichen Sicht vorkommen kann. Das wird wohl vertreten, weil im Mainstream überhaupt keine Lösung für das Problem der Erklärung des Bewusstseins vorhanden ist. Für viele ist es auch eine große Herausforderung, sich vorstellen zu sollen, dass zwar eine unbelebte Materie nicht das geringste von Empfindungsfähigkeit oder Wahrnehmung besitzt, die aber dann später, nach der Entstehung des Lebens, vorhanden sind. Und dass Materie eine spezielle Erscheinungsform von bedeutungsfreier Quanteninformation ist, ist ebenfalls für manches Weltbild eine große Herausforderung.

Die AQIs der Protyposis lassen panpsychistische Vorstellungen überflüssig werden. Mit den AQIs wird eine Quantenstruktur vorgestellt, die sich in ihrer Entwicklung sowohl zu materiellen Quanten als auch zu bedeutungsvoller Information formen kann. Dass

---

[54] siehe z. B. Koch, C. (2013) *Bewusstsein – Bekenntnisse eines Hirnforschers*, Springer, Berlin, S. 236 ff.

dem eine mathematisch-physikalische Struktur zugrunde liegt, ist gewiss deutlich geworden.

Wenn man jedoch trotzdem Materie und Information weiterhin als getrennte Entitäten betrachten möchte, dann wird man offenbar ein „Anheften“ der Psyche an die Materie als Möglichkeit ansehen. Schließlich kann man den Panpsychismus so interpretieren. Wenn aber an unbelebte Objekte bereits etwas „Psychisches“ angeheftet werden soll, dann werden unnötigerweise eine Menge neuer Begriffe notwendig. Erst damit könnte man das, was man sinnvollerweise unter „Psyche“ versteht, von dem unterscheiden, dem es mit einem solchen Vorgang ungerechtfertigt – wie bei einer unbelebten Materie – zugesprochen werden soll.

Die Psyche ist umfangreicher als nur das Bewusstsein. Neben Bewusstsein und Psyche wird vielfach der Begriff „Kognition“ verwendet. Dieser Begriff stammt aus dem Lateinischen [cognitio => Kennenlernen, Erkennen] und ist über das Englische ins Deutsche übernommen worden. Damit sollen die Vorgänge von Wahrnehmen und Erkennen zusammengefasst werden. Er entspricht in etwa dem, was im Deutschen mit dem Begriff des Denkens, des „Geistigen“ oder der „geistigen Prozesse“ gemeint ist.

In der Psychologie des Menschen unterscheidet man außerdem zwischen „Ich“ und „Selbst“. Eine wissenschaftliche Definition dafür findet sich im OPD-2:

> *„Die Struktur des Selbst: Das Selbst ist gekennzeichnet durch seine reflexive Funktion (Selbstreflexion): Das Ich nimmt sich selbst zum Objekt der inneren Wahrnehmung. Es gewinnt dadurch ein Selbstbild und in der Konstanz und Kohärenz ein Erleben der Identität. Das Selbst sieht sich von anderen bewertet und bewertet sich selbst (Selbstwert). Es integriert alle psychischen Funktionen und Dispositionen zu einem Ganzen, und es reguliert die Innenvorgänge (Affektregulierung, Impulssteuerung, Selbstwertregulation).“*[55)]

Die Hirnforschung hat sich bisher und erfolgreich den medizinisch wichtigen „Korrelaten des Bewusstseins“ gewidmet, also solchen physiologischen Vorgängen, die z. B. bei Locked-in-Patienten eine Antwort darauf liefern könnten, ob diese bei Bewusstsein sind. So wurden Hirnareale deutlicher eingegrenzt, die je nachdem, ob der Patient bei Bewusstsein ist oder nicht, bei einer starken magnetischen Beeinflussung mit einer unterschiedlichen Aktivität reagieren. Man kennt also die Orte recht gut, die im Gehirn Aktivität zeigen, wenn die Person bei Bewusstsein ist. Was allerdings Bewusstsein ist, das folgt aus hirnphysiologischen Erkenntnissen noch nicht. In der Hirnforschung ist weithin noch immer das Bild vom Schaltkreis verbreitet, also eine Vorstellung aus der klassischen Physik:

[55] Arbeitskreis OPD (Hrsg.) (2006) *Operationalisierte Psychodynamische Diagnostik OPD-2*, Verlag Hans Huber, Bern, S. 117

> *„Um uns solchen Fragen zuwenden zu können, braucht es zunächst ein testbares wissenschaftliches Modell, das vorhersagt, unter welchen Voraussetzungen ein physikalisches System – wie ein komplexer Schaltkreis, sei er aus Neuronen oder aus Siliziumtransistoren – etwas wahrnimmt.“*[56)]

Da mit den Prinzipien der klassischen Physik das Problem des Bewusstseins nicht gelöst werden kann, liest sich das eigentliche Problem dann wie folgt:

> *„... das zentrale Mysterium: Wie erzeugt ein hochvernetzter Klumpen Hirnmasse jegliche Wahrnehmung?“*[57)]

27.5.3 Reduktionismus, Dualismus, naturwissenschaftlicher Monismus

In der Naturphilosophie werden dualistische Ansätze noch immer vertreten.[58)] Diese postulieren zwischen Materie und Geist einen wesentlichen Unterschied. Gleichfalls findet sich oft eine Ablehnung eines sogenannten „Reduktionismus“.

Zum Reduktionismus ist darauf zu verweisen, dass die naturwissenschaftlichen Erklärungen die komplexen und komplizierten Strukturen aus einfacheren Strukturen aufbauen. Wenn allerdings unter „einfach“ die kleinsten materiellen Teilchen verstanden werden, dann wird man zu Recht gegen eine Reduktion des Bewusstseins auf solche Strukturen Einspruch erheben. Ein tatsächlicher naturwissenschaftlicher Reduktionismus, auch für das Bewusstsein, basiert auf den Grundlagen der Quantentheorie. Er reduziert die materiellen Teilchen auf eine Struktur von abstrakter Quanteninformation. Dass auch das Bewusstsein auf Informationsstrukturen reduziert werden kann, das ist keine kühne These.

Zum Dualismus ist festzustellen, dass es in den Naturwissenschaften eine sehr berechtigte Abneigung gegen einen dualistischen Ansatz gibt. Die kosmische und biologische Evolution würde bei einer dualistischen Erklärung an einer sehr späten Stelle, wohl bei den Dinosauriern, einen übernatürlichen Eingriff erforderlich machen, der dann bei diesen und damit auch bei den Vögeln sowie bei den Säugern zum Erscheinen von Bewusstsein führt.

Wenn man eine materialistisch-monistische Erklärung wählen will, dann kann man mit den früheren Vorstellungen von Materie lediglich immer besser erklären, *wo* sich eine biochemische Informationsverarbeitung herausformt und mit welchen physio-

[56)] Koch, C. (2020) *KOGNITION/WAS IST BEWUSSTSEIN?*, Spektrum der Wissenschaft 2.20, S. 12–17, *spektrum.de/artikel/1693092*

[57)] Koch, C. (2020), S. 16

[58)] siehe z. B. Chalmers, D. J. (1996) *The Conscious Mind: In Search of a Fundamental Theory*, Oxford University Press, New York

logischen Prozessen diese *korreliert* sein kann. Jedoch *was* Bewusstsein *ist*, das wird damit nicht erklärbar.

Die einzige Lösung besteht darin, das vorquantentheoretische Verständnis von Materie vom Kopf auf die Füße zu stellen. Mit der Quanteninformationsstruktur der AQIs können sowohl die materiellen Objekte als auch die verschiedenen Formen der biologischen Informationsverarbeitung erklärt werden, die schließlich auch zur Erklärung des Bewusstseins geführt haben.

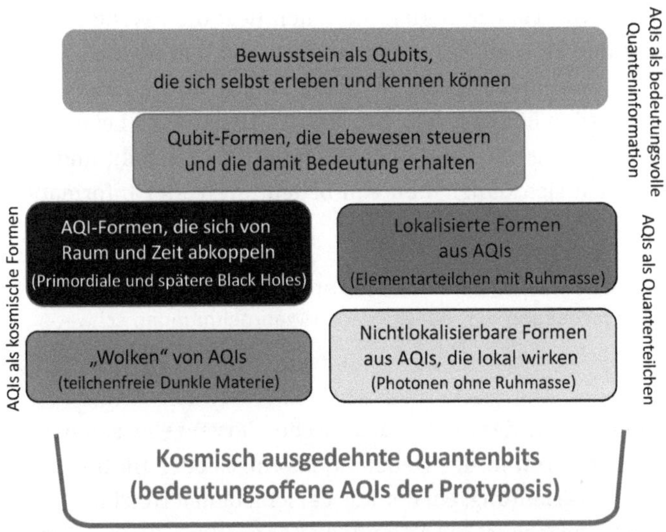

Bild 27.4 Die mathematisch einfachsten Quantenstrukturen, die AQIs der Protyposis, formen sich zu Quantenteilchen, zu riesigen kosmischen Strukturen und auch zu bedeutungsvoller Quanteninformation, sogar zu Bewusstsein.

Die biologische Informationsverarbeitung beruht auf einem ständigen Wechselspiel zwischen bedeutungsvoller Information, die faktisch materiell und vor allem in den Genen gespeichert ist, und aktivierter Quanteninformation, die als Eigenschaft von Photonen erscheint. Die faktisch gespeicherten Informationen können auch Eigenschaften von geeigneten Molekülen und vor allem auch bei höher entwickelten Tieren von Verbindungen innerhalb des Netzwerks der Nervenzellen sein.

> *„Ein besonders wichtiger Gesichtspunkt ist der Informationsreichtum, der sich in einem einzelnen biologischen Makromolekül unterbringen lässt. … Mit den Makromolekülen lassen sich sehr differenzierte Nachrichten, z. B. bedingte Anweisungen an ganz spezielle Ziele übermitteln, sowohl innerhalb der Zellen als auch zwischen ihnen.*"[59]

[59] Görnitz, T.; Görnitz, B. (2002) *Der kreative Kosmos*, Springer, Heidelberg, S. 256

Obwohl eine solche Bewegung von Molekülen letztlich auch durch die Wirkung von Photonen geschieht, genügt dabei oft eine *Beschreibung* als die eines mechanischen Transports, zum Beispiel durch den Blutfluss, mit dem auch Hormon-Moleküle durch den Körper transportiert werden. Wie immer in der Naturwissenschaft sind jedoch die entsprechenden Approximationen zu reflektieren. Die zugrundeliegende elektromagnetische Wechselwirkung mit Photonen kann allerdings bei einer bloß mechanischen Erklärung leicht aus dem Blick geraten.

Da reale Photonen im Gehirn nur für sehr kurze Zeiten existieren, muss die faktisch gespeicherte Information immer wieder auf neue Photonen kopiert und damit aktiviert werden. Als Eigenschaft von verschränkten Photonen liegt die Psyche als verschränkte Quanteninformation vor. In dieser Form kann sie wirksam werden. Wenn man allerdings lediglich ein einzelnes Photon betrachtet, dann ist die Anzahl von Qubits, die bedeutungsvoll werden können, sehr beschränkt. Daher wird bei der biologischen Informationsverarbeitung die Anzahl der Photonen stark erhöht und miteinander verschränkt. So bilden sich Ganzheiten von bedeutungsvoller Information in einer quantischen Form.

> Ohne die Vorstellung einer verschränkten großen Anzahl von Quantenbits lässt sich eine bewusste Verarbeitung der verschiedenen Wahrnehmungen schwerlich erklären.

Eine Wahrnehmung beginnt damit, dass eine sensorische Nervenzelle einen Reiz aufnimmt, beispielsweise ein Neuron in der Netzhaut des Auges oder im Innenohr. Bereits im Auge beginnt eine Verarbeitung, bei der aus verschiedenen Netzhautzellen die Daten zusammengeführt, bearbeitet und dann weitergeleitet werden. Dieser Transport von Information durch Nervenfasern geschieht bei myelinisierten Axonen durch den Einfluss und Ausfluss von Ionen.

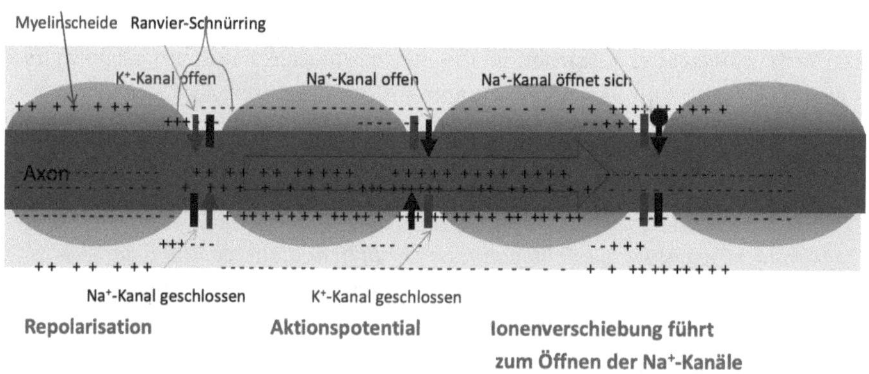

Bild 27.5 Eine halbklassische Darstellung der Wanderung eines Aktionspotenzials durch ein Axon mit isolierender Myelinscheide, das durch Ranvier-Schnürringe unterteilt ist.

Dass man zur Erklärung dieser Vorgänge bereits mit den Vorstellungen der klassischen Physik viel erreichen kann, das wird an den technischen Nachbildungen erkennbar. Sowohl die Erkennung von Bildern als auch die von gesprochenen Worten kann heutzutage mit Computern geschehen, die auf der Basis einer klassischen Informationsverarbeitung arbeiten. Bei den Lebewesen ist allerdings die Informationsverarbeitung an die chemischen Umsetzungen in den Zellen, also an quantische Vorgänge gebunden. Das ATP, der universelle Energiespeicher in den Zellen, ist dann bald verbraucht, es tritt eine Ermüdung ein und andere Zellen übernehmen die Aufgabe. Das wird deutlich am Necker-Würfel in Abschnitt 5.5, der nach kurzer Zeit die gesehene Ansicht ändert, weil andere Nervenzellen die Arbeit übernehmen.

Auch die Entwicklung des Gehirns bei Baby und Kleinkind ist darauf konzentriert, entsprechende stabile neuronale Verbindungen aufzubauen. Daran wird besonders deutlich, dass diese Vorgänge allein auf dem Einfluss von Information beruhen. In den sozialen Kontakten lernen die Kleinen, welche Bedeutungen diesen zu geben ist. Das wird dann dauerhaft in Nervenverbindungen faktisch. Besonders an der Sprachentwicklung wird deutlich, dass Nervenverbindungen, die in der betreffenden Sprache für nicht benutzte Lautbildungen überflüssig sind, wieder eingeschmolzen werden. Auch die Steuerung der sonstigen Muskulatur, welche nicht so differenziert ist wie diejenige für die Sprache, muss auf stabilen, also faktischen Verbindungen beruhen.

Alle diese Verarbeitungsschritte, die weitgehend mit den Vorstellungen von faktischen Prozessen beschrieben werden können, laufen deshalb alle unterhalb der Schwelle des Bewusstseins ab. Das gilt sowohl für die Steuerungsprozesse, für die unwillkürlichen Prozesse wie Herzschlag oder bei dem Verdauungsvorgang in Symbiose mit dem Mikrobiom, und auch bei willkürlichen Muskelbewegungen. Diese müssen so erfolgen, wie die betreffende Person es will. Störungen bei diesen Vorgängen, zum Beispiel durch einen Tremor, stellen eine ungeheure Belastung für einen Patienten dar.

Die Beschreibungen durch eine Näherung aus der klassischen Physik sind jedoch nicht mehr ausreichend, wenn wir zu den bewussten Vorgängen übergehen wollen.

Wir benötigen dafür die Vorstellungen, die mit den aktivierten und verschränkten Eigenschaften der Photonen verbunden sind. Der Grund dafür ist, dass in der klassischen Physik weder ein Begriffseinschluss für Information noch für eine verschränkte Ganzheit existiert – für eine Ganzheit, die wesentlich mehr umfasst als allein aus den Teilen folgt, aus denen man sich die Zusammensetzung vorstellen möchte.

Die bewusste Quanteninformation stellt eine geringere Informationskapazität dar als die unermesslich vielen unterbewussten, unbewussten und vorbewussten Abläufe von Informationsverarbeitung. Allen bewussten Verarbeitungsschritten gehen vielfältige vorbewusste Aktionen voraus. Die hochgradige Parallelität der Abläufe bei der Informationsverarbeitung wird neben der ungeheuren Vernetztheit des Nervengewebes auch dadurch erleichtert, dass sich Photonen gegenseitig durchdringen können, ohne dabei miteinander wechselwirken zu müssen.

Wenn man sich vergegenwärtigt, dass ein mm^3 Nervengewebe, also etwa das Volumen eines Stecknadelkopfs, etwa 40 000 Zellen enthält, dann wird es verständlich, dass es viele Verarbeitungsschritte unmittelbar zwischen den Nervenzellen gibt, die nicht über die Axone verlaufen. Ebenfalls erleichtert es die Nichtlokalität der Quantenphänomene, die Ausgedehntheit des Bewusstseins zu verstehen.

27.5.4 Bewusstwerdung

Faktische Information gelangt aus dem Gedächtnis nicht unverarbeitet ins Bewusstsein, sondern erst nach einer Aufbereitung als aktivierte Quanteninformation mit Photonen als „Trägern". Die einlaufende Information wird z. B. vom Auge in verschiedene Bereiche der Sehrinde geleitet. Diese analysieren jeweils bestimmte Aspekte des Gesehenen, z. B. Kanten, Ecken usw. Danach wird die bedeutungsvolle Information zu einer Ganzheit synchronisiert. Die beteiligten biochemischen Vorgänge erzeugen Photonen, wahrscheinlich im Terahertz-Bereich. Diese vielen im Gleichtakt wirkenden und trotzdem unentwegt wechselnden Photonen im Terahertz-Bereich sind oftmals einander sehr ähnlich, sodass die sich daraus ergebenden Schwebungen im Bereich von 0,5 Hz bis 100 Hz liegen und im EEG sichtbar werden. Schwebungen kennt man aus der Musik: Wenn zwei Instrumente fast den gleichen Ton spielen, kann man die Differenz der Frequenzen als niederfrequente Lautstärke-Änderung wahrnehmen.

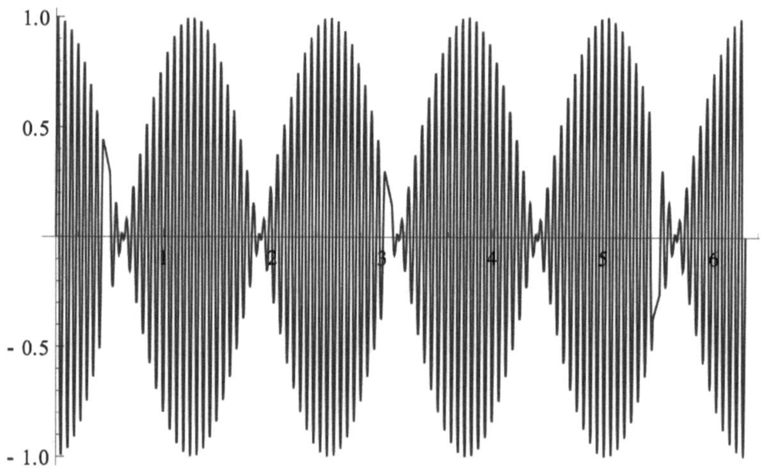

Bild 27.6 Beispiel einer Schwebung: Bei gleichzeitiger Anwesenheit von Schwingungen von 100 Hz sowie von 105 Hz ändert sich die Amplitude (die Lautstärke) mit der Frequenz von 5 Hz.

> Die aus den Qubits erzeugte Ganzheit nehmen wir als die *Einheit unseres Bewusstseins* war. Eine länger andauernde Störung dieser Einheit bedeutet eine schwere Erkrankung.

Aus der Menge an verschränkten Qubits, die den momentanen Inhalt des Bewusstseins bilden, formen sich immer wieder faktische Bewusstseinsinhalte. Diese Gedanken könnte man als „schnell vergängliche Fakten" bezeichnen, denn aus ihnen erwächst sofort wieder ein Fächer an quantischen Möglichkeiten. So steht bei freier Sprache oder beim Entwerfen eines Textes noch nicht fest, mit welchen Worten er weitergeführt werden wird. Oft merkt man, dass manche Anteile von zuvor vorhandenen Gedankensplittern dabei verloren gegangen sind.

Dass Informationsverarbeitung und der Einfluss bewerteter Information auf die Prozesse im Lebewesen für das Leben konstitutiv sind, ist hinreichend verdeutlicht worden. Mit dem Bewusstsein ergibt sich darüber hinaus die Möglichkeit, Handlungsoptionen vor einer Handlung zu überprüfen und eine gewisse Planung vorzunehmen. Im Bewusstsein können verschiedene Absichten und die möglichen Konsequenzen miteinander verglichen werden, ohne bereits eine tatsächliche Handlung vornehmen zu müssen. Außerdem können Beziehungsstrukturen besser und umfangreicher internalisiert werden. Gelernte Erfahrungen können besser gespeichert werden.

Das kann für Tiere, die ortsveränderlich sind, für die eigene Existenz und für eine erfolgreiche Aufzucht ihrer Nachkommen wichtig sein. Vögel und Säuger haben im Vergleich mit Insekten oder Amphibien nur wenige Nachkommen. Deren Aufzucht ist in der Regel kostenintensiv. Da ist es wichtig, Optionen überdenken zu können. Auch um sich gegen Brutschmarotzer zu wehren.

27.5.5 Bindungsverhalten von Sinneseindrücken

Mit den unzähligen verschränkten Photonen (die auch als „kohärent" bezeichnet werden), welche als Eigenschaften ihrerseits die verschränkten bedeutungsvollen Informationen zusammenbringen, erklärt sich auch das sogenannte Bindungsverhalten. Darunter versteht man die sonst kaum verständliche Ganzheit von Strukturen bei der Verarbeitung von Objekten, z. B. das Sehen eines singenden Vogels. Die Einheit eines solchen Objektes ist schwer zu verstehen, da die verschiedenen Signale teilweise zeitversetzt über verschiedene Sinnesorgane ans Bewusstsein vermittelt werden. Außerdem werden sie davor an verschiedenen Stellen des Gehirns weiterverarbeitet und mit einer emotionalen Bewertung versehen.

> *„Die Information wirkt hierbei ‚top down' auf die Materie, also von der Psyche auf die verschiedenen Areale des Gehirns. Aus diesen Arealen heraus können auch zeitlich differenzierte Anteile von Ereignissen in die verschränkten Zustände integriert*

werden. Die unterschiedlichen Verarbeitungszeiten werden durch die einzelnen Sinnesorgane verursacht. Dennoch wird so das Sehen, Hören und Fühlen mit der Gedächtnisinformation zu einer Ganzheit zusammengeführt und in den Strom des Bewusstseins eingefügt.“[60]

Vielleicht hilft es, dabei noch einmal an die Struktur der Quantentheorie zu erinnern. Sie macht verständlich, dass Eigenschaften von einem Objekt auf ein anderes übergehen können. Damit können sie für ein Lebewesen zu bedeutungsvollen Informationen werden.

„Die Quantenphysik erlaubt die Vorstellung von ‚ausgedehnter Information‘. Ein Beispiel wäre ein Text auf dem Bildschirm, dessen Worte und sogar Sätze oft als Ganzheiten wahrgenommen werden. Trotzdem sind es immer wieder neue Photonen, die sie übermitteln. Sie können ungeachtet ihres ständigen Wechsels den Text festhalten oder neue Information bringen. Die Photonen übermitteln einen ausgedehnten und sich ständig ändernden Strom von Information. Die Photonen und der Inhalt wirken aber nicht auf den Text und den Computer zurück. Im Biologischen ist es anders, hier wirkt das Gesehene und Gedachte auf die neuronalen Netze zurück. Deshalb ist dabei von einer Uniware zu sprechen …
Das Bewusstsein ist ausgedehnt, zwischen und um die Zellen sowie in den Zellen. Photonen, welche die Information des Stoffwechsels, des Unbewussten und des Bewusstseins tragen, können sich durchdringen, ohne sich gegenseitig zu beeinflussen. Für eine wechselseitige Beeinflussung, d. h. für eine weitere Verarbeitung der Information, ist immer wieder die Interaktion mit den geladenen Teilchen der Materie notwendig.“[61]

27.5.6 Quanteninformationsstruktur und Quantenfeldtheorie

Wenn das Bewusstsein so ausgedehnt ist, was spricht dafür, im Zusammenhang damit mit der Bezeichnung „Quantenfeld“ sehr differenzierend umzugehen?

Üblicherweise wird ein Quantenfeld als eine Struktur mit einem überabzählbar unendlichdimensionalen Raum von Zuständen interpretiert. Hinzu kommt, dass für die Darstellung von Raum und Zeit ein mathematisches Kontinuum gewählt wird. Beides sind Idealisierungen, die manche wesentlichen Aspekte des Bewusstseins in den Hintergrund verschieben. Dazu rechne ich beispielsweise die Endlichkeit der Teilchen, der Eigenschaften und der bedeutungsvollen Qubits im Gehirn. Andererseits ist diese Idealisierung für manche mathematische Modellierungen notwendig.

[60] Görnitz, B. (2021) *Der evolutionäre Weg zum menschlichen Bewusstsein*, in: Mann, F.; Mann, C. (Hrsg.) *Im Lichte der Quanten: Konsequenzen eines neuen Weltbilds*, wbg Theiss, Darmstadt, S. 153

[61] Görnitz, B. (2021), S. 146 f.

> Wenn man beachtet, dass es sich beim Bewusstsein um Quanteninformationsstrukturen und nicht um Quantenteilchen wie Photonen handelt, dann allerdings ist gegen einen Begriff von *Quanteninformations-Feldtheorie* wenig einzuwenden.

Es sind also nicht die kohärent verbundenen Photonen selbst, sondern es ist die kohärente Struktur einer umfangreichen Quanteninformation, die als Eigenschaft dieser Photonen das Bewusstsein formt.

Die unvermeidbare Unendlichkeit in Quantenfeldtheorien ist zugleich für die Modellierung notwendig und andererseits ein Problem. Es gibt in einem Gehirn keine unendlich große Anzahl von Molekülen. Die Photonen, welche sich verschränken und so die Qubits als verschränkte Eigenschaften einer Quanteninformationsstruktur präsent halten, sind zwar unbeschränkt, aber gewiss nicht unendlich viele. Aber nur für das mathematische Modell einer unendlich großen Anzahl kann ein echter Teil genauso viele Elemente enthalten wie das Ganze. So gibt es beispielsweise eine eineindeutige Zuordnung der natürlichen Zahlen auf die geraden Zahlen durch eine Multiplikation mit 2. Das funktioniert aber nicht bei einer endlichen Menge. Nach der Hälfte liegen die verdoppelten Zahlen nicht mehr in der ursprünglichen Menge. Um aber die Reflexionsfähigkeit des Bewusstseins *mathematisch zu modellieren*, ist eine Zuordnung eines Teils zum Ganzen notwendig.

27.5.7 Wie kann die Bewusstwerdung modelliert werden?

Solange der Mensch lebt, gibt es für das Gehirn eine immerwährende elektromagnetische Grundaktivität. Solange das Gehirn lebendig ist, findet ein ständiger Austausch von realen und virtuellen Photonen statt. Erinnerungsinhalte sind als Eigenschaften von Nervenfaser-Verbindungen mit ihren Synapsen und Molekülen gespeichert. Im Laufe der biologischen Evolution und wegen der determinierten Entwicklung der Möglichkeiten – und nicht der Fakten – konnten sich dabei bestimmte Areale in den Gehirnen für spezielle Aufgaben herausformen. So gibt es spezialisierte Bereiche für das Hören, das Sehen, das Fühlen, die Motorik usw. In Abhängigkeit von den Einflüssen aus den Sinneszellen werden sie jeweils mehr oder weniger stark aktiviert. Dabei entsteht aus den faktisch gespeicherten Erinnerungen durch die verschränkte Menge von Photonen eine kohärente Quanteninformationsstruktur. Der Zustandsraum dieses Tensorproduktes aus Qubits ist die Basis für die Informationsverarbeitung in den neuronalen Netzen im Gehirn. Die entstehende Superposition von Zuständen liefert zugleich die Grundlage für die mathematisch-physikalische Beschreibung der psychischen Vorgänge.

Wir hatten bereits 2002 darauf verwiesen,[62] dass das Psychische nur dann naturwissenschaftlich erklärbar wird, wenn die Integration der psychischen Inhalte, die erst durch das Tensorprodukt der Quanteninformationsstrukturen eine mathematisch-physikalische Grundlage erhält, von einem neuen Verständnis von Materie begleitet wird. Damit werden u. a. auch naturwissenschaftlich zweifelhafte panpsychistische Versuche überflüssig. Die *Superposition der kohärenten Informationsbeiträge* aus den verschiedenen Arealen des Gehirns ist das mathematisch zutreffende Bild für die Integration der betreffenden Inhalte. Spätere Modelle aus der Hirnforschung haben aus meiner Sicht den Nachteil, dass in diesen Modellen die quantentheoretischen Grundlagen noch ignoriert werden.[63],[64],[65]

Wir hatten geschrieben, dass die verschränkten Quanteninformationsstrukturen des Bewusstseins durch ständig neue Photonen erzeugt werden. Dadurch ist eine immerwährende und unmittelbare Beziehung zum Körperzustand gegeben. Die Information des Bewusstseins erhält damit also immer die Möglichkeit, zu wissen, dass „Ich" es bin, die oder der das denkt. Allerdings wird die durch die biochemische Informationsverarbeitung begründete enge Beziehung zwischen den Inhalten des Bewusstseins und den Körperzuständen bei ihrer Beschreibung öfters ignoriert.

Wir sprechen von Kognition, also von Denken oder geistigen Fähigkeiten. Kognition umfasst auch das Nachdenken über die eigenen geistigen Inhalte. Dabei wird ein Teil des Bewusstseins benutzt, um über andere Inhalte des Psychischen nachzudenken. Da für dieses Reflektieren von bewussten Inhalten keine prinzipiellen Grenzen existieren und auch der Prozess des Reflektierens selbst zwar nicht beliebig oft, aber doch zumeist einmal reflektiert werden kann, ist für eine mathematische Modellierung notwendig, dass ein Teil gleichmächtig zum Ganzen ist. Das erfordert die erwähnte Unendlichkeit für die mathematische Modellierung, die aber aus physikalischer Sicht eine sehr weitgehende Idealisierung ist. Bei solcher Modellierung wird oft die Beziehung zum Körperlichen ignoriert. Sie kann aber nicht aufgehoben werden. Vorbewusst ist diese enge Beziehung stets präsent.

Natürlich ist es sinnvoll und pragmatisch nützlich, die Vorgänge um das Bewusstsein in der theoretischen Beschreibung zu unterteilen. Die beteiligten drei Ebenen, die Materie, die Energie und die bedeutungsvolle Quanteninformationsstruktur, können näherungsweise als jeweils verschränkte Strukturen beschrieben werden.

Die Moleküle, also die materiellen Objekte, werden durch die Wechselwirkungen immer wieder verschränkt und erzeugen somit komplexe Gedächtnisinhalte.

---

[62] Görnitz, T., Görnitz, B. (2002) *Der kreative Kosmos*, Spektrum, Heidelberg

[63] Siehe z. B. Dehaene, S.; Charles, L.; King, J.-R.; Marti, S. (2014) *Toward a computational theory of conscious processing*, Curr. Opin. Neurobiol. 25, S. 76 – 84

[64] Tononi, G. (2008) *Consciousness as integrated information: a provisional manifesto*, Biol. Bull. 215, S. 216 – 242

[65] Koch, C.; Massimini, M.; Boly, M.; Tononi, G. (2016) *Neural correlates of consciousness: progress and problems*, Nat. Rev. Neurosci. 17, S. 307 – 321

Die Energie, also die Photonen, nehmen Gedächtnisinhalte auf und verknüpfen diese durch die Wechselwirkungen mit der Gehirnmaterie, den Molekülen, Zellen und Nervenfasern.

Die miteinander verknüpften bedeutungsvollen Quanteninformationsstrukturen können so umfangreich sein, dass ein Teil über das Ganze ein Wissen haben kann.

Dabei ist zu beachten, dass wie oft gesagt diese theoretische Unterteilung eine, wenn auch gute, Näherung ist.

Damit die Beschreibung der aktuellen Situation im Gehirn nicht zu sehr von der mathematischen Modellierung mit unendlich vielen Qubits abweicht, muss der Umfang der Informationsverarbeitung hinreichend groß sein. Dann kann die Menge der Qubits, die den Inhalt der Reflexion betreffen, noch viel vom Reflektierten erfassen, bevor sich die Endlichkeit bemerkbar macht.

Die letztendliche Beschränktheit der Anzahl der Qubits im Bewusstsein wird auch ein Grund dafür sein, dass die uns Menschen erreichbaren Reflexionsstufen begrenzt sind (im mathematischen Sinne „endlich"). Wir Menschen sind oft nicht in der Lage, neben den sekundären auch die tertiären Folgemöglichkeiten zu überdenken. Daher fällt es uns schwer, große Komplexität zutreffend zu erfassen. Der Wunsch nach großer Einfachheit ist bei einer zunehmend komplexer werdenden gesellschaftlichen Umwelt überall deutlich spürbar.

Mit den Quanteneigenschaften des Bewusstseins wird auch verständlich, dass es von außen eine genaue Kenntnis der Bedeutungsinhalte aus naturgesetzlichen Gründen nicht geben kann. Das ist die „Privatheit der Qualia", auf die in Abschnitt 27.5.9 noch ausführlicher eingegangen wird. Hingegen ist uns eine Kenntnisnahme der Bewusstseinsinhalte, die von uns selbst erzeugt wurden, nicht aus prinzipiellen Gründen verwehrt. Wir können über uns und über das von uns Gedachte und Gefühlte selbst nachdenken.

Dass das Bewusstsein eine Form von Quanteninformationen ist, das wäre ohne die Theorie der Protyposis wohl weniger verständlich.

> *„Für uns Menschen ist es evident, dass eine bestimmte Information starke emotionale und körperliche Auswirkungen haben kann. Der Träger der Nachricht, sei es Papier oder elektromagnetische Wellen, ist dabei nicht das Wichtige, sondern die von ihm getragene Information. Wenn wir einen Anruf bekommen oder eine E-Mail, die eine besonders freudige Nachricht enthält, dann reagieren wir mit dem ganzen Körper und mit unseren Gefühlen. Dabei ist es gleichgültig, ob die Nachricht über das Handy ans Ohr, oder über das Papier eines Briefes oder den Bildschirm des Computers eintrifft. Es kommt also nicht auf den Träger der Information an, wie Papier oder Schallwellen in der Luft, es kommt auf die von diesem getragene bedeutungsvolle Information an."*[66]

[66] Görnitz, B. (2021) *Der evolutionäre Weg zum menschlichen Bewusstsein*, in: Mann, F.; Mann, C. (Hrsg.) *Im Lichte der Quanten: Konsequenzen eines neuen Weltbilds*, wbg Theiss, Darmstadt

Wir haben also eine Ganzheit vorliegen, die wir dadurch zu verstehen versuchen, dass wir sie als eine sehr komplexe Mischung von quantischen und klassischen Vorgängen beschreiben. Das neuronale Netz von Nervenzellen und Nervenfasern ist eine faktische Grundstruktur für die Informationsverarbeitung im Lebendigen. Zugleich zeigen die Photonen im EEG, dass durch eine ständige Abstrahlung in die Umgebung und ein damit verbundener Abfluss von Information über quantische Möglichkeiten bei den Gehirnprozessen immer wieder Fakten entstehen. Aus diesen dabei entstehenden Fakten entfalten sich wiederum neue quantische Möglichkeiten als Eigenschaften neuer Photonen. Die faktischen Einflüsse sind notwendig, damit kausale Wenn-dann-Reaktionen so ablaufen, wie sie für die Existenz des Lebewesens notwendig sind. Beispielsweise müssen Signale an Muskeln als ein „faktischer Befehl" die gewünschte Wirkung erzielen. Diese als Fakten interpretierbaren Vorgänge können auch von außen herbeigeführt werden. Mit einer Elektrisiermaschine kann man durch einen ungefährlichen Hochspannungsimpuls ebenfalls Muskelkontraktionen hervorrufen. Durch derartige Einwirkungen an den Muskeln von Froschschenkeln ist durch Luigi Galvani (1737 – 1798) überhaupt erst der Weg in die Elektrizitätslehre eröffnet worden.

Für eine Erklärung von Bewusstsein genügen jedoch diese Bilder aus der klassischen Physik nicht. Die Vorgänge an den synaptischen Spalten bei den Nervenzellen sind zwar teilweise auch noch mit klassischen Bildern zu interpretieren. Dass aber auch quantenphysikalische Phänomene bei der Informationsverarbeitung im Nervensystem eine Rolle spielt, hatte Friedrich Beck (1927 – 2008) berechnet.[67] In gemeinsamen Arbeiten[68] mit John Eccles (1903 – 1997) wurde die These vertreten, dass beispielsweise der Tunneleffekt (siehe Abschnitt 7.4.1) von Elektronen bei der Signalübertragung an den Synapsen bedeutsam werden kann. Ich fand diesen Ansatz interessant, habe mich aber an dem Dualismus von Eccles gestört.

Später ergaben Experimente über die Temperaturabhängigkeit eines solchen Vorganges, dass die Überlegungen mit Elektronen nicht zutreffen können.[69] Weitere Untersuchungen zeigten, dass jedoch mit entsprechenden Quasiteilchen ein Tunneleffekt für die Erklärung des physiologischen Vorgangs am synaptischen Spalt dienen kann. Ein „SNARE-Protein", welches die Öffnung des Vesikel-Bläschens reguliert, kann über Tunneleffekt beeinflusst werden. Wenn dieses Protein wegen eines Gendefektes fehlt, dann ist eine Ausschaltung des Bewusstseins mittels gasförmiger Anästhetika nicht möglich.

---

[67] Beck, F. (1996) *Can quantum processes control synaptic emission?*, Int. J. Neural Systems 7 (1996), S. 343 – 353

[68] Beck, F.; Eccles, J. (1992) *Quantum aspects of brain activity and the role of consciousness*, Proc. Nadl. Acad. Sci. USA, Vol. 89, S. 11357 – 11361; Beck, F.; Eccles, J. (1998) *Quantum Processes in the Brain: A Scientific Basis of Consciousness*, Cognitive Studies, 5 (2), S. 95 – 109

[69] Georgiev, D. D.; Glazebrook, J. F. (2014) *Quantum Interactive Dualism: From Beck And Eccles Tunneling Model Of Exocytosis To Molecular Biology Of Snare Zipping*, Biomedical Reviews 2014, 25, S. 15 – 24

„Although Beck and Eccles were off the track with their proposal of quantum tunneling of electrons between lipid membranes, for a modern molecular neuroscientist it is conceivable that the idea might work if it is properly adapted for SNARE proteins or other SNARE master proteins. …
Secondly, one of the main effects of volatile anesthetics is to block the proper SNARE function and, conversely, the only known gene mutation, which leads to resistance to volatile anesthesia is found in the syntaxin gene.“[70]
(Obwohl Beck und Eccles mit ihrem Vorschlag des Quantentunnelns von Elektronen zwischen Lipidmembranen danebenlagen, ist es für einen modernen molekularen Neurowissenschaftler vorstellbar, dass die Idee funktionieren könnte, wenn sie für SNARE-Proteine oder andere SNARE-Masterproteine richtig angepasst wird. …
Zweitens besteht eine der Hauptwirkungen von Inhalationsanästhetika darin, die SNARE- Funktion zu blockieren, und umgekehrt ist die einzige bekannte Genmutation, die zu einer Resistenz gegen gasförmige Anästhetika führt, im Syntaxin-Gen zu finden.)

Solche Nachweise von typischen Quanteneffekten sind bedeutsam, um das verbreitete Vorurteil zurückzuweisen, dass Quantenphänomene prinzipiell im Bereich des Biologischen und erst recht nicht im Gehirn keine Rolle spielen würden.

Für ein Verstehen des Bewusstseins ist die „Uniware“ die Voraussetzung.

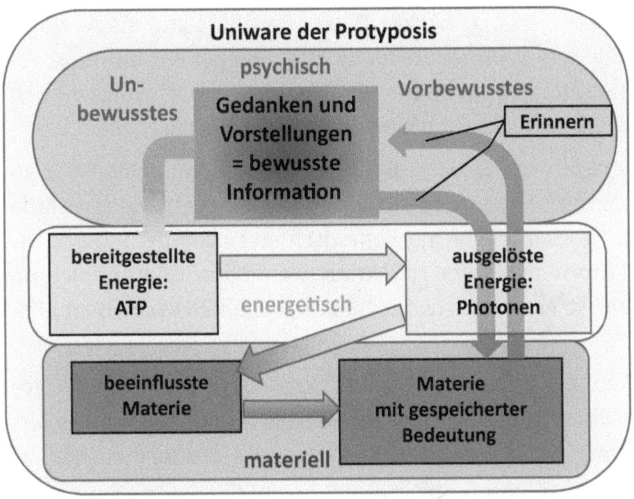

Bild 27.7 Die drei Erscheinungsformen der Protyposis, die Materie, die Energie und die bedeutungsvolle Information wirken im Menschen als Uniware zusammen.

[70] Georgiev, D. D.; Glazebrook, J. F. (2010) *Snare Proteins As Molecular Masters Of Interneuronal Communication*, Biomedical Reviews; 21, S. 17 – 2

27.5.8 Die „ausgedehnte" Psyche

Wir Menschen kennen und erleben bedeutungsvoll gewordene Qubits, die sich als schnell vergängliche Fakten aus dem Strom des Bewusstseins herausbilden, unmittelbar in der sehr speziellen Form unserer Gedanken mitsamt den Bewertungen der Gefühle.

Dabei soll noch einmal darauf hingewiesen werden, dass die bedeutungsvollen Qubits unserer Gedanken die gleiche mathematische Struktur wie die AQIs haben – einen zweidimensional komplexen Zustandsraum. Jedoch ihr Entstehungskontext *als Eigenschaften von materiellen und energetischen Teilchen* lässt sie keine kosmisch ausgedehnten Strukturen wie die AQIs sein. Sie gehören zu einer im Lokalen ausgedehnten Informationsstruktur, die von den erwähnten unzähligen verschränkten Photonen getragen wird und die sich zumindest *über das gesamte Gehirn* erstrecken kann. Es ist nicht leicht, sich davon eine anschauliche Vorstellung zu erzeugen. Eine denkbare Analogie dazu wäre, dass dieser Text aus einzelnen Buchstaben gestaltet ist. Wir verbinden allerdings die Worte zu Ganzheiten. Wenn der erste und der letzte Buchstabe eines Wortes richtig stehen, dann wird man beim schnellen Lesen nur schwer bemerken, dass bei Buchstaben im Inneren des Wortes deren Reihenfolge vertauscht ist. Das macht es beispielwseise schwirieg, in eigenen Texten Buchstebandreher zu erkennen. Wird der Text vorgelesen, dann sind im Gesprochenen die Buchstaben selbst nicht mehr vorhanden. Daher wäre es wenig zutreffend, wenn man jetzt beim Gesprochenen noch auf die Buchstaben verweisen würde, obwohl beim Schreiben die bedeutungsvolle Information aus diesen erzeugt wurde. Dieses Beispiel kann als Analogie dazu dienen, dass unsere Gedanken zwar letztlich aus AQIs erzeugt worden sind, sie doch jetzt als bedeutungsvolle Information an die Verarbeitung im Gehirn gekoppelt sind und damit aus einer kosmischen Sicht stark lokalisiert wirken.

Es ist auch wichtig noch zu erwähnen, dass das Bewusstsein nicht ausschließlich an Sprache gebunden ist. Viele Menschen denken vornehmlich in Bildern. So erwähnte Roger Penrose einmal, dass er auch seine mathematischen Zusammenhänge vornehmlich als grafische Strukturen, als Bilder reflektiert. Bei Lebewesen ohne grammatische Sprache ist das Bewusstsein höchstwahrscheinlich ebenfalls vor allem bildlich strukturiert.

Es erscheint somit in diesem Zusammenhang nicht besonders hilfreich, unsere Gedanken noch als absolute, also auf den Kosmos als Ganzes bezogene absolute Bits von Quanteninformation, als AQIs, zu bezeichnen. Trotzdem sind sie Formen, die aus AQIs gebildet sind. Gedanken und innere Bilder können in Qubits theoretisch zerlegt werden, so wie auch ein Foto technisch in Bits zerlegt werden kann.

Die Nichtlokalität der Quantentheorie erleichtert es zu verstehen, dass das Psychische als ausgedehnt über den gesamten Körper empfunden werden kann. Psychosomatische Erkrankungen sind gerade dadurch ausgezeichnet, dass der Ganzheit des Patienten, also der Einheit von Körper und Psyche, Aufmerksamkeit zu schenken ist. Das gilt im Besonderen für die psychosomatischen Wirkungen unserer Gedanken, Empfindungen und Gefühle, also die Wirkungen der Informationen aus unserer Psyche auf das Soma, den Körper. Diese können an verschiedenen Organen oder Körperteilen, wie z. B. dem Magen und Darm, dem Herzen, dem Kopf und dem Rücken, Dysfunktionen oder Schmerzen verursachen. Natürlich erfolgt auch eine Rückwirkung von dysfunktionalen Erscheinungen auf die Psyche und den Gesamtzustand des Körpers. Eine ausführliche Untersuchung zur Psychosomatik in Auseinandersetzung mit der Hirnforschung findet sich bei Ralf Krüger [71], eine kürzere zusammenfassende Darstellung in seinem Buchbeitrag.[72] Er erläutert, dass sich erst mit der Vorstellung der AQIs eine wissenschaftliche Erklärung für die Psychosomatik ergibt.

Die Gedanken haben zwar mit unserem Körper und speziell dem Gehirn und seinen neuronalen Netzen einen materiellen Träger, sind jedoch selbst nicht materiell. Sie sind eine Informationsstruktur, welche von einem ständigen Fluss von im Körper erzeugten und wieder absorbierten Photonen getragen wird. Die in die äußere Umgebung emittierten Photonen, die im EEG nachweisbar sind, stehen für eine weitere Verarbeitung nicht mehr zur Verfügung. Der Prozess der ständigen Informationsverarbeitung in den Lebewesen basiert auf der erwähnten unauflöslichen Einheit von „Hard- und Software“, der Uniware des Lebendigen.

Bevor wir unsere Gedanken als Worte und Sätze im unserem Bewusstsein ausformulieren und damit faktisch werden lassen, sind sie vage und flüchtig. Sie umfassen viele Möglichkeiten und Assoziationen. Gedanken sind nicht an einer Stelle im Gehirn lokalisiert, daher sind auch die verschiedenen Versuche, „das „Ich“ zu lokalisieren“, erfolglos geblieben. Innerlich wägen wir die Möglichkeiten ab und dann wird eine davon überzeugend und aufgegriffen. Zwar sind kreative Einfälle nicht erzwingbar, aber die Bedingungen und der Kontext für Kreativität können günstig oder weniger günstig sein.

27.5.9 Subjektivität und Qualia

Mit dem philosophischen Begriff „Qualia“ wird die Tatsache gekennzeichnet, dass die unmittelbaren Erfahrungen, Erlebnisse und Gefühle eines Menschen nur diesem bekannt sind und dass sie nicht von außen, durch eine dritte Person, objektivierbar sind. Aus der Quantentheorie wird erkennbar, dass das auf einem prinzipiellen Grundzug der Natur beruht.

Der exakte Zustand eines *unbekannten* Quantensystems ist prinzipiell unerkennbar. Wenn man Kenntnis erhalten möchte, wird durch den dabei notwendigen Zugriff unvermeidlich der Zustand verändert. Aus dem danach bekannten Zustand folgt jedoch nur sehr wenig über den unbekannten Zustand zuvor. Dieser konnte fast ähnlich sein

---

[71] Krüger, R. (2015) *Quanten und die Wirklichkeit des Geistes: Eine Untersuchung zum Leib-Seele-Problem*, transcript, Bielefeld

[72] Krüger, R. (2021) *Die Grundfrage der psychosomatischen Medizin – Eine Antwort*, in: Mann, F.; Mann, C. (Hrsg.) *Im Lichte der Quanten: Konsequenzen eines neuen Weltbilds*, wbg Theiss, Darmstadt

wie der gemessene oder ziemlich verschieden. Ein solcher „Keim von Subjektivität" ist also gemäß Quantentheorie eine natürliche Erscheinung in der Realität und eine naturwissenschaftliche Vorbedingung für die Subjektivität der Qualia. Wenn wir davon zu dem Problem des Bewusstseins übergehen, dann treffen zwei scheinbar gegenläufige Tendenzen aufeinander. Man kann wohl kaum daran zweifeln, dass wenigstens beim Menschen die Existenz eines Bewusstseins eine objektive Tatsache ist. Andererseits sind die eigenen Gefühle und das eigene menschliche Bewusstsein die wohl extremsten Erscheinungen von Subjektivität. Was in meinem Bewusstsein vorsichgeht, ist einerseits mir unmittelbar bekannt. Es kann andererseits von einem Dritten höchstens mittelbar und auch nur ungefähr erkannt werden.

Durch das Verhalten und die Äußerungen eines Menschen, durch seine Persönlichkeitsmerkmale, wird ein gewisser Rückschluss auf manche Inhalte seiner Psyche möglich. Ob das allerdings dem wahren Kern seiner Identität entspricht, bleibt eine offene Frage. Die Schwierigkeit einer diesbezüglichen Prognose zeigt sich nicht nur, aber dann besonders relevant bei der Frage einer möglichen vorzeitigen Entlassung von ehemals gewalttätigen Straftätern.

27.5.10 Naturwissenschaftliche Definition von Bewusstsein

Wenn wir das Bewusstsein untersuchen, dann muss sowohl die prinzipielle Möglichkeit seiner objektiven Existenz als auch die seiner unhintergehbaren Subjektivität erklärt werden. Die naturwissenschaftliche Definition von Bewusstsein ist:

> Die Protyposis zeigt, dass das Bewusstsein eine sich stets erneuernde, *ausgebreitete verschränkte Struktur von Quanteninformation* ist.
>
> Bewusstsein *als Aspekt eines Lebewesens* kann *sich selbst kennen* und sich im „Hier und Jetzt" und damit in Raum und Zeit *erleben*.
>
> Bewusstsein wird erzeugt in den gegenseitigen Wechselwirkungen von Materie, Energie und Information der Uniware und wird getragen von stets neuen kohärenten, also verschränkten Photonen in einem hochentwickelten Gehirn.

In diese Struktur fließen ständig Informationen aus den Verarbeitungsschritten an den verschiedenen Orten im Gehirn ein. Diese aktivierten Informationen werden von Photonen dann wieder auf materiellen Trägern abgespeichert wie Nervenzellen, Synapsen und Molekülen. Das Bewusstsein beruht im Weiteren auf einem Informations-Kern, der zusammen mit den aktuellen Gefühlen ein lebenslanges „Ich" begründet. Aus dieser quantentheoretischen Erklärung folgt eine wichtige Tatsache:

> Für die Bedeutung der Inhalte eines jeden Bewusstseins und des entsprechenden individuellen Empfindens ist eine absolute Subjektivität konstitutiv. Oft wird das mit dem Begriff „Qualia" beschrieben.

Mit den Quanteneigenschaften des Bewusstseins wird verständlich, dass *von außen* eine genaue Kenntnis seiner aktuellen Bedeutungsinhalte aus naturgesetzlichen Gründen unmöglich ist. Für Fremde ist höchstens eine näherungsweise Kenntnisnahme möglich. Hingegen ist uns eine Kenntnisnahme der *von uns selbst* erzeugten Bewusstseinsinhalte nicht aus prinzipiellen Gründen verwehrt.

Wenn wir selbst bei Bewusstsein sind, dann sind wir jederzeit in der Lage, uns genau diesen Sachverhalt – dass wir bei Bewusstsein sind – auch bewusst machen zu können. Da Information prinzipiell auch über andere Informationen erhalten werden kann und sinnvoll ist, ist auch die Reflexionsfähigkeit des Bewusstseins gegeben. Durch die chemische Informationsverarbeitung ist zugleich eine unmittelbare Anbindung an den Körper und damit an ein Erleben verbunden.

Beim Reflektieren des aktuellen Bewusstseins merken wir, dass wir eine solche Überlegung auch erleben. Gelegentlich, wenn wir schlaftrunken nach einer langen Reise aufwachen, muss uns nicht in jeden Fall unmittelbar und sofort klar sein, wo wir uns befinden. Aber in der Regel wissen wir nicht nur, wer wir sind, sondern auch wo wir sind und in welcher Zeit wir ungefähr leben. Wir Menschen können das alles sogar sprachlich formulieren. Wer ein Haustier besitzt, der wird gewiss zustimmen, dass auch diese um ihren Zustand wissen und auch über Zeit und Ort informiert sind.

27.5.11 Zum Unterschied zwischen Bewusstsein und den Korrelaten des Bewusstseins

Mögliche Korrelate des Bewusstseins zeigen, wann und vor allem wo im Gehirn bewusste Vorgänge mit speziellen Nervenaktivitäten korreliert sind. So behauptet die IIT, die „Integrierte Informations-Theorie“[73),74)] dass das Bewusstsein im hinteren Teil des Großhirns beheimatet ist. Dort laufen auch die Sinnesdaten ein. Die „globale Arbeitsraum-Theorie“[75),76)]vermutet das Bewusstsein im vorderen Teil des Großhirns. Solche Korrelate betreffen physiologische Vorgänge. Sie sind daher mit den immer besseren nichtinvasiven Untersuchungsmethoden immer leichter zu finden.

Oft wird eine Korrelation als Ursache-Wirkungs-Kette missdeutet. In der gegenwärtigen Diskussion wird vielfach so gesprochen, als ob die „Korrelate des Bewusstseins“, das *wo*, auch die Lösung dafür liefern könnten, zu klären, *was* Bewusstsein ist, und damit auch, *wie* es entsteht.

---

[73] Tononi, G. (2008) *Consciousness as integrated information: a provisional manifesto*, Biol. Bull. 215, S. 216–242

[74] Koch, C.; Massimini, M.; Boly, M.; Tononi, G. (2016) *Neural correlates of consciousness: progress and problems*, Nat. Rev. Neurosci. 17, S. 307–321

[75] Baars, B. J. A. (1988) *Cognitive Theory of Consciousness*, Cambridge Univ. Press, Cambridge

[76] Dehaene, S.; Charles, L.; King, J.-R.; Marti, S. (2014) *Toward a computational theory of conscious processing*, Curr. Opin. Neurobiol. 25, S. 76–84

Wir hatten bereits oft davon gesprochen, wie wichtig es aus Sicht einer anwendungsorientierten Wissenschaft wie der Medizin ist, Korrelate dafür zu finden, ob ein Patient, der im Koma zu liegen scheint, noch bewusste Zustände hat oder nicht. Das betrifft eine enge Korrelation zwischen einem objektiv feststellbaren Ort eines physiologischen Vorgangs im Gehirn und dem Vorhandensein von Bewusstsein. Für diese Frage allein scheint es mir unwesentlich zu sein, auch zu erklären, was Bewusstsein *ist* und *wie es wissenschaftlich begründet* werden kann. Für eine solche medizinische Absicht ist eine Korrelation absolut ausreichend.

Man kann Experimente im Hirnscanner durchführen, dabei die lokalen Aktivitäten messen, die Aktivitätsmuster analysieren und die Probanden fragen, was sie bewusst erlebt haben. Dann kann man die Ergebnisse auf solche Patienten übertragen, die wegen einer starken gesundheitlichen Beeinträchtigung nicht in der Lage sind, zu antworten.

Aus naturwissenschaftlicher Sicht ist zu erwarten, dass es einen Unterschied zwischen notwendigen und hinreichenden Korrelaten des Bewusstseins geben wird. Zu den notwendigen Korrelaten gehört gewiss ein intaktes Stammhirn. (Weiterhin ist ein normgerechter Ablauf bestimmter Stoffwechselvorgänge im Gehirn für das Bewusstsein notwendig und anderes mehr, was allerdings nicht in einem speziellen Bereich lokalisiert sein wird.)

Für die hinreichenden Korrelate darf man annehmen, dass diese keine zusammenhängende Menge bilden müssen. Es ist zu vermuten, dass zu den notwendigen Teilen jeweils verschiedene disjunkte Zusätze ausreichen, um zu einer für Bewusstsein hinreichenden Konstellation zu gelangen. Da es verschiedene Erfahrungsinhalte im Bewusstsein gibt, z. B. für Sprachliches oder Optisches, könnte es genügen, nur manche der dafür jeweils spezialisierten Bereiche im Gehirn (und nicht alle von ihnen zusammen) zu den notwendigen Bereichen zusätzlich zu aktivieren, um einen Bewusstseinszustand zu erhalten. So kann man z. B. eine Person, die man kennt und deren Namen auch, optisch im Bewusstsein präsent haben, ohne dass einem der zugehörige Name schnell bewusstwird. Auch kann durch eine Hirnschädigung den Zugang zur Sprache verloren werden, ohne dass deswegen auch die Bilder nicht bewusstwerden dürften.

Wenn sich diese Vermutung bestätigen würde, würde das die Suche nach den „Korrelaten des Bewusstseins" noch komplizierter erscheinen lassen, als bisher angenommen wurde.

Das gilt auch für eine in den Medien hochgespielte Differenz.[77)] Vor 25 Jahren hatte Christof Koch gegen David Chalmers gewettet, dass in den nächsten 25 Jahren die Korrelate des Bewusstseins gefunden sein würden. Das ist bekanntlich nicht der Fall. Aber im Rahmen dieser Auseinandersetzung wurden dann Experimente durchge-

[77)] Kleindl, R. (2023) *Ein Philosoph und ein Neurologe wetteten um die Natur des Bewusstseins*, Der Standard, Wien, 03. 07. 2023

führt, die zwischen globaler Arbeitsraum-Theorie und IIT unterscheiden sollten. Die publizierten Experimente haben keine Entscheidung zwischen den beiden Hypothesen erbracht. Das spricht dafür, dass ein enger Hirnbereich allein keine eindeutige Korrelation zum Bewusstsein erlaubt.

Wichtige Erkenntnisse ergeben sich auch bei einem Ausschalten des Bewusstseins durch eine Narkose. Dabei scheint die Verminderung der Informationsproduktion vor einer Weiterleitung zu den Bereichen, die diese bewusst verarbeiten, wesentlich zu sein.[78)]

Was ich aber in den Diskussionen nur selten erkennen kann, ist der Hinweis darauf, dass eine solche Korrelation fast nichts mit der Frage zu tun haben kann, was Bewusstsein aus einer wissenschaftlichen Sicht tatsächlich *„ist"*. Wenn darauf eingegangen wird, dann wird zumeist von einem „Rätsel" oder einem „Geheimnis" gesprochen. Jedoch erst mit dem durch die AQIs ermöglichten *Wissen, was Bewusstsein ist*, haben sich die Wirkungen aus dem Bewusstsein auf das Gehirn erklären lassen.

Säuglinge und Kleinkinder benötigen einige Jahre, um die von den Sinnesdaten stammenden und codierten Informationen zu dechiffrieren und ihnen Bedeutungen zuzuordnen. Das geschieht auch durch Immitation des Verhaltens der Bezugspersonen und individuell. Daher wird auch jedes Gehirn im Genauen von jedem anderen verschieden sein. Lediglich die groben Strukturen werden ähnlich sein. Wenn das Erlernen von Bedeutung erfolgreich war, dann werden im weiteren Leben die Qubits aus dem Bewusstsein als Bits, als faktische Eigenschaften von Molekülen, Synapsen und vor allem an Nervenstrukturen abgespeichert.

Danach besitzt jeder Mensch eine große Menge an faktisch gespeicherten Informationen. Von diesen kann dann Quanteninformation aktiviert werden. Diese wird, wie geschildert, als kohärente Form von Quanteninformation zur unbewussten Grundaktivierung der Psyche. Mit dieser werden die aktuell einlaufenden Informationen verarbeitet. Dabei geht es wohl nicht um „Rechnungen", sondern vor allem um „Vergleiche". Sinnesdaten und aktiviertes Gedächtnis als Quantenstrukturen werden wie bei einem Skalarprodukt miteinander verglichen. Die am besten passende Zuordnung wird dann verwendet, um den Sinnesdaten aus Augen oder Ohren eine Bedeutung zuzuschreiben.

Diese geschilderten Vorgänge werden im Unbewussten ablaufen. Wenn davon Teile als „relevant" oder „wichtig" festgestellt werden, dann werden diese Informationen komprimiert und ins Bewusstsein weitergeleitet.

Da biologische Informationsverarbeitung nicht abgeschlossen von der Umwelt wie ein technischer Quantencomputer arbeitet, wurde erst mit der dynamischen Schichtenstruktur eine komplette Beschreibung des Wechselspiels zwischen quantischen

---

[78] Wollstadt, P.; Sellers, K. K.; Rudelt, L.; Priesemann, V. et al. (2017) *Breakdown of local information processing may underlie isofflurane anesthesia effects*, PLOS Computational Biology, *http://journals.plos.org/ploscompbiol/article?id=10.1371/journal.pcbi.1005511*

Möglichkeiten und Fakten erreicht. Zum anderen war das neue Verständnis der Grundlagen der Physik auf der Basis der Protyposis notwendig.

Dass die geschilderten Vorgänge nicht ohne AQIs und nicht allein mit quantenmechanischen Argumenten erklärt werden können, wird in einer Auseinandersetzung[79] von Bernard J. Baars (*1946) mit dem Konzept von Roger Penrose sehr deutlich. Baars kritisiert Penroses Aussage, dass eine physikalische Theorie nur dann die Welt zutreffend beschreiben kann, wenn sie auch dem Bewusstsein einen angemessenen Platz einräumt. Diese Aussage von Penrose ist zutreffend, auch wenn Baars darauf verweist, dass ein Hinweis auf eine erst noch zu entwickelnde Theorie der Quantengravitation lediglich ein „Quanten-Schuldschein" ist.

Was schwerwiegender ist, das ist der Hinweis von Baars, dass bei Penrose alle psychologischen Antworten fehlen. Dieser zutreffende Einwand gegenüber Penrose kann erst entkräftet werden, wenn durch den Einschluss der Quanteninformation und deren Ausformung in den Lebewesen als bedeutungsvolle Information auch ein Zugang zur naturwissenschaftlichen Realität des Psychischen geöffnet wird und zu der daraus folgenden Wirkung des Psychischen aufs Materielle, auf Gehirn und übrigen Körper.

Mit den AQIs und der realen Wirkung von bedeutungsvoller Information zeigen sich gute Gründe, weshalb sich in der Evolution schließlich Bewusstsein herausgebildet hat. Die Informationsverarbeitung im Unbewussten ist so umfangreich und spontan, dass eine Reflexionsfähigkeit schwer vorstellbar ist. Die wichtigen und verdichteten Inhalte aus dem Unbewussten werden daher ins Bewusstsein übertragen. Dort können sie für die Koordination und Kontrolle der Entscheidungen und Handlungen genutzt werden. Die Informationsmenge im Bewusstsein erlaubt eine Reflexion und damit eine Abschätzung von möglichen Alternativen und Folgen. Mit dem Bewusstsein und seiner Fähigkeit zur Reflexion und zu faktischen Schlussfolgerungen wird auch logisches Denken durchführbar. Während das Unbewusste von den Gefühlen nicht getrennt werden kann, kann das Bewusstsein die Emotionen bewerten und diese in Abhängigkeit von dieser Bewertung in die Betrachtungen einbeziehen.

Im Bewusstsein werden also die wichtigen Informationen aus der Umwelt, dem Körper und dem Gedächtnis miteinander verarbeitet und erlebt. Da das Bewusstsein gleichsam eine Informationsverarbeitung „der zweiten Stufe" ist, ist es auch in der Lage, die Aufmerksamkeit zu steuern und zu konzentrieren.

[79] Baars, B. J. (1995) *Can Physics Provide a Theory of Consciousness? A Review of Shadows of the Mind by Roger Penrose*, Psyche, 2(8), May 1995, *https://www.academia.edu/36268810/Can_Physics_Provide_a_Theory_of_Consciousness_A_Review_of_Shadows_of_the_Mind_by_Roger_Penrose*

27.5.12 Freier Wille

Für lange Zeit wurden experimentelle Resultate aus der Hirnforschung als „Beweis“ für eine Unmöglichkeit eines freien Willens genutzt. Es soll hier nicht auf Merkwürdigkeiten eingegangen werden, die dabei auch publiziert wurden, eine sehr gut lesbare Darstellung findet sich bei Ralf Krüger (*1968).[80] Die „Beweise“ folgten auf den berühmten Versuch von Benjamin Libet (1916–2007). Wir hatten dazu bereits in Jahre 2002 ausgeführt:

> *„Die erste freie Willensentscheidung des Probanden ist, an einem solch relativ stupiden Versuch teilzunehmen. Diese Entscheidung wird im Verlaufe des Versuches sicherlich immer wieder einmal überprüft, ob man nämlich nicht einfach nach Hause geht, anstatt nach Aufforderung ‚spontan‘ den Finger zu krümmen. – Aus der populärpsychologischen Literatur ist die Aufforderung ‚Sei spontan!‘ als klassisches Beispiel einer sogenannten Doppelbindung weithin bekannt. Sie stellt für die Handlung einen unlösbaren Widerspruch dar, da Spontaneität einerseits und Handeln auf Aufforderung andererseits sich ausschließen. – Man hat sich also entschlossen, weiterhin mitzumachen, vielleicht weil man Student ist und die Bezahlung benötigt. Nun kann man nicht den geringsten Grund finden, in welchem Moment man den Finger – innerhalb des fest vorgeschriebenen Zeitfensters – krümmen sollte. Man wird sich also in einem freien Willensakt entscheiden, eine zufällige Entscheidung herbeizuführen, d. h. sich ein Signal aus dem Unbewussten geben zu lassen. Was sonst sollte man in dieser sowohl bedeutungslosen wie kriterienfreien Situation sonst tun?“*[81]

In den unter- und vorbewussten Verarbeitungsschritten wird bedeutungsvolle Quanteninformation in bestimmten neuronalen Netzen aktiviert und faktisch abgespeichert. Diese Information steht bei ihrem ständig wiederholten Kopieren auf immer wieder neue Photonen als aktueller Arbeitsstruktur für die momentanen Bewusstseinsinhalte zu Verfügung.

Die quantische Parallelverarbeitung im Biologischen erlaubt trotz einer relativ niedrigen Taktrate eine hohe Verarbeitungsgeschwindigkeit. Durch die Verarbeitungsschritte werden Zustände multiplikativ (tensoriell) miteinander zu Ganzheiten geformt. Dabei entstehen verschränkte ausgebreitete Zustände von Quanteninformation, welche im Zuge dieser Verarbeitung mit Bedeutungsmöglichkeiten versehen werden. In den Experimenten äußern sie sich mit ihren photonischen Trägern als weit ausgebreitete Wellen von Aktivitätsmustern im Gehirn.

[80] Krüger, R. (2015) *Quanten und die Wirklichkeit des Geistes: Eine Untersuchung zum Leib-Seele-Problem*, transcript, Bielefeld

[81] Görnitz, T.; Görnitz, B. (2002) *Der kreative Kosmos*, Spektrum, Heidelberg, Kap 12.8.5, S. 347

Die folgenden Vorbedingungen für freie Entscheidungen sind einsichtig: Eine Determiniertheit wie in den Strukturen der klassischen Physik lassen jede Vorstellung von Freiheit zur Illusion werden. Das gleiche gilt für äußeren oder inneren Zwang, z. B. unter Folter oder bei einer Zwangskrankheit. Eine freie Entscheidung bedarf auch der Möglichkeit, eine Entscheidung zu überdenken. Das bedeutet Zeit für Reflexion. Spontane und instinktive Handlungen sind im philosophischen Sinne ebenfalls nicht als „frei“ einzustufen. Das gilt auch für eine Entscheidung aufgrund eines bloßen Zufalls, z. B. durch das Werfen eines Würfels.

In der philosophischen Erörterung über die Freiheit des Willens ist diese daran geknüpft, dass eine freie Entscheidung nicht allein auf naturgesetzlichen Ursachen beruhen soll, sondern auch auf Gründen, die bewusst erwogen werden. (Dazu meint Kant, dass Ursachen uns zwingen, jedoch Gründe uns geneigt machen.) Weiterhin gehört zu freien Entscheidungen die grundsätzliche Möglichkeit, über Absichten und Motive reflektieren zu können. *Gründe, die als spezielle Strukturen von Quanteninformation verstanden werden müssen, werden als wirkende Möglichkeiten zu so etwas wie „geistigen Ursachen“*. Sie werden als geistige *Ursachen* bezeichnet, weil sie die Effekte nicht nur eventuell oder vielleicht, sondern genau in der beabsichtigten Weise, also determiniert hervorrufen sollen.

Als Minimalforderung für ein reflexionsfähiges Bewusstsein wird die Fähigkeit angesehen, sich selbst im Spiegel erkennen zu können. Dann kann ein Teil des Bewusstseins den anderen „messen“. Säuglinge sind dazu mit etwa 18 Monaten fähig. Neuerdings ist dies auch bei Mäusen gefunden worden.[82)]

Eine freie Entscheidung allerdings bedarf mehr. Die früher als „Trotz-Phase“ bezeichnete Situation ist mit ihrem Üben eines „Neins“ zumeist mit keinen von den Eltern erkennbaren Gründen verbunden. Erst in der späteren Entwicklung wird der Mensch feststellen, wozu er bezüglich einer Entscheidung neigt und sich Gründe dafür klarmachen zu können. (Es sei wiederholt: Ursachen zwingen uns, Gründe machen uns „geneigt“). Eine tatsächlich freie und begründete Entscheidung ist oft erst nach der Pubertät zu erwarten. Daher werden Kinder nicht als strafmündig behandelt. Und auch das Jugendstrafrecht ist dem Alter angepasst. Wir sind zumeist erst als Erwachsene in der Lage, den Inhalt unseres Bewusstseins, der „ersten Person“, wie von außen, wie durch eine „dritte Person“ zu betrachten. Trotzdem wird auch später vieles mit „Bauchgefühl“ entschieden, auch, weil viel an Erfahrungen, die im Unbewussten vorhanden sind, nicht formulierbar sein müssen.

Da in der Realität weder alles determiniert ist und die bewussten Entscheidungen aus bedachten Gründen erfolgen können und nicht allein aus einem rein zufälligen Geschehen, sind die Möglichkeiten für freie Entscheidungen gegeben.[83)] Mehr kann

---

[82] Yokose, J.; Marks, W. D.; Kitamura, T. (2023) *Visuotactile integration facilitates mirror-induced self-directed behavior through activation of hippocampal neuronal ensembles in mice, https://doi.org/10.1016/j.neuron.2023.10.022*

[83] Görnitz, T.; Görnitz, B. (2015), Kap. 8

dazu nicht ausgeführt werden, denn die Notwendigkeit oder ein „Zwang zu freier Entscheidung“ wäre ein Widerspruch in sich.

27.5.13 Gedächtnis

Eine Form von Gedächtnis ist die Voraussetzung einer jeden Informationsverarbeitung. Beim Einzeller ist das faktische Gedächtnis hauptsächlich im Genom. Allerdings ist anzunehmen, dass daneben auch weitere Strukturen in der Zelle in der Lage sind, bestimmte Erfahrungen speichern zu können. Die Differenziertheit der Organellen bei manchen Protisten lässt dies bei solchen Einzellern als wahrscheinlich erscheinen. Bewegliche Tiere haben ein Gehirn entwickelt und speichern dort auch Erfahrungen, die nicht direkt ins Genom gelangen. Dazu werden vor allem die Synapsen des neuronalen Netzes genutzt. Diese können relativ schnell auf- und bei Nichtgebrauch wieder abgebaut werden. Für die Verarbeitung muss die materiell gespeicherte Information auf Photonen übertragen werden. Danach kann sie wieder zurückgespeichert werden und wird dabei in der Regel etwas verändert.

Die Decodierung jeder einlaufenden Information gelingt nur durch das Aktivieren von bereits gespeicherter Information. Die quantischen Möglichkeiten eröffnen daher stets einen Raum für umfangreiche oder engere Assoziationen.

Die quantentheoretisch begründete ausgebreitete Abspeicherung von Gedächtnisinhalten hatte zu dem von Karl Pribram (1919–2015) vorgeschlagenen Modell eines holografischen Gedächtnisses geführt. Wir hatten dazu unter anderem ausgeführt:

> *„Das Langzeitgedächtnis muss über längere Zeiträume relativ stabil bleiben. Ähnlich wie bei der Dekohärenz ist anzunehmen, dass auch hierbei über die exakten Quantenphasen gemittelt wird und die Datenspeicherung hauptsächlich auf klassische Weise erfolgen wird. … Während in einem Computer die Information Bit für Bit seriell auf die Festplatte geschrieben wird, ist es hochwahrscheinlich, dass die Speicherung im Gehirn nach der Art des Hologramms geschieht.“*[84]

In einem Hologramm wird das zu speichernde Bild nichtlokal, aber phasengenau, also mit quantischer Genauigkeit, in einem Medium gespeichert. Dabei wird eine Information über die Oberfläche einer dreidimensionalen Struktur in das zweidimensionale Medium übertragen. Mit einer speziellen Beleuchtung durch einen Laser, also mit sehr vielen kohärenten Photonen, wird das Bild der Oberfläche einer dreidimensionalen Struktur bei Betrachtung unter verschiedenen Winkeln deutlich. Wegen der Nichtlokalität der Speicherung wird bei einem Verlust eines Teils des Speichermediums (zumeist einer Glasplatte) das Bild lediglich unschärfer, ohne dass das ein

[84] Görnitz, T.; Görnitz, B. (2008) *Die Evolution des Geistigen*, Vandenhoeck & Ruprecht, Göttingen, S. 233 f.

umgrenzter Teil der Ganzheit verschwinden würde. Die Ähnlichkeit mit Erscheinungen unseres Gedächtnisses hatte dieses Modell so attraktiv gemacht.

Auch wenn heute Pribrams Modell eher abgelehnt wird, so ist doch davon auszugehen, dass in der Natur die Speicherung der Gedächtnisinhalte sowohl analog zu dem Beispiel der Holographie als auch in einer gewissen lokalen Weise organisiert ist, wie bei den Gitterzellen. (Siehe Abschnitt 11.4.4.)

27.5.14 Geistige Tätigkeiten

Man kann die Informationsweitergabe in der biologischen Evolution an den Veränderungen von im Genom gespeicherten Information festmachen. Dies kann als „Darwinsche Evolution" bezeichnet werden. Mit der Herausformung von Sprache und Kunst, sowie von Schrift und Mathematik beim Menschen kann man von einer Post-Darwinschen Form der Informationsspeicherung und -weitergabe sprechen. Bereits bei den frühen Überlieferungen kultureller Artefakte, wie beispielsweise bei den Anlagen von Stonehenge und Goseck oder bei der Venus von Willendorf, kann ein Bezug zur Transzendenz nicht ausgeschlossen werden. Offenbar sind Kunst und Musik älter als die ersten Versuche von schriftlicher Bewahrung. Die künstlerischen Tätigkeiten sind jedoch bereits Abstraktionen aus dem Alltagsgeschehen hin zu allgemeinen Vorstellungen.

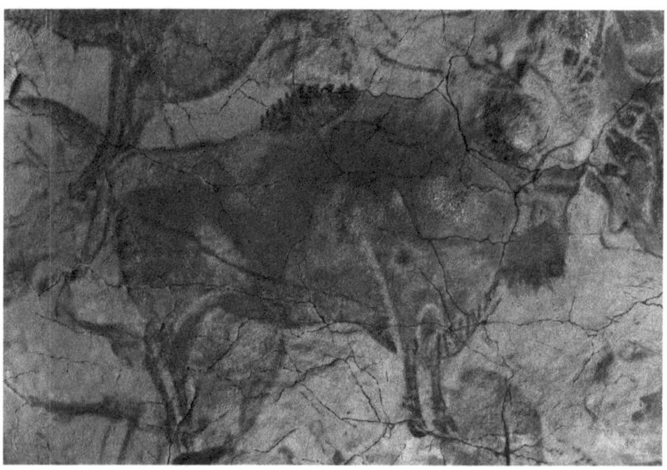

Bild 27.8 Reproduktion einer etwa 14 000 Jahre alten Zeichnung eines Bisons (Altamira-Höhle)[85]

[85] Quelle: *https://commons.wikimedia.org/wiki/File:9_Bisonte_Magdaleniense_pol%C3%ADcromo.jpg*

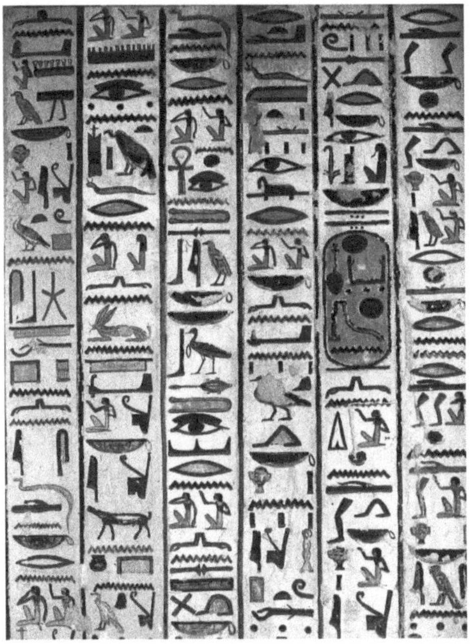

Bild 27.9
Etwa 3000 Jahre alte Hieroglyphen, Tal der Könige bei Luxor in Ägypten, Grab 6 (Ausschnitt)[86]

Schon bei den frühen Überlieferungen wie dem Gilgamesch-Epos wird erkennbar, wie Gedanken als bedeutungsvolle Quanteninformation den Kontext mitgestalten, in dem sich soziale Strukturen bilden. Mit einer grammatisch strukturierten Sprache und mit der Kunst hatte bei den Menschen ein Abstraktionsprozess begonnen, welcher immer weitergehende Generalisierungen ermöglichte. Das führte zu einer Entwicklung, die zu Schrift und Mathematik und über die Jahrhunderte zur theoretischen Naturwissenschaft steuerte. In der Gegenwart scheint mit der künstlichen Intelligenz eine neue Stufe in dieser evolutionären Entwicklung erreicht zu werden.

Neben dem sogenannten „Zwang des Faktischen" zeigt sich in der zwischenmenschlichen Kommunikation die gewaltige Wirksamkeit auch vom Nichtrealen, also von Möglichkeiten, die noch nicht faktisch geworden sind oder die vielleicht niemals faktisch werden. Nicht nur wirkt der Körper mit seinem Gehirn auf das psychische Geschehen ein, sondern umgekehrt beeinflussen die bedeutungsvollen Inhalte der Psyche mit ihren bewussten und unbewussten Anteilen das Gehirn und den restlichen Körper. Jetzt, mit der Quantentheorie und den AQIs, werden die Top-Down-Einflüsse aus den bedeutungsvollen Inhalten der Psyche auf das Gehirn und den übrigen Körper erklärbar. Die Informationsverarbeitung ist verbunden mit einer Veränderung der materiellen und energetischen Situation in den beteiligten Zellen. Mit der quantentheoretischen Basis wird erklärbar, dass Lebensvorgänge mit Handlungsoptionen verbunden sind. Lebewesen erscheinen zwar in ihrem Verhalten so, als seien

[86] Quelle: *https://commons.wikimedia.org/wiki/File:Tal_der_Koenige-12-Grab_6-Hieroglyphen-1982-gje.jpg*

sie weitgehend festgelegt, sie sind aber sehr oft in der Lage, unerwünschte Handlungen zu vermeiden. Je höher das Bewusstsein bei einem Tier entwickelt ist, desto größer ist das Ausmaß seiner Freiheit. Beim Menschen kommt die Möglichkeit einer sprachlichen Reflexion hinzu. Es ist eine wichtige pädagogische Aufgabe, schon von früh an die Reflexionsfähigkeit zu fördern.

Die Gefühle als die Verwobenheit von Körper und bewerteter Information von aktuellem Körperzustand und äußeren Einflüssen drücken sich durch eine Stimmung aus. Gefühle können auch im Bewusstsein als Vorstellungen sowohl von etwas Konkretem als auch von etwas Unkonkreten erscheinen. Gefühle unterliegen nicht immer der Logik. Auch unsere Gedanken und Vorstellungen, die stets mit Gefühlen verbunden sind, sind nicht immer rational.

Die kaum auflösbare Verbindung des menschlichen Verhaltens an die Gefühle bringt die Logik und Rationalität beim Handeln gelegentlich an ihre Grenzen.

Für eine biologische Informationsverarbeitung folgt dies aus der unvermeidlichen Verbindung zur Realität, denn in der gibt es Spontanität und Zufälle und nicht nur „logisches Verhalten". Wir kennen gegenwärtig zwar Systeme der künstlichen Informationsverarbeitung, welche Gefühle simulieren sollen, aber keine, die tatsächlich welche hätten.

27.5.15 KI – künstliche Intelligenz

Die künstliche Intelligenz ist ein wichtiges Hilfsmittel, um große Datenmengen zu analysieren. Für ihr Training werden ungeheure Mengen von schriftlich niedergelegten Erkenntnissen der Menschheit analysiert. Dazu werden Texte sowohl aus der Literatur als auch aus wissenschaftlichen Inhalten verarbeitet. Das eröffnet die Möglichkeit, mittels klassischer Wahrscheinlichkeit für eine Folge von Wörtern ein nächstes sinnvolles Wort vorschlagen zu können. Für automatisierte Übersetzungen sind solche Verfahren bereits recht erfolgreich. Jedoch sind menschliche Übersetzer in der Lage, die dabei vorhandenen Schwächen schnell zu erkennen.

Die Verarbeitung einer Unmenge an Bildmaterial hat bei dem gewaltigen Umfang der heute erreichten technischen Informationsverarbeitung dazu geführt, Bildinhalte mit Texten und auch Texte mit sinnvollen Bildinhalten zu verbinden. So können Systeme von künstlicher Intelligenz zu vorgegebenen Texten auch Bilder entwerfen.

Moderne Entwicklungen haben mit Konstruktionen wie „ChatGPT" oder der „CHAT" in der Bing-Suchmaschine eine Sprachfähigkeit erreicht, die zu gut lesbaren Resultaten führt. Allerdings bedarf es einer ausreichenden Sach- und Fachkenntnis, um unzureichende, fehlerhafte oder gemogelte Resultate (z. B. erfundene Literaturangaben) erkennen zu können.

Über eine Untersuchung an der Universität Passau über Fähigkeiten von ChatGPT beim Verfassen von englischsprachigen Aufsätzen wird berichtet:

> *„… bewerteten 111 der Lehrkräfte maschinengenerierte Aufsätze von Chat-GPT und Aufsätze von Schülerinnen und Schülern in der Oberstufe nach Richtlinien des niedersächsischen Kultusministeriums – ohne zu wissen, welcher Aufsatz aus welcher Feder stammte. Bewertet wurden inhaltliche Kriterien wie Thema, Vollständigkeit und Logik des Aufbaus sowie sprachliche Aspekte wie Wortschatz, Komplexität und Sprachbeherrschung. Punkte konnten von 0 bis 6 vergeben werden, wobei 0 für das schlechteste und 6 für das beste Ergebnis stand. Das Ergebnis war deutlich: Die maschinell erstellten Inhalte überzeugten die Lehrkräfte in allen Punkten – und zwar mehr als die ihrer eigenen Schüler*innen. Die größte Abweichung gab es laut den Forschenden bei der Sprachbeherrschung: Während ChatGPT-4 5,25 Punkte erreichte und ChatGPT-3 5,03 Punkte, lagen die Schüler*innen durchschnittlich bei 3,9 Punkten.“*[87]

Ich bin mir sicher, dass ein Versuch mit der Muttersprache der Schüler anders ausgefallen wäre. Dies deshalb, weil auch für deutsche Gymnasiasten das Englisch keine Muttersprache ist, wohingegen die KI-Systeme hauptsächlich am englischen Inhalt des Internets trainiert werden. Auch eine tatsächliche Kreativität erwarte ich von den vorstellbaren Formen der KI nicht.

Alle diese Fähigkeiten ermöglichen es jedoch den technischen Geräten der Informationsverarbeitung keineswegs, auch ein künstliches Bewusstsein zu entwickeln. Dazu fehlt ihnen die Verbindung zu einem lebendigen Körper mit dem dadurch gegebenen Erlebensaspekt und der durch die biochemische Informationsverarbeitung fortwährend erneuerten Anbindung an die Realität.

Die biologische Informationsverarbeitung auf der Basis der Biochemie und nicht der Elektronik ist die Grundlage dafür, dass das Bewusstsein mit der Existenz eines Lebewesens, mit den Aspekten seines körperlichen Zustandes und denen seiner Umwelt verbunden ist. Aber natürlich wird es bald möglich sein, KI-Systeme zu entwickeln, die in der Lage sind, Bewusstsein und Empfindungen zu simulieren.

Ein nicht-biologisches Bewusstsein halte ich hingegen für extrem unwahrscheinlich. Das betrifft auch die gegenwärtig vorstellbaren Modelle von Quantencomputern. Auch diese arbeiten elektronisch und nicht biochemisch. Der Zusammenhang zwischen KI und Bewusstsein wird erst vielleicht neu bedacht werden müssen, falls es gelingen sollte, künstliches Leben tatsächlich herzustellen.

[87] Germerott, I. (2023) *Schreibt ChatGPT die besseren Schulaufsätze?, https://www.nationalgeographic.de/wissenschaft/2023/11/schreibt-chatgpt-bessere-aufsaetze-schule-schueler-lehrer-ki,* vom 04. 12. 2023

27.6 Quantenstrukturen wirken sogar im Sozialen

Die Erkenntnisse über die Quanten wirken bisher vor allem implizit durch ihre *technischen Anwendungen* in revolutionärer Weise auf Wissenschaft und Gesellschaft. Dies sollte für die Allgemeinheit am deutlichsten in denjenigen technischen Errungenschaften sichtbar werden, die unseren gesamten Alltag in einer früher kaum vorstellbaren Weise verändert haben. Allerdings ist nur wenigen Menschen bewusst, dass erst durch die technischen Ergebnisse der Quantentheorie die Informationsverarbeitung mit Computern und dem Internet für die Allgemeinheit nutzbar geworden ist.

Jeder Mensch wird viele Beispiele dafür aus seinem eigenen Leben aufweisen können, wie wichtig Beziehungen im Sozialen sind. Dass aber Beziehungen auch als Grundstrukturen der Natur zu verstehen sind, das wurde bisher – zumindest in der Physik – wenig betont.

27.6.1 Beziehungsstrukturen wandeln sich zu neuen Gestalten

Soziale Strukturen sind Ganzheiten, deren Systemcharakter mit der Quantentheorie auch eine mathematische und naturwissenschaftliche Grundlage erhalten hat. Daher ist es nicht verwunderlich, dass in manchen sozialwissenschaftlichen Theorien auch Strukturen auftauchen, bei denen man implizite Bezüge zur Quantentheorie erkennt.

Für das Entstehen sozialer Beziehungsstrukturen war es in der Menschheitsgeschichte wichtig gewesen, dass über die Sprache hinausgehend mit der Schrift bedeutungsvolle Informationen raum- und zeitübergreifend vermittelt werden konnten. Raum- und zeitübergreifende Informationsvermittlungen gibt es in einer gewissen Weise bereits im Tierreich. Z. B. Informationsübermittlungen durch Duftmarken, also durch bedeutungsvolle Informationen als Eigenschaften von speziellen Molekülen, sind im Tierreich weit verbreitet. Auch Pflanzen reagieren auf chemische Alarmrufe ihrer Nachbarn. Jedoch kann die Flexibilität und ein unermesslich viel größerer Bedeutungsumfang, wie er durch die Schrift gegeben ist, von den Molekülen der chemischen Botschaften nicht erreicht werden.

Die Gruppengrößen sind bei Primaten ein wichtiger Faktor im Kampf um Territorien. Während von der Hirnforschung für den Homo sapiens aufgrund seines Vorderhirns eine maximale Gruppengröße von etwa 150 Individuen errechnet wird, gab es Spekulationen, dass die Struktur des Neandertaler-Gehirns biologisch nur eine kleinere Gruppengröße ermöglichte. Vielleicht war diese mit dafür bedeutsam, dass der moderne Mensch die Neandertaler verdrängt hatte. Allerdings war es für die weitere Evolution wohl noch viel wichtiger, mit der Schrift, also durch eine faktisch gewordene Informationsübermittlung, die biologische Grenze für eine Gruppengröße durch die kulturellen Möglichkeiten weit übertreffen zu können. So konnten Dörfer schließlich zu Territorien und Reichen werden.

Soziale Strukturen wirken als neue Gestalten. Sie gestalten und wirken manchmal wie eigene Individualitäten. Selbst ein solcher Marktplatz von Möglichkeiten wie die „Börse" wird oft mit psychischen Eigenschaften wie „hysterisch", „panisch" oder „depressiv" betitelt.

Die Informationsstrukturen z. B. von Ideologien und Religionen können Bilder und Vorstellungen von einer Wirkmächtigkeit erzeugen, die gelegentlich unglaublich erscheinen kann. Man denke beispielsweise an die Nachfolge verführter großer Massen hinter den Zielen eines machtbesessenen „Führers", der sich als verbrecherisch entlarvte, oder an terroristische Machtstrukturen, die mit ihren Kriegsverbrechen auch das eigene Volk schädigen oder gar der Gefahr des Unterganges aussetzen. Zu derartigen Phänomenen gehört auch die „Wirkmächtigkeit" von hochentwickelten Propagandatechniken, welche die Schwachstellen der menschlichen Psyche ausnutzen.

Die zunehmenden Fähigkeiten von KI haben zum einen Nutzen, z. B., um bei manchen Behinderungen im Alltag hilfreich zu sein. So können heute den Sehbehinderten von technischen Geräten Texte vorgelesen und übersetzt werden. Andererseits erzeugt die fast ungebremste Verbreitung von „Fake News" große Gefahren für den gesellschaftlichen Zusammenhalt.

Im Buch wurde für die nichtmaterielle Information gezeigt, dass diese auch in einem naturwissenschaftlichen Sinne als wirkende Realität angesehen werden muss. Das könnte z. B. auch den Medien erleichtern, sich nicht aus vorgeblich „objektiven oder wissenschaftlichen Gründen" vornehmlich auf materielle und ökonomische Ursachen zu beschränken.

Wissenschaften, die sich wie die Biologie oder auch die Soziologie mit sehr komplexen Vorgängen befassen, zielen mit systemtheoretischen Überlegungen auf Ganzheiten. George Spencer-Brown (1923–2016) hatte mit seinem Buch „Laws of Form"[88] großen Einfluss auf die Systemtheorie von Niklas Luhmann (1927–1998). In der damaligen Zeit waren die Vorstellungen über die Quantentheorie noch sehr viel stärker als gegenwärtig auf Bilder von „winzigsten elementaren Teilchen" ausgerichtet. Der henadische, auf Einheit zielende Charakter der Quantentheorie verblieb damals weitgehend im Hintergrund.[89]

Da sowohl Quantentheorie als auch Systemtheorie auf die ganzheitlichen Aspekte ihrer Untersuchungsgegenstände zielen, sind Analogien nicht überraschend. So eröffnen sich Bezüge von der Dynamischen Schichtenstruktur mit dem Wechsel zwischen Fakten und Möglichkeiten zu Überlegungen von Spencer-Brown. Der Schwerpunkt

---

[88] Spencer-Brown, G. (1972) *Laws of Form*, Julian Press, New York

[89] So kommt beispielsweise in einer sehr fleißigen und gründlich recherchierten Magisterarbeit der Begriff „Quanten" nicht vor: Wagner, R. (2002) *Vermittlung systemwissenschaftlicher Grundkonzepte*, Naturwissenschaftliche Magisterarbeit, Universität Graz, *https://www.fraktalwelt.de/systeme/rw_diplomarbeit.pdf*

bei ihm liegt auf „Unterscheidungen", er nennt es „Markierungen". In der Dynamischen Schichtenstruktur setzen die Fakten zeitliche Unterscheidungen zwischen „davor" und „danach". Zwischen zwei aufeinander folgenden Fakten beschreibt die Quantentheorie die gesetzmäßige Veränderung von Möglichkeiten. Dabei werden die wirkungserzeugenden Möglichkeiten im Zahlkörper der komplexen Zahlen beschrieben. Spencer-Brown spricht interessanterweise von „imaginären" Wahrheitswerten, allerdings ohne einen erkennbaren Bezug zu den Quanten. Die Quanten sind – wie in Abschnitt 10.6 beschrieben – wesentlich auf das Imaginäre bezogen.[90]

Der im Zusammenhang mit „Systemen" oft verwendete Begriff der „Emergenz" überdeckt, dass oft eine bereits existierende physikalische Lösung ignoriert wird. Aus der Sicht der kosmischen und biologischen Evolution ist es unabweisbar, dass man den Aufbau komplexer Systeme aus den einfachsten Strukturen, aus den AQIs, auch für alle Stufen der Herausbildung von neuen Erscheinungen erklären muss. Systemtheoretische Untersuchungen erhalten eine starke Unterstützung durch die Mathematik ganzheitlicher Strukturen in der Quantentheorie und durch die Einbindung der Information in den Bereich der naturwissenschaftlichen Größen. Solange die AQIs noch nicht zur Verfügung standen, konnte man die Systemtheorie als das bestmögliche Werkzeug für theoretische Überlegungen an komplexen Systemen betrachten.

Prozesse einer „Selbstorganisation" gehen von einer bloßen Beschreibung erst dann zu einer wissenschaftlichen Erklärung über, wenn das reale Wirken von Informationen dabei deutlich gemacht wird. Wie erwähnt ist „Information" der einzige naturwissenschaftliche Begriff, bei dem von seinem Wesen her eine Selbstbezüglichkeit nicht zu unsinnigen Aussagen führt. Bei der Beschreibung von Selbstorganisation wird durch das Wirken von Information deutlich, dass dabei reale Effekte erfasst werden, deren Ursachen gewöhnlich als bloße „Eigenschaften" klassifiziert werden. Dass sich dabei am ganzen System auch Eigenschaften zeigen, deren Existenz zuvor an den Teilen nicht vorstellbar gewesen war, zeichnet den quantentheoretischen Hintergrund solcher Prozesse aus. Damit kann das Erscheinen von „emergenten Eigenschaften" tatsächlich *erklärt* werden.

27.6.2 Informationszeitalter

Die gegenwärtig wachsende und immer deutlicher sichtbar werdende Rolle der Information führte dazu, dass man auch in der Öffentlichkeit begonnen hat, vom „Informationszeitalter" zu sprechen. Seit Jahrzehnten wird Information in technischen Geräten verarbeitet. Die positiven Möglichkeiten, welche uns die künstliche Intelligenz (KI) eröffnet, sind gewaltig. Das betrifft nicht nur die schnelle Sequenzierung des Erbguts von Viren, eine bessere Wettervorhersage oder die jetzt im Internet fast

---

[90] Siehe z. B. auch Drechsel, P. (2021) *Foundation of Quantum Mechanics: The Role of Imaginarity*, DOI: 10.13140/RG.2.2.28157.49127

ständig angebotenen automatischen Übersetzungen. Die Sprachfähigkeit technischer Informationssysteme ist in Bezug auf ihre Wirkmöglichkeiten gewiss noch nicht in hinreichender Klarheit verstanden. Es stellt für eine demokratische Gesellschaft ein riesiges Problem dar, in welcher Weise gefährliche Ideologien und Fehlinformationen mit technischen Methoden erzeugt werden können. Damit wurden wahrscheinlich schon in der jüngeren Vergangenheit Wahlen massiv aus dem Ausland beeinflusst.

Die Steuerung der Produktions- und Verteilungsprozesse mit Unterstützung durch KI führt in den Industrienationen zu einer bewundernswerten logistischen Versorgung von Millionen von Menschen in den Großstädten. Die Möglichkeiten der KI könnten auch bei rund 8 Milliarden Menschen die Hoffnung auf eine Welt ohne Hunger wachsen lassen. Das gilt ebenfalls für die notwendigen Aufgaben bei der Umstellung unserer gegenwärtigen Technik mit dem Ziel der Bewahrung eines menschenfreundlichen Klimas.

Menschliches Verhalten steht den erstrebenswerten Zielen leider immer noch als größtes Hindernis im Wege. Machtstreben mit gewalttätigen Auseinandersetzungen und Kriegen, Angst vor Vormachtstellungen von anderen und damit vor Machtverlust begründen widersprüchliches Verhalten der Menschen. Dabei wäre es oft leicht, auch durch naturwissenschaftliche Erkenntnisse vieles in eine bessere Richtung zu lenken. Eine kluge Zusammenfassung der notwendigen politischen und ökonomischen Notwendigkeiten findet sich u. a. bei Ernst Ulrich von Weizsäcker.[91)]

Bedeutung kann nicht in den Rahmen der naturwissenschaftlichen Begriffe eingeordnet werden. Dennoch gibt es Versuche, diesen Begriff auch mit mathematischen Strukturen zu erfassen. In John von Neumanns Spieltheorie wird in einer gewissen Weise mit Bedeutung umgegangen. Bei einem Spiel ist eine klare Bedeutung vorgegeben. Es macht nur Sinn, wenn alle Spieler das Ziel haben, das Spiel im Rahmen der Regeln zu gewinnen. Da man heute nicht nur gegen Menschen, sondern auch gegen Computer spielen kann, hat es sich eingebürgert, ganz allgemein von „Agenten“ (im Sinne von agieren) oder von „Akteuren“ zu sprechen. Auch Eric Werner (2010) betont, dass eine Bedeutung durch eine „Anreicherung“ entsteht, die der Empfänger zu einem Signal hinzufügt.[92)] Mit einer „Kommunikationstheorie für sozialer Akteure“ sieht er Beziehungen zwischen einer solchen Theorie und mathematischen quantischen Strukturen.[93)]

> *„We are in a world where we as agents have only partial information about the state of our world, of our abilities and of our own and others intentions. The theory is grounded on a beautiful relationship between information (what an agent knows*

[91] Weizsäcker, E. U. v. (2021) Aufklärung in neuer Richtung, in: Mann, F.; Mann, C. (Hrsg.) *Im Lichte der Quanten*, wbg Theiss, Darmstadt, S. 306 ff.

[92] Werner, E. (2010) *Meaning in a Quantum Universe*, Science, Vol. 329, S. 628 f.

[93] Werner, E. (2018) *A Brief Conceptual History of Communication Theory for Social Agents in Social-Economic Ecologies*, DOI: 10.13140/RG.2.2.22151.24487

to be true or false), abilities (what an agent can do) and intentional states (what an agent intends as well as what he knows about the intentions of others and the society at large). It turned out that information creates abilities (strategic possibilities or strategies the agent can choose to follow), while intentions consist of those sets of strategies that actually control an agent's actions. Thus, communication of state information creates abilities. Having abilities (real or imagined) is the prerequisite to forming intentions.“
(Wir befinden uns in einer Welt, in der wir als Akteure nur über Teilinformationen über den Zustand unserer Welt, unsere Fähigkeiten und unsere eigenen Absichten sowie die der anderen verfügen. Die Theorie basiert auf einer wunderbaren Beziehung zwischen Informationen (was ein Akteur weiß, dass sie wahr oder falsch sind), Fähigkeiten (was ein Akteur tun kann) und intentionalen Zuständen (was ein Akteur beabsichtigt sowie was er über die Absichten anderer und der Gesellschaft insgesamt weiß). Es stellte sich heraus, dass Informationen Fähigkeiten schaffen (strategische Möglichkeiten oder Strategien, die der Akteur wählen kann), während Absichten aus den Strategien bestehen, die die Handlungen des Akteurs tatsächlich steuern. Die Kommunikation von Zustandsinformationen schafft also Fähigkeiten. Das Vorhandensein von Fähigkeiten (real oder imaginär) ist die Voraussetzung für die Bildung von Absichten.)

Es ist ein interessantes und wohl auch wichtiges Vorhaben, das Entstehen von bedeutungsvoller Information, aus der bedeutungsoffenen Information, die ein Empfänger erhält, im Zusammenwirken mit denjenigen Informationen, die er bereits besitzt und bewertet hat, auch mathematisch zu erfassen. Ich halte es für denkbar, dass auch aus solchen Untersuchungen wie bei allen naturwissenschaftlichen Untersuchungen ein Verstehen von Zusammenhängen in einer Weise geschehen kann, wie es bei bisherigen Methoden noch nicht vorstellbar gewesen ist.

28 Von der Naturwissenschaft zur Naturphilosophie

28.1 Wege der Erkenntnis

Im Buch wurde gezeigt, dass es eine einheitliche Grundlage für die gesamte Physik und darüber hinaus für die gesamte Naturwissenschaft gibt. Diese Grundlage sind die AQIs der Protyposis, die Bits einer absoluten Quanteninformation. „Absolut" deshalb, weil sie auf den Kosmos als Ganzes bezogen sind. Erst die Beachtung der kosmischen Evolution aus einem winzigen einheitlichen Anfangszustand ermöglicht zu erkennen, wie die Zusammenhänge in der Gegenwart verstanden werden können. Damit werden dualistische Verstehensmodelle und solche, die lediglich der Materie eine Realität zubilligen wollen, überflüssig. Die Grundlage der Realität ist aus mathematisch-physikalischer Sicht eine abstrakte Informationsstruktur. Information als naturwissenschaftliche Größe ermöglichte u. a. auch, die Realität geistiger Strukturen zu erfassen.

Die AQIs sind vor allem für diejenigen Gegenstandsbereiche der Naturwissenschaft von einer nicht zu überschätzenden Bedeutung, in denen mit dem Leben eine Informationsstruktur entsteht. Diese bedeutungsvolle Information beginnt, Wirkungen hervorrufen zu können.

Wenn man anschaulich sprechen möchte, dann sind die Naturwissenschaften keine Insel, die mit einem Ozean von Unwissen umgeben ist. Vielmehr kennen wir heute die Küstenlinie dieser Wissenschaften. Wir können die Umrisse festlegen, von denen die verschiedenen Wege ins Innere dieses riesigen Kontinents führen. In ihm gibt es noch weite unerforschte weiße Flecken. Das ist so ähnlich wie in den Karten von Afrika in den Atlanten aus dem 16. Jahrhundert. Auch dort bergen die von weitem sichtbaren Gebirge mit ihren hochkomplexen Strukturen und tiefen Wäldern noch eine Menge an Unbekanntem.

Bild 28.1 „Africae tabula nova" von Abraham Ortelius (1527 – 1598) von 1570[1)]

Mit der Protyposis ist die einfachste der möglichen Grundlagen sowohl für die Küstenlinien in den Bereichen der klassischen wie auch der quantischen Physik erfasst worden. Damit ist eine stabile Basis erreicht. Von dort ausgehend gibt es noch viele „Weiße Flecken" der Erkenntnis im Atlas der Naturwissenschaft. Vor allem im Bereich des Komplexen müssen diese weiter erforscht werden. Dort wartet noch sehr viel Neues auf uns und auf die nachfolgenden Generationen. Auf der Grundlage des bisher Erkannten und der damit entwickelten Technik kann man immer weiter ins Unbekannte vordringen.

Die Suche nach Erkenntnis ist ein weltweit anzutreffendes Kennzeichen von allen menschlichen Kulturen. Die spezielle Form der modernen Naturwissenschaft hat sich in Europa herausgebildet und von dort aus über die ganze Erde verbreitet. Welche Aspekte haben möglicherweise zu dieser Entwicklung beigetragen?

Von allen antiken Hochkulturen, beispielsweise in Ägypten und Kambodscha, bei den Mayas und den Inkas, sind enorme Bauwerke überliefert. Sie lassen auf sehr hochentwickelte handwerkliche, technische und logistische Fähigkeiten sowie auf die Tradition der Weitergabe dieser Erfahrungen schließen.

Ein möglicher Unterschied zur europäischen Geschichte könnte darin liegen, dass die Griechen die Rolle der Logik stark gemacht haben.

> Die demokratischen Traditionen, z. B. in Athen, beförderten das logische Argumentieren.

[1] Quelle: *https://commons.wikimedia.org/wiki/File:Africae_tabula_nova.jpg*, vom 09. 02. 2021

Auch könnte die Struktur der griechischen Sprache zur Entwicklung der Logik beigetragen haben. In ihr ist es ähnlich wie im Deutschen leicht möglich, Verben und Adjektive zu substantivieren. Das sind sehr abstrakte Denkformen, mit denen etwas verobjektiviert werden kann, was keineswegs offensichtlich ist oder was gar auf materielle Objekte beschränkt sein müsste.

Von einem roten Tuch oder einer roten Blume kann auf diese Weise auf „das Rot“ abstrahiert werden. Ein solcher sprachlich zugelassener Abstraktionsprozess erleichtert die Möglichkeit, zu intersubjektiven und sogar zu solchen Beschreibungen der Wirklichkeit übergehen zu können, die als „objektiv“ verstehbar sind. „Das Rot“ ist eine extrem abstrakte Bildung. Solche sprachlich vorbereiteten Strukturen ermöglichen und fördern das abstrakte Denken.

Das Erbe der griechischen Antike war in der arabischen Kultur bewahrt worden und gelangte von dort mit der Besetzung Spaniens nach Europa.

Aus der jüdisch-christlichen Tradition stammt die Freiheit, dass Naturerscheinungen nicht mehr als Gottheiten begriffen werden müssen. Vielmehr können diese vom Menschen untersucht und verstanden werden. Diese Offenheit wird dazu beigetragen haben, die Natur nicht mehr zu vergöttlichen und sich aktiv mit ihr auseinanderzusetzen.

Die jüdische Diskussionskultur, die gleichsam zu jeder Talmudstelle eine Vielzahl möglicher Interpretationen aufgezeigt und entwickelt hat, konnte mit einer derartigen denkerischen Kreativität sehr viel zur Entfaltung der modernen Naturwissenschaft beitragen.[2)]

Aus der griechischen Denktradition haben wir auch einen Zugang zur Mathematik überliefert bekommen. Bei Euklid konnte man die Rolle von Axiomen und von mathematischen Beweisen lernen. In der Schule von Pythagoras wurde wohl erstmals die Vorstellung ausgebaut, dass man „im Prinzip“ die Natur mathematisch beschreiben können sollte. Allerdings wäre wohl die Entwicklung der Mathematik auch in Europa ohne die von den Babyloniern entdeckte Null nicht möglich gewesen.[3)] Babylonische Astronomen haben sie bereits im 2. Jh. v. Chr. für ihre Berechnungen verwendet. Die Null wurde schließlich vor etwa 1500 Jahren von den Indern in das System der Zahlzeichen von 0 bis 9 eingeordnet, welches wir noch heute verwenden.

Von dort übernahmen es die Araber, die im 8. Jahrhundert ein großes Reich aufbauten. Dabei wurden ihnen auch philosophische und mathematische Schriften aus dem Griechischen zugänglich. Diese wurden von ihnen übersetzt und bearbeitet und mit wissenschaftlichen Erkenntnissen aus anderen eroberten Gebieten zusammengeführt. So gibt es auch Beiträge aus Persien und Mittelasien von den dortigen Astrono-

2 siehe z. B. Smith, H. A. (2006) *Let there be light, modern cosmology and Kabbala*, New World Library, Novato, CA

3 Ifrah, G. (1991) *Universalgeschichte der Zahlen*, Campus, Frankfurt/M., S. 424 ff.

men zur Arithmetik. Algebra ist ein Begriff mit arabischem Ursprung. Alles das gelangte schließlich von den Arabern übermittelt auch nach Europa.

Aristoteles wird als der Begründer einer ausgearbeiteten Theorie der Logik angesehen. Man kann darüber spekulieren, ob einer der Beweggründe dafür gewesen sein könnte, sich von seinem Lehrer Platon in einer gewissen Weise abzugrenzen.

Im Gegensatz zu manchen streng auf Logik basierenden Strukturen in der Philosophie findet man bei Platon der Logik vorgeschaltet noch die „Prinzipien" (ἀρχαί, archaí). Diese Prinzipien bei Platon sind die „Einheit" und die „unbegrenzte Zweiheit." Diese beiden können nicht einer Logik der Fakten unterliegen, denn in einer derartigen Logik müssen sie einander widersprechen. Andererseits ist aber eine sinnvolle Beschreibung der Wirklichkeit ohne die beiden Prinzipien der „Einheit" und der „Vielheit" nicht zu erreichen. Ein ausschließliches Beharren auf der Einheit führt zu einer statischen Philosophie wie bei Parmenides. Die unbegrenzte Zweiheit ihrerseits könnte als immerwährende Veränderung gedeutet werden. Sie entspräche in gewisser Weise der Philosophie von Heraklit und würde – wenn wiederum sie als ausschließliche Wahrheit interpretiert werden würde – keine Anhaltspunkte erlauben, gegenüber denen man eine Veränderung überhaupt feststellen könnte.

Es liegt also nahe, ein Verständnis der Welt zu entwickeln, das einerseits eine philosophische Einsicht erfasst, die auf eine zugrundeliegende Einheit zielt, und das andererseits auf praktische Anwendungen in der Vielfalt gerichtet ist und das deshalb auf Regeln und auf Gesetze angewiesen ist.

28.2 Regeln und Gesetze

> Da Regeln und Gesetze nur für Vielheiten überhaupt sinnvoll sind, ist eine Zerlegung der Wirklichkeit in viele gleiche oder zumindest ähnliche Teile eine zwingende Voraussetzung dafür.

Im Rahmen der Protyposis widerspiegeln sich diese Prinzipien in der Form der Dynamischen Schichtenstruktur. Mit ihr zeigt es sich, dass man die beiden verschiedenen mathematischen Strukturen der klassischen Physik und der Quantenphysik in gleicher Weise benötigt, um eine praktikable Beschreibung der Wirklichkeit erzielen zu können.

Im Unterschied zu den platonischen Ideen sind die AQIs und die mit ihnen erfassten Möglichkeiten mathematisch strukturiert und haben eine physikalische Grundlage. Sie sind somit im gewissen Sinn naturwissenschaftlich „greifbare" Abstraktionen.

> Wir gehen von philosophischen Vorstellungen zu mathematisch-physikalischen Strukturen über, die dann auch einer experimentellen Bestätigung oder einer Zurückweisung zugänglich werden.

Naturwissenschaft zielt nicht darauf ab, was irgendjemandem irgendwann zustößt oder widerfährt, sondern sie richtet sich vornehmlich auf das, was jederman (mit den entsprechenden Geräten) beobachten und/oder mit freiem Entschluss wiederholen und reproduzieren kann.

Da die AQIs so einfache Strukturen sind, werden sie sich auch als mathematisch-physikalische Strukturen ununterscheidbar wiederholen. Eine Ununterscheidbarkeit gilt ebenfalls noch für diejenigen Objekte, die in der Physik als „Elementarteilchen" und als „Atome" bezeichnet werden. Auch für diese hochabstrakten und daher höchst einfachen Muster sind Wiederholungen unvermeidlich, denn Exemplare der gleichen Art können nicht voneinander unterschieden werden.

Mit zunehmender Komplexität ergeben sich dann Beschreibungsmöglichkeiten, welche auch individuellere Züge zulassen. Man kann es so formulieren: Die Zukunft ist voller Möglichkeiten. Ein Teil dieser Möglichkeiten führte dann in der Entwicklung der Lebewesen zu sehr deutlich unterscheidbaren Formen sowie zu großer Diversität und damit zu Individualität.

Bezüglich der noch nicht faktisch gewordenen Potenzialitäten kann man mit einem Blick auf die Grundlagen der Mathematik feststellen, dass die mathematischen Strukturen zuerst als bloße Möglichkeiten existieren. Durch deren Entdecken beziehungsweise durch deren Konstruktion durch die Mathematiker werden sie dann zu faktischen und in diesem Sinne realen geistigen Strukturen. Auch die Gedanken und Vorstellungen über hochdimensionale Räume, mit denen auch die Physiker oft rechnen, sind Realitäten in unserem dreidimensionalen Universum. Sie erzielen ihre Wirkungen im dreidimensionalen Raum, in welchem sich alles Existierende befindet.

28.2.1 Bestätigung und Falsifizierung

Eine All-Aussage kann durch ein einziges Gegenbeispiel widerlegt werden. Die These: „alle Schwäne sind weiß" wird durch einen einzigen schwarzen Schwan widerlegt. Naturgesetze sind in der Regel All-Aussagen. „Alle Körper fallen gleich schnell". Natürlich wissen wir, dass das nicht zutrifft. Deshalb wird eine solche Aussage ergänzt durch die Beifügung „im luftleeren Raum". Dies wäre ein Beispiel für eine Präzisierung.

In vielen Fällen sind jedoch die Fragen von Bestätigung und Widerlegung von Naturgesetzen wesentlich komplexer. Wie bereits dargelegt (siehe Abschnitt 3.4) können Jahrhunderte vergehen, bis eine theoretisch gut begründete Struktur auch direkt experimentell untermauert werden kann. Eine indirekte Bestätigung über den Zusammenhang der Theorien gelingt zumeist wesentlich schneller.

Als sich wie erwähnt die Bahn des Uranus nicht mit den Berechnungen gemäß Newtons Gravitationsgesetz in Übereinstimmung bringen ließ, wurde damit dieses Gesetz noch nicht als falsifiziert angesehen. Man hatte vielmehr auf die Existenz eines noch unbekannten Planeten geschlossen. Dieser, der Neptun, wurde dann aufgrund der Berechnungen tatsächlich gefunden. Als man das gleiche Verfahren auf die Abweichungen der Merkur-Bahn anwenden wollte, wurde der postulierte Planet „Vulkan" nicht gefunden. Mit Einsteins Allgemeiner Relativitätstheorie wurde schließlich die Newtonsche Theorie korrigiert. Seitdem weiß man, dass man im Falle einer erforderlichen hohen Genauigkeit Newtons Theorie durch die von Einstein ersetzen muss.

Nun kann man darüber streiten, ob die Newtonsche Theorie widerlegt worden sei oder ob ihr Geltungsbereich eingeschränkt worden ist. Letzteres halte ich für zutreffender. Gerade dieses Beispiel lässt erkennen, wie wichtig in der Physik und darüber hinaus ein pragmatischer Umgang mit den Gegenständen unserer Erkenntnis ist. Ein Erkenntnistheoretiker könnte zwar meinen, dass mit der Merkur-Bahn die Newtonsche Gravitationstheorie falsifiziert sei, aber für ihre weitere Verwendung gibt es gute Gründe. Zum einen ist in der Newtonschen Theorie das Zweikörperproblem exakt lösbar, in der ART nur noch das Einkörperproblem – und manche Spötter meinen, in der bisher nicht existierenden Theorie der Quantengravitation nur noch das Nullkörperproblem.

Dass eine naturwissenschaftliche Theorie in einem strengen Sinne nicht verifizierbar ist, darauf wurde im Buch oft verwiesen. Im Prinzip ist die Forderung von Karl Popper (1902–1994), dass eine naturwissenschaftliche Theorie zumindest falsifizierbar sein müsse, zutreffend und wird wohl auch vielfach anerkannt. Aber auch eine Falsifikation erweist sich in der Geschichte der Naturwissenschaft oft als nicht trivial. Wenn in einer Theorie so viele freie Parameter enthalten sind, dass sie an jede beliebige Beobachtung angepasst und somit nicht falsifiziert werden kann, dann sollte man sie nicht zu der Naturwissenschaft rechnen. Wie beschrieben, wird dieser Einwand gegen die sogenannte „Inflation" erhoben. Trotzdem wird vielfach weiterhin daran festgehalten.

Zur Falsifikation lässt Popper in seiner „Logik der Forschung"[4)] deutlich werden, dass sie nicht verifizierbar ist. Das lässt sich leicht verstehen. Denn ein Experiment dafür müsste, um unwiderlegbar zu sein, auf einem Gerät beruhen, welches intakt ist und welches seinerseits gemäß einer verifizierten Theorie arbeitet. Da es aber keine verifizierte Theorie geben kann, ist auch die Falsifizierung nicht verifizierbar.

28.2.2 Einheit umfasst „Welt 1, 2 und 3"

Weniger bekannt als die Falsifizierungen sind wahrscheinlich Poppers „drei Welten". Die mathematischen Strukturen sind zwar keine materiellen Realitäten, aber sie sind reale Informations-Strukturen. Daher sind auch viele Mathematiker in ihrem Herzen Platoniker, denn sie halten die mathematischen Strukturen für Realitäten, so wie oft Platons „Ideen" interpretiert worden sind. Eine solche Aussage kann bei Materialis-

[4] Popper, K. (1994) *Logik der Forschung*, Mohr, Tübingen

ten leicht auf Abwehr stoßen. Mancher Philosoph und Mathematiker hat versucht, sich gegen diese Abwehr zu schützen. Karl Popper stellte dazu eine philosophische Konstruktion vor, die auch von Naturwissenschaftlern wie z. B. Roger Penrose aufgegriffen wurde. Popper führte dazu aus:

> *„I will propose a view of the universe that recognizes at least three different but interacting sub-universes."*[5]
> *(Ich werde eine Sichtweise des Universums vorschlagen, die mindestens drei verschiedene, aber interagierende Sub-Universen anerkennt.)*

Die „Welt 1" sind die physischen Körper, die „Welt 2" sind die Emotionen, Gedanken und auch das Leid der Menschen, und „Welt 3" sind die „Produkte des menschlichen Geistes" wie z. B. Sprache, religiöse Mythen, wissenschaftliche Theorien und technische Konstrukte.

Nicht in allen Darstellungen über Poppers Welten kann man spüren, dass es Sub-Universen innerhalb des Universums sind. Ich habe es gelegentlich erlebt, dass Poppers Welten tatsächlich wie drei verschiedene Universen interpretiert werden. Ähnliches liest man ja heute auch, wenn über Multiversen geschrieben wird.

Popper wehrte sich dagegen, die Realität auf die Welt 1 zu beschränken.

> *„Many of my philosophical friends, especially those who are materialists or physicalists, are strongly opposed to all this. They say that my way of talking is seriously misleading. They assert that there is only one world: the world of physical objects. This is the one and only existing or real world; everything else is fictitious. They say that there exist only concrete objects, such as records or tapes or performances, or memory engrams in our brains. Abstract objects they reject: these do not exist. They say that in speaking of world 3 objects, I am guilty of hypostatization; which means, in English, that I make substances or things out of non-existing ghosts, or out of fictions."*[6]
> *(Viele meiner philosophischen Freunde, besonders diejenigen, die Materialisten oder Physikalisten sind, sind stark gegen all dies eingestellt. Sie sagen, dass meine Art zu sprechen ernsthaft irreführend ist. Sie behaupten, dass es nur eine Welt gibt: die Welt der physischen Objekte. Dies ist die einzige existierende oder reale Welt; alles andere ist fiktiv. Sie sagen, dass es nur konkrete Objekte gibt, wie Schallplatten oder Tonbänder oder Aufführungen oder Gedächtnis-Engramme in unseren Gehirnen. Abstrakte Objekte lehnen sie ab: diese gibt es nicht. Sie sagen, dass ich mich, wenn ich von Welt 3 Objekten spreche, der Hypostasierung schuldig mache; was auf Englisch bedeutet, dass ich Substanzen oder Dinge aus nichtexistierenden Geistern oder aus Fiktionen mache.)*

---

[5] Popper, K. (1978) *Three Worlds*, The Tanner Lecture On Human Values, The University of Michigan, *https://tannerlectures.utah.edu/_documents/a-to-z/p/popper80.pdf*, vom 02. 01. 2021

[6] Popper, K. (1978) *Three Worlds*, S. 146

In Poppers Zeit war noch nicht erkennbar, dass und wie die moderne Naturwissenschaft es ermöglicht, seine drei Welten als unterschiedliche Aspekte und Teilbereiche eines einheitlichen Universums naturwissenschaftlich zu beschreiben.

Poppers „pluralistischer Weltsicht" kann der informationelle Monismus der Protyposis zugrunde gelegt werden. Das war mit den damaligen Vorstellungen über Monismus – nämlich als ausschließlich materiellem Monismus – nicht zu vereinbaren. In der damaligen Zeit galt vielleicht noch stärker als heute, es sei die „wissenschaftliche Weltsicht", dass die „fundamentalen Bausteine der Realität" kleinste elementare Teilchen sein würden. In dieser Vorstellung ist für alles Psychische höchstens noch ein Platz als Epiphänomen möglich. Epiphänomene sind dadurch gekennzeichnet, dass von ihnen keinerlei Wirkungen ausgehen können. Allerdings hat es heute der Epiphänomenalismus schwer – auch in der Hirnforschung oder der Philosophie des Geistes – mit seinem Zweifel an der Realexistenz des Bewusstseins.

Mit der Protyposis kann heute erfasst werden, dass von menschlichen Empfindungen, Gefühlen und Gedanken sowie von wissenschaftlichen Theorien und nicht nur von materiellen Objekten reale Wirkungen ausgehen können. Damit ist eine gemeinsame und vor allem auch evolutionäre Grundlage für Poppers drei Welten gegeben.

Heute gibt es keine Berechtigungen mehr dafür, die Realität und die Wirkmächtigkeit auch des Geistigen aus angeblich naturwissenschaftlichen Gründen leugnen zu müssen. Und da die Materie als eine spezielle Form der Quanteninformation begriffen werden kann, kann man auch verstehen, wie diese „Welten" in der Evolution entstehen konnten und wie sie aufeinander einwirken können.

28.3 Die Grundlage der Erscheinungen

In der Natur nehmen wir Objekte wahr, die an einem Ort ruhen können. Solche Objekte haben eine Masse. Wir können sie sehen, an sie stoßen, sie nutzen und sie unter Aufwendung von Kraft bewegen. An deren Realität zu zweifeln wäre unvernünftig und völlig weltfremd.

Seit Newton wird Kraft definiert als Masse mal Beschleunigung. Geleistete Kraft über eine Strecke ist Arbeit. Die Fähigkeit, Arbeit leisten zu können, bezeichnet man bekanntlich als Energie. Bewegte Körper haben kinetische Energie. Die Alltagserfahrungen mit Körpern und mit ihren Bewegungen zeigen, dass mit diesen Begriffen zwei sehr verschiedene Erscheinungsweisen bezeichnet werden. Sie haben offenbar Philosophen dazu gebracht, sinngemäß das Folgende zu postulieren: Es gibt nur die Materie und die Bewegung ist ihre Grundeigenschaft. Diese Vorstellung ist durch die moderne Physik von zwei Seiten her als unzureichend aufgezeigt worden.

Der erste Einwand ergab sich mit der Relativitätstheorie und Einsteins berühmter Formel $E = mc^2$. Damit war die Äquivalenz von Masse und Energie gezeigt worden. Die darauf beruhende gegenseitige Umwandlung von Materie in Bewegung und von Bewegung in Materie gehört seit langem zum Alltag in der Hochenergiephysik. Die Erweiterung dieser Formel auf die AQIs der Protyposis $E_m = mc^2 = n\,E_{AQI} = n\,h/t_{Kosmos}$ zeigt, wie die gegenseitigen Umwandlungen zwischen den drei Erscheinungsformen möglich geworden sind, die mit den Begriffen Materie, Energie und Information unterschieden und die leicht als völlig verschieden missverstanden werden können.

Mit der Quantentheorie und speziell mit der Quanteninformation schreiten wir zum zweiten Einwand gegen den monomaterialistischen Fehlschluss weiter:[7)] Beim Prozess der Quantisierung werden eigenständige Quanten-Entitäten zu Eigenschaften der nächsten Quantisierungsstufe. Durch den Quantisierungsvorgang der Quantenmechanik, also durch die Eröffnung der Möglichkeit des Erzeugens und Vernichtens von Quantenteilchen, werden die Teilchen, also Objekte der Quantenmechanik, zu Eigenschaften von Quantenfeldern. In analoger Weise werden im Prozess der Quantisierung die AQIs der Protyposis durch eine theoretisch eröffnete Möglichkeit einer lokalen Erzeugung und Vernichtung zu Eigenschaften von Quantenteilchen. So, wie aus einer unbegrenzten Anzahl von Quantenteilchen ein Quantenfeld werden kann, kann aus einer unbegrenzten Anzahl von AQIs ein Quantenteilchen werden.

> Weil die Unterscheidung zwischen Objekt und Eigenschaft situationsabhängig ist, wird verständlich, dass nicht nur Objekte, sondern auch „Eigenschaften" reale Wirkungen hervorrufen können.

Was auf einer Quantisierungsstufe ein Objekt ist, wird auf der nächsthöheren Stufe zu einer bloßen Eigenschaft eines komplexeren Objektes. Mit der Protyposis werden daher weder Quantenteilchen noch Quantenfelder obsolet. Vielmehr wird mit den AQIs die mathematisch einfachste Basis für die Erklärung der Quantenteilchen und Quantenfelder gegeben. Eine Form kann daher Wirkungen wie ein Objekt hervorrufen. Das zeigt sich bei der Formkonstanz von Fließgleichgewichten. Bei einem wechselnden materiellen und energetischen Inhalt kann die wirkungsvolle Form bestehen bleiben.

Es ist festzuhalten, dass im Rahmen der Quantentheorie offenbar wird, dass so verschieden erscheinende Konzepte wie Materie und Bewegung oder Kraft und Stoff verschiedene Ausformungen eines gemeinsamen Grundes sind, der Bits der absoluten Quanteninformation, der AQIs. Mit der Protyposis war es gelungen, die Äquivalenzen von Energie und Masse oder von Kraft und Stoff auf die darunterliegende und für die Naturwissenschaft so wichtige Größe der „Information" zu erweitern. Damit steht der Biologie mit den AQIs die Information als ein tatsächlich naturwissenschaftlich definierter Begriff zur Verfügung. Alles Biologische beruht auf einer Uniware, einer unauflöslichen Verbindung von „Materiellem", „Energetischem" und „Informationellem".

---

[7] siehe z. B. Görnitz, T. (1999), Kap. 4

So konnten sogar auch die davor nicht eingebundenen Bereiche des Psychischen im Allgemeinen und die des Bewusstseins im Besonderen in eine naturwissenschaftliche Beschreibung einbezogen werden.

28.4 Strukturen der Möglichkeiten

Mit der Protyposis gehen wir davon aus, dass sie als bedeutungsoffene Quanteninformation die Grundlage der Wirklichkeit bildet. Die Herleitung dieser theoretisch-physikalischen Struktur ist mit vielen kreativen Ideen verbunden. Sie führten zu neuen und anderen als den bisher für lange Zeit vorherrschenden Vorstellungen. So trifft aus naturwissenschaftlicher Sicht die Vorstellung eines „kausal geschlossenen Kosmos“ nur für die Möglichkeiten zu. Der Kosmos ist zwar räumlich geschlossen, aber eine kausale Entwicklung kann nicht – wie früher vielfach geglaubt wurde – für die Fakten postuliert werden.

> Oft wird behauptet, dass es nur (im Sinne von „ausschließlich“) die Materie gibt. Neben der unbezweifelbaren Existenz der materiellen Dinge und der Menschen gibt es allerdings auch die unbezweifelbare Evidenz der jeweils eigenen Gedanken und wir kennen aus unseren eigenen Erfahrungen die Wirkmächtigkeit von Vorstellungen und Ideen.

Kreative Ideen werden von lebendigen Menschen entwickelt. Es gibt Berichte über Künstler und Wissenschaftler, welche die Vermutung nahelegen, die Konzeption ihrer Werke könnte in einer gewissen Weise präexistent vorhanden gewesen sein.

So wird von Michelangelo (1475 – 1564) berichtet, dass er zuerst die Ausmalung der Sixtinischen Kapelle verweigert hätte, dann jedoch dazu genötigt wurde und schließlich eine Vision des fertigen Werkes hatte. Diese künstlerische Eingebung musste er dann mit seinem großen malerischen und handwerklichen Können „nur noch“ auf die Mauern bringen.

Ähnliches wird von Mozart (1756 – 1791) mitgeteilt. Auch er soll von manchen Werken bereits vieles vor seinem inneren Auge oder Gehör als Ganzheit erlebt haben, bevor er die Komposition niederschrieb.

Noch rätselhafter ist das Werk des indischen Mathematikers Srinivasa Ramanujan (1887 – 1920). Er war einer der außergewöhnlichsten Mathematiker der Neuzeit. Ohne eine Hochschulausbildung, aber mit einem außergewöhnlichen Interesse an mathematischen Strukturen hat er eine Unmenge an neuen mathematischen Theoremen und Formeln gefunden. Die meisten sind aus dem Bereich der Zahlentheorie. Wenige waren falsch, jedoch viele von seinen Notizen konnten erst lange nach seinem frühen Tode im Jahre 1920 bewiesen werden. Im Film „The Man Who Knew Infinity“ über Ramanujans Leben wird die glaubhafte These vertreten, dass er diese sehr komplexen und sehr überraschenden Formeln vor seinem inneren Auge gesehen hat. Der Regisseur stellt ihn als strengreligiösen Hindu dar und lässt ihn im Film sagen, dass seine Göttin ihm die Formeln und Theoreme gezeigt habe.

Für Ramanujan selbst genügte die „Wahrnehmung“ der mathematischen Strukturen. So hatte er Probleme damit, die Notwendigkeit von „Beweisen“ zu verinnerlichen. Jemand, der diese Einsicht wie er nicht hatte, wird erst mit einem Beweis in die Lage versetzt, die Erkenntnis logisch nachvollziehen zu können. So wird durch einen Beweis ein mathematisches Ergebnis überprüfbar und damit zu einer intersubjektiven, ja gleichsam objektiven Struktur.

Besonders die überraschenden mathematischen Ergebnisse Ramanujans legen die Frage nahe, ob diese Strukturen sozusagen zeitlos und unabhängig von uns Menschen eine mögliche Existenz haben – ähnlich wie sie (auch von vielen Philosophie-Historikern) Platons „Welt der Ideen“ zugeschrieben werden. So kann man sich fragen: Wird mit den mathematischen Strukturen etwas bereits Existierendes gefunden oder werden ihre Strukturen konstruiert. Werden sie erst nach ihrer Konstruktion zu einer Realität? Öffnet uns die Mathematik den Blick auf mögliche Strukturen, die bisher unserm Blick verborgen waren? Könnte man die Mathematik als ein „Erkenntnis-Teleskop“ bezeichnen?

Solche Fragen betreffen die Realität des Geistigen. Geistige Strukturen werden faktisch durch ihre Erarbeitung mithilfe eines Individuums. Durch die Informationsverarbeitung in dessen neuronalen Netzen werden sie zu einer faktischen Struktur. Als geistige Realität müssen sie aber nicht auf diesen Träger beschränkt bleiben. Geistige Strukturen können zu einer überindividuellen Realität werden. Da die Protyposis als tiefster Grund der Wirklichkeit eine bedeutungsoffene Quanteninformation ist, kann man auch über solche Fragen nachdenken. Man könnte auch mit Friedrich Wilhelm Schelling (1775 – 1854) und anderen Philosophen sagen, dass man im besten philosophischen Sinne darüber „spekulieren“ kann.

Jedenfalls ergibt sich, dass die „Wirklichkeit“ als Dasjenige, was Wirkungen erzeugen kann, umfassender ist als die „Realität“, als das faktisch Vorfindbare, und dass Raum und Zeit die Strukturen sind, die notwendig sind, damit Wirklichkeit auch zu Realität werden kann.

Wenn wir die Realität in den Blick nehmen, dann sehen wir, dass sich in der kosmischen Evolution die AQIs der Protyposis unter anderem zu den energetischen und auch zu den materiellen Strukturen formen. Die Entstehung des Lebens ist dann damit verbunden, dass die AQIs auch als solche Strukturen erscheinen, die für Lebewesen zu bedeutungsvoller Information werden.

Da die Basis des Kosmos die Protyposis ist, ist eine „Welt der Ideen“ neben der materiellen Wirklichkeit oder gar außerhalb von ihr – so wie Platon oft interpretiert wird – nicht notwendig. Außerdem ist „Idee“ in diesem Zusammenhang vielleicht eine unpassende Übersetzung. Struktur dürfte aus heutiger Sicht zutreffender sein. Schließlich ist im Kosmos alles, dem eine Existenz zugebilligt werden kann, „Struktur“ – und Strukturen sind zugleich alles, was überhaupt erkannt werden kann. Goethe würde dabei auch zutreffend von „Gestalten“ sprechen.

Die Welt der möglichen Strukturen liegt dann nicht neben der materiellen Welt, sondern die Menge der materiellen Strukturen ist eine Teilmenge der Menge aller Strukturen.

Kreative Schöpfungen müssen dabei jedoch nicht als etwas bereits zuvor faktisch Vorhandenes gedacht werden. Es mag sein, dass kreative Schöpfungen vor ihrem faktischen Erscheinen, also vor ihrer Konstruktion oder vor ihrer Entdeckung, lediglich der Möglichkeit nach existieren. Und es kann nicht ausgeschlossen werden, dass besonders kreative und dafür begabte Menschen „einen Zugang“ zu solchen „möglichen Strukturen und Gestalten“ haben.

Dabei ist wahrscheinlich nicht leicht zu klären, ob diese Strukturen im Wesentlichen in unbewussten Bereichen der Psyche dieser Menschen von diesen selbst gefunden wurden, oder ob es eine bessere Vorstellung ist, dass derartige mögliche Strukturen zwar „im Kosmos sind“, aber nicht räumlich lokalisiert wie Objekte im Raum und auch nicht wie Fakten in der zeitlichen Vergangenheit. So mag es sein, dass schöpferische und einfallsreiche Menschen über ihr Unbewusstes Zugang zu diesen Bereichen erhalten – zumeist wohl erst nach einem intensiven bewussten und unbewussten Suchen danach. Voraussetzungen sind dafür auch eine entsprechende Begabung und/oder zumeist ebenfalls eine gute Ausbildung.

28.5 Widersprüche, Wahrscheinlichkeiten, Paradoxien

Das „Nichtnaheliegende“ erfordert an manchen Stellen eine gewisse Abstraktion über das täglich Notwendige hinaus. Wie Irmgard Scherer betont, sind dabei Metaphern ein wichtiges Instrument der Erkenntnis.

Wenn wir die Quantentheorie als die grundlegende Beschreibung der Wirklichkeit begreifen, dann kann das Herausbilden von Gestalten und Systemen als eine Form der Selbstorganisation verstanden werden. Ein Herausformen von Systemen im gesellschaftlichen Bereich beruht darauf, dass sich Informationsstrukturen miteinander gleichsam verschränken. In diesen neuen großen Strukturen können sich Eigenschaften entfalten, sogenannte Systemeigenschaften, die es an den Teilen nicht geben kann. Ein physikalisches Beispiel wären Druck und Temperatur, die es in einem Gas, jedoch nicht an einem einzelnen Molekül gibt. Auch im Gesellschaftlichen gibt es Phänomene wie eine Massenhysterie oder einen Begeisterungstaumel, wenn die eigene Fußballmannschaft in letzter Minute siegt, die in ihren übergreifenden Formen anders erscheinen als bei einem einzelnen Menschen.

Die sogenannte Selbstorganisation eines Systems setzt voraus, dass dieses die Ursache seiner eigenen Veränderung in sich trägt. Hinter dieser Vorstellung steht jedoch auch eine gewisse Gefahr, die zu beachten ist. Der Freiherr von Münchhausen hat in seinen Erzählungen unter anderem davon berichtet, wie er sich mitsamt seinem Pferd an seinem eigenen Zopf aus dem Sumpf herausgezogen hatte, in welchem beide zu versinken drohten. Eine derartige „Selbstrettung" ist natürlich nur als Ironie zu verstehen. Bei manchen Darstellungen von „Selbstorganisation" könnte man allerdings gelegentlich den Eindruck haben, dass ein solcher Hinweis auf Ironie vergessen wurde.

Die Erzählung Münchhausens ist ein Widerspruch zu allen Erfahrungen, die Menschen überhaupt machen können. Widersprüche sind auch in der Logik nicht erlaubt. Die Logik zeigt, dass aus einem Widerspruch alles Beliebige „bewiesen" werden kann. Wenn 2 × 2 = 5 ist, kann ich beweisen, dass ich der Papst bin: 2 × 2 = 5 nach Voraussetzung. 2 × 2 = 4, das kann man beweisen. Folgt 4 = 5. Nun subtrahieren wir von beiden Seiten 3 und es ergibt sich 1 = 2. Nun ist nicht zu bestreiten, dass der Papst und ich zwei sind, folglich sind wir eins. Dieser logische Scherz ist insofern relevant, als Kurt Gödel bewiesen hatte, dass in einem umfangreichen mathematischen System seine Widerspruchsfreiheit nicht mit den Mitteln des Systems bewiesen werden kann.

Widersprüche sind also im Bereich des Faktischen völlig unzulässig. Wie sieht es aber im Bereich der Wahrscheinlichkeiten aus? Es ist möglich, dass es jetzt auf den Hauptbahnhof regnet und dass es dort nicht regnet. Als Faktum schließt sich das gegenseitig aus, aber als Möglichkeit nicht. Die Wahrscheinlichkeit dafür, dass eins von beiden zutrifft, hängt wesentlich von Faktoren aus der Umwelt ab.

Eine Paradoxie ist gegen (para) die Meinung (doxa). In den Beispielen entsteht sie dadurch, dass man wahrscheinliche Möglichkeiten so vorstellt, als ob sie Fakten wären.

Das Auflösen möglicher oder scheinbarer Paradoxien ist nicht in jeden Fall trivial.

Die Mathematik allein bewahrt noch nicht davor, unphysikalische Lösungen zu erzeugen. So zeigen beispielsweise Landau und Lifschitz im Lehrbuch der Feldtheorie, dass für die Strahlungsdämpfung einer elektrischen Ladung als Lösung der betreffenden Gleichung auch eine unphysikalische, nämlich eine sich selbst beschleunigende Bewegung existiert.

„Information" ist der einzige Begriff in den Naturwissenschaften, für den eine reflexive Struktur keinen Unsinn bedeutet. Information kann auf Information wirken. Information über Information ist eine sehr sinnvolle Bildung. Hingegen ist die Materie der Materie und die Energie der Energie ein bloßes Wortgeklingel, aber keine Naturwissenschaft.

> Wenn zutreffend von „Selbstorganisation" gesprochen werden soll, dann kann nur „Information" die mögliche Ursache dafür sein. Dabei wird die Information zumindest für diesen Vorgang „bedeutungsvoll".

Information wird somit erst dann zu „bedeutungsvoller Information“ für einen Prozess, wenn sie beginnt, den Prozess durch ein Auslösen von abrufbaren Energien zu steuern. Für eine Veränderung an materiellen Objekten sind somit AQIs in einer solchen Form notwendig, die aus physikalischer Sicht als „Energie“ bezeichnet werden kann. Natürlich kann nicht jede Erscheinung von Energie durch eine Information zu einer Wirkung gebracht werden, denn außerdem muss die Energie sich in einer Situation wie in einem instabilen Gleichgewicht befinden. In diesen geeigneten Situationen kann dann auch eine bloße Information Energien auslösen und wirksam werden lassen.

Mit einer aufgezeigten Wechselwirkung zwischen instabiler und somit abrufbarer Energie und geeigneter Information werden Aussagen über „Selbstorganisation" von Schilderungen zu vorstellbaren und erklärbaren Prozessen.

Bei der Beschreibung derartiger Vorgänge ist, so wie bei anderen Selbstbezüglichkeiten auch, darauf zu achten, Missverständnisse zu vermeiden.

In der klassischen Logik kann aus zwei verkoppelten Schlussweisen – „aus A folgt B und aus B folgt C“ – gefolgert werden „aus A folgt C“. Ein Beispiel wäre: Wenn die Sonne aufgeht, wird es heller, wenn es heller wird, dann öffnen sich die Blüten. Schlussfolgerung: Wenn die Sonne aufgeht, dann öffnen sich die Blüten. Denken wir jedoch an rückgekoppelte Systeme, so wird ein solcher Schluss oft falsch. Wenn der Winter kommt und es im Zimmer kälter wird (A), dann öffnet der Thermostat den Heizkörper (B). Wenn der Thermostat den Heizkörper öffnet (B), dann wird es im Zimmer wärmer (C). Nehmen wir (B) aus der Schlusskette heraus, dann erhalten wir: Wenn es im Zimmer kälter wird (A), dann wird es im Zimmer wärmer (C) – ein offensichtlicher Unsinn.

28.6 Wahrscheinlichkeit und Selbstbezüglichkeit anstelle von Paradoxien

Mit der Quantentheorie im Allgemeinen und mit der Protyposis im Speziellen haben sich zwei Strukturen ergeben, welche in der Lage sind, einige der Paradoxien aufzulösen.

Zum einen ist mit der Information eine physikalische Größe eingeführt worden, die in natürlicher Weise auf sich selbst bezogen werden kann. Damit müssen „Selbstorganisation“ und „Selbstbezüglichkeit“ nichtmehr paradox erscheinen.

Zum anderen zeigt die Quantentheorie als Theorie der Möglichkeiten, dass mit ihr eine durchgängige Gültigkeit der klassischen Logik, der Logik für Fakten, auch für die Ereignisse in der Natur nicht mehr gefordert werden muss. Außerdem gilt, dass es innerhalb einer ungestörten Quantenstruktur keine Fakten und somit keine faktische Unterscheidung zwischen „früher“ und „später“ gibt. In einer solchen ausgedehnten Gegenwart verschwindet die scheinbare Paradoxie einer „Rückwirkung in der Zeit“. Die Vergangenheit kann nicht verändert werden. Der Versuch einer Schilderung von Fakten, welche innerhalb einer ausgedehnten Gegenwart passiert sein sollen, wäre paradox. Beim Erzählen wird diese Gegenwart in Fakten unterteilt und damit werden Rückgriffe in eine (allerdings nur erzählte) Vergangenheit vermittelt. Bei den Vorstellungen zum „delayed choice“ (siehe Abschnitt 8.3) wird oft der Eindruck vermittelt, als ob man nachträglich die Vergangenheit eines Systems verändern könnte. Der Eindruck entsteh, dass man jetzt entscheiden kann, was früher gewesen war. Man könne also an einem Quantensystem zwischen Präparation und Messung, also zwischen zwei Fakten, rückwirkend zwischen diesen einen veränderten faktischen Verlauf behaupten. Bei den „consistent histories“ werden solche Bilder weiter verfeinert. Die Möglichkeiten werden durch verschiedene faktische Verläufe ersetzt.

Ein solcher konstruierter Faktenverlauf ist allerdings eine reine Hypothese, die durch nichts geprüft werden kann. Schließlich würde jede Unterbrechung durch die Untersuchung des aktuellen Zustandes in der Entwicklung der quantischen Möglichkeiten den theoretisch prognostizierten späteren Verlauf verändern.

Man sollte akzeptieren, dass man mit den Möglichkeiten zwischen zwei Fakten „nichts Faktisches in der Hand hat“, allenfalls Wahrscheinlichkeitsaussagen.

Für eine logische Interpretation ist auch wichtig, dass Möglichkeiten auch dann miteinander verträglich sind, wenn sie sich – als Fakten gemeint – widersprechen müssen.

29 Fazit: Was ist bereits erreicht, was ist zu erwarten?

Wir sind Zwerge auf den Schultern von Riesen sitzend, um mehr und weiter als sie sehen zu können.

Bernhard von Chartres (um 1120)

Das Zitat dieses mittelalterlichen Philosophen habe ich in dem Buch von Stefan Krall (*1954)[1] gefunden. Bisher hatte ich nur gewusst, dass von Isaak Newton der Spruch überliefert ist: „Wir stehen auf den Schultern von Riesen". Genau dieser Aufbau auf den früheren Erkenntnissen eröffnet es den Naturwissenschaftlern, weiter sehen zu können als ihre Vorgänger.

Natürlich bleibt es wahr, dass ohne ein gründliches Befassen mit der Mathematik die Quantentheorie nicht wirklich verstanden werden kann. Deswegen beginnt ein Studium der Physik mit der Mathematik. Erst danach kann man alle die Erkenntnisse der Quantentheorie anwenden. Wenn allerdings der Schwerpunkt ausschließlich auf der mathematischen Struktur liegt und wenn die interpretierenden und philosophischen Anteile nicht ausreichend berücksichtigt werden, dann wird zwar der Leser die Technik beherrschen können, aber gleichzeitig kann man beispielsweise auf die Idee kommen, verschiedene Interpretationen der Quantentheorie experimentell unterscheiden zu wollen – was natürlich nur für verschiedene Theorien möglich ist.

Viele Menschen wollen keine Physiker werden. Sie möchten sich auch nicht intensiv mit der Mathematik befassen. *Trotzdem möchten sie die Welt und den Menschen verstehen.* Sie haben das Bestreben eine Vorstellung davon zu erhalten, wie die Natur tatsächlich aufgebaut ist und wie sie funktioniert.

---

1 Krall, S. (2023) *Vom Leben und Sterben der Insekten*, Hirzel Verlag, Stuttgart

So ist es ein erfreuliches Resultat nach einer langen Arbeit an den mathematischen Strukturen, dass die Erkenntnis der tatsächlich einfachsten Quantenstrukturen, AQIs, genau für diesen Bereich von Fragen zu neuen und willkommenen Einsichten führt.

Die tatsächlich einfachsten Quantenstrukturen ermöglichen es, die wesentlichen Inhalte der Theorie verständlich darzustellen. So interessant kleinste Teilchen mit ihrem merkwürdigen Verhalten auch sein mögen, so gehen die fundamentalen Antworten doch noch tiefer. Sie sind noch umfassender: Denn, wer hat schon jemals ein Atom zu Hause gefunden? Aber Gedanken als bedeutungsvolle Informationen hat jeder Mensch! Erst mit den einfachsten Strukturen von Quanteninformation, mit den AQIs, wird der enge Zusammenhang mit unseren alltäglichen Vorstellungen über die Welt und über die Menschen auf eine neue Weise erkennbar.

Werfen wir noch einmal einen Blick auf die Ziele und Vorhersagen von Einstein, v. Weizsäcker, Wheeler und Strominger, die im Buch zitiert wurden. Einstein sah, dass die Zukunft *nicht* „in accordance with a continuum theory“ liegen kann und dass deshalb die Zukunft „must lead to an attempt to find a purely algebraic theory“. Das erfüllt sich mit der Protyposis. Das gilt ebenso für v. Weizsäckers „Masse ist Information“ oder Wheelers „It from Bit“, und auch für Stromingers Prophezeiung: „Die Lösung, wie auch immer sie aussieht, kreist rund um Schwarze Löcher“.

Erst mit der Protyposis wird sogar naturwissenschaftlich erklärbar, wieso wir mit unseren Vorstellungen und Gedanken die Welt verändern können.

Deshalb sind Bilder und Analogien zu Quantenphänomenen aus dem Bereich des Psychischen oft sehr viel treffender als solche mit Kügelchen und Wellen.

Bei Wellen und kleinsten Teilchen besteht immer die Gefahr, dass gerade die unzutreffenden Aspekte solcher Bilder haften bleiben. Daraus konnte die im Grunde völlig falsche Vorstellung erwachsen: Die Quantentheorie wäre unverstehbar! Das Schöne an der Protyposis ist, dass mit ihr viel von der Bedeutung der fundamentalen und somit wesentlichen Quantenstrukturen sogar ohne die dahinterliegende Mathematik aufscheint. *Das kann den zutreffenden Eindruck vermitteln und bestärken, dass die philosophisch relevanten Strukturen der Wirklichkeit, die im Grunde jederman angehen, auch von jederman begriffen werden können.*

Wir Menschen haben immer wieder die Erfahrung gemacht, dass Beziehungen zumindest so wichtig sind wie Objekte, dass eine offene Auseinandersetzung über Möglichkeiten unerlässlich ist, um zu vernünftigen und zielführenden Entscheidungen zu gelangen. Gedanken und Empfindungen können uns mehr Leid bereiten als manches aufgeschabte Knie und Ideologien können so gefährlich sein wie Waffen.

Alle diese alltäglichen Erfahrungen waren von Seiten der Naturwissenschaften für lange Zeit ignoriert worden. Wir sind aber heute nicht mehr an ein mechanistisches Menschenbild gebunden, welches allein dem Gehirn und nicht auch der Psyche mit dem Bewusstsein Wirkmächtigkeit zubilligt. Ein erstaunlicher Vorzug der Protyposis zeigt sich darin, dass sie uns das Verstehen der Natur und des Menschen so erleichtert.

29.1 Plancks Entdeckung und Einsteins Resümee

Max Planck ist für mich ein leuchtendes Vorbild für die Arbeit und Haltung eines Naturwissenschaftlers. Mathematische Berechnungen und intensive theoretische Überlegungen zu den relevanten Experimenten seiner Kollegen haben ihn dazu geführt, den Weg in die genaueste Beschreibung der Natur zu öffnen. Er hat sich von seinem Weg auch nicht abbringen lassen, obwohl seine theoretischen Ergebnisse seinen ursprünglichen physikalisch-philosophischen Überzeugungen an manchen Stellen fundamental widersprochen haben.

Albert Einstein wiederum hatte mit großer Kreativität einen Großteil seiner Forschungsaktivität den Feldtheorien gewidmet. Trotzdem hat er am Ende seines langen Wissenschaftlerlebens und wahrscheinlich für manche überraschend gleichsam als wissenschaftliches Vermächtnis das in Abschnitt 1.1 zitierte Resümee verfasst:

> *„Aus den Quantenphänomenen scheint mit Sicherheit zu folgen, dass ein endliches System endlicher Energie vollständig durch eine endliche Menge von Zahlen (Quantenzahlen) beschrieben werden kann. Dies scheint nicht im Einklang mit einer Kontinuumstheorie zu stehen und muss zu dem Versuch führen, eine rein algebraische Theorie zur Beschreibung der Wirklichkeit zu finden. «*

Dass die theoretisch einfachsten Quantenstrukturen – quantisierte binäre Alternativen, Quantenbits – das Fundament der Physik bilden, das war bereits in den 1950-er Jahren C. F. v. Weizsäckers Vorschlag und Hoffnung. Zu diesem Gedanken hatte Werner Heisenberg geschrieben, dass er „so abstrakt nicht denken“ könne, jedoch Weizsäcker es mit seinen Mitarbeitern unbedingt weiterverfolgen solle.

Im Laufe der weiteren Forschungsarbeit stellte sich dann heraus, dass es notwendig war, noch abstrakter als Weizsäcker zu werden. Die Bits einer „Abstrakten Quanten-Information“, die AQIs, müssen als frei von jeder konkreten und spezifischen Bedeutung definiert werden. Deshalb war es notwendig, einen anderen als den Begriff „Information“ zu verwenden: *Protyposis.*

Mit den Quantenbits der Protyposis, den AQIs, ist eine „algebraische Theorie“ zur Beschreibung der Wirklichkeit entwickelt worden.

Werner Heisenberg hat einmal davon gesprochen, dass die Naturwissenschaft ein gewaltiges Gebäude auf einer schwankenden Grundlage sei. Wenn neue Erkenntnisse hinzukämen, sei es notwendig, die Fundamente zu vertiefen und zu verstärken. Mit der Protyposis ist ein solches vertieftes Fundament erstellt worden.

Über ein Proton kann man immer wieder lesen, dass es „aus den Quarks und Gluonen" als Teilen besteht. Sogar bei den realen Elektronen könnte man immer noch eine Vorstellung von „Teilen" ihres Teilchenvolumens haben. Obwohl sie nicht zerlegt werden können, so haben doch beide Teilchensorten, Proton und Elektron, in der Realität eine endliche Ausdehnung. Damit sind Teile davon zumindest denkbar. Hingegen ist es mit Bezug auf ein Quantenbit, ungeachtet seiner nichtlokalen und sogar kosmischen Erscheinung, logisch unmöglich, eine Teilbarkeit denken zu können. Der Weg zum „Einfachsten" ist somit zu seinem Ziel gelangt.

Was kann heute bereits über den Aufbau der komplexen Strukturen gesagt werden?

Man kann wie geschildert aus hinreichend vielen zweidimensionalen Zustandsräumen über das Tensorprodukt neue Zustandsräume mit so vielen Dimensionen konstruieren, wie man benötigt oder wie man möchte. Das zeigt, Quantenteilchen und Quantenfelder sind aus den AQIs konstruierbar. *Über die Grenzwertbildungen des klassischen Limes gelangt man von der Quantentheorie zu den weniger genauen, aber exakter erscheinenden Strukturen der klassischen Physik.* In der klassischen Physik können weder die Beziehungsstrukturen in der Natur noch das dortige reale Wirken von Möglichkeiten erfasst werden. Dass auf dem Weg von der algebraischen Struktur der AQIs zu den bewährten mathematischen Strukturen der Naturwissenschaft bereits ein großes Stück zurückgelegt wurde, das ist in diesem Buch verdeutlicht worden.

Wir hatten darauf verwiesen, dass wir mit unseren heutigen Erkenntnissen über das Universum und über den Menschen auf den Schultern von Riesen stehen. Mit Newton und Leibniz begannen die Naturwissenschaften, die Gestalten und Vorgänge in der Natur in einer umfassenden Weise in mathematischen Strukturen zu erfassen.

Leibniz gab der damals entwickelten Mathematik eine solche Form, dass wir auch heute noch mit seinen Symbolen rechnen. Er entwarf das Modell einer mechanischen Rechenmaschine. Leibniz überlegte außerdem, welche Vorteile es haben würde, neben dem Zehnersystem, das wohl eine Folge unserer zehn Finger ist, auch ein Zweiersystem für Berechnungen zu verwenden. Ein solches System, welches nur die beiden Ziffern 0 und 1 kennt und alles andere über die Potenzen von zwei behandelt, nennen wir heute ein System von Bits.

Mit den Naturgesetzen, die wir zur klassischen Physik rechnen, wurde eine enorme technische Entwicklung angestoßen. Durch die Dampfmaschine und später durch die Anwendung von Elektrizität konnte tierische und menschliche Arbeitskraft in vielen Fällen ersetzt werden. Mit den Eisenbahnen wurden Verkehrsverbindungen enorm verbessert.

Eine andere Folge der technischen Entwicklung waren immer genauere wissenschaftliche Experimente. Die mathematische Formulierung dieser immer präziseren Erforschungen der Natur führte zur Erkenntnis, dass die Modellierung der Natur mit den Methoden der klassischen Physik bei einer sehr großen Genauigkeit an ihre Gültigkeitsgrenze gelangt. An der Untersuchung dieser Gültigkeitsgrenze entdeckte Max Planck das Wirkungsquantum – eine Struktur, die seinen ursprünglichen Vorstellungen über die Grundlagen der Physik in einer entscheidenden Weise widersprach. Albert Einsteins Entdeckung der Lichtquanten öffnete den Weg dafür, nicht nur die Materie, sondern auch die Kräfte quantentheoretisch zu beschreiben.

29.2 Ausblick

Eine positive Vorstellungskraft und das Wirken von gestalterischen Fantasien waren und sind oft entscheidend für soziale und politische Veränderungen. Oft leisten sie einen wesentlichen Beitrag dabei, unerwünschte Möglichkeiten nicht faktisch werden zu lassen.

Bedeutungsvolle Information ist im Lebendigen ein gleichberechtigter Wirkfaktor neben Materie und Energie!

Durch die künstliche Informationsverbreitung, durch den Informationsaustausch im Internet, wird die Wirkung von Gedanken und Vorstellungen in einer früher ungeahnten Weise verstärkt. Das erfordert einen sorgfältigen Umgang mit bedeutungsvoller Information. Freie Meinungsäußerungen sind mit Wertschätzung zu verbinden. Achtung und Anerkennung der anderen bedürfen einer Erziehung mit Liebe und Toleranz, damit nicht Hass und Zerstörung die Oberhand gewinnen. Das stellt die Pädagogik von der frühen Kindheit an vor große Aufgaben. Eine gute didaktische Aufbereitung moderner wissenschaftlicher Ergebnisse kann dazu unterstützend beitragen.

> Energie und Materie auf der Erde sind begrenzt. Bedeutungsvolle Information ist hingegen unbegrenzt. So ist es notwendig, mit dem Begrenzten sorgsam umzugehen und das Unbegrenzte besser zu nutzen.

Natürlich sind die materiellen und energetischen Grundbedürfnisse der Menschen zu befriedigen. Dann aber besteht eine pädagogische Aufgabe mit zunehmender Wichtigkeit darin, den Menschen von früh an Freude und Begeisterung für Kulturelles, für sportliche Betätigung und für Wissenschaft zu vermitteln. *Bei einer zunehmend „voller" werdenden Welt*[2] *sind das offensichtlich die einzigen Ressourcen, die im Gegensatz*

[2] Den Begriff einer „vollen Welt" hat der Weltbankökonom und Wirtschaftsprofessor Herman Daly vorgeschlagen.

zur Ausbeutung von materiellen und energetischen Ressourcen bei ihrer Nutzung positive Resultate zur Folge haben können.

Mit der Protyposis ist die mathematische Basis eines naturwissenschaftlichen Weltbildes festgelegt worden. Mit diesem wurden wesentliche Zusammenhänge verdeutlicht:

Seit einem reichlichen Jahrhundert weiß man, Materie kann Energie aufnehmen und abgeben, weil sie einander äquivalent sind. Anfangs gab es große Widerstände gegen diese Erkenntnis, heute findet sich $E = mc^2$ sogar auf T-Shirts. Nun zeigt sich darüber hinaus, Materie und Energie können Informationen aufnehmen und wieder abgeben, weil alle drei dieser Formen einander äquivalent sind.

Der Einschluss der Information, der AQIs, in die Reihe der physikalischen Grundgrößen ist ein auch philosophisch entscheidender Schritt. Das Geistige ist eine der wirkenden Realitäten. Dies ist eine offensichtliche Tatsache. Sie zu akzeptieren wird – mit der Information als Grundlage – zu einem auch naturwissenschaftlich sinnvollen Vorhaben.

Die quantenphysikalische Grundlage öffnet einen Blick auf Einheit und Diversität zugleich. Sie untermauert die Freiheit des menschlichen Denkens und ebenfalls die daraus sich ergebende Verantwortung für unser Tun.

Sie lässt uns verstehen, dass es in der Bildung der Jugend wichtig ist, beides zu erreichen: die Einsicht, dass alle Menschen gleich sind, und zugleich, dass jeder Mensch verschieden ist von jeder anderen Person. Diversität geht weit über die privaten sexuellen Vorlieben hinaus und ihre Anerkennung muss sich auf alle Fähigkeiten und Talente erstrecken. Dass den Schwächeren Unterstützungen gegeben werden müssen, ist gewiss verständlich. Aber auch Begabungen müssen herausgefordert und gefördert werden.

Ich hatte vor einem viertel Jahrhundert geschrieben:[3]

> *„Man beginnt jetzt, auch im Rahmen der klassischen Physik, über die früher behandelten einfachsten Probleme hinauszugehen und viel kompliziertere zu untersuchen. Die dabei verwendeten mathematischen Methoden haben zum Teil solch klangvolle Namen wie Chaos- und Katastrophentheorie. Diese Theorien liefern zum einen Modelle für den häufig zu beobachtenden Übergang vieler Systeme in ein völlig unvorhersehbares Verhalten - in ein „Chaos". Zum anderen wird das plötzliche Umschlagen des Zustandes von komplizierten Systemen – eine „Katastrophe" – beschrieben, die nach scheinbar folgenlosen kleinen Änderungen schlagartig ein völlig neues Verhalten zeigen. ...*
> *Wenn man sich die ungeheuren praktischen Auswirkungen der modernen Physik vor Augen hält, ist es nur schwer zu begreifen, wie gering bis jetzt ihre Einwirkungen auf das gesellschaftliche Bewußtsein ist, wie wenig sie im heutigen „Weltbild"*

[3] Görnitz, T. (1987) *Moderne Technik – veraltete Weltsicht,* in: *Das Ende der Geduld,* Hanser, München

verankert ist. Mit Weltbild ist hierbei nicht eine - für das tägliche Leben völlig belanglose - Kosmologie gemeint, sondern die Gesamtheit unseres theoretischen Modells von der Welt, das unseren täglichen Handlungen zumeist unreflektiert zugrunde liegt. Deshalb ist es eine große Aufgabe und eine moralische Verpflichtung für alle, denen die Gesellschaft die Möglichkeit gibt, Wissenschaft zu betreiben, dazu beizutragen, die Lücke zwischen den materiellen technischen Möglichkeiten und ihrer geistigen Durchdringung und Bewältigung zu schließen. ...
Ich denke, daß aus diesen kurzen Bemerkungen schon deutlich geworden ist, wie wichtig es ist, daß wir die von uns genutzte Technik nicht mit einem Weltbild betrachten und anwenden, welches ihr in keiner Weise mehr entspricht. Ich glaube nicht, daß die technisch genutzte Wissenschaft das Übel ist, für welches sie manche halten. Es ist vielmehr unser unzureichend ausgebildetes Denken und unsere mangelhafte Fähigkeit der Wahrnehmung, die zu einer inadäquaten Anwendung führen. Wir leiden unter der fehlenden Einsicht, daß komplexe Zusammenhänge nicht durch simple Modelle beschreibbar sind, daß auch eine gute Kenntnis der Naturgesetze nicht genügt, um stets die gewünschten Ziele zu erreichen und daß deshalb Behutsamkeit zum wichtigsten Gebot unseres Handelns werden muß. «

Behutsamkeit ist kein Widerspruch zu einer grundlegenden Veränderung. Behutsamkeit bedeutet, dass die Lösung der vor uns stehenden sozialen und politischen Probleme nicht über die Mehrheit der Menschen hinweg erfolgreich sein kann. Das ist keine einfache, aber eine notwendige Angelegenheit.

Was erfordert sie?

Wohl zuerst umfassende, wirklichkeitsnahe und auch detailierte Kenntnisse über das, was die jeweiligen Aufgaben betrifft. Dies vor allem von denen, die Führungsrollen erhalten haben oder übernehmen wollen.

Wir sind mit unserer technisch-kulturellen Entwicklung, die sich von biologischen Grundlagen weitgehend gelöst hat, schnell vorangeschritten. Daher können die evolutionär-biologisch sehr viel stärker verankerten Emotionen und Gefühle dem oft nicht Schritt halten, was wir in der rationalen Wissenschaft bereits erreicht haben. Bisweilen stehen manche Emotionen als Bindeglieder zwischen Körperlichem und Geistigem sogar einer besseren und gerechteren Entwicklung entgegen. Der Weg in die Vielheit und zum Verständnis des Beziehungscharakters der Wirklichkeit und der Komplexität ist offen. Zugleich bedeutet er eine große Herausforderung. Wir besitzen die geistigen Werkzeuge, ihn erfolgreich zu beschreiten. Daher sollten wir sie nutzen und allen Menschen die Möglichkeit geben, sich an der Gestaltung einer positiven Zukunft zu beteiligten.

30 Anhänge

30.1 Der Teilchen-Zoo der Elementarteilchenphysik

Heute kann man oft lesen oder hören, dass es zwei Bereiche der Natur gäbe. Für das Große und das Kosmische sei die Allgemeine Relativitätstheorie und für das mikroskopisch Kleine das Standardmodell der Elementarteilchenphysik zuständig. Seit langem wurde daher das Ziel ausgegeben, für diese zwei Theoriebereiche eine Verbindung oder besser noch eine Vereinigung zu schaffen.

Es gab anfangs der 1930er-Jahre die Hoffnung, dass man mit nur drei Teilchen – mit Photon, Elektron und Proton – die ganze Physik würde erklären können. Dann jedoch entdeckte Carl David Anderson (1905 – 1991) im Jahre 1932 in der Höhenstrahlung ein Elektron mit „falschem Vorzeichen" der Ladung, das Positron. Nach Vorarbeiten vieler Forscher gelang 1932 James Chadwick (1891 – 1974) beim Beschuss von Berylliumatomen mit Alphateilchen der Nachweis des Neutrons. Von Carl D. Anderson und Seth Henry Neddermeyer (1907 – 1988) wurde 1936 wiederum in der Höhenstrahlung das Myon entdeckt. Das Positron konfrontierte die Physiker damit, dass Diracs Postulat der Antimaterie nicht nur eine mathematisch-theoretische Möglichkeit ist. Mit dem Neutron wurde deutlich, dass es mehr schwere Elementarteilchen als das Proton gibt. Sie wurden später Hadronen genannt. Mit dem Myon zeigt sich, dass es mehr Leptonen als das Elektron gibt. Als 1956 das Neutrino erstmals nachgewiesen wurde, offenbarte sich, dass selbst Paulis hochkontrovers gesehene Prognose aus dem Jahre 1930 auf etwas Reales verwiesen hatte.

In den 1960er-Jahren zeigte sich bei Streuungen von sehr energiereichen Elektronen an Protonen, dass diese eine interne Struktur besitzen müssen. Elektronen werden bis heute als „Punktteilchen" approximiert, aber Protonen haben eine komplexe innere Struktur.

Nach dem Postulat von Quarks und Gluonen wurden schließlich die Hadronen, also Protonen, Neutronen usw., nicht mehr als Elementarteilchen bezeichnet, sondern nun deren inneren Strukturen. Wenn man heute bei Wikipedia nachschaut, dann erhält man das folgende Bild vom „Teilchen-Zoo“.

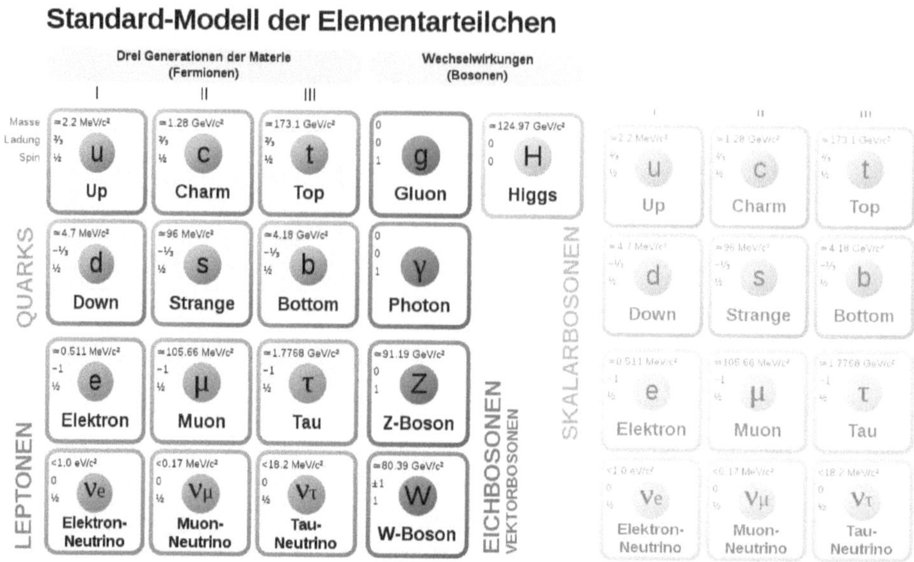

Bild 30.1 Das Standard-Modell der Elementarteilchen mit der Unterteilung in die drei Generationen (ihre „Familien-Struktur“) der „Materie-Teilchen“, der Fermionen, sowie in die „Kraft-Teilchen“, die Bosonen. Hinzugefügt sind die Teilchen der Antimaterie, bei denen man die Ladungsvorzeichen noch umkehren müsste.[1]

Sehr oft werden die Quanten aus Bild 30.1 als „Bausteine der Natur“ bezeichnet. Wenn man diesen für die Quantentheorie zumeist unpassenden Begriff verwenden möchte, dann erinnere ich mich an die Nachkriegszeit. „Bausteine“ waren die Ziegel, die man aus den zerbombten Häusern noch herausbrechen konnte, sodass sie wiederverwendet werden konnten. Mit diesem Bild wären die ersten „Bausteine“ der Natur die Elektronen. Diese lassen sich bei vielen chemischen Reaktionen, also sehr leicht, aus den Atomen lösen. Auch Protonen und Neutronen kann man aus den Atomkernen herausschießen. Dann jedoch wird die Bezeichnung „Baustein“ irreführend. Alles andere, was nicht aus Elektron bzw. Up- und Down-Quarks konstruiert werden kann, entsteht nur für sehr kurze Zeit höchstens in Supernova-Explosionen oder sehr kostenaufwendig in den Hochenergiebeschleunigern.

[1] Quelle: *https://upload.wikimedia.org/wikipedia/commons/thumb/1/1c/Standard_Model_of_Elementary_Particles-de.svg/1390px-Standard_Model_of_Elementary_Particles-de.svg.png*, vom 14. 03. 2021

Eine wichtige der gegenwärtig noch offenen Fragen der Quantenfeldtheorie betrifft die „Familien-“ oder „Generationen-Struktur“ bei den als elementar bezeichneten Quantenstrukturen.

Bei den Neutrinos gibt es die „Neutrino-Oszillationen“. Die drei Sorten wandeln sich auf ihrem Weg durch den Kosmos oder durch die Erde ineinander um. Weshalb es diese drei Generationen gibt, ist noch nicht erklärt. Die sich aus der Protyposis ergebenden Möglichkeiten für eine Erklärung wurden am Ende von Abschnitt 25.5 vorgestellt.

Bei allen elektrisch geladenen Teilchen verlaufen die Umwandlungen innerhalb der Generationen immer nur von den schwereren zu den leichteren Teilchen. Dabei wird auch jeweils ein passendes Neutrino ausgesendet, sodass bei den Prozessen mit den elektrisch geladenen Teilchen auch die Lepton-Familien-Quantenzahl erhalten bleibt.

Im ursprünglichen Standardmodell erscheinen alle Teilchen masselos. Die gegenwärtige Teilchenphysik gibt als Ursache für die Erklärung der Massen der elementaren Teilchen deren jeweils individuelle Wechselwirkung mit diesem Higgs-Feld an. Die Stärke der jeweiligen Wechselwirkung wird über die experimentell gefundenen Massen bestimmt. Eine theoretische Herleitung ist noch nicht bekannt.

30.2 Andere Interpretationen des Messprozesses

Mit der Protyposis und der Dynamischen Schichtenstruktur tragen wir dem Einfluss der Information sowie einem sinnvollen Wechsel zwischen wirkenden Möglichkeiten einerseits und den nicht zu verleugnenden Fakten andererseits Rechnung. Das bewirkt ein damit verbundenes Alternieren in der mathematischen Beschreibung zwischen Quantentheorie und klassischer Physik.

Manche Physiker jedoch streben aus verschiedenen Motiven die Idealvorstellung einer durchgängigen quantentheoretischen Beschreibung an – ohne einen derartigen Wechsel zu einer klassischen Beschreibung von Fakten. Will man in der Quantenmechanik einen Beschreibungswechsel von den Möglichkeiten zu einem Faktum vermeiden und trotzdem auf die aus der klassischen Physik stammenden Fakten nicht verzichten, so ergeben sich zwei Alternativen. Man kann entweder die Schrödingergleichung so umformen, dass sie eine Ähnlichkeit mit der klassischen Mechanik erhält. Die Schrödingergleichung beschreibt die Entwicklung der Möglichkeiten determiniert. Diese Tatsache wird verwendet, um alle Vorgänge als etwas Faktisches zu interpretieren. *Damit werden die Möglichkeiten zu einem Ausdruck für unbekannte Fakten.* Charakteristisch für diesen Entwurf ist die Theorie, die auf Louis de Broglies (1892–1987) Theorie der Materiewellen und deren Weiterentwicklung durch David Bohm (1917–1992) beruht.

Oder aber, man kann sämtliche Möglichkeiten, die sich aus der Schrödingergleichung ergeben, so behandeln, als ob sie Fakten wären. Damit wird auf den Übergang von den vielen Möglichkeiten zu einem einzigen Messergebnis verzichtet. Dieses Konzept wird von der „Viele-Welten-Interpretation" vertreten.

30.2.1 Zum Unterschied Theorie – Interpretation

Bevor wir uns mit den jeweiligen Konsequenzen dieser Vorstellungen auseinandersetzen, ist eine Klarstellung notwendig, die vielleicht nicht für jedermann offensichtlich ist.

Da es sich bei beiden erwähnten Zugängen um eine Interpretation der Quantenmechanik handelt, verwenden sie auch beide die ungeänderte Schrödingergleichung als mathematische Grundlage. Daher ergeben sich in beiden Interpretationen ebenfalls die gleichen Voraussagen wie sonst in der Quantenmechanik auch. Eine experimentelle Unterscheidung zwischen diesen Interpretationen ist wegen ihrer theoretischen und mathematischen Identität nicht möglich.

Was sich natürlich sehr stark unterscheidet, das sind die Bilder und Vorstellungen, welche man sich zu den mathematischen Untersuchungen und experimentellen Befunden formt und ausdenkt. Dort fließen dann weltanschauliche und philosophische Annahmen und Vorannahmen ein, die physikalisch weder bestätigt noch widerlegt werden können.

> Experimentell unterscheiden kann man verschiedene Theorien, jedoch nicht verschiedene Interpretationen der gleichen Theorie.

Da beispielsweise die Bohmsche Mechanik eine mathematisch korrekte Umformung der nichtrelativistischen Schrödingergleichung im Zusammenhang mit der Quantengleichgewichtshypothese (die der Bornschen Regel entspricht) darstellt, können ihre Vorhersagen sich auch nicht von denen der Schrödingergleichung unterscheiden. Aber die Bilder und Vorstellungen, die man zu den verschiedenen Interpretationen entwickeln kann, die können sich weithin unterscheiden und Anlass für intensive Diskussionen liefern.

Wenn man die Quantenmechanik mit einem Theaterstück vergleichen würde, dann entspräche dem Text des Autors der mathematische Apparat der Theorie, im vorliegenden Fall die Schrödingergleichung. Die reale Aufführung stünde in Korrespondenz zu den experimentellen Untersuchungen und die Interpretation entspräche den Gefühlen und Eindrücken der Zuschauer. Es versteht sich, dass der Text des Autors nicht notwendig bei allen Zuschauern die gleichen Empfindungen hervorrufen wird.

30.2.2 Die de-Broglie-Bohm-Interpretation

In der de-Broglie-Bohm-Interpretation wird – wie in den Idealisierungen der Newtonschen Mechanik – am Konzept des Punktteilchens festgehalten. Die Existenz und die Eigenschaften des Punktteilchens werden meines Wissens nicht erklärt, sondern postuliert. Die Vorstellung eines „Punktteilchens“ mit einer Masse gerät zumindest mit der Allgemeinen Relativitätstheorie in Widerstreit, da diese die Schwarzen Löcher kennt. Das wird nach meiner Kenntnis nicht diskutiert.

Die hypothetischen Teilchen laufen gemäß dBB-Interpretation auf determinierten Bahnen. Eigenschaften wie der Spin werden nicht den Teilchen, sondern dem Führungsfeld zugeordnet. Den Teilchen werden zu jeder Zeit ein Ort und eine Geschwindigkeit zugeschrieben. Da man jedoch gemäß der Quantengleichgewichtshypothese den Startpunkt des Teilchens nicht kennen kann, kann man auch nur die Menge aller möglichen Bahnen berechnen. Aus dem Messergebnis des Auftreffortes kann dann jedoch eine durchlaufene Bahn rekonstruiert werden. Diese Bahn wird gemäß theoretischer Interpretation als tatsächlich, also als faktisch postuliert.

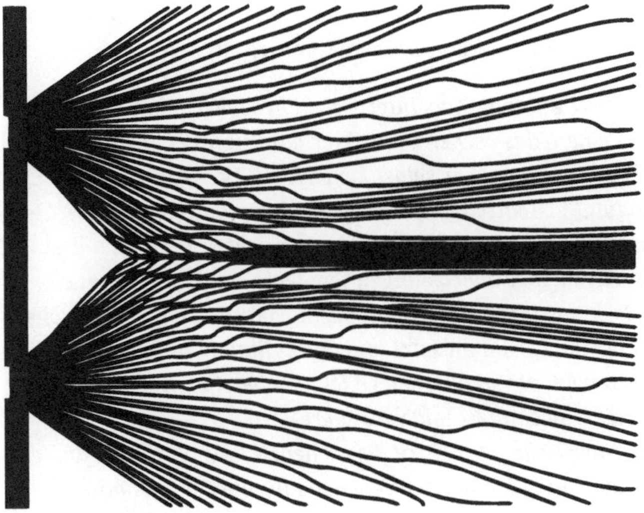

Bild 30.2
Die Bahnen von Teilchen hinter einem Doppelspalt gemäß der Bohmschen Theorie. Keine Bahn kreuzt die andere, die Mittellinie wird nicht überquert.[2]

Die durch die Quantentheorie aufgedeckte Nichtlokalität der Natur wird in der de-Broglie-Bohm-Theorie durch das Postulat einer Kraft – das sogenannte Quantenpotenzial – berücksichtigt. Diese Kraft hat Eigenschaften, die es sonst in der Physik niemals gibt. Sie kann über beliebige Abstände und unabhängig von der Entfernung gemäß der dBB-Interpretation mit gleichsam unendlicher Geschwindigkeit reale Wirkungen hervorrufen.

---

2 Quelle: Doppelspalt.jpg: Opasson/*abgeleitetes Werk Malyszkz – File:Doppelspalt.jpg, Gemeinfrei, *https://commons.wikimedia.org/w/index.php?curid=16971210*

Reale Fernwirkungen – die von Einstein als „spukhaft“ bezeichnet wurden – gibt es auch im Rahmen der Newtonschen Gravitationstheorie. Für geringe Entfernungen ist ein Unterschied zur Lichtgeschwindigkeit nicht sehr offensichtlich. Mit größerem Abstand werden die Kraftwirkungen der Gravitation immer schwächer, sodass sie für sehr große Entfernungen ignoriert werden können.

Die unmittelbare Fernwirkung der Newtonschen Theorie war der Anlass für Einstein, mit der Allgemeinen Relativitätstheorie diesen Fehler zu korrigieren. Wenn man genau genug arbeiten kann, dann wird dieser Fehler in der Newtonschen Gravitationstheorie auch experimentell erkennbar.

Die Spezielle Relativitätstheorie verbietet ganz allgemein den Transport von Materie, Energie oder Information mit Geschwindigkeiten, die größer sind als die Lichtgeschwindigkeit im Vakuum.

In der de-Broglie-Bohm-Theorie wird durch das Postulat der „Quantengleichgewichtshypothese“ dafür gesorgt, dass – so wie in der Physik sonst auch – die Theorie keinen Transport von Materie, Energie oder Information mit Überlichtgeschwindigkeit erlauben kann. Allerdings soll die Kraft trotzdem reale Wirkungen auf entfernte Teilchen ausüben können. Wie man sich das vorstellen soll – ohne zumindest einen Informationstransport zu postulieren – das ist mir nicht bekannt. Eine solche als real gedachte Kraft macht es erforderlich, ihre klassischen Eigenschaften zu überdenken:

> *„Ein physikalisches Argument gegen Bohms Interpretation sehe ich darin, daß er ein Kraftfeld einführt, das einen klassischen Charakter hat. Dieses Feld kann Wirkungen auf die Teilchen ausüben, aber selbst keinerlei Wirkung empfangen. Es ist natürlich nicht mehr gut ‚Einsteinsch‘ gedacht, wenn man ein Agens einführt, welches nur Wirkung ausübt, selbst aber keine Wirkung erleiden kann. In dieser Hinsicht ist die moderne Physik den Überlegungen Einsteins gefolgt, der ja auch den Raum und die Zeit als etwas interpretiert hat, das nicht nur den physikalischen Systemen einen Rahmen für ihr Verhalten setzt und damit Einfluß auf diese besitzt, sondern was seinerseits von den physikalischen Objekten eine Rückwirkung erfährt und damit durch diese beeinflußt und verändert wird.*
> *Bohm selber schreibt in seiner ersten Arbeit zu dieser neuen Interpretation, daß er hofft, auch eine Rückwirkungsmöglichkeit der Teilchen auf sein Quantenpotential erhalten zu können.*
> *Wenn dieses Quantenpotential auch physikalische Wirkung erleiden könnte, dann läge damit ein kontinuierliches, klassisches Feld vor – und mit den gleichen Argumenten und mit der gleichen Sicherheit, mit der Planck gezwungen war, die Quantenhypothese zu postulieren, müßte auch für dieses Bohmsche Feld gefolgert werden, daß man für sein Verhalten zu Widersprüchen gelangt: Sobald auf dieses Feld thermodynamische Überlegungen angewendet werden, ist man gezwungen, auch für dieses die Quantenhypothese einzuführen!*

Damit müßte Bohms Konstruktion, mit der die Quantenhypothese vermieden werden sollte, quantisiert werden. Bohm wäre wieder genau in der Falle gefangen, aus der Planck die Physik erst so grandios befreit hatte.“[3]

Die aus dem Quantenpotenzial entstehende merkwürdige Kraft, die auch zu sehr ungewöhnlichen Bahnkurven führt (siehe Bild 30.2), liefert vielen Physikern ein Argument gegen diese Vorstellungen der de-Broglie-Bohm-Interpretation. Besonders interessant ist in diesem Zusammenhang eine Arbeit von Berthold-Georg Englert (*1953), Marian Scully (*1939), Georg Süssmann (1928–2017) und Herbert Walther (1935–2006).[4] In dieser wurde gezeigt, welche „surrealistischen“ Konsequenzen die Bohmschen Bahnen zeitigen.

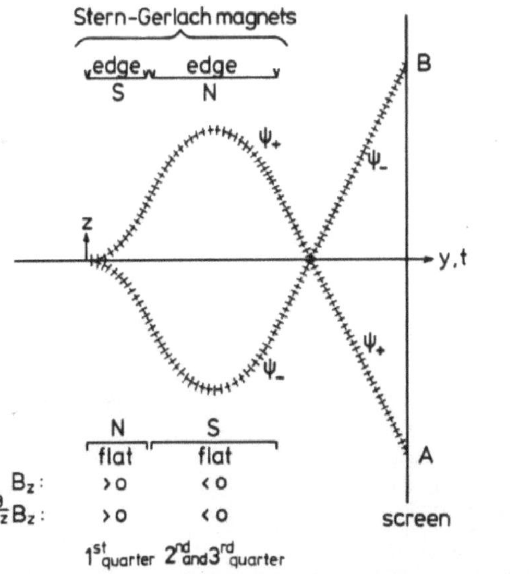

Fig. 4. Three quarters of a Stern-Gerlach interferometer. The dashed curves represent $\pm\Delta z$ of (15) along which the centers of the wave function components $\psi_\pm$ propagate. After crossing the $z=0$ plane, atoms arrive on the screen either in region A ("spin up") or in region B ("spin down").

Bild 30.3 3/4-Stern-Gerlach-Experiment nach Englert, Scully, Süssmann und Walter (Abb. 4: Dreiviertel eines Stern-Gerlach-Interferometers. Die gestrichelten Kurven stellen $\pm\Delta z$ von (15) dar, entlang denen sich die Zentren der Wellenfunktionskomponenten $\psi\pm$ ausbreiten. Nach dem Durchqueren der $z = 0$-Ebene kommen die Atome entweder im Bereich A („spin up“) oder im Bereich B („spin down“) auf dem Bildschirm an. Anmerkung.: Die Gleichung 15 beschreibt das Verhalten gemäß der Schrödingergleichung des Teilchen-Schwerpunktes in Abhängigkeit vom Spin.)

---

[3] Görnitz, T. (1999), Kap 6.5.1, S. 260 ff.

[4] Englert, B.-G.; Scully, M. O.; Suessmann, G.; Walter, H. (1992) *Surrealistic Bohm Trajectories*, Zeitschr. f. Naturforschung 47a, S. 1175–1186

Die Autoren entwerfen ein „3/4-Stern-Gerlach-Experiment". Otto Stern (1888–1969) und Walther Gerlach (1889–1979) hatten 1922 im Physikalischen Verein in Frankfurt diesen Versuch mit einem Strahl von Silberatomen in einem starken inhomogenen Magnetfeld durchgeführt. Die Atome sind elektrisch neutral, haben aber wegen des 5s-Elektrons ein magnetisches Moment. Im Versuch spaltet sich wegen dieses Elektronenspins der Strahl in zwei Teilstrahlen auf. Ein solcher „halbzahliger Drehimpuls" ist im Rahmen der klassischen Physik nicht zu erklären.

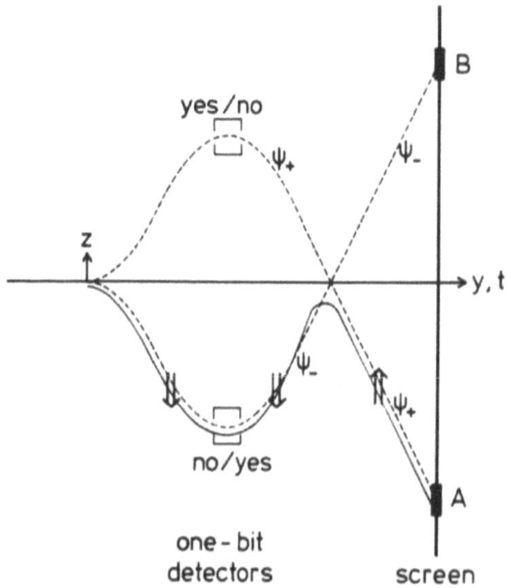

Fig. 6. Incomplete Stern-Gerlach interferometer with one-bit which-way detectors (magnets not drawn). The dashed curves represent $\pm\Delta z(t)$ of (15). The solid curve shows a Bohm trajectory through the *lower* detector, corresponding to an atom that reached the lower region A through the *upper* detector. The arrows indicate the spin vectors of (29) and (35), respectively.

Bild 30.4 Englert, Scully, Süssmann und Walter zur Bohmschen Bahn: Die Detektoren geben nur dann ein Signal, wenn das Teilchen auf seiner (gemäß Bohm realen) Bahn durch den anderen Detektor fliegt.

(Abb. 6: Unvollständiges Stern-Gerlach-Interferometer mit Ein-Bit-Welcher-Weg-Detektoren (Magnete nicht eingezeichnet). Die gestrichelten Kurven stellen $\pm\Delta z(t)$ von (15) dar [Anm.: Sozusagen die Teilchenbahnen in einer hypothetischen Nebelkammer]. Die durchgezogene Kurve zeigt eine Bohmsche Trajektorie durch den unteren Detektor. Sie entspricht einem Atom, das nach sonstiger Interpretation durch den oberen Detektor fliegt und dann den unteren Bereich A erreicht. Die Pfeile zeigen die Spinvektoren von (29) bzw. (35) an.)

Zuerst beschreiben die Autoren den Versuch im Rahmen der üblichen Darstellung, dann den gleichen Vorgang in der dBB-Interpretation. Die Autoren geben dazu folgenden Kommentar:

> *„A supporter of Bohmian mechanics would insist that the atom went along its Bohm trajectory through one of the detectors, but left its mark in the other one. Thus, he concludes, the which-way detectors do not deserve their name. The usual which-way detection, he declares, is an illusion. But, in arguing this way, is he not putting away with the basics of Bohmian mechanics? For, on the one hand, the retrodicted Bohm trajectories are supposed to be ‚truly realistic', on the other hand, checking them out is forbidden or, at least, impossible. We conclude: The reality attributed to Bohm trajectories is not physical, it is metaphysical.*
> *A real experiment along these lines appears feasible, as all components of the apparatus have been realized separately; ... The purpose of the proposed experiment is to verify the predicted quantum theoretical correlations: Whenever an atom hits the screen in the lower region A, the upper detector says ‚yes' – and likewise for the upper region B and the lower detector. Since we know that (some of) the retrodicted Bohm trajectories pass through the other detector, this verification suffices to demonstrate the asserted metaphysical character of the Bohm trajectories."*
> *(Ein Anhänger der Bohmschen Mechanik würde darauf bestehen, dass das Atom auf seiner Bohmschen Flugbahn durch einen der Detektoren ging, aber in dem anderen seine Spur hinterließ. Daraus folgert er, dass die Welcher-Weg-Detektoren ihren Namen nicht verdienen. Die übliche Welcher-Weg-Detektion, erklärt er, sei eine Illusion. Aber legt er mit dieser Argumentation nicht die Grundlagen der Bohmschen Mechanik beiseite? Denn einerseits sollen die retrodizierten Bohmschen Flugbahnen „wirklich realistisch" sein, andererseits ist es verboten oder zumindest unmöglich, sie zu überprüfen. Wir schließen: Die Realität, die den Bohm-Bahnen zugeschrieben wird, ist nicht physisch, sondern metaphysisch.*
> *Ein echtes Experiment in dieser Richtung erscheint machbar, da alle Komponenten der Apparatur separat realisiert wurden; ... Der Zweck des vorgeschlagenen Experiments besteht darin, die vorhergesagten quantentheoretischen Korrelationen zu verifizieren: Immer, wenn ein Atom im unteren Bereich A auf den Bildschirm auftrifft, sagt der obere Detektor „ja" – und ebenso für den oberen Bereich B und den unteren Detektor. Da wir wissen, dass (ein Teil der) retrodizierten Bohm-Bahnen durch den anderen Detektor verläuft, reicht diese Verifizierung aus, um den behaupteten metaphysischen Charakter der Bohm-Bahnen zu demonstrieren.)*

Auch hierzu möchte ich noch einmal betonen, dass die Autoren keineswegs behaupten, sie würden Bohm widerlegen. Schließlich ist es unmöglich, das, was verschiedene Menschen über die Ergebnisse einer Theorie erzählen, experimentell gegeneinander zu überprüfen, falls die Ergebnisse korrekt dargestellt werden. Wie oft gesagt, man kann nur Theorien gegeneinander testen, nie ihre verschiedenen Interpretationen.

Die Idee der „Punktteilchen“ muss darüber hinaus wie erwähnt zu Problemen mit der Allgemeinen Relativitätstheorie führen, die bei zu starker Energiekonzentration (wie bei „Punktteilchen“ mit einer Masse) die Existenz Schwarzer Löcher anstelle von „Punkten“ zur Folge hat.

Die de-Broglie-Bohm-Interpretation stellt eine Möglichkeit dar, diejenigen Verständnisprobleme in der Quantenmechanik zu beseitigen, die sich aus einer zu engen Verkopplung von „Messung“ mit dem „Beobachter“ und eventuell sogar mit dessen Bewusstsein ergeben.

Da alle Vorgänge faktisch sein sollen und Möglichkeiten nur ein Unwissen über etwas Faktisches bedeuten sollen, bildet das faktische Messergebnis keine Ausnahme im Rahmen der Beschreibung. Es wird postuliert, dass es keinen Übergang von Möglichkeiten zu Fakten gibt, weil die Möglichkeiten lediglich Aussagen über noch unbekannte Fakten sind.

Problematisch bleibt dabei vor allem, die erwähnte Kraft zu verstehen, die wegen der Nichtlokalität der quantischen Erscheinungen mit Überlichtgeschwindigkeit und über beliebige Entfernungen abstandsunabhängig und zum Teil in merkwürdiger Weise auf die hypothetischen Teilchen einwirken soll.

Als zusammenfassende Bewertung möchte ich folgendes anmerken: Die vermeintliche Abhängigkeit der Messung von einem Beobachter kann in der Protyposis-Theorie ohne die Hypothese des Bohmschen Quantenpotenzials vermieden werden. Wegen der Bohmschen Quantengleichgewichtshypothese kann aus dem postulierten determinierten Verlauf ein Ergebnis auch nur mit Wahrscheinlichkeit errechnet werden. Die hypothetischen Punktteilchen und die unendlich große Wirkungsausbreitung erzeugen große Schwierigkeiten beim Verbinden mit den Relativitätstheorien.

30.2.3 Die „Viele-Welten“-Interpretation

Betrachten wir das andere Extrem, die Quantenmechanik zu interpretieren. Es wird durch die „Viele-Welten“-Interpretation geliefert.

Die sogenannte Viele-Welten-Interpretation der QM geht davon aus, dass es keinen Bruch in der unitären Zeitentwicklung gibt. Es wird postuliert, dass jeder mögliche Zustandsvektor Ψ_n, der zum Eigenzustand des Messoperators gehört und mit dem aktual vorliegenden Zustandsvektor Ψ verträglich ist, ein reales Ergebnis der Messung ist. Für jedes Ψ_n gibt es ein eigenes Universum, in dem Ψ_n als Faktum realisiert ist. In dieser Interpretation werden alle – zumeist unendlich viele – Möglichkeiten, die aus der Schrödingergleichung folgen, niemals auf einen einzigen Messwert eingeschränkt. Sie werden alle zugleich zu Fakten.

Man wird sich fragen, wie sich alle möglichen Messwerte zugleich ergeben sollen. Die Antwort liefert der Name: Für jeden neuen Messwert entsteht jeweils eine neue Welt und in dieser ist er das dort sich ergebende Messresultat. Die Verfechter dieser Interpretation der Quantenmechanik sehen den Vorteil darin, den wundervollen mathematischen Apparat der Schrödingergleichung durchweg anwenden zu können und ihn niemals verlassen zu müssen. Da auch bei dieser Interpretation nichts an der nichtrelativistischen Schrödingergleichung verändert wird, sind auch in ihr alle Prognosen identisch mit denen in den anderen Interpretationen der Quantenmechanik.

Gegen diese Interpretation gibt es verständlicherweise ebenfalls viele Widerstände. Zumeist beziehen sich diese auf die ungeheure ontologische Überfrachtung, die sich zugleich jeder empirischen Überprüfung entzieht. Bei dieser Interpretation scheint es schwierig zu sein, sich nicht an einen Zustand zu erinnern, der in der früheren Psychologie als „Spaltungsirresein“ bezeichnet wurde.[5] Mit einem einfachen „Ein-Wort-Wörterbuch“[6] kann sie jedoch in das normale Weltbild übersetzt werden: einfach „viele Welten“ durch „viele Möglichkeiten“ ersetzen.

Die Viele-Welten-Interpretation bezieht sich nicht nur auf das physikalische Experiment, dessen Ergebnisse gemäß Interpretation in so vielen verschiedenen Welten auftauchen, wie es gemäß der Schrödingergleichung mögliche Messergebnisse gibt. Aus der zeitunabhängigen Schrödingergleichung folgen die Eigenwerte der Energie – und für jeden Eigenwert entsteht im Messprozess ein Universum, in dem dieser als Faktum vorliegt.

Die Aufspaltung der Welten betrifft auch den Beobachter selbst. Bei Everett (1939–1982) war nur von einer Aufspaltung des Bewusstseins die Rede, spätere Erklärungen führten dann konsequenterweise zur Aufspaltung von Welt und Beobachter mitsamt dessen Bewusstsein in (bei jeder Messung wieder unendlich viele) neue Exemplare. Jeder Gedanke, der von mir als Faktum in meinem Bewusstsein wahrgenommen wird, führt zugleich zu einer unendlichfachen Vermehrung meiner selbst, jeweils in unendlich vielen neuen Universen. In diesen hat dann jedes Exemplar von mir einen der möglichen Gedanken gedacht.

Natürlich ist die menschliche Fantasie in der Lage, sehr vieles vor dem inneren Auge zu kreieren, aber normalerweise haben wir einen recht guten Instinkt für das, was wir davon glauben wollen und was nicht. Allerdings wird man immer wieder einmal daran erinnert, dass man die Macht des Realen nicht überschätzen und die Macht des Fiktiven nicht unterschätzen sollte.

An der Aufspaltung des Beobachters in viele Exemplare seiner selbst wird deutlich, dass diese Interpretation in keiner Weise das Messproblem anders löst als die Kopenhagener Interpretation, die sie eigentlich ablösen will.

Die vielen Exemplare des Beobachters in ihren jeweils eigenen Welten können natürlich keinerlei Wissen über die Vorgänge in den jeweils anderen Welten haben. Das bedeutet, in seiner Welt hatte ein Beobachter-Exemplar zuerst alle die Möglichkeiten,

---

5 siehe z. B. *https://www.spektrum.de/lexikon/psychologie/spaltungsirresein/14596*

6 Görnitz, T.; Weizsäcker, C. F. v. (1987) Intern. Journ. Theoret. Phys. 27, S. 921

welche die Schrödingergleichung beschreibt – und dann nach der Messung das eine faktische Messergebnis.

Damit besteht für jedes einzelne Exemplar des Beobachters in seiner eigenen Welt – also in allem, was ihm zugänglich ist – keinerlei Unterschied zur Kopenhagener Interpretation der Quantenmechanik.

Jedes der unendlich vielen neuen Exemplare des ursprünglichen Beobachters, der vor der Messung nur einer gewesen war, sieht ausschließlich in seiner Welt den Kollaps der Wellenfunktion in ein faktisches Messergebnis. Dass auch die anderen Möglichkeiten in anderen Welten faktisch geworden sein sollen, das kann er in keiner Weise von einer Fantasie unterscheiden. Wissen darüber kann er nicht erhalten.

Unabhängig von der Wahrscheinlichkeit des Eintreffens entsteht für jede noch so unwahrscheinliche Möglichkeit eine Welt, in der diese Möglichkeit zum Faktum wird. In logischer Schlussfolgerung entstehen immer mehr Welten, in denen die Ereignisse immer mehr den Prognosen der Quantentheorie widersprechen.[7)] Da auch alle fast unwahrscheinlichen Möglichkeiten in bestimmten Welten real werdend entstehen[8)], ergeben sich unendlich viele vollkommen absurde irreale Welten ohne jede erkennbare Gesetzmäßigkeit. Wieso ein solches Modell helfen soll, die Schönheit und Klarheit der Schrödingergleichung zu bewahren, ist schwer einzusehen.

30.2.4 Superdeterminism

Eine weitere Alternative für eine Erklärung der nichtlokalen Zusammenhänge, die beim Messvorgang deutlich werden können, würde darin bestehen, dass *das gesamte Weltgeschehen mitsamt allen Entscheidungen eines heutigen Experimentators bereits seit dem „Urknall“ vollständig determiniert ist.* Dann würde die Nichtlokalität, die wir in der Quantentheorie wahrzunehmen meinen, eine schlichte Konsequenz der seit dem „Urknall“ ablaufenden Kausalität sein. Seit dem „Urknall“ wären auch alle unsere gegenwärtigen und künftigen Gedanken bereits feststehende Fakten.

Es gibt theologische Denksysteme, die derartige Ideen vertreten. Ich finde jedoch, dass sie naturwissenschaftliche Vorstellungen wenig beflügeln.

Es gibt allerdings auch heute maßgebliche Physiker, welche die Vorstellung einer Welt attraktiv finden, wie sie Laplace mit seinem Dämon entworfen hatte. Dieser Dämon ist in der Lage, aus dem gegenwärtigen Zustand des Kosmos die gesamte Vergangenheit und die gesamte Zukunft berechnen zu können, weil alles vollständig determi-

---

[7] Bricmont, J. (2018) *Quantensinn und Quantenunsinn/Determinismus, Lokalität und offene Fragen der Quantenmechanik*, Springer, Heidelberg, S. 203

[8] Nur die Zustände, die zum vorliegenden Zustand orthogonal sind, die also als Messergebnis nicht eintreten können, werden nicht realisiert! Jedoch alle mit einer geringen Wahrscheinlichkeit schon.

niert ist. Der Physik-Nobelpreisträger Gerard ‚t Hooft vertritt eine solche superdeterministische Vorstellung.[9] Arbeiten zu diesen Vorstellungen werden publiziert:

> *„Conclusion: We have argued here that quantum mechanics is an incomplete theory and completing it, or replacing it with a more fundamental theory, will necessarily require us to accept violations of Statistical Independence, an assumption that is sometimes also, misleadingly, referred to as Free Choice. We have explained why objections to theories with this property, commonly known as superdeterministic, are ill-founded.*
> *Since the middle of the past century, progress in the foundations of physics has been driven by going to shorter and shorter distances, or higher and higher energies, respectively. But the next step forward might be in an entirely different direction, it might come from finding a theory that does not require us to hand-draw a line between microscopic and macroscopic reality.“*[10]
> *(Schlussfolgerung: Wir haben hier argumentiert, dass die Quantenmechanik eine unvollständige Theorie ist, und ihre Vervollständigung oder ihr Ersatz durch eine grundlegendere Theorie erfordert notwendigerweise, dass wir Verstöße gegen die statistische Unabhängigkeit akzeptieren, eine Annahme, die manchmal irreführenderweise auch als freie Wahl bezeichnet wird. Wir haben erklärt, warum Einwände gegen Theorien mit dieser Eigenschaft, die gemeinhin als superdeterministisch bezeichnet werden, unbegründet sind.*
> *Seit der Mitte des vergangenen Jahrhunderts wurde der Fortschritt in den Grundlagen der Physik dadurch vorangetrieben, dass immer kürzere Distanzen bzw. immer höhere Energien erreicht wurden. Aber der nächste Schritt nach vorn könnte in eine ganz andere Richtung gehen, er könnte darin bestehen, eine Theorie zu finden, die es nicht erfordert, von Hand eine Grenze zwischen mikroskopischer und makroskopischer Realität zu ziehen.)*

Ich hoffe, dass die geneigten Leserinnen und Leser nachvollziehen können, dass mit der Protyposis die scheinbare Grenze zwischen „groß“ und „klein“ aufgelöst wird, nicht jedoch die lebenspraktisch fundamentale Unterscheidung zwischen Fakten und noch nicht faktisch gewordenen Möglichkeiten, deren Nichtexistenz eine superdeterministische Theorie postulieren muss.

[9] ’t Hooft, G. (2016) *The Cellular Automaton Interpretation of Quantum Mechanics*, Springer, Heidelberg

[10] Hossenfelder, S.; Palmer, T. (2020) *Rethinking Superdeterminism*, Front. Phys., *https://doi.org/10.3389/fphy.2020.00139*

30.3 Die Multiplizitäten von n-fachen Tensorprodukten zweidimensionaler Darstellungen der *SU*(2)

Für das Tensorprodukt von zwei zweidimensionalen Darstellungen der *SU*(2) gilt bekanntlich folgende Zerlegung in irreduzible Darstellungen:

$$^{2}D\otimes{}^{2}D={}^{3}D\oplus{}^{1}D \tag{30.1}$$

Dies ist der Start für eine vollständige Induktion. Für die Verallgemeinerung dieser Startgleichung auf beliebig viele Faktoren setzen wir in Formel 14.2 $k = 1$ und erhalten

$$\begin{aligned}\left({}^{2}D\right)^{\otimes 2}&=\sum_{j=0}^{1}\frac{(2)!(2+1-2j)}{(2+1-j)!\,j!}{}^{2-2j+1}D\\&=\frac{(2)!(2+1)}{(2+1)!}{}^{2+1}D\oplus\frac{(2)!(2+1-2)}{(2+1-1)!}{}^{2-2+1}D\\&={}^{3}D\oplus{}^{1}D\end{aligned} \tag{30.2}$$

Nun ist zu zeigen, dass wenn die Formel 14.2 für N gültig ist, sie dann auch für $N + 1$ gilt.

Die Multiplikation mit einer weiteren zweidimensionalen Darstellung ergibt

$$^{N-2j+1}D\otimes{}^{2}D={}^{N-2j+1-1}D\oplus{}^{N-2j+1+1}D={}^{N-2j}D\oplus{}^{N-2(j-1)}D \tag{30.3}$$

bzw.

$$^{N-2j}D\otimes{}^{2}D={}^{N-2j-1}D\oplus{}^{N-2j+1}D \tag{30.4}$$

Wir betrachten Formel 14.2 und bilden das Tensorprodukt mit einer weiteren ^{2}D

$$\begin{aligned}\left({}^{2}D\right)^{\otimes 2k}\otimes{}^{2}D&=\sum_{j=0}^{k}\frac{(2k)!(2k+1-2j)}{(2k+1-j)!\,j!}{}^{2k-2j+1}D\otimes{}^{2}D\\&=\sum_{j=0}^{k}\frac{(2k)!(2k+1-2j)}{(2k+1-j)!\,j!}{}^{2k-2j+1-1}D\oplus\sum_{j=0}^{k}\frac{(2k)!(2k+1-2j)}{(2k+1-j)!\,j!}{}^{2k-2j+1+1}D\\&=\sum_{j=0}^{k}\frac{(2k)!(2k+1-2j)}{(2k+1-j)!\,j!}{}^{2k-2j}D\oplus\sum_{j=0}^{k}\frac{(2k)!(2k+1-2j)}{(2k+1-j)!\,j!}{}^{2k-2(j-1)}D\end{aligned} \tag{30.5}$$

dann folgt mit $l = j + 1$ bzw. $j = l - 1$

$$\sum_{l-1=0}^{l-1=k} \frac{(2k)!(2k+1-2(l-1))}{(2k+1-(l-1))!(l-1)!} {}^{2k-2(l-1)}D \oplus \sum_{j=0}^{k} \frac{(2k)!(2k+1-2j)}{(2k+1-j)!j!} {}^{2k-2(j-1)}D =$$
$$\sum_{l=1}^{l=k+1} \frac{(2k)!(2k+1-2l+2)}{(2k+1-l+1)!(l-1)!} {}^{2k-2(l-1)}D \oplus$$
$$\sum_{j=0}^{k} \frac{(2k)!(2k+1-2j)}{(2k+1-j)!j!} {}^{2k-2(j-1)}D =$$
$$\sum_{l=1}^{l=k+1} \frac{(2k)!(2k+3-2l)l}{(2k+2-l)!l!} {}^{2k-2(l-1)}D \oplus$$
$$\sum_{j=0}^{k} \frac{(2k)!(2k+1-2j)}{(2k+1-j)!j!} {}^{2k-2(j-1)}D$$

Die beiden Summen sind nun zu verbinden.

$$\sum_{j=1}^{j=k+1} \frac{(2k)!(2k+3-2j)j}{(2k+2-j)!j!} {}^{2k-2(j-1)}D \oplus \tag{30.6}$$
$$\sum_{j=0}^{k} \frac{(2k)!(2k+1-2j)(2k+2-j)}{(2k+2-j)!j!} {}^{2k-2(j-1)}D$$

dabei lassen sich zusammengehörende Zähler wie folgt zusammenfassen

$$\begin{aligned}
&(2k+3-2j)j+(2k+1-2j)(2k+2-j)\\
&=2kj+3j-2jj+2k(2k+1-2j)+2(2k+1-2j)-j(2k+1-2j)\\
&=2kj+3j-2jj+2k2k+2k-2j2k+2k2+2-2j2-2kj-j+2jj\\
&=2j+2k2k+6k-4jk+2-2j2\\
&=4k(k+1-j)+2(k+1-j)\\
&=(4k+2)(k+1-j)\\
&=2(2k+1)(k+1-j)\\
&=(2k+1)(2k+2-2j)
\end{aligned}$$

und erhalten in Formel 14.3 den Ausdruck für $N+1$ (Bemerkung: ${}^0D$ bei ($j = k + 1$) wäre null-dimensional, ist also nichtexistent):

$$\begin{aligned}
&\sum_{j=1}^{j=k+1} \frac{(2k)!(2k+3-2j)\,j}{(2k+2-j)!\,j!}\,{}^{2k-2(j-1)}D \oplus \\
&\sum_{j=0}^{j=k} \frac{(2k)!(2k+1-2j)(2k+2-2j)}{(2k+2-j)!\,j!}\,{}^{2k-2(j-1)}D = \\
&\sum_{j=1}^{j=k} \frac{(2k)!(2k+3-2j)\,j}{(2k+2-j)!\,j!}\,{}^{2k-2(j-1)}D \oplus \\
&\sum_{j=0}^{j=k} \frac{(2k)!(2k+1-2j)(2k+2-2j)}{(2k+2-j)!\,j!}\,{}^{2k-2(j-1)}D = \\
&\sum_{j=0}^{j=k} \frac{(2k)!2(2k+1)(k+1-j)}{(2k+2-j)!\,j!}\,{}^{2k-2(j-1)}D = \\
&\sum_{j=0}^{j=k} \frac{(2k+1)!(2k+1+1-2j)}{(2k+1+1-j)!\,j!}\,{}^{2k-2(j-1)}D
\end{aligned} \tag{30.7}$$

Die Formel 14.2 und Formel 14.3 wurden wie folgt zusammengefasst:[11]

$$\left({}^2D_{\frac{1}{2}}\right)^{\otimes N} = \sum_{j=0}^{\left|\frac{N}{2}\right|} \frac{N!(N+1-2j}{N+1-j)!\,j!}\,{}^{2\left|\frac{N}{2}\right|-2j+1}D_{\left|\frac{N}{2}\right|-j} \tag{30.8}$$

dabei ist $\left|\frac{N}{2}\right| = k$ für $N = 2k$ oder $N = 2k + 1$.

30.4 Die reguläre Darstellung der *SU*(2)

In Abschnitt 14.2.1 waren die Elemente der Gruppe *SU*(2) charakterisiert worden durch eine quadratische Matrix aus zwei komplexen Zahlen und deren konjugiert komplexen Formen. Wir stellen sie hier in der Form dar, wie sie bei Wigner zu finden ist[12]

$$\begin{pmatrix} z & w \\ -\bar{w} & \bar{z} \end{pmatrix} = \begin{pmatrix} \cos\frac{\beta}{2} e^{-\frac{i}{2}(\alpha+\gamma)} & -\sin\frac{\beta}{2} e^{-\frac{i}{2}(\alpha-\gamma)} \\ \sin\frac{\beta}{2} e^{\frac{i}{2}(\alpha-\gamma)} & \cos\frac{\beta}{2} e^{\frac{i}{2}(\alpha+\gamma)} \end{pmatrix} \tag{30.9}$$

und erhalten die nach Leonhard Euler (1707–1783) benannte Parametrisierung der S^3 mit den Intervallen der drei Winkel $0 \le ß \le 2\pi$, $0 \le \alpha \le 4\pi$, $0 \le \gamma \le 4\pi$.

[11] Görnitz, T. (1988a) *Abstract Quantum Theory and space-time Structure. 1. Ur Theory and Bekenstein-Hawking Entropy*, International Journal of Theoretical Physics. Vol. 27, Nr. 5, S. 527–542

[12] Wigner, E. (1931) *Gruppentheorie und ihre Anwendung auf die Quantenmechanik der Atomspektren*, Friedr. Vieweg & Sohn, Braunschweig, S. 171 ff.

Eine Zerlegung in drei einzelne Transformationen der drei Winkel

$$\begin{pmatrix} z & w \\ -\bar{w} & \bar{z} \end{pmatrix} = \begin{pmatrix} e^{\frac{-i\alpha}{2}} & 0 \\ 0 & e^{\frac{i\alpha}{2}} \end{pmatrix} \begin{pmatrix} \cos\frac{\beta}{2} & -\sin\frac{\beta}{2} \\ \sin\frac{\beta}{2} & \cos\frac{\beta}{2} \end{pmatrix} \begin{pmatrix} e^{\frac{-i\gamma}{2}} & 0 \\ 0 & e^{\frac{i\gamma}{2}} \end{pmatrix} \tag{30.10}$$

ermöglicht eine Analyse der Eigenfunktionen $D^j_{m\mu}$ von (2*j*+1)-dimensionalen Darstellungen der *SU(2)* im Raum der Funktionen auf der S^3. Aus Wigners Darstellung[13] ergibt sie sich wie folgt:

$$\begin{aligned} D^j_{m\mu}(\alpha,\beta,\gamma) &= e^{im\alpha} d^j_{m\mu}(\beta) e^{i\mu\gamma} \\ &= e^{im\alpha} \times \sum_\kappa (-1)^\kappa \frac{\sqrt{(j+\mu)!(j-\mu)!(j+m)!(j-m)!}}{(j-m-\kappa)!(j+\mu-\kappa)!\kappa!(\kappa+m-\mu)!} \\ &\times \left(\cos\frac{\beta}{2}\right)^{2j+\mu-m-2\kappa} \left(\sin\frac{\beta}{2}\right)^{2\kappa+m-\mu} \times e^{i\mu\gamma} \end{aligned} \tag{30.11}$$

Die Summe in Formel 30.11 ist nur über solche Werte von κ zu erstrecken, für die gilt:

$$\begin{aligned} j-m &\geq \kappa \\ j+\mu &\geq \kappa \\ \kappa &\geq 0 \\ \kappa &\geq +\mu-m \end{aligned} \tag{30.12}$$

Wenn wir die Wellenlängen suchen, mit denen bei einer Darstellung der Dimension $2j + 1$ zu rechnen ist, dann ist Wigners Formel 30.11 hilfreich. Die maximalen Exponenten bei Cosinus und Sinus sind von der Größenordnung $2j$.

Bei der Zerlegung von $\sin^n\varphi$ und $\cos^n\varphi$ in Reihen von $\sin(k\varphi)$ bzw. $\cos(k\varphi)$ gilt für die *k*-fachen Winkel, dass $k \leq n$.

Bei einer S^3 vom Radius R werden daher in den Funktionen zu einer Darstellung der Dimension $2j + 1$ keine Wellenlängen auftreten, die kürzer sind als $R/2j$.

Anmerkung:

Die Funktion $d^j_{m\mu}$ wird oft auch als ein Jacobi-Polynom $P_n^{(a,b)}(\cos\theta)$ geschrieben.

Für m und μ gilt $-j \leq m, \mu \leq +j$

$$d^j_{m\mu}(\theta) = \left(\frac{(j-m)!(j+m)!}{(j-\mu)!(j-\mu)!}\right)^{\frac{1}{2}} (1-\cos\theta)^{\frac{m+\mu}{2}} (1+\cos\theta)^{\frac{-m+\mu}{2}} \times P_{j+m}^{(-m-\mu,-m+\mu)}(\cos\theta) \tag{30.13}$$

Ein Jacobi-Polynom $P_n^{(a,b)}(\cos\theta)$ hat die Gestalt

$$P_n^{(a,b)}(\cos\theta) = \frac{(-1)^n}{2^n n!} (1-\cos\theta)^{-a} (1+\cos\theta)^{-b} \frac{d^n}{dx^n}\left[(1-\cos\theta)^{a+n} (1+\cos\theta)^{b+n}\right] \tag{30.14}$$

[13] Wigner, E. (1931), S. 174

Man sieht, dass die kleinsten Wellenlängen der Funktionen von φ und ψ von der Größenordnung $1/n$ sind. Das gleiche gilt für die Jacobi-Polynome.

30.5 Unbegrenzte Anzahlen von AQIs und die Spezielle Relativitätstheorie

Die Symmetriegruppe für die Zustände eines Urs ist die $U(1)\times SU(2)$. Die unitären Transformationen der $SU(2)$ verhalten sich analog zu den Rotationen im R^3, welche ebenfalls die Länge eines Vektors nicht verändern.

Die spezielle lineare Gruppe im C^2, die $SL(2, C)$ verändert in diesem Raum auch die Länge der Vektoren. Ein Element dieser Gruppe hat die Form

$$g = \begin{pmatrix} a_1 + ib_1 & a_2 + ib_2 \\ a_3 + ib_3 & a_4 + ib_4 \end{pmatrix} \tag{30.15}$$

Mit der Nebenbedingung

$$\det g = 1 \tag{30.16}$$

also

$$(a_1 + ib_1)(a_4 + ib_4) - (a_2 + ib_2)(a_3 + ib_3) = 1 \tag{30.17}$$

Die Ausmultiplikation ergibt zwei Gleichungen für Real- und Imaginärteil

$$+a_1a_4 - b_4b_1 - a_2a_3 + b_3b_2 = 1 \tag{30.18}$$

$$+b_1a_4 + b_4a_1 - b_2a_3 - b_3a_2 = 0 \tag{30.19}$$

$SL(2,C)$ hat somit sechs Parameter.

Wenn man den Verzicht auf die Normierung eines Vektors im C^2 als die Möglichkeit einer unbestimmten Anzahl von AQIs interpretiert, also letztlich auch einer möglichen unendlichen Anzahl von ihnen, dann würde das den Übergang von der realen Kosmologie mit einer expandierenden S^3 zu einem Minkowski-Raum bedeuten.

Die Norm eines Vektors im C^2 ergibt sich wie folgt:

$$\begin{pmatrix} x - iy & z + iw \end{pmatrix} \begin{pmatrix} x + iy \\ z + iw \end{pmatrix} = x^2 + y^2 + z^2 + w^2 \tag{30.20}$$

In Abschnitt 15.5 hatten wir Formel 15.16 den Übergang zu einer wachsenden Anzahl der AQIs durch die Einführung einer imaginären Zeitkoordinate beschrieben. Wenn wir das auch bei der Norm in Formel 30.20 mit der Ersetzung $w \to it$ durchführen, dann erhalten wir die Metrik des Minkowski-Raums:

$$x^2 + y^2 + z^2 - t^2$$

Vielleicht mag man das als „weit hergeholt“ interpretieren, aber die $SL(2, \mathbb{C})$ ist lokal isomorph zur $SO(3, 1)$, der Lorentzgruppe. Das ist genau die Gruppe, welche diese indefinite Metrik im Minkowski-Raum invariant lässt.

Diesen Zusammenhang hatten Weizsäcker, Scheibe und Süssmann bereits in ihrer Arbeit[14)] aufgegriffen, um zu versuchen, eine relativistische Quantenfeldtheorie zu konstruieren. *Wir können das als Hinweis darauf verstehen, dass alle für die Physik der Teilchen relevanten Gruppen im Umfeld der AQIs auf eine natürliche Weise erscheinen.*

30.6 Rechnungen mit der Vaidya-Metrik

In dem dreidimensionalen Raum $\tau = const$, definiert Vaidya drei infinitesimale, gegenseitig orthogonale Vektoren und ordnet diesen eine Druckkomponente q in Richtung der Rotationsachse und die zwei gleichen Druckkomponenten p in der Rotationsebene zu:

Druck-Komponenten

$$\Theta^1 = \mathrm{e}^{F(\tau)}\left(\mathrm{d}u + \alpha \sin\alpha \mathrm{d}\beta\right) \quad \to q \tag{30.21}$$

$$\Theta^2 = \mathrm{e}^{F(\tau)} M \left(1 - \frac{a^2 \sin^2 a}{R^2}\right)^{-1/2} \mathrm{d}\beta \quad \to p \tag{30.22}$$

$$\Theta^3 = \mathrm{e}^{F(\tau)} M \sin\alpha \mathrm{d}\beta \quad \to p \tag{30.23}$$

Für die Bedeutung der Größen sei auf Kapitel 20 verwiesen. Vaidya zeigt, dass sich die folgenden Resultate für die Energiedichte ϱ und die Druck-Komponenten p und q ergeben:

$$8\pi\varrho = -R_{(11)} / x - R_{(22)} \tag{30.24}$$

$$8\pi p = -R_{(14)} \tag{30.25}$$

$$8\pi q = \frac{-R_{(11)}}{x} + R_{(22)} \tag{30.26}$$

dabei ist x die positive Wurzel aus der Gleichung: $R_{(44)} x^2 - R_{(11)} = 0$.

---

[14] Weizsäcker, C. F. v.; Scheibe, E.; Süssmann, G. (1958) *Komplementarität und Logik III/Mehrfache Quantelung*, Zeitschrift für Naturforschung A, 13, S. 705 – 721

Für die Berechnungen übernehmen wir von Vaidya die folgenden Definitionen:

$$e^{-F} = T \tag{30.27}$$

$$X = mR\sin\left(\frac{r}{R}\right)\cos\left(\frac{r}{R}\right) \tag{30.28}$$

$$T_t = \frac{dT}{dt} \tag{30.29}$$

$$X_r = \frac{dX}{dr} \tag{30.30}$$

Dann definiert er:

$$R_{(11)} = -\left(\frac{T^2}{2}\right)\left[\left(1-2T^2m\mu\right)^2\left(\frac{1}{R^2}\right)+\left(1+2T^2m\mu\right)^2\left(\frac{T_{tt}}{T}\right)-2T^2m\mu\left(\frac{T_t}{T}\right)\left(\frac{X_r}{X}\right)\right] \tag{30.31}$$

$$R_{(22)} = T^2\left[\left(1-2T^2m\mu\right)^2\left(\frac{-2}{R^2}\right)+\left(1+2T^2m\mu\right)^2\left(\frac{T_{tt}}{T}\right)-\left(3+2T^2m\mu\right)^2\left(\frac{T_t}{T}\right)^2-T^2m\mu\left(\frac{T_t}{T}\right)\left(\frac{X_r}{X}\right)\right] \tag{30.32}$$

$$R_{(14)} = T^2\left[\left(1-2T^2m\mu\right)^2\left(\frac{1}{R^2}\right)-2\left(1+T^2m\mu\right)\left(\frac{T_{tt}}{T}\right)+3\left(\frac{T_t}{T}\right)^2\right] \tag{30.33}$$

$$R_{(44)} = -2T^2\left[\left(\frac{1}{R^2}\right)+\left(\frac{T_{tt}}{T}\right)\right] \tag{30.34}$$

Für die Rechnungen in Mathematica® wurden die Formeln in die folgenden Bezeichnungen und Strukturen überführt:

```
(** mass m und angular momentum a **)
ClearAll[x,y,z,r,th,phi,t,R, a, α, m];
x=r Sin[th] Cos[phi];
y=r Sin[th] Sin[phi];
z=r Cos[th];
F[t]=1+ t;
R=1;
M2:=(R^2-a^2) Sin[r/R]^2+a^2 Cos[α]^2;
Mu:=(R Sin[r/R] Cos[r/R])/M2;
T=Exp[–F[t]]; Tt=∂_t T; Ttt=∂_t Tt;
X=m R Sin[r/R] Cos[r/R]; Xr=∂_r X;
R11=-(1/2) T^2 ((1-2 T^2 m mu)^2/R^2 +((1+2 T^2 m mu)^2 Ttt)/T -(2 T^2 m mu Tt Xr)/(T X));
```

```
R22=T^2 (((1-2 T^2 m mu) (-2))/R^2 +((1+2 T^2 m mu) Ttt)/T -(3+2 T^2 m mu) (Tt/T)^2 -(T^2 m mu Tt Xr)/(T X));
R14=T^2 ((1-2 T^2 m mu)/R^2 -(2 (1+T^2 m mu) Ttt)/T +3 (Tt/T)^2);
R44=-2 T^2 (1/R^2 +Ttt/T);
ex=√(R11/R44);
RHO=(-R22-R11/ex)/(8 π);
PPP=-(R14/(8 π));
QQQ=(R22-R11/ex)/(8 π);
(** QP direction → rotational axis **)
QP[r_,α_,m0_,a0_,t0_]:=N[1/(8 π) (Exp[-2-2 t](-2+(Exp[-2-2 t] (m Cos[r]^2-m Sin[r]^2))/(a^2 Cos[α]^2+(1-a^2) Sin[r]^2) -2 (1-(2 Exp[-2-2 t] m Cos[r] Sin[r])/(a^2 Cos[α]^2 +(1-a^2) Sin[r]^2)))+ √2 Exp[-2-2 t]\[Sqrt]((2 Exp[-2-2 t](m Cos[r]^2-m Sin[r]^2))/(a^2 Cos[α]^2+(1-a^2) Sin[r]^2) +(1 -(2 Exp[-2-2 t] m Cos[r] Sin[r])/(a^2 Cos[α]^2+(1-a^2) Sin[r]^2))^2 +(1+(2 Exp[-2-2 t] m Cos[r] Sin[r])/(a^2 Cos[α]^2 +(1-a^2) Sin[r]^2))^2)) //. {m->m0, a->a0, t->t0},25];
(** PP direction → rotational plane **)
PP[r_, α_, m0_, a0_, t0_]:= N[-(1/(8 π))(Exp[-2-2 t] (4 -(2 Exp[-2-2 t] m Cos[r] Sin[r])/(a^2 Cos[α]^2 +(1-a^2) Sin[r]^2) -2 (1 +(Exp[-2-2 t] m Cos[r] Sin[r])/(a^2 Cos[α]^2+(1-a^2) Sin[r]^2)))) //. {m->m0, a->a0, t->t0}, 25];
(** energy density **)
RHOP[r_, α_, m0_, a0_, t0_]:= N[1/(8 π) (-Exp[-2-2 t](-2 +(Exp[-2-2 t] (m Cos[r]^2-m Sin[r]^2))/(a^2 Cos[α]^2+(1-a^2) Sin[r]^2)-2 (1-(2 Exp[-2-2 t] m Cos[r] Sin[r])/(a^2 Cos[α]^2 +(1-a^2) Sin[r]^2)))+ √2 Exp[-2-2 t] \[Sqrt]((2 Exp[-2-2 t](m Cos[r]^2-m Sin[r]^2))/(a^2 Cos[α]^2+(1-a^2) Sin[r]^2)+(1-(2 Exp[-2-2 t] m Cos[r] Sin[r])/(a^2 Cos[α]^2+(1-a^2) Sin[r]^2))^2+(1+(2 Exp[-2-2 t] m Cos[r] Sin[r])/(a^2 Cos[α]^2+(1-a^2) Sin[r]^2))^2)) //. {m->m0,a->a0,t->t0},25];
mneu=40; aneu=2/10^10; tneu=12;
sol=NSolve[{Tan[rneu]^2 -2 mneu Exp[(-2 (1+tneu))] Tan[rneu]+aneu^2==0,0< rneu<1},rneu];
sol1=rneu/.sol[[1]];
sol2=rneu/.sol[[2]];
rneu1=0;
If[sol1>sol2,rneu1=sol1,rneu1=sol2];
Print[rneu1]
2.46369*10^(-10)
gy2=ContourPlot[(QP[Sqrt[xx^2+yy^2], ArcTan[xx,yy],mneu,aneu,tneu]),{xx,-3.5/10^10,3.5/10^10},{yy,-3.5/10^10,3.5/10^10},ContourStyle->Opacity[0.372`],PlotPoints->40,Contours->40,ColorFunction->Hue];
(** Abbildung 20.2 **)
```

```
gy1=ContourPlot[xx^2+yy^2==(rneu1)^2,{xx,-3.5/10^10,3.5/10^10},
{yy,-3.5/10^10,3.5/10^10}];
gy3=Show[gy2,gy1,PlotRange->Automatic]
(** Abbildung 20.4 **)
gy4=ContourPlot[(PP[Sqrt[xx^2+yy^2],ArcTan[xx,yy],mneu,aneu,tneu]),{xx,-3.5/10^1
0,3.5/10^10},{yy,-3.5/10^10,3.5/10^10},ContourStyle->Opacity[0.372`],PlotPoints->40,
Contours->40,ColorFunction->Hue];
gy5=Show[gy4,gy1,PlotRange->Automatic]
(** Abbildung 20.6 **)
gy6=ContourPlot[RHOP[Sqrt[xx^2+yy^2],ArcTan[xx,yy],mneu,aneu,tneu],{xx,-3.5/10^
10,3.5/10^10},{yy,-3.5/10^10,3.5/10^10},ContourStyle->Opacity[0.372`],PlotPoints->40,
Contours->40,ColorFunction->Hue];
gy7=Show[gy6,gy1,PlotRange->Automatic]
(** Abbildung 20.8 **)
LogLinearPlot[{(QP[xx,π/2,40,2/10^10,12]), (PP[xx,π/2,40,2/10^10,12]),(RHOP
[xx,π/2,40,2/10^10,12]),(QP[xx,0,40,2/10^10,12]), (PP[xx,0,40,2/10^10,12]), RHOP
[xx,0,40,2/10^10,12]},{xx,2.2/10^10,5/10^9} ,AxesLabel->{Text ["     Distance from
Black Hole"],Text ["Pressure/energy density"]}, PlotRange -> All,PlotStyle->
{Blue,Black,Red,{Dotted,Blue},{Dotted,Black},{Dotted,Red}}, PlotLegends->
Placed[Automatic,Bottom], Mesh->{{0}, {2.4636909783715283`*^-10}},MeshStyle->
Directive[PointSize[0.01],Black]]
(** Abbildung 20.9**)
LogLinearPlot[{(QP[xx,π/2,40,2/10^10,12]), (PP[xx,π/2,40,2/10^10,12]),(RHOP
[xx,π/2,40,2/10^10,12]), (QP[xx,0,40,2/10^10,12]), (PP[xx,0,40,2/10^10,12]),(RHOP
[xx,0,40,2/10^10,12])}, {xx,3.5/10^6,2/10^5} ,AxesLabel->{Text [Style["     Distance
from Black Hole", FontSize->12]],Text ["Pressure/energy density"]}, PlotRange ->
All,PlotStyle->{Blue,Black,Red,{Dotted,Blue},{Dotted,Black},{Dotted,Red}},
PlotLegends-> Placed[Automatic,Center], Mesh->{{0}, {2.4636909783715283`*^-10}},
MeshStyle->Directive[PointSize[0.01],Black]]
(** Abbildung 20.5**)
LogLinearPlot[{ (PP[xx,π/2,40,2/10^10,12]),(PP[xx,0,40,2/10^10,12])},
{xx,2.2/10^10,5/10^8} ,AxesLabel->{Text ["     Distance from Black Hole"],Text
["Pressure (p-component)"]}, PlotRange -> All,PlotStyle->{Black,{Dotted, Black}},
PlotLegends-> Placed[Automatic,Center], Mesh->{{0}, {2.4636909783715283`*^-10}},
MeshStyle->Directive[PointSize[0.01],Black]]
(** Abbildung 20.3 **)
LogLinearPlot[{ (QP[xx,π/2,40,2/10^10,12]),(QP[xx,0,40,2/10^10,12])},
{xx,2.2/10^10,5/10^8} ,AxesLabel->{Text ["     Distance from Black Hole"],Text
["Pressure(q-component)"]}, PlotRange -> All,PlotStyle->{Black,{Dotted, Black}},
```

```
PlotLegends-> Placed[Automatic,Center], Mesh->{{0}, {2.4636909783715283`*^(-10)}},MeshStyle->Directive[PointSize[0.01],Black]]
```

```
LogLinearPlot[{(QP[xx,π/2,40,2/10^10,12]), (PP[xx,π/2,40,2/10^10,12]), RHOP[xx,π/2,40,2/10^10,12],(QP[xx,0,40,2/10^10,12]), (PP[xx,0,40,2/10^10,12]),RHOP[xx,0,40,2/10^10,12]},{xx,4/10^6,4/10^5} ,AxesLabel->{Text ["    Distance from Black Hole"],Text ["Pressure/energy density"]}, PlotRange -> All,PlotStyle->{Blue,Black,Red,{Dotted,Blue},{Dotted,Black},{Dotted,Red}}, PlotLegends-> Placed[Automatic,Center], Mesh->{{0}, {2.4636909783715283`*^(-10)}},MeshStyle->Directive[PointSize[0.01],Black]]
```

```
(** Abbildung 20.7**)
```

```
LogLinearPlot[{ (RHOP[xx, \[Pi]/2, 40, 2/10^10, 12]), (RHOP[xx, 0, 40, 2/10^10, 12])}, {xx, 2.2/10^10, 5/10^8} , AxesLabel -> {Text ["    Distance from Black Hole"], Text ["energy density"]}, PlotRange -> All, PlotStyle -> {Black, {Dotted, Black}}, PlotLegends -> Placed[Automatic, Center], Mesh -> {{0}, {2.4636909783715283`*^(-10)}}, MeshStyle -> Directive[PointSize[0.01], Black]]
```

30.7 Zur Rotation von Galaxien

Hier sollen die Ergebnisse aus Arbeiten von Guzmán und Matos[15),16)], letztere mit Núñez und Ramírez, skizziert werden, auf denen die Darlegungen in Abschnitt 20.2 beruhen.

Die Autoren starten mit einer rotationssymmetrischen Metrik mit Zylinder-Koordinaten z, ϱ, φ und berücksichtigen in ihr, dass die Umlaufgeschwindigkeit der Sterne im Verhältnis zur Lichtgeschwindigkeit sehr klein ist.

$$ds^2 = -e^{2\psi}dt^2 + e^{-2\psi}\left[e^{2\gamma}\left(d\varrho^2 + dz^2\right) + \mu^2 d\varphi^2\right] \quad (30.35)$$

Dabei sollen ψ, γ und μ Funktionen von z und ϱ sein. Da nur Bewegungen in der Ebene $z = 0$ betrachtet werden sollen, ergibt sich für die Lagrangefunktion in diesem Fall die folgende Struktur

$$-e^{2\psi}\left(\frac{dt}{d\tau}\right)^2 + e^{-2\psi}\left[e^{2\gamma}\left(\frac{d\varrho}{d\tau}\right)^2 + \mu^2\left(\frac{d\varphi}{d\tau}\right)^2\right] \quad (30.36)$$

Dabei ist τ die Eigenzeit eines Testteilchens.

[15] Guzmán, F. S.; Matos, T. (2003) *Quintessence-like Dark Matter in Spiral Galaxies*, Rev. Mex. Fis. 49 (3), S. 203–206

[16] Matos, T.; Núñez, D.; Guzmán, F. S.; Ramírez, E. (2002) *Geometric Conditions on the Type of Matter Determining the Flat Behavior of the Rotational Curves in Galaxies*, General Relativity and Gravitation, Vol. 34, S. 283–305

Mit der Energie E und dem Drehimpuls L ergibt sich für eine geodätische Bewegung in Richtung von ϱ die Gleichung

$$\left(\frac{\mathrm{d}\varrho}{\mathrm{d}\tau}\right)^2 - \mathrm{e}^{2(\psi-\gamma)}\left[E^2\mathrm{e}^{-2\psi} - L^2\left(\mathrm{e}^{-2\psi/\mu^2}\right)-1\right]=0 \tag{30.37}$$

Das Potenzial in Abhängigkeit von ϱ ist dann

$$V(\varrho) = -\mathrm{e}^{2(\psi-\gamma)}\left[E^2\mathrm{e}^{-2\psi} - L^2\left(\mathrm{e}^{-2\psi}/\mu^2\right)-1\right] \tag{30.38}$$

Die folgenden Bedingungen sollen in der gesuchten astrophysikalischen Situation erfüllt sein:

Da Kreisbahnen betrachtet werden, soll gelten

$$(\mathrm{d}\varrho/\mathrm{d}\tau) = 0 \tag{30.39}$$

und das Potenzial soll ein stabiler Extremwert sein.

$$\frac{\partial V(\varrho)}{\partial \varrho} = 0 \tag{30.40}$$

und am Extremum

$$\left.\left(\frac{\partial^2 V(\varrho)}{\partial \varrho^2}\right)\right|_{extr} > 0 \tag{30.41}$$

Es sei daran erinnert, dass ψ und μ Funktionen von ϱ sind, Hingegen sind E und L sowie die Winkelgeschwindigkeit $\Omega = \mathrm{d}\phi/\mathrm{d}\tau$ und die Tangentialgeschwindigkeit $v(\varphi) = \mathrm{e}^{-2\psi}\,\mu\,\Omega$ unter den gegebenen Bedingungen alles Konstanten.

Die Autoren geben die folgenden Werte für diese Konstanten an (mit $_{,\varrho}$ wird die partielle Ableitung nach ϱ bezeichnet):

$$E^2 = \mathrm{e}^{2\psi}\left\{\frac{\left[\left(\frac{\mu_{,\varrho}}{\mu}\right)-\psi_{,\varrho}\right]}{\left[\left(\frac{\mu_{,\varrho}}{\mu}\right)-2\psi_{,\varrho}\right]}\right\} \tag{30.42}$$

$$L^2 = \mu^2\mathrm{e}^{-2\psi}\left\{\frac{\psi_{,\varrho}}{\left[\frac{\mu_{,\varrho}}{\mu}-2\psi_{,\varrho}\right]}\right\} \tag{30.43}$$

$$\Omega^2 = \left(\frac{\mathrm{e}^{4\psi}}{\mu^2}\right)\left\{\frac{\psi_{,\varrho}}{\left[\left(\frac{\mu_{,\varrho}}{\mu}\right)-2\psi_{,\varrho}\right]}\right\} \tag{30.44}$$

$$\left(v^{(\phi)}\right)^2 = \left\{\frac{\psi_{,\varrho}}{\left[\left(\frac{\mu_{,\varrho}}{\mu}\right) - \psi_{,\varrho}\right]}\right\} \tag{30.45}$$

Die Stabilitätsbedingung sieht dann konkret wie folgt aus:

$$\left(\frac{\partial^2 V(\varrho)}{\partial \varrho^2}\right)_{|extr} = -\left\{\frac{2e^{2(\psi-\gamma)}}{\left[\left(\frac{\mu_{,\varrho}}{\mu}\right) - 2\psi_{,\varrho}\right]}\right\} \times \left\{\psi_{,\varrho}\left(\frac{\mu_{,\varrho}}{\mu}\right) - \psi_{,\varrho}\left(\frac{\mu_{,\varrho\varrho}}{\mu}\right) + 4\psi_{,\varrho}{}^3 - 6\psi_{,\varrho}{}^2\left(\frac{\mu_{,\varrho}}{\mu}\right) + 3\psi_{,\varrho}\left(\frac{\mu_{,}e}{\mu^2}\right)\right\} > 0 \tag{30.46}$$

Da $v^{(\phi)}$ eine Konstante sein soll, ist die Gleichung von Formel 30.45 sofort zu lösen. Aus $(v_c{}^{(\phi)})^2\, \mu_{,\varrho}/[(v_c{}^{(\phi)})^2 + 1]\, \mu = \psi_{,\varrho}$ folgt mit einer Konstante l

$$\psi = l \ln\left(\frac{\mu}{\mu_0}\right) \tag{30.47}$$

bzw.

$$e^{\psi} = \frac{\mu}{\left(\mu_0\right)^1} \tag{30.48}$$

Die Autoren bezeichnen die Geschwindigkeit, die unabhängig vom Bahnradius konstant sein soll, mit $v_c{}^{(\phi)}$. Wenn man für l wählt

$$l = \frac{\left(v_c{}^{(\phi)}\right)^2}{\left[1 + \left(v_c{}^{(\phi)}\right)^2\right]} \tag{30.49}$$

dann ist die Bedingung aus Formel 30.46 erfüllt und die Bahnkurven sind auch stabil gegenüber einer Veränderung von ϱ. Um zu einer Aussage über einen passenden Energie-Impuls-Tensor zu gelangen, wird die Metrik aus Formel 30.35 in die Einsteinschen Gleichungen eingesetzt:

$$G_{\alpha\beta} = 8\pi T_{\alpha\beta}$$

Die Autoren finden die folgenden Lösungen

$$\mu\left(\psi_{\varrho\varrho} + \psi_{zz}\right) + \mu_\varrho \psi_\varrho + \mu_z \psi_z$$
$$= 4\pi\mu\left\{e^{-2(\psi-\gamma)}\left[e^{-2\psi} T_{tt} + \left(\frac{e^{2\psi}}{\mu^2}\right) T_{\phi\phi}\right] + T_{\varrho\varrho} + T_{zz}\right\} \tag{30.50}$$

$$\mu_{\varrho\varrho} + \mu_{zz} = 8\pi\mu\left\{T_{\varrho\varrho} + T_{zz}\right\} \tag{30.51}$$

$$\gamma_{\varrho}\mu_{\varrho}-\gamma_{z}\mu_{z}-\mu\left(\psi_{\varrho}{}^{2}-\psi_{z}{}^{2}\right)+\mu_{zz}=8\pi\mu T_{\varrho\varrho} \tag{30.52}$$

$$\gamma_{\varrho}\mu_{z}-\gamma_{\varrho}\mu_{\varrho}-2\mu\psi_{\varrho}\psi_{z}+\mu_{\varrho z}=8\pi\mu T_{\varrho z} \tag{30.53}$$

Nun wird postuliert, dass Formel 30.47 auch in einer Umgebung der Rotationsebene gültig bleibt. Dann wird Formel 30.47 in die linke Seite von Formel 30.50 eingefügt und man erhält

$$\mu\left(\psi_{\varrho\varrho}+\psi_{zz}\right)+\mu_{\varrho}\psi_{\varrho}+\mu_{z}\psi_{z}=\left\{\frac{\left(v_{c}{}^{(\phi)}\right)^{2}}{\left[1+\left(v_{c}{}^{(\phi)}\right)^{2}\right]}\right\}\left\{\mu_{\varrho\varrho}+\mu_{zz}\right\} \tag{30.54}$$

Fügt man nun die Daten von Formel 30.54 sowie von Formel 30.51 in die Formel 30.50 ein, so ergibt sich eine Bedingungsgleichung für die Komponenten des Energie-Impuls-Tensors in folgender Form

$$-\left\{\frac{\left[1-\left(v_{c}{}^{(\phi)}\right)^{2}\right]}{\left[1+\left(v_{c}{}^{(\phi)}\right)^{2}\right]}\right\}\left\{T_{\varrho\varrho}+T_{zz}\right\}=\mathrm{e}^{-2(\psi-\gamma)}\left[\mathrm{e}^{-2\psi}T_{tt}+\left(\frac{\mathrm{e}^{2\psi}}{\mu^{2}}\right)T_{\phi\phi}\right] \tag{30.55}$$

Die Autoren betonen, dass jeder Energie-Impuls-Tensor, der die beschriebenen Umlaufgeschwindigkeiten bewirken soll, dieser Bedingung zu genügen hat. Nun wird der spezielle Fall eines Energie-Impuls-Tensors für eine perfekte Flüssigkeit untersucht.

$$T_{\mu\nu}=(d+p)u_{\mu}u_{\nu}+g_{\mu\nu}p \tag{30.56}$$

Dabei bezeichnet d die Energiedichte und p den Druck dieser postulierten Flüssigkeit. Diese Flüssigkeit wird als statisch angenommen, damit erhält die Vierergeschwindigkeit die Form $u^{\alpha} = (u^{0}, 0, 0, 0)$. Mit dem Linienelement aus Formel 30.35 ergibt sich für $u^{0} = E\,\mathrm{e}^{-2\psi}$ und weiter $u^{0} = -E$. Wegen $u^{\mu}\,u_{\mu} = -1$ muss gelten $E = \mathrm{e}^{2\psi}$.

Damit ergeben sich für die Elemente des Energie-Impuls-Tensors die folgenden Formen

$$T_{tt}=\mathrm{e}^{2\psi}d \tag{30.57}$$

$$T_{\varrho\varrho}=T_{zz}=\mathrm{e}^{-2(\psi-\gamma)}p \tag{30.58}$$

$$T_{\phi\phi}=\mu^{2}\mathrm{e}^{-2\psi}p \tag{30.59}$$

Werden diese Ergebnisse in die Formel 30.55 eingesetzt, so resultiert

$$-2\left\{\frac{\left[1-\left(v_{c}{}^{(\phi)}\right)^{2}\right]}{\left[1+\left(v_{c}{}^{(\phi)}\right)^{2}\right]}\right\}p=d+p \tag{30.60}$$

Damit ergibt sich der Druck als eine Funktion der Energiedichte in folgender Form

$$p = -\left\{\frac{\left[1+\left(v_c^{(\phi)}\right)^2\right]}{\left[3-\left(v_c^{(\phi)}\right)^2\right]}\right\} d \tag{30.61}$$

Die Autoren verweisen darauf, dass die beobachteten Geschwindigkeiten in einer solchen Größenordnung sind, dass ungefähr gilt $(v_c^{(\phi)})^2 \leq 10^{-6}$.

Für $\omega = p/d$, für das Verhältnis von kosmischem Druck zu kosmischer Energiedichte, ergibt sich zur Erfüllung der Forderung, dass in der Ebene der Galaxien die beobachteten Geschwindigkeiten folgen, die Größenordnung $\omega \approx -0{,}33$.

Genau eine solche Relation zwischen Druck und Energiedichte ergibt sich notwendig aus der Kosmologie der Protyposis, die aber den Autoren wohl nicht bekannt war.

30.8 Vertauschungsrelationen mit Parabose-Operatoren

Wirkung von Parabose-Operatoren auf das Lorentz-Vakuum:

Um beispielsweise das Verschwinden der Boost-Operatoren auf dem Lorentz-Vakuum zu zeigen, ist die Wirkung der Doppel-Erzeuger und -Vernichter zu betrachten (siehe auch Abschnitt 22.9):

```
w[1,1] ** lvac :> f[3,3] **lvac,
w[1,2] ** lvac :> f[4,3] **lvac,
w[1,3] ** lvac :> (f[3,1] – p[0]) **lvac,
w[1,4] ** lvac :> f[3,2] **lvac,
w[2,2] ** lvac :> f[4,4] **lvac,
w[2,3] ** lvac :> f[4,1] **lvac,
w[2,4] ** lvac :> (f[4,2] – p[0]) **lvac,
w[3,3] ** lvac :> f[1,1] **lvac,
w[3,4] ** lvac :> f[2,1] **lvac,
w[4,4] ** lvac :> f[2,2] **lvac,
d[r_,1] ** lvac :> (-1) ** f[r,3] ** lvac + (p[0]/2)**kron[r, 1] ** lvac,
d[r_,2] ** lvac :> (-1) ** f[r,4] ** lvac + (p[0]/2)**kron[r, 2] ** lvac,
d[r_,3] ** lvac :> (-1) ** f[r,1] ** lvac + (p[0]/2)**kron[r, 3] ** lvac,
d[r_,4] ** lvac :> (-1) ** f[r,2] ** lvac + (p[0]/2)**kron[r, 4] ** lvac,
```

Die Wirkung der Boost-Operatoren als Beispiel:

M10 = y[1]* I*(w[1, 4] – f[4, 1] + w[2, 3] – f[3, 2])/2; (*Boost M10*)

(w[1, 4] – f[4, 1] + w[2, 3] – f[3, 2]) ** lvac:> =

(f[3,2] – f[4, 1] + f[4,1] – f[3, 2]) ** lvac:> = 0

M30 = y[3]*I*(w[1, 3] – f[3, 1] – w[2, 4] + f[4, 2])/2;

(w[1, 3] – f[3, 1] – w[2, 4] + f[4, 2]) ** lvac:> =

(f[3,1] – p[0] – f[3, 1] – (f[4,2] – p[0])+ f[4, 2]) ** lvac:> =

(f[3,1] – p[0] – f[3, 1] – f[4,2] + p[0] + f[4, 2]) ** lvac:> =0

Der Pauli-Lubanski-Operator W^2

Zur Veranschaulichung, dass ohne Computer-Hilfe manche Ausdrücke schwierig zu behandeln sind, soll der Pauli-Lubanski-Operator $W^2 = W_a W^a$ mit $W_d = (1/2)\varepsilon_{abcd} M^{ab} P^c$ in seiner expliziten Gestalt in den Parabose-Operatoren angegeben werden:

WW= -(1/2d[1,1]**d[1,1] +1/2d[1,1]**w[1,3] +1/2d[1,1]**w[2,4] -1/2d[2,2]**d[1,1]
-1/2d[2,2]**w[1,3] -1/2d[2,2]**w[2,4] +d[3,3]**d[1,1] -1/2d[3,3]**d[2,2]
+1/2d[3,3]**d[3,3] +1/2d[3,3]**w[1,3] +1/2d[3,3]**w[2,4] +2d[3,4]**d[1,2]

In dieser Weise geht die Original-Formel über fast vier Seiten weiter!

+f[4,2]**f[4,1]**d[3,4]**w[1,3] -f[4,2]**f[4,1]**d[3,4]**w[2,4]
+f[4,2]**f[4,1]**w[1,3]**w[1,4] -f[4,2]**f[4,1]**w[1,4]**w[2,4]
+f[4,2]**f[4,2]**d[1,2]**w[1,4] +f[4,2]**f[4,2]**d[3,4]**d[1,2]
+f[4,2]**f[4,2]**d[3,4]**w[2,3] +f[4,2]**f[4,2]**w[1,4]**w[2,3])

Es ist wohl evident, dass ohne Computer-Hilfe solch ein Ausdruck große Probleme bereitet.

30.9 Bemerkungen zur Struktur der *SU*(3)

In seinem Artikel „The Geometry of *SU*(3)“ gibt Mark Byrd[17)] einen Überblick über die Geometrie der Gruppen-Mannigfaltigkeit von *SU*(3). Mit der von ihm angegebenen Parametrisierung durch „Euler-Winkel“ kann die aus der Protyposis-Theorie abgeleitete Struktur mit dieser Eichgruppe verbunden werden.

Die Lie-Algebra dieser Gruppe wird oft durch die 8 Gell-Mann-Matrizen λ_i dargestellt. Das ist die am meisten übliche Darstellung mit hermiteschen spurlosen 3×3-Matrizen.

[17] Byrd, M. (1998) *Differential Geometry on SU(3) with Applications to Three State Systems*, UTEXAS-HEP-97-18, arXiv:math-ph/9807032v1

Die Gell-Mann-Matrizen der Lie-Algebra von *SU*(3):

$$\lambda_1\begin{pmatrix}0 & 1 & 0\\ 1 & 0 & 0\\ 0 & 0 & 0\end{pmatrix} \quad \lambda_2\begin{pmatrix}0 & -i & 0\\ i & 0 & 0\\ 0 & 0 & 0\end{pmatrix} \quad \lambda_3\begin{pmatrix}1 & 0 & 0\\ 0 & -1 & 0\\ 0 & 0 & 0\end{pmatrix}$$

$$\lambda_4\begin{pmatrix}0 & 0 & 1\\ 0 & 0 & 0\\ 1 & 0 & 0\end{pmatrix} \quad \lambda_5\begin{pmatrix}0 & 0 & -i\\ 0 & 0 & 0\\ i & 0 & 0\end{pmatrix} \quad \lambda_6\begin{pmatrix}0 & 0 & 0\\ 0 & 0 & 1\\ 0 & 1 & 0\end{pmatrix}$$

$$\lambda_7\begin{pmatrix}0 & 0 & 0\\ 0 & 0 & -i\\ 0 & i & 0\end{pmatrix} \quad \lambda_8\begin{pmatrix}1 & 0 & 0\\ 0 & 1 & 0\\ 0 & 0 & -2\end{pmatrix} \qquad (30.62$$

Die Matrizen λ_1, λ_2 und λ_3 sind die Pauli-Matrizen von *SU*(2), die mit einer dritten Zeile und Spalte erweitert sind. Die Matrix λ_8, der Generator von *U*(1), kommutiert mit λ_1, λ_2 und λ_3. Ersichtlich ist *SU*(2)×*U*(1) eine Untergruppe von *SU*(3). Die beschriebene Cartan-Zerlegung der *SU*(3) wird in der Kommutations-Tabelle sichtbar.

Tabelle 30.1 Tabelle für die Vertauschungen der λ_i

	K				*P*			
	SU(2)			*U*(1)				
	λ_1	λ_2	λ_3	λ_8	λ_5	λ_6	λ_7	λ_4
λ_1	0	$2i\,\lambda_3$	$-2i\,\lambda_2$	0	$-i\,\lambda_6$			
λ_2	$-2i\,\lambda_3$	0	$2i\,\lambda_1$	0	$i\,\lambda_7$			
λ_3	$2i\,\lambda_2$	$-2i\,\lambda_1$	0	0	$-i\,\lambda_4$			
λ_8	0	0	0	0	$-i\sqrt{3}\,\lambda_4$	$i\sqrt{3}\,\lambda_7$	$-i\sqrt{3}\,\lambda_6$	$i\sqrt{3}\,\lambda_5$
λ_5	$i\,\lambda_6$	$-i\,\lambda_7$	$i\,\lambda_4$	$i\sqrt{3}\,\lambda_4$	0	$-i\,\lambda_1$	$-i\,\lambda_2$	$-i\lambda_3-i\sqrt{3}\,\lambda_8$
λ_6	$-i\,\lambda_5$	$i\,\lambda_4$	$i\,\lambda_7$	$-i\sqrt{3}\,\lambda_7$	$i\,\lambda_1$	0	$-i\lambda_3+i\sqrt{3}\,\lambda_8$	$-i\,\lambda_2$
λ_7	$i\,\lambda_4$	$i\,\lambda_5$	$-i\,\lambda_6$	$i\sqrt{3}\,\lambda_6$	$i\,\lambda_2$	$i\lambda_3-i\sqrt{3}\,\lambda_8$	0	$-i\,\lambda_1$
λ_4	$-i\,\lambda_7$	$-i\,\lambda_6$	$-i\,\lambda_5$	$-i\sqrt{3}\,\lambda_5$	$i\lambda_3+i\sqrt{3}\,\lambda_8$	$i\,\lambda_2$	$i\,\lambda_1$	0

Wenn ein Element aus der ersten Spalte mit einem Element aus der obersten Reihe kommutiert wird, erhält man als Ergebnis das Element an der entsprechenden Stelle in der Tabelle. Deutlich erkennbar ist die Cartan-Zerlegung und speziell die Untergruppenstruktur von ***K***.

Die von Byrd gewählte Parametrisierung wird als „nichtkanonisch“ bezeichnet. Die kanonische Parametrisierung verwendet die exponentielle Abbildung der Lie-Algebra auf die Gruppe wie in Formel 23.23 und Formel 23.24 angegeben. Im letzteren Fall gibt es eine bequeme Beziehung für die Parameter in einer Ein-Parameter-Untergruppe:

$$D(\alpha)D(\beta) = D(\alpha + \beta) \tag{30.63}$$

Hinsichtlich der verschiedenen Parametrisierungen kann man sich beispielsweise auf die folgenden Hinweise von Gilmore beziehen:

> *„Diese Parametrisierung [die kanonische] erhält man durch die EXPonentielle Abbildung der Lie-Algebra auf die Lie-Gruppe. Bei dieser Parametrisierung potenziert sich jede Gerade durch den Ursprung der Algebra auf eine eindimensionale abelsche Untergruppe.*
> *Um den Eindruck zu vermeiden, dass nicht-kanonische Parametrisierungen ein Anathema sind, schlagen wir nun vor, auf einige davon einzugehen. Dies ist keine leere akademische Übung: Wir haben eine Reihe von Beweggründen für eine solche Diskussion.*
> *1. Mathematische Gründe. Zum einen ist es oft schwierig, die kanonische Parametrisierung einer klassischen Lie-Gruppe mithilfe der EXPonentiellen Abbildung zu konstruieren. Noch schwieriger ist es, kanonische Matrixdarstellungen einer Gruppe durch die kanonische Abbildung der algebraischen Darstellungen auf die Darstellungen der Gruppe mit der EXPonentiellen Abbildung zu konstruieren.*
> *2. Physikalische Gründe. Wir werden schließlich physikalische Operatoren mit Elementen in Lie-Algebren und Gruppen assoziieren wollen. Zum Beispiel ist es oft nützlich, Shift-up- und Shift-down-Operatoren wie J+ und J– mit Operatoren in einem Hamilton-Operator zu assoziieren, die Übergänge zu höheren und niedrigeren Energieniveaus verursachen. Dann wird es notwendig, Matrixelemente von geordneten Operatorprodukten innerhalb bestimmter Repräsentationen zu berechnen. Die Existenz nichtkanonischer Parametrisierungen erlaubt die Konstruktion von Erzeugungsfunktionen für Produkte von Operatoren in normalen und symmetrischen Ordnungen.“*[18]

In einem konkreten Fall wird man diejenige Parametrisierung wählen, die am besten an die Situation angepasst ist. Häufig wird dies eine kanonische Parametrisierung sein. Der Vorteil der nicht-kanonischen Byrd-Parametrisierung besteht darin, dass sie die *SU*(3)-Produktstruktur nach Formel 23.35 widerspiegelt. Diese ist für unsere Überlegungen zentral, denn sie gibt an, wie das Protyposis-Konzept zu der *SU*(3)-Struktur der starken Wechselwirkung führt.

[18] Gilmore, R. (2005) *Lie Groups, Lie Algebras, and Some of Their Applications*, Dover, Minneola, NY, S. 149

Um die „Wirkungsmöglichkeiten" in der Quantentheorie zu etablieren, musste eine Verdoppelung der Mannigfaltigkeit der reellen Zahlen zusammen mit der Produktstruktur vom Cartan-Typ eingeführt werden. Dies führte zur Notwendigkeit, die komplexen Zahlen einzuführen. In analoger Weise ist der Raum der mit der Wechselwirkung verbundenen Protyposis AQI-Bits, also der $SU(2)\times U(1)$-Mannigfaltigkeit, zu duplizieren und mit der Cartan-Struktur auszustatten.

Als Ergebnis erhält man eine zusätzliche Wechselwirkung, die, da sie quantisch ist, nur über virtuelle oder Strukturquanten wirkt und durch die Eich-Gruppe $SU(3)$ repräsentiert wird. Außerdem manifestiert Formel 23.35 eine Analogie zu Formel 23.26 und Formel 23.33.

Es sollte noch einmal betont werden, dass die $SU(3)$-Struktur als Ergebnis einer quantentheoretisch motivierten Verdoppelung erklärt werden kann, analog zum Übergang vom den realen zu den komplexen Zahlen. Damit gilt hier, dass die Wechselwirkung nicht durch reale, sondern durch virtuelle Quanten, durch Gluonen, vermittelt wird.

31 Danksagung

Die Inhalte dieses Textes, sofern sie nicht die Mathematik betrafen, sind in ungezählten Diskussionen mit meiner Frau, der Veterinärmedizinerin und Diplompsychologin Dr. Brigitte Görnitz, immer wieder reflektiert worden. Das Buch hätte ohne ihre kreative Unterstützung und ständige Ermutigung so nicht entstehen können.

Für hilfreiche Nachfragen und Hinweise danke ich ebenfalls sehr herzlich dem theoretischen Physiker und Chemiker Prof. Dr. Jochen Schirmer.

Sehr dankbar bin ich für die gute Betreuung durch meine Lektorin Natalia Silakova.

Nicht zuletzt gilt mein Dank auch den vielen Teilnehmern in den Seminaren und Gesprächskreisen, denen ich mich verbunden fühle. Bei dem bearbeiteten weit fachübergreifenden Themenkreis sind die Nachfragen von und der diskursive Austausch mit Interessierten, die nicht aus meinem Fach sein müssen, fruchtbar und anregend. Von diesen geschätzten Gesprächspartnern möchte ich mich speziell bedanken bei dem Biologen Dr. Stephan Krall, dem Mathematiker und Innovationsmanager Günter Kornmann, dem Physiker Dr. Sebastian Stier, dem Facharzt für Psychiatrie und psychosomatische Medizin Dr. Ralf Krüger, dem Mediziner Dr. Florian Dittrich, dem Psychologen und Wirtschaftswissenschaftler Korbinian Kornmann und dem Ethnologen und Naturphilosophen Prof. Dr. Paul Drechsel.

Index

Symbole

17 Kamele *655*
π *247 f.*
ΛCDM-Kosmologie *359*

A

Abel, Henrik *330*
Absicht *635*
Absichten *696*
Absolute Bits von QuantenInformation *37*
Absolute, das *37*
absolute Information *103*
Abstammung des Menschen *23*
Abstraktion *281, 302, 633 f.*
Abstraktionsstufen *638*
AdS-Modelle *383*
Agostini, Pierre *374*
Ähnliches *22, 66*
algebraic theory *4*
Algorithmus *198*
Al-Khalili, Jim *289*
All-Aussage *711*
Allgemeine Relativitätstheorie *35, 97, 362, 419*
Allgemeine Relativitätstheorie, Vakuum-Lösung *109*
Allmacht *20*
Alter des Kosmos *230*
Alternative, einfache *6*
Alternativlosigkeit *251*
Ambivalenz *76, 137*
Amplitude *151*
Analogien *640*
Anästhetika *686*
Anderson, Carl David *731*
Anderson, Philip Warren *174*
Anordnung, räumliche *654*
Anti-de-Sitter-Modelle *383*
Anti-de-Sitter-Universum *109*
Antigravitation *366, 451*
Antimaterie *520, 532, 731*
Antiteilchen *54*
antiunitär *510*
Anti-Ur *510, 539*
Approximation *210, 508, 553, 678*
a priori *226*
AQI *XXIX, XXXI, 3, 35 ff., 53 ff., 67, 114 ff., 120, 148 ff., 241, 281, 298, 402, 503, 725*
Äquivalenz *148*
Arbeit *100*
archaí *710*
Archetypen *242*
Aristarch von Samos *86 f., 222*
Aristoteles *16, 52, 229, 239, 710*

Arndt, Markus *185*
Aromatizität *42*
Aspect, Alain *166, 171, 179, 545*
Assoziation *634*
Astronomia Nova *360*
Astronomie, griechische *222*
Ätherdruck *604*
Ätherwind *203*
Atom *27, 148*
– stabiles *41*
Atombombe *242*
Atomist *148*
Atomkern *43, 56, 599*
Atommodell *474*
a-tomos *146*
Atomuhr *207*
ATP *679*
Attraktor *632*
Auge *678*
Augustinus *216*
Aussenden von Information *300*
Axiom *89, 226, 709*
Axiomensystem *226*
Axon *678*

B

Baars, Bernard J. *694*
Babylon *202*
Backward Causation *16*
Bacon, Francis *89*
Beamen *190*
Beckenstein-Hawking-Entropie *485*
Beck, Friedrich *686*
Beckmann, Franz *372*
Bedeutung *52, 80, 152, 161, 177 f., 280, 299, 653*
Bedeutungsfreiheit *120*
Bedeutungsstrukturen *XXXII*
Bedeutungszuordnung *280*
Bedingung a priori *225*
Bekenstein-Hawking-Entropie *347, 473*
Bekenstein, Jacob *93, 99 f., 105 f., 114 f., 422, 475 ff., 484, 582*
Bell, John *166, 181*
Benennung *280*
Beobachter *268, 279, 289, 292, 302, 305*
Beobachtung *21, 159*
Bertalanffy, Ludwig von *641*
Beschleuniger *145, 545*
Beschleuniger-Experiment *296*
Beschleunigung *230, 406*
Beschreibung *271, 657*
Bessel, Friedrich Wilhelm *87*
Bethe, Hans *253, 591*
Bewegung *148*
Bewegung an sich *27*
Bewegungen, natürliche *81*
Bewegungsgruppe *506*
Bewertung *179, 633*
Bewusstsein *75, 78, 130, 134, 144, 199, 268, 273, 289, 302, 672, 685*
Bewusstsein, Definition *690*
Bewusstseinsinhalte *78, 691*
Beziehung *702*
Beziehungsstruktur *75, 667, 702*
Bezugssystem *34, 204*
Bifurkation *195, 290*
Big Bang *215, 358, 388, 402*
Big Bounce *388*
Big Crunch *366*
Bindung, chemische *164*
Bindungsverhalten *681*
Biologie *XXIX, 51*
Biomoleküle *79*
Bismarck, Otto v. *372*
Bit *688*
Black Hole *95, 99, 145, 155, 298, 421 f., 451, 459, 483*
Black Hole, rotierendes *459*
Black Hole, supermassives *461*
Bloch, Felix *120*
Bloch-Kugel *119*
Blome, Hans-Joachim *388*
Bogoljubov, Nikolai Nikolajewitsch *601*
Böhm *520*
Bohm, David *733*
Bohmsche Mechanik *269, 734*

Bohr, Niels *6, 85, 173, 212, 474*
Bojowald, Martin *388*
Boltzmann, Ludwig *88, 101, 104*
Boltzmann-Statistik *520, 525*
Bolyai, János *227, 405*
Boost *506*
Bornschen Regel *734*
Börse *703*
Bose-Einstein-Kondensat *295*
Bose-Einstein-Statistik *501*
Bose-Erzeugungsoperator *512*
Bose, Satyendranath *504*
Bose-Statistik *557*
Bose-Vernichtungsoperator *512*
Boson *45, 512*
Bottom-up-Wirkung *636*
Brahe, Tycho *359, 372*
Brillouin, Léon Nicolas *477*
Brout, Robert *592*
Bruch *244*
Brückengesetz *72, 235, 309*
Brukner, Časlav *212*
Bruno, Giordano *255*
Buchstaben *688*

C

Cantor, Georg *244 ff.*
Carnot, Sadi *477*
Cartan, Élie Joseph *573*
Casimir, Hendrik *555*
Casimir-Operator *537, 555*
Castell, Lutz *332*
Cauchy, Augustin-Louis *246*
Cauchy-Riemannsche-Differentialgleichung *563*
causa finalis *16*
Cellarius, Andreas *87, 359*
CERN *557*
Chadwick, James *731*
Chaos *658*
Chaos, deterministisches *24, 172*
ChatGPT *143*
Chemie *XXIX, 41*
Chlor *43*
Christodoulou, Demetrios *477*
Clauser, John *171, 179, 545*
Clausius, Rudolf *100, 104*
CO2 *651*
Codierung *584*
Compton-Wellenlänge *108, 475*
Computer *117, 198*
Contergan *57*
Coulomb, Charles Augustin de *39*
Coulombfeld *39, 269*
Coulombkraft *43*
CP-Invarianz *520, 597 f.*
CPT-Invarianz *399, 520, 579, 596*
CPU *129*
CP-Verletzung *598*
Crick, Francis *51*
C-Transformation *596*

D

Daly, Herman *727*
Dämon, Laplacescher *213*
Dampfmaschine *100*
Darstellung, irreduzible *506*
Darstellung, reguläre *348*
Darwin, Charles *23, 652*
de-Broglie-Bohm-Interpretation *735*
de Broglie, Louis *301, 733*
Decodierung *584, 638, 668*
deduktiv-nomologisches Modell *61*
Deep learning *144*
Deep Space Nine *96*
Dekohärenz *285 ff., 295*
de Lagrange, Joseph-Louis *564*
delayed choice *212*
Delta-Funktion *71*
Denkgesetz *241*
Descartes, René *10, 233, 541*
De-Sitter-Gruppe *509, 516*
De-Sitter-Kosmos *510, 607*
De-Sitter-Raum *520*
de Sitter, Willem *499, 509*
Determiniertheit *214, 253*

Deutsche Physik *256*
Dezimalbrüche *243*
Diagonalverfahren *244*
Dichotomie *52*
Dichteänderung *547*
Dichtematrix *120, 157, 286, 553*
Dichteoperator *157, 286, 553*
Dielektron *37*
Diffeomorphismusinvarianz *425*
Differentialgleichung *171, 209*
Differentialgleichung, nichtlineare *172*
Dimension *12, 248*
Dimensionsanalyse *13*
Dinosaurier *676*
Diphoton *166 f., 191*
Dirac, Paul *15, 71, 113, 400, 426, 532, 731*
Dirac-See *533*
direktes Produkt *17, 568*
direkte Summe *568*
dissipative Strukturen *50*
Distributionen *71*
Diversität *640*
Dixmier, Jacques *516*
DNA *661*
Dobzhansky, Theodosius *652*
Dokument *266*
Doppelpulsar *424*
Doppelspalt *258*
Doppelspalt-Experiment *82*
doxa, Meinung *235*
Drehimpuls *13, 474*
Drehung *506*
Driesch *231*
Drieschner, Michael *233, 336*
Druck *362, 423, 552*
Druck, homogener *461*
Druck, isotroper *461*
Druck, kosmologischer *454*
Druck, negativer *367*
Dualismus *52, 676*
du Bois-Reymond, Emil *199, 225*
Duftmarken *702*
Dunkle Energie *358, 367, 424, 440, 451*
Dunkle Materie *358, 424, 440, 451, 454, 472*
dynamische Schichtenstruktur *29, 83, 193 ff., 198, 554, 661, 667, 710, 733*
Dyson, Freeman J. *356*

E

Ebbesen, Thomas *46*
Eccles, John *686*
Eco-Evo-Devo *664*
Eddington-Akkretionsrate *450*
Eddington, Arthur *96, 449*
Eddington-Finkelstein-Koordinaten *98, 475*
Eddington-Limit *451*
EEG *131, 289, 680, 686*
Ehlers, Jürgen *366, 419*
Eigen, Manfred *632*
Eigenschaft *48, 52 ff., 75, 121*
Eigenschaft, von Objekten *132*
Eine, das *2*
eingefrorene Zustände *103*
Einheit *200, 710*
Einheit des Bewusstseins *681*
Einstein, Albert *XXXII, 2 ff., 22, 37, 85 f., 148, 173, 195, 204 ff., 230, 252, 255 f., 301, 366, 382 f., 389, 402, 405, 420, 426, 504, 547 f., 554, 591, 609, 653, 725*
Einstein-Fahrstuhl *424*
Einsteinium *280*
Einstein-Kosmos *343, 407*
Einstein-Kreuz *471*
Einstein-Podolski-Rosen-Phänomene *545*
Einweg-Quantencomputer *125*
Einzelfall *74*
Einzeller *79, 633*
Eisen *55*
Elektrodynamik *543*
Elektromagnetismus *547*
Elektronen *600*
Elektronenradius, klassischer *605*
Element *600*

Elementarladung *605*
Elementarteilchen *149, 615*
Elementarteilchenphysik *155, 233, 561*
Elementarteilchentheorie *176*
Elementarvolumen *586*
Elemente *651*
Ellipsen *361*
Ellis, George *393*
Emergenz *72, 75, 309, 666*
Emergenz, schwache *644*
Emergenz, starke *644*
Emission, virtuelle *300*
Empfindungen *637*
Empirie *199, 227 f., 289*
Empirie-Problem *308, 446*
Endcrash *457*
Endknall *452*
Endknall-Kosmologie *366*
Endkollaps *366*
Energetische Quanten *36*
Energie *36, 100*
Energiebedingung, dominante *393*
Energiebedingung, schwache *393*
Energiebedingung, starke *393*
Energie des Gravitationsfeldes *424*
Energiedichte *362 f.*
– kosmologische *454*
Energiedichte-Druck-Tensor *364*
Energie, kinetische *56*
Energiekonzentration *369*
Energie, negative *109*
Energiesatz *383*
Englert, Berthold-Georg *737*
Englert, François *592*
Ensemble-Eigenschaft *552*
Ensemblephysik *XXX*
Entartungsdruck *363*
Entelechie *357, 660*
Entropie *50, 100 ff., 477, 484 ff., 552*
Entropie, absolute *103*
Entropie, Änderung *102*
Entropie, Export von *636*
Entropie, negative *477*
Enzym *47, 655*
Epigenetik *663*
EPR *170*
EPR-Experimente *545*
EPR-Korrelationen *254*
Erbgut *67*
Ereignisse *278*
Erfahrung *199, 222*
Erinnerung *137*
Erkenntnis *708*
Erkenntnis a priori *225*
Erklären *15, 61 ff., 216, 657*
Erklärung *175*
Erklärung des Lebens *79*
Erklärungslücke *136*
Erster Hauptsatz *312*
Erzeugen von Quantenteilchen *64*
Erzeugungs- und Vernichtungs-Operatoren *38*
Euklid *10, 228, 709*
Euler, Leonhard *746*
Everett, Hugh III. *741*
Evo-Devo *663 f.*
Evolution *52, 67, 662*
Evolution, kosmische *25, 74*
Evolutionstheorie, synthetische *663*
Ewigkeit *216*
Expansion des Kosmos *294*
Experiment *21, 223, 229*
Experimentator *252*
Exponentialabbildung *549*
Exziton *45, 155*

F

Fake News *XXVII*
Fakten *38, 290*
Faktisch-Werden *1, 296*
Faktum *305*
Falschfarbenbild *91*
Fantasie *639, 653*
Faserbündel *335, 568*
Faserung *335*
Fehlfaltung *57*
Feldquanten *29, 65, 174, 511, 564*

Feldtheorie *5*
Felsen *653*
Fermi-Dirac-Statistik *501, 505*
Fermi, Enrico *45, 356*
Fermi-Erzeugungsoperator *512*
Fermion *332*
Fermionen *45, 505*
Fermi-Statistik *557*
Fermi-Vernichtungsoperator *512*
Fernwirkung *736*
Fernwirkungstheorie *405*
festgelegt *640*
Festkörper *43*
Festkörperphysik *41f.*
Festkörpertheorie *64*
Feynman-Integral *329*
Feynman, Richard P. *174*
Film *213*
Finitismus, offener *320*
Finkelstein, David *96, 100*
Firmware *129*
Fisher, Ronald *662*
Fittler, Robert *247*
Fixsternparalaxe *87, 405*
Fließgleichgewicht *50, 195, 632, 661*
FLRW-Kosmos *379, 459*
Flüssigkeit, ideale *364*
Fock-Darstellung *555*
Fock, Wladimir Alexandrowitsch *32, 554*
Fördermittel *455*
Form *52, 140, 160, 632*
Formel *3*
Form, konkrete *77*
Formkonstanz *715*
Foucault, Léon *87*
Fourier, Joseph *249*
Fourier-Reihen *337*
Freedman, Stuart J. *182*
Freie Energie *100*
Freiheit *256*
Freiheitsgrad *101, 252*
Frequenz *151*
Freud, Sigmund *23*
Friedmann, Alexander *364, 499*
Friedmann Gleichungen *411*
Froschschenkel *686*
Führungsfeld *735*
fundamentalen Wechselwirkungen *39*
Funktion, analytische *563*

G

Gaiser, Konrad *2*
Galaxie *452*
Galilei, Galileo *21, 87, 223, 359*
Galvani, Luigi *686*
Ganze, das *37*
Ganzheit *16, 164, 168, 296, 703*
Gas, ideales *101, 312*
Gastruloide *665*
Gauß, Carl Friedrich *227, 405*
Gedächtnis *634*
Gedächtnis, holografisches *697*
Gedanke *76, 689*
Gedanken *672, 688*
Gedankenexperiment *21, 89*
Gedanken im Gehirn *134*
Gefühl *76, 138*
Gegenwart, ausgedehnte *143, 164, 205, 210f.*
Geheimdienst *281*
Geheimnis des Lebens *661*
Gehirn *125, 132, 289, 300*
Geist *52*
Geistige Tätigkeit *302*
Gell-Mann-Matrizen *574*
Gell-Mann, Murray *600*
Gen *661*
Genauigkeit *25*
Genom *661*
Genzel *93*
Geodäte *405*
Geometrie, euklidische *227f.*
Geometrie, hyperbolische *228, 405*
Geometrie, nichteuklidische *405*
Geometrie, sphärische *227, 405*
Georgiev, Danko D. *686*
Gerlach, Walther *738*

Gesamtheit des Empfindens *638*
Gesamttensorraum *515*
Geschwindigkeit *97*
Gesetz *22, 66, 74, 223*
Gesetzmäßiges *241*
Gestalt *54, 140 f., 160, 659*
Gewissheit, absolute *228*
Ghez *93*
Gilgamesch-Epos *241*
Gitterzellen *302*
Gleiches *22, 66*
Gleichgewicht *49*
Gluon *69, 155, 549 f., 570, 577, 600, 732*
Gödel, Kurt *200, 214, 226 ff., 233, 355*
Goethe, Johann Wolfgang v. *40, 88, 146, 199*
Goseck *698*
GPS-System *424*
Gradienten *627*
Graudenz, Dirk *333*
Gravitation *35, 39, 91, 230, 406, 547, 558*
Gravitationsfeld *208, 383*
Gravitationskollaps *113*
Gravitationskonstante *112, 230, 343*
Gravitationslinse *471*
Gravitationswellen *86, 405*
Gravitonen *300, 422*
Green, Herbert Sydney *526*
Greensche Zerlegung *526*
Grenzwert *6, 246*
Grolle, Johann *92*
Grossmann, Marcel *2*
Gründe *252*
Grundlegung der Naturwissenschaft *322*
Grundschwingung *149*
Grundzustand *99, 467*
Grundzustandsenergie *98*
Gruppe *210, 246*
Gruppe, diskrete *330*
Gruppe, kommutative *330*
Gruppe, kompakte *348*
Gruppe, kontinuierliche *330*
Gruppe, Liesche *330*
Gruppe, nichtkommutative *330*
Gruppenstruktur *210*
Gruppen, unitäre *330*
GULAG *256*
Gültigkeitsbereich *271*
Guralnik, Gerald S. *592*
GUT *549, 595*
Guzmán *468*

H

H2O *70*
Haag, Rudolf *293, 366*
Haber-Bosch-Verfahren *636*
Hadronen *571, 731*
Hagen, C. Richard *592*
Haken, Hermann *632*
Halbgruppe *210, 246*
Haldane, John Scott *50*
Halteproblem *228*
Hardware *129*
Hauptsatz, Erster *362*
Hawking, Stephen *93, 104, 419, 422*
Hawking-Strahlung *105*
Hawking-Temperatur *114, 481*
Heisenberg *249*
Heisenbergsches Urfeld *176*
Heisenbergsche Unbestimmtheitsrelation *97*
Heisenberg, Werner *7, 23, 26, 89, 173, 256, 336, 371, 400, 557, 725*
Hempel, Carl Gustav *61*
henadisch *563*
Heraklit *66, 710*
Herodot *214*
Higgs-Feld *362*
Higgs, Peter *592*
Higgs-Teilchen *65, 69, 88, 145, 362, 601*
Hilbert, David *13, 226, 249, 337, 406*
Hilbert-Raum *13, 249, 555*
Hipler, Franz *372*
Hippocampus *302*
Hirnphysiologie *199*
Hirntod *131, 289*

Hochenergiephysik *64, 545*
Hochkulturen *708*
Hochtemperatur-Supraleiter *281*
Hologramm *110, 697*
Homöostase *635*
Homunkulus *634*
Hopf-Faserung *335*
Hopf, Heinz *335*
Horizont *96, 299, 463, 466 f., 474*
Horizont, Oberfläche *107*
Horizont-Problem *446*
Hormon *678*
Hoyle, Fred *402*
Hubble, Edwin *205, 255*
Hubble-Konstante *432*
Hubble-Parameter *432*
Huygens, Christiaan *40*
Hylemorphismus *53*
Hypothesen *21, 256*

I

IceCube *145*
Ich, das *675*
Idealisierung *209, 503*
Ideen, platonische *710*
identisch *66*
Identität des Ununterscheidbaren *37*
Ideologie *703*
Illusion *136, 213, 252*
Impuls *97*
indefinite Metrik *382*
induktive Verallgemeinerung *21*
induktiv-statistische Erklärung *63*
Inflation *358, 367, 447*
Inflaton *447*
Information *36, 279*
Information, abgespeicherte *138*
Information, absolute *53*
Information als Eigenschaften *135*
Information, bedeutungsfreie *653*
Information, bedeutungsvolle *XXVII, 48, 130, 638, 662 f., 667*
Informationen, verschränkte *659*
Informationsparadox *298, 483, 492*
Informationsstruktur *75*
Informationsverarbeitung *51, 679*
Informationsverarbeitung, biologische *129, 677*
Informationsverarbeitung, intelligente *130, 632*
Informationsverarbeitung, technische und biologische *130*
Inhalt *160*
Inhalt, materieller *52*
Inhomogenität *547*
İnönü, Erdal *510*
Integrationskonstante *365*
Intentionalität *635*
Internet *143, 702*
Interpretation *734*
Interpretationen der Quantentheorie *723*
Interpretationsproblem *269*
Intuition, physikalische *406*
Ion *124*
Irreversibles *293*
ISO(3,1) *506*
ISS *424*
It from Bit *99, 105 f., 148*
It from Quantumbit *108*

J

Jahr *202*
James-Webb-Teleskop *74*
Jaynes, Edwin Thompson *477*
Jet *459, 467*
Jetzt-Zeitpunkt *230*
Joos, Erich *287*
Jordan, Pascual *113*
Jung, Carl Gustav *241*
Jupiter-Monde *359*

K

Kaluza, Theodor *14*
kanonisch konjugiert *63, 97*
Kant, Immanuel *XXVIII, 149, 214, 224 ff., 231, 238*
Katabolismus *633*
Katalysator *47, 654*
Katalysator, organochemischer *655*
Katze, grau *22*
Katze, Schrödingers *195*
Kauffman, Stuart A. *641*
Kaufmann, Walter *603*
Kausalität *20, 117*
Keilschrift *241*
Keim von Subjektivität *78, 690*
Kekulé, August *42*
Kenntnisnahme *77*
Kenntnis, objektive *78*
Kepler, Johannes *87, 229, 404, 452*
Kernphysik *599*
Kerr-Lösung *459*
Kerr, Roy *459, 483*
KI *141*
Kibble, Tom *592*
Kiefer, Claus *273, 492*
kinetische Energie *98*
Kiselev *469*
klassische Mechanik *101*
Klauder, John R *544*
Kleinert, Andreas *372*
Kleinheit *25*
Klein, Oskar *14*
Klimaproblematik *209*
Knöllchenbakterien *636*
Kochen *277*
Kochen, Simon *278*
Kognition *675, 684*
Koinzidenzproblem *445*
Kollaps *287, 364*
Komet von 1577 *361*
Kommunikation *656*
Kommutator *329*
Kompartiment *660*
Komplementarität *6 f., 76, 236*
Komplexes *280*
Komplexität *641, 658, 685*
Komplexkonjugation *510, 533*
Konfigurationsraum *13*
Konsistenzüberlegung *22*
Kontext *136*
Kontinuum *30, 35, 339*
Kontinuumsmodell für Materie *104*
Kontraktionsphase *366*
Kontrolle *258*
Koordinaten-Kosmos *556*
Kopenhagener Deutung *270*
Kopenhagener Interpretation *289*
kopernikanische Wende *XXVII, 87*
Kopernikus, Nikolaus *87, 223, 359, 372, 404*
Körperfunktion, basale *131*
Korrelate des Bewusstseins *675*
Korrelation *166*
kosmischer Druck *383*
Kosmologie *215, 307, 310, 419, 457*
kosmologische Konstante *358, 366, 383, 407, 447, 509*
kosmologischer Term *440*
kosmologisches Prinzip *446*
Kosmos *65, 204*
Kosmos, beschleunigt expandierender *366*
Kraft *543, 714*
Kraftfeld *29, 548*
Kraftfelder, elektromagnetische *659*
Kraftquanten *36, 504, 557*
Krall, Stephan *625, 660, 723*
Krämer, Hans Joachim *2*
Kränkung *23*
Krausz, Ferenc *375*
Kreativität *143*
Krüger, Ralf *689, 695*
Krümmungsänderung *547*
Krümmungsskalar *519*
Kruskal-Koordinaten *98*
Kruskal, Martin *100*
Kuhn, Thomas *23*

Kultur *73*
Kunst *698*
Künstliche Intelligenz *141*
Kurlbaum, Ferdinand *62*

L

Labor *507*
Ladung *499, 592*
Ladung, elektrische *390*
Lagrangedichte *564*
Laguerre-Polynome *529*
Lamarck, Jean-Baptiste de *663*
Landau, Lev Davidovich *604*
Lange, Axel *664, 667*
Längeneinheit *337*
Längeneinheit, fundamentale *368*
Langzeitgedächtnis *697*
Laplace, Pierre-Simon de *213*
Leben *194 f., 242, 653*
Lebendiges *75, 371*
Lebenskraft *660*
Lebenspraxis *268*
Lebesgue, Henri Léon *348*
Lebewesen *48 f., 67, 195, 280, 584*
Leguminosen *636*
Leibniz, Gottfried Wilhelm *37, 171, 225, 246, 504*
Lemaître, Georges *255, 364, 499*
Lepton *600, 608*
Leptonen-Familienstruktur *608*
Lernen *635*
Lernfähigkeit *22*
Le Verrier, Urbain *229*
LHC *64, 145, 557*
L'Huillier, Anne *374*
Libet, Benjamin *695*
Lichtgeschwindigkeit *96, 204, 343, 488*
Lichtquanten *88, 548*
Lichtquanten, virtuelle *40*
Lie-Algebra *549*
Lie-Gruppe *549*
Lie, Sophus *330, 499*
Lifshitz, Evgeny Mikhailovich *604*
Limes, quasiklassischer *108*
List, Benjamin *655*
Lobatschewski, Nikolai *227, 405*
Löcher *155*
Loch, virtuelles Teilchen *64*
Locked-in-Patienten *675*
Logarithmen *119*
Logik *176, 228, 241, 708*
Lokalisation *148, 300*
Lokalität *424*
Lorentzgruppe *332, 509*
Lorentzgruppe, inhomogene *506*
Lorentz, Hendrik Antoon *204, 499, 601*
Lorentztransformation *426*
Lorentz-Vakuum *300, 531 ff., 555*
Lösung, kosmologische *421*
Lösungskurve *171*
Lüders, Gerhart *596*
Luhmann, Niklas *703*
Luther, Martin *372*
Lyre, Holger *561*

M

Mach, Ernst *21, 88, 104, 435*
Machtstrukturen *255*
MacMillan, David *655*
Magneten *571*
Magnetismus *361*
Majorana, Ettore *595*
Majorana-Teilchen *595*
Makromolekül *677*
Mannigfaltigkeit *12, 232*
Mannigfaltigkeit, pseudoeuklidisch *12*
Marxismus-Leninismus *256*
Masse *85, 333*
Maßeinheitensystem *112*
Masse, schwere und träge *35*
Materie *36, 148, 520*
Materiedichte *247*
Materielle Quanten *36*
Materiequanten *557*
Materiewelle *733*
Mathematik *1*

Matos *468*
Matrix *18*
Matrizenmechanik *26, 249*
Maxwell, James Clerk *325, 547*
Maxwellsche Gesetze *225*
Maxwellsche Gleichungen *39*
Maxwells Dämon *477*
Mayr, Ernst *652*
McFadden, Johnjoe *289*
Mechanik *40, 503*
Mechanik, Newtonsche *89*
Medina, Rodrigo *604*
Melia, Fulvio *433, 449*
Membran, semipermeable *660*
Merkur *360, 420*
Merkur-Bahn *229*
Meson *571*
Messanordnung *170*
Messergebnis *168 f., 267*
Messprozess *202, 211, 265*
Messung *73, 77, 210, 218, 279, 297, 672*
Messung, unscharfe *283*
Messvorgang *283*
Metabolismus *632*
Metapher *150*
Metaphysik *239, 403*
metastabil *635*
Meter *343*
Methode, deduktive *89*
Methode, induktive *89*
Metrik, indefinite *11*
Michelangelo *716*
Michelson, Albert *203, 426*
Michelson-Morley-Experiment *204*
Mikrophysik *XXX, 25, 155, 422*
Mikroporen *651*
Mini-Black-Hole *616*
Minkowski, Hermann *12, 382, 499*
Minkowski-Metrik *425*
Minkowski-Raum *11, 382, 508, 579*
Mitochondrien *656*
Möglichkeiten, wirkende *157*
Molekül *41, 56*
Moleküle, Eigenschaften von *654*
Monat *202*
Monismus *676*
Monismus, informationeller *714*
Monom *513, 520*
monomaterialistischer Fehlschluss *541, 715*
Monopol *571*
Monopole, magnetische *145*
Mooresches Gesetz *345*
Morley, Edward *203, 426*
Moser, Edvard *302*
Moser, May-Britt *302*
Motive *696*
Mott, Nevill Francis *174*
Moylan *520*
Mozart, Wolfgang Amadeus *716*
Mpc *432*
Münchhausen *719*
Musik *639*
Mutationen *663*
Myon *600, 731*
Myon-Neutrino *600*
Mysterium *201, 676*

N

NaCl *43*
Näherung *66*
Näherungscharakter *164*
Nanopartikel *370*
Nanoteilchen *43*
Natrium *43*
Natur *73*
Naturalismus *213*
Naturgesetz *20, 24, 68, 100, 117, 210*
Naturkonstante *112, 343*
Naturkonstante, fundamentale *113*
Naturwissenschaft *14, 73*
Nazidiktatur *256*
Neandertaler *702*
Nebenklasse *572*
Necker-Würfel *133*
Neddermeyer, Seth Henry *731*
negativer Druck *457, 604*

Neptun *230*
Netzhaut *678*
Netzwerk *117*
Neue Physik *541*
Neumann, J. v. *276*
Neuron *133*
neuronales Netz *134*
Neutrino *146, 595, 731*
Neutrino-Oszillation *600*
Neutron *731*
Neutronenstern *363*
Newton, Isaac *15, 40, 84ff., 171, 203, 214, 223ff., 229, 361, 405f.*
Newton, T. D. *516*
Nichtdeterminiertheit *268*
nicht-kommutative Multiplikation *537*
Nichtkommutativität *267*
Nichtlinearität *118*
Nichtlokalität *164, 268, 305, 633, 688*
Nichtmaterielles *140, 237*
Nichts *216*
Nichtseiende *216*
Nichtumkehrbarkeit *293*
Nichtvertauschbarkeit *76, 164*
Nobelpreis für Physik *93*
Noble, Denis *661*
Noether, Emmy *9, 499, 549*
Noether-Theorem *549*
Non-cloning-Theorem *639*
Non-Standard-Analysis *247*
Norm *333*
Null-Menge *551*
Núñez *468*

O

Objekt *53, 503*
Objekt, elementares *22, 54, 161*
Objekt, frei bewegbares *27*
Objektivierbarkeit *77f.*
Objekt, klassisches *657*
Objektstrukturen *XXXII*
Oersted, Hans Christian *21*
O'Keefe, John *302*
Oppenheimer, Robert *120*
Oppenheim, Paul *61*
Optik *40*
Optimierungsproblem *123*
Optionen *82*
Optionen überdenken *681*
Orbital *42*
Ordnung *65*
Organisation *636*
Ort *97*
Ort, möglicher *476*
Ortelius, Abraham *708*
Ortsraum *336*
Ostwald, Wilhelm *104*

P

Panpsychismus *673*
Parabose-Operatoren *527*
Parabose-Ordnung *525*
Parabose-Statistik *505*
Paradoxie *1, 7, 170, 216, 529*
Parallaxe *360*
Parallelenaxiom *227, 405*
Parameter *72*
Parität *234*
Paritätsverletzung *597*
Parmenides *235, 297, 710*
Pauli-Matrizen *568*
Pauli-Prinzip *586*
Pauli, Wolfgang *7, 225, 242, 596f., 731*
Peano *226*
Penrose, Roger *93, 96, 184, 388, 419, 476, 688, 713*
Penzlin, Heinz *50, 637*
Periheldrehung *230, 420*
Perpetuum mobile *312*
Perry, Malcom *93*
Persönlichkeitsmerkmale *690*
Phänomene, psychische *77*
Phasenraum *13*
Philosophie *240*
Phonon *64*
Photon *132, 289, 300, 549, 679*

Photonen, reale *662*
Photonen, verschränkte *679*
Photonen, virtuelle *71, 131, 662*
Physikalismus *74, 77*
Physik der Beziehungen *XXXII*
Physik der Möglichkeiten *XXXII*
Physik des Genauen *XXXI*
Physik, klassische *213*
Physik, neue *14*
Pietschmann, Herbert *369*
Pionier-Quantenmechanik *552*
Pixel *133*
Planck-Einheiten *367, 475*
Planck-Energie *616*
Planck-Fläche *379*
Planck-Länge *107 ff., 113, 344, 485, 545, 609*
Planck-Masse *344*
Planck, Max *XXXIII, 25, 88, 173, 208, 225, 341 ff., 368, 475, 548, 725*
Plancksche Formel *68, 148*
Planck-Zeit *344, 610*
Platon *2, 200, 710*
Podolsky, Boris *22, 166*
Poincaré-Gruppe *332, 504 ff., 527, 555, 566, 615*
Poincaré, Henri *499, 538, 604*
Poisson-Klammer *329*
Polarisation *120*
Polariton *30, 44 ff., 155, 552*
Polariton-Laser *47*
Polaritons *48*
Popper, Karl *21, 712 f.*
Populationsgenetik *662*
Positronen *600*
Positronium *45, 54*
Pospiech, Gesche *184*
Post-Darwinsche Informationsweitergabe *698*
Potenzial *211*
Potenzialität *16, 173, 563*
Potenzmenge *151, 338*
Prä-Bedeutung *178, 660*
Präparation *173, 210*
Pribram, Karl *697*
Priester, Wolfgang *388*
Prigogine, Ilya *50*
Primas, Hans *279, 294, 552*
Prinzip, holographisches *109*
Prinzip, kosmologisches *248*
Prion *57*
Problem, unentscheidbares *226*
Produkt, direktes *159*
Produkt, direktes, von Gruppendarstellungen *342*
Prognose *224, 269*
Prophylaxe *1*
Proportionalitätskonstante *230*
Protein *47*
Proton *145, 585*
Protyposis *3, 22, 77, 116, 140, 148, 151, 208, 233 ff., 239, 253, 279 ff., 311, 440, 484 f.*
Protyposis-Kosmologie *423, 462*
Prozess, individueller *212*
Prozess, realer *209*
Psyche *75*
Psychische, das *74 ff.*
Psychosomatik *688 f.*
psychosomatische Zusammenhänge *648*
P-Symmetrie *597*
Ptolemäus *87, 360*
P-Transformation *596*
Punktteilchen *15, 27, 64, 68, 175, 370, 475, 503, 735*
Pythagoras *11, 84, 243, 709*

Q

Qualia *77 f., 690*
Quanten *297*
Quantenalgorithmen, variationelle *128*
Quantenbit *27, 36, 70, 77, 163, 280, 545*
Quantencomputer *117, 198*
Quantencomputing *119 f.*
Quanteneichfeldtheorie *547*
Quantenelektrodynamik *548*

Quantenfeld *30, 362, 370*
Quantenfeldtheorie *29, 64, 155, 562*
Quantengleichgewicht *736*
Quantengravitationseffekte *113*
Quanteninformation *51, 177, 289*
Quanteninformation, absolute *XXVII, 53*
Quanteninformationsstruktur *XXX*
Quanten-Kosmologie *428*
Quantenmechanik *27, 38, 41, 269, 551*
Quantenpotenzial *735*
Quantenprozesse *289*
Quantenpunkt *370*
Quantenradierer *281*
Quantenschaum *107*
Quanten-Schmetterlings-Effekt *172*
Quantensprung *375*
Quantenstrukturen, einfache *555*
Quantensystem, abgeschlossenes *206*
Quantenteilchen *27, 585*
Quantenteilchen, masselose *27*
Quantentheorie *93, 113, 419*
Quantenvakuum der Teilchen *598*
Quanten, virtuelle *64, 548*
Quanten-Zeno-Effekt *297, 640*
Quantenzustand *78, 169*
quantische Parallelverarbeitung *695*
Quantisierung *38, 511*
Quantisierung, kanonische *63*
Quantisierung, zweite *53, 563*
Quark *69, 155, 505, 550, 570, 577, 600, 732*
Quark-Antiquark-Paar *571*
Quark-Gluon-Plasma *174*
Quasare *461*
Quasipartikel *30*
Quasiteilchen *44, 49, 64, 174, 533*
Qubit, bedeutungsvolles *75*
Quintessence *468*
Quintessenz *367*

R

Rahaman *469*
Ramadan *202*
Ramanujan, Srinivasa *716*
Ramírez *468*
Rauch, Helmut *184*
Raum *8*
Raum, unendlicher *203*
Raum-Zeit-Geometrie *424*
Rauschen *135, 657*
Reale, Giovanni *2*
Realexistenz *714*
Realismus, naiver *86*
Realität *XXX, 148, 210*
Reduktion *148*
Redundanz *658*
Reflexion *80, 253, 634*
Reflexionsstufen *685*
Reflexivität *634*
Regel *22, 66*
Regelhaftigkeit *24*
Regress, infiniter *634*
Reibung *209*
Reissner-Nordström-Metrik *606*
Reiz *633, 678*
Relativitätstheorie *207, 532*
Relativitätstheorie, Allgemeine *93, 96, 113, 204f., 428*
Relativitätstheorie, Spezielle *64, 113, 206*
Religion *215*
Repräsentationsstufe *638*
Resonanz, quantische *150*
Resultat *121*
reversibel *121*
Reversibilität *209*
Revolution, wissenschaftliche *23*
Riemann, Bernhard *2, 86, 405*
Riemannsche Geometrie *2*
RNA *660*
RNA-Welt *661*
Robertson, Howard *364, 499*
Robinson, Abraham *247*
Roboterarm *134*

Rømer, Ole *203*
Rosen, Nathan *22, 166*
Rotationsgeschwindigkeit *455*
Rotverschiebung *255, 449*
Rubens, Heinrich *62*
Rubin, Vera *452*
Rückkopplung *141, 633*
Rückquantisierung *422*
Ruhmasse *266*
Rupf- und Stopf-Operatoren *512, 521*

S

S3 *149*
Schall *76*
Schalldruck *636*
Schaltkreis *675*
Schelling, Friedrich Wilhelm *717*
Scherer, Irmgard *40, 149, 718*
Schlüssel, abhörsicher *192*
Schmetterlingseffekt *172, 420*
Schmidt, Erhard *276, 285*
Schreiber, Ulrich *637*
Schrift *67, 371, 702*
Schrödinger, Erwin *26, 139, 173, 195, 544*
Schrödinger-Gleichung *26, 249*
Schrödingers Kätzchen *197*
Schrödingers Katze *22*
schwache Wechselwirkung *39*
Schwartz, Laurent *71*
Schwarzes Loch *91, 104, 247, 344, 364, 469*
Schwarzschild, Karl *96, 99, 421, 483*
Schwarzschildkoordinaten *475*
Schwarzschild-Radius *475*
Schwebung *680*
Schwere *35, 85, 558*
Schwerkraft *35*
Schwinger, Julian *174*
Science-Fiction *14*
Scully, Marian *737*
Sehen *289*
Sehvorgang *132*
Seiendes *216*
Selbst, das *675*
Selbstorganisation *704*
Shannon, Claude *477*
Sicherheit, beweisbare *233*
Signal *633*
Singularität *94, 288, 419, 473*
Sinus *151*
Slipher, Vesto *255*
Smolin, Lee *115*
SO(2) *509*
SO(3) *509*
SO(3,1) *509*
SO(3,2) *509*
SO(4) *509*
SO(4,1) *509 f., 607*
Software *129*
Sonnenfinsternis *86, 209, 214*
Soziologie *703*
Spalt *28*
Spekulation *238*
Spencer-Brown, George *703*
Spezialfall *266*
Spezielle Relativitätstheorie *34*
Spiegelungssymmetrie *233*
Spin *36, 55, 333, 735*
Spinoren *332*
Sprache *67 f., 80, 636, 698*
Sprachentwicklung *679*
SQUID *124*
Stalin, Josef *256*
Standardmodell der Kosmologie *357*
starke Wechselwirkung *39*
Stein *653*
Steinhardt, Paul *447*
Stern, Otto *42, 653, 738*
Steuerung *48*
Stochastik *172, 658*
Stoff *543*
Stoff-Quanten *36*
Stonehenge *698*
Storch *167*
Störung *283*
Strahlenoptik *29*
Straumann, Norbert *561*

Strings *107*
String-Theorie *14*
Ström *517 f.*
Strom des Psychischen *135*
Strominger, Andrew *92, 613*
Struktur *1, 237*
Struktur, einfachste *70*
Strukturelle Quanten *36*
Strukturen, komplexe *57*
Strukturformel *164*
Strukturquanten *38*
Struktur, räumliche *371*
Struktur, soziale *702*
Struminsky, Boris Vladimirovich *601*
Subjektivität *51, 672*
Subjektivität der Qualia *690*
Subjektivitäts-Keim *672*
Summe, direkte *342*
Superauswahlregel *551, 656*
Superdeterminismus *252 ff.*
Supernova *471*
Supernova-Explosion *145*
Superposition *10, 76, 118 ff.*
Superstrings *107*
Suprafluidität *295*
Supraleitung *295*
Susskind, Leonard *482*
Süssmann, Georg *366, 737*
Symbiose *636, 656*
Symbolbildung *585*
Symmetrie *209*
Symmetriegruppe *548*
Synergetik *632*
System *238*
Systemeigenschaft *639, 718*
Systemtheorie *652*

T

Tachyonen *507*
Takahashi, Reiji *516*
Tangentialraum *509*
Tauon *600*
Tauon-Neutrino *600*
Tavkhelidze, Albert Nikiforovich *601*
Taylor-Reihen *337*
Technik *73, 199*
Teilchen *12, 17, 236, 333, 570, 607, 615*
Teilchen-Antiteilchen-Paar *105, 532*
Teilchenbeschleuniger *456*
Teilchen, elementareres *22*
Teilchen-Modell *520*
Teilchen, stabiles *116*
Teilchenvakuum *616*
Teilchen-Vakuum *38*
Teilchen, virtuelle *38*
Teilchenzahl *101*
Teileloses *164*
Teilelosigkeit *164*
Teilstrukturen *236*
Teleportation *190*
Temperatur *100, 552*
Temperatur, absolute *178*
Tensor *16*
Tensorprodukt *17 f., 54 ff., 235, 568, 645*
Tensorrang *513*
Tensorraum *513*
Thales von Milet *214*
Thallium *281*
Theorie *2*
Theorie, abgeschlossene *23, 89*
Theorie des Genauen *116*
Thermodynamik *73, 100*
Thermodynamische Wahrscheinlichkeit *102*
Thomas, Llewellyn Hilleth *516*
t'Hooft, Gerard *582*
T-Invarianz *400, 598 f.*
Tipler, Frank *366*
Tischlerei *544*
Tomonaga, Sin-Itiro *174*
Top-Down-Wirkung *636*
Träger, energetischer *67*
Träger, materieller *67*
Trägerwechsel *75*
Trägheit *35, 85*
Translation *506*

transzendent *231*
Transzendentales *232*
Transzendentes *199 f.*
Triangulierung *303*
Triester Theorie *278*
T-Transformation *596*
Tunneleffekt *165, 686*
Turing, Alan *226 ff.*
Typen von Quanten *36*

U

U(1)-Eichung *560*
überabzählbar *555*
überabzählbar unendlich *245*
Übergangsstruktur *239*
Überlichtgeschwindigkeit *254*
Uhr *204*
Umeichungen *559*
Umlaufgeschwindigkeit *462*
Umwelt *136*
unbegrenzte Zweiheit *710*
Unbelebtes *256, 653*
Unendlich *5*
Unendliches *227, 308*
Unendlichkeit *5, 297*
Unendlichkeit, unphysikalische *35*
Unikat *273*
Universum *273*
Universum, holografisches *346*
Uniware *129 f., 138, 637, 673, 689*
Unkenntnis *101, 172*
Unordnung *102*
Unschärfe *291*
Ununterscheidbarkeit, lokale *230*
Unwesentliches *5, 309*
Unwissen *257, 290*
Unwissenheit *281*
Ur *176, 511, 520*
Ur-Alternative *105, 114, 119 f., 153, 176*
Ur-Hauch *599*
Urknall *217*
Urobjekt *176*
Ursache *212, 252*
Ursache, geistige *696*
Urteil a priori *226*
Ur-Theorie *428*

V

Vaidya-Metrik *462*
Vaidya, Prahalad Chunnilal *459, 462, 466*
Vakuum *64, 105, 533*
Vakuum der AQIs *528 f.*
Vakuum der Teilchen *531*
Vakuumenergie *98, 448*
Vakuum-Energiedichte *440*
Vakuum-Lösung *483, 509*
Van Vleck, John Hasbrouck *174*
Variable *72*
Venus *360*
Venus von Willendorf *698*
Verallgemeinerung, induktive *22*
Vernichten von Quantenteilchen *64*
Vernichtungs-Operator *329*
Verschränkung *139, 167, 544, 551, 658*
Verständnis von Materie, vorquantentheoretisches *677*
Verstehen *177*
Vertauschungsregel *511*
Viel-Elektronen-System *37*
Viele Welten *269*
Viele-Welten-Interpretation *734*
Vierer-Ur *510*
Viren *79*
Virtualitätsphänomen *571*
Virus *161, 653*
von Jolly, Johann *225*
von-Neumann-Algebra *552 ff.*
Vorhersage *83*
Vulkan *230, 712*

W

Waddington,Conrad *663*
Wahrnehmung *76, 136, 678*
Wahrnehmung von Fakten *136*
Wahrscheinlichkeit *101, 118*
Wahrscheinlichkeitstheorie *82 f.*
Wahrscheinlichkeit, thermodynamische *102, 331*
Walker, Arthur *364, 499*
Wallace, Alfred Russel *652*
Walter, Herbert *737*
Walther, Philip *212*
Wärme *100, 104, 209*
Wasserdampf *57*
Weaver, Warren *477*
Wechselwirkung *236, 336*
Wechselwirkung, biologische *558*
Wechselwirkung, elektromagnetische *39, 558*
Wechselwirkungsstärke *557*
Weinberg, Steven *177*
Weismann, August *663*
Weismannismus *256*
Weißer Zwerg *363*
Weiss, Paul Alfred *641*
Weizsäcker, Carl Friedrich v. *XXXII, 6 ff., 37, 85, 105, 148, 153, 224, 233, 253 ff., 278, 293, 317 f., 327, 332, 366, 425, 473, 502, 510, 557, 585, 591, 609, 653, 725*
Welcher-Weg *281*
Welle, elektromagnetische *40*
Wellen *152*
Wellen, elektromagnetische *659*
Wellenerscheinungen *27*
Wellenfunktion *149, 211, 286*
Wellenoptik *29*
Welle-Teilchen-Dualismus *27, 258*
Weltbild *88, 404*
Weltbild, geozentrisches *XXIX, 23, 116*
Weltbild, heliozentrisches *XXIX, 23, 116*
Werner, Eric *705*
Wheeler, John Archibald *XXXII, 96, 99, 105 ff., 178, 374, 378, 476, 545, 609*
Widerspruch *7*
Widerspruchsfreiheit *200, 226*
Wiederholbarkeit *223*
Wigner, Eugene *238, 325, 499, 506, 510, 527, 615, 669, 746*
Wirklichkeit *257, 672*
Wirkung *212*
Wirkung, gravitative *363*
Wirkungsausbreitung *76*
Wirkungsquantum *26, 109, 343, 727*
Wissen *176, 268, 279, 289*
Wissenschaft *1*
Wittgenstein, Ludwig *80*
Wort *688*
Würfel *287*
Wurmloch *96 f.*

Z

Zahlenfolge *246*
Zahlen, komplexe *83*
Zahl, imaginäre *562*
Zahl, irrationale *243 ff.*
Zahl, komplexe *246*
Zauberei *XXVII*
Zaun, Harald *185*
Zeh, Heinz-Dieter *285 ff.*
Zeilinger, Anton *171, 179, 493, 545, 582 f.*
Zeit *265*
Zeitfreiheit *137, 164*
Zeitlosigkeit *200, 212*
Zeitpfeil *20, 210*
Zeitspiegelung *234*
Zeitstruktur *288*
Zeitumkehr *209*
Zeit, unendliche *203*
Zeitvariable *211*
Zeitverlauf *104*
Zeit, zyklische *382*
Zellulärer Automat *109*
Zenon *297*
Zenon von Elea *6*
Zentrum der Milchstraße *95*

Zerfall, radioaktiver *39*
Zufall *82, 696*
Zufälligkeit *172*
Zustand *102, 297*
Zustand, aktueller *672*
Zustände, eingefrorene *667*
Zustände, verschränkte *139*
Zustand, gemischter *286*
Zustand, kohärenter *18, 139, 545*
Zustandsgleichung, kosmologische *384*
Zustandsraum *12*
Zustand, stationärer *562*
Zustandsvektor *13*
Zustand, verschränkter *18*
Zwang *83*
Zweiheit, unbegrenzte *2, 200*
Zweiter Hauptsatz *49, 104, 311*
Zwei-Zustands-System *120*
Zwicky, Fritz *452*
Zwillingsparadox *206*